2025 | 全国勘察设计注册工程师
执业资格考试用书

Yiji Zhuce Jiegou Gongchengshi Zhiye Zige Kaoshi
Jichu Kaoshi Shijuan

一级注册结构工程师执业资格考试
基础考试试卷

（公共基础）

注册工程师考试复习用书编委会 / 编

曹纬浚 / 主编

蒋全科 / 副主编

微信扫一扫
了解本书正版数字资源的获取和使用方法

人民交通出版社
北京

内 容 提 要

本书共 4 册，分别收录有 2011～2024 年（2015 年停考，下同）公共基础考试试卷（即基础考试上午卷）和 2010 年、2011 年、2013 年、2016～2024 年专业基础考试试卷（即基础考试下午卷）及其解析与参考答案。

本书配电子题库（有效期一年），考生可微信扫描试卷（公共基础）封面的红色"二维码"，登录"注考大师"在线学习，部分试题有视频解析。

本书适合参加 2025 年一级注册结构工程师执业资格考试基础考试的考生模拟练习，还可作为相关专业培训班的辅导资料。

图书在版编目（CIP）数据

2025 一级注册结构工程师执业资格考试基础考试试卷 / 曹纬浚主编.— 北京：人民交通出版社股份有限公司，2025. 1.— ISBN 978-7-114-19922-6

Ⅰ. TU3-44

中国国家版本馆 CIP 数据核字第 202425DR74 号

书　　名：**2025 一级注册结构工程师执业资格考试基础考试试卷**

著 作 者：曹纬浚

责任编辑：刘彩云

责任印制：张　凯

出版发行：人民交通出版社

地　　址：（100011）北京市朝阳区安定门外外馆斜街 3 号

网　　址：http://www.ccpcl.com.cn

销售电话：（010）85285857

总 经 销：人民交通出版社发行部

经　　销：各地新华书店

印　　刷：北京印匠彩色印刷有限公司

开　　本：889×1194　1/16

印　　张：61.75

字　　数：1157 千

版　　次：2025 年 1 月　第 1 版

印　　次：2025 年 1 月　第 1 次印刷

书　　号：ISBN 978-7-114-19922-6

定　　价：178.00 元（含 4 册）

（有印刷、装订质量问题的图书，由本社负责调换）

版权声明

目　录

（试卷·公共基础）

2011 年度全国勘察设计注册工程师

执业资格考试试卷

基础考试
（上）

二〇一一年九月

应考人员注意事项

1. 本试卷科目代码为"1"，考生务必将此代码填涂在答题卡"科目代码"相应的栏目内，否则，无法评分。

2. 书写用笔：**黑色或蓝色钢笔、签字笔或圆珠笔**；

   填涂答题卡用笔：**黑色 2B 铅笔**。

3. 必须用书写用笔将工作单位、姓名、准考证号填写在答题卡和试卷相应的栏目内。

4. 本试卷由 120 题组成，每题 1 分，满分 120 分，本试卷全部为单项选择题，每小题的四个备选项中只有一个正确答案，错选、多选、不选均不得分。

5. 考生作答时，必须按**题号在答题卡上**将相应试题所选选项对应的**字母用 2B 铅笔涂黑**。

6. 在答题卡上书写与题意无关的语言，或在答题卡上作标记的，均按违纪试卷处理。

7. 考试结束时，由监考人员当面将试卷、答题卡一并收回。

8. 草稿纸由各地统一配发，考后收回。

单项选择题（共 120 题，每题 1 分。每题的备选项中只有一个最符合题意。）

1. 设直线方程为 $x = y - 1 = z$，平面方程为 $x - 2y + z = 0$，则直线与平面：

   A. 重合

   B. 平行不重合

   C. 垂直相交

   D. 相交不垂直

2. 在三维空间中，方程 $y^2 - z^2 = 1$ 所代表的图形是：

   A. 母线平行 x 轴的双曲柱面

   B. 母线平行 y 轴的双曲柱面

   C. 母线平行 z 轴的双曲柱面

   D. 双曲线

3. 当 $x \to 0$ 时，$3^x - 1$ 是 x 的：

   A. 高阶无穷小

   B. 低阶无穷小

   C. 等价无穷小

   D. 同阶但非等价无穷小

4. 函数 $f(x) = \dfrac{x - x^2}{\sin \pi x}$ 的可去间断点的个数为：

   A. 1 个

   B. 2 个

   C. 3 个

   D. 无穷多个

5. 如果 $f(x)$ 在 x_0 点可导，$g(x)$ 在 x_0 点不可导，则 $f(x)g(x)$ 在 x_0 点：

   A. 可能可导也可能不可导

   B. 不可导

   C. 可导

   D. 连续

6. 当 $x > 0$ 时，下列不等式中正确的是：

   A. $e^x < 1 + x$

   B. $\ln(1 + x) > x$

   C. $e^x < ex$

   D. $x > \sin x$

7. 若函数 $f(x,y)$ 在闭区域 D 上连续，下列关于极值点的陈述中正确的是：

   A. $f(x,y)$ 的极值点一定是 $f(x,y)$ 的驻点

   B. 如果 P_0 是 $f(x,y)$ 的极值点，则 P_0 点处 $B^2 - AC < 0$ $\left(\text{其中，} A = \dfrac{\partial^2 f}{\partial x^2}, \ B = \dfrac{\partial^2 f}{\partial x \partial y}, \ C = \dfrac{\partial^2 f}{\partial y^2}\right)$

   C. 如果 P_0 是可微函数 $f(x,y)$ 的极值点，则在 P_0 点处 $\mathrm{d}f = 0$

   D. $f(x,y)$ 的最大值点一定是 $f(x,y)$ 的极大值点

8. $\int \dfrac{\mathrm{d}x}{\sqrt{x}(1+x)} =$

   A. $\arctan\sqrt{x} + C$ B. $2\arctan\sqrt{x} + C$

   C. $\tan(1+x)$ D. $\dfrac{1}{2}\arctan x + C$

9. 设 $f(x)$ 是连续函数，且 $f(x) = x^2 + 2\int_0^2 f(t)\mathrm{d}t$，则 $f(x) =$

   A. x^2 B. $x^2 2$

   C. $2x$ D. $x^2 - \dfrac{16}{9}$

10. $\int_{-2}^{2} \sqrt{4 - x^2}\,\mathrm{d}x =$

    A. π B. 2π

    C. 3π D. $\dfrac{\pi}{2}$

11. 设 L 为连接 $(0,2)$ 和 $(1,0)$ 的直线段，则对弧长的曲线积分 $\int_L (x^2 + y^2)\mathrm{d}S =$

    A. $\dfrac{\sqrt{5}}{2}$ B. 2

    C. $\dfrac{3\sqrt{5}}{2}$ D. $\dfrac{5\sqrt{5}}{3}$

12. 曲线 $y = e^{-x}(x \geqslant 0)$ 与直线 $x = 0$，$y = 0$ 所围图形，绕 ox 轴旋转所得旋转体的体积为：

    A. $\dfrac{\pi}{2}$ B. π

    C. $\dfrac{\pi}{3}$ D. $\dfrac{\pi}{4}$

13. 若级数 $\sum\limits_{n=1}^{\infty} u_n$ 收敛，则下列级数中不收敛的是：

A. $\sum\limits_{n=1}^{\infty} k u_n (k \neq 0)$ B. $\sum\limits_{n=1}^{\infty} u_{n+100}$

C. $\sum\limits_{n=1}^{\infty} \left(u_{2n} + \dfrac{1}{2^n} \right)$ D. $\sum\limits_{n=1}^{\infty} \dfrac{50}{u_n}$

14. 设 $\sum\limits_{n=0}^{\infty} a_n x^n$ 的收敛半径为 2，则幂级数 $\sum\limits_{n=1}^{\infty} n a_n (x-2)^{n+1}$ 的收敛区间是：

A. $(-2,2)$ B. $(-2,4)$

C. $(0,4)$ D. $(-4,0)$

15. 微分方程 $xy\mathrm{d}x = \sqrt{2-x^2}\mathrm{d}y$ 的通解是：

A. $y = e^{-C\sqrt{2-x^2}}$ B. $y = e^{-\sqrt{2-x^2}} + C$

C. $y = Ce^{-\sqrt{2-x^2}}$ D. $y = C - \sqrt{2-x^2}$

16. 微分方程 $\dfrac{\mathrm{d}y}{\mathrm{d}x} - \dfrac{y}{x} = \tan\dfrac{y}{x}$ 的通解是：

A. $\sin\dfrac{y}{x} = Cx$ B. $\cos\dfrac{y}{x} = Cx$

C. $\sin\dfrac{y}{x} = x + C$ D. $Cx\sin\dfrac{y}{x} = 1$

17. 设 $A = \begin{bmatrix} 1 & 0 & 1 \\ 0 & 1 & 2 \\ -2 & 0 & -3 \end{bmatrix}$，则 $A^{-1} = $

A. $\begin{bmatrix} 3 & 0 & 1 \\ 4 & 1 & 2 \\ 2 & 0 & 1 \end{bmatrix}$ B. $\begin{bmatrix} 3 & 0 & 1 \\ 4 & 1 & 2 \\ -2 & 0 & -1 \end{bmatrix}$

C. $\begin{bmatrix} -3 & 0 & -1 \\ 4 & 1 & 2 \\ -2 & 0 & -1 \end{bmatrix}$ D. $\begin{bmatrix} 3 & 0 & 1 \\ -4 & -1 & -2 \\ 2 & 0 & 1 \end{bmatrix}$

18. 设 3 阶矩阵 $A = \begin{bmatrix} 1 & 1 & a \\ 1 & a & 1 \\ a & 1 & 1 \end{bmatrix}$，已知 A 的伴随矩阵的秩为 1，则 $a = $

A. -2 B. -1

C. 1 D. 2

19. 设 A 是 3 阶矩阵，$P = (\alpha_1, \alpha_2, \alpha_3)$ 是 3 阶可逆矩阵，且 $P^{-1}AP = \begin{bmatrix} 1 & 0 & 0 \\ 0 & 2 & 0 \\ 0 & 0 & 0 \end{bmatrix}$。若矩阵 $Q = (\alpha_2, \alpha_1, \alpha_3)$，

则 $Q^{-1}AQ =$

A. $\begin{bmatrix} 1 & 0 & 0 \\ 0 & 2 & 0 \\ 0 & 0 & 0 \end{bmatrix}$ B. $\begin{bmatrix} 2 & 0 & 0 \\ 0 & 1 & 0 \\ 0 & 0 & 0 \end{bmatrix}$

C. $\begin{bmatrix} 0 & 1 & 0 \\ 2 & 0 & 0 \\ 0 & 0 & 0 \end{bmatrix}$ D. $\begin{bmatrix} 0 & 2 & 0 \\ 1 & 0 & 0 \\ 0 & 0 & 0 \end{bmatrix}$

20. 齐次线性方程组 $\begin{cases} x_1 - x_2 + x_4 = 0 \\ x_1 - x_3 + x_4 = 0 \end{cases}$ 的基础解系为：

A. $\alpha_1 = (1,1,1,0)^{\mathrm{T}}$，$\alpha_2 = (-1,-1,1,0)^{\mathrm{T}}$

B. $\alpha_1 = (2,1,0,1)^{\mathrm{T}}$，$\alpha_2 = (-1,-1,1,0)^{\mathrm{T}}$

C. $\alpha_1 = (1,1,1,0)^{\mathrm{T}}$，$\alpha_2 = (-1,0,0,1)^{\mathrm{T}}$

D. $\alpha_1 = (2,1,0,1)^{\mathrm{T}}$，$\alpha_2 = (-2,-1,0,1)^{\mathrm{T}}$

21. 设 A，B 是两个事件，$P(A) = 0.3$，$P(B) = 0.8$，则当 $P(A \cup B)$ 为最小值时，$P(AB) =$

A. 0.1 B. 0.2

C. 0.3 D. 0.4

22. 三个人独立地破译一份密码，每人能独立译出这份密码的概率分别为 $\frac{1}{5}$、$\frac{1}{3}$、$\frac{1}{4}$，则这份密码被译出的概率为：

A. $\frac{1}{3}$ B. $\frac{1}{2}$

C. $\frac{2}{5}$ D. $\frac{3}{5}$

23. 设随机变量 X 的概率密度为 $f(x) = \begin{cases} 2x, & 0 < x < 1 \\ 0, & \text{其他} \end{cases}$，$Y$ 表示对 X 的 3 次独立重复观察中事件 $\left\{X \leqslant \frac{1}{2}\right\}$ 出

现的次数，则 $P\{Y = 2\}$ 等于：

A. $\frac{3}{64}$ B. $\frac{9}{64}$

C. $\frac{3}{16}$ D. $\frac{9}{16}$

24. 设随机变量 X 和 Y 都服从 $N(0,1)$ 分布，则下列叙述中正确的是：

A. $X + Y \sim$ 正态分布

B. $X^2 + Y^2 \sim \chi^2$ 分布

C. X^2 和 Y^2 都 $\sim \chi^2$ 分布

D. $\dfrac{X^2}{Y^2} \sim F$ 分布

25. 一瓶氦气和一瓶氮气，它们每个分子的平均平动动能相同，而且都处于平衡态，则它们：

A. 温度相同，氦分子和氮分子的平均动能相同

B. 温度相同，氦分子和氮分子的平均动能不同

C. 温度不同，氦分子和氮分子的平均动能相同

D. 温度不同，氦分子和氮分子的平均动能不同

26. 最概然速率 v_p 的物理意义是：

A. v_p 是速率分布中的最大速率

B. v_p 是大多数分子的速率

C. 在一定的温度下，速率与 v_p 相近的气体分子所占的百分率最大

D. v_p 是所有分子速率的平均值

27. 1mol 理想气体从平衡态 $2p_1$、V_1 沿直线变化到另一平衡态 p_1、$2V_1$，则此过程中系统的功和内能的变化是：

A. $W > 0$，$\Delta E > 0$

B. $W < 0$，$\Delta E < 0$

C. $W > 0$，$\Delta E = 0$

D. $W < 0$，$\Delta E > 0$

28. 在保持高温热源温度 T_1 和低温热源温度 T_2 不变的情况下，使卡诺热机的循环曲线所包围的面积增大，则会：

A. 净功增大，效率提高

B. 净功增大，效率降低

C. 净功和功率都不变

D. 净功增大，效率不变

29. 一平面简谐波的波动方程为 $y = 0.01 \cos 10\pi(25t - x)$ (SI)，则在 $t = 0.1\text{s}$ 时刻，$x = 2\text{m}$ 处质元的振动位移是：

A. 0.01cm

B. 0.01m

C. −0.01m

D. 0.01mm

30. 对于机械横波而言，下面说法正确的是：

A. 质元处于平衡位置时，其动能最大，势能为零

B. 质元处于平衡位置时，其动能为零，势能最大

C. 质元处于波谷处时，动能为零，势能最大

D. 质元处于波峰处时，动能与势能均为零

31. 在波的传播方向上，有相距为 3m 的两质元，两者的相位差为 $\frac{\pi}{6}$，若波的周期为 4s，则此波的波长和波速分别为：

A. 36m 和6m/s

B. 36m 和9m/s

C. 12m 和6m/s

D. 12m 和9m/s

32. 在双缝干涉实验中，入射光的波长为 λ，用透明玻璃纸遮住双缝中的一条缝（靠近屏一侧），若玻璃纸中光程比相同厚度的空气的光程大 2.5λ，则屏上原来的明纹处：

A. 仍为明条纹

B. 变为暗条纹

C. 既非明纹也非暗纹

D. 无法确定是明纹还是暗纹

33. 在真空中，可见光的波长范围为：

A. $400 \sim 760\text{nm}$

B. $400 \sim 760\text{mm}$

C. $400 \sim 760\text{cm}$

D. $400 \sim 760\text{m}$

34. 有一玻璃劈尖，置于空气中，劈尖角为 θ，用波长为 λ 的单色光垂直照射时，测得相邻明纹间距为 l，若玻璃的折射率为 n，则 θ、λ、l 与 n 之间的关系为：

A. $\theta = \frac{\lambda n}{2l}$

B. $\theta = \frac{l}{2n\lambda}$

C. $\theta = \frac{l\lambda}{2n}$

D. $\theta = \frac{\lambda}{2nl}$

35. 一束自然光垂直穿过两个偏振片，两个偏振片的偏振化方向成45°角。已知通过此两偏振片后的光强为 I，则入射至第二个偏振片的线偏振光强度为：

A. I

B. $2I$

C. $3I$

D. $\frac{I}{2}$

36. 一单缝宽度 $a = 1 \times 10^{-4}$m，透镜焦距 $f = 0.5$m，若用 $\lambda = 400$nm 的单色平行光垂直入射，中央明纹的宽度为：

    A. 2×10^{-3}m

    B. 2×10^{-4}m

    C. 4×10^{-4}m

    D. 4×10^{-3}m

37. 29 号元素的核外电子分布式为：

    A. $1s^2 2s^2 2p^6 3s^2 3p^6 3d^9 4s^2$

    B. $1s^2 2s^2 2p^6 3s^2 3p^6 3d^{10} 4s^1$

    C. $1s^2 2s^2 2p^6 3s^2 3p^6 4s^1 3d^{10}$

    D. $1s^2 2s^2 2p^6 3s^2 3p^6 4s^2 3d^9$

38. 下列各组元素的原子半径从小到大排序错误的是：

    A. $Li < Na < K$ B. $Al < Mg < Na$ C. $C < Si < Al$ D. $P < As < Se$

39. 下列溶液混合，属于缓冲溶液的是：

    A. 50mL 0.2mol·L^{-1} CH_3COOH 与 50mL 0.1mol·L^{-1} NaOH

    B. 50mL 0.1mol·L^{-1} CH_3COOH 与 50mL 0.1mol·L^{-1} NaOH

    C. 50mL 0.1mol·L^{-1} CH_3COOH 与 50mL 0.2mol·L^{-1} NaOH

    D. 50mL 0.2mol·L^{-1} HCl 与 50mL 0.1mol·L^{-1} $NH_3 \cdot H_2O$

40. 在一容器中，反应 $2NO_2(g) \rightleftharpoons 2NO(g) + O_2(g)$，恒温条件下达到平衡后，加一定量 Ar 气保持总压力不变，平衡将会：

    A. 向正方向移动

    B. 向逆方向移动

    C. 没有变化

    D. 不能判断

41. 某第 4 周期的元素，当该元素原子失去一个电子成为正 1 价离子时，该离子的价层电子排布式为 $3d^{10}$，则该元素的原子序数是：

    A. 19   B. 24   C. 29   D. 36

42. 对于一个化学反应，下列各组中关系正确的是：

    A. $\Delta_r G_m^\ominus > 0$，$K^\ominus < 1$

    B. $\Delta_r G_m^\ominus > 0$，$K^\ominus > 1$

    C. $\Delta_r G_m^\ominus < 0$，$K^\ominus = 1$

    D. $\Delta_r G_m^\ominus < 0$，$K^\ominus < 1$

43. 价层电子构型为 $4d^{10} 5s^1$ 的元素在周期表中属于：

    A. 第四周期 VIIB 族

    B. 第五周期 IB 族

    C. 第六周期 VIIB 族

    D. 镧系元素

44. 下列物质中, 属于酚类的是:

A. C_3H_7OH

B. $C_6H_5CH_2OH$

C. C_6H_5OH

D.
$$CH_2-CH-CH_2$$
$$\quad OH \quad\ OH \quad\ OH$$

45. 有机化合物 $H_3C-\underset{\underset{CH_3}{|}}{CH}-\underset{\underset{CH_3}{|}}{CH}-CH_2-CH_3$ 的名称是:

A. 2-甲基-3-乙基丁烷

B. 3,4-二甲基戊烷

C. 2-乙基-3-甲基丁烷

D. 2,3-二甲基戊烷

46. 下列物质中, 两个氢原子的化学性质不同的是:

A. 乙炔

B. 甲酸

C. 甲醛

D. 乙二酸

47. 两直角刚杆 AC、CB 支承如图所示, 在铰 C 处受力 F 作用, 则 A、B 两处约束力的作用线与 x 轴正向所成的夹角分别为:

A. 0°；90°

B. 90°；0°

C. 45°；60°

D. 45°；135°

48. 在图示四个力三角形中, 表示 $\boldsymbol{F}_R = \boldsymbol{F}_1 + \boldsymbol{F}_2$ 的图是:

A.

B.

C.

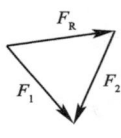

D.

49. 均质杆 AB 长为 l, 重为 $\boldsymbol{W}$, 受到如图所示的约束, 绳索 ED 处于铅垂位置, A、B 两处为光滑接触, 杆的倾角为 α, 又 $CD = l/4$, 则 A、B 两处对杆作用的约束力大小关系为:

A. $F_{NA} = F_{NB} = 0$

B. $F_{NA} = F_{NB} \neq 0$

C. $F_{NA} \leqslant F_{NB}$

D. $F_{NA} \geqslant F_{NB}$

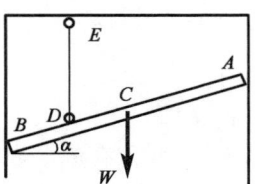

50. 一重力大小为 $W = 60kN$ 的物块，自由放置在倾角为 $\alpha = 30°$ 的斜面上，如图所示，若物块与斜面间的静摩擦系数为 $f = 0.4$，则该物块的状态为：

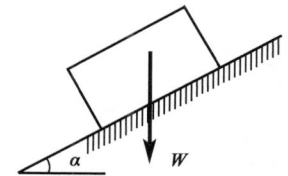

    A. 静止状态

    B. 临界平衡状态

    C. 滑动状态

    D. 条件不足，不能确定

51. 当点运动时，若位置矢大小保持不变，方向可变，则其运动轨迹为：

    A. 直线   B. 圆周

    C. 任意曲线   D. 不能确定

52. 刚体做平动时，某瞬时体内各点的速度和加速度为：

    A. 体内各点速度不相同，加速度相同

    B. 体内各点速度相同，加速度不相同

    C. 体内各点速度相同，加速度也相同

    D. 体内各点速度不相同，加速度也不相同

53. 在图示机构中，杆 $O_1A = O_2B$，$O_1A \parallel O_2B$，杆 $O_2C =$ 杆 O_3D，$O_2C \parallel O_3D$，且 $O_1A = 20cm$，$O_2C = 40cm$，若杆 O_1A 以角速度 $\omega = 3rad/s$ 匀速转动，则杆 CD 上任意点 M 速度及加速度的大小分别为：

    A. 60cm/s；180cm/s²

    B. 120cm/s；360cm/s²

    C. 90cm/s；270cm/s²

    D. 120cm/s；150cm/s²

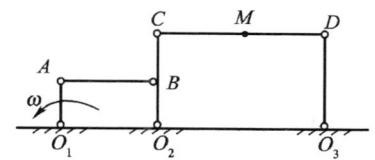

54. 图示均质圆轮，质量为 m，半径为 r，在铅垂图面内绕通过圆轮中心 O 的水平轴以匀角速度 ω 转动。则系统动量、对中心 O 的动量矩、动能的大小分别为：

    A. 0；$\frac{1}{2}mr^2\omega$；$\frac{1}{4}mr^2\omega^2$

    B. $mr\omega$；$\frac{1}{2}mr^2\omega$；$\frac{1}{4}mr^2\omega^2$

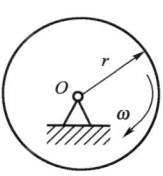

    C. 0；$\frac{1}{2}mr^2\omega$；$\frac{1}{2}mr^2\omega^2$

    D. 0；$\frac{1}{4}mr^2\omega$；$\frac{1}{4}mr^2\omega^2$

55. 如图所示，两重物M_1和M_2的质量分别为m_1和m_2，两重物系在不计质量的软绳上，绳绕过均质定滑轮，滑轮半径r，质量为m，则此滑轮系统的动量为：

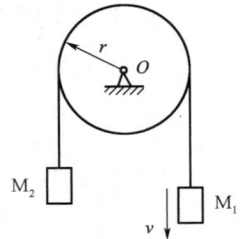

A. $\left(m_1 - m_2 + \frac{1}{2}m\right)v\downarrow$

B. $(m_1 - m_2)v\downarrow$

C. $\left(m_1 + m_2 + \frac{1}{2}m\right)v\uparrow$

D. $(m_1 - m_2)v\uparrow$

56. 均质细杆AB重力为P、长 $2L$，A端铰支，B端用绳系住，处于水平位置，如图所示，当B端绳突然剪断瞬时，AB杆的角加速度大小为：

A. 0

B. $\frac{3g}{4L}$

C. $\frac{3g}{2L}$

D. $\frac{6g}{L}$

57. 质量为m，半径为R的均质圆盘，绕垂直于图面的水平轴O转动，其角速度为ω。在图示瞬间，角加速度为0，盘心C在其最低位置，此时将圆盘的惯性力系向O点简化，其惯性力主矢和惯性力主矩的大小分别为：

A. $m\frac{R}{2}\omega^2$；0

B. $mR\omega^2$；0

C. 0；0

D. 0；$\frac{1}{2}m\frac{R}{2}\omega^2$

58. 图示装置中，已知质量$m = 200kg$，弹簧刚度$k = 100N/cm$，则图中各装置的振动周期为：

A. 图 a）装置振动周期最大

B. 图 b）装置振动周期最大

C. 图 c）装置振动周期最大

D. 三种装置振动周期相等

59. 圆截面杆ABC轴向受力如图，已知BC杆的直径$d = 100$mm，AB杆的直径为$2d$。杆的最大的拉应力为：

A. 40MPa

B. 30MPa

C. 80MPa

D. 120MPa

60. 已知铆钉的许可切应力为$[\tau]$，许可挤压应力为$[\sigma_{bs}]$，钢板的厚度为t，则图示铆钉直径d与钢板厚度t的关系是：

A. $d = \dfrac{8t[\sigma_{bs}]}{\pi[\tau]}$

B. $d = \dfrac{4t[\sigma_{bs}]}{\pi[\tau]}$

C. $d = \dfrac{\pi[\tau]}{8t[\sigma_{bs}]}$

D. $d = \dfrac{\pi[\tau]}{4t[\sigma_{bs}]}$

61. 图示受扭空心圆轴横截面上的切应力分布图中，正确的是：

A.   B.   C.   D.

62. 图示截面的抗弯截面模量W_z为：

A. $W_z = \dfrac{\pi d^3}{32} - \dfrac{a^3}{6}$

B. $W_z = \dfrac{\pi d^3}{32} - \dfrac{a^4}{6d}$

C. $W_z = \dfrac{\pi d^3}{32} - \dfrac{a^3}{6d}$

D. $W_z = \dfrac{\pi d^4}{64} - \dfrac{a^4}{12}$

63. 梁的弯矩图如图所示，最大值在B截面。在梁的A、B、C、D四个截面中，剪力为0的截面是：

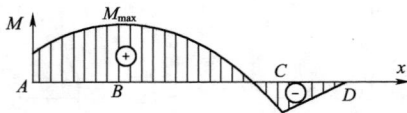

A. A截面

B. B截面

C. C截面

D. D截面

64. 图示悬臂梁AB，由三根相同的矩形截面直杆胶合而成，材料的许可应力为$[\sigma]$。若胶合面开裂，假设开裂后三根杆的挠曲线相同，接触面之间无摩擦力，则开裂后的梁承载能力是原来的：

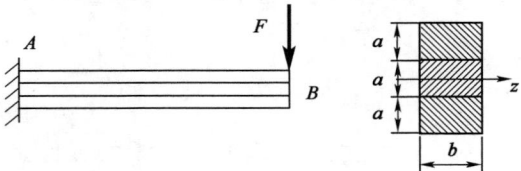

A. 1/9

B. 1/3

C. 两者相同

D. 3 倍

65. 梁的横截面是由狭长矩形构成的工字形截面，如图所示，z轴为中性轴，截面上的剪力竖直向下，该截面上的最大切应力在：

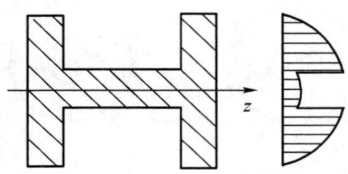

A. 腹板中性轴处

B. 腹板上下缘延长线与两侧翼缘相交处

C. 截面上下缘

D. 腹板上下缘

66. 矩形截面简支梁中点承受集中力F。若$h = 2b$，分别采用图 a）、图 b）两种方式放置，图 a）梁的最大挠度是图 b）梁的：

A. 1/2

B. 2 倍

C. 4 倍

D. 8 倍

67. 在图示xy坐标系下，单元体的最大主应力σ_1大致指向：

A. 第一象限，靠近x轴

B. 第一象限，靠近y轴

C. 第二象限，靠近x轴

D. 第二象限，靠近y轴

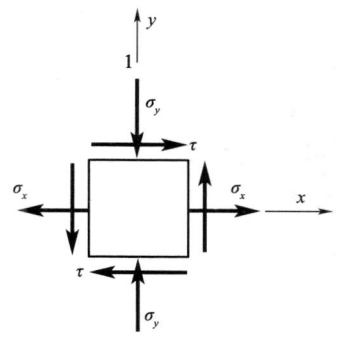

68. 图示变截面短杆，AB段压应力σ_{AB}与BC段压应力σ_{BC}的关系是：

A. σ_{AB}比σ_{BC}大1/4

B. σ_{AB}比σ_{BC}小1/4

C. σ_{AB}是σ_{BC}的2倍

D. σ_{AB}是σ_{BC}的1/2

69. 图示圆轴，固定端外圆上 $y = 0$ 点（图中 A 点）的单元体的应力状态是：

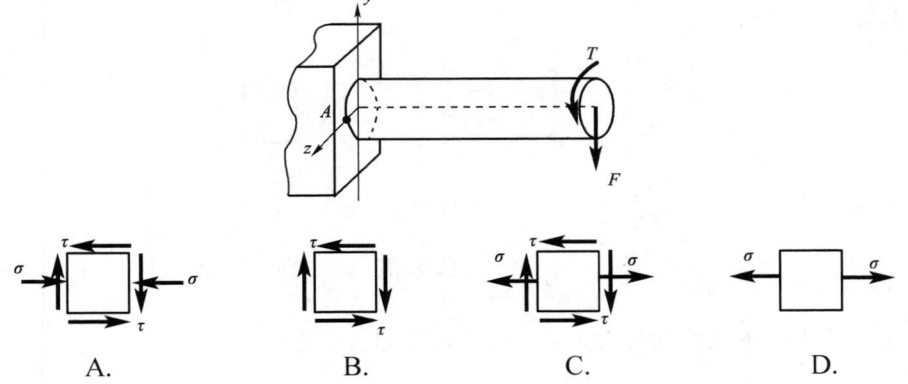

A.　　　　　　B.　　　　　　C.　　　　　　D.

70. 一端固定一端自由的细长（大柔度）压杆，长为 L（图 a），当杆的长度减小一半时（图 b），其临界荷载 F_{cr} 比原来增加：

A. 4 倍

B. 3 倍

C. 2 倍

D. 1 倍

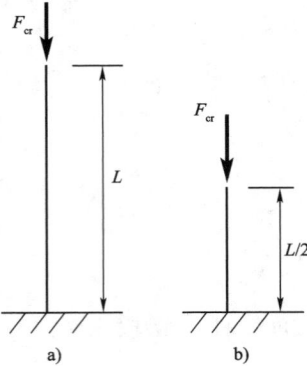

71. 空气的黏滞系数与水的黏滞系数 μ 分别随温度的降低而：

A. 降低，升高　　　　　　　　　　B. 降低，降低

C. 升高，降低　　　　　　　　　　D. 升高，升高

72. 重力和黏滞力分别属于：

A. 表面力、质量力　　　　　　　　B. 表面力、表面力

C. 质量力、表面力　　　　　　　　D. 质量力、质量力

73. 对某一非恒定流，以下对于流线和迹线的正确说法是：

A. 流线和迹线重合

B. 流线越密集，流速越小

C. 流线曲线上任意一点的速度矢量都与曲线相切

D. 流线可能存在折弯

74. 对某一流段，设其上、下游两断面 1-1、2-2 的断面面积分别为 A_1、A_2，断面流速分别为 v_1、v_2，两断面上任一点相对于选定基准面的高程分别为 Z_1、Z_2，相应断面同一选定点的压强分别为 p_1、p_2，两断面处的流体密度分别为 ρ_1、ρ_2，流体为不可压缩流体，两断面间的水头损失为 $h_{l1\text{-}2}$。下列方程表述一定错误的是：

A. 连续性方程：$v_1 A_1 = v_2 A_2$

B. 连续性方程：$\rho_1 v_1 A_1 = \rho_2 v_2 A_2$

C. 恒定总流能量方程：$\dfrac{p_1}{\rho_1 g} + Z_1 + \dfrac{v_1^2}{2g} = \dfrac{p_2}{\rho_2 g} + Z_2 + \dfrac{v_2^2}{2g}$

D. 恒定总流能量方程：$\dfrac{p_1}{\rho_1 g} + Z_1 + \dfrac{v_1^2}{2g} = \dfrac{p_2}{\rho_2 g} + Z_2 + \dfrac{v_2^2}{2g} + h_{l1\text{-}2}$

75. 水流经过变直径圆管，管中流量不变，已知前段直径 $d_1 = 30\text{mm}$，雷诺数为 5000，后段直径变为 $d_2 = 60\text{mm}$，则后段圆管中的雷诺数为：

A. 5000　　　　　B. 4000　　　　　C. 2500　　　　　D. 1250

76. 两孔口形状、尺寸相同，一个是自由出流，出流流量为 Q_1；另一个是淹没出流，出流流量为 Q_2。若自由出流和淹没出流的作用水头相等，则 Q_1 与 Q_2 的关系是：

A. $Q_1 > Q_2$　　　　　　　　　B. $Q_1 = Q_2$

C. $Q_1 < Q_2$　　　　　　　　　D. 不确定

77. 水力最优断面是指当渠道的过流断面面积 A、粗糙系数 n 和渠道底坡 i 一定时，其：

A. 水力半径最小的断面形状　　　　B. 过流能力最大的断面形状

C. 湿周最大的断面形状　　　　　　D. 造价最低的断面形状

78. 图示溢水堰模型试验，实际流量为 $Q_n = 537\text{m}^3/s$，若在模型上测得流量 $Q_n = 300\text{L}/s$，则该模型长度比尺为：

A. 4.5　　　　　　　　　　　B. 6

C. 10　　　　　　　　　　　D. 20

79. 点电荷 $+q$ 和点电荷 $-q$ 相距 30cm，那么，在由它们构成的静电场中：

A. 电场强度处处相等

B. 在两个点电荷连线的中点位置，电场力为 0

C. 电场方向总是从 $+q$ 指向 $-q$

D. 位于两个点电荷连线的中点位置上，带负电的可移动体将向 $-q$ 处移动

80. 设流经图示电感元件的电流 $i = 2\sin 1000t \text{ A}$，若 $L = 1\text{mH}$，则电感电压：

A. $u_{\text{L}} = 2\sin 1000t \text{ V}$

B. $u_{\text{L}} = -2\cos 1000t \text{ V}$

C. u_{L} 的有效值 $U_{\text{L}} = 2\text{V}$

D. u_{L} 的有效值 $U_{\text{L}} = 1.414\text{V}$

81. 图示两电路相互等效，由图 b) 可知，流经 10Ω 电阻的电流 $I_{\text{R}} = 1\text{A}$，由此可求得流经图 a) 电路中 10Ω 电阻的电流 I 等于：

A. 1A   B. −1A   C. −3A   D. 3A

82. RLC串联电路如图所示，在工频电压 $u(t)$ 的激励下，电路的阻抗等于：

A. $R + 314L + 314C$

B. $R + 314L + 1/314C$

C. $\sqrt{R^2 + (314L - 1/314C)^2}$

D. $\sqrt{R^2 + (314L + 1/314C)^2}$

83. 图示电路中，$u = 10\sin(1000t + 30°)\text{V}$，如果使用相量法求解图示电路中的电流 i，那么，如下步骤中存在错误的是：

步骤 1：$\dot{I}_1 = \dfrac{10}{R + j1000L}$；步骤 2：$\dot{I}_2 = 10 \cdot j1000C$；

步骤 3：$\dot{I} = \dot{I}_1 + \dot{I}_2 = I \angle \Psi_{\text{i}}$；步骤 4：$\dot{I} = I\sqrt{2}\sin \Psi_{\text{i}}$

A. 仅步骤 1 和步骤 2 错

B. 仅步骤 2 错

C. 步骤 1、步骤 2 和步骤 4 错

D. 仅步骤 4 错

84. 图示电路中，开关 k 在 $t=0$ 时刻打开，此后，电流 i 的初始值和稳态值分别为：

A. $\dfrac{U_s}{R_2}$ 和 0

B. $\dfrac{U_s}{R_1+R_2}$ 和 0

C. $\dfrac{U_s}{R_1}$ 和 $\dfrac{U_s}{R_1+R_2}$

D. $\dfrac{U_s}{R_1+R_2}$ 和 $\dfrac{U_s}{R_1+R_2}$

85. 在信号源 (u_s, R_s) 和电阻 R_L 之间接入一个理想变压器，如图所示。若 $u_s = 80\sin\omega t\ \mathrm{V}$，$R_L = 10\Omega$，且此时信号源输出功率最大，那么，变压器的输出电压 u_2 等于：

A. $40\sin\omega t\ \mathrm{V}$

B. $20\sin\omega t\ \mathrm{V}$

C. $80\sin\omega t\ \mathrm{V}$

D. $20\mathrm{V}$

86. 接触器的控制线圈如图 a）所示，动合触点如图 b）所示，动断触点如图 c）所示，当有额定电压接入线圈后：

A. 触点 KM1 和 KM2 因未接入电路均处于断开状态

B. KM1 闭合，KM2 不变

C. KM1 闭合，KM2 断开

D. KM1 不变，KM2 断开

87. 某空调器的温度设置为 25℃，当室温超过 25℃后，它便开始制冷，此时红色指示灯亮，并在显示屏上显示"正在制冷"字样，那么：

A. "红色指示灯亮"和"正在制冷"均是信息

B. "红色指示灯亮"和"正在制冷"均是信号

C. "红色指示灯亮"是信号，"正在制冷"是信息

D. "红色指示灯亮"是信息，"正在制冷"是信号

88. 如果一个 16 进制数和一个 8 进制数的数字信号相同，那么：

    A. 这个 16 进制数和 8 进制数实际反映的数量相等

    B. 这个 16 进制数 2 倍于 8 进制数

    C. 这个 16 进制数比 8 进制数少 8

    D. 这个 16 进制数与 8 进制数的大小关系不定

89. 在以下关于信号的说法中，正确的是：

    A. 代码信号是一串电压信号，故代码信号是一种模拟信号

    B. 采样信号是时间上离散、数值上连续的信号

    C. 采样保持信号是时间上连续、数值上离散的信号

    D. 数字信号是直接反映数值大小的信号

90. 设周期信号 $u(t) = \sqrt{2}\,U_1 \sin(\omega t + \psi_1) + \sqrt{2}\,U_3 \sin(3\omega t + \psi_3) + \cdots$

$$u_1(t) = \sqrt{2}\,U_1 \sin(\omega t + \psi_1) + \sqrt{2}\,U_3 \sin(3\omega t + \psi_3)$$

$$u_2(t) = \sqrt{2}\,U_1 \sin(\omega t + \psi_1) + \sqrt{2}\,U_5 \sin(5\omega t + \psi_5)$$

    则：

    A. $u_1(t)$ 较 $u_2(t)$ 更接近 $u(t)$

    B. $u_2(t)$ 较 $u_1(t)$ 更接近 $u(t)$

    C. $u_1(t)$ 与 $u_2(t)$ 接近 $u(t)$ 的程度相同

    D. 无法做出三个电压之间的比较

91. 某模拟信号放大器输入与输出之间的关系如图所示，那么，能够经该放大器得到 5 倍放大的输入信号 $u_i(t)$ 最大值一定：

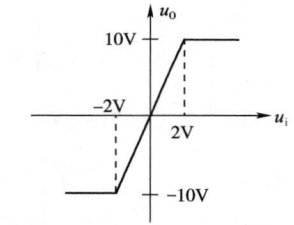

    A. 小于 2V

    B. 小于 10V 或大于 −10V

    C. 等于 2V 或等于 −2V

    D. 小于等于 2V 且大于等于 −2V

92. 逻辑函数 $F = \overline{\overline{AB} + \overline{BC}}$ 的化简结果是：

    A. $F = AB + BC$ B. $F = \overline{A} + \overline{B} + \overline{C}$

    C. $F = A + B + C$ D. $F = ABC$

93. 图示电路中，$u_i = 10 \sin \omega t$，二极管 D_2 因损坏而断开，这时输出电压的波形和输出电压的平均值为：

A. $U_o = 0.45V$

B. $U_o = -0.45V$

C. $U_o = -3.18V$

D. $U_o = 3.18V$

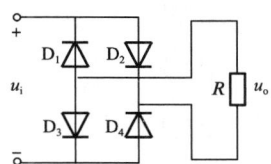

94. 图 a）所示运算放大器的输出与输入之间的关系如图 b）所示，若 $u_i = 2 \sin \omega t$ mV，则 u_o 为：

a)　　　　　　　　　b)

A.

B.

C.

D.

95. 基本门如图 a）所示，其中，数字信号 A 由图 b）给出，那么，输出 F 为：

a)　　　　　　b)

A. 1

B. 0

C.

D.

96. JK 触发器及其输入信号波形如图所示，那么，在 $t = t_0$ 和 $t = t_1$ 时刻，输出 Q 分别为：

A. $Q(t_0) = 1$，$Q(t_1) = 0$

B. $Q(t_0) = 0$，$Q(t_1) = 1$

C. $Q(t_0) = 0$，$Q(t_1) = 0$

D. $Q(t_0) = 1$，$Q(t_1) = 1$

97. 计算机存储器中的每一个存储单元都配置一个唯一的编号，这个编号就是：

A. 一种寄存标志

B. 寄存器地址

C. 存储器的地址

D. 输入/输出地址

98. 操作系统作为一种系统软件，存在着与其他软件明显不同的三个特征是：

A. 可操作性、可视性、公用性

B. 并发性、共享性、随机性

C. 随机性、公用性、不可预测性

D. 并发性、可操作性、脆弱性

99. 将二进制数 11001 转换成相应的十进制数，其正确结果是：

A. 25

B. 32

C. 24

D. 22

100. 图像中的像素实际上就是图像中的一个个光点，这光点：

A. 只能是彩色的，不能是黑白的

B. 只能是黑白的，不能是彩色的

C. 既不能是彩色的，也不能是黑白的

D. 可以是黑白的，也可以是彩色的

101. 计算机病毒以多种手段入侵和攻击计算机信息系统，下面有一种不被使用的手段是：

A. 分布式攻击、恶意代码攻击

B. 恶意代码攻击、消息收集攻击

C. 删除操作系统文件、关闭计算机系统

D. 代码漏洞攻击、欺骗和会话劫持攻击

102. 计算机系统中，存储器系统包括：

    A. 寄存器组、外存储器和主存储器

    B. 寄存器组、高速缓冲存储器（Cache）和外存储器

    C. 主存储器、高速缓冲存储器（Cache）和外存储器

    D. 主存储器、寄存器组和光盘存储器

103. 在计算机系统中，设备管理是指对：

    A. 除 CPU 和内存储器以外的所有输入/输出设备的管理

    B. 包括 CPU 和内存储器及所有输入/输出设备的管理

    C. 除 CPU 外，包括内存储器及所有输入/输出设备的管理

    D. 除内存储器外，包括 CPU 及所有输入/输出设备的管理

104. Windows 提供了两种十分有效的文件管理工具，它们是：

    A. 集合和记录   B. 批处理文件和目标文件

    C. 我的电脑和资源管理器   D. 我的文档、文件夹

105. 一个典型的计算机网络主要由两大部分组成，即：

    A. 网络硬件系统和网络软件系统

    B. 资源子网和网络硬件系统

    C. 网络协议和网络软件系统

    D. 网络硬件系统和通信子网

106. 局域网是指将各种计算机网络设备互联在一起的通信网络，但其覆盖的地理范围有限，通常在：

    A. 几十米之内   B. 几百公里之内

    C. 几公里之内   D. 几十公里之内

107. 某企业年初投资 5000 万元，拟 10 年内等额回收本利，若基准收益率为 8%，则每年年末应回收的资金是：

    A. 540.00 万元   B. 1079.46 万元

    C. 745.15 万元   D. 345.15 万元

108. 建设项目评价中的总投资包括:

A. 建设投资和流动资金

B. 建设投资和建设期利息

C. 建设投资、建设期利息和流动资金

D. 固定资产投资和流动资产投资

109. 新设法人融资方式,建设项目所需资金来源于:

A. 资本金和权益资金　　　　　　　　B. 资本金和注册资本

C. 资本金和债务资金　　　　　　　　D. 建设资金和债务资金

110. 财务生存能力分析中,财务生存的必要条件是:

A. 拥有足够的经营净现金流量

B. 各年累计盈余资金不出现负值

C. 适度的资产负债率

D. 项目资本金净利润率高于同行业的净利润率参考值

111. 交通运输部门拟修建一条公路,预计建设期为一年,建设期初投资为 100 万元,建成后即投入使用,预计使用寿命为 10 年,每年将产生的效益为 20 万元,每年需投入保养费 8000 元。若社会折现率为 10%,则该项目的效益费用比为:

A. 1.07　　　　　　　　　　　　　　B. 1.17

C. 1.85　　　　　　　　　　　　　　D. 1.92

112. 建设项目经济评价有一整套指标体系,敏感性分析可选定其中一个或几个主要指标进行分析,最基本的分析指标是:

A. 财务净现值　　　　　　　　　　　B. 内部收益率

C. 投资回收期　　　　　　　　　　　D. 偿债备付率

113. 在项目无资金约束、寿命不同、产出不同的条件下,方案经济比选只能采用:

A. 净现值比较法

B. 差额投资内部收益率法

C. 净年值法

D. 费用年值法

114. 在对象选择中，通过对每个部件与其他各部件的功能重要程度进行逐一对比打分，相对重要的得 1 分，不重要的得 0 分，此方法称为：

A. 经验分析法
B. 百分比法
C. ABC 分析法
D. 强制确定法

115. 按照《中华人民共和国建筑法》的规定，下列叙述中正确的是：

A. 设计文件选用的建筑材料、建筑构配件和设备，不得注明其规格、型号
B. 设计文件选用的建筑材料、建筑构配件和设备，不得指定生产厂、供应商
C. 设计单位应按照建设单位提出的质量要求进行设计
D. 设计单位对施工过程中发现的质量问题应当按照监理单位的要求进行改正

116. 根据《中华人民共和国招标投标法》的规定，招标人对已发出的招标文件进行必要的澄清或修改的，应该以书面形式通知所有招标文件收受人，通知的时间应当在招标文件要求提交投标文件截止时间至少：

A. 20 日前
B. 15 日前
C. 7 日前
D. 5 日前

117. 按照《中华人民共和国合同法》的规定，下列情形中，要约不失效的是：

A. 拒绝要约的通知到达要约人
B. 要约人依法撤销要约
C. 承诺期限届满，受要约人未作出承诺
D. 受要约人对要约的内容作出非实质性变更

118. 根据《中华人民共和国节约能源法》的规定，国家实施的能源发展战略是：

A. 限制发展高耗能、高污染行业，发展节能环保型产业
B. 节约与开发并举，把节约放在首位
C. 合理调整产业结构、企业结构、产品结构和能源消费结构
D. 开发和利用新能源、可再生能源

119. 根据《中华人民共和国环境保护法》的规定，下列关于企业事业单位排放污染物的规定中，正确的是：

（注：《中华人民共和国环境保护法》2014年进行了修订，此题已过时）

A. 排放污染物的企业事业单位，必须申报登记

B. 排放污染物超过标准的企业事业单位，或者缴纳超标准排污费，或者负责治理

C. 征收的超标准排污费必须用于该单位污染的治理，不得挪作他用

D. 对造成环境严重污染的企业事业单位，限期关闭

120. 根据《建设工程勘察设计管理条例》的规定，建设工程勘察、设计方案的评标一般不考虑：

A. 投标人资质
B. 勘察、设计方案的优劣
C. 设计人员的能力
D. 投标人的业绩

2012 年度全国勘察设计注册工程师

执业资格考试试卷

基础考试
（上）

二〇一二年九月

027

应考人员注意事项

1. 本试卷科目代码为"1"，考生务必将此代码填涂在答题卡"科目代码"相应的栏目内，否则，无法评分。

2. 书写用笔：**黑色或蓝色钢笔、签字笔或圆珠笔；**

   填涂答题卡用笔：**黑色 2B 铅笔。**

3. 必须用书写用笔将工作单位、姓名、准考证号填写在答题卡和试卷相应的栏目内。

4. 本试卷由 120 题组成，每题 1 分，满分 120 分，本试卷全部为单项选择题，每小题的四个备选项中只有一个正确答案，错选、多选、不选均不得分。

5. 考生作答时，必须按**题号在答题卡上**将相应试题所选选项对应的**字母用 2B 铅笔涂黑。**

6. 在答题卡上书写与题意无关的语言，或在答题卡上作标记的，均按违纪试卷处理。

7. 考试结束时，由监考人员当面将试卷、答题卡一并收回。

8. 草稿纸由各地统一配发，考后收回。

单项选择题（共 120 题，每题 1 分。每题的备选项中只有一个最符合题意。）

1. 设 $f(x)=\begin{cases}\cos x+x\sin\dfrac{1}{x} & x<0\\ x^2+1 & x\geq 0\end{cases}$，则 $x=0$ 是 $f(x)$ 的下面哪一种情况：

   A. 跳跃间断点   B. 可去间断点

   C. 第二类间断点   D. 连续点

2. 设 $\alpha(x)=1-\cos x$，$\beta(x)=2x^2$，则当 $x\to 0$ 时，下列结论中正确的是：

   A. $\alpha(x)$ 与 $\beta(x)$ 是等价无穷小

   B. $\alpha(x)$ 是 $\beta(x)$ 的高阶无穷小

   C. $\alpha(x)$ 是 $\beta(x)$ 的低阶无穷小

   D. $\alpha(x)$ 与 $\beta(x)$ 是同阶无穷小但不是等价无穷小

3. 设 $y=\ln(\cos x)$，则微分 $\mathrm{d}y$ 等于：

   A. $\dfrac{1}{\cos x}\mathrm{d}x$

   B. $\cot x\,\mathrm{d}x$

   C. $-\tan x\,\mathrm{d}x$

   D. $-\dfrac{1}{\cos x\sin x}\,\mathrm{d}x$

4. $f(x)$ 的一个原函数为 e^{-x^2}，则 $f'(x)=$

   A. $2(-1+2x^2)e^{-x^2}$

   B. $-2xe^{-x^2}$

   C. $2(1+2x^2)e^{-x^2}$

   D. $(1-2x)e^{-x^2}$

5. $f'(x)$ 连续，则 $\int f'(2x+1)\mathrm{d}x$ 等于：

   A. $f(2x+1)+C$

   B. $\dfrac{1}{2}f(2x+1)+C$

   C. $2f(2x+1)+C$

   D. $f(x)+C$

   （C 为任意常数）

029

6. 定积分 $\int_0^{\frac{1}{2}} \frac{1+x}{\sqrt{1-x^2}} \mathrm{d}x =$

A. $\frac{\pi}{3} + \frac{\sqrt{3}}{2}$

B. $\frac{\pi}{6} - \frac{\sqrt{3}}{2}$

C. $\frac{\pi}{6} - \frac{\sqrt{3}}{2} + 1$

D. $\frac{\pi}{6} + \frac{\sqrt{3}}{2} + 1$

7. 若 D 是由 $y=x$，$x=1$，$y=0$ 所围成的三角形区域，则二重积分 $\iint\limits_D f(x,y)\mathrm{d}x\mathrm{d}y$ 在极坐标系下的二次积分是：

A. $\int_0^{\frac{\pi}{4}} \mathrm{d}\theta \int_0^{\cos\theta} f(r\cos\theta, r\sin\theta) r \mathrm{d}r$

B. $\int_0^{\frac{\pi}{4}} \mathrm{d}\theta \int_0^{\frac{1}{\cos\theta}} f(r\cos\theta, r\sin\theta) r \mathrm{d}r$

C. $\int_0^{\frac{\pi}{4}} \mathrm{d}\theta \int_0^{\frac{1}{\cos\theta}} r \mathrm{d}r$

D. $\int_0^{\frac{\pi}{4}} \mathrm{d}\theta \int_0^{\frac{1}{\cos\theta}} f(x,y) \mathrm{d}r$

8. 当 $a < x < b$ 时，有 $f'(x) > 0$，$f''(x) < 0$，则在区间 (a,b) 内，函数 $y = f(x)$ 图形沿 x 轴正向是：

A. 单调减且凸的

B. 单调减且凹的

C. 单调增且凸的

D. 单调增且凹的

9. 函数在给定区间上不满足拉格朗日定理条件的是：

A. $f(x) = \frac{x}{1+x^2}$，$[-1,2]$

B. $f(x) = x^{\frac{2}{3}}$，$[-1,1]$

C. $f(x) = e^{\frac{1}{x}}$，$[1,2]$

D. $f(x) = \frac{x+1}{x}$，$[1,2]$

10. 下列级数中，条件收敛的是：

A. $\sum\limits_{n=1}^{\infty} \frac{(-1)^n}{n}$

B. $\sum\limits_{n=1}^{\infty} \frac{(-1)^n}{n^3}$

C. $\sum\limits_{n=1}^{\infty} \frac{(-1)^n}{n(n+1)}$

D. $\sum\limits_{n=1}^{\infty} (-1)^n \frac{n+1}{n+2}$

11. 当 $|x| < \frac{1}{2}$ 时，函数 $f(x) = \frac{1}{1+2x}$ 的麦克劳林展开式正确的是：

A. $\sum\limits_{n=0}^{\infty} (-1)^{n+1}(2x)^n$

B. $\sum\limits_{n=0}^{\infty} (-2)^n x^n$

C. $\sum\limits_{n=1}^{\infty} (-1)^n 2^n x^n$

D. $\sum\limits_{n=1}^{\infty} 2^n x^n$

12. 已知微分方程 $y' + p(x)y = q(x)[q(x) \neq 0]$ 有两个不同的特解 $y_1(x)$，$y_2(x)$，C 为任意常数，则该微分方程的通解是：

A. $y = C(y_1 - y_2)$

B. $y = C(y_1 + y_2)$

C. $y = y_1 + C(y_1 + y_2)$

D. $y = y_1 + C(y_1 - y_2)$

13. 以 $y_1 = e^x$，$y_2 = e^{-3x}$ 为特解的二阶线性常系数齐次微分方程是：

A. $y'' - 2y' - 3y = 0$

B. $y'' + 2y' - 3y = 0$

C. $y'' - 3y' + 2y = 0$

D. $y'' + 3y' + 2y = 0$

14. 微分方程$\dfrac{\mathrm{d}y}{\mathrm{d}x}+\dfrac{x}{y}=0$的通解是：

A. $x^2+y^2=C(C\in R)$

B. $x^2-y^2=C(C\in R)$

C. $x^2+y^2=C^2(C\in R)$

D. $x^2-y^2=C^2(C\in R)$

15. 曲线$y=(\sin x)^{\frac{3}{2}}(0\leqslant x\leqslant\pi)$与$x$轴围成的平面图形绕$x$轴旋转一周而成的旋转体体积等于：

A. $\dfrac{4}{3}$

B. $\dfrac{4}{3}\pi$

C. $\dfrac{2}{3}\pi$

D. $\dfrac{2}{3}\pi^2$

16. 曲线$x^2+4y^2+z^2=4$与平面$x+z=a$的交线在yOz平面上的投影方程是：

A. $\begin{cases}(a-z)^2+4y^2+z^2=4\\x=0\end{cases}$

B. $\begin{cases}x^2+4y^2+(a-x)^2=4\\z=0\end{cases}$

C. $\begin{cases}x^2+4y^2+(a-x)^2=4\\x=0\end{cases}$

D. $(a-z)^2+4y^2+z^2=4$

17. 方程$x^2-\dfrac{y^2}{4}+z^2=1$，表示：

A. 旋转双曲面

B. 双叶双曲面

C. 双曲柱面

D. 锥面

18. 设直线L为$\begin{cases}x+3y+2z+1=0\\2x-y-10z+3=0\end{cases}$，平面$\pi$为$4x-2y+z-2=0$，则直线和平面的关系是：

A. L平行于π

B. L在π上

C. L垂直于π

D. L与π斜交

19. 已知n阶可逆矩阵A的特征值为λ_0，则矩阵$(2A)^{-1}$的特征值是：

A. $\dfrac{2}{\lambda_0}$

B. $\dfrac{\lambda_0}{2}$

C. $\dfrac{1}{2\lambda_0}$

D. $2\lambda_0$

20. 设$\vec{\alpha_1}$，$\vec{\alpha_2}$，$\vec{\alpha_3}$，$\vec{\beta}$为n维向量组，已知$\vec{\alpha_1}$，$\vec{\alpha_2}$，$\vec{\beta}$线性相关，$\vec{\alpha_2}$，$\vec{\alpha_3}$，$\vec{\beta}$线性无关，则下列结论中正确的是：

A. $\vec{\beta}$必可用$\vec{\alpha_1}$，$\vec{\alpha_2}$线性表示

B. $\vec{\alpha_1}$必可用$\vec{\alpha_2}$，$\vec{\alpha_3}$，$\vec{\beta}$线性表示

C. $\vec{\alpha_1}$，$\vec{\alpha_2}$，$\vec{\alpha_3}$必线性无关

D. $\vec{\alpha_1}$，$\vec{\alpha_2}$，$\vec{\alpha_3}$必线性相关

21. 要使得二次型$f(x_1, x_2, x_3) = x_1^2 + 2tx_1x_2 + x_2^2 - 2x_1x_3 + 2x_2x_3 + 2x_3^2$为正定的，则$t$的取值条件是：

A. $-1 < t < 1$

B. $-1 < t < 0$

C. $t > 0$

D. $t < -1$

22. 若事件A、B互不相容，且$P(A) = p$，$P(B) = q$，则$P(\overline{A}\,\overline{B})$等于：

A. $1 - p$

B. $1 - q$

C. $1 - (p + q)$

D. $1 + p + q$

23. 若随机变量X与Y相互独立，且X在区间$[0,2]$上服从均匀分布，Y服从参数为3的指数分布，则数学期望$E(XY) =$

A. $\dfrac{4}{3}$

B. 1

C. $\dfrac{2}{3}$

D. $\dfrac{1}{3}$

24. 设$X_1, X_2, \cdots, X_n$是来自总体$N(\mu, \sigma^2)$的样本，μ、σ^2未知，$\overline{X} = \dfrac{1}{n}\sum\limits_{i=1}^{n} X_i$，$Q^2 = \sum\limits_{i=1}^{n}\left(X_i - \overline{X}\right)^2$，$Q > 0$。则检验假设$H_0$：$\mu = 0$时应选取的统计量是：

A. $\sqrt{n(n-1)}\dfrac{\overline{X}}{Q}$

B. $\sqrt{n}\dfrac{\overline{X}}{Q}$

C. $\sqrt{n-1}\dfrac{\overline{X}}{Q}$

D. $\sqrt{n}\dfrac{\overline{X}}{Q^2}$

25. 两种摩尔质量不同的理想气体，它们压强相同、温度相同、体积不同。则它们的：

A. 单位体积内的分子数不同

B. 单位体积内气体的质量相同

C. 单位体积内气体分子的总平均平动动能相同

D. 单位体积内气体的内能相同

26. 某种理想气体的总分子数为N，分子速率分布函数为$f(v)$，则速率在$v_1 \rightarrow v_2$区间内的分子数是：

A. $\int_{v_1}^{v_2} f(v)\mathrm{d}v$

B. $N\int_{v_1}^{v_2} f(v)\mathrm{d}v$

C. $\int_{0}^{\infty} f(v)\mathrm{d}v$

D. $N\int_{0}^{\infty} f(v)\mathrm{d}v$

27. 一定量的理想气体由a状态经过一过程到达b状态，吸热为335J，系统对外做功126J；若系统经过另一过程由a状态到达b状态，系统对外做功42J，则过程中传入系统的热量为：

A. 530J   B. 167J

C. 251J   D. 335J

28. 一定量的理想气体，经过等体过程，温度增量ΔT，内能变化ΔE_1，吸收热量Q_1；若经过等压过程，温度增量也为ΔT，内能变化ΔE_2，吸收热量Q_2，则一定是：

A. $\Delta E_2 = \Delta E_1$，$Q_2 > Q_1$

B. $\Delta E_2 = \Delta E_1$，$Q_2 < Q_1$

C. $\Delta E_2 > \Delta E_1$，$Q_2 > Q_1$

D. $\Delta E_2 < \Delta E_1$，$Q_2 < Q_1$

29. 一平面简谐波的波动方程为$y = 2 \times 10^{-2} \cos 2\pi \left(10t - \frac{x}{5}\right)$(SI)。$t = 0.25$s时，处于平衡位置，且与坐标原点$x = 0$最近的质元的位置是：

A. ±5m   B. 5m

C. ±1.25m   D. 1.25m

30. 一平面简谐波沿x轴正方向传播，振幅$A = 0.02$m，周期$T = 0.5$s，波长$\lambda = 100$m，原点处质元的初相位$\phi = 0$，则波动方程的表达式为：

A. $y = 0.02 \cos 2\pi \left(\frac{t}{2} - 0.01x\right)$ (SI)

B. $y = 0.02 \cos 2\pi (2t - 0.01x)$ (SI)

C. $y = 0.02 \cos 2\pi \left(\frac{t}{2} - 100x\right)$ (SI)

D. $y = 0.02 \cos 2\pi (2t - 100x)$ (SI)

31. 两人轻声谈话的声强级为40dB，热闹市场上噪声的声强级为80dB。市场上噪声的声强与轻声谈话的声强之比为：

A. 2   B. 20

C. 10^2 D. 10^4

32. P_1和P_2为偏振化方向相互垂直的两个平行放置的偏振片，光强为I_0的自然光垂直入射在第一个偏振片P_1上，则透过P_1和P_2的光强分别为：

A. $\frac{I_0}{2}$和0

B. 0和$\frac{I_0}{2}$

C. I_0和I_0

D. $\frac{I_0}{2}$和$\frac{I_0}{2}$

33. 一束自然光自空气射向一块平板玻璃，设入射角等于布儒斯特角，则反射光为：

A. 自然光   B. 部分偏振光

C. 完全偏振光   D. 圆偏振光

34. 波长$\lambda = 550nm(1nm = 10^{-9}m)$的单色光垂直入射于光栅常数为$2 \times 10^{-4}cm$的平面衍射光栅上，可能观察到光谱线的最大级次为：

A. 2   B. 3

C. 4   D. 5

35. 在单缝夫琅禾费衍射实验中，波长为λ的单色光垂直入射到单缝上，对应于衍射角为30°的方向上，若单缝处波阵面可分成3个半波带。则缝宽a为：

A. λ B. 1.5λ

C. 2λ D. 3λ

36. 以双缝干涉实验中，波长为λ的单色平行光垂直入射到缝间距为a的双缝上，屏到双缝的距离为D，则某一条明纹与其相邻的一条暗纹的间距为：

A. $\frac{D\lambda}{a}$

B. $\frac{D\lambda}{2a}$

C. $\frac{2D\lambda}{a}$

D. $\frac{D\lambda}{4a}$

37. 钴的价层电子构型是$3d^74s^2$，钴原子外层轨道中未成对电子数为：

A. 1　　　　　　　　　　　　　　　B. 2

C. 3　　　　　　　　　　　　　　　D. 4

38. 在 HF、HCl、HBr、HI 中，按熔、沸点由高到低顺序排列正确的是：

A. HF、HCl、HBr、HI

B. HI、HBr、HCl、HF

C. HCl、HBr、HI、HF

D. HF、HI、HBr、HCl

39. 对于 HCl 气体溶解于水的过程，下列说法正确的是：

A. 这仅是一个物理变化过程

B. 这仅是一个化学变化过程

C. 此过程既有物理变化又有化学变化

D. 此过程中溶质的性质发生了变化，而溶剂的性质未变

40. 体系与环境之间只有能量交换而没有物质交换，这种体系在热力学上称为：

A. 绝热体系　　　　　　　　　　　B. 循环体系

C. 孤立体系　　　　　　　　　　　D. 封闭体系

41. 反应$PCl_3(g) + Cl_2(g) \rightleftharpoons PCl_5(g)$，298K 时$K^\ominus = 0.767$，此温度下平衡时，如$p(PCl_5) = p(PCl_3)$，则$p(Cl_2) =$

A. 130.38kPa

B. 0.767kPa

C. 7607kPa

D. $7.67×10^{-3}$kPa

42. 在铜锌原电池中，将铜电极的$C(H^+)$由1mol/L增加到2mol/L，则铜电极的电极电势：

A. 变大　　　　　　　　　　　　　B. 变小

C. 无变化　　　　　　　　　　　　D. 无法确定

43. 元素的标准电极电势图如下：

$$Cu^{2+} \xrightarrow{0.159} Cu^{+} \xrightarrow{0.52} Cu$$

$$Au^{3+} \xrightarrow{1.36} Au^{+} \xrightarrow{1.83} Au$$

$$Fe^{3+} \xrightarrow{0.771} Fe^{2+} \xrightarrow{-0.44} Fe$$

$$MnO_4^{-} \xrightarrow{1.51} Mn^{2+} \xrightarrow{-1.18} Mn$$

在空气存在的条件下，下列离子在水溶液中最稳定的是：

A. Cu^{2+} B. Au^{+}

C. Fe^{2+} D. Mn^{2+}

44. 按系统命名法，下列有机化合物命名正确的是：

A. 2-乙基丁烷   B. 2，2-二甲基丁烷

C. 3，3-二甲基丁烷   D. 2，3，3-三甲基丁烷

45. 下列物质使溴水褪色的是：

A. 乙醇   B. 硬脂酸甘油酯

C. 溴乙烷   D. 乙烯

46. 昆虫能分泌信息素。下列是一种信息素的结构简式：

$$CH_3(CH_2)_5CH = CH(CH_2)_9CHO$$

下列说法正确的是：

A. 这种信息素不可以与溴发生加成反应

B. 它可以发生银镜反应

C. 它只能与 1mol H_2 发生加成反应

D. 它是乙烯的同系物

47. 图示刚架中，若将作用于B处的水平力P沿其作用线移至C处，则A、D处的约束力：

A. 都不变

B. 都改变

C. 只有A处改变

D. 只有D处改变

48. 图示绞盘有三个等长为l的柄，三个柄均在水平面内，其间夹角都是120°。如在水平面内，每个柄端分别作用一垂直于柄的力F_1、F_2、F_3，且有$F_1 = F_2 = F_3 = F$，该力系向O点简化后的主矢及主矩应为：

A. $F_R = 0$，$M_O = 3Fl(\curvearrowright)$

B. $F_R = 0$，$M_O = 3Fl(\curvearrowleft)$

C. $F_R = 2F(水平向右)$，$M_O = 3Fl(\curvearrowright)$

D. $F_R = 2F(水平向左)$，$M_O = 3Fl(\curvearrowleft)$

49. 图示起重机的平面构架，自重不计，且不计滑轮质量，已知：$F = 100$kN，$L = 70$cm，B、D、E为铰链连接。则支座A的约束力为：

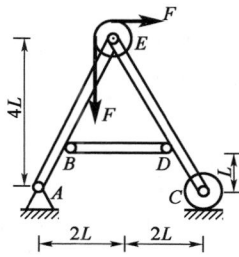

A. $F_{Ax} = 100$kN$(\leftarrow)$，$F_{Ay} = 150$kN$(\downarrow)$

B. $F_{Ax} = 100$kN$(\rightarrow)$，$F_{Ay} = 50$kN$(\uparrow)$

C. $F_{Ax} = 100$kN$(\leftarrow)$，$F_{Ay} = 50$kN$(\downarrow)$

D. $F_{Ax} = 100$kN$(\leftarrow)$，$F_{Ay} = 100$kN$(\downarrow)$

50. 平面结构如图所示，自重不计。已知：$F = 100$kN。判断图示BCH桁架结构中，内力为零的杆数是：

A. 3 根杆

B. 4 根杆

C. 5 根杆

D. 6 根杆

51. 动点以常加速度2m/s²做直线运动。当速度由5m/s增加到8m/s时，则点运动的路程为：

A. 7.5m   B. 12m

C. 2.25m   D. 9.75m

52. 物体作定轴转动的运动方程为$\varphi = 4t - 3t^2$（φ以 rad 计，t以 s 计）。此物体内，转动半径$r = 0.5$m的一点，在$t_0 = 0$时的速度和法向加速度的大小分别为：

A. 2m/s，8m/s²   B. 3m/s，3m/s²

C. 2m/s，8.54m/s²   D. 0，8m/s²

53. 一木板放在两个半径 $r = 0.25$m 的传输鼓轮上面。在图示瞬时，木板具有不变的加速度 $a = 0.5$m/s^2，方向向右；同时，鼓轮边缘上的点具有一大小为3m/s^{2}的全加速度。如果木板在鼓轮上无滑动，则此木板的速度为：

A. 0.86m/s

B. 3m/s

C. 0.5m/s

D. 1.67m/s

54. 重为 W 的人乘电梯铅垂上升，当电梯加速上升、匀速上升及减速上升时，人对地板的压力分别为 P_1、P_2、P_3，它们之间的关系为：

A. $P_1 = P_2 = P_3$ B. $P_1 > P_2 > P_3$

C. $P_1 < P_2 < P_3$ D. $P_1 < P_2 > P_3$

55. 均质细杆 AB 重力为 W，A 端置于光滑水平面上，B 端用绳悬挂，如图所示。当绳断后，杆在倒地的过程中，质心 C 的运动轨迹为：

A. 圆弧线

B. 曲线

C. 铅垂直线

D. 抛物线

56. 杆 OA 与均质圆轮的质心用光滑铰链 A 连接，如图所示，初始时它们静止于铅垂面内，现将其释放，则圆轮 A 所作的运动为：

A. 平面运动

B. 绕轴 O 的定轴转动

C. 平行移动

D. 无法判断

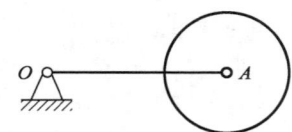

57. 图示质量为 m、长为 l 的均质杆 OA 绕 O 轴在铅垂平面内作定轴转动。已知某瞬时杆的角速度为 ω，角加速度为 α，则杆惯性力系合力的大小为：

A. $\frac{l}{2}m\sqrt{\alpha^2 + \omega^2}$

B. $\frac{l}{2}m\sqrt{\alpha^2 + \omega^4}$

C. $\frac{l}{2}m\alpha$

D. $\frac{l}{2}m\omega^2$

58. 已知单自由度系统的振动固有频率$\omega_n = 2\text{rad/s}$,若在其上分别作用幅值相同而频率为$\omega_1 = 1\text{rad/s}$, $\omega_2 = 2\text{rad/s}$, $\omega_3 = 3\text{rad/s}$的简谐干扰力,则此系统强迫振动的振幅为:

   A. $\omega_1 = 1\text{rad/s}$时振幅最大

   B. $\omega_2 = 2\text{rad/s}$时振幅最大

   C. $\omega_3 = 3\text{rad/s}$时振幅最大

   D. 不能确定

59. 截面面积为A的等截面直杆,受轴向拉力作用。杆件的原始材料为低碳钢,若将材料改为木材,其他条件不变,下列结论中正确的是:

   A. 正应力增大,轴向变形增大

   B. 正应力减小,轴向变形减小

   C. 正应力不变,轴向变形增大

   D. 正应力减小,轴向变形不变

60. 图示等截面直杆,材料的拉压刚度为EA,杆中距离A端$1.5L$处横截面的轴向位移是:

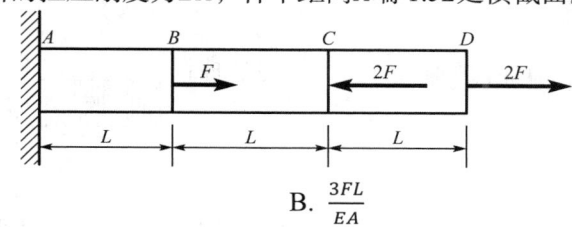

   A. $\dfrac{4FL}{EA}$ B. $\dfrac{3FL}{EA}$

   C. $\dfrac{2FL}{EA}$ D. $\dfrac{FL}{EA}$

61. 图示冲床的冲压力$F = 300\pi\,\text{kN}$,钢板的厚度$t = 10\text{mm}$,钢板的剪切强度极限$\tau_b = 300\text{MPa}$。冲床在钢板上可冲圆孔的最大直径d是:

   A. $d = 200\text{mm}$

   B. $d = 100\text{mm}$

   C. $d = 4000\text{mm}$

   D. $d = 1000\text{mm}$

62. 图示两根木杆连接结构，已知木材的许用切应力为$[\tau]$，许用挤压应力为$[\sigma_{bs}]$，则a与h的合理比值是：

A. $\dfrac{h}{a} = \dfrac{[\tau]}{[\sigma_{bs}]}$

B. $\dfrac{h}{a} = \dfrac{[\sigma_{bs}]}{[\tau]}$

C. $\dfrac{h}{a} = \dfrac{[\tau]a}{[\sigma_{bs}]}$

D. $\dfrac{h}{a} = \dfrac{[\sigma_{bs}]a}{[\tau]}$

63. 圆轴受力如图所示，下面 4 个扭矩图中正确的是：

64. 直径为d的实心圆轴受扭，若使扭转角减小一半，圆轴的直径需变为：

A. $\sqrt[4]{2}d$

B. $\sqrt[3]{2}d$

C. $0.5d$

D. $\dfrac{8}{3}d$

65. 梁ABC的弯矩如图所示，根据梁的弯矩图，可以断定该梁B点处：

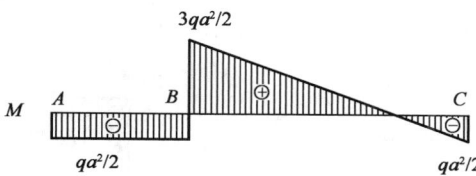

A. 无外荷载

B. 只有集中力偶

C. 只有集中力

D. 有集中力和集中力偶

66. 图示空心截面对z轴的惯性矩I_z为：

A. $I_z = \dfrac{\pi d^4}{32} - \dfrac{a^4}{12}$

B. $I_z = \dfrac{\pi d^4}{64} - \dfrac{a^4}{12}$

C. $I_z = \dfrac{\pi d^4}{32} + \dfrac{a^4}{12}$

D. $I_z = \dfrac{\pi d^4}{64} + \dfrac{a^4}{12}$

67. 两根矩形截面悬臂梁，弹性模量均为E，横截面尺寸如图所示，两梁的载荷均为作用在自由端的集中力偶。已知两梁的最大挠度相同，则集中力偶M_{e2}是M_{e1}的：（悬臂梁受自由端集中力偶M作用，自由端挠度为$\dfrac{ML^2}{2EI}$）

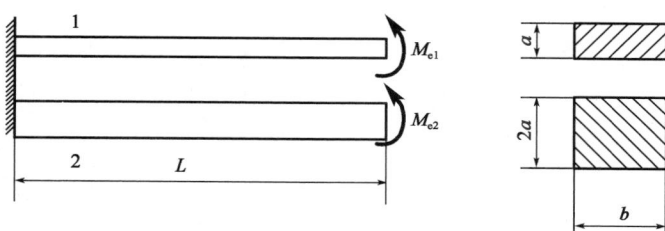

A. 8 倍

B. 4 倍

C. 2 倍

D. 1 倍

68. 图示等边角钢制成的悬臂梁 AB，c 点为截面形心，x' 为该梁轴线，y'、z' 为形心主轴。集中力 F 竖直向下，作用线过角钢两个狭长矩形边中线的交点，梁将发生以下变形：

A. $x'z'$ 平面内的平面弯曲

B. 扭转和 $x'z'$ 平面内的平面弯曲

C. $x'y'$ 平面和 $x'z'$ 平面内的双向弯曲

D. 扭转和 $x'y'$ 平面、$x'z'$ 平面内的双向弯曲

69. 图示单元体，法线与 x 轴夹角 $\alpha = 45°$ 的斜截面上切应力 τ_α 是：

A. $\tau_\alpha = 10\sqrt{2}\text{MPa}$

B. $\tau_\alpha = 50\text{MPa}$

C. $\tau_\alpha = 60\text{MPa}$

D. $\tau_\alpha = 0$

70. 图示矩形截面细长（大柔度）压杆，弹性模量为 E。该压杆的临界荷载 F_{cr} 为：

A. $F_{cr} = \dfrac{\pi^2 E}{L^2}\left(\dfrac{bh^3}{12}\right)$

B. $F_{cr} = \dfrac{\pi^2 E}{L^2}\left(\dfrac{hb^3}{12}\right)$

C. $F_{cr} = \dfrac{\pi^2 E}{(2L)^2}\left(\dfrac{bh^3}{12}\right)$

D. $F_{cr} = \dfrac{\pi^2 E}{(2L)^2}\left(\dfrac{hb^3}{12}\right)$

71. 按连续介质概念，流体质点是：

A. 几何的点

B. 流体的分子

C. 流体内的固体颗粒

D. 几何尺寸在宏观上同流动特征尺度相比是微小量，又含有大量分子的微元体

72. 设 A、B 两处液体的密度分别为 ρ_A 与 ρ_B，由 U 形管连接，如图所示，已知水银密度为 ρ_m，1、2 面的高度差为 Δh，它们与 A、B 中心点的高度差分别是 h_1 与 h_2，则 AB 两中心点的压强差 $P_A - P_B$ 为：

A. $(-h_1\rho_A + h_2\rho_B + \Delta h\rho_m)g$

B. $(h_1\rho_A - h_2\rho_B - \Delta h\rho_m)g$

C. $[-h_1\rho_A + h_2\rho_B + \Delta h(\rho_m - \rho_A)]g$

D. $[h_1\rho_A - h_2\rho_B - \Delta h(\rho_m - \rho_A)]g$

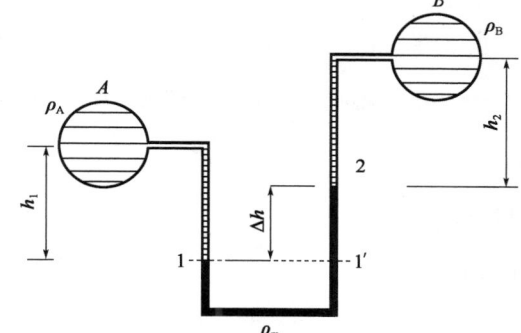

73. 汇流水管如图所示，已知三部分水管的横截面积分别为 $A_1 = 0.01\mathrm{m}^2$，$A_2 = 0.005\mathrm{m}^2$，$A_3 = 0.01\mathrm{m}^2$ 入流速度 $v_1 = 4\mathrm{m/s}$，$v_2 = 6\mathrm{m/s}$，求出流的流速 v_3 为：

A. 8m/s

B. 6m/s

C. 7m/s

D. 5m/s

74. 尼古拉斯实验的曲线图中，在以下哪个区域里，不同相对粗糙度的试验点，分别落在一些与横轴平行的直线上，阻力系数 λ 与雷诺数无关：

A. 层流区

B. 临界过渡区

C. 紊流光滑区

D. 紊流粗糙区

75. 正常工作条件下，若薄壁小孔口直径为 d_1，圆柱形管嘴的直径为 d_2，作用水头 H 相等，要使得孔口与管嘴的流量相等，则直径 d_1 与 d_2 的关系是：

A. $d_1 > d_2$

B. $d_1 < d_2$

C. $d_1 = d_2$

D. 条件不足无法确定

76. 下面对明渠均匀流的描述哪项是正确的：

A. 明渠均匀流必须是非恒定流

B. 明渠均匀流的粗糙系数可以沿程变化

C. 明渠均匀流可以有支流汇入或流出

D. 明渠均匀流必须是顺坡

77. 有一完全井，半径 $r_0 = 0.3$m，含水层厚度 $H = 15$m，土壤渗透系数 $k = 0.0005$m/s，抽水稳定后，井水深 $h = 10$m，影响半径 $R = 375$m，则由达西定律得出的井的抽水量 Q 为：（其中计算系数为 1.366）

A. $0.0276\text{m}^3/\text{s}$

B. $0.0138\text{m}^3/\text{s}$

C. $0.0414\text{m}^3/\text{s}$

D. $0.0207\text{m}^3/\text{s}$

78. 量纲和谐原理是指：

A. 量纲相同的量才可以乘除

B. 基本量纲不能与导出量纲相运算

C. 物理方程式中各项的量纲必须相同

D. 量纲不同的量才可以加减

79. 关于电场和磁场，下述说法中正确的是：

A. 静止的电荷周围有电场，运动的电荷周围有磁场

B. 静止的电荷周围有磁场，运动的电荷周围有电场

C. 静止的电荷和运动的电荷周围都只有电场

D. 静止的电荷和运动的电荷周围都只有磁场

80. 如图所示，两长直导线的电流 $I_1 = I_2$，L 是包围 I_1、I_2 的闭合曲线，以下说法中正确的是：

A. L 上各点的磁场强度 H 的量值相等，不等于 0

B. L 上各点的 H 等于 0

C. L 上任一点的 H 等于 I_1、I_2 在该点的磁场强度的叠加

D. L 上各点的 H 无法确定

81. 电路如图所示，U_s为独立电压源，若外电路不变，仅电阻R变化时，将会引起下述哪种变化？

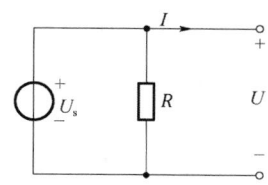

A. 端电压U的变化

B. 输出电流I的变化

C. 电阻R支路电流的变化

D. 上述三者同时变化

82. 在图 a）电路中有电流I时，可将图 a）等效为图 b），其中等效电压源电压U_s和等效电源内阻R_0分别为：

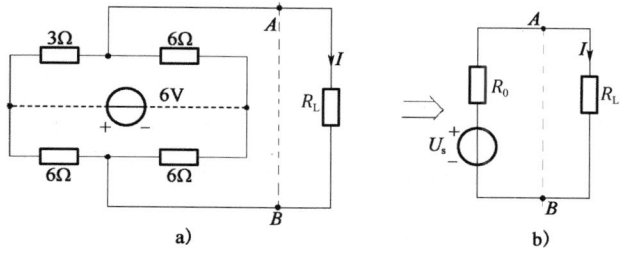

A. $-1V$, 5.143Ω B. $1V$, 5Ω C. $-1V$, 5Ω D. $1V$, 5.143Ω

83. 某三相电路中，三个线电流分别为：

$$i_A = 18\sin(314t + 23°) \ (A)$$
$$i_B = 18\sin(314t - 97°) \ (A)$$
$$i_C = 18\sin(314t + 143°) \ (A)$$

当$t = 10s$时，三个电流之和为：

A. $18A$ B. $0A$ C. $18\sqrt{2}A$ D. $18\sqrt{3}A$

84. 电路如图所示，电容初始电压为零，开关在$t = 0$时闭合，则$t \geq 0$时，$u(t)$为：

A. $(1 - e^{-0.5t})V$

B. $(1 + e^{-0.5t})V$

C. $(1 - e^{-2t})V$

D. $(1 + e^{-2t})V$

85. 有一容量为$10kV \cdot A$的单相变压器，电压为3300/220V，变压器在额定状态下运行。在理想的情况下副边可接40W、220V、功率因数$\cos\phi = 0.44$的日光灯多少盏？

A. 110   B. 200   C. 250   D. 125

86. 整流滤波电路如图所示，已知 $U_1 = 30V$，$U_o = 12V$，$R = 2k\Omega$，$R_L = 4k\Omega$（稳压管的稳定电流 $I_{Zmin} = 5mA$ 与 $I_{Zmax} = 18mA$）。通过稳压管的电流和通过二极管的平均电流分别是：

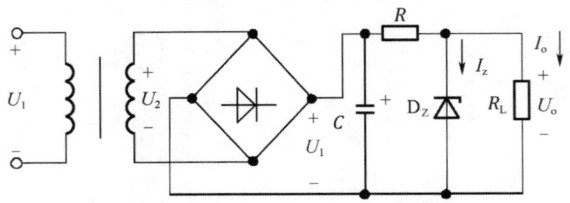

A. 5mA，2.5mA

B. 8mA，8mA

C. 6mA，2.5mA

D. 6mA，4.5mA

87. 晶体管非门电路如图所示，已知 $U_{CC} = 15V$，$U_B = -9V$，$R_C = 3k\Omega$，$R_B = 20k\Omega$，$\beta = 40$，当输入电压 $U_1 = 5V$ 时，要使晶体管饱和导通，R_X 的值不得大于：（设 $U_{BE} = 0.7V$，集电极和发射极之间的饱和电压 $U_{CES} = 0.3V$）

A. 7.1kΩ

B. 35kΩ

C. 3.55kΩ

D. 17.5kΩ

88. 图示为共发射极单管电压放大电路，估算静态点 I_B、I_C、V_{CE} 分别为：

A. 57μA，2.28mA，5.16V

B. 57μA，2.28mA，8V

C. 57μA，4mA，0V

D. 30μA，2.8mA，3.5V

89. 图为三个二极管和电阻 R 组成的一个基本逻辑门电路,输入二极管的高电平和低电平分别是 3V 和 0V,电路的逻辑关系式是:

A. Y=ABC

B. Y=A+B+C

C. Y=AB+C

D. Y=(A+B)C

90. 由两个主从型 JK 触发器组成的逻辑电路如图 a)所示,设 Q_1、Q_2 的初始态是 0、0,已知输入信号 A 和脉冲信号 CP 的波形,如图 b)所示,当第二个 CP 脉冲作用后,Q_1、Q_2 将变为:

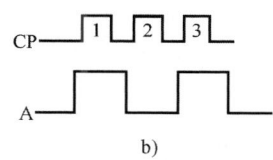

a)

b)

A. 1、1

B. 1、0

C. 0、1

D. 保持 0、0 不变

91. 图示为电报信号、温度信号、触发脉冲信号和高频脉冲信号的波形,其中是连续信号的是:

a) 电报信号

b) 温度信号

c) 触发脉冲信号

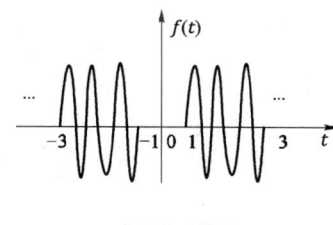

d) 高频脉冲信号

A. a)、c)、d)

B. b)、c)、d)

C. a)、b)、c)

D. a)、b)、d)

92. 连续时间信号与通常所说的模拟信号的关系是：

    A. 完全不同

    B. 是同一个概念

    C. 不完全相同

    D. 无法回答

93. 单位冲激信号 $\delta(t)$ 是：

    A. 奇函数

    B. 偶函数

    C. 非奇非偶函数

    D. 奇异函数，无奇偶性

94. 单位阶跃信号 $\varepsilon(t)$ 是物理量单位跃变现象，而单位冲激信号 $\delta(t)$ 是物理量产生单位跃变什么的现象：

    A. 速度

    B. 幅度

    C. 加速度

    D. 高度

95. 如图所示的周期为 T 的三角波信号，在用傅氏级数分析周期信号时，系数 a_0、a_n 和 b_n 判断正确的是：

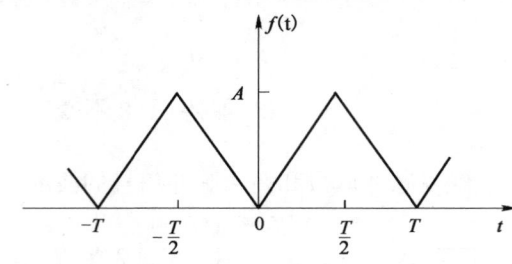

    A. 该信号是奇函数且在一个周期的平均值为零，所以傅立叶系数 a_0 和 b_n 是零

    B. 该信号是偶函数且在一个周期的平均值不为零，所以傅立叶系数 a_0 和 a_n 不是零

    C. 该信号是奇函数且在一个周期的平均值不为零，所以傅立叶系数 a_0 和 b_n 不是零

    D. 该信号是偶函数且在一个周期的平均值为零，所以傅立叶系数 a_0 和 b_n 是零

96. 将 $(11010010.01010100)_B$ 表示成十六进制数是：

    A. $(D2.54)_H$

    B. D2.54

    C. $(D2.A8)_H$

    D. $(D2.54)_B$

97. 计算机系统内的系统总线是：

    A. 计算机硬件系统的一个组成部分

    B. 计算机软件系统的一个组成部分

    C. 计算机应用软件系统的一个组成部分

    D. 计算机系统软件的一个组成部分

98. 目前，人们常用的文字处理软件有：

A. Microsoft Word 和国产字处理软件 WPS

B. Microsoft Excel 和 Auto CAD

C. Microsoft Access 和 Visual Foxpro

D. Visual BASIC 和 Visual C++

99. 下面所列各种软件中，最靠近硬件一层的是：

A. 高级语言程序

B. 操作系统

C. 用户低级语言程序

D. 服务性程序

100. 操作系统中采用虚拟存储技术，实际上是为实现：

A. 在一个较小内存储空间上，运行一个较小的程序

B. 在一个较小内存储空间上，运行一个较大的程序

C. 在一个较大内存储空间上，运行一个较小的程序

D. 在一个较大内存储空间上，运行一个较大的程序

101. 用二进制数表示的计算机语言称为：

A. 高级语言   B. 汇编语言

C. 机器语言   D. 程序语言

102. 下面四个二进制数中，与十六进制数 AE 等值的一个是：

A. 10100111   B. 10101110

C. 10010111   D. 11101010

103. 常用的信息加密技术有多种，下面所述四条不正确的一条是：

A. 传统加密技术、数字签名技术

B. 对称加密技术

C. 密钥加密技术

D. 专用 ASCII 码加密技术

104. 广域网，又称为远程网，它所覆盖的地理范围一般：

    A. 从几十米到几百米

    B. 从几百米到几公里

    C. 从几公里到几百公里

    D. 从几十公里到几千公里

105. 我国专家把计算机网络定义为：

    A. 通过计算机将一个用户的信息传送给另一个用户的系统

    B. 由多台计算机、数据传输设备以及若干终端连接起来的多计算机系统

    C. 将经过计算机储存、再生，加工处理的信息传输和发送的系统

    D. 利用各种通信手段，把地理上分散的计算机连在一起，达到相互通信、共享软/硬件和数据等资源的系统

106. 在计算机网络中，常将实现通信功能的设备和软件称为：

    A. 资源子网   B. 通信子网

    C. 广域网   D. 局域网

107. 某项目拟发行 1 年期债券。在年名义利率相同的情况下，使年实际利率较高的复利计息期是：

    A. 1 年   B. 半年

    C. 1 季度   D. 1 个月

108. 某建设工程建设期为 2 年。其中第一年向银行贷款总额为 1000 万元，第二年无贷款，贷款年利率为 6%，则该项目建设期利息为：

    A. 30 万元   B. 60 万元

    C. 61.8 万元   D. 91.8 万元

109. 某公司向银行借款 5000 万元，期限为 5 年，年利率为 10%，每年年末付息一次，到期一次还本，企业所得税率为 25%。若不考虑筹资费用，该项借款的资金成本率是：

    A. 7.5%   B. 10%

    C. 12.5%   D. 37.5%

110. 对于某常规项目（IRR 唯一），当设定折现率为 12%时，求得的净现值为 130 万元；当设定折现率为 14%时，求得的净现值为–50 万元，则该项目的内部收益率应是：

A. 11.56%

B. 12.77%

C. 13%

D. 13.44%

111. 下列财务评价指标中，反映项目偿债能力的指标是：

A. 投资回收期

B. 利息备付率

C. 财务净现值

D. 总投资收益率

112. 某企业生产一种产品，年固定成本为 1000 万元，单位产品的可变成本为 300 元、售价为 500 元，则其盈亏平衡点的销售收入为：

A. 5 万元

B. 600 万元

C. 1500 万元

D. 2500 万元

113. 下列项目方案类型中，适于采用净现值法直接进行方案选优的是：

A. 寿命期相同的独立方案

B. 寿命期不同的独立方案

C. 寿命期相同的互斥方案

D. 寿命期不同的互斥方案

114. 某项目由 A、B、C、D 四个部分组成，当采用强制确定法进行价值工程对象选择时，它们的价值指数分别如下所示。其中不应作为价值工程分析对象的是：

A. 0.7559

B. 1.0000

C. 1.2245

D. 1.5071

115. 建筑工程开工前，建设单位应当按照国家有关规定申请领取施工许可证，颁发施工许可证的单位应该是：

A. 县级以上人民政府建设行政主管部门

B. 工程所在地县级以上人民政府建设工程监督部门

C. 工程所在地省级以上人民政府建设行政主管部门

D. 工程所在地县级以上人民政府建设行政主管部门

116. 根据《中华人民共和国安全生产法》的规定，生产经营单位主要负责人对本单位的安全生产负总责，某生产经营单位的主要负责人对本单位安全生产工作的职责是：

A. 建立、健全本单位安全生产责任制

B. 保证本单位安全生产投入的有效使用

C. 及时报告生产安全事故

D. 组织落实本单位安全生产规章制度和操作规程

117. 根据《中华人民共和国招标投标法》的规定，某建设工程依法必须进行招标，招标人委托了招标代理机构办理招标事宜，招标代理机构的行为合法的是：

A. 编制投标文件和组织评标

B. 在招标人委托的范围内办理招标事宜

C. 遵守《中华人民共和国招标投标法》关于投标人的规定

D. 可以作为评标委员会成员参与评标

118. 《中华人民共和国合同法》规定的合同形式中不包括：

A. 书面形式   B. 口头形式

C. 特定形式   D. 其他形式

119. 根据《中华人民共和国行政许可法》规定，下列可以设定行政许可的事项是：

A. 企业或者其他组织的设立等，需要确定主体资格的事项

B. 市场竞争机制能够有效调节的事项

C. 行业组织或者中介机构能够自律管理的事项

D. 公民、法人或者其他组织能够自主决定的事项

120. 根据《建设工程质量管理条例》的规定，施工图必须经过审查批准，否则不得使用，某建设单位投资的大型工程项目施工图设计已经完成，该施工图应该报审的管理部门是：

A. 县级以上人民政府建设行政主管部门

B. 县级以上人民政府工程设计主管部门

C. 县级以上政府规划部门

D. 工程监理单位

2013 年度全国勘察设计注册工程师

执业资格考试试卷

基础考试
（上）

二〇一三年九月

应考人员注意事项

1. 本试卷科目代码为"1"，考生务必将此代码填涂在答题卡"科目代码"相应的栏目内，否则，无法评分。

2. 书写用笔：**黑色或蓝色钢笔、签字笔或圆珠笔；**
   填涂答题卡用笔：**黑色 2B 铅笔。**

3. 必须用书写用笔将工作单位、姓名、准考证号填写在答题卡和试卷相应的栏目内。

4. 本试卷由 120 题组成，每题 1 分，满分 120 分，本试卷全部为单项选择题，每小题的四个备选项中只有一个正确答案，错选、多选、不选均不得分。

5. 考生作答时，必须按**题号在答题卡上**将相应试题所选选项对应的**字母用 2B 铅笔涂黑。**

6. 在答题卡上书写与题意无关的语言，或在答题卡上作标记的，均按违纪试卷处理。

7. 考试结束时，由监考人员当面将试卷、答题卡一并收回。

8. 草稿纸由各地统一配发，考后收回。

单项选择题（共 120 题，每题 1 分。每题的备选项中只有一个最符合题意。）

1. 已知向量 $\boldsymbol{\alpha} = (-3, -2, 1)$，$\boldsymbol{\beta} = (1, -4, -5)$，则 $|\boldsymbol{\alpha} \times \boldsymbol{\beta}|$ 等于：

   A. 0   B. 6

   C. $14\sqrt{3}$ D. $14\boldsymbol{i} + 16\boldsymbol{j} - 10\boldsymbol{k}$

2. 若 $\lim\limits_{x \to 1} \dfrac{2x^2 + ax + b}{x^2 + x - 2} = 1$，则必有：

   A. $a = -1$，$b = 2$ B. $a = -1$，$b = -2$

   C. $a = -1$，$b = -1$ D. $a = 1$，$b = 1$

3. 若 $\begin{cases} x = \sin t \\ y = \cos t \end{cases}$，则 $\dfrac{\mathrm{d}y}{\mathrm{d}x}$ 等于：

   A. $-\tan t$ B. $\tan t$

   C. $-\sin t$ D. $\cot t$

4. 设 $f(x)$ 有连续导数，则下列关系式中正确的是：

   A. $\int f(x)\mathrm{d}x = f(x)$ B. $\left[\int f(x)\mathrm{d}x\right]' = f(x)$

   C. $\int f'(x)\mathrm{d}x = f(x)\mathrm{d}x$ D. $\left[\int f(x)\mathrm{d}x\right]' = f(x) + C$

5. 已知 $f(x)$ 为连续的偶函数，则 $f(x)$ 的原函数中：

   A. 有奇函数

   B. 都是奇函数

   C. 都是偶函数

   D. 没有奇函数也没有偶函数

6. 设 $f(x) = \begin{cases} 3x^2, & x \leqslant 1 \\ 4x - 1, & x > 1 \end{cases}$，则 $f(x)$ 在点 $x = 1$ 处：

   A. 不连续   B. 连续但左、右导数不存在

   C. 连续但不可导   D. 可导

7. 函数 $y = (5 - x)x^{\frac{2}{3}}$ 的极值可疑点的个数是：

   A. 0   B. 1

   C. 2   D. 3

8. 下列广义积分中发散的是：

    A. $\int_0^{+\infty} e^{-x}\,\mathrm{d}x$ B. $\int_0^{+\infty} \frac{1}{1+x^2}\,\mathrm{d}x$

    C. $\int_0^{+\infty} \frac{\ln x}{x}\,\mathrm{d}x$ D. $\int_0^1 \frac{1}{\sqrt{1-x^2}}\,\mathrm{d}x$

9. 二次积分 $\int_0^1 \mathrm{d}x \int_{x^2}^{x} f(x,y)\,\mathrm{d}y$ 交换积分次序后的二次积分是：

    A. $\int_{x^2}^{x} \mathrm{d}y \int_0^1 f(x,y)\,\mathrm{d}x$ B. $\int_0^1 \mathrm{d}y \int_{y^2}^{y} f(x,y)\,\mathrm{d}x$

    C. $\int_y^{\sqrt{y}} \mathrm{d}y \int_0^1 f(x,y)\,\mathrm{d}x$ D. $\int_0^1 \mathrm{d}y \int_y^{\sqrt{y}} f(x,y)\,\mathrm{d}x$

10. 微分方程 $xy' - y\ln y = 0$ 满足 $y(1)=e$ 的特解是：

    A. $y = ex$ B. $y = e^x$

    C. $y = e^{2x}$ D. $y = \ln x$

11. 设 $z = z(x,y)$ 是由方程 $xz - xy + \ln(xyz) = 0$ 所确定的可微函数，则 $\frac{\partial z}{\partial y} =$

    A. $\frac{-xz}{xz+1}$ B. $-x + \frac{1}{2}$

    C. $\frac{z(-xz+y)}{x(xz+1)}$ D. $\frac{z(xy-1)}{y(xz+1)}$

12. 正项级数 $\sum\limits_{n=1}^{\infty} a_n$ 的部分和数列 $\{S_n\}$ $\left(S_n = \sum\limits_{i=1}^{n} a_i\right)$ 有上界是该级数收敛的：

    A. 充分必要条件

    B. 充分条件而非必要条件

    C. 必要条件而非充分条件

    D. 既非充分又非必要条件

13. 若 $f(-x) = -f(x)(-\infty < x < +\infty)$，且在 $(-\infty, 0)$ 内 $f'(x) > 0$，$f''(x) < 0$，则 $f(x)$ 在 $(0, +\infty)$ 内是：

    A. $f'(x) > 0$，$f''(x) < 0$ B. $f'(x) < 0$，$f''(x) > 0$

    C. $f'(x) > 0$，$f''(x) > 0$ D. $f'(x) < 0$，$f''(x) < 0$

14. 微分方程 $y'' - 3y' + 2y = xe^x$ 的待定特解的形式是：

    A. $y = (Ax^2 + Bx)e^x$ B. $y = (Ax + B)e^x$

    C. $y = Ax^2 e^x$ D. $y = Axe^x$

15. 已知直线 L：$\dfrac{x}{3}=\dfrac{y+1}{-1}=\dfrac{z-3}{2}$，平面 π：$-2x+2y+z-1=0$，则：

    A. L 与 π 垂直相交   B. L 平行于 π，但 L 不在 π 上

    C. L 与 π 非垂直相交   D. L 在 π 上

16. 设 L 是连接点 $A(1,0)$ 及点 $B(0,-1)$ 的直线段，则对弧长的曲线积分 $\int_L (y-x)\,\mathrm{d}s=$

    A. -1 B. 1

    C. $\sqrt{2}$ D. $-\sqrt{2}$

17. 下列幂级数中，收敛半径 $R=3$ 的幂级数是：

    A. $\displaystyle\sum_{n=0}^{\infty} 3x^n$ B. $\displaystyle\sum_{n=0}^{\infty} 3^n x^n$

    C. $\displaystyle\sum_{n=0}^{\infty} \dfrac{1}{3^{\frac{n}{2}}} x^n$ D. $\displaystyle\sum_{n=0}^{\infty} \dfrac{1}{3^{n+1}} x^n$

18. 若 $z=f(x,y)$ 和 $y=\varphi(x)$ 均可微，则 $\dfrac{\mathrm{d}z}{\mathrm{d}x}$ 等于：

    A. $\dfrac{\partial f}{\partial x}+\dfrac{\partial f}{\partial y}$ B. $\dfrac{\partial f}{\partial x}+\dfrac{\partial f}{\partial y}\dfrac{\mathrm{d}\varphi}{\mathrm{d}x}$

    C. $\dfrac{\partial f}{\partial y}\dfrac{\mathrm{d}\varphi}{\mathrm{d}x}$ D. $\dfrac{\partial f}{\partial x}-\dfrac{\partial f}{\partial y}\dfrac{\mathrm{d}\varphi}{\mathrm{d}x}$

19. 已知向量组 $\boldsymbol{\alpha}_1=(3,2,-5)^{\mathrm{T}}$，$\boldsymbol{\alpha}_2=(3,-1,3)^{\mathrm{T}}$，$\boldsymbol{\alpha}_3=\left(1,-\dfrac{1}{3},1\right)^{\mathrm{T}}$，$\boldsymbol{\alpha}_4=(6,-2,6)^{\mathrm{T}}$，则该向量组的一个极大线性无关组是：

    A. $\boldsymbol{\alpha}_2$，$\boldsymbol{\alpha}_4$ B. $\boldsymbol{\alpha}_3$，$\boldsymbol{\alpha}_4$

    C. $\boldsymbol{\alpha}_1$，$\boldsymbol{\alpha}_2$ D. $\boldsymbol{\alpha}_2$，$\boldsymbol{\alpha}_3$

20. 若非齐次线性方程组 $\boldsymbol{Ax}=\boldsymbol{b}$ 中，方程的个数少于未知量的个数，则下列结论中正确的是：

    A. $\boldsymbol{Ax}=\boldsymbol{0}$ 仅有零解   B. $\boldsymbol{Ax}=\boldsymbol{0}$ 必有非零解

    C. $\boldsymbol{Ax}=\boldsymbol{0}$ 一定无解   D. $\boldsymbol{Ax}=\boldsymbol{b}$ 必有无穷多解

21. 已知矩阵 $\boldsymbol{A}=\begin{bmatrix}1 & -1 & 1\\ 2 & 4 & -2\\ -3 & -3 & 5\end{bmatrix}$ 与 $\boldsymbol{B}=\begin{bmatrix}\lambda & 0 & 0\\ 0 & 2 & 0\\ 0 & 0 & 2\end{bmatrix}$ 相似，则 λ 等于：

    A. 6   B. 5

    C. 4   D. 14

22. 设 A 和 B 为两个相互独立的事件，且 $P(A) = 0.4$，$P(B) = 0.5$，则 $P(A \cup B)$ 等于：

A. 0.9 B. 0.8

C. 0.7 D. 0.6

23. 下列函数中，可以作为连续型随机变量的分布函数的是：

A. $\Phi(x) = \begin{cases} 0 & x < 0 \\ 1 - e^x & x \geq 0 \end{cases}$ B. $F(x) = \begin{cases} e^x & x < 0 \\ 1 & x \geq 0 \end{cases}$

C. $G(x) = \begin{cases} e^{-x} & x < 0 \\ 1 & x \geq 0 \end{cases}$ D. $H(x) = \begin{cases} 0 & x < 0 \\ 1 + e^{-x} & x \geq 0 \end{cases}$

24. 设总体 $X \sim N(0, \sigma^2)$，$X_1, X_2, \cdots, X_n$ 是来自总体的样本，则 σ^2 的矩估计是：

A. $\frac{1}{n} \sum\limits_{i=1}^{n} X_i$ B. $n \sum\limits_{i=1}^{n} X_i$

C. $\frac{1}{n^2} \sum\limits_{i=1}^{n} X_i^2$ D. $\frac{1}{n} \sum\limits_{i=1}^{n} X_i^2$

25. 一瓶氦气和一瓶氮气，它们每个分子的平均平动动能相同，而且都处于平衡态。则它们：

A. 温度相同，氦分子和氮分子的平均动能相同

B. 温度相同，氦分子和氮分子的平均动能不同

C. 温度不同，氦分子和氮分子的平均动能相同

D. 温度不同，氦分子和氮分子的平均动能不同

26. 最概然速率 v_p 的物理意义是：

A. v_p 是速率分布中的最大速率

B. v_p 是大多数分子的速率

C. 在一定的温度下，速率与 v_p 相近的气体分子所占的百分率最大

D. v_p 是所有分子速率的平均值

27. 气体做等压膨胀，则：

A. 温度升高，气体对外做正功

B. 温度升高，气体对外做负功

C. 温度降低，气体对外做正功

D. 温度降低，气体对外做负功

28. 一定量理想气体由初态(p_1, V_1, T_1)经等温膨胀到达终态(p_2, V_2, T_1)，则气体吸收的热量Q为：

A. $Q = p_1 V_1 \ln \frac{V_2}{V_1}$

B. $Q = p_1 V_2 \ln \frac{V_2}{V_1}$

C. $Q = p_1 V_1 \ln \frac{V_1}{V_2}$

D. $Q = p_2 V_1 \ln \frac{p_2}{p_1}$

29. 一横波沿一根弦线传播，其方程为$y = -0.02 \cos \pi(4x - 50t)$ (SI)，该波的振幅与波长分别为：

A. 0.02cm，0.5cm

B. -0.02m，-0.5m

C. -0.02m，0.5m

D. 0.02m，0.5m

30. 一列机械横波在t时刻的波形曲线如图所示，则该时刻能量处于最大值的媒质质元的位置是：

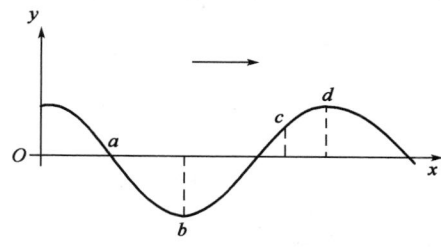

A. a

B. b

C. c

D. d

31. 在波长为λ的驻波中，两个相邻波腹之间的距离为：

A. $\lambda/2$

B. $\lambda/4$

C. $3\lambda/4$

D. λ

32. 两偏振片叠放在一起，欲使一束垂直入射的线偏振光经过两个偏振片后振动方向转过$90°$，且使出射光强尽可能大，则入射光的振动方向与前后两偏振片的偏振化方向夹角分别为：

A. $45°$和$90°$

B. $0°$和$90°$

C. $30°$和$90°$

D. $60°$和$90°$

33. 光的干涉和衍射现象反映了光的：

A. 偏振性质

B. 波动性质

C. 横波性质

D. 纵波性质

34. 若在迈克耳逊干涉仪的可动反射镜M移动了0.620mm的过程中，观察到干涉条纹移动了2300条，则所用光波的波长为：

A. 269nm   B. 539nm

C. 2690nm   D. 5390nm

35. 在单缝夫琅禾费衍射实验中，屏上第三级暗纹对应的单缝处波面可分成的半波带的数目为：

A. 3   B. 4

C. 5   D. 6

36. 波长为λ的单色光垂直照射在折射率为n的劈尖薄膜上，在由反射光形成的干涉条纹中，第五级明条纹与第三级明条纹所对应的薄膜厚度差为：

A. $\frac{\lambda}{2n}$ B. $\frac{\lambda}{n}$

C. $\frac{\lambda}{5n}$ D. $\frac{\lambda}{3n}$

37. 量子数$n=4$，$l=2$，$m=0$的原子轨道数目是：

A. 1   B. 2

C. 3   D. 4

38. PCl_3分子空间几何构型及中心原子杂化类型分别为：

A. 正四面体，sp^3杂化   B. 三角锥形，不等性sp^3杂化

C. 正方形，dsp^2杂化   D. 正三角形，sp^2杂化

39. 已知$Fe^{3+}\underline{0.771}Fe^{2+}\underline{-0.44}Fe$，则$E^{\ominus}(Fe^{3+}/Fe)$等于：

A. 0.331V   B. 1.211V

C. −0.036V   D. 0.110V

40. 在$BaSO_4$饱和溶液中，加入$BaCl_2$，利用同离子效应使$BaSO_4$的溶解度降低，体系中$c(SO_4{}^{2-})$的变化是：

A. 增大   B. 减小

C. 不变   D. 不能确定

41. 催化剂可加快反应速率的原因。下列叙述正确的是：

A. 降低了反应的$\Delta_r H_m^{\ominus}$ B. 降低了反应的$\Delta_r G_m^{\ominus}$

C. 降低了反应的活化能   D. 使反应的平衡常数$K^{\ominus}$减小

42. 已知反应 $C_2H_2(g) + 2H_2(g) \rightleftharpoons C_2H_6(g)$ 的 $\Delta_r H_m < 0$，当反应达平衡后，欲使反应向右进行，可采取的方法是：

   A. 升温，升压
   B. 升温，减压
   C. 降温，升压
   D. 降温，减压

43. 向原电池 $(-)Ag, AgCl \mid Cl^- \parallel Ag^+ \mid Ag(+)$ 的负极中加入 NaCl，则原电池电动势的变化是：

   A. 变大
   B. 变小
   C. 不变
   D. 不能确定

44. 下列各组物质在一定条件下反应，可以制得比较纯净的 1,2-二氯乙烷的是：

   A. 乙烯通入浓盐酸中
   B. 乙烷与氯气混合
   C. 乙烯与氯气混合
   D. 乙烯与卤化氢气体混合

45. 下列物质中，不属于醇类的是：

   A. C_4H_9OH
   B. 甘油
   C. $C_6H_5CH_2OH$
   D. C_6H_5OH

46. 人造象牙的主要成分是 $\text{—}CH_2\text{—}O\text{—}_n$，它是经加聚反应制得的。合成此高聚物的单体是：

   A. $(CH_3)_2O$
   B. CH_3CHO
   C. HCHO
   D. HCOOH

47. 图示构架由 AC、BD、CE 三杆组成，A、B、C、D 处为铰接，E 处光滑接触。已知：$F_p = 2kN$，$\theta = 45°$，杆及轮重均不计，则 E 处约束力的方向与 x 轴正向所成的夹角为：

   A. 0°
   B. 45°
   C. 90°
   D. 225°

48. 图示结构直杆BC，受荷载F，q作用，$BC = L$，$F = qL$，其中q为荷载集度，单位为N/m，集中力以N计，长度以m计。则该主动力系数对O点的合力矩为：

A. $M_O = 0$

B. $M_O = \frac{qL^2}{2}\text{N} \cdot \text{m}(\curvearrowleft)$

C. $M_O = \frac{3qL^2}{2}\text{N} \cdot \text{m}(\curvearrowleft)$

D. $M_O = qL^2\text{kN} \cdot \text{m}(\curvearrowright)$

49. 图示平面构架，不计各杆自重。已知：物块 M 重力为F_p，悬挂如图示，不计小滑轮D的尺寸与质量，A、E、C均为光滑铰链，$L_1 = 1.5\text{m}$，$L_2 = 2\text{m}$。则支座B的约束力为：

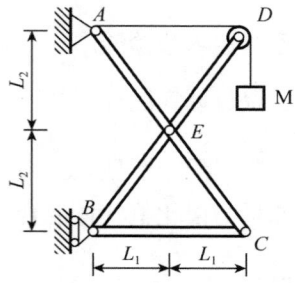

A. $F_B = 3F_p/4(\rightarrow)$

B. $F_B = 3F_p/4(\leftarrow)$

C. $F_B = F_p(\leftarrow)$

D. $F_B = 0$

50. 物体的重力为W，置于倾角为α的斜面上，如图所示。已知摩擦角$\varphi_m > \alpha$，则物块处于的状态为：

A. 静止状态

B. 临界平衡状态

C. 滑动状态

D. 条件不足，不能确定

51. 已知动点的运动方程为$x = t$，$y = 2t^2$。则其轨迹方程为：

A. $x = t^2 - t$

B. $y = 2t$

C. $y - 2x^2 = 0$

D. $y + 2x^2 = 0$

52. 一炮弹以初速度v_0和仰角α射出。对于图所示直角坐标的运动方程为$x = v_0 \cos \alpha t$，$y = v_0 \sin \alpha t - \frac{1}{2}gt^2$，则当$t = 0$时，炮弹的速度和加速度的大小分别为：

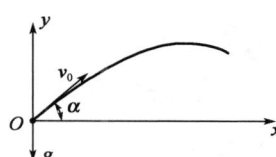

A. $v = v_0 \cos \alpha$，$a = g$

B. $v = v_0$，$a = g$

C. $v = v_0 \sin \alpha$，$a = -g$

D. $v = v_0$，$a = -g$

53. 两摩擦轮如图所示。则两轮的角速度与半径关系的表达式为：

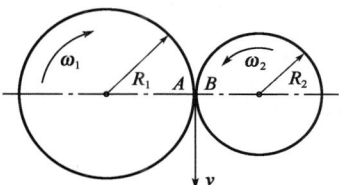

A. $\dfrac{\omega_1}{\omega_2} = \dfrac{R_1}{R_2}$

B. $\dfrac{\omega_1}{\omega_2} = \dfrac{R_2}{R_1^2}$

C. $\dfrac{\omega_1}{\omega_2} = \dfrac{R_1}{R_2^2}$

D. $\dfrac{\omega_1}{\omega_2} = \dfrac{R_2}{R_1}$

54. 质量为m的物块A，置于与水平面成θ角的斜面B上，如图所示。A与B间的摩擦系数为f，为保持A与B一起以加速度a水平向右运动，则所需加速度a的大小至少是：

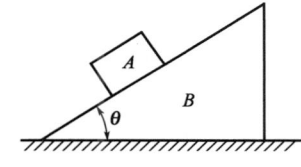

A. $a = \dfrac{g(f \cos \theta + \sin \theta)}{\cos \theta + f \sin \theta}$

B. $a = \dfrac{gf \cos \theta}{\cos \theta + f \sin \theta}$

C. $a = \dfrac{g(f \cos \theta - \sin \theta)}{\cos \theta + f \sin \theta}$

D. $a = \dfrac{gf \sin \theta}{\cos \theta + f \sin \theta}$

55. A块与B块叠放如图所示，各接触面处均考虑摩擦。当B块受力**F**作用沿水平面运动时，A块仍静止于B块上，于是：

A. 各接触面处的摩擦力都做负功

B. 各接触面处的摩擦力都做正功

C. A块上的摩擦力做正功

D. B块上的摩擦力做正功

56. 质量为m，长为$2l$的均质杆初始位于水平位置，如图所示。A端脱落后，杆绕轴B转动，当杆转到铅垂位置时，AB杆B处的约束力大小为：

A. $F_{Bx}=0$，$F_{By}=0$

B. $F_{Bx}=0$，$F_{By}=\dfrac{mg}{4}$

C. $F_{Bx}=l$，$F_{By}=mg$

D. $F_{Bx}=0$，$F_{By}=\dfrac{5mg}{2}$

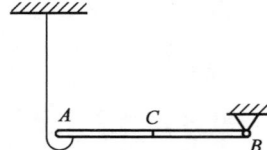

57. 质量为m，半径为R的均质圆轮，绕垂直于图面的水平轴O转动，其角速度为ω。在图示瞬时，角加速度为0，轮心C在其最低位置，此时将圆轮的惯性力系向O点简化，其惯性力主矢和惯性力主矩的大小分别为：

A. $m\dfrac{R}{2}\omega^2$，0

B. $mR\omega^2$，0

C. 0，0

D. 0，$\dfrac{1}{2}mR^2\omega^2$

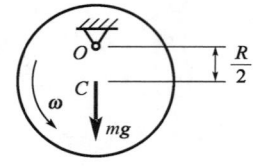

58. 质量为110kg的机器固定在刚度为2×10^6N/m的弹性基础上，当系统发生共振时，机器的工作频率为：

A. 66.7rad/s

B. 95.3rad/s

C. 42.6rad/s

D. 134.8rad/s

59. 图示结构的两杆面积和材料相同，在铅直力 F 作用下，拉伸正应力最先达到许用应力的杆是：

A. 杆 1

B. 杆 2

C. 同时达到

D. 不能确定

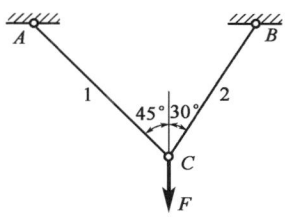

60. 图示结构的两杆许用应力均为 $[\sigma]$，杆 1 的面积为 A，杆 2 的面积为 $2A$，则该结构的许用荷载是：

A. $[F] = A[\sigma]$

B. $[F] = 2A[\sigma]$

C. $[F] = 3A[\sigma]$

D. $[F] = 4A[\sigma]$

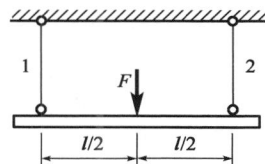

61. 钢板用两个铆钉固定在支座上，铆钉直径为 d，在图示荷载作用下，铆钉的最大切应力是：

A. $\tau_{max} = \dfrac{4F}{\pi d^2}$

与钢板之间的挤压应力是：

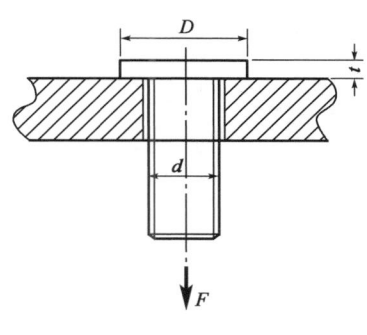

63. 圆轴直径为d，切变模量为G，在外力作用下发生扭转变形，现测得单位长度扭转角为θ，圆轴的最大切应力是：

A. $\tau_{\max} = \dfrac{16\theta G}{\pi d^3}$

B. $\tau_{\max} = \theta G \dfrac{\pi d^3}{16}$

C. $\tau_{\max} = \theta G d$

D. $\tau_{\max} = \dfrac{\theta G d}{2}$

64. 图示两根圆轴，横截面面积相同，但分别为实心圆和空心圆。在相同的扭矩T作用下，两轴最大切应力的关系是：

a)   b)

A. $\tau_a < \tau_b$

B. $\tau_a = \tau_b$

C. $\tau_a > \tau_b$

D. 不能确定

65. 简支梁AC的A、C截面为铰支端。已知的弯矩图如图所示，其中AB段为斜直线，BC段为抛物线。以下关于梁上荷载的正确判断是：

A. AB段$q = 0$，BC段$q \neq 0$，B截面处有集中力

B. AB段$q \neq 0$，BC段$q = 0$，B截面处有集中力

C. AB段$q = 0$，BC段$q \neq 0$，B截面处有集中力偶

D. AB段$q \neq 0$，BC段$q = 0$，B截面处有集中力偶

（q为分布荷载集度）

66. 悬臂梁的弯矩如图所示，根据梁的弯矩图，梁上的荷载F、m的值应是：

A. $F = 6$kN，$m = 10$kN·m

B. $F = 6$kN，$m = 6$kN·m

C. $F = 4$kN，$m = 4$kN·m

D. $F = 4$kN，$m = 6$kN·m

67. 承受均布荷载的简支梁如图 a）所示，现将两端的支座同时向梁中间移动$l/8$，如图 b）所示，两根梁的中点$\left(\frac{l}{2}处\right)$弯矩之比$\frac{M_a}{M_b}$为：

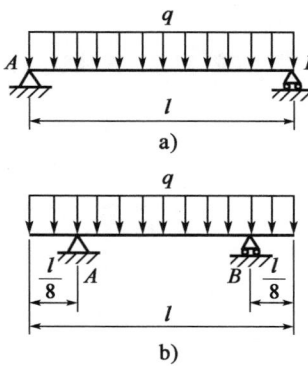

A. 16

B. 4

C. 2

D. 1

68. 按照第三强度理论，图示两种应力状态的危险程度是：

a) b)

A. a）更危险   B. b）更危险

C. 两者相同   D. 无法判断

69. 两根杆粘合在一起，截面尺寸如图所示。杆1的弹性模量为E_1，杆2的弹性模量为E_2，且$E_1 = 2E_2$。若轴向力F作用在截面形心，则杆件发生的变形是：

A. 拉伸和向上弯曲变形   B. 拉伸和向下弯曲变形

C. 弯曲变形   D. 拉伸变形

70. 图示细长压杆AB的A端自由，B端固定在简支梁上。该压杆的长度系数μ是：

A. $\mu > 2$

B. $2 > \mu > 1$

C. $1 > \mu > 0.7$

D. $0.7 > \mu > 0.5$

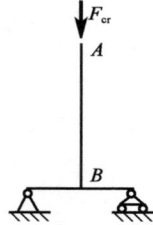

71. 半径为R的圆管中，横截面上流速分布为$u = 2\left(1 - \dfrac{r^2}{R^2}\right)$，其中$r$表示到圆管轴线的距离，则在$r_1 = 0.2R$处的黏性切应力与$r_2 = R$处的黏性切应力大小之比为：

A. 5   B. 25

C. 1/5   D. 1/25

72. 图示一水平放置的恒定变直径圆管流，不计水头损失，取两个截面标记为 1 和 2，当 $d_1 > d_2$ 时，则两截面形心压强关系是：

A. $p_1 < p_2$

B. $p_1 > p_2$

C. $p_1 = p_2$

D. 不能确定

73. 水由喷嘴水平喷出，冲击在光滑平板上，如图所示，已知出口流速为50m/s，喷射流量为0.2m³/s，不计阻力，则平板受到的冲击力为：

A. 5kN

B. 10kN

C. 20kN

D. 40kN

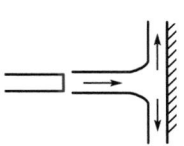

74. 沿程水头损失 h_f：

A. 与流程长度成正比，与壁面切应力和水力半径成反比

B. 与流程长度和壁面切应力成正比，与水力半径成反比

C. 与水力半径成正比，与流程长度和壁面切应力成反比

D. 与壁面切应力成正比，与流程长度和水力半径成反比

75. 并联压力管的流动特征是：

A. 各分管流量相等

B. 总流量等于各分管的流量和，且各分管水头损失相等

C. 总流量等于各分管的流量和，且各分管水头损失不等

D. 各分管测压管水头差不等于各分管的总能头差

76. 矩形水力最优断面的底宽是水深的：

A. $\frac{1}{2}$

B. 1 倍

C. 1.5 倍

D. 2 倍

77. 渗流流速 u 与水力坡度 J 的关系是：

A. u 正比于 J

B. u 反比于 J

C. u 正比于 J 的平方

D. u 反比于 J 的平方

78. 烟气在加热炉回热装置中流动，拟用空气介质进行实验。已知空气黏度 $\nu_{空气} = 15 \times 10^{-6} m^2/s$，烟气运动黏度 $\nu_{烟气} = 60 \times 10^{-6} m^2/s$，烟气流速 $v_{烟气} = 3m/s$，如若实际长度与模型长度的比尺 $\lambda_L = 5$，则模型空气的流速应为：

A. 3.75m/s

B. 0.15m/s

C. 2.4m/s

D. 60m/s

79. 在一个孤立静止的点电荷周围：

A. 存在磁场，它围绕电荷呈球面状分布

B. 存在磁场，它分布在从电荷所在处到无穷远处的整个空间中

C. 存在电场，它围绕电荷呈球面状分布

D. 存在电场，它分布在从电荷所在处到无穷远处的整个空间中

80. 图示电路消耗电功率 2W，则下列表达式中正确的是：

A. $(8+R)I^2 = 2$，$(8+R)I = 10$

B. $(8+R)I^2 = 2$，$-(8+R)I = 10$

C. $-(8+R)I^2 = 2$，$-(8+R)I = 10$

D. $-(8+R)I = 10$，$(8+R)I = 10$

81. 图示电路中，a-b 端的开路电压 U_{abk} 为：

A. 0

B. $\frac{R_1}{R_1+R_2} U_s$

C. $\frac{R_2}{R_1+R_2} U_s$

D. $\frac{R_2 /\!/ R_L}{R_1+R_2 /\!/ R_L} U_s$

（注：$R_2 /\!/ R_L = \frac{R_2 \cdot R_L}{R_2 + R_L}$）

82. 在直流稳态电路中，电阻、电感、电容元件上的电压与电流大小的比值分别为：

A. R，0，0　　　　　　　　　　　B. 0，0，∞

C. R，∞，0　　　　　　　　　　　D. R，0，∞

83. 图示电路中，若$u(t) = \sqrt{2}\,U\sin(\omega t + \psi_u)$时，电阻元件上的电压为0，则：

A. 电感元件断开了

B. 一定有$I_L = I_C$

C. 一定有$i_L = i_C$

D. 电感元件被短路了

84. 已知图示三相电路中三相电源对称，$Z_1 = z_1\angle\varphi_1$，$Z_2 = z_2\angle\varphi_2$，$Z_3 = z_3\angle\varphi_3$，若$U_{NN'} = 0$，则$z_1 = z_2 = z_3$，且：

A. $\varphi_1 = \varphi_2 = \varphi_3$

B. $\varphi_1 - \varphi_2 = \varphi_2 - \varphi_3 = \varphi_3 - \varphi_1 = 120°$

C. $\varphi_1 - \varphi_2 = \varphi_2 - \varphi_3 = \varphi_3 - \varphi_1 = -120°$

D. N'必须被接地

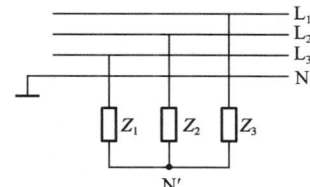

85. 图示电路中，设变压器为理想器件，若$u = 10\sqrt{2}\sin\omega t$V，则：

A. $U_1 = \frac{1}{2}U$，$U_2 = \frac{1}{4}U$

B. $I_1 = 0.01U$，$I_1 = 0$

C. $I_1 = 0.002U$，$I_2 = 0.004U$

D. $U_1 = 0$，$U_2 = 0$

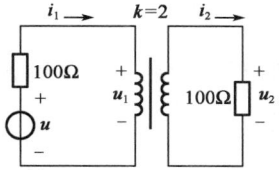

86. 对于三相异步电动机而言，在满载起动情况下的最佳启动方案是：

A. Y-△启动方案，起动后，电动机以Y接方式运行

B. Y-△启动方案，起动后，电动机以△接方式运行

C. 自耦调压器降压启动

D. 绕线式电动机串转子电阻启动

87. 关于信号与信息，以下几种说法中正确的是：

A. 电路处理并传输电信号

B. 信号和信息是同一概念的两种表述形式

C. 用"1"和"0"组成的信息代码"101"只能表示数量"5"

D. 信息是看得到的，信号是看不到的

88. 图示非周期信号$u(t)$的时域描述形式是：[注：$u(t)$是单位阶跃函数]

A. $u(t) = \begin{cases} 1V, & t \leq 2 \\ -1V, & t > 2 \end{cases}$

B. $u(t) = -1(t-1) + 2 \cdot 1(t-2) - 1(t-3)$ V

C. $u(t) = 1(t-1) - 1(t-2)$ V

D. $u(t) = -1(t+1) + 1(t+2) - 1(t+3)$ V

89. 某放大器的输入信号$u_1(t)$和输出信号$u_2(t)$如图所示，则：

A. 该放大器是线性放大器

B. 该放大器放大倍数为2

C. 该放大器出现了非线性失真

D. 该放大器出现了频率失真

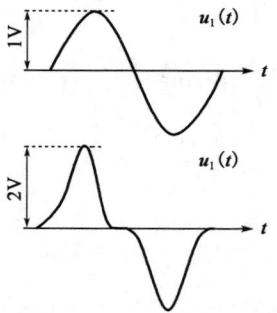

90. 对逻辑表达式$ABC + A\overline{BC} + B$的化简结果是：

A. AB

B. A+B

C. ABC

D. $A\overline{BC}$

91. 已知数字信号X和数字信号Y的波形如图所示，

则数字信号$F = \overline{XY}$的波形为：

A.

B.

C.

D.

92. 十进制数字 32 的 BCD 码为:

A. 00110010

B. 00100000

C. 100000

D. 00100011

93. 二级管应用电路如图所示,设二极管 D 为理想器件,$u_i = 10 \sin \omega t$V,则输出电压u_o的波形为:

A.

B.

C.

D.

94. 晶体三极管放大电路如图所示,在进入电容C_E之后:

A. 放大倍数变小

B. 输入电阻变大

C. 输入电阻变小,放大倍数变大

D. 输入电阻变大,输出电阻变小,放大倍数变大

95. 图 a）所示电路中，复位信号 $\overline{R}_D$，信号 A 及时钟脉冲信号 CP 如图 b）所示，经分析可知，在第一个和第二个时钟脉冲的下降沿时刻，输出 Q 分别等于：

a)　　　　　　　　b)

A. 0　0

B. 0　1

C. 1　0

D. 1　1

附：触发器的逻辑状态表为

D	Q_{n+1}
0	0
1	1

96. 图 a）所示电路中，复位信号、数据输入及时钟脉冲信号如图 b）所示，经分析可知，在第一个和第二个时钟脉冲的下降沿过后，输出 Q 分别等于：

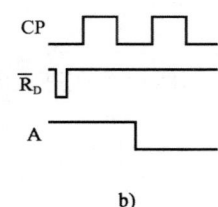

a)　　　　　　　　b)

A. 0　0

B. 0　1

C. 1　0

D. 1　1

附：触发器的逻辑状态表为

J	K	Q_{n+1}
0	0	Q_D
0	1	0
1	0	1
1	1	$\overline{Q}_D$

97. 现在全国都在开发三网合一的系统工程，即：

    A. 将电信网、计算机网、通信网合为一体

    B. 将电信网、计算机网、无线电视网合为一体

    C. 将电信网、计算机网、有线电视网合为一体

    D. 将电信网、计算机网、电话网合为一体

98. 在计算机的运算器上可以：

    A. 直接解微分方程   B. 直接进行微分运算

    C. 直接进行积分运算   D. 进行算数运算和逻辑运算

99. 总线中的控制总线传输的是：

    A. 程序和数据   B. 主存储器的地址码

    C. 控制信息   D. 用户输入的数据

100. 目前常用的计算机辅助设计软件是：

    A. Microsoft Word   B. AutoCAD

    C. Visual BASIC   D. Microsoft Access

101. 计算机中度量数据的最小单位是：

    A. 数 0   B. 位

    C. 字节   D. 字

102. 在下面列出的四种码中，不能用于表示机器数的一种是：

    A. 原码   B. ASCII 码

    C. 反码   D. 补码

103. 一幅图像的分辨率为 640×480 像素，这表示该图像中：

    A. 至少由 480 个像素组成   B. 总共由 480 个像素组成

    C. 每行由 640×480 个像素组成   D. 每列由 480 个像素组成

104. 在下面四条有关进程特征的叙述中，其中正确的一条是：

    A. 静态性、并发性、共享性、同步性

    B. 动态性、并发性、共享性、异步性

    C. 静态性、并发性、独立性、同步性

    D. 动态性、并发性、独立性、异步性

105. 操作系统的设备管理功能是对系统中的外围设备：

A. 提供相应的设备驱动程序，初始化程序和设备控制程序等

B. 直接进行操作

C. 通过人和计算机的操作系统对外围设备直接进行操作

D. 既可以由用户干预，也可以直接执行操作

106. 联网中的每台计算机：

A. 在联网之前有自己独立的操作系统，联网以后是网络中的某一个结点联网以后是网络中的某一个结点

B. 在联网之前有自己独立的操作系统，联网以后它自己的操作系统屏蔽

C. 在联网之前没有自己独立的操作系统，联网以后使用网络操作系统

D. 联网中的每台计算机有可以同时使用的多套操作系统

107. 某企业向银行借款，按季度计息，年名义利率为 8%，则年实际利率为：

A. 8%   B. 8.16%

C. 8.24%   D. 8.3%

108. 在下列选项中，应列入项目投资现金流量分析中的经营成本的是：

A. 外购原材料、燃料和动力费   B. 设备折旧

C. 流动资金投资   D. 利息支出

109. 某项目第 6 年累计净现金流量开始出现正值，第五年末累计净现金流量为 -60 万元，第 6 年当年净现金流量为 240 万元，则该项目的静态投资回收期为：

A. 4.25 年   B. 4.75 年

C. 5.25 年   D. 6.25 年

110. 某项目初期（第 0 年年初）投资额为 5000 万元，此后从第二年年末开始每年有相同的净收益，收益期为 10 年。寿命期结束时的净残值为零，若基准收益率为 15%，则要使该投资方案的净现值为零，其年净收益应为：

[已知：$(P/A, 15\%, 10) = 5.0188$，$(P/F, 15\%, 1) = 0.8696$]

A. 574.98 万元   B. 866.31 万元

C. 996.25 万元   D. 1145.65 万元

111. 以下关于项目经济费用效益分析的说法中正确的是：

A. 经济费用效益分析应考虑沉没成本

B. 经济费用和效益的识别不适用"有无对比"原则

C. 识别经济费用效益时应剔出项目的转移支付

D. 为了反映投入物和产出物真实经济价值，经济费用效益分析不能使用市场价格

112. 已知甲、乙为两个寿命期相同的互斥项目，其中乙项目投资大于甲项目。通过测算得出甲、乙两项目的内部收益率分别为 17% 和 14%，增量内部收益 $\Delta IRR_{(乙-甲)} = 13\%$，基准收益率为 14%，以下说法中正确的是：

A. 应选择甲项目

B. 应选择乙项目

C. 应同时选择甲、乙两个项目

D. 甲、乙两项目均不应选择

113. 以下关于改扩建项目财务分析的说法中正确的是：

A. 应以财务生存能力分析为主

B. 应以项目清偿能力分析为主

C. 应以企业层次为主进行财务分析

D. 应遵循"有无对比"原则

114. 下面关于价值工程的论述中正确的是：

A. 价值工程中的价值是指成本与功能的比值

B. 价值工程中的价值是指产品消耗的必要劳动时间

C. 价值工程中的成本是指寿命周期成本，包括产品在寿命期内发生的全部费用

D. 价值工程中的成本就是产品的生产成本，它随着产品功能的增加而提高

115. 根据《中华人民共和国建筑法》规定，某建设单位领取了施工许可证，下列情节中，可能不导致施工许可证废止的是：

A. 领取施工许可证之日起三个月内因故不能按期开工，也未申请延期

B. 领取施工许可证之日起按期开工后又中止施工

C. 向发证机关申请延期开工一次，延期之日起三个月内，因故仍不能按期开工，也未申请延期

D. 向发证机关申请延期开工两次，超过 6 个月因故不能按期开工，继续申请延期

116. 某施工单位一个有职工 185 人的三级施工资质的企业，根据《中华人民共和国安全生产法》规定，该企业下列行为中合法的是：

    A. 只配备兼职的安全生产管理人员

    B. 委托具有国家规定相关专业技术资格的工程技术人员提供安全生产管理服务，由其负责承担保证安全生产的责任

    C. 安全生产管理人员经企业考核后即任职

    D. 设置安全生产管理机构

117. 下列属于《中华人民共和国招标投标法》规定的招标方式是：

    A. 公开招标和直接招标   B. 公开招标和邀请招标

    C. 公开招标和协议招标   D. 公开招标和非公开招标

118. 根据《中华人民共和国合同法》规定，下列行为不属于要约邀请的是：

    A. 某建设单位发布招标公告

    B. 某招标单位发出中标通知书

    C. 某上市公司发出招股说明书

    D. 某商场寄送的价目表

119. 根据《中华人民共和国行政许可法》的规定，除可以当场作出行政许可决定的外，行政机关应当自受理行政可之日起作出行政许可决定的时限是：

    A. 5 日之内   B. 7 日之内

    C. 15 日之内   D. 20 日之内

120. 某建设项目甲建设单位与乙施工单位签订施工总承包合同后，乙施工单位经甲建设单位认可，将打桩工程分包给丙专业承包单位，丙专业承包单位又将劳务作业分包给丁劳务单位，由于丙专业承包单位从业人员责任心不强，导致该打桩工程部分出现了质量缺陷，对于该质量缺陷的责任承担，以下说明正确的是：

    A. 乙单位和丙单位承担连带责任

    B. 丙单位和丁单位承担连带责任

    C. 丙单位向甲单位承担全部责任

    D. 乙、丙、丁三单位共同承担责任

2014 年度全国勘察设计注册工程师

执业资格考试试卷

基础考试

（上）

二〇一四年九月

应考人员注意事项

1. 本试卷科目代码为"1"，考生务必将此代码填涂在答题卡"科目代码"相应的栏目内，否则，无法评分。

2. 书写用笔：**黑色或蓝色钢笔、签字笔或圆珠笔**；

   填涂答题卡用笔：**黑色 2B 铅笔**。

3. 必须用书写用笔将工作单位、姓名、准考证号填写在答题卡和试卷相应的栏目内。

4. 本试卷由 120 题组成，每题 1 分，满分 120 分，本试卷全部为单项选择题，每小题的四个备选项中只有一个正确答案，错选、多选、不选均不得分。

5. 考生作答时，必须按**题号在答题卡上**将相应试题所选选项对应的**字母用 2B 铅笔涂黑**。

6. 在答题卡上书写与题意无关的语言，或在答题卡上作标记的，均按违纪试卷处理。

7. 考试结束时，由监考人员当面将试卷、答题卡一并收回。

8. 草稿纸由各地统一配发，考后收回。

单项选择题（共 120 题，每题 1 分。每题的备选项中只有一个最符合题意。）

1. 若 $\lim\limits_{x \to 0}(1-x)^{\frac{k}{x}} = 2$，则常数 k 等于：

   A. $-\ln 2$　　　　　　　　　　B. $\ln 2$

   C. 1　　　　　　　　　　　　D. 2

2. 在空间直角坐标系中，方程 $x^2 + y^2 - z = 0$ 所表示的图形是：

   A. 圆锥面　　　　　　　　　　B. 圆柱面

   C. 球面　　　　　　　　　　　D. 旋转抛物面

3. 点 $x=0$ 是 $y = \arctan\dfrac{1}{x}$ 的：

   A. 可去间断点　　　　　　　　B. 跳跃间断点

   C. 连续点　　　　　　　　　　D. 第二类间断点

4. $\dfrac{d}{dx}\displaystyle\int_{2x}^{0} e^{-t^2}\,dt$ 等于：

   A. e^{-4x^2}　　　　　　　　　B. $2e^{-4x^2}$

   C. $-2e^{-4x^2}$　　　　　　　　D. e^{-x^2}

5. $\dfrac{d(\ln x)}{d\sqrt{x}}$ 等于：

   A. $\dfrac{1}{2x^{3/2}}$　　　　　　　　B. $\dfrac{2}{\sqrt{x}}$

   C. $\dfrac{1}{\sqrt{x}}$　　　　　　　　　D. $\dfrac{2}{x}$

6. 不定积分 $\displaystyle\int \dfrac{x^2}{\sqrt[3]{1+x^3}}\,dx$ 等于：

   A. $\dfrac{1}{4}(1+x^3)^{\frac{4}{3}} + C$　　　　B. $(1+x^3)^{\frac{1}{3}} + C$

   C. $\dfrac{3}{2}(1+x^3)^{\frac{2}{3}} + C$　　　　D. $\dfrac{1}{2}(1+x^3)^{\frac{2}{3}} + C$

7. 设 $a_n = \left(1+\dfrac{1}{n}\right)^n$，则数列 $\{a_n\}$ 是：

   A. 单调增而无上界　　　　　　B. 单调增而有上界

   C. 单调减而无下界　　　　　　D. 单调减而有上界

8. 下列说法中正确的是：

A. 若 $f'(x_0) = 0$，则 $f(x_0)$ 必是 $f(x)$ 的极值

B. 若 $f(x_0)$ 是 $f(x)$ 的极值，则 $f(x)$ 在 x_0 处可导，且 $f'(x_0) = 0$

C. 若 $f(x)$ 在 x_0 处可导，则 $f'(x_0) = 0$ 是 $f(x)$ 在 x_0 取得极值的必要条件

D. 若 $f(x)$ 在 x_0 处可导，则 $f'(x_0) = 0$ 是 $f(x)$ 在 x_0 取得极值的充分条件

9. 设有直线 L_1：$\dfrac{x-1}{1} = \dfrac{y-3}{-2} = \dfrac{z+5}{1}$ 与 L_2：$\begin{cases} x = 3 - t \\ y = 1 - t \\ z = 1 + 2t \end{cases}$，则 L_1 与 L_2 的夹角 θ 等于：

A. $\dfrac{\pi}{2}$ 　　　　　　　　　　　　　　　B. $\dfrac{\pi}{3}$

C. $\dfrac{\pi}{4}$ 　　　　　　　　　　　　　　　D. $\dfrac{\pi}{6}$

10. 微分方程 $xy' - y = x^2 e^{2x}$ 通解 y 等于：

A. $x\left(\dfrac{1}{2}e^{2x} + C\right)$ 　　　　　　　B. $x(e^{2x} + C)$

C. $x\left(\dfrac{1}{2}x^2 e^{2x} + C\right)$ 　　　　　　D. $x^2 e^{2x} + C$

11. 抛物线 $y^2 = 4x$ 与直线 $x = 3$ 所围成的平面图形绕 x 轴旋转一周形成的旋转体体积是：

A. $\int_0^3 4x\,\mathrm{d}x$ 　　　　　　　　　　　B. $\pi\int_0^3 (4x)^2\,\mathrm{d}x$

C. $\pi\int_0^3 4x\,\mathrm{d}x$ 　　　　　　　　　　D. $\pi\int_0^3 \sqrt{4x}\,\mathrm{d}x$

12. 级数 $\sum\limits_{n=1}^{\infty} (-1)^n \dfrac{1}{n^{p-1}}$：

A. 当 $1 < p \leqslant 2$ 时条件收敛　　　　　B. 当 $p > 2$ 时条件收敛

C. 当 $p < 1$ 时条件收敛　　　　　　　　D. 当 $p > 1$ 时条件收敛

13. 函数 $y = C_1 e^{-x+C_2}$（C_1, C_2 为任意常数）是微分方程 $y'' - y' - 2y = 0$ 的：

A. 通解

B. 特解

C. 不是解

D. 解，既不是通解又不是特解

14. 设L为从点$A(0,-2)$到点$B(2,0)$的有向直线段，则对坐标的曲线积分$\int_L \frac{1}{x-y}dx + ydy$等于：

A. 1

B. -1

C. 3

D. -3

15. 设方程$x^2 + y^2 + z^2 = 4z$确定可微函数$z = z(x,y)$，则全微分dz等于：

A. $\frac{1}{2-z}(ydx + xdy)$

B. $\frac{1}{2-z}(xdx + ydy)$

C. $\frac{1}{2+z}(dx + dy)$

D. $\frac{1}{2-z}(dx - dy)$

16. 设D是由$y = x$，$y = 0$及$y = \sqrt{(a^2 - x^2)}(x \geq 0)$所围成的第一象限区域，则二重积分$\iint\limits_{D} dxdy$等于：

A. $\frac{1}{8}\pi a^2$

B. $\frac{1}{4}\pi a^2$

C. $\frac{3}{8}\pi a^2$

D. $\frac{1}{2}\pi a^2$

17. 级数$\sum\limits_{n=1}^{\infty} \frac{(2x+1)^n}{n}$的收敛域是：

A. $(-1,1)$

B. $[-1,1]$

C. $[-1,0)$

D. $(-1,0)$

18. 设$z = e^{xe^y}$，则$\frac{\partial^2 z}{\partial x^2}$等于：

A. $e^{xe^y + 2y}$

B. $e^{xe^y + y}(xe^y + 1)$

C. e^{xe^y}

D. $e^{xe^y + y}$

19. 设A，B为三阶方阵，且行列式$|A| = -\frac{1}{2}$，$|B| = 2$，A^*是A的伴随矩阵，则行列式$|2A^*B^{-1}|$等于：

A. 1

B. -1

C. 2

D. -2

20. 下列结论中正确的是：

A. 如果矩阵A中所有顺序主子式都小于零，则A一定为负定矩阵

B. 设$A = (a_{ij})_{n \times n}$，若$a_{ij} = a_{ji}$，且$a_{ij} > 0(i,j = 1,2,\cdots,n)$，则$A$一定为正定矩阵

C. 如果二次型$f(x_1, x_2, \cdots, x_n)$中缺少平方项，则它一定不是正定二次型

D. 二次型$f(x_1, x_2, x_3) = x_1^2 + x_2^2 + x_3^2 + x_1x_2 + x_1x_3 + x_2x_3$所对应的矩阵是$\begin{bmatrix} 1 & 1 & 1 \\ 1 & 1 & 1 \\ 1 & 1 & 1 \end{bmatrix}$

21. 已知n元非齐次线性方程组$Ax = b$，秩$r(A) = n - 2$，$\vec{\alpha_1}$，$\vec{\alpha_2}$，$\vec{\alpha_3}$为其线性无关的解向量，k_1，k_2为任意常数，则$Ax = b$通解为：

A. $\vec{x} = k_1(\vec{\alpha_1} - \vec{\alpha_2}) + k_2(\vec{\alpha_1} + \vec{\alpha_3}) + \vec{\alpha_1}$

B. $\vec{x} = k_1(\vec{\alpha_1} - \vec{\alpha_3}) + k_2(\vec{\alpha_2} + \vec{\alpha_3}) + \vec{\alpha_1}$

C. $\vec{x} = k_1(\vec{\alpha_2} - \vec{\alpha_1}) + k_2(\vec{\alpha_2} - \vec{\alpha_3}) + \vec{\alpha_1}$

D. $\vec{x} = k_1(\vec{\alpha_2} - \vec{\alpha_3}) + k_2(\vec{\alpha_1} + \vec{\alpha_2}) + \vec{\alpha_1}$

22. 设A与B是互不相容的事件，$p(A) > 0$，$p(B) > 0$，则下列式子一定成立的是：

A. $P(A) = 1 - P(B)$

B. $P(A|B) = 0$

C. $P(A|\overline{B}) = 1$

D. $P(\overline{AB}) = 0$

23. 设(X,Y)的联合概率密度为$f(x,y) = \begin{cases} k, & 0 < x < 1, 0 < y < x \\ 0, & \text{其他} \end{cases}$，则数学期望$E(XY)$等于：

A. $\dfrac{1}{4}$ B. $\dfrac{1}{3}$

C. $\dfrac{1}{6}$ D. $\dfrac{1}{2}$

24. 设 $X_1, X_2, \cdots, X_n$ 与 $Y_1, Y_2, \cdots, Y_n$ 是来自正态总体 $X \sim N(\mu, \sigma^2)$ 的样本，并且相互独立，$\overline{X}$ 与 $\overline{Y}$ 分别是其样本均值，则 $\dfrac{\sum\limits_{i=1}^{n}(X_i - \overline{X})^2}{\sum\limits_{i=1}^{n}(Y_i - \overline{Y})^2}$ 服从的分布是：

  A. $t(n-1)$ B. $F(n-1, n-1)$

  C. $\chi^2(n-1)$ D. $N(\mu, \sigma^2)$

25. 在标准状态下，当氢气和氦气的压强与体积都相等时，氢气和氦气的内能之比为：

  A. $\dfrac{5}{3}$ B. $\dfrac{3}{5}$

  C. $\dfrac{1}{2}$ D. $\dfrac{3}{2}$

26. 速率分布函数 $f(v)$ 的物理意义是：

  A. 具有速率 v 的分子数占总分子数的百分比

  B. 速率分布在 v 附近的单位速率间隔中百分数占总分子数的百分比

  C. 具有速率 v 的分子数

  D. 速率分布在 v 附近的单位速率间隔中的分子数

27. 有 1mol 刚性双原子分子理想气体，在等压过程中对外做功 W，则其温度变化 ΔT 为：

  A. $\dfrac{R}{W}$ B. $\dfrac{W}{R}$

  C. $\dfrac{2R}{W}$ D. $\dfrac{2W}{R}$

28. 理想气体在等温膨胀过程中：

  A. 气体做负功，向外界放出热量   B. 气体做负功，从外界吸收热量

  C. 气体做正功，向外界放出热量   D. 气体做正功，从外界吸收热量

29. 一横波的波动方程是 $y = 2 \times 10^{-2} \cos 2\pi \left(10t - \dfrac{x}{5}\right)$ (SI)，$t = 0.25\text{s}$ 时，距离原点 $(x = 0)$ 处最近的波峰位置为：

  A. $\pm 2.5\text{m}$ B. $\pm 7.5\text{m}$

  C. $\pm 4.5\text{m}$ D. $\pm 5\text{m}$

30. 一平面简谐波在弹性媒质中传播，在某一瞬时，某质元正处于其平衡位置，此时它的：

    A. 动能为零，势能最大   B. 动能为零，势能为零

    C. 动能最大，势能最大   D. 动能最大，势能为零

31. 通常人耳可听到的声波的频率范围是：

    A. $20 \sim 200Hz$ B. $20 \sim 2000Hz$

    C. $20 \sim 20000Hz$ D. $20 \sim 200000Hz$

32. 在空气中用波长为λ的单色光进行双缝干涉验时，观测到相邻明条纹的间距为1.33mm，当把实验装置放入水中（水的折射率为$n = 1.33$）时，则相邻明条纹的间距变为：

    A. 1.33mm   B. 2.66mm   C. 1mm   D. 2mm

33. 在真空中可见的波长范围是：

    A. $400 \sim 760nm$ B. $400 \sim 760mm$

    C. $400 \sim 760cm$ D. $400 \sim 760m$

34. 一束自然光垂直穿过两个偏振片，两个偏振片的偏振化方向成 45°。已知通过此两偏振片后光强为I，则入射至第二个偏振片的线偏振光强度为：

    A. I B. $2I$ C. $3I$ D. $I/2$

35. 在单缝夫琅禾费衍射实验中，单缝宽度$a = 1 \times 10^{-4}m$，透镜焦距$f = 0.5m$。若用$\lambda = 400nm$的单色平行光垂直入射，中央明纹的宽度为：

    A. $2 \times 10^{-3}m$ B. $2 \times 10^{-4}m$

    C. $4 \times 10^{-4}m$ D. $4 \times 10^{-3}m$

36. 一单色平行光垂直入射到光栅上，衍射光谱中出现了五条明纹，若已知此光栅的缝宽a与不透光部分b相等，那么在中央明纹一侧的两条明纹级次分别是：

    A. 1 和 3   B. 1 和 2

    C. 2 和 3   D. 2 和 4

37. 下列元素，电负性最大的是：

    A. F   B. Cl   C. Br   D. I

38. 在NaCl，$MgCl_2$，$AlCl_3$，$SiCl_4$四种物质中，离子极化作用最强的是：

    A. NaCl   B. $MgCl_2$

    C. $AlCl_3$ D. $SiCl_4$

39. 现有100mL浓硫酸，测得其质量分数为98%，密度为1.84g/mL，其物质的量浓度为：

    A. $18.4 mol \cdot L^{-1}$ B. $18.8 mol \cdot L^{-1}$

    C. $18.0 mol \cdot L^{-1}$ D. $1.84 mol \cdot L^{-1}$

40. 已知反应（1）$H_2(g) + S(s) \rightleftharpoons H_2S(g)$，其平衡常数为$K_1^{\ominus}$，

    （2）$S(s) + O_2(g) \rightleftharpoons SO_2(g)$，其平衡常数为$K_2^{\ominus}$，则反应

    （3）$H_2(g) + SO_2(s) \rightleftharpoons O_2(g) + H_2S(g)$的平衡常数为$K_3^{\ominus}$是：

    A. $K_1^{\ominus} + K_2^{\ominus}$ B. $K_1^{\ominus} \cdot K_2^{\ominus}$

    C. $K_1^{\ominus} - K_2^{\ominus}$ D. $K_1^{\ominus} / K_2^{\ominus}$

41. 有原电池$(-)Zn \mid ZnSO_4(C_1) \parallel CuSO_4(C_2) \mid Cu(+)$，如向铜半电池中通入硫化氢，则原电池电动势变化趋势是：

    A. 变大   B. 变小

    C. 不变   D. 无法判断

42. 电解NaCl水溶液时，阴极上放电的离子是：

    A. H^+ B. OH^- C. Na^+ D. Cl^-

43. 已知反应$N_2(g) + 3H_2(g) \longrightarrow 2NH_3(g)$的$\Delta_r H_m < 0$，$\Delta_r S_m < 0$，则该反应为：

    A. 低温易自发，高温不易自发   B. 高温易自发，低温不易自发

    C. 任何温度都易自发   D. 任何温度都不易自发

44. 下列有机物中，对于可能处在同一平面上的最多原子数目的判断，正确的是：

    A. 丙烷最多有6个原子处于同一平面上

    B. 丙烯最多有9个原子处于同一平面上

    C. 苯乙烯（$\langle\!\!\!\!\bigcirc\!\!\!\!-CH=CH_2$）最多有16个原子处于同一平面上

    D. $CH_3CH=CH-C\equiv C-CH_3$最多有12个原子处于同一平面上

45. 下列有机物中，既能发生加成反应和酯化反应，又能发生氧化反应的化合物是：

A. $CH_3CH \Longrightarrow CHCOOH$

B. $CH_3CH \Longrightarrow CHCOOC_2H_5$

C. $CH_3CH_2CH_2CH_2OH$

D. $HOCH_2CH_2CH_2CH_2OH$

46. 人造羊毛的结构简式为： 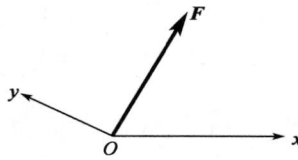 ，它属于：

①共价化合物；②无机化合物；③有机化合物；④高分子化合物；⑤离子化合物。

A. ②④⑤

B. ①④⑤

C. ①③④

D. ③④⑤

47. 将大小为100N的力F沿x、y方向分解，若F在x轴上的投影为50N，而沿x方向的分力的大小为200N，则F在y轴上的投影为：

A. 0

B. 50N

C. 200N

D. 100N

48. 图示边长为a的正方形物块$OABC$，已知：各力大小$F_1 = F_2 = F_3 = F_4 = F$，力偶矩$M_1 = M_2 = Fa$。该力系向$O$点简化后的主矢及主矩应为：

A. $F_R = 0N$，$M_O = 4Fa(\circlearrowright)$

B. $F_R = 0N$，$M_O = 3Fa(\circlearrowleft)$

C. $F_R = 0N$，$M_O = 2Fa(\circlearrowleft)$

D. $F_R = 0N$，$M_O = 2Fa(\circlearrowright)$

49. 在图示机构中，已知 F_p，$L = 2\text{m}$，$r = 0.5\text{m}$，$\theta = 30°$，$BE = EG$，$CE = EH$，则支座 A 的约束力为：

A. $F_{Ax} = F_p(\leftarrow)$，$\quad F_{Ay} = 1.75F_p(\downarrow)$

B. $F_{Ax} = 0$，$\qquad F_{Ay} = 0.75F_p(\downarrow)$

C. $F_{Ax} = 0$，$\qquad F_{Ay} = 0.75F_p(\uparrow)$

D. $F_{Ax} = F_p(\rightarrow)$，$\quad F_{Ay} = 1.75F_p(\uparrow)$

50. 图示不计自重的水平梁与桁架在 B 点铰接。已知：荷载 F_1、F 均与 BH 垂直，$F_1 = 8\text{kN}$，$F = 4\text{kN}$，$M = 6\text{kN} \cdot \text{m}$，$q = 1\text{kN/m}$，$L = 2\text{m}$。则杆件 1 的内力为：

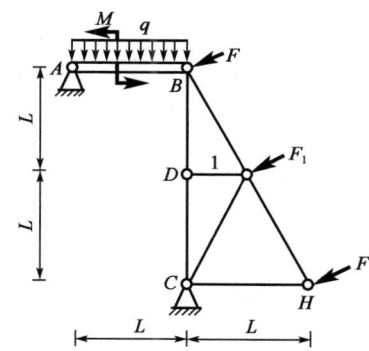

A. $F_1 = 0$

B. $F_1 = 8\text{kN}$

C. $F_1 = -8\text{kN}$

D. $F_1 = -4\text{kN}$

51. 动点 A 和 B 在同一坐标系中的运动方程分别为 $\begin{cases} x_A = t \\ y_A = 2t^2 \end{cases}$，$\begin{cases} x_B = t^2 \\ y_B = 2t^4 \end{cases}$，其中 x、y 以 cm 计，t 以 s 计，则两点相遇的时刻为：

A. $t = 1\text{s}$ 　　　　　　　　　　B. $t = 0.5\text{s}$

C. $t = 2\text{s}$ 　　　　　　　　　　D. $t = 1.5\text{s}$

52. 刚体作平动时，某瞬时体内各点的速度与加速度为：

A. 体内各点速度不相同，加速度相同

B. 体内各点速度相同，加速度不相同

C. 体内各点速度相同，加速度也相同

D. 体内各点速度不相同，加速度也不相同

53. 杆OA绕固定轴O转动，长为l，某瞬时杆端A点的加速度a如图所示。则该瞬时OA的角速度及角加速度为：

A. 0，$\dfrac{a}{l}$

B. $\sqrt{\dfrac{a\cos\alpha}{l}}$，$\dfrac{a\sin\alpha}{l}$

C. $\sqrt{\dfrac{a}{l}}$，0

D. 0，$\sqrt{\dfrac{a}{l}}$

54. 在图示圆锥摆中，球M的质量为m，绳长l，若α角保持不变，则小球的法向加速度为：

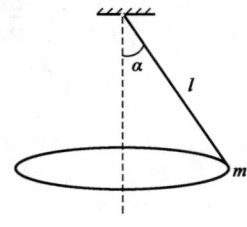

A. $g\sin\alpha$

B. $g\cos\alpha$

C. $g\tan\alpha$

D. $g\cot\alpha$

55. 图示均质链条传动机构的大齿轮以角速度ω转动，已知大齿轮半径为R，质量为m_1，小齿轮半径为r，质量为m_2，链条质量不计，则此系统的动量为：

A. $(m_1+2m_2)v\ \rightarrow$

B. $(m_1+m_2)v\ \rightarrow$

C. $(2m_1-m_2)v\ \rightarrow$

D. 0

56. 均质圆柱体半径为R，质量为m，绕关于对纸面垂直的固定水平轴自由转动，初瞬时静止（G在O轴的铅垂线上），如图所示，则圆柱体在位置$\theta = 90°$时的角速度是：

A. $\sqrt{\dfrac{g}{3R}}$

B. $\sqrt{\dfrac{2g}{3R}}$

C. $\sqrt{\dfrac{4g}{3R}}$

D. $\sqrt{\dfrac{g}{2R}}$

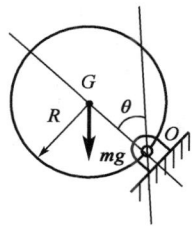

57. 质量不计的水平细杆AB长为L，在铅垂图面内绕A轴转动，其另一端固连质量为m的质点B，在图示水平位置静止释放。则此瞬时质点B的惯性力为：

A. $F_g = mg$

B. $F_g = \sqrt{2}mg$

C. 0

D. $F_g = \dfrac{\sqrt{2}}{2}mg$

58. 如图所示系统中，当物块振动的频率比为1.27时，k的值是：

A. 1×10^5N/m

B. 2×10^5N/m

C. 1×10^4N/m

D. 1.5×10^5N/m

59. 图示结构的两杆面积和材料相同，在铅直向下的力F作用下，下面正确的结论是：

A. C点位平放向下偏左，1杆轴力不为零

B. C点位平放向下偏左，1杆轴力为零

C. C点位平放铅直向下，1杆轴力为零

D. C点位平放向下偏右，1杆轴力不为零

60. 图截面杆ABC轴向受力如图所示，已知BC杆的直径$d = 100$mm，AB杆的直径为$2d$，杆的最大拉应力是：

A. 40MPa

B. 30MPa

C. 80MPa

D. 120MPa

61. 桁架由2根细长直杆组成，杆的截面尺寸相同，材料分别是结构钢和普通铸铁，在下列桁架中，布局比较合理的是：

62. 冲床在钢板上冲一圆孔，圆孔直径$d = 100$mm，钢板的厚度$t = 10$mm钢板的剪切强度极限$\tau_b = 300$MPa，需要的冲压力F是：

A. $F = 300\pi$kN

B. $F = 3000\pi$kN

C. $F = 2500\pi$kN

D. $F = 7500\pi$kN

63. 螺钉受力如图。已知螺钉和钢板的材料相同，拉伸许用应力$[\sigma]$是剪切许用应力$[\tau]$的2倍，即$[\sigma] = 2[\tau]$，钢板厚度t是螺钉头高度h的1.5倍，则螺钉直径d的合理值是：

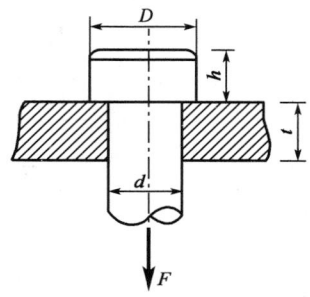

A. $d = 2h$

B. $d = 0.5h$

C. $d^2 = 2Dt$

D. $d^2 = 0.5Dt$

64. 图示受扭空心圆轴横截面上的切应力分布图，其中正确的是：

A.

B.

C.

D.

65. 在一套传动系统中，有多根圆轴，假设所有圆轴传递的功率相同，但转速不同，各轴所承受的扭矩与其转速的关系是：

A. 转速快的轴扭矩大

B. 转速慢的轴扭矩大

C. 各轴的扭矩相同

D. 无法确定

66. 梁的弯矩图如图所示，最大值在B截面。在梁的A、B、C、D四个截面中，剪力为零的截面是：

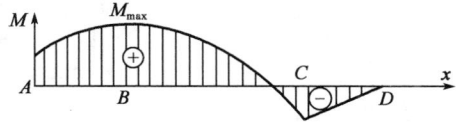

A. A截面

B. B截面

C. C截面

D. D截面

67. 图示矩形截面受压杆,杆的中间段右侧有一槽,如图 a)所示,若在杆的左侧,即槽的对称位置也挖出同样的槽(见图 b),则图 b)杆的最大压应力是图 a)最大压应力的:

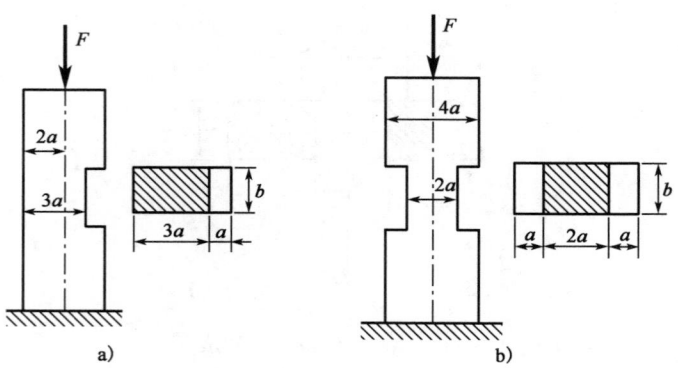

A. 3/4

B. 4/3

C. 3/2

D. 2/3

68. 梁的横截面可选用图示空心矩形、矩形、正方形和圆形四种之一,假设四种截面的面积均相等,荷载作用方向沿垂向下,承载能力最大的截面是:

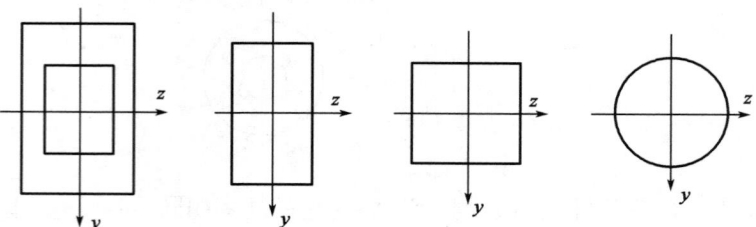

A. 空心矩形

B. 实心矩形

C. 正方形

D. 圆形

69. 按照第三强度理论,图示两种应力状态的危险程度是:

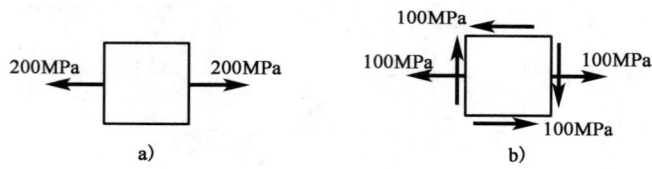

A. 无法判断

B. 两者相同

C. a)更危险

D. b)更危险

70. 正方形截面杆AB，力F作用在xoy平面内，与x轴夹角α，杆距离B端为a的横截面上最大正应力在$\alpha = 45°$时的值是$\alpha = 0$时值的：

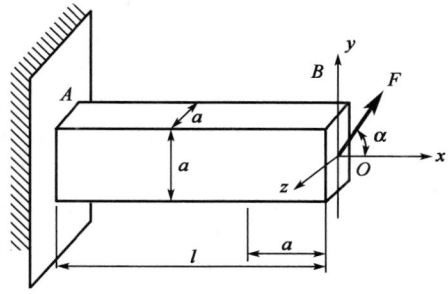

A. $\dfrac{7\sqrt{2}}{2}$倍

B. $3\sqrt{2}$倍

C. $\dfrac{5\sqrt{2}}{2}$倍

D. $\sqrt{2}$倍

71. 如图所示水下有一半径为$R = 0.1\text{m}$的半球形侧盖，球心至水面距离$H = 5\text{m}$，作用于半球盖上水平方向的静水压力是：

A. 0.98kN

B. 1.96kN

C. 0.77kN

D. 1.54kN

72. 密闭水箱如图所示，已知水深$h = 2\text{m}$，自由面上的压强$p_0 = 88\text{kN/m}^2$，当地大气压强$p_\text{a} = 101\text{kN/m}^2$，则水箱底部$A$点的绝对压强与相对压强分别为：

A. 107.6kN/m²和−6.6kN/m²

B. 107.6kN/m²和6.6kN/m²

C. 120.6kN/m²和−6.6kN/m²

D. 120.6kN/m²和6.6kN/m²

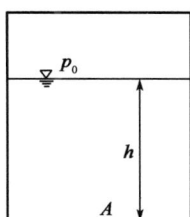

73. 下列不可压缩二维流动中，满足连续性方程的是：

A. $u_x = 2x$，$u_y = 2y$

B. $u_x = 0$，$u_y = 2xy$

C. $u_x = 5x$，$u_y = -5y$

D. $u_x = 2xy$，$u_y = -2xy$

74. 圆管层流中，下述错误的是：

A. 水头损失与雷诺数有关

B. 水头损失与管长度有关

C. 水头损失与流速有关

D. 水头损失与粗糙度有关

75. 主干管在A、B间是由两条支管组成的一个并联管路，两支管的长度和管径分别为$l_1 = 1800$m，$d_1 = 150$mm，$l_2 = 3000$m，$d_2 = 200$mm，两支管的沿程阻力系数λ均为 0.01，若主干管流量$Q = 39$L/s，则两支管流量分别为：

A. $Q_1 = 12$L/s，$Q_2 = 27$L/s

B. $Q_1 = 15$L/s，$Q_2 = 24$L/s

C. $Q_1 = 24$L/s，$Q_2 = 15$L/s

D. $Q_1 = 27$L/s，$Q_2 = 12$L/s

76. 一梯形断面明渠，水力半径$R = 0.8$m，底坡$i = 0.0006$，粗糙系数$n = 0.05$，则输水流速为：

A. 0.42m/s

B. 0.48m/s

C. 0.6m/s

D. 0.75m/s

77. 地下水的浸润线是指：

A. 地下水的流线

B. 地下水运动的迹线

C. 无压地下水的自由水面线

D. 土壤中干土与湿土的界限

78. 用同种流体,同一温度进行管道模型实验,按黏性力相似准则,已知模型管径 0.1m,模型流速4m/s,若原型管径为 2m,则原型流速为:

A. 0.2m/s   B. 2m/s

C. 80m/s   D. 8m/s

79. 真空中有三个带电质点,其电荷分别为q_1、q_2和q_3,其中,电荷为q_1和q_3的质点位置固定,电荷为q_2的质点可以自由移动,当三个质点的空间分布如图所示时,电荷为q_2的质点静止不动,此时如下关系成立的是:

A. $q_1 = q_2 = 2q_3$ B. $q_1 = q_3 = |q_2|$

C. $q_1 = q_2 = -q_3$ D. $q_2 = q_3 = -q_1$

80. 在图示电路中,$I_1 = -4A$,$I_2 = -3A$,则$I_3 =$

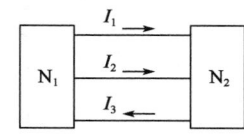

A. $-1A$ B. 7A

C. $-7A$ D. 1A

81. 已知电路如图所示,其中,响应电流I在电压源单独作用时的分量为:

A. 0.375A   B. 0.25A

C. 0.125A   D. 0.1875A

82. 已知电流 $i(t) = 0.1\sin(\omega t + 10°)\,\text{A}$，电压 $u(t) = 10\sin(\omega t - 10°)\,\text{V}$，则如下表述中正确的是：

    A. 电流 $i(t)$ 与电压 $u(t)$ 呈反相关系

    B. $\dot{I} = 0.1\angle 10°\,\text{A}$，$\dot{U} = 10\angle -10°\,\text{V}$

    C. $\dot{I} = 70.7\angle 10°\,\text{mA}$，$\dot{U} = -7.07\angle 10°\,\text{V}$

    D. $\dot{I} = 70.7\angle 10°\,\text{mA}$，$\dot{U} = 7.07\angle -10°\,\text{V}$

83. 一交流电路由 R、L、C 串联而成，其中，$R = 10\Omega$，$X_L = 8\Omega$，$X_C = 6\Omega$。通过该电路的电流为 10A，则该电路的有功功率、无功功率和视在功率分别为：

    A. 1kW，1.6kvar，2.6kV·A

    B. 1kW，200var，1.2kV·A

    C. 100W，200var，223.6V·A

    D. 1kW，200var，1.02kV·A

84. 已知电路如图所示，设开关在 $t = 0$ 时刻断开，那么如下表述中正确的是：

    A. 电路的左右两侧均进入暂态过程

    B. 电路 i_1 立即等于 i_s，电流 i_2 立即等于 0

    C. 电路 i_2 由 $\frac{1}{2}i_s$ 逐步衰减到 0

    D. 在 $t = 0$ 时刻，电流 i_2 发生了突变

85. 图示变压器空载运行电路中，设变压器为理想器件，若 $u = \sqrt{2}U\sin\omega t$，则此时：

    A. $U_l = \dfrac{\omega L \cdot U}{\sqrt{R^2 + (\omega L)^2}}$，$U_2 = 0$ B. $u_1 = u$，$U_2 = \dfrac{1}{2}U_1$

    C. $u_1 \neq u$，$U_2 = \dfrac{1}{2}U_1$ D. $u_1 = u$，$U_2 = 2U_1$

86. 设某△接异步电动机全压启动时的启动电流 $I_{st} = 30A$，启动转矩 $T_u = 45N \cdot m$，若对此台电动机采用 Y-△降压启动方案，则启动电流和启动转矩分别为：

    A. 17.32A，25.98N · m

    B. 10A，15N · m

    C. 10A，25.98N · m

    D. 17.32A，15N · m

87. 图示电路的任意一个输出端，在任意时刻都只出现 0V 或 5V 这两个电压值（例如，在 $t = t_0$ 时刻获得的输出电压从上到下依次为 5V、0V、5V、0V），那么该电路的输出电压：

    A. 是取值离散的连续时间信号

    B. 是取值连续的离散时间信号

    C. 是取值连续的连续时间信号

    D. 是取值离散的离散时间信号

88. 图示非周期信号 $u(t)$ 如图所示，若利用单位阶跃函数 $\varepsilon(t)$ 将其写成时间函数表达式，则 $u(t)$ 等于：

    A. $5 - 1 = 4V$

    B. $5\varepsilon(t) + \varepsilon(t - t_0)V$

    C. $5\varepsilon(t) - 4\varepsilon(t - t_0)V$

    D. $5\varepsilon(t) - 4\varepsilon(t + t_0)V$

89. 模拟信号经线性放大器放大后，信号中被改变的量是：

    A. 信号的频率

    B. 信号的幅值频谱

    C. 信号的相位频谱

    D. 信号的幅值

90. 逻辑表达式 $(A + B)(A + C)$ 的化简结果是：

    A. A B. $A^2 + AB + AC + BC$

    C. $A + BC$ D. $(A + B)(A + C)$

91. 已知数字信号 A 和数字信号 B 的波形如图所示，则数字信号 $F = \overline{AB}$ 的波形为：

A. F

B. F

C. F

D. F

92. 逻辑函数 $F = f(A、B、C)$ 的真值表如图所示，由此可知：

A	B	C	F
0	0	0	1
0	0	1	0
0	1	0	0
0	1	1	1
1	0	0	1
1	0	1	0
1	1	0	0
1	1	1	1

A. $F = \overline{A}(\overline{B}C + B\overline{C}) + A(\overline{B}\,\overline{C} + BC)$

B. $F = \overline{B}C + B\overline{C}$

C. $F = \overline{B}\,\overline{C} + BC$

D. $F = \overline{A} + \overline{B} + \overline{BC}$

93. 二极管应用电路如图 a）所示，电路的激励 u_i 如图 b）所示，设二极管为理想器件，则电路的输出电压 u_o 的平均值 $U_o =$

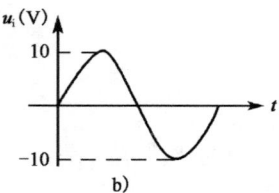

a)   b)

A. $\dfrac{10}{\sqrt{2}} \times 0.45 = 3.18V$

B. $10 \times 0.45 = 4.5V$

C. $-\dfrac{10}{\sqrt{2}} \times 0.45 = -3.18V$

D. $-10 \times 0.45 = -4.5V$

94. 运算放大器应用电路如图所示,设运算放大器输出电压的极限值为±11V,如果将 2V 电压接入电路的 "A" 端,电路的 "B" 端接地后,测得输出电压为−8V,那么,如果将 2V 电压接入电路的 "B" 端,而电路的 "A" 端接地,则该电路的输出电压 u_o 等于:

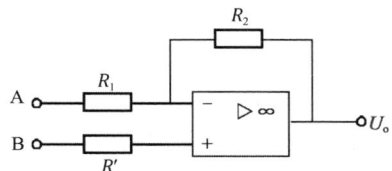

A. 8V   B. −8V   C. 10V   D. −10V

95. 图 a)所示电路中,复位信号 $\overline{R_D}$、信号 A 及时钟脉冲信号 CP 如图 b)所示,经分析可知,在第一个和第二个时钟脉冲的下降沿时刻,输出 Q 先后等于:

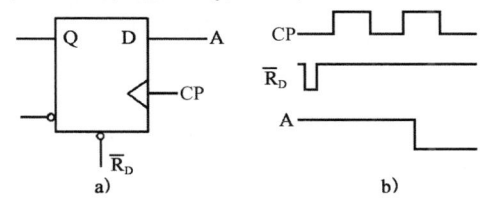

A. 0,0   B. 0,1

C. 1,0   D. 1,1

附:触发器的逻辑状态表为

D	Q_{n+1}
0	0
1	1

96. 图 a)所示电路中,复位信号、数据输入及时钟脉冲信号如图 b)所示,经分析可知,在第一个和第二个时钟脉冲的下降沿过后,输出 Q 先后等于:

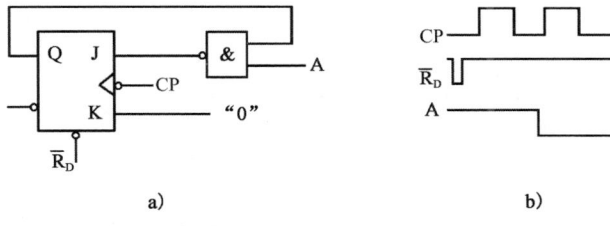

A. 0,0   B. 0,1   C. 1,0   D. 1,1

附：触发器的逻辑状态表为

J	K	Q_{n+1}
0	0	Q_D
0	1	0
1	0	1
1	1	$\bar{Q}_D$

97. 总线中的地址总线传输的是：

    A. 程序和数据   B. 主储存器的地址码或外围设备码

    C. 控制信息   D. 计算机的系统命令

98. 软件系统中，能够管理和控制计算机系统全部资源的软件是：

    A. 应用软件   B. 用户程序

    C. 支撑软件   D. 操作系统

99. 用高级语言编写的源程序，将其转换成能在计算机上运行的程序过程是：

    A. 翻译、连接、执行   B. 编辑、编译、连接

    C. 连接、翻译、执行   D. 编程、编辑、执行

100. 十进制的数 256.625 用十六进制表示则是：

    A. 110.B   B. 200.C

    C. 100.A   D. 96.D

101. 在下面有关信息加密技术的论述中，不正确的是：

    A. 信息加密技术是为提高信息系统及数据的安全性和保密性的技术

    B. 信息加密技术是为防止数据信息被别人破译而采用的技术

    C. 信息加密技术是网络安全的重要技术之一

    D. 信息加密技术是为清楚计算机病毒而采用的技术

102. 可以这样来认识进程，进程是：

    A. 一段执行中的程序   B. 一个名义上的软件系统

    C. 与程序等效的一个概念   D. 一个存放在 ROM 中的程序

103. 操作系统中的文件管理是：

    A. 对计算机的系统软件资源进行管理   B. 对计算机的硬件资源进行管理

    C. 对计算机用户进行管理   D. 对计算机网络进行管理

104. 在计算机网络中，常将负责全网络信息处理的设备和软件称为：

    A. 资源子网   B. 通信子网

    C. 局域网   D. 广域网

105. 若按采用的传输介质的不同，可将网络分为：

    A. 双绞线网、同轴电缆网、光纤网、无线网

    B. 基带网和宽带网

    C. 电路交换类、报文交换类、分组交换类

    D. 广播式网络、点到点式网络

106. 一个典型的计算机网络系统主要是由：

    A. 网络硬件系统和网络软件系统组成   B. 主机和网络软件系统组成

    C. 网络操作系统和若干计算机组成   D. 网络协议和网络操作系统组成

107. 如现在投资 100 万元，预计年利率为 10%，分 5 年等额回收，每年可回收：

    [已知：$(A/P, 10\%, 5) = 0.2638$，$(A/F, 10\%, 5) = 0.1638$]

    A. 16.38 万元   B. 26.38 万元

    C. 62.09 万元   D. 75.82 万元

108. 某项目投资中有部分资金源于银行贷款，该贷款在整个项目期间将等额偿还本息。项目预计年经营

成本为 5000 万元，年折旧费和摊销为 2000 万元，则该项目的年总成本费用应：

    A. 等于 5000 万元   B. 等于 7000 万元

    C. 大于 7000 万元   D. 在 5000 万元与 7000 万元之间

109. 下列财务评价指标中，反映项目盈利能力的指标是：

    A. 流动比率   B. 利息备付率

    C. 投资回收期   D. 资产负债率

110. 某项目第一年年初投资 5000 万元，此后从第一年年末开始每年年末有相同的净收益，收益期为 10 年。寿命期结束时的净残值为 100 万元，若基准收益率为 12%，则要使该投资方案的净现值为零，其年净收益应为：

[已知：$(P/A, 12\%, 10) = 5.6500$；$(P/F, 12\%, 10) = 0.3220$]

A. 879.26 万元

B. 884.96 万元

C. 890.65 万元

D. 1610 万元

111. 某企业设计生产能力为年产某产品 40000t，在满负荷生产状态下，总成本为 30000 万元，其中固定成本为 10000 万元，若产品价格为 1 万元/t，则以生产能力利用率表示的盈亏平衡点为：

A. 25%

B. 35%

C. 40%

D. 50%

112. 已知甲、乙为两个寿命期相同的互斥项目，通过测算得出：甲、乙两项目的内部收益率分别为 18% 和 14%，甲、乙两项目的净现值分别为 240 万元和 320 万元。假如基准收益率为 12%，则以下说法中正确的是：

A. 应选择甲项目

B. 应选择乙项目

C. 应同时选择甲、乙两个项目

D. 甲、乙项目均不应选择

113. 下列项目方案类型中，适于采用最小公倍数法进行方案比选的是：

A. 寿命期相同的互斥方案

B. 寿命期不同的互斥方案

C. 寿命期相同的独立方案

D. 寿命期不同的独立方案

114. 某项目整体功能的目标成本为 10 万元，在进行功能评价时，得出某一功能 F^* 的功能评价系数为 0.3，若其成本改进期望值为 -5000 元（即降低 5000 元），则 F^* 的现实成本为：

A. 2.5 万元

B. 3 万元

C. 3.5 万元

D. 4 万元

115. 根据《中华人民共和国建筑法》规定，对从事建筑业的单位实行资质管理制度，将从事建活动的工程监理单位，划分为不同的资质等级。监理单位资质等级的划分条件可以不考虑：

A. 注册资本

B. 法定代表人

C. 已完成的建筑工程业绩

D. 专业技术人员

116. 某生产经营单位使用危险性较大的特种设备，根据《中华人民共和国安全生产法》规定，该设备投入使用的条件不包括：

A. 该设备应由专业生产单位生产

B. 该设备应进行安全条件论证和安全评价

C. 该设备须经取得专业资质的检测、检验机构检测、检验合格

D. 该设备须取得安全使用证或者安全标志

117. 根据《中华人民共和国招标投标法》规定，某工程项目委托监理服务的招投标活动，应当遵循的原则是：

A. 公开、公平、公正、诚实信用

B. 公开、平等、自愿、公平、诚实信用

C. 公正、科学、独立、诚实信用

D. 全面、有效、合理、诚实信用

118. 根据《中华人民共和国合同法》规定，要约可以撤回和撤销。下列要约，不得撤销的是：

A. 要约到达受要约人

B. 要约人确定了承诺期限

C. 受要约人未发出承诺通知

D. 受要约人即将发出承诺通知

119. 下列情形中，作出行政许可决定的行政机关或者其上级行政机关，应当依法办理有关行政许可的注销手续的是：

A. 取得市场准入许可的被许可人擅自停业、歇业

B. 行政机关工作人员对直接关系生命财产安全的设施监督检查时，发现存在安全隐患的

C. 行政许可证件依法被吊销的

D. 被许可人未依法履行开发利用自然资源义务的

120. 某建设工程项目完成施工后，施工单位提出工程竣工验收申请，根据《建设工程质量管理条例》规定，该建设工程竣工验收应当具备的条件不包括：

A. 有施工单位提交的工程质量保证保证金

B. 有工程使用的主要建筑材料、建筑构配件和设备的进场试验报告

C. 有勘察、设计、施工、工程监理等单位分别签署的质量合格文件

D. 有完整的技术档案和施工管理资料

2016 年度全国勘察设计注册工程师

执业资格考试试卷

基础考试
（上）

二〇一六年九月

应考人员注意事项

1. 本试卷科目代码为"1"，考生务必将此代码填涂在答题卡"科目代码"相应的栏目内，否则，无法评分。

2. 书写用笔：**黑色或蓝色钢笔、签字笔或圆珠笔**；

   填涂答题卡用笔：**黑色 2B 铅笔**。

3. 必须用书写用笔将工作单位、姓名、准考证号填写在答题卡和试卷相应的栏目内。

4. 本试卷由 120 题组成，每题 1 分，满分 120 分，本试卷全部为单项选择题，每小题的四个备选项中只有一个正确答案，错选、多选、不选均不得分。

5. 考生作答时，必须按**题号在答题卡上**将相应试题所选选项对应的**字母用 2B 铅笔涂黑**。

6. 在答题卡上书写与题意无关的语言，或在答题卡上作标记的，均按违纪试卷处理。

7. 考试结束时，由监考人员当面将试卷、答题卡一并收回。

8. 草稿纸由各地统一配发，考后收回。

单项选择题（共 120 题，每题 1 分。每题的备选项中只有一个最符合题意。）

1. 下列极限式中，能够使用洛必达法则求极限的是：

A. $\lim\limits_{x \to 0} \dfrac{1+\cos x}{e^x - 1}$

B. $\lim\limits_{x \to 0} \dfrac{x - \sin x}{\sin x}$

C. $\lim\limits_{x \to 0} \dfrac{x^2 \sin \frac{1}{x}}{\sin x}$

D. $\lim\limits_{x \to \infty} \dfrac{x + \sin x}{x - \sin x}$

2. 设 $\begin{cases} x = t - \arctan t \\ y = \ln(1 + t^2) \end{cases}$，则 $\left. \dfrac{\mathrm{d}y}{\mathrm{d}x} \right|_{t=1}$ 等于：

A. 1

B. -1

C. 2

D. $\dfrac{1}{2}$

3. 微分方程 $\dfrac{\mathrm{d}y}{\mathrm{d}x} = \dfrac{1}{xy + y^3}$ 是：

A. 齐次微分方程

B. 可分离变量的微分方程

C. 一阶线性微分方程

D. 二阶微分方程

4. 若向量 $\boldsymbol{\alpha}, \boldsymbol{\beta}$ 满足 $|\boldsymbol{\alpha}| = 2$，$|\boldsymbol{\beta}| = \sqrt{2}$，且 $\boldsymbol{\alpha} \cdot \boldsymbol{\beta} = 2$，则 $|\boldsymbol{\alpha} \times \boldsymbol{\beta}|$ 等于：

A. 2

B. $2\sqrt{2}$

C. $2 + \sqrt{2}$

D. 不能确定

5. $f(x)$ 在点 x_0 处的左、右极限存在且相等是 $f(x)$ 在点 x_0 处连续的：

A. 必要非充分的条件

B. 充分非必要的条件

C. 充分且必要的条件

D. 既非充分又非必要的条件

6. 设 $\int_0^x f(t)\mathrm{d}t = \dfrac{\cos x}{x}$，则 $f\left(\dfrac{\pi}{2}\right)$ 等于：

A. $\dfrac{\pi}{2}$

B. $-\dfrac{2}{\pi}$

C. $\dfrac{2}{\pi}$

D. 0

7. 若 $\sec^2 x$ 是 $f(x)$ 的一个原函数，则 $\int x f(x)\,\mathrm{d}x$ 等于：

A. $\tan x + C$

B. $x \tan x - \ln|\cos x| + C$

C. $x \sec^2 x + \tan x + C$

D. $x \sec^2 x - \tan x + C$

8. yOz坐标面上的曲线 $\begin{cases} y^2 + z = 1 \\ x = 0 \end{cases}$ 绕Oz轴旋转一周所生成的旋转曲面方程是：

A. $x^2 + y^2 + z = 1$

B. $x + y^2 + z = 1$

C. $y^2 + \sqrt{x^2 + z^2} = 1$

D. $y^2 - \sqrt{x^2 + z^2} = 1$

9. 若函数$z = f(x,y)$在点$P_0(x_0, y_0)$处可微，则下面结论中错误的是：

A. $z = f(x,y)$在P_0处连续

B. $\lim\limits_{\substack{x \to x_0 \\ y \to y_0}} f(x,y)$存在

C. $f_x'(x_0, y_0)$，$f_y'(x_0, y_0)$均存在

D. $f_x'(x,y)$，$f_y'(x,y)$在P_0处连续

10. 若$\int_{-\infty}^{+\infty} \frac{A}{1+x^2} \mathrm{d}x = 1$，则常数$A$等于：

A. $\frac{1}{\pi}$

B. $\frac{2}{\pi}$

C. $\frac{\pi}{2}$

D. π

11. 设$f(x) = x(x-1)(x-2)$，则方程$f'(x) = 0$的实根个数是：

A. 3

B. 2

C. 1

D. 0

12. 微分方程$y'' - 2y' + y = 0$的两个线性无关的特解是：

A. $y_1 = x$，$y_2 = e^x$

B. $y_1 = e^{-x}$，$y_2 = e^x$

C. $y_1 = e^{-x}$，$y_2 = xe^{-x}$

D. $y_1 = e^x$，$y_2 = xe^x$

13. 设函数$f(x)$在(a,b)内可微，且$f'(x) \neq 0$，则$f(x)$在(a,b)内：

A. 必有极大值

B. 必有极小值

C. 必无极值

D. 不能确定有还是没有极值

14. 下列级数中，绝对收敛的级数是：

A. $\sum\limits_{n=1}^{\infty} (-1)^{n-1} \frac{1}{n}$

B. $\sum\limits_{n=1}^{\infty} (-1)^{n-1} \frac{1}{\sqrt{n}}$

C. $\sum\limits_{n=1}^{\infty} \frac{n^2}{1+n^2}$

D. $\sum\limits_{n=1}^{\infty} \frac{\sin^{\frac{3}{2}} n}{n^2}$

15. 若D是由$x = 0$，$y = 0$，$x^2 + y^2 = 1$所围成在第一象限的区域，则二重积分$\iint\limits_{D} x^2 y \mathrm{d}x\mathrm{d}y$等于：

A. $-\dfrac{1}{15}$

B. $\dfrac{1}{15}$

C. $-\dfrac{1}{12}$

D. $\dfrac{1}{12}$

16. 设L是抛物线$y = x^2$上从点$A(1,1)$到点$O(0,0)$的有向弧线，则对坐标的曲线积分$\int_{L} x\mathrm{d}x + y\mathrm{d}y$等于：

A. 0

B. 1

C. -1

D. 2

17. 幂级数$\sum\limits_{n=0}^{\infty} \dfrac{(-1)^n}{2^n} x^n$在$|x| < 2$的和函数是：

A. $\dfrac{2}{2+x}$

B. $\dfrac{2}{2-x}$

C. $\dfrac{1}{1-2x}$

D. $\dfrac{1}{1+2x}$

18. 设$z = \dfrac{3^{xy}}{x} + xF(u)$，其中$F(u)$可微，且$u = \dfrac{y}{x}$，则$\dfrac{\partial z}{\partial y}$等于：

A. $3^{xy} - \dfrac{y}{x}F'(u)$

B. $\dfrac{1}{x}3^{xy}\ln 3 + F'(u)$

C. $3^{xy} + F'(u)$

D. $3^{xy}\ln 3 + F'(u)$

19. 若使向量组$\boldsymbol{\alpha}_1 = (6, t, 7)^{\mathrm{T}}$，$\boldsymbol{\alpha}_2 = (4,2,2)^{\mathrm{T}}$，$\boldsymbol{\alpha}_3 = (4,1,0)^{\mathrm{T}}$线性相关，则$t$等于：

A. -5

B. 5

C. -2

D. 2

20. 下列结论中正确的是：

A. 矩阵$\boldsymbol{A}$的行秩与列秩可以不等

B. 秩为r的矩阵中，所有r阶子式均不为零

C. 若n阶方阵$\boldsymbol{A}$的秩小于n，则该矩阵$\boldsymbol{A}$的行列式必等于零

D. 秩为r的矩阵中，不存在等于零的$r - 1$阶子式

21. 已知矩阵 $A = \begin{bmatrix} 5 & -3 & 2 \\ 6 & -4 & 4 \\ 4 & -4 & a \end{bmatrix}$ 的两个特征值为 $\lambda_1 = 1$，$\lambda_2 = 3$，则常数 a 和另一特征值 λ_3 为：

   A. $a = 1$，$\lambda_3 = -2$

   B. $a = 5$，$\lambda_3 = 2$

   C. $a = -1$，$\lambda_3 = 0$

   D. $a = -5$，$\lambda_3 = -8$

22. 设有事件 A 和 B，已知 $P(A) = 0.8$，$P(B) = 0.7$，且 $P(A|B) = 0.8$，则下列结论中正确的是：

   A. A 与 B 独立

   B. A 与 B 互斥

   C. $B \supset A$

   D. $P(A \cup B) = P(A) + P(B)$

23. 某店有 7 台电视机，其中 2 台次品。现从中随机地取 3 台，设 X 为其中的次品数，则数学期望 $E(X)$ 等于：

   A. $\dfrac{3}{7}$

   B. $\dfrac{4}{7}$

   C. $\dfrac{5}{7}$

   D. $\dfrac{6}{7}$

24. 设总体 $X \sim N(0, \sigma^2)$，$X_1, X_2, \cdots, X_n$ 是来自总体的样本，$\hat{\sigma}^2 = \dfrac{1}{n}\sum\limits_{i=1}^{n} X_i^2$，则下面结论中正确的是：

   A. $\hat{\sigma}^2$ 不是 σ^2 的无偏估计量

   B. $\hat{\sigma}^2$ 是 σ^2 的无偏估计量

   C. $\hat{\sigma}^2$ 不一定是 σ^2 的无偏估计量

   D. $\hat{\sigma}^2$ 不是 σ^2 的估计量

25. 假定氧气的热力学温度提高一倍，氧分子全部离解为氧原子，则氧原子的平均速率是氧分子平均速率的：

   A. 4 倍

   B. 2 倍

   C. $\sqrt{2}$ 倍

   D. $\dfrac{1}{\sqrt{2}}$

26. 容积恒定的容器内盛有一定量的某种理想气体，分子的平均自由程为 $\bar{\lambda}_0$，平均碰撞频率为 $\bar{Z}_0$，若气体的温度降低为原来的 $\dfrac{1}{4}$，则此时分子的平均自由程 $\bar{\lambda}$ 和平均碰撞频率 $\bar{Z}$ 为：

   A. $\bar{\lambda} = \bar{\lambda}_0$，$\bar{Z} = \bar{Z}_0$

   B. $\bar{\lambda} = \bar{\lambda}_0$，$\bar{Z} = \dfrac{1}{2}\bar{Z}_0$

   C. $\bar{\lambda} = 2\bar{\lambda}_0$，$\bar{Z} = 2\bar{Z}_0$

   D. $\bar{\lambda} = \sqrt{2}\,\bar{\lambda}_0$，$\bar{Z} = 4\bar{Z}_0$

27. 一定量的某种理想气体由初始态经等温膨胀变化到末态时,压强为p_1;若由相同的初始态经绝热膨胀到另一末态时,压强为p_2,若两过程末态体积相同,则:

   A. $p_1 = p_2$ B. $p_1 > p_2$

   C. $p_1 < p_2$ D. $p_1 = 2p_2$

28. 在卡诺循环过程中,理想气体在一个绝热过程中所做的功为W_1,内能变化为ΔE_1,则在另一绝热过程中所做的功为W_2,内能变化为ΔE_2,则W_1、W_2及ΔE_1、ΔE_2之间的关系为:

   A. $W_2 = W_1$,$\Delta E_2 = \Delta E_1$ B. $W_2 = -W_1$,$\Delta E_2 = \Delta E_1$

   C. $W_2 = -W_1$,$\Delta E_2 = -\Delta E_1$ D. $W_2 = W_1$,$\Delta E_2 = -\Delta E_1$

29. 波的能量密度的单位是:

   A. $J \cdot m^{-1}$ B. $J \cdot m^{-2}$

   C. $J \cdot m^{-3}$ D. J

30. 两相干波源,频率为100Hz,相位差为π,两者相距20m,若两波源发出的简谐波的振幅均为A,则在两波源连线的中垂线上各点合振动的振幅为:

   A. $-A$ B. 0 C. A D. $2A$

31. 一平面简谐波的波动方程为$y = 2 \times 10^{-2} \cos 2\pi \left(10t - \frac{x}{5}\right)$(SI),对$x = 2.5$m处的质元,在$t = 0.25$s时,它的:

   A. 动能最大,势能最大   B. 动能最大,势能最小

   C. 动能最小,势能最大   D. 动能最小,势能最小

32. 一束自然光自空气射向一块玻璃,设入射角等于布儒斯特角i_0,则光的折射角为:

   A. $\pi + i_0$ B. $\pi - i_0$

   C. $\frac{\pi}{2} + i_0$ D. $\frac{\pi}{2} - i_0$

33. 两块偏振片平行放置,光强为I_0的自然光垂直入射在第一块偏振片上,若两偏振片的偏振化方向夹角为45°,则从第二块偏振片透出的光强为:

   A. $\frac{I_0}{2}$ B. $\frac{I_0}{4}$

   C. $\frac{I_0}{8}$ D. $\frac{\sqrt{2}}{4}I_0$

34. 在单缝夫琅禾费衍射实验中，单缝宽度为a，所用单色光波长为λ，透镜焦距为f，则中央明条纹的半宽度为：

A. $\dfrac{f\lambda}{a}$ B. $\dfrac{2f\lambda}{a}$

C. $\dfrac{a}{f\lambda}$ D. $\dfrac{2a}{f\lambda}$

35. 通常亮度下，人眼睛瞳孔的直径约为 3mm，视觉感受到最灵敏的光波波长为550nm（$1nm = 1 \times 10^{-9}m$），则人眼睛的最小分辨角约为：

A. $2.24 \times 10^{-3}rad$ B. $1.12 \times 10^{-4}rad$

C. $2.24 \times 10^{-4}rad$ D. $1.12 \times 10^{-3}rad$

36. 在光栅光谱中，假如所有偶数级次的主极大都恰好在透射光栅衍射的暗纹方向上，因而出现缺级现象，那么此光栅每个透光缝宽度a和相邻两缝间不透光部分宽度b的关系为：

A. $a = 2b$ B. $b = 3a$

C. $a = b$ D. $b = 2a$

37. 多电子原子中同一电子层原子轨道能级（量）最高的亚层是：

A. s 亚层   B. p 亚层

C. d 亚层   D. f 亚层

38. 在CO和N_2分子之间存在的分子间力有：

A. 取向力、诱导力、色散力   B. 氢键

C. 色散力   D. 色散力、诱导力

39. 已知$K_b^{\ominus}(NH_3 \cdot H_2O) = 1.8 \times 10^{-5}$，$0.1mol \cdot L^{-1}$的$NH_3 \cdot H_2O$溶液的pH为：

A. 2.87   B. 11.13   C. 2.37   D. 11.63

40. 通常情况下，$K_a^{\ominus}$、$K_b^{\ominus}$、$K^{\ominus}$、$K_{sp}^{\ominus}$，它们的共同特性是：

A. 与有关气体分压有关   B. 与温度有关

C. 与催化剂的种类有关   D. 与反应物浓度有关

41. 下列各电对的电极电势与H^+浓度有关的是：

A. Zn^{2+}/Zn B. Br_2/Br

C. AgI/Ag D. MnO_4^-/Mn^{2+}

42. 电解Na_2SO_4水溶液时，阳极上放电的离子是：

A. H^+　　　　　　B. OH^-　　　　　　C. Na^+　　　　　　D. SO_4^{2-}

43. 某化学反应在任何温度下都可以自发进行，此反应需满足的条件是：

A. $\Delta_r H_m < 0$，$\Delta_r S_m > 0$　　　　　　B. $\Delta_r H_m > 0$，$\Delta_r S_m < 0$

C. $\Delta_r H_m < 0$，$\Delta_r S_m < 0$　　　　　　D. $\Delta_r H_m > 0$，$\Delta_r S_m > 0$

44. 按系统命名法，下列有机化合物命名正确的是：

A. 3-甲基丁烷　　　　　　B. 2-乙基丁烷

C. 2,2-二甲基戊烷　　　　　　D. 1,1,3-三甲基戊烷

45. 苯氨酸和山梨酸（$CH_3CH{=}CHCH{=}CHCOOH$）都是常见的食品防腐剂。下列物质中只能与其中一种酸发生化学反应的是：

A. 甲醇　　　　　　B. 溴水

C. 氢氧化钠　　　　　　D. 金属钾

46. 受热到一定程度就能软化的高聚物是：

A. 分子结构复杂的高聚物　　　　　　B. 相对摩尔质量较大的高聚物

C. 线性结构的高聚物　　　　　　D. 体型结构的高聚物

47. 图示结构由直杆AC，DE和直角弯杆BCD所组成，自重不计，受荷载F与$M = F \cdot a$作用。则A处约束力的作用线与x轴正向所成的夹角为：

A. 135°　　　　　　B. 90°

C. 0°　　　　　　D. 45°

48. 图示平面力系中，已知$q = 10$kN/m，$M = 20$kN·m，$a = 2$m。则该主动力系对B点的合力矩为：

A. $M_B = 0$

B. $M_B = 20$kN·m $(\curvearrowleft)$

C. $M_B = 40$kN·m $(\curvearrowleft)$

D. $M_B = 40$kN·m $(\curvearrowright)$

49. 简支梁受分布荷载作用如图所示。支座A、B的约束力为：

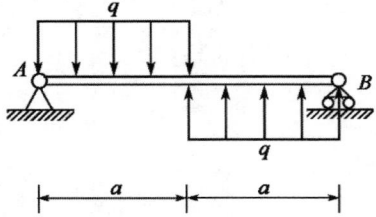

A. $F_A = 0$，$F_B = 0$

B. $F_A = \frac{1}{2}qa \uparrow$，$F_B = \frac{1}{2}qa \uparrow$

C. $F_A = \frac{1}{2}qa \uparrow$，$F_B = \frac{1}{2}qa \downarrow$

D. $F_A = \frac{1}{2}qa \downarrow$，$F_B = \frac{1}{2}qa \uparrow$

50. 重力为W的物块自由地放在倾角为α的斜面上如图示。且$\sin \alpha = \frac{3}{5}$，$\cos \alpha = \frac{4}{5}$。物块上作用一水平力$F$，且$F = W$。若物块与斜面间的静摩擦系数$f = 0.2$，则该物块的状态为：

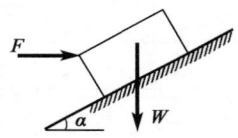

A. 静止状态

B. 临界平衡状态

C. 滑动状态

D. 条件不足，不能确定

51. 一动点沿直线轨道按照$x = 3t^3 + t + 2$的规律运动（x以 m 计，t以 s 计），则当$t = 4$s时，动点的位移、速度和加速度分别为：

    A. $x = 54$m，$v = 145$m/s，$a = 18$m/s²

    B. $x = 198$m，$v = 145$m/s，$a = 72$m/s²

    C. $x = 198$m，$v = 49$m/s，$a = 72$m/s²

    D. $x = 192$m，$v = 145$m/s，$a = 12$m/s²

52. 点在直径为 6m 的圆形轨迹上运动，走过的距离是$s = 3t^2$，则点在2s末的切向加速度为：

    A. 48m/s²   B. 4m/s²   C. 96m/s²   D. 6m/s²

53. 杆$OA = l$，绕固定轴O转动，某瞬时杆端A点的加速度a如图所示，则该瞬时杆OA的角速度及角加速度为：

    A. 0, $\dfrac{a}{l}$

    B. $\sqrt{\dfrac{a\cos\alpha}{l}}$, $\dfrac{a\sin\alpha}{l}$

    C. $\sqrt{\dfrac{a}{l}}$, 0

    D. 0, $\sqrt{\dfrac{a}{l}}$

54. 质量为m的物体M在地面附近自由降落，它所受的空气阻力的大小为$F_R = Kv^2$，其中K为阻力系数，v为物体速度，该物体所能达到的最大速度为：

    A. $v = \sqrt{\dfrac{mg}{K}}$ B. $v = \sqrt{mgK}$

    C. $v = \sqrt{\dfrac{g}{K}}$ D. $v = \sqrt{gK}$

55. 质点受弹簧力作用而运动，l_0为弹簧自然长度，k为弹簧刚度系数，质点由位置 1 到位置 2 和由位置 3 到位置 2 弹簧力所做的功为：

    A. $W_{12} = -1.96$J，$W_{32} = 1.176$J   B. $W_{12} = 1.96$J，$W_{32} = 1.176$J

    C. $W_{12} = 1.96$J，$W_{32} = -1.176$J   D. $W_{12} = -1.96$J，$W_{32} = -1.176$J

56. 如图所示圆环以角速度ω绕铅直轴AC自由转动，圆环的半径为R，对转轴z的转动惯量为I。在圆环中的A点放一质量为m的小球，设由于微小的干扰，小球离开A点。忽略一切摩擦，则当小球达到B点时，圆环的角速度为：

A. $\dfrac{mR^2\omega}{I+mR^2}$

B. $\dfrac{I\omega}{I+mR^2}$

C. ω

D. $\dfrac{2I\omega}{I+mR^2}$

57. 图示均质圆轮，质量为m，半径为r，在铅垂图面内绕通过圆盘中心O的水平轴转动，角速度为ω，角加速度为ε，此时将圆轮的惯性力系向O点简化，其惯性力主矢和惯性力主矩的大小分别为：

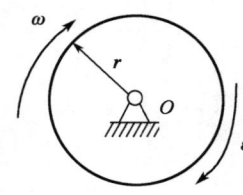

A. 0，0

B. $mr\varepsilon$，$\dfrac{1}{2}mr^2\varepsilon$

C. 0，$\dfrac{1}{2}mr^2\varepsilon$

D. 0，$\dfrac{1}{4}mr^2\omega^2$

58. 5kg质量块振动，其自由振动规律是$x = X\sin\omega_n t$，如果振动的圆频率为30rad/s，则此系统的刚度系数为：

A. 2500N/m

B. 4500N/m

C. 180N/m

D. 150N/m

59. 横截面直杆，轴向受力如图，杆的最大拉伸轴力是：

A. 10kN
B. 25kN
C. 35kN
D. 20kN

60. 已知铆钉的许用切应力为$[\tau]$，许用挤压应力为$[\sigma_{bs}]$，钢板的厚度为t，则图示铆钉直径d与钢板厚度t的合理关系是：

A. $d = \dfrac{8t[\sigma_{bs}]}{\pi[\tau]}$
B. $d = \dfrac{4t[\sigma_{bs}]}{\pi[\tau]}$

C. $d = \dfrac{\pi[\tau]}{8t[\sigma_{bs}]}$
D. $d = \dfrac{\pi[\tau]}{4t[\sigma_{bs}]}$

61. 直径为d的实心圆轴受扭，在扭矩不变的情况下，为使扭转最大切应力减小一半，圆轴的直径应改为：

A. $2d$
B. $0.5d$
C. $\sqrt{2}d$
D. $\sqrt[3]{2}d$

62. 在一套传动系统中，假设所有圆轴传递的功率相同，转速不同。该系统的圆轴转速与其扭矩的关系是：

A. 转速快的轴扭矩大

B. 转速慢的轴扭矩大

C. 全部轴的扭矩相同

D. 无法确定

63. 面积相同的三个图形如图示，对各自水平形心轴z的惯性矩之间的关系为：

A. $I_{(a)} > I_{(b)} > I_{(c)}$

B. $I_{(a)} < I_{(b)} < I_{(c)}$

C. $I_{(a)} < I_{(c)} = I_{(b)}$

D. $I_{(a)} = I_{(b)} > I_{(c)}$

64. 简支梁的弯矩如图示，根据弯矩图推得梁上的荷载应为：

A. $F = 10kN$，$m = 10kN \cdot m$

B. $F = 5kN$，$m = 10kN \cdot m$

C. $F = 10kN$，$m = 5kN \cdot m$

D. $F = 5kN$，$m = 5kN \cdot m$

65. 在图示xy坐标系下，单元体的最大主应力σ_1大致指向：

A. 第一象限，靠近x轴

B. 第一象限，靠近y轴

C. 第二象限，靠近x轴

D. 第二象限，靠近y轴

66. 图示变截面短杆，*AB*段压应力σ_{AB}与*BC*段压应力σ_{BC}的关系是：

A. $\sigma_{AB} = 1.25\sigma_{BC}$

B. $\sigma_{AB} = 0.8\sigma_{BC}$

C. $\sigma_{AB} = 2\sigma_{BC}$

D. $\sigma_{AB} = 0.5\sigma_{BC}$

67. 简支梁*AB*的剪力图和弯矩图如图示。该梁正确的受力图是：

A.

B.

C.

D.

68. 矩形截面简支梁中点承受集中力$F=100$kN。若$h=200$mm，$b=100$mm，梁的最大弯曲正应力是：

A. 75MPa

B. 150MPa

C. 300MPa

D. 50MPa

69. 图示槽形截面杆，一端固定，另一端自由，作用在自由端角点的外力F与杆轴线平行。该杆将发生的变形是：

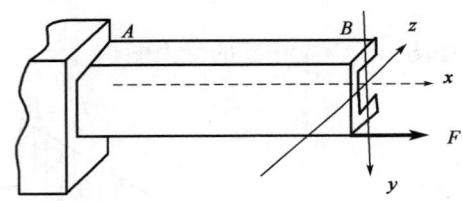

A. xy平面xz平面内的双向弯曲

B. 轴向拉伸及xy平面和xz平面内的双向弯曲

C. 轴向拉伸和xy平面内的平面弯曲

D. 轴向拉伸和xz平面内的平面弯曲

70. 两端铰支细长（大柔度）压杆，在下端铰链处增加一个扭簧弹性约束，如图所示。该压杆的长度系数μ的取值范围是：

A. $0.7 < \mu < 1$

B. $2 > \mu > 1$

C. $0.5 < \mu < 0.7$

D. $\mu < 0.5$

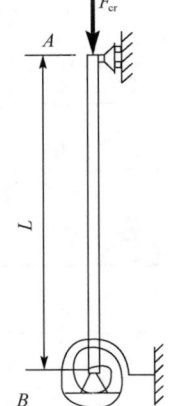

71. 标准大气压时的自由液面下 1m 处的绝对压强为：

    A. 0.11MPa   B. 0.12MPa

    C. 0.15MPa   D. 2.0MPa

72. 一直径 $d_1 = 0.2$m 的圆管，突然扩大到直径为 $d_2 = 0.3$m，若 $v_1 = 9.55$m/s，则 v_2 与 Q 分别为：

    A. 4.24m/s，0.3m³/s   B. 2.39m/s，0.3m³/s

    C. 4.24m/s，0.5m³/s   D. 2.39m/s，0.5m³/s

73. 直径为 20mm 的管流，平均流速为 9m/s，已知水的运动黏性系数 $\nu = 0.0114$cm²/s，则管中水流的流态和水流流态转变的层流流速分别是：

    A. 层流，19cm/s   B. 层流，11.4cm/s

    C. 紊流，19cm/s   D. 紊流，11.4cm/s

74. 边界层分离现象的后果是：

    A. 减小了液流与边壁的摩擦力   B. 增大了液流与边壁的摩擦力

    C. 增加了潜体运动的压差阻力   D. 减小了潜体运动的压差阻力

75. 如图由大体积水箱供水，且水位恒定，水箱顶部压力表读数 19600Pa，水深 $H = 2$m，水平管道长 $l = 100$m，直径 $d = 200$mm，沿程损失系数 0.02，忽略局部损失，则管道通过流量是：

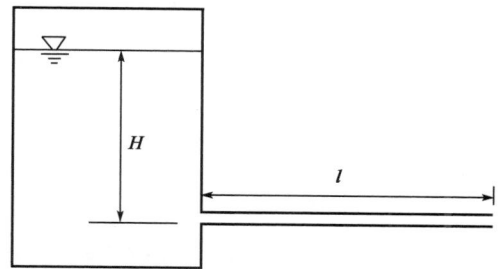

    A. 83.8L/s   B. 196.5L/s

    C. 59.3L/s   D. 47.4L/s

76. 两条明渠过水断面面积相等，断面形状分别为（1）方形，边长为 a；（2）矩形，底边宽为 $2a$，水深为 $0.5a$，它们的底坡与粗糙系数相同，则两者的均匀流流量关系式为：

    A. $Q_1 > Q_2$ B. $Q_1 = Q_2$

    C. $Q_1 < Q_2$ D. 不能确定

77. 如图，均匀砂质土壤装在容器中，设渗透系数为0.012cm/s，渗流流量为0.3m³/s，则渗流流速为：

    A. 0.003cm/s   B. 0.006cm/s

    C. 0.009cm/s   D. 0.012cm/s

78. 雷诺数的物理意义是：

    A. 压力与黏性力之比

    B. 惯性力与黏性力之比

    C. 重力与惯性力之比

    D. 重力与黏性力之比

79. 真空中，点电荷q_1和q_2的空间位置如图所示，q_1为正电荷，且$q_2 = -q_1$，则A点的电场强度的方向是：

    A. 从A点指向q_1

    B. 从A点指向q_2

    C. 垂直于q_1q_2连线，方向向上

    D. 垂直于q_1q_2连线，方向向下

80. 设电阻元件 R、电感元件 L、电容元件 C 上的电压电流取关联方向，则如下关系成立的是：

    A. $i_R = R \cdot u_R$ B. $u_C = C\dfrac{di_C}{dt}$

    C. $i_C = C\dfrac{du_C}{dt}$ D. $u_L = \dfrac{1}{L}\int i_C \, dt$

81. 用于求解图示电路的 4 个方程中，有一个错误方程，这个错误方程是：

A. $I_1R_1 + I_3R_3 - U_{s1} = 0$ B. $I_2R_2 + I_3R_3 = 0$

C. $I_1 + I_2 - I_3 = 0$ D. $I_2 = -I_{s2}$

82. 已知有效值为 10V 的正弦交流电压的相量图如图所示，则它的时间函数形式是：

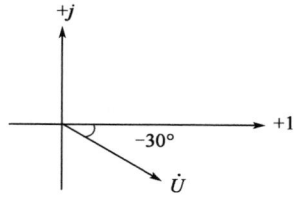

A. $u(t) = 10\sqrt{2}\sin(\omega t - 30°)\ \text{V}$

B. $u(t) = 10\sin(\omega t - 30°)\ \text{V}$

C. $u(t) = 10\sqrt{2}\sin(-30°)\ \text{V}$

D. $u(t) = 10\cos(-30°) + 10\sin(-30°)\ \text{V}$

83. 图示电路中，当端电压 $\dot{U} = 100\angle 0°\text{V}$ 时，$\dot{I}$ 等于：

A. $3.5\angle -45°\text{A}$ B. $3.5\angle 45°\text{A}$

C. $4.5\angle 26.6°\text{A}$ D. $4.5\angle -26.6°\text{A}$

84. 在图示电路中，开关S闭合后：

A. 电路的功率因数一定变大

B. 总电流减小时，电路的功率因数变大

C. 总电流减小时，感性负载的功率因数变大

D. 总电流减小时，一定出现过补偿现象

85. 图示变压器空载运行电路中，设变压器为理想器件，若$u = \sqrt{2}U \sin \omega t$，则此时：

A. $\dfrac{U_2}{U_1} = 2$

B. $\dfrac{U}{U_2} = 2$

C. $u_2 = 0, u_1 = 0$

D. $\dfrac{U}{U_1} = 2$

86. 设某△接三相异步电动机的全压启动转矩为66N·m，当对其使用Y-△降压启动方案时，当分别带10N·m、20N·m、30N·m、40N·m的负载启动时：

A. 均能正常启动

B. 均无法正常启动

C. 前两者能正常启动，后两者无法正常启动

D. 前三者能正常启动，后者无法正常启动

87. 图示电压信号u_o是：

A. 二进制代码信号

B. 二值逻辑信号

C. 离散时间信号

D. 连续时间信号

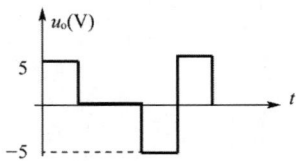

88. 信号$u(t) = 10 \cdot 1(t) - 10 \cdot 1(t-1)$V，其中，$1(t)$表示单位阶跃函数，则$u(t)$应为：

A.

B.

C.

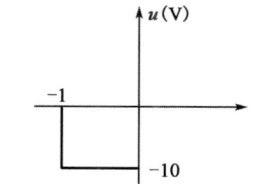

D.

89. 一个低频模拟信号$u_1(t)$被一个高频的噪声信号污染后，能将这个噪声滤除的装置是：

A. 高通滤波器

B. 低通滤波器

C. 带通滤波器

D. 带阻滤波器

90. 对逻辑表达式$\overline{AB} + \overline{BC}$的化简结果是：

A. $\overline{A} + \overline{B} + \overline{C}$

B. $\overline{A} + 2\overline{B} + \overline{C}$

C. $\overline{A + C} + B$

D. $\overline{A} + \overline{C}$

91. 已知数字信号 A 和数字信号 B 的波形如图所示，则数字信号$F = A\overline{B} + \overline{A}B$的波形为：

92. 十进制数字 10 的 BCD 码为：

A. 00010000

B. 00001010

C. 1010

D. 0010

93. 二极管应用电路如图所示，设二极管为理想器件，当 $u_1 = 10\sin\omega t\,\text{V}$ 时，输出电压 u_o 的平均值 U_o 等于：

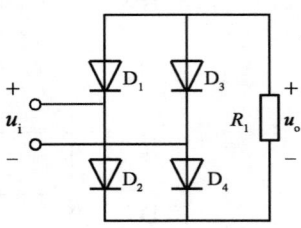

A. 10V

B. $0.9 \times 10 = 9\text{V}$

C. $0.9 \times \frac{10}{\sqrt{2}} = 6.36\text{V}$

D. $-0.9 \times \frac{10}{\sqrt{2}} = -6.36\text{V}$

94. 运算放大器应用电路如图所示，设运算放大器输出电压的极限值为 ±11V。如果将 −2.5V 电压接入 "A" 端，而 "B" 端接地后，测得输出电压为 10V，如果将 −2.5V 电压接入 "B" 端，而 "A" 端接地，则该电路的输出电压 u_o 等于：

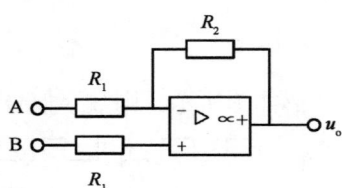

A. 10V

B. −10V

C. −11V

D. −12.5V

95. 图示逻辑门的输出 F_1 和 F_2 分别为：

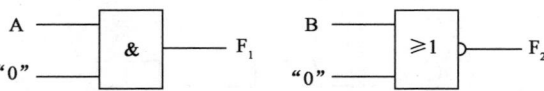

A. 0 和 $\overline{B}$

B. 0 和 1

C. A 和 $\overline{B}$

D. A 和 1

96. 图 a）所示电路中，时钟脉冲、复位信号及数模输入信号如图 b）所示。经分析可知，在第一个和第二个时钟脉冲的下降沿过后，输出 Q 先后等于：

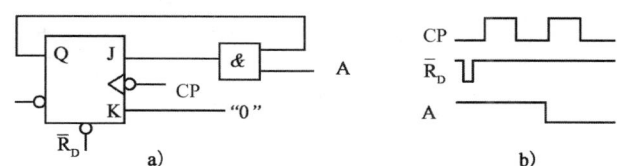

A. 0   0   B. 0   1

C. 1   0   D. 1   1

附：触发器的逻辑状态表为

J	K	Q_{n+1}
0	0	Q_n
0	1	0
1	0	1
1	1	$\overline{Q}_n$

97. 计算机发展的人性化的一个重要方面是：

A. 计算机的价格便宜

B. 计算机使用上的"傻瓜化"

C. 计算机使用不需要电能

D. 计算机不需要软件和硬件，自己会思维

98. 计算机存储器是按字节进行编址的，一个存储单元是：

A. 8 个字节   B. 1 个字节

C. 16 个二进制数位   D. 32 个二进制数位

99. 下面有关操作系统的描述中，其中错误的是：

A. 操作系统就是充当软、硬件资源的管理者和仲裁者的角色

B. 操作系统具体负责在各个程序之间，进行调度和实施对资源的分配

C. 操作系统保证系统中的各种软、硬件资源得以有效地、充分地利用

D. 操作系统仅能实现管理和使用好各种软件资源

100. 计算机的支撑软件是：

    A. 计算机软件系统内的一个组成部分   B. 计算机硬件系统内的一个组成部分

    C. 计算机应用软件内的一个组成部分   D. 计算机专用软件内的一个组成部分

101. 操作系统中的进程与处理器管理的主要功能是：

    A. 实现程序的安装、卸载

    B. 提高主存储器的利用率

    C. 使计算机系统中的软硬件资源得以充分利用

    D. 优化外部设备的运行环境

102. 影响计算机图像质量的主要参数有：

    A. 存储器的容量、图像文件的尺寸、文件保存格式

    B. 处理器的速度、图像文件的尺寸、文件保存格式

    C. 显卡的品质、图像文件的尺寸、文件保存格式

    D. 分辨率、颜色深度、图像文件的尺寸、文件保存格式

103. 计算机操作系统中的设备管理主要是：

    A. 微处理器 CPU 的管理   B. 内存储器的管理

    C. 计算机系统中的所有外部设备的管理   D. 计算机系统中的所有硬件设备的管理

104. 下面四个选项中，不属于数字签名技术的是：

    A. 权限管理   B. 接收者能够核实发送者对报文的签名

    C. 发送者事后不能对报文的签名进行抵赖   D. 接收者不能伪造对报文的签名

105. 实现计算机网络化后的最大好处是：

    A. 存储容量被增大   B. 计算机运行速度加快

    C. 节省大量人力资源   D. 实现了资源共享

106. 校园网是提高学校教学、科研水平不可缺少的设施，它是属于：

    A. 局域网   B. 城域网

    C. 广域网   D. 网际网

107. 某企业拟购买 3 年期一次到期债券，打算三年后到期本利和为 300 万元，按季复利计息，年名义利率为 8%，则现在应购买债券：

A. 119.13 万元

B. 236.55 万元

C. 238.15 万元

D. 282.70 万元

108. 在下列费用中，应列入项目建设投资的是：

A. 项目经营成本

B. 流动资金

C. 预备费

D. 建设期利息

109. 某公司向银行借款 2400 万元，期限为 6 年，年利率为 8%，每年年末付息一次，每年等额还本，到第 6 年末还完本息。请问该公司第 4 年年末应还的本息和是：

A. 432 万元

B. 464 万元

C. 496 万元

D. 592 万元

110. 某项目动态投资回收期刚好等于项目计算期，则以下说法中正确的是：

A. 该项目动态回收期小于基准回收期

B. 该项目净现值大于零

C. 该项目净现值小于零

D. 该项目内部收益率等于基准收益率

111. 某项目要从国外进口一种原材料，原始材料的 CIF（到岸价格）为 150 美元/吨，美元的影子汇率为 6.5，进口费用为 240 元/吨，请问这种原材料的影子价格是：

A. 735 元人民币

B. 975 元人民币

C. 1215 元人民币

D. 1710 元人民币

112. 已知甲、乙为两个寿命期相同的互斥项目，其中乙项目投资大于甲项目。通过测算得出甲、乙两项目的内部收益率分别为 18% 和 14%，增量内部收益率 $\Delta IRR_{(\text{乙}-\text{甲})} = 13\%$，基准收益率为 11%，以下说法中正确的是：

A. 应选择甲项目

B. 应选择乙项目

C. 应同时选择甲、乙两个项目

D. 甲、乙两个项目均不应选择

113. 以下关于改扩建项目财务分析的说法中正确的是：

A. 应以财务生存能力分析为主

B. 应以项目清偿能力分析为主

C. 应以企业层次为主进行财务分析

D. 应遵循"有无对比"原则

114. 某工程设计有四个方案，在进行方案选择时计算得出：甲方案功能评价系数 0.85，成本系数 0.92；乙方案功能评价系数 0.6，成本系数 0.7；丙方案功能评价系数 0.94，成本系数 0.88；丁方案功能评价系数 0.67，成本系数 0.82。则最优方案的价值系数为：

A. 0.924　　　　　　　　　　　　B. 0.857

C. 1.068　　　　　　　　　　　　D. 0.817

115. 根据《中华人民共和国建筑法》的规定，有关工程发包的规定，下列理解错误的是：

A. 关于对建筑工程进行肢解发包的规定，属于禁止性规定

B. 可以将建筑工程的勘察、设计、施工、设备采购一并发包给一个工程总承包单位

C. 建筑工程实行直接发包的，发包单位可以将建筑工程发包给具有资质证书的承包单位

D. 提倡对建筑工程实行总承包

116. 根据《建设工程安全生产管理条例》的规定，施工单位实施爆破、起重吊装等施工时，应当安排现场的监督人员是：

A. 项目管理技术人员　　　　　　B 应急救援人员

C. 专职安全生产管理人员　　　　D. 专职质量管理人员

117. 某工程项目实行公开招标，招标人根据招标项目的特点和需要编制招标文件，其招标文件的内容不包括：

A. 招标项目的技术要求　　　　　B. 对投标人资格审查的标准

C. 拟签订合同的时间　　　　　　D. 投标报价要求和评标标准

118. 某水泥厂以电子邮件的方式于 2008 年 3 月 5 日发出销售水泥的要约，要求 2008 年 3 月 6 日 18:00 前回复承诺。甲施工单位于 2008 年 3 月 6 日 16:00 对该要约发出承诺，由于网络原因，导致该电子邮件于 2008 年 3 月 6 日 20:00 到达水泥厂，此时水泥厂的水泥已经售完。下列关于该承诺如何处理的说法，正确的是：

A. 张厂长说邮件未能按时到达，可以不予理会

B. 李厂长说邮件是在期限内发出的，应该作为有效承诺，我们必须想办法给对方供应水泥

C. 王厂长说虽然邮件是在期限内发出的，但是到达晚了，可以认为是无效承诺

D. 赵厂长说我们及时通知对方，因承诺到达已晚，不接受就是了

119. 根据《中华人民共和国环境保护法》的规定，下列关于建设项目中防治污染的设施的说法中，不正确的是：

A. 防治污染的设施，必须与主体工程同时设计、同时施工、同时投入使用

B. 防治污染的设施不得擅自拆除

C. 防治污染的设施不得擅自闲置

D. 防治污染的设施经建设行政主管部门验收合格后方可投入生产或者使用

120. 根据《建设工程质量管理条例》的规定，监理单位代表建设单位对施工质量实施监理，并对施工质量承担监理责任，其监理的依据不包括：

A. 有关技术标准　　　　　　　　　B. 设计文件

C. 工程承包合同　　　　　　　　　D. 建设单位指令

2017 年度全国勘察设计注册工程师

执业资格考试试卷

基础考试
（上）

二〇一七年九月

应考人员注意事项

1. 本试卷科目代码为"1"，考生务必将此代码填涂在答题卡"科目代码"相应的栏目内，否则，无法评分。

2. 书写用笔：**黑色或蓝色钢笔、签字笔或圆珠笔；**

   填涂答题卡用笔：**黑色 2B 铅笔。**

3. 必须用书写用笔将工作单位、姓名、准考证号填写在答题卡和试卷相应的栏目内。

4. 本试卷由 120 题组成，每题 1 分，满分 120 分，本试卷全部为单项选择题，每小题的四个备选项中只有一个正确答案，错选、多选、不选均不得分。

5. 考生作答时，必须按**题号在答题卡上**将相应试题所选选项对应的**字母用 2B 铅笔涂黑。**

6. 在答题卡上书写与题意无关的语言，或在答题卡上作标记的，均按违纪试卷处理。

7. 考试结束时，由监考人员当面将试卷、答题卡一并收回。

8. 草稿纸由各地统一配发，考后收回。

单项选择题（共 120 题，每题 1 分。每题的备选项中只有一个最符合题意。）

1. 要使得函数 $f(x) = \begin{cases} \frac{x\ln x}{1-x} & x > 0 \\ a & x = 1 \end{cases}$ 在 $(0, +\infty)$ 上连续，则常数 a 等于：

   A. 0   B. 1

   C. -1 D. 2

2. 函数 $y = \sin\frac{1}{x}$ 是定义域内的：

   A. 有界函数   B. 无界函数

   C. 单调函数   D. 周期函数

3. 设 $\boldsymbol{\alpha}$、$\boldsymbol{\beta}$ 均为非零向量，则下面结论正确的是：

   A. $\boldsymbol{\alpha} \times \boldsymbol{\beta} = \boldsymbol{0}$ 是 $\boldsymbol{\alpha}$ 与 $\boldsymbol{\beta}$ 垂直的充要条件   B. $\boldsymbol{\alpha} \cdot \boldsymbol{\beta} = \boldsymbol{0}$ 是 $\boldsymbol{\alpha}$ 与 $\boldsymbol{\beta}$ 平行的充要条件

   C. $\boldsymbol{\alpha} \times \boldsymbol{\beta} = \boldsymbol{0}$ 是 $\boldsymbol{\alpha}$ 与 $\boldsymbol{\beta}$ 平行的充要条件   D. 若 $\boldsymbol{\alpha} = \lambda\boldsymbol{\beta}$（$\lambda$ 是常数），则 $\boldsymbol{\alpha} \cdot \boldsymbol{\beta} = \boldsymbol{0}$

4. 微分方程 $y' - y = 0$ 满足 $y(0) = 2$ 的特解是：

   A. $y = 2e^{-x}$ B. $y = 2e^x$

   C. $y = e^x + 1$ D. $y = e^{-x} + 1$

5. 设函数 $f(x) = \int_x^2 \sqrt{5 + t^2}\, \mathrm{d}t$，$f'(1)$ 等于：

   A. $2 - \sqrt{6}$ B. $2 + \sqrt{6}$

   C. $\sqrt{6}$ D. $-\sqrt{6}$

6. 若 $y = g(x)$ 由方程 $e^y + xy = e$ 确定，则 $y'(0)$ 等于：

   A. $-\frac{y}{e^y}$ B. $-\frac{y}{x + e^y}$

   C. 0   D. $-\frac{1}{e}$

7. $\int f(x)\mathrm{d}x = \ln x + C$，则 $\int \cos x\, f(\cos x)\mathrm{d}x$ 等于：

   A. $\cos x + C$ B. $x + C$

   C. $\sin x + C$ D. $\ln\cos x + C$

8. 函数$f(x,y)$在点$P_0(x_0,y_0)$处有一阶偏导数是函数在该点连续的：

    A. 必要条件   B. 充分条件

    C. 充分必要条件   D. 既非充分又非必要

9. 过点$(-1,-2,3)$且平行于z轴的直线的对称方程是：

    A. $\begin{cases} x=1 \\ y=-2 \\ z=-3t \end{cases}$

    B. $\dfrac{x-1}{0}=\dfrac{y+2}{0}=\dfrac{z-3}{1}$

    C. $z=3$

    D. $\dfrac{x+1}{0}=\dfrac{y+2}{0}=\dfrac{z-3}{1}$

10. 定积分$\int_1^2 \dfrac{1-\frac{1}{x}}{x^2}\mathrm{d}x$等于：

    A. 0   B. $-\dfrac{1}{8}$

    C. $\dfrac{1}{8}$ D. 2

11. 函数$f(x)=\sin\left(x+\dfrac{\pi}{2}+\pi\right)$在区间$[-\pi,\pi]$上的最小值点$x_0$等于：

    A. $-\pi$ B. 0

    C. $\dfrac{\pi}{2}$ D. π

12. 设L是椭圆$\begin{cases} x=a\cos\theta \\ y=b\sin\theta \end{cases}$ $(a>0,\ b>0)$的上半椭圆周，沿顺时针方向，则曲线积分$\int_L y^2\mathrm{d}x$等于：

    A. $\dfrac{5}{3}ab^2$ B. $\dfrac{4}{3}ab^2$

    C. $\dfrac{2}{3}ab^2$ D. $\dfrac{1}{3}ab^2$

13. 级数$\sum\limits_{n=1}^{\infty}\dfrac{(-1)^n}{a_n}(a_n>0)$满足下列什么条件时收敛：

    A. $\lim\limits_{n\to\infty}a_n=\infty$ B. $\lim\limits_{n\to\infty}\dfrac{1}{a_n}=0$

    C. $\sum\limits_{n=1}^{\infty}a_n$发散   D. a_n单调递增且$\lim\limits_{n\to\infty}a_n=+\infty$

14. 曲线$f(x) = xe^{-x}$的拐点是：

    A. $(2, 2e^{-2})$ B. $(-2, -2e^2)$

    C. $(-1, e)$ D. $(1, e^{-1})$

15. 微分方程$y'' + y' + y = e^x$的特解是：

    A. $y = e^x$ B. $y = \frac{1}{2}e^x$

    C. $y = \frac{1}{3}e^x$ D. $y = \frac{1}{4}e^x$

16. 若圆域D：$x^2 + y^2 \leq 1$，则二重积分$\iint\limits_{D} \frac{\mathrm{d}x\mathrm{d}y}{1+x^2+y^2}$等于：

    A. $\frac{\pi}{2}$ B. π

    C. $2\pi \ln 2$ D. $\pi \ln 2$

17. 幂级数$\sum\limits_{n=1}^{\infty} \frac{x^n}{n!}$的和函数$S(x)$等于：

    A. e^x B. $e^x + 1$

    C. $e^x - 1$ D. $\cos x$

18. 设$z = y\varphi\left(\frac{x}{y}\right)$，其中$\varphi(u)$具有二阶连续导数，则$\frac{\partial^2 z}{\partial x \partial y}$等于：

    A. $\frac{1}{y}\varphi''\left(\frac{x}{y}\right)$ B. $-\frac{x}{y^2}\varphi''\left(\frac{x}{y}\right)$

    C. 1 D. $\varphi''\left(\frac{x}{y}\right) - \frac{x}{y}\varphi'\left(\frac{x}{y}\right)$

19. 矩阵$A = \begin{bmatrix} 0 & 0 & -2 \\ 0 & 3 & 0 \\ 1 & 0 & 0 \end{bmatrix}$的逆矩阵是$A^{-1}$是：

    A. $\begin{bmatrix} -\frac{1}{2} & 0 & 0 \\ 0 & \frac{1}{3} & 0 \\ 0 & 0 & 1 \end{bmatrix}$ B. $\begin{bmatrix} 0 & 0 & -\frac{1}{2} \\ 0 & \frac{1}{3} & 0 \\ 1 & 0 & 0 \end{bmatrix}$

    C. $\begin{bmatrix} 0 & 0 & 1 \\ 0 & \frac{1}{3} & 0 \\ -\frac{1}{2} & 0 & 0 \end{bmatrix}$ D. $\begin{bmatrix} 0 & 0 & 6 \\ 0 & 2 & 0 \\ 3 & 0 & 0 \end{bmatrix}$

20. 设 A 为 $m \times n$ 矩阵，则齐次线性方程组 $Ax = 0$ 有非零解的充分必要条件是：

    A. 矩阵 A 的任意两个列向量线性相关

    B. 矩阵 A 的任意两个列向量线性无关

    C. 矩阵 A 的任一列向量是其余列向量的线性组合

    D. 矩阵 A 必有一个列向量是其余列向量的线性组合

21. 设 $\lambda_1 = 6$，$\lambda_2 = \lambda_3 = 3$ 为三阶实对称矩阵 A 的特征值，属于 $\lambda_2 = \lambda_3 = 3$ 的特征向量为 $\xi_2 = (-1,0,1)^{\mathrm{T}}$，$\xi_3 = (1,2,1)^{\mathrm{T}}$，则属于 $\lambda_1 = 6$ 的特征向量是：

    A. $(1,-1,1)^{\mathrm{T}}$ B. $(1,1,1)^{\mathrm{T}}$

    C. $(0,2,2)^{\mathrm{T}}$ D. $(2,2,0)^{\mathrm{T}}$

22. 有 A、B、C 三个事件，下列选项中与事件 A 互斥的事件是：

    A. $\overline{B \cup C}$ B. $\overline{A \cup B \cup C}$

    C. $\overline{AB} + \overline{AC}$ D. $A(B + C)$

23. 设二维随机变量 (X,Y) 的概率密度为 $f(x,y) = \begin{cases} e^{-2ax+by}, & x > 0, \ y > 0 \\ 0, & \text{其他} \end{cases}$，则常数 a，b 应满足的条件是：

    A. $ab = -\dfrac{1}{2}$，且 $a > 0$，$b < 0$ B. $ab = \dfrac{1}{2}$，且 $a > 0$，$b > 0$

    C. $ab = -\dfrac{1}{2}$，$a < 0$，$b > 0$ D. $ab = \dfrac{1}{2}$，且 $a < 0$，$b < 0$

24. 设 $\hat{\theta}$ 是参数 θ 的一个无偏估计量，又方差 $D(\hat{\theta}) > 0$，下列结论中正确的是：

    A. $\hat{\theta}^2$ 是 θ^2 的无偏估计量

    B. $\hat{\theta}^2$ 不是 θ^2 的无偏估计量

    C. 不能确定 $\hat{\theta}^2$ 是不是 θ^2 的无偏估计量

    D. $\hat{\theta}^2$ 不是 θ^2 的估计量

25. 有两种理想气体，第一种的压强为p_1，体积为V_1，温度为T_1，总质量为M_1，摩尔质量为μ_1；第二种的压强为p_2，体积为V_2，温度为T_2，总质量为M_2，摩尔质量为μ_2。当$V_1 = V_2$，$T_1 = T_2$，$M_1 = M_2$时，则$\frac{\mu_1}{\mu_2}$：

A. $\frac{\mu_1}{\mu_2} = \sqrt{\frac{p_1}{p_2}}$ B. $\frac{\mu_1}{\mu_2} = \frac{p_1}{p_2}$

C. $\frac{\mu_1}{\mu_2} = \sqrt{\frac{p_2}{p_1}}$ D. $\frac{\mu_1}{\mu_2} = \frac{p_2}{p_1}$

26. 在恒定不变的压强下，气体分子的平均碰撞频率$\overline{Z}$与温度T的关系是：

A. $\overline{Z}$与T无关   B. $\overline{Z}$与$\sqrt{T}$无关

C. $\overline{Z}$与$\sqrt{T}$成反比   D. $\overline{Z}$与$\sqrt{T}$成正比

27. 一定量的理想气体对外做了500J的功，如果过程是绝热的，则气体内能的增量为：

A. 0J   B. 500J

C. −500J   D. 250J

28. 热力学第二定律的开尔文表述和克劳修斯表述中，下述正确的是：

A. 开尔文表述指出了功热转换的过程是不可逆的

B. 开尔文表述指出了热量由高温物体传到低温物体的过程是不可逆的

C. 克劳修斯表述指出通过摩擦而做功变成热的过程是不可逆的

D. 克劳修斯表述指出气体的自由膨胀过程是不可逆的

29. 已知平面简谐波的方程为$y = A\cos(Bt - Cx)$，式中A、B、C为正常数，此波的波长和波速分别为：

A. $\frac{B}{C}$，$\frac{2\pi}{C}$ B. $\frac{2\pi}{C}$，$\frac{B}{C}$

C. $\frac{\pi}{C}$，$\frac{2B}{C}$ D. $\frac{2\pi}{C}$，$\frac{C}{B}$

30. 对平面简谐波而言，波长λ反映：

    A. 波在时间上的周期性
    B. 波在空间上的周期性
    C. 波中质元振动位移的周期性
    D. 波中质元振动速度的周期性

31. 在波的传播方向上，有相距为 3m 的两质元，两者的相位差为 $\frac{\pi}{6}$，若波的周期为 4s，则此波的波长和波速分别为：

    A. 36m 和6m/s
    B. 36m 和9m/s
    C. 12m 和6m/s
    D. 12m 和9m/s

32. 在双缝干涉实验中，入射光的波长为λ，用透明玻璃纸遮住双缝中的一条缝（靠近屏的一侧），若玻璃纸中光程比相同厚度的空气的光程大2.5λ，则屏上原来的明纹处：

    A. 仍为明条纹
    B. 变为暗条纹
    C. 既非明条纹也非暗条纹
    D. 无法确定是明纹还是暗纹

33. 一束自然光通过两块叠放在一起的偏振片，若两偏振片的偏振化方向间夹角由 α_1 转到 α_2，则前后透射光强度之比为：

    A. $\dfrac{\cos^2 \alpha_2}{\cos^2 \alpha_1}$
    B. $\dfrac{\cos \alpha_2}{\cos \alpha_1}$
    C. $\dfrac{\cos^2 \alpha_1}{\cos^2 \alpha_2}$
    D. $\dfrac{\cos \alpha_1}{\cos \alpha_2}$

34. 若用衍射光栅准确测定一单色可见光的波长，在下列各种光栅常数的光栅中，选用哪一种最好：

    A. 1.0×10^{-1}mm
    B. 5.0×10^{-1}mm
    C. 1.0×10^{-2}mm
    D. 1.0×10^{-3}mm

35. 在双缝干涉实验中，光的波长 600nm，双缝间距 2mm，双缝与屏的间距为 300cm，则屏上形成的干涉图样的相邻明条纹间距为：

    A. 0.45mm
    B. 0.9mm
    C. 9mm
    D. 4.5mm

36. 一束自然光从空气投射到玻璃板表面上，当折射角为30°时，反射光为完全偏振光，则此玻璃的折射率为：

    A. 2
    B. 3
    C. $\sqrt{2}$
    D. $\sqrt{3}$

37. 某原子序数为 15 的元素，其基态原子的核外电子分布中，未成对电子数是：

A. 0   B. 1   C. 2   D. 3

38. 下列晶体中熔点最高的是：

A. NaCl   B. 冰

C. SiC   D. Cu

39. 将 $0.1 \text{mol} \cdot \text{L}^{-1}$ 的 HOAc 溶液冲稀一倍，下列叙述正确的是：

A. HOAc 的电离度增大   B. 溶液中有关离子浓度增大

C. HOAc 的电离常数增大   D. 溶液的 pH 值降低

40. 已知 $K_b(\text{NH}_3 \cdot \text{H}_2\text{O}) = 1.8 \times 10^{-5}$，将 $0.2 \text{mol} \cdot \text{L}^{-1}$ 的 $\text{NH}_3 \cdot \text{H}_2\text{O}$ 溶液和 $0.2 \text{mol} \cdot \text{L}^{-1}$ 的 HCl 溶液等体积混合，其混合溶液的 pH 值为：

A. 5.12   B. 8.87   C. 1.63   D. 9.73

41. 反应 $\text{A(S)} + \text{B(g)} \rightleftharpoons \text{C(g)}$ 的 $\Delta H < 0$，欲增大其平衡常数，可采取的措施是：

A. 增大 B 的分压   B. 降低反应温度

C. 使用催化剂   D. 减小 C 的分压

42. 两个电极组成原电池，下列叙述正确的是：

A. 作正极的电极的 $E_{(+)}$ 值必须大于零

B. 作负极的电极的 $E_{(-)}$ 值必须小于零

C. 必须是 $E_{(+)}^{\ominus} > E_{(-)}^{\ominus}$

D. 电极电势 E 值大的是正极，E 值小的是负极

43. 金属钠在氯气中燃烧生成氯化钠晶体，其反应的熵变是：

A. 增大   B. 减少

C. 不变   D. 无法判断

44. 某液体烃与溴水发生加成反应生成 2，3-二溴-2-甲基丁烷，该液体烃是：

A. 2-丁烯   B. 2-甲基-1-丁烷

C. 3-甲基-1-丁烷   D. 2-甲基-2-丁烯

45. 下列物质中与乙醇互为同系物的是：

A. $CH_2 = CHCH_2OH$

B. 甘油

C. —CH_2OH

D. $CH_3CH_2CH_2CH_2OH$

46. 下列有机物不属于烃的衍生物的是：

A. $CH_2 = CHCl$ 　　　　　　　　　B. $CH_2 = CH_2$

C. $CH_3CH_2NO_2$ 　　　　　　　　D. CCl_4

47. 结构如图所示，杆DE的点H由水平闸拉住，其上的销钉C置于杆AB的光滑直槽中，各杆自重均不计，已知$F_P = 10kN$。销钉C处约束力的作用线与x轴正向所成的夹角为：

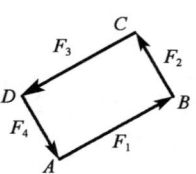

A. 0° 　　　　　　　　　　　　　　B. 90°

C. 60° 　　　　　　　　　　　　　D. 150°

48. 力F_1、F_2、F_3、F_4分别作用在刚体上同一平面内的A、B、C、D四点，各力矢首尾相连形成一矩形如图所示。该力系的简化结果为：

A. 平衡

B. 一合力

C. 一合力偶

D. 一力和一力偶

49. 均质圆柱体重力为P，直径为D，置于两光滑的斜面上。设有图示方向力F作用，当圆柱不移动时，接触面 2 处的约束力F_{N2}的大小为：

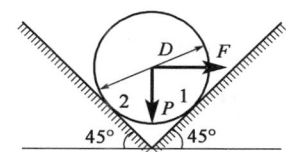

A. $F_{N2} = \frac{\sqrt{2}}{2}(P - F)$

B. $F_{N2} = \frac{\sqrt{2}}{2}F$

C. $F_{N2} = \frac{\sqrt{2}}{2}P$

D. $F_{N2} = \frac{\sqrt{2}}{2}(P + F)$

50. 如图所示，杆AB的A端置于光滑水平面上，AB与水平面夹角为30°，杆的重力大小为P，B处有摩擦，则杆AB平衡时，B处的摩擦力与x方向的夹角为：

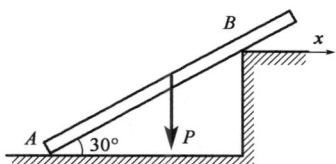

A. 90°

B. 30°

C. 60°

D. 45°

51. 点沿直线运动，其速度$v = 20t + 5$，已知：当$t = 0$时，$x = 5m$，则点的运动方程为：

A. $x = 10t^2 + 5t + 5$ B. $x = 20t + 5$

C. $x = 10t^2 + 5t$ D. $x = 20t^2 + 5t + 5$

52. 杆$OA = l$，绕固定轴O转动，某瞬时杆端A点的加速度a如图所示，则该瞬时杆OA的角速度及角加速度为：

A. 0，$\frac{a}{l}$

B. $\sqrt{\frac{a}{l}}$，$\frac{a}{l}$

C. $\sqrt{\frac{a}{l}}$，0

D. 0，$\sqrt{\frac{a}{l}}$

53. 如图所示，一绳缠绕在半径为r的鼓轮上，绳端系一重物M，重物M以速度v和加速度a向下运动，则绳上两点A、D和轮缘上两点B、C的加速度是：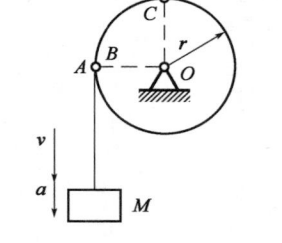

A. A、B两点的加速度相同，C、D两点的加速度相同

B. A、B两点的加速度不相同，C、D两点的加速度不相同

C. A、B两点的加速度相同，C、D两点的加速度不相同

D. A、B两点的加速度不相同，C、D两点的加速度相同

54. 汽车重力大小为$W = 2800$N，并以匀速$v = 10$m/s的行驶速度驶入刚性洼地底部，洼地底部的曲率半径$\rho = 5$m，取重力加速度$g = 10$m/s^2，则在此处地面给汽车约束力的大小为：

A. 5600N

B. 2800N

C. 3360N

D. 8400N

55. 图示均质圆轮，质量m，半径R，由挂在绳上的重力大小为W的物块使其绕O运动。设物块速度为v，不计绳重，则系统动量、动能的大小为：

A. $\dfrac{W}{g} \cdot v$；$\dfrac{1}{2} \cdot \dfrac{v^2}{g}\left(\dfrac{1}{2}mg + W\right)$

B. mv；$\dfrac{1}{2} \cdot \dfrac{v^2}{g}\left(\dfrac{1}{2}mg + W\right)$

C. $\dfrac{W}{g} \cdot v + mv$；$\dfrac{1}{2} \cdot \dfrac{v^2}{g}\left(\dfrac{1}{2}mg - W\right)$

D. $\dfrac{W}{g} \cdot v - mv$；$\dfrac{W}{g} \cdot v + mv$

56. 边长为L的均质正方形平板，位于铅垂平面内并置于光滑水平面上，在微小扰动下，平板从图示位置开始倾倒，在倾倒过程中，其质心C的运动轨迹为：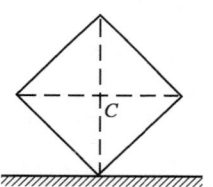

A. 半径为$L/\sqrt{2}$的圆弧

B. 抛物线

C. 铅垂直线

D. 椭圆曲线

57. 如图所示，均质直杆OA的质量为m，长为l，以匀角速度ω绕O轴转动。此时将OA杆的惯性力系向O点简化，其惯性力主矢和惯性力主矩的大小分别为：

A. 0；0

B. $\frac{1}{2}ml\omega^2$；$\frac{1}{3}ml^2\omega^2$

C. $ml\omega^2$；$\frac{1}{2}ml^2\omega^2$

D. $\frac{1}{2}ml\omega^2$；0

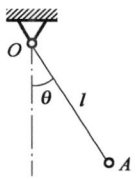

58. 如图所示，重力大小为W的质点，由长为l的绳子连接，则单摆运动的固有频率为：

A. $\sqrt{\dfrac{g}{2l}}$

B. $\sqrt{\dfrac{W}{l}}$

C. $\sqrt{\dfrac{g}{l}}$

D. $\sqrt{\dfrac{2g}{l}}$

59. 已知拉杆横截面积$A = 100\text{mm}^2$，弹性模量$E = 200\text{GPa}$，横向变形系数$\mu = 0.3$，轴向拉力$F = 20\text{kN}$，则拉杆的横向应变ε'是：

A. $\varepsilon' = 0.3 \times 10^{-3}$

B. $\varepsilon' = -0.3 \times 10^{-3}$

C. $\varepsilon' = 10^{-3}$

D. $\varepsilon' = -10^{-3}$

60. 图示两根相同的脆性材料等截面直杆，其中一根有沿横截面的微小裂纹。在承受图示拉伸荷载时，有微小裂纹的杆件的承载能力比没有裂纹杆件的承载能力明显降低，其主要原因是：

A. 横截面积小

B. 偏心拉伸

C. 应力集中

D. 稳定性差

61. 已知图示杆件的许用拉应力$[\sigma]=120$MPa，许用剪应力$[\tau]=90$MPa，许用挤压应力$[\sigma_{bs}]=240$MPa，则杆件的许用拉力$[P]$等于：

A. 18.8kN

B. 67.86kN

C. 117.6kN

D. 37.7kN

62. 如图所示，等截面传动轴，轴上安装 a、b、c 三个齿轮，其上的外力偶矩的大小和转向一定，但齿轮的位置可以调换。从受力的观点来看，齿轮 a 的位置应放置在下列选项中的何处？

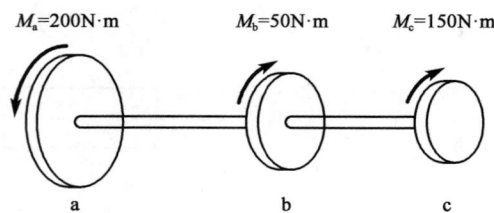

A. 任意处

B. 轴的最左端

C. 轴的最右端

D. 齿轮 b 与 c 之间

63. 梁AB的弯矩图如图所示，则梁上荷载F、m的值为：

A. $F = 8$kN, $m = 14$kN·m

B. $F = 8$kN, $m = 6$kN·m

C. $F = 6$kN, $m = 8$kN·m

D. $F = 6$kN, $m = 14$kN·m

64. 悬臂梁AB由三根相同的矩形截面直杆胶合而成，材料的许用应力为[σ]，在力F的作用下，若胶合面完全开裂，接触面之间无摩擦力，假设开裂后三根杆的挠曲线相同，则开裂后的梁强度条件的承载能力是原来的：

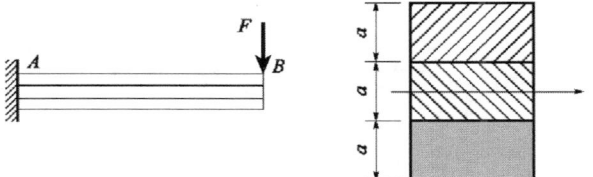

A. 1/9

B. 1/3

C. 两者相同

D. 3 倍

65. 梁的横截面为图示薄壁工字型，z轴为截面中性轴，设截面上的剪力竖直向下，则该截面上的最大弯曲切应力在：

A. 翼缘的中性轴处 4 点

B. 腹板上缘延长线与翼缘相交处的 2 点

C. 左侧翼缘的上端 1 点

D. 腹板上边缘的 3 点

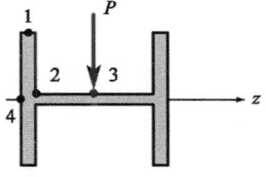

66. 图示悬臂梁自由端承受集中力偶m_g。若梁的长度减少一半，梁的最大挠度是原来的：

A. 1/2

B. 1/4

C. 1/8

D. 1/16

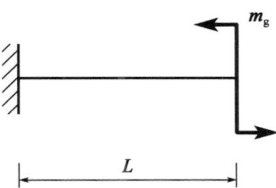

67. 矩形截面简支梁梁中点承受集中力F，若$h = 2b$，若分别采用图 a）、b）两种方式放置，图 a）梁的最大挠度是图 b）的：

A. 1/2

B. 2 倍

C. 4 倍

D. 6 倍

68. 已知图示单元体上的$\sigma > \tau$，则按第三强度理论，其强度条件为：

A. $\sigma - \tau \leqslant [\sigma]$

B. $\sigma + \tau \leqslant [\sigma]$

C. $\sqrt{\sigma^2 + 4\tau^2} \leqslant [\sigma]$

D. $\sqrt{\left(\dfrac{\sigma}{2}\right)^2 + \tau^2} \leqslant [\sigma]$

69. 图示矩形截面拉杆中间开一深为$\dfrac{h}{2}$的缺口，与不开缺口时的拉杆相比（不计应力集中影响），杆内最大正应力是不开口时正应力的多少倍？

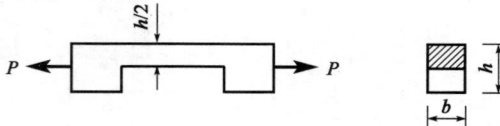

A. 2

B. 4

C. 8

D. 16

70. 一端固定另一端自由的细长（大柔度）压杆，长度为 L（图 a），当杆的长度减少一半时（图 b），其临界载荷是原来的：

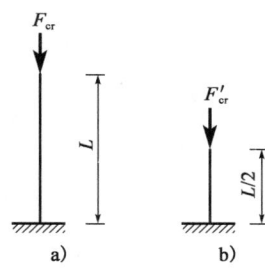

A. 4 倍　　　　　　　　　　　B. 3 倍

C. 2 倍　　　　　　　　　　　D. 1 倍

71. 水的运动黏性系数随温度的升高而：

A. 增大　　　　　　　　　　　B. 减小

C. 不变　　　　　　　　　　　D. 先减小然后增大

72. 密闭水箱如图所示，已知水深 $h = 1\text{m}$，自由面上的压强 $p_0 = 90\text{kN/m}^2$，当地大气压 $p_a = 101\text{kN/m}^2$，则水箱底部 A 点的真空度为：

A. -1.2kN/m^2

B. 9.8kN/m^2

C. 1.2kN/m^2

D. -9.8kN/m^2

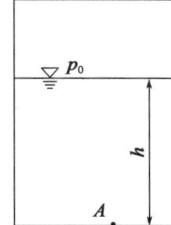

73. 关于流线，错误的说法是：

A. 流线不能相交

B. 流线可以是一条直线，也可以是光滑的曲线，但不可能是折线

C. 在恒定流中，流线与迹线重合

D. 流线表示不同时刻的流动趋势

74. 如图所示，两个水箱用两段不同直径的管道连接，1~3 管段长 $l_1 = 10m$，直径 $d_1 = 200mm$，$\lambda_1 = 0.019$；3~6 管段长 $l_2 = 10m$，直径 $d_2 = 100mm$，$\lambda_2 = 0.018$，管道中的局部管件：1 为入口 $(\xi_1 = 0.5)$；2 和 5 为 90°弯头 $(\xi_2 = \xi_5 = 0.5)$；3 为渐缩管 $(\xi_3 = 0.024)$；4 为闸阀 $(\xi_4 = 0.5)$；6 为管道出口 $(\xi_6 = 1)$。若输送流量为 40L/s，则两水箱水面高度差为：

A. 3.501m

B. 4.312m

C. 5.204m

D. 6.123m

75. 在长管水力计算中：

　　A. 只有速度水头可忽略不计

　　B. 只有局部水头损失可忽略不计

　　C. 速度水头和局部水头损失均可忽略不计

　　D. 两断面的测压管水头差并不等于两断面间的沿程水头损失

76. 矩形排水沟，底宽 5m，水深 3m，则水力半径为：

　　A. 5m
　　　　　　　　　　　　　　　　B. 3m

　　C. 1.36m
　　　　　　　　　　　　　　　D. 0.94m

77. 潜水完全井抽水量大小与相关物理量的关系是：

　　A. 与井半径成正比
　　　　　　　　　B. 与井的影响半径成正比

　　C. 与含水层厚度成正比
　　　　　　　D. 与土体渗透系数成正比

78. 合力 F、密度 ρ、长度 L、速度 v 组合的无量纲数是：

　　A. $\dfrac{F}{\rho v L}$
　　　　　　　　　　　　　　　B. $\dfrac{F}{\rho v^2 L}$

　　C. $\dfrac{F}{\rho v^2 L^2}$
　　　　　　　　　　　　　　D. $\dfrac{F}{\rho v L^2}$

79. 由图示长直导线上的电流产生的磁场：

 A. 方向与电流方向相同

 B. 方向与电流方向相反

 C. 顺时针方向环绕长直导线（自上向下俯视）

 D. 逆时针方向环绕长直导线（自上向下俯视）

80. 已知电路如图所示，其中电流I等于：

 A. 0.1A

 B. 0.2A

 C. −0.1A

 D. −0.2A

81. 已知电路如图所示，其中响应电流I在电流源单独作用时的分量为：

 A. 因电阻R未知，故无法求出

 B. 3A

 C. 2A

 D. −2A

82. 用电压表测量图示电路$u(t)$和$i(t)$的结果是10V 和 0.2A，设电流$i(t)$的初相位为10°，电压与电流呈反相关系，则如下关系成立的是：

 A. $\dot{U} = 10\angle -10°$V

 B. $\dot{U} = -10\angle -10°$V

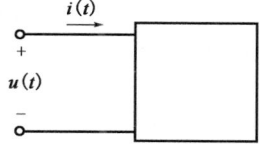

 C. $\dot{U} = 10\sqrt{2}\angle -170°$V

 D. $\dot{U} = 10\angle -170°$V

83. 测得某交流电路的端电压u和电流i分别为110V 和 1A，两者的相位差为30°，则该电路的有功功率、无功功率和视在功率分别为：

 A. 95.3W，55var，110V·A

 B. 55W，95.3var，110V·A

 C. 110W，110var，110V·A

 D. 95.3W，55var，150.3V·A

84. 已知电路如图所示，设开关在$t = 0$时刻断开，那么：

A. 电流i_C从 0 逐渐增长，再逐渐衰减为 0

B. 电压从 3V 逐渐衰减到 2V

C. 电压从 2V 逐渐增长到 3V

D. 时间常数$\tau = 4C$

85. 图示变压器为理想变压器，且$N_1 = 100$匝，若希望$I_1 = 1A$时，$P_{R2} = 40W$，则N_2应为：

A. 50 匝

B. 200 匝

C. 25 匝

D. 400 匝

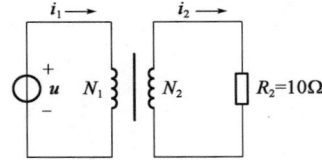

86. 为实现对电动机的过载保护，除了将热继电器的热元件串接在电动机的供电电路中外，还应将其：

A. 常开触点串接在控制电路中

B. 常闭触点串接在控制电路中

C. 常开触点串接在主电路中

D. 常闭触点串接在主电路中

87. 通过两种测量手段测得某管道中液体的压力和流量信号如图中曲线 1 和曲线 2 所示，由此可以说明：

A. 曲线 1 是压力的模拟信号

B. 曲线 2 是流量的模拟信号

C. 曲线 1 和曲线 2 均为模拟信号

D. 曲线 1 和曲线 2 均为连续信号

88. 设周期信号$u(t)$的幅值频谱如图所示，则该信号：

A. 是一个离散时间信号

B. 是一个连续时间信号

C. 在任意瞬间均取正值

D. 最大瞬时值为 1.5V

89. 设放大器的输入信号为$u_1(t)$，放大器的幅频特性如图所示，令$u_1(t)=\sqrt{2}u_1\sin 2\pi ft$，且$f>f_H$，则：

A. $u_2(t)$的出现频率失真

B. $u_2(t)$的有效值$U_2=AU_1$

C. $u_2(t)$的有效值$U_2<AU_1$

D. $u_2(t)$的有效值$U_2>AU_1$

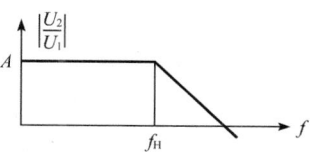

90. 对逻辑表达式$AC+DC+\overline{AD}\cdot C$的化简结果是：

A. C

B. A+D+C

C. AC+DC

D. $\overline{A}+\overline{C}$

91. 已知数字信号 A 和数字信号 B 的波形如图所示，则数字信号 F= $\overline{A+B}$的波形为：

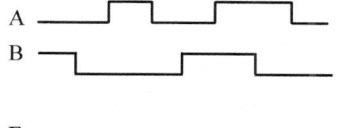

A. F

B. F

C. F

D. F

92. 十进制数字 88 的 BCD 码为：

A. 00010001

B. 10001000

C. 01100110

D. 01000100

93. 二极管应用电路如图 a）所示，电路的激励u_f如图 b）所示，设二极管为理想器件，则电路输出电压u_o的波形为：

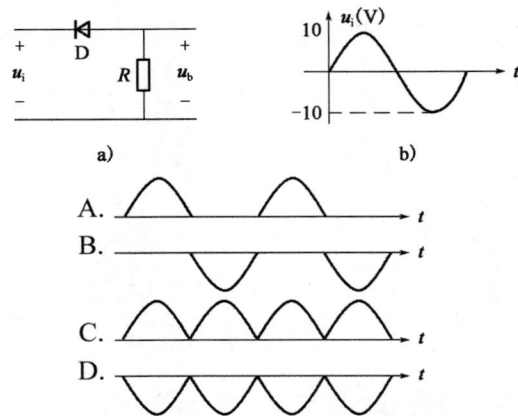

A.

B.

C.

D.

94. 图 a）所示的电路中，运算放大器输出电压的极限值为$\pm U_{oM}$，当输入电压$u_{i1} = 1V$，$u_{i2} = 2\sin at$时，输出电压波形如图 b）所示。如果将u_{i1}从 1V 调至 1.5V，将会使输出电压的：

A. 频率发生改变　　　　　　　　　B. 幅度发生改变

C. 平均值升高　　　　　　　　　　D. 平均值降低

95. 图 a ）所示的电路中，复位信号 $\overline{R}_D$、信号 A 及时钟脉冲信号 CP 如图 b ）所示，经分析可知，在第一个和第二个时钟脉冲的下降沿时刻，输出 Q 先后等于：

A. 0　0

B. 0　1

C. 1　0

D. 1　1

附：触发器的逻辑状态表为

D	Q_{n+1}
0	0
1	1

96. 图示时序逻辑电路是一个：

A. 左移寄存器

B. 右移寄存器

C. 异步三位二进制加法计数器

D. 同步六进制计数器

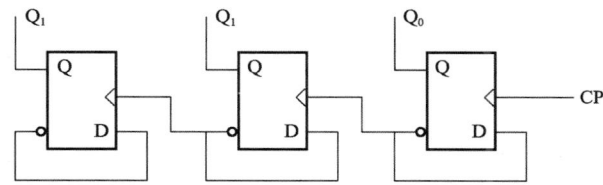

附：触发器的逻辑状态表为

D	Q_{n+1}
0	0
1	1

97. 计算机系统的内存存储器是：

    A. 计算机软件系统的一个组成部分   B. 计算机硬件系统的一个组成部分

    C. 隶属于外围设备的一个组成部分   D. 隶属于控制部件的一个组成部分

98. 根据冯·诺依曼结构原理，计算机的硬件由：

    A. 运算器、存储器、打印机组成

    B. 寄存器、存储器、硬盘存储器组成

    C. 运算器、控制器、存储器、I/O设备组成

    D. CPU、显示器、键盘组成

99. 微处理器与存储器以及外围设备之间的数据传送操作通过：

    A. 显示器和键盘进行   B. 总线进行

    C. 输入/输出设备进行   D. 控制命令进行

100. 操作系统的随机性指的是：

    A. 操作系统的运行操作是多层次的

    B. 操作系统与单个用户程序共享系统资源

    C. 操作系统的运行是在一个随机的环境中进行的

    D. 在计算机系统中同时存在多个操作系统，且同时进行操作

101. Windows 2000 以及以后更新的操作系统版本是：

    A. 一种单用户单任务的操作系统

    B. 一种多任务的操作系统

    C. 一种不支持虚拟存储器管理的操作系统

    D. 一种不适用于商业用户的营组系统

102. 十进制的数 256.625，用八进制表示则是：

    A. 412.5   B. 326.5

    C. 418.8   D. 400.5

103. 计算机的信息数量的单位常用 KB、MB、GB、TB 表示，它们中表示信息数量最大的一个是：

    A. KB   B. MB   C. GB   D. TB

104. 下列选项中，不是计算机病毒特点的是：

A. 非授权执行性、复制传播性

B. 感染性、寄生性

C. 潜伏性、破坏性、依附性

D. 人机共患性、细菌传播性

105. 按计算机网络作用范围的大小，可将网络划分为：

A. X.25 网、ATM 网

B. 广域网、有线网、无线网

C. 局域网、城域网、广域网

D. 环形网、星形网、树形网、混合网

106. 下列选项中不属于局域网拓扑结构的是：

A. 星形   B. 互联形

C. 环形   D. 总线型

107. 某项目借款 2000 万元，借款期限 3 年，年利率为 6%，若每半年计复利一次，则实际年利率会高出名义利率多少：

A. 0.16%   B. 0.25%

C. 0.09%   D. 0.06%

108. 某建设项目的建设期为 2 年，第一年贷款额为 400 万元，第二年贷款额为 800 万元，贷款在年内均衡发生，贷款年利率为 6%，建设期内不支付利息，则建设期贷款利息为：

A. 12 万元   B. 48.72 万

C. 60 万元   D. 60.72 万元

109. 某公司发行普通股筹资 8000 万元，筹资费率为 3%，第一年股利率为 10%，以后每年增长 5%，所得税率为 25%，则普通股资金成本为：

A. 7.73%   B. 10.31%

C. 11.48%   D. 15.31%

110. 某投资项目原始投资额为 200 万元，使用寿命为 10 年，预计净残值为零，已知该项目第 10 年的经营净现金流量为 25 万元，回收营运资金 20 万元，则该项目第 10 年的净现金流量为：

A. 20 万元

B. 25 万元

C. 45 万元

D. 65 万元

111. 以下关于社会折现率的说法中，不正确的是：

A. 社会折现率可用作经济内部收益率的判别基准

B. 社会折现率可用作衡量资金时间经济价值

C. 社会折现率可用作不同年份之间资金价值转化的折现率

D. 社会折现率不能反映资金占用的机会成本

112. 某项目在进行敏感性分析时，得到以下结论：产品价格下降 10%，可使 NPV = 0；经营成本上升 15%，NPV = 0；寿命期缩短 20%，NPV = 0；投资增加 25%，NPV = 0。则下列因素中，最敏感的是：

A. 产品价格

B. 经营成本

C. 寿命期

D. 投资

113. 现有两个寿命期相同的互斥投资方案 A 和 B，B 方案的投资额和净现值都大于 A 方案，A 方案的内部收益率为 14%，B 方案的内部收益率为 15%，差额的内部收益率为 13%，则使 A、B 两方案优劣相等时的基准收益率应为：

A. 13%

B. 14%

C. 15%

D. 13% 至 15% 之间

114. 某产品共有五项功能 F_1、F_2、F_3、F_4、F_5，用强制确定法确定零件功能评价体系时，其功能得分分别为 3、5、4、1、2，则 F_3 的功能评价系数为：

A. 0.20

B. 0.13

C. 0.27

D. 0.33

115. 根据《中华人民共和国建筑法》规定，施工企业可以将部分工程分包给其他具有相应资质的分包单位施工，下列情形中不违反有关承包的禁止性规定的是：

A. 建筑施工企业超越本企业资质等级许可的业务范围或者以任何形式用其他建筑施工企业的名义承揽工程

B. 承包单位将其承包的全部建筑工程转包给他人

C. 承包单位将其承包的全部建筑工程肢解以后以分包的名义分别转包给他人

D. 两个不同资质等级的承包单位联合共同承包

116. 根据《中华人民共和国安全生产法》规定，从业人员享有权利并承担义务，下列情形中属于从业人员履行义务的是：

A. 张某发现直接危及人身安全的紧急情况时禁止作业撤离现场

B. 李某发现事故隐患或者其他不安全因素，立即向现场安全生产管理人员或者本单位负责人报告

C. 王某对本单位安全生产工作中存在的问题提出批评、检举、控告

D. 赵某对本单位的安全生产工作提出建议

117. 某工程实行公开招标，招标文件规定，投标人提交投标文件截止时间为 3 月 22 日下午 5 点整。投标人 D 由于交通拥堵于 3 月 22 日下午 5 点 10 分送达投标文件，其后果是：

A. 投标保证金被没收　　　　　　　　　　B. 招标人拒收该投标文件

C. 投标人提交的投标文件有效　　　　　　D. 由评标委员会确定为废标

118. 在订立合同是显失公平的合同时，当事人可以请求人民法院撤销该合同，其行使撤销权的有效期限是：

A. 自知道或者应当知道撤销事由之日起五年内

B. 自撤销事由发生之日一年内

C. 自知道或者应当知道撤销事由之日起一年内

D. 自撤销事由发生之日五年内

119. 根据《建设工程质量管理条例》规定，下列有关建设工程质量保修的说法中，正确的是：

A. 建设工程的保修期，自工程移交之日起计算

B. 供冷系统在正常使用条件下，最低保修期限为 2 年

C. 供热系统在正常使用条件下，最低保修期限为 2 年采暖期

D. 建设工程承包单位向建设单位提交竣工结算资料时，应当出具质量保修书

120. 根据《建设工程安全生产管理条例》规定，建设单位确定建设工程安全作业环境及安全施工措施所需费用的时间是：

A. 编制工程概算时　　　　　　　　　　　B. 编制设计预算时

C. 编制施工预算时　　　　　　　　　　　D. 编制投资估算时

2018 年度全国勘察设计注册工程师

执业资格考试试卷

基础考试
（上）

二〇一八年十月

应考人员注意事项

1. 本试卷科目代码为"1"，考生务必将此代码填涂在答题卡"科目代码"相应的栏目内，否则，无法评分。

2. 书写用笔：**黑色或蓝色钢笔、签字笔或圆珠笔；**

   填涂答题卡用笔：**黑色 2B 铅笔。**

3. 必须用书写用笔将工作单位、姓名、准考证号填写在答题卡和试卷相应的栏目内。

4. 本试卷由 120 题组成，每题 1 分，满分 120 分，本试卷全部为单项选择题，每小题的四个备选项中只有一个正确答案，错选、多选、不选均不得分。

5. 考生作答时，必须**按题号在答题卡上**将相应试题所选选项对应的**字母用 2B 铅笔涂黑。**

6. 在答题卡上书写与题意无关的语言，或在答题卡上作标记的，均按违纪试卷处理。

7. 考试结束时，由监考人员当面将试卷、答题卡一并收回。

8. 草稿纸由各地统一配发，考后收回。

单项选择题（共 120 题，每题 1 分。每题的备选项中只有一个最符合题意。）

1. 下列等式中不成立的是：

   A. $\lim\limits_{x \to 0} \dfrac{\sin x^2}{x^2} = 1$

   B. $\lim\limits_{x \to \infty} \dfrac{\sin x}{x} = 1$

   C. $\lim\limits_{x \to 0} \dfrac{\sin x}{x} = 1$

   D. $\lim\limits_{x \to \infty} x \sin \dfrac{1}{x} = 1$

2. 设 $f(x)$ 为偶函数，$g(x)$ 为奇函数，则下列函数中为奇函数的是：

   A. $f[g(x)]$

   B. $f[f(x)]$

   C. $g[f(x)]$

   D. $g[g(x)]$

3. 若 $f'(x_0)$ 存在，则 $\lim\limits_{x \to x_0} \dfrac{xf(x_0) - x_0 f(x)}{x - x_0} =$：

   A. $f'(x_0)$

   B. $-x_0 f'(x_0)$

   C. $f(x_0) - x_0 f'(x_0)$

   D. $x_0 f'(x_0)$

4. 已知 $\varphi(x)$ 可导，则 $\dfrac{\mathrm{d}}{\mathrm{d}x} \int_{\varphi(x^2)}^{\varphi(x)} e^{t^2}\, \mathrm{d}t$ 等于：

   A. $\varphi'(x)e^{[\varphi(x)]^2} - 2x\varphi'(x^2)e^{[\varphi(x^2)]^2}$

   B. $e^{[\varphi(x)]^2} - e^{[\varphi(x^2)]^2}$

   C. $\varphi'(x)e^{[\varphi(x)]^2} - \varphi'(x^2)e^{[\varphi(x^2)]^2}$

   D. $\varphi'(x)e^{\varphi(x)} - 2x\varphi'(x^2)e^{\varphi(x^2)}$

5. 若 $\int f(x)\mathrm{d}x = F(x) + C$，则 $\int xf(1 - x^2)\mathrm{d}x$ 等于：

   A. $F(1 - x^2) + C$

   B. $-\dfrac{1}{2}F(1 - x^2) + C$

   C. $\dfrac{1}{2}F(1 - x^2) + C$

   D. $-\dfrac{1}{2}F(x) + C$

6. 若 $x = 1$ 是函数 $y = 2x^2 + ax + 1$ 的驻点，则常数 a 等于：

   A. 2

   B. -2

   C. 4

   D. -4

7. 设向量 $\boldsymbol{\alpha}$ 与向量 $\boldsymbol{\beta}$ 的夹角 $\theta = \dfrac{\pi}{3}$，$|\boldsymbol{\alpha}| = 1$，$|\boldsymbol{\beta}| = 2$，则 $|\boldsymbol{\alpha} + \boldsymbol{\beta}|$ 等于：

   A. $\sqrt{8}$

   B. $\sqrt{7}$

   C. $\sqrt{6}$

   D. $\sqrt{5}$

8. 微分方程$y'' = \sin x$的通解y等于：

A. $-\sin x + C_1 + C_2$
B. $-\sin x + C_1 x + C_2$

C. $-\cos x + C_1 x + C_2$
D. $\sin x + C_1 x + C_2$

9. 设函数$f(x)$，$g(x)$在$[a,b]$上均可导$(a < b)$，且恒正，若$f'(x)g(x) + f(x)g'(x) > 0$，则当$x \in (a,b)$时，下列不等式中成立的是：

A. $\frac{f(x)}{g(x)} > \frac{f(a)}{g(b)}$
B. $\frac{f(x)}{g(x)} > \frac{f(b)}{g(b)}$

C. $f(x)g(x) > f(a)g(a)$
D. $f(x)g(x) > f(b)g(b)$

10. 由曲线$y = \ln x$，y轴与直线$y = \ln a$，$y = \ln b (b > a > 0)$所围成的平面图形的面积等于：

A. $\ln b - \ln a$
B. $b - a$

C. $e^b - e^a$
D. $e^b + e^a$

11. 下列平面中，平行于且非重合于yOz坐标面的平面方程是：

A. $y + z + 1 = 0$
B. $z + 1 = 0$

C. $y + 1 = 0$
D. $x + 1 = 0$

12. 函数$f(x, y)$在点$P_0(x_0, y_0)$处的一阶偏导数存在是该函数在此点可微分的：

A. 必要条件
B. 充分条件

C. 充分必要条件
D. 既非充分条件也非必要条件

13. 下列级数中，发散的是：

A. $\sum_{n=1}^{\infty} \frac{1}{n(n+1)}$
B. $\sum_{n=1}^{\infty} \frac{1}{n^{3/2}}$

C. $\sum_{n=1}^{\infty} \left(\frac{n}{2n+1}\right)^2$
D. $\sum_{n=1}^{\infty} (-1)^n \frac{1}{\sqrt{n}}$

14. 在下列微分方程中，以函数$y = C_1 e^{-x} + C_2 e^{4x}$（$C_1$，$C_2$为任意常数）为通解的微分方程是：

A. $y'' + 3y' - 4y = 0$
B. $y'' - 3y' - 4y = 0$

C. $y'' + 3y' + 4y = 0$
D. $y'' + y' - 4y = 0$

15. 设L是从点$A(0,1)$到点$B(1,0)$的直线段，则对弧长的曲线积分$\int_L \cos(x+y)\mathrm{d}s$等于：

A. $\cos 1$

B. $2\cos 1$

C. $\sqrt{2}\cos 1$

D. $\sqrt{2}\sin 1$

16. 若正方形区域D：$|x|\leqslant 1$，$|y|\leqslant 1$，则二重积分$\iint\limits_{D}(x^2+y^2)\mathrm{d}x\mathrm{d}y$等于：

A. 4

B. $\dfrac{8}{3}$

C. 2

D. $\dfrac{2}{3}$

17. 函数$f(x)=a^x(a>0,\ a\neq 1)$的麦克劳林展开式中的前三项是：

A. $1+x\ln a+\dfrac{x^2}{2}$

B. $1+x\ln a+\dfrac{\ln a}{2}x^2$

C. $1+x\ln a+\dfrac{(\ln a)^2}{2}x^2$

D. $1+\dfrac{x}{\ln a}+\dfrac{x^2}{2\ln a}$

18. 设函数$z=f(x^2y)$，其中$f(u)$具有二阶导数，则$\dfrac{\partial^2 z}{\partial x\partial y}$等于：

A. $f''(x^2y)$

B. $f'(x^2y)+x^2f''(x^2y)$

C. $2x[f'(x^2y)+xf''(x^2y)]$

D. $2x[f'(x^2y)+x^2yf''(x^2y)]$

19. 设$\boldsymbol{A}$、$\boldsymbol{B}$均为三阶矩阵，且行列式$|\boldsymbol{A}|=1$，$|\boldsymbol{B}|=-2$，$\boldsymbol{A}^{\mathrm{T}}$为$\boldsymbol{A}$的转置矩阵，则行列式$|-2\boldsymbol{A}^{\mathrm{T}}\boldsymbol{B}^{-1}|$等于：

A. -1

B. 1

C. -4

D. 4

20. 要使齐次线性方程组$\begin{cases}ax_1+x_2+x_3=0\\x_1+ax_2+x_3=0\\x_1+x_2+ax_3=0\end{cases}$，有非零解，则$a$应满足：

A. $-2<a<1$

B. $a=1$或$a=-2$

C. $a\neq-1$且$a\neq-2$

D. $a>1$

21. 矩阵 $A = \begin{bmatrix} 1 & -1 & 0 \\ -1 & 3 & 0 \\ 0 & 0 & 0 \end{bmatrix}$ 所对应的二次型的标准型是：

A. $f = y_1^2 - 3y_2^2$　　　　　　　　　　B. $f = y_1^2 - 2y_2^2$

C. $f = y_1^2 + 2y_2^2$　　　　　　　　　　D. $f = y_1^2 - y_2^2$

22. 已知事件 A 与 B 相互独立，且 $P(\overline{A}) = 0.4$，$P(\overline{B}) = 0.5$，则 $P(A \cup B)$ 等于：

A. 0.6　　　　　　　　　　　　　　B. 0.7

C. 0.8　　　　　　　　　　　　　　D. 0.9

23. 设随机变量 X 的分布函数为 $F(x) = \begin{cases} 0 & x \leq 0 \\ x^3 & 0 < x \leq 1 \\ 1 & x > 1 \end{cases}$，则数学期望 $E(X)$ 等于：

A. $\int_0^1 3x^2 \mathrm{d}x$　　　　　　　　　　B. $\int_0^1 3x^3 \mathrm{d}x$

C. $\int_0^1 \frac{x^4}{4} \mathrm{d}x + \int_1^{+\infty} x \mathrm{d}x$　　　　　　D. $\int_0^{+\infty} 3x^3 \mathrm{d}x$

24. 若二维随机变量 (X, Y) 的联合分布律为：

Y \ X	1	2	3
1	$\frac{1}{6}$	$\frac{1}{9}$	$\frac{1}{18}$
2	$\frac{1}{3}$	β	α

且 X 与 Y 相互独立，则 α、β 取值为：

A. $\alpha = \frac{1}{6}$，$\beta = \frac{1}{6}$　　　　　　　B. $\alpha = 0$，$\beta = \frac{1}{3}$

C. $\alpha = \frac{2}{9}$，$\beta = \frac{1}{9}$　　　　　　　D. $\alpha = \frac{1}{9}$，$\beta = \frac{2}{9}$

25. 1mol 理想气体（刚性双原子分子），当温度为 T 时，每个分子的平均平动动能为：

A. $\frac{3}{2}RT$　　　　　　　　　　　B. $\frac{5}{2}RT$

C. $\frac{3}{2}kT$　　　　　　　　　　　D. $\frac{5}{2}kT$

26. 一密闭容器中盛有 1mol 氦气（视为理想气体），容器中分子无规则运动的平均自由程仅取决于：

A. 压强 p　　　　　　　　　　　　B. 体积 V

C. 温度 T　　　　　　　　　　　　D. 平均碰撞频率 $\overline{Z}$

170　　2018 年度全国勘察设计注册工程师执业资格考试试卷基础考试（上）第 4 页　（共 23 页）

27. "理想气体和单一恒温热源接触做等温膨胀时，吸收的热量全部用来对外界做功。"对此说法，有以下几种讨论，其中正确的是：

A. 不违反热力学第一定律，但违反热力学第二定律

B. 不违反热力学第二定律，但违反热力学第一定律

C. 不违反热力学第一定律，也不违反热力学第二定律

D. 违反热力学第一定律，也违反热力学第二定律

28. 一定量的理想气体，由一平衡态(p_1, V_1, T_1)变化到另一平衡态(p_2, V_2, T_2)，若$V_2 > V_1$，但$T_2 = T_1$，无论气体经历怎样的过程：

A. 气体对外做的功一定为正值　　　　　B. 气体对外做的功一定为负值

C. 气体的内能一定增加　　　　　　　　D. 气体的内能保持不变

29. 一平面简谐波的波动方程为$y = 0.01 \cos 10\pi(25t - x)$(SI)，则在$t = 0.1$s时刻，$x = 2$m处质元的振动位移是：

A. 0.01cm　　　　　　　　　　　　　B. 0.01m

C. −0.01m　　　　　　　　　　　　　D. 0.01mm

30. 一平面简谐波的波动方程为$y = 0.02 \cos \pi(50t + 4x)$(SI)，此波的振幅和周期分别为：

A. 0.02m，0.04s　　　　　　　　　　B. 0.02m，0.02s

C. −0.02m，0.02s　　　　　　　　　　D. 0.02m，25s

31. 当机械波在媒质中传播，一媒质质元的最大形变量发生在：

A. 媒质质元离开其平衡位置的最大位移处

B. 媒质质元离开其平衡位置的$\frac{\sqrt{2}}{2}A$处（A为振幅）

C. 媒质质元离开其平衡位置的$\frac{A}{2}$处

D. 媒质质元在其平衡位置处

32. 双缝干涉实验中，若在两缝后（靠近屏一侧）各覆盖一块厚度均为d，但折射率分别为n_1和n_2（$n_2 > n_1$）的透明薄片，则从两缝发出的光在原来中央明纹初相遇时，光程差为：

A. $d(n_2 - n_1)$　　　　　　　　　　B. $2d(n_2 - n_1)$

C. $d(n_2 - 1)$　　　　　　　　　　　D. $d(n_1 - 1)$

33. 在空气中做牛顿环实验，当平凸透镜垂直向上缓慢平移而远离平面镜时，可以观察到这些环状干涉条纹：

    A. 向右平移　　　　　　　　　　　　　　B. 静止不动

    C. 向外扩张　　　　　　　　　　　　　　D. 向中心收缩

34. 真空中波长为 λ 的单色光，在折射率为 n 的均匀透明媒质中，从 A 点沿某一路径传播到 B 点，路径的长度为 l，A、B 两点光振动的相位差为 $\Delta\varphi$，则：

    A. $l = \dfrac{3\lambda}{2}$，$\Delta\varphi = 3\pi$　　　　　　　　B. $l = \dfrac{3\lambda}{2n}$，$\Delta\varphi = 3n\pi$

    C. $l = \dfrac{3\lambda}{2n}$，$\Delta\varphi = 3\pi$　　　　　　　　D. $l = \dfrac{3n\lambda}{2}$，$\Delta\varphi = 3n\pi$

35. 空气中用白光垂直照射一块折射率为 1.50、厚度为 0.4×10^{-6}m 的薄玻璃片，在可见光范围内，光在反射中被加强的光波波长是（$1\text{m} = 1 \times 10^9\text{nm}$）：

    A. 480nm　　　　　　B. 600nm　　　　　　C. 2400nm　　　　　　D. 800nm

36. 有一玻璃劈尖，置于空气中，劈尖角 $\theta = 8 \times 10^{-5}$rad（弧度），用波长 $\lambda = 589$nm 的单色光垂直照射此劈尖，测得相邻干涉条纹间距 $l = 2.4$mm，则此玻璃的折射率为：

    A. 2.86　　　　　　B. 1.53　　　　　　C. 15.3　　　　　　D. 28.6

37. 某元素正二价离子（M^{2+}）的外层电子构型是 $3s^23p^6$，该元素在元素周期表中的位置是：

    A. 第三周期，第 VIII 族　　　　　　　　B. 第三周期，第 VIA 族

    C. 第四周期，第 IIA 族　　　　　　　　D. 第四周期，第 VIII 族

38. 在 Li^+、Na^+、K^+、Rb^+ 中，极化力最大的是：

    A. Li^+　　　　　　B. Na^+　　　　　　C. K^+　　　　　　D. Rb^+

39. 浓度均为 $0.1\text{mol} \cdot \text{L}^{-1}$ 的 NH_4Cl、$NaCl$、$NaOAc$、Na_3PO_4 溶液，其 pH 值从小到大顺序正确的是：

    A. NH_4Cl，$NaCl$，$NaOAc$，Na_3PO_4　　　　B. Na_3PO_4，$NaOAc$，$NaCl$，NH_4Cl

    C. NH_4Cl，$NaCl$，Na_3PO_4，$NaOAc$　　　　D. $NaOAc$，Na_3PO_4，$NaCl$，NH_4Cl

40. 某温度下，在密闭容器中进行如下反应 $2A(g) + B(g) \rightleftharpoons 2C(g)$，开始时，$p(A) = p(B) = 300$kPa，$p(C) = 0$kPa，平衡时，$p(C) = 100$kPa，在此温度下反应的标准平衡常数 $K^\ominus$ 是：

    A. 0.1　　　　　　B. 0.4　　　　　　C. 0.001　　　　　　D. 0.002

41. 在酸性介质中，反应$MnO_4^- + SO_3^{2-} + H^+ \longrightarrow Mn^{2+} + SO_4^{2-} + H_2O$，配平后，$H^+$的系数为：

A. 8　　　　　　　B. 6　　　　　　　C. 0　　　　　　　D. 5

42. 已知：酸性介质中，$E^\ominus(ClO_4^-/Cl^-) = 1.39V$，$E^\ominus(ClO_3^-/Cl^-) = 1.45V$，$E^\ominus(HClO/Cl^-) = 1.49V$，$E^\ominus(Cl_2/Cl^-) = 1.36V$，以上各电对中氧化型物质氧化能力最强的是：

A. ClO_4^-　　　　　B. ClO_3^-　　　　　C. $HClO$　　　　　D. Cl_2

43. 下列反应的热效应等于$CO_2(g)$的$\Delta_f H_m^\ominus$的是：

A. $C(金刚石) + O_2(g) \longrightarrow CO_2(g)$　　　　B. $CO(g) + \frac{1}{2}O_2(g) \longrightarrow CO_2(g)$

C. $C(石墨) + O_2(g) \longrightarrow CO_2(g)$　　　　D. $2C(石墨) + 2O_2(g) \longrightarrow 2CO_2(g)$

44. 下列物质在一定条件下不能发生银镜反应的是：

A. 甲醛　　　　　　　　　　　　　　B. 丁醛

C. 甲酸甲酯　　　　　　　　　　　　D. 乙酸乙酯

45. 下列物质一定不是天然高分子的是：

A. 蔗糖　　　　　　　　　　　　　　B. 蛋白质

C. 橡胶　　　　　　　　　　　　　　D. 纤维素

46. 某不饱和烃催化加氢反应后，得到$(CH_3)_2CHCH_2CH_3$，该不饱和烃是：

A. 1-戊炔　　　　　　　　　　　　　B. 3-甲基-1-丁炔

C. 2-戊炔　　　　　　　　　　　　　D. 1,2-戊二烯

47. 设力F在x轴上的投影为F，则该力在与x轴共面的任一轴上的投影：

A. 一定不等于零　　　　　　　　　　B. 不一定等于零

C. 一定等于零　　　　　　　　　　　D. 等于F

48. 在图示边长为a的正方形物块$OABC$上作用一平面力系，已知：$F_1 = F_2 = F_3 = 10N$，$a = 1m$，力偶的转向如图所示，力偶矩的大小为$M_1 = M_2 = 10N\cdot m$，则力系向O点简化的主矢、主矩为：

A. $F_R = 30N$（方向铅垂向上），$M_O = 10N\cdot m$（↺）

B. $F_R = 30N$（方向铅垂向上），$M_O = 10N\cdot m$（↻）

C. $F_R = 50N$（方向铅垂向上），$M_O = 30N\cdot m$（↺）

D. $F_R = 10N$（方向铅垂向上），$M_O = 10N\cdot m$（↻）

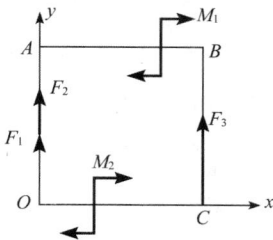

49. 在图示结构中，已知$AB = AC = 2r$，物重F_p，其余质量不计，则支座A的约束力为：

A. $F_A = 0$

B. $F_A = \frac{1}{2}F_p(\leftarrow)$

C. $F_A = \frac{1}{2} \cdot 3F_p(\rightarrow)$

D. $F_A = \frac{1}{2} \cdot 3F_p(\leftarrow)$

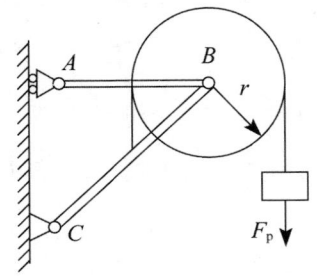

50. 图示平面结构，各杆自重不计，已知$q = 10\text{kN/m}$，$F_p = 20\text{kN}$，$F = 30\text{kN}$，$L_1 = 2\text{m}$，$L_2 = 5\text{m}$，B、C处为铰链连接，则BC杆的内力为：

A. $F_{BC} = -30\text{kN}$

B. $F_{BC} = 30\text{kN}$

C. $F_{BC} = 10\text{kN}$

D. $F_{BC} = 0$

51. 点的运动由关系式$S = t^4 - 3t^3 + 2t^2 - 8$决定（$S$以m计，$t$以s计），则$t = 2s$时的速度和加速度为：

A. -4m/s，16m/s^2 B. 4m/s，12m/s^2

C. 4m/s，16m/s^2 D. 4m/s，-16m/s^2

52. 质点以匀速度15m/s绕直径为10m的圆周运动，则其法向加速度为：

A. 22.5m/s^2 B. 45m/s^2

C. 0 D. 75m/s^2

53. 四连杆机构如图所示，已知曲柄O_1A长为r，且$O_1A = O_2B$，$O_1O_2 = AB = 2b$，角速度为ω，角加速度为α，则杆AB的中点M的速度、法向和切向加速度的大小分别为：

A. $v_M = b\omega$，$a_M^n = b\omega^2$，$a_M^t = b\alpha$

B. $v_M = b\omega$，$a_M^n = r\omega^2$，$a_M^t = r\alpha$

C. $v_M = r\omega$，$a_M^n = r\omega^2$，$a_M^t = r\alpha$

D. $v_M = r\omega$，$\alpha_M^n = b\omega^2$，$a_M^t = b\alpha$

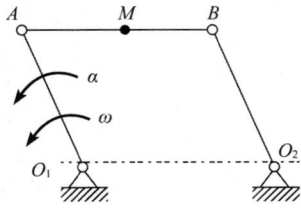

54. 质量为m的小物块在匀速转动的圆桌上，与转轴的距离为r，如图所示。设物块与圆桌之间的摩擦系数为μ，为使物块与桌面之间不产生相对滑动，则物块的最大速度为：

A. $\sqrt{\mu g}$

B. $2\sqrt{\mu g r}$

C. $\sqrt{\mu g r}$

D. $\sqrt{\mu r}$

55. 重 10N 的物块沿水平面滑行 4m，如果摩擦系数是 0.3，则重力及摩擦力各做的功是：

A. $40N \cdot m$，$40N \cdot m$ B. 0，$40N \cdot m$

C. 0，$12N \cdot m$ D. $40N \cdot m$，$12N \cdot m$

56. 质量m_1与半径r均相同的三个均质滑轮，在绳端作用有力或挂有重物，如图所示。已知均质滑轮的质量为$m_1 = 2kN \cdot s^2/m$，重物的质量分别为$m_2 = 0.2kN \cdot s^2/m$，$m_3 = 0.1kN \cdot s^2/m$，重力加速度按$g = 10m/s^2$计算，则各轮转动的角加速度α间的关系是：

A. $\alpha_1 = \alpha_3 > \alpha_2$ B. $\alpha_1 < \alpha_2 < \alpha_3$

C. $\alpha_1 > \alpha_3 > \alpha_2$ D. $\alpha_1 \neq \alpha_2 = \alpha_3$

  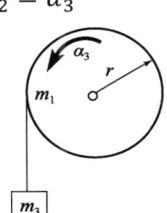

57. 均质细杆OA，质量为m，长l。在如图所示水平位置静止释放，释放瞬时轴承O施加于杆OA的附加动反力为：

A. $3mg \uparrow$

B. $3mg \downarrow$

C. $\frac{3}{4}mg \uparrow$

D. $\frac{3}{4}mg \downarrow$

58. 图示两系统均做自由振动，其固有圆频率分别为：

A. $\sqrt{\dfrac{2k}{m}}$，$\sqrt{\dfrac{k}{2m}}$

B. $\sqrt{\dfrac{k}{m}}$，$\sqrt{\dfrac{m}{2k}}$

C. $\sqrt{\dfrac{k}{2m}}$，$\sqrt{\dfrac{k}{m}}$

D. $\sqrt{\dfrac{k}{m}}$，$\sqrt{\dfrac{k}{2m}}$

a)

b)

59. 等截面杆，轴向受力如图所示，则杆的最大轴力是：

A. 8kN

B. 5kN

C. 3kN

D. 13kN

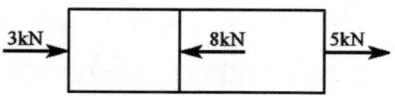

60. 变截面杆AC受力如图所示。已知材料弹性模量为E，杆BC段的截面积为A，杆AB段的截面积为$2A$，则杆C截面的轴向位移是：

A. $\dfrac{FL}{2EA}$

B. $\dfrac{FL}{EA}$

C. $\dfrac{2FL}{EA}$

D. $\dfrac{3FL}{EA}$

61. 直径$d = 0.5\text{m}$的圆截面立柱，固定在直径$D = 1\text{m}$的圆形混凝土基座上，圆柱的轴向压力$F = 1000\text{kN}$，混凝土的许用应力$[\tau] = 1.5\text{MPa}$。假设地基对混凝土板的支反力均匀分布，为使混凝土基座不被立柱压穿，混凝土基座所需的最小厚度t应是：

A. 159mm

B. 212mm

C. 318mm

D. 424mm

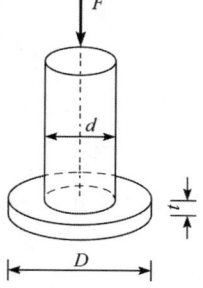

62. 实心圆轴受扭，若将轴的直径减小一半，则扭转角是原来的：

A. 2 倍

B. 4 倍

C. 8 倍

D. 16 倍

63. 图示截面对 z 轴的惯性矩 I_z 为：

A. $I_z = \frac{\pi d^4}{64} - \frac{bh^3}{3}$

B. $I_z = \frac{\pi d^4}{64} - \frac{bh^3}{12}$

C. $I_z = \frac{\pi d^4}{32} - \frac{bh^3}{6}$

D. $I_z = \frac{\pi d^4}{64} - \frac{13bh^3}{12}$

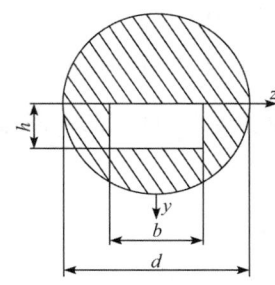

64. 图示圆轴的抗扭截面系数为 W_T，切变模量为 G。扭转变形后，圆轴表面 A 点处截取的单元体互相垂直的相邻边线改变了 γ 角，如图所示。圆轴承受的扭矩 T 是：

A. $T = G\gamma W_T$

B. $T = \frac{G\gamma}{W_T}$

C. $T = \frac{\gamma}{G} W_T$

D. $T = \frac{W_T}{G\gamma}$

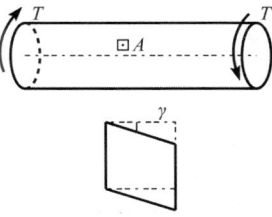

65. 材料相同的两根矩形截面梁叠合在一起，接触面之间可以相对滑动且无摩擦力。设两根梁的自由端共同承担集中力偶 m，弯曲后两根梁的挠曲线相同，则上面梁承担的力偶矩是：

A. $m/9$

B. $m/5$

C. $m/3$

D. $m/2$

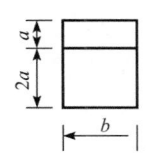

66. 图示等边角钢制成的悬臂梁AB，C点为截面形心，x为该梁轴线，y′、z′为形心主轴。集中力F竖直向下，作用线过形心，则梁将发生以下哪种变化：

A. xy平面内的平面弯曲

B. 扭转和xy平面内的平面弯曲

C. xy'和xz'平面内的双向弯曲

D. 扭转及xy'和xz'平面内的双向弯曲

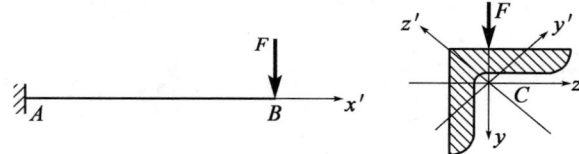

67. 图示直径为d的圆轴，承受轴向拉力F和扭矩T。按第三强度理论，截面危险的相当应力σ_{eq3}为：

A. $\sigma_{eq3} = \dfrac{32}{\pi d^3}\sqrt{F^2 + T^2}$

B. $\sigma_{eq3} = \dfrac{16}{\pi d^3}\sqrt{F^2 + T^2}$

C. $\sigma_{eq3} = \sqrt{\left(\dfrac{4F}{\pi d^2}\right)^2 + 4\left(\dfrac{16T}{\pi d^3}\right)^2}$

D. $\sigma_{eq3} = \sqrt{\left(\dfrac{4F}{\pi d^2}\right)^2 + 4\left(\dfrac{32T}{\pi d^3}\right)^2}$

68. 在图示4种应力状态中，最大切应力τ_{max}大的应力状态是：

69. 图示圆轴固定端最上缘A点单元体的应力状态是：

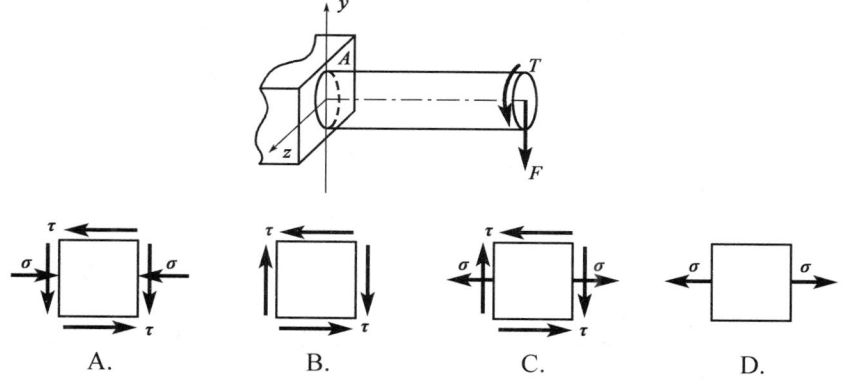

A. B. C. D.

70. 图示三根压杆均为细长（大柔度）压杆，且弯曲刚度为EI。三根压杆的临界荷载F_{cr}的关系为：

A. $F_{cra} > F_{crb} > F_{crc}$

B. $F_{crb} > F_{cra} > F_{crc}$

C. $F_{crc} > F_{cra} > F_{crb}$

D. $F_{crb} > F_{crc} > F_{cra}$

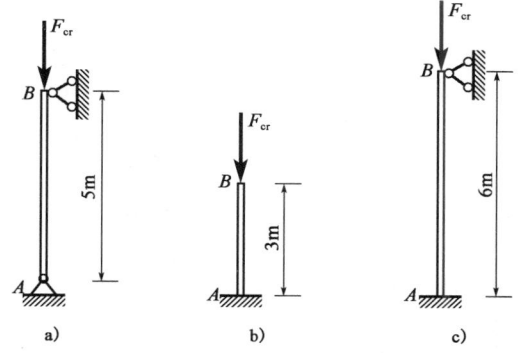

a) b) c)

71. 压力表测出的压强是：

A. 绝对压强

B. 真空压强

C. 相对压强

D. 实际压强

72. 有一变截面压力管道，测得流量为 15L/s，其中一截面的直径为 100mm，另一截面处的流速为 20m/s，则此截面的直径为：

A. 29mm

B. 31mm

C. 35mm

D. 26mm

73. 一直径为 50mm 的圆管，运动黏滞系数 $\nu = 0.18\text{cm}^2/\text{s}$、密度 $\rho = 0.85\text{g/cm}^3$ 的油在管内以 $\nu = 10\text{cm/s}$ 的速度做层流运动，则沿程损失系数是：

A. 0.18   B. 0.23   C. 0.20   D. 0.26

74. 圆柱形管嘴，直径为 0.04m，作用水头为 7.5m，则出水流量为：

A. $0.008\text{m}^3/\text{s}$ B. $0.023\text{m}^3/\text{s}$

C. $0.020\text{m}^3/\text{s}$ D. $0.013\text{m}^3/\text{s}$

75. 同一系统的孔口出流，有效作用水头 H 相同，则自由出流与淹没出流的关系为：

A. 流量系数不等，流量不等   B. 流量系数不等，流量相等

C. 流量系数相等，流量不等   D. 流量系数相等，流量相等

76. 一梯形断面明渠，水力半径 $R = 1\text{m}$，底坡 $i = 0.0008$，粗糙系数 $n = 0.02$，则输水流速度为：

A. 1m/s   B. 1.4m/s

C. 2.2m/s   D. 0.84m/s

77. 渗流达西定律适用于：

A. 地下水渗流   B. 砂质土壤渗流

C. 均匀土壤层流渗流   D. 地下水层流渗流

78. 几何相似、运动相似和动力相似的关系是：

A. 运动相似和动力相似是几何相似的前提

B. 运动相似是几何相似和动力相似的表象

C. 只有运动相似，才能几何相似

D. 只有动力相似，才能几何相似

79. 图示为环线半径为 r 的铁芯环路，绕有匝数为 N 的线圈，线圈中通有直流电流 I，磁路上的磁场强度 H 处处均匀，则 H 值为：

A. $\dfrac{NI}{r}$，顺时针方向

B. $\dfrac{NI}{2\pi r}$，顺时针方向

C. $\dfrac{NI}{r}$，逆时针方向

D. $\dfrac{NI}{2\pi r}$，逆时针方向

80. 图示电路中，电压 $U =$

A. 0V

B. 4V

C. 6V

D. −6V

81. 对于图示电路，可以列写 a、b、c、d 4 个结点的 KCL 方程和①、②、③、④、⑤ 5 个回路的 KVL 方程。为求出 6 个未知电流 $I_1 \sim I_6$，正确的求解模型应该是：

A. 任选 3 个 KCL 方程和 3 个 KVL 方程

B. 任选 3 个 KCL 方程和①、②、③ 3 个回路的 KVL 方程

C. 任选 3 个 KCL 方程和①、②、④ 3 个回路的 KVL 方程

D. 写出 4 个 KCL 方程和任意 2 个 KVL 方程

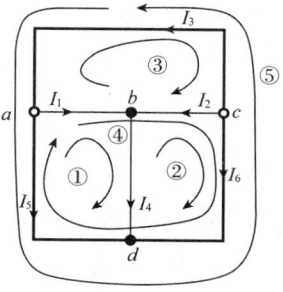

82. 已知交流电流 $i(t)$ 的周期 $T = 1\text{ms}$，有效值 $I = 0.5\text{A}$，当 $t = 0$ 时，$i = 0.5\sqrt{2}\text{A}$，则它的时间函数描述形式是：

A. $i(t) = 0.5\sqrt{2}\sin 1000t\,\text{A}$

B. $i(t) = 0.5\sin 2000\pi t\,\text{A}$

C. $i(t) = 0.5\sqrt{2}\sin(2000\pi t + 90°)\,\text{A}$

D. $i(t) = 0.5\sqrt{2}\sin(1000\pi t + 90°)\,\text{A}$

83. 图 a）滤波器的幅频特性如图 b）所示，当 $u_i = u_{i1} = 10\sqrt{2}\sin 100t\,\text{V}$ 时，输出 $u_o = u_{o1}$，当 $u_i = u_{i2} = 10\sqrt{2}\sin 10^4 t\,\text{V}$ 时，输出 $u_o = u_{o2}$，则可以算出：

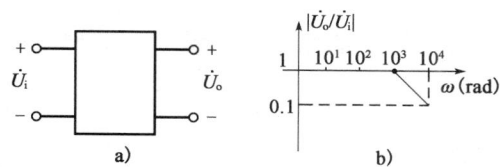

A. $U_{o1} = U_{o2} = 10\text{V}$

B. $U_{o1} = 10\text{V}$，U_{o2} 不能确定，但小于 10V

C. $U_{o1} < 10\text{V}$，$U_{o2} = 0$

D. $U_{o1} = 10\text{V}$，$U_{o2} = 1\text{V}$

84. 如图 a）所示功率因数补偿电路中，当$C = C_1$时得到相量图如图 b）所示，当$C = C_2$时得到相量图如图 c）所示，则：

A. C_1一定大于C_2

B. 当$C = C_1$时，功率因数$\lambda|_{C_1} = -0.866$；当$C = C_2$时，功率因数$\lambda|_{C_2} = 0.866$

C. 因为功率因数$\lambda|_{C_1} = \lambda|_{C_2}$，所以采用两种方案均可

D. 当$C = C_2$时，电路出现过补偿，不可取

85. 某单相理想变压器，其一次线圈为550匝，有两个二次线圈。若希望一次电压为100V时，获得的二次电压分别为10V和20V，则$N_{2|10V}$和$N_{2|20V}$应分别为：

A. 50 匝和 100 匝

B. 100 匝和 50 匝

C. 55 匝和 110 匝

D. 110 匝和 55 匝

86. 为实现对电动机的过载保护，除了将热继电器的常闭触点串接在电动机的控制电路中外，还应将其热元件：

A. 也串接在控制电路中

B. 再并接在控制电路中

C. 串接在主电路中

D. 并接在主电路中

87. 某温度信号如图 a）所示，经温度传感器测量后得到图 b）波形，经采样后得到图 c）波形，再经保持器得到图 d）波形，则：

A. 图 b）是图 a）的模拟信号

B. 图 a）是图 b）的模拟信号

C. 图 c）是图 b）的数字信号

D. 图 d）是图 a）的模拟信号

88. 若某周期信号的一次谐波分量为 $5 \sin 10^3 t$ V，则它的三次谐波分量可表示为：

A. $U \sin 3 \times 10^3 t$，$U > 5V$ B. $U \sin 3 \times 10^3 t$，$U < 5V$

C. $U \sin 10^6 t$，$U > 5V$ D. $U \sin 10^6 t$，$U < 5V$

89. 设放大器的输入信号为 $u_1(t)$，放大器的幅频特性如图所示，令 $u_1(t) = \sqrt{2} U_1 \sin 2\pi f t$，$u_2(t) = \sqrt{2} U_2 \sin 2\pi f t$，且 $f > f_H$，则：

A. $u_2(t)$ 的出现频率失真

B. $u_2(t)$ 的有效值 $U_2 = AU_1$

C. $u_2(t)$ 的有效值 $U_2 < AU_1$

D. $u_2(t)$ 的有效值 $U_2 > AU_1$

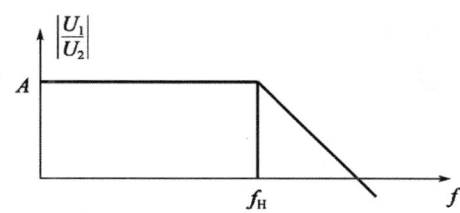

90. 对逻辑表达式 $\overline{AD} + \overline{A}\overline{D}$ 的化简结果是：

A. 0   B. 1

C. $\overline{AD} + A\overline{D}$ D. $\overline{A}\overline{D} + AD$

91. 已知数字信号A和数字信号B的波形如图所示，则数字信号 $F = \overline{A + B}$ 的波形为：

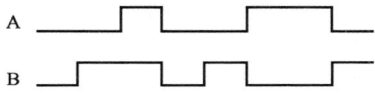

92. 十进制数字 16 的 BCD 码为：

A. 00010000   B. 00010110

C. 00010100   D. 00011110

93. 二极管应用电路如图所示，$U_A = 1V$，$U_B = 5V$，设二极管为理想器件，则输出电压U_F：

A. 等于 1V

B. 等于 5V

C. 等于 0V

D. 因R未知，无法确定

94. 运算放大器应用电路如图所示，其中$C = 1\mu F$，$R = 1M\Omega$，$U_{oM} = \pm 10V$，若$u_1 = 1V$，则u_o：

A. 等于 0V

B. 等于 1V

C. 等于 10V

D. $t < 10s$时，为$-t$；$t \geq 10s$后，为$-10V$

95. 图 a）所示电路中，复位信号$\overline{R}_D$、信号A及时钟脉冲信号CP如图 b）所示，经分析可知，在第一个和第二个时钟脉冲的下降沿时刻，输出Q先后等于：

A. 0 0   B. 0 1

C. 1 0   D. 1 1

附：触发器的逻辑状态表

D	Q_{n+1}
0	0
1	1

96. 图示电路的功能和寄存数据是：

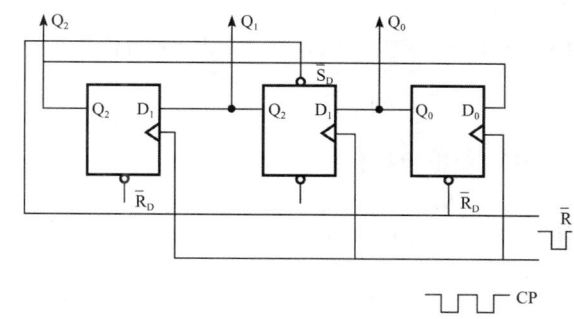

A. 左移的三位移位寄存器，寄存数据是 010

B. 右移的三位移位寄存器，寄存数据是 010

C. 左移的三位移位寄存器，寄存数据是 000

D. 右移的三位移位寄存器，寄存数据是 000

97. 计算机按用途可分为：

A. 专业计算机和通用计算机

B. 专业计算机和数字计算机

C. 通用计算机和模拟计算机

D. 数字计算机和现代计算机

98. 当前微机所配备的内存储器大多是：

A. 半导体存储器

B. 磁介质存储器

C. 光线（纤）存储器

D. 光电子存储器

99. 批处理操作系统的功能是将用户的一批作业有序地排列起来：

A. 在用户指令的指挥下、顺序地执行作业流

B. 计算机系统会自动地、顺序地执行作业流

C. 由专门的计算机程序员控制作业流的执行

D. 由微软提供的应用软件来控制作业流的执行

100. 杀毒软件应具有的功能是：

A. 消除病毒

B. 预防病毒

C. 检查病毒

D. 检查并消除病毒

101. 目前，微机系统中普遍使用的字符信息编码是：

A. BCD 编码

B. ASCII 编码

C. EBCDIC 编码

D. 汉字字型码

102. 下列选项中，不属于 Windows 特点的是：

    A. 友好的图形用户界面   B. 使用方便

    C. 多用户单任务   D. 系统稳定可靠

103. 操作系统中采用虚拟存储技术，是为了对：

    A. 外为存储空间的分配   B. 外存储器进行变换

    C. 内存储器的保护   D. 内存储器容量的扩充

104. 通过网络传送邮件、发布新闻消息和进行数据交换是计算机网络的：

    A. 共享软件资源功能   B. 共享硬件资源功能

    C. 增强系统处理功能   D. 数据通信功能

105. 下列有关因特网提供服务的叙述中，错误的一条是：

    A. 文件传输服务、远程登录服务   B. 信息搜索服务、WWW 服务

    C. 信息搜索服务、电子邮件服务   D. 网络自动连接、网络自动管理

106. 若按网络传输技术的不同，可将网络分为：

    A. 广播式网络、点到点式网络

    B. 双绞线网、同轴电缆网、光纤网、无线网

    C. 基带网和宽带网

    D. 电路交换类、报文交换类、分组交换类

107. 某企业准备 5 年后进行设备更新，到时所需资金估计为 600 万元，若存款利率为 5%，从现在开始每年年末均等额存款，则每年应存款：

    [已知：$(A/F, 5\%, 5) = 0.18097$]

    A. 78.65 万元   B. 108.58 万元

    C. 120 万元   D. 165.77 万元

108. 某项目投资于邮电通信业，运营后的营业收入全部来源于对客户提供的电信服务，则在估计该项目现金流时不包括：

    A. 企业所得税   B. 增值税

    C. 城市维护建设税   D. 教育税附加

109. 某公司向银行借款 150 万元，期限为 5 年，年利率为 8%，每年年末等额还本付息一次（即等额本息法），到第五年末还完本息。则该公司第 2 年年末偿还的利息为：

[已知：$(A/P, 8\%, 5) = 0.2505$]

A. 9.954 万元

B. 12 万元

C. 25.575 万元

D. 37.575 万元

110. 以下关于项目内部收益率指标的说法正确的是：

A. 内部收益率属于静态评价指标

B. 项目内部收益率就是项目的基准收益率

C. 常规项目可能存在多个内部收益率

D. 计算内部收益率不必事先知道准确的基准收益率 i_c

111. 影子价格是商品或生产要素的任何边际变化对国家的基本社会经济目标所做贡献的价值，因而影子价格是：

A. 目标价格

B. 反映市场供求状况和资源稀缺程度的价格

C. 计划价格

D. 理论价格

112. 在对项目进行盈亏平衡分析时，各方案的盈亏平衡点生产能力利用率有如下四种数据，则抗风险能力较强的是：

A. 30%

B. 60%

C. 80%

D. 90%

113. 甲、乙为两个互斥的投资方案。甲方案现时点的投资为 25 万元，此后从第一年年末开始，年运行成本为 4 万元，寿命期为 20 年，净残值为 8 万元；乙方案现时点的投资额为 12 万元，此后从第一年年末开始，年运行成本为 6 万元，寿命期也为 20 年，净残值 6 万元。若基准收益率为 20%，则甲、乙方案费用现值分别为：

[已知：$(P/A, 20\%, 20) = 4.8696$，$(P/F, 20\%, 20) = 0.02608$]

A. 50.80 万元，−41.06 万元

B. 54.32 万元，41.06 万元

C. 44.27 万元，41.06 万元

D. 50.80 万元，44.27 万元

114. 某产品的实际成本为 10000 元，它由多个零部件组成，其中一个零部件的实际成本为 880 元，功能评价系数为 0.140，则该零部件的价值指数为：

A. 0.628   B. 0.880

C. 1.400   D. 1.591

115. 某工程项目甲建设单位委托乙监理单位对丙施工总承包单位进行监理，有关监理单位的行为符合规定的是：

A. 在监理合同规定的范围内承揽监理业务

B. 按建设单位委托，客观公正地执行监理任务

C. 与施工单位建立隶属关系或者其他利害关系

D. 将工程监理业务转让给具有相应资质的其他监理单位

116. 某施工企业取得了安全生产许可证后，在从事建筑施工活动中，被发现已经不具备安全生产条件，则正确的处理方法是：

A. 由颁发安全生产许可证的机关暂扣或吊销安全生产许可证

B. 由国务院建设行政主管部门责令整改

C. 由国务院安全管理部门责令停业整顿

D. 吊销安全生产许可证，5 年内不得从事施工活动

117. 某工程项目进行公开招标，甲乙两个施工单位组成联合体投标该项目，下列做法中，不合法的是：

A. 双方商定以一个投标人的身份共同投标

B. 要求双方至少一方应当具备承担招标项目的相应能力

C. 按照资质等级较低的单位确定资质等级

D. 联合体各方协商签订共同投标协议

118. 某建设工程总承包合同约定，材料价格按照市场价履约，但具体价款没有明确约定，结算时应当依据的价格是：

A. 订立合同时履行地的市场价格   B. 结算时买方所在地的市场价格

C. 订立合同时签约地的市场价格   D. 结算工程所在地的市场价格

119. 某城市计划对本地城市建设进行全面规划，根据《中华人民共和国环境保护法》的规定，下列城乡建设行为不符合《中华人民共和国环境保护法》规定的是：

A. 加强在自然景观中修建人文景观

B. 有效保护植被、水域

C. 加强城市园林、绿地园林

D. 加强风景名胜区的建设

120. 根据《建设工程安全生产管理条例》规定，施工单位主要负责人应当承担的责任是：

A. 落实安全生产责任制度、安全生产规章制度和操作规程

B. 保证本单位安全生产条件所需资金的投入

C. 确保安全生产费用的有效使用

D. 根据工程的特点组织特定安全施工措施

2019 年度全国勘察设计注册工程师

执业资格考试试卷

二〇一九年十月

基础考试
（上）

二〇一九年十月

应考人员注意事项

1. 本试卷科目代码为"1"，考生务必将此代码填涂在答题卡"科目代码"相应的栏目内，否则，无法评分。

2. 书写用笔：**黑色或蓝色钢笔、签字笔或圆珠笔**；

   填涂答题卡用笔：**黑色 2B 铅笔**。

3. 必须用书写用笔将工作单位、姓名、准考证号填写在答题卡和试卷相应的栏目内。

4. 本试卷由 120 题组成，每题 1 分，满分 120 分，本试卷全部为单项选择题，每小题的四个备选项中只有一个正确答案，错选、多选、不选均不得分。

5. 考生作答时，必须按**题号在答题卡上**将相应试题所选选项对应的**字母用 2B 铅笔涂黑**。

6. 在答题卡上书写与题意无关的语言，或在答题卡上作标记的，均按违纪试卷处理。

7. 考试结束时，由监考人员当面将试卷、答题卡一并收回。

8. 草稿纸由各地统一配发，考后收回。

单项选择题（共 120 题，每题 1 分。每题的备选项中只有一个最符合题意。）

1. 极限 $\lim\limits_{x \to 0} \dfrac{3 + e^{\frac{1}{x}}}{1 - e^{\frac{2}{x}}}$ 等于：

   A. 3

   B. −1

   C. 0

   D. 不存在

2. 函数 $f(x)$ 在点 $x = x_0$ 处连续是 $f(x)$ 在点 $x = x_0$ 处可微的：

   A. 充分条件

   B. 充要条件

   C. 必要条件

   D. 无关条件

3. x 趋于 0 时，$\sqrt{1 - x^2} - \sqrt{1 + x^2}$ 与 x^k 是同阶无穷小，则常数 k 等于：

   A. 3

   B. 2

   C. 1

   D. 1/2

4. 设 $y = \ln(\sin x)$，则二阶导数 y'' 等于：

   A. $\dfrac{\cos x}{\sin^2 x}$　　　B. $\dfrac{1}{\cos^2 x}$　　　C. $\dfrac{1}{\sin^2 x}$　　　D. $-\dfrac{1}{\sin^2 x}$

5. 若函数 $f(x)$ 在 $[a, b]$ 上连续，在 (a, b) 内可导，且 $f(a) = f(b)$，则在 (a, b) 内满足 $f'(x_0) = 0$ 的点 x_0：

   A. 必存在且只有一个

   B. 至少存在一个

   C. 不一定存在

   D. 不存在

6. 设 $f(x)$ 在 $(-\infty, +\infty)$ 内连续，其导数 $f'(x)$ 的图形如图所示，则 $f(x)$ 有：

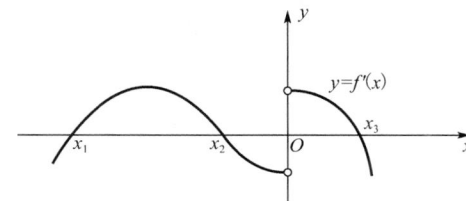

   A. 一个极小值点和两个极大值点

   B. 两个极小值点和两个极大值点

   C. 两个极小值点和一个极大值点

   D. 一个极小值点和三个极大值点

7. 不定积分 $\int \frac{x}{\sin^2(x^2+1)} dx$ 等于：

    A. $-\frac{1}{2}\cot(x^2+1)+C$ B. $\frac{1}{\sin(x^2+1)}+C$

    C. $-\frac{1}{2}\tan(x^2+1)+C$ D. $-\frac{1}{2}\cot x+C$

8. 广义积分 $\int_{-2}^{2} \frac{1}{(1+x)^2} dx$ 的值为：

    A. $\frac{4}{3}$ B. $-\frac{4}{3}$

    C. $\frac{2}{3}$ D. 发散

9. 已知向量 $\boldsymbol{\alpha}=(2,1,-1)$，若向量 $\boldsymbol{\beta}$ 与 $\boldsymbol{\alpha}$ 平行，且 $\boldsymbol{\alpha}\cdot\boldsymbol{\beta}=3$，则 $\boldsymbol{\beta}$ 为：

    A. $(2,1,-1)$ B. $\left(\frac{3}{2},\frac{3}{4},-\frac{3}{4}\right)$

    C. $\left(1,\frac{1}{2},-\frac{1}{2}\right)$ D. $\left(1,-\frac{1}{2},\frac{1}{2}\right)$

10. 过点 $(2,0,-1)$ 且垂直于 xOy 坐标面的直线方程是：

    A. $\frac{x-2}{1}=\frac{y}{0}=\frac{z+1}{0}$ B. $\frac{x-2}{0}=\frac{y}{1}=\frac{z+1}{0}$

    C. $\frac{x-2}{0}=\frac{y}{0}=\frac{z+1}{1}$ D. $\begin{cases} x=2 \\ z=-1 \end{cases}$

11. 微分方程 $y\ln x\, dx - x\ln y\, dy = 0$ 满足条件 $y(1)=1$ 的特解是：

    A. $\ln^2 x + \ln^2 y = 1$ B. $\ln^2 x - \ln^2 y = 1$

    C. $\ln^2 x + \ln^2 y = 0$ D. $\ln^2 x - \ln^2 y = 0$

12. 若 D 是由 x 轴、y 轴及直线 $2x+y-2=0$ 所围成的闭区域，则二重积分 $\iint\limits_{D} dxdy$ 的值等于：

    A. 1   B. 2

    C. $\frac{1}{2}$ D. -1

13. 函数 $y=C_1C_2e^{-x}$（C_1、C_2 是任意常数）是微分方程 $y''-2y'-3y=0$ 的：

    A. 通解   B. 特解

    C. 不是解   D. 既不是通解又不是特解，而是解

14. 设圆周曲线 L：$x^2 + y^2 = 1$ 取逆时针方向，则对坐标的曲线积分 $\int_L \frac{ydx - xdy}{x^2 + y^2}$ 等于：

A. 2π B. -2π

C. π D. 0

15. 对于函数 $f(x,y) = xy$，原点 $(0,0)$：

A. 不是驻点   B. 是驻点但非极值点

C. 是驻点且为极小值点   D. 是驻点且为极大值点

16. 关于级数 $\sum\limits_{n=1}^{\infty} (-1)^{n-1} \frac{1}{n^p}$ 收敛性的正确结论是：

A. $0 < p \leqslant 1$ 时发散

B. $p > 1$ 时条件收敛

C. $0 < p \leqslant 1$ 时绝对收敛

D. $0 < p \leqslant 1$ 时条件收敛

17. 设函数 $z = \left(\frac{y}{x}\right)^x$，则全微分 $dz \Big|_{\substack{x=1 \\ y=2}} =$

A. $\ln 2\, dx + \frac{1}{2} dy$

B. $(\ln 2 + 1) dx + \frac{1}{2} dy$

C. $2\left[(\ln 2 - 1) dx + \frac{1}{2} dy\right]$

D. $\frac{1}{2}\ln 2\, dx + 2 dy$

18. 幂级数 $\sum\limits_{n=1}^{\infty} (-1)^{n-1} \frac{x^{2n-1}}{2n-1}$ 的收敛域是：

A. $[-1, 1]$ B. $(-1, 1]$

C. $[-1, 1)$ D. $(-1, 1)$

19. 若 n 阶方阵 $\boldsymbol{A}$ 满足 $|\boldsymbol{A}| = b$（$b \neq 0$，$n \geqslant 2$），而 $\boldsymbol{A}^*$ 是 $\boldsymbol{A}$ 的伴随矩阵，则行列式 $|\boldsymbol{A}^*|$ 等于：

A. b^n B. b^{n-1}

C. b^{n-2} D. b^{n-3}

20. 已知二阶实对称矩阵 A 的一个特征值为 1，而 A 的对应特征值 1 的特征向量为 $\begin{bmatrix} 1 \\ -1 \end{bmatrix}$，若 $|A| = -1$，则 A 的另一个特征值及其对应的特征向量是：

A. $\begin{cases} \lambda = 1 \\ x = (1,1)^T \end{cases}$ B. $\begin{cases} \lambda = -1 \\ x = (1,1)^T \end{cases}$

C. $\begin{cases} \lambda = -1 \\ x = (-1,1)^T \end{cases}$ D. $\begin{cases} \lambda = -1 \\ x = (1,-1)^T \end{cases}$

21. 设二次型 $f(x_1, x_2, x_3) = x_1^2 + tx_2^2 + 3x_3^2 + 2x_1x_2$，要使其秩为 2，则参数 t 的值等于：

A. 3   B. 2

C. 1   D. 0

22. 设 A、B 为两个事件，且 $P(A) = \frac{1}{3}$，$P(B) = \frac{1}{4}$，$P(B|A) = \frac{1}{6}$，则 $P(A|B)$ 等于：

A. $\frac{1}{9}$ B. $\frac{2}{9}$

C. $\frac{1}{3}$ D. $\frac{4}{9}$

23. 设随机向量 (X, Y) 的联合分布律为

X \ Y	-1	0
1	1/4	1/4
2	1/6	a

则 a 的值等于：

A. $\frac{1}{3}$ B. $\frac{2}{3}$

C. $\frac{1}{4}$ D. $\frac{3}{4}$

24. 设总体 X 服从均匀分布 $U(1, \theta)$，$\overline{X} = \frac{1}{n}\sum_{i=1}^{n} X_i$，则 θ 的矩估计为：

A. $\overline{X}$ B. $2\overline{X}$

C. $2\overline{X} - 1$ D. $2\overline{X} + 1$

25. 关于温度的意义，有下列几种说法：

（1）气体的温度是分子平均平动动能的量度；

（2）气体的温度是大量气体分子热运动的集体表现，具有统计意义；

（3）温度的高低反映物质内部分子运动剧烈程度的不同；

（4）从微观上看，气体的温度表示每个气体分子的冷热程度。

这些说法中正确的是：

A. （1）、（2）、（4）

B. （1）、（2）、（3）

C. （2）、（3）、（4）

D. （1）、（3）、（4）

26. 设 $\bar{v}$ 代表气体分子运动的平均速率，v_p 代表气体分子运动的最概然速率，$(\bar{v^2})^{\frac{1}{2}}$ 代表气体分子运动的方均根速率，处于平衡状态下的理想气体，三种速率关系正确的是：

A. $(\bar{v^2})^{\frac{1}{2}} = \bar{v} = v_p$

B. $\bar{v} = v_p < (\bar{v^2})^{\frac{1}{2}}$

C. $v_p < \bar{v} < (\bar{v^2})^{\frac{1}{2}}$

D. $v_p > \bar{v} < (\bar{v^2})^{\frac{1}{2}}$

27. 理想气体向真空做绝热膨胀：

A. 膨胀后，温度不变，压强减小

B. 膨胀后，温度降低，压强减小

C. 膨胀后，温度升高，加强减小

D. 膨胀后，温度不变，压强不变

28. 两个卡诺热机的循环曲线如图所示，一个工作在温度为T_1与T_3的两个热源之间，另一个工作在温度为T_1与T_3的两个热源之间，已知这两个循环曲线所包围的面积相等，由此可知：

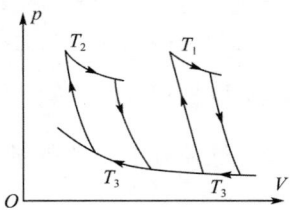

A. 两个热机的效率一定相等

B. 两个热机从高温热源所吸收的热量一定相等

C. 两个热机向低温热源所放出的热量一定相等

D. 两个热机吸收的热量与放出的热量（绝对值）的差值一定相等

29. 刚性双原子分子理想气体的定压摩尔热容量C_p与其定体摩尔热容量C_V之比，C_p/C_V等于：

A. $\dfrac{5}{3}$

B. $\dfrac{3}{5}$

C. $\dfrac{7}{5}$

D. $\dfrac{5}{7}$

30. 一横波沿绳子传播时，波的表达式为$y = 0.05\cos(4\pi x - 10\pi t)$ (SI)，则：

A. 波长为0.5m

B. 波速为5m/s

C. 波速为25m/s

D. 频率为2Hz

31. 火车疾驰而来时，人们听到的汽笛音调，与火车远离而去时人们听到的汽笛音调相比较，音调：

A. 由高变低

B. 由低变高

C. 不变

D. 是变高还是变低不能确定

32. 在波的传播过程中，若保持其他条件不变，仅使振幅增加一倍，则波的强度增加到：

A. 1 倍

B. 2 倍

C. 3 倍

D. 4 倍

33. 两列相干波，其表达式为 $y_1 = A \cos 2\pi \left(vt - \dfrac{x}{\lambda} \right)$ 和 $y_2 = A \cos 2\pi \left(vt + \dfrac{x}{\lambda} \right)$，在叠加后形成的驻波中，波腹处质元振幅为：

A. A

B. $-A$

C. $2A$

D. $-2A$

34. 在玻璃（折射率 $n_1 = 1.60$）表面镀一层 MgF_2（折射率 $n_2 = 1.38$）薄膜作为增透膜，为了使波长为 500nm（$1nm = 10^{-9}m$）的光从空气（$n_1 = 1.00$）正入射时尽可能少反射，MgF_2 薄膜的最小厚度应为：

A. 78.1nm

B. 90.6nm

C. 125nm

D. 181nm

35. 在单缝衍射实验中，若单缝处波面恰好被分成奇数个半波带，在相邻半波带上，任何两个对应点所发出的光在明条纹处的光程差为：

A. λ

B. 2λ

C. $\lambda/2$

D. $\lambda/4$

36. 在双缝干涉实验中，用单色自然光，在屏上形成干涉条纹。若在两缝后放一个偏振片，则：

A. 干涉条纹的间距不变，但明纹的亮度加强

B. 干涉条纹的间距不变，但明纹的亮度减弱

C. 干涉条纹的间距变窄，但明纹的亮度减弱

D. 无干涉条纹

37. 下列元素中第一电离能最小的是：

A. H
B. Li

C. Na
D. K

38. $H_2C{=}HC{-}CH{=}CH_2$ 分子中所含化学键共有：

A. 4个σ键，2个π键
B. 9个σ键，2个π键

C. 7个σ键，4个π键
D. 5个σ键，4个π键

39. 在 $NaCl$，$MgCl_2$，$AlCl_3$，$SiCl_4$ 四种物质的晶体中，离子极化作用最强的是：

A. $NaCl$
B. $MgCl_2$

C. $AlCl_3$
D. $SiCl_4$

40. $pH=2$ 溶液中的 $c(OH^-)$ 是 $pH=4$ 溶液中 $c(OH^-)$ 的：

A. 2倍
B. 1/2

C. 1/100
D. 100倍

41. 某反应在 298K 及标准状态下不能自发进行，当温度升高到一定值时，反应能自发进行，下列符合此条件的是：

A. $\Delta_r H_m^\ominus > 0$，$\Delta_r S_m^\ominus > 0$
B. $\Delta_r H_m^\ominus < 0$，$\Delta_r S_m^\ominus < 0$

C. $\Delta_r H_m^\ominus < 0$，$\Delta_r S_m^\ominus > 0$
D. $\Delta_r H_m^\ominus > 0$，$\Delta_r S_m^\ominus < 0$

42. 下列物质水溶液 $pH > 7$ 的是：

A. $NaCl$
B. Na_2CO_3

C. $Al_2(SO_4)_3$
D. $(NH_4)_2SO_4$

43. 已知 $E^\ominus(Fe^{3+}/Fe^{2+}) = 0.77V$，$E^\ominus(MnO_4^-/Mn^{2+}) = 1.51V$，当同时提高两电对酸度时，两电对电极电势数值的变化下列正确的是：

A. $E^\ominus(Fe^{3+}/Fe^{2+})$变小，$E^\ominus(MnO_4^-/Mn^{2+})$变大

B. $E^\ominus(Fe^{3+}/Fe^{2+})$变大，$E^\ominus(MnO_4^-/Mn^{2+})$变大

C. $E^\ominus(Fe^{3+}/Fe^{2+})$不变，$E^\ominus(MnO_4^-/Mn^{2+})$变大

D. $E^\ominus(Fe^{3+}/Fe^{2+})$不变，$E^\ominus(MnO_4^-/Mn^{2+})$不变

44. 分子式为 C_5H_{12} 的各种异构体中，所含甲基数和它的一氯代物的数目与下列情况相符的是：

A. 2 个甲基，能生成 4 种一氯代物　　　　B. 3 个甲基，能生成 5 种一氯代物

C. 3 个甲基，能生成 4 种一氯代物　　　　D. 4 个甲基，能生成 4 种一氯代物

45. 在下列有机物中，经催化加氢反应后不能生成 2-甲基戊烷的是：

A. $\underset{\underset{\displaystyle CH_3}{|}}{CH_2{=}CCH_2CH_2CH_3}$

B. $(CH_3)_2CHCH_2CH{=}CH_2$

C. $\underset{\underset{\displaystyle CH_3}{|}}{CH_3C{=}CHCH_2CH_3}$

D. $\underset{\underset{\displaystyle CH_3}{|}}{CH_3CH_2CHCH{=}CH_2}$

46. 以下是分子式为 $C_5H_{12}O$ 的有机物，其中能被氧化为含相同碳原子数的醛的化合物是：

①$\underset{\underset{\displaystyle OH}{|}}{CH_2CH_2CH_2CH_2CH_3}$　　　　②$\underset{\underset{\displaystyle OH}{|}}{CH_3CHCH_2CH_2CH_3}$

③$\underset{\underset{\displaystyle OH}{|}}{CH_3CH_2CHCH_2CH_3}$　　　　④$\underset{\underset{\displaystyle CH_2OH}{|}}{CH_3CHCH_2CH_3}$

A. ①②　　　　　　　　　　　　　　　　B. ③④

C. ①④　　　　　　　　　　　　　　　　D. 只有①

47. 图示三角刚架中，若将作用于构件**BC**上的力**F**沿其作用线移至构件**AC**上，则**A**、**B**、**C**处约束力的大小：

A. 都不变

B. 都改变

C. 只有**C**处改变

D. 只有**C**处不改变

48. 平面力系如图所示，已知：$F_1 = 160N$，$M = 4N \cdot m$，则力系向**A**点简化后的主矩大小应为：

A. $M_A = 4N \cdot m$

B. $M_A = 1.2N \cdot m$

C. $M_A = 1.6N \cdot m$

D. $M_A = 0.8N \cdot m$

49. 图示承重装置，**B**、**C**、**D**、**E**处均为光滑铰链连接，各杆和滑轮的重量略去不计，已知：a，r，F_p。则固定端**A**的约束力偶为：

A. $M_A = F_p \times \left(\dfrac{a}{2} + r\right)$（顺时针）

B. $M_A = F_p \times \left(\dfrac{a}{2} + r\right)$（逆时针）

C. $M_A = F_p r$（逆时针）

D. $M_A = \dfrac{a}{2} F_p$（顺时针）

50. 判断图示桁架结构中，内力为零的杆数是：

A. 3

B. 4

C. 5

D. 6

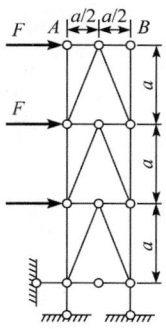

51. 汽车匀加速运动，在 10s 内，速度由 0 增加到 5m/s。则汽车在此时间内行驶的距离为：

A. 25m

B. 50m

C. 75m

D. 100m

52. 物体作定轴转动的运动方程为 $\varphi = 4t - 3t^2$（φ以rad计，t以s计），则此物体内转动半径 $r = 0.5$m的一点在 $t = 1$s时的速度和切向加速度的大小分别为：

A. -2m/s，-20m/s^2

B. -1m/s，-3m/s^2

C. -2m/s，-8.54m/s^2

D. 0，-20.2m/s^2

53. 如图所示机构中，曲柄 $OA = r$，以常角速度 ω 转动。则滑动构件 BC 的速度、加速度的表达式分别为：

A. $r\omega \sin \omega t$，$r\omega \cos \omega t$

B. $r\omega \cos \omega t$，$r\omega^2 \sin \omega t$

C. $r \sin \omega t$，$r\omega \cos \omega t$

D. $r\omega \sin \omega t$，$r\omega^2 \cos \omega t$

54. 重力为 W 的货物由电梯载运下降，当电梯加速下降、匀速下降及减速下降时，货物对地板的压力分别为 F_1、F_2、F_3，则它们之间的关系正确的是：

A. $F_1 = F_2 = F_3$ B. $F_1 > F_2 > F_3$

C. $F_1 < F_2 < F_3$ D. $F_1 < F_2 > F_3$

55. 均质圆盘的质量为 m，半径为 R，在铅垂平面内绕 O 轴转动，图示瞬时角速度为 ω，则其对 O 轴的动量矩大小为：

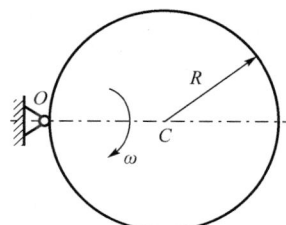

A. $mR\omega$

B. $\frac{1}{2}mR\omega$

C. $\frac{1}{2}mR^2\omega$

D. $\frac{3}{2}mR^2\omega$

56. 均质圆柱体半径为 R，质量为 m，绕关于对纸面垂直的固定水平轴自由转动，初瞬时静止 $\theta = 0°$，如图所示，则圆柱体在任意位置 θ 时的角速度为：

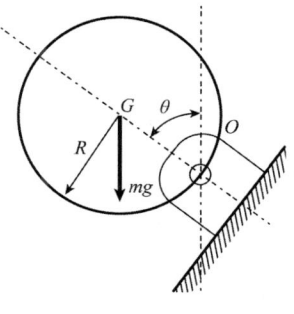

A. $\sqrt{\dfrac{4g(1-\sin\theta)}{3R}}$

B. $\sqrt{\dfrac{4g(1-\cos\theta)}{3R}}$

C. $\sqrt{\dfrac{2g(1-\cos\theta)}{3R}}$

D. $\sqrt{\dfrac{g(1-\cos\theta)}{2R}}$

57. 质量为m的物体 A，置于水平成θ角的倾面 B 上，如图所示，A 与 B 间的摩擦系数为f，当保持 A 与 B 一起以加速度a水平向右运动时，则物块 A 的惯性力是：

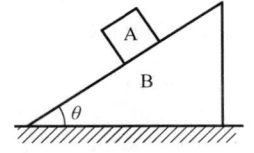

A. $ma(\leftarrow)$

B. $ma(\rightarrow)$

C. $ma(\nearrow)$

D. $ma(\swarrow)$

58. 一无阻尼弹簧—质量系统受简谐激振力作用，当激振频率$\omega_1 = 6\text{rad/s}$时，系统发生共振，给质量块增加 1kg 的质量后重新试验，测得共振频率$\omega_2 = 5.86\text{rad/s}$。则原系统的质量及弹簧刚度系数是：

A. 19.69kg，623.55N/m

B. 20.69kg，623.55N/m

C. 21.69kg，744.84N/m

D. 20.69kg，744.84N/m

59. 图示四种材料的应力-应变曲线中，强度最大的材料是：

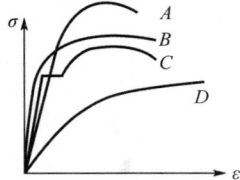

A. A

B. B

C. C

D. D

60. 图示等截面直杆，杆的横截面面积为A，材料的弹性模量为E，在图示轴向荷载作用下杆的总伸长度为：

A. $\Delta L = 0$

B. $\Delta L = \dfrac{FL}{4EA}$

C. $\Delta L = \dfrac{FL}{2EA}$

D. $\Delta L = \dfrac{FL}{EA}$

61. 两根木杆用图示结构连接，尺寸如图所示，在轴向外力F作用下，可能引起连接结构发生剪切破坏的名义切应力是：

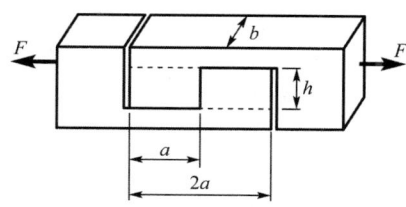

A. $\tau = \dfrac{F}{ab}$

B. $\tau = \dfrac{F}{ah}$

C. $\tau = \dfrac{F}{bh}$

D. $\tau = \dfrac{F}{2ab}$

62. 扭转切应力公式$\tau_\rho = \rho \dfrac{T}{I_p}$适用的杆件是：

A. 矩形截面杆

B. 任意实心截面杆

C. 弹塑性变形的圆截面杆

D. 线弹性变形的圆截面杆

63. 已知实心圆轴按强度条件可承担的最大扭矩为T，若改变该轴的直径，使其横截面积增加1倍，则可承担的最大扭矩为：

A. $\sqrt{2}T$

B. $2T$

C. $2\sqrt{2}T$

D. $4T$

64. 在下列关于平面图形几何性质的说法中，错误的是：

A. 对称轴必定通过图形形心

B. 两个对称轴的交点必为图形形心

C. 图形关于对称轴的静矩为零

D. 使静矩为零的轴必为对称轴

65. 悬臂梁的载荷情况如图所示，若有集中力偶m在梁上移动，则梁的内力变化情况是：

A. 剪力图、弯矩图均不变

B. 剪力图、弯矩图均改变

C. 剪力图不变，弯矩图改变

D. 剪力图改变，弯矩图不变

66. 图示悬臂梁，若梁的长度增加 1 倍，则梁的最大正应力和最大切应力与原来相比：

A. 均不变

B. 均为原来的 2 倍

C. 正应力为原来的 2 倍，剪应力不变

D. 正应力不变，剪应力为原来的 2 倍

67. 简支梁受力如图所示，梁的正确挠曲线是图示四条曲线中的：

68. 两单元体分别如图 a）、b）所示。关于其主应力和主方向，下列论述正确的是：

A. 主应力大小和方向均相同

B. 主应力大小相同，但方向不同

C. 主应力大小和方向均不同

D. 主应力大小不同，但方向均相同

69. 图示圆轴截面面积为A，抗弯截面系数为W，若同时受到扭矩T、弯矩M和轴向内力F_N的作用，按第三强度理论，下面的强度条件表达式中正确的是：

A. $\dfrac{F_N}{A} + \dfrac{1}{W}\sqrt{M^2 + T^2} \leqslant [\sigma]$

B. $\sqrt{\left(\dfrac{F_N}{A}\right)^2 + \left(\dfrac{M}{W}\right)^2 + \left(\dfrac{T}{2W}\right)^2} \leqslant [\sigma]$

C. $\sqrt{\left(\dfrac{F_N}{A} + \dfrac{M}{W}\right)^2 + \left(\dfrac{T}{W}\right)^2} \leqslant [\sigma]$

D. $\sqrt{\left(\dfrac{F_N}{A} + \dfrac{M}{W}\right)^2 + 4\left(\dfrac{T}{W}\right)^2} \leqslant [\sigma]$

70. 图示四根细长（大柔度）压杆，弯曲刚度为EI。其中具有最大临界荷载F_{cr}的压杆是：

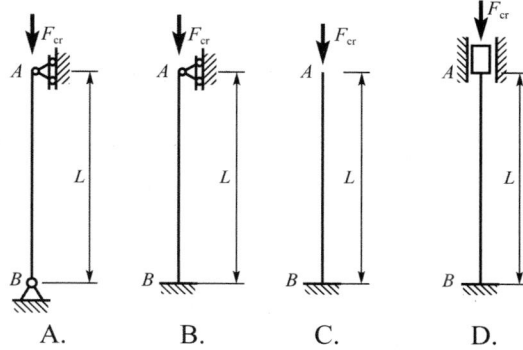

71. 连续介质假设意味着是：

A. 流体分子相互紧连

B. 流体的物理量是连续函数

C. 流体分子间有间隙

D. 流体不可压缩

72. 盛水容器形状如图所示，已知$h_1 = 0.9m$，$h_2 = 0.4m$，$h_3 = 1.1m$，$h_4 = 0.75m$，$h_5 = 1.33m$，则下列各点的相对压强正确的是：

    A. $p_1 = 0$，$p_2 = 4.90kPa$，$p_3 = -1.96kPa$，$p_4 = -1.96kPa$，$p_5 = -7.64kPa$

    B. $p_1 = -4.90kPa$，$p_2 = 0$，$p_3 = -6.86kPa$，$p_4 = -6.86kPa$，$p_5 = -19.4kPa$

    C. $p_1 = 1.96kPa$，$p_2 = 6.86kPa$，$p_3 = 0$，$p_4 = 0$，$p_5 = -5.68kPa$

    D. $p_1 = 7.64kPa$，$p_2 = 12.54kPa$，$p_3 = 5.68kPa$，$p_4 = 5.68kPa$，$p_5 = 0$

73. 流体的连续性方程$v_1A_1 = v_2A_2$适用于：

    A. 可压缩流体   B. 不可压缩流体

    C. 理想流体   D. 任何流体

74. 尼古拉兹实验曲线中，当某管路流动在紊流光滑区时，随着雷诺数 Re 的增大，其沿程损失系数λ将：

    A. 增大   B. 减小

    C. 不变   D. 增大或减小

75. 正常工作条件下的薄壁小孔口d_1与圆柱形外管嘴d_2相等，作用水头H相等，则孔口与管嘴的流量关系正确的是：

    A. $Q_1 > Q_2$ B. $Q_1 < Q_2$

    C. $Q_1 = Q_2$ D. 条件不足无法确定

76. 半圆形明渠，半径$r_0 = 4m$，水力半径为：

    A. 4m   B. 3m

    C. 2m   D. 1m

77. 有一完全井，半径$r_0 = 0.3m$，含水层厚度$H = 15m$，抽水稳定后，井水深度$h = 10m$，影响半径$R = 375m$，已知井的抽水量是$0.0276m^3/s$，则土壤的渗透系数k为：

A. 0.0005m/s

B. 0.0015m/s

C. 0.0010m/s

D. 0.00025m/s

78. L为长度量纲，T为时间量纲，则沿程损失系数λ的量纲为：

A. L

B. L/T

C. L^2/T

D. 无量纲

79. 图示铁芯线圈通以直流电流I，并在铁芯中产生磁通Φ，线圈的电阻为R，那么线圈两端的电压为：

A. $U = IR$

B. $U = N\dfrac{d\Phi}{dt}$

C. $U = -N\dfrac{d\Phi}{dt}$

D. $U = 0$

80. 图示电路，如下关系成立的是：

A. $R = \dfrac{u}{i}$

B. $u = i(R + L)$

C. $i = L\dfrac{du}{dt}$

D. $u_L = L\dfrac{di}{dt}$

81. 图示电路，电流I_s为：

A. $-0.8A$

B. $0.8A$

C. $0.6A$

D. $-0.6A$

82. 图示电流$i(t)$和电压$u(t)$的相量分别为：

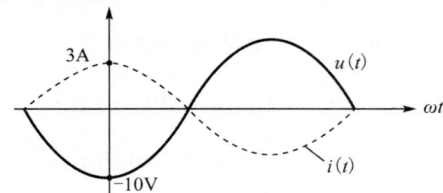

A. $\dot{I} = j2.12\text{A}$，$\dot{U} = -j7.07\text{V}$

B. $\dot{I} = 2.12\angle90°\text{A}$，$\dot{U} = -7.07\angle-90°\text{V}$

C. $\dot{I} = j3\text{A}$，$\dot{U} = -j10\text{V}$

D. $\dot{I} = 3\text{A}$，$\dot{U}_\text{m} = -10\text{V}$

83. 额定容量为$20\text{kV}\cdot\text{A}$、额定电压为220V的某交流电源，有功功率为8kW、功率因数为0.6的感性负载供电后，负载电流的有效值为：

A. $\dfrac{20\times10^3}{220} = 90.9\text{A}$

B. $\dfrac{8\times10^3}{0.6\times220} = 60.6\text{A}$

C. $\dfrac{8\times10^3}{220} = 36.36\text{A}$

D. $\dfrac{20\times10^3}{0.6\times220} = 151.5\text{A}$

84. 图示电路中，电感及电容元件上没有初始储能，开关 S 在$t = 0$时刻闭合，那么，在开关闭合瞬间 ($t = 0$)，电路中取值为10V的电压是：

A. u_L

B. u_C

C. $u_\text{R1}+U_\text{R2}$

D. u_R2

85. 设图示变压器为理想器件，且 $u_s = 90\sqrt{2}\sin\omega t$ V，开关 S 闭合时，信号源的内阻 R_1 与信号源右侧电路的等效电阻相等，那么，开关 S 断开后，电压 u_1：

A. 因变压器的匝数比 k、电阻 R_L 和 R_1 未知而无法确定

B. $u_1 = 45\sqrt{2}\sin\omega t$ V

C. $u_1 = 60\sqrt{2}\sin\omega t$ V

D. $u_1 = 30\sqrt{2}\sin\omega t$ V

86. 三相异步电动机在满载启动时，为了不引起电网电压的过大波动，则应该采用的异步电动机类型和启动方案是：

A. 鼠笼式电动机和 Y-△降压启动

B. 鼠笼式电动机和自耦调压器降压启动

C. 绕线式电动机和转子绕组串电阻启动

D. 绕线式电动机和 Y-△降压启动

87. 在模拟信号、采样信号和采样保持信号这几种信号中，属于连续时间信号的是：

A. 模拟信号与采样保持信号　　　　B. 模拟信号和采样信号

C. 采样信号与采样保持信号　　　　D. 采样信号

88. 模拟信号 $u_1(t)$ 和 $u_2(t)$ 的幅值频谱分别如图 a）和图 b）所示，则在时域中：

A. $u_1(t)$ 和 $u_2(t)$ 是同一个函数

B. $u_1(t)$ 和 $u_2(t)$ 都是离散时间函数

C. $u_1(t)$ 和 $u_2(t)$ 都是周期性连续时间函数

D. $u_1(t)$ 是非周期性时间函数，$u_2(t)$ 是周期性时间函数

89. 放大器在信号处理系统中的作用是：

A. 从信号中提取有用信息   B. 消除信号中的干扰信号

C. 分解信号中的谐波成分   D. 增强信号的幅值以便后续处理

90. 对逻辑表达式 $ABC + A\overline{B} + AB\overline{C}$ 的化简结果是：

A. A   B. $A\overline{B}$

C. AB   D. $AB\overline{C}$

91. 已知数字信号A和数字信号B的波形如图所示，则数字信号 $F = \overline{A + B}$ 的波形为：

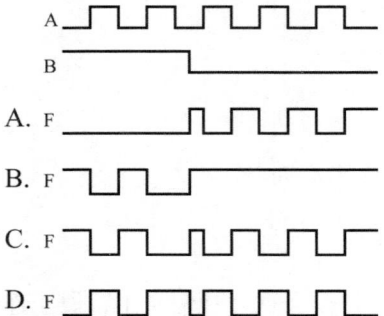

92. 逻辑函数 $F = f(A, B, C)$ 的真值表如下所示，由此可知：

A	B	C	F
0	0	0	0
0	0	1	1
0	1	0	1
0	1	1	0
1	0	0	0
1	0	1	0
1	1	0	0
1	1	1	0

A. $F = \overline{A}\,\overline{B}C + B\overline{C}$

B. $F = \overline{A}\,\overline{B}C + \overline{A}B\overline{C}$

C. $F = \overline{A}\,B\overline{C} + \overline{A}BC$

D. $F = A\overline{B}\,\overline{C} + ABC$

93. 二极管应用电路如图所示，图中，$u_A = 1V$，$u_B = 5V$，$R = 1k\Omega$，设二极管均为理想器件，则电流

$i_R =$

A. 5mA

B. 1mA

C. 6mA

D. 0mA

94. 图示电路中，能够完成加法运算的电路：

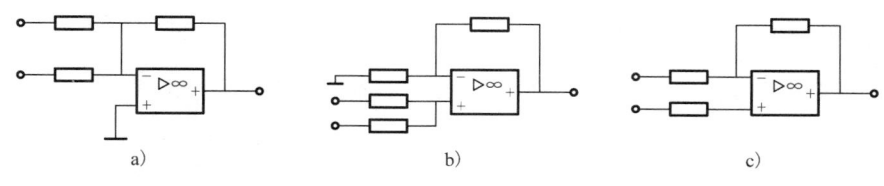

| a) | b) | c) |

A. 是图 a）和图 b）

B. 仅是图 a）

C. 仅是图 b）

D. 是图 c）

95. 图 a）示电路中，复位信号及时钟脉冲信号如图 b）所示，经分析可知，在t_1时刻，输出Q_{JK}和Q_D分别等于：

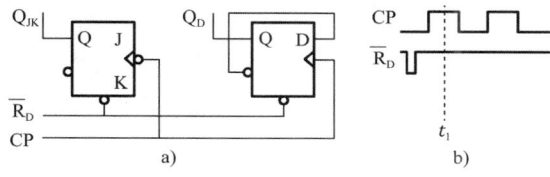

A. 0 0

B. 0 1

C. 1 0

D. 1 1

附：D 触发器的逻辑状态表为

D	Q_{n+1}
0	0
1	1

JK 触发器的逻辑状态表为

J	K	Q_{n+1}
0	0	Q_n
0	1	0
1	0	1
1	1	$\overline{Q}_n$

96. 图 a）示时序逻辑电路的工作波形如图 b）所示，由此可知，图 a）电路是一个：

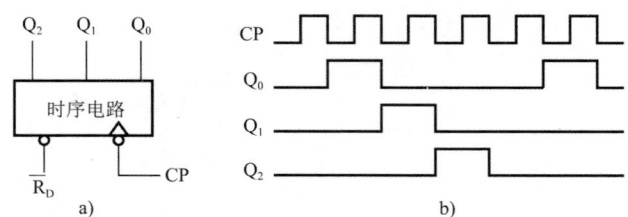

a)   b)

    A. 右移寄存器   B. 三进制计数器

    C. 四进制计数器   D. 五进制计数器

97. 根据冯·诺依曼结构原理，计算机的 CPU 是由：

    A. 运算器、控制器组成   B. 运算器、寄存器组成

    C. 控制器、寄存器组成   D. 运算器、存储器组成

98. 在计算机内，为有条不紊地进行信息传输操作，要用总线将硬件系统中的各个部件：

    A. 连接起来   B. 串接起来

    C. 集合起来   D. 耦合起来

99. 若干台计算机相互协作完成同一任务的操作系统属于：

    A. 分时操作系统   B. 嵌入式操作系统

    C. 分布式操作系统   D. 批处理操作系统

100. 计算机可以直接执行的程序是用：

    A. 自然语言编制的程序   B. 汇编语言编制的程序

    C. 机器语言编制的程序   D. 高级语言编制的程序

101. 汉字的国标码是用两个字节码表示的，为与 ASCII 码区别，是将两个字节的最高位：

    A. 都置成 0   B. 都置成 1

    C. 分别置成 1 和 0   D. 分别置成 0 和 1

102. 下列所列的四条存储容量单位之间换算表达式中，正确的一条是：

    A. 1GB = 1024B   B. 1GB = 1024KB

    C. 1GB = 1024MB   D. 1GB = 1024TB

103. 下列四条关于防范计算机病毒的方法中，并非有效的一条是：

A. 不使用来历不明的软件
B. 安装防病毒软件
C. 定期对系统进行病毒检测
D. 计算机使用完后锁起来

104. 下面四条描述操作系统与其他软件明显不同的特征中，正确的一条是：

A. 并发性、共享性、随机性
B. 共享性、随机性、动态性
C. 静态性、共享性、同步性
D. 动态性、并发性、异步性

105. 构成信息化社会的主要技术支柱有三个，它们是：

A. 计算机技术、通信技术和网络技术
B. 数据库技术、计算机技术和数字技术
C. 可视技术、大规模集成技术、网络技术
D. 动画技术、网络技术、通信技术

106. 为有效防范网络中的冒充、非法访问等威胁，应采用的网络安全技术是：

A. 数据加密技术
B. 防火墙技术
C. 身份验证与鉴别技术
D. 访问控制与目录管理技术

107. 某项目向银行借款，按半年复利计息，年实际利率为8.6%，则年名义利率为：

A. 8%
B. 8.16%
C. 8.24%
D. 8.42%

108. 对于国家鼓励发展的缴纳增值税的经营性项目，可以获得增值税的优惠。在财务评价中，先征后返的增值税应记作项目的：

A. 补贴收入
B. 营业收入
C. 经营成本
D. 营业外收入

109. 下列筹资方式中，属于项目资本金的筹集方式的是：

A. 银行贷款
B. 政府投资
C. 融资租赁
D. 发行债券

110. 某建设项目预计第三年息税前利润为200万元，折旧与摊销为30万元，所得税为20万元，项目生产期第三年应还本付息金额为100万元。则该年偿债备付率为：

A. 1.5 万元
B. 1.9 万元
C. 2.1 万元
D. 2.5 万元

111. 在进行融资前项目投资现金流量分析时，现金流量应包括：

    A. 资产处置收益分配   B. 流动资金

    C. 借款本金偿还   D. 借款利息偿还

112. 某拟建生产企业设计年产 6 万 t 化工原料，年固定成本为 1000 万元，单位可变成本、销售税金和单位产品增值税之和为800 元/t，单位产品售价为1000 元/t。销售收入和成本费用均采用含税价格表示。以生产能力利用率表示的盈亏平衡点为：

    A. 9.25%   B. 21%   C. 66.7%   D. 83.3%

113. 某项目有甲、乙两个建设方案，投资分别为 500 万元和 1000 万元，项目期均为 10 年，甲项目年收益为 140 万元，乙项目年收益为 250 万元。假设基准收益率为10%，则两项目的差额净现值为：[已知：$(P/A, 10\%, 10) = 6.1446$]

    A. 175.9 万元   B. 360.24 万元

    C. 536.14 万元   D. 896.38 万元

114. 某项目打算采用甲工艺进行施工，但经广泛的市场调研和技术论证后，决定用乙工艺代替甲工艺，并达到了同样的施工质量，且成本下降15%。根据价值工程原理，该项目提高价值的途径是：

    A. 功能不变，成本降低

    B. 功能提高，成本降低

    C. 功能和成本均下降，但成本降低幅度更大

    D. 功能提高，成本不变

115. 某投资亿元的建设工程，建设工期 3 年，建设单位申请领取施工许可证，经审查该申请不符合法定条件的是：

    A. 已取得该建设工程规划许可证

    B. 已依法确定施工单位

    C. 到位资金达到投资额的30%

    D. 该建设工程设计已经发包由某设计单位完成

116. 根据《中华人民共和国安全生产法》，组织制定并实施本单位的生产安全事故应急救援预案的责任人是：

    A. 项目负责人   B. 安全生产管理人员

    C. 单位主要负责人   D. 主管安全的负责人

117. 根据《中华人民共和国招标投标法》，下列工程建设项目，项目的勘察、设计、施工、监理以及与工程建设有关的重要设备、材料等的采购，按照国家有关规定可不进行招标的是：

A. 大型基础设施、公用事业等关系社会公共利益、公众安全的项目

B. 全部或者部分使用国有资金投资或者国家融资的项目

C. 使用国际组织或者外国政府贷款、援助基金的项目

D. 利用扶贫资金实行以工代赈、需要使用农民工的项目

118. 订立合同需要经过要约和承诺两个阶段，下列关于要约的说法，错误的是：

A. 要约是希望和他人订立合同的意思表示

B. 要约内容应当具体明确

C. 要约是吸引他人向自己提出订立合同的意思表示

D. 经受要约人承诺，要约人即受该意思表示约束

119. 根据《中华人民共和国行政许可法》，行政机关对申请人提出的行政许可申请，应当根据不同情况分别作出处理。下列行政机关的处理，符合规定的是：

A. 申请事项依法不需要取得行政许可的，应当即时告知申请人向有关行政机关申请

B. 申请事项依法不属于本行政机关职权范围内的，应当即时告知申请人不需申请

C. 申请材料存在可以当场更正的错误的，应当告知申请人3日内补正

D. 申请材料不齐全，应当当场或者在5日内一次告知申请人需要补正的全部内容

120. 根据《建设工程质量管理条例》，下列有关建设单位的质量责任和义务的说法，正确的是：

A. 建设工程发包单位不得暗示承包方以低价竞标

B. 建设单位在办理工程质量监督手续前，应当领取施工许可证

C. 建设单位可以明示或者暗示设计单位违反工程建设强制性标准

D. 建设单位提供的与建设工程有关的原始资料必须真实、准确、齐全

2020 年度全国勘察设计注册工程师

执业资格考试试卷

基础考试

（上）

二〇二〇年十月

应考人员注意事项

1. 本试卷科目代码为"1"，考生务必将此代码填涂在答题卡"科目代码"相应的栏目内，否则，无法评分。

2. 书写用笔：**黑色或蓝色钢笔、签字笔或圆珠笔；**

   填涂答题卡用笔：**黑色 2B 铅笔。**

3. 必须用书写用笔将工作单位、姓名、准考证号填写在答题卡和试卷相应的栏目内。

4. 本试卷由 120 题组成，每题 1 分，满分 120 分，本试卷全部为单项选择题，每小题的四个备选项中只有一个正确答案，错选、多选、不选均不得分。

5. 考生作答时，必须按**题号在答题卡上**将相应试题所选选项对应的**字母用 2B 铅笔涂黑。**

6. 在答题卡上书写与题意无关的语言，或在答题卡上作标记的，均按违纪试卷处理。

7. 考试结束时，由监考人员当面将试卷、答题卡一并收回。

8. 草稿纸由各地统一配发，考后收回。

单项选择题（共 120 题，每题 1 分。每题的备选项中只有一个最符合题意。）

1. 当 $x \to +\infty$ 时，下列函数为无穷大量的是：

   A. $\dfrac{1}{2+x}$

   B. $x \cos x$

   C. $e^{3x} - 1$

   D. $1 - \arctan x$

2. 设函数 $y = f(x)$ 满足 $\lim\limits_{x \to x_0} f'(x) = \infty$，且曲线 $y = f(x)$ 在 $x = x_0$ 处有切线，则此切线：

   A. 与 ox 轴平行

   B. 与 oy 轴平行

   C. 与直线 $y = -x$ 平行

   D. 与直线 $y = x$ 平行

3. 设可微函数 $y = y(x)$ 由方程 $\sin y + e^x - xy^2 = 0$ 所确定，则微分 $\mathrm{d}y$ 等于：

   A. $\dfrac{-y^2 + e^x}{\cos y - 2xy}\mathrm{d}x$

   B. $\dfrac{y^2 + e^x}{\cos y - 2xy}\mathrm{d}x$

   C. $\dfrac{y^2 + e^x}{\cos y + 2xy}\mathrm{d}x$

   D. $\dfrac{y^2 - e^x}{\cos y - 2xy}\mathrm{d}x$

4. 设 $f(x)$ 的二阶导数存在，$y = f(e^x)$，则 $\dfrac{\mathrm{d}^2 y}{\mathrm{d}x^2}$ 等于：

   A. $f''(e^x)e^x$

   B. $[f''(e^x) + f'(e^x)]e^x$

   C. $f''(e^x)e^{2x} + f'(e^x)e^x$

   D. $f''(e^x)e^x + f'(e^x)e^{2x}$

5. 下列函数在区间 $[-1,1]$ 上满足罗尔定理条件的是：

   A. $f(x) = \sqrt[3]{x^2}$

   B. $f(x) = \sin x^2$

   C. $f(x) = |x|$

   D. $f(x) = \dfrac{1}{x}$

6. 曲线 $f(x) = x^4 + 4x^3 + x + 1$ 在区间 $(-\infty, +\infty)$ 上的拐点个数是：

   A. 0

   B. 1

   C. 2

   D. 3

7. 已知函数 $f(x)$ 的一个原函数是 $1 + \sin x$，则不定积分 $\int x f'(x)\mathrm{d}x$ 等于：

   A. $(1 + \sin x)(x - 1) + C$

   B. $x \cos x - (1 + \sin x) + C$

   C. $-x \cos x + (1 + \sin x) + C$

   D. $1 + \sin x + C$

8. 由曲线$y = x^3$，直线$x = 1$和ox轴所围成的平面图形绕ox轴旋转一周所形成的旋转的体积是：

A. $\dfrac{\pi}{7}$　　　　　　　　　　　B. 7π

C. $\dfrac{\pi}{6}$　　　　　　　　　　　D. 6π

9. 设向量$\boldsymbol{\alpha} = (5,1,8)$，$\boldsymbol{\beta} = (3,2,7)$，若$\lambda\boldsymbol{\alpha} + \boldsymbol{\beta}$与$oz$轴垂直，则常数$\lambda$等于：

A. $\dfrac{7}{8}$　　　　　　　　　　　B. $-\dfrac{7}{8}$

C. $\dfrac{8}{7}$　　　　　　　　　　　D. $-\dfrac{8}{7}$

10. 过点$M_1(0,-1,2)$和$M_2(1,0,1)$且平行于z轴的平面方程是：

A. $x - y = 0$　　　　　　　　　B. $\dfrac{x}{1} = \dfrac{y+1}{-1} = \dfrac{z-2}{0}$

C. $x + y - 1 = 0$　　　　　　　D. $x - y - 1 = 0$

11. 过点$(1,2)$且切线斜率为$2x$的曲线$y = f(x)$应满足的关系式是：

A. $y' = 2x$　　　　　　　　　　B. $y'' = 2x$

C. $y' = 2x$，$y(1) = 2$　　　　　D. $y'' = 2x$，$y(1) = 2$

12. 设D是由直线$y = x$和圆$x^2 + (y-1)^2 = 1$所围成且在直线$y = x$下方的平面区域，则二重积分$\iint\limits_{D} x\mathrm{d}x\mathrm{d}y$等于：

A. $\int_0^{\frac{\pi}{2}} \cos\theta\mathrm{d}\theta \int_0^{2\cos\theta} \rho^2\mathrm{d}\rho$　　　　　B. $\int_0^{\frac{\pi}{2}} \sin\theta\mathrm{d}\theta \int_0^{2\sin\theta} \rho^2\mathrm{d}\rho$

C. $\int_0^{\frac{\pi}{4}} \sin\theta\mathrm{d}\theta \int_0^{2\sin\theta} \rho^2\mathrm{d}\rho$　　　　　D. $\int_0^{\frac{\pi}{4}} \cos\theta\mathrm{d}\theta \int_0^{2\sin\theta} \rho^2\mathrm{d}\rho$

13. 已知y_0是微分方程$y'' + py' + qy = 0$的解，y_1是微分方程$y'' + py' + qy = f(x)[f(x) \neq 0]$的解，则下列函数中的微分方程$y'' + py' + qy = f(x)$的解是：

A. $y = y_0 + C_1y_1$（C_1是任意常数）

B. $y = C_1y_1 + C_2y_0$（C_1、C_2是任意常数）

C. $y = y_0 + y_1$

D. $y = 2y_1 + 3y_0$

14. 设 $z = \frac{1}{x}e^{xy}$，则全微分 $\mathrm{d}z\big|_{(1,-1)}$ 等于：

A. $e^{-1}(\mathrm{d}x + \mathrm{d}y)$

B. $e^{-1}(-2\mathrm{d}x + \mathrm{d}y)$

C. $e^{-1}(\mathrm{d}x - \mathrm{d}y)$

D. $e^{-1}(\mathrm{d}x + 2\mathrm{d}y)$

15. 设 L 为从原点 $O(0,0)$ 到点 $A(1,2)$ 的有向直线段，则对坐标的曲线积分 $\int_L -y\mathrm{d}x + x\mathrm{d}y$ 等于：

A. 0

B. 1

C. 2

D. 3

16. 下列级数发散的是：

A. $\sum\limits_{n=1}^{\infty} \frac{n^2}{3n^4+1}$

B. $\sum\limits_{n=1}^{\infty} \frac{1}{\sqrt[3]{n(n-1)}}$

C. $\sum\limits_{n=1}^{\infty} \frac{(-1)^n}{\sqrt{n}}$

D. $\sum\limits_{n=1}^{\infty} \frac{5}{3^n}$

17. 设函数 $z = f^2(xy)$，其中 $f(u)$ 具有二阶导数，则 $\frac{\partial^2 z}{\partial x^2}$ 等于：

A. $2y^3 f'(xy)f''(xy)$

B. $2y^2[f'(xy) + f''(xy)]$

C. $2y\{[f'(xy)]^2 + f''(xy)\}$

D. $2y^2\{[f'(xy)]^2 + f(xy)f''(xy)\}$

18. 若幂级数 $\sum\limits_{n=1}^{\infty} a_n(x+2)^n$ 在 $x = 0$ 处收敛，在 $x = -4$ 处发散，则幂级数 $\sum\limits_{n=1}^{\infty} a_n(x-1)^n$ 的收敛域是：

A. $(-1,3)$

B. $[-1,3)$

C. $(-1,3]$

D. $[-1,3]$

19. 设 A 为 n 阶方阵，B 是只对调 A 的一、二列所得的矩阵，若 $|A| \neq |B|$，则下面结论中一定成立的是：

A. $|A|$ 可能为 0

B. $|A| \neq 0$

C. $|A + B| \neq 0$

D. $|A - B| \neq 0$

20. 设 $A = \begin{bmatrix} 1 & x & 1 \\ x & 1 & y \\ 1 & y & 1 \end{bmatrix}$，$B = \begin{bmatrix} 0 & 0 & 0 \\ 0 & 1 & 0 \\ 0 & 0 & 2 \end{bmatrix}$，且 A 与 B 相似，则下列结论中成立的是：

    A. $x = y = 0$ B. $x = 0$，$y = 1$

    C. $x = 1$，$y = 0$ D. $x = y = 1$

21. 若向量组 $\boldsymbol{\alpha}_1 = (a, 1, 1)^{\mathrm{T}}$，$\boldsymbol{\alpha}_2 = (1, a, -1)^{\mathrm{T}}$，$\boldsymbol{\alpha}_3 = (1, -1, a)^{\mathrm{T}}$ 线性相关，则 a 的取值为：

    A. $a = 1$ 或 $a = -2$ B. $a = -1$ 或 $a = 2$

    C. $a > 2$ D. $a > -1$

22. 设 A、B 是两事件，$P(A) = \frac{1}{4}$，$P(B|A) = \frac{1}{3}$，$P(A|B) = \frac{1}{2}$，则 $P(A \cup B)$ 等于：

    A. $\frac{3}{4}$ B. $\frac{3}{5}$

    C. $\frac{1}{2}$ D. $\frac{1}{3}$

23. 设随机变量 X 与 Y 相互独立，方差 $D(X) = 1$，$D(Y) = 3$，则方差 $D(2X - Y)$ 等于：

    A. 7   B. -1

    C. 1   D. 4

24. 设随机变量 X 与 Y 相互独立，且 $X \sim N(\mu_1, \sigma_1^2)$，$Y \sim N(\mu_2, \sigma_2^2)$，则 $Z = X + Y$ 服从的分布是：

    A. $N(\mu_1, \sigma_1^2 + \sigma_2^2)$ B. $N(\mu_1 + \mu_2, \sigma_1 \sigma_2)$

    C. $N(\mu_1 + \mu_2, \sigma_1^2 \sigma_2^2)$ D. $N(\mu_1 + \mu_2, \sigma_1^2 + \sigma_2^2)$

25. 某理想气体分子在温度 T_1 时的方均根速率等于温度 T_2 时的最概然速率，则两温度之比 $\frac{T_2}{T_1}$ 等于：

    A. $\frac{3}{2}$ B. $\frac{2}{3}$

    C. $\sqrt{\frac{3}{2}}$ D. $\sqrt{\frac{2}{3}}$

26. 一定量的理想气体经等压膨胀后，气体的：

    A. 温度下降，做正功   B. 温度下降，做负功

    C. 温度升高，做正功   D. 温度升高，做负功

27. 一定量的理想气体从初态经一热力学过程达到末态，如初、末态均处于同一温度线上，则此过程中的内能变化 ΔE 和气体做功 W 为：

A. $\Delta E = 0$，W可正可负   B. $\Delta E = 0$，W一定为正

C. $\Delta E = 0$，W一定为负   D. $\Delta E > 0$，W一定为正

28. 具有相同温度的氧气和氢气的分子平均速率之比 $\dfrac{\bar{v}_{O_2}}{\bar{v}_{H_2}}$ 为：

A. 1   B. $\dfrac{1}{2}$

C. $\dfrac{1}{3}$ D. $\dfrac{1}{4}$

29. 一卡诺热机，低温热源的温度为27℃，热机效率为40%，其高温热源温度为：

A. 500K   B. 45℃

C. 400K   D. 500℃

30. 一平面简谐波，波动方程为 $y = 0.02\sin(\pi t + x)$ (SI)，波动方程的余弦形式为：

A. $y = 0.02\cos\left(\pi t + x + \dfrac{\pi}{2}\right)$ (SI)

B. $y = 0.02\cos\left(\pi t + x - \dfrac{\pi}{2}\right)$ (SI)

C. $y = 0.02\cos(\pi t + x + \pi)$ (SI)

D. $y = 0.02\cos\left(\pi t + x + \dfrac{\pi}{4}\right)$ (SI)

31. 一简谐波的频率 $\nu = 2000\text{Hz}$，波长 $\lambda = 0.20\text{m}$，则该波的周期和波速为：

A. $\dfrac{1}{2000}$s，400m/s   B. $\dfrac{1}{2000}$s，40m/s

C. 2000s，400m/s   D. $\dfrac{1}{2000}$s，20m/s

32. 两列相干波，其表达式分别为 $y_1 = 2A\cos 2\pi\left(vt - \dfrac{x}{2}\right)$ 和 $y_2 = A\cos 2\pi\left(vt + \dfrac{x}{2}\right)$，在叠加后形成的合成波中，波中质元的振幅范围是：

A. $A\sim 0$ B. $3A\sim 0$

C. $3A\sim -A$ D. $3A\sim A$

33. 图示为一平面简谐机械波在t时刻的波形曲线，若此时A点处媒质质元的弹性势能在减小，则：

　　A. A点处质元的振动动能在减小

　　B. A点处质元的振动动能在增加

　　C. B点处质元的振动动能在增加

　　D. B点处质元在正向平衡位置处运动

34. 在双缝干涉实验中，设缝是水平的，若双缝所在的平板稍微向上平移，其他条件不变，则屏上的干涉条纹：

　　A. 向下平移，且间距不变　　　　　　　　B. 向上平移，且间距不变

　　C. 不移动，但间距改变　　　　　　　　　D. 向上平移，且间距改变

35. 在空气中有一肥皂膜，厚度为0.32μm（$1μm = 10^{-6}m$），折射率$n = 1.33$，若用白光垂直照射，通过反射，此膜呈现的颜色大体是：

　　A. 紫光（430nm）　　　　　　　　　　　B. 蓝光（470nm）

　　C. 绿光（566nm）　　　　　　　　　　　D. 红光（730nm）

36. 三个偏振片 P_1、P_2 与 P_3 堆叠在一起，P_1 和 P_3 的偏振化方向相互垂直，P_2 和 P_1 的偏振化方向间的夹角为 $30°$，强度为 I_0 的自然光垂直入射于偏振片 P_1，并依次通过偏振片 P_1、P_2 与 P_3，则通过三个偏振片后的光强为：

　　A. $I = I_0/4$　　　　　　　　　　　　　B. $I = I_0/8$

　　C. $I = 3I_0/32$　　　　　　　　　　　　D. $I = 3I_0/8$

37. 主量子数$n = 3$的原子轨道最多可容纳的电子总数是：

　　A. 10　　　　　　　B. 8　　　　　　　C. 18　　　　　　　D. 32

38. 下列物质中，同种分子间不存在氢键的是：

　　A. HI　　　　　　　　　　　　　　　　　B. HF

　　C. NH_3　　　　　　　　　　　　　　　D. C_2H_5OH

39. 已知铁的相对原子质量是 56，测得 100mL 某溶液中含有 112mg 铁，则溶液中铁的浓度为：

　　A. $2mol \cdot L^{-1}$　　　　　　　　　　B. $0.2mol \cdot L^{-1}$

　　C. $0.02mol \cdot L^{-1}$　　　　　　　　D. $0.002mol \cdot L^{-1}$

40. 已知$K^{\ominus}$(HOAc)= 1.8×10^{-5}，$0.1 \text{mol} \cdot \text{L}^{-1}$NaOAc 溶液的 pH 值为：

A. 2.87

B. 11.13

C. 5.13

D. 8.88

41. 在 298K，100kPa 下，反应$2H_2(g) + O_2(g) \Longrightarrow 2H_2O(l)$的$\Delta_r H_m^{\ominus} = -572 \text{kJ} \cdot \text{mol}^{-1}$，则$H_2O(l)$的$\Delta_f H_m^{\ominus}$是：

A. $572 \text{kJ} \cdot \text{mol}^{-1}$

B. $-572 \text{kJ} \cdot \text{mol}^{-1}$

C. $286 \text{kJ} \cdot \text{mol}^{-1}$

D. $-286 \text{kJ} \cdot \text{mol}^{-1}$

42. 已知 298K 时，反应$N_2O_4(g) \rightleftharpoons 2NO_2(g)$的$K^{\ominus} = 0.1132$，在 298K 时，如$p(N_2O_4) = p(NO_2) = 100 \text{kPa}$，则上述反应进行的方向是：

A. 反应向正向进行

B. 反应向逆向进行

C. 反应达平衡状态

D. 无法判断

43. 有原电池$(-)\text{Zn} \mid \text{ZnSO}_4(C_1) \parallel \text{CuSO}_4(C_2) \mid \text{Cu}(+)$，如提高 ZnSO_4 浓度C_1的数值，则原电池电动势：

A. 变大

B. 变小

C. 不变

D. 无法判断

44. 结构简式为$(CH_3)_2CHCH(CH_3)CH_2CH_3$的有机物的正确命名是：

A. 2-甲基-3-乙基戊烷

B. 2，3-二甲基戊烷

C. 3，4-二甲基戊烷

D. 1，2-二甲基戊烷

45. 化合物对羟基苯甲酸乙酯，其结构式为 HO—⟨ ⟩—$COOC_2H_5$，它是一种常用的化妆品防霉剂。

下列叙述正确的是：

A. 它属于醇类化合物

B. 它既属于醇类化合物，又属于酯类化合物

C. 它属于醚类化合物

D. 它属于酚类化合物，同时还属于酯类化合物

46. 某高聚物分子的一部分为：　　在下列叙述中，正确的是：

A. 它是缩聚反应的产物

B. 它的链节为 $\begin{array}{c} CH_3\ H \\ -C-C- \\ H\ \ COOCH_3 \end{array}$

C. 它的单体为 $CH_2{=}CHCOOCH_3$ 和 $CH_2{=}CH_2$

D. 它的单体为 $CH_2{=}CHCOOCH_3$

47. 结构如图所示，杆 DE 的点 H 由水平绳拉住，其上的销钉 C 置于杆 AB 的光滑直槽中，各杆自重均不计。则销钉 C 处约束力的作用线与 x 轴正向所成的夹角为：

A. $0°$　　　　　　　B. $90°$　　　　　　　C. $60°$　　　　　　　D. $150°$

48. 直角构件受力 $F = 150N$，力偶 $M = \frac{1}{2}Fa$ 作用，如图所示，$a = 50cm$，$\theta = 30°$，则该力系对 B 点的合力矩为：

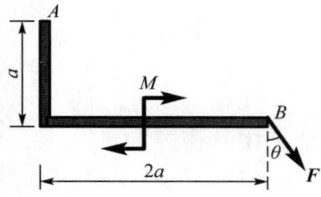

A. $M_B = 3750N \cdot cm$（顺时针）　　　　　B. $M_B = 3750N \cdot cm$（逆时针）

C. $M_B = 12990N \cdot cm$（逆时针）　　　　　D. $M_B = 12990N \cdot cm$（顺时针）

49. 图示多跨梁由 AC 和 CD 铰接而成，自重不计。已知 $q = 10\text{kN/m}$，$M = 40\text{kN} \cdot \text{m}$，$F = 2\text{kN}$ 作用在 AB 中点，且 $\theta = 45°$，$L = 2\text{m}$。则支座 D 的约束力为：

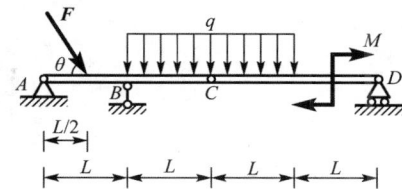

A. $F_D = 10\text{kN}$（铅垂向上）　　　　B. $F_D = 15\text{kN}$（铅垂向上）

C. $F_D = 40.7\text{kN}$（铅垂向上）　　　D. $F_D = 14.3\text{kN}$（铅垂向下）

50. 图示物块重力 $F_p = 100\text{N}$ 处于静止状态，接触面处的摩擦角 $\varphi_m = 45°$，在水平力 $F = 100\text{N}$ 的作用下，物块将：

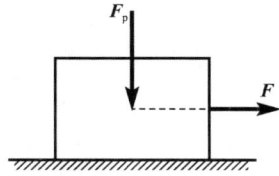

A. 向右加速滑动　　　　　　　　　B. 向右减速滑动

C. 向左加速滑动　　　　　　　　　D. 处于临界平衡状态

51. 已知动点的运动方程为 $x = t^2$，$y = 2t^4$，则其轨迹方程为：

A. $x = t^2 - t$　　　　　　　　　B. $y = 2t$

C. $y - 2x^2 = 0$　　　　　　　　D. $y + 2x^2 = 0$

52. 一炮弹以初速度 v_0 和仰角 α 射出。对于图示直角坐标的运动方程为 $x = v_0 \cos \alpha t$，$y = v_0 \sin \alpha t - \frac{1}{2}gt^2$，则当 $t = 0$ 时，炮弹的速度大小为：

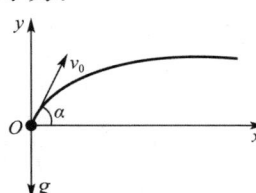

A. $v_0 \cos \alpha$　　　　　　　　　B. $v_0 \sin \alpha$

C. v_0　　　　　　　　　　　　　D. 0

53. 滑轮半径$r = 50mm$，安装在发动机上旋转，其皮带的运动速度为20m/s，加速度为6m/s²。扇叶半径$R = 75mm$，如图所示。则扇叶最高点B的速度和切向加速度分别为：

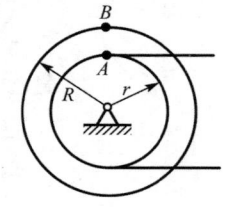

A. 30m/s，9m/s²

B. 60m/s，9m/s²

C. 30m/s，6m/s²

D. 60m/s，18m/s²

54. 质量为m的小球，放在倾角为α的光滑面上，并用平行于斜面的软绳将小球固定在图示位置，如斜面与小球均以加速度a向左运动，则小球受到斜面的约束力N应为：

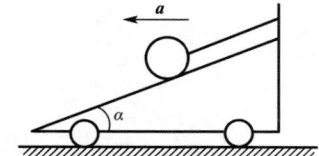

A. $N = mg\cos\alpha - ma\sin\alpha$

B. $N = mg\cos\alpha + ma\sin\alpha$

C. $N = mg\cos\alpha$

D. $N = ma\sin\alpha$

55. 图示质量$m = 5kg$的物体受力拉动，沿与水平面30°夹角的光滑斜平面上移动 6m，其拉动物体的力为70N，且与斜面平行，则所有力做功之和是：

A. 420N·m

B. −147N·m

C. 273N·m

D. 567N·m

56. 在两个半径及质量均相同的均质滑轮A及B上，各绕以不计质量的绳，如图所示。轮B绳末端挂一重力为P的重物，轮A绳末端作用一铅垂向下的力为P，则此两轮绕以不计质量的绳中拉力大小的关系为：

A. $F_A < F_B$

B. $F_A > F_B$

C. $F_A = F_B$

D. 无法判断

a)　　　　b)

57. 物块A的质量为 8kg，静止放在无摩擦的水平面上。另一质量为 4kg 的物块B被绳系住，如图所示，滑轮无摩擦。若物块A的加速度$a = 3.3\text{m/s}^2$，则物块B的惯性力是：

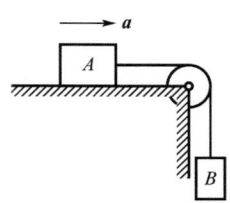

A. 13.2N（铅垂向上）

B. 13.2N（铅垂向下）

C. 26.4N（铅垂向上）

D. 26.4N（铅垂向下）

58. 如图所示系统中，$k_1 = 2 \times 10^5\text{N/m}$，$k_2 = 1 \times 10^5\text{N/m}$。激振力$F = 200\sin 50t$，当系统发生共振时，质量$m$是：

A. 80kg

B. 40kg

C. 120kg

D. 100kg

59. 在低碳钢拉伸试验中，冷作硬化现象发生在：

A. 弹性阶段

B. 屈服阶段

C. 强化阶段

D. 局部变形阶段

60. 图示等截面直杆，拉压刚度为EA，杆的总伸长量为：

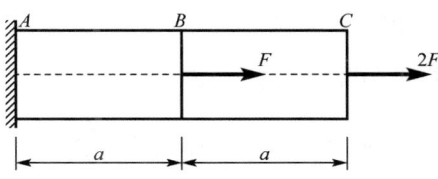

A. $\dfrac{2Fa}{EA}$

B. $\dfrac{3Fa}{EA}$

C. $\dfrac{4Fa}{EA}$

D. $\dfrac{5Fa}{EA}$

61. 如图所示，钢板用钢轴连接在铰支座上，下端受轴向拉力F，已知钢板和钢轴的许用挤压应力均为$[\sigma_{bs}]$，则钢轴的合理直径d是：

A. $d \geqslant \dfrac{F}{t[\sigma_{bs}]}$

B. $d \geqslant \dfrac{F}{b[\sigma_{bs}]}$

C. $d \geqslant \dfrac{F}{2t[\sigma_{bs}]}$

D. $d \geqslant \dfrac{F}{2b[\sigma_{bs}]}$

62. 如图所示，空心圆轴的外径为D，内径为d，其极惯性矩I_p是：

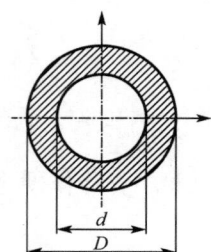

A. $I_p = \dfrac{\pi}{16}(D^3 - d^3)$

B. $I_p = \dfrac{\pi}{32}(D^3 - d^3)$

C. $I_p = \dfrac{\pi}{16}(D^4 - d^4)$

D. $I_p = \dfrac{\pi}{32}(D^4 - d^4)$

63. 在平面图形的几何性质中，数值可正、可负、也可为零的是：

A. 静矩和惯性矩

B. 静矩和惯性积

C. 极惯性矩和惯性矩

D. 惯性矩和惯性积

64. 若梁ABC的弯矩图如图所示，则该梁上的荷载为：

A. AB段有分布荷载，B截面无集中力偶

B. AB段有分布荷载，B截面有集中力偶

C. AB段无分布荷载，B截面无集中力偶

D. AB段无分布荷载，B截面有集中力偶

65. 承受竖直向下荷载的等截面悬臂梁，结构分别采用整块材料、两块材料并列、三块材料并列和两块材料叠合（未黏结）四种方案，对应横截面如图所示。在这四种横截面中，发生最大弯曲正应力的截面是：

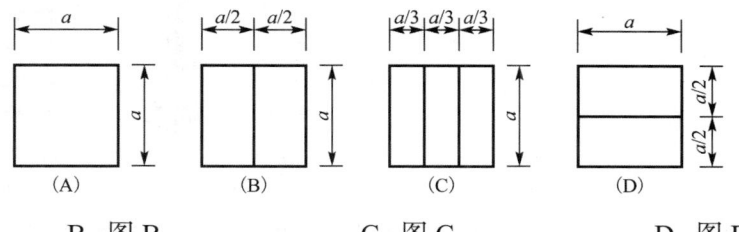

A. 图 A   B. 图 B   C. 图 C   D. 图 D

66. 图示 ACB 用积分法求变形时，确定积分常数的条件是：（式中 V 为梁的挠度，θ 为梁横截面的转角，ΔL 为杆 DB 的伸长变形）

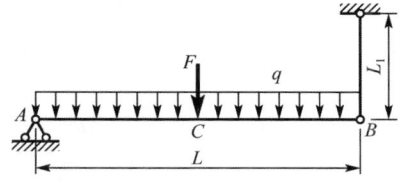

A. $V_A = 0$，$V_B = 0$，$V_{C左} = V_{C右}$，$\theta_C = 0$

B. $V_A = 0$，$V_B = \Delta L$，$V_{C左} = V_{C右}$，$\theta_C = 0$

C. $V_A = 0$，$V_B = \Delta L$，$V_{C左} = V_{C右}$，$\theta_{C左} = \theta_{C右}$

D. $V_A = 0$，$V_B = \Delta L$，$V_C = 0$，$\theta_{C左} = \theta_{C右}$

67. 分析受力物体内一点处的应力状态，如可以找到一个平面，在该平面上有最大切应力，则该平面上的正应力：

A. 是主应力   B. 一定为零

C. 一定不为零   D. 不属于前三种情况

68. 在下面四个表达式中，第一强度理论的强度表达式是：

A. $\sigma_1 \leqslant [\sigma]$

B. $\sigma_1 - \nu(\sigma_2 + \sigma_3) \leqslant [\sigma]$

C. $\sigma_1 - \sigma_3 \leqslant [\sigma]$

D. $\sqrt{\dfrac{1}{2}[(\sigma_1 - \sigma_2)^2 + (\sigma_2 - \sigma_3)^2 + (\sigma_3 - \sigma_1)^2]} \leqslant [\sigma]$

69. 如图所示，正方形截面悬臂梁AB，在自由端B截面形心作用有轴向力F，若将轴向力F平移到B截面下缘中点，则梁的最大正应力是原来的：

A. 1 倍

B. 2 倍

C. 3 倍

D. 4 倍

70. 图示矩形截面细长压杆，$h = 2b$（图 a），如果将宽度b改为h后（图 b，仍为细长压杆），临界力F_{cr}是原来的：

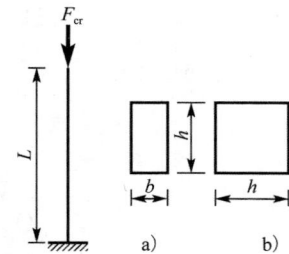

A. 16 倍

B. 8 倍

C. 4 倍

D. 2 倍

71. 静止流体能否承受切应力？

A. 不能承受

B. 可以承受

C. 能承受很小的

D. 具有黏性可以承受

72. 水从铅直圆管向下流出，如图所示，已知$d_1 = 10$cm，管口处水流速度$v_1 = 1.8$m/s，试求管口下方$h = 2$m处的水流速度v_2和直径d_2：

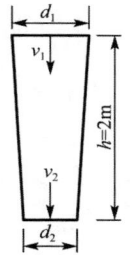

A. $v_2 = 6.5$m/s，$d_2 = 5.2$cm

B. $v_2 = 3.25$m/s，$d_2 = 5.2$cm

C. $v_2 = 6.5$m/s，$d_2 = 2.6$cm

D. $v_2 = 3.25$m/s，$d_2 = 2.6$cm

73. 利用动量定理计算流体对固体壁面的作用力时，进、出口截面上的压强应为：

A. 绝对压强

B. 相对压强

C. 大气压

D. 真空度

74. 一直径为 50mm 的圆管,运动黏性系数 $\nu = 0.18\text{cm}^2/\text{s}$、密度 $\rho = 0.85\text{g}/\text{cm}^3$ 的油在管内以 $v = 5\text{cm/s}$ 的速度作层流运动,则沿程损失系数是:

A. 0.09

B. 0.461

C. 0.1

D. 0.13

75. 并联长管 1、2,两管的直径相同,沿程阻力系数相同,长度 $L_2 = 3L_1$,通过的流量为:

A. $Q_1 = Q_2$

B. $Q_1 = 1.5Q_2$

C. $Q_1 = 1.73Q_2$

D. $Q_1 = 3Q_2$

76. 明渠均匀流只能发生在:

A. 平坡棱柱形渠道

B. 顺坡棱柱形渠道

C. 逆坡棱柱形渠道

D. 不能确定

77. 均匀砂质土填装在容器中,已知水力坡度 $J = 0.5$,渗透系数 $k = 0.005\text{cm/s}$,则渗流速度为:

A. 0.0025cm/s

B. 0.0001cm/s

C. 0.001cm/s

D. 0.015cm/s

78. 进行水力模型试验,要实现有压管流的相似,应选用的相似准则是:

A. 雷诺准则

B. 弗劳德准则

C. 欧拉准则

D. 马赫数

79. 在图示变压器中,左侧线圈中通以直流电流 I,铁芯中产生磁通 Φ。此时,右侧线圈端口上的电压 u_2 是:

A. 0

B. $\frac{N_2}{N_1}\frac{\mathrm{d}\Phi}{\mathrm{d}t}$

C. $N_1\frac{\mathrm{d}\Phi}{\mathrm{d}t}$

D. $\frac{N_1}{N_2}\frac{\mathrm{d}\Phi}{\mathrm{d}t}$

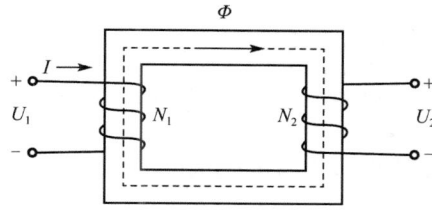

80. 将一个直流电源通过电阻R接在电感线圈两端，如图所示。如果$U = 10$V，$I = 1$A，那么，将直流电源换成交流电源后，该电路的等效模型为：

81. 图示电路中，$a-b$端左侧网络的等效电阻为：

A. $R_1 + R_2$

B. $R_1 \mathbin{/\mkern-4mu/} R_2$

C. $R_1 + R_2 \mathbin{/\mkern-4mu/} R_L$

D. R_2

82. 在阻抗$Z = 10\angle 45°\,\Omega$两端加入交流电压$u(t) = 220\sqrt{2}\sin(314t + 30°)$V后，电流$i(t)$为：

A. $22\sin(314t + 75°)$A

B. $22\sqrt{2}\sin(314t + 15°)$A

C. $22\sin(314t + 15°)$A

D. $22\sqrt{2}\sin(314t - 15°)$A

83. 图示电路中，$Z_1 = (6 + j8)\,\Omega$，$Z_2 = -jX_C\,\Omega$，为使I取得最大值，X_C的数值为：

A. 6

B. 8

C. −8

D. 0

84. 三相电路如图所示，设电灯 D 的额定电压为三相电源的相电压，用电设备 M 的外壳线*a* 及电灯 D

另一端线*b* 应分别接到：

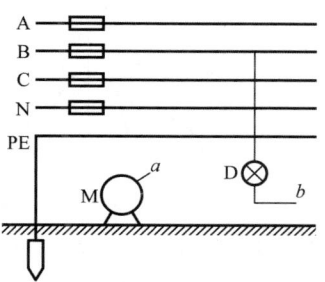

A. PE 线和 PE 线

B. N 线和 N 线

C. PE 线和 N 线

D. N 线和 PE 线

85. 设三相交流异步电动机的空载功率因数为 λ_1，20%额定负载时的功率因数为 λ_2，满载时功率因数为

λ_3，那么以下关系成立的是：

A. $\lambda_1 > \lambda_2 > \lambda_3$ 　　　　B. $\lambda_3 > \lambda_2 > \lambda_1$

C. $\lambda_2 > \lambda_1 > \lambda_3$ 　　　　D. $\lambda_3 > \lambda_1 > \lambda_2$

86. 能够实现用电设备连续工作的控制电路为：

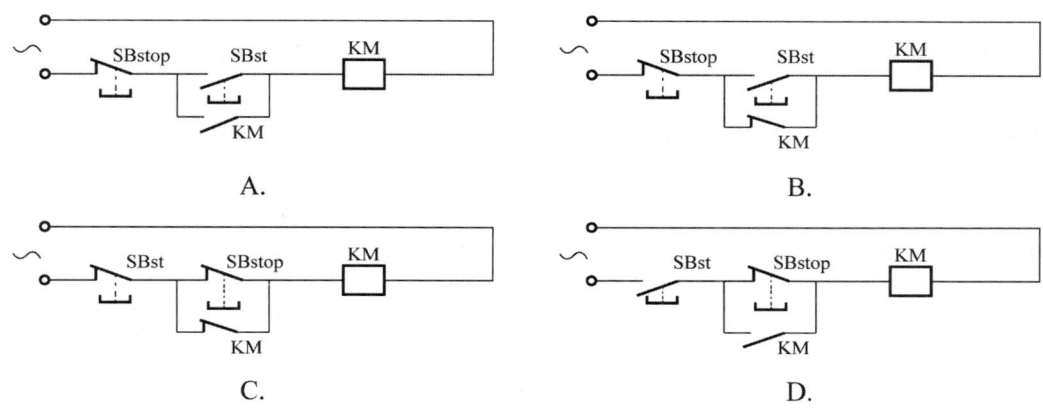

　　　　A.　　　　　　　　　　　　　　B.

　　　　C.　　　　　　　　　　　　　　D.

87. 下述四个信号中，不能用来表示信息代码"10101"的图是：

88. 模拟信号$u_1(t)$和$u_2(t)$的幅值频谱分别如图 a）和图 b）所示，则：

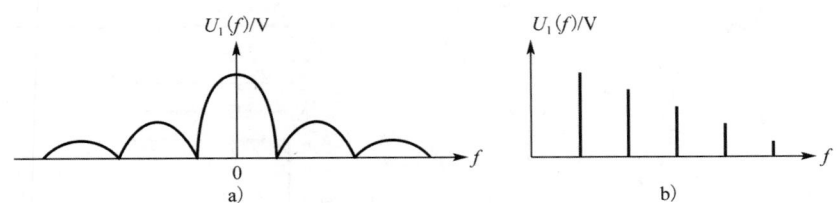

A. $u_1(t)$是连续时间信号，$u_2(t)$是离散时间信号

B. $u_1(t)$是非周期性时间信号，$u_2(t)$是周期性时间信号

C. $u_1(t)$和$u_2(t)$都是非周期时间信号

D. $u_1(t)$和$u_2(t)$都是周期时间信号

89. 以下几种说法中正确的是：

A. 滤波器会改变正弦波信号的频率

B. 滤波器会改变正弦波信号的波形形状

C. 滤波器会改变非正弦周期信号的频率

D. 滤波器会改变非正弦周期信号的波形形状

90. 对逻辑表达式$ABCD + \bar{A} + \bar{B} + \bar{C} + \bar{D}$的简化结果是：

A. 0   B. 1

C. ABCD   D. $\overline{ABCD}$

91. 已知数字电路输入信号 A 和信号 B 的波形如图所示，则数字输出信号$F = \overline{AB}$的波形为：

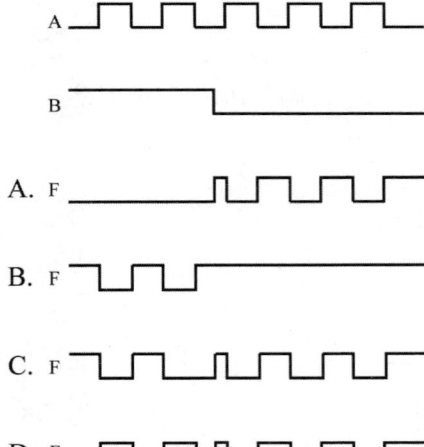

92. 逻辑函数$F = f(A, B, C)$的真值表如下，由此可知：

A	B	C	F
0	0	0	0
0	0	1	0
0	1	0	0
0	1	1	1
1	0	0	0
1	0	1	0
1	1	0	1
1	1	1	1

A. $F = BC + AB + \overline{A}BC + B\overline{C}$

B. $F = \overline{A}B\overline{C} + AB\overline{C} + AC + ABC$

C. $F = AB + BC + AC$

D. $F = \overline{A}BC + AB\overline{C} + ABC$

93. 晶体三极管放大电路如图所示，在并入电容C_E后，下列不变的量是：

A. 输入电阻和输出电阻

B. 静态工作点和电压放大倍数

C. 静态工作点和输出电阻

D. 输入电阻和电压放大倍数

94. 图示电路中，运算放大器输出电压的极限值$\pm U_{oM}$，输入电压$u_i = U_m \sin \omega t$，现将信号电压u_i从电路的"A"端送入，电路的"B"端接地，得到输出电压u_{o1}。而将信号电压u_i从电路的"B"端输入，电路的"A"接地，得到输出电压u_{o2}。则以下正确的是：

95. 图示逻辑门电路的输出F_1和F_2分别为：

A. A 和 1

B. 0 和 B

C. A 和 B

D. $\overline{A}$ 和 1

96. 图 a）示电路，加入复位信号及时钟脉冲信号如图 b）所示，经分析可知，在t_1时刻，输出 Q_{JK} 和 Q_D 分别等于：

附：D 触发器的逻辑状态表为

D	Q_{n+1}
0	0
1	1

JK 触发器的逻辑状态表为

J	K	Q_{n+1}
0	0	Q_n
0	1	0
1	0	1
1	1	$\overline{Q_n}$

A. 0　0

B. 0　1

C. 1　0

D. 1　1

97. 下面四条有关数字计算机处理信息的描述中，其中不正确的一条是：

A. 计算机处理的是数字信息

B. 计算机处理的是模拟信息

C. 计算机处理的是不连续的离散（0 或 1）信息

D. 计算机处理的是断续的数字信息

98. 程序计数器（PC）的功能是：

A. 对指令进行译码

B. 统计每秒钟执行指令的数目

C. 存放下一条指令的地址

D. 存放正在执行的指令地址

99. 计算机的软件系统是由：

A. 高级语言程序、低级语言程序构成

B. 系统软件、支撑软件、应用软件构成

C. 操作系统、专用软件构成

D. 应用软件和数据库管理系统构成

100. 允许多个用户以交互方式使用计算机的操作系统是：

A. 批处理单道系统

B. 分时操作系统

C. 实时操作系统

D. 批处理多道系统

101. 在计算机内，ASSCII 码是为：

A. 数字而设置的一种编码方案

B. 汉字而设置的一种编码方案

C. 英文字母而设置的一种编码方案

D. 常用字符而设置的一种编码方案

102. 在微机系统内，为存储器中的每一个：

A. 字节分配一个地址

B. 字分配每一个地址

C. 双字分配一个地址

D. 四字分配一个地址

103. 保护信息机密性的手段有两种，一是信息隐藏，二是数据加密。下面四条表述中，有错误的一条是：

A. 数据加密的基本方法是编码，通过编码将明文变换为密文

B. 信息隐藏是使非法者难以找到秘密信息而采用"隐藏"的手段

C. 信息隐藏与数据加密所采用的技术手段不同

D. 信息隐藏与数字加密所采用的技术手段是一样的

104. 下面四条有关线程的表述中，其中错误的一条是：

　　A. 线程有时也称为轻量级进程

　　B. 有些进程只包含一个线程

　　C. 线程是所有操作系统分配 CPU 时间的基本单位

　　D. 把进程再仔细分成线程的目的是为更好地实现并发处理和共享资源

105. 计算机与信息化社会的关系是：

　　A. 没有信息化社会就不会有计算机

　　B. 没有计算机在数值上的快速计算，就没有信息化社会

　　C. 没有计算机及其与通信、网络等的综合利用，就没有信息化社会

　　D. 没有网络电话就没有信息化社会

106. 域名服务器的作用是：

　　A. 为连入 Internet 网的主机分配域名

　　B. 为连入 Internet 网的主机分配 IP 地址

　　C. 为连入 Internet 网的一个主机域名寻找所对应的 IP 地址

　　D. 将主机的 IP 地址转换为域名

107. 某人预计 5 年后需要一笔 50 万元的资金，现市场上正发售期限为 5 年的电力债券，年利率为 5.06%，按年复利计息，5 年末一次还本付息，若想 5 年后拿到 50 万元的本利和，他现在应该购买电力债券：

　　A. 30.52 万元　　　　　　　　　　　B. 38.18 万元

　　C. 39.06 万元　　　　　　　　　　　D. 44.19 万元

108. 以下关于项目总投资中流动资金的说法正确的是：

　　A. 是指工程建设其他费用和预备费之和

　　B. 是指投产后形成的流动资产和流动负债之和

　　C. 是指投产后形成的流动资产和流动负债的差额

　　D. 是指投产后形成的流动资产占用的资金

109. 下列筹资方式中，属于项目债务资金的筹集方式是：

A. 优先股

B. 政府投资

C. 融资租赁

D. 可转换债券

110. 某建设项目预计生产期第三年息税前利润为 200 万元，折旧与摊销为 50 万元，所得税为 25 万元，计入总成本费用的应付利息为 100 万元，则该年的利息备付率为：

A. 1.25

B. 2

C. 2.25

D. 2.5

111. 某项目方案各年的净现金流量见表（单位：万元），其静态投资回收期为：

年份	0	1	2	3	4	5
净现金流量	−100	−50	40	60	60	60

A. 2.17 年

B. 3.17 年

C. 3.83 年

D. 4 年

112. 某项目的产出物为可外贸货物，其离岸价格为 100 美元，影子汇率为 6 元人民币/美元，出口费用为每件 100 元人民币，则该货物的影子价格为：

A. 500 元人民币

B. 600 元人民币

C. 700 元人民币

D. 800 元人民币

113. 某项目有甲、乙两个建设方案，投资分别为 500 万元和 1000 万元，项目期均为 10 年，甲项目年收益为 140 万元，乙项目年收益为 250 万元。假设基准收益率为 8%。已知 $(P/A, 8\%, 10) = 6.7101$，则下列关于该项目方案选择的说法中正确的是：

A. 甲方案的净现值大于乙方案，故应选择甲方案

B. 乙方案的净现值大于甲方案，故应选择乙方案

C. 甲方案的内部收益率大于乙方案，故应选择甲方案

D. 乙方案的内部收益率大于甲方案，故应选择乙方案

114. 用强制确定法（FD 法）选择价值工程的对象时，得出某部件的价值系数为 1.02，则下列说法正确的是：

A. 该部件的功能重要性与成本比重相当，因此应将该部件作为价值工程对象

B. 该部件的功能重要性与成本比重相当，因此不应将该部件作为价值工程对象

C. 该部件功能重要性较小，而所占成本较高，因此应将该部件作为价值工程对象

D. 该部件功能过高或成本过低，因此应将该部件作为价值工程对象

115. 某在建的建筑工程因故中止施工，建设单位的下列做法符合《中华人民共和国建筑法》的是：

A. 自中止施工之日起一个月内向发证机关报告

B. 自中止施工之日起半年内报发证机关核验施工许可证

C. 自中止施工之日起三个月内向发证机关申请延长施工许可证的有效期

D. 自中止施工之日起满一年，向发证机关重新申请施工许可证

116. 依据《中华人民共和国安全生产法》，企业应当对职工进行安全生产教育和培训，某施工总承包单位对职工进行安全生产培训，其培训的内容不包括：

A. 安全生产知识　　　　　　　　　B. 安全生产规章制度

C. 安全生产管理能力　　　　　　　D. 本岗位安全操作技能

117. 下列说法符合《中华人民共和国招标投标法》规定的是：

A. 招标人自行招标，应当具有编制招标文件和组织评标的能力

B. 招标人必须自行办理招标事宜

C. 招标人委托招标代理机构办理招标事宜，应当向有关行政监督部门备案

D. 有关行政监督部门有权强制招标人委托招标代理机构办理招标事宜

118. 甲乙双方于 4 月 1 日约定采用数据电文的方式订立合同，但双方没有指定特定系统，乙方于 4 月 8 日下午收到甲方以电子邮件方式发出的要约，于 4 月 9 日上午又收到甲方发出同样内容的传真，甲方于 4 月 9 日下午给乙方打电话通知对方，邀约已经发出，请对方尽快做出承诺，则该要约生效的时间是：

A. 4 月 8 日下午　　　　　　　　　B. 4 月 9 日上午

C. 4 月 9 日下午　　　　　　　　　D. 4 月 1 日

119. 根据《中华人民共和国行政许可法》规定，行政许可采取统一办理或者联合办理的，办理的时间不得超过：

A. 10 日
B. 15 日
C. 30 日
D. 45 日

120. 依据《建设工程质量管理条例》，建设单位收到施工单位提交的建设工程竣工验收报告申请后，应当组织有关单位进行竣工验收，参加验收的单位可以不包括：

A. 施工单位
B. 工程监理单位
C. 材料供应单位
D. 设计单位

2021 年度全国勘察设计注册工程师
执业资格考试试卷

基础考试
（上）

二〇二一年十月

应考人员注意事项

1. 本试卷科目代码为"1"，考生务必将此代码填涂在答题卡"科目代码"相应的栏目内，否则，无法评分。

2. 书写用笔：**黑色或蓝色钢笔、签字笔或圆珠笔**；

    填涂答题卡用笔：**黑色 2B 铅笔**。

3. 必须用书写用笔将工作单位、姓名、准考证号填写在答题卡和试卷相应的栏目内。

4. 本试卷由 120 题组成，每题 1 分，满分 120 分，本试卷全部为单项选择题，每小题的四个备选项中只有一个正确答案，错选、多选、不选均不得分。

5. 考生作答时，必须按**题号在答题卡上**将相应试题所选选项对应的**字母用 2B 铅笔涂黑**。

6. 在答题卡上书写与题意无关的语言，或在答题卡上作标记的，均按违纪试卷处理。

7. 考试结束时，由监考人员当面将试卷、答题卡一并收回。

8. 草稿纸由各地统一配发，考后收回。

单项选择题（共 120 题，每题 1 分。每题的备选项中只有一个最符合题意。）

1. 下列结论正确的是：

   A. $\lim\limits_{x \to 0} e^{\frac{1}{x}}$ 存在

   B. $\lim\limits_{x \to 0^-} e^{\frac{1}{x}}$ 存在

   C. $\lim\limits_{x \to 0^+} e^{\frac{1}{x}}$ 存在

   D. $\lim\limits_{x \to 0^+} e^{\frac{1}{x}}$ 存在，$\lim\limits_{x \to 0^-} e^{\frac{1}{x}}$ 不存在，从而 $\lim\limits_{x \to 0} e^{\frac{1}{x}}$ 不存在

2. 当 $x \to 0$ 时，与 x^2 为同阶无穷小的是：

   A. $1 - \cos 2x$ B. $x^2 \sin x$

   C. $\sqrt{1+x} - 1$ D. $1 - \cos x^2$

3. 设 $f(x)$ 在 $x = 0$ 的某个邻域有定义，$f(0) = 0$，且 $\lim\limits_{x \to 0} \dfrac{f(x)}{x} = 1$，则在 $x = 0$ 处：

   A. 不连续   B. 连续但不可导

   C. 可导且导数为 1   D. 可导且导数为 0

4. 若 $f\left(\dfrac{1}{x}\right) = \dfrac{x}{1+x}$，则 $f'(x)$ 等于：

   A. $\dfrac{1}{x+1}$ B. $-\dfrac{1}{x+1}$

   C. $-\dfrac{1}{(x+1)^2}$ D. $\dfrac{1}{(x+1)^2}$

5. 方程 $x^3 + x - 1 = 0$：

   A. 无实根   B. 只有一个实根

   C. 有两个实根   D. 有三个实根

6. 若函数 $f(x)$ 在 $x = x_0$ 处取得极值，则下列结论成立的是：

   A. $f'(x_0) = 0$ B. $f'(x_0)$ 不存在

   C. $f'(x_0) = 0$ 或 $f'(x_0)$ 不存在   D. $f''(x_0) = 0$

7. 若 $\int f(x)\,\mathrm{d}x = \int \mathrm{d}g(x)$，则下列各式中正确的是：

   A. $f(x) = g(x)$ B. $f(x) = g'(x)$

   C. $f'(x) = g(x)$ D. $f'(x) = g'(x)$

8. 定积分 $\int_{-1}^{1}(x^3 + |x|)e^{x^2}dx$ 的值等于：

   A. 0   B. e

   C. $e - 1$ D. 不存在

9. 曲面 $x^2 + y^2 + z^2 = a^2$ 与 $x^2 + y^2 = 2az \,(a > 0)$ 的交线是：

   A. 双曲线   B. 抛物线

   C. 圆   D. 不存在

10. 设有直线 $L:\begin{cases} x + 3y + 2z + 1 = 0 \\ 2x - y - 10z + 3 = 0 \end{cases}$ 及平面 $\pi: 4x - 2y + z - 2 = 0$，则直线 L：

   A. 平行 π B. 垂直于 π

   C. 在 π 上   D. 与 π 斜交

11. 已知函数 $f(x)$ 在 $(-\infty, +\infty)$ 内连续，并满足 $f(x) = \int_0^x f(t)dt$，则 $f(x)$ 为：

   A. e^x B. $-e^x$

   C. 0   D. e^{-x}

12. 在下列函数中，为微分方程 $y'' - y' - 2y = 6e^x$ 的特解的是：

   A. $y = 3e^{-x}$ B. $y = -3e^{-x}$

   C. $y = 3e^x$ D. $y = -3e^x$

13. 设函数 $f(x, y) = \begin{cases} \dfrac{1}{xy}\sin(x^2 y) & xy \neq 0 \\ 0 & xy = 0 \end{cases}$，则 $f_x'(0, 1)$ 等于：

   A. 0   B. 1

   C. 2   D. -1

14. 设函数 $f(u)$ 连续，而区域 $D: x^2 + y^2 \leqslant 1$，且 $x \geqslant 0$，则二重积分 $\iint\limits_{D} f(\sqrt{x^2 + y^2})dxdy$ 等于：

   A. $\pi \int_0^1 f(r)\,dr$ B. $\pi \int_0^1 r f(r)\,dr$

   C. $\dfrac{\pi}{2} \int_0^1 f(r)\,dr$ D. $\dfrac{\pi}{2} \int_0^1 r f(r)\,dr$

15. 设 L 是圆 $x^2 + y^2 = -2x$，取逆时针方向，则对坐标的曲线积分 $\int_L (x-y)\mathrm{d}x + (x+y)\mathrm{d}y$ 等于：

A. -4π

B. -2π

C. 0

D. 2π

16. 设函数 $z = x^y$，则 $\dfrac{\partial^2 z}{\partial x \partial y}$ 等于：

A. $x^y(1 + \ln x)$

B. $x^y(1 + y\ln x)$

C. $x^{y-1}(1 + y\ln x)$

D. $x^y(1 - x\ln x)$

17. 下列级数中，收敛的级数是：

A. $\sum\limits_{n=1}^{\infty} \dfrac{8^n}{7^n}$

B. $\sum\limits_{n=1}^{\infty} n\sin\dfrac{1}{n}$

C. $\sum\limits_{n=1}^{\infty} \dfrac{1}{\sqrt{n}}$

D. $\sum\limits_{n=1}^{\infty} (-1)^{n-1}\dfrac{1}{\sqrt{n}}$

18. 级数 $\sum\limits_{n=1}^{\infty} n\left(\dfrac{1}{2}\right)^{n-1}$ 的和是：

A. 1

B. 2

C. 3

D. 4

19. 若矩阵 $\boldsymbol{A} = \begin{bmatrix} 1 & 0 & 0 \\ 0 & -1 & -1 \\ 0 & 0 & 1 \end{bmatrix}$，$\boldsymbol{I} = \begin{bmatrix} 1 & 0 & 0 \\ 0 & 1 & 0 \\ 0 & 0 & 1 \end{bmatrix}$，则矩阵 $(\boldsymbol{A} - 2\boldsymbol{I})^{-1}(\boldsymbol{A}^2 - 4\boldsymbol{I})$ 为：

A. $\begin{bmatrix} 3 & 0 & 0 \\ 0 & 1 & -1 \\ 0 & 0 & 3 \end{bmatrix}$

B. $\begin{bmatrix} 3 & 0 & 0 \\ 0 & 1 & 0 \\ 0 & 0 & 3 \end{bmatrix}$

C. $\begin{bmatrix} 3 & 0 & 0 \\ 0 & 1 & 1 \\ 0 & 0 & 3 \end{bmatrix}$

D. $\begin{bmatrix} 2 & 0 & 0 \\ 0 & -2 & -2 \\ 0 & 0 & 2 \end{bmatrix}$

20. 已知矩阵 $\boldsymbol{A} = \begin{bmatrix} 0 & 0 & 1 \\ x & 1 & y \\ 1 & 0 & 0 \end{bmatrix}$ 有三个线性无关的特征向量，则下列关系式正确的是：

A. $x + y = 0$

B. $x + y \neq 0$

C. $x + y = 1$

D. $x = y = 1$

21. 设 n 维向量组 α_1，α_2，α_3 是线性方程组 $\boldsymbol{A}x = \boldsymbol{0}$ 的一个基础解系，则下列向量组也是 $\boldsymbol{A}x = \boldsymbol{0}$ 的基础解系的是：

A. α_1，$\alpha_2 - \alpha_3$

B. $\alpha_1 + \alpha_2$，$\alpha_2 + \alpha_3$，$\alpha_3 + \alpha_1$

C. $\alpha_1 + \alpha_2$，$\alpha_2 + \alpha_3$，$\alpha_1 - \alpha_3$

D. α_1，$\alpha_1 + \alpha_2$，$\alpha_2 + \alpha_3$，$\alpha_1 + \alpha_2 + \alpha_3$

22. 袋子里有 5 个白球，3 个黄球，4 个黑球，从中随机抽取 1 只，已知它不是黑球，则它是黄球的概率是：

A. $\dfrac{1}{8}$　　　　　　　　　　　　　　　B. $\dfrac{3}{8}$

C. $\dfrac{5}{8}$　　　　　　　　　　　　　　　D. $\dfrac{7}{8}$

23. 设 X 服从泊松分布 $P(3)$，则 X 的方差与数学期望之比 $\dfrac{D(X)}{E(X)}$ 等于：

A. 3　　　　　　　　　　　　　　　　B. $\dfrac{1}{3}$

C. 1　　　　　　　　　　　　　　　　D. 9

24. 设 $X_1, X_2, \cdots, X_n$ 是来自总体 $X \sim N(\mu, \sigma^2)$ 的样本，$\overline{X}$ 是 $X_1, X_2, \cdots, X_n$ 的样本均值，则 $\sum\limits_{i=1}^{n} \dfrac{(x_i - \overline{X})^2}{\sigma^2}$ 服从的分布是：

A. $F(n)$　　　　　　　　　　　　　　B. $t(n)$

C. $\chi^2(n)$　　　　　　　　　　　　　D. $\chi^2(n-1)$

25. 在标准状态下，即压强 $p_0 = 1\text{atm}$，温度 $T = 273.15\text{K}$，一摩尔任何理想气体的体积均为：

A. 22.4L　　　　　　　　　　　　　　B. 2.24L

C. 224L　　　　　　　　　　　　　　D. 0.224L

26. 理想气体经过等温膨胀过程，其平均自由程 $\overline{\lambda}$ 和平均碰撞次数 $\overline{Z}$ 的变化是：

A. $\overline{\lambda}$ 变大，$\overline{Z}$ 变大　　　　　　　　B. $\overline{\lambda}$ 变大，$\overline{Z}$ 变小

C. $\overline{\lambda}$ 变小，$\overline{Z}$ 变大　　　　　　　　D. $\overline{\lambda}$ 变小，$\overline{Z}$ 变小

27. 在一热力学过程中，系统内能的减少量全部成为传给外界的热量，此过程一定是：

A. 等体升温过程　　　　　　　　　　B. 等体降温过程

C. 等压膨胀过程　　　　　　　　　　D. 等压压缩过程

28. 理想气体卡诺循环过程的两条绝热线下的面积大小（图中阴影部分）分别为S_1和S_2，则二者的大小

关系是：

A. $S_1 > S_2$

B. $S_1 = S_2$

C. $S_1 < S_2$

D. 无法确定

29. 一热机在一次循环中吸热1.68×10^2J，向冷源放热1.26×10^2J，该热机效率为：

A. 25%

B. 40%

C. 60%

D. 75%

30. 若一平面简谐波的波动方程为$y = A\cos(Bt - Cx)$，式中A、B、C为正值恒量，则：

A. 波速为C

B. 周期为$\frac{1}{B}$

C. 波长为$\frac{2\pi}{C}$

D. 角频率为$\frac{2\pi}{B}$

31. 图示为一平面简谐机械波在t时刻的波形曲线，若此时A点处媒质质元的振动动能在增大，则：

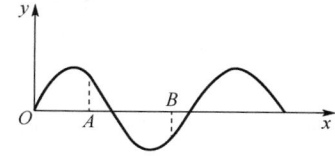

A. A点处质元的弹性势能在减小

B. 波沿x轴负方向传播

C. B点处质元振动动能在减小

D. 各点的波的能量密度都不随时间变化

32. 两个相同的喇叭接在同一播音器上，它们是相干波源，二者到P点的距离之差为$\lambda/2$（λ是声波波长），

则P点处为：

A. 波的相干加强点

B. 波的相干减弱点

C. 合振幅随时间变化的点

D. 合振幅无法确定的点

33. 一声波波源相对媒质不动，发出的声波频率是v_0。设以观察者的运动速度为波速的1/2，当观察者远离波源运动时，他接收到的声波频率是：

A. v_0

B. $2v_0$

C. $v_0/2$

D. $3v_0/2$

34. 当一束单色光通过折射率不同的两种媒质时，光的：

A. 频率不变，波长不变

B. 频率不变，波长改变

C. 频率改变，波长不变

D. 频率改变，波长改变

35. 在单缝衍射中，若单缝处的波面恰好被分成偶数个半波带，在相邻半波带上任何两个对应点所发出的光，在暗条纹处的相位差为：

A. π

B. 2π

C. $\dfrac{\pi}{2}$

D. $\dfrac{3\pi}{2}$

36. 一束平行单色光垂直入射在光栅上，当光栅常数$(a+b)$为下列哪种情况时（a代表每条缝的宽度），$k=3$、6、9等级次的主极大均不出现？

A. $a+b=2a$

B. $a+b=3a$

C. $a+b=4a$

D. $a+b=6a$

37. 既能衡量元素金属性又能衡量元素非金属性强弱的物理量是：

A. 电负性

B. 电离能

C. 电子亲和能

D. 极化力

38. 下列各组物质中，两种分子之间存在的分子间力只含有色散力的是：

A. 氢气和氦气

B. 二氧化碳和二氧化硫气体

C. 氢气和溴化氢气体

D. 一氧化碳和氧气

39. 在$BaSO_4$饱和溶液中，加入Na_2SO_4，溶液中$c(Ba^{2+})$的变化是：

A. 增大

B. 减小

C. 不变

D. 不能确定

40. 已知$K^{\ominus}(\text{NH}_3 \cdot \text{H}_2\text{O}) = 1.8 \times 10^{-5}$，浓度均为$0.1\text{mol} \cdot \text{L}^{-1}$的$\text{NH}_3 \cdot \text{H}_2\text{O}$和$\text{NH}_4\text{Cl}$混合溶液的 pH 值为：

A. 4.74   B. 9.26

C. 5.74   D. 8.26

41. 已知HCl(g)的$\Delta_f H_m^{\ominus} = -92\text{kJ} \cdot \text{mol}^{-1}$，则反应$\text{H}_2\text{(g)} + \text{Cl}_2\text{(g)} = 2\text{HCl(g)}$的$\Delta_r H_m^{\ominus}$是：

A. $92\text{kJ} \cdot \text{mol}^{-1}$ B. $-92\text{kJ} \cdot \text{mol}^{-1}$

C. $-184\text{kJ} \cdot \text{mol}^{-1}$ D. $46\text{kJ} \cdot \text{mol}^-$

42. 反应$\text{A(s)} + \text{B(g)} \rightleftharpoons 2\text{C(g)}$在体系中达到平衡，如果保持温度不变，升高体系的总压（减小体积），平衡向左移动，则$K^{\ominus}$的变化是：

A. 增大   B. 减小

C. 不变   D. 无法判断

43. 已 知 $E^{\ominus}(\text{Fe}^{3+}/\text{Fe}^{2+}) = 0.771\text{V}$， $E^{\ominus}(\text{Fe}^{2+}/\text{Fe}) = -0.44\text{V}$， $K_{sp}^{\ominus}(\text{Fe(OH)}_3) = 2.79 \times 10^{-39}$， $K_{sp}^{\ominus}(\text{Fe(OH)}_2) = 4.87 \times 10^{-17}$， 有 如 下 原 电 池 $(-)\text{Fe} \mid \text{Fe}^{2+}(1.0\text{mol} \cdot \text{L}^{-1}) \| \text{Fe}^{3+}(1.0\text{mol} \cdot \text{L}^{-1})$， $\text{Fe}^{2+}(1.0\text{mol} \cdot \text{L}^{-1}) \mid \text{Pt}(+)$，如向两个半电池中均加入 NaOH，最终均使$c(\text{OH}^-) = 1.0\text{mol} \cdot \text{L}^{-1}$，则原电池电动势变化是：

A. 变大   B. 变小

C. 不变   D. 无法判断

44. 下列各组化合物中能用溴水区别的是：

A. 1-己烯和己烷   B. 1-己烯和 1-己炔

C. 2-己烯和 1-己烯   D. 己烷和苯

45. 尼泊金丁酯是国家允许使用的食品防腐剂，它是对羟基苯甲酸与醇形成的酯类化合物。尼泊金丁酯的结构简式为：

A. ![结构A]苯环上邻位连有 $\overset{\text{O}}{\overset{\|}{C}}CH_2CH_2CH_2CH_3$，以及 OH

B. $CH_3CH_2CH_2CH_2O$—苯环—$\overset{\text{O}}{\overset{\|}{C}}$—OH

C. HO—苯环—$\overset{\text{O}}{\overset{\|}{C}}$—$COCH_2CH_2CH_2CH_3$

D. $H_3CH_2CH_2C\overset{\text{O}}{\overset{\|}{C}}$—$O$—苯环—$OH$

46. 某高分子化合物的结构为：

$$\cdots—CH_2—\underset{Cl}{CH}—CH_2—\underset{Cl}{CH}—CH_2—\underset{Cl}{CH}—\cdots$$

在下列叙述中，不正确的是：

A. 它为线型高分子化合物

B. 合成该高分子化合物的反应为缩聚反应

C. 链节为 $—\underset{\underset{H}{|}}{\overset{\overset{H}{|}}{C}}—\underset{\underset{Cl}{|}}{\overset{\overset{H}{|}}{C}}—$

D. 它的单体为 $CH_2{=}CHCl$

47. 三角形板 ABC 受平面力系作用如图所示。欲求未知力 $\boldsymbol{F}_{NA}$、$\boldsymbol{F}_{NB}$ 和 $\boldsymbol{F}_{NC}$，独立的平衡方程组是：

A. $\sum M_C(\boldsymbol{F})=0$，$\sum M_D(\boldsymbol{F})=0$，$\sum M_B(\boldsymbol{F})=0$

B. $\sum F_y=0$，$\sum M_A(\boldsymbol{F})=0$，$\sum M_B(\boldsymbol{F})=0$

C. $\sum F_x=0$，$\sum M_A(\boldsymbol{F})=0$，$\sum M_B(\boldsymbol{F})=0$

D. $\sum F_x=0$，$\sum M_A(\boldsymbol{F})=0$，$\sum M_C(\boldsymbol{F})=0$

48. 图示等边三角板*ABC*，边长为*a*，沿其边缘作用大小均为*F*的力*F*₁、*F*₂、*F*₃，方向如图所示，则此力系可简化为：

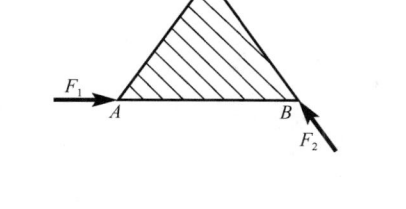

A. 平衡

B. 一力和一力偶

C. 一合力偶

D. 一合力

49. 三杆*AB*、*AC*及*DEH*用铰链连接如图所示。已知：$AD = BD = 0.5\text{m}$，*E*端受一力偶作用，其矩 $M = 1\text{kN} \cdot \text{m}$。则支座*C*的约束力为：

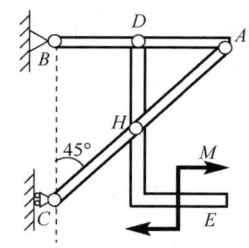

A. $F_C = 0$

B. $F_C = 2\text{kN}$（水平向右）

C. $F_C = 2\text{kN}$（水平向左）

D. $F_C = 1\text{kN}$（水平向右）

50. 图示桁架结构中，*DH*杆的内力大小为：

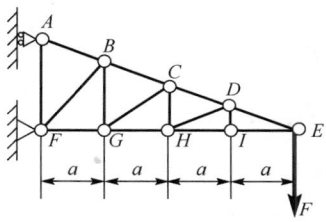

A. F

B. −F

C. 0.5F

D. 0

51. 某点按$x = t^3 - 12t + 2$的规律沿直线轨迹运动（其中*t*以 s 计，*x*以 m 计），则$t = 3\text{s}$时点经过的路程为：

A. 23m

B. 21m

C. −7m

D. −14m

52. 四连杆机构如图所示。已知曲柄 O_1A 长为 r，AM 长为 l，角速度为 ω、角加速度为 ε。则固连在 AB 杆上的物块 M 的速度和法向加速度的大小为：

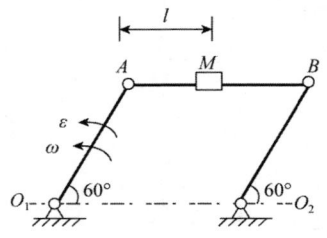

A. $v_M = l\omega$，$a_M^n = l\omega^2$

B. $v_M = l\omega$，$a_M^n = r\omega^2$

C. $v_M = r\omega$，$a_M^n = r\omega^2$

D. $v_M = r\omega$，$a_M^n = l\omega^2$

53. 直角刚杆 OAB 在图示瞬时角速度 $\omega = 2\text{rad/s}$，角加速度 $\varepsilon = 5\text{rad/s}^2$，若 $OA = 40\text{cm}$，$AB = 30\text{cm}$，则 B 点的速度大小和切向加速度的大小为：

A. 100cm/s；250cm/s^2

B. 80cm/s；200cm/s^2

C. 60cm/s；150cm/s^2

D. 100cm/s；200cm/s^2

54. 设物块 A 为质点，其重力大小 $W = 10\text{N}$，静止在一个可绕 y 轴转动的平面上，如图所示。绳长 $l = 2\text{m}$，取重力加速度 $g = 10\text{m/s}^2$。当平面与物块以常角速度 2rad/s 转动时，则绳中的张力是：

A. 11N

B. 8.66N

C. 5.00N

D. 9.51N

55. 图示均质细杆 OA 的质量为 m，长为 l，绕定轴 Oz 以匀角速度 ω 转动。设杆与 Oz 轴的夹角为 α，则当杆运动到 Oyz 平面内的瞬时，细杆 OA 的动量大小为：

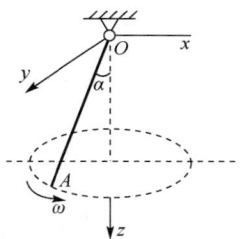

A. $\frac{1}{2}ml\omega$

B. $\frac{1}{2}ml\omega\sin\alpha$

C. $ml\omega\sin\alpha$

D. $\frac{1}{2}ml\omega\cos\alpha$

56. 均质细杆OA，质量为m，长为l。在如图所示水平位置静止释放，当运动到铅直位置时，OA杆的角速度大小为：

A. 0

B. $\sqrt{\dfrac{3g}{l}}$

C. $\sqrt{\dfrac{3g}{2l}}$

D. $\sqrt{\dfrac{g}{3l}}$

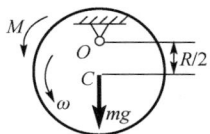

57. 质量为m，半径为R的均质圆轮，绕垂直于图面的水平轴O转动，在力偶M的作用下，其常角速度为ω，在图示瞬时，轮心C在最低位置，此时轴承O施加于轮的附加动反力为：

A. $mR\omega/2$(铅垂向上)

B. $mR\omega/2$(铅垂向下)

C. $mR\omega^2/2$(铅垂向上)

D. $mR\omega^2$(铅垂向上)

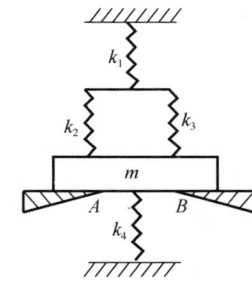

58. 如图所示系统中，四个弹簧均未受力，已知$m = 50\text{kg}$，$k_1 = 9800\text{N/m}$，$k_2 = k_3 = 4900\text{N/m}$，$k_4 = 19600\text{N/m}$。则此系统的固有圆频率为：

A. 19.8rad/s

B. 22.1rad/s

C. 14.1rad/s

D. 9.9rad/s

59. 关于铸铁力学性能有以下两个结论：①抗剪能力比抗拉能力差；②压缩强度比拉伸强度高。关于以上结论下列说法正确的是：

A. ①正确，②不正确

B. ②正确，①不正确

C. ①、②都正确

D. ①、②都不正确

60. 等截面直杆DCB，拉压刚度为EA，在B端轴向集中力F作用下，杆中间C截面的轴向位移为：

A. $\dfrac{2Fl}{EA}$

B. $\dfrac{Fl}{EA}$

C. $\dfrac{Fl}{2EA}$

D. $\dfrac{Fl}{4EA}$

61. 图示矩形截面连杆，端部与基础通过铰链轴连接，连杆受拉力F作用，已知铰链轴的许用挤压应力为$[\sigma_{bs}]$，则轴的合理直径d是：

A. $d \geqslant \dfrac{F}{b[\sigma_{bs}]}$

B. $d \geqslant \dfrac{F}{h[\sigma_{bs}]}$

C. $d \geqslant \dfrac{F}{2b[\sigma_{bs}]}$

D. $d \geqslant \dfrac{F}{2h[\sigma_{bs}]}$

62. 图示圆轴在扭转力矩作用下发生扭转变形，该轴A、B、C三个截面相对于D截面的扭转角间满足：

A. $\varphi_{DA} = \varphi_{DB} = \varphi_{DC}$

B. $\varphi_{DA} = 0$，$\varphi_{DB} = \varphi_{DC}$

C. $\varphi_{DA} = \varphi_{DB} = 2\varphi_{DC}$

D. $\varphi_{DA} = 2\varphi_{DC}$，$\varphi_{DB} = 0$

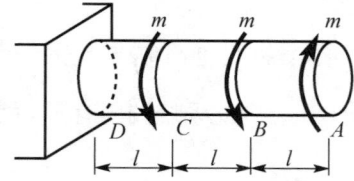

63. 边长为a的正方形，中心挖去一个直径为d的圆后，截面对z轴的抗弯截面系数是：

A. $W_z = \dfrac{a^4}{12} - \dfrac{\pi d^4}{64}$

B. $W_z = \dfrac{a^3}{6} - \dfrac{\pi d^3}{32}$

C. $W_z = \dfrac{a^3}{6} - \dfrac{\pi d^4}{32a}$

D. $W_z = \dfrac{a^3}{6} - \dfrac{\pi d^4}{16a}$

64. 如图所示，对称结构梁在反对称荷载作用下，梁中间C截面的弯曲内力是：

A. 剪力、弯矩均不为零

B. 剪力为零，弯矩不为零

C. 剪力不为零，弯矩为零

D. 剪力、弯矩均为零

65. 悬臂梁*ABC*的荷载如图所示，若集中力偶*m*在梁上移动，则梁的内力变化情况是：

A. 剪力图、弯矩图均不变

B. 剪力图、弯矩图均改变

C. 剪力图不变，弯矩图改变

D. 剪力图改变，弯矩图不变

66. 图示梁的正确挠曲线大致形状是：

A. 图（A）

B. 图（B）

C. 图（C）

D. 图（D）

67. 等截面轴向拉伸杆件上 1、2、3 三点的单元体如图所示，以上三点应力状态的关系是：

A. 仅 1、2 点相同

B. 仅 2、3 点相同

C. 各点均相同

D. 各点均不相同

68. 下面四个强度条件表达式中，对应最大拉应力强度理论的表达式是：

A. $\sigma_1 \leqslant [\sigma]$

B. $\sigma_1 - v(\sigma_2 + \sigma_3) \leqslant [\sigma]$

C. $\sigma_1 - \sigma_3 \leqslant [\sigma]$

D. $\sqrt{\dfrac{1}{2}[(\sigma_1 - \sigma_2)^2 + (\sigma_2 - \sigma_3)^2 + (\sigma_3 - \sigma_1)^2]} \leqslant [\sigma]$

69. 图示正方形截面杆，上端一个角点作用偏心轴向压力F，该杆的最大压应力是：

A. 100MPa

B. 150MPa

C. 175MPa

D. 25MPa

70. 图示四根细长压杆的抗弯刚度EI相同，临界荷载最大的是：

A. 图（A）

B. 图（B）

C. 图（C）

D. 图（D）

71. 用一块平板挡水，其挡水面积为A，形心斜向淹深为h，平板的水平倾角为θ，该平板受到的静水压力为：

A. $\rho ghA \sin\theta$

B. $\rho ghA \cos\theta$

C. $\rho ghA \tan\theta$

D. ρghA

72. 流体的黏性与下列哪个因素无关？

A. 分子之间的内聚力

B. 分子之间的动量交换

C. 温度

D. 速度梯度

73. 二维不可压缩流场的速度(单位m/s)为：$v_x = 5x^3$，$v_y = -15x^2y$，试求点$x = 1\text{m}$，$y = 2\text{m}$上的速度：

    A. $v = 30.41\text{m/s}$，夹角$\tan\theta = 6$

    B. $v = 25\text{m/s}$，夹角$\tan\theta = 2$

    C. $v = 30.41\text{m/s}$，夹角$\tan\theta = -6$

    D. $v = -25\text{m/s}$，夹角$\tan\theta = -2$

74. 圆管有压流动中，判断层流与湍流状态的临界雷诺数为：

    A. 2000 ~ 2320   B. 300 ~ 400

    C. 1200 ~ 1300   D. 50000 ~ 51000

75. A、B 为并联管路 1、2、3 的两连接节点，则 A、B 两点之间的水头损失为：

    A. $h_{fAB} = h_{f1} + h_{f2} + h_{f3}$

    B. $h_{fAB} = h_{f1} + h_{f2}$

    C. $h_{fAB} = h_{f2} + h_{f3}$

    D. $h_{fAB} = h_{f1} = h_{f2} = h_{f3}$

76. 可能产生明渠均匀流的渠道是：

    A. 平坡棱柱形渠道

    B. 正坡棱柱形渠道

    C. 正坡非棱柱形渠道

    D. 逆坡棱柱形渠道

77. 工程上常见的地下水运动属于：

    A. 有压渐变渗流   B. 无压渐变渗流

    C. 有压急变渗流   D. 无压急变渗流

78. 新设计汽车的迎风面积为 1.5m^2，最大行驶速度为 108km/h，拟在风洞中进行模型试验。已知风洞试验段的最大风速为 45m/s，则模型的迎风面积为：

    A. 0.67m^2 B. 2.25m^2

    C. 3.6m^2 D. 1m^2

79. 运动的电荷在穿越磁场时会受到力的作用，这种力称为：

A. 库仑力   B. 洛伦兹力

C. 电场力   D. 安培力

80. 图示电路中，电压 U_{ab} 为：

A. 5V

B. −4V

C. 3V

D. −3V

81. 图示电路中，电压源单独作用时，电压 $U = U' = 20V$；则电流源单独作用时，电压 $U = U''$ 为：

A. $2R_1$

B. $-2R_1$

C. $0.4R_1$

D. $-0.4R_1$

82. 图示电路中，若 $\omega L = \dfrac{1}{\omega C} = R$，则：

A. $Z_1 = 3R$，$Z_2 = \dfrac{1}{3}R$

B. $Z_1 = R$，$Z_2 = 3R$

C. $Z_1 = 3R$，$Z_2 = R$

D. $Z_1 = Z_2 = R$

83. 某RL串联电路在 $u = U_m \sin \omega t$ 的激励下，等效复阻抗 $Z = 100 + j100\,\Omega$，那么，如果 $u = U_m \sin 2\omega t$，电路的功率因数 λ 为：

A. 0.707   B. −0.707

C. 0.894   D. 0.447

84. 图示电路中，电感及电容元件上没有初始储能，开关 S 在 $t = 0$ 时刻闭合，那么，在开关闭合后瞬间，电路中的电流 i_R、i_L、i_C 分别为：

A. 1A，1A，0A

B. 0A，2A，0A

C. 0A，0A，2A

D. 2A，0A，0A

85. 设图示变压器为理想器件，且 u 为正弦电压，$R_{L1} = R_{L2}$，u_1 和 u_2 的有效值为 U_1 和 U_2，开关 S 闭合后，电路中的：

A. U_1 不变，U_2 也不变

B. U_1 变小，U_2 也变小

C. U_1 变小，U_2 不变

D. U_1 不变，U_2 变小

86. 改变三相异步电动机旋转方向的方法是：

A. 改变三相电源的大小

B. 改变三相异步电动机的定子绕组上电流的相序

C. 对三相异步电动机的定子绕组接法进行 Y-△ 转换

D. 改变三相异步电动机转子绕组上电流的方向

87. 就数字信号而言，下列说法正确的是：

A. 数字信号是一种离散时间信号

B. 数字信号只能以用来表示数字

C. 数字信号是一种代码信号

D. 数字信号直接表示对象的原始信息

88. 模拟信号$u_1(t)$和$u_2(t)$的幅值频谱分别如图（a）和图（b）所示，则：

A. $u_1(t)$和$u_2(t)$都是非周期性时间信号

B. $u_1(t)$和$u_2(t)$都是周期性时间信号

C. $u_1(t)$是周期性时间信号，$u_2(t)$是非周期性时间信号

D. $u_1(t)$是非周期性时间信号，$u_2(t)$是周期性时间信号

89. 某周期信号$u(t)$的幅频特性如图（a）所示，某低通滤波器的幅频特性如图（b）所示，当将信号$u(t)$通过该低通滤波器处理以后，则：

A. 信号的谐波结构改变，波形改变

B. 信号的谐波结构改变，波形不变

C. 信号的谐波结构不变，波形不变

D. 信号的谐波结构不变，波形改变

90. 对逻辑表达式$ABC + \overline{A}D + \overline{B}D + \overline{C}D$的化简结果是：

A. D

B. $\overline{D}$

C. ABCD

D. $ABC + D$

91. 已知数字信号 A 和数字信号 B 的波形如图所示，则数字信号$F = \overline{A}B + A\overline{B}$的波形为：

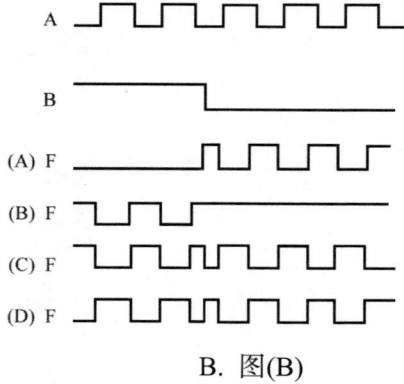

A. 图(A)

B. 图(B)

C. 图(C)

D. 图(D)

92. 逻辑函数 $F = f(A, B, C)$ 的真值表如下所示，由此可知：

A	B	C	F
0	0	0	0
0	0	1	0
0	1	0	0
0	1	1	0
1	0	0	1
1	0	1	0
1	1	0	0
1	1	1	1

A. $F = A\overline{B}C + AB\overline{C}$

B. $F = \overline{A}BC + \overline{A}B\overline{C}$

C. $F = \overline{A}\overline{B}\overline{C} + \overline{A}BC$

D. $F = A\overline{B}\overline{C} + ABC$

93. 二极管应用电路如图 a）所示，电路的激励 u_i 如图 b）所示，设二极管为理想器件，则电路的输出电压 u_o 的平均值 U_o 为：

 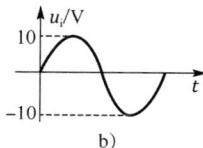

a)   b)

A. 0V

B. 7.07V

C. 3.18V

D. 4.5V

94. 图示电路中，运算放大器输出电压的极限值为 $\pm U_{oM}$，当输入电压 $u_{i1} = 1V$，$u_{i2} = 2\sin\omega t$ 时，输出电压 u_o 的波形为：

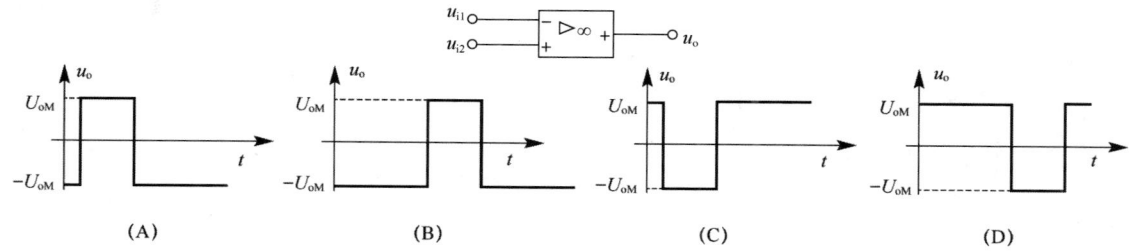

(A)   (B)   (C)   (D)

A. 图(A)

B. 图(B)

C. 图(C)

D. 图(D)

95. 图示逻辑门的输出 F_1 和 F_2 分别为：

A. A 和 1

B. 1 和 $\overline{B}$

C. A 和 0

D. 1 和 B

96. 图示时序逻辑电路是一个：

A. 三位二进制同步计数器 　　　B. 三位循环移位寄存器

C. 三位左移寄存器 　　　　　　D. 三位右移寄存器

97. 按照目前的计算机的分类方法，现在使用的 PC 机是属于：

A. 专用、中小型计算机 　　　　B. 大型计算机

C. 微型、通用计算机 　　　　　D. 单片机计算机

98. 目前，微机系统内主要的、常用的外存储器是：

A. 硬盘存储器 　　　　　　　　B. 软盘存储器

C. 输入用的键盘 　　　　　　　D. 输出用的显示器

99. 根据软件的功能和特点，计算机软件一般可分为两大类，它们应该是：

A. 系统软件和非系统软件

B. 应用软件和非应用软件

C. 系统软件和应用软件

D. 系统软件和管理软件

100. 支撑软件是指支撑其他软件的软件，它包括：

A. 服务程序和诊断程序

B. 接口软件、工具软件、数据库

C. 服务程序和编辑程序

D. 诊断程序和编辑程序

101. 下面所列的四条中，不属于信息主要特征的一条是：

A. 信息的战略地位性、信息的不可表示性

B. 信息的可识别性、信息的可变性

C. 信息的可流动性、信息的可处理性

D. 信息的可再生性、信息的有效性和无效性

102. 从多媒体的角度上来看，图像分辨率：

A. 是指显示器屏幕上的最大显示区域

B. 是计算机多媒体系统的参数

C. 是指显示卡支持的最大分辨率

D. 是图像水平和垂直方向像素点的乘积

103. 以下关于计算机病毒的四条描述中，不正确的一条是：

A. 计算机病毒是人为编制的程序

B. 计算机病毒只有通过磁盘传播

C. 计算机病毒通过修改程序嵌入自身代码进行传播

D. 计算机病毒只要满足某种条件就能起破坏作用

104. 操作系统的存储管理功能不包括：

A. 分段存储管理 　　　　　　B. 分页存储管理

C. 虚拟存储管理 　　　　　　D. 分时存储管理

105. 网络协议主要组成的三要素是：

A. 资源共享、数据通信和增强系统处理功能

B. 硬件共享、软件共享和提高可靠性

C. 语法、语义和同步（定时）

D. 电路交换、报文交换和分组交换

106. 若按照数据交换方法的不同，可将网络分为：

A. 广播式网络、点到点式网络

B. 双绞线网、同轴电缆网、光纤网、无线网

C. 基带网和宽带网

D. 电路交换、报文交换、分组交换

107. 某企业向银行贷款 1000 万元，年复利率为 8%，期限为 5 年，每年末等额偿还贷款本金和利息。则每年应偿还：

[已知（P/A,8%,5）=3.9927]

A. 220.63 万元　　　　　　　　　B. 250.46 万元

C. 289.64 万元　　　　　　　　　D. 296.87 万元

108. 在项目评价中，建设期利息应列入总投资，并形成：

A. 固定资产原值　　　　　　　　B. 流动资产

C. 无形资产　　　　　　　　　　D. 长期待摊费用

109. 作为一种融资方式，优先股具有某些优先权利，包括：

A. 先于普通股行使表决权

B. 企业清算时，享有先于债权人的剩余财产的优先分配权

C. 享受先于债权人的分红权利

D. 先于普通股分配股利

110. 某建设项目各年的利息备付率均小于 1，其含义为：

A. 该项目利息偿付的保障程度高

B. 当年资金来源不足以偿付当期债务，需要通过短期借款偿付已到期债务

C. 可用于还本付息的资金保障程度较高

D. 表示付息能力保障程度不足

111. 某建设项目第一年年初投资 1000 万元，此后从第一年年末开始，每年年末将有 200 万元的净收益，方案的运营期为 10 年。寿命期结束时的净残值为零，基准收益率为 12%，则该项目的净年值约为：

[已知（P/A,12%,10）=5.6502]

A. 12.34 万元　　　　　　　　　B. 23.02 万元

C. 36.04 万元　　　　　　　　　D. 64.60 万元

112. 进行线性盈亏平衡分析有若干假设条件，其中包括：

A. 只生产单一产品

B. 单位可变成本随生产量的增加而成比例降低

C. 单价随销售量的增加而成比例降低

D. 销售收入是销售量的线性函数

113. 有甲、乙两个独立的投资项目，有关数据见表（项目结束时均无残值）。基准折现率为10%。以下关于项目可行性的说法中正确的是：

[已知（P/A,10%,10）=6.1446]

项目	投资（万元）	每年净收益（万元）	寿命期（年）
甲	300	52	10
乙	200	30	10

A. 应只选择甲项目   B. 应只选择乙项目

C. 甲项目与乙项目均可行   D. 甲、乙项目均不可行

114. 在价值工程的一般工作程序中，分析阶段要做的工作包括：

A. 制订工作计划   B. 功能评价

C. 方案创新   D. 方案评价

115. 依据《中华人民共和国建筑法》，依法取得相应执业资格证书的专业技术人员，其从事建筑活动的合法范围是：

A. 执业资格证书许可的范围内

B. 企业营业执照许可的范围内

C. 建筑工程合同的范围内

D. 企业资质证书许可的范围内

116. 根据《中华人民共和国安全生产法》的规定，下列有关重大危险源管理的说法正确的是：

A. 生产经营单位对重大危险源应当登记建档，并制定应急预案

B. 生产经营单位对重大危险源应当经常性检测评估处置

C. 安全生产监督管理部门应当针对该企业的具体情况制定应急预案

D. 生产经营单位应当提醒从业人员和相关人员注意安全

117. 根据《中华人民共和国招标投标法》的规定，依法必须进行招标的项目，招标公告应当载明的事项不包括：

A. 招标人的名称和地址   B. 招标项目的性质

C. 招标项目的实施地点和时间   D. 投标报价要求

118. 某水泥有限责任公司，向若干建筑施工单位发出邀约，以每吨 400 元的价格销售水泥，一周内承诺有效，其后收到若干建筑施工单位的回复，下列回复中属于承诺有效的是：

A. 甲施工单位同意 400 元/吨购买 200 吨

B. 乙施工单位回复不购买该公司的水泥

C. 丙施工单位要求按照 380 元/吨购买 200 吨

D. 丁施工单位一周后同意 400 元/吨购买 100 吨

119. 根据《中华人民共和国节约能源法》的规定，节约能源所采取的措施正确的是：

A. 可以采取技术上可行、经济上合理以及环境和社会可以承受的措施

B. 采取技术上先进、经济上保证以及环境和安全可以承受的措施

C. 采取技术上可行、经济上合理以及人身和健康可以承受的措施

D. 采取技术上先进、经济上合理以及功能和环境可以保证的措施

120. 工程施工单位完成了楼板钢筋绑扎工作，在浇筑混凝土前，需要进行隐蔽质量验收。根据《建筑工程质量管理条例》规定，施工单位在进行工程隐蔽前应当通知的单位是：

A. 建设单位和监理单位

B. 建设单位和建设工程质量监督机构

C. 监理单位和设计单位

D. 设计单位和建设工程质量监督机构

2022 年度全国勘察设计注册工程师

执业资格考试试卷

基础考试
（上）

二〇二二年十一月

应考人员注意事项

1. 本试卷科目代码为"1"，考生务必将此代码填涂在答题卡"科目代码"相应的栏目内，否则，无法评分。

2. 书写用笔：**黑色或蓝色钢笔、签字笔或圆珠笔**；

   填涂答题卡用笔：**黑色 2B 铅笔**。

3. 必须用书写用笔将工作单位、姓名、准考证号填写在答题卡和试卷相应的栏目内。

4. 本试卷由 120 题组成，每题 1 分，满分 120 分，本试卷全部为单项选择题，每小题的四个备选项中只有一个正确答案，错选、多选、不选均不得分。

5. 考生作答时，必须按**题号在答题卡上**将相应试题所选选项对应的**字母用 2B 铅笔涂黑**。

6. 在答题卡上书写与题意无关的语言，或在答题卡上作标记的，均按违纪试卷处理。

7. 考试结束时，由监考人员当面将试卷、答题卡一并收回。

8. 草稿纸由各地统一配发，考后收回。

单项选择题（共 120 题，每题 1 分。每题的备选项中，只有一个最符合题意。）

1. 下列极限中，正确的是：

A. $\lim\limits_{x \to 0} 2^{\frac{1}{x}} = \infty$

B. $\lim\limits_{x \to 0} 2^{\frac{1}{x}} = 0$

C. $\lim\limits_{x \to 0} \sin \frac{1}{x} = 0$

D. $\lim\limits_{x \to \infty} \frac{\sin x}{x} = 0$

2. 若当 $x \to \infty$ 时，$\frac{x^2+1}{x+1} - ax - b$ 为无穷大量，则常数 a、b 应为：

A. $a = 1$，$b = 1$ B. $a = 1$，$b = 0$

C. $a = 0$，$b = 1$ D. $a \neq 1$，b 为任意常数

3. 抛物线 $y = x^2$ 上点 $\left(-\frac{1}{2}, \frac{1}{4}\right)$ 处的切线是：

A. 垂直于 ox 轴   B. 平行于 ox 轴

C. 与 ox 轴正向夹角为 $\frac{3\pi}{4}$ D. 与 ox 轴正向夹角为 $\frac{\pi}{4}$

4. 设 $y = \ln(1 + x^2)$，则二阶导数 y'' 等于：

A. $\frac{1}{(1+x^2)^2}$ B. $\frac{2(1-x^2)}{(1+x^2)^2}$

C. $\frac{x}{1+x^2}$ D. $\frac{1-x}{1+x^2}$

5. 在区间 $[1,2]$ 上满足拉格朗日定理条件的函数是：

A. $y = \ln x$ B. $y = \frac{1}{\ln x}$

C. $y = \ln(\ln x)$ D. $y = \ln(2 - x)$

6. 设函数 $f(x) = \frac{x^2 - 2x - 2}{x+1}$，则 $f(0) = -2$ 是 $f(x)$ 的：

A. 极大值，但不是最大值   B. 最大值

C. 极小值，但不是最小值   D. 最小值

7. 设 $f(x)$、$g(x)$ 可微，并且满足 $f'(x) = g'(x)$，则下列各式中正确的是：

A. $f(x) = g(x)$ B. $\int f(x)\mathrm{d}x = \int g(x)\mathrm{d}x$

C. $\left(\int f(x)\mathrm{d}x\right)' = \left(\int g(x)\mathrm{d}x\right)'$ D. $\int f'(x)\mathrm{d}x = \int g'(x)\mathrm{d}x$

8. 定积分 $\int_0^1 \frac{x^3}{\sqrt{1+x^2}}\mathrm{d}x$ 的值等于：

A. $\frac{1}{3}(\sqrt{2}-2)$ B. $\frac{1}{3}(2-\sqrt{2})$

C. $\frac{1}{3}(1-2\sqrt{2})$ D. $\frac{1}{\sqrt{2}}-1$

9. 设向量的模 $|\boldsymbol{\alpha}|=\sqrt{2}$，$|\boldsymbol{\beta}|=2\sqrt{2}$，$|\boldsymbol{\alpha}\times\boldsymbol{\beta}|=2\sqrt{3}$，则 $\boldsymbol{\alpha}\cdot\boldsymbol{\beta}$ 等于：

A. 8 或 -8 B. 6 或 -6

C. 4 或 -4 D. 2 或 -2

10. 设平面方程为 $Ax+Cz+D=0$，其中 A、C、D 是均不为零的常数，则该平面：

A. 经过 ox 轴   B. 不经过 ox 轴，但平行于 ox 轴

C. 经过 oy 轴   D. 不经过 oy 轴，但平行于 oy 轴

11. 函数 $z=f(x,y)$ 在点 (x_0,y_0) 处连续是它在该点偏导数存在的：

A. 必要而非充分条件   B. 充分而非必要条件

C. 充分必要条件   D. 既非充分又非必要条件

12. 设 D 为圆域：$x^2+y^2\leqslant 1$，则二重积分 $\iint\limits_{D} x\mathrm{d}x\mathrm{d}y$ 等于：

A. $2\int_0^{\pi}\mathrm{d}\theta\int_0^1 r^2\sin\theta\mathrm{d}r$ B. $\int_0^{2\pi}\mathrm{d}\theta\int_0^1 r^2\cos\theta\mathrm{d}r$

C. $4\int_0^{\frac{\pi}{2}}\mathrm{d}\theta\int_0^1 r\cos\theta\mathrm{d}r$ D. $4\int_0^{\frac{\pi}{4}}\mathrm{d}\theta\int_0^1 r^3\cos\theta\mathrm{d}r$

13. 微分方程 $y'=2x$ 的一条积分曲线与直线 $y=2x-1$ 相切，则微分方程的解是：

A. $y=x^2+2$ B. $y=x^2-1$

C. $y=x^2$ D. $y=x^2+1$

14. 下列级数中，条件收敛的级数是：

A. $\sum\limits_{n=2}^{\infty}(-1)^n\frac{1}{\ln n}$ B. $\sum\limits_{n=1}^{\infty}(-1)^n\frac{1}{n^{\frac{3}{2}}}$

C. $\sum\limits_{n=1}^{\infty}(-1)^n\frac{n}{n+2}$ D. $\sum\limits_{n=1}^{\infty}\frac{\sin\left(\frac{4n\pi}{3}\right)}{n^3}$

15. 在下列函数中，为微分方程 $y'' - 2y' + 2y = 0$ 的特解的是：

A. $y = e^{-x}\cos x$

B. $y = e^{-x}\sin x$

C. $y = e^{x}\sin x$

D. $y = e^{x}\cos(2x)$

16. 设 L 是从点 $A(a,0)$ 到点 $B(0,a)$ 的有向直线段 $(a > 0)$，则曲线积分 $\int_L x\,\mathrm{d}y$ 等于：

A. a^2

B. $-a^2$

C. $\dfrac{a^2}{2}$

D. $-\dfrac{a^2}{2}$

17. 若幂级数 $\sum\limits_{n=1}^{\infty} a_n x^n$ 的收敛半径为 3，则幂级数 $\sum\limits_{n=1}^{\infty} na_n(x-1)^{n+1}$ 的收敛区间是：

A. $(-3,3)$

B. $(-2,4)$

C. $(-1,5)$

D. $(0,6)$

18. 设 $z = \dfrac{1}{x}f(xy)$，其中 $f(u)$ 具有连续的二阶导数，则 $\dfrac{\partial^2 z}{\partial x \partial y}$ 等于：

A. $xf'(xy) + yf''(xy)$

B. $\dfrac{1}{x}f'(xy) + f''(xy)$

C. $xf''(xy)$

D. $yf''(xy)$

19. 设 $\boldsymbol{A}$，$\boldsymbol{B}$，$\boldsymbol{C}$ 为同阶可逆矩阵，则矩阵方程 $\boldsymbol{ABXC} = \boldsymbol{D}$ 的解 $\boldsymbol{X}$ 为：

A. $\boldsymbol{A}^{-1}\boldsymbol{B}^{-1}\boldsymbol{D}\boldsymbol{C}^{-1}$

B. $\boldsymbol{B}^{-1}\boldsymbol{A}^{-1}\boldsymbol{D}\boldsymbol{C}^{-1}$

C. $\boldsymbol{C}^{-1}\boldsymbol{D}\boldsymbol{A}^{-1}\boldsymbol{B}^{-1}$

D. $\boldsymbol{C}^{-1}\boldsymbol{D}\boldsymbol{B}^{-1}\boldsymbol{A}^{-1}$

20. 设 $r(\boldsymbol{A})$ 表示矩阵 $\boldsymbol{A}$ 的秩，n 元齐次线性方程组 $\boldsymbol{AX} = \boldsymbol{0}$ 有非零解时，它的每一个基础解系中所含解向量的个数都等于：

A. $r(\boldsymbol{A})$

B. $r(\boldsymbol{A}) - n$

C. $n - r(\boldsymbol{A})$

D. $r(\boldsymbol{A}) + n$

21. 若对称矩阵 $\boldsymbol{A}$ 与矩阵 $\boldsymbol{B} = \begin{bmatrix} 1 & 0 & 0 \\ 0 & 0 & 2 \\ 0 & 2 & 0 \end{bmatrix}$ 合同，则二次型 $f(x_1, x_2, x_3) = \boldsymbol{x}^{\mathrm{T}}\boldsymbol{Ax}$ 的标准型是：

A. $f = y_1^2 + 2y_2^2 - 2y_3^2$

B. $f = 2y_1^2 - 2y_2^2 - y_3^2$

C. $f = y_1^2 - y_2^2 - 2y_3^2$

D. $f = -y_1^2 + y_2^2 - 2y_3^2$

22. 设 A、B 为两个事件，且 $P(A) = \frac{1}{2}$，$P(B \mid A) = \frac{1}{10}$，$P(B \mid \overline{A}) = \frac{1}{20}$，则概率 $P(B)$ 等于：

A. $\frac{1}{40}$　　　　　　　　　　　　B. $\frac{3}{40}$

C. $\frac{7}{40}$　　　　　　　　　　　　D. $\frac{9}{40}$

23. 设随机变量 X 与 Y 相互独立，且 $E(X) = E(Y) = 0$，$D(X) = D(Y) = 1$，则数学期望 $E(X+Y)^2$ 的值等于：

A. 4　　　　　　　　　　　　B. 3

C. 2　　　　　　　　　　　　D. 1

24. 设 G 是由抛物线 $y = x^2$ 与直线 $y = x$ 所围的平面区域，而随机变量 (X, Y) 服从 G 上的均匀分布，则 (X, Y) 的联合密度 $f(x, y)$ 是：

A. $f(x,y) = \begin{cases} 6 & (x,y) \in G \\ 0 & 其他 \end{cases}$　　　　B. $f(x,y) = \begin{cases} \frac{1}{6} & (x,y) \in G \\ 0 & 其他 \end{cases}$

C. $f(x,y) = \begin{cases} 4 & (x,y) \in G \\ 0 & 其他 \end{cases}$　　　　D. $f(x,y) = \begin{cases} \frac{1}{4} & (x,y) \in G \\ 0 & 其他 \end{cases}$

25. 在热学中经常用 L 作为体积的单位，而：

A. $1L = 10^{-1} m^3$　　　　　　　　B. $1L = 10^{-2} m^3$

C. $1L = 10^{-3} m^3$　　　　　　　　D. $1L = 10^{-4} m^3$

26. 两容器内分别盛有氢气和氦气，若它们的温度和质量分别相等，则：

A. 两种气体分子的平均平动动能相等

B. 两种气体分子的平均动能相等

C. 两种气体分子的平均速率相等

D. 两种气体的内能相等

27. 对于室温下的双原子分子理想气体，在等压膨胀的情况下，系统对外做功 W 与吸收热量 Q 之比 W/Q 等于：

A. 2/3　　　　　　　　　　　　B. 1/2

C. 2/5　　　　　　　　　　　　D. 2/7

28. 设高温热源的热力学温度是低温热源热力学温度的n倍，则理想气体在一次卡诺循环中，传给低温热源的热量是从高温热源吸收热量的多少倍？

A. n

B. $n-1$

C. $1/n$

D. $(n+1)/n$

29. 相同质量的氢气与氧气分别装在两个容积相同的封闭容器内，环境温度相同，则氢气与氧气的压强之比为：

A. 1/16

B. 16/1

C. 1/8

D. 8/1

30. 一平面简谐波的表达式为$y = -0.05\sin\pi(t-2x)$(SI)，则该波的频率ν(Hz)、波速u(m/s)及波线上各点振动的振幅A(m)依次为：

A. 1/2，1/2，-0.05

B. 1/2，1，-0.05

C. 1/2，1/2，0.05

D. 2，2，0.05

31. 横波以波速u沿x轴负方向传播。t时刻波形曲线如图所示，则该时刻：

A. A点振动速度大于0

B. B点静止

C. C点向下运动

D. D点振动速度小于0

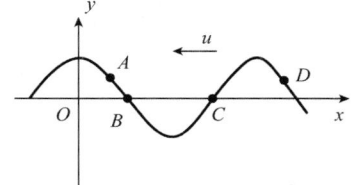

32. 常温下空气中的声速为：

A. 340m/s

B. 680m/s

C. 1020m/s

D. 1360m/s

33. 简谐波在传播过程中，一质元通过平衡位置时，若动能为ΔE_k，其总机械能等于：

A. ΔE_k

B. $2\Delta E_k$

C. $3\Delta E_k$

D. $4\Delta E_k$

34. 两块平板玻璃构成空气劈尖，左边为棱边，用单色平行光垂直入射。若上面的平板玻璃慢慢地向上平移，则干涉条纹：

A. 向棱边方向平移，条纹间隔变小

B. 向远离棱边方向平移，条纹间隔变大

C. 向棱边方向平移，条纹间隔不变

D. 向远离棱边方向平移，条纹间隔变小

35. 在单缝衍射中，对于第二级暗条纹，每个半波带的面积为S_2，对于第三级暗条纹，每个半波带的面积S_3等于：

A. $\frac{2}{3}S_2$　　　　　　　　　　　　B. $\frac{3}{2}S_2$

C. S_2　　　　　　　　　　　　　　　　D. $\frac{1}{2}S_2$

36. 使一光强为I_0的平面偏振光先后通过两个偏振片P_1和P_2，P_1和P_2的偏振化方向与原入射光光矢量振动方向的夹角分别是α和90°，则通过这两个偏振片后的光强是：

A. $\frac{1}{2}I_0(\cos\alpha)^2$　　　　　　　　　B. 0

C. $\frac{1}{4}I_0(\sin2\alpha)^2$　　　　　　　　D. $\frac{1}{4}I_0(\sin\alpha)^2$

37. 多电子原子在无外场作用下，描述原子轨道能量高低的量子数是：

A. n　　　　　　　　　　　　　　　　B. n，l

C. n，l，m　　　　　　　　　　　　D. n，l，m，m_s

38. 下列化学键中，主要以原子轨道重叠成键的是：

A. 共价键　　　　　　　　　　　　　B. 离子键

C. 金属键　　　　　　　　　　　　　D. 氢键

39. 向$NH_3 \cdot H_2O$溶液中加入下列少许固体，使$NH_3 \cdot H_2O$解离度减小的是：

A. $NaNO_3$　　　　　　　　　　　　B. $NaCl$

C. $NaOH$　　　　　　　　　　　　　D. Na_2SO_4

40. 化学反应：$Zn(s) + O_2(g) \longrightarrow ZnO(s)$，其熵变 $\Delta_r S_m^\Theta$ 为：

    A. 大于零   B. 小于零

    C. 等于零   D. 无法确定

41. 反应 $A(g) + B(g) \rightleftharpoons 2C(g)$ 达平衡后，如果升高总压，则平衡移动的方向是：

    A. 向右   B. 向左

    C. 不移动   D. 无法判断

42. 已知 $K^\Theta(HOAc) = 1.8 \times 10^{-5}$，$K^\Theta(HCN) = 6.2 \times 10^{-10}$，下列电对中，标准电极电势最小的是：

    A. E_{H^+/H_2}^Θ B. E_{H_2O/H_2}^Θ

    C. E_{HOAc/H_2}^Θ D. E_{HCN/H_2}^Θ

43. $KMnO_4$ 中 Mn 的氧化数是：

    A. +4   B. +5

    C. +6   D. +7

44. 下列有机物中只有 2 种一氯代物的是：

    A. 丙烷   B. 异戊烷

    C. 新戊烷   D. 2，3-二甲基戊烷

45. 下列各反应中属于加成反应的是：

    A. $CH_2 = CH_2 + 3O_2 \xrightarrow{\text{加热}} 2CO_2 + 2H_2O$

    B. $C_6H_6 + Br_2 \longrightarrow C_6H_5Br + HBr$

    C. $CH_2 = CH_2 + Br_2 \longrightarrow BrCH_2 - CH_2Br$

    D. $CH_3 - CH_3 + 2Cl_2 \xrightarrow{\text{催化剂}} ClCH_2 + CH_2Cl + 2HCl$

46. 某卤代烷烃 $C_5H_{11}Cl$ 发生消除反应时，可以得到 2 种烯烃，该卤代烷的结构简式可能为：

    A. $\underset{\quad\quad|}{CH_3 - CH - CH_2CH_3}$
                   CH_2Cl

    B. $CH_3CH_2CH_2\underset{|}{C}HCH_3$
                            Cl

    C. $CH_3CH_2\underset{|}{C}HCH_2CH_3$
                 Cl

    D. $CH_3CH_2CH_2CH_2CH_2Cl$

47. 图示构架中，G、B、C、D处为光滑铰链，杆及滑轮自重不计。已知悬挂物体重F_p，且$AB = AC$。则B处约束力的作用线与x轴正向所成的夹角为：

A. 0°

B. 90°

C. 60°

D. 150°

48. 图示平面力系中，已知$F = 100\text{N}$，$q = 5\text{N/m}$，$R = 5\text{cm}$，$OA = AB = 10\text{cm}$，$BC = 5\text{cm}$（$BI \perp IC$且$BI = IC$）。则该力系对I点的合力矩为：

A. $M_I = 1000\text{N} \cdot \text{cm}$（顺时针）

B. $M_I = 1000\text{N} \cdot \text{cm}$（逆时针）

C. $M_I = 500\text{N} \cdot \text{cm}$（逆时针）

D. $M_I = 500\text{N} \cdot \text{cm}$（顺时针）

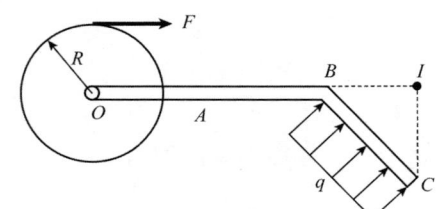

49. 三铰拱上作用有大小相等、转向相反的二力偶，其力偶矩大小为M，如图所示。略去自重，则支座A的约束力大小为：

A. $F_{Ax} = 0$；$F_{Ay} = \dfrac{M}{2a}$

B. $F_{Ax} = \dfrac{M}{2a}$；$F_{Ay} = 0$

C. $F_{Ax} = \dfrac{M}{a}$；$F_{Ay} = 0$

D. $F_{Ax} = \dfrac{M}{2a}$；$F_{Ay} = M$

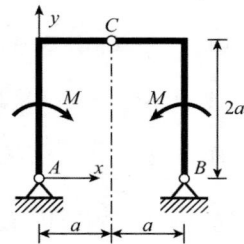

50. 如图所示，重 $W = 60kN$ 的物块自由地放在倾角为 $\alpha = 30°$ 的斜面上。已知摩擦角 $\varphi_m < \alpha$，则物块受到摩擦力的大小是：

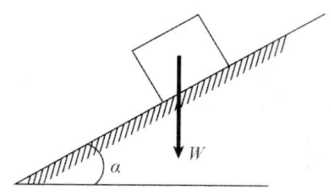

A. $60 \tan\varphi_m \cos\alpha$

B. $60 \sin\alpha$

C. $60 \cos\alpha$

D. $60 \tan\varphi_m \sin\alpha$

51. 点沿直线运动，其速度 $v = t^2 - 20$。则 $t = 2s$ 时，点的速度和加速度分别为：

    A. $-16m/s$，$4m/s^2$ B. $-20m/s$，$4m/s^2$

    C. $4m/s$，$-4m/s^2$ D. $-16m/s$，$2m/s^2$

52. 点沿圆周轨迹以 $80m/s$ 的常速度运动，其法向加速度是 $120m/s^2$，则此圆周轨迹的半径为：

    A. 0.67m   B. 53.3m

    C. 1.50m   D. 0.02m

53. 直角刚杆 OAB 可绕固定轴 O 在图示平面内转动，已知 $OA = 40cm$，$AB = 30cm$，$\omega = 2rad/s$，$\varepsilon = 1rad/s^2$。则在图示瞬时，B 点的加速度在 x 方向的投影及在 y 方向的投影分别为：

    A. $-50cm/s^2$；$200cm/s^2$

    B. $50cm/s^2$；$200cm/s^2$

    C. $40cm/s^2$；$-200cm/s^2$

    D. $50cm/s^2$；$-200cm/s^2$

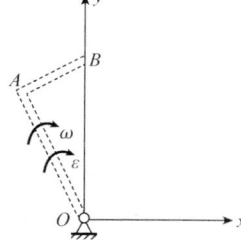

54. 在均匀的静止液体中，质量为 m 的物体 M 从液面处无初速下沉，假设液体阻力 $F_R = -\mu v$，其中 μ 为阻尼系数，v 为物体的速度，该物体所能达到的最大速度为：

    A. $v_{极限} = mg\mu$ B. $v_{极限} = \dfrac{mg}{\mu}$

    C. $v_{极限} = \dfrac{g}{\mu}$ D. $v_{极限} = g\mu$

55. 弹簧原长 $l_0 = 10\text{cm}$。弹簧常量 $k = 4.9\text{kN/m}$，一端固定在 O 点，此点在半径为 $R = 10\text{cm}$ 的圆周上，已知 $AC \perp BC$，OA 为直径，如图所示。当弹簧的另一端由 B 点沿圆弧运动至 A 点时，弹性力做功是：

A. $24.5\text{N} \cdot \text{m}$

B. $-24.5\text{N} \cdot \text{m}$

C. $-20.3\text{N} \cdot \text{m}$

D. $20.3\text{N} \cdot \text{m}$

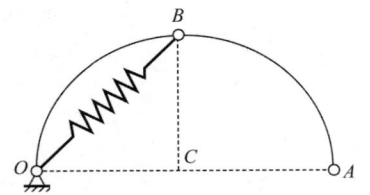

56. 如图所示，圆环的半径为 R，对转轴的转动惯量为 I，在圆环中的 A 点放一质量为 m 的小球，此时圆环以角速度 ω 绕铅直轴 AC 自由转动，设由于微小的干扰，小球离开 A 点，忽略一切摩擦，则当小球达到 C 点时，圆环的角速度是：

A. $\dfrac{mR^2\omega}{I+mR^2}$

B. $\dfrac{I\omega}{I+mR^2}$

C. ω

D. $\dfrac{2I\omega}{I+mR^2}$

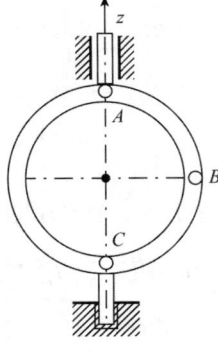

57. 均质细杆 OA，质量为 m，长 l。在如图所示的水平位置静止释放，当运动到铅直位置时，其角速度为 $\omega = \sqrt{\dfrac{3g}{l}}$，角加速度 $\varepsilon = 0$，则轴承 O 施加于杆 OA 的附加动反力为：

A. $\dfrac{3}{2}mg(\uparrow)$

B. $6mg(\downarrow)$

C. $6mg(\uparrow)$

D. $\dfrac{3}{2}mg(\downarrow)$

58. 将一刚度系数为 k、长为 L 的弹簧截成等长（均为 $\dfrac{L}{2}$）的两段，则截断后每根弹簧的刚度系数均为：

A. k　　　　　　　　　　　B. $2k$

C. $\dfrac{k}{2}$　　　　　　　　　　D. $\dfrac{1}{2k}$

59. 关于铸铁试件在拉伸和压缩试验中的破坏现象，下面说法正确的是：

    A. 拉伸和压缩断口均垂直于轴线

    B. 拉伸断口垂直于轴线，压缩断口与轴线大约成 45°角

    C. 拉伸和压缩断口均与轴线大约成 45°角

    D. 拉伸断口与轴线大约成 45°角，压缩断口垂直于轴线

60. 图示等截面直杆，在杆的B截面作用有轴向力F。已知杆的拉伸刚度为EA，则直杆自由端C的轴向位移为：

    A. 0

    B. $\frac{2FL}{EA}$

    C. $\frac{FL}{EA}$

    D. $\frac{FL}{2EA}$

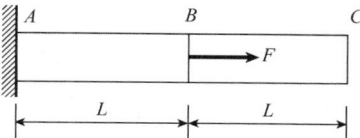

61. 如图所示，钢板用销轴连接在铰支座上，下端受轴向拉力F，已知钢板和销轴的许用挤应力均为$[\sigma_{bs}]$，则销轴的合理直径d是：

    A. $d \geqslant \frac{F}{t[\sigma_{bs}]}$

    B. $d \geqslant \frac{F}{2t[\sigma_{bs}]}$

    C. $d \geqslant \frac{F}{b[\sigma_{bs}]}$

    D. $d \geqslant \frac{F}{2b[\sigma_{bs}]}$

62. 如图所示，等截面圆轴上装有 4 个皮带轮，每个轮传递力偶矩，为提高承载力，方案最合理的是：

    A. 1 与 3 对调

    B. 2 与 3 对调

    C. 2 与 4 对调

    D. 3 与 4 对调

63. 受扭圆轴横截面上扭矩为T，在下面圆轴横截面切应力分布中，正确的是：

A.   B.   C.   D.

64. 槽型截面，z轴通过截面形心C，将截面划分为2部分，分别用1和2表示，静矩分别为S_{z1}和S_{z2}，两者关系正确的是：

A. $S_{z1} > S_{z2}$

B. $S_{z1} = -S_{z2}$

C. $S_{z1} < S_{z2}$

D. $S_{z1} = S_{z2}$

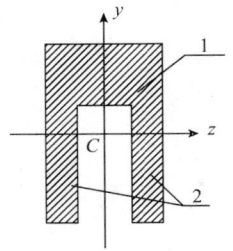

65. 梁的弯矩图如图所示，则梁的最大剪力是：

A. $0.5F$

B. F

C. $1.5F$

D. $2F$

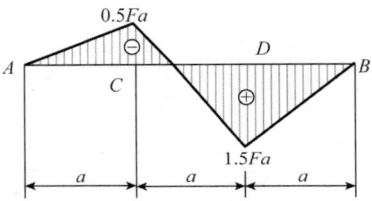

66. 悬臂梁AB由两根相同材料和尺寸的矩形截面杆胶合而成，则胶合面的切应力应为：

A. $\dfrac{F}{2ab}$

B. $\dfrac{F}{3ab}$

C. $\dfrac{3F}{4ab}$

D. $\dfrac{3F}{2ab}$

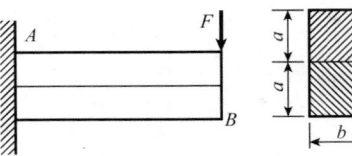

67. 圆截面简支梁直径为 d，梁中点承受集中力 F，则梁的最大弯曲正应力是：

A. $\sigma_{max} = \dfrac{8FL}{\pi d^3}$

B. $\sigma_{max} = \dfrac{16FL}{\pi d^3}$

C. $\sigma_{max} = \dfrac{32FL}{\pi d^3}$

D. $\sigma_{max} = \dfrac{64FL}{\pi d^3}$

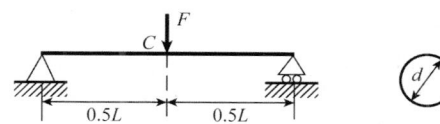

68. 材料相同的两矩形截面梁如图所示，其中，图（b）中的梁由两根高 $0.5h$、宽 b 的矩形截面梁叠合而成，叠合面间无摩擦，则下列结论正确的是：

 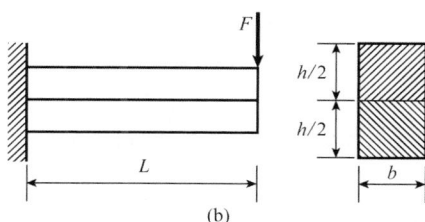

A. 两梁的强度和刚度均不相同

B. 两梁的强度和刚度均相同

C. 两梁的强度相同，刚度不同

D. 两梁的强度不同，刚度相同

69. 下图单元体处于平面应力状态，则图示应力平面内应力圆半径最小的是：

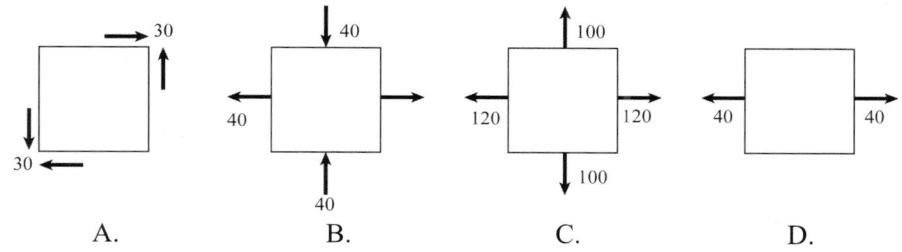

A.　　　　B.　　　　C.　　　　D.

70. 一端固定、一端自由的细长压杆如图（a）所示，为提高其稳定性，在自由端增加一个活动铰链如图（b）所示，则图（b）压杆临界力是图（a）压杆临界力的：

A. 2 倍

B. $\dfrac{2}{0.7}$ 倍

C. $\left(\dfrac{2}{0.7}\right)^2$ 倍

D. $\left(\dfrac{0.7}{2}\right)^2$ 倍

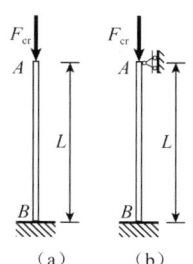

71. 如图所示，一密闭容器内盛有油和水，油层厚$h_1 = 40cm$，油的密度$\rho_a = 850kg/m^3$，盛有水银的 U 形测压管的左侧液面距水面的深度$h_2 = 60cm$，水银柱右侧高度低于油面$h = 50cm$，水银的密度 $\rho_{Hg} = 13600kg/m^3$，试求油面上的压强p_e为：

A. 13600Pa

B. 63308Pa

C. 66640Pa

D. 57428Pa

72. 动量方程中，$\sum \vec{F}$表示作用在控制体内流体上的力是：

A. 总质力   B. 总表面力

C. 合外力   D. 总压力

73. 在圆管中，黏性流体的流动是层流状态还是紊流状态，判定依据是：

A. 流体黏性大小   B. 流速大小

C. 流量大小   D. 流动雷诺数的大小

74. 给水管某处的水压是 294.3kPa，从该处引出一根水平输水管，直径$d = 250mm$，当量粗糙高度$k_s = 0.4mm$，水的运动黏性系数为$0.0131cm^2/s$，要保证流量为 50L/s，则输水管输水距离为：

A. 6150m   B. 6250m

C. 6350m   D. 6450m

75. 如图所示大体积水箱供水，且水位恒定，水箱顶部压力表读数为 19600Pa，水深$H = 2m$，水平管道长$l = 50m$，直径$d = 100mm$，沿程损失系数 0.02，忽略局部损失，则管道通过的流量是：

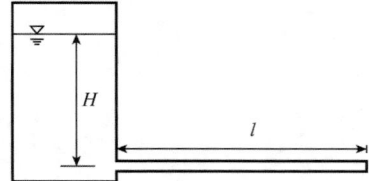

A. 83.8L/s

B. 20.95L/s

C. 10.48L/s

D. 41.9L/s

76. 两条明渠过水断面面积相等，断面形状分别为：（1）方形，边长为 a；（2）矩形，底边宽为 $0.5a$，水深为 $2a$。两者的底坡与粗糙系数相同，则两者的均匀流流量关系是：

A. $Q_1 > Q_2$ B. $Q_1 = Q_2$

C. $Q_1 < Q_2$ D. 不能确定

77. 均匀砂质土填装在容器中，设渗透系数为 0.01cm/s，则渗流流速为：

A. 0.003cm/s

B. 0.004cm/s

C. 0.005cm/s

D. 0.01cm/s

78. 弗劳德数的物理意义是：

A. 压力与黏性力之比   B. 惯性力与黏性力之比

C. 重力与惯性力之比   D. 重力与黏性力之比

79. 图示变压器，在左侧线圈中通以交流电流，并在铁芯中产生磁通 Φ，此时右侧线圈端口上的电压 u_2 为：

A. 0

B. $N_2 \dfrac{\mathrm{d}\Phi}{\mathrm{d}t}$

C. $N_1 \dfrac{\mathrm{d}\Phi}{\mathrm{d}t}$

D. $(N_1 + N_2)\dfrac{\mathrm{d}\Phi}{\mathrm{d}t}$

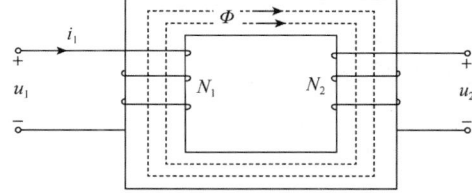

80. 图示电流源 $I_s = 0.2\text{A}$，则电流源发出的功率为：

A. 0.4W

B. 4W

C. 1.2W

D. −1.2W

81. 图示电路的等效电路为：

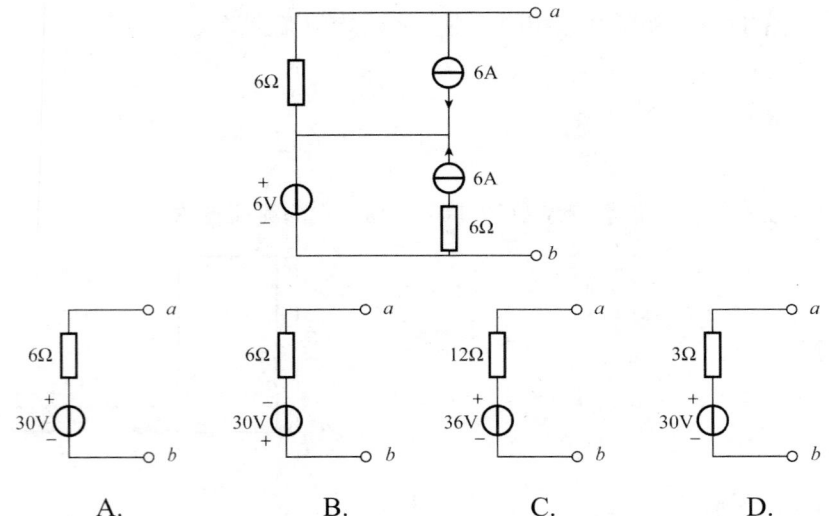

      A.   B.   C.   D.

82. RLC 串联电路中，$u = 100\sin(314t + 10°)\,\text{V}$，$R = 100\Omega$，$L = 1\text{H}$，$C = 10\mu\text{F}$，则总阻抗模为：

A. 111Ω

B. 732Ω

C. 96Ω

D. 100.1Ω

83. 某正弦交流电中，三条支路的电流为$\dot{i}_1 = 100\angle -30°\text{mA}$，$i_2(t) = 100\sin(\omega t - 30°)\,\text{mA}$，$i_3(t) = -100\sin(\omega t + 30°)\,\text{mA}$，则：

A. i_1 与 i_2 完全相同

B. i_3 与 i_1 反相

C. $\dot{i}_2 = \frac{100}{\sqrt{2}} \angle \omega t - 30°\text{mA}$，$\dot{i}_3 = 100\angle 180°\text{mA}$

D. $i_1(t) = 100\sqrt{2}\sin(\omega t - 30°)\text{mA}$，$\dot{i}_2 = \frac{100}{\sqrt{2}} \angle -30°\text{mA}$，$\dot{i}_3 = \frac{100}{\sqrt{2}} \angle -150°\text{mA}$

84. 图示电路中，$u = 220\sqrt{2}\sin(314t + 30°)\,\text{V}$，$u_R = 180\sqrt{2}\sin(314t - 20°)\,\text{V}$，则该电路的功率因数 λ 为：

A. $\cos 10°$

B. $\cos 30°$

C. $\cos 50°$

D. $\cos(-10°)$

85. 在下列三相两极异步电机的调速方式中，哪种方式可能使转速高于额定转速？

A. 调转差率

B. 调压调速

C. 改变磁极对数

D. 调频调速

86. 设计电路，要求 KM_1 控制电机 1 启动，KM_2 控制电机 2 启动，电机 2 必须在电机 1 启动后才能启动，且需要独立断开电机 2。下列电路图正确的是：

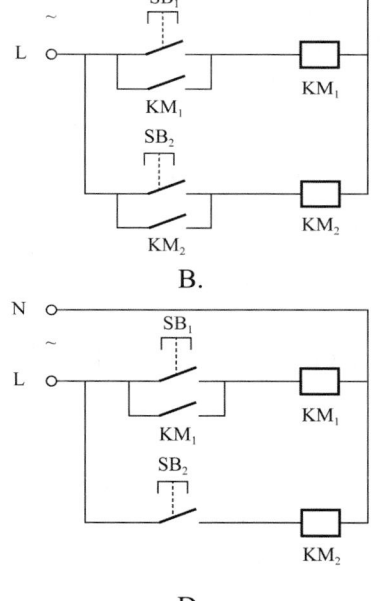

87. 关于模拟信号，下列描述错误的是：

    A. 模拟信号是真实信号的电信号表示

    B. 模拟信号是一种人工生成的代码信号

    C. 模拟信号蕴含对象的原始信号

    D. 模拟信号通常是连续的时间信号

88. 模拟信号可用时域、频域描述为：

    A. 时域形式在实数域描述，频域形式在复数域描述

    B. 时域形式在复数域描述，频域形式在实数域描述

    C. 时域形式在实数域描述，频域形式在实数域描述

    D. 时域形式在复数域描述，频域形式在复数域描述

89. 信号处理器幅频特性如图所示，其为：

    A. 带通滤波器

    B. 信号放大器

    C. 高通滤波器

    D. 低通滤波器

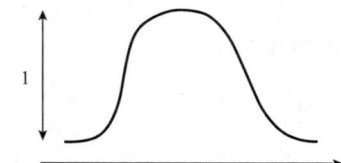

90. 逻辑表达式 $AB + \overline{A}C + BCDE$，可化简为：

    A. $A + DE$ B. $AB + BCDE$

    C. $AB + \overline{A}C + BC$ D. $AB + \overline{A}C$

91. 已知数字信号 A 和数字信号 B 的波形如图所示，则数字信号 $F = \overline{A}B + A\overline{B}$ 的波形为：

92. 逻辑函数F = f(A, B, C)的真值见表，由此可知：

A	B	C	F
0	0	0	0
0	0	1	0
0	1	0	0
0	1	1	0
1	0	0	1
1	0	1	0
1	1	0	0
1	1	1	1

A. $F = A\overline{B}C + AB\overline{C}$

B. $F = \overline{A}BC + \overline{A}B\overline{C}$

C. $F = \overline{A\overline{B}C} + \overline{A}BC$

D. $F = A\overline{B}\,\overline{C} + ABC$

93. 二极管应用电路如图所示，设二极管为理想器件，输入正半轴时对应导通的二极管为：

A. D1 和 D3

B. D2 和 D4

C. D1 和 D4

D. D2 和 D3

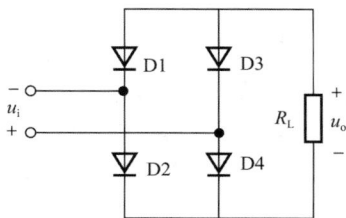

94. 图示电路中，运算放大器输出电压的极限值为$\pm U_{oM}$，当输入电压$u_{i1} = 1V$，$u_{i2} = 2\sin\omega t$时，输出电压波形为：

A.

B.

C.

D.

95. 图示F_1、F_2输出：

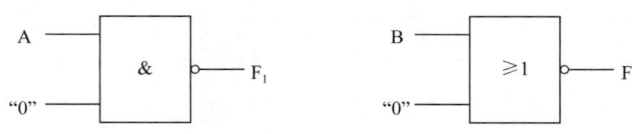

A. 00　　　　　　　　　　　　　　　B. 1$\overline{B}$

C. AB　　　　　　　　　　　　　　　D. 10

96. 如图 a）所示，复位信号$\overline{R}_D$，置位信号$\overline{S}_D$及时钟脉冲信号 CP 如图 b）所示，经分析，t_1、t_2时刻输出 Q 先后等于：

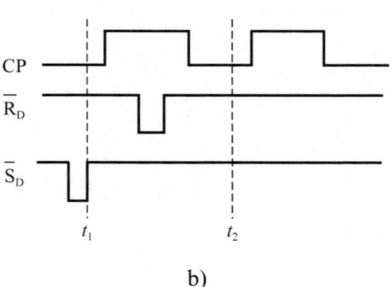

a)　　　　　　　　　　　　　　　　b)

A. 00　　　　　　　　　　　　　　　B. 01

C. 10　　　　　　　　　　　　　　　D. 11

97. 计算机的新体系结构思想，是在一个芯片上集成：

A. 多个控制器　　　　　　　　　　　B. 多个微处理器

C. 高速缓冲存储器　　　　　　　　　D. 多个存储器

98. 存储器的主要功能为：

A. 存放程序和数据　　　　　　　　　B. 给计算机供电

C. 存放电压、电流等模拟信号　　　　D. 存放指令和电压

99. 计算机系统中，为人机交互提供硬件环境的是：

A. 键盘、显示屏　　　　　　　　　　B. 输入/输出系统

C. 键盘、鼠标、显示屏　　　　　　　D. 微处理器

100. 下列有关操作系统的描述，错误的是：

　　A. 具有文件处理的功能　　　　　　B. 使计算机系统用起来更方便

　　C. 具有对计算机资源管理的功能　　D. 具有处理硬件故障的功能

101. 在计算机内，汉字也是用二进制数字编码表示，一个汉字的国标码是用：

　　A. 两个七位二进制数码表示的　　　B. 两个八位二进制数码表示的

　　C. 三个八位二进制数码表示的　　　D. 四个八位二进制数码表示的

102. 表示计算机信息数量比较大的单位要用 PB、EB、ZB、YB 等表示。其中，数量级最小单位是：

　　A. YB　　　　　　　　　　　　　B. ZB

　　C. PB　　　　　　　　　　　　　D. EB

103. 在下列存储介质中，存放的程序不会再次感染上病毒的是：

　　A. 软盘中的程序　　　　　　　　　B. 硬盘中的程序

　　C. U 盘中的程序　　　　　　　　　D. 只读光盘中的程序

104. 操作系统中的文件管理，是对计算机系统中的：

　　A. 永久程序文件的管理　　　　　　B. 记录数据文件的管理

　　C. 用户临时文件的管理　　　　　　D. 系统软件资源的管理

105. 计算机网络环境下的硬件资源共享可以：

　　A. 使信息的传送操作更具有方向性

　　B. 通过网络访问公用网络软件

　　C. 使用户节省投资，便于集中管理和均衡负担负荷，提高资源的利用率

　　D. 独立地、平等地访问计算机的操作系统

106. 广域网与局域网有着完全不同的运行环境，在广域网中：

　　A. 用户自己掌握所有设备和网络的宽带，可以任意使用、维护、升级

　　B. 可跨越短距离，多个局域网和主机连接在一起的网络

　　C. 用户无法拥有广域连接所需要的技术设备和通信设施，只能由第三方提供

　　D. 100MBit/s 的速度是很平常的

107. 某项目从银行贷款 2000 万元，期限为 3 年，按年复利计息，到期需还本付息 2700 万元，已知 $(F/P, 9\%, 3) = 1.295$，$(F/P, 10\%, 3) = 1.331$，$(F/P, 11\%, 3) = 1.368$，则银行贷款利率应：

A. 小于 9%　　　　　　　　　　　　B. 9%～10%之间

C. 10%～11%之间　　　　　　　　　D. 大于 11%

108. 某建设项目的建设期为两年，第一年贷款额为 1000 万元，第二年贷款额为 2000 万元，贷款的实际利率为 4%，则建设期利息应为：

A. 100.8 万元　　　　　　　　　　B. 120 万元

C. 161.6 万元　　　　　　　　　　D. 210 万元

109. 相对于债务融资方式，普通股融资方式的特点为：

A. 融资风险较高

B. 资金成本较低

C. 增发普通股会增加新股东，使原有股东的控制权降低

D. 普通股的股息和红利有抵税的作用

110. 某建设项目各年的偿债备付率小于 1，其含义是：

A. 该项目利息偿还的保障程度高

B. 该资金来源不足以偿付当期债务，需要通过短期借款偿付已到期债务

C. 用于还本付息的保障程度较高

D. 表示付息能力保障程度不足

111. 一公司年初投资 1000 万元，此后从第一年年末开始，每年都有相等的净收益，方案的运营期为 10 年，寿命期结束时的净残值为 50 万元。若基准收益率为 12%，问每年的净收益至少为：

[已知：$(P/A, 12\%, 10) = 5.650$，$(P/F, 12\%, 10) = 0.322$]

A. 168.14 万元　　　　　　　　　　B. 174.14 万元

C. 176.99 万元　　　　　　　　　　D. 185.84 万元

112. 一外贸商品，到岸价格为 100 美元，影子汇率为 6 元人民币/美元，进口费用为 100 美元，求影子价格为：

A. 500 元人民币

B. 600 元人民币

C. 700 元人民币

D. 1200 元人民币

113. 某企业对四个分工厂进行技术改造，每个分厂都提出了三个备选的技改方案，各分厂之间是独立的，而各分厂内部的技术方案是互斥的，则该企业面临的技改方案比选类型是：

A. 互斥型

B. 独立型

C. 层混型

D. 矩阵型

114. 在价值工程的一般工作程序中，创新阶段要做的工作包括：

A. 制定工作计划

B. 功能评价

C. 功能系统分析

D. 方案评价

115. 《中华人民共和国建筑法》中，建筑单位正确的做法是：

A. 将设计和施工分别外包给相应部门

B. 将桩基工程和施工工程分别外包给相应部门

C. 将建筑的基础、主体、装饰分别外包给相应部门

D. 将建筑除主体外的部分外包给相应部门

116. 某施工单位承接了某项工程的施工任务，下列施工单位的现场安全管理行为中，错误的是：

A. 向从业人员告知作业场所和工作岗位存在的危险因素、防范措施以及事故应急措施

B. 安排质量检验员兼任安全管理员

C. 安排用于配备安全防护用品、进行安全生产培训的经费

D. 依法参加工伤社会保险，为从业人员缴纳保险费

117. 某必须进行招标的建设工程项目，若招标人于 2018 年 3 月 6 日发售招标文件，则招标文件要求投标人提交投标文件的截止日期最早的是：

A. 3 月 13 日

B. 3 月 21 日

C. 3 月 26 日

D. 3 月 31 日

118. 某供货单位要求施工单位以数据电文形式购买水泥的承诺，施工单位根据要求按时发出承诺后，双方当事人签订确认书，则该合同成立的时间是：

A. 双方签订确认书时间

B. 施工单位的承诺邮件进入供货单位系统的时间

C. 施工单位发电子邮件的时间

D. 供货单位查收电子邮件色时间

119. 根据《中华人民共和国节约能源法》的规定，下列行为中不违反禁止性规定的是：

A. 使用国家明令淘汰的用能设备

B. 冒用能源效率标识

C. 企业制定严于国家标准的企业节能标准

D. 销售应当标注而未标注能源效率标识的产品

120. 在建设工程施工过程中，属于专业监理工程师签认的是：

A. 样板工程专项施工方案   B. 建筑材料、构配件和设备进场验收

C. 拨付工程款   D. 竣工验收

2022 年度全国勘察设计注册工程师

执业资格考试试卷

基础补考
（上）

二〇二三年六月

应考人员注意事项

1. 本试卷科目代码为"1"，考生务必将此代码填涂在答题卡"科目代码"相应的栏目内，否则，无法评分。

2. 书写用笔：**黑色或蓝色钢笔、签字笔或圆珠笔；**

   填涂答题卡用笔：**黑色 2B 铅笔。**

3. 必须用书写用笔将工作单位、姓名、准考证号填写在答题卡和试卷相应的栏目内。

4. 本试卷由 120 题组成，每题 1 分，满分 120 分，本试卷全部为单项选择题，每小题的四个备选项中只有一个正确答案，错选、多选、不选均不得分。

5. 考生作答时，必须按**题号在答题卡上**将相应试题所选选项对应的**字母用 2B 铅笔涂黑。**

6. 在答题卡上书写与题意无关的语言，或在答题卡上作标记的，均按违纪试卷处理。

7. 考试结束时，由监考人员当面将试卷、答题卡一并收回。

8. 草稿纸由各地统一配发，考后收回。

单项选择题（共 120 题，每题 1 分。每题的备选项中，只有一个最符合题意。）

1. 若 $\lim_{x \to 0}(1 - kx)^{\frac{2}{x}} = 2$，则非零常数 k 等于：

   A. $-\ln 2$

   B. $\ln 2$

   C. $-\frac{1}{2}\ln 2$

   D. $\frac{1}{2}\ln 2$

2. 当 $x \to 0$ 时，$a\sin^2 x$ 与 $\tan\frac{x^2}{3}$ 为等价无穷小量，则常数 a 等于：

   A. 3

   B. $\frac{1}{3}$

   C. $\frac{1}{\sqrt{3}}$

   D. $\sqrt{3}$

3. 若可微函数满足 $\frac{\mathrm{d}}{\mathrm{d}x}f\left(\frac{1}{x^2}\right) = \frac{1}{x}$，且 $f(1) = 1$，则函数 $f(x)$ 的表达式是：

   A. $f(x) = 2\ln|x| + 1$

   B. $f(x) = -2\ln|x| + 1$

   C. $f(x) = \frac{1}{2}\ln|x| + 1$

   D. $f(x) = -\frac{1}{2}\ln|x| + 1$

4. 设 $f(x) = e^x$，$g(x) = \sin x$，且 $y = f[g'(x)]$，则 $\frac{\mathrm{d}^2 y}{\mathrm{d}x^2}$ 等于：

   A. $e^{\cos x}(\sin x + \cos x)$

   B. $e^{\cos x}(\sin x - \cos x)$

   C. $e^{\cos x}(\sin^2 x - \cos x)$

   D. $e^{\cos x}(\sin^2 x + \cos x)$

5. 曲线 $y = e^{-\frac{1}{x^2}}$ 的渐近线方程是：

   A. $y = 0$

   B. $y = 1$

   C. $x = 0$

   D. $x = 1$

6. 已知 $(x_0, f(x_0))$ 是曲线 $y = f(x)$ 的拐点，则下列结论中正确的是：

   A. 一定有 $f''(x_0) = 0$

   B. $x = x_0$ 一定是 $f(x)$ 的二阶不可微点

   C. $x = x_0$ 一定是 $f(x)$ 的驻点

   D. $x = x_0$ 一定是 $f(x)$ 的连续点

7. 定积分 $\int_{-\pi}^{\pi}|\sin x|\,\mathrm{d}x$ 的值等于：

   A. -4

   B. 4

   C. 2

   D. 0

8. 已知$F(x)$是e^{-x}的一个原函数，则不定积分$\int \mathrm{d}F(2x)$等于：

  A. $e^{-x} + C$ B. $-e^{-x} + C$

  C. $e^{-2x} + C$ D. $-e^{-2x} + C$

9. 设$\boldsymbol{i}$、$\boldsymbol{j}$、$\boldsymbol{k}$分别表示空间直角坐标系中沿ox轴、oy轴、oz轴正向上的基本单位向量，则$\boldsymbol{i} \times \boldsymbol{j} \times \boldsymbol{k}$等于：

  A. 0 B. 1

  C. -1 D. $\boldsymbol{k}$

10. 在下列的方程中，过y轴上的点$(0,1,0)$且平行xoz坐标面的平面方程是：

  A. $x = 0$ B. $y = 1$

  C. $z = 0$ D. $x + z = 1$

11. 函数$y = y(x)$连续，且满足$y = e^x + \int_0^x y(t)\,\mathrm{d}t$，则函数$y = y(x)$的表达式是：

  A. $y = e^x$ B. $y = e^x(x+1)$

  C. $y = e^x(1-x)$ D. $y = xe^x + 1$

12. 函数$z = f(x,y)$在点$M(x_0,y_0)$处两个偏导数的存在性和可微性的关系是：

  A. 两个偏导数存在一定可微   B. 可微则两个偏导数一定存在

  C. 可微不一定两个偏导数存在   D. 两个偏导数一定不可微

13. 下列函数中，微分方程$y'' - y' - 2y = 3e^x$的一个特解的是：

  A. $y = e^{2x} + 2e^x$ B. $y = 2e^{-x} + e^x$

  C. $y = e^{2x} - 2e^{-x} - \dfrac{3}{2}e^x$ D. $y = e^{2x} + e^{-x} - e^x$

14. 设区域D：$x^2 + y^2 \leqslant 1$，则二重积分$\iint\limits_{D} (x^2 + y^2)^2\,\mathrm{d}x\,\mathrm{d}y$的值等于：

  A. $\dfrac{2\pi}{5}$ B. $\dfrac{\pi}{3}$

  C. $\dfrac{\pi}{2}$ D. π

15. 设L为圆周$x = a\cos t,\ y = a\sin t\ (a > 0,\ 0 \leqslant t \leqslant 2\pi)$，则对弧长的曲线积分$\int_L (x^2 + y^2)\,\mathrm{d}s$的值等于：

  A. $2\pi a^3$ B. $2\pi a^2$

  C. $2\pi a$ D. πa

16. 已知级数 $\sum\limits_{n=1}^{\infty} a_n$ 收敛，$\{S_n\}$ 是它的前 n 项部分和数列，则 $\{S_n\}$ 必是：

A. 有界的
B. 有上界而无下界的
C. 上无界而下有界的
D. 无界的

17. 设 $z = f(x, xy)$，其中 $f(u, v)$ 具有二阶连续偏导数，则 $\dfrac{\partial^2 z}{\partial x \partial y}$ 等于：

A. $\dfrac{\partial f}{\partial v} + xy \dfrac{\partial^2 f}{\partial v^2}$
B. $\dfrac{\partial f}{\partial v} + x\left(\dfrac{\partial^2 f}{\partial x^2} + y \dfrac{\partial^2 f}{\partial v^2}\right)$
C. $\dfrac{\partial f}{\partial v} + \dfrac{\partial^2 f}{\partial v \partial u} + \dfrac{\partial^2 f}{\partial v^2}$
D. $\dfrac{\partial f}{\partial v} + x\left(\dfrac{\partial^2 f}{\partial v \partial u} + y \dfrac{\partial^2 f}{\partial v^2}\right)$

18. 设 $f(x)$ 是以 2π 为周期的周期函数，它在 $(-\pi, \pi]$ 的表达式为 $f(x) = \begin{cases} x+1 & -\pi < x \leqslant 0 \\ 2 & 0 < x \leqslant \pi \end{cases}$，$S(x)$ 表示 $f(x)$ 的以 2π 为周期的傅里叶级数的和函数，则 $S(6\pi)$ 的值等于：

A. 3
B. 2
C. $\dfrac{3}{2}$
D. 1

19. 向量组 $\boldsymbol{\alpha}_1 = (1, -1, 2, 4)^{\mathrm{T}}$、$\boldsymbol{\alpha}_2 = (0, 3, 1, 2)^{\mathrm{T}}$、$\boldsymbol{\alpha}_3 = (3, 0, 7, 14)^{\mathrm{T}}$、$\boldsymbol{\alpha}_4 = (1, -1, 2, 0)^{\mathrm{T}}$ 的极大线性无关组是：

A. $\boldsymbol{\alpha}_1, \boldsymbol{\alpha}_2, \boldsymbol{\alpha}_3$
B. $\boldsymbol{\alpha}_1, \boldsymbol{\alpha}_2, \boldsymbol{\alpha}_4$
C. $\boldsymbol{\alpha}_2, \boldsymbol{\alpha}_3$
D. $\boldsymbol{\alpha}_1, \boldsymbol{\alpha}_2, \boldsymbol{\alpha}_3, \boldsymbol{\alpha}_4$

20. 设二次型 $f(x_1, x_2, x_3, x_4) = -x_1^2 + x_2^2 + x_3^2 - x_4^2$，则其秩 r 等于：

A. 1
B. 2
C. 3
D. 4

21. 若 3 阶矩阵 $\boldsymbol{A}$ 相似于矩阵 $\boldsymbol{B}$，矩阵 $\boldsymbol{A}$ 的特征值为 1、2、3，则行列式 $|2\boldsymbol{B} - \boldsymbol{I}| =$

A. 15
B. 12
C. 9
D. 6

22. 设事件 A 和 B，$B \subset A$，$P(A) = 0.8$，$P(B|A) = 0.6$，则 $P(B)$ 等于：

A. 0.8
B. 0.6
C. 0.48
D. 0.2

23. 若二维随机变量 (X, Y) 的联合概率密度为 $f(x, y) = \begin{cases} ce^{-(x+y)} & x > 0, \ y > 0 \\ 0 & \text{其他} \end{cases}$，则常数 c 的值为：

A. 2
B. 1
C. -1
D. -2

24. 设 X，Y 是两个随机变量，且 $E(X) = 1$，$E(Y) = 2$，$D(X) = 1$，$D(Y) = 4$，相关系数 $\rho_{XY} = 0.6$，则数学期望 $E[(2X - Y + 1)^2]$ 等于：

A. 5.2   B. 4.2

C. 3.2   D. 2.2

25. 在封闭容器内，若分子的平均速率 $\bar{v}$ 提高为原来的 2 倍，则：

A. 温度和压强均提高为原来的 2 倍

B. 温度提高为原来的 2 倍，压强提高为原来的 4 倍

C. 温度提高为原来的 4 倍，压强提高为原来的 2 倍

D. 温度和压强均提高为原来的 4 倍

26. 两瓶不同种类的理想气体，分子的平均平动相同，分子数密度不同，则两者：

A. 温度相同，压强相同   B. 温度相同，压强不同

C. 温度不同，压强相同   D. 温度不同，压强不同

27. 在热学中，气体的内能 E，吸收的热量 Q 以及所做的功 W 三者中，其中与过程的状态直接相关的物理量是：

A. W 和 Q B. Q

C. W D. E

28. 一定量的理想气体经历了 $acbda$ 的循环过程，气体经一次循环对外所做的净功为：

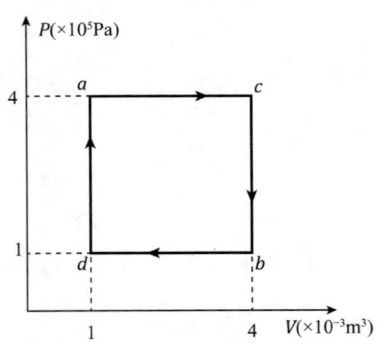

A. 1200J   B. −1200J

C. 1600J   D. 900J

29. 容积为V的容器内装满被测的气体，测得其压强为P_1，温度为T，并称出容器连同气体的质量为m_1；然后放出一部分气体，使压强降到P_2，温度不变，再称出连同气体的质量m_2，由此求得气体的摩尔质量为：

A. $\dfrac{RT}{V}\dfrac{m_1-m_2}{P_1-P_2}$

B. $\dfrac{RT}{V}\dfrac{P_1-P_2}{m_1-m_2}$

C. $\dfrac{RT}{V}\dfrac{m_1-m_2}{P_1+P_2}$

D. $\dfrac{RT}{V}\dfrac{m_1+m_2}{P_1-P_2}$

30. 在简谐波传播的过程中，沿传播方向相距为λ（λ为波长）的两点的振动速度必定：

A. 大小相同，而方向相反

B. 大小和方向均相同

C. 大小不同，方向相同

D. 大小不同，而方向相反

31. 一平面简谐波的波动方程为$y=0.01\cos 3\pi(0.2t-0.5x)$(SI)，则任意质元的位移：

A. $-0.01\sim 0.01\text{m}$

B. $-0.01\text{m}\sim 0$

C. $-0.01\sim 0.01\text{cm}$

D. $-0.01\text{cm}\sim 0$

32. 在波动中，当质元经过平衡位置时：

A. 弹性形变最大，振动速度最大

B. 弹性形变最大，振动速度最小

C. 弹性形变最小，振动速度最大

D. 弹性形变最小，振动速度最小

33. 在弦线上有一简谐波，$y_1=2.0\times 10^{-2}\cos\left[100\pi\left(t+\dfrac{x}{20}\right)-\dfrac{\pi}{3}\right]$(SI)，为了在此弦线上形成驻波，且在$x=0$处为一波腹，此弦线上还应有一简谐波，其表达式为：

A. $y_2=2.0\times 10^{-2}\cos\left[100\pi\left(t-\dfrac{x}{20}\right)+\dfrac{\pi}{3}\right]$(SI)

B. $y_2=2.0\times 10^{-2}\cos\left[100\pi\left(t-\dfrac{x}{20}\right)+\dfrac{4\pi}{3}\right]$(SI)

C. $y_2=2.0\times 10^{-2}\cos\left[100\pi\left(t-\dfrac{x}{20}\right)-\dfrac{\pi}{3}\right]$(SI)

D. $y_2=2.0\times 10^{-2}\cos\left[100\pi\left(t-\dfrac{x}{20}\right)-\dfrac{4\pi}{3}\right]$(SI)

34. 当一束单色光通过折射率不同的两种媒质时，光的：

A. 速度大小相同，波长相同

B. 速度大小相同，波长不同

C. 速度大小不同，波长相同

D. 速度大小不同，波长不同

35. 照相机镜头表面都镀有一层增透膜，以减少光的反射损失，其增透膜原理是根据：

A. 光的反射

B. 光的折射

C. 光的干涉

D. 光的衍射

36. 在如图所示的单缝夫琅禾费衍射实验中，将单缝k沿垂直于光的入射方向（沿图中x方向）微平移，则：

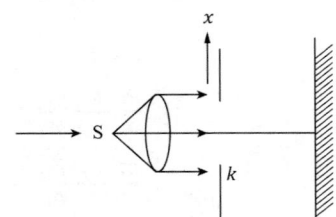

    A. 衍射条纹移动，条纹宽度不变

    B. 衍射条纹移动，条纹宽度变动

    C. 衍射条纹中心不动，条纹变宽

    D. 衍射条纹不动，条纹宽度不变

37. 用来描述原子轨道空间伸展方向的量子数是：

    A. n B. l

    C. m D. m_s

38. Ca^{2+}的电子构型是：

    A. 18   B. 8

    C. $18+2$ D. $9-17$

39. 下列物质的水溶液凝固点最低的是：

    A. 0.1mol/L KCl   B. 0.1mol/L KNO_3

    C. 0.1mol/L NaCl   D. 0.1mol/L K_2SO_4

40. 0.1mol/L 的某一元弱酸溶液，室温时pH $= 3.0$，此弱酸的K_a等于：

    A. 1.1×10^{-3} B. 1.0×10^{-5}

    C. 1.0×10^{-4} D. 1.0×10^{-6}

41. 某企业生产一产品，反应的平衡转化率为65%，为提高生产效率，研制出一种新的催化剂，同样温度下，使用催化剂后，其平衡转化率为：

    A. 大于65%   B. 小于65%

    C. 等于65%   D. 达到100%

42. 在密闭容器中进行如下反应：$A(s) + B(g) \rightleftharpoons C(g)$，体系达到平衡后，保持温度不变，将容器体积缩小到原来的 $1/2$，则 $C(g)$ 的浓度将为原来的：

A. 1 倍（未变）　　　　　　　　　　B. 1/2

C. 2/3 倍　　　　　　　　　　　　　D. 2 倍

43. 已知 $E^{\ominus}(Cu^{2+}/Cu) = 0.34V$，现测得 $E(Cu^{2+}/Cu) = 0.30V$，说明该电极中 $C(Cu^{2+})$ 为：

A. $C(Cu^{2+}) > 1mol/L$　　　　　　B. $C(Cu^{2+}) < 1mol/L$

C. $C(Cu^{2+}) = 1mol/L$　　　　　　D. 无法确定

44. 将苯与甲苯进行比较，下列叙述中不正确的是：

A. 都能在空气中燃烧　　　　　　　　B. 都能发生取代反应

C. 都属于芳烃　　　　　　　　　　　D. 都能使 $KMnO_4$ 酸性溶液褪色

45. 下列化合物在一定条件下，既能发生消除反应，又能发生水解反应的是：

A. $CH_3-\underset{\underset{Cl}{|}}{C}H-CH_3$　　　　　　B. CH_3Cl

C. 苯环-CH_2Cl　　　　　　D. $CH_3-\underset{\underset{CH_2Cl}{|}}{\overset{\overset{CH_3}{|}}{C}}-CH_3$

46. 丙烯在一定条件下发生加聚反应的产物是：

A. $-\!\!\left[CH_2\!\!=\!\!CH-CH_3\right]\!\!_n$　　　　　　　　　B. $-\!\!\left[CH_2-CH-CH_2\right]\!\!_n$

C. $-\!\!\left[CH_2-\underset{\underset{}{}}{\overset{\overset{CH_3}{|}}{C}}H\right]\!\!_n$　　　　　　　　D. $-\!\!\left[CH=\underset{\underset{}{}}{\overset{\overset{CH_3}{|}}{C}}\right]\!\!_n$

47. 构件*ABDE*受平面力系作用，如图所示。欲求未知力F_{NA}、F_{Ey}和F_{Ex}，独立的平衡方程组是：

    A. $\sum M_C(\boldsymbol{F}) = 0$，$\sum M_D(\boldsymbol{F}) = 0$，$\sum M_B(\boldsymbol{F}) = 0$

    B. $\sum F_y = 0$，$\sum M_A(\boldsymbol{F}) = 0$，$\sum M_B(\boldsymbol{F}) = 0$

    C. $\sum F_x = 0$，$\sum M_A(\boldsymbol{F}) = 0$，$\sum M_B(\boldsymbol{F}) = 0$

    D. $\sum F_x = 0$，$\sum M_B(\boldsymbol{F}) = 0$，$\sum M_C(\boldsymbol{F}) = 0$

48. 设一平面力系，各力在*x*轴上的投影$\sum F_x = 0$，各力对*A*和*B*点的矩之和分别为$\sum M_A(\boldsymbol{F}) = 0$，$\sum M_B(\boldsymbol{F}) = 400\text{kN} \cdot \text{m}$（以逆时针为正）。若$L = 20\text{m}$，则该力系简化的最后结果为：

    A. 平衡

    B. 一力和一力偶

    C. 一合力偶

    D. 一合力

49. 图示多跨梁由*AC*和*CD*铰接而成，自重不计。已知：$F = 1\text{kN}$，$M = 2\text{kN} \cdot \text{m}$，$L = 1\text{m}$，$\theta = 45°$，则支座*D*的约束力为：

    A. $F_D = 0.71\text{kN}$（↓）   B. $F_D = 0.71\text{kN}$（↑）

    C. $F_D = 0.35\text{kN}$（↓）   D. $F_D = 0.35\text{kN}$（↑）

50. 图示平面组合构架，自重不计。已知：$F = 40kN$，$M = 10kN \cdot m$，$L_1 = 4m$，$L_2 = 6m$，则 1 杆的内力为：

A. F

B. $-F$

C. $0.5F$

D. 0

51. 点沿直线运动，其速度 $v = t^2 - 20$（速度单位为 m/s）。已知当 $t = 0$ 时，$y = -15m$，则 $t = 3s$ 时，点的位置坐标为：

A. 6m

B. $-66m$

C. $-57m$

D. $-48m$

52. 点沿直线运动，其速度 $v = 20t - 5$（速度单位为 m/s）。当 $t = 2s$ 时，点的加速度为：

A. $40m/s^2$

B. $20m/s^2$

C. $45m/s^2$

D. $5m/s^2$

53. 直角刚杆 OAB 在图示瞬时角速度 $\omega = 2rad/s$，角加速度 $\alpha = 5rad/s^2$，若 $OA = 40cm$，$AB = 30cm$，则 B 点的速度大小和法向加速度的大小为：

A. $100cm/s$；$200cm/s^2$

B. $80cm/s$；$160cm/s^2$

C. $60cm/s$；$200cm/s^2$

D. $100cm/s$；$120cm/s^2$

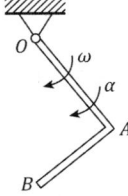

54. 质量为 40kg 的物块 A 沿桌子表面由一无质量绳拖拽，该绳另一端跨过桌角的无摩擦、无质量的滑轮后，又系住另一质量为 12kg 的物块 B，如图所示。则此时连接物块 A 的绳索张力与连接物块 B 的绳索张力的关系是：

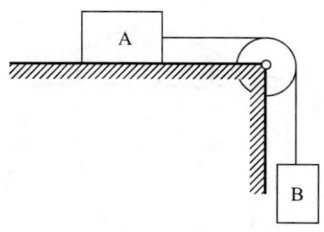

A. $F_A < F_B$ 　　　　　　　　　　　B. $F_A > F_B$

C. $F_A = F_B$ 　　　　　　　　　　　D. 无法确定

55. 两重物 B 和 A，其质量分别为 m_1 和 m_2，各系在不同的绳子上，绳子又分别围绕在半径 r_1 和 r_2 的鼓轮上，如图所示。设重物 B 的速度为 v，鼓轮和绳子的质量及轴的摩擦均略去不计。则鼓轮系统的动能为：

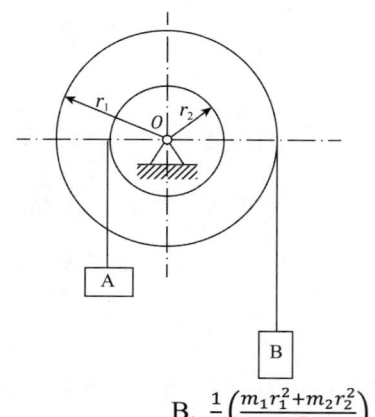

A. $\frac{1}{2}\left(\dfrac{m_1 r_1^2 + m_2 r_2^2}{r_1^2}\right)v^2$ 　　　　　　B. $\frac{1}{4}\left(\dfrac{m_1 r_1^2 + m_2 r_2^2}{r_1^2}\right)v^2$

C. $\frac{1}{2}\left(\dfrac{m_1 r_1 + m_2 r_2}{r_1}\right)v^2$ 　　　　　　D. $\left(\dfrac{m_1 r_1^2 + m_2 r_2^2}{r_1^2}\right)v^2$

56. 均质细杆 OA 长为 2m，质量 4kg，可在铅垂平面内绕固定水平轴 O 转动，当杆在图示静止铅垂位置转过 90° 时，则所需施加在杆上的最小常力矩 M 是：

A. 12.49N·m

B. 49.94N·m

C. 24.97N·m

D. 39.20N·m

57. 如图所示，物体重力为Q，用无质量的细绳BA、CA悬挂，$\varphi = 60°$，若将BA绳剪断，剪断瞬时此物体的惯性力大小为：

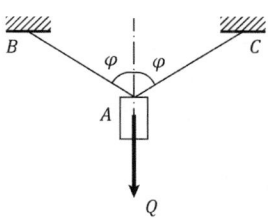

A. $\dfrac{\sqrt{3}}{2}Q$

B. $\sqrt{3}Q$

C. $\dfrac{1}{2}Q$

D. $\dfrac{1}{3}Q$

58. 图示装置中，外框架是刚性的，已知质量$m = 200\text{kg}$，弹簧刚度$k = 100\text{N/cm}$，则图中各振动系统的频率为：

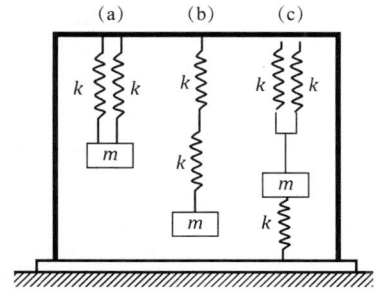

A. 图（a）装置振动频率最小   B. 图（b）装置振动频率最小

C. 图（c）装置振动频率最小   D. 三种装置振动频率相等

59. 图示四种材料的拉伸破坏应力-应变曲线，其中塑性最好的材料是：

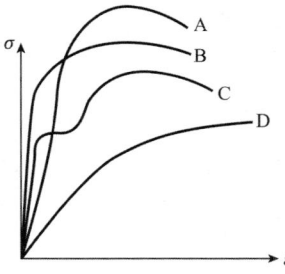

A. 材料 A

B. 材料 B

C. 材料 C

D. 材料 D

60. 等截面直杆，受力如图所示，拉压刚度为EA，则杆的总伸长为：

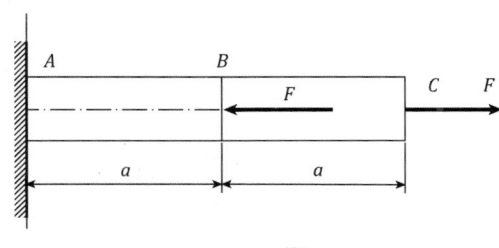

A. $\dfrac{2Fa}{EA}$ B. $\dfrac{Fa}{EA}$

C. $\dfrac{Fa}{2EA}$ D. 0

61. 钢板用铆钉固定在铰支座上，下端受轴向拉力F，已知铰链轴的许用切应力为$[\tau]$，则铰链轴的合理直径d是：

A. $d^2 \geqslant \dfrac{4F}{\pi[\tau]}$

B. $d^2 \geqslant \dfrac{2F}{\pi[\tau]}$

C. $d^2 \geqslant \dfrac{F}{\pi[\tau]}$

D. $d^2 \geqslant \dfrac{F}{2\pi[\tau]}$

62. 实心圆轴受扭，若扭矩不变，将轴的直径增大一倍，则圆轴的最大切应力是原来的：

A. $\dfrac{1}{2}$

B. $\dfrac{1}{4}$

C. $\dfrac{1}{8}$

D. $\dfrac{1}{16}$

63. 圆轴长为L，扭转刚度为GI_p。圆轴在扭矩T作用下发生的弹性扭转角为φ，则扭矩T值为：

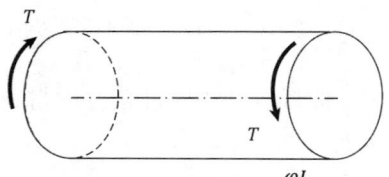

A. $T = \dfrac{GI_p\varphi}{L}$

B. $T = \dfrac{\varphi L}{GI_p}$

C. $T = \dfrac{GI_p}{\varphi L}$

D. $T = \dfrac{GI_p L}{\varphi}$

64. 正方形截面边长为a，x、y是截面的形心主轴。该截面关于角点的极惯性矩I_p是：

A. $I_p = \dfrac{2a^4}{3}$

B. $I_p = \dfrac{a^4}{3}$

C. $I_p = \dfrac{a^4}{6}$

D. $I_p = \dfrac{a^4}{12}$

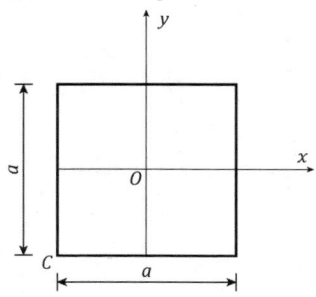

65. 在集中力偶作用截面处，梁的弯曲内力图的变化规律为：

A. 剪力Q_s图有突变，弯矩M图无变化

B. 剪力Q_s图有突变，弯矩M图有转折

C. 剪力Q_s图无变化，弯矩M图有突变

D. 剪力Q_s图有转折，弯矩M图有突变

66. 梁的材料为铸铁，在图示四种面积相等的截面中，按强度考虑，承载能力最大的是：

A. 图（A）

B. 图（B）

C. 图（C）

D. 图（D）

67. 图示两根长度相同的简支梁，梁（a）的材料为钢梁，梁（b）的材料为铝梁。已知它们的弯曲刚度 EI 相同，在相同外力作用下，二者的不同之处可能是：

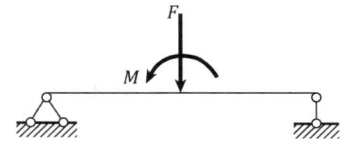

A. 弯曲最大正应力

B. 剪力图

C. 最大挠度

D. 最大转角

68. 图示 4 种平面应力状中，具有最大切应力的是：

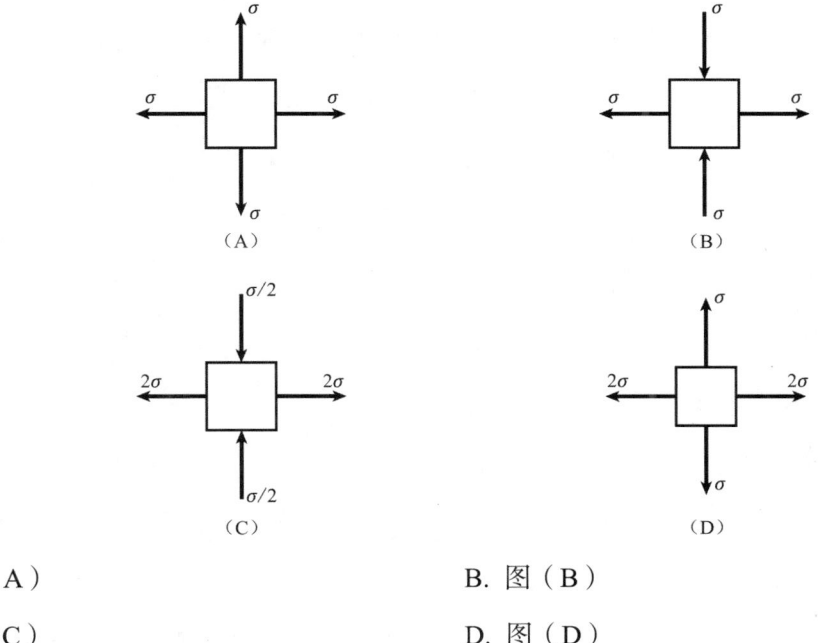

A. 图（A）

B. 图（B）

C. 图（C）

D. 图（D）

69. 下面四个强度条件表达式中，第二强度理论的强度条件表达式是：

A. $\sigma_1 \leq [\sigma]$

B. $\sigma_1 - \nu(\sigma_2 + \sigma_3) \leq [\sigma]$

C. $\sigma_1 - \sigma_3 \leq [\sigma]$

D. $\sqrt{\frac{1}{2}[(\sigma_1 - \sigma_2)^2 + (\sigma_2 - \sigma_2)^2 + (\sigma_3 - \sigma_1)^2]} \leq [\sigma]$

70. 如图所示细长压杆弯曲刚度相同，则图 b）压杆临界力是图 a）压杆临界力的：

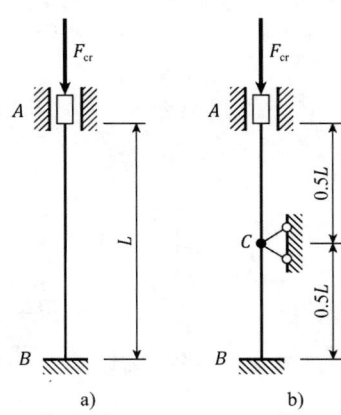

A. $\frac{1}{2}$　　　　　　　　　　　　　　B. $\frac{1}{2^2}$

C. $\frac{1}{0.7^2}$　　　　　　　　　　　　D. $\frac{1}{0.35^2}$

71. 设大气压为 101kPa，某点压力表读数为 20kPa，则相对压强和绝对压强分别是：

A. 20kPa，121kPa　　　　　　　　B. 121kPa，20kPa

C. 20kPa，20kPa　　　　　　　　　D. 121kPa，121kPa

72. 下列说法正确的是：

A. 不可压缩流场的流线与迹线重合

B. 不可压缩流场中任一封闭曲线的速度环量都等于零

C. 不可压缩流体适用伯努利方程

D. 不可压缩流体中任一点的速度散度为零

73. 动量方程是矢量方程，要考虑力和速度的方向，与所选坐标方向一致则为正，反之则为负。如果力的计算结果为负值，则：

A. 说明方程列错了　　　　　　　　B. 说明力的实际方向与假设方向相反

C. 说明力的实际方向与假设方向相同　　D. 说明计算结果一定是错误的

74. 两圆管内水的层流流动，雷诺数比为 $Re_1 : Re_2 = 1 : 2$，流量之比为 $Q_1 : Q_2 = 3 : 4$，则两管直径之比 $D_1 : D_2$ 是：

    A. $8 : 3$ B. $3 : 2$

    C. $3 : 8$ D. $2 : 3$

75. 已知两并联管路下料相同，管径 $d_1 = 100mm$，$d_2 = 200mm$，已知管内的流量比为 $Q_1 : Q_2 = 1 : 2$，则两管的长度比是：

    A. $2 : 1$ B. $1 : 4$

    C. $1 : 8$ D. 不确定

76. 下面说法正确的是：

    A. 平坡棱柱形渠道可以形成明渠均匀流

    B. 正坡棱柱形渠道可以形成明渠均匀流

    C. 正坡非棱柱形渠道可以形成明渠均匀流

    D. 平坡非棱柱形渠道可以形成明渠均匀流

77. 两完全潜水井，水位降深比为 $1 : 2$，渗透系数比值为 $1 : 4$，则影响半径比值是：

    A. $1 : 4$ B. $1 : 2$

    C. $2 : 1$ D. $4 : 1$

78. 下列不属于流动的相似原理的是：

    A. 几何相似   B. 动力相似

    C. 运动相似   D. 质量相似

79. 将一导体置于变化的磁场中，该导体中会有电动势产生，则该电动势与磁场的关系由下列哪条定律来确定？

    A. 安培环路定律   B. 电磁感应定律

    C. 高斯定律   D. 库仑定律

80. 在图示电路中，当 $u_1 = U_1 = 5V$ 时，$i = I = 0.2A$，那么：

    A. 电压 u_2 和电流 i_1 分别为 2.5V、0.2A

    B. 电压 u_2 小于 2.5V，电流 i_1 为 0.2A

    C. 电压 u_2 为 2.5V，电流 i_1 小于 0.2A

    D. 因 L、C 未知，不能确定电压 u_2 和电流 i_1

81. 图示电路的等效电流源模型为：

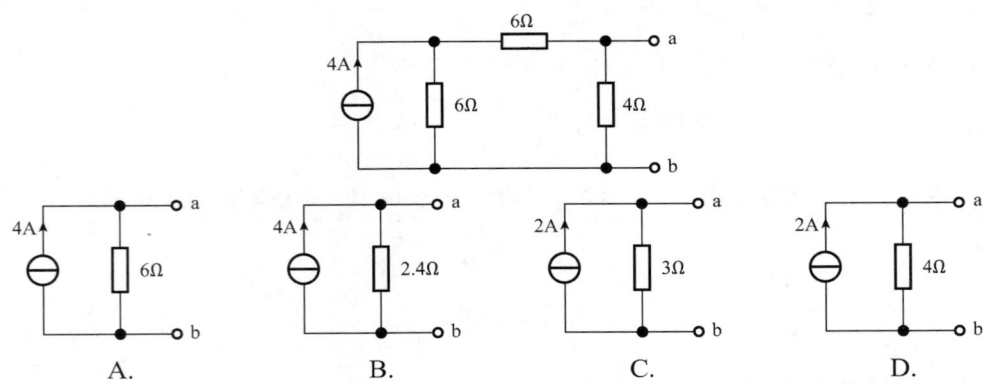

82. 已知正弦交流电流 $i(t) = 0.1\sin(1000t + 30°)A$，则该电流的有效值和周期分别为：

    A. 70.7mA，0.1s   B. 70.7mA，6.28ms

    C. 0.1A，6.28ms   D. 0.1A，0.1s

83. 图示电路中，$R = X_L = X_C$，此时，4块电流表读数的关系为：

    A. $A = A_1 + A_2 + A_3$

    B. $A = A_1 + (A_2 - A_3)$

    C. $A = A_1$，$A_2 = A_3$

    D. $A = 3A_1$，$A_2 = A_3 > A_1$

84. 图示电路中，电感及电容元件上没有初始储能，开关 S 在 $t = 0$ 时刻闭合，那么在开关闭合后瞬间，电路中取值为 10V 的电压是：

    A. U_L B. U_C

    C. $U_{R1} + U_{R2}$ D. U_{R2}

85. 设图示变压器为理想器件，且 $R_L = 4\Omega$，$R_1 = 100\Omega$，$N_1 = 200$ 匝，若希望在 R_L 上获得最大功率，则使 N_2 为：

    A. 8 匝

    B. 2 匝

    C. 40 匝

    D. 1000 匝

86. 某三相异步电动机的额定负载 $T_{CN} = 40\text{kN} \cdot \text{m}$，当其带动 $30\text{kN} \cdot \text{m}$ 的负载工作，收获 70% 的工作效率。那么，为使该电动机的工作效率高于 70%，则所带动的负载应：

    A. 低于 $30\text{kN} \cdot \text{m}$ B. 高于 $40\text{kN} \cdot \text{m}$

    C. 位于 $30 \sim 40\text{kN} \cdot \text{m}$ D. 位于 $25 \sim 35\text{kN} \cdot \text{m}$

87. 下列关于信号与信息的说法，正确的是：

    A. 信息是一种电压信号   B. 信号隐藏在信息之中

    C. 信号与信息是相同的两个概念   D. 信号与信息是不同的两个概念

88. 数字信号如图所示，将它作为二进制代码用来表示数，那么该数字信号表示的数是：

    A. 1 个 0 和 5 个 1

    B. 一万一千一百十一

    C. 5

    D. 31

89. 用传感器对某管道中流动的液体流量$x(t)$进行测量，测量结果为$u(t)$，用采样器对$u(t)$采样后得到的信号$u^*(t)$，在上述信号中，模拟信号为：

A. $x(t)$

B. $x(t)$和$u(t)$

C. $u(t)$

D. $x(t)$、$u(t)$和$u^*(t)$

90. 模拟信号$u(t)$的波形如图所示，设$1(t)$为单位阶跃函数，则$u(t)$的时间域描述形式为：

A. $u(t) = -t + 2V$

B. $u(t) = (-t + 2) - 1(t)V$

C. $u(t) = (-t + 2)(t - 2)V$

D. $u(t) = (-t + 2)1(t) - (-t + 2)1(t - 2)V$

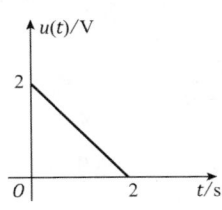

91. 模拟信号放大器可以完成：

A. 信号频率的放大

B. 信号幅度的放大

C. 信号中任意谐波成分的放大

D. 信号中幅度和频率的放大

92. 以下逻辑式演算，正确的是：

A. $1 + 1 = 1$

B. $1 + 1 = 2$

C. $1 + B = 2$

D. $1 \cdot B = 1$

93. 晶体三极管应用电路如图所示，若希望输出电压$U_o \leqslant 0.3V$，则电阻R_B应：

A. 等于 20kΩ

B. 等于 40kΩ

C. 小于 20kΩ

D. 大于 40kΩ

94. 图 a）所示运算放大器的传输特性如图 b）所示，如果希望$U_o = 10^5 U_i$，则输入信号U_i应为：

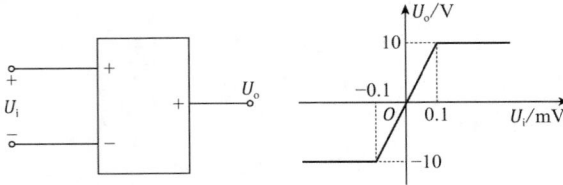

A. 大于 0.1mV

B. 小于 -0.1mV

C. 等于 10mV

D. 小于 0.1mV 且大于 -0.1mV

95. 图示逻辑门的输出F_1和F_2分别为:

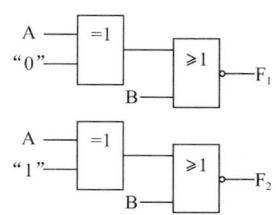

A. $A + B$, AB

B. $\overline{AB}$, $A\overline{B}$

C. $\overline{A} + \overline{B}$, $\overline{A}B$

D. AB, $\overline{AB}$

96. 电路如图所示,则t时刻Q_{JK}和Q_D的值为:

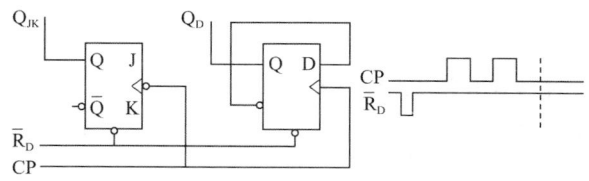

A. 00   B. 01

C. 10   D. 11

附:D 触发器的逻辑状态表为:

D	Q_{n+1}
0	0
1	1

JK 触发器的逻辑状态表为:

J	K	Q_{n+1}
0	0	Q_n
0	1	0
1	0	1
1	1	$\overline{Q}^n$

97. 计算机系统软件主要包括:

A. 办公自动化软件、编译程序

B. 操作系统、编译程序

C. 操作系统、图形设计软件

D. 操作系统、游戏软件

98. 总线中的数据总线用于传输：

A. 程序和数据

B. 存储器的地址码

C. 控制信息

D. 用户的传输命令

99. 分时操作系统的"同时性"是指：

A. 系统允许多个用户同时使用一台计算机运行

B. 系统中的每个用户随时与计算机系统进行对话

C. 系统中的每个用户各自在独立地使用计算机，互不干扰

D. 能够及时响应通信发出的外部事件，并对事件做出快速处理

100. 根据计算机语言的发展过程，它们出现的顺序是：

A. 机器语言、汇编语言、高级语言

B. 汇编语言、机器语言、高级语言

C. 高级语言、汇编语言、机器语言

D. 机器语言、高级语言、汇编语言

101. 浮点数是用一个整数和纯小数表示的，其中：

A. 整数表示是浮点数的阶码，纯小数表示浮点数的尾数

B. 纯小数部分是用定点表示

C. 纯小数表示这个浮点数的大小

D. 整数部分表示的是浮点数的精度

102. 在 16 色的图像中要用 16 种颜色表示，这 16 种颜色则要用：

A. 4 位二进制数表示

B. 6 位二进制数表示

C. 8 位二进制数表示

D. 16 位二进制数表示

103. 计算机病毒不会通过下列哪种方式传播？

    A. 网络

    B. 生物

    C. 硬盘

    D. U 盘和光盘

104. 下面四条对操作系统的描述中，错误的一条是：

    A. 操作系统是硬件与所有其他软件之间的接口

    B. 在操作系统的指挥控制下，才可能对各种软、硬件资源进行分配、使用

    C. 在操作系统的支撑下，其他软件才得以运行

    D. 计算机没有操作系统，任何软件都可以自由运行

105. 从物理结构角度，人们给计算机网络的定义是：

    A. 由多台计算机、数据传输设备以及若干终端连接的计算机系统

    B. 在网络协议控制下，由多台计算机、数据传输设备、通信设备组成的计算机复合系统

    C. 通过计算机将一个用户的信息传送给另一个用户

    D. 通过计算机存储、再生、加工处理的信息传输和发送的系统

106. 局域网常用的传输介质中，速度最快的是：

    A. 同轴电缆   B. 双绞线

    C. 光纤   D. 电话线

107. 某人以 9%的单利借出 1000 元，借期为 2 年。待归还后，以 8%的复利将上述借出金额的本利和再借出，借期为 3 年。则此人在第 5 年末可以获得的本利和为：

    A. 1463.2 元   B. 1486.46 元

    C. 1496.66 元   D. 1503.32 元

108. 按照概算法分类，建设投资由工程费用、工程建设其他费用及以下哪项费用共三部分构成？

    A. 预备费   B. 建设期利息

    C. 流动资金   D. 土地使用费

109. 以下关于融资租赁的说法，正确的是：

    A. 融资租赁是通过租赁设备融通到所需资金，从而形成债务资金

    B. 融资租赁是通过出租设备融通到所需资金，从而形成项目资本金

    C. 融资租赁具有资本金和债务资金双重性质，属于准股本资金

    D. 融资租赁不能作为成本费用在税前支付，因而不具有抵税作用

110. 在项目资本金现金流量表中，项目正常生产期内，每年现金流出的计算公式为：

    A. 借款本息偿还 + 经营成本 + 税金及附加 + 进项税额 + 应纳增值税 + 所得税

    B. 总成本 + 税金及附加 + 所得税

    C. 经营成本 + 税金及附加 + 所得税

    D. 借款本息偿还 + 总成本 + 税金及附加 + 应纳增值税

111. 某企业计划投资 100 万元建一生产线，寿命期为 10 年，按直线法计提折旧，预计净残值率为 5%。项目预计投资后每年可获得净利润 15 万元，则静态投资回收期为：

    A. 3.92 年   B. 5.08 年

    C. 4.08 年   D. 5.92 年

112. 在投资项目经济评价中进行敏感性分析时，如果主要分析方案状态和参数变化对方案投资回收快慢的影响，可选用的分析指标是：

    A. 静态投资回收期   B. 净现值

    C. 内部收益率   D. 借款偿还期

113. 现有甲、乙、丙、丁四个互斥的投资项目，其有关数据见表。基准收益率为 10%，则应选择：

$\left[已知 (P/A, 10\%, 5) = 3.7908, \quad (P/A, 10\%, 10) = 6.1446 \right]$

方案	甲	乙	丙	丁
净现值（万元）	239	246	312	350
寿命期（年）	5	5	10	10

    A. 方案甲   B. 方案乙

    C. 方案丁   D. 方案丙

114. 在价值工程的一般工作程序中，准备阶段要做的工作包括：

A. 对象选择   B. 功能评价

C. 功能系统分析   D. 收集整理信息资料

115. 根据《中华人民共和国建筑法》的规定，下列关于建设工程分包的描述，正确的是：

A. 工程分包单位的选择，必须经建设单位指定

B. 总承包单位可以将工程分包给其他的分包单位

C. 总承包单位和分包单位就分包工程对建设单位承担连带责任

D. 其他分包单位可以将其承包的工程再分包

116. 根据《中华人民共和国安全生产法》的规定，下列有关从业人员的权利和义务的说法，错误的是：

A. 从业人员有权对本单位的安全生产工作提出建议

B. 从业人员有权对本单位安全生产工作中存在的问题提出批评

C. 从业人员有权拒绝违章指挥和强令冒险作业

D. 从业人员有权停止作业或者撤离作业现场

117. 某建设工程实行公开招标，投标人编制投标文件的依据是：

A. 招标文件的要求   B. 招标方工作人员的要求

C. 资格预审文件的要求   D. 评标委员会的要求

118. 根据《中华人民共和国民法典》的规定，当事人订立合同可以采取要约和承诺方式，下列关于要约的概念，理解错误的是：

A. 要约是希望与他人订立合同的意思表示

B. 要约内容要求具体确定

C. 要约是吸引他人向自己提出订立合同的意思表示

D. 经受要约人承诺，要约人即受该意思表示约束

119. 根据《中华人民共和国节约能源法》的规定，发布节能技术政策大纲的国家主管部门是：

A. 国务院管理节能工作部门会同国务院发展计划部门

B. 国务院管理节能工作部门会同国务院能源主管部门

C. 国务院管理节能工作部门会同国务院建设主管部门

D. 国务院管理节能工作部门会同国务院科技主管部门

120. 根据《建设工程质量管理条例》规定，国家实行建设工程质量监督管理制度，对全国的工程质量实施统一监督管理的部门是：

A. 国务院质量监督主管部门

B. 国务院建设行政主管部门

C. 国务院铁路、交通、水利等主管部门

D. 国务院发展规划部门

2023 年度全国勘察设计注册工程师

执业资格考试试卷

基础考试
（上）

二〇二三年十一月

应考人员注意事项

1. 本试卷科目代码为"1"，考生务必将此代码填涂在答题卡"科目代码"相应的栏目内，否则，无法评分。

2. 书写用笔：**黑色或蓝色钢笔、签字笔或圆珠笔；**

   填涂答题卡用笔：**黑色 2B 铅笔。**

3. 必须用书写用笔将工作单位、姓名、准考证号填写在答题卡和试卷相应的栏目内。

4. 本试卷由 120 题组成，每题 1 分，满分 120 分，本试卷全部为单项选择题，每小题的四个备选项中只有一个正确答案，错选、多选、不选均不得分。

5. 考生作答时，必须按**题号在答题卡上**将相应试题所选选项对应的**字母用 2B 铅笔涂黑。**

6. 在答题卡上书写与题意无关的语言，或在答题卡上作标记的，均按违纪试卷处理。

7. 考试结束时，由监考人员当面将试卷、答题卡一并收回。

8. 草稿纸由各地统一配发，考后收回。

单项选择题（共 120 题，每题 1 分。每题的备选项中，只有一个最符合题意。）

1. 若 $x \to 0$ 时，$f(x)$ 为无穷小，且为 x^2 的高阶无穷小，则 $\lim\limits_{x \to 0} \dfrac{f(x)}{\sin^2 x}$ 等于：

A. 1

B. 0

C. $\dfrac{1}{2}$

D. ∞

2. 设函数 $f(x) = \dfrac{\sin(x-1)}{x^2-1}$，则：

A. $x = 1$ 和 $x = -1$ 均为第二类间断点

B. $x = 1$ 和 $x = -1$ 均为可去间断点

C. $x = 1$ 为第二类间断点，$x = -1$ 为可去间断点

D. $x = 1$ 为可去间断点，$x = -1$ 为第二类间断点

3. 若函数 $y = f(x)$ 在点 x_0 处有不等于零的导数，并且其反函数 $x = g(y)$ 在点 y_0 $[\, y_0 = f(x_0)\,]$ 处连续，则导数 $g'(y_0)$ 等于：

A. $\dfrac{1}{f(x_0)}$

B. $\dfrac{1}{f(y_0)}$

C. $\dfrac{1}{f'(x_0)}$

D. $\dfrac{1}{f'(y_0)}$

4. 设 $y = f(\ln x)e^{f(x)}$，其中 $f(x)$ 为可微函数，则微分 $\mathrm{d}y$ 等于：

A. $e^{f(x)}[f'(\ln x) + f'(x)]\,\mathrm{d}x$

B. $e^{f(x)}\left[\dfrac{1}{x}f'(\ln x) + f'(x)f(\ln x)\right]\mathrm{d}x$

C. $e^{f(x)}f'(\ln x)f'(x)\,\mathrm{d}x$

D. $\dfrac{1}{x}e^{f(x)}f'(\ln x)\,\mathrm{d}x$

5. 设偶函数 $f(x)$ 具有二阶连续导数，且 $f''(0) \neq 0$，则 $x = 0$：

A. 一定不是 $f'(x)$ 取得零值的点

B. 一定不是 $f(x)$ 的极值点

C. 一定是 $f(x)$ 的极值点

D. 不能确定是否为极值点

6. 函数 $y = \dfrac{x^3}{3} - x$ 在区间 $[0, \sqrt{3}]$ 上满足罗尔定理的 ξ 等于：

A. -1

B. 0

C. 1

D. $\sqrt{3}$

7. 若 $y = \tan 2x$ 的一个原函数为 $k\ln(\cos 2x)$，则常数 k 等于：

A. $-\dfrac{1}{2}$

B. $\dfrac{1}{2}$

C. $-\dfrac{4}{3}$

D. $\dfrac{3}{4}$

8. 设 $I = \int_0^{\frac{\pi}{2}} \frac{1}{3 + 2\cos^2 x} \, dx$，则下列关系式中正确的是：

A. $\frac{\pi}{10} \leqslant I \leqslant \frac{\pi}{6}$

B. $\frac{1}{5} \leqslant I \leqslant \frac{1}{3}$

C. $I = \frac{\pi}{6}$

D. $I = \frac{\pi}{10}$

9. 设 $\boldsymbol{\alpha}$、$\boldsymbol{\beta}$ 为两个非零向量，则 $|\boldsymbol{\alpha} \times \boldsymbol{\beta}|$ 等于：

A. $|\boldsymbol{\alpha}||\boldsymbol{\beta}|$

B. $|\boldsymbol{\alpha}||\boldsymbol{\beta}| \cos(\widehat{\boldsymbol{\alpha}, \boldsymbol{\beta}})$

C. $|\boldsymbol{\alpha}| + |\boldsymbol{\beta}|$

D. $|\boldsymbol{\alpha}||\boldsymbol{\beta}| \sin(\widehat{\boldsymbol{\alpha}, \boldsymbol{\beta}})$

10. 设有直线 $\frac{x}{1} = \frac{y}{0} = \frac{z}{-3}$，则该直线必定：

A. 过原点且平行于 oy 轴

B. 过原点且垂直于 oy 轴

C. 不过原点，但垂直于 oy 轴

D. 不过原点，但不平行于 oy 轴

11. 设 $z = \arctan \frac{x}{y}$，则 $\frac{\partial^2 z}{\partial x^2}$ 等于：

A. $\frac{2x}{(x^2 + y^2)^2}$

B. $\frac{x^2 - y^2}{(x^2 + y^2)^2}$

C. $\frac{-2xy}{(x^2 + y^2)^2}$

D. $\frac{y^2}{(x^2 + y^2)^2}$

12. 设区域 D：$x^2 + y^2 \leqslant 1$，则二重积分 $\iint\limits_D e^{-(x^2 + y^2)} \, dx \, dy$ 的值等于：

A. πe^{-1}

B. $-\pi e^{-1}$

C. $\pi(e^{-1} - 1)$

D. $\pi(1 - e^{-1})$

13. 微分方程 $dy - 2x \, dx = 0$ 的一个特解为：

A. $y = -2x$

B. $y = 2x$

C. $y = -x^2$

D. $y = x^2$

14. 设 L 为曲线 $y = \sqrt{x}$ 上从点 $M(1,1)$ 到点 $O(0,0)$ 的有向弧段，则曲线积分 $\int_L \frac{1}{y} \, dx + dy$ 等于：

A. 1

B. -1

C. -3

D. 3

15. 设级数 $\sum\limits_{n=1}^{\infty} \frac{1}{1 + a^n}$ $(a > 0)$，在下面结论中，错误的是：

A. $a > 1$ 时级数收敛

B. $a \leqslant 1$ 时级数收敛

C. $a < 1$ 时级数发散

D. $a = 1$ 时级数发散

16. 下列微分方程中，以 $y = e^{-2x}(C_1 + C_2 x)$（C_1，C_2 为任意常数）为通解的微分方程是：

A. $y'' + 3y' + 2y = 0$ B. $y'' - 4y' + 4y = 0$

C. $y'' + 4y' + 4y = 0$ D. $y'' + 2y = 0$

17. 设函数 $z = xyf\left(\dfrac{y}{x}\right)$，其中 $f(u)$ 可导，则 $x\dfrac{\partial z}{\partial x} + y\dfrac{\partial z}{\partial y}$ 等于：

A. $2xyf(x)$ B. $2xyf(y)$

C. $2xyf\left(\dfrac{y}{x}\right)$ D. $xyf\left(\dfrac{y}{x}\right)$

18. 幂级数 $\sum\limits_{n=1}^{\infty}(2n-1)x^{n-1}$ 在 $|x| < 1$ 内的和函数是：

A. $\dfrac{1}{(1-x)^2}$ B. $\dfrac{1+x}{(1-x)^2}$

C. $\dfrac{x}{(1-x)^2}$ D. $\dfrac{1-x}{(1-x)^2}$

19. 设矩阵 $\boldsymbol{A} = \begin{bmatrix} a_1 & c_1 & d_1 \\ a_2 & c_2 & d_2 \\ a_3 & c_3 & d_3 \end{bmatrix}$，$\boldsymbol{B} = \begin{bmatrix} b_1 & c_1 & d_1 \\ b_2 & c_2 & d_2 \\ b_3 & c_3 & d_3 \end{bmatrix}$，且 $|\boldsymbol{A}| = 1$，$|\boldsymbol{B}| = -1$，则行列式 $|\boldsymbol{A} - 2\boldsymbol{B}|$ 等于：

A. 1 B. 2

C. 3 D. 4

20. 设矩阵 $\boldsymbol{A}_{4\times 3}$，且其秩 $r(\boldsymbol{A}) = 2$，而 $\boldsymbol{B} = \begin{bmatrix} 1 & 0 & 2 \\ 0 & 2 & 1 \\ -1 & 0 & 3 \end{bmatrix}$，则秩 $r(\boldsymbol{AB})$ 等于：

A. 1 B. 2

C. 3 D. 4

21. 设 $\boldsymbol{\alpha}_1, \boldsymbol{\alpha}_2, \boldsymbol{\alpha}_3, \boldsymbol{\alpha}_4$ 为 n 维向量的向量组，已知 $\boldsymbol{\alpha}_1, \boldsymbol{\alpha}_2, \boldsymbol{\alpha}_3$ 线性无关，$\boldsymbol{\alpha}_1, \boldsymbol{\alpha}_2, \boldsymbol{\alpha}_4$ 线性相关，则下列结论中不正确的是：

A. $\boldsymbol{\alpha}_4$ 可以由 $\boldsymbol{\alpha}_1, \boldsymbol{\alpha}_2, \boldsymbol{\alpha}_3$ 线性表示

B. $\boldsymbol{\alpha}_3$ 可以由 $\boldsymbol{\alpha}_1, \boldsymbol{\alpha}_2$ 线性表示

C. $\boldsymbol{\alpha}_4$ 可以由 $\boldsymbol{\alpha}_1, \boldsymbol{\alpha}_2$ 线性表示

D. $\boldsymbol{\alpha}_3$ 不可以由 $\boldsymbol{\alpha}_1, \boldsymbol{\alpha}_2, \boldsymbol{\alpha}_4$ 线性表示

22. 口袋中有 4 个红球、2 个黄球，从中随机取出 3 个球，则取得红球 2 个、黄球 1 个的概率是：

A. $\dfrac{1}{5}$　　　　　　　　　　　　B. $\dfrac{2}{5}$

C. $\dfrac{3}{5}$　　　　　　　　　　　　D. $\dfrac{4}{5}$

23. 设离散型随机变量 X 的分布律为 $\dfrac{X}{P}\begin{array}{|cccc} -1 & 0 & 1 & 2 \\ 0.4 & 0.3 & 0.2 & 0.1 \end{array}$，则数学期望 $E(X^2)$ 等于：

A. 0　　　　　　　　　　　　B. 1

C. 2　　　　　　　　　　　　D. 3

24. 若二维随机变量 (X,Y) 的联合概率密度为 $f(x,y)=\begin{cases} axe^{-(x^2+y)} & x\geqslant 0,\ y\geqslant 0 \\ 0 & \text{其他} \end{cases}$，则常数 a 的值为：

A. -1　　　　　　　　　　　　B. 1

C. 2　　　　　　　　　　　　D. 3

25. 在标准状态下，理想气体的压强和温度分别为：

A. $1.013\times10^4\text{Pa}$，273.15K　　　　　　B. $1.013\times10^4\text{Pa}$，263.15K

C. $1.013\times10^5\text{Pa}$，273.15K　　　　　　D. $1.013\times10^5\text{Pa}$，263.15K

26. 设分子的有效直径为 d，单位体积内分子数为 n，则气体分子的平均自由程 $\bar{\lambda}$：

A. $\dfrac{1}{\sqrt{2}\pi d^2 n}$　　　　　　　　　　B. $\sqrt{2}\pi d^2 n$

C. $\dfrac{n}{\sqrt{2}\pi d^2}$　　　　　　　　　　D. $\dfrac{\sqrt{2}\pi d^2}{n}$

27. 设在一热力学过程中，气体的温度保持不变，而单位体积内分子数 n 减少，此过程为：

A. 等温压缩过程　　　　　　　　B. 等温膨胀过程

C. 等压膨胀过程　　　　　　　　D. 等压压缩过程

28. 一定量的单原子分子理想气体，分别经历等压膨胀过程和等体升温过程，若两过程中的温度变化 ΔT 相同，则两过程中气体吸收能量之比 $\dfrac{Q_\text{P}}{Q_\text{V}}$ 为：

A. 1/2　　　　　　　　　　　　B. 2/1

C. 3/5　　　　　　　　　　　　D. 5/3

29. 一瓶氦气和一瓶氮气，单位体积内分子数相同，分子的平均平动动能相同，则它们：

    A. 温度和质量密度均相同

    B. 温度和质量密度均不同

    C. 温度相同，但氦气的质量密度大

    D. 温度相同，但氮气的质量密度大

30. 一平面简谐波的表达式为 $y = 0.1\cos(3\pi t - \pi x + \pi)$ (SI)，则：

    A. 原点 O 处质元振幅为 -0.1m   B. 波长为 3m

    C. 相距1/4波长的两点相位差为π/2   D. 波速为 9m/s

31. 一余弦横波以速度 u 沿 x 轴正向传播，t 时刻波形曲线如图所示，此刻，振动速度向上的质元为：

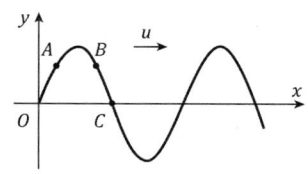

    A. B、C B. A、B

    C. A、C D. A、B、C

32. 一机械波在均匀弹性媒质中传播时，波中一质元：

    A. 能量最大时，速度值最大，弹性形变最大

    B. 能量最大时，速度值最小，弹性形变最大

    C. 能量最小时，速度值最大，弹性形变最大

    D. 能量最小时，速度值最小，弹性形变最大

33. 波的平均能量密度与：

    A. 振幅的平方成正比，与频率的平方成反比

    B. 振幅的平方成正比，与频率的平方成正比

    C. 振幅的平方成反比，与频率的平方成反比

    D. 振幅的平方成反比，与频率的平方成正比

34. 在双缝干涉实验中，波长$\lambda = 550\text{nm}$的单色平行光垂直入射到缝间距$a = 2 \times 10^{-4}\text{m}$的双缝上，屏到双缝的距离$D = 2\text{m}$，则中央明条纹两侧第 10 级明纹中心的间距为：

A. 11m

B. 1.1m

C. 0.11m

D. 0.011m

35. P_1、P_2为偏振化方向相互平行的两个偏振片，光强为I_0的自然光依次垂直入射到P_1、P_2上，则通过P_2的光强为：

A. I_0

B. $2I_0$

C. $I_0/2$

D. $I_0/4$

36. 一束波长为λ的平行单色光垂直入射到一单缝AB上，装置如图所示，在屏幕 D 上形成衍射图样，如果P是中央亮纹一侧第一个暗纹所在的位置，则BC的长度为：

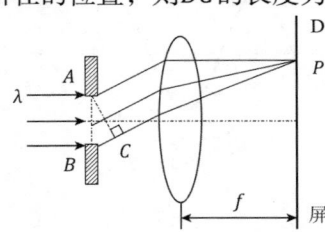

A. $\lambda/2$

B. λ

C. $3\lambda/2$

D. 2λ

37. 用来描述原子轨道形状的量子数是：

A. n

B. l

C. m

D. m_s

38. 下列分子中，偶极矩不为零的是：

A. NF_3

B. BF_3

C. $BeCl_2$

D. CO_2

39. 下列溶液混合，对酸碱都有缓冲能力的溶液是：

A. 100mL 0.2mol/L HOAc 与 100mL 0.1mol/L NaOH

B. 100mL 0.1mol/L HOAc 与 100mL 0.1mol/L NaOH

C. 100mL 0.1mol/L HOAc 与 100mL 0.2mol/L NaOH

D. 100mL 0.2mol/L HCl 与 100mL 0.1mol/L $NH_3 \cdot H_2O$

40. 在 0.1L 0.1mol/L 的 HOAc 溶液中,加入 10g NaOAc 固体,溶液 pH 值的变化是:

    A. 降低   B. 升高

    C. 不变   D. 无法判断

41. 下列叙述正确的是:

    A. 质量作用定律适用于任何化学反应

    B. 反应速率常数数值取决于反应温度、反应物种类及反应物浓度

    C. 反应活化能越大,反应速率越快

    D. 催化剂只能改变反应速率而不会影响化学平衡状态

42. 对于一个处于平衡状态的化学反应,以下描述正确的是:

    A. 平衡混合物中各物质的浓度都相等   B. 混合物的组分不随时间而改变

    C. 平衡状态下正逆反应速率都为零   D. 反应的活化能是零

43. 已知 $E^{\ominus}(ClO_3^-/Cl^-) = 1.45V$,现测得 $E(ClO_3^-/Cl^-) = 1.41V$,并测得 $C(ClO_3^-) = C(Cl^-) = 1mol/L$,可判断电极中:

    A. pH = 0   B. pH > 0

    C. pH < 0   D. 无法判断

44. 分子式为 C_4H_9Cl 的同分异构体有几种?

    A. 4 种   B. 3 种

    C. 2 种   D. 1 种

45. 下列关于烯烃的叙述正确的是:

    A. 分子中所有原子处于同一平面的烃是烯烃

    B. 含有碳碳双键的有机物是烯烃

    C. 能使溴水褪色的有机物是烯烃

    D. 分子式为 C_4H_8 的链烃一定是烯烃

46. 下列化合物属于酚类的是：

A. $CH_3CH_2CH_2OH$

B.

C.

D.

47. 固定在杆AB上的销钉E置于构件CD的光滑槽内，如图所示。已知：重物重力F_P用绳绕过光滑的销钉B而系在点D，$AE = EC = AC$。则销钉E处约束力的作用线与x轴正方向所成的夹角为：

A. $0°$

B. $90°$

C. $60°$

D. $30°$

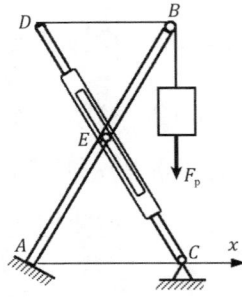

48. 图示等边三角板ABC，边长为a，沿其边缘作用大小均为F的力F_1、F_2、F_3，方向如图所示。则此力系向A点简化的结果为：

A. 平衡情况

B. 主矢和主矩

C. 一合力偶

D. 一合力

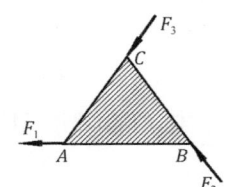

49. 图示平面构架，由直角杆ABC与杆BD、CE铰接而成，各杆自重不计。已知：均布荷载q，尺寸a，则支座E的约束力为：

A. $F_{Ex} = 0$，$F_{Ey} = 3qa/2$（↓）

B. $F_{Ex} = 0$，$F_{Ey} = 3qa/2$（↑）

C. $F_{Ex} = 0$，$F_{Ey} = 5qa/2$（↓）

D. $F_{Ex} = 0$，$F_{Ey} = 5qa/2$（↑）

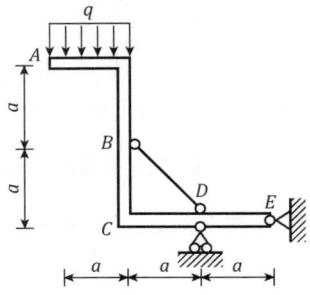

50. 重W的物块自由地放在倾角为α的斜面上。若物块与斜面间的静摩擦因数$\mu = 0.4$，且$W = 60\text{kN}$，$\alpha = 30°$，则该物块的状态为：

A. 静止状态

B. 临界平衡状态

C. 滑动状态

D. 条件不足，不能确定

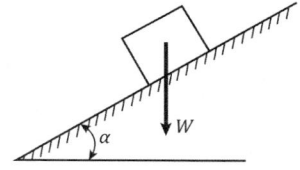

51. 点沿直线运动，其速度$v = t^2 - 20$（速度单位为 m/s）。已知当$t = 0$时，$x = -15\text{m}$，则点的运动方程为：

A. $x = 3t^3 - 20t - 15$ \qquad B. $x = t^3 - 20t - 15$

C. $x = \frac{1}{3}t^3 - 20t$ \qquad D. $x = \frac{1}{3}t^3 - 20t - 15$

52. 一摆按照$\varphi = \varphi_0 \cos\left(\frac{2\pi}{T}t\right)$的运动规律绕固定轴$O$摆动，如图所示。如摆的重心到转动轴的距离$OC = l$，在摆经过平衡位置时，其重心$C$的速度和加速度的大小为：

A. $v = 0$，$a = \frac{4\pi^2 \varphi_0 l}{T^2}$

B. $v = \frac{2\pi\varphi_0 l}{T}$，$a = \frac{4\pi^2 \varphi_0^2 l}{T^2}$

C. $v = 0$，$a = \frac{4\pi^2 \varphi_0^2 l}{T^2}$

D. $v = \frac{2\pi\varphi_0 l}{T^2}$，$a = \frac{4\pi^2 \varphi_0^2 l}{T}$

53. 固连在一起的两滑轮，其半径分别为$r = 5\text{cm}$，$R = 10\text{cm}$，A、B两物体与滑轮以绳相连，如图所示。已知物体A以运动方程$s = 80t^2$向下运动（s以 cm 计，t以 s 计），则重物B向上运动的方程为：

A. $s_B = 160t^2$

B. $s_B = 400t^2$

C. $s_B = 800t^2$

D. $s_B = 40t^2$

54. 汽车重力 P，以匀速 v（低速）驶过拱桥，在桥顶处曲率半径为 R，在此处桥面给汽车的约束力大小为：

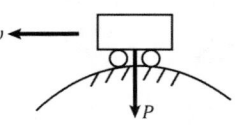

A. P

B. $P + \dfrac{Pv^2}{gR}$

C. $P - \dfrac{Pv^2}{gR}$

D. $P - \dfrac{Pv}{gR}$

55. 均质圆环的质量为 m，半径为 R，圆环绕 O 轴的摆动规律为 $\varphi = \omega t$，ω 为常数。图示瞬时圆环动量的大小为：

A. $mR\omega$

B. $2mR\omega$

C. $3mR\omega$

D. $0.5mR\omega$

56. 手柄 AB 长 $25m$，质量为 $60kg$。在柄端 B 处作用有垂直于手柄大小为 $400N$ 的力 F，如图所示。当 φ 角从零逐渐增大至 $60°$ 时，其角加速度的变化为：

A. 逐渐减小

B. 逐渐增大

C. 保持不变

D. 无法判断

57. 物块 A 质量为 $8kg$，静止放在无摩擦的水平面上。另一质量为 $4kg$ 的物块 B 被绳系住，如图所示。其滑轮无摩擦，若物块的加速度为 $a = 3.3m/s^2$，则物块 A 的惯性力是：

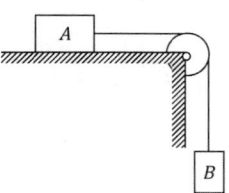

A. $26.4N$（→）

B. $26.4N$（←）

C. $13.2N$（←）

D. $13.2N$（→）

58. 小球质量为m，刚接于杆的一端，杆的另一端铰接于O点。杆长l，在其中点A的两边各连接一刚度为k的弹簧，如图所示。如杆及弹簧的质量不计，小球可视为一质点，其系统做微摆动时的运动微分方程为$ml^2\ddot{\varphi}=\left(mgl-\frac{1}{4}l^2k\right)\varphi$，则该系统的固有圆频率为：

A. $\sqrt{\dfrac{lk+4mg}{4ml}}$

B. $\sqrt{\dfrac{4mg-lk}{4ml}}$

C. $\sqrt{\dfrac{lk-2mg}{2ml}}$

D. $\sqrt{\dfrac{lk-4mg}{4ml}}$

59. 下面因素中，与静定杆件的截面内力有关的是：

A. 截面形状   B. 截面面积

C. 截面位置   D. 杆件的材料

60. 变截面杆AC，轴向受力如图所示。已知杆的BC段面积$A=2500\text{mm}^2$，AB段横截面积为$4A$，杆的最大拉应力是：

A. 30MPa   B. 40MPa

C. 80MPa   D. 120MPa

61. 图示套筒和圆轴用安全销钉连接，承受扭转力矩为T，已知安全销直径为d，圆轴直径为D，套筒的厚度为t，材料均相同，则图示结构发生剪切破坏的剪切面积是：

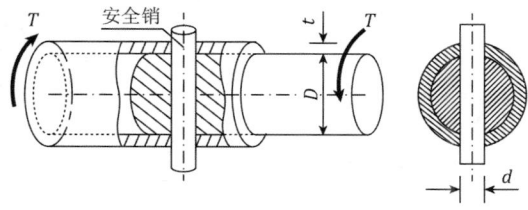

A. $A=\dfrac{\pi d^2}{4}$ B. $A=\dfrac{\pi D^2}{4}$

C. $A=\dfrac{\pi(D^2-d^2)}{4}$ D. $A=dt$

62. 空心圆轴的外径为D，内径为d，且$D = 2d$。其抗扭截面系数为：

A. $\frac{7\pi}{16}d^3$

B. $\frac{7\pi}{32}d^3$

C. $\frac{15\pi}{16}d^3$

D. $\frac{15\pi}{32}d^3$

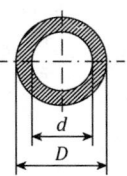

63. 圆截面试件破坏后的端口为如图所示螺旋面，符合该力学现象的可能是：

A. 低碳钢扭转破坏

B. 铸铁扭转破坏

C. 低碳钢压缩破坏

D. 铸铁压缩破坏

64. 图示各圆形平面的半径相等，其中图形关于坐标轴x、y的静矩S_x、S_y均为正值的是：

   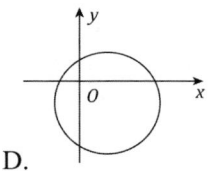

A.   B.   C.   D.

65. 悬臂梁在图示荷载下的剪力图如图所示，则梁上的分布载荷q和集中力F的数值分别为：

A. $q = 12\text{kN/m}$；$F = 4\text{kN}$

B. $q = 12\text{kN/m}$；$F = 6\text{kN}$

C. $q = 6\text{kN/m}$；$F = 10\text{kN}$

D. $q = 6\text{kN/m}$；$F = 6\text{kN}$

66. 矩形截面悬臂梁，截面的高度为h，宽度为b，且$h = 1.5b$，采用如图所示两种放置方式。两种情况下，最大弯曲正应力比值$\frac{\sigma_{a\max}}{\sigma_{b\max}}$为：

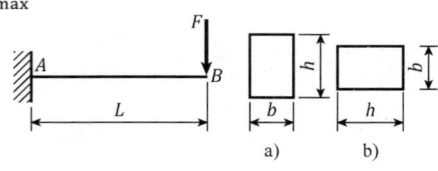

A. $\frac{9}{4}$ B. $\frac{4}{9}$

C. $\frac{3}{2}$ D. $\frac{2}{3}$

67. 悬臂梁AB由两根相同的矩形截面梁叠合而成，接触面之间无摩擦力。假设两杆的弯曲变形相同，在力F作用下梁的B截面挠度为V_B。若将两根梁黏结成一个整体，则该梁B截面的挠度是原来的：

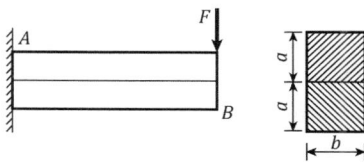

    A. $\dfrac{1}{8}$ B. $\dfrac{1}{4}$

    C. $\dfrac{1}{2}$ D. 不变

68. 主单元体的应力状态如图所示，其最大切应力所在的平面是：

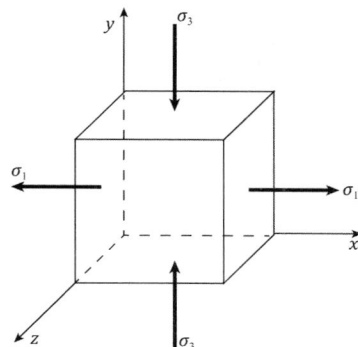

    A. 与x轴平行，法向与y轴成 45°

    B. 与y轴平行，法向与x轴成 45°

    C. 与z轴平行，法向与x轴成 45°

    D. 法向分别与x、y、z轴成 45°

69. 直径为d的等直圆杆，在危险截面上同时承受弯矩M和扭矩T，按第三强度理论，其相当应力σ_{eq3}是：

    A. $\dfrac{32\sqrt{M^2+T^2}}{\pi d^3}$ B. $\dfrac{32\sqrt{M^2+4T^2}}{\pi d^3}$

    C. $\dfrac{16\sqrt{M^2+T^2}}{\pi d^3}$ D. $\dfrac{16\sqrt{M^2+0.75T^2}}{\pi d^3}$

70. 图示 4 根细长（大柔度）压杆，弯曲刚度均为EI。其中最先失稳的压杆是：

    A.   B.   C.   D.

71. 空气的动力黏性系数随温度的升高而：

A. 增大
B. 减小

C. 不变
D. 先减小然后增大

72. 密闭水箱内水深 2m，自由面上的压强为 50kPa。假定当地大气压为 101kPa，则水箱底部 A 点的真空度为：

A. −51kPa
B. 31.4kPa

C. 51kPa
D. −31.4kPa

73. 采用欧拉法研究流体的变化情况，研究的是：

A. 每个质点的流动参数
B. 每个质点的轨迹

C. 每个空间点上的流动参数
D. 每个空间点的质点轨迹

74. 如图所示，两个水箱用两段不同直径的管道连接，1~3 管段长 $l_1 = 10m$，直径 $d_1 = 200mm$，$\lambda_1 = 0.019$；3~6 管段长 $l_2 = 10m$，直径 $d_2 = 100mm$，$\lambda_2 = 0.018$。管道中的局部管件：1 为入口（$\xi_1 = 0.5$）；2 和 5 为 90°弯头（$\xi_2 = \xi_5 = 0.5$）；3 为渐缩管（$\xi_3 = 0.024$）；4 为闸阀（$\xi_4 = 0.5$）；6 为管道出口（$\xi_6 = 1$）。若两水箱水面高度差为 5.204m，则输送流量为：

A. 30L/s
B. 40L/s

C. 50L/s
D. 60L/s

75. 黏性液体测压管水头线沿程的变化是：

A. 沿程下降
B. 沿程上升

C. 保持水平
D. 以上三种都有可能

76. 梯形排水沟，边坡系数相同，上边宽 2m，下底宽 8m，水深 4m，则水力半径为：

A. 1.0m
B. 1.11m
C. 1.21m
D. 1.31m

77. 潜水完全井抽水量大小与相关物理量的关系是：

A. 与井半径成正比
B. 与井的影响半径成正比
C. 与含水层厚度成正比
D. 与土体渗透系数成正比

78. 设L为长度量纲，T为时间量纲，沿程损失系数的量纲为：

A. m
B. m/s
C. m²/s
D. 无量纲

79. 通过外力使某导体在磁场中运动时，会在导体内部产生电动势，那么，在不改变运动速度和磁场强弱的前提下，若使该电动势达到最大值，应使导体的运动方向与磁场方向：

A. 相同
B. 相互垂直
C. 相反
D. 呈 45°夹角

80. 关于欧姆定律的描述，错误的是：

A. 参数为R的电阻元件的伏安关系
B. 含源线性网络的伏安关系
C. 无源线性电阻网络的伏安关系
D. 任意线性耗能元件的伏安关系

81. 在图示电路中，各电阻元件的参数及U_s、I_s均已知，方程（1）$I_1 - I_2 - I_3 = 0$，（2）$I_3 - I_4 + I_5 = 0$，（3）$R_2 I_2 - R_3 I_3 - R_4 I_4 = 0$，是为了采用支路电流法求解 4 个未知电流$I_1 \sim I_4$所列写的，在此基础上，还应补充的方程是：

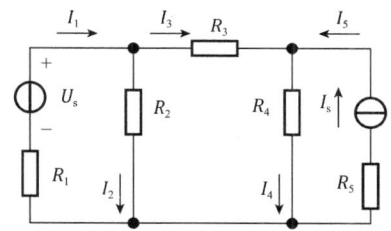

A. $I_5 = I_s$

B. $-I_1 + I_2 + I_4 - I_5 = 0$

C. $R_4 I_4 + R_5 I_5 = 0$

D. $R_2 I_2 + R_1 I_1 = U_s$

82. 图示电路中，$u(t) = 10\sin 1000t\,\mathrm{V}$，$I_L = 0.1\mathrm{A}$，$I_C = 0.1\mathrm{A}$，当激励$u(t)$改为$u(t) = 10\sin 2000t\,\mathrm{V}$后：

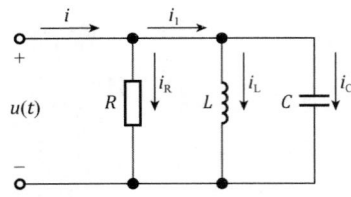

A. $I_L < 0.1\mathrm{A}$，$I_C > 0.1\mathrm{A}$，$I \neq I_R$

B. $I_L > 0.1\mathrm{A}$，$I_C < 0.1\mathrm{A}$，$I = 0$

C. $I_L < 0.1\mathrm{A}$，$I_C > 0.1\mathrm{A}$，$I = I_R$

D. $I_L > 0.1\mathrm{A}$，$I_C < 0.1\mathrm{A}$，$I = I_R$

83. 正弦交流电流，i_1和i_2的频率相同，有效值均为$1\mathrm{A}$，且i_1超前$i_2\,45°$，则下列关系式（1）~（4），正确的是：

（1）$i_1 = \sqrt{2}\sin(\omega t + \varphi_1)\mathrm{A}$，$i_2 = \sqrt{2}\sin(\omega t + \varphi_1 + 45°)\mathrm{A}$

（2）$i_1 = \sqrt{2}\sin(\omega t + \varphi_1)\mathrm{A}$，$i_2 = \sqrt{2}\sin(\omega t + \varphi_1 - 45°)\mathrm{A}$

（3）$\dot{I}_1 = 1.0\angle\varphi_1\mathrm{A}$，$\dot{I}_2 = 1.0\angle(\varphi_1 - 45°)\mathrm{A}$

（4）$\dot{I}_1 = 1.0\angle(\omega t + \varphi_1)\mathrm{A}$，$\dot{I}_2 = 1.0\angle(\omega t + \varphi_1 + 45°)\mathrm{A}$

A.（1）和（2）

B.（2）和（3）

C.（3）和（4）

D.（1）和（4）

84. 图示电路中，$R_1 = 100\Omega$，$R_2 = 150\Omega$，$X_L = 100\Omega$，$X_C = 150\Omega$，$I_1 = 1\mathrm{A}$，$I_2 = 0.67\mathrm{A}$，则电路的有功功率、无功功率和视在功率分别为：

A. $167\mathrm{W}$，$167\mathrm{var}$，$334\mathrm{VA}$

B. $250\mathrm{W}$，$33\mathrm{var}$，$252\mathrm{VA}$

C. $167\mathrm{W}$，$-33\mathrm{var}$，$134\mathrm{VA}$

D. $167\mathrm{W}$，$33\mathrm{var}$，$170\mathrm{VA}$

85. 设图示变压器为理想器件，若希望图示电路达到阻抗匹配，应满足关系式：

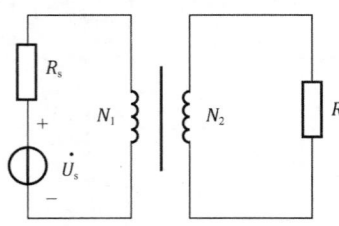

A. $\dfrac{R_L N_1^2}{N_2^2} = R_s$

B. $R_L = R_s$

C. $\dfrac{R_L N_1}{N_2} = R_s$

D. $\dfrac{R_s N_1^2}{N_2^2} = R_L$

86. 设电动机M_1和M_2协同工作，其中，电动机M_1通过接触器1KM控制，电动机M_2通过接触器2KM控制，若采用图示控制电路方案，则电动机M_1一旦运行，按下$2SB_{stp}$再抬起，则：

A. M_2暂时停止，然后恢复运动

B. M_2一直处于停止工作状态

C. M_1停止工作

D. M_1、M_2同时停止工作

87. 关于信号与信息，下述说法正确的是：

A. 仅信息可观测   B. 仅信号可观测

C. 信号和信息均可观测   D. 信号和信息均不可观测

88. 设16进制数$D_1 = (11)_{16}$，8进制数$D_2 = (21)_8$，则：

A. $D_1 = D_2$ B. $D_1 > D_2$

C. $D_1 < D_2$ D. D_1和D_2无法进行大小的比较

89. 数字信号是一种代码信号，在下述说法中，错误的是：

A. 用来给信息编码的符号称为代码，来表示代码的信号称为代码信号

B. 代码是抽象的，代码信号是具体的

C. 用0、1代码表示的信号称为数字信号

D. 数字信号是一种时间信号，可以按照时间信号的一般性分析方法对它进行分析和处理

90. 一个方波信号$u(t)$由若干个谐波分量构成$u(t) = \sqrt{2}U_1 \sin(\omega t + \psi_1) + \sqrt{2}U_3 \sin(3\omega t + \psi_3) + \sqrt{2}U_5 \sin(5\omega t + \psi_5) + \cdots$，则一定有：

A. $U_1 < U_3 < U_5$ B. $\psi_1 < \psi_3 < \psi_5$

C. $U_5 < U_3 < U_1$ D. $\psi_5 < \psi_3 < \psi_1$

91. 某模拟信号放大器输入与输出之间的关系如图所示，如果信号放大器的输出 $u_o = 10V$，那么，此时输入信号 u_i 一定：

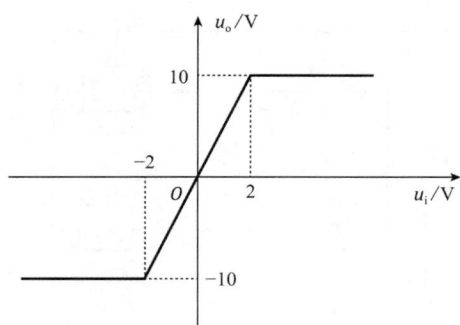

A. 小于 2V

B. 等于 2V

C. 小于或等于 2V

D. 大于或等于 2V

92. 逻辑函数 $F = \overline{\overline{AB}} + \overline{\overline{BC}} + \overline{AB}$ 的简化结果是：

A. $F = C + AB$

B. $F = C + \overline{AB}$

C. $F = C$

D. $F = C + \overline{A}\overline{B}$

93. 二极管应用电路及输入、输出波形如图所示，若错将图中二极管 D_3 反接，则：

A. 会出现对电源的短路事故

B. 电路成为半波整流电路

C. $D_1 \sim D_4$ 均无法导通

D. 输出电压将反相

94. 晶体三极管放大电路如图所示，该电路的小信号模型为：

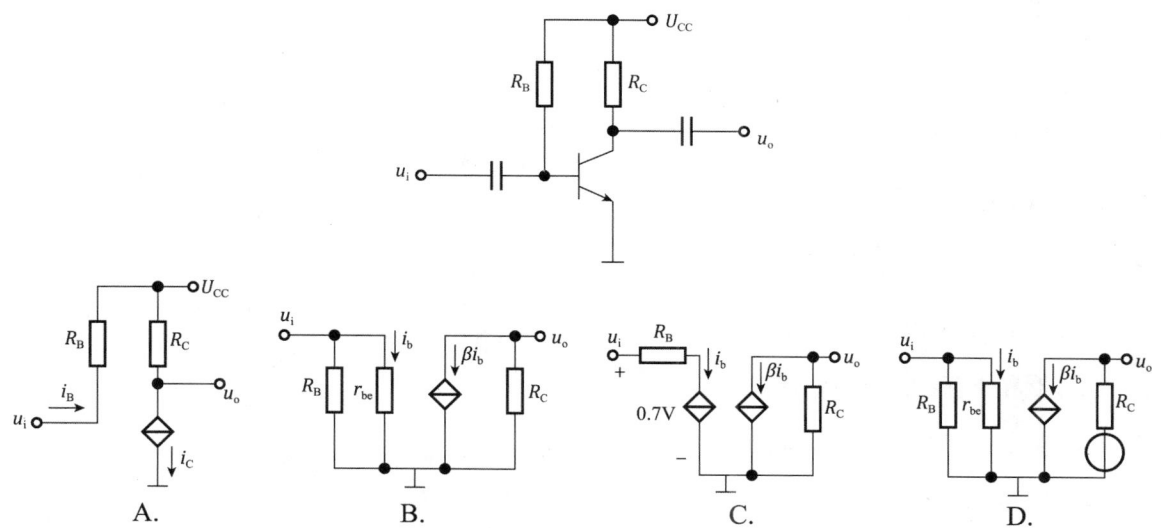

A.　　　　　B.　　　　　C.　　　　　D.

95. 图示逻辑门的输出F_1和F_2分别为：

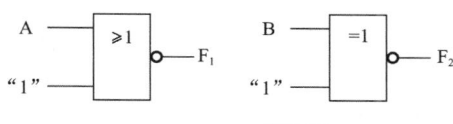

A. 0和B

B. $\overline{A}$和$\overline{B}$

C. A和$\overline{B}$

D. A和B

96. 电路如图 a）所示，复位信号、数据输入及时钟脉冲信号如图 b）所示，经分析可知，在第一个和第二个时钟脉冲下降沿，输出 Q 先后等于：

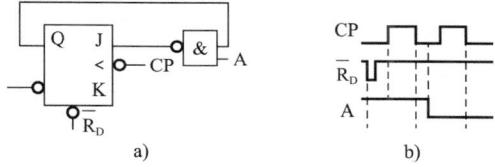

a）　　　　　　　b）

附：JK 触发器的逻辑状态表为：

J	K	Q_{n+1}
0	0	Q_n
0	1	0
1	0	1
1	1	$\overline{Q}^n$

A. 0　0

B. 0　1

C. 1　0

D. 1　1

97. 按照内部逻辑结构的不同，计算机可分为 CISC 和 RISC 两类，其中指令系统中的指令条数最少的是：

    A. 16 位的数字计算机

    B. 复杂指令系统计算机

    C. 精简指令系统计算机

    D. 由 CISC 和 RISC 混合而成的 64 位计算机

98. 中央处理器简称 CPU，它主要是由：

    A. 运算器和寄存器两部分组成的

    B. 运算器和控制器两部分组成的

    C. 运算器和内存两部分组成的

    D. 运算器和主机两部分组成的

99. 操作系统是系统软件中的：

    A. 核心系统软件

    B. 关键性的硬件部分

    C. 不可替代的应用软件

    D. 外部设备的接口软件

100. 分时操作系统的主要特点是：

    A. 每个用户都在独占计算机的资源

    B. 会自动地控制作业流的运行

    C. 具有高可靠性、安全性和系统性

    D. 具有同时性、交互性和独占性

101. 下面各数中最小的是：

    A. 二进制数 10100000.11   B. 八进制数 240.6

    C. 十进制数 160.5   D. 十六进制数 A0.F

102. 构成图像的最小单位是像素，总的像素数量也叫：

    A. 点距   B. 像素点

    C. 像素   D. 分辨率

103. 一般将计算机病毒分成多种类型，下列表述不正确的是：

    A. 引导区型   B. 混合型

    C. 破坏型、依附型   D. 文件型、宏病毒型

104. 一条计算机指令中，通常包含：

    A. 数据和字符   B. 操作码和操作数

    C. 运算符和数据   D. 运算数和结果

105. 下列不属于网络软件的是：

    A. 网络操作系统   B. 网络协议

    C. 网络应用软件   D. 办公自动化系统

106. 局域网与广域网有着完全不同的运行环境，在局域网中：

    A. 跨越长距离，且可以将两个或多个局域网和/或主机连接在一起

    B. 所有设备和网络的带宽都由用户自己掌握，可以任意使用、维护和升级

    C. 用户无法拥有广域网连接所需的技术设备和通信设施，只能由第三方提供

    D. 2Mbit/s 的速率就已经是相当可观的了

107. 某地区筹集一笔捐赠款用于一座永久性建筑物的日常维护。捐款以 8% 的复利年利率存入银行。该建筑物每年的维护费用为 2 万元。为保证正常的维护费用开支，该笔捐款应不少于：

    A. 50 万元   B. 33.3 万元

    C. 25 万元   D. 12.5 万元

108. 以下关于增值税的说法，正确的是：

    A. 增值税是营业收入征收的一种所得税

    B. 增值税是价内税，包括在营业收入中

    C. 增值税应纳税额一般按生产流通或劳务服务各个环节的增值额乘以适用税率计算

    D. 作为一般纳税人的建筑企业，增值税应按税前造价的 3% 缴纳

109. 某项目发行长期债券融资，票面总金额为 4000 万元，按面值发行，票面利率为 8%，每年付息一次，到期一次还本。所得税率为 25%，忽略发行费率。则其资金成本率为：

A. 5.46%　　　　　　　　　　　　　　B. 6%

C. 7.5%　　　　　　　　　　　　　　D. 8%

110. 项目的静态投资回收期是：

A. 净现值为零的年限　　　　　　　　B. 净现金流量为零的年限

C. 累计折现净现金流量为零的年限　　D. 累计净现金流量为零的年限

111. 某建设项目在进行财务分析时得到如下数据：当 $i_1 = 12\%$ 时，净现值为 460 万元；当 $i_2 = 16\%$ 时，净现值为 130 万元；当 $i_3 = 18\%$ 时，净现值为 −90 万元。基准收益率为 10%。该项目的内部收益率应：

A. 在 10% ~ 12% 之间　　　　　　　B. 在 12% ~ 16% 之间

C. 在 16% ~ 18% 之间　　　　　　　D. 大于 18%

112. 图示为某项目通过不确定性分析得出的结果。图中各条直线斜率的含义为各影响因素对内部收益率的：

A. 敏感性系数　　　　　　　　　　　B. 盈亏平衡系数

C. 变异系数　　　　　　　　　　　　D. 临界系数

113. 现有甲、乙、丙、丁四个互斥的项目方案，各方案预计的投资额和年经营成本各不相同，但预计销售收入相同。有关数据见表，基准收益率为 10%。则应选择：

[已知 $(P/A, 10\%, 5) = 3.7908$，$(P/A, 10\%, 10) = 6.1446$]

方案	甲	乙	丙	丁
费用现值（万元）	350	312	570	553
寿命期（年）	5	5	10	10

A. 甲方案

B. 乙方案

C. 丙方案

D. 丁方案

114. 价值工程活动的关键环节之一是进行价值工程对象选择，下列方法中，用于价值工程对象选择的方法是：

A. 决策树法

B. 净现值法

C. 目标成本法

D. ABC 分析法

115. 根据《中华人民共和国建筑法》规定，建筑工程监理应当依照法律、行政法规及有关的技术标准、设计文件和建筑工程承包合同，代表建设单位对承包单位实施监督，监理的内容不包括：

A. 施工质量

B. 建设工期

C. 建设资金使用

D. 施工成本

116. 根据《中华人民共和国安全生产法》的规定，对未依法取得批准为验收合格的单位擅自从事有关活动的，负责行政审批部门发现后，正确的处理方式是：

A. 下达整改通知单，责令改正

B. 责令停止活动，并依法予以处理

C. 立即予以取缔，并依法予以处理

D. 吊销资质证书，并依法予以处理

117. 某投标人在招标文件规定的提交投标文件截止时间前 1 天提交了投标文件，为了稳妥起见，开标前 10 分钟又提交了一份补充文件，并书面通知了招标人。下列关于该投标文件及其补充文件的处理，正确的是：

A. 该补充文件的内容为投标文件的组成部分

B. 为了不影响按时开标，招标人应当拒收补充文件

C. 该投标人的补充文件涉及报价无效

D. 因为该投标人提交了 2 份文件，其投标文件应作废标处理

118. 某施工单位在保修期结束撤离现场时，告知建设单位屋顶防水的某个部位是薄弱环节，日常使用时应当引起注意，从合同履行的原则上讲，施工单位遵循的是：

A. 全面履行的原则

B. 适当履行的原则

C. 公平履行的原则

D. 环保原则

119. 依据《中华人民共和国环境保护法》，国务院环境保护行政主管部门制定国家污染物排放标准的依据是

A. 国家经济条件、人口状况和技术水平

B. 国家环境质量标准、技术水平和社会发展状况

C. 国家技术条件、经济条件和污染物治理状况下

D. 国家环境质量标准和国家经济、技术条件

120. 某建设工程项目需要拆除，建设单位应当向工程所在地的县级以上地方人民政府建设行政主管部门或者其他有关部门办理有关资料的备案，其需要报送的资料不包括：

A. 施工单位资质等级证明

B. 拆除施工组织方案

C. 堆放、清除废弃物的措施

D. 需要拆除的理由

2024 年度全国勘察设计注册工程师

执业资格考试试卷

基础考试

（上）

二〇二四年十一月

应考人员注意事项

1. 本试卷科目代码为"1"，考生务必将此代码填涂在答题卡"科目代码"相应的栏目内，否则，无法评分。

2. 书写用笔：**黑色或蓝色钢笔、签字笔或圆珠笔；**

   填涂答题卡用笔：**黑色 2B 铅笔。**

3. 必须用书写用笔将工作单位、姓名、准考证号填写在答题卡和试卷相应的栏目内。

4. 本试卷由 120 题组成，每题 1 分，满分 120 分，本试卷全部为单项选择题，每小题的四个备选项中只有一个正确答案，错选、多选、不选均不得分。

5. 考生作答时，必须按**题号在答题卡上**将相应试题所选选项对应的**字母用 2B 铅笔涂黑。**

6. 在答题卡上书写与题意无关的语言，或在答题卡上作标记的，均按违纪试卷处理。

7. 考试结束时，由监考人员当面将试卷、答题卡一并收回。

8. 草稿纸由各地统一配发，考后收回。

单项选择题（共 120 题，每题 1 分。每题的备选项中，只有一个最符合题意。）

1. $\lim\limits_{x\to 0}\dfrac{2\sin x+x^2\sin\frac{1}{x}}{(1+x)^x\ln(1-x)}$ 的值等于：

   A. -2 B. -3

   C. $-2e^{-1}$ D. $-3e^{-1}$

2. 当 $x\neq 0$ 时，$f(x)=\dfrac{1-\sqrt{1-x}}{1-\sqrt[3]{1-x}}$，为了使 $f(x)$ 在点 $x=0$ 处连续，则应补充定义 $f(0)$ 应是：

   A. $\dfrac{1}{2}$ B. 1

   C. $\dfrac{3}{2}$ D. 3

3. 若 $f(x)$ 在点 $x=0$ 处的某邻域内连续，且 $f(x)=f(0)-3x+\alpha(x)$，又 $\lim\limits_{x\to 0}\dfrac{\alpha(x)}{x}=0$，则 $f(x)$ 在点 $x=0$ 的导数应是：

   A. 0 B. 1

   C. 3 D. -3

4. 设函数 $y=f[x+\varphi(x)]$，其中 $f(x)$，$\varphi(x)$ 均具有二阶导数，则二阶导数 $\dfrac{d^2y}{dx^2}$ 等于：

   A. $f''[x+\varphi(x)][1+\varphi'(x)]^2$

   B. $f''[x+\varphi(x)][1+\varphi'(x)]^2+f'[x+\varphi(x)]\varphi''(x)$

   C. $f''[x+\varphi(x)]\varphi''(x)$

   D. $f''[x+\varphi(x)][1+\varphi'(x)]+f'[x+\varphi(x)]\varphi''(x)$

5. 可导函数在某一点的导数为零是此函数在该点有极值的：

   A. 充要条件   B. 充分条件

   C. 必要条件   D. 既非充分又非必要条件

6. 曲线 $y=e^{-\frac{x^2}{2}}$ 在 $x>0$ 条件下的凹区间是：

   A. $(0,+\infty)$ B. $(0,1)$

   C. $(1,+\infty)$ D. $\left(\dfrac{1}{2},+\infty\right)$

7. 若 $\int f(x)\,dx=x^2e^{-2x}+C$，则 $f(x)$ 为：

   A. $2x(1-x)e^{-2x}$ B. $2x(1+x)e^{-2x}$

   C. $2xe^{-2x}$ D. $-4x^2e^{-2x}$

8. 定积分 $\int_0^{\ln 2} e^x \sqrt{e^x - 1}\, dx$ 的值为：

A. 2

B. $\frac{2}{3}$

C. $\frac{3}{2}$

D. 0

9. 已知单位向量 $\boldsymbol{\alpha}$ 与向量 $\boldsymbol{\beta} = (1, -2, 2)$ 逆向且共线，则向量 $\boldsymbol{\alpha}$ 为：

A. $\left(-\frac{1}{3}, \frac{2}{3}, -\frac{2}{3}\right)$

B. $\left(-\frac{1}{3}, -\frac{2}{3}, -\frac{2}{3}\right)$

C. $\left(\frac{1}{3}, -\frac{2}{3}, \frac{2}{3}\right)$

D. $\left(-\frac{1}{3}, -\frac{2}{3}, \frac{2}{3}\right)$

10. 设有直线 $L_1: \frac{x+2}{1} = \frac{y-1}{-4} = \frac{z-1}{1}$ 和直线 $L_2: \frac{x-1}{2} = \frac{y+1}{-2} = \frac{z-2}{-1}$，则直线 L_1 与 L_2 的夹角 θ 等于：

A. $\frac{\pi}{2}$

B. $\frac{\pi}{3}$

C. $\frac{\pi}{4}$

D. $\frac{\pi}{6}$

11. 在下列结论中，二元函数设 $f(x, y)$ 在点 $(0,0)$ 处可微的一个充分条件是：

A. $\lim\limits_{(x,y)\to(0,0)} [f(x, y) - f(0,0)] = 0$

B. $\lim\limits_{x\to 0} \frac{f(x,0) - f(0,0)}{x} = 0$，且 $\lim\limits_{y\to 0} \frac{f(0,y) - f(0,0)}{y} = 0$

C. $\lim\limits_{(x,y)\to(0,0)} \frac{f(x,y) - f(0,0)}{\sqrt{x^2 + y^2}} = 0$

D. $\lim\limits_{x\to 0} [f_x'(x, 0) - f_x'(0,0)] = 0$，且 $\lim\limits_{y\to 0} [f_y'(0, y) - f_y'(0,0)] = 0$

12. 微分方程 $(1 + x^2)\mathrm{d}y + (1 + y^2)\mathrm{d}x = 0$ 满足条件 $y(1) = 1$ 的特解是：

A. $\arctan x + \arctan y = \frac{\pi}{2}$

B. $\arctan x + \arctan y = \frac{\pi}{4}$

C. $\arctan x + \arctan y = 0$

D. $\arctan x + \arctan y = \pi$

13. 级数 $\sum\limits_{n=1}^{\infty} \left(\frac{10}{n(n+1)} - \frac{10}{3^n}\right)$ 的和是：

A. -5

B. 5

C. 4

D. 3

14. 设 L 为右半单位圆周：$x^2 + y^2 = 1$ $(x \geqslant 0)$，则对弧长的曲线积分 $\int_L x^2\, \mathrm{d}s$ 的值等于：

A. $\frac{\pi}{4}$

B. $\frac{\pi}{3}$

C. $\frac{\pi}{2}$

D. $-\frac{\pi}{2}$

15. 二重积分 $\int_0^1 \mathrm{d}x \int_x^1 e^{y^2} \mathrm{d}y$ 的值是：

    A. $e-1$ B. e

    C. $\dfrac{e}{2}$ D. $\dfrac{1}{2}(e-1)$

16. 微分方程 $y'' = x + y'$ 的通解是：

    A. $y = C_1 e^x + C_2$ B. $y = -\dfrac{x^2}{2} - x + C_1 e^x + C_2$

    C. $y = x + C_1 e^x + C_2$ D. $y = -\dfrac{x^2}{2} - x$

17. 幂级数 $\sum\limits_{n=1}^{\infty} (-1)^{n-1} \dfrac{(x+1)^n}{n}$ 的收敛域为：

    A. $[-2, 0]$ B. $[-2, 0)$

    C. $(-2, 0]$ D. $(-2, 0)$

18. $z = f(x, y)$ 是由方程 $x + y + z = e^{-(x+y+z)}$ 所确定的隐函数，则下列关系式中正确的是：

    A. $\dfrac{\partial z}{\partial x} \neq \dfrac{\partial z}{\partial y}$ B. $\dfrac{\partial^2 z}{\partial x^2} \neq \dfrac{\partial^2 z}{\partial y^2}$

    C. $\dfrac{\partial^2 z}{\partial x \partial y} = \dfrac{\partial^2 z}{\partial y \partial x}$ D. $\dfrac{\partial^2 z}{\partial x \partial y} \neq \dfrac{\partial^2 z}{\partial y \partial x}$

19. 设 A 为 n 阶方阵 $(n \geqslant 2)$，且 $|A| = a$，A^* 为 A 的伴随矩阵，则行列式 $|AA^*|$ 等于：

    A. a^n B. a

    C. $|a|$ D. aI（I 为单位矩阵）

20. 若使向量组 $\boldsymbol{\alpha_1} = (2, 1, -1)^{\mathrm{T}}$，$\boldsymbol{\alpha_2} = (0, 1, 3)^{\mathrm{T}}$，$\boldsymbol{\alpha_3} = (3, 1, a)^{\mathrm{T}}$ 线性无关，则 a 的值不等于：

    A. 2   B. 3

    C. -3 D. 1

21. 设矩阵 $A = \begin{bmatrix} 2 & 0 & 0 \\ 0 & a & 2 \\ 0 & 2 & 3 \end{bmatrix}$ 相似于矩阵 $B = \begin{bmatrix} 1 & 0 & 0 \\ 0 & 2 & 0 \\ 0 & 0 & b \end{bmatrix}$，则 a，b 的值应是：

    A. $a = 1$，$b = 1$ B. $a = -1$，$b = 2$

    C. $a = 5$，$b = 3$ D. $a = 3$，$b = 5$

22. 设A和B是两个独立事件，已知$P(A)=\frac{1}{3}$，$P(A \cup B)=\frac{1}{2}$，则$P(B)$等于：

A. $\frac{1}{6}$
B. $\frac{1}{5}$

C. $\frac{1}{4}$
D. $\frac{1}{3}$

23. 设随机变量X的数学期望$E(X)$为一非负值，且$E\left(\frac{X^2}{2}-1\right)=2$，$D\left(\frac{X}{2}-1\right)=\frac{1}{2}$，则$E(X)$等于：

A. 1
B. 2

C. 3
D. 4

24. 设连续型随机变量(X, Y)的概率密度为$f(x, y)=\begin{cases}4x^2, & 0<x<1, 0<y<x \\ 0, & \text{其他}\end{cases}$，则$X$的边缘概率密度为：

A. $f_X(x)=\begin{cases}4x^3, & 0<x<1 \\ 0, & \text{其他}\end{cases}$
B. $f_X(x)=\begin{cases}3x^3, & 0<x<1 \\ 0, & \text{其他}\end{cases}$

C. $f_X(x)=\begin{cases}x^3, & 0<x<1 \\ 0, & \text{其他}\end{cases}$
D. $f_X(x)=2x^3$

25. 温度、压强均相同的氦气和氧气，它们分子的平均动能$\bar{\varepsilon}$和平均平动动能$\bar{\omega}$有如下关系：

A. $\bar{\varepsilon}$和$\bar{\omega}$都相等
B. $\bar{\varepsilon}$相等，$\bar{\omega}$不相等

C. $\bar{\omega}$相等，$\bar{\varepsilon}$不相等
D. $\bar{\varepsilon}$和$\bar{\omega}$都不相等

26. 麦克斯韦速率分布曲线如图所示，图中A、B两部分面积相等，则该图表示：

A. v_0为最概然速率

B. v_0为平均速率

C. v_0为方均根速率

D. 速率大于和小于v_0的分子数各占一半

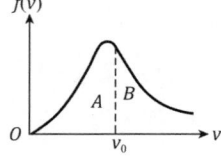

27. 一定量的理想气体，在体积不变的条件下，当温度降低时，分子的平均碰撞频率$\bar{Z}$和平均自由程$\bar{\lambda}$的变化情况是：

A. $\bar{Z}$减小，但$\bar{\lambda}$不变
B. $\bar{Z}$不变，但$\bar{\lambda}$减小

C. $\bar{Z}$和$\bar{\lambda}$都减小
D. $\bar{Z}$和$\bar{\lambda}$都不变

28. 一定量的理想气体，其状态在p-T图上沿着一条直线从平衡态a到平衡态b，如图所示，则该过程为：

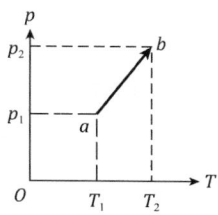

A. 膨胀过程

B. 等体过程

C. 压缩过程

D. 不能判断是哪种过程

29. 一定量的理想气体，分别进行如图所示的两个循环abcda和a'b'c'd'a'。若在p-V图上这两个循环曲线所围面积相等，则可以由此得知这两个循环：

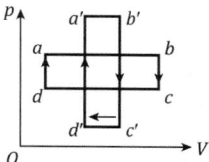

A. 热机效率相等

B. 在高温热源处吸收的热量相等

C. 在低温热源处放出的热量相等

D. 在每次循环中对外做的净功相等

30. 一平面简谐波的表达式为$y = A\cos 2\pi\left(vt - \frac{x}{\lambda}\right)$，在$t = \frac{1}{v}$时刻，$x_1 = \frac{3\lambda}{4}$与$x_2 = \frac{\lambda}{4}$两点处质元的速度之比为：

A. -1　　　　　　　　　　　　　　B. $\frac{1}{3}$

C. 1　　　　　　　　　　　　　　D. 3

31. 当一平面简谐机械波在弹性媒质中传播时，下述结论正确的是：

A. 媒质质元的振动动能增大时，其弹性势能减小，总机械能守恒

B. 媒质质元的振动动能和弹性势能都做周期性变化，但二者的相位不相同

C. 媒质质元的振动动能和弹性势能的相位在任意时刻都相同，但二者的数值不相等

D. 媒质质元在平衡位置处的弹性势能最大

32. 两相干波源S_1和S_2相距$\frac{\lambda}{4}$（λ为波长），S_1的相位比S_2的相位超前$\frac{\pi}{2}$，在S_1、S_2的连线上，S_1外侧各点（例如P点）两波引起的两谐振动的相位差是：

A. 0　　　　　　　　　　　　　　B. $\frac{\pi}{2}$

C. π　　　　　　　　　　　　　D. $\frac{3\pi}{2}$

33. 两个相同的相干波源 A、B 产生两列相干波，则两波的：

A. 频率相同，振动方向相同

B. 频率相同，振动方向不同

C. 频率不同，振动方向相同

D. 频率不同，振动方向不同

34. 用波长 $\lambda = 600nm$ 的单色光垂直照射牛顿环装置时，从中央向外数第 4 个（不计中央暗斑）暗环对应的空气膜厚度为：

A. 600nm

B. 1200nm

C. 1800nm

D. 2400nm

35. 根据惠更斯-菲涅尔原理，若已知光在某时刻的波阵面为 S，则 S 的前面某点 P 的光强度取决于波阵面 S 上所有面积发出的子波各自传到 P 点的：

A. 振动振幅之和

B. 光强之和

C. 振动振幅之和的平方

D. 振动的相干叠加

36. 从迈克尔干涉仪的一只光路中，放入一片折射率为 n 的透明介质薄膜后，测出两束光的光程差的改变量为一个 λ，则薄膜的厚度是：

A. $\dfrac{\lambda}{2}$

B. $\dfrac{\lambda}{2n}$

C. $\dfrac{\lambda}{n}$

D. $\dfrac{\lambda}{2(n-1)}$

37. 用来描述核外电子自旋状态的量子数是：

A. n

B. l

C. m

D. m_s

38. 下列各分子中，为非极性分子的是：

A. NF_3

B. BBr_3

C. NH_3

D. CH_3Cl

39. 对于HCl气体溶解于水的过程，下列说法正确的是：

    A. 这仅是一个物理变化的过程

    B. 这仅是一个化学变化的过程

    C. 此过程既有物理变化又有化学变化

    D. 此过程中溶质的性质发生了变化，而溶剂的性质未变

40. 在含有Cl^-和CrO_4^{2-}的混合溶液中（浓度均为 $0.1mol \cdot L^{-1}$），逐滴加入$AgNO_3$溶液，开始生成白色$AgCl$沉淀，然后析出Ag_2CrO_4砖红色沉淀，这种现象称为：

    A. 同离子效应   B. 沉淀的转化

    C. 分步沉淀   D. 沉淀的溶解

41. 对于反应速率常数k，下列描述正确的是：

    A. 是一个无量纲的参数

    B. 是一个量纲为 $mol \cdot L^{-1} \cdot s^{-1}$ 的参数

    C. 是一个量纲不定的参数

    D. 是一个量纲为 $mol^2 \cdot L^{-1} \cdot s^{-1}$ 的参数

42. 影响某化学反应平衡常数$K^{\ominus}$的因素是：

    A. 反应物的浓度   B. 反应压力

    C. 使用催化剂   D. 反应温度

43. 关于电对的电极电势，下列叙述错误的是：

    A. 电对中如氧化型物质的浓度增大时，则电对的电极电势也增大

    B. 电对中如氧化型物质生成沉淀时，则电对的电极电势减小

    C. 有H^+或OH^-参与电极反应的电对，溶液酸性越强，则电对的电极电势越大

    D. 电对的电极电势与温度没有关系

44. 分子式为C_6H_{14}的各种异构体中，含有 3 个甲基，并能在自由基氯代反应中生成 4 种一氯代物的分子结构简式是：

    A. $(CH_3)_2CHCH_2CH_2CH_3$ B. $(CH_3)_2CHCH(CH_3)_2$

    C. $CH_3CH_2CH_2CH_2CH_2CH_3$ D. $CH_3CH_2CH(CH_3)CH_2CH_3$

45. 下列 4 个有机化合物中，不能既发生加成反应，又在不同基团上易于发生氧化反应的是：

A.
$$CH_3CHCH_2CHO$$
$$\quad\;\; |$$
$$\quad\;\; OH$$

B. $CH_3CH_2CH_2CH_2OH$

C. $CH_2=CHCH_2COOH$

D. $CH_2=CHCH_2CH_2OH$

46. 以石油化工为基础的现代三大合成材料是：

①医药；②合成纤维；③合成氨；④塑料；⑤合成橡胶；⑥合成洗涤剂；⑦合成尿素。

A. ②⑤⑦

B. ①④⑥

C. ②④⑤

D. ①③⑦

47. 加减平衡力系公理适用于：

A. 刚体

B. 变形体

C. 连续体

D. 任何物体

48. 在图示平面力系中，已知：$F_1=10N$，$F_2=40N$，$F_3=40N$，$M=30N\cdot m$。则该力系向O点简化的结果为：

A. 平衡

B. 一力和一力偶

C. 一合力偶

D. 一合力

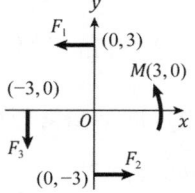

49. 均质圆盘重F_p，半径为r，置于光滑墙和水平梁AE的末端E点上，梁AE自重不计，已知：q，$AB=6m$，$BE=2m$，$\alpha=45°$，摩擦不计，则圆盘D处的约束力为：

A. $F_D=\sqrt{2}F_P(\leftarrow)$

B. $F_D=F_P(\leftarrow)$

C. $F_D=\dfrac{1}{\sqrt{2}}F_P(\rightarrow)$

D. $F_D=\sqrt{2}F_P(\rightarrow)$

50. 判断图示桁架结构中，内力为零的杆数是：

A. 2 根杆

B. 3 根杆

C. 4 根杆

D. 5 根杆

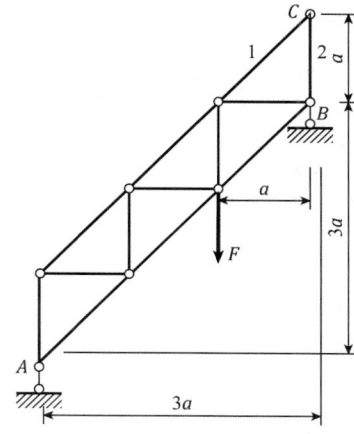

51. 点沿直线运动，其加速度方程为 $a = 12t + 20$（加速度单位为 m/s²），当 $t = 0$ 时，点的加速度大小为：

A. 20m/s²

B. 12m/s²

C. 8m/s²

D. 32m/s²

52. 点在具有直径为 6m 的圆形轨迹上运动，走过的距离是 $s = 3t^2$。则点在 2s 末的法向加速度为：

A. 48m/s²

B. 4m/s²

C. 96m/s²

D. 6m/s²

53. 四连杆机构如图所示。已知曲柄 O_1A 长为 r，AM 长为 l，角速度为 ω、角加速度为 ε。则固连在 AB 杆上的物块 M 的速度和切向加速度的大小为：

A. $v_M = l\omega$, $a_M^\tau = l\varepsilon$

B. $v_M = l\omega$, $a_M^\tau = r\varepsilon$

C. $v_M = r\omega$, $a_M^\tau = r\varepsilon$

D. $v_M = r\omega$, $a_M^\tau = l\varepsilon$

54. 质量为 40kg 的物块A沿桌子表面由一绳拖曳。该绳另一端跨过桌角的无摩擦、无质量的滑轮后，又系住另一质量为 12kg 的物块B。如果物块A与桌面间的摩擦系数是 0.15，则绳中张力的大小近似是：

A. 6N

B. 12N

C. 104N

D. 52N

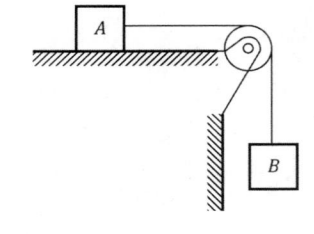

55. 质量为 8kg 的物块，受到 100N 力的作用，如图所示。如果滑动摩擦系数是 0.30，求物块向右移动 4m 后，所有力的做功之和近似是：

A. 376N·m

B. −376N·m

C. −241N·m

D. 241N·m

56. 均质圆柱体半径为R，质量为m，绕对纸面垂直的固定水平轴自由转动，如图所示。当圆柱体转动到$\theta = 90°$位置时，其角加速度是：

A. $\dfrac{g}{3R}$

B. $\dfrac{g}{2R}$

C. $\dfrac{4g}{3R}$

D. $\dfrac{2g}{3R}$

57. 均质圆轮重P，安装在水平转轴中点，转轴垂直于圆轮对称平面，转动匀角速度为ω，若安装时偏心距为e，当轮心C运动到最低位置时，A、B轴承约束力的大小为：

A. $\dfrac{P}{2}\left(1-\dfrac{e\omega^2}{g}\right)$，$\dfrac{P}{2}\left(1-\dfrac{e\omega^2}{g}\right)$

B. $\dfrac{P}{2}\left(1+\dfrac{e\omega^2}{g}\right)$，$\dfrac{P}{2}\left(1+\dfrac{e\omega^2}{g}\right)$

C. $\dfrac{P}{2}$，$\dfrac{P}{2}$

D. $\dfrac{P}{2g}e\omega^2$，$\dfrac{P}{2g}e\omega^2$

58. 图示系统中，弹簧悬挂点沿上下作简谐振动 $x_1 = x_0 \sin\omega t$，若质量 m 的绝对运动微分方程为 $m\dfrac{d^2x}{dt^2} + kx = kx_0\sin\omega t$，则系统的固有圆频率为：

A. $\sqrt{\dfrac{k}{m}}$

B. $\sqrt{\dfrac{k}{2m}}$

C. $\sqrt{\dfrac{2k}{m}}$

D. $\sqrt{\dfrac{g}{x_0}}$

59. 材料力学中的各向同性假设认为，材料内部各点沿不同方向具有相同的：

A. 力学性质　　　　　　　　B. 外力

C. 变形　　　　　　　　　　D. 位移

60. 图示拉杆外表面上的斜线 m-m 和 n-n 互相平行，斜线的法线与轴线夹角为 α，在 F 力作用下拉杆发生变形，变形后斜线 m-m 和 n-n 相对其原始位置的变化是：

A. 两线不再平行

B. 两线仍平行，角 α 不变

C. 两线仍平行，角 α 变小

D. 两线仍平行，角 α 变大

61. 图示简支梁两端由铰链约束，已知铰链轴的许用切应力为 $[\tau]$，梁中间受集中力 F 作用，则铰链轴的合理直径 d 是：

A. $d^2 \geqslant \dfrac{4F}{\pi[\tau]}$

B. $d^2 \geqslant \dfrac{2F}{\pi[\tau]}$

C. $d^2 \geqslant \dfrac{F}{\pi[\tau]}$

D. $d^2 \geqslant \dfrac{F}{2\pi[\tau]}$

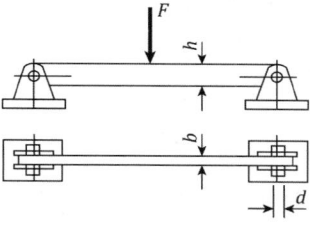

62. 图示等截面圆轴上装有四个皮带轮，将 3 轮与 4 轮对调后，圆轴的最大扭转切应力是原来的：

A. $\frac{1}{4}$

B. $\frac{1}{2}$

C. 不变

D. 2 倍

63. 图示空心圆截面的内径为 d，外径为 $2d$，其对形心轴 y 的抗弯截面系数为：

A. $W_y = \frac{7\pi d^3}{32}$

B. $W_y = \frac{15\pi d^4}{64}$

C. $W_y = \frac{15\pi d^3}{64}$

D. $W_y = \frac{15\pi d^3}{32}$

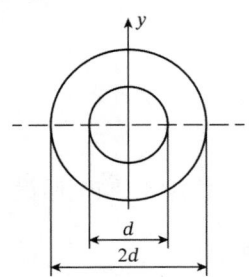

64. 图示矩形截面，$m\text{-}m$ 线以上部分和以下部分对形心轴 z 静矩的关系是：

A. 相等

B. 绝对值相等，符号相反

C. 绝对值不等，符号相同

D. 绝对值不等，符号相反

65. 图示简支梁受反对称荷载作用，则梁的剪力图和弯矩图的对称性是：

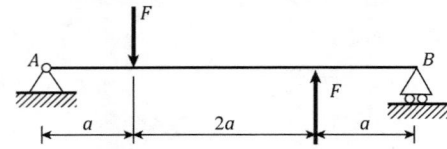

A. 剪力反对称，弯矩对称

B. 剪力对称，弯矩反对称

C. 剪力和弯矩均对称

D. 剪力和弯矩均反对称

66. 如图悬臂梁 AB 由三根相同的矩形截面杆胶合而成，则胶合面的切应力是：

A. $\dfrac{F}{2ab}$

B. $\dfrac{F}{3ab}$

C. $\dfrac{3F}{4ab}$

D. $\dfrac{4F}{9ab}$

67. 材料相同的悬臂梁 a、b，所受荷载及截面尺寸如图所示。则两梁自由端挠度之比 $\dfrac{y_a}{y_b}$ 为：

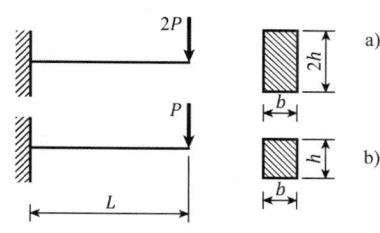

A. $\dfrac{1}{2}$

B. $\dfrac{1}{4}$

C. 2

D. 4

68. 分析受力物体内一点处的应力状态，总可以找到一个平面，在该平面上有最大正应力，同时该平面上的切应力：

A. 一定最大

B. 一定为零

C. 一定不为零

D. 不能确定

69. 图示圆截面悬臂梁的直径为 d，梁的自由端承受作用在两个相互垂直平面内的弯矩 M_y、M_z，则该梁的最大正应力为：

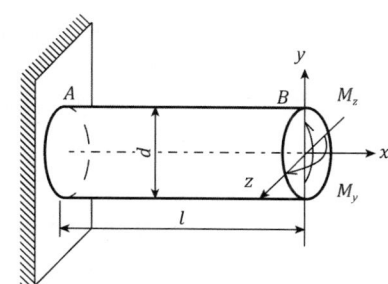

A. $\dfrac{32M_y}{\pi d^3}$

B. $\dfrac{32M_z}{\pi d^3}$

C. $\dfrac{32(M_y+M_z)}{\pi d^3}$

D. $\dfrac{32}{\pi d^3}\sqrt{M_y^2+M_z^2}$

70. 图示三根细长压杆，弯曲刚度均为EI。三根压杆的临界载荷F_{cr}的关系为：

a)   b)   c)

A. $F_{cra} > F_{crb} > F_{crc}$ B. $F_{crb} > F_{cra} > F_{crc}$

C. $F_{crc} > F_{cra} > F_{crb}$ D. $F_{crb} > F_{crc} > F_{cra}$

71. 一宽1m、高5m的矩形挡水平板，垂直于水深3m的池中，求作用于挡板的水平静水总压力P为：

A. 14.7kN   B. 29.4kN

C. 44.1kN   D. 88.2kN

72. 动量方程：

A. 仅适用于理想流体的流动   B. 仅适用于黏性流体的流动

C. 理想流体与黏性流体均适用   D. 仅适用于紊流

73. 某水箱内水由一管路流出，水位差为H，管长为L，管径d，管路损失为h_w，水的密度为ρ，若密度改为$\rho' > \rho$，则管路损失h'_w将：

A. $h'_w > h_w$ B. $h'_w = h_w$

C. $h'_w < h_w$ D. $h'_w > h_w$或$h'_w < h_w$

74. 将孔口改为同直径的外管嘴出流，其他条件不变，则出流量增大，这是由于：

A. 阻力系数减小所致   B. 流速系数增大所致

C. 作用水头增大所致   D. 不能确定

75. 长管作用水头 H 保持不变，出口自由出流改为淹没出流，则管路流量：

A. 变小
B. 不变

C. 变大
D. 不一定

76. 一梯形断面明渠，水力半径 $R = 1m$，底坡 $i = 0.0008$，粗糙度 $n = 0.01$，输水流速为：

A. 18m/s
B. 3.2m/s

C. 2.8m/s
D. 4m/s

77. 渗流达西定律的渗流系数越大，则过流断面的流量：

A. 越大
B. 越小

C. 不确定
D. 条件不足，无法判断

78. 进行水力模型试验，要实现有压管流的动力相似，应选的相似准则是：

A. 雷诺准则
B. 弗劳德准则

C. 欧拉准则
D. 马赫准则

79. 如图所示，真空中，沿环路 L 的闭合线积分 $\oint_L \vec{B} \cdot d\vec{l}$ 为：

A. $\mu_0(I_1 + I_3 - I_2)$

B. $\mu_0(I_1 - I_2)$

C. $\mu_0(I_2 - I_1 - I_3)$

D. $\mu_0(I_2 - I_1)$

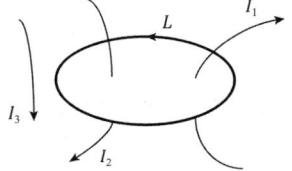

80. 对图示电路，列出了关系式（1）、式（2）和式（3）。其中，正确的关系式是：

A. （1）和（2）

B. （1）、（2）和（3）

C. （2）

D. （2）和（3）

81. 图示电路中，若仅考虑理想电压源的单独作用，则电压U为：

A. 5V

B. −5V

C. 因R未知，而无法确定

D. 0

82. 已知电流$\dot{I}_1 = 8 + j6$A，$\dot{I}_2 = 8\angle 90°$A，则$-\dot{I}_1 + \dot{I}_2$为：

A. $-8 + j2$A

B. $-8 + j14$A

C. $-j6$A

D. $j6$A

83. 对于图示三相电路来讲，如下说法正确的是：

A. $Z_1 \neq Z_2 \neq Z_3$时，会出现中点位移

B. 若将负载改为三角形接法，因不需要接入中线，所以要求负载必须是对称的

C. 若将负载改为三角形接法，则线电流有效值I_l与相电流有效值I_p间的关系式$I_l = \sqrt{3}I_p$一定成立

D. 若维持负载星接接法不变，即便$Z_1 \neq Z_2 \neq Z_3$，线电压有效值U_l与相电压有效值U_p间的关系式$U_l = \sqrt{3}U_p$依然成立

84. 图示电路中的$H(j\omega) = \dfrac{\dot{U}_o}{\dot{U}_i}$，则$H(j\omega)$的相频特性为：

A. $\arctan\dfrac{R_2}{R_1+R_2+j\omega L}$

B. $\arctan\dfrac{R_2}{R_1+R_2+\omega L}$

C. $\arctan\dfrac{\omega L}{R_1+R_2}$

D. $-\arctan\dfrac{\omega L}{R_1+R_2}$

85. 设图示变压器为理想器件，且 u 为正弦电压，$R_{L1} = R_{L2}$，开关闭合后，电路中的：

A. I_2 增大，I_1 也增大

B. I_2 变小，I_1 也变小

C. $I_2 = kI_1$ 不再成立

D. I_2 和 I_1 均不变

86. 设电动机 M₁ 和 M₂ 协同工作，其中，电动机 M₁ 通过接触器 1KM 控制，电动机 M₂ 通过接触器 2KM 控制，如果采用图示控制电路方案，则使 M₂ 投入工作的正确操作是：

A. 按下启动按钮 1SB_st

B. 按下启动按钮 2SB_st

C. 按下启动按钮 1SB_st，再按下启动按钮 2SB_st

D. 按下启动按钮 2SB_st，再按下启动按钮 1SB_st

87. 在如下关于采样信号和采样保持信号的说法中，正确的是：

A. 采样信号是离散时间信号，采样保持信号是连续时间信号

B. 采样信号数值上离散，采样保持信号时间上离散

C. 采样信号时间上和数值上均离散

D. 采样保持信号时间上和数值上均离散

88. 已知 16 进制数 $X = (11)_{16}$，10 进制数 $Y = (11)_{10}$，2 进制数 $Z = (11)_2$，若用三个数字信号来表示这三个数，则它们所具有的二进制代码的位数 N_x、N_y 和 N_z：

A. 相同

B. $N_x < N_y < N_z$

C. $N_x < N_y > N_z$

D. $N_x > N_y > N_z$

89. 已知 x_1 是模拟信号，x_2 是 x_1 的采样信号，x_3 是 x_2 的采样保持信号，若希望得到 x_1 的数字信号，应该：

A. x_1 进行 A/D 转换

B. x_2 进行 A/D 转换

C. x_3 进行 A/D 转换

D. x_1 进行 D/A 转换

90. 某信号 $u(t)$ 的幅度频谱如图所示，可以断定，信号 $u(t)$ 是一个：

A. 离散时间信号

B. 均值为 5V 的周期性连续时间信号

C. 指数衰减连续时间信号

D. 频率不定的连续时间信号

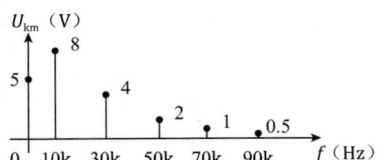

91. 根据 u_1 和 u_2 的波形可知，图示信号处理器是：

A. 截止频率小于 $1/T$ 的高通滤波器

B. 截止频率大于 $1/T$ 的高通滤波器

C. 截止频率小于 $1/T$ 的低通滤波器

D. 截止频率大于 $1/T$ 的低通滤波器

92. 逻辑函数 $F = (A + \overline{A})(B + \overline{B}C)$ 的化简结果是：

A. $F = \overline{B}C$

B. $F = B + C$

C. $F = B$

D. $F = 1$

93. 二极管应用电路如图所示，设二极管 D 为理想器件，$u_i = 10\sin\omega t\,\text{V}$，则输出电压 u_o 的波形为：

 A.

 B.

 C.

 D.

94. 晶体三极管放大电路如图所示，其输出电阻 r_o 为：

A. $R_C // R_L$

B. R_C

C. R_L

D. $R_C + R_E$

95. 图示逻辑门的输出 F_1 和 F_2 分别为：

A. 1 和 B

B. 1 和 $\overline{B}$

C. A 和 1

D. A 和 $\overline{B}$

96. 图 a）所示电路中，复位信号、数据输入及时钟脉冲信号如图 b）所示，经分析可知，在第一个和第二个时钟脉冲的下降沿过后，输出 Q 先后等于：

附：JK 触发器的逻辑状态表为

J	K	Q_{n+1}
0	0	Q_n
0	1	0
1	0	1
1	1	$\overline{Q_n}$

A. 0　0

B. 0　1

C. 1　0

D. 1　1

97. 未来计算机的发展趋势是人性化，下列四条是有关人性化的描述，其中不正确的一条是：

A. 计算机的功能更简洁、实用

B. 存储容量大，处理信息的能力强

C. 易学、易用、实用 "傻瓜化"

D. 对处理视频、音频的要求低能化

98. 寄存器组中的地址寄存器，被用来存放：

A. 操作数或被操作数

B. 指令操作码

C. 指令地址或操作数地址

D. 操作数，也可以用来存放操作数的地址

99. 微机的内存储器容量是指在微机内存储器内所能保存的:

    A. 以二进制数为单位的信息总数

    B. 以字为单位的信息总数

    C. 以字节为单位的信息总数

    D. 以硬盘上的分区为单位的信息总数

100. 编译程序有两种执行方式,其中编译方式执行的过程是:

    A. 先执行源程序,再对源程序实施转换、翻译

    B. 先扫描源程序,然后进行解释、翻译,再执行

    C. 边扫描源程序边进行翻译,一个语句一个语句地解释执行

    D. 将源程序经过编译程序处理后,产生一个与源程序等价的目标程序再执行

101. 在计算机内,所有的信息都是用:

    A. 二进制数码表示的

    B. 八进制数码表示的

    C. 十进制数码表示的

    D. 十六制数码表示的

102. 在 256 色的图像中,每个像素有 256 种颜色,那么每个像素则要用:

    A. 6 位二进制数表示颜色的数据信息

    B. 8 位二进制数表示颜色的数据信息

    C. 10 位二进制数表示颜色的数据信息

    D. 16 位二进制数表示颜色的数据信息

103. 计算机病毒的诸多特征中,不包括:

    A. 传染性   B. 危害性

    C. 潜伏性   D. 移植性

104. 下面所列出的四条存储器容量单位之间换算表达式中，不正确的一条是：

A. 1PB = 1024MB

B. 1EB = 1024PB

C. 1ZB = 1024EB

D. 1TB = 1024GB

105. 计算机网络的主要功能包括：

A. 资源共享、数据通信、提高可靠性、增强系统处理功能

B. 提高可靠性、增强系统处理功能、修复系统软件功能

C. 计算功能、通信功能和网络功能、信息查询功能

D. 信息查询功能、通信功能、修复系统软件功能

106. 服务器是局域网的核心，在局域网中对服务器的要求是：

A. 处理能力力强，操作速度快，大容量内存和硬盘

B. 大量的输入/输出设备和资源

C. 大、中、小各种计算机系统

D. 用双绞线、同轴电缆、光纤服务器连接

107. 某人以 7%的复利借出 1500 元，10 年到期后以 9%的单利将本利和再借出，借期 5 年，已知 $(F/P, 7\%, 10) = 1.967$，则在 15 年后收到的本利和为：

A. 3216.01 元   B. 3983.16 元

C. 4278.23 元   D. 4540.06 元

108. 以下关于增值税的说法中正确的是：

A. 增值税是就营业收入额征收的一种流转税

B. 增值税是价内税，包括在营业收入之中

C. 增值税是以商品生产流通或劳务服务各个环节增值额为征税对象征收的一种流转税

D. 增值税应纳税额为当期销项税额

109. 某项目向银行申请长期贷款 8000 万元，利率为 7%，每年付息一次，到期一次还本，所得税率为 25%，忽略发行费率。则银行借款的资金成本率为：

A. 5.25%   B. 5.36%

C. 7%   D. 7.14%

110. 项目的动态投资回收期是使项目：

A. 净现值为零的年限

B. 净现金流量为零的年限

C. 累计折现净现金流量为零的年限

D. 累计净现金流量为零的年限

111. 某建设项目在进行财务分析时得到如下数据：当 $i_1 = 12\%$ 时，净现值为 460 万元；当 $i_2 = 16\%$ 时，净现值为 130 万元；当 $i_3 = 18\%$ 时，净现值为 -90 万元。基准收益率为 10%。该项目的内部收益率约为：

A. 12.44%   B. 15.56%

C. 16.82%   D. 17.18%

112. 某企业设计生产能力为 40 万件，产品价格为 120 元，年固定成本为 280 万元，单位产品的可变成本为 100 元，单位产品销售税金及附加为 6 元，则其盈亏平衡产量为：

A. 14 万件   B. 20 万件

C. 24 万件   D. 40 万件

113. 下列财务评价方法中，适用于寿命期不等的互斥方案评价的是：

A. 净现值法   B. 最小公倍数法

C. 内部收益率法   D. 增量净现值法

114. 在价值工程理论中，产品或作业的功能从用户需求的角度可分为两类，即：

A. 必要功能和不必要功能   B. 基本功能和辅助功能

C. 使用功能和美学功能   D. 上位功能和下位功能

115. 某监理企业承接了某工程项目的监理任务，在工程实施过程中，监理工程师与承包单位串通，为承包单位谋取非法利益，给建设单位造成损失，则监理单位应承担的责任是：

    A. 免收监理酬金

    B. 支付违约金

    C. 与承包单位承担连带赔偿责任

    D. 减收监理酬金

116. 安全生产监督检查管理部门对施工现场进行安全生产大检查，下列措施中不合法的是：

    A. 进入施工现场进行检查，调阅参与单位的有关资料

    B. 对检查中发现的安全生产违法行为，当场予以纠正或者要求限期改正

    C. 对检查中发现的重大事故隐患排除前，责令从危险区域内撤出作业人员，责令暂时停产停业或者停止使用相关设施、设备

    D. 对有根据认为不符合保障安全生产的国家标准的器材，当场予以没收

117. 某工程项目确定甲乙两个公司组成的联合体中标，下列有关该联合体与招标人签订合同的说法，正确的是：

    A. 甲乙双方应当分别与招标人签订合同

    B. 甲乙双方选出代表与招标人签订合同

    C. 甲乙双方共同与招标人签订一个合同

    D. 甲乙双方根据合同各自承担责任

118. 某运输合同，由上海的供货商委托沈阳的运输公司将天津的一批货物运到西安，双方签订的运输合同中约定，送达指定地点付款，但是支付运费的履行地点没有约定，运输公司根据合同约定按期完成了货物的运输，则支付该运费的履行地应当是：

    A. 上海   B. 沈阳

    C. 天津   D. 西安

119. 根据《中华人民共和国环境保护法》规定，下列关于建设项目中防止污染的设施的说法，正确的是：

A. 防治污染的设施，应当与主体工程同时设计、同时施工、同时竣工

B. 防治污染的设施，应当与主体工程同时开工，同时投产使用

C. 防治污染的设施应当符合经批准的环境影响评价文件的要求

D. 防治污染的设施应当符合经论证的可行性研究报告的要求

120. 根据《建设工程安全生产管理条例》，以下关于施工安全管理的说法，正确的是：

A. 建设单位对施工现场的安全生产负总责

B. 总承包单位与分包单位对工程的安全生产承担连带责任

C. 总承包单位应自行完成建设工程主体结构的施工

D. 分包单位不服从管理导致生产安全事故的，由分包单位承担全部责任

附录一

全国勘察设计注册工程师执业资格考试
公共基础考试大纲

I.工程科学基础

一、数学

1.1 空间解析几何

向量的线性运算；向量的数量积、向量积及混合积；两向量垂直、平行的条件；直线方程；平面方程；平面与平面、直线与直线、平面与直线之间的位置关系；点到平面、直线的距离；球面、母线平行于坐标轴的柱面、旋转轴为坐标轴的旋转曲面的方程；常用的二次曲面方程；空间曲线在坐标面上的投影曲线方程。

1.2 微分学

函数的有界性、单调性、周期性和奇偶性；数列极限与函数极限的定义及其性质；无穷小和无穷大的概念及其关系；无穷小的性质及无穷小的比较极限的四则运算；函数连续的概念；函数间断点及其类型；导数与微分的概念；导数的几何意义和物理意义；平面曲线的切线和法线；导数和微分的四则运算；高阶导数；微分中值定理；洛必达法则；函数的切线及法平面和切平面及法线；函数单调性的判别；函数的极值；函数曲线的凹凸性、拐点；偏导数与全微分的概念；二阶偏导数；多元函数的极值和条件极值；多元函数的最大、最小值及其简单应用。

1.3 积分学

原函数与不定积分的概念；不定积分的基本性质；基本积分公式；定积分的基本概念和性质（包括定积分中值定理）；积分上限的函数及其导数；牛顿-莱布尼兹公式；不定积分和定积分的换元积分法与分部积分法；有理函数、三角函数的有理式和简单无理函数的积分；广义积分；二重积分与三重积分的概念、性质、计算和应用；两类曲线积分的概念、性质和计算；求平面图形的面积、平面曲线的弧长和旋转体的体积。

1.4 无穷级数

数项级数的敛散性概念；收敛级数的和；级数的基本性质与级数收敛的必要条件；几何级数与 p 级数及其收敛性；正项级数敛散性的判别法；任意项级数的绝对收敛与条件收敛；幂级数及其收敛半径、收敛区间和收敛域；幂级数的和函数；函数的泰勒级数展开；函数的傅里叶系数与傅里叶级数。

1.5 常微分方程

常微分方程的基本概念；变量可分离的微分方程；齐次微分方程；一阶线性微分方程；全微分方程；可降阶的高阶微分方程；线性微分方程解的性质及解的结构定理；二阶常系数齐次线性微分方程。

1.6 线性代数

行列式的性质及计算；行列式按行展开定理的应用；矩阵的运算；逆矩阵的概念、性质及求法；矩阵的初等变换和初等矩阵；矩阵的秩；等价矩阵的概念和性质；向量的线性表示；向量组的线性相关和线性无关；线性方程组有解的判定；线性方程组求解；矩阵的特征值和特征向量的概念与性质；相似矩阵的概念和性质；矩阵的相似对角化；二次型及其矩阵表示；合同矩阵的概念和性质；二次型的秩；惯性定理；二次型及其矩阵的正定性。

1.7 概率与数理统计

随机事件与样本空间；事件的关系与运算；概率的基本性质；古典型概率；条件概率；概率的基本公式；事件的独立性；独立重复试验；随机变量；随机变量的分布函数；离散型随机变量的概率分布；连续型随机变量的概率密度；常见随机变量的分布；随机变量的数学期望、方差、标准差及其性质；随机变量函数的数学期望；矩、协方差、相关系数及其性质；总体；个体；简单随机样本；统计量；样本均值；样本方差和样本矩；χ^2分布；t分布；F分布；点估计的概念；估计量与估计值；矩估计法；最大似然估计法；估计量的评选标准；区间估计的概念；单个正态总体的均值和方差的区间估计；两个正态总体的均值差和方差比的区间估计；显著性检验；单个正态总体的均值和方差的假设检验。

二、物理学

2.1 热学

气体状态参量；平衡态；理想气体状态方程；理想气体的压强和温度的统计解释；自由度；能量按自由度均分原理；理想气体内能；平均碰撞频率和平均自由程；麦克斯韦速率分布律；方均根速率；平均速率；最概然速率；功；热量；内能；热力学第一定律及其对理想气体等值过程的应用；绝热过程；气体的摩尔热容量；循环过程；卡诺循环；热机效率；净功；制冷系数；热力学第二定律及其统计意义；可逆过程和不可逆过程。

2.2 波动学

机械波的产生和传播；一维简谐波表达式；描述波的特征量；波面，波前，波线；波的能量、能流、能流密度；波的衍射；波的干涉；驻波；自由端反射与固定端反射；声波；声强级；多普勒效应。

2.3 光学

相干光的获得；杨氏双缝干涉；光程和光程差；薄膜干涉；光疏介质；光密介质；迈克尔逊干涉仪；惠更斯-菲涅尔原理；单缝衍射；光学仪器分辨本领；衍射光栅与光谱分析；X射线衍射；布拉格公式；自然光和偏振光；布儒斯特定律；马吕斯定律；双折射现象。

三、化学

3.1 物质的结构和物质状态

原子结构的近代概念；原子轨道和电子云；原子核外电子分布；原子和离子的电子结构；原子结构和元素周期律；元素周期表；周期族；元素性质及氧化物及其酸碱性。离子键的特征；共价键的特征和类型；杂化轨道与分子空间构型；分子结构式；键的极性和分子的极性；分子间力与氢键；晶体与非晶体；晶体类型与物质性质。

3.2 溶液

溶液的浓度；非电解质稀溶液通性；渗透压；弱电解质溶液的解离平衡；分压定律；解离常数；同离子效应；缓冲溶液；水的离子积及溶液的 pH 值；盐类的水解及溶液的酸碱性；溶度积常数；溶度积规则。

3.3 化学反应速率及化学平衡

反应热与热化学方程式；化学反应速率；温度和反应物浓度对反应速率的影响；活化能的物理意义；催化剂；化学反应方向的判断；化学平衡的特征；化学平衡移动原理。

3.4 氧化还原反应与电化学

氧化还原的概念；氧化剂与还原剂；氧化还原电对；氧化还原反应方程式的配平；原电池的组成和符号；电极反应与电池反应；标准电极电势；电极电势的影响因素及应用；金属腐蚀与防护。

3.5 有机化学

有机物特点、分类及命名；官能团及分子构造式；同分异构；有机物的重要反应：加成、取代、消除、氧化、催化加氢、聚合反应、加聚与缩聚；基本有机物的结构、基本性质及用途：烷烃、烯烃、炔烃、芳烃、卤代烃、醇、苯酚、醛和酮、羧酸、酯；合成材料：高分子化合物、塑料、合成橡胶、合成纤维、工程塑料。

四、理论力学

4.1 静力学

平衡；刚体；力；约束及约束力；受力图；力矩；力偶及力偶矩；力系的等效和简化；力的平移定理；平面力系的简化；主矢；主矩；平面力系的平衡条件和平衡方程式；物体系统（含平面静定桁架）的平衡；摩擦力；摩擦定律；摩擦角；摩擦自锁。

4.2 运动学

点的运动方程；轨迹；速度；加速度；切向加速度和法向加速度；平动和绕定轴转动；角速度；角加速度；刚体内任一点的速度和加速度。

4.3 动力学

牛顿定律；质点的直线振动；自由振动微分方程；固有频率；周期；振幅；衰减振动；阻尼对自由振动振幅的影响——振幅衰减曲线；受迫振动；受迫振动频率；幅频特性；共振；动力学普遍定理；动量；质心；动量定理及质心运动定理；动量及质心运动守恒；动量矩；动量矩定理；动量矩守恒；刚体定轴转动微分方程；转动惯量；回转半径；平行轴定理；功；动能；势能；动能定理及机械能守恒；达朗贝尔原理；惯性力；刚体作平动和绕定轴转动（转轴垂直于刚体的对称面）时惯性力系的简化；动静法。

五、材料力学

5.1 材料在拉伸、压缩时的力学性能

低碳钢、铸铁拉伸、压缩试验的应力-应变曲线；力学性能指标。

5.2 拉伸和压缩

轴力和轴力图；杆件横截面和斜截面上的应力；强度条件；虎克定律；变形计算。

5.3 剪切和挤压

剪切和挤压的实用计算；剪切面；挤压面；剪切强度；挤压强度。

5.4 扭转

扭矩和扭矩图；圆轴扭转切应力；切应力互等定理；剪切虎克定律；圆轴扭转的强度条件；扭转角计算及刚度条件。

5.5 截面几何性质

静矩和形心；惯性矩和惯性积；平行轴公式；形心主轴及形心主惯性矩概念。

5.6 弯曲

梁的内力方程；剪力图和弯矩图；分布荷载、剪力、弯矩之间的微分关系；正应力强度条件；切应力强度条件；梁的合理截面；弯曲中心概念；求梁变形的积分法、叠加法。

5.7 应力状态

平面应力状态分析的解析法和应力圆法；主应力和最大切应力；广义虎克定律；四个常用的强度理论。

5.8 组合变形

拉/压-弯组合、弯-扭组合情况下杆件的强度校核；斜弯曲。

5.9 压杆稳定

压杆的临界荷载；欧拉公式；柔度；临界应力总图；压杆的稳定校核。

六、流体力学

6.1 流体的主要物性与流体静力学

流体的压缩性与膨胀性；流体的黏性与牛顿内摩擦定律；流体静压强及其特性；重力作用下静水压强的分布规律；作用于平面的液体总压力的计算。

6.2 流体动力学基础

以流场为对象描述流动的概念；流体运动的总流分析；恒定总流连续性方程、能量方程和动量方程的运用。

6.3 流动阻力和能量损失

沿程阻力损失和局部阻力损失；实际流体的两种流态——层流和紊流；圆管中层流运动；紊流运动的特征；减小阻力的措施。

6.4 孔口管嘴管道流动

孔口自由出流、孔口淹没出流；管嘴出流；有压管道恒定流；管道的串联和并联。

6.5 明渠恒定流

明渠均匀水流特性；产生均匀流的条件；明渠恒定非均匀流的流动状态；明渠恒定均匀流的水力计算。

6.6 渗流、井和集水廊道

土壤的渗流特性；达西定律；井和集水廊道。

6.7 相似原理和量纲分析

力学相似原理；相似准数；量纲分析法。

II.现代技术基础

七、电气与信息

7.1 电磁学概念

电荷与电场；库仑定律；高斯定理；电流与磁场；安培环路定律；电磁感应定律；洛仑兹力。

7.2 电路知识

电路组成；电路的基本物理过程；理想电路元件及其约束关系；电路模型；欧姆定律；基尔霍夫定律；支路电流法；等效电源定理；叠加原理；正弦交流电的时间函数描述；阻抗；正弦交流电的相量描述；复数阻抗；交流电路稳态分析的相量法；交流电路功率；功率因数；三相配电电路及用电安全；电路暂态；R-C、R-L电路暂态特性；电路频率特性；R-C、R-L电路频率特性。

7.3 电动机与变压器

理想变压器；变压器的电压变换、电流变换和阻抗变换原理；三相异步电动机接线、启动、反转及调速方法；三相异步电动机运行特性；简单继电-接触控制电路。

7.4 信号与信息

信号；信息；信号的分类；模拟信号与信息；模拟信号描述方法；模拟信号的频谱；模拟信号增强；模拟信号滤波；模拟信号变换；数字信号与信息；数字信号的逻辑编码与逻辑演算；数字信号的数值编码与数值运算。

7.5 模拟电子技术

晶体二极管；极型晶体三极管；共射极放大电路；输入阻抗与输出阻抗；射极跟随器与阻抗变换；运算放大器；反相运算放大电路；同相运算放大电路；基于运算放大器的比较器电路；二极管单相半波整流电路；二极管单相桥式整流电路。

7.6 数字电子技术

与、或、非门的逻辑功能；简单组合逻辑电路；D 触发器；JK 触发器数字寄存器；脉冲计数器。

7.7 计算机系统

计算机系统组成；计算机的发展；计算机的分类；计算机系统特点；计算机硬件系统组成；CPU；存储器；输入/输出设备及控制系统；总线；数模/模数转换；计算机软件系统组成；系统软件；操作系统；操作系统定义；操作系统特征；操作系统功能；操作系统分类；支撑软件；应用软件；计算机程序设计语言。

7.8 信息表示

信息在计算机内的表示；二进制编码；数据单位；计算机内数值数据的表示；计算机内非数值数据的表示；信息及其主要特征。

7.9 常用操作系统

Windows 发展；进程和处理器管理；存储管理；文件管理；输入/输出管理；设备管理；网络服务。

7.10 计算机网络

计算机与计算机网络；网络概念；网络功能；网络组成；网络分类；局域网；广域网；因特网；网络管理；网络安全；Windows 系统中的网络应用；信息安全；信息保密。

III.工程管理基础

八、法律法规

8.1 中华人民共和国建筑法

总则；建筑许可；建筑工程发包与承包；建筑工程监理；建筑安全生产管理；建筑工程质量管理；法律责任。

8.2 中华人民共和国安全生产法

总则；生产经营单位的安全生产保障；从业人员的权利和义务；安全生产的监督管理；生产安全事故的应急救援与调查处理。

8.3 中华人民共和国招标投标法

总则；招标；投标；开标；评标和中标；法律责任。

8.4 中华人民共和国合同法

一般规定；合同的订立；合同的效力；合同的履行；合同的变更和转让；合同的权利义务终止；违约责任；其他规定。

8.5 中华人民共和国行政许可法

总则；行政许可的设定；行政许可的实施机关；行政许可的实施程序；行政许可的费用。

8.6 中华人民共和国节约能源法

总则；节能管理；合理使用与节约能源；节能技术进步；激励措施；法律责任。

8.7 中华人民共和国环境保护法

总则；环境监督管理；保护和改善环境；防治环境污染和其他公害；法律责任。

8.8 建设工程勘察设计管理条例

总则；资质资格管理；建设工程勘察设计发包与承包；建设工程勘察设计文件的编制与实施；监督管理。

8.9 建设工程质量管理条例

总则；建设单位的质量责任和义务；勘察设计单位的质量责任和义务；施工单位的质量责任和义务；工程监理单位的质量责任和义务；建设工程质量保修。

8.10 建设工程安全生产管理条例

总则；建设单位的安全责任；勘察设计工程监理及其他有关单位的安全责任；施工单位的安全责任；监督管理；生产安全事故的应急救援和调查处理。

九、工程经济

9.1 资金的时间价值

资金时间价值的概念；利息及计算；实际利率和名义利率；现金流量及现金流量图；资金等值计算的常用公式及应用；复利系数表的应用。

9.2 财务效益与费用估算

项目的分类；项目计算期；财务效益与费用；营业收入；补贴收入；建设投资；建设期利息；流动资金；总成本费用；经营成本；项目评价涉及的税费；总投资形成的资产。

9.3 资金来源与融资方案

资金筹措的主要方式；资金成本；债务偿还的主要方式。

9.4 财务分析

财务评价的内容；盈利能力分析（财务净现值、财务内部收益率、项目投资回收期、总投资收益率、项目资本金净利润率）；偿债能力分析（利息备付率、偿债备付率、资产负债率）；财务生存能力分析；财务分析报表（项目投资现金流量表、项目资本金现金流量表、利润与利润分配表、财务计划现金流量表）；基准收益率。

9.5 经济费用效益分析

经济费用和效益；社会折现率；影子价格；影子汇率；影子工资；经济净现值；经济内部收益率；经济效益费用比。

9.6 不确定性分析

盈亏平衡分析（盈亏平衡点、盈亏平衡分析图）；敏感性分析（敏感度系数、临界点、敏感性分析图）。

9.7 方案经济比选

方案比选的类型；方案经济比选的方法（效益比选法、费用比选法、最低价格法）；计算期不同的互斥方案的比选。

9.8 改扩建项目经济评价特点

改扩建项目经济评价特点。

9.9 价值工程

价值工程原理；实施步骤。

附录二

全国勘察设计注册工程师执业资格考试
公共基础试题配置说明

I.工程科学基础（共 78 题）

数学基础	24 题	理论力学基础	12 题
物理基础	12 题	材料力学基础	12 题
化学基础	10 题	流体力学基础	8 题

II.现代技术基础（共 28 题）

电气技术基础	12 题	计算机基础	10 题
信号与信息基础	6 题		

III.工程管理基础（共 14 题）

工程经济基础	8 题	法律法规	6 题

注：试卷题目数量合计 120 题，每题 1 分，满分为 120 分。考试时间为 4 小时。

2025 | 全国勘察设计注册工程师
执业资格考试用书

Yiji Zhuce Jiegou Gongchengshi Zhiye Zige Kaoshi
Jichu Kaoshi Shijuan

一级注册结构工程师执业资格考试
基础考试试卷

（公共基础）

试题解析及参考答案

注册工程师考试复习用书编委会 / 编

曹纬浚 / 主编

蒋全科 / 副主编

微信扫一扫
了解本书正版数字资源的获取和使用方法

人民交通出版社
北京

内 容 提 要

本书共 4 册，分别收录有 2011～2024 年（2015 年停考，下同）公共基础考试试卷（即基础考试上午卷）和 2010 年、2011 年、2013 年、2016～2024 年专业基础考试试卷（即基础考试下午卷）及其解析与参考答案。

本书配电子题库（有效期一年），考生可微信扫描试卷（公共基础）封面的红色"二维码"，登录"注考大师"在线学习，部分试题有视频解析。

本书适合参加 2025 年一级注册结构工程师执业资格考试基础考试的考生模拟练习，还可作为相关专业培训班的辅导资料。

图书在版编目（CIP）数据

2025 一级注册结构工程师执业资格考试基础考试试卷 / 曹纬浚主编.— 北京：人民交通出版社股份有限公司，2025. 1. — ISBN 978-7-114-19922-6

Ⅰ. TU3-44

中国国家版本馆 CIP 数据核字第 202425DR74 号

书　　名：2025 一级注册结构工程师执业资格考试基础考试试卷
著 作 者： 曹纬浚
责任编辑： 刘彩云
责任印制： 张　凯
出版发行： 人民交通出版社
地　　址：（100011）北京市朝阳区安定门外外馆斜街 3 号
网　　址： http://www.ccpcl.com.cn
销售电话：（010）85285857
总 经 销： 人民交通出版社发行部
经　　销： 各地新华书店
印　　刷： 北京印匠彩色印刷有限公司
开　　本： 889×1194　1/16
印　　张： 61.75
字　　数： 1157 千
版　　次： 2025 年 1 月　第 1 版
印　　次： 2025 年 1 月　第 1 次印刷
书　　号： ISBN 978-7-114-19922-6
定　　价： 178.00 元（含 4 册）

（有印刷、装订质量问题的图书，由本社负责调换）

目 录

（试题解析及参考答案·公共基础）

2011 年度全国勘察设计注册工程师执业资格考试基础考试（上）
试题解析及参考答案

1.解　直线方向向量 $\vec{s} = \{1,1,1\}$，平面法线向量 $\vec{n} = \{1,-2,1\}$，计算 $\vec{s} \cdot \vec{n} = 0$，即 $1 \times 1 + 1 \times (-2) + 1 \times 1 = 0$，$\vec{s} \perp \vec{n}$，从而知直线 // 平面，或直线与平面重合；再在直线上取一点 $(0,1,0)$，代入平面方程得 $0 - 2 \times 1 + 0 = -2 \neq 0$，不满足方程，所以该点不在平面上。

答案：B

2.解　方程 $F(x,y,z) = 0$ 中缺少一个字母，空间解析几何中这样的曲面方程表示为柱面。本题方程中缺少字母 x，方程 $y^2 - z^2 = 1$ 表示以平面 yoz 曲线 $y^2 - z^2 = 1$ 为准线，母线平行于 x 轴的双曲柱面。

答案：A

3.解　可通过求 $\lim\limits_{x \to 0} \frac{3^x - 1}{x}$ 的极限判断。$\lim\limits_{x \to 0} \frac{3^x - 1}{x} \overset{\frac{0}{0}}{=} \lim\limits_{x \to 0} \frac{3^x \ln 3}{1} = \ln 3 \neq 0$。

答案：D

4.解　使分母为 0 的点为间断点，令 $\sin \pi x = 0$，得 $x = 0, \pm 1, \pm 2, \cdots$ 为间断点，再利用可去间断点定义，找出可去间断点。

当 $x = 0$ 时，$\lim\limits_{x \to 0} \frac{x - x^2}{\sin \pi x} \overset{\frac{0}{0}}{=} \lim\limits_{x \to 0} \frac{1 - 2x}{\pi \cos \pi x} = \frac{1}{\pi}$，极限存在，可知 $x = 0$ 为函数的一个可去间断点。

同样，可计算当 $x = 1$ 时，$\lim\limits_{x \to 1} \frac{x - x^2}{\sin \pi x} = \lim\limits_{x \to 1} \frac{1 - 2x}{\pi \cos \pi x} = \frac{1}{\pi}$，极限存在，因而 $x = 1$ 也是一个可去间断点。其他间断点求极限都不存在，均不满足可去间断点定义。

答案：B

5.解　举例说明。

如 $f(x) = x$ 在 $x = 0$ 可导，$g(x) = |x| = \begin{cases} x & x \geqslant 0 \\ -x & x < 0 \end{cases}$ 在 $x = 0$ 处不可导，$f(x)g(x) = x|x| = \begin{cases} x^2 & x \geqslant 0 \\ -x^2 & x < 0 \end{cases}$，通过计算 $f'_+(0) = f'_-(0) = 0$，知 $f(x)g(x)$ 在 $x = 0$ 处可导。

如 $f(x) = 2$ 在 $x = 0$ 处可导，$g(x) = |x|$ 在 $x = 0$ 处不可导，$f(x)g(x) = 2|x| = \begin{cases} 2x & x \geqslant 0 \\ -2x & x < 0 \end{cases}$，通过计算函数 $f(x)g(x)$ 在 $x = 0$ 处的右导为 2，左导为 -2，可知 $f(x)g(x)$ 在 $x = 0$ 处不可导。

答案：A

6.解　利用函数的单调性证明。设 $f(x) = x - \sin x$，$x \subset (0, +\infty)$，得 $f'(x) = 1 - \cos x \geqslant 0$，所以 $f(x)$ 单增，当 $x = 0$ 时，$f(0) = 0$，从而当 $x > 0$ 时，$f(x) > 0$，即 $x - \sin x > 0$。

答案：D

7. 解　在题目中只给出 $f(x,y)$ 在闭区域 D 上连续这一条件，并未讲函数 $f(x,y)$ 在 P_0 点是否具有一阶、二阶连续偏导，而选项 A、B 判定中均利用了这个未给的条件，因而选项 A、B 不成立。选项 D 中，$f(x,y)$ 的最大值点可以在 D 的边界曲线上取得，因而不一定是 $f(x,y)$ 的极大值点，故选项 D 不成立。

在选项 C 中，给出 P_0 是可微函数的极值点这个条件，因而 $f(x,y)$ 在 P_0 偏导存在，且 $\left.\frac{\partial f}{\partial x}\right|_{P_0}=0$，$\left.\frac{\partial f}{\partial y}\right|_{P_0}=0$。

故 $\mathrm{d}f = \left.\frac{\partial f}{\partial x}\right|_{P_0}\mathrm{d}x + \left.\frac{\partial f}{\partial y}\right|_{P_0}\mathrm{d}y = 0$

答案：C

8. 解

方法 1：凑微分再利用积分公式计算。

原式 $= 2\int\frac{1}{1+x}\mathrm{d}\sqrt{x} = 2\int\frac{1}{1+(\sqrt{x})^2}\mathrm{d}\sqrt{x} = 2\arctan\sqrt{x}+C$。

方法 2：换元，设 $\sqrt{x}=t$，$x=t^2$，$\mathrm{d}x=2t\mathrm{d}t$。

原式 $= \int\frac{2t}{t(1+t^2)}\mathrm{d}t = 2\int\frac{1}{1+t^2}\mathrm{d}t = 2\arctan t+C$，回代 $t=\sqrt{x}$。

答案：B

9. 解　$f(x)$ 是连续函数，$\int_0^2 f(t)\mathrm{d}t$ 的结果为一常数，设为 A，那么已知表达式化为 $f(x)=x^2+2A$，两边作定积分，$\int_0^2 f(x)\mathrm{d}x=\int_0^2(x^2+2A)\mathrm{d}x$，化为 $A=\int_0^2 x^2\mathrm{d}x+2A\int_0^2\mathrm{d}x$，通过计算得到 $A=-\frac{8}{9}$。

计算如下：$A=\frac{1}{3}x^3\Big|_0^2+2Ax\Big|_0^2=\frac{8}{3}+4A$，得 $A=-\frac{8}{9}$，所以 $f(x)=x^2+2\times\left(-\frac{8}{9}\right)=x^2-\frac{16}{9}$。

答案：D

10. 解　利用偶函数在对称区间的积分公式得原式 $=2\int_0^2\sqrt{4-x^2}\mathrm{d}x$，而积分 $\int_0^2\sqrt{4-x^2}\mathrm{d}x$ 为圆 $x^2+y^2=4$ 面积的 $\frac{1}{4}$，即为 $\frac{1}{4}\times\pi\times 2^2=\pi$，从而原式 $=2\pi$。

另一方法：可设 $x=2\sin t$，$\mathrm{d}x=2\cos t\mathrm{d}t$，则 $\int_0^2\sqrt{4-x^2}\mathrm{d}x=\int_0^{\frac{\pi}{2}}4\cos^2 t\,\mathrm{d}t=4\times\frac{1}{2}\times\frac{\pi}{2}=\pi$，从而原式 $=2\int_0^2\sqrt{4-x^2}\mathrm{d}x=2\pi$。

答案：B

11. 解　利用已知两点求出直线方程 L：$y=-2x+2$（见图解）

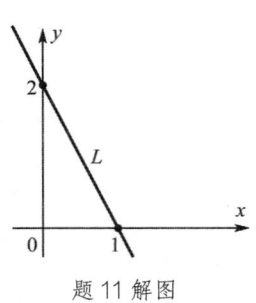

L 的参数方程 $\begin{cases}y=-2x+2\\ x=x\end{cases}(0\leqslant x\leqslant 1)$

$\mathrm{d}S=\sqrt{1^2+(-2)^2}\mathrm{d}x=\sqrt{5}\mathrm{d}x$

$\displaystyle S=\int_0^1[x^2+(-2x+2)^2]\sqrt{5}\mathrm{d}x$

$\displaystyle \quad=\sqrt{5}\int_0^1(5x^2-8x+4)\mathrm{d}x$

$\displaystyle \quad=\sqrt{5}\left(\frac{5}{3}x^3-4x^2+4x\right)\Big|_0^1=\frac{5}{3}\sqrt{5}$

题 11 解图

答案：D

12. 解 $y = e^{-x}$，即 $y = \left(\frac{1}{e}\right)^x$，画出平面图形（见解图）。根据 $V = \int_0^{+\infty} \pi(e^{-x})^2 \mathrm{d}x$，可计算结果。

题 12 解图

$$V = \int_0^{+\infty} \pi e^{-2x} \mathrm{d}x = -\frac{\pi}{2} \int_0^{+\infty} e^{-2x} \mathrm{d}(-2x) = -\frac{\pi}{2} e^{-2x} \Big|_0^{+\infty} = \frac{\pi}{2}$$

答案：A

13. 解 利用级数性质易判定选项 A、B、C 均收敛。对于选项 D，因 $\sum\limits_{n=1}^{\infty} u_n$ 收敛，则有 $\lim\limits_{x \to \infty} u_n = 0$，而级数 $\sum\limits_{n=1}^{\infty} \frac{50}{u_n}$ 的一般项为 $\frac{50}{u_n}$，计算 $\lim\limits_{x \to \infty} \frac{50}{u_n} = \infty \neq 0$，故级数 D 发散。

答案：D

14. 解 由已知条件可知 $\lim\limits_{n \to \infty} \left|\frac{a_{n+1}}{a_n}\right| = \frac{1}{2}$，设 $x - 2 = t$，幂级数 $\sum\limits_{n=1}^{\infty} n a_n (x-2)^{n+1}$ 化为 $\sum\limits_{n=1}^{\infty} n a_n t^{n+1}$，求系数比的极限确定收敛半径，$\lim\limits_{n \to \infty} \left|\frac{(n+1)a_{n+1}}{na_n}\right| = \lim\limits_{n \to \infty} \left|\frac{n+1}{n} \cdot \frac{a_{n+1}}{a_n}\right| = \frac{1}{2}$，$R = 2$，即 $|t| < 2$ 收敛，$-2 < x - 2 < 2$，即 $0 < x < 4$ 收敛。

答案：C

15. 解 分离变量，化为可分离变量方程 $\frac{x}{\sqrt{2-x^2}} \mathrm{d}x = \frac{1}{y} \mathrm{d}y$，两边进行不定积分，得到最后结果。

注意左边式子的积分 $\int \frac{x}{\sqrt{2-x^2}} \mathrm{d}x = -\frac{1}{2} \int \frac{\mathrm{d}(2-x^2)}{\sqrt{2-x^2}} = -\sqrt{2-x^2}$，右边式子积分 $\int \frac{1}{y} \mathrm{d}y = \ln y + C_1$，所以 $-\sqrt{2-x^2} = \ln y + C_1$，$\ln y = -\sqrt{2-x^2} - C_1$，$y = e^{-C_1 - \sqrt{2-x^2}} = C e^{-\sqrt{2-x^2}}$，其中 $C = e^{-C_1}$。

答案：C

16. 解 微分方程为一阶齐次方程，设 $u = \frac{y}{x}$，$y = xu$，$\frac{\mathrm{d}y}{\mathrm{d}x} = u + x\frac{\mathrm{d}u}{\mathrm{d}x}$，代入化简得 $\cot u \, \mathrm{d}u = \frac{1}{x} \mathrm{d}x$

两边积分 $\int \cot u \, \mathrm{d}u = \int \frac{1}{x} \mathrm{d}x$，$\ln \sin u = \ln x + C_1$，$\sin u = e^{C_1 + \ln x} = e^{C_1} \cdot e^{\ln x}$，$\sin u = Cx$（其中 $C = e^{C_1}$）

代入 $u = \frac{y}{x}$，得 $\sin \frac{y}{x} = Cx$。

答案：A

17. 解 **方法 1**：用公式 $\boldsymbol{A}^{-1} = \frac{1}{|A|} \boldsymbol{A}^*$ 计算，但较麻烦。

方法 2：简便方法，试探一下给出的哪一个矩阵满足 $\boldsymbol{AB} = \boldsymbol{E}$

如：
$$\begin{bmatrix} 1 & 0 & 1 \\ 0 & 1 & 2 \\ -2 & 0 & -3 \end{bmatrix} \begin{bmatrix} 3 & 0 & 1 \\ 4 & 1 & 2 \\ -2 & 0 & -1 \end{bmatrix} = \begin{bmatrix} 1 & 0 & 0 \\ 0 & 1 & 0 \\ 0 & 0 & 1 \end{bmatrix}$$

方法 3：用矩阵初等变换，求逆阵。

$$(\boldsymbol{A}|\boldsymbol{E}) = \begin{bmatrix} 1 & 0 & 1 & 1 & 0 & 0 \\ 0 & 1 & 2 & 0 & 1 & 0 \\ -2 & 0 & -3 & 0 & 0 & 1 \end{bmatrix} \xrightarrow{2r_1 + r_3} \begin{bmatrix} 1 & 0 & 1 & 1 & 0 & 0 \\ 0 & 1 & 2 & 0 & 1 & 0 \\ 0 & 0 & -1 & 2 & 0 & 1 \end{bmatrix} \xrightarrow[\substack{2r_3 + r_2 \\ (-1)r_3}]{r_3 + r_1}$$

$$\begin{bmatrix} 1 & 0 & 0 & 3 & 0 & 1 \\ 0 & 1 & 0 & 4 & 1 & 2 \\ 0 & 0 & 1 & -2 & 0 & -1 \end{bmatrix}$$

选项 B 正确。

答案：B

18. 解 利用结论：设 A 为 n 阶方阵，A^* 为 A 的伴随矩阵，则：

（1）$R(A) = n$ 的充要条件是 $R(A^*) = n$

（2）$R(A) = n - 1$ 的充要条件是 $R(A^*) = 1$

（3）$R(A) \leqslant n - 2$ 的充要条件是 $R(A^*) = 0$，即 $A^* = 0$

$n = 3$，$R(A^*) = 1$，$R(A) = 2$

$$A = \begin{bmatrix} 1 & 1 & a \\ 1 & a & 1 \\ a & 1 & 1 \end{bmatrix} \xrightarrow[-ar_1 + r_3]{-r_1 + r_2} \begin{bmatrix} 1 & 1 & a \\ 0 & a-1 & 1-a \\ 0 & 1-a & 1-a^2 \end{bmatrix} \xrightarrow{r_2 + r_3} \begin{bmatrix} 1 & 1 & a \\ 0 & a-1 & 1-a \\ 0 & 0 & 2-a-a^2 \end{bmatrix}$$

代入 $a = -2$，得

$$A = \begin{bmatrix} 1 & 1 & -2 \\ 0 & -3 & 3 \\ 0 & 0 & 0 \end{bmatrix}, \quad R(A) = 2$$

选项 A 对。

答案：A

19. 解 当 $P^{-1}AP = \Lambda$ 时，$P = (\alpha_1, \alpha_2, \alpha_3)$ 中 α_1、α_2、α_3 的排列满足对应关系，α_1 对应 λ_1，α_2 对应 λ_2，α_3 对应 λ_3，可知 α_1 对应特征值 $\lambda_1 = 1$，α_2 对应特征值 $\lambda_2 = 2$，α_3 对应特征值 $\lambda_3 = 0$，由此可知当 $Q = (\alpha_2, \alpha_1, \alpha_3)$ 时，对应 $\Lambda = \begin{bmatrix} 2 & 0 & 0 \\ 0 & 1 & 0 \\ 0 & 0 & 0 \end{bmatrix}$。

答案：B

20. 解 **方法 1**：对方程组的系数矩阵进行初等行变换：

$$\begin{bmatrix} 1 & -1 & 0 & 1 \\ 1 & 0 & -1 & 1 \end{bmatrix} \rightarrow \begin{bmatrix} 1 & -1 & 0 & 1 \\ 0 & 1 & -1 & 0 \end{bmatrix}$$

即 $\begin{cases} x_1 - x_2 + x_4 = 0 \\ x_2 - x_3 = 0 \end{cases}$，得到方程组的同解方程组 $\begin{cases} x_1 = x_2 - x_4 \\ x_3 = x_2 + 0x_4 \end{cases}$

当 $x_2 = 1$，$x_4 = 0$ 时，得 $x_1 = 1$，$x_3 = 1$；当 $x_2 = 0$，$x_4 = 1$ 时，得 $x_1 = -1$，$x_3 = 0$，写出基础解系 ξ_1，ξ_2，即 $\xi_1 = \begin{bmatrix} 1 \\ 1 \\ 1 \\ 0 \end{bmatrix}$，$\xi_2 = \begin{bmatrix} -1 \\ 0 \\ 0 \\ 1 \end{bmatrix}$。

方法 2：把选项中列向量代入核对，即：

$\begin{bmatrix} 1 & -1 & 0 & 1 \\ 1 & 0 & -1 & 1 \end{bmatrix} \begin{bmatrix} 1 \\ 1 \\ 1 \\ 0 \end{bmatrix} = \begin{bmatrix} 0 \\ 0 \end{bmatrix}$，选项 A 错。

$\begin{bmatrix} 1 & -1 & 0 & 1 \\ 1 & 0 & -1 & 1 \end{bmatrix} \begin{bmatrix} -1 \\ -1 \\ 1 \\ 0 \end{bmatrix} = \begin{bmatrix} 0 \\ -2 \end{bmatrix}$，选项 B 错。

$$\begin{bmatrix} 1 & -1 & 0 & 1 \\ 1 & 0 & -1 & 1 \end{bmatrix} \begin{bmatrix} -1 \\ 0 \\ 0 \\ 1 \end{bmatrix} = \begin{bmatrix} 0 \\ 0 \end{bmatrix}，选项 C 正确。$$

答案：C

21. 解 $P(A \cup B) = P(A) + P(B) - P(AB)$，$P(A \cup B) + P(AB) = P(A) + P(B) = 1.1$，$P(A \cup B)$ 取最小值时，$P(AB)$ 取最大值，因 $P(A) < P(B)$，所以 $P(AB)$ 的最大值等于 $P(A) = 0.3$。或用图示法（面积表示概率），见解图。

题 21 解图

答案：C

22. 解 设甲、乙、丙单人译出密码分别记为 A、B、C，则这份密码被破译出可记为 $A \cup B \cup C$，因为 A、B、C 相互独立，所以

$$P(A \cup B \cup C) = P(A) + P(B) + P(C) - P(AB) - P(AC) - P(BC) + P(ABC)$$
$$= P(A) + P(B) + P(C) - P(A)P(B) - P(A)P(C) - P(B)P(C) +$$
$$P(A)P(B)P(C) = \frac{3}{5}$$

或由 $\overline{A}$、$\overline{B}$、$\overline{C}$ 也相互独立，

$$P(A \cup B \cup C) = 1 - P(\overline{A \cup B \cup C}) = 1 - P(\overline{A}\,\overline{B}\,\overline{C}) = 1 - P(\overline{A})P(\overline{B})P(\overline{C})$$
$$= 1 - [1 - P(A)][1 - P(B)][1 - P(C)] = \frac{3}{5}$$

答案：D

23. 解 由题意可知 $Y \sim B(3, p)$，其中 $p = P\left\{X \leqslant \frac{1}{2}\right\} = \int_0^{\frac{1}{2}} 2x \mathrm{d}x = \frac{1}{4}$

$$P(Y = 2) = C_3^2 \left(\frac{1}{4}\right)^2 \frac{3}{4} = \frac{9}{64}$$

答案：B

24. 解 由 χ^2 分布定义，$X^2 \sim \chi^2(1)$，$Y^2 \sim \chi^2(1)$，因不能确定 X 与 Y 是否相互独立，所以选项 A、B、D 都不对。当 $X \sim N(0,1)$，$Y = -X$ 时，$Y \sim N(0,1)$，但 $X + Y = 0$ 不是随机变量。

答案：C

25. 解 ①分子的平均平动动能 $\overline{w} = \frac{3}{2}kT$，分子的平均动能 $\overline{\varepsilon} = \frac{i}{2}kT$。

分子的平均平动动能相同，即温度相等。

②分子的平均动能 = 平均(平动动能 + 转动动能) = $\frac{i}{2}kT$。i 为分子自由度，$i(\mathrm{He}) = 3$，$i(\mathrm{N}_2) = 5$，

故氦分子和氮分子的平均动能不同。

答案：B

26. 解 v_p 为 $f(v)$ 最大值所对应的速率，由最概然速率定义得正确选项 C。

答案：C

27. 解 理想气体从平衡态A$(2p_1, V_1)$变化到平衡态B$(p_1, 2V_1)$，体积膨胀，做功$W > 0$。

判断内能变化情况：

方法 1：画p-V图，注意到平衡态A$(2p_1, V_1)$和平衡态B$(p_1, 2V_1)$都在同一等温线上，$\Delta T = 0$，故$\Delta E = 0$。

方法 2：气体处于平衡态 A 时，其温度为$T_A = \frac{2p_1 \times V_1}{R}$；处于平衡态 B 时，温度$T_B = \frac{2p_1 \times V_1}{R}$，显然 $T_A = T_B$，温度不变，内能不变，$\Delta E = 0$。

答案：C

28. 解 循环过程的净功数值上等于闭合循环曲线所围的面积。若循环曲线所包围的面积增大，则净功增大。而卡诺循环的循环效率由下式决定：$\eta_{卡诺} = 1 - \frac{T_2}{T_1}$。若$T_1$、$T_2$不变，则循环效率不变。

答案：D

29. 解 按题意，$y = 0.01 \cos 10\pi (25 \times 0.1 - 2) = 0.01 \cos 5\pi = -0.01 \text{m}$。

答案：C

30. 解 质元在机械波动中，动能和势能是同相位的，同时达到最大值，又同时达到最小值，质元在最大位移处（波峰或波谷），速度为零，"形变"为零，此时质元的动能为零，势能为零。

答案：D

31. 解 由$\Delta\phi = \frac{2\pi\nu\Delta x}{u}$，今$\nu = \frac{1}{T} = \frac{1}{4} = 0.25$，$\Delta x = 3 \text{m}$，$\Delta\phi = \frac{\pi}{6}$，故$u = 9 \text{m/s}$，$\lambda = \frac{u}{\nu} = 36 \text{m}$。

答案：B

32. 解 如解图所示，考虑O处的明纹怎样变化。

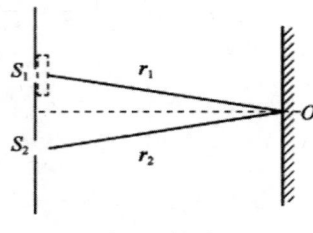

题 32 解图

①玻璃纸未遮住时：光程差$\delta = r_1 - r_2 = 0$，O处为零级明纹。

②玻璃纸遮住后：光程差$\delta' = \frac{5}{2}\lambda$，根据干涉条件知$\delta' = \frac{5}{2}\lambda = (2 \times 2 + 1)\frac{\lambda}{2}$，满足暗纹条件。

答案：B

33. 解 光学常识，可见光的波长范围 $400 \sim 760 \mathrm{nm}$，注意 $1 \mathrm{nm} = 10^{-9} \mathrm{m}$。

答案：A

34. 解 玻璃劈尖的干涉条件为 $\delta = 2nd + \frac{\lambda}{2} = k\lambda (k=1,2,\cdots)$（明纹），相邻两明（暗）纹对应的空气层厚度差为 $d_{k+1} - d_k = \frac{\lambda}{2n}$（见解图）。若劈尖的夹角为 θ，则相邻两明（暗）纹的间距 l 应满足关系式：

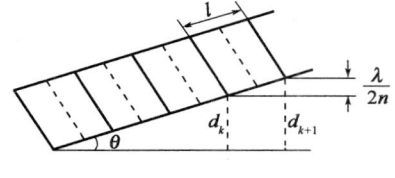

题 34 解图

$$l \sin\theta = d_{k+1} - d_k = \frac{\lambda}{2n} \quad \text{或} \quad l\sin\theta = \frac{\lambda}{2n}$$

$$l = \frac{\lambda}{2n\sin\theta} \approx \frac{\lambda}{2n\theta}, \quad \text{故} \quad \theta = \frac{\lambda}{2nl}$$

答案：D

35. 解 自然光垂直通过第一偏振后，变为线偏振光，光强设为 I'，此即入射至第二个偏振片的线偏振光强度。今 $\alpha = 45°$，已知自然光通过两个偏振片后光强为 I'，根据马吕斯定律，$I = I'\cos^2 45° = \frac{I'}{2}$，所以 $I' = 2I$。

答案：B

36. 解 单缝衍射中央明纹宽度为

$$\Delta x = \frac{2\lambda f}{a} = \frac{2 \times 400 \times 10^{-9} \times 0.5}{10^{-4}} = 4 \times 10^{-3} \mathrm{m}$$

答案：D

37. 解 原子核外电子排布服从三个原则：泡利不相容原理、能量最低原理、洪特规则。

（1）泡利不相容原理：在同一个原子中，不允许两个电子的四个量子数完全相同，即，同一个原子轨道最多只能容纳自旋相反的两个电子。

（2）能量最低原理：电子总是尽量占据能量最低的轨道。多电子原子轨道的能级取决于主量子数 n 和角量子数 l，主量子数 n 相同时，l 越大，能量越高；当主量子数 n 和角量子数 l 都不相同时，可以发生能级交错现象。轨道能级顺序：1s；2s，2p；3s，3p；4s，3d，4p；5s，4d，5p；6s，4f，5d，6p；7s，5f，6d，…。

（3）洪特规则：电子在 n, l 相同的数个等价轨道上分布时，每个电子尽可能占据磁量子数不同的轨道且自旋方向相同。

原子核外电子分布式书写规则：根据三大原则和近似能级顺序将电子一次填入相应轨道，再按电子层顺序整理，相同电子层的轨道排在一起。

答案：B

38. 解 元素周期表中，同一主族元素从上往下随着原子序数增加，原子半径增大；同一周期主族元素随着原子序数增加，原子半径减小。选项 D，As 和 Se 是同一周期主族元素，Se 的原子半径小于As。

答案：D

39.解 缓冲溶液的组成：弱酸、共轭碱或弱碱及其共轭酸所组成的溶液。选项 A 的 CH_3COOH 过量，与 NaOH 反应生成 CH_3COONa，形成 CH_3COOH/CH_3COONa 缓冲溶液。

答案：A

40.解 压力对固相或液相的平衡没有影响；对反应前后气体计量系数不变的反应的平衡也没有影响。反应前后气体计量系数不同的反应：增大压力，平衡向气体分子数减少的方向；减少压力，平衡向气体分子数增加的方向移动。

总压力不变，加入惰性气体 Ar，相当于减少压力，反应方程式中各气体的分压减小，平衡向气体分子数增加的方向移动。

答案：A

41.解 原子得失电子原则：当原子失去电子变成正离子时，一般是能量较高的最外层电子先失去，而且往往引起电子层数的减少；当原子得到电子变成负离子时，所得的电子总是分布在它的最外电子层。

本题中原子失去的为 4s 上的一个电子，该原子的价电子构型为 $3d^{10}4s^1$，为 29 号 Cu 原子的电子构型。

答案：C

42.解 根据吉布斯等温方程 $\Delta_r G_m^{\ominus} = -RT \ln K^{\ominus}$ 推断，$K^{\ominus} < 1$，$\Delta_r G_m^{\ominus} > 0$。

答案：A

43.解 元素的周期数为价电子构型中的最大主量子数，最大主量子数为 5，元素为第五周期；元素价电子构型特点为 $(n-1)d^{10}ns^1$，为 IB 族元素特征价电子构型。

答案：B

44.解 酚类化合物为苯环直接和羟基相连。A 为丙醇，B 为苯甲醇，C 为苯酚，D 为丙三醇。

答案：C

45.解 系统命名法：

（1）链烃及其衍生物的命名

①选择主链：选择最长碳链或含有官能团的最长碳链为主链；

②主链编号：从距取代基或官能团最近的一端开始对碳原子进行编号；

③写出全称：将取代基的位置编号、数目和名称写在前面，将母体化合物的名称写在后面。

（2）芳香烃及其衍生物的命名

①选择母体：选择苯环上所连官能团或带官能团最长的碳链为母体，把苯环视为取代基；

②编号：将母体中碳原子依次编号，使官能团或取代基位次具有最小值。

答案：D

46.解 甲酸结构式为 H—C—O—H，两个氢处于不同化学环境。

$$O$$

（式上方有双键氧 O，C 上方标 $\overset{O}{\underset{\|}{}}$）

答案：B

47.解 C 与 BC 均为二力构件，故 A 处约束力沿 AC 方向，B 处约束力沿 BC 方向；分析铰链 C 的平衡，其受力如解图所示。

题 47 解图

答案：D

48.解 根据力多边形法则，分力首尾相连，合力为力三角形的封闭边。

答案：B

49.解 A、B 处为光滑约束，其约束力均为水平并组成一力偶，与力 $\boldsymbol{W}$ 和 DE 杆约束力组成的力偶平衡，故两约束力大小相等，且不为零。

答案：B

50.解 根据摩擦定律 $F_{max} = W\cos 30° \times f = 20.8\text{kN}$，沿斜面向下的主动力为 $W\sin 30° = 30\text{kN} > F_{max}$。

答案：C

51.解 点的运动轨迹为位置矢端曲线。

答案：B

52.解 可根据平行移动刚体的定义判断。

答案：C

53.解 杆 AB 和 CD 均为平行移动刚体，所以 $v_M = v_C = 2v_B = 2v_A = 2\omega \cdot O_1A = 120\text{cm/s}$，$a_M = a_C = 2a_B = 2a_A = 2\omega^2 \cdot O_1A = 360\text{cm/s}^2$。

答案：B

54.解 根据动量、动量矩、动能的定义，刚体做定轴转动时：

$$\boldsymbol{p} = mv_C, \quad L_O = J_O\omega, \quad T = \frac{1}{2}J_O\omega^2$$

此题中，$v_C = 0$，$J_O = \frac{1}{2}mr^2$。

答案：A

55.解 根据动量的定义 $\boldsymbol{p} = \sum m_i v_i$，所以，$p = (m_1 - m_2)v$（向下）。

答案：B

56. 解 用定轴转动微分方程 $J_A\alpha = M_A(F)$，见解图，$\frac{1}{3}\frac{P}{g}(2L)^2\alpha = PL$，所以角加速度 $\alpha = \frac{3g}{4L}$。

题 56 解图

答案：B

57. 解 根据定轴转动刚体惯性力系向 O 点简化的结果，其主矩大小为 $M_{IO} = J_O\alpha = 0$，主矢大小为

$F_I = ma_C = m \cdot \frac{R}{2}\omega^2$。

答案：A

58. 解 装置 a)、b)、c) 的自由振动频率分别为 $\omega_{0a} = \sqrt{\frac{2k}{m}}$；$\omega_{0b} = \sqrt{\frac{k}{2m}}$；$\omega_{0c} = \sqrt{\frac{3k}{m}}$，且周期为

$T = \frac{2\pi}{\omega_0}$。

答案：B

59. 解

$$\sigma_{AB} = \frac{F_{NAB}}{A_{AB}} = \frac{300\pi \times 10^3\text{N}}{\frac{\pi}{4} \times 200^2\text{mm}^2} = 30\text{MPa}$$

$$\sigma_{BC} = \frac{F_{NBC}}{A_{BC}} = \frac{100\pi \times 10^3\text{N}}{\frac{\pi}{4} \times 100^2\text{mm}^2} = 40\text{MPa} = \sigma_{\max}$$

答案：A

60. 解

$$\tau = \frac{Q}{A_Q} = \frac{F}{\frac{\pi}{4}d^2} = \frac{4F}{\pi d^2} = [\tau] \qquad\qquad ①$$

$$\sigma_{bs} = \frac{P_{bs}}{A_{bs}} = \frac{F}{dt} = [\sigma_{bs}] \qquad\qquad ②$$

再用②式除①式，可得 $\frac{\pi d}{4t} = \frac{[\sigma_{bs}]}{[\tau]}$。

答案：B

61. 解 受扭空心圆轴横截面上的切应力分布与半径成正比，而且在空心圆内径中无应力，只有选项 B 图是正确的。

答案：B

62. 解

$$W_z = \frac{I_z}{y_{\max}} = \frac{\frac{\pi}{64}d^4 - \frac{a^4}{12}}{\frac{d}{2}} = \frac{\pi d^3}{32} - \frac{a^4}{6d}$$

答案：B

63. 解 根据$\frac{dM}{dx} = Q$可知，剪力为零的截面弯矩的导数为零，也即是弯矩有极值。

答案：B

64. 解 开裂前

$$\sigma_{max} = \frac{M}{W_z} = \frac{M}{\frac{b}{6}(3a)^2} = \frac{2M}{3ba^2}$$

开裂后

$$\sigma_{1max} = \frac{\frac{M}{3}}{W_{z1}} = \frac{\frac{M}{3}}{\frac{ba^2}{6}} = \frac{2M}{ba^2}$$

开裂后最大正应力是原来的3倍，故梁承载能力是原来的1/3。

答案：B

65. 解 由矩形和工字形截面的切应力计算公式可知$\tau = \frac{QS_z}{bI_z}$，切应力沿截面高度呈抛物线分布。由于腹板上截面宽度b突然加大，故z轴附近切应力突然减小。

答案：B

66. 解 承受集中力的简支梁的最大挠度$f_c = \frac{Fl^3}{48EI}$，与惯性矩I成反比。$I_a = \frac{hb^3}{12} = \frac{b^4}{6}$，而$I_b = \frac{bh^3}{12} = \frac{4}{6}b^4$，因图a）梁$I_a$是图b）梁$I_b$的$\frac{1}{4}$，故图a）梁的最大挠度是图b）梁的4倍。

答案：C

67. 解 图示单元体的最大主应力σ_1的方向，可以看作是σ_x的方向（沿x轴）和纯剪切单元体的最大拉应力的主方向（在第一象限沿45°向上），叠加后的合应力的指向。

答案：A

68. 解 AB段是轴向受压，$\sigma_{AB} = \frac{F}{ab}$

BC段是偏心受压，$\sigma_{BC} = \frac{F}{2ab} + \frac{F \cdot \frac{a}{2}}{\frac{b}{6}(2a)^2} = \frac{5F}{4ab}$

答案：B

69. 解 图示圆轴是弯扭组合变形，在固定端处既有弯曲正应力，又有扭转切应力。但是图中A点位于中性轴上，故没有弯曲正应力，只有切应力，属于纯剪切应力状态。

答案：B

70. 解 由压杆临界荷载公式$F_{cr} = \frac{\pi^2 EI}{(\mu l)^2}$可知，$F_{cr}$与杆长$l^2$成反比，故杆长度为$\frac{l}{2}$时，$F_{cr}$是原来的4倍，也即增加了3倍。

答案：B

71. 解 空气的黏滞系数，随温度降低而降低；而水的黏滞系数相反，随温度降低而升高。

答案：A

72. 解 质量力是作用在每个流体质点上，大小与质量成正比的力；表面力是作用在所设流体的外表，大小与面积成正比的力。重力是质量力，黏滞力是表面力。

答案：C

73. 解 根据流线定义及性质以及非恒定流定义可得。

答案：C

74. 解 题中已给出两断面间有水头损失 $h_{l1\text{-}2}$，而选项 C 中未计及 $h_{l1\text{-}2}$，所以一定是错误的。而 ρ_1 可能等于 ρ_2，所以选项 A 不一定错误。

答案：C

75. 解 根据雷诺数公式 $\mathrm{Re} = \dfrac{vd}{\nu}$ 及连续方程 $v_1 A_1 = v_2 A_2$ 联立求解可得：

$$v_2 = v_1 \left(\frac{d_1}{d_2}\right)^2 = \left(\frac{30}{60}\right)^2 v_1 = \frac{v_1}{4}$$

$$\mathrm{Re}_2 = \frac{v_2 d_2}{\nu} = \frac{\frac{v_1}{4} \times 2 d_1}{\nu} = \frac{1}{2}\mathrm{Re}_1 = \frac{1}{2} \times 5000 = 2500$$

答案：C

76. 解 当自由出流孔口与淹没出流孔口的形状、尺寸相同，且作用水头相等时，则出流量应相等。

答案：B

77. 解 水力最优断面是过流能力最大的断面形状。

答案：B

78. 解 依据弗劳德准则，流量比尺 $\lambda_Q = \lambda_L^{2.5}$，所以长度比尺 $\lambda_L = \lambda_Q^{1/2.5}$，代入题设数据后有：

$$\lambda_L = \left(\frac{537}{0.3}\right)^{1/2.5} = (1790)^{0.4} = 20$$

答案：D

79. 解 此题选项 A、D 明显不符合静电荷物理特征。选项 B 可以用电场强度的叠加定理分析，两个异性电荷连线的中心位置电场强度也不为零。

答案：C

80. 解 电感电压与电流之间的关系是微分关系，即

$$u = L\frac{\mathrm{d}i}{\mathrm{d}t} = 2\omega L \sin(1000t + 90°) = 2\sin(1000t + 90°)$$

或用相量法分析：$\dot{U}_\mathrm{L} = j\omega L \dot{I} = \sqrt{2}\angle 90°\mathrm{V}$；$I = \sqrt{2}\mathrm{A}$，$j\omega L = j1\Omega(\omega = 1000\mathrm{rad})$，$u_\mathrm{L}$ 的有效值

为 $\sqrt{2}$V。

答案：D

81. 解 根据线性电路的戴维南定理，图 a）和图 b）电路等效指的是对外电路电压和电流相同，即电路中 20Ω 电阻中的电流均为 1A，方向自下向上；然后利用节电电流关系可知，流过图 a）电路 10Ω 电阻中的电流为 $2 - 1 = 1$A。

答案：A

82. 解 RLC 串联的交流电路中，阻抗的计算公式是 $Z = R + jX_L - jX_C = R + j\omega L - j\frac{1}{\omega C}$，阻抗的模 $|Z| = \sqrt{R^2 + \left(\omega L - \frac{1}{\omega C}\right)^2}$；$\omega = 314$rad/s。

答案：C

83. 解 该电路是 RLC 混联的正弦交流电路，根据给定电压，将其写成复数为 $\dot{U} = U\angle 30° = \frac{10}{\sqrt{2}}\angle 30°$V；$\dot{I}_1 = \frac{\dot{U}}{R + j\omega L}$；电流 $\dot{I} = \dot{I}_1 + \dot{I}_2 = \frac{U\angle 30°}{R + j\omega L} + \frac{U\angle 30°}{-j\left(\frac{1}{\omega C}\right)}$；$i = I\sqrt{2}\sin(1000t + \Psi_i)$A。

答案：C

84. 解 在暂态电路中电容电压符合换路定则 $U_C(t_{0+}) = U_C(t_{0-})$，开关打开以前 $U_C(t_{0-}) = \frac{R_2}{R_1 + R_2}U_s$，$I(0_+) = U_C(0_+)/R_2$；电路达到稳定以后电容能量放光，电路中稳态电流 $I(\infty) = 0$。

答案：B

85. 解 信号源输出最大功率的条件是电源内阻与负载电阻相等，电路中的实际负载电阻折合到变压器的原边数值为 $R'_L = \left(\frac{U_1}{U_2}\right)^2 R_L = R_S = 40Ω$；$K = \frac{u_1}{u_2} = 2$，$u_1 = u_s\frac{R'_L}{R_S + R'_L} = 40\sin\omega t$；$u_2 = \frac{u_1}{K} = 20\sin\omega t$。

答案：B

86. 解 在继电接触控制电路中，电器符号均表示电器没有动作的状态，当接触器线圈 KM 通电以后常开触点 KM1 闭合，常闭触点 KM2 断开。

答案：C

87. 解 信息是通过感官接收的关于客观事物的存在形式或变化情况。信号是消息的表现形式，是可以直接观测到的物理现象（如电、光、声、电磁波等）。通常认为"信号是信息的表现形式"。红灯亮的信号传达了开始制冷的信息。

答案：C

88. 解 八进制和十六进制都是数字电路中采用的数制，本质上都是二进制，在应用中是根据数字信号的不同要求所选取的不同的书写格式。

答案：A

89. 解 模拟信号是幅值和时间均连续的信号，采样信号是时间离散、数值连续的信号，离散信号是指在某些不连续时间定义函数值的信号，数字信号是将幅值量化后并以二进制代码表示的离散信号。

答案： B

90. 解 $u_1(t)$ 比 $u_2(t)$ 展开的高次谐波更多，所以 $u_1(t)$ 的描述性更多，更接近真实。

答案： A

91. 解 由图可以分析，当信号 $|u_i(t)| \leqslant 2V$ 时，放大电路工作在线性工作区，$u_o(t) = 5u_i(t)$；当信号 $|u_i(t)| \geqslant 2V$ 时，放大电路工作在非线性工作区，$u_o(t) = \pm 10V$。

答案： D

92. 解 由逻辑电路的基本关系可得结果，变换中用到了逻辑电路的摩根定理。

$$F = \overline{\overline{AB} + \overline{BC}} = AB \cdot BC = ABC$$

答案： D

93. 解 该电路为二极管的桥式整流电路，当 D_2 二极管断开时，电路变为半波整流电路，输入电压的交流有效值和输出直流电压的关系为 $U_o = 0.45U_i$，同时根据二极管的导通电流方向可得 $U_o = -3.18V$。

答案： C

94. 解 由图可以分析，当信号 $|u_i(t)| \leqslant 1V$ 时，放大电路工作在线性工作区，$u_o(t) = 10^4 u_i(t)$；当信号 $|u_i(t)| \geqslant 1mV$ 时，放大电路工作在非线性工作区，$u_o(t) = \pm 10V$；输入信号 $u_i(t)$ 最大值为 2mV，则有一部分工作区进入非线性区。对应的输出波形与选项 C 一致。

答案： C

95. 解 图 a）示电路是与非门逻辑电路，$F = \overline{1 \cdot A} = \overline{A}$。

答案： D

96. 解 图示电路是下降沿触发的 JK 触发器，$\overline{R_D}$ 是触发器的清零端，$\overline{S_D}$ 是置"1"端，画解图并由触发器的逻辑功能分析，即可得答案。

题 96 解图

答案： B

97. 解 计算机存储单元是按一定顺序编号，这个编号被称为存储器的地址。

答案：C

98.解 操作系统的特征有并发性、共享性和随机性。

答案：B

99.解 二进制最后一位是 1，转换后则一定是十进制数的奇数。

答案：A

100.解 像素实际上就是图像中的一个个光点，光点可以是黑白的，也可以是彩色的。

答案：D

101.解 删除操作系统文件，计算机将无法正常运行。

答案：C

102.解 存储器系统包括主存储器、高速缓冲存储器和外存储器。

答案：C

103.解 设备管理是对除 CPU 和内存储器之外的所有输入/输出设备的管理。

答案：A

104.解 两种十分有效的文件管理工具是"我的电脑"和"资源管理器"。

答案：C

105.解 计算机网络主要由网络硬件系统和网络软件系统两大部分组成。

答案：A

106.解 局域网是指在一个较小地理范围内的各种计算机网络设备互联在一起的通信网络。局域网覆盖的地理范围通常在几公里之内。

答案：C

107.解 按等额支付资金回收公式计算（已知 P 求 A）。

$$A = P(A/P, i, n) = 5000 \times (A/P, 8\%, 10) = 5000 \times 0.14903 = 745.15 万元$$

答案：C

108.解 建设项目经济评价中的总投资，由建设投资、建设期利息和流动资金组成。

答案：C

109.解 新设法人项目融资的资金来源于项目资本金和债务资金，权益融资形成项目的资本金，债务融资形成项目的债务资金。

答案：C

110.解 在财务生存能力分析中，各年累计盈余资金不出现负值是财务生存的必要条件。

答案：B

111.解 分别计算效益流量的现值和费用流量的现值，二者的比值即为该项目的效益费用比。建设期 1 年，使用寿命 10 年，计算期共 11 年。注意：第 1 年为建设期，投资发生在第 0 年（即第 1 年的年初），第 2 年开始使用，效益和费用从第 2 年末开始发生。该项目的现金流量图如解图所示。

题 111 解图

效益流量的现值：$B = 20 \times (P/A, 10\%, 10) \times (P/F, 10\%, 1)$
$$= 20 \times 6.144 \times 0.9091 = 111.72 \text{ 万元}$$

费用流量的现值：$C = 0.8 \times (P/A, 10\%, 10) \times (P/F, 10\%, 1)$
$$= 0.8 \times 6.1446 \times 0.9091 + 100 = 104.47 \text{ 万元}$$

该项目的效益费用比为：$R_{BC} = B/C = 111.72/104.47 = 1.07$

答案：A

112.解 投资项目敏感性分析最基本的分析指标是内部收益率。

答案：B

113.解 净年值法既可用于寿命期相同，也可用于寿命期不同的方案比选。

答案：C

114.解 强制确定法是以功能重要程度作为选择价值工程对象的一种分析方法，包括 01 评分法、04 评分法等。其中，01 评分法通过对每个部件与其他各部件的功能重要程度进行逐一对比打分，相对重要的得 1 分，不重要的得 0 分，最后计算各部件的功能重要性系数。

答案：D

115.解 《中华人民共和国建筑法》第五十七条规定，建筑设计单位对设计文件选用的建筑材料、建筑构配件和设备，不得指定生产厂家和供应商。

答案：B

116.解 《中华人民共和国招标投标法》第二十三条规定，招标人对已发出的招标文件进行必要的澄清或者修改的，应当在招标文件要求提交投标文件截止时间至少十五日前，以书面形式通知所有招标文件收受人。该澄清或者修改的内容为招标文件的组成部分。

答案：B

117. 解 《中华人民共和国民法典》第四百七十八条规定，有下列情形之一的，要约失效：

（一）拒绝要约的通知到达要约人；

（二）要约人依法撤销要约；

（三）承诺期限届满，受要约人未作出承诺；

（四）受要约人对要约的内容作出实质性变更。

答案：D

118. 解 《中华人民共和国节约能源法》第四条规定，节约资源是我国的基本国策。国家实施节约与开发并举，把节约放在首位的能源发展战略。

答案：B

119. 解 《中华人民共和国环境保护法》2014 年进行了修订，新法第四十五条规定，国家依照法律规定实行排污许可管理制度。此题已过时，未作解答。

120. 解 《建设工程勘察设计管理条例》第十四条规定，建设工程勘察、设计方案评标，应当以投标人的业绩、信誉和勘察、设计人员的能力以及勘察、设计方案的优劣为依据，进行综合评定。资质问题在资格预审时已解决，不是评标的条件。

答案：A

2012 年度全国勘察设计注册工程师执业资格考试基础考试（上）
试题解析及参考答案

1. 解 $\lim\limits_{x \to 0^+}(x^2 + 1) = 1$，$\lim\limits_{x \to 0^-}\left(\cos x + x \sin\frac{1}{x}\right) = 1 + 0 = 1$

$f(0) = (x^2 + 1)|_{x=0} = 1$，所以 $\lim\limits_{x \to 0^+}f(x) = \lim\limits_{x \to 0^-}f(x) = f(0)$

答案：D

2. 解 $\lim\limits_{x \to 0}\frac{1 - \cos x}{2x^2} = \lim\limits_{x \to 0}\frac{\frac{1}{2}x^2}{2x^2} = \frac{1}{4} \neq 1$，当 $x \to 0$，$1 - \cos x \sim \frac{1}{2}x^2$。

答案：D

3. 解 $y = \ln\cos x$，$y' = \frac{-\sin x}{\cos x} = -\tan x$，$\mathrm{d}y = -\tan x\,\mathrm{d}x$

答案：C

4. 解 $f(x) = \left(e^{-x^2}\right)' = -2xe^{-x^2}$

$f'(x) = -2\left[e^{-x^2} + xe^{-x^2}(-2x)\right] = 2e^{-x^2}(2x^2 - 1)$

答案：A

5. 解 $\int f'(2x + 1)\mathrm{d}x = \frac{1}{2}\int f'(2x + 1)\mathrm{d}(2x + 1) = \frac{1}{2}f(2x + 1) + C$

答案：B

6. 解

$$\int_0^{\frac{1}{2}}\frac{1 + x}{\sqrt{1 - x^2}}\mathrm{d}x = \int_0^{\frac{1}{2}}\frac{1}{\sqrt{1 - x^2}}\mathrm{d}x + \int_0^{\frac{1}{2}}\frac{x}{\sqrt{1 - x^2}}\mathrm{d}x$$

$$= \arcsin x\Big|_0^{\frac{1}{2}} + \int_0^{\frac{1}{2}}\frac{1}{\sqrt{1 - x^2}}\mathrm{d}\left(\frac{1}{2}x^2\right)$$

$$= \arcsin\frac{1}{2} + \left(-\frac{1}{2}\right) \times \int_0^{\frac{1}{2}}\frac{1}{\sqrt{1 - x^2}}\mathrm{d}(1 - x^2)$$

$$= \frac{\pi}{6} + \left(-\frac{1}{2}\right) \times 2(1 - x^2)^{\frac{1}{2}}\Big|_0^{\frac{1}{2}}$$

$$= \frac{\pi}{6} - \left(\frac{\sqrt{3}}{2} - 1\right) = \frac{\pi}{6} + 1 - \frac{\sqrt{3}}{2}$$

答案：C

7. 解 见解图，$D:\begin{cases}0 \leqslant \theta < \frac{\pi}{4} \\ 0 \leqslant r \leqslant \frac{1}{\cos\theta}\end{cases}$，因为 $x = 1$，$r\cos\theta = 1\left(\text{即 } r = \frac{1}{\cos\theta}\right)$

等式 $= \int_0^{\frac{\pi}{4}}\mathrm{d}\theta\int_0^{\frac{1}{\cos\theta}}f(r\cos\theta, r\sin\theta)r\mathrm{d}r$

题 7 解图

答案：B

8. 解 已知 $a < x < b$，$f'(x) > 0$，单增；$f''(x) < 0$，凸。所以函数在区间 (a, b) 内图形沿 x 轴正向

是单增且凸的。

答案： C

9. 解 $f(x) = x^{\frac{2}{3}}$ 在 $[-1,1]$ 连续。$F'(x) = \frac{2}{3}x^{-\frac{1}{3}} = \frac{2}{3} \cdot \frac{1}{\sqrt[3]{x}}$ 在 $(-1,1)$ 不可导[因为 $f'(x)$ 在 $x = 0$ 导数不存在]，所以不满足拉格朗日定理的条件。

答案： B

10. 解 选项 A，$\sum\limits_{n=1}^{\infty} \left| \frac{(-1)^n}{n} \right| = \sum\limits_{n=1}^{\infty} \frac{1}{n}$，发散；

而 $\sum\limits_{n=1}^{\infty} \frac{(-1)^n}{n}$ 满足：① $u_n \geq u_{n+1}$，② $\lim\limits_{n\to\infty} u_n = 0$，该级数收敛。

所以级数条件收敛。

选项 B，$\sum\limits_{n=1}^{\infty} \left| \frac{(-1)^n}{n^3} \right| = \sum\limits_{n=1}^{\infty} \frac{1}{n^3}$，级数绝对收敛。

选项 C，$\sum\limits_{n=1}^{\infty} \left| \frac{(-1)^n}{n(n+1)} \right| = \sum\limits_{n=1}^{\infty} \frac{1}{n(n+1)}$，$\lim\limits_{n\to\infty} \frac{\frac{1}{n(n+1)}}{\frac{1}{n^2}} = \lim\limits_{n\to\infty} \frac{n^2}{n(n+1)} = 1$，根据正项级数的比较判别法，知 $\sum\limits_{n=1}^{\infty} \frac{1}{n(n+1)}$ 收敛，所以级数绝对收敛。

选项 D，$\lim\limits_{n\to\infty} (-1)^n \frac{n+1}{n+2} \neq 0$，根据收敛级数的必要条件，级数发散。

答案： A

11. 解 $|x| < \frac{1}{2}$，即 $-\frac{1}{2} < x < \frac{1}{2}$，$f(x) = \frac{1}{1+2x}$

已知：$\frac{1}{1+x} = 1 - x + x^2 - x^3 + \cdots + (-1)^n x^n + \cdots = \sum\limits_{n=0}^{\infty} (-1)^n x^n \, (-1 < x < 1)$

则 $f(x) = \frac{1}{1+2x} = 1 - (2x) + (2x)^2 - (2x)^3 + \cdots + (-1)^n (2x)^n + \cdots$

$$= \sum\limits_{n=0}^{\infty} (-1)^n (2x)^n = \sum\limits_{n=0}^{\infty} (-2)^n x^n \quad \left(-1 < 2x < 1, \ 即 -\frac{1}{2} < x < \frac{1}{2} \right)$$

答案： B

12. 解 已知 $y_1(x)$，$y_2(x)$ 是微分方程 $y' + p(x)y = q(x)$ 两个不同的特解，所以 $y_1(x) - y_2(x)$ 为对应齐次方程 $y' + p(x)y = 0$ 的一个解。

微分方程 $y' + p(x)y = q(x)$ 的通解为 $y = y_1 + C(y_1 - y_2)$。

答案： D

13. 解 $y'' + 2y' - 3y = 0$，特征方程为 $r^2 + 2r - 3 = 0$，得 $r_1 = -3$，$r_2 = 1$。所以 $y_1 = e^x$，$y_2 = e^{-3x}$ 为选项 B 的特解，满足条件。

答案： B

14. 解 $\frac{\mathrm{d}y}{\mathrm{d}x} = -\frac{x}{y}$，$y\mathrm{d}y = -x\mathrm{d}x$

两边积分：$\frac{1}{2}y^2 = -\frac{1}{2}x^2 + C$，$y^2 = -x^2 + 2C$，$y^2 + x^2 = C_1$，这里常数 $C_1 = 2C$，必须满足 $C_1 \geq 0$。

故方程的通解为 $x^2 + y^2 = C^2 (C \in R)$。

答案： C

15. 解 旋转体体积 $V = \int_0^\pi \pi \left[(\sin x)^{\frac{3}{2}} \right]^2 dx = \pi \int_0^\pi \sin^3 x\, dx = \pi \int_0^\pi \sin^2 x\, d(-\cos x)$

$$= -\pi \int_0^\pi (1 - \cos^2 x)\, d\cos x = -\pi \left(\cos x - \frac{1}{3}\cos^3 x \right) \Big|_0^\pi = \frac{4}{3}\pi$$

答案：B

16. 解 方程组 $\begin{cases} x^2 + 4y^2 + z^2 = 4 \quad &① \\ x + z = a \quad &② \end{cases}$

消去字母 x，由②式得：

$$x = a - z \qquad\qquad ③$$

③式代入①式得：$(a - z)^2 + 4y^2 + z^2 = 4$

则曲线在 yOz 平面上投影方程为 $\begin{cases} (a - z)^2 + 4y^2 + z^2 = 4 \\ x = 0 \end{cases}$

答案：A

17. 解 方程 $x^2 - \dfrac{y^2}{4} + z^2 = 1$，即 $x^2 + z^2 - \dfrac{y^2}{4} = 1$，可由 xOy 平面上双曲线 $\begin{cases} x^2 - \dfrac{y^2}{4} = 1 \\ z = 0 \end{cases}$ 绕 y 轴旋转

得到，也可由 yOz 平面上双曲线 $\begin{cases} z^2 - \dfrac{y^2}{4} = 1 \\ x = 0 \end{cases}$ 绕 y 轴旋转得到。

所以 $x^2 + z^2 - \dfrac{y^2}{4} = 1$ 为旋转双曲面。

答案：A

18. 解 直线 L 的方向向量 $\vec{s} = \begin{vmatrix} \vec{i} & \vec{j} & \vec{k} \\ 1 & 3 & 2 \\ 2 & -1 & -10 \end{vmatrix} = -28\vec{i} + 14\vec{j} - 7\vec{k}$，即 $\vec{s} = \{-28, 14, -7\}$

平面 π：$4x - 2y + z - 2 = 0$，法线向量：$\vec{n} = \{4, -2, 1\}$

$\vec{s}$，$\vec{n}$ 坐标成比例，$\dfrac{-28}{4} = \dfrac{14}{-2} = \dfrac{-7}{1}$，则 $\vec{s} \parallel \vec{n}$，直线 L 垂直于平面 π。

答案：C

19. 解 A 的特征值为 λ_0，$2A$ 的特征值为 $2\lambda_0$，$(2A)^{-1}$ 的特征值为 $\dfrac{1}{2\lambda_0}$。

答案：C

20. 解 已知 $\vec{\alpha_1}$，$\vec{\alpha_2}$，$\vec{\beta}$ 线性相关，$\vec{\alpha_2}$，$\vec{\alpha_3}$，$\vec{\beta}$ 线性无关。由性质可知：$\vec{\alpha_1}$，$\vec{\alpha_2}$，$\vec{\alpha_3}$，$\vec{\beta}$ 线性相关（部分相关，全体相关），$\vec{\alpha_2}$，$\vec{\alpha_3}$，$\vec{\beta}$ 线性无关。

故 $\vec{\alpha_1}$ 可用 $\vec{\alpha_2}$，$\vec{\alpha_3}$，$\vec{\beta}$ 线性表示。

答案：B

21. 解 已知 $A = \begin{bmatrix} 1 & t & -1 \\ t & 1 & 1 \\ -1 & 1 & 2 \end{bmatrix}$

由矩阵 A 正定的充分必要条件可知：$1 > 0$，$\begin{vmatrix} 1 & t \\ t & 1 \end{vmatrix} = 1 - t^2 > 0$

$$\begin{vmatrix} 1 & t & -1 \\ t & 1 & 1 \\ -1 & 1 & 2 \end{vmatrix} \xrightarrow[2c_1+c_3]{c_1+c_2} \begin{vmatrix} 1 & t+1 & 1 \\ t & t+1 & 1+2t \\ -1 & 0 & 0 \end{vmatrix} = (-1)[(t+1)(1+2t)-(t+1)]$$
$$= -2t(t+1) > 0$$

求解$t^2 < 1$，得$-1 < t < 1$；再求解$-2t(t+1) > 0$，得$t(t+1) < 0$，即$-1 < t < 0$，则公共解$-1 < t < 0$。

答案：B

22. 解 A、B互不相容时，$P(AB) = 0$。$\overline{A}\,\overline{B} = \overline{A \cup B}$
$P(\overline{A}\,\overline{B}) = P(\overline{A \cup B}) = 1 - P(A \cup B)$
$\qquad\qquad = 1 - [P(A) + P(B) - P(AB)] = 1 - (p+q)$

或使用图示法（面积表示概率），见解图。

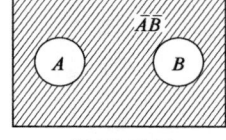
题 22 解图

答案：C

23. 解 X与Y独立时，$E(XY) = E(X)E(Y)$，X在$[a,b]$上服从均匀分布时，$E(X) = \frac{a+b}{2} = 1$，Y服从参数为λ的指数分布时，$E(Y) = \frac{1}{\lambda} = \frac{1}{3}$，$E(XY) = \frac{1}{3}$。

答案：D

24. 解 当σ^2未知时检验假设$H_0: \mu = \mu_0$，应选取统计量$T = \frac{\overline{X} - \mu_0}{S}\sqrt{n}$，$S^2 = \frac{1}{n-1}\sum\limits_{i=1}^{n}(X_i - \overline{X})^2 = \frac{1}{n-1}Q^2$，$S = \frac{Q}{\sqrt{n-1}}$。

当$\mu_0 = 0$时，$T = \sqrt{n(n-1)}\frac{\overline{X}}{Q}$。

答案：A

25. 解 ①由$p = nkT$，知选项 A 不正确；

②由$pV = \frac{m}{M}RT$，知选项 B 不正确；

③由$\overline{\omega} = \frac{3}{2}kT$，温度、压强相等，单位体积分子数相同，知选项 C 正确；

④由$E_内 = \frac{i}{2}\frac{m}{M}RT = \frac{i}{2}pV$，知选项 D 不正确。

答案：C

26. 解 $N\int_{v_1}^{v_2} f(v)\mathrm{d}v$表示速率在$v_1 \to v_2$区间内的分子数。

答案：B

27. 解 注意内能的增量ΔE只与系统的起始和终了状态有关，与系统所经历的过程无关。

$Q_{ab} = 335 = \Delta E_{ab} + 126$，$\Delta E_{ab} = 209\mathrm{J}$，$Q_{ab}' = \Delta E_{ab} + 42 = 251\mathrm{J}$

答案：C

28. 解 等体过程：$\qquad\qquad Q_1 = Q_v = \Delta E_1 = \frac{m}{M}\frac{i}{2}R\Delta T$ ①

等压过程：$\qquad\qquad Q_2 = Q_p = \Delta E_2 + A = \frac{m}{M}\frac{i}{2}R\Delta T + A$ ②

对于给定的理想气体，内能的增量只与系统的起始和终了状态有关，与系统所经历的过程无关，

$\Delta E_1 = \Delta E_2$。

比较①式和②式，注意到$A > 0$，显然$Q_2 > Q_1$。

答案：A

29. 解 在$t = 0.25\mathrm{s}$时刻，处于平衡位置，$y = 0$

由简谐波的波动方程$y = 2 \times 10^{-2} \cos 2\pi\left(10 \times 0.25 - \dfrac{x}{5}\right) = 0$，可知

$$\cos 2\pi\left(10 \times 0.25 - \dfrac{x}{5}\right) = 0$$

则$2\pi\left(10 \times 0.25 - \dfrac{x}{5}\right) = (2k+1)\dfrac{\pi}{2}$，$k = 0, \pm1, \pm2, \cdots$

由此可得$2\dfrac{x}{5} = \dfrac{9}{2} - k$

当$x = 0$时，$k = 4.5$

所以$k = 4$，$x = 1.25$或$k = 5$，$x = -1.25$时，与坐标原点$x = 0$最近

答案：C

30. 解 当初相位$\phi = 0$时，波动方程的表达式为$y = A\cos\omega\left(t - \dfrac{x}{u}\right)$，利用$\omega = 2\pi\nu$，$\nu = \dfrac{1}{T}$，$u = \lambda\nu$，表达式$y = A\cos\left[2\pi\nu\left(t - \dfrac{x}{\lambda\nu}\right)\right] = A\cos 2\pi\left(\nu t - \dfrac{\nu x}{\lambda\nu}\right) = A\cos 2\pi\left(\dfrac{t}{T} - \dfrac{x}{\lambda}\right)$，令$A = 0.02\mathrm{m}$，$T = 0.5\mathrm{s}$，$\lambda = 100\mathrm{m}$，则$y = 0.02\cos\left(\dfrac{t}{\frac{1}{2}} - \dfrac{x}{100}\right) = 0.02\cos 2\pi(2t - 0.01x)$。

答案：B

31. 解 声强级$L = 10\lg\dfrac{I}{I_0}\mathrm{dB}$，由题意得$40 = 10\lg\dfrac{I}{I_0}$，即$\dfrac{I}{I_0} = 10^4$；同理$\dfrac{I'}{I_0} = 10^8$，$\dfrac{I'}{I} = 10^4$。

答案：D

32. 解 自然光I_0通过P_1偏振片后光强减半为$\dfrac{I_0}{2}$，通过P_2偏振后光强为$I = \dfrac{I_0}{2}\cos^2 90° = 0$。

答案：A

33. 解 布儒斯特定律，以布儒斯特角入射，反射光为完全偏振光。

答案：C

34. 解 由光栅公式：$(a+b)\sin\phi = \pm k\lambda$ （$k = 0,1,2,\cdots$）

令$\phi = 90°$，$k = \dfrac{2000}{550} = 3.63$，$k$取小于此数的最大正整数，故$k$取3。

答案：B

35. 解 由单缝衍射明纹条件：$a\sin\phi = (2k+1)\dfrac{\lambda}{2}$，即$a\sin 30° = 3 \times \dfrac{\lambda}{2}$，则$a = 3\lambda$。

答案：D

36. 解 杨氏双缝干涉：$x_{明} = \pm k\dfrac{D\lambda}{a}$，$x_{暗} = (2k+1)\dfrac{D\lambda}{2a}$，间距$= x_{暗} - x_{明} = \dfrac{D\lambda}{2a}$。

答案：B

37. 解 除3d轨道上的7个电子，其他轨道上的电子都已成对。3d轨道上的7个电子填充到5个

 2012年度全国勘察设计注册工程师执业资格考试基础考试（上）——试题解析及参考答案

简并的 d 轨道中，按照洪特规则有 3 个未成对电子。

答案：C

38.解 分子间力包括色散力、诱导力、取向力。分子间力以色散力为主。对同类型分子，色散力正比于分子量，所以分子间力正比于分子量。分子间力主要影响物质的熔点、沸点和硬度。对同类型分子，分子量越大，色散力越大，分子间力越大，物质的熔、沸点越高，硬度越大。

分子间氢键使物质熔、沸点升高，分子内氢键使物质熔、沸点减低。

HF 有分子间氢键，沸点最大。其他三个没有分子间氢键，HCl、HBr、HI 分子量逐渐增大，分子间力逐渐增大，沸点逐渐增大。

答案：D

39.解 HCl 溶于水既有物理变化也有化学变化。HCl 的微粒向水中扩散的过程是物理变化，HCl 的微粒解离生成氢离子和氯离子的过程是化学变化。

答案：C

40.解 系统与环境间只有能量交换，没有物质交换是封闭系统；既有物质交换，又有能量交换是敞开系统；没有物质交换，也没有能量交换是孤立系统。

答案：D

41.解 $K^{\ominus} = \dfrac{\frac{p_{PCl_5}}{p^{\ominus}}}{\frac{p_{PCl_3}}{p^{\ominus}} \cdot \frac{p_{Cl_2}}{p^{\ominus}}} = \dfrac{p_{PCl_5}}{p_{PCl_3} \cdot p_{Cl_2}} p^{\ominus} = \dfrac{p^{\ominus}}{p_{Cl_2}}$，$p_{Cl_2} = \dfrac{p^{\ominus}}{K^{\ominus}} = \dfrac{100\text{kPa}}{0.767} = 130.38\text{kPa}$

答案：A

42.解 铜电极的电极反应为：$Cu^{2+} + 2e^- \Longrightarrow Cu$，氢离子没有参与反应，所以铜电极的电极电势不受氢离子影响。

答案：C

43.解 元素电势图的应用。

（1）判断歧化反应：对于元素电势图 $A\overset{E^{\ominus}_{左}}{\longrightarrow}B\overset{E^{\ominus}_{右}}{\longrightarrow}C$，若 $E^{\ominus}_{右}$ 大于 $E^{\ominus}_{左}$，B 即是电极电势大的电对的氧化型，可作氧化剂，又是电极电势小的电对的还原型，也可作还原剂，B 的歧化反应能够发生；若 $E^{\ominus}_{右}$ 小于 $E^{\ominus}_{左}$，B 的歧化反应不能发生。

（2）计算标准电极电势：根据元素电势图，可以从已知某些电对的标准电极电势计算出另一电对的标准电极电势。

从元素电势图可知，Au^+ 可以发生歧化反应。由于 Cu^{2+} 达到最高氧化数，最不易失去电子，最稳定。

答案：A

44. 解 系统命名法。

（1）链烃的命名

①选择主链：选择最长碳链或含有官能团的最长碳链为主链；

②主链编号：从距取代基或官能团最近的一端开始对碳原子进行编号；

③写出全称：将取代基的位置编号、数目和名称写在前面，将母体化合物的名称写在后面。

（2）衍生物的命名

①选择母体：选择苯环上所连官能团或带官能团最长的碳链为母体，把苯环视为取代基；

②编号：将母体中碳原子依次编号，使官能团或取代基位次具有最小值。

答案：B

45. 解 含有不饱和键的有机物、含有醛基的有机物可使溴水褪色。

答案：D

46. 解 信息素分子为含有 C══C 不饱和键的醛，C══C 不饱和键和醛基可以与溴发生加成反应；醛基可以发生银镜反应；一个分子含有两个不饱和键（C══C 双键和醛基），1mol 分子可以和 2mol H_2 发生加成反应；它是醛，不是乙烯同系物。

答案：B

47. 解 根据力的可传性，作用于刚体上的力可沿其作用线滑移至刚体内任意点而不改变力对刚体的作用效应，同样也不会改变 A、D 处的约束力。

答案：A

48. 解 主矢 $F_R = F_1 + F_2 + F_3$ 为三力的矢量和，且此三力可构成首尾相连自行封闭的力三角形，故主矢为零；对 O 点的主矩为各力向 O 点平移后附加各力偶（F_1、F_2、F_3 对 O 点之矩）的代数和，即 $M_O = 3Fa$（逆时针）。

答案：B

题 49 解图

49. 解 画出体系整体的受力图，列平衡方程：

$\Sigma F_x = 0$，$F_{Ax} + F = 0$，得到 $F_{Ax} = -F = -100\text{kN}$

$\Sigma M_C(F) = 0$，$F(2L + r) - F(4L + r) - F_{Ay}4L = 0$

得到 $F_{Ay} = -\dfrac{F}{2} = -\dfrac{100}{2} = -50\text{kN}$

答案：C

50. 解 根据零杆判别的方法，分析节点 G 的平衡，可知杆 GG_1 为零杆；分析节点 G_1 的平衡，由于 GG_1 为零杆，故节点实际只连接了三根杆，由此可知杆 G_1E 为零杆。依次类推，逐一分析节点 E、E_1、D、D_1，可分别得出 EE_1、E_1D、DD_1、D_1B 为零杆。

答案：D

51.解 因为点做匀加速直线运动，所以可根据公式：$2as = v_t^2 - v_0^2$，得到点运动的路程应为：

$$s = \frac{v_t^2 - v_0^2}{2a} = \frac{8^2 - 5^2}{2 \times 2} = 9.75\text{m}$$

答案：D

52.解 根据转动刚体内一点的速度和法向加速度公式：$v = r\omega$；$a_n = r\omega^2$，且 $\omega = \dot{\varphi} = 4 - 6t$，因此，转动刚体内转动半径 $r = 0.5\text{m}$ 的点，在 $t_0 = 0$ 时的速度和法向加速度的大小为：$v = r\omega = 0.5 \times 4 = 2\text{m/s}$，$a_n = r\omega^2 = 0.5 \times 4^2 = 8\text{m/s}^2$。

答案：A

53.解 木板的加速度与轮缘一点的切向加速度相等，即 $a_t = a = 0.5\text{m/s}^2$，若木板的速度为 v，则轮缘一点的法向加速度 $a_n = r\omega^2 = \frac{v^2}{r} = \sqrt{a_A^2 - a_t^2}$，所以有：

$$v = \sqrt{r\sqrt{a_A^2 - a_t^2}} = \sqrt{0.25\sqrt{3^2 - 0.5^2}} = 0.86\text{m/s}$$

答案：A

54.解 根据质点运动微分方程 $ma = \sum F$，当电梯加速上升、匀速上升及减速上升时，加速度分别向上、零、向下，代入质点运动微分方程，分别有：

$$ma = P_1 - W, \quad 0 = W - P_2, \quad ma = W - P_3$$

所以：$P_1 = W + ma$，$P_2 = W$，$P_3 = W - ma$

答案：B

55.解 杆在绳断后的运动过程中，只受重力和地面的铅垂方向约束力，水平方向外力为零，根据质心运动定理，水平方向有：$ma_{Cx} = 0$。由于初始静止，故 $v_{Cx} = 0$，说明质心在水平方向无运动，只沿铅垂方向运动。

答案：C

56.解 分析圆轮 A，外力对轮心的力矩为零，即 $\sum M_A(F) = 0$，应用相对质心的动量矩定理，有 $J_A\alpha = \sum M_A(F) = 0$，则 $\alpha = 0$，由于初始静止，故 $\omega = 0$，圆轮无转动，所以其运动形式为平行移动。

答案：C

57.解 惯性力系合力的大小为 $F_I = ma_C$，而杆质心的切向和法向加速度分别为 $a_t = \frac{l}{2}\alpha$，$a_n = \frac{l}{2}\omega^2$，其全加速度为 $a_C = \sqrt{a_t^2 + a_n^2} = \frac{l}{2}\sqrt{\alpha^2 + \omega^4}$，因此 $F_I = \frac{l}{2}m\sqrt{\alpha^2 + \omega^4}$。

答案：B

58.解 因为干扰力的频率与系统固有频率相等时将发生共振，所以 $\omega_2 = 2\text{rad/s} = \omega_n$ 时发生共振，故有最大振幅。

答案：B

59. 解　若将材料由低碳钢改为木材，则改变的只是弹性模量E，而正应力计算公式$\sigma = \frac{F_N}{A}$中没有E，故正应力不变。但是轴向变形计算公式$\Delta l = \frac{F_N l}{EA}$中，$\Delta l$与$E$成反比，当木材的弹性模量减小时，轴向变形$\Delta l$增大。

答案：C

60. 解　由杆的受力分析可知A截面受到一个约束反力为F，方向向左，杆的轴力图如图所示：由于BC段杆轴力为零，没有变形，故杆中距离A端$1.5L$处横截面的轴向位移就等于AB段杆的伸长，$\Delta l = \frac{FL}{EA}$。

题 60 解图

答案：D

61. 解　圆孔钢板冲断时的剪切面是一个圆柱面，其面积为πdt，冲断条件是$\tau_{max} = \frac{F}{\pi dt} = \tau_b$，故

$$d = \frac{F}{\pi t \tau_b} = \frac{300\pi \times 10^3 \text{N}}{\pi \times 10\text{mm} \times 300\text{MPa}} = 100\text{mm}$$

答案：B

62. 解　图示结构剪切面面积是ab，挤压面面积是hb。

剪切强度条件：　　　　　　　　$\tau = \frac{F}{ab} = [\tau]$　　　　　　　　　　　①

挤压强度条件：　　　　　　　　$\sigma_{bs} = \frac{F}{hb} = [\sigma_{bs}]$　　　　　　　　②

$$\frac{①}{②} = \frac{h}{a} = \frac{[\tau]}{[\sigma_{bs}]}$$

答案：A

63. 解　由外力平衡可知左端的反力偶为T，方向是由外向内转。再由各段扭矩计算可知：左段扭矩为$+T$，中段扭矩为$-T$，右段扭矩为$+T$。

答案：D

64. 解　由$\phi_1 = \frac{\phi}{2}$，即$\frac{T}{GI_{p1}} = \frac{1}{2}\frac{T}{GI_p}$，得$I_{p1} = 2I_p$，所以$\frac{\pi d_1^4}{32} = 2\frac{\pi}{32}d^4$，故$d_1 = \sqrt[4]{2}d$。

答案：A

65. 解　此题未说明梁的类型，有两种可能（见解图），简支梁时答案为B，悬臂梁时答案为D。

a)简支梁　　　　　　　　　　b)悬臂梁

题 65 解图

答案：B 或 D

66. 解 $I_z = \frac{\pi}{64}d^4 - \frac{a^4}{12}$

答案：B

67. 解 因为 $I_2 = \frac{b(2a)^3}{12} = 8\frac{ba^3}{12} = 8I_1$，又 $f_1 = f_2$，即 $\frac{M_1L^2}{2EI_1} = \frac{M_2L^2}{2EI_2}$，故 $\frac{M_2}{M_1} = \frac{I_2}{I_1} = 8$。

答案：A

68. 解 图示截面的弯曲中心是两个狭长矩形边的中线交点，形心主轴是 y' 和 z'，故无扭转，而有沿两个形心主轴 y'、z' 方向的双向弯曲。

答案：C

69. 解 图示单元体 $\sigma_x = 50\text{MPa}$，$\sigma_y = -50\text{MPa}$，$\tau_x = -30\text{MPa}$，$\alpha = 45°$。故

$$\tau_\alpha = \frac{\sigma_x - \sigma_y}{2}\sin 2\alpha + \tau_x \cos 2\alpha = \frac{50 - (-50)}{2}\sin 90° - 30 \times \cos 90° = 50\text{MPa}$$

答案：B

70. 解 图示细长压杆，$\mu = 2$，$I_{\min} = I_y = \frac{hb^3}{12}$，$F_{cr} = \frac{\pi^2 EI_{\min}}{(\mu L)^2} = \frac{\pi^2 E}{(2L)^2}\left(\frac{hb^3}{12}\right)$。

答案：D

71. 解 由连续介质假设可知。

答案：D

72. 解 仅受重力作用的静止流体的等压面是水平面。点 1 与 1' 的压强相等。

$$P_A + \rho_A g h_1 = P_B + \rho_B g h_2 + \rho_m g \Delta h$$

$$P_A - P_B = (-\rho_A h_1 + \rho_B h_2 + \rho_m \Delta h)g$$

答案：A

73. 解 用连续方程求解。

$$v_3 = \frac{v_1 A_1 + v_2 A_2}{A_3} = \frac{4 \times 0.01 + 6 \times 0.005}{0.01} = 7\text{m/s}$$

答案：C

74. 解 由尼古拉兹阻力曲线图可知，在紊流粗糙区。

答案：D

75. 解 薄壁小孔口与圆柱形外管嘴流量公式均可用，流量 $Q = \mu \cdot A \sqrt{2gH_0}$，根据面积 $A = \frac{\pi d^2}{4}$ 和题设两者的 H_0 及 Q 均相等，则有 $\mu_1 d_1^2 = \mu_2 d_2^2$，而 $\mu_2 > \mu_1 (0.82 > 0.62)$，所以 $d_1 > d_2$。

答案：A

76. 解 明渠均匀流必须发生在顺坡渠道上。

答案：D

77.解 完全普通井流量公式：

$$Q = 1.366 \frac{k(H^2 - h^2)}{\lg \frac{R}{r_0}} = 1.366 \times \frac{0.0005 \times (15^2 - 10^2)}{\lg \frac{375}{0.3}} = 0.0276 \mathrm{m^3/s}$$

答案：A

78.解 一个正确反映客观规律的物理方程中，各项的量纲是和谐的、相同的。

答案：C

79.解 静止的电荷产生静电场，运动电荷周围不仅存在电场，也存在磁场。

答案：A

80.解 用安培环路定律 $\oint H dL = \sum I$，这里电流是代数和，注意它们的方向。

答案：C

81.解 注意理想电压源和实际电压源的区别，该题是理想电压源 $U_s = U$，即输出电压恒定，电阻 R 的变化只能引起该支路的电流变化。

答案：C

82.解 利用等效电压源定理判断。在求等效电压源电动势时，将 A、B 两点开路后，电压源的两上方电阻和两下方电阻均为串联连接方式。求内阻时，将 6V 电压源短路。

$$U_s = 6 \left(\frac{6}{3+6} - \frac{6}{6+6} \right) = 1V$$

$$R_0 = 6 /\!/ 6 + 3 /\!/ 6 = 5\Omega$$

答案：B

83.解 三个电流，有效值、频率相同，且初相位彼此相差120°，是对称三相电流。对称三相交流电路中，任何时刻三相电流之和均为零。

答案：B

84.解 该电路为线性一阶电路，暂态过程依据公式 $f(t) = f(\infty) + [f(0_+) - f(\infty)]e^{-t/\tau}$ 分析。$f(t)$ 表示电路中任意电压和电流，其中 $f(\infty)$ 是电量的稳态值，$f(0_+)$ 表示初始值，τ 表示电路的时间常数。在阻容耦合电路中 $\tau = RC$。

答案：C

85.解 变压器的额定功率用视在功率表示，它等于变压器初级绕阻或次级绕阻中电压额定值与电流额定值的乘积，$S_N = U_{1N} I_{1N} = U_{2N} I_{2N}$。接负载后，消耗的有功功率 $P_N = S_N \cos \varphi_N$。值得注意的是，次级绕阻电压是变压器空载时的电压，$U_{2N} = U_{20}$。可以认为变压器初级端的功率因数与次级端的功率因数相同。

$$P_N = S_N \cos\varphi = 10^4 \times 0.44 = 4400\text{W}$$

故可以接入 40W 日光灯 110 盏。

答案： A

86. 解 该电路为直流稳压电源电路。对于输出的直流信号，电容在电路中可视为断路。桥式整流电路中的二极管通过的电流平均值是电阻 R 中通过电流的一半。

答案： D

87. 解 根据晶体三极管工作状态的判断条件，当晶体管处于饱和状态时，基极电流与集电极电流的关系是：

$$I_B > I_{BS} = \frac{1}{\beta} I_{CS} = \frac{1}{\beta}\left(\frac{U_{CC} - U_{CES}}{R_C}\right)$$

从输入回路分析：

$$I_B = I_{Rx} - I_{RB} = \frac{U_i - U_{BE}}{R_x} - \frac{U_{BE} - U_B}{R_B}$$

答案： A

88. 解 根据等效的直流通道计算，在直流等效电路中电容断路。

设 $U_{BE} = 0.6\text{V}$

$$I_B = \frac{V_{CC} - U_{BE}}{R_B} = \frac{12 - 0.6}{200} = 0.057\text{mA}$$

$$I_C = \beta I_B = 40 \times 0.057 = 2.28\text{mA}$$

$$U_{CE} = V_{CC} - I_C R_C = 12 - 2.28 \times 3 = 5.16\text{V}$$

题 88 解图

答案： A

89. 解 首先确定在不同输入电压下三个二极管的工作状态，依此确定输出端的电位 U_Y；然后判断各电位之间的逻辑关系，当点电位高于 2.4V 时视为逻辑状态"1"，电位低于 0.4V 时视为逻辑状态"0"。

答案： A

90. 解 该触发器为负边沿触发方式，即当时钟信号由高电平下降为低电平时刻输出端的状态可能发生改变。波形分析见解图。

题 90 解题

答案： C

91. 解 连续信号指的是在时间范围都有定义（允许有有限个间断点）的信号。

答案： A

92. 解　连续信号指的是时间连续的信号，模拟信号是指在时间和数值上均连续的信号。

答案： C

93. 解　$\delta(t)$ 只在 $t = 0$ 时刻存在，$\delta(t) = \delta(-t)$，所以是偶函数。

答案： B

94. 解　常用模拟信号中，单位冲激信号 $\delta(t)$ 与单位阶跃函数信号 $\varepsilon(t)$ 有微分关系，反应信号变化速度。

答案： A

95. 解　周期信号的傅氏级数公式为：

$$f(t) = a_0 + \sum_{k=1}^{\infty} (a_n \cos k\omega_1 t + b_n \sin k\omega_1 t)$$

式中，a_0 表示直流分量，a_n 表示余弦分量的幅值，b_n 表示正弦分量的幅值。

答案： B

96. 解　根据二进制与十六进制的关系转换，即：$(1101\ 0010.0101\ 0100)_B = (D2.54)_H$

答案： A

97. 解　系统总线又称内总线。因为该总线是用来连接微机各功能部件而构成一个完整微机系统的，所以称之为系统总线。计算机系统内的系统总线是计算机硬件系统的一个组成部分。

答案： A

98. 解　Microsoft Word 和国产字处理软件 WPS 都是目前广泛使用的文字处理软件，Microsoft Excel 是表格处理软件，Auto CAD 是绘图软件，Visual BASIC 和 Visual C++ 都是程序设计软件。

答案： A

99. 解　操作系统是用户与硬件交互的第一层系统软件，一切其他软件都要运行于操作系统之上（包括选项 A、C、D）。

答案： B

100. 解　由于程序在运行的过程中，都会出现时间的局部性和空间的局部性，这样就完全可以在一个较小的物理内存储器空间上来运行一个较大的用户程序。

答案： B

101. 解　二进制数是计算机所能识别的，由 0 和 1 两个数码组成，称为机器语言。

答案： C

102. 解　四位二进制对应一位十六进制，A 表示 10，对应的二进制为 1010，E 表示 14，对应的二进制为 1110。

答案：B

103. 解 传统加密技术、数字签名技术、对称加密技术和密钥加密技术都是常用的信息加密技术，而专用 ASCII 码加密技术是不常用的信息加密技术。

答案：D

104. 解 广域网又称为远程网，它一般是在不同城市之间的 LAN（局域网）或者 MAN（城域网）网络互联，它所覆盖的地理范围一般从几十公里到几千公里。

答案：D

105. 解 我国专家把计算机网络定义为：利用各种通信手段，把地理上分散的计算机连在一起，达到相互通信、共享软/硬件和数据等资源的系统。

答案：D

106. 解 人们把计算机网络中实现网络通信功能的设备及其软件的集合称为网络的通信子网，而把网络中实现资源共享功能的设备及其软件的集合称为资源。

答案：B

107. 解 年名义利率相同的情况下，一年内计息次数较多的，年实际利率较高。

答案：D

108. 解 按建设期利息公式 $Q = \sum\left(P_{t-1} + \frac{A_t}{2} \cdot i\right)$ 计算。

第一年贷款总额 1000 万元，计算利息时按贷款在年内均衡发生考虑。

$$Q_1 = (1000/2) \times 6\% = 30 \text{ 万元}$$

$$Q_2 = (1000 + 30) \times 6\% = 61.8 \text{ 万元}$$

$$Q = Q_1 + Q_2 = 30 + 61.8 = 91.8 \text{ 万元}$$

答案：D

109. 解 按不考虑筹资费用的银行借款资金成本公式 $K_e = R_e(1 - T)$ 计算。

$$K_e = R_e(1 - T) = 10\% \times (1 - 25\%) = 7.5\%$$

答案：A

110. 解 利用计算 IRR 的插值公式计算。

$$\text{IRR} = 12\% + (14\% - 12\%) \times 130/(130 + |-50|) = 13.44\%$$

答案：D

111. 解 利息备付率属于反映项目偿债能力的指标。

答案：B

112. 解 可先求出盈亏平衡产量，然后乘以单位产品售价，即为盈亏平衡点销售收入。

$$盈亏平衡点销售收入 = 500 \times \left(\frac{1000 \times 10^4}{500 - 300} \right) = 2500 \, 万元$$

答案：D

113. 解 寿命期相同的互斥方案可直接采用净现值法选优。

答案：C

114. 解 价值指数等于 1 说明该部分的功能与其成本相适应。

答案：B

115. 解 《中华人民共和国建筑法》第七条规定，建筑工程开工前，建设单位应当按照国家有关规定向工程所在地县级以上人民政府建设行政主管部门申请领取施工许可证；但是，国务院建设行政主管部门确定的限额以下的小型工程除外。

答案：D

116. 解 依据《中华人民共和国安全生产法》第二十一条第（一）款，选项 B、C、D 均与法律条文有出入。

答案：A

117. 解 依据《中华人民共和国招标投标法》第十五条，招标代理机构应当在招标人委托的范围内办理招标事宜。

答案：B

118. 解 依据《中华人民共和国民法典》第四百六十九条规定，当事人订立合同有书面形式、口头形式和其他形式。

答案：C

119. 解 见《中华人民共和国行政许可法》第十二条第五款规定。选项 A 属于可以设定行政许可的内容，选项 B、C、D 均属于第十三条规定的可以不设行政许可的内容。

答案：A

120. 解 《建设工程质量管理条例》（2000 年版）第十一条规定，"施工图设计文件报县级以上人民政府建设行政主管部门审查"，但是 2017 年此条文改为"施工图设计文件审查的具体办法，由国务院建设行政主管部门、国务院其他有关部门制定"。故按照现行版本，此题无正确答案。

答案：无

2013 年度全国勘察设计注册工程师执业资格考试基础考试（上）
试题解析及参考答案

1. 解 $\boldsymbol{\alpha} \times \boldsymbol{\beta} = \begin{vmatrix} \boldsymbol{i} & \boldsymbol{j} & \boldsymbol{k} \\ -3 & -2 & 1 \\ 1 & -4 & -5 \end{vmatrix} = 14\boldsymbol{i} - 14\boldsymbol{j} + 14\boldsymbol{k}$

$|\boldsymbol{\alpha} \times \boldsymbol{\beta}| = \sqrt{14^2 + 14^2 + 14^2} = \sqrt{3 \times 14^2} = 14\sqrt{3}$

答案：C

2. 解 因为 $\lim\limits_{x \to 1}(x^2 + x - 2) = 0$

故 $\lim\limits_{x \to 1}(2x^2 + ax + b) = 0$，即 $2 + a + b = 0$，得 $b = -2 - a$，代入原式：

$$\lim_{x \to 1}\frac{2x^2 + ax - 2 - a}{x^2 + x - 2} = \lim_{x \to 1}\frac{2(x+1)(x-1) + a(x-1)}{(x+2)(x-1)} = \lim_{x \to 1}\frac{2 \times 2 + a}{3} = 1$$

故 $4 + a = 3$，得 $a = -1$，$b = -1$

答案：C

3. 解 $\dfrac{\mathrm{d}y}{\mathrm{d}x} = \dfrac{\frac{\mathrm{d}y}{\mathrm{d}t}}{\frac{\mathrm{d}x}{\mathrm{d}t}} = \dfrac{-\sin t}{\cos t} = -\tan t$

答案：A

4. 解 $\left[\int f(x)\mathrm{d}x\right]' = f(x)$

答案：B

5. 解 举例 $f(x) = x^2$，$\int x^2 \mathrm{d}x = \frac{1}{3}x^3 + C$

当 $C = 0$ 时，$\int x^2 \mathrm{d}x = \frac{1}{3}x^3$ 为奇函数；

当 $C = 1$ 时，$\int x^2 \mathrm{d}x = \frac{1}{3}x^3 + 1$ 为非奇非偶函数。

答案：A

6. 解 $\lim\limits_{x \to 1^-} f(x) = \lim\limits_{x \to 1^-} 3x^2 = 3$，$\lim\limits_{x \to 1^+}(4x - 1) = 3$，$f(1) = 3$，函数 $f(x)$ 在 $x = 1$ 处连续。

$f'_+(1) = \lim\limits_{x \to 1^+}\dfrac{4x-1-3\times 1}{x-1} = \lim\limits_{x \to 1^+}\dfrac{4(x-1)}{x-1} = 4$

$f'_-(1) = \lim\limits_{x \to 1^-}\dfrac{3x^2-3}{x-1} = \lim\limits_{x \to 1^-}\dfrac{3(x+1)(x-1)}{x-1} = 6$

$f'_+(1) \neq f'_-(1)$，在 $x = 1$ 处不可导；

故 $f(x)$ 在 $x = 1$ 处连续不可导。

答案：C

7. 解

$$y' = -1 \cdot x^{\frac{2}{3}} + (5-x)\frac{2}{3}x^{-\frac{1}{3}} = -x^{\frac{2}{3}} + \frac{2}{3} \cdot \frac{5-x}{x^{\frac{1}{3}}} = \frac{-3x + 2(5-x)}{3x^{\frac{1}{3}}}$$

$$= \frac{-3x + 10 - 2x}{3 \cdot x^{\frac{1}{3}}} = \frac{5(2-x)}{3x^{\frac{1}{3}}}$$

可知 $x = 0$，$x = 2$ 为极值可疑点，所以极值可疑点的个数为 2。

答案： C

8. 解 选项 A：$\int_0^{+\infty} e^{-x}\mathrm{d}x = -\int_0^{+\infty} e^{-x}\mathrm{d}(-x) = -e^{-x}\Big|_0^{+\infty} = -\left(\lim_{x\to+\infty} e^{-x} - 1\right) = 1$

选项 B：$\int_0^{+\infty}\frac{1}{1+x^2}\mathrm{d}x = \arctan x\Big|_0^{+\infty} = \frac{\pi}{2}$

选项 C：因为 $\lim\limits_{x\to 0^+}\frac{\ln x}{x} = \lim\limits_{x\to 0^+}\frac{1}{x}\ln x \to \infty$，所以函数在 $x\to 0^+$ 无界。

$$\int_0^{+\infty}\frac{\ln x}{x}\mathrm{d}x = \int_0^{+\infty}\frac{\ln x}{x}\mathrm{d}x = \int_0^{+\infty}\ln x\,\mathrm{d}\ln x = \frac{1}{2}(\ln x)^2\Big|_0^{+\infty}$$

而 $\lim\limits_{x\to+\infty}\frac{1}{2}(\ln x)^2 = \infty$，$\lim\limits_{x\to 0}\frac{1}{2}(\ln x)^2 = \infty$，故广义积分发散。

选项 D：$\int_0^1\frac{1}{\sqrt{1-x^2}}\mathrm{d}x = \arcsin x\Big|_0^1 = \frac{\pi}{2}$

注：$\lim\limits_{x\to 1^-}\frac{1}{\sqrt{1-x^2}} = +\infty$，$x = 1$ 为无穷间断点。

答案： C

9. 解 见解图，D：$0\leqslant y\leqslant 1$，$y\leqslant x\leqslant\sqrt{y}$；

$y = x$，即 $x = y$；$y = x^2$，得 $x = \sqrt{y}$；

所以二次积分交换积分顺序后为 $\int_0^1\mathrm{d}y\int_y^{\sqrt{y}}f(x,y)\mathrm{d}x$。

答案： D

题 9 解图

10. 解 $x\dfrac{\mathrm{d}y}{\mathrm{d}x} = y\ln y$，$\dfrac{1}{y\ln y}\mathrm{d}y = \dfrac{1}{x}\mathrm{d}x$，$\ln\ln y = \ln x + \ln C$

$\ln y = Cx$，$y = e^{Cx}$，代入 $x = 1$，$y = e$，有 $e = e^{1C}$，得 $C = 1$

所以 $y = e^x$

答案： B

11. 解 $F(x,y,z) = xz - xy + \ln(xyz)$

$$F_x = z - y + \frac{yz}{xyz} = z - y + \frac{1}{x},\quad F_y = -x + \frac{xz}{xyz} = -x + \frac{1}{y},\quad F_z = x + \frac{xy}{xyz} = x + \frac{1}{z}$$

$$\frac{\partial z}{\partial y} = -\frac{F_y}{F_z} = -\frac{\dfrac{-xy+1}{y}}{\dfrac{xz+1}{z}} = -\frac{(1-xy)z}{y(xz+1)} = \frac{z(xy-1)}{y(xz+1)}$$

答案： D

12. 解 正项级数 $\sum\limits_{n=1}^{\infty} u_n$ 收敛的充分必要条件是，它的部分和数列 $\{S_n\}$ 有界。

答案：A

13.解 已知$f(-x)=-f(x)$，函数在$(-\infty,+\infty)$为奇函数。

可配合图形说明在$(-\infty,0)$，$f'(x)>0$，$f''(x)<0$，凸增。

故在$(0,+\infty)$为凹增，即在$(0,+\infty)$，$f'(x)>0$，$f''(x)>0$。

答案：C

题13解图

14.解 特征方程：$r^2-3r+2=0$，$r_1=1$，$r_2=2$，$f(x)=xe^x$，$r=1$为对应齐次方程的特征方程的单根，故特解形式$y^*=x(Ax+B)\cdot e^x$。

答案：A

15.解 $\vec{s}=\{3,-1,2\}$，$\vec{n}=\{-2,2,1\}$，$\vec{s}\cdot\vec{n}\neq 0$，$\vec{s}$与$\vec{n}$不垂直。

故直线L不平行于平面π，从而选项B、D不成立；又因为$\vec{s}$不平行于$\vec{n}$，所以L不垂直于平面π，选项A不成立；即直线L与平面π非垂直相交。

答案：C

16.解 见解图，$L:y=x-1$，所以L的参数方程$\begin{cases}x=x\\y=x-1\end{cases}$，$0\leqslant x\leqslant 1$

$ds=\sqrt{1^2+1^2}dx=\sqrt{2}dx$

故$\int_L(y-x)ds=\int_0^1(x-1-x)\sqrt{2}dx=-\sqrt{2}\cdot 1=-\sqrt{2}$

答案：D

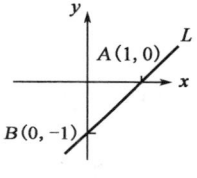

题16解图

17.解 $R=3$，则$\rho=\dfrac{1}{3}$

选项A：$\displaystyle\sum_{n=0}^{\infty}3x^n$，$\displaystyle\lim_{n\to\infty}\left|\dfrac{a_{n+1}}{a_n}\right|=1$

选项B：$\displaystyle\sum_{n=1}^{\infty}3^nx^n$，$\displaystyle\lim_{n\to\infty}\left|\dfrac{3^{n+1}}{3^n}\right|=3$

选项C：$\displaystyle\sum_{n=0}^{\infty}\dfrac{1}{n3^{\frac{n}{2}}}x^n$，$\displaystyle\lim_{n\to\infty}\left|\dfrac{\frac{1}{n+1}3^{\frac{n}{2}}}{\frac{1}{n}3^{\frac{n}{2}}}\right|=\lim_{n\to\infty}\dfrac{n}{n+1}\cdot 3^{-\frac{n}{2}}=\lim_{n\to\infty}3^{\frac{n}{2}-\frac{n+1}{2}}=3^{-\frac{1}{2}}$

选项D：$\displaystyle\sum_{n=0}^{\infty}\dfrac{1}{3^{n+1}}x^n$，$\displaystyle\lim_{n\to\infty}\left|\dfrac{\frac{1}{3^{n+2}}}{\frac{1}{3^{n+1}}}\right|=\lim_{n\to\infty}\dfrac{3^{n+1}}{3^{n+2}}=\dfrac{1}{3}$，$\rho=\dfrac{1}{3}$，$R=\dfrac{1}{\rho}=3$

答案：D

18.解 $z=f(x,y)$，$\begin{cases}x=x\\y=\varphi(x)\end{cases}$，则$\dfrac{dz}{dx}=\dfrac{\partial f}{\partial x}\cdot 1+\dfrac{\partial f}{\partial y}\cdot\dfrac{d\varphi}{dx}$

答案：B

19.解 以$\boldsymbol{\alpha}_1$、$\boldsymbol{\alpha}_2$、$\boldsymbol{\alpha}_3$、$\boldsymbol{\alpha}_4$为列向量作矩阵$\boldsymbol{A}$

$$\boldsymbol{A} = \begin{bmatrix} 3 & 3 & 1 & 6 \\ 2 & -1 & -\frac{1}{3} & -2 \\ -5 & 3 & 1 & 6 \end{bmatrix} \xrightarrow{-r_1+r_3} \begin{bmatrix} 3 & 3 & 1 & 6 \\ 2 & -1 & -\frac{1}{3} & -2 \\ -8 & 0 & 0 & 0 \end{bmatrix} \xrightarrow{-\frac{1}{8}r_3} \begin{bmatrix} 3 & 3 & 1 & 6 \\ 2 & -1 & -\frac{1}{3} & -2 \\ 1 & 0 & 0 & 0 \end{bmatrix} \xrightarrow[(-2)r_3+r_2]{(-3)r_3+r_1}$$

$$\begin{bmatrix} 0 & 3 & 1 & 6 \\ 0 & -1 & -\frac{1}{3} & -2 \\ 1 & 0 & 0 & 0 \end{bmatrix} \xrightarrow{3r_2+r_1} \begin{bmatrix} 0 & 0 & 0 & 0 \\ 0 & -1 & -\frac{1}{3} & -2 \\ 1 & 0 & 0 & 0 \end{bmatrix} \xrightarrow{r_1 \leftrightarrow r_3} \begin{bmatrix} 1 & 0 & 0 & 0 \\ 0 & -1 & -\frac{1}{3} & -2 \\ 0 & 0 & 0 & 0 \end{bmatrix}$$

极大无关组为 $\boldsymbol{\alpha}_1$、$\boldsymbol{\alpha}_2$。

（说明：因为行阶梯形矩阵的第二行中第3列、第4列的数也不为0，所以 $\boldsymbol{\alpha}_1$、$\boldsymbol{\alpha}_3$ 或 $\boldsymbol{\alpha}_1$、$\boldsymbol{\alpha}_4$ 也是向量组的最大线性无关组。）

答案：C

20. 解 设 $\boldsymbol{A}$ 为 $m \times n$ 矩阵，$m < n$，则 $R(\boldsymbol{A}) = r \leqslant \min\{m,n\} = m < n$，$\boldsymbol{A}\boldsymbol{x} = \boldsymbol{0}$ 必有非零解。

选项 D 错误，因为增广矩阵的秩不一定等于系数矩阵的秩。

答案：B

21. 解 矩阵相似有相同的特征多项式，有相同的特征值。

方法1：
$$|\lambda\boldsymbol{E} - \boldsymbol{A}| = \begin{vmatrix} \lambda-1 & 1 & -1 \\ -2 & \lambda-4 & 2 \\ 3 & 3 & \lambda-5 \end{vmatrix} \xrightarrow{(-3)r_1+r_3} \begin{vmatrix} \lambda-1 & 1 & -1 \\ -2 & \lambda-4 & 2 \\ -3\lambda+6 & 0 & \lambda-2 \end{vmatrix} \xrightarrow{-(\lambda-4)r_1+r_2}$$

$$\begin{vmatrix} \lambda-1 & 1 & -1 \\ -\lambda^2+5\lambda-6 & 0 & \lambda-2 \\ -3\lambda+6 & 0 & \lambda-2 \end{vmatrix} = (-1)^{1+2} \begin{vmatrix} -(\lambda-2)(\lambda-3) & \lambda-2 \\ -3(\lambda-2) & \lambda-2 \end{vmatrix}$$

$$= (\lambda-2)(\lambda-2) \begin{vmatrix} +(\lambda-3) & 1 \\ 3 & 1 \end{vmatrix} = (\lambda-2)(\lambda-2)[+(\lambda-3)-3]$$

$$= (\lambda-2)(\lambda-2)(\lambda-6)$$

特征值为 2，2，6；矩阵 $\boldsymbol{B}$ 中 $\lambda = 6$。

方法2： 因为 $\boldsymbol{A} \sim \boldsymbol{B}$，所以 $\boldsymbol{A}$ 与 $\boldsymbol{B}$ 的主对角线元素和相等，$\sum\limits_{i=1}^{3} a_{ii} = \sum\limits_{i=1}^{3} b_{ii}$，即 $1+4+5 = \lambda+2+2$，得 $\lambda = 6$。

答案：A

22. 解 A、B 相互独立，则 $P(AB) = P(A)P(B)$，$P(A \cup B) = P(A) + P(B) - P(AB) = P(A) + P(B) - P(A)P(B) = 0.7$ 或 $P(A \cup B) = 1 - P(\overline{A \cup B}) = 1 - P(\overline{A}\,\overline{B}) = 1 - P(\overline{A})P(\overline{B}) = 0.7$。

答案：C

23. 解 分布函数［记为 $Q(x)$］性质为：① $0 \leqslant Q(x) \leqslant 1$，$Q(-\infty) = 0$，$Q(+\infty) = 1$；② $Q(x)$ 是非减函数；③ $Q(x)$ 是右连续的。

$\Phi(+\infty) = -\infty$；$F(x)$ 满足分布函数的性质①、②、③；

$G(-\infty) = +\infty$；$x \geqslant 0$ 时，$H(x) > 1$。

答案：B

24. 解 注意 $E(X) = 0$，$\sigma^2 = D(X) = E(X^2) - [E(X)]^2 = E(X^2)$，$\sigma^2$ 也是 X 的二阶原点矩，σ^2 的矩估计量是样本的二阶原点矩 $\frac{1}{n}\sum\limits_{i=1}^{n} X_i^2$。

说明：统计推断时要充分利用已知信息。当 $E(X) = \mu$ 已知时，估计 $D(X) = \sigma^2$，用 $\frac{1}{n}\sum\limits_{i=1}^{n}(X_i - \mu)^2$ 比用 $\frac{1}{n}\sum\limits_{i=1}^{n}(X_i - \overline{X})^2$ 效果好。

答案：D

25. 解 ①分子的平均平动动能 $= \frac{3}{2}kT$，若分子的平均平动动能相同，则温度相同。

②分子的平均动能=平均(平动动能+转动动能)$= \frac{i}{2}kT$。其中，i 为分子自由度，而 $i(\text{He}) = 3$，$i(\text{N}_2) = 5$，则氦分子和氮分子的平均动能不同。

答案：B

26. 解 此题需要正确理解最概然速率的物理意义，v_{p} 为 $f(v)$ 最大值所对应的速率。

答案：C

注：25、26 题 2011 年均考过。

27. 解 画等压膨胀 $p\text{-}V$ 图，由图知 $V_2 > V_1$，故气体对外做正功。

由等温线知 $T_2 > T_1$，温度升高。

题 27 解图

答案：A

28. 解 $Q_{\text{T}} = \dfrac{m}{M}RT\ln\dfrac{V_2}{V_1} = p_1 V_1 \ln\dfrac{V_2}{V_1}$

答案：A

29. 解 ①波动方程标准式：$y = A\cos\left[\omega\left(t - \dfrac{x - x_0}{u}\right) + \varphi_0\right]$

②本题方程：$y = -0.02\cos\pi(4x - 50t) = 0.02\cos[\pi(4x - 50t) + \pi]$

$$= 0.02\cos[\pi(50t - 4x) + \pi] = 0.02\cos\left[50\pi\left(t - \dfrac{4x}{50}\right) + \pi\right]$$

$$= 0.02\cos\left[50\pi\left(t - \dfrac{x}{\frac{50}{4}}\right) + \pi\right]$$

故 $\omega = 50\pi = 2\pi\nu$，$\nu = 25\text{Hz}$，$u = \dfrac{50}{4}$

波长 $\lambda = \dfrac{u}{\nu} = 0.5\text{m}$，振幅 $A = 0.02\text{m}$

答案：D

30. 解 a、b、c、d 处质元都垂直于 x 轴上下振动。由图知，t 时刻 a 处质元位于振动的平衡位置，此时速率最大，动能最大，势能也最大。

题 30 解图

答案：A

31. 解 $x_{腹} = \pm k\frac{\lambda}{2}$，$k = 0,1,2,\cdots$。相邻两波腹之间的距离为：$x_{k+1} - x_k = (k+1)\frac{\lambda}{2} - k\frac{\lambda}{2} = \frac{\lambda}{2}$。

答案：A

32. 解 设线偏振光的光强为 I，线偏振光与第一个偏振片的夹角为 φ。因为最终线偏振光的振动方向要转过 $90°$，所以第一个偏振片与第二个偏振片的夹角为 $\frac{\pi}{2} - \varphi$。

根据马吕斯定律：

线偏振光通过第一块偏振片后的光强 $I_1 = I\cos^2\varphi$

线偏振光通过第二块偏振片后的光强 $I_2 = I_1\cos^2\left(\frac{\pi}{2} - \varphi\right) = \frac{I}{4}\sin^2 2\varphi$

要使透射光强达到最强，令 $\sin 2\varphi = 1$，得 $\varphi = \frac{\pi}{4}$，透射光强的最大值为 $\frac{I}{4}$。

入射光的振动方向与前后两偏振片的偏振化方向夹角分别为 $45°$ 和 $90°$。

答案：A

33. 解 光的干涉和衍射现象反映了光的波动性质，光的偏振现象反映了光的横波性质。

答案：B

34. 解 注意到 $1nm = 10^{-9}m = 10^{-6}mm$。

由 $\Delta x = \Delta n\frac{\lambda}{2}$，有 $0.62 = 2300\frac{\lambda}{2}$，$\lambda = 5.39 \times 10^{-4}mm = 539nm$。

答案：B

35. 解 由单缝衍射暗纹条件：$a\sin\varphi = k\lambda = 2k\frac{\lambda}{2}$，今 $k = 3$，故半波带数目为 6。

答案：D

36. 解 劈尖干涉明纹公式：$2nd + \frac{\lambda}{2} = k\lambda$，$k = 1,2,\cdots$

对应的薄膜厚度差 $2nd_5 - 2nd_3 = 2\lambda$，故 $d_5 - d_3 = \frac{\lambda}{n}$。

答案：B

37. 解 一组允许的量子数 n、l、m 取值对应一个合理的波函数，即可以确定一个原子轨道。量子数 $n = 4$，$l = 2$，$m = 0$ 为一组合理的量子数，确定一个原子轨道。

答案：A

38. 解 根据价电子对互斥理论：

PCl_3 的价电子对数 $x = \frac{1}{2}$ (P 的价电子数 + 三个 Cl 提供的价电子数) $= \frac{1}{2}(5+3) = 4$

PCl_3 分子中，P 原子形成三个 P-Cl σ 键，价电子对数减去 σ 键数等于 1，所以 P 原子除形成三个 P-Cl 键外，还有一个孤电子对，PCl_3 的空间构型为三角锥形，P 为不等性 sp^3 杂化。

答案：B

39. 解 由已知条件可知

$$Fe^{3+} \xrightarrow[z_1=1]{0.771} Fe^{2+} \xrightarrow[z_2=2]{-0.44} Fe$$

$$\underbrace{\hspace{6cm}}_{z=3}$$

即 $\quad Fe^{3+} + z_1 e = Fe^{2+}$

$+)\quad Fe^{2+} + z_2 e = Fe$

_____

$\quad Fe^{3+} + z e\ = Fe$

$$E^{\Theta}(Fe^{3+}/Fe) = \frac{z_1 E^{\Theta}(Fe^{3+}/Fe^{2+}) + z_2 E^{\Theta}(Fe^{2+}/Fe)}{z} = \frac{0.771 + 2 \times (-0.44)}{3} \approx -0.036 V$$

答案：C

40. 解 在 $BaSO_4$ 饱和溶液中，存在 $BaSO_4 \Longrightarrow Ba^{2+} + SO_4^{2-}$ 平衡，加入 $BaCl_2$，溶液中 Ba^{2+} 增加，平衡向左移动，SO_4^{2-} 的浓度减小。

答案：B

41. 解 催化剂之所以加快反应的速率，是因为它改变了反应的历程，降低了反应的活化能，增加了活化分子百分数。

答案：C

42. 解 此反应为气体分子数减小的反应，升压，反应向右进行；反应的 $\Delta_r H_m < 0$，为放热反应，降温，反应向右进行。

答案：C

43. 解 负极 氧化反应：$Ag + Cl^- \Longrightarrow AgCl + e^-$

正极 还原反应：$Ag^+ + e^- \Longrightarrow Ag$

电池反应：$Ag^+ + Cl^- \Longrightarrow AgCl$

原电池负极能斯特方程式为：$\varphi_{AgCl/Ag} = \varphi^{\Theta}_{AgCl/Ag} + 0.059 \lg \frac{1}{c(Cl^-)}$。

由于负极中加入 NaCl，Cl^- 浓度增加，则负极电极电势减小，正极电极电势不变，因此电池的电动势增大。

答案：A

44. 解 乙烯与氯气混合，可以发生加成反应：$C_2H_4 + Cl_2 \Longrightarrow CH_2Cl - CH_2Cl$。

答案：C

45. 解 羟基与烷基直接相连为醇，通式为 R—OH（R 为烷基）；羟基与芳香基直接相连为酚，通式为 Ar—OH（Ar 为芳香基）。

答案：D

46. 解 由低分子化合物（单体）通过加成反应，相互结合成高聚物的反应称为加聚反应。加聚反应没有产生副产物，高聚物成分与单体相同，单体含有不饱和键。HCHO 为甲醛，加聚反应为：$n\mathrm{H_2C} = \mathrm{O} \longrightarrow \overline{}\mathrm{CH_2-O}\overline{}_n$。

答案：C

47. 解 E 处为光滑接触面约束，根据约束的性质，约束力应垂直于支撑面，指向被约束物体。

答案：B

48. 解 $\pmb{F}$ 力和均布力 $\pmb{q}$ 的合力作用线均通过 O 点，故合力矩为零。

答案：A

49. 解 取构架整体为研究对象，根据约束的性质，B 处为活动铰链支座，约束力为水平方向（见解图）。列平衡方程：

$$\sum M_\mathrm{A}(F) = 0, \quad F_\mathrm{B} \cdot 2L_2 - F_\mathrm{p} \cdot 2L_1 = 0$$
$$F_\mathrm{B} = \frac{3}{4}F_\mathrm{P}$$

题 49 解图

答案：A

50. 解 根据斜面的自锁条件，斜面倾角小于摩擦角时，物体静止。

答案：A

51. 解 将 $t = x$ 代入 y 的表达式。

答案：C

52. 解 分别对运动方程 x 和 y 求时间 t 的一阶、二阶导数，再令 $t = 0$，且有 $v = \sqrt{\dot{x}^2 + \dot{y}^2}$，$a = \sqrt{\ddot{x}^2 + \ddot{y}^2}$。

答案：B

53. 解 两轮啮合点A、B的速度相同，且$v_A = R_1\omega_1$，$v_B = R_2\omega_2$。

答案：D

54. 解 可在A上加一水平向左的惯性力，根据达朗贝尔原理，物块A上作用的重力mg、法向约束力F_N、摩擦力F以及大小为ma的惯性力组成平衡力系，沿斜面列平衡方程，当摩擦力$F = ma\cos\theta + mg\sin\theta \leq F_N f (F_N = mg\cos\theta - ma\sin\theta)$时可保证A与B一起以加速度$a$水平向右运动。

答案：C

55. 解 物块A上的摩擦力水平向右，使其向右运动，故做正功。

答案：C

56. 解 杆位于铅垂位置时有$J_B\alpha = M_B = 0$；故角加速度$\alpha = 0$；而角速度可由动能定理：$\frac{1}{2}J_B\omega^2 = mgl$，得$\omega^2 = \frac{3g}{2l}$。则质心的加速度为：$a_{Cx} = 0$，$a_{Cy} = l\omega^2$。根据质心运动定理，有$ma_{Cx} = F_{Bx}$，$ma_{Cy} = F_{By} - mg$，便可得最后结果。

答案：D

57. 解 根据定义，惯性力系主矢的大小为：$ma_C = m\frac{R}{2}\omega^2$；主矩的大小为：$J_O\alpha = 0$。

答案：A

58. 解 发生共振时，系统的工作频率与其固有频率相等。

$$\omega_0 = \sqrt{\frac{k}{m}} = \sqrt{\frac{2 \times 10^6}{110}} = 134.8\text{rad/s}$$

答案：D

59. 解 取节点C，画C点的受力图，如图所示。

$$\sum F_x = 0, \quad F_1\sin 45° = F_2\sin 30°$$
$$\sum F_y = 0, \quad F_1\cos 45° + F_2\cos 30° = F$$

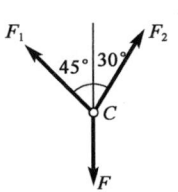

题59解图

可得$F_1 = \frac{\sqrt{2}}{1+\sqrt{3}}F$，$F_2 = \frac{2}{1+\sqrt{3}}F$

故$F_2 > F_1$，而$\sigma_2 = \frac{F_2}{A} > \sigma_1 = \frac{F_1}{A}$

所以杆2最先达到许用应力。

答案：B

60. 解 此题受力是对称的，故$F_1 = F_2 = \frac{F}{2}$

由杆1，得$\sigma_1 = \frac{F_1}{A_1} = \frac{\frac{F}{2}}{A} = \frac{F}{2A} \leq [\sigma]$，故$F \leq 2A[\sigma]$

由杆2，得$\sigma_2 = \frac{F_2}{A_2} = \frac{\frac{F}{2}}{2A} = \frac{F}{4A} \leq [\sigma]$，故$F \leq 4A[\sigma]$

从两者取最小的，所以$[F] = 2A[\sigma]$。

答案：B

61. 解 把F力平移到铆钉群中心O，并附加一个力偶$m = F \cdot \frac{5}{4}L$，在铆钉上将产生剪力Q_1和Q_2，其中$Q_1 = \frac{F}{2}$，而Q_2计算方法如下。

$$\sum M_O = 0, \quad Q_2 \cdot \frac{L}{2} = F \cdot \frac{5}{4}L, \quad Q_2 = \frac{5}{2}F$$

则
$$Q = Q_1 + Q_2 = 3F, \quad \tau_{max} = \frac{Q}{\frac{\pi}{4}d^2} = \frac{12F}{\pi d^2}$$

答案：C

62. 解 螺钉头与钢板之间的接触面是一个圆环面，故挤压面$A_{bs} = \frac{\pi}{4}(D^2 - d^2)$。

$$\sigma_{bs} = \frac{F_{bs}}{A_{bs}} = \frac{F}{\frac{\pi}{4}(D^2 - d^2)}$$

答案：A

63. 解 圆轴的最大切应力$\tau_{max} = \frac{T}{I_p} \cdot \frac{d}{2}$，圆轴的单位长度扭转角$\theta = \frac{T}{GI_p}$

故$\frac{T}{I_p} = \theta G$，代入得$\tau_{max} = \theta G \frac{d}{2}$

答案：D

64. 解 设实心圆直径为d，空心圆外径为D，空心圆内外径之比为α，因两者横截面积相同，故有$\frac{\pi}{4}d^2 = \frac{\pi}{4}D^2(1 - \alpha^2)$，即$d = D(1 - \alpha^2)^{\frac{1}{2}}$。

$$\frac{\tau_a}{\tau_b} = \frac{\frac{T}{\frac{\pi}{16}d^3}}{\frac{T}{\frac{\pi}{16}D^3(1 - \alpha^4)}} = \frac{D^3(1 - \alpha^4)}{d^3} = \frac{D^3(1 - \alpha^2)(1 + \alpha^2)}{D^3(1 - \alpha^2)(1 - \alpha^2)^{\frac{1}{2}}} = \frac{1 + \alpha^2}{\sqrt{1 - \alpha^2}} > 1$$

答案：C

65. 解 根据"零、平、斜""平、斜、抛"的规律，AB段的斜直线，对应AB段$q = 0$；BC段的抛物线，对应BC段$q \neq 0$，即应有q。而B截面处有一个转折点，应对应于一个集中力。

答案：A

66. 解 弯矩图中B截面的突变值为$10kN \cdot m$，故$m = 10kN \cdot m$。

答案：A

67. 解 $M_a = \frac{1}{8}ql^2$，M_b的计算可用叠加法，如解图所示，则$\frac{M_a}{M_b} = \frac{\frac{ql^2}{8}}{\frac{ql^2}{16}} = 2$。

题 67 解图

答案：C

68. 解 图 a）中 $\sigma_{r3} = \sigma_1 - \sigma_3 = 150 - 0 = 150 \text{MPa}$；

图 b）中 $\sigma_{r3} = \sigma_1 - \sigma_3 = 100 - (-100) = 200 \text{MPa}$；

显然图 b）σ_{r3} 更大，更危险。

答案：B

69. 解 设杆 1 受力为 F_1，杆 2 受力为 F_2，可见：

$$F_1 + F_2 = F \qquad ①$$

$\Delta l_1 = \Delta l_2$，即 $\dfrac{F_1 l}{E_1 A} = \dfrac{F_2 l}{E_2 A}$

故

$$\frac{F_1}{F_2} = \frac{E_1}{E_2} = 2 \qquad ②$$

联立①、②两式，得到 $F_1 = \dfrac{2}{3}F$，$F_2 = \dfrac{1}{3}F$。

这结果相当于偏心受拉，如解图所示，$M = \dfrac{F}{3} \cdot \dfrac{h}{2} = \dfrac{Fh}{6}$。

题 69 解图

答案：A

70. 解 杆端约束越弱，μ 越大，在两端固定($\mu = 0.5$)，一端固定、一端铰支($\mu = 0.7$)，两端铰支 ($\mu = 1$)和一端固定、一端自由($\mu = 2$)这四种杆端约束中，一端固定、一端自由的约束最弱，μ 最大。而图示细长压杆 AB 一端自由、一端固定在简支梁上，其杆端约束比一端固定、一端自由($\mu = 2$)时更弱，故 μ 比 2 更大。

答案：A

71. 解 切应力 $\tau = \mu \dfrac{\mathrm{d}u}{\mathrm{d}y}$，而 $y = R - r$，$\mathrm{d}y = -\mathrm{d}r$，故 $\dfrac{\mathrm{d}u}{\mathrm{d}y} = -\dfrac{\mathrm{d}u}{\mathrm{d}r}$

题设流速 $u = 2\left(1 - \dfrac{r^2}{R^2}\right)$，故 $\dfrac{\mathrm{d}u}{\mathrm{d}y} = -\dfrac{\mathrm{d}u}{\mathrm{d}r} = \dfrac{2 \times 2r}{R^2} = \dfrac{4r}{R^2}$

题设 $r_1 = 0.2R$，故切应力 $\tau_1 = \mu\left(\dfrac{4 \times 0.2R}{R^2}\right) = \mu\left(\dfrac{0.8}{R}\right)$

题设 $r_2 = R$，则切应力 $\tau_2 = \mu\left(\dfrac{4R}{R^2}\right) = \mu\left(\dfrac{4}{R}\right)$

切应力大小之比 $\dfrac{\tau_1}{\tau_2} = \dfrac{\mu\left(\frac{0.8}{R}\right)}{\mu\left(\frac{4}{R}\right)} = \dfrac{0.8}{4} = \dfrac{1}{5}$

答案：C

72. 解 对断面 1-1 及 2-2 中点写能量方程：$Z_1 + \dfrac{p_1}{\rho g} + \dfrac{\alpha_1 v_1^2}{2g} = Z_2 + \dfrac{p_2}{\rho g} + \dfrac{\alpha_2 v_2^2}{2g}$

题设管道水平，故 $Z_1 = Z_2$；又因 $d_1 > d_2$，由连续方程知 $v_1 < v_2$。

代入上式后知：$p_1 > p_2$。

答案：B

73. 解 由动量方程可得：$\sum F_x = \rho Q v = 1000\text{kg/m}^3 \times 0.2\text{m}^3/\text{s} \times 50\text{m/s} = 10\text{kN}$。

答案：B

74. 解 由均匀流基本方程 $\tau = \rho g R J$，$J = \dfrac{h_\text{f}}{L}$，知沿程损失 $h_\text{f} = \dfrac{\tau L}{\rho g R}$。

答案：B

75. 解 由并联长管水头损失相等知：$h_{\text{f}1} = h_{\text{f}2} = h_{\text{f}3} = \cdots = h_\text{f}$，总流量 $Q = \sum\limits_{i=1}^{n} Q_i$。

答案：B

76. 解 矩形断面水力最佳宽深比 $\beta = 2$，即 $b = 2h$。

答案：D

77. 解 由渗流达西公式知 $u = kJ$。

答案：A

78. 解 按雷诺模型，$\dfrac{\lambda_\text{v}\lambda_\text{L}}{\lambda_\text{v}} = 1$，流速比尺 $\lambda_\text{v} = \dfrac{\lambda_\text{v}}{\lambda_\text{L}}$

按题设 $\lambda_\text{v} = \dfrac{60 \times 10^{-6}}{15 \times 10^{-6}} = 4$，长度比尺 $\lambda_\text{L} = 5$，因此流速比尺 $\lambda_\text{v} = \dfrac{4}{5} = 0.8$

$\lambda_\text{v} = \dfrac{v_{\text{烟气}}}{v_{\text{空气}}}$，$v_{\text{空气}} = \dfrac{v_{\text{烟气}}}{\lambda_\text{v}} = \dfrac{3\text{m/s}}{0.8} = 3.75\text{m/s}$

答案：A

79. 解 静止的电荷产生电场，不会产生磁场，并且电场是有源场，其方向从正电荷指向负电荷。

答案：D

80. 解 电路的功率关系 $P = UI = I^2 R$ 以及欧姆定律 $U = RI$，是在电路的电压电流的正方向一致时成立；当方向不一致时，前面增加 "−" 号。

答案：B

81. 解 考查电路的基本概念：开路与短路，电阻串联分压关系。当电路中 a-b 开路时，电阻 R_1、R_2 相当于串联。$U_{abk} = \frac{R_2}{R_1 + R_2} \cdot U_s$。

答案：C

82. 解 在直流电源作用下电感等效于短路，$U_L = 0$；电容等效于开路，$I_C = 0$。

$$\frac{U_R}{I_R} = R; \quad \frac{U_L}{I_L} = 0; \quad \frac{U_C}{I_C} = \infty$$

答案：D

83. 解 根据已知条件（电阻元件的电压为 0），即电阻电流为 0，电路处于并联谐振状态，电感支路与电容支路的电流大小相等，方向相反，可以写成 $i_L = -i_C$。其有效值相等，即 $I_L = I_C$。

答案：B

84. 解 三相电路中，电源中性点与负载中点等电位，说明电路中负载也是对称负载，三相电路负载的阻抗相等条件为：$Z_1 = Z_2 = Z_3$，即 $\begin{cases} Z_1 = Z_2 = Z_3 \\ \varphi_1 = \varphi_2 = \varphi_3 \end{cases}$。

答案：A

85. 解 本题考查理想变压器的三个变比关系，在变压器的初级回路中电源内阻与变压器的折合阻抗 R_L' 串联。

$$R_L' = K^2 R_L \quad (R_L = 100\Omega)$$

答案：C

86. 解 绕线式的三相异步电动机转子串电阻的方法适应于不同接法的电动机，并且可以起到限制启动电流、增加启动转矩以及调速的作用。Y-△启动方法只用于正常△接运行，并轻载启动的电动机。

答案：D

87. 解 信号和信息不是同一概念。信号是表示信息的物理量，如电信号可以通过幅度、频率、相位的变化来表示不同的信息；信息是对接收者有意义、有实际价值的抽象的概念。由此可见，信号是可以看得到的，信息是看不到的。数码是常用的信息代码，并不是只能表示数量大小，通过定义可以表示不同事物的状态。由 0 和 1 组成的信息代码 101 并不能仅仅表示数量"5"，因此选项 B、C、D 错误。

处理并传输电信号是电路的重要功能，选项 A 正确。

答案：A

88. 解 信号可以用函数来描述，$u(t)$ 信号波形是由多个伴有延时阶跃信号的叠加构成的。

答案：B

89. 解 输出信号的失真属于非线性失真，其原因是由于三极管输入特性死区电压的影响。放大器的放大倍数只能对不失真信号定义，选项 A、B 错误。

答案：C

90.解 根据逻辑函数的相关公式计算$ABC + A\overline{BC} + B = A(BC + \overline{BC}) + B = A + B$。

答案：B

91.解 根据给定的 X、Y 波形，其与非门$\overline{XY}$的图形可利用有"0"则"1"的原则确定为选项 D。

答案：D

92.解 BCD 码是用二进制数表示的十进制数，属于无权码，此题的 BCD 码是用四位二进制数表示的：$(0011\ 0010)_B = (3\ 2)_{BCD}$

答案：A

93.解 此题为二极管限幅电路，分析二极管电路首先要将电路模型线性化，即将二极管断开后分析极性（对于理想二极管，如果是正向偏置将二极管短路，否则将二极管断路），最后按照线性电路理论确定输入和输出信号关系。

即：该二极管截止后，求$u_阳 = u_i$，$u_阴 = 2.5V$，则$u_i > 2.5V$时，二极管导通，$u_o = u_i$；$u_i < 2.5V$时，二极管截止，$u_o = 2.5V$。

答案：C

94.解 根据三极管的微变等效电路分析可见，增加电容C_E以后，在动态信号作用下，发射极电阻被电容短路。放大倍数提高，输入电阻减小。

答案：C

95.解 此电路是组合逻辑电路（异或门）与时序逻辑电路（D 触发器）的组合应用，电路的初始状态由复位信号$\overline{R_D}$确定，输出状态在时钟脉冲信号 CP 的上升沿触发，$D = A \oplus \overline{Q}$。

答案：A

96.解 此题与上题类似，是组合逻辑电路（与非门）与时序逻辑电路（JK 触发器）的组合应用，输出状态在时钟脉冲信号 CP 的下降沿触发。$J = \overline{Q \cdot A}$，K 端悬空时，可以认为$K = 1$。

答案：C

题 95 解图

题 96 解图

97.解 "三网合一"指的是将电信网、广播电视网和互联网整合为一个统一的网络体系。这种整合促进了资源整合、提高效率、促进信息融合，并为用户提供更加便捷和多样化的通信和娱乐服务。

答案：C

98. 解 计算机运算器的功能是完成算术运算和逻辑运算，算数运算是完成加、减、乘、除的运算，逻辑运算主要包括与、或、非、异或等，从而完成低电平与高电平之间的切换，送出控制信号，协调计算机工作。

答案：D

99. 解 计算机的总线可以划分为数据总线、地址总线和控制总线，数据总线用来传输数据、地址总线用来传输数据地址、控制总线用来传输控制信息。

答案：C

100. 解 Microsoft Word 是文字处理软件。Visual BASIC 简称 VB，是 Microsoft 公司推出的一种 Windows 应用程序开发工具。Microsoft Access 是小型数据库管理软件。AutoCAD 是专业绘图软件，主要用于工业设计中，被广泛用于民用、军事等各个领域。CAD 是 Computer Aided Design 的缩写，意思为计算机辅助设计。加上 Auto，指它可以应用于几乎所有跟绘图有关的行业，比如建筑、机械、电子、天文、物理、化工等。

答案：B

101. 解 位也称为比特，记为 bit，位是度量数据的最小单位，表示一位二进制信息。

答案：B

102. 解 原码是机器数的一种简单的表示法。其符号位用 0 表示正号，用 1 表示负号，数值一般用二进制形式表示。机器数的反码可由原码得到。如果机器数是正数，则该机器数的反码与原码一样；如果机器数是负数，则该机器数的反码是对它的原码（符号位除外）各位取反而得到的。机器数的补码可由原码得到。如果机器数是正数，则该机器数的补码与原码一样；如果机器数是负数，则该机器数的补码是对它的原码（除符号位外）各位取反，并在末位加 1 而得到的。ASCII 码是将人在键盘上敲入的字符（数字、字母、特殊符号等）转换成机器能够识别的二进制数，并且每个字符唯一确定一个 ASCII 码，形象地说，它就是人与计算机交流时使用的键盘语言通过"翻译"转换成的计算机能够识别的语言。

答案：B

103. 解 点阵中行数和列数的乘积称为图像的分辨率，若分辨率 640×480 像素，则表示横向 640 像素，纵向 480 像素，该图共有 640×480 = 307200 个像素。

答案：D

104. 解　进程与程序的概念是不同的，进程有以下 4 个特征。

动态性：进程是动态的，它由系统创建而产生，并由调度而执行。

并发性：用户程序和操作系统的管理程序等，在它们的运行过程中，产生的进程在时间上是重叠的，它们同存在于内存储器中，并共同在系统中运行。

独立性：进程是一个能独立运行的基本单位，同时也是系统中独立获得资源和独立调度的基本单位，进程根据其获得的资源情况可独立地执行或暂停。

异步性：由于进程之间的相互制约，使进程具有执行的间断性。各进程按各自独立的、不可预知的速度向前推进。

答案：D

105. 解　操作系统对外部设备的作用是控制外部设备按用户程序的要求进行操作，包括设备驱动、初始化以及设备控制等功能。选项 C 的分配和回收功能就是控制功能，相比之下选项 A 更完整。

答案：A

106. 解　联网中的计算机都具有"独立功能"，即网络中的每台主机在没联网之前就有自己独立的操作系统，并且能够独立运行。联网以后，它本身是网络中的一个结点，可以平等地访问其他网络中的主机。

答案：A

107. 解　利用由年名义利率求年实际利率的公式计算：

$$i = \left(1 + \frac{r}{m}\right)^m - 1 = \left(1 + \frac{8\%}{4}\right)^4 - 1 = 8.24\%$$

答案：C

108. 解　经营成本包括外购原材料、燃料和动力费、工资及福利费、修理费等，不包括折旧、摊销费和财务费用。流动资金投资不属于经营成本。

答案：A

109. 解　根据静态投资回收期的计算公式：$P_t = 6 - 1 + \frac{|-60|}{240} = 5.25$ 年。

答案：C

110. 解　该项目的现金流量图如解图所示。根据题意，有

$$\text{NPV} = -5000 + A(P/A, 15\%, 10)(P/F, 15\%, 1) = 0$$

解得　$A = 5000 \div (5.0188 \times 0.8696) = 1145.65$ 万元

题110解图

答案：D

111. 解 项目经济效益和费用的识别应遵循剔除转移支付原则。

答案：C

112. 解 两个寿命期相同的互斥项目的选优应采用增量内部收益率指标，$\Delta IRR_{(乙-甲)}$ 为 13%，小于基准收益率 14%，应选择投资较小的方案。

答案：A

113. 解 "有无对比"是财务分析应遵循的基本原则。

答案：D

114. 解 根据价值工程中价值公式中成本的概念。

答案：C

115. 解 《中华人民共和国建筑法》第九条规定，建设单位应当自领取施工许可证之日起三个月内开工。因故不能按期开工的，应当向发证机关申请延期；延期以两次为限，每次不超过三个月。既不开工又不申请延期或者超过延期时限的，施工许可证自行废止。

答案：B

116. 解 《中华人民共和国安全生产法》第二十四条规定，矿山、金属冶炼、建筑施工、运输单位和危险物品的生产、经营、储存、装卸单位，应当设置安全生产管理机构或者配备专职安全生产管理人员。

前款规定以外的其他生产经营单位，从业人员超过一百人的，应当设置安全生产管理机构或者配备专职安全生产管理人员；从业人员在一百人以下的，应当配备专职或者兼职的安全生产管理人员。

答案：D

117. 解 《中华人民共和国招标投标法》第十条规定，招标分为公开招标和邀请招标。

答案：B

118. 解 《中华人民共和国民法典》第四百七十三条规定，要约邀请是希望他人向自己发出要约的表示。拍卖公告、招标公告、招股说明书、债券募集办法、基金招募说明书、商业广告和宣传、寄送的价目表等为要约邀请。商业广告和宣传的内容符合要约条件的，构成要约。

答案：B

119.解 《中华人民共和国行政许可法》第四十二条规定，除可以当场作出行政许可决定的外，行政机关应当自受理行政许可申请之日起二十日内做出行政许可决定。二十日内不能做出决定的，经本行政机关负责人批准，可以延长十日，并应当将延长期限的理由告知申请人。但是，法律、法规另有规定的，依照其规定。

答案：D

120.解 《中华人民共和国建筑法》第二十九条规定，建筑工程总承包单位按照总承包合同的约定对建设单位负责；分包单位按照分包合同的约定对总承包单位负责。总承包单位和分包单位就分包工程对建设单位承担连带责任。

答案：A

2014年度全国勘察设计注册工程师执业资格考试基础考试（上）

试题解析及参考答案

1. 解 $\lim\limits_{x \to 0}(1-x)^{\frac{k}{x}} = 2$

可利用公式 $\lim\limits_{x \to 0}(1+x)^{\frac{1}{x}} = e$ 计算

因 $\lim\limits_{x \to 0}(1-x)^{\frac{-k}{-x}} = \lim\limits_{x \to 0}\left[(1-x)^{\frac{1}{-x}}\right]^{-k} = e^{-k}$

所以 $e^{-k} = 2$，$k = -\ln 2$。

答案：A

2. 解 $x^2 + y^2 - z = 0$，$z = x^2 + y^2$ 为旋转抛物面。

答案：D

3. 解 $y = \arctan\dfrac{1}{x}$，$x = 0$，分母为零，该点为间断点。

因 $\lim\limits_{x \to 0^+} \arctan\dfrac{1}{x} = \dfrac{\pi}{2}$，$\lim\limits_{x \to 0^-} \arctan\dfrac{1}{x} = -\dfrac{\pi}{2}$，所以 $x = 0$ 为跳跃间断点。

答案：B

4. 解 $\dfrac{\mathrm{d}}{\mathrm{d}x}\int_{2x}^{0} e^{-t^2}\mathrm{d}t = -\dfrac{\mathrm{d}}{\mathrm{d}x}\int_{0}^{2x} e^{-t^2}\mathrm{d}t = -e^{-4x^2} \cdot 2 = -2e^{-4x^2}$

答案：C

5. 解

$$\frac{\mathrm{d}(\ln x)}{\mathrm{d}\sqrt{x}} = \frac{\frac{1}{x}\mathrm{d}x}{\frac{1}{2}\cdot\frac{1}{\sqrt{x}}\mathrm{d}x} = \frac{2}{\sqrt{x}}$$

答案：B

6. 解

$$\int \frac{x^2}{\sqrt[3]{1+x^3}}\mathrm{d}x = \frac{1}{3}\int \frac{1}{\sqrt[3]{1+x^3}}\mathrm{d}x^3 = \frac{1}{3}\int \frac{1}{\sqrt[3]{1+x^3}}\mathrm{d}(1+x^3)$$

$$= \frac{1}{3}\times\frac{3}{2}(1+x^3)^{\frac{2}{3}} + C = \frac{1}{2}(1+x^3)^{\frac{2}{3}} + C$$

答案：D

7. 解 $a_n = \left(1+\dfrac{1}{n}\right)^n$，数列 $\{a_n\}$ 是单调增，又 $\lim\limits_{x \to \infty}\left(1+\dfrac{1}{n}\right)^n = e$，根据收敛数列有界性，可知数列有上界。

答案：B

8. 解 函数 $f(x)$ 在点 x_0 处可导，则 $f'(x_0) = 0$ 是 $f(x)$ 在 x_0 取得极值的必要条件。

答案：C

9. 解

$$L_1: \frac{x-1}{1} = \frac{y-3}{-2} = \frac{z+5}{1}, \quad \vec{S_1} = \{1, -2, 1\}$$

$$L_2: \frac{x-3}{-1} = \frac{y-1}{-1} = \frac{z-1}{2} = t, \quad \vec{S_2} = \{-1, -1, 2\}$$

$$\cos\left(\widehat{\vec{S_1}, \vec{S_2}}\right) = \frac{\vec{S_1} \cdot \vec{S_2}}{|\vec{S_1}||\vec{S_2}|} = \frac{3}{\sqrt{6} \times \sqrt{6}} = \frac{1}{2}, \quad \left(\widehat{\vec{S_1}, \vec{S_2}}\right) = \frac{\pi}{3}$$

答案：B

10. 解 $xy' - y = x^2 e^{2x} \Rightarrow y' - \frac{1}{x}y = xe^{2x}$

$$P(x) = -\frac{1}{x}, \quad Q(x) = xe^{2x}$$

$$y = e^{-\int\left(-\frac{1}{x}\right)dx}\left[\int xe^{2x}e^{\int\left(-\frac{1}{x}\right)dx}dx + C\right] = e^{\ln x}\left(\int xe^{2x}e^{-\ln x}dx + C\right)$$

$$= x\left(\int e^{2x}dx + C\right) = x\left(\frac{1}{2}e^{2x} + C\right)$$

答案：A

11. 解 见解图，$V = \int_0^3 \pi y^2 \, dx = \int_0^3 \pi 4x \, dx = \pi \int_0^3 4x \, dx$。

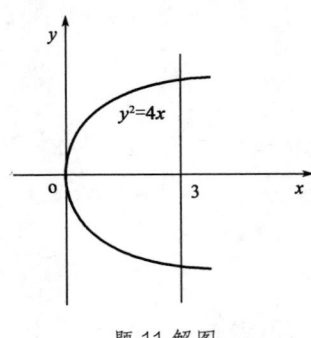

题 11 解图

答案：C

12. 解 $\sum\limits_{n=1}^{\infty} (-1)^n \frac{1}{n^{p-1}}$ 级数条件收敛应满足条件：①取绝对值后级数发散；②原级数收敛。

$\sum\limits_{n=1}^{\infty} \left|(-1)^n \frac{1}{n^{p-1}}\right| = \sum\limits_{n=1}^{\infty} \frac{1}{n^{p-1}}$，当 $0 < p-1 \leqslant 1$ 时，即 $1 < p \leqslant 2$，取绝对值后级数发散，原级数 $\sum\limits_{n=1}^{\infty} (-1)^n \frac{1}{n^{p-1}}$ 为交错级数。

当 $p - 1 > 0$ 时，即 $p > 1$

利用幂函数性质判定：$y = x^p (p > 0)$

当 $x \in (0, +\infty)$ 时，$y = x^p$ 单增，且过 $(1,1)$ 点，本题中，$p > 1$，因而 $n^{p-1} < (n+1)^{p-1}$，所以 $\frac{1}{n^{p-1}} > \frac{1}{(n+1)^{p-1}}$。

满足：① $\frac{1}{n^{p-1}} > \frac{1}{(n+1)^{p-1}}$；② $\lim\limits_{n\to\infty} \frac{1}{n^{p-1}} = 0$。故 $\sum\limits_{n=1}^{\infty} (-1)^n \frac{1}{n^{p-1}}$ 收敛。

综合以上结论，$1 < p \leqslant 2$ 和 $p > 1$，应为 $1 < p \leqslant 2$。

答案：A

13. 解 $y = C_1 e^{-x+C_2} = C_1 e^{C_2} e^{-x}$

$y' = -C_1 e^{C_2} e^{-x}$, $y'' = C_1 e^{C_2} e^{-x}$

代入方程得 $C_1 e^{C_2} e^{-x} - (-C_1 e^{C_2} e^{-x}) - 2C_1 e^{C_2} e^{-x} = 0$

$y = C_1 e^{-x+C_2}$ 是方程 $y'' - y' - 2y = 0$ 的解，又因 $y = C_1 e^{-x+C_2} = C_1 e^{C_2} e^{-x} = C_3 e^{-x}$（其中 $C_3 = C_1 e^{C_2}$）只含有一个独立的任意常数，所以 $y = C_1 e^{-x+C_2}$，既不是方程的通解，也不是方程的特解。

答案： D

14. 解 $L: \begin{cases} y = x - 2 \\ x = x \end{cases}$，$x: 0 \to 2$，如解图所示。

注：从起点对应的参数积到终点对应的参数。

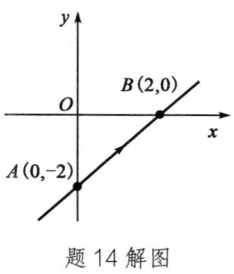

题 14 解图

$$\int_L \frac{1}{x-y} dx + y dy = \int_0^2 \frac{1}{x-(x-2)} dx + (x-2) dx$$
$$= \int_0^2 \left(x - \frac{3}{2} \right) dx = \left. \left(\frac{1}{2} x^2 - \frac{3}{2} x \right) \right|_0^2$$
$$= \frac{1}{2} \times 4 - \frac{3}{2} \times 2 = -1$$

答案： B

15. 解 **方法 1：** $x^2 + y^2 + z^2 = 4z$，$x^2 + y^2 + z^2 - 4z = 0$，$F(x,y,z) = x^2 + y^2 + z^2 - 4z$

$$F_x = 2x,\ F_y = 2y,\ F_z = 2z - 4$$

$$\frac{\partial z}{\partial x} = -\frac{F_x}{F_z} = -\frac{2x}{2z-4} = -\frac{x}{z-2},\ \frac{\partial z}{\partial y} = -\frac{F_y}{F_z} = -\frac{2y}{2z-4} = -\frac{y}{z-2}$$

$$dz = \frac{\partial z}{\partial x} dx + \frac{\partial z}{\partial y} dy = -\frac{x}{z-2} dx - \frac{y}{z-2} dy = \frac{1}{2-z}(xdx + ydy)$$

方法 2： 方程两边微分

$$d(x^2 + y^2 + z^2) = 4dz$$

$$2xdx + 2ydy + 2zdz = 4dz$$

得到：$dz = \frac{1}{2-z}(xdx + ydy)$

答案： B

16. 解 $D: \begin{cases} 0 \leqslant \theta \leqslant \frac{\pi}{4} \\ 0 \leqslant r \leqslant a \end{cases}$，如解图所示。

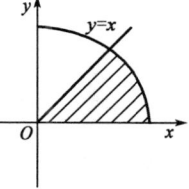

题 16 解图

$$\iint_D dxdy = \int_0^{\frac{\pi}{4}} d\theta \int_0^a rdr = \frac{\pi}{4} \times \left. \frac{1}{2} r^2 \right|_0^a = \frac{1}{8} \pi a^2$$

答案： A

17. 解 设 $2x + 1 = z$，级数为 $\sum_{n=1}^{\infty} \frac{z^n}{n}$

$\lim_{n \to \infty} \left| \frac{a_{n+1}}{a_n} \right| = \lim_{n \to \infty} \frac{\frac{1}{n+1}}{\frac{1}{n}} = 1$，$\rho = 1$，$R = \frac{1}{\rho} = 1$

当 $z = 1$ 时，$\sum_{n=1}^{\infty} \frac{1}{n}$ 发散，当 $z = -1$ 时，$\sum_{n=1}^{\infty} \frac{(-1)^n}{n}$ 收敛

所以$-1 \leqslant z < 1$收敛，即$-1 \leqslant 2x+1 < 1$，$-1 \leqslant x < 0$

答案：C

18.解 $z = e^{xe^y}$，$\dfrac{\partial z}{\partial x} = e^{xe^y} \cdot e^y = e^y \cdot e^{xe^y}$

$\dfrac{\partial^2 z}{\partial x^2} = e^y \cdot e^{xe^y} \cdot e^y = e^{xe^y} \cdot e^{2y} = e^{xe^y + 2y}$

答案：A

19.解 方法1：$|2\boldsymbol{A}^*\boldsymbol{B}^{-1}| = 2^3|\boldsymbol{A}^*\boldsymbol{B}^{-1}| = 2^3|\boldsymbol{A}^*| \cdot |\boldsymbol{B}^{-1}|$

$\boldsymbol{A}^{-1} = \dfrac{1}{|\boldsymbol{A}|}\boldsymbol{A}^*$，$\boldsymbol{A}^* = |\boldsymbol{A}| \cdot \boldsymbol{A}^{-1}$

$\boldsymbol{A} \cdot \boldsymbol{A}^{-1} = \boldsymbol{E}$，$|\boldsymbol{A}| \cdot |\boldsymbol{A}^{-1}| = 1$，$|\boldsymbol{A}^{-1}| = \dfrac{1}{|\boldsymbol{A}|} = \dfrac{1}{-\frac{1}{2}} = -2$

$|\boldsymbol{A}^*| = ||\boldsymbol{A}| \cdot \boldsymbol{A}^{-1}| = \left|-\dfrac{1}{2}\boldsymbol{A}^{-1}\right| = \left(-\dfrac{1}{2}\right)^3|\boldsymbol{A}^{-1}| = \left(-\dfrac{1}{2}\right)^3 \times (-2) = \dfrac{1}{4}$

$\boldsymbol{B} \cdot \boldsymbol{B}^{-1} = \boldsymbol{E}$，$|\boldsymbol{B}| \cdot |\boldsymbol{B}^{-1}| = 1$，$|\boldsymbol{B}^{-1}| = \dfrac{1}{|\boldsymbol{B}|} = \dfrac{1}{2}$

因此，$|2\boldsymbol{A}^*\boldsymbol{B}^{-1}| = 2^3 \times \dfrac{1}{4} \times \dfrac{1}{2} = 1$

方法2：直接用公式计算$|\boldsymbol{A}^*| = |\boldsymbol{A}|^{n-1}$，$|\boldsymbol{B}^{-1}| = \dfrac{1}{|\boldsymbol{B}|}$，$|2\boldsymbol{A}^*\boldsymbol{B}^{-1}| = 2^3|\boldsymbol{A}^*\boldsymbol{B}^{-1}| = 2^3|\boldsymbol{A}^*||\boldsymbol{B}^{-1}| =$
$2^3|\boldsymbol{A}|^{3-1} \cdot \dfrac{1}{|\boldsymbol{B}|} = 2^3 \cdot \left(-\dfrac{1}{2}\right)^2 \cdot \dfrac{1}{2} = 1$

答案：A

20.解 选项A，$\boldsymbol{A}$未必是实对称矩阵，即使$\boldsymbol{A}$为实对称矩阵，但所有顺序主子式都小于零，不符合对称矩阵为负定的条件。对称矩阵为负定的充分必要条件：奇数阶顺序主子式为负，而偶数阶顺序主子式为正，所以错误。

选项B，实对称矩阵为正定矩阵的充分必要条件是所有特征值都大于零，选项B给出的条件有时不能满足所有特征值都大于零的条件，例如$\boldsymbol{A} = \begin{bmatrix} 1 & 1 \\ 1 & 1 \end{bmatrix}$，$|\boldsymbol{A}| = 0$，$\boldsymbol{A}$有特征值$\lambda = 0$，所以错误。

选项D，给出的二次型所对应的对称矩阵为$\begin{bmatrix} 1 & \frac{1}{2} & \frac{1}{2} \\ \frac{1}{2} & 1 & \frac{1}{2} \\ \frac{1}{2} & \frac{1}{2} & 1 \end{bmatrix}$，所以错误。

选项C，由惯性定理可知，实二次型$f(x_1, x_2, \cdots, x_n) = x^{\mathrm{T}}\boldsymbol{A}x$经可逆线性变换（或配方法）化为标准型时，在标准型（或规范型）中，正、负平方项的个数是唯一确定的。对于缺少平方项的n元二次型的标准型（或规范型），正惯性指数不会等于未知数的个数n。

例如：$f(x_1, x_2) = x_1 \cdot x_2$，无平方项，设$\begin{cases} x_1 = y_1 + y_2 \\ x_2 = y_1 - y_2 \end{cases}$，代入变形$f = y_1^2 - y_2^2$（标准型），正惯性指数为$1 < n = 2$。所以二次型$f(x_1, x_2)$不是正定二次型。

答案：C

21. 解 **方法** 1：已知 n 元非齐次线性方程组 $Ax = b$，$r(A) = n - 2$，对应 n 元齐次线性方程组 $Ax = 0$ 的基础解系中的线性无关解向量的个数为 $n - (n - 2) = 2$，可验证 $\alpha_2 - \alpha_1$，$\alpha_2 - \alpha_3$ 为齐次线性方程组的解：$A(\alpha_2 - \alpha_1) = A\alpha_2 - A\alpha_1 = b - b = 0$，$A(\alpha_2 - \alpha_3) = A\alpha_2 - A\alpha_3 = b - b = 0$；还可验 $\alpha_2 - \alpha_1$，$\alpha_2 - \alpha_3$ 线性无关。

所以 $k_1(\alpha_2 - \alpha_1) + k_2(\alpha_2 - \alpha_3)$ 为 n 元齐次线性方程组 $Ax = 0$ 的通解，而 α_1 为 n 元非齐次线性方程组 $Ax = b$ 的一特解。

因此，$Ax = b$ 的通解为 $x = k_1(\alpha_2 - \alpha_1) + k_2(\alpha_2 - \alpha_3) + \alpha_1$。

方法 2：观察四个选项异同点，结合 $Ax = b$ 通解结构，想到一个结论：

设 $y_1, y_2, \cdots, y_s$ 为 $Ax = b$ 的解，$k_1, k_2, \cdots, k_s$ 为数，则：

当 $\sum\limits_{i=1}^{s} k_i = 0$ 时，$\sum\limits_{i=1}^{s} k_i y_i$ 为 $Ax = 0$ 的解；

当 $\sum\limits_{i=1}^{s} k_i = 1$ 时，$\sum\limits_{i=1}^{s} k_i y_i$ 为 $Ax = b$ 的解。

可以判定选项 C 正确。

答案：C

22. 解 A 与 B 互不相容，$P(AB) = 0$，$P(A|B) = \dfrac{P(AB)}{P(B)} = 0$。

答案：B

23. 解 见解图，$\displaystyle\int_{-\infty}^{+\infty}\int_{-\infty}^{+\infty} f(x, y)\,\mathrm{d}x\mathrm{d}y = \int_0^1 \int_0^x k\,\mathrm{d}y\mathrm{d}x = \dfrac{k}{2} = 1$，得 $k = 2$

$$E(XY) = \int_{-\infty}^{+\infty}\int_{-\infty}^{+\infty} xy f(x, y)\,\mathrm{d}x\mathrm{d}y = \int_0^1 \int_0^x 2xy\,\mathrm{d}y\mathrm{d}x = \dfrac{1}{4}$$

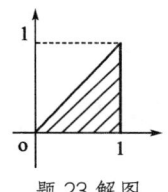

题 23 解图

答案：A

24. 解 设 $S_1^2 = \dfrac{1}{n-1}\sum\limits_{i=1}^{n}\left(X_i - \overline{X}\right)^2$

因为总体 $X \sim N(\mu, \sigma^2)$

所以 $\dfrac{\sum\limits_{i=1}^{n}(X_i - \overline{X})^2}{\sigma^2} = \dfrac{(n-1)S_1^2}{\sigma^2} \sim \chi^2(n-1)$，同理 $\dfrac{\sum\limits_{i=1}^{n}(Y_i - \overline{Y})^2}{\sigma^2} \sim \chi^2(n-1)$

又因为两样本相互独立，所以 $\dfrac{\sum\limits_{i=1}^{n}(X_i - \overline{X})^2}{\sigma^2}$ 与 $\dfrac{\sum\limits_{i=1}^{n}(Y_i - \overline{Y})^2}{\sigma^2}$ 相互独立

$$\dfrac{\sum\limits_{i=1}^{n}\left(X_i - \overline{X}\right)^2}{\sum\limits_{i=1}^{n}\left(Y_i - \overline{Y}\right)^2} = \dfrac{\dfrac{\sum\limits_{i=1}^{n}\left(X_i - \overline{X}\right)^2}{(n-1)\sigma^2}}{\dfrac{\sum\limits_{i=1}^{n}\left(Y_i - \overline{Y}\right)^2}{(n-1)\sigma^2}} \sim F(n-1, n-1)$$

注意：解答选择题，有时抓住关键点就可判定。$\sum\limits_{i=1}^{n}\left(X_i - \overline{X}\right)^2$ 与 χ^2 分布有关，$\dfrac{\sum\limits_{i=1}^{n}(X_i - \overline{X})^2}{\sum\limits_{i=1}^{n}(Y_i - \overline{Y})^2}$ 与 F 分布有关，只有选项 B 是 F 分布。

答案：B

25. 解 由气态方程 $pV = \dfrac{m}{M}RT$ 知，标准状态下，p、V 相同，T 也相等。

由 $E = \dfrac{m}{M}\dfrac{i}{2}RT = \dfrac{i}{2}pV$，注意到氢为双原子分子，氦为单原子分子，即 $i(\mathrm{H_2}) = 5$，$i(\mathrm{He}) = 3$，又 $p(\mathrm{H_2}) = p(\mathrm{He})$，$V(\mathrm{H_2}) = V(\mathrm{He})$，故 $\dfrac{E(\mathrm{H_2})}{E(\mathrm{He})} = \dfrac{i(\mathrm{H_2})}{i(\mathrm{He})} = \dfrac{5}{3}$。

答案：A

26. 解 由麦克斯韦速率分布函数定义 $f(v) = \dfrac{\mathrm{d}N}{N\mathrm{d}v}$ 可得。

答案：B

27. 解 由 $W_{等压} = p\Delta V = \dfrac{m}{M}R\Delta T$，令 $\dfrac{m}{M} = 1$，故 $\Delta T = \dfrac{W}{R}$。

答案：B

28. 解 等温膨胀过程的特点是：理想气体从外界吸收的热量 Q，全部转化为气体对外做功 $A(A > 0)$。

答案：D

29. 解 所谓波峰，其纵坐标 $y = +2 \times 10^{-2}\mathrm{m}$，亦即要求 $\cos 2\pi\left(10t - \dfrac{x}{5}\right) = 1$，即 $2\pi\left(10t - \dfrac{x}{5}\right) = \pm 2k\pi$；

当 $t = 0.25\mathrm{s}$ 时，$20\pi \times 0.25 - \dfrac{2\pi x}{5} = \pm 2k\pi$，$x = (12.5 \mp 5k)$；

因为要取距原点最近的点（注意 $k = 0$ 并非最小），逐一取 $k = 0,1,2,3,\cdots$，其中 $k = 2$，$x = 2.5$；$k = 3$，$x = -2.5$。

答案：A

30. 解 质元处于平衡位置，此时速度最大，故质元动能最大，动能与势能是同相的，所以势能也最大。

答案：C

31. 解 声波的频率范围为 $20 \sim 20000\mathrm{Hz}$。

答案：C

32. 解 间距 $\Delta x = \dfrac{D\lambda}{nd}$ [D 为双缝到屏幕的垂直距离（见解图），d 为缝宽，n 为折射率]

令 $1.33 = \dfrac{D\lambda}{d}(n_{空气} \approx 1)$，当把实验装置放入水中，则 $\Delta x_水 = \dfrac{D\lambda}{1.33d} = 1$

光的双缝干涉

题 32 解图

答案：C

33.解 可见光的波长范围400～760nm。

答案：A

34.解 自然光垂直通过第一个偏振片后，变为线偏振光，光强设为I'，即入射至第二个偏振片的线偏振光强度。根据马吕斯定律，自然光通过两个偏振片后，$I = I'\cos^2 45° = \dfrac{I'}{2}$，$I' = 2I$。

答案：B

35.解 中央明纹的宽度由紧邻中央明纹两侧的暗纹$(k=1)$决定。

如解图所示，通常衍射角ϕ很小，且$D \approx f$(f为焦距)，则$x \approx \phi f$

由暗纹条件$a\sin\phi = 1 \times \lambda(k=1)$($\alpha$缝宽)，得$\phi \approx \dfrac{\lambda}{a}$

第一级暗纹距中心P_0距离为$x_1 = \phi f = \dfrac{\lambda}{a}f$

所以中央明纹的宽度Δx(中央)$= 2x_1 = \dfrac{2\lambda f}{a}$

故 $\Delta x = \dfrac{2 \times 0.5 \times 400 \times 10^{-9}}{10^{-4}} = 400 \times 10^{-5}\text{m}$

$= 4 \times 10^{-3}\text{m}$

题35解图

答案：D

36.解 根据光栅的缺级理论，当$\dfrac{a+b(\text{光栅常数})}{a(\text{缝宽})}=$整数时，会发生缺级现象，今$\dfrac{a+b}{a} = \dfrac{2a}{a} = 2$，在光栅明纹中，将缺$k = 2,4,6,\cdots$级，衍射光谱中出现的五条明纹为0，$\pm 1$，$\pm 3$。(此题超纲)

答案：A

37.解 周期表中元素电负性的递变规律：同一周期从左到右，主族元素的电负性逐渐增大；同一主族从上到下元素的电负性逐渐减小。

答案：A

38.解 离子的极化作用是指离子的极化力，离子的极化力为某离子使其他离子变形的能力。极化力取决于：①离子的电荷，电荷数越多，极化力越强；②离子的半径，半径越小，极化力越强；③离子的电子构型，当电荷数相等、半径相近时，极化力的大小为：18 或 18+2 电子构型>9～17 电子构型>8 电子构型。每种离子都具有极化力和变形性，一般情况下，主要考虑正离子的极化力和负离子的变形性。离子半径的变化规律：同周期不同元素离子的半径随离子电荷代数值增大而减小。四个化合物中的阴离子相同，都为Cl^-，阳离子分别为Na^+、Mg^{2+}、Al^{3+}、Si^{4+}，离子半径逐渐减小，离子电荷逐渐增大，极化力逐渐增强，对Cl^-的极化作用逐渐增强，所以离子极化作用最强的是$SiCl_4$。

答案：D

39.解 100mL 浓硫酸中H_2SO_4的物质的量$n = \dfrac{100 \times 1.84 \times 0.98}{98} = 1.84\text{mol}$

物质的量浓度$c = \dfrac{1.84}{0.1} = 18.4\text{mol} \cdot \text{L}^{-1}$

答案：A

40. 解 多重平衡规则：当 n 个反应相加（或相减）得总反应时，总反应的 K 等于各个反应平衡常数的乘积（或商）。题中反应（3）=（1）－（2），所以 $K_3^{\ominus} = \dfrac{K_1^{\ominus}}{K_2^{\ominus}}$。

答案：D

41. 解 铜电极通入 H_2S，生成 CuS 沉淀，Cu^{2+} 浓度减小。

铜半电池反应为：$Cu^{2+} + 2e^- = Cu$，根据电极电势的能斯特方程式：

$$\varphi = \varphi^{\ominus} + \frac{0.059}{2}\lg\frac{C_{\text{氧化型}}}{C_{\text{还原型}}} = \varphi^{\ominus} + \frac{0.059}{2}\lg C_{Cu^{2+}}$$

$C_{Cu^{2+}}$ 减小，电极电势减小

原电池的电动势 $E = \varphi_{\text{正}} - \varphi_{\text{负}}$，$\varphi_{\text{正}}$ 减小，$\varphi_{\text{负}}$ 不变，则电动势 E 减小。

答案：B

42. 解 电解产物析出顺序由它们的析出电势决定。析出电势与标准电极电势、离子浓度、超电势有关。总的原则：析出电势代数值较大的氧化型物质首先在阴极还原；析出电势代数值较小的还原型物质首先在阳极氧化。

阴极：当 $\varphi^{\ominus} > \varphi_{Al^{3+}/Al}^{\ominus}$ 时，$M^{n+} + ne^- = M$

当 $\varphi^{\ominus} < \varphi_{Al^{3+}/Al}^{\ominus}$ 时，$2H^+ + 2e^- = H_2$

因 $\varphi_{Na^+/Na}^{\ominus} < \varphi_{Al^{3+}/Al}^{\ominus}$ 时，所以 H^+ 首先放电析出。

答案：A

43. 解 由公式 $\Delta G = \Delta H - T\Delta S$ 可知，当 ΔH 和 ΔS 均小于零时，ΔG 在低温时小于零，所以低温自发，高温非自发。

答案：A

44. 解 丙烷最多 5 个原子处于一个平面，丙烯最多 7 个原子处于一个平面，苯乙烯最多 16 个原子处于一个平面，$CH_3CH=CH-C\equiv C-CH_3$ 最多 10 个原子处于一个平面。

答案：C

45. 解 烯烃能发生加成反应和氧化反应，酸可以发生酯化反应。

答案：A

46. 解 人造羊毛为聚丙烯腈，由单体丙烯腈通过加聚反应合成，为高分子化合物。分子中存在共价键，为共价化合物，同时为有机化合物。

答案：C

47. 解 根据力的投影公式，$F_x = F\cos\alpha$，故 $\alpha = 60°$；而分力 F_x 的大小是力 F 大小的 2 倍，故力 F

与 y 轴垂直。

答案：A （此题 2010 年考过）

48. 解 M_1 与 M_2 等值反向，四个分力构成自行封闭的四边形，故合力为零，F_1 与 F_3、F_2 与 F_4 构成顺时针转向的两个力偶，其力偶矩的大小均为 Fa。

答案：D

49. 解 对系统进行整体分析，外力有主动力 F_p，A、H 处约束力，由于 F_p 与 H 处约束力均为铅垂方向，故 A 处也只有铅垂方向约束力，列平衡方程 $\sum M_H(F) = 0$，便可得结果。

答案：B

50. 解 分析节点 D 的平衡，可知 1 杆为零杆。

答案：A

51. 解 只有当 $t = 1s$ 时两个点才有相同的坐标。

答案：A

52. 解 根据平行移动刚体的定义和特点。

答案：C （此题 2011 年考过）

53. 解 根据定轴转动刚体上一点加速度与转动角速度、角加速度的关系：$a_n = \omega^2 l$，$a_\tau = \alpha l$，此题 $a_n = 0$，$\alpha = \dfrac{a_\tau}{l} = \dfrac{a}{l}$。

答案：A

54. 解 在铅垂平面内垂直于绳的方向列质点运动微分方程（牛顿第二定律），有：

$$ma_n \cos\alpha = mg\sin\alpha$$

答案：C

55. 解 两轮质心的速度均为零，动量为零，链条不计质量。

答案：D

56. 解 根据动能定理：$T_2 - T_1 = W_{12}$，其中 $T_1 = 0$（初瞬时静止），$T_2 = \dfrac{1}{2} \times \dfrac{3}{2} mR^2\omega^2$，$W_{12} = mgR$，代入动能定理可得结果。

答案：C

57. 解 杆水平瞬时，其角速度为零，加在物块上的惯性力铅垂向上，列平衡方程 $\sum M_O(F) = 0$，则有 $(F_g - mg)l = 0$，所以 $F_g = mg$。

答案：A

58. 解 已知频率比 $\dfrac{\omega}{\omega_0} = 1.27$，且 $\omega = 40\,\text{rad/s}$，$\omega_0 = \sqrt{\dfrac{k}{m}}$ （$m = 100\text{kg}$）

所以，$k = \left(\dfrac{40}{1.27}\right)^2 \times 100 = 9.9 \times 10^4 \approx 1 \times 10^5\,\text{N/m}$

答案：A

59. 解 首先取节点 C 为研究对象，根据节点 C 的平衡可知，杆 1 受力为零，杆 2 的轴力为拉力 F；再考虑两杆的变形，杆 1 无变形，杆 2 受拉伸长。由于变形后两根杆仍然要连在一起，因此 C 点变形后的位置，应该在以 A 点为圆心，以杆 1 原长为半径的圆弧，和以 B 点为圆心、以伸长后的杆 2 长度为半径的圆弧的交点 C' 上，如解图所示。显然这个点在 C 点向下偏左的位置。

题 59 解图

答案：B

60. 解

$$\sigma_{AB} = \frac{F_{NAB}}{A_{AB}} = \frac{300\pi \times 10^3\text{N}}{\frac{\pi}{4} \times 200^2\text{mm}^2} = 30\text{MPa}, \quad \sigma_{BC} = \frac{F_{NBC}}{A_{BC}} = \frac{100\pi \times 10^3\text{N}}{\frac{\pi}{4} \times 100^2\text{mm}^2} = 40\text{MPa}$$

显然杆的最大拉应力是 40MPa

答案：A

61. 解 A 图、B 图中节点的受力是图 a)，C 图、D 图中节点的受力是图 b)。

为了充分利用铸铁抗压性能好的特点，应该让铸铁承受更大的压力，显然 A 图布局比较合理。

题 61 解图

答案：A

62. 解 被冲断的钢板的剪切面是一个圆柱面，其面积 $A_Q = \pi dt$，根据钢板破坏的条件：

$$\tau_Q = \frac{Q}{A_Q} = \frac{F}{\pi dt} = \tau_b$$

可得 $F = \pi dt \tau_b = \pi \times 100\text{mm} \times 10\text{mm} \times 300\text{MPa} = 300\pi \times 10^3\text{N} = 300\pi\text{kN}$

答案：A

63. 解 螺杆受拉伸，横截面面积是 $\dfrac{\pi}{4}d^2$，由螺杆的拉伸强度条件，可得：

$$\sigma = \frac{F}{\frac{\pi}{4}d^2} = \frac{4F}{\pi d^2} = [\sigma] \tag{①}$$

螺母的内圆周面受剪切，剪切面面积是 πdh，由螺母的剪切强度条件，可得：

$$\tau_Q = \frac{F_Q}{A_Q} = \frac{F}{\pi dh} = [\tau] \tag{②}$$

 2014年度全国勘察设计注册工程师执业资格考试基础考试（上）——试题解析及参考答案

把①、②两式同时代入$[\sigma]=2[\tau]$，即有$\frac{4F}{\pi d^2}=2\cdot\frac{F}{\pi dh}$，化简后得$d=2h$。

答案：A

64. 解 受扭空心圆轴横截面上各点的切应力应与其到圆心的距离成正比，而在空心圆部分因没有材料，故也不应有切应力，故正确的只能是 B。

答案：B

65. 解 根据外力矩（此题中即是扭矩）与功率、转速的计算公式：$M(\text{kN}\cdot\text{m})=9.55\frac{p(\text{kW})}{n(\text{r/min})}$可知，转速小的轴，扭矩（外力矩）大。

答案：B

66. 解 根据剪力和弯矩的微分关系$\frac{\mathrm{d}m}{\mathrm{d}x}=Q$可知，弯矩的最大值发生在剪力为零的截面，也就是弯矩的导数为零的截面，故选 B。

答案：B

67. 解 题图 a）是偏心受压，在中间段危险截面上，外力作用点O与被削弱的截面形心C之间的偏心距$e=\frac{a}{2}$（见解图），产生的附加弯矩$M=F\cdot\frac{a}{2}$，故题图 a）中的最大应力：

$$\sigma_{\text{a}}=-\frac{F_{\text{N}}}{A_{\text{a}}}-\frac{M}{W}=-\frac{F}{3ab}-\frac{F\frac{a}{2}}{\frac{b}{6}(3a)^2}=-\frac{2F}{3ab}$$

题图 b）虽然截面面积小，但却是轴向压缩，其最大压应力：

$$\sigma_{\text{b}}=-\frac{F_{\text{N}}}{A_{\text{b}}}=-\frac{F}{2ab}$$

故$\frac{\sigma_{\text{b}}}{\sigma_{\text{a}}}=\frac{3}{4}$

答案：A

题 67 解图

68. 解 由梁的正应力强度条件：

$$\sigma_{\max}=\frac{M_{\max}}{I}\cdot y_{\max}=\frac{M_{\max}}{W}\leqslant[\sigma]$$

可知，梁的承载能力与梁横截面惯性矩I（或W）的大小成正比，当外荷载产生的弯矩$M_{\max}$不变的情况下，截面惯性矩（或W）越大，其承载能力也越大，显然相同面积制成的梁，矩形比圆形好，空心矩形的惯性矩（或W）最大，其承载能力最大。

答案：A

69. 解 图 a）中$\sigma_1=200\text{MPa}$，$\sigma_2=0$，$\sigma_3=0$

$\sigma_{\text{r3}}^{\text{a}}=\sigma_1-\sigma_3=200\text{MPa}$

图 b）中$\sigma_1=\frac{100}{2}+\sqrt{\left(\frac{100}{2}\right)^2+100^2}=161.8\text{MPa}$，$\sigma_2=0$

$\sigma_3=\frac{100}{2}-\sqrt{\left(\frac{100}{2}\right)^2+100^2}=-61.8\text{MPa}$

$$\sigma_{r3}^{b} = \sigma_1 - \sigma_3 = 223.6\text{MPa}$$

故图 b）更危险

答案： D

70. 解　当 $\alpha = 0°$ 时，杆是轴向受位：

$$\sigma_{\max}^{0°} = \frac{F_N}{A} = \frac{F}{a^2}$$

当 $\alpha = 45°$ 时，杆是轴向受拉与弯曲组合变形：

$$\sigma_{\max}^{45°} = \frac{F_N}{A} + \frac{M_g}{W_g} = \frac{\frac{\sqrt{2}}{2}F}{a^2} + \frac{\frac{\sqrt{2}}{2}F \cdot a}{\frac{a^3}{6}} = \frac{7\sqrt{2}}{2}\frac{F}{a^2}$$

可得

$$\frac{\sigma_{\max}^{45°}}{\sigma_{\max}^{0°}} = \frac{\frac{7\sqrt{2}}{2}\frac{F}{a^2}}{\frac{F}{a^2}} = \frac{7\sqrt{2}}{2}$$

答案： A

71. 解　水平静压力 $P_x = \rho g h_c \pi r^2 = 1 \times 9.8 \times 5 \times \pi \times 0.1^2 = 1.54\text{kN}$

答案： D

72. 解　A 点绝对压强 $p'_A = p_0 + \rho g h = 88 + 1 \times 9.8 \times 2 = 107.6\text{kPa}$

A 点相对压强 $p_A = p'_A - p_a = 107.6 - 101 = 6.6\text{kPa}$

答案： B

73. 解　对二维不可压缩流体运动连续性微分方程式为：$\frac{\partial u_x}{\partial x} + \frac{\partial u_y}{\partial y} = 0$，即 $\frac{\partial u_x}{\partial x} = -\frac{\partial u_y}{\partial y}$。

对题中 C 项求偏导数可得 $\frac{\partial u_x}{\partial x} = 5$，$\frac{\partial u_y}{\partial y} = -5$，满足连续性方程。

答案： C

74. 解　圆管层流中水头损失与管壁粗糙度无关。

答案： D

75. 解　$Q_1 + Q_2 = 39\text{L/s}$

$$\frac{Q_1}{Q_2} = \sqrt{\frac{S_2}{S_1}} = \sqrt{\frac{8\lambda L_2}{\pi^2 g d_2^5} \bigg/ \frac{8\lambda L_1}{\pi^2 g d_1^5}} = \sqrt{\frac{L_2 \cdot d_1^5}{L_1 \cdot d_2^5}} = \sqrt{\frac{3000}{1800} \times \left(\frac{0.15}{0.20}\right)^5} = 0.629$$

即 $0.629Q_2 + Q_2 = 39\text{L/s}$，得 $Q_2 = 24\text{L/s}$，$Q_1 = 15\text{L/s}$。

答案： B

76. 解　$v = C\sqrt{Ri}$，$C = \frac{1}{n}R^{\frac{1}{6}} = \frac{1}{0.05}(0.8)^{\frac{1}{6}} = 19.27\sqrt{\text{m}}/\text{s}$

流速 $v = 19.27 \times \sqrt{0.8 \times 0.0006} = 0.42\text{m/s}$

答案：A

77. 解 地下水的浸润线是指无压地下水的自由水面线。

答案：C

78. 解 按雷诺准则设计应满足比尺关系式 $\frac{\lambda_v \cdot \lambda_L}{\lambda_v} = 1$，则流速比尺 $\lambda_v = \frac{\lambda_v}{\lambda_L}$，题设用相同温度、同种流体做试验，所以 $\lambda_v = 1$，$\lambda_v = \frac{1}{\lambda_L}$，而长度比尺 $\lambda_L = \frac{2m}{0.1m} = 20$，所以流速比尺 $\lambda_v = \frac{1}{20}$，即 $\frac{v_{原型}}{v_{模型}} = \frac{1}{20}$，

$v_{原型} = \frac{4}{20}m/s = 0.2m/s$。

答案：A

79. 解 三个电荷处在同一直线上，且每个电荷均处于平衡状态，可建立电荷平衡方程：

$$\frac{kq_1q_2}{r^2} = \frac{kq_3q_2}{r^2}$$

则 $q_1 = q_3 = |q_2|$

答案：B

80. 解 根据节点电流关系：$\sum I = 0$，即 $I_1 + I_2 - I_3 = 0$，得 $I_3 = I_1 + I_2 = -7A$。

答案：C

81. 解 根据叠加原理，电流源不作用时，将其断路，如解图所示。写出电压源单独作用时的电路模型并计算。

$$I' = \frac{15}{40 + 40 // 40} \times \frac{40}{40 + 40} = \frac{15}{40 + 20} \times \frac{1}{2} = 0.125A$$

题 81 解图

答案：C

82. 解 ①$u_{(t)}$ 与 $i_{(t)}$ 的相位差 $\varphi = \psi_u - \psi_i = -20°$

②用有效值相量表示 $u_{(t)}$，$i_{(t)}$：

$$\dot{U} = U\angle\psi_u = \frac{10}{\sqrt{2}}\angle -10° = 7.07\angle -10°V$$

$$\dot{I} = I\angle\psi_i = \frac{0.1}{\sqrt{2}}\angle 10° = 0.0707\angle 10°A = 70.7\angle 10°mA$$

答案：D

83. 解 交流电路的功率关系为：

$$S^2 = P^2 + Q^2$$

式中：S——视在功率反映设备容量；

P——耗能元件消耗的有功功率；

Q——储能元件交换的无功功率。

本题中：$P = I^2R = 1000W$，$Q = I^2(X_L - X_C) = 200var$

$$S = \sqrt{P^2 + Q^2} = 1019 \approx 1020V \cdot A$$

答案：D

84. 解 开关打开以后电路如解图所示。

左边电路中无储能元件，无暂态过程，右边电路中有储能元件，出现暂态过程。

$$I_{2(0+)} = \frac{U_{C(0+)}}{R} = \frac{U_{C(0-)}}{R} = I_{2(0-)} \neq 0$$

$$I_{2(\infty)} = \frac{U_{C(\infty)}}{R} = 0$$

题84 解图

答案：C

85. 解 理想变压器空载运行 $R_L \to \infty$，则 $R'_L = K^2 R_L \to \infty$

$u_1 = u$，又有 $k = \frac{U_1}{U_2} = 2$，则 $U_1 = 2U_2$

答案：B

86. 解 当正常运行为三角形接法的三相交流异步电动机启动时采用星形接法，电机为降压运行，启动电流和启动力矩均为正常运行的1/3。即

$$I'_{st} = \frac{1}{3} I_{st} = 10A, \quad T'_{st} = \frac{1}{3} T_{st} = 15N \cdot m$$

答案：B

87. 解 自变量在整个连续区间内都有定义的信号是连续信号或连续时间信号。图示电路的输出信号为时间连续数值离散的信号。

答案：A

88. 解 图示的非周期信号利用叠加性质等效为两个阶跃信号：

$$u(t) = u_1(t) + u_2(t)$$

$$u_1(t) = 5\varepsilon(t), \quad u_2(t) = -4\varepsilon(t - t_0)$$

答案：C

89. 解 放大电路是在输入信号控制下，将信号的幅值放大，而频率不变。

答案：D

90. 解 根据逻辑代数公式分析如下：

$$(A + B)(A + C) = A \cdot A + A \cdot B + A \cdot C + B \cdot C = A(1 + B + C) + BC = A + BC$$

答案：C

91. 解 "与非门"电路遵循输入有"0"输出则"1"的原则，利用输入信号 A、B 的对应波形分析即可。

答案： D

92. 解　根据真值表，写出函数的最小项表达式后进行化简即可：

$$F(A \cdot B \cdot C) = \overline{A}\,\overline{B}\,\overline{C} + \overline{A}BC + A\overline{B}\,\overline{C} + ABC$$
$$= (\overline{A} + A)\overline{B}\,\overline{C} + (\overline{A} + A)BC$$
$$= \overline{B}\,\overline{C} + BC$$

答案： C

93. 解　由图示电路分析输出波形如解图所示。

$u_i > 0$ 时，二极管截止，$u_o = 0$；

$u_i < 0$ 时，二极管并通，$u_o = u_i$，为半波整流电路。

$$U_o = -0.45U_i = 0.45 \times \frac{-10}{\sqrt{2}} = -3.18\text{V}$$

题 93 解图

答案： C

94. 解　① 当 A 端接输入信号，B 端接地时，电路为反相比例放大电路：

$$u_o = -\frac{R_2}{R_1}u_i = -8 = -\frac{R_2}{R_1} \times 2$$

得 $\dfrac{R_2}{R_1} = 4$

② 如 A 端接地，B 端接输入信号为同相放大电路：

$$u_o = \left(1 + \frac{R_2}{R_1}\right)u_i = (1 + 4) \times 2 = 10\text{V}$$

答案： C

95. 解　图示为 D 触发器，触发时刻为 CP 波形的上升沿，输入信号 D = A，输出波形为 $Q_{n+1} = D$，对应于第一和第二个脉冲的下降沿，Q 为高电平 "1"。

答案： D

96. 解　图示为 JK 触发器和与非门的组合，触发时刻为 CP 脉冲的下降沿，触发器输入信号为：

$$J = \overline{Q \cdot A}, \quad K = "0"$$

输出波形为 Q 所示。两个脉冲的下降沿后 Q 为高电平。

答案： D

题 95 解图

题 96 解图

97. 解　根据总线传送信息的类别，可以把总线划分为数据总线、地址总线和控制总线，数据总线用来传送程序或数据；地址总线用来传送主存储器地址码或外围设备码；控制总线用来传送控制信息。

答案：B

98. 解 为了使计算机系统所有软硬件资源有条不紊、高效、协调、一致地进行工作，需要由一个软件来实施统一管理和统一调度工作，这种软件就是操作系统，由它来负责管理、控制和维护计算机系统的全部软硬件资源以及数据资源。应用软件是指计算机用户为了利用计算机的软、硬件资源而开发研制出的那些专门用于某一目的的软件。用户程序是为解决用户实际应用问题而专门编写的程序。支撑软件是指支援其他软件的编写制作和维护的软件。

答案：D

99. 解 一个计算机程序执行的过程可分为编辑、编译、连接和运行四个过程。用高级语言编写的程序成为编辑程序，编译程序是一种语言的翻译程序，翻译完的目标程序不能立即被执行，要通过连接程序将目标程序和有关的系统函数库以及系统提供的其他信息连接起来，形成一个可执行程序。

答案：B

100. 解 先将十进制256.625转换成二进制数，整数部分256转换成二进制100000000，小数部分0.625转换成二进制0.101，而后根据四位二进制对应一位十六进制关系进行转换，转换后结果为100.A。

答案：C

101. 解 信息加密技术是为提高信息系统及数据的安全性和保密性的技术，是防止数据信息被别人破译而采用的技术，是网络安全的重要技术之一。不是为清除计算机病毒而采用的技术。

答案：D

102. 解 进程是一段运行的程序，进程运行需要各种资源的支持。

答案：A

103. 解 文件管理是对计算机的系统软件资源进行管理，主要任务是向计算机用户提供提供一种简便、统一的管理和使用文件的界面。

答案：A

104. 解 计算机网络可以分为资源子网和通信子网两个组成部分。资源子网主要负责全网的信息处理，为网络用户提供网络服务和资源共享功能等。

答案：A

105. 解 采用的传输介质的不同，可将网络分为双绞线网、同轴电缆网、光纤网、无线网；按网络的传输技术可以分为广播式网络、点到点式网络；按线路上所传输信号的不同又可分为基带网和宽带网。

答案：A

106. 解　一个典型的计算机网络系统主要是由网络硬件系统和网络软件系统组成。网络硬件是计算机网络系统的物质基础，网络软件是实现网络功能不可缺少的软件环境。

答案： A

107. 解　根据等额支付资金回收公式，每年可回收：

$$A = P(A/P, 10\%, 5) = 100 \times 0.2638 = 26.38 \ 万元$$

答案： B

108. 解　经营成本是指项目总成本费用扣除固定资产折旧费、摊销费和利息支出以后的全部费用。即，经营成本=总成本费用−折旧费−摊销费−利息支出。本题经营成本与折旧费、摊销费之和为 7000 万元，再加上利息支出，则该项目的年总成本费用大于 7000 万元。

答案： C

109. 解　投资回收期是反映项目盈利能力的财务评价指标之一。

答案： C

110. 解　该项目的现金流量图如解图所示。

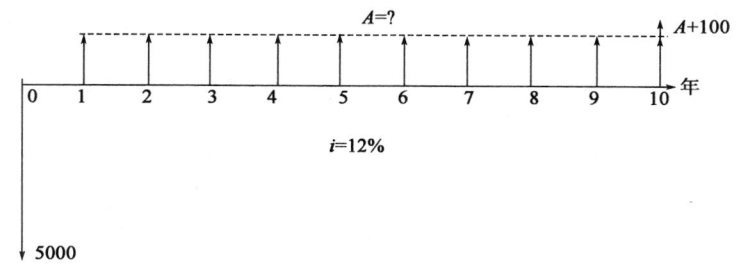

题 110 解图

根据题意有：$\mathrm{NPV} = A(P/A, 12\%, 10) + 100 \times (P/F, 12\%, 10) - P = 0$
因此，$A = [P - 100 \times (P/F, 12\%, 10)] \div (P/A, 12\%, 10)$
$\qquad = (5000 - 100 \times 0.3220) \div 5.6500 = 879.26 \ 万元$

答案： A

111. 解　根据题意，该企业单位产品变动成本为：

$$(30000 - 10000) \div 40000 = 0.5 \ 万元/t$$

根据盈亏平衡点计算公式，盈亏平衡生产能力利用率为：

$$E^* = \frac{Q^*}{Q_c} \times 100\% = \frac{C_f}{(P - C_v)Q_c} \times 100\% = \frac{10000}{(1 - 0.5) \times 40000} \times 100\% = 50\%$$

答案： D

112. 解　两个寿命期相同的互斥方案只能选择其中一个方案，可采用净现值法、净年值法、差额内部收益率法等选优，不能直接根据方案的内部收益率选优。采用净现值法应选净现值大的方案。

答案：B

113. 解 最小公倍数法适用于寿命期不等的互斥方案比选。

答案：B

114. 解 功能F^*的目标成本为：$10 \times 0.3 = 3$万元

功能F^*的现实成本为：$3 + 0.5 = 3.5$万元

答案：C

115. 解 《中华人民共和国建筑法》第十三条规定，从事建筑活动的建筑施工企业、勘察单位、设计单位和工程监理单位，按照其拥有的注册资本、专业技术人员、技术装备和已完成的建筑工程业绩等资质条件，划分为不同的资质等级，经资质审查合格，取得相应等级的资质证书后，方可在其资质等级许可的范围内从事建筑活动。

答案：B

116. 解 《中华人民共和国安全生产法》第三十七条规定，生产经营单位使用的危险物品的容器、运输工具，以及涉及人身安全、危险性较大的海洋石油开采特种设备和矿山井下特种设备，必须按照国家有关规定，由专业生产单位生产，并经具有专业资质的检测、检验机构检测、检验合格，取得安全使用证或者安全标志，方可投入使用。检测、检验机构对检测、检验结果负责。

答案：B

117. 解 《中华人民共和国招标投标法》第五条规定，招标投标活动应当遵循公开、公平、公正和诚实信用的原则。

答案：A

118. 解 《中华人民共和国民法典》第四百七十六条规定，有下列情形之一的，要约不得撤销：

（一）要约人确定了承诺期限或者以其他形式明示要约不可撤销。

答案：B

119. 解 《中华人民共和国行政许可法》第七十条规定，有下列情形之一的，行政机关应当依法办理有关行政许可的注销手续：

（一）行政许可有效期届满未延续的；

（二）赋予公民特定资格的行政许可，该公民死亡或者丧失行为能力的；

（三）法人或者其他组织依法终止的；

（四）行政许可依法被撤销、撤回，或者行政许可证件依法被吊销的；

（五）因不可抗力导致行政许可事项无法实施的；

（六）法律、法规规定的应当注销行政许可的其他情形。

答案：C

120. 解　《建设工程质量管理条例》第十六条规定，建设单位收到建设工程竣工报告后，应当组织设计、施工、工程监理等有关单位进行竣工验收。建设工程竣工验收应当具备下列条件：

（一）完成建设工程设计和合同约定的各项内容；

（二）有完整的技术档案和施工管理资料；

（三）有工程使用的主要建筑材料、建筑构配件和设备的进场试验报告；

（四）有勘察、设计、施工、工程监理等单位分别签署的质量合格文件；

（五）有施工单位签署的工程保修书。

答案：A

2016 年度全国勘察设计注册工程师执业资格考试基础考试（上）

试题解析及参考答案

1. 解 $\lim\limits_{x \to 0} \frac{x - \sin x}{\sin x} \overset{\frac{0}{0}}{=} \lim\limits_{x \to 0} \frac{1 - \cos x}{\cos x} = 0$

答案：B

2. 解 由 $\begin{cases} x = t - \arctan t \\ y = \ln(1 + t^2) \end{cases}$，知 $\frac{dx}{dt} = \frac{t^2}{1+t^2}$，$\frac{dy}{dt} = \frac{2t}{1+t^2}$，则 $\frac{dy}{dx} = \frac{dy/dt}{dx/dt} = \frac{2t}{t^2}$，$\frac{dy}{dx}\Big|_{t=1} = \frac{2}{t}\Big|_{t=1} = 2$

答案：C

3. 解 $\frac{dy}{dx} = \frac{1}{xy + y^3}$，$\frac{dx}{dy} = xy + y^3$，$\frac{dx}{dy} - yx = y^3$，方程为关于 $F(y, x, x') = 0$ 的一阶线性微分方程。

答案：C

4. 解 $|\boldsymbol{\alpha}| = 2$，$|\boldsymbol{\beta}| = \sqrt{2}$，$\boldsymbol{\alpha} \cdot \boldsymbol{\beta} = 2$

由 $\boldsymbol{\alpha} \cdot \boldsymbol{\beta} = |\boldsymbol{\alpha}||\boldsymbol{\beta}| \cos(\widehat{\boldsymbol{\alpha}, \boldsymbol{\beta}}) = 2\sqrt{2} \cos(\widehat{\boldsymbol{\alpha}, \boldsymbol{\beta}}) = 2$，可知 $\cos(\widehat{\boldsymbol{\alpha}, \boldsymbol{\beta}}) = \frac{\sqrt{2}}{2}$，$(\widehat{\boldsymbol{\alpha}, \boldsymbol{\beta}}) = \frac{\pi}{4}$

故 $|\boldsymbol{\alpha} \times \boldsymbol{\beta}| = |\boldsymbol{\alpha}||\boldsymbol{\beta}| \sin(\widehat{\boldsymbol{\alpha}, \boldsymbol{\beta}}) = 2 \times \sqrt{2} \times \frac{\sqrt{2}}{2} = 2$

答案：A

5. 解 $f(x)$ 在点 x_0 处的左、右极限存在且相等，是 $f(x)$ 在点 x_0 连续的必要非充分条件。

答案：A

6. 解 对 $\int_0^x f(t)dt = \frac{\cos x}{x}$ 两边求导，得 $f(x) = \frac{-x\sin x - \cos x}{x^2}$，则 $f\left(\frac{\pi}{2}\right) = \frac{-\frac{\pi}{2} \times 1 - 0}{\frac{\pi^2}{4}} = -\frac{2}{\pi}$

答案：B

7. 解 $\int xf(x)dx = \int x\, d\sec^2 x = x\sec^2 x - \int \sec^2 x\, dx = x\sec^2 x - \tan x + C$

答案：D

8. 解 $\begin{cases} y^2 + z = 1 \\ x = 0 \end{cases}$ 表示在 yOz 平面上曲线绕 z 轴旋转，得曲面方程 $x^2 + y^2 + z = 1$。

答案：A

9. 解 $f'_x(x_0, y_0)$，$f'_y(x_0, y_0)$ 在点 $P_0(x_0, y_0)$ 处连续仅是函数 $z = f(x, y)$ 在点 $P_0(x_0, y_0)$ 可微的充分条件，反之不一定成立，即 $z = f(x, y)$ 在点 $P_0(x_0, y_0)$ 处可微，不能保证偏导 $f'_x(x_0, y_0)$，$f'_y(x_0, y_0)$ 在点 $P_0(x_0, y_0)$ 处连续。没有定理保证。

答案：D

10. 解

$$\int_{-\infty}^{+\infty}\frac{A}{1+x^2}dx = A\int_{-\infty}^{+\infty}\frac{1}{1+x^2}dx = A\left[\int_{-\infty}^{0}\frac{1}{1+x^2}dx + \int_{0}^{+\infty}\frac{1}{1+x^2}dx\right]$$

$$= A\left(\arctan x\Big|_{-\infty}^{0} + \arctan x\Big|_{0}^{+\infty}\right) = A\left(\frac{\pi}{2}+\frac{\pi}{2}\right) = A\pi$$

由 $A\pi = 1$，得 $A = \dfrac{1}{\pi}$

答案：A

11. 解 $f(x) = x(x-1)(x-2)$

$f(x)$ 在 [0,1] 连续，在 (0,1) 可导，且 $f(0) = f(1)$

由罗尔定理可知，存在 $f'(\zeta_1) = 0$，ζ_1 在 (0,1) 之间

$f(x)$ 在 [1,2] 连续，在 (1,2) 可导，且 $f(1) = f(2)$

由罗尔定理可知，存在 $f'(\zeta_2) = 0$，ζ_2 在 (1,2) 之间

因为 $f'(x) = 0$ 是二次方程，所以 $f'(x) = 0$ 的实根个数为 2。

答案：B

12. 解 $y'' - 2y' + y = 0$，$r^2 - 2r + 1 = 0$，$r = 1$，二重根。

通解 $y = (C_1 + C_2 x)e^x$（其中 C_1，C_2 为任意常数）

线性无关的特解为 $y_1 = e^x$，$y_2 = xe^x$

答案：D

13. 解 $f(x)$ 在 (a,b) 内可微，且 $f'(x) \neq 0$。

由函数极值存在的必要条件，$f(x)$ 在 (a,b) 内可微，即 $f(x)$ 在 (a,b) 内可导，且在 x_0 处取得极值，那么 $f'(x_0) = 0$。

该题不符合此条件，所以必无极值。

答案：C

14. 解 对 $\sum\limits_{n=1}^{\infty}\dfrac{\sin^{\frac{3}{2}}n}{n^2}$ 取绝对值，即 $\sum\limits_{n=1}^{\infty}\left|\dfrac{\sin^{\frac{3}{2}}n}{n^2}\right|$，而 $\left|\dfrac{\sin^{\frac{3}{2}}n}{n^2}\right| \leqslant \dfrac{1}{n^2}$

因为 $\sum\limits_{n=1}^{\infty}\dfrac{1}{n^2}$，$p = 2 > 1$，收敛，由比较法知 $\sum\limits_{n=1}^{\infty}\left|\dfrac{\sin^{\frac{3}{2}}n}{n^2}\right|$ 收敛，所以级数 $\sum\limits_{n=1}^{\infty}\dfrac{\sin^{\frac{3}{2}}n}{n^2}$ 绝对收敛。

答案：D

15. 解 如解图所示，D：$\begin{cases} 0 \leqslant r \leqslant 1 \\ 0 \leqslant \theta \leqslant \dfrac{\pi}{2} \end{cases}$

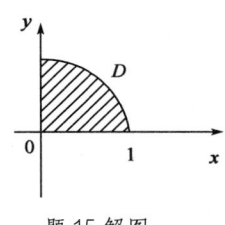

题 15 解图

$$\iint_D x^2 y\,dxdy = \int_0^{\frac{\pi}{2}}\cos^2\theta\sin\theta\,d\theta\int_0^1 r^4 dr$$

$$= \frac{1}{5}\int_0^{\frac{\pi}{2}}\cos^2\theta\sin\theta\,d\theta = -\frac{1}{5}\int_0^{\frac{\pi}{2}}\cos^2\theta\,d\cos\theta$$

$$= -\frac{1}{5}\times\frac{1}{3}\cos^3\theta\Big|_0^{\frac{\pi}{2}} = \frac{1}{15}$$

答案：B

16.解 如解图所示，$L: \begin{cases} y = x^2 \\ x = x \end{cases} \quad (x: 1 \to 0)$

题16解图

$$\int_L x\mathrm{d}x + y\mathrm{d}y = \int_1^0 x\mathrm{d}x + x^2 \cdot 2x\mathrm{d}x = -\int_0^1 (x + 2x^3)\mathrm{d}x$$
$$= -\left(\frac{1}{2}x^2 + \frac{2}{4}x^4\right)\bigg|_0^1$$
$$= -\left(\frac{1}{2} + \frac{1}{2}\right) = -1$$

答案：C

17.解 $\displaystyle\sum_{n=0}^{\infty} \frac{(-1)^n}{2^n} x^n = 1 - \frac{x}{2} + \left(\frac{x}{2}\right)^2 - \left(\frac{x}{2}\right)^3 + \cdots$

因为 $|x| < 2$，所以 $\left|\frac{x}{2}\right| < 1$，$q = -\frac{x}{2}$，$|q| = \left|\frac{x}{2}\right| < 1$

级数的和函数 $S = \frac{a_1}{1-q} = \frac{1}{1-\left(-\frac{x}{2}\right)} = \frac{2}{2+x}$

答案：A

18.解 $z = \frac{3^{xy}}{x} + xF(u)$，$u = \frac{y}{x}$

$$\frac{\partial z}{\partial y} = \frac{1}{x}3^{xy} \cdot \ln 3 \cdot x + xF'(u)\frac{1}{x} = 3^{xy}\ln 3 + F'(u)$$

答案：D

19.解 将 $\boldsymbol{\alpha}_1, \boldsymbol{\alpha}_2, \boldsymbol{\alpha}_3$ 组成矩阵 $\begin{bmatrix} 6 & 4 & 4 \\ t & 2 & 1 \\ 7 & 2 & 0 \end{bmatrix}$，$\boldsymbol{\alpha}_1, \boldsymbol{\alpha}_2, \boldsymbol{\alpha}_3$ 线性相关的充要条件是 $\begin{vmatrix} 6 & 4 & 4 \\ t & 2 & 1 \\ 7 & 2 & 0 \end{vmatrix} = 0$

$$\begin{vmatrix} 6 & 4 & 4 \\ t & 2 & 1 \\ 7 & 2 & 0 \end{vmatrix} \xrightarrow{r_2(-4)+r_1} \begin{vmatrix} 6-4t & -4 & 0 \\ t & 2 & 1 \\ 7 & 2 & 0 \end{vmatrix} = 1 \times (-1)^{2+3} \begin{vmatrix} 6-4t & -4 \\ 7 & 2 \end{vmatrix}$$

$$= (-1) \times (12 - 8t + 28) = -(-8t + 40) = 8t - 40 = 0, \text{ 得 } t = 5$$

答案：B

20.解 根据 n 阶方阵 A 的秩小于 n 的充要条件是 $|A| = 0$，可知选项 C 正确。

答案：C

21.解 由方阵 $\boldsymbol{A}$ 的特征值和特征向量的重要性质计算

设方阵 $\boldsymbol{A}$ 的特征值为 $\lambda_1, \lambda_2, \lambda_3$

则 $\begin{cases} \lambda_1 + \lambda_2 + \lambda_3 = a_{11} + a_{22} + a_{33} \quad &① \\ \lambda_1 \cdot \lambda_2 \cdot \lambda_3 = |\boldsymbol{A}| \quad &② \end{cases}$

由①式可知 $\qquad 1 + 3 + \lambda_3 = 5 + (-4) + a$

得 $\lambda_3 - a = -3$

由②式可知 $\qquad 1 \times 3 \times \lambda_3 = \begin{vmatrix} 5 & -3 & 2 \\ 6 & -4 & 4 \\ 4 & -4 & a \end{vmatrix}$

得

$$3\lambda_3 = 2\begin{vmatrix} 5 & -3 & 2 \\ 3 & -2 & 2 \\ 4 & -4 & a \end{vmatrix} \xrightarrow{(-1)r_1+r_2} 2\begin{vmatrix} 5 & -3 & 2 \\ -2 & 1 & 0 \\ 4 & -4 & a \end{vmatrix} \xrightarrow{2c_2+c_1} 2\begin{vmatrix} -1 & -3 & 2 \\ 0 & 1 & 0 \\ -4 & -4 & a \end{vmatrix}$$

$$= 2 \times 1(-1)^{2+2}\begin{vmatrix} -1 & 2 \\ -4 & a \end{vmatrix} = 2(-a+8) = -2a+16$$

解方程组 $\begin{cases} \lambda_3 - a = -3 \\ 3\lambda_3 + 2a = 16 \end{cases}$，得 $\lambda_3 = 2$，$a = 5$

答案：B

22. 解 因 $P(AB) = P(B)P(A|B) = 0.7 \times 0.8 = 0.56$，而 $P(A)P(B) = 0.8 \times 0.7 = 0.56$，故 $P(AB) = P(A)P(B)$，即 A 与 B 独立。因 $P(AB) = P(A) + P(B) - P(A \cup B) = 1.5 - P(A \cup B) > 0$，选项 B 错。因 $P(A) > P(B)$，选项 C 错。因 $P(A) + P(B) = 1.5 > 1$，选项 D 错。

注意：独立是用概率定义的，即可用概率来判定是否独立。而互斥、包含、对立（互逆）是不能由概率来判定的，所以选项 B、C 错。

答案：A

23. 解

$$P(X=0) = \frac{C_5^3}{C_7^3} = \frac{\frac{5 \times 4 \times 3}{1 \times 2 \times 3}}{\frac{7 \times 6 \times 5}{1 \times 2 \times 3}} = \frac{2}{7}, \quad P(X=1) = \frac{C_5^2 C_2^1}{C_7^3} = \frac{\frac{5 \times 4}{1 \times 2} \times 2}{\frac{7 \times 6 \times 5}{1 \times 2 \times 3}} = \frac{4}{7}$$

$$P(X=2) = \frac{C_5^1 C_2^2}{C_7^3} = \frac{5}{\frac{7 \times 6 \times 5}{1 \times 2 \times 3}} = \frac{1}{7} \ 或 \ P(X=2) = 1 - \frac{2}{7} - \frac{4}{7} = \frac{1}{7}$$

$$E(X) = 0 \times P(X=0) + 1 \times P(X=1) + 2 \times P(X=2) = \frac{6}{7}$$

$$\left[求 E(X) 时，可以不求 P(X=0) \right]$$

答案：D

24. 解 $X_1, X_2, \cdots, X_n$ 与总体 X 同分布

$$E(\hat{\sigma}^2) = E\left(\frac{1}{n}\sum_{i=1}^{n}X_i^2\right) = \frac{1}{n}\sum_{i=1}^{n}E(X_i^2) = \frac{1}{n}\sum_{i=1}^{n}E(X^2) = E(X^2)$$

$$= D(X) + [E(X)]^2 = \sigma^2 + 0^2 = \sigma^2$$

答案：B

25. 解 $\bar{v} = \sqrt{\frac{8RT}{\pi M}}$，$\bar{v}_{O_2} = \sqrt{\frac{8RT}{\pi M}} = \sqrt{\frac{8RT}{\pi \cdot 32}}$

氧气的热力学温度提高一倍，氧分子全部离解为氧原子，$T_O = 2T_{O_2}$

$\bar{v}_O = \sqrt{\frac{8RT_O}{\pi M_0}} = \sqrt{\frac{8R \cdot 2T}{\pi \cdot 16}}$，则 $\frac{\bar{v}_O}{\bar{v}_{O_2}} = \frac{\sqrt{\frac{8R \cdot 2T}{\pi \cdot 16}}}{\sqrt{\frac{8RT}{\pi \cdot 32}}} = 2$

答案：B

26. 解 气体分子的平均碰撞频率$Z_0 = \sqrt{2}n\pi d^2 \bar{v} = \sqrt{2}n\pi d^2 \sqrt{\dfrac{8RT}{\pi M}}$

平均自由程为$\bar{\lambda}_0 = \dfrac{\bar{v}}{\bar{Z}_0} = \dfrac{1}{\sqrt{2}n\pi d^2}$

$$T' = \frac{1}{4}T, \quad \bar{\lambda} = \bar{\lambda}_0, \quad \bar{Z} = \frac{1}{2}\bar{Z}_0$$

答案：B

27. 解 气体从同一状态出发做相同体积的等温膨胀或绝热膨胀，如解图所示。

绝热线比等温线陡，故$p_1 > p_2$。

答案：B

28. 解 卡诺正循环由两个准静态等温过程和两个准静态绝热过程组成，如解图所示。

由热力学第一定律：$Q = \Delta E + W$，绝热过程$Q = 0$，两个绝热过程高低温热源温度相同，温差相等，内能差相同。一个绝热过程为绝热膨胀，另一个绝热过程为绝热压缩，$W_2 = -W_1$，一个内能增大，一个内能减小，$\Delta E_2 = -\Delta E_1$。

答案：C

题 27 解图

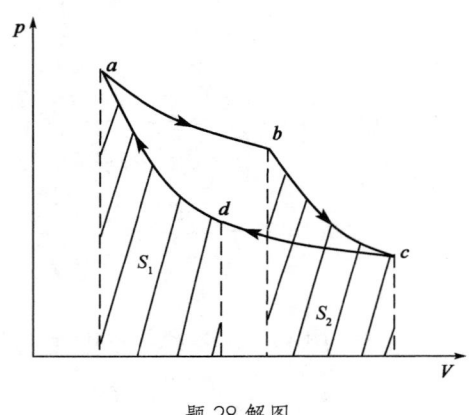

题 28 解图

29. 解 单位体积的介质中波所具有的能量称为能量密度。

$$w = \frac{\Delta W}{\Delta V} = \rho \omega^2 A^2 \sin^2\left[\omega\left(t - \frac{x}{u}\right)\right]$$

答案：C

30. 解 在中垂线上各点：波程差为零，初相差为π

$$\Delta\varphi = \alpha_2 - \alpha_1 - \frac{2\pi(r_2 - r_1)}{\lambda} = \pi$$

符合干涉减弱条件，故振幅为$A = A_2 - A_1 = 0$

答案：B

31. 解 简谐波在弹性媒质中传播时媒质质元的能量不守恒，任一质元$W_p = W_k$，平衡位置时动能及势能均为最大，最大位移处动能及势能均为零。

将 $x=2.5\mathrm{m}$，$t=0.25\mathrm{s}$代入波动方程：

$$y=2\times10^{-2}\cos2\pi\left(10\times0.25-\frac{2.5}{5}\right)=0.02\mathrm{m}$$

为波峰位置，动能及势能均为零。

答案： D

32. 解 当自然光以布儒斯特角i_0入射时，$i_0+\gamma=\frac{\pi}{2}$，故光的折射角为$\frac{\pi}{2}-i_0$。

答案： D

33. 解 此题考查的知识点为马吕斯定律。光强为I_0的自然光通过第一个偏振片光强为入射光强的一半，通过第二个偏振片光强为$I=\frac{I_0}{2}\cos^2\frac{\pi}{4}=\frac{I_0}{4}$。

答案： B

34. 解 单缝夫琅禾费衍射中央明条纹的宽度$l_0=2x_1=\frac{2\lambda}{a}f$，半宽度$\frac{f\lambda}{a}$。

答案： A

35. 解 人眼睛的最小分辨角：

$$\theta=1.22\frac{\lambda}{D}=\frac{1.22\times550\times10^{-6}}{3}=2.24\times10^{-4}\mathrm{rad}$$

答案： C

36. 解 光栅衍射是单缝衍射和多缝干涉的和效果，当多缝干涉明纹与单缝衍射暗纹方向相同时，将出现缺级现象。

单缝衍射暗纹条件：$a\sin\varphi=k\lambda$

光栅衍射明纹条件：$(a+b)\sin\varphi=k'\lambda$

$$\frac{a\sin\varphi}{(a+b)\sin\varphi}=\frac{k\lambda}{k'\lambda}=\frac{1}{2},\frac{2}{4},\frac{3}{6},\cdots$$

$$2a=a+b,a=b$$

答案： C

37. 解 多电子原子中原子轨道的能级取决于主量子数n和角量子数l：主量子数n相同时，l越大，能量越高；角量子数l相同时，n越大，能量越高。n决定原子轨道所处的电子层数，l决定原子轨道所处亚层（$l=0$为s亚层，$l=1$为p亚层，$l=2$为d亚层，$l=3$为f亚层）。同一电子层中的原子轨道n相同，l越大，能量越高。

答案： D

38. 解 分子间力包括色散力、诱导力、取向力。极性分子与极性分子之间的分子间力有色散力、诱导力、取向力；极性分子与非极性分子之间的分子间力有色散力、诱导力；非极性分子与非极性分子之间的分子间力只有色散力。CO为极性分子，N_2为非极性分子，所以，CO与N_2间的分子间力有色散力、诱导力。

答案：D

39. 解 $NH_3 \cdot H_2O$ 为一元弱碱

$$C_{OH^-} = \sqrt{K_b \cdot C} = \sqrt{1.8 \times 10^{-5} \times 0.1} \approx 1.34 \times 10^{-3} \text{mol/L}$$

$$C_{H^+} = 10^{-14}/C_{OH^-} \approx 7.46 \times 10^{-12}, \quad pH = -\lg C_{H^+} \approx 11.13$$

答案：B

40. 解 它们都属于平衡常数，平衡常数是温度的函数，与温度有关，与分压、浓度、催化剂都没有关系。

答案：B

41. 解 四个电对的电极反应分别为：

$$Zn^{2+} + 2e^- = Zn; \quad Br_2 + 2e^- = 2Br^-$$

$$AgI + e^- = Ag + I^-$$

$$MnO_4^- + 8H^+ + 5e^- = Mn^{2+} + 4H_2O$$

只有 MnO_4^-/Mn^{2+} 电对的电极反应与 H^+ 的浓度有关。

根据电极电势的能斯特方程式，MnO_4^-/Mn^{2+} 电对的电极电势与 H^+ 的浓度有关。

答案：D

42. 解 如果阳极为惰性电极，阳极放电顺序：

①溶液中简单负离子如 I^-、Br^-、Cl^- 将优先 OH^- 离子在阳极上失去电子析出单质；

②若溶液中只有含氧根离子（如 SO_4^{2-}、NO_3^-），则溶液中 OH^- 在阳极放电析出 O_2。

答案：B

43. 解 由公式 $\Delta G = \Delta H - T\Delta S$ 可知，当 $\Delta H < 0$ 和 $\Delta S > 0$ 时，ΔG 在任何温度下都小于零，都能自发进行。

答案：A

44. 解 系统命名法：

（1）链烃及其衍生物的命名

①选择主链：选择最长碳链或含有官能团的最长碳链为主链；

②主链编号：从距取代基或官能团最近的一端开始对碳原子进行编号；

③写出全称：将取代基的位置编号、数目和名称写在前面，将母体化合物的名称写在后面。

（2）其衍生物的命名

①选择母体：选择苯环上所连官能团或带官能团最长的碳链为母体，把苯环视为取代基；

②编号：将母体中碳原子依次编号，使官能团或取代基位次具有最小值。

答案： C

45. 解 甲醇可以和两个酸发生酯化反应；氢氧化钠可以和两个酸发生酸碱反应；金属钾可以和两个酸反应生成苯氨酸钾和山梨酸钾；溴水只能和山梨酸发生加成反应。

答案： B

46. 解 塑料一般分为热塑性塑料和热固性塑料。前者为线性结构的高分子化合物，这类化合物能溶于适当的有机溶剂，受热时会软化、熔融，加工成各种形状，冷后固化，可以反复加热成型；后者为体型结构的高分子化合物，具有热固性，一旦成型后不溶于溶剂，加热也不再软化、熔融，只能一次加热成型。

答案： C

47. 解 首先分析杆 DE，E 处为活动铰链支座，约束力垂直于支撑面，如解图 a）所示，杆 DE 的铰链 D 处的约束力可按三力汇交原理确定；其次分析铰链 D，D 处铰接了杆 DE、直角弯杆 BCD 和连杆，连杆的约束力 F_D 沿杆为铅垂方向，杆 DE 作用在铰链 D 上的力为 $F'_{D右}$，按照铰链 D 的平衡，其受力图如解图 b）所示；最后分析直杆 AC 和直角弯杆 BCD，直杆 AC 为二力杆，A 处约束力沿杆方向，根据力偶的平衡，由 F_A 与 $F'_{D左}$ 组成的逆时针转向力偶与顺时针转向的主动力偶 M 组成平衡力系，故 A 处约束力的指向如解图 c）所示。

题 47 解图

答案： D

48. 解 将主动力系对 B 点取矩求代数和：

$$M_B = M - qa^2/2 = 20 - 10 \times 2^2/2 = 0$$

答案： A

49. 解 均布力组成了力偶矩为 qa^2 的逆时针转向力偶。A、B 处的约束力应沿铅垂方向组成顺时针转向的力偶。

答案： C （此题 2010 年考过）

50. 解 如解图所示，若物块平衡，则沿斜面方向有：

$$F_f = F\cos\alpha - W\sin\alpha = 0.2F$$

而最大静摩擦力 $F_{fmax} = f \cdot F_N = f(F\sin\alpha + W\cos\alpha) = 0.28F$

因 $F_{fmax} > F_f$，所以物块静止。

题50解图

答案：A

51. 解 将 x 对时间 t 求一阶导数为速度，即：$v = 9t^2 + 1$；再对时间 t 求一阶导数为加速度，即 $a = 18t$，将 $t = 4s$ 代入，可得：$x = 198m$，$v = 145m/s$，$a = 72m/s^2$。

答案：B

52. 解 根据定义，切向加速度为弧坐标 s 对时间的二阶导数，即 $a_\tau = 6m/s^2$。

答案：D

53. 解 根据定轴转动刚体上一点加速度与转动角速度、角加速度的关系：$a_n = \omega^2 l$，$a_\tau = \alpha l$，而题中 $a_n = a\cos\alpha = \omega^2 l$，所以 $\omega = \sqrt{\frac{a\cos\alpha}{l}}$，$a_\tau = \alpha\sin\alpha = \alpha l$，所以 $\alpha = \frac{a\sin\alpha}{l}$。

答案：B （此题2009年考过）

54. 解 按照牛顿第二定律，在铅垂方向有 $ma = F_R - mg = Kv^2 - mg$，当 $a = 0$（速度 v 的导数为零）时有速度最大，为 $v = \sqrt{\frac{mg}{K}}$。

答案：A

55. 解 根据弹簧力的功公式：

$$W_{12} = \frac{k}{2}(0.06^2 - 0.04^2) = 1.96J$$

$$W_{32} = \frac{k}{2}(0.02^2 - 0.04^2) = -1.176J$$

答案：C

56. 解 系统在转动中对转动轴 z 的动量矩守恒，即：$I\omega = (I + mR^2)\omega_t$（设 ω_t 为小球达到 B 点时圆环的角速度），则 $\omega_t = \frac{I\omega}{I+mR^2}$。

答案：B

57. 解 根据定轴转动刚体惯性力系的简化结果：惯性力主矢和主矩的大小分别为 $F_I = ma_C = 0$，$M_{IO} = J_O\alpha = \frac{1}{2}mr^2\varepsilon$。

答案：C （此题2010年考过）

58. 解 由公式 $\omega_n^2 = k/m$，$k = m\omega_n^2 = 5 \times 30^2 = 4500N/m$。

答案：B

59. 解 首先考虑整体平衡，可求出左端支座反力是水平向右的力，大小等于20kN，分三段求出各

2016年度全国勘察设计注册工程师执业资格考试基础考试（上）——试题解析及参考答案

段的轴力，画出轴力图如解图所示。

题 59 解图　轴力图

可以看到最大拉伸轴力是 10kN。

答案： A

60. 解　由铆钉的剪切强度条件：$\tau = \dfrac{F_s}{A_s} = \dfrac{F}{\frac{\pi}{4}d^2} = [\tau]$

可得：
$$\frac{4F}{\pi d^2} = [\tau] \qquad\qquad\qquad ①$$

由铆钉的挤压强度条件：$\sigma_{bs} = \dfrac{F_{bs}}{A_{bs}} = \dfrac{F}{dt} = [\sigma_{bs}]$

可得：
$$\frac{F}{dt} = [\sigma_{bs}] \qquad\qquad\qquad ②$$

d 与 t 的合理关系应使两式同时成立，②式除以①式，得到 $\dfrac{\pi d}{4t} = \dfrac{[\sigma_{bs}]}{[\tau]}$，即 $d = \dfrac{4t[\sigma_{bs}]}{\pi[\tau]}$。

答案： B

61. 解　设原直径为 d 时，最大切应力为 τ，最大切应力减小后为 τ_1，直径为 d_1。

则有
$$\tau = \frac{T}{\frac{\pi}{16}d^3}, \quad \tau_1 = \frac{T}{\frac{\pi}{16}d_1^3}$$

因 $\tau_1 = \dfrac{\tau}{2}$，则 $\dfrac{T}{\frac{\pi}{16}d_1^3} = \dfrac{1}{2} \cdot \dfrac{T}{\frac{\pi}{16}d^3}$，即 $d_1^3 = 2d^3$，所以 $d_1 = \sqrt[3]{2}\,d$。

答案： D

62. 解　根据外力偶矩（扭矩 T）与功率（P）和转速（n）的关系：
$$T = M_e = 9550\frac{P}{n}$$

可见，在功率相同的情况下，转速慢（n 小）的轴扭矩 T 大。

答案： B

63. 解　图（a）与图（b）面积相同，面积分布的位置到 z 轴的距离也相同，故惯性矩 $I_{z(a)} = I_{z(b)}$，而图（c）虽然面积与（a）、（b）相同，但是其面积分布的位置到 z 轴的距离小，所以惯性矩 $I_{z(c)}$ 也小。

答案： D

64. 解　由于 C 端的弯矩就等于外力偶矩，所以 $m = 10\text{kN} \cdot \text{m}$，又因为 BC 段弯矩图是水平线，属于纯弯曲，剪力为零，所以 C 点支反力为零。

由梁的整体受力图可知 $F_A = F$，所以 B 点的弯矩 $M_B = F_A \times 2 = 10\text{kN} \cdot \text{m}$，即 $F_A = 5\text{kN}$。

题 64 解图

答案： B

65. 解 图示单元体的最大主应力 σ_1 的方向，可以看作是 σ_x 的方向（沿 x 轴）和纯剪切单元体的最大拉应力的主方向（在第一象限沿 $45°$ 向上），叠加后的合应力的指向。

答案： A （此题 2011 年考过）

66. 解 AB 段是轴向受压，$\sigma_{AB} = \frac{F}{ab}$；$BC$ 段是偏心受压，$\sigma_{BC} = \frac{F}{2ab} + \frac{F \cdot \frac{a}{2}}{\frac{b}{6}(2a)^2} = \frac{5F}{4ab}$。

答案： B （此题 2011 年考过）

67. 解 从剪力图看梁跨中有一个向下的突变，对应于一个向下的集中力，其值等于突变值 $100kN$；从弯矩图看梁的跨中有一个突变值 $50kN \cdot m$，对应于一个外力偶矩 $50kN \cdot m$，所以只能选 C 图。

答案： C

68. 解 梁两端的支座反力为 $\frac{F}{2} = 50kN$，梁中点最大弯矩 $M_{max} = 50 \times 2 = 100kN \cdot m$

最大弯曲正应力：

$$\sigma_{max} = \frac{M_{max}}{W_z} = \frac{M_{max}}{\frac{bh^2}{6}} = \frac{100 \times 10^6 N \cdot mm}{\frac{1}{6} \times 100 \times 200^2 mm^3} = 150MPa$$

答案： B

69. 解 本题是一个偏心拉伸问题，由于水平力 F 对两个形心主轴 y、z 都有偏心距，所以可以把 F 力平移到形心轴 x 以后，将产生两个平面内的双向弯曲和 x 轴方向的轴向拉伸的组合变形。

答案： B

70. 解 从常用的四种杆端约束的长度系数 μ 的值可看出，杆端约束越强，μ 值越小，而杆端约束越弱，则 μ 值越大。本题图中所示压杆的杆端约束比两端铰支压杆（$\mu = 1$）强，又比一端铰支、一端固定压杆（$\mu = 0.7$）弱，故 $0.7 < \mu < 1$。

答案： A

71. 解 静水压力基本方程为 $p = p_0 + \rho g h$，将题设条件代入可得：

绝对压强 $p = 101.325kPa + 9.8kPa/m \times 1m = 111.125kPa \approx 0.111MPa$

答案： A

72. 解 流速 $v_2 = v_1 \times \left(\frac{d_1}{d_2}\right)^2 = 9.55 \times \left(\frac{0.2}{0.3}\right)^2 = 4.24m/s$

流量 $Q = v_1 \times \frac{\pi}{4} d_1^2 = 9.55 \times \frac{\pi}{4} \times 0.2^2 = 0.3m^3/s$

答案：A

73. 解 管中雷诺数 $\text{Re} = \dfrac{v \cdot d}{\nu} = \dfrac{2 \times 900}{0.0114} = 157894.74 \gg \text{Re}_c$，为紊流

欲使流态转变为层流时的流速 $v_c = \dfrac{\text{Re}_c \cdot \nu}{d} = \dfrac{2000 \times 0.0114}{2} = 11.4 \text{cm/s}$

答案：D

74. 解 边界层分离增加了潜体运动的压差阻力。

答案：C

75. 解 对水箱自由液面与管道出口写能量方程：

$$H + \frac{p}{\rho g} = \frac{v^2}{2g} + h_f = \frac{v^2}{2g}\left(1 + \lambda \frac{L}{d}\right)$$

代入题设数据并化简：

$$2 + \frac{19600}{9800} = \frac{v^2}{2g}\left(1 + 0.02 \times \frac{100}{0.2}\right)$$

计算得流速 $v = 2.67 \text{m/s}$

流量 $Q = v \times \dfrac{\pi}{4} d^2 = 2.67 \times \dfrac{\pi}{4} \times 0.2^2 = 0.08384 \text{m}^3/\text{s} = 83.84 \text{L/s}$

答案：A

76. 解 由明渠均匀流谢才-曼宁公式 $Q = \dfrac{1}{n} R^{\frac{2}{3}} i^{\frac{1}{2}} A$ 可知：在题设条件下面积 A，粗糙系数 n，底坡 i 均相同，则流量 Q 的大小取决于水力半径 R 的大小。对于方形断面，其水力半径 $R_1 = \dfrac{a^2}{3a} = \dfrac{a}{3}$，对于矩形断面，其水力半径为 $R_2 = \dfrac{2a \times 0.5a}{2a + 2 \times 0.5a} = \dfrac{a^2}{3a} = \dfrac{a}{3}$，即 $R_1 = R_2$。故 $Q_1 = Q_2$。

答案：B

77. 解 将题设条件代入达西定律 $u = kJ$

则有渗流速度 $u = 0.012 \text{cm/s} \times \dfrac{1.5 - 0.3}{2.4} = 0.006 \text{cm/s}$

答案：B

78. 解 雷诺数的物理意义为：惯性力与黏性力之比。

答案：B

79. 解 点电荷 q_1、q_2 电场作用的方向分布为：始于正电荷(q_1)，终止于负电荷(q_2)。

答案：B

80. 解 电路中，如果元件中电压电流取关联方向，即电压电流的正方向一致，则它们的电压电流关系如下：

电压，$u_L = L\dfrac{di_L}{dt}$；电容，$i_C = C\dfrac{du_C}{dt}$；电阻，$u_R = Ri_R$。

答案：C

81. 解 本题考查对电流源的理解和对基本 KCL、KVL 方程的应用。

需注意，电流源的端电压由外电路决定。

题 81 解图

如解图所示，当电流源的端电压 U_{Is2} 与 I_{s2} 取一致方向时：

$$U_{Is2} = I_2 R_2 + I_3 R_3 \neq 0$$

其他方程正确。

答案：B

82. 解　本题注意正弦交流电的三个特征（大小、相位、速度）和描述方法，图中电压 $\dot{U}$ 为有效值相量。

由相量图可分析，电压最大值为 $10\sqrt{2}V$，初相位为 $-30°$，角频率用 ω 表示，时间函数的正确描述为：

$$u(t) = 10\sqrt{2}\sin(\omega t - 30°)\,V$$

答案：A

83. 解　用相量法。

$$\dot{I} = \frac{\dot{U}}{20 + (j20 /\!/ -j10)} = \frac{100\angle 0°}{20 - j20} = \frac{5}{\sqrt{2}}\angle 45° = 3.5\angle 45°A$$

答案：B

84. 解　电路中 R-L 串联支路为电感性质，右支路电容为功率因数补偿所设。

如解图所示，当电容量适当增加时电路功率因数提高。当 $\varphi = 0$，$\cos\varphi = 1$ 时，总电流 I 达到最小值。如果 I_c 继续增加出现过补偿（即电流 $\dot{I}$ 超前于电压 $\dot{U}$ 时），会使电路的功率因数降低。

当电容参数 C 改变时，感性电路的功率因数 $\cos\varphi_L$ 不变。通常，进行功率因数补偿时不出现 $\varphi < 0$ 情况。仅有总电流 I 减小时电路的功率因素（$\cos\varphi$）变大。

题 84 解图

答案：B

85. 解　理想变压器副边空载时，可以认为原边电流为零，则 $U = U_1$。根据电压变比关系可知：$\frac{U}{U_2} = 2$。

答案：B

86. 解　三相交流异步电动机正常运行采用三角形接法时，为了降低启动电流可以采用星形启动，即Y-△启动。但随之带来的是启动转矩也是△接法的1/3。

答案：C

87. 解　本题信号波形在时间轴上连续，数值取值为+5、0、-5，是离散的。"二进制代码信号""二值逻辑信号"均不符合题义。只能认为是连续的时间信号。

答案：D

88. 解　将图形用数学函数描述为：

$$u(t) = 10 \cdot 1(t) - 10 \cdot 1(t-1) = u_1(t) + u_2(t)$$

这是两个阶跃信号的叠加，如解图所示。

答案：A

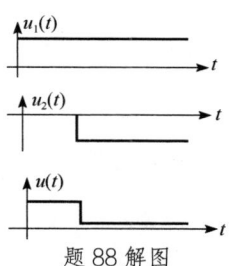
题88解图

89. 解　低通滤波器可以使低频信号畅通，而高频的干扰信号淹没。

答案：B

90. 解　此题可以利用反演定理处理如下：

$$\overline{AB} + \overline{BC} = \overline{A} + \overline{B} + \overline{B} + \overline{C} = \overline{A} + \overline{B} + \overline{C}$$

答案：A

91. 解　$F = A\overline{B} + \overline{A}B$ 为异或关系。

由输入量 A、B 和输出的波形分析可见：$\begin{cases} \text{当输入 A 与 B 相异时，输出 F 为 1。} \\ \text{当输入 A 与 B 相同时，输出 F 为 0。} \end{cases}$

答案：A

92. 解　BCD 码是用二进制表示的十进制数，当用四位二进制数表示十进制的 10 时，可以写为"0001 0000"。

答案：A

93. 解　本题采用全波整流电路，结合二极管连接方式分析。在输出信号u_o中保留u_i信号小于 0 的部分。

则输出直流电压U_o与输入交流有效值U_i的关系为：

$$U_o = -0.9 U_i$$

本题$U_i = \frac{10}{\sqrt{2}}$V，代入上式得$U_o = -0.9 \times \frac{10}{\sqrt{2}} = -6.36$V。

答案：D

94. 解　将电路"A"端接入-2.5V的信号电压，"B"端接地，则构成如解图 a）所示的反相比例运算电路。输出电压与输入的信号电压关系为：

$$u_o = -\frac{R_2}{R_1} u_i$$

可知：

$$\frac{R_2}{R_1} = -\frac{u_o}{u_i} = 4$$

当"A"端接地，"B"端接信号电压，就构成解图 b）的同相比例电路，则输出 u_o 与输入电压 u_i 的关系为：

$$u_o = \left(1 + \frac{R_2}{R_1}\right) u_i = -12.5V$$

考虑到运算放大器输出电压在 $-11 \sim 11V$ 之间，可以确定放大器已经工作在负饱和状态，输出电压为负的极限值 $-11V$。

题 94 解图

答案： C

95. 解 左侧电路为与门：$F_1 = A \cdot 0 = 0$，右侧电路为或非门：$F_2 = \overline{B + 0} = \overline{B}$。

答案： A

96. 解 本题为 J-K 触发器（脉冲下降沿触发）和与门构成的时序逻辑电路。其中 J 触发信号为 $J = Q \cdot A$。（注：为波形分析方便，作者补充了 J 端的辅助波形，图中阴影表示该信号未知。）

题 96 解图

答案： A

97. 解 计算机发展的人性化的一个重要方面是"使用傻瓜化"。计算机要成为大众的工具，首先必须做到"使用傻瓜化"。要让计算机能听懂、能说话、能识字、能写文、能看图像、能现实场景等。

答案： B

98.解 计算机内的存储器是由一个个存储单元组成的,每一个存储单元的容量为8位二进制信息,称一个字节。

答案: B

99.解 操作系统是一个庞大的管理控制程序。通常,它是由进程与处理器调度、作业管理、存储管理、设备管理、文件管理五大功能组成。它包括了选项A、B、C所述的功能,不是仅能实现管理和使用好各种软件资源。

答案: D

100.解 支撑软件是指支援其他软件的编写制作和维护的软件,主要包括环境数据库、各种接口软件和工具软件,是计算机系统内的一个组成部分。

答案: A

101.解 进程与处理器调度负责把CPU的运行时间合理地分配给各个程序,以使处理器的软硬件资源得以充分的利用。

答案: C

102.解 影响计算机图像质量的主要参数有分辨率、颜色深度、图像文件的尺寸和文件保存格式等。

答案: D

103.解 计算机操作系统中的设备管理的主要功能是负责分配、回收外部设备,并控制设备的运行,是人与外部设备之间的接口。

答案: C

104.解 数字签名机制提供了一种鉴别方法,以解决伪造、抵赖、冒充和篡改等安全问题。接收方能够鉴别发送方所宣称的身份,发送方事后不能否认他曾经发送过数据这一事实。数字签名技术是没有权限管理的。

答案: A

105.解 计算机网络是用通信线路和通信设备将分布在不同地点的具有独立功能的多个计算机系统互相连接起来,在功能完善的网络软件的支持下实现彼此之间的数据通信和资源共享的系统。

答案: D

106.解 局域网是指在一个较小地理范围内的各种计算机网络设备互连在一起的通信网络,可以包含一个或多个子网,通常其作用范围是一座楼房、一个学校或一个单位,地理范围一般不超过几公里。城域网的地理范围一般是一座城市。广域网实际上是一种可以跨越长距离,且可以将两个或多个局域网或主机连接在一起的网络。网际网实际上是多个不同的网络通过网络互联设备互联而成的大型网络。

答案：A

107.解 首先计算年实际利率：$i = \left(1 + \frac{8\%}{4}\right)^4 - 1 = 8.243\%$

根据一次支付现值公式：

$$P = \frac{F}{(1+i)^n} = \frac{300}{(1+8.24\%)^3} = 236.55 \text{ 万元}$$

或季利率$i = 8\%/4 = 2\%$，三年共 12 个季度，按一次支付现值公式计算：

$$P = \frac{F}{(1+i)^n} = \frac{300}{(1+2\%)^{12}} = 236.55 \text{ 万元}$$

答案：B

108.解 建设项目评价中的总投资包括建设投资、建设期利息和流动资金之和。建设投资由工程费用（建筑工程费、设备购置费、安装工程费）、工程建设其他费用和预备费（基本预备费和涨价预备费）组成。

答案：C

109.解 该公司借款偿还方式为等额本金法。

每年应偿还的本金：$2400/6 = 400$万元

前 3 年已经偿还本金：$400 \times 3 = 1200$万元

尚未还款本金：$2400 - 1200 = 1200$万元

第 4 年应还利息$I_4 = 1200 \times 8\% = 96$万元，本息和$A_4 = 400 + 96 = 496$万元

或按等额本金法公式计算：

$$A_t = \frac{I_c}{n} + I_c\left(1 - \frac{t-1}{n}\right)i = \frac{2400}{6} + 2400 \times \left(1 - \frac{4-1}{6}\right) \times 8\% = 496 \text{ 万元}$$

答案：C

110.解 动态投资回收期T^*是指在给定的基准收益率（基准折现率）i_c的条件下，用项目的净收益回收总投资所需要的时间。动态投资回收期的表达式为：

$$\sum_{t=0}^{T^*} (CI - CO)_t (1 + i_c)^{-t} = 0$$

式中，i_c为基准收益率。

内部收益率 IRR 是使一个项目在整个计算期内各年净现金流量的现值累计为零时的利率，表达式为：

$$\sum_{t=0}^{n} (CI - CO)_t (1 + IRR)^{-t} = 0$$

式中，n为项目计算期。如果项目的动态投资回收期T正好等于计算期n，则该项目的内部收益率 IRR 等于基准收益率i_c。

答案：D

111.解 直接进口原材料的影子价格（到厂价）=到岸价（CIF）×影子汇率+进口费用

$$= 150 \times 6.5 + 240 = 1215 元人民币/t$$

答案：C

112.解 对于寿命期相等的互斥项目,应依据增量内部收益率指标选优。如果增量内部收益率 ΔIRR 大于基准收益率i_c,应选择投资额大的方案;如果增量内部收益率 ΔIRR 小于基准收益率i_c,则应选择投资额小的方案。

答案：B

113.解 改扩建项目财务分析要进行项目层次和企业层次两个层次的分析。项目层次应进行盈利能力分析、清偿能力分析和财务生存能力分析,应遵循"有无对比"的原则。

答案：D

114.解 价值系数=功能评价系数/成本系数,本题各方案价值系数:

甲方案：$0.85/0.92 = 0.924$

乙方案：$0.6/0.7 = 0.857$

丙方案：$0.94/0.88 = 1.068$

丁方案：$0.67/0.82 = 0.817$

其中,丙方案价值系数1.068,与1相差6.8%,说明功能与成本基本一致,为四个方案中的最优方案。

答案：C

115.解 见《中华人民共和国建筑法》第二十四条,可知选项A、B、D正确,又第二十二条规定:发包单位应当将建筑工程发包给具有资质证书的承包单位。

答案：C

116.解 《中华人民共和国安全生产法》第四十三条规定,生产经营单位进行爆破、吊装、动火、临时用电以及国务院应急管理部门会同国务院有关部门规定的其他危险作业,应当安排专门人员进行现场安全管理,确保操作规程的遵守和安全措施的落实。

答案：C

117.解 其招标文件要包括拟签订的合同条款,而不是签订时间。

《中华人民共和国招标投标法》第十九条规定,招标人应当根据招标项目的特点和需要编制招标文件。招标文件应当包括招标项目的技术要求、对投标人资格审查的标准、投标报价要求和评标标准等所有实质性要求和条件以及拟签订合同的主要条款。

答案：C

118. 解 《中华人民共和国民法典》第四百八十七条规定，受要约人在承诺期限内发出承诺，按照通常情形能够及时到达要约人，但是因其他原因致使承诺到达要约人时超过承诺期限的，除要约人及时通知受要约人因承诺超过期限不接受该承诺外，该承诺有效。

选项 A、C，水泥厂不通知受要约人承诺无效，则该承诺依然有效。

选项 B，在期限内发出，不一定是有效承诺，水泥厂通知受要约人承诺无效，则该承诺无效。故该项说法不全面。

选项 D，及时通知对方不接受，则该承诺无效。

答案：D

119. 解 应由环保部门验收，不是建设行政主管部门验收，见《中华人民共和国环境保护法》。

《中华人民共和国环境保护法》第十条规定，国务院环境保护主管部门，对全国环境保护工作实施统一监督管理；县级以上地方人民政府环境保护主管部门，对本行政区域环境保护工作实施统一监督管理。

县级以上人民政府有关部门和军队环境保护部门，依照有关法律的规定对资源保护和污染防治等环境保护工作实施监督管理。

第四十一条规定，建设项目中防治污染的设施，应当与主体工程同时设计、同时施工、同时投产使用。防治污染的设施应当符合经批准的环境影响评价文件的要求，不得擅自拆除或者闲置。

（旧版《中华人民共和国环境保护法》第二十六条规定，建设项目中防治污染的措施，必须与主体工程同时设计、同时施工、同时投产使用。防治污染的设施必须经原审批环境影响报告书的环境保护行政主管部门验收合格后，该建设项目方可投入生产或者使用。）

答案：D

120. 解 《中华人民共和国建筑法》第三十二条规定，建筑工程监理应当依照法律、行政法规及有关的技术标准、设计文件和建筑工程承包合同，对承包单位在施工质量、建设工期和建设资金使用等方面，代表建设单位实施监督。

答案：D

2017年度全国勘察设计注册工程师执业资格考试基础考试（上）

试题解析及参考答案

1.解 本题考查分段函数的连续性问题，重点考查在分界点处的连续性。

要求在分界点处函数的左右极限存在且相等并且等于该点的函数值：

$$\lim_{x \to 1} \frac{x\ln x}{1-x} \overset{\frac{0}{0}}{=} \lim_{x \to 1} \frac{(x\ln x)'}{(1-x)'} = \lim_{x \to 1} \frac{1 \cdot \ln x + x \cdot \frac{1}{x}}{-1} = -1$$

而$\lim_{x \to 1} \frac{x\ln x}{1-x} = f(1) = a \Rightarrow a = -1$

答案： C

2.解 本题考查复合函数在定义域内的性质。

函数$\sin\frac{1}{x}$的定义域为$(-\infty, 0)$，$(0, +\infty)$，它是由函数$y = \sin t$，$t = \frac{1}{t}$复合而成的，当t在$(-\infty, 0)$，$(0, +\infty)$变化时，t在$(-\infty, +\infty)$内变化，函数$y = \sin t$的值域为$[-1, 1]$，所以函数$y = \sin\frac{1}{x}$是有界函数。

答案： A

3.解 本题考查空间向量的相关性质，注意"点乘"和"叉乘"对向量运算的几何意义。

选项 A、C 中，$|\boldsymbol{\alpha} \times \boldsymbol{\beta}| = |\boldsymbol{\alpha}| \cdot |\boldsymbol{\beta}| \cdot \sin(\boldsymbol{\alpha}, \boldsymbol{\beta})$，若$\boldsymbol{\alpha} \times \boldsymbol{\beta} = \boldsymbol{0}$，且$\boldsymbol{\alpha}, \boldsymbol{\beta}$非零，则有$\sin(\boldsymbol{\alpha}, \boldsymbol{\beta}) = 0$，故$\boldsymbol{\alpha} /\!/ \boldsymbol{\beta}$，选项 A 错误，C 正确。

选项 B 中，$\boldsymbol{\alpha} \cdot \boldsymbol{\beta} = |\boldsymbol{\alpha}| \cdot |\boldsymbol{\beta}| \cdot \cos(\boldsymbol{\alpha}, \boldsymbol{\beta})$，若$\boldsymbol{\alpha} \cdot \boldsymbol{\beta} = 0$，且$\boldsymbol{\alpha}, \boldsymbol{\beta}$非零，则有$\cos(\boldsymbol{\alpha}, \boldsymbol{\beta}) = 0$，故$\boldsymbol{\alpha} \perp \boldsymbol{\beta}$，选项 B 错误。

选项 D 中，若$\boldsymbol{\alpha} = \lambda\boldsymbol{\beta}$，则$\boldsymbol{\alpha} /\!/ \boldsymbol{\beta}$，此时$\boldsymbol{\alpha} \cdot \boldsymbol{\beta} = \lambda\boldsymbol{\beta} \cdot \boldsymbol{\beta} = \lambda|\boldsymbol{\beta}||\boldsymbol{\beta}|\cos 0° \neq 0$，选项 D 错误。

答案： C

4.解 本题考查一阶线性微分方程的特解形式，本题采用公式法和代入法均能得到结果。

方法1： 公式法，一阶线性微分方程的一般形式为：$y' + P(x)y = Q(x)$

其通解为$y = e^{-\int P(x)dx}[\int Q(x)e^{\int P(x)dx}dx + C]$

本题中，$P(x) = -1$，$Q(x) = 0$，有$y = e^{-\int -1dx}(0 + C) = Ce^x$

由$y(0) = 2 \Rightarrow Ce^0 = 2$，即$C = 2$，故$y = 2e^x$。

方法2： 利用可分离变量方程计算：$\frac{dy}{dx} = y \Rightarrow \frac{dy}{y} = dx \Rightarrow \int \frac{dy}{y} = \int dx \Rightarrow \ln y = x + \ln c \Rightarrow y = Ce^x$

由$y(0) = 2 \Rightarrow Ce^0 = 2$，即$C = 2$，故$y = 2e^x$。

方法3： 代入法，将选项 A 中$y = 2e^{-x}$代入$y' - y = 0$中，不满足方程。同理，选项 C、D 也不满足。

答案： B

5.解 本题考查变限定积分求导的问题。

对于下限有变量的定积分求导，可先转化为上限有变量的定积分求导问题，注意交换上下限的位置之后，增加一个负号，再利用公式即可：

$$f(x) = \int_x^2 \sqrt{5+t^2}\,\mathrm{d}t = -\int_2^x \sqrt{5+t^2}\,\mathrm{d}t$$

$$f'(x) = -\sqrt{5+x^2}$$

$$f'(1) = -\sqrt{6}$$

答案： D

6. 解　本题考查隐函数求导的问题。

方法 1：方程两边对x求导，注意y是x的函数：

$$e^y + x'y = e$$

$$(e^y)' + (xy)' = (e)'$$

$$e^y \cdot y' + (y + xy') = 0$$

$$(e^y + x)y' = -y$$

解出$y' = \dfrac{-y}{x+e^y}$

当$x = 0$时，有$e^y = e \Rightarrow y = 1$，$y'(0) = -\dfrac{1}{e}$

方法 2：利用二元方程确定的隐函数导数的计算方法计算。

$$e^y + xy = e, \quad e^y + xy - e = 0$$

设$F(x,y) = e^y + xy - e$，$F_y'(x,y) = e^y + x$，$F_x'(x,y) = y$

所以

$$\frac{\mathrm{d}y}{\mathrm{d}x} = -\frac{F_x'(x,y)}{F_y'(x,y)} = -\frac{y}{e^y + x}$$

当$x = 0$时，$y = 1$，代入得$\dfrac{\mathrm{d}y}{\mathrm{d}x}\Big|_{x=0} = -\dfrac{1}{e}$

注：本题易错选 B 项，选 B 则是没有看清题意，题中所求是$y'(0)$而并非$y'(x)$。

答案： D

7. 解　本题考查不定积分的相关内容。

已知$\int f(x)\mathrm{d}x = \ln x + C$，可知$f(x) = \dfrac{1}{x}$

则$f(\cos x) = \dfrac{1}{\cos x}$，即$\int \cos x\, f(\cos x)\mathrm{d}x = \int \cos x \cdot \dfrac{1}{\cos x}\mathrm{d}x = x + C$

注：本题不适合采用凑微分的形式。

答案： B

8. 解　本题考查多元函数微分学的概念性问题，涉及多元函数偏导数与多元函数连续等概念，需记忆下图的关系式方可快速解答：

题 8 解图

$f(x,y)$ 在点 $P_0(x_0, y_0)$ 有一阶偏导数，不能推出 $f(x,y)$ 在 $P_0(x_0, y_0)$ 连续。

同样，$f(x,y)$ 在 $P_0(x_0, y_0)$ 连续，不能推出 $f(x,y)$ 在 $P_0(x_0, y_0)$ 有一阶偏导数。

可知，函数可偏导与函数连续之间的关系是不能相互导出的。

答案： D

9. 解 本题考查空间解析几何中对称直线方程的概念。

对称式直线方程的特点是连等号的存在，故而选项 A 和 C 可直接排除，且选项 A 和 C 并不是直线的表达式。由于所求直线平行于 z 轴，取 z 轴的方向向量为所求直线的方向向量。

$$\vec{s_z} = \{0, 0, 1\}, \quad M_0(-1, -2, 3),$$ 利用点向式写出对称式方程：

$$\frac{x+1}{0} = \frac{y+2}{0} = \frac{z-3}{1}$$

答案： D

10. 解 本题考查定积分的计算。

对本题，观察分子中有 $\frac{1}{x}$，而 $\left(\frac{1}{x}\right)' = -\frac{1}{x^2}$，故适合采用凑微分解答：

$$原式 = \int_1^2 -\left(1 - \frac{1}{x}\right) \mathrm{d}\left(\frac{1}{x}\right) = \int_1^2 \left(\frac{1}{x} - 1\right) \mathrm{d}\left(\frac{1}{x}\right) = \int_1^2 \frac{1}{x} \mathrm{d}\left(\frac{1}{x}\right) - \int_1^2 1 \mathrm{d}\left(\frac{1}{x}\right)$$

$$= \frac{1}{2}\left(\frac{1}{x}\right)^2 \bigg|_1^2 - \frac{1}{x}\bigg|_1^2 = \frac{1}{8}$$

答案： C

11. 解 本题考查了三角函数的基本性质，以及最值的求法。

方法 1： $f(x) = \sin(x + \frac{\pi}{2} + \pi) = -\cos x$

$x \in [-\pi, \pi]$

$f'(x) = \sin x$，$f'(x) = 0$，即 $\sin x = 0$，可知 $x = 0$，$-\pi$，π 为驻点

则 $f(0) = -\cos 0 = -1$，$f(-\pi) = -\cos(-\pi) = 1$，$f(\pi) = -\cos \pi = 1$

所以 $x = 0$，函数取得最小值，最小值点 $x_0 = 0$

方法 2： 通过作图，可以看出在 $[-\pi, \pi]$ 上的最小值点 $x_0 = 0$。

答案： B

12. 解 本题考查参数方程形式的对坐标的曲线积分（也称第二类曲线积分），注意绕行方向为顺时针。

如解图所示，上半椭圆 ABC 是由参数方程 $\begin{cases} x = a\cos\theta \\ y = b\sin\theta \end{cases}$ $(a > 0，b > 0)$ 画出的。本题积分路径 L 为沿上半椭圆顺时针方向，从 C 到 B，再到 A，θ 变化范围由 π 变化到 0，具体计算可由方程 $x = a\cos\theta$ 得到。起点为 $C(-a, 0)$，把 $-a$ 代入方程中的 x，得 $\theta = \pi$。终点为 $A(a, 0)$，把 a 代入方程中的 x，得 $\theta = 0$，因此参数 θ 的变化为从 $\theta = \pi$ 变化到 $\theta = 0$，即 $\theta: \pi \to 0$。

由 $x = a\cos\theta$ 可知，$\mathrm{d}x = -a\sin\theta\mathrm{d}\theta$，因此原式有：

$$\int_L y^2 \mathrm{d}x = \int_\pi^0 (b\sin\theta)^2(-a\sin\theta)\mathrm{d}\theta = \int_0^\pi ab^2\sin^3\theta\mathrm{d}\theta = ab^2\int_0^\pi \sin^2\theta\mathrm{d}(-\cos\theta)$$

$$= -ab^2\int_0^\pi(1-\cos^2\theta)\mathrm{d}(\cos\theta) = \frac{4}{3}ab^2$$

注：对坐标的曲线积分应注意积分路径的方向，然后写出积分变量的上下限，本题若取逆时针为绕行方向，则 θ 的范围应从 0 到 π。简单作图即可观察和验证。

答案：B

题 11 解图

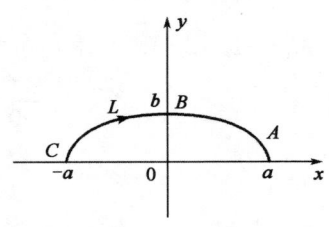

题 12 解图

13. 解 本题考查交错级数收敛的充分条件。

注意本题有 $(-1)^n$，显然 $\sum\limits_{n=1}^\infty \frac{(-1)^n}{a_n}(a_n > 0)$ 是一个交错级数。

交错级数收敛，即 $\sum\limits_{n=1}^\infty (-1)^n a_n$ 只要满足：①$a_n > a_{n+1}$，②$a_n \to 0(n \to \infty)$ 即可。

在选项 D 中，已知 a_n 单调递增，即 $a_n < a_{n+1}$，所以 $\frac{1}{a_n} > \frac{1}{a_{n+1}}$

又知 $\lim\limits_{n\to\infty} a_n = +\infty$，所以 $\lim\limits_{n\to\infty}\frac{1}{a_n} = 0$，故级数 $\sum\limits_{n=1}^\infty \frac{(-1)^n}{a_n}(a_n > 0)$ 收敛

其他选项均不符合交错级数收敛的判别方法。

答案：D

14. 解 本题考查函数拐点的求法。

求解函数拐点即先求函数的二阶导数为 0 的点，因此有：

$$F'(x) = e^{-x} - xe^{-x}$$

$$F''(x) = xe^{-x} - 2e^{-x} = (x-2)e^{-x}$$

令 $f''(x) = 0$，解出 $x = 2$

当 $x \in (-\infty, 2)$ 时，$f''(x) < 0$；当 $x \in (2, +\infty)$ 时，$f''(x) > 0$

所以拐点为 $(2, 2e^{-2})$

答案：A

15. 解 本题考查二阶常系数线性非齐次方程的特解问题。

严格说来本题有点超纲，大纲要求是求解二阶常系数线性齐次微分方程，对于非齐次方程并不做要求。因此本题可采用代入法求解，考虑到$e^x = (e^x)' = (e^x)''$，观察各选项，易知选项C符合要求。

具体解析过程如下：

$y'' + y' + y = e^x$ 对应的齐次方程为 $y'' + y' + y = 0$

$r^2 + r + 1 = 0 \Rightarrow r_{1,2} = \frac{-1 \pm \sqrt{3}i}{2}$

所以$\lambda = 1$不是特征方程的根

设二阶非齐次线性方程的特解$y^* = Ax^0 e^x = Ae^x$

$(y^*)' = Ae^x$，$(y^*)'' = Ae^x$

代入，得$Ae^x + Ae^x + Ae^x = e^x$

$3Ae^x = e^x$，$3A = 1$，$A = \frac{1}{3}$，所以特解为$y^* = \frac{1}{3}e^x$

答案：C

16. 解　本题考查二重积分在极坐标下的运算。

注意到在二重积分的极坐标中有$x = r\cos\theta$，$y = r\sin\theta$，故$x^2 + y^2 = r^2$，因此对于圆域有$0 \leqslant r^2 \leqslant 1$，也即$r: 0 \to 1$，整个圆域范围内有$\theta: 0 \to 2\pi$，如解图所示，同时注意二重积分中面积元素$\mathrm{d}x\mathrm{d}y = r\mathrm{d}r\mathrm{d}\theta$，故：

题16解图

$$\iint\limits_{D} \frac{\mathrm{d}x\mathrm{d}y}{1+x^2+y^2} = \int_0^{2\pi} \mathrm{d}\theta \int_0^1 \frac{1}{1+r^2} r\mathrm{d}r \xrightarrow[\text{对}r\text{凑微分}]{\theta\text{和}r\text{无关直接积分,}} 2\pi \int_0^1 \frac{1}{2} \frac{1}{1+r^2} \mathrm{d}(1+r^2)$$

$$= \pi \ln(1+r^2) \Big|_0^1 = \pi \ln 2$$

答案：D

17. 解　本题考查幂级数的和函数的基本运算。

级数$\sum\limits_{n=1}^{\infty} \frac{x^n}{n!} = \frac{x}{1!} + \frac{x^2}{2!} + \frac{x^3}{3!} + \cdots + \frac{x^n}{n!} + \cdots$

已知$e^x = 1 + \frac{x}{1!} + \frac{x^2}{2!} + \cdots + \frac{x^n}{n!} + \cdots (-\infty, +\infty)$

所以级数$\sum\limits_{n=1}^{\infty} \frac{x^n}{n!}$的和函数$S(x) = e^x - 1$

注：考试中常见的幂级数展开式有：

$\frac{1}{1-x} = 1 + x + x^2 + \cdots + x^k + \cdots = \sum\limits_{k=0}^{\infty} x^k$，$|x| < 1$

$\frac{1}{1+x} = 1 - x + x^2 - \cdots + (-1)^k x^k + \cdots = \sum\limits_{k=0}^{\infty} (-1)^k x^k$，$|x| < 1$

$e^x = 1 + x + \frac{x^2}{2!} + \cdots + \frac{x^k}{k!} + \cdots = \sum\limits_{k=0}^{\infty} \frac{x^k}{k!}$，$(-\infty, +\infty)$

答案：C

18. 解 本题考查多元抽象函数偏导数的运算，及多元复合函数偏导数的计算方法。

$$z = y\varphi\left(\frac{x}{y}\right)$$

$$\frac{\partial z}{\partial x} = y \cdot \varphi'\left(\frac{x}{y}\right) \cdot \frac{1}{y} = \varphi'\left(\frac{x}{y}\right)$$

$$\frac{\partial^2 z}{\partial x \partial y} = \varphi''\left(\frac{x}{y}\right) \cdot \left(\frac{x}{y}\right)'_y = \varphi''\left(\frac{x}{y}\right) \cdot \left(\frac{x}{-y^2}\right)$$

注：复合函数的链式法则为 $f'(g(x)) = f' \cdot g'$，读者应注意题目中同时含有抽象函数与具体函数的求导法则。

答案： B

19. 解 本题考查可逆矩阵的相关知识。

方法 1： 利用初等行变换求解如下：

由 $[A|E] \xrightarrow{\text{初等行变换}} [E|A^{-1}]$

得：$\begin{bmatrix} 0 & 0 & -2 & | & 1 & 0 & 0 \\ 0 & 3 & 0 & | & 0 & 1 & 0 \\ 1 & 0 & 0 & | & 0 & 0 & 1 \end{bmatrix} \xrightarrow{r_1 \leftrightarrow r_3} \begin{bmatrix} 1 & 0 & 0 & | & 0 & 0 & 1 \\ 0 & 3 & 0 & | & 0 & 1 & 0 \\ 0 & 0 & -2 & | & 1 & 0 & 0 \end{bmatrix} \xrightarrow[-\frac{1}{2}r_3]{\frac{1}{3}r_2} \begin{bmatrix} 1 & 0 & 0 & | & 0 & 0 & 1 \\ 0 & 1 & 0 & | & 0 & \frac{1}{3} & 0 \\ 0 & 0 & 1 & | & -\frac{1}{2} & 0 & 0 \end{bmatrix}$

故 $A^{-1} = \begin{bmatrix} 0 & 0 & 1 \\ 0 & \frac{1}{3} & 0 \\ -\frac{1}{2} & 0 & 0 \end{bmatrix}$

方法 2： 逐项代入法，与矩阵 A 乘积等于 E，即为正确答案。验证选项 C，计算过程如下：

$$\begin{bmatrix} 0 & 0 & -2 \\ 0 & 3 & 0 \\ 1 & 0 & 0 \end{bmatrix} \begin{bmatrix} 0 & 0 & 1 \\ 0 & \frac{1}{3} & 0 \\ -\frac{1}{2} & 0 & 0 \end{bmatrix} = \begin{bmatrix} 1 & 0 & 0 \\ 0 & 1 & 0 \\ 0 & 0 & 1 \end{bmatrix}$$

方法 3： 利用求逆矩阵公式：

$$A^{-1} = \frac{A^*}{|A|} = \frac{1}{|A|} \begin{bmatrix} A_{11} & A_{21} & A_{31} \\ A_{12} & A_{22} & A_{32} \\ A_{13} & A_{23} & A_{33} \end{bmatrix}$$

答案： C

20. 解 本题考查线性齐次方程组解的基本知识，矩阵的秩和矩阵列向量组的线性相关性。

方法 1： $Ax = 0$ 有非零解 $\Leftrightarrow R(A) < n \Leftrightarrow A$ 的列向量组线性相关 $\Leftrightarrow$ 至少有一个列向量是其余列向量的线性组合。

方法 2： 举反例，$A = \begin{bmatrix} 1 & 0 & 0 \\ 0 & 1 & 1 \\ 0 & 0 & 0 \end{bmatrix}$，齐次方程组 $Ax = 0$ 就有无穷多解，因为 $R(A) = 2 < 3$，然而矩阵中第一列和第二列线性无关，选项 A 错。第二列和第三列线性相关，选项 B 错。第一列不是第二列、第三列的线性组合，选项 C 错。

答案： D

21. 解 本题考查实对称阵的特征值与特征向量的相关知识。

已知重要结论：实对称矩阵属于不同特征值的特征向量必然正交。

方法 1： 设对应 $\lambda_1 = 6$ 的特征向量 $\xi_1 = (x_1 \quad x_2 \quad x_3)^T$，由于 A 是实对称矩阵，故 $\xi_1^T \cdot \xi_2 = 0$，$\xi_1^T \cdot \xi_3 = 0$，即

$$\begin{cases} (x_1 \quad x_2 \quad x_3)\begin{bmatrix} -1 \\ 0 \\ 1 \end{bmatrix} = 0 \\ (x_1 \quad x_2 \quad x_3)\begin{bmatrix} 1 \\ 2 \\ 1 \end{bmatrix} = 0 \end{cases} \Rightarrow \begin{cases} -x_1 + x_3 = 0 \\ x_1 + 2x_2 + x_3 = 0 \end{cases}$$

$$\begin{bmatrix} -1 & 0 & 1 \\ 1 & 2 & 1 \end{bmatrix} \rightarrow \begin{bmatrix} 1 & 0 & -1 \\ 1 & 2 & 1 \end{bmatrix} \rightarrow \begin{bmatrix} 1 & 0 & -1 \\ 0 & 2 & 2 \end{bmatrix} \rightarrow \begin{bmatrix} 1 & 0 & -1 \\ 0 & 1 & 1 \end{bmatrix}$$

该同解方程组为 $\begin{cases} x_1 - x_3 = 0 \\ x_2 + x_3 = 0 \end{cases} \Rightarrow \begin{cases} x_1 = x_3 \\ x_2 = -x_3 \end{cases}$

当 $x_3 = 1$ 时，$x_1 = 1$，$x_2 = -1$

方程组的基础解系 $\xi = (1 \quad -1 \quad 1)^T$，取 $\xi_1 = (1 \quad -1 \quad 1)^T$

方法 2： 采用代入法，对四个选项进行验证。

对于选项 A：$(1 \quad -1 \quad 1)\begin{bmatrix} -1 \\ 0 \\ 1 \end{bmatrix} = 0$，$(1 \quad -1 \quad 1)\begin{bmatrix} 1 \\ 2 \\ 1 \end{bmatrix} = 0$，可知正确。

答案： A

22. 解 $A(\overline{B \cup C}) = A\overline{B}\overline{C}$ 可能发生，选项 A 错。

$A(\overline{A \cup B \cup C}) = A\overline{A}\,\overline{B}\,\overline{C} = \varnothing$，选项 B 对。

或见解图，图 a）$\overline{B \cup C}$（斜线区域）与 A 有交集，图 b）$\overline{A \cup B \cup C}$（斜线区域）与 A 无交集。

题 22 解图

答案： B

23. 解 本题考查概率密度的性质：$\int_{-\infty}^{+\infty} \int_{-\infty}^{+\infty} f(x,y)\mathrm{d}x\mathrm{d}y = 1$

方法 1：

$$\int_0^{+\infty} \int_0^{+\infty} e^{-2ax+by}\,\mathrm{d}y\mathrm{d}x = \int_0^{+\infty} e^{-2ax}\,\mathrm{d}x \cdot \int_0^{+\infty} e^{by}\,\mathrm{d}y = 1$$

当 $a > 0$ 时，$\int_0^{+\infty} e^{-2ax}\,\mathrm{d}x = \frac{-1}{2a}e^{-2ax}\Big|_0^{+\infty} = \frac{1}{2a}$

当 $b < 0$ 时，$\int_0^{+\infty} e^{by}\,\mathrm{d}y = \frac{1}{b}e^{by}\Big|_0^{+\infty} = \frac{-1}{b}$

$$\frac{1}{2a} \cdot \frac{-1}{b} = 1, \quad ab = -\frac{1}{2}$$

方法 2:

当 $x > 0$, $y > 0$ 时, $f(x,y) = e^{-2ax+by} = 2ae^{-2ax} \cdot (-b)e^{by} \cdot \frac{-1}{2ab}$

当 $\frac{-1}{2ab} = 1$, 即 $ab = -\frac{1}{2}$ 时, X 与 Y 相互独立, 且 X 服从参数 $\lambda = 2a(a > 0)$ 的指数分布, Y 服从参数 $\lambda = -b(b < 0)$ 的指数分布。

答案: A

24. 解 因为 $\hat{\theta}$ 是 θ 的无偏估计量, 即 $E(\hat{\theta}) = \theta$

所以 $E\left[(\hat{\theta})^2\right] = D(\hat{\theta}) + \left[E(\hat{\theta})\right]^2 = D(\hat{\theta}) + \theta^2$

又因为 $D(\hat{\theta}) > 0$, 所以 $E[(\hat{\theta})^2] > \theta^2$, $(\hat{\theta})^2$ 不是 θ^2 的无偏估计量

答案: B

25. 解 理想气体状态方程 $pV = \frac{M}{\mu}RT$, 因为 $V_1 = V_2$, $T_1 = T_2$, $M_1 = M_2$, 所以 $\frac{\mu_1}{\mu_2} = \frac{p_2}{p_1}$。

答案: D

26. 解 气体分子的平均碰撞频率: $\bar{Z} = \sqrt{2}n\pi d^2\bar{v}$, 已知 $\bar{v} = 1.6\sqrt{\frac{RT}{M}}$, $p = nkT$, 则:

$$\bar{Z} = \sqrt{2}n\pi d^2\bar{v} = \sqrt{2}\frac{p}{kT}\pi d^2 \cdot 1.6\sqrt{\frac{RT}{M}} \propto \frac{1}{\sqrt{T}}$$

答案: C

27. 解 热力学第一定律 $Q = W + \Delta E$, 绝热过程做功等于内能增量的负值, 即 $\Delta E = -W = -500\text{J}$。

答案: C

28. 解 此题考查对热力学第二定律与可逆过程概念的理解。开尔文表述的是关于热功转换过程中的不可逆性, 克劳修斯表述则指出热传导过程中的不可逆性。

答案: A

29. 解 此题考查波动方程基本关系。

$$y = A\cos(Bt - Cx) = A\cos B\left(t - \frac{x}{B/C}\right)$$

$$u = \frac{B}{C}, \quad \omega = B, \quad T = \frac{2\pi}{\omega} = \frac{2\pi}{B}$$

$$\lambda = u \cdot T = \frac{B}{C} \cdot \frac{2\pi}{B} = \frac{2\pi}{C}$$

答案: B

30. 解 波长 λ 反映的是波在空间上的周期性。

答案: B

31. 解 由描述波动的基本物理量之间的关系得:

$$\frac{\lambda}{3} = \frac{2\pi}{\pi/6}, \quad \lambda = 36, \quad U = \frac{\lambda}{T} = \frac{36}{4} = 9$$

答案： B

32. 解 如解图所示，考虑 O 处的明纹怎样变化。

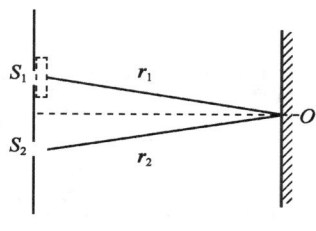

题 32 解图

①玻璃纸未遮住时：光程差 $\delta = r_1 - r_2 = 0$，O 处为零级明纹。

②玻璃纸遮住后：光程差 $\delta' = \frac{5}{2}\lambda$，根据干涉条件知 $\delta' = \frac{5}{2}\lambda = (2 \times 2 + 1)\frac{\lambda}{2}$，满足暗纹条件。

答案： B

33. 解 此题考查马吕斯定律。

$I = I_0 \cos^2\alpha$，光强为 I_0 的自然光通过第一个偏振片，光强为入射光强的一半，通过第二个偏振片，光强为 $I = \frac{I_0}{2}\cos^2 a$，则：

$$\frac{I_1}{I_2} = \frac{\frac{1}{2}I_0 \cos^2\alpha_1}{\frac{1}{2}I_0 \cos^2\alpha_2} = \frac{\cos^2\alpha_1}{\cos^2\alpha_2}$$

答案： C

34. 解 本题同 2010-36，由光栅公式 $d\sin\theta = k\lambda$，对同级条纹，光栅常数小，衍射角大，分辨率高，选光栅常数小的。

答案： D

35. 解 由双缝干涉条纹间距公式计算：

$$\Delta x = \frac{D}{d}\lambda = \frac{3000}{2} \times 600 \times 10^{-6} = 0.9\text{mm}$$

答案： B

36. 解 由布儒斯特定律，折射角为 30° 时，入射角为 60°，$\tan 60° = \frac{n_2}{n_1} = \sqrt{3}$。

答案： D

37. 解 原子序数为 15 的元素，原子核外有 15 个电子，基态原子的核外电子排布式为 $1s^2 2s^2 2p^6 3s^2 3p^3$，根据洪特规则，$3p^3$ 中 3 个电子分占三个不同的轨道，并且自旋方向相同。所以原子序数为 15 的元素，其基态原子核外电子分布中，有 3 个未成对电子。

答案： D

38. 解 NaCl是离子晶体，冰是分子晶体，SiC是原子晶体，Cu是金属晶体。所以SiC的熔点最高。

答案：C

39. 解 根据稀释定律 $\alpha = \sqrt{K_a/C}$，一元弱酸HOAc的浓度越小，解离度越大。所以HOAc浓度稀释一倍，解离度增大。

注：HOAc 一般写为 HAc，普通化学书中常用 HAc。

答案：A

40. 解 将$0.2 \text{mol} \cdot \text{L}^{-1}$的$NH_3 \cdot H_2O$与$0.2 \text{mol} \cdot \text{L}^{-1}$的 HCl 溶液等体积混合生成$0.1 \text{mol} \cdot \text{L}^{-1}$的$NH_4Cl$溶液，$NH_4Cl$为强酸弱碱盐，可以水解，溶液$C_{H^+} = \sqrt{C \cdot K_W/K_b} = \sqrt{0.1 \times \frac{10^{-14}}{1.8 \times 10^{-5}}} \approx 7.5 \times 10^{-6}$，$pH = -\lg C_{H^+} = 5.12$。

答案：A

41. 解 此反应为放热反应。平衡常数只是温度的函数，对于放热反应，平衡常数随着温度升高而减小。相反，对于吸热反应，平衡常数随着温度的升高而增大。

答案：B

42. 解 电对的电极电势越大，其氧化态的氧化能力越强，越易得电子发生还原反应，做正极；电对的电极电势越小，其还原态的还原能力越强，越易失电子发生氧化反应，做负极。

答案：D

43. 解 反应方程式为$2Na(s) + Cl_2(g) = 2NaCl(s)$。气体分子数增加的反应，其熵值增大；气体分子数减小的反应，熵值减小。

答案：B

44. 解 加成反应生成2，3二溴-2-甲基丁烷，所以在2，3位碳碳间有双键，所以该烃为 2-甲基-2-丁烯。

答案：D

45. 解 同系物是指结构相似、分子组成相差若干个$-CH_2-$原子团的有机化合物。

答案：D

46. 解 烃类化合物是碳氢化合物的统称，是由碳与氢原子所构成的化合物，主要包含烷烃、环烷烃、烯烃、炔烃、芳香烃。烃分子中的氢原子被其他原子或者原子团所取代而生成的一系列化合物称为烃的衍生物。

答案：B

47. 解 销钉C处为光滑接触约束，约束力应垂直于AB光滑直槽，由于$\boldsymbol{F}_p$的作用，直槽的左上侧与销钉接触，故其约束力的作用线与x轴正向所成的夹角为150°。

答案： D

48. 解 根据力系简化结果分析，分力首尾相连组成自行封闭的力多边形，则简化后的主矢为零，而F_1与F_3、F_2与F_4分别组成逆时针转向的力偶，合成后为一合力偶。

答案： C

49. 解 以圆柱体为研究对象，沿 1、2 接触点的法线方向有约束力F_{N1}和F_{N2}，受力如解图所示。对圆柱体列F_{N2}方向的平衡方程：

$$\sum F_2 = 0，F_{N2} - P\cos 45° + F\sin 45° = 0，F_{N2} = \frac{\sqrt{2}}{2}(P - F)$$

题 49 解图

答案： A

50. 解 在重力作用下，杆A端有向左侧滑动的趋势，故B处摩擦力应沿杆指向右上方向。

答案： B

51. 解 因为速度$v = \frac{\mathrm{d}x}{\mathrm{d}t}$，积一次分，即：$\int_5^x \mathrm{d}x = \int_0^t (20t + 5)\mathrm{d}t，x - 5 = 10t^2 + 5t$。

答案： A

52. 解 根据定轴转动刚体上一点加速度与转动角速度、角加速度的关系：$a_n = \omega^2 l，a_\tau = \alpha l$，而题中$a_n = a = \omega^2 l$，所以$\omega = \sqrt{\frac{a}{l}}$，$a_\tau = 0 = \alpha l$，所以$\alpha = 0$。

答案： C

53. 解 绳上A点的加速度大小为a（该点速度方向在下一瞬时无变化，故只有铅垂方向的加速度），而轮缘上各点的加速度大小为$\sqrt{a^2 + \left(\frac{v^2}{r}\right)^2}$，绳上$D$点随轮缘$C$点一起运动，所以两点加速度相同。

答案： D

54. 解 汽车运动到洼地底部时加速度的大小为$a = a_n = \frac{v^2}{\rho}$，其运动及受力如解图所示，按照牛顿第二定律，在铅垂方向有$ma = F_N - W$，F_N为地面给汽车的合约束，力$F_N = \frac{W}{g} \cdot \frac{v^2}{\rho} + W = \frac{2800}{10} \times \frac{10^2}{5} + 2800 = 8400\text{N}$。

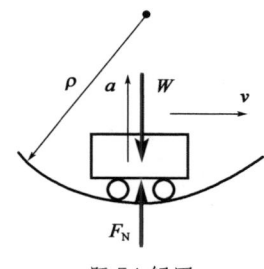

题 54 解图

答案： D

55. 解 根据动量的公式：$p = mv_C$，则圆轮质心速度为零，动量为零，故系统的动量只有物块的$\frac{W}{g} \cdot v$；又根据动能的公式：圆轮的动能为$\frac{1}{2} \cdot \frac{1}{2}mR^2\omega^2 = \frac{1}{4}mR^2\left(\frac{v}{R}\right)^2 = \frac{1}{4}mv^2$，物块的动能为$\frac{1}{2} \cdot \frac{W}{g}v^2$，两者相加为$\frac{1}{2} \cdot \frac{v^2}{g}\left(\frac{1}{2}mg + W\right)$。

答案： A

56. 解 由于系统在水平方向受力为零，故在水平方向有质心守恒，即质心只沿铅垂方向运动。

答案： C

57. 解 根据定轴转动刚体惯性力系的简化结果分析，匀角速度转动（ $\alpha = 0$ ）刚体的惯性力主矢和主矩的大小分别为： $F_I = ma_C = \frac{1}{2}ml\omega^2$ ， $M_{IO} = J_O\alpha = 0$ 。

答案： D

58. 解 单摆运动的固有频率公式： $\omega_n = \sqrt{\frac{g}{l}}$ 。

答案： C

59. 解

$$\varepsilon' = -\mu\varepsilon = -\mu\frac{\sigma}{E} = -\mu\frac{F_N}{AE} = -0.3 \times \frac{20 \times 10^3 \text{N}}{100\text{mm}^2 \times 200 \times 10^3 \text{MPa}} = -0.3 \times 10^{-3}$$

答案： B

60. 解 由于沿横截面有微小裂纹，使得直杆在承受拉伸荷载时，在有微小裂纹的横截面上将产生应力集中，故有裂纹的杆件比没有裂纹杆件的承载能力明显降低。

答案： C

61. 解 由 $\sigma = \frac{P}{\frac{1}{4}\pi d^2} \leqslant [\sigma]$ ， $\tau = \frac{P}{\pi dh} \leqslant [\tau]$ ， $\sigma_{bs} = \frac{P}{\frac{\pi}{4}(D^2-d^2)} \leqslant [\sigma_{bs}]$ 分别求出 $[P]$ ，然后取最小值即为杆件的许用拉力。

答案： D

62. 解 由于 a 轮上的外力偶矩 M_a 最大，当 a 轮放在两端时轴内将产生较大扭矩；只有当 a 轮放在中间时，轴内扭矩才较小。

答案： D

63. 解 由最大负弯矩为 $8\text{kN} \cdot \text{m}$ ，可以反推： $M_{max} = F \times 1\text{m}$ ，故 $F = 8\text{kN}$

再由支座 C 处（即外力偶矩 M 作用处）两侧的弯矩的突变值是 $14\text{kN} \cdot \text{m}$ ，可知外力偶矩为 $14\text{kN} \cdot \text{m}$ 。

答案： A

64. 解 开裂前，由整体梁的强度条件 $\sigma_{max} = \frac{M}{W_z} \leqslant [\sigma]$ ，可知：

$$M \leqslant [\sigma]W_z = [\sigma]\frac{b(3a)^2}{6} = \frac{3}{2}ba^2[\sigma]$$

胶合面开裂后，每根梁承担总弯矩 M_1 的 $\frac{1}{3}$ ，由单根梁的强度条件 $\sigma_{1max} = \frac{M_1}{W_{z1}} = \frac{\frac{M_1}{3}}{W_{z1}} = \frac{M_1}{3W_{z1}} \leqslant [\sigma]$ ，可知：

$$M_1 \leqslant 3[\sigma]W_{z1} = 3[\sigma]\frac{ba^2}{6} = \frac{1}{2}ba^2[\sigma]$$

故开裂后每根梁的承载能力是原来的 $\frac{1}{3}$ 。

答案： B

65.解 矩形截面切应力的分布是一个抛物线形状，最大切应力在中性轴z上，图示梁的横截面可以看作是一个中性轴附近梁的宽度b突然变大的矩形截面。根据弯曲切应力的计算公式：

$$\tau = \frac{QS_z^*}{bI_z}$$

在b突然变大的情况下，中性轴附近的τ突然变小，切应力分布图沿y方向的分布如解图所示，所以最大切应力在2点。

题65解图

答案： B

66.解 由悬臂梁的最大挠度计算公式$f_{\max} = \frac{m_g L^2}{2EI}$，可知$f_{\max}$与$L^2$成正比，故有

$$f'_{\max} = \frac{m_g \left(\frac{L}{2}\right)^2}{2EI} = \frac{1}{4}f_{\max}$$

答案： B

67.解 由跨中受集中力F作用的简支梁最大挠度的公式$f_c = \frac{Fl^3}{48EI}$，可知最大挠度与截面对中性轴的惯性矩成反比。

因为$I_a = \frac{b^3 h}{12} = \frac{b^4}{6}$，$I_b = \frac{bh^3}{12} = \frac{2b^4}{3}$，所以$\frac{f_a}{f_b} = \frac{I_b}{I_a} = \frac{\frac{2}{3}b^4}{\frac{b^4}{6}} = 4$

答案： C

68.解 首先求出三个主应力：$\sigma_1 = \sigma, \sigma_2 = \tau, \sigma_3 = -\tau$，再由第三强度理论得$\sigma_{r3} = \sigma_1 - \sigma_3 = \sigma + \tau \leqslant [\sigma]$。

答案： B

69.解 开缺口的截面是偏心受拉，偏心距为$\frac{h}{4}$，则：

$$\sigma_{\max} = \frac{P}{A} + \frac{P \cdot \frac{h}{4}}{W_z} = \frac{P}{\frac{bh}{2}} + \frac{P \cdot \frac{h}{4}}{\frac{b}{6}\left(\frac{h}{2}\right)^2} = 8\frac{P}{bh}$$

答案： C

70.解 由一端固定、另一端自由的细长压杆的临界力计算公式$F_{cr} = \frac{\pi^2 EI}{(2L)^2}$，可知$F_{cr}$与$L^2$成反比，故有

$$F'_{cr} = \frac{\pi^2 EI}{\left(2 \cdot \frac{L}{2}\right)^2} = 4\frac{\pi^2 EI}{(2L)^2} = 4F_{cr}$$

答案： A

71.解 水的运动黏性系数随温度的升高而减小。

答案： B

72.解 真空度$p_v = p_a - p' = 101 - (90 + 9.8) = 1.2 \text{kN/m}^2$

答案： C

73. 解 流线表示同一时刻的流动趋势。

答案： D

74. 解 对两水箱水面写能量方程可得：$H = h_w = h_{w_1} + h_{w_2}$

$1 \sim 3$ 管段中的流速 $v_1 = \frac{Q}{\frac{\pi}{4}d_1^2} = \frac{0.04}{\frac{\pi}{4} \times 0.2^2} = 1.27\text{m/s}$

$h_{w_1} = \left(\lambda_1 \frac{l_1}{d_1} + \sum \zeta_1\right)\frac{v_1^2}{2g} = \left(0.019 \times \frac{10}{0.2} + 0.5 + 0.5 + 0.024\right) \times \frac{1.27^2}{2 \times 9.8} = 0.162\text{m}$

$3 \sim 6$ 管段中的流速 $v_2 = \frac{Q}{\frac{\pi}{4}d_2^2} = \frac{0.04}{\frac{\pi}{4} \times 0.1^2} = 5.1\text{m/s}$

$h_{w_2} = \left(\lambda_2 \frac{l_2}{d_2} + \sum \zeta_2\right)\frac{v_2^2}{2g} = \left(0.018 \times \frac{10}{0.1} + 0.5 + 0.5 + 1\right) \times \frac{5.1^2}{2 \times 9.8} = 5.042\text{m}$

$H = h_{w_1} + h_{w_2} = 0.162 + 5.042 = 5.204\text{m}$

答案： C

75. 解 在长管水力计算中，速度水头和局部损失均可忽略不计。

答案： C

76. 解 矩形排水管水力半径 $R = \frac{A}{\chi} = \frac{5 \times 3}{5 + 2 \times 3} = 1.36\text{m}$。

答案： C

77. 解 潜水完全井流量 $Q = 1.36k \frac{H^2 - h^2}{\lg \frac{R}{r}}$，因此 Q 与土体渗透数 k 成正比。

答案： D

78. 解 无量纲量即量纲为 1 的量，$\dim \frac{F}{\rho v^2 L^2} = \frac{\rho v^2 L^2}{\rho v^2 L^2} = 1$

答案： C

79. 解 电流与磁场的方向可以根据右手螺旋定则确定，即让右手大拇指指向电流的方向，则四指的指向就是磁感线的环绕方向。

答案： D

80. 解 见解图，设 2V 电压源电流为 I'，则：

$I = I' + 0.1$

$10I' = 2 - 4 = -2\text{V}$

$I' = -0.2\text{A}$

$I = -0.2 + 0.1 = -0.1\text{A}$

题 80 解图

答案： C

81. 解 电流源单独作用时，15V 的电压源做短路处理，则

$$I = \frac{1}{3} \times (-6) = -2\text{A}$$

答案：D

82. 解 画相量图分析（见解图），电压表和电流表读数为有效值。

答案：D

题 81 解图

题 82 解图

83. 解
$$P = UI\cos\varphi = 110 \times 1 \times \cos 30° = 95.3\text{W}$$
$$Q = UI\sin\varphi = 110 \times 1 \times \sin 30° = 55\text{W}$$
$$S = UI = 110 \times 1 = 110\text{V} \cdot \text{A}$$

答案：A

题 83 解图

84. 解 在直流稳态电路中电容作开路处理。开关未动作前，$u = U_{C(0-)}$

电容为开路状态时，$U_{C(0-)} = \frac{1}{2} \times 6 = 3\text{V}$

电源充电进入新的稳态时，$U_{C(\infty)} = \frac{1}{3} \times 6 = 2\text{V}$

因此换路电容电压逐步衰减到 2V。电路的时间常数 $\tau = RC$，本题中 C 值没给出，是不能确定 τ 的数值的。

答案：B

85. 解 如解图所示，根据理想变压器关系有

$$I_2 = \sqrt{\frac{P_2}{R_2}} = \sqrt{\frac{40}{10}} = 2\text{A}, \quad K = \frac{I_2}{I_1} = 2, \quad N_2 = \frac{N_1}{K} = \frac{100}{2} = 50 \text{ 匝}$$

题 84 解图

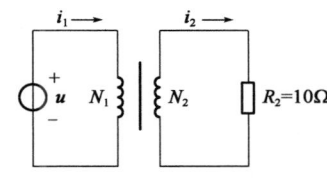

题 85 解图

答案：A

86. 解 实现对电动机的过载保护，除了将热继电器的热元件串联在电动机的主电路外，还应将热继电器的常闭触点串接在控制电路中。

当电机过载时，这个常闭触点断开，控制电路供电通路断开。

答案：B

87.解 模拟信号与连续时间信号不同，模拟信号是幅值连续变化的连续时间信号。题中两条曲线均符合该性质。

答案：C

88.解 周期信号的幅值频谱是离散且收敛的。这个周期信号一定是时间上的连续信号。

本题给出的图形是周期信号的频谱图。频谱图是非正弦信号中不同正弦信号分量的幅值按频率变化排列的图形，其大小是表示各次谐波分量的幅值，用正值表示。例如本题频谱图中出现的 1.5V 对应于 1kHz 的正弦信号分量的幅值，而不是这个周期信号的幅值。因此本题选项 C 或 D 都是错误的。

答案：B

89.解 放大器的输入为正弦交流信号。但 $u_1(t)$ 的频率过高，超出了上限频率 f_H，放大倍数小于 A，因此输出信号 u_2 的有效值 $U_2 < AU_1$。

答案：C

90.解 $AC + DC + \overline{AD} \cdot C = (A + D + \overline{AD}) \cdot C = (A + D + \overline{A} + \overline{D}) \cdot C = 1 \cdot C = C$

答案：A

91.解 $\overline{A + B} = F$

F 是个或非关系，可以用"有 1 则 0"的口诀处理。

答案：B

92.解 本题各选项均是用八位二进制 BCD 码表示的十进制数，即是以四位二进制表示一位十进制。十进制数字 88 的 BCD 码是 10001000。

答案：B

93.解 图示为二极管的单相半波整流电路。

当 $u_i > 0$ 时，二极管截止，输出电压 $u_o = 0$；当 $u_i < 0$ 时，二极管导通，输出电压 u_o 与输入电压 u_i 相等。

答案：B

94.解 本题为用运算放大器构成的电压比较电路，波形分析如解图所示。阴影面积可以反映输出电压平均值的大小。

题 94 解图

当 $u_{i1} < u_{i2}$ 时，$u_o = +U_{oM}$；当 $u_{i1} > u_{i2}$ 时，$u_o = -U_{oM}$

当 u_{i1} 升高到 1.5V 时，u_o 波形的正向面积减小，反向面积增加，电压平均值降低（如解图中虚线波形所示）。

答案： D

95. 解 题图为一个时序逻辑电路，由解图可以看出，第一个和第二个时钟的下降沿时刻，输出 Q 均等于 0。

题 95 解图

答案： A

96. 解 图示为三位的异步二进制加法计数器，波形图分析如下。

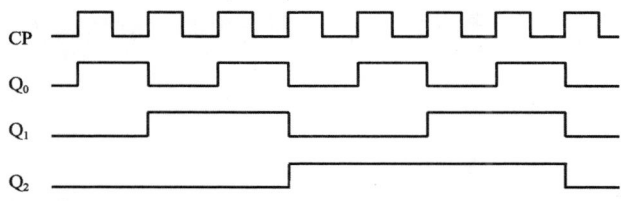

答案： C

97. 解 计算机硬件的组成包括输入/输出设备、存储器、运算器、控制器。内存储器是主机的一部分，属于计算机的硬件系统。

答案： B

98. 解 根据冯·诺依曼结构原理，计算机硬件是由运算器、控制器、存储器、I/O 设备组成。

答案： C

99. 解 当要对存储器中的内容进行读写操作时，来自地址总线的存储器地址经地址译码器译码之后，选中指定的存储单元，而读写控制电路根据读写命令实施对存储器的存取操作，数据总线则用来传送写入内存储器或从内存储器读出的信息。

答案： B

100. 解 操作系统的运行是在一个随机的环境中进行的，也就是说，人们不能对于所运行的程序的行为以及硬件设备的情况做任何的假定，一个设备可能在任何时候向微处理器发出中断请求。人们也无法知道运行着的程序会在什么时候做了些什么事情，也无法确切的知道操作系统正处于什么样的状态之中，这就是随机性的含义。

答案：C

101.解 多任务操作系统是指可以同时运行多个应用程序。比如：在操作系统下，在打开网页的同时还可以打开 QQ 进行聊天，可以打开播放器看视频等。目前的操作系统都是多任务的操作系统。

答案：B

102.解 先将十进制数转换为二进制数（100000000+0.101=100000000.101），而后三位二进制数对应于一位八进制数。

答案：D

103.解 $1KB = 2^{10}B = 1024B$

$1MB = 2^{20}B = 1024KB$

$1GB = 2^{30}B = 1024MB = 1024 \times 1024KB$

$1TB = 2^{40}B = 1024GB = 1024 \times 1024MB$

答案：D

104.解 计算机病毒特点包括非授权执行性、复制传染性、依附性、寄生性、潜伏性、破坏性、隐蔽性、可触发性。

答案：D

105.解 通常人们按照作用范围的大小，将计算机网络分为三类：局域网、城域网和广域网。

答案：C

106.解 常见的局域网拓扑结构分为星形网、环形网、总线网，以及它们的混合型。

答案：B

107.解 年实际利率为：

$$i = \left(1 + \frac{r}{m}\right)^m - 1 = \left(1 + \frac{6\%}{2}\right)^2 - 1 = 6.09\%$$

年实际利率高出名义利率：$6.09\% - 6\% = 0.09\%$

答案：C

108.解 第一年贷款利息：$400/2 \times 6\% = 12$ 万元

第二年贷款利息：$(400 + 800/2 + 12) \times 6\% = 48.72$ 万元

建设期贷款利息：$12 + 48.72 = 60.72$ 万元

答案：D

109.解 由于股利必须在企业税后利润中支付，因而不能抵减所得税的缴纳。普通股资金成本为：

$$K_s = \frac{8000 \times 10\%}{8000 \times (1 - 3\%)} + 5\% = 15.31\%$$

答案：D

110. 解　回收营运资金为现金流入，故项目第 10 年的净现金流量为 $25 + 20 = 45$ 万元。

答案：C

111. 解　社会折现率是用以衡量资金时间经济价值的重要参数，代表资金占用的机会成本，并且用作不同年份之间资金价值换算的折现率。

答案：D

112. 解　题目给出的影响因素中，产品价格变化较小就使得项目净现值为零，故该因素最敏感。

答案：A

113. 解　差额投资内部收益率是两个方案各年净现金流量差额的现值之和等于零时的折现率。差额内部收益率等于基准收益率时，两方案的净现值相等，即两方案的优劣相等。

答案：A

114. 解　F_3 的功能系数为：$F_3 = \dfrac{4}{3+5+4+1+2} = 0.27$

答案：C

115. 解　《中华人民共和国建筑法》第二十七条规定，大型建筑工程或者结构复杂的建筑工程，可以由两个以上的承包单位联合共同承包。共同承包的各方对承包合同的履行承担连带责任。

两个以上不同资质等级的单位实行联合共同承包的，应当按照资质等级低的单位的业务许可范围承揽工程。

答案：D

116. 解　选项 B 属于义务，其他几条属于权利。

答案：B

117. 解　《中华人民共和国招标投标法》第二十八条规定，投标人应当在招标文件要求提交投标文件的截止时间前，将投标文件送达投标地点。招标人收到投标文件后，应当签收保存，不得开启。投标人少于三个的，招标人应当依照本法重新招标。　在招标文件要求提交投标文件的截止时间后送达的投标文件，招标人应当拒收。

答案：B

118. 解　《中华人民共和国民法典》第一百五十二条规定，有下列情形之一的，撤销权消灭：

（一）当事人自知道或者应当知道撤销事由之日起一年内、重大误解的当事人自知道或者应当知道撤销事由之日起九十日内没有行使撤销权；

……

答案：C

119. 解　《建筑工程质量管理条例》第三十九条规定，建设工程实行质量保修制度。建设工程承包单位在向建设单位提交工程竣工验收报告时，应当向建设单位出具质量保修书。质量保修书中应当明确建设工程的保修范围、保修期限和保修责任等。

建设工程的保修期，自竣工验收合格之日起计算，不是移交之日起计算，所以选项 A 错。供冷系统保修期是两个运行季，不是 2 年，所以选项 B 错。质量保修书是竣工验收时提交，不是结算时提交，所以选项 D 错。

答案：C

120. 解　《建设工程安全生产管理条例》第八条规定，建设单位在编制工程概算时，应当确定建设工程安全作业环境及安全施工措施所需费用。

答案：A

2018 年度全国勘察设计注册工程师执业资格考试基础考试（上）
试题解析及参考答案

1. 解　本题考查基本极限公式以及无穷小量的性质。

选项 A 和 C 是基本极限公式，成立。

选项 B，$\lim\limits_{x\to\infty}\dfrac{\sin x}{x}=\lim\limits_{x\to\infty}\dfrac{1}{x}\sin x$，其中 $\dfrac{1}{x}$ 是无穷小，$\sin x$ 是有界函数，无穷小乘以有界函数的值为无穷小量，也就是极限为 0，故选项 B 不成立。

选项 D，只要令 $t=\dfrac{1}{x}$，则可化为选项 C 的结果。

答案：B

2. 解　本题考查奇偶函数的性质。当 $f(-x)=-f(x)$ 时，$f(x)$ 为奇函数；当 $f(-x)=f(x)$ 时，$f(x)$ 为偶函数。

方法 1：选项 D，设 $H(x)=g[g(x)]$，则

$$H(-x)=g[g(-x)]\xrightarrow[\text{奇函数}]{g(x)\text{为}}g[-g(x)]=-g[g(x)]=-H(x)$$

故 $g[g(x)]$ 为奇函数。

方法 2：采用特殊值法，题中 $f(x)$ 是偶函数，$g(x)$ 是奇函数，可设 $f(x)=x^2$，$g(x)=x$，验证选项 A、B、C 均是偶函数，错误。

答案：D

3. 解　本题考查导数的定义，需要熟练拼凑相应的形式。

根据导数定义：$f'(x_0)=\lim\limits_{x\to x_0}\dfrac{f(x)-f(x_0)}{x-x_0}$，与题中所给形式类似，进行拼凑：

$$\lim_{x\to x_0}\frac{xf(x_0)-x_0f(x)}{(x-x_0)}$$

$$=\lim_{x\to x_0}\frac{xf(x_0)-x_0f(x)+x_0f(x_0)-x_0f(x_0)}{x-x_0}$$

$$=\lim_{x\to x_0}\left[\frac{-x_0f(x)+x_0f(x_0)}{x-x_0}+\frac{xf(x_0)-x_0f(x_0)}{x-x_0}\right]$$

$$=-x_0f'(x_0)+f(x_0)$$

答案：C

4. 解　本题考查变限定积分求导的计算方法。

变限定积分求导的方法如下：

$$\frac{d\left(\int_{\psi(x)}^{\varphi(x)} f(t)dt\right)}{dx} = \frac{d}{dx}\left(\int_{\psi(x)}^{a} f(t)dt + \int_{a}^{\varphi(x)} f(t)dt\right) \quad (a为常数)$$

$$= \frac{d}{dx}\left(-\int_{a}^{\psi(x)} f(t)dt + \int_{a}^{\varphi(x)} f(t)dt\right)$$

$$= -f\big(\psi(x)\big)\psi'(x) + f\big(\varphi(x)\big)\varphi'(x)$$

求导时，先把积分下限函数化为积分上限函数，再求导。

计算如下：

$$\frac{d}{dx}\int_{\varphi(x^2)}^{\varphi(x)} e^{t^2} dt$$

$$= \frac{d}{dx}\left[\int_{\varphi(x^2)}^{a} e^{t^2} dt + \int_{a}^{\varphi(x)} e^{t^2} dt\right] \quad (a为常数)$$

$$= \frac{d}{dx}\left[-\int_{a}^{\varphi(x^2)} e^{t^2} dt + \int_{a}^{\varphi(x)} e^{t^2} dt\right]$$

$$= -e^{[\varphi(x^2)]^2}\varphi'(x^2) \cdot 2x + e^{[\varphi(x)]^2} \cdot \varphi'(x)$$

$$= \varphi'(x)e^{[\varphi(x)]^2} - 2x\varphi'(x^2)e^{[\varphi(x^2)]^2}$$

答案：A

5.解 本题考查不定积分的基本计算技巧：凑微分。

$$\int xf(1-x^2)dx = -\frac{1}{2}\int f(1-x^2)d(1-x^2)\xrightarrow[\int f(x)dx=F(x)+C]{已知} -\frac{1}{2}F(1-x^2) + C$$

答案：B

6.解 本题考查一阶导数的应用。

驻点是函数的一阶导数为 0 的点，本题中函数明显是光滑连续的，所以对函数求导，有 $y' = 4x + a$，将 $x = 1$ 代入得到 $y'(1) = 4 + a = 0$，解出 $a = -4$。

答案：D

7.解 本题考查向量代数的基本运算。

方法 1：$(\boldsymbol{\alpha} + \boldsymbol{\beta}) \cdot (\boldsymbol{\alpha} + \boldsymbol{\beta}) = |\boldsymbol{\alpha} + \boldsymbol{\beta}| \cdot |\boldsymbol{\alpha} + \boldsymbol{\beta}| \cdot \cos 0 = |\boldsymbol{\alpha} + \boldsymbol{\beta}|^2$

所以，$|\boldsymbol{\alpha} + \boldsymbol{\beta}|^2 = (\boldsymbol{\alpha} + \boldsymbol{\beta}) \cdot (\boldsymbol{\alpha} + \boldsymbol{\beta}) = \boldsymbol{\alpha} \cdot \boldsymbol{\alpha} + \boldsymbol{\beta} \cdot \boldsymbol{\alpha} + \boldsymbol{\alpha} \cdot \boldsymbol{\beta} + \boldsymbol{\beta} \cdot \boldsymbol{\beta} = \boldsymbol{\alpha} \cdot \boldsymbol{\alpha} + 2\boldsymbol{\alpha} \cdot \boldsymbol{\beta} + \boldsymbol{\beta} \cdot \boldsymbol{\beta}$

$$\xrightarrow[\theta=\frac{\pi}{3}]{|a|=1,|\beta|=2} 1 \times 1 \times \cos 0 + 2 \times 1 \times 2 \times \cos\frac{\pi}{3} + 2 \times 2 \times \cos 0 = 7$$

所以，$|\boldsymbol{\alpha} + \boldsymbol{\beta}|^2 = 7$，则 $|\boldsymbol{\alpha} + \boldsymbol{\beta}| = \sqrt{7}$

方法 2：可通过作图来辅助求解。

如解图所示，若设 $\boldsymbol{\beta} = (2,0)$，由于 $\boldsymbol{\alpha}$ 和 $\boldsymbol{\beta}$ 的夹角为 $\frac{\pi}{3}$，则

$\boldsymbol{\alpha} = \left(1 \cdot \cos\frac{\pi}{3}, 1 \cdot \sin\frac{\pi}{3}\right) = \left(\cos\frac{\pi}{3}, \sin\frac{\pi}{3}\right)$，$\boldsymbol{\beta} = (2,0)$

$\boldsymbol{\alpha} + \boldsymbol{\beta} = \left(2 + \cos\frac{\pi}{3}, \sin\frac{\pi}{3}\right)$

题 7 解图

$$|\boldsymbol{\alpha} + \boldsymbol{\beta}| = \sqrt{\left(2 + \cos\frac{\pi}{3}\right)^2 + \sin^2\frac{\pi}{3}} = \sqrt{4 + 2 \times 2 \times \cos\frac{\pi}{3} + \cos^2\frac{\pi}{3} + \sin^2\frac{\pi}{3}} = \sqrt{7}$$

答案： B

8. 解　本题考查简单的二阶常微分方程求解，直接进行两次积分即可。

$y'' = \sin x$，则 $y' = \int \sin x \, \mathrm{d}x = -\cos x + C_1$

再次对 x 进行积分，有：$y = \int (-\cos x + C_1) \mathrm{d}x = -\sin x + C_1 x + C_2$

答案： B

9. 解　本题考查导数的基本应用与计算。

已知 $f(x)$，$g(x)$ 在 $[a, b]$ 上均可导，且恒正，

设 $H(x) = f(x)g(x)$，则 $H'(x) = f'(x)g(x) + f(x)g'(x)$，

已知 $f'(x)g(x) + f(x)g'(x) > 0$，所以函数 $H(x) = f(x)g(x)$ 在 $x \in (a, b)$ 时单调增加，因此有 $H(a) < H(x) < H(b)$，即 $f(a)g(a) < f(x)g(x) < f(b)g(b)$。

答案： C

10. 解　本题考查定积分的基本几何应用。注意积分变量的选择，是选择 x 方便，还是选择 y 方便？

如解图所示，本题所求图形面积即为阴影图形面积，此时选择积分变量 y 较方便。

$$A = \int_{\ln a}^{\ln b} \varphi(y) \mathrm{d}y$$

题 10 解图

因为 $y = \ln x$，则 $x = e^y$，故：

$$A = \int_{\ln a}^{\ln b} e^y \, \mathrm{d}y = e^y \Big|_{\ln a}^{\ln b} = e^{\ln b} - e^{\ln a} = b - a$$

答案： B

11. 解　本题考查空间解析几何中平面的基本性质和运算。

方法 1：若某平面 π 平行于 yOz 坐标面，则平面 π 的法向量平行于 x 轴，可取 $\boldsymbol{n} = (1,0,0)$，利用平面 $Ax + By + Cz + D = 0$ 所对应的法向量 $\boldsymbol{n} = (A, B, C)$ 判定选项 D 中，平面方程 $x + 1 = 0$ 的法线向量为 $\vec{n} = (1,0,0)$，正确。

方法 2：可通过画出选项 A、B、C 的图形来确定。

答案： D

12. 解　本题考查多元函数微分学的概念性问题，涉及多元函数偏导数与多元函数连续等概念，需记忆解图的关系式方可快速解答：

题 12 解图

可知，函数可微可推出一阶偏导数存在，而函数一阶偏导数存在推不出函数可微，故在此点一阶偏导数存在是函数在该点可微的必要条件。

答案：A

13. 解 本题考查级数中常数项级数的敛散性。

利用级数敛散性判定方法以及p级数的相关性判定。

选项 A，利用比较法的极限形式，选择级数$\sum\limits_{n=1}^{\infty}\frac{1}{n^2}$，$p > 1$收敛。

而$\lim\limits_{n\to\infty}\frac{\frac{1}{n(n+1)}}{\frac{1}{n^2}} = \lim\limits_{n\to\infty}\frac{n^2}{n^2+n} = 1$

所以级数收敛。

选项 B，可利用p级数的敛散性判断。

p级数$\sum\limits_{n=1}^{\infty}\frac{1}{n^p}$（$p > 0$，实数），当$p > 1$时，$p$级数收敛；当$p \leq 1$时，$p$级数发散。

选项 B，$p = \frac{3}{2} > 1$，故级数收敛。

选项 D，可利用交错级数的莱布尼茨定理判断。

设交错级数$\sum\limits_{n=1}^{\infty}(-1)^{n-1}a_n$，其中$a_n > 0$，只要：①$a_n \geq a_{n+1}(n = 1,2,\ldots)$，②$\lim\limits_{n\to\infty}a_n = 0$，则$\sum\limits_{n=1}^{\infty}(-1)^{n-1}a_n$就收敛。

选项 D 中①$\frac{1}{\sqrt{n}} > \frac{1}{\sqrt{n+1}}(n = 1,2,\ldots)$，②$\lim\limits_{n\to\infty}\frac{1}{\sqrt{n}} = 0$，故级数收敛。

选项 C，对于级数$\sum\limits_{n=1}^{\infty}\left(\frac{n}{2n+1}\right)^2$，$\lim\limits_{n\to\infty}u_n = \lim\limits_{n\to\infty}\left(\frac{n}{2n+1}\right)^2 = \left(\frac{1}{2}\right)^2 = \frac{1}{4} \neq 0$

级数收敛的必要条件是$\lim\limits_{n\to\infty}u_n = 0$，而本选项$\lim\limits_{n\to\infty}u_n \neq 0$，故级数发散。

答案：C

14. 解 本题考查二阶常系数微分方程解的基本结构。

已知函数$y = C_1e^{-x} + C_2e^{4x}$是某微分方程的通解，则该微分方程拥有的特征方程的解分别为$r_1 = -1$，$r_2 = +4$，则有$(r+1)(r-4) = 0$，展开有$r^2 - 3r - 4 = 0$，故对应的微分方程为$y'' - 3y' - 4y = 0$。

答案：B

15. 解 本题考查对弧长曲线积分（也称第一类曲线积分）的相关计算。

依据题意，作解图，知L方程为$y = -x + 1$

L的参数方程为 $\begin{cases} x = x \\ y = -x + 1 \end{cases}$ $(0 \leqslant x \leqslant 1)$

$$dS = \sqrt{1^2 + (-1)^2}\,dx = \sqrt{2}\,dx$$

$$\int_L \cos(x+y)\,dS = \int_0^1 \cos[x + (-x+1)]\sqrt{2}\,dx$$
$$= \int_0^1 \sqrt{2}\cos 1\,dx = \sqrt{2}\cos 1 \cdot x \Big|_0^1 = \sqrt{2}\cos 1$$

注：写出直线L的方程后，需判断x的取值范围（对弧长的曲线积分，积分变量应由小变大），从方程中看可知$x: 0 \to 1$，若考查对坐标的曲线积分（也称第二类曲线积分），则应特别注意路径行走方向，以便判断x的上下限。

答案： C

16.解　本题考查直角坐标系下的二重积分计算问题。

根据题中所给正方形区域可作图，其中，D：$|x| \leqslant 1$，$|y| \leqslant 1$，即$-1 \leqslant x \leqslant 1$，$-1 \leqslant y \leqslant 1$。有

$$\iint\limits_D (x^2 + y^2)\,dx\,dy = \int_{-1}^1 dx \int_{-1}^1 (x^2 + y^2)\,dy = \int_{-1}^1 \left(x^2 y + \frac{y^3}{3}\right)\Big|_{-1}^1 dx$$
$$= \int_{-1}^1 \left(2x^2 + \frac{2}{3}\right)dx = \left(\frac{2}{3}x^3 + \frac{2}{3}x\right)\Big|_{-1}^1 = \frac{8}{3}$$

或利用对称性，$D = 4D_1$，则

$$\iint\limits_D (x^2 + y^2)\,dx\,dy \xlongequal{\text{利用对称性}} 4\iint\limits_{D_1}(x^2+y^2)\,dx\,dy$$
$$= 4\int_0^1 dx \int_0^1 (x^2 + y^2)\,dy = 4\int_0^1 \left(x^2 y + \frac{1}{3}y^3\right)\Big|_0^1 dx$$
$$= 4\int_0^1 \left(x^2 + \frac{1}{3}\right)dx = 4 \times \left[\frac{1}{3}x^3 + \frac{1}{3}x\right]_0^1$$
$$= 4 \times \left(\frac{1}{3} + \frac{1}{3}\right) = \frac{8}{3}$$

答案： B

题16解图

17.解　本题考查麦克劳林展开式的基本概念。

麦克劳林展开式的一般形式为

$$f(x) = f(0) + f'(0)x + \frac{f''(0)}{2!}x^2 + \cdots + \frac{f^n(0)}{n!}x^n + R_n(x)$$

其中$R_n(x) = \frac{f^{n+1}(\xi)}{(n+1)!}x^{n+1}$，这里$\xi$是介于0与$x$之间的某个值。

$f'(x) = a^x \ln a$，$f''(x) = a^x(\ln a)^2$，故$f'(0) = \ln a$，$f''(0) = (\ln a)^2$，$f(0) = 1$

所以$f(x)$的麦克劳林展开式的前三项是：$1 + x\ln a + \frac{(\ln a)^2}{2}x^2$

答案： C

18.解　本题考查多元函数的混合偏导数求解。

函数 $z = f(x^2 y)$

$$\frac{\partial z}{\partial x} = 2xy f'(x^2 y)$$

$$\frac{\partial^2 z}{\partial x \partial y} = 2x[f'(x^2 y) + y f''(x^2 y)x^2] = 2x[f'(x^2 y) + x^2 y f''(x^2 y)]$$

答案： D

19. 解　本题考查矩阵和行列式的基本计算。

因为 $\boldsymbol{A}$、$\boldsymbol{B}$ 均为三阶矩阵，则

$$\left| -2\boldsymbol{A}^{\mathrm{T}}\boldsymbol{B}^{-1} \right| = (-2)^3 \left| \boldsymbol{A}^{\mathrm{T}}\boldsymbol{B}^{-1} \right|$$

$$= -8|\boldsymbol{A}^{\mathrm{T}}| \cdot |\boldsymbol{B}^{-1}| = -8|\boldsymbol{A}| \cdot \frac{1}{|\boldsymbol{B}|}\ (\text{矩阵乘积的行列式性质})$$

$$\left(\text{矩阵转置行列式性质，}|\boldsymbol{B}\boldsymbol{B}^{-1}| = |\boldsymbol{E}|,\ |\boldsymbol{B}| \cdot |\boldsymbol{B}^{-1}| = 1,\ |\boldsymbol{B}^{-1}| = \frac{1}{|\boldsymbol{B}|}\right)$$

$$= -8 \times 1 \times \frac{1}{-2} = 4$$

答案： D

20. 解　本题考查线性方程组 $\boldsymbol{Ax} = \boldsymbol{0}$，有非零解的充要条件。

方程组 $\begin{cases} ax_1 + x_2 + x_3 = 0 \\ x_1 + ax_2 + x_3 = 0 \\ x_1 + x_2 + ax_3 = 0 \end{cases}$ 有非零解的充要条件是 $\begin{vmatrix} a & 1 & 1 \\ 1 & a & 1 \\ 1 & 1 & a \end{vmatrix} = 0$

$$\begin{vmatrix} a & 1 & 1 \\ 1 & a & 1 \\ 1 & 1 & a \end{vmatrix} \xrightarrow{(-1)c_3 + c_2} \begin{vmatrix} a & 0 & 1 \\ 1 & a-1 & 1 \\ 1 & 1-a & a \end{vmatrix} \xrightarrow{(-a)c_3 + c_1} \begin{vmatrix} 0 & 0 & 1 \\ 1-a & a-1 & 1 \\ 1-a^2 & 1-a & a \end{vmatrix}$$

$$= \begin{vmatrix} 1-a & a-1 \\ 1-a^2 & 1-a \end{vmatrix} = (1-a)^2 \begin{vmatrix} 1 & -1 \\ 1+a & 1 \end{vmatrix} = (1-a)^2(2+a) = 0$$

所以 $a = 1$ 或 -2。

答案： B

21. 解　本题考查利用配方法求二次型的标准型，考查的知识点较偏。

方法1： 由矩阵 $\boldsymbol{A}$ 可写出二次型为 $f(x_1, x_2, x_3) = x_1^2 - 2x_1 x_2 + 3x_2^2$，利用配方法得到

$$f(x_1, x_2, x_3) = x_1^2 - 2x_1 x_2 + x_2^2 + 2x_2^2 = (x_1 - x_2)^2 + 2x_2^2$$

令 $x_1 - x_2 = y_1$，$x_2 = y_2$，可得 $f = y_1^2 + 2y_2^2$

方法2： 利用惯性定理，选项 A、B、D（正惯性指数为 1，负惯性指数为 1）可以互化，因此对单选题，一定是错的。不用计算可知，只能选 C。

答案： C

22. 解　因为 A 与 B 独立，所以 $\overline{A}$ 与 $\overline{B}$ 独立。

$$P(A \cup B) = 1 - P(\overline{A \cup B}) = 1 - P(\overline{A}\overline{B}) = 1 - P(\overline{A})P(\overline{B}) = 1 - 0.4 \times 0.5 = 0.8$$

或者$P(A \cup B) = P(A) + P(B) - P(AB)$

由于A与B相互独立，则$P(AB) = P(A)P(B)$

而$P(A) = 1 - P(\overline{A}) = 0.6$，$P(B) = 1 - P(\overline{B}) = 0.5$

故$P(A \cup B) = 0.6 + 0.5 - 0.6 \times 0.5 = 0.8$

答案：C

23. 解 数学期望$E(X) = \int_{-\infty}^{+\infty} xf(x)\,\mathrm{d}x$，由已知条件，知

$$f(x) = F'(x) = \begin{cases} 3x^2 & 0 < x < 1 \\ 0 & \text{其他} \end{cases}$$

则$E(X) = \int_0^1 x \cdot 3x^2 \mathrm{d}x = \int_0^1 3x^3 \mathrm{d}x$

答案：B

24. 解 二维离散型随机变量X、Y相互独立的充要条件是$P_{ij} = P_{i.}P_{.j}$

还有分布律性质$\sum_i \sum_j P(X = i,\ Y = j) = 1$

利用上述等式建立两个独立方程，解出α、β。

下面根据独立性推出一个公式：

因为$\dfrac{P(X=i,\ Y=1)}{P(X=i,\ Y=2)} = \dfrac{P(X=i)P(Y=1)}{P(X=i)P(Y=2)} = \dfrac{P(Y=1)}{P(Y=2)}$ $i = 1,2,3,\cdots$

所以$\dfrac{P(X=1,\ Y=1)}{P(X=1,\ Y=2)} = \dfrac{P(X=2,\ Y=1)}{P(X=2,\ Y=2)} = \dfrac{P(X=3,\ Y=1)}{P(X=3,\ Y=2)}$

即$\dfrac{\frac{1}{6}}{\frac{1}{3}} = \dfrac{\frac{1}{9}}{\beta} = \dfrac{\frac{1}{18}}{\alpha}$

选项 D 对。

答案：D

25. 解 分子的平均平动动能公式$\overline{\omega} = \dfrac{3}{2}kT$，分子的平均动能公式$\overline{\varepsilon} = \dfrac{i}{2}kT$，刚性双原子分子自由度$i = 5$，但此题问的是每个分子的平均平动动能而不是平均动能，故正确答案为C。

答案：C

26. 解 分子无规则运动的平均自由程公式$\lambda = \dfrac{\overline{v}}{\overline{z}} = \dfrac{1}{\sqrt{2}\pi d^2 n}$，气体定了，$d$就定了，所以容器中分子无规则运动的平均自由程仅取决于n，即单位体积的分子数。此题给定 1mol 氦气，分子总数定了，故容器中分子无规则运动的平均自由程仅取决于体积V。

答案：B

27. 解 理想气体和单一恒温热源做等温膨胀时，吸收的热量全部用来对外界做功，既不违反热力学第一定律，也不违反热力学第二定律。因为等温膨胀是一个单一的热力学过程而非循环过程。

答案：C

28. 解 理想气体的功和热量是过程量。内能是状态量，是温度的单值函数。此题给出 $T_2 = T_1$，无论气体经历怎样的过程，气体的内能保持不变。而因为不知气体变化过程，故无法判断功的正负。

答案：D

29. 解 将 $t = 0.1\text{s}$，$x = 2\text{m}$ 代入方程，即

$$y = 0.01 \cos 10\pi(25t - x) = 0.01 \cos 10\pi(2.5 - 2) = -0.01$$

答案：C

30. 解 $A = 0.02\text{m}$，$T = \dfrac{2\pi}{\omega} = \dfrac{2\pi}{50\pi} = \dfrac{1}{25} = 0.04\text{s}$

答案：A

31. 解 机械波在媒质中传播，一媒质质元的最大形变量发生在平衡位置，此位置动能最大，势能也最大，总机械能亦最大。

答案：D

32. 解 上下缝各覆盖一块厚度为 d 的透明薄片，则从两缝发出的光在原来中央明纹初相遇时，光程差为

$$\delta = r - d + n_2 d - (r - d + n_1 d) = d(n_2 - n_1)$$

答案：A

33. 解 牛顿环的环状干涉条纹为等厚干涉条纹，当平凸透镜垂直向上缓慢平移而远离平面镜时，原 k 级条纹向环中心移动，故这些环状干涉条纹向中心收缩。

答案：D

34. 解 $\Delta\varphi = \dfrac{2\pi}{\lambda}\delta = \dfrac{2\pi}{\lambda}nl = 3\pi$，$l = \dfrac{3\lambda}{2n}$

答案：C

35. 解 反射光的光程差加强条件 $\delta = 2nd + \dfrac{\lambda}{2} = k\lambda$

可见光范围 $\lambda(400 \sim 760\text{nm})$，取 $\lambda = 400\text{nm}$，$k = 3.5$；取 $\lambda = 760\text{nm}$，$k = 2.1$

k 取整数，$k = 3$，$\lambda = 480\text{nm}$

答案：A

36. 解 玻璃劈尖相邻干涉条纹间距公式为：$l = \dfrac{\lambda}{2n\theta}$

此玻璃的折射率为：$n = \dfrac{\lambda}{2l\theta} = 1.53$

答案：B

37. 解 当原子失去电子成为正离子时，一般是能量较高的最外层电子先失去，而且往往引起电子层数的减少。某元素正二价离子（M^{2+}）的外层电子构型是 $3s^2 3p^6$，所以该元素原子基态核外电子构型

为 $1s^22s^22p^63s^23p^64s^2$。该元素基态核外电子最高主量子数为 4，为第四周期元素；价电子构型为 $4s^2$，为 s 区元素，IIA 族元素。

答案：C

38. 解 离子的极化力是指某离子使其他离子变形的能力。极化率（离子的变形性）是指某离子在电场作用下电子云变形的程度。每种离子都具有极化力与变形性，一般情况下，主要考虑正离子的极化力和负离子的变形性。极化力与离子半径有关，离子半径越小，极化力越强。

答案：A

39. 解 NH_4Cl 为强酸弱碱盐，水解显酸性；NaCl 不水解；NaOAc 和 Na_3PO_4 均为强碱弱酸盐，水解显碱性，因为 $K_a(HAc) > K_a(H_3PO_4)$，所以 Na_3PO_4 的水解程度更大，碱性更强。

答案：A

40. 解 根据理想气体状态方程 $pV = nRT$，得 $n = \dfrac{pV}{RT}$。所以当温度和体积不变时，反应器中气体（反应物或生成物）的物质的量与气体分压成正比。根据 $2A(g) + B(g) \rightleftharpoons 2C(g)$ 可知，生成物气体C的平衡分压为 100kPa，则A要消耗100kPa，B要消耗50kPa，平衡时 $p(A) = 200$kPa，$p(B) = 250$kPa。

$$K^\ominus = \frac{\left(\dfrac{p(C)}{p^\ominus}\right)^2}{\left(\dfrac{p(A)}{p^\ominus}\right)^2 \left(\dfrac{p(B)}{p^\ominus}\right)} = \frac{\left(\dfrac{100}{100}\right)^2}{\left(\dfrac{200}{100}\right)^2 \left(\dfrac{250}{100}\right)} = 0.1$$

答案：A

41. 解 根据氧化还原反应配平原则，还原剂失电子总数等于氧化剂得电子总数，配平后的方程式为：$2MnO_4^- + 5SO_3^{2-} + 6H^+ == 2Mn^{2+} + 5SO_4^{2-} + 3H_2O$。

答案：B

42. 解 电极电势的大小，可以判断氧化剂与还原剂的相对强弱。电极电势越大，表示电对中氧化态的氧化能力越强。所以题中氧化剂氧化能力最强的是 HClO。

答案：C

43. 解 标准状态时，由指定单质生成单位物质的量的纯物质 B 时反应的焓变（反应的热效应），称为物质 B 的标准摩尔生成焓，记作 $\Delta_f H_m^\ominus$。指定单质通常指标准压力和该温度下最稳定的单质，如 C 的指定单质为石墨(s)。选项 A 中 C(金刚石)不是指定单质，选项 D 中不是生成单位物质的量的 $CO_2(g)$。

答案：C

44. 解 发生银镜反应的物质要含有醛基（—CHO），所以甲醛、乙醛、乙二醛等各种醛类、甲酸及其盐（如 HCOOH、HCOONa）、甲酸酯（如甲酸甲酯 $HCOOCH_3$、甲酸丙酯 $HCOOC_3H_7$ 等）和葡萄糖、麦芽糖等分子中含醛基的糖与银氨溶液在适当条件下可以发生银镜反应。

答案：D

45. 解 蛋白质、橡胶、纤维素都是天然高分子，蔗糖（$C_{12}H_{22}O_{11}$）不是。

答案：A

46. 解 1-戊炔、2-戊炔、1,2-戊二烯催化加氢后产物均为戊烷，3-甲基-1-丁炔催化加氢后产物为2-甲基丁烷，结构式为$(CH_3)_2CHCH_2CH_3$。

答案：B

47. 解 根据力的投影公式，$F_x = F\cos\alpha$，故只有当$\alpha = 0°$时$F_x = F$，即力$\boldsymbol{F}$与x轴平行；而除力$\boldsymbol{F}$在与x轴垂直的y轴（$\boldsymbol{\alpha} = 90°$）上投影为$0$外，在其余与$x$轴共面轴上的投影均不为$0$。

答案：B

48. 解 主矢$\boldsymbol{F}_R = \boldsymbol{F}_1 + \boldsymbol{F}_2 + \boldsymbol{F}_3 = 30\boldsymbol{j}N$为三力的矢量和；对$O$点的主矩为各力向$O$点取矩及外力偶矩的代数和，即$M_O = F_3 a - M_1 - M_2 = -10N \cdot m$（顺时针）。

答案：B

49. 解 取整体为研究对象，受力如解图所示。

列平衡方程：

$$\sum m_C(F) = 0, \quad F_A \cdot 2r - F_p \cdot 3r = 0, \quad F_A = \frac{3}{2}F_p$$

答案：D

题49解图

50. 解 分析节点C的平衡，可知BC杆为零杆。

答案：D

51. 解 当$t = 2s$时，点的速度$v = \dfrac{\mathrm{d}s}{\mathrm{d}t} = 4t^3 - 9t^2 + 4t = 4m/s$

点的加速度$a = \dfrac{\mathrm{d}^2 s}{\mathrm{d}t^2} = 12t^2 - 18t + 4 = 16m/s^2$

答案：C

52. 解 根据点做曲线运动时法向加速度的公式：$a_n = \dfrac{v^2}{\rho} = \dfrac{15^2}{5} = 45m/s^2$。

答案：B

53. 解 因为点A、B两点的速度、加速度方向相同，大小相等，根据刚体做平行移动时的特性，可判断杆AB的运动形式为平行移动，因此，平行移动刚体上M点和A点有相同的速度和加速度，即：$v_M = v_A = r\omega$，$a_M^n = a_A^n = r\omega^2$，$a_M^t = a_A^t = r\alpha$。

答案：C

54. 解 物块与桌面之间最大的摩擦力$F = \mu mg$

根据牛顿第二定律$ma = F$，即$m\dfrac{v^2}{r} = F = \mu mg$，则得$v = \sqrt{\mu gr}$

 2018年度全国勘察设计注册工程师执业资格考试基础考试（上）——试题解析及参考答案

答案：C

55. 解 重力与水平位移相垂直，故做功为零，摩擦力 $F = 10 \times 0.3 = 3\text{N}$，所做之功 $W = 3 \times 4 = 12\text{N} \cdot \text{m}$。

答案：C

56. 解 根据动量矩定理：

$J\alpha_1 = 1 \times r$（J 为滑轮的转动惯量）

$J\alpha_2 + m_2 r^2 \alpha_2 + m_3 r^2 \alpha_2 = (m_2 g - m_3 g)r = 1 \times r$

$J\alpha_3 + m_3 r^2 \alpha_3 = m_3 g r = 1 \times r$

则 $\alpha_1 = \dfrac{1 \times r}{J}$；$\alpha_2 = \dfrac{1 \times r}{J + m_2 r^2 + m_3 r^2}$；$\alpha_3 = \dfrac{1 \times r}{J + m_3 r^2}$

答案：C

57. 解 如解图所示，杆释放瞬时，其角速度为零，根据动量矩定理：$J_O\alpha = mg\dfrac{l}{2}$，$\dfrac{1}{3}ml^2\alpha = mg\dfrac{l}{2}$，$\alpha = \dfrac{3g}{2l}$；施加于杆 OA 上的附加动反力为 $ma_C = m\dfrac{3g}{2l} \cdot \dfrac{l}{2} = \dfrac{3}{4}mg$，方向与质心加速度 a_C 方向相同。

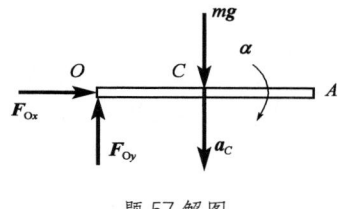

题 57 解图

答案：D

58. 解 根据单自由度质点直线振动固有频率公式，

a）系统：$\omega_a = \sqrt{\dfrac{k}{m}}$；

b）系统：等效的弹簧刚度为 $\dfrac{k}{2}$，$\omega_b = \sqrt{\dfrac{k}{2m}}$。

答案：D

59. 解 用直接法求轴力，可得：左段杆的轴力是 –3kN，右段杆的轴力是 5kN。所以杆的最大轴力是 5kN。

答案：B

60. 解 用直接法求轴力，可得：$N_{AB} = -F$，$N_{BC} = F$

杆 C 截面的位移是：

$$\delta_C = \Delta l_{AB} + \Delta l_{BC} = \frac{-F \cdot l}{E \cdot 2A} + \frac{Fl}{EA} = \frac{Fl}{2EA}$$

答案：A

61. 解 混凝土基座与圆截面立柱的交接面，即圆环形基座板的内圆柱面即为剪切面(如解图所示):

$$A_Q = \pi d t$$

圆形混凝土基座上的均布压力（面荷载）为:

$$q = \frac{1000 \times 10^3 \text{N}}{\frac{\pi}{4} \times 1000^2 \text{mm}^2} = \frac{4}{\pi} \text{MPa}$$

作用在剪切面上的剪力为:

$$Q = q \cdot \frac{\pi}{4}(1000^2 - 500^2) = 750 \text{kN}$$

由剪切强度条件: $\tau = \frac{Q}{A_Q} = \frac{Q}{\pi d t} \leqslant [\tau]$, 可得:

$$t \geqslant \frac{Q}{\pi d [\tau]} = \frac{750 \times 10^3 \text{N}}{\pi \times 500 \text{mm} \times 1.5 \text{MPa}} = 318.3 \text{mm}$$

题61 解图

答案: C

62. 解 设实心圆轴直径为 d, 则:

$$\phi = \frac{Tl}{GI_p} = \frac{Tl}{G \frac{\pi}{32} d^4} = 32 \frac{Tl}{\pi d^4 G}$$

若实心圆轴直径减小为 $d_1 = \frac{d}{2}$, 则:

$$\phi_1 = \frac{Tl}{GI_{p1}} = \frac{Tl}{G \frac{\pi}{32} \left(\frac{d}{2}\right)^4} = 16 \frac{32Tl}{\pi d^4 G} = 16\phi$$

答案: D

63. 解 图示截面对 z 轴的惯性矩等于圆形截面对 z 轴的惯性矩减去矩形对 z 轴的惯性矩。

$$I_z^{矩} = \frac{bh^3}{12} + \left(\frac{h}{2}\right)^2 \cdot bh = \frac{bh^3}{3}$$

$$I_z = I_z^{圆} - I_z^{矩} = \frac{\pi d^4}{64} - \frac{bh^3}{3}$$

答案: A

64. 解 圆轴表面 A 点的剪应力 $\tau = \frac{T}{W_T}$

根据胡克定律 $\tau = G\gamma$, 因此 $T = \tau W_T = G\gamma W_T$

答案: A

65. 解 上下梁的挠曲线曲率相同，故有

$$\rho = \frac{M_1}{EI_1} = \frac{M_2}{EI_2}$$

所以 $\frac{M_1}{M_2} = \frac{I_1}{I_2} = \frac{\frac{ba^3}{12}}{\frac{b(2a)^3}{12}} = \frac{1}{8}$, 即 $M_2 = 8M_1$

又有 $M_1 + M_2 = m$, 因此 $M_1 = \frac{m}{9}$

答案: A

66. 解 图示截面的弯曲中心是两个狭长矩形边的中线交点，形心主轴是y'和z'，因为外力F作用线没有通过弯曲中心，故有扭转，还有沿两个形心主轴y'、z'方向的双向弯曲。

答案： D

67. 解 本题是拉扭组合变形，轴向拉伸产生的正应力$\sigma = \dfrac{F}{A} = \dfrac{4F}{\pi d^2}$

扭转产生的剪应力$\tau = \dfrac{T}{W_T} = \dfrac{16T}{\pi d^3}$

$$\sigma_{eq3} = \sqrt{\sigma^2 + 4\tau^2} = \sqrt{\left(\frac{4F}{\pi d^2}\right)^2 + 4\left(\frac{16T}{\pi d^3}\right)^2}$$

答案： C

68. 解 A 图：$\sigma_1 = \sigma$，$\sigma_2 = \sigma$，$\sigma_3 = 0$；$\tau_{max} = \dfrac{\sigma - 0}{2} = \dfrac{\sigma}{2}$

B 图：$\sigma_1 = \sigma$，$\sigma_2 = 0$，$\sigma_3 = -\sigma$；$\tau_{max} = \dfrac{\sigma - (-\sigma)}{2} = \sigma$

C 图：$\sigma_1 = 2\sigma$，$\sigma_2 = 0$，$\sigma_3 = -\dfrac{\sigma}{2}$；$\tau_{max} = \dfrac{2\sigma - \left(-\frac{\sigma}{2}\right)}{2} = \dfrac{5}{4}\sigma$

D 图：$\sigma_1 = 3\sigma$，$\sigma_2 = \sigma$，$\sigma_3 = 0$；$\tau_{max} = \dfrac{3\sigma - 0}{2} = \dfrac{3}{2}\sigma$

答案： D

69. 解 图示圆轴是弯扭组合变形，力F作用下产生的弯矩在固定端最上缘A点引起拉伸正应力σ，外力偶T在A点引起扭转切应力τ，故A点单元体的应力状态是选项C。

答案： C

70. 解 A 图：$\mu l = 1 \times 5 = 5$

B 图：$\mu l = 2 \times 3 = 6$

C 图：$\mu l = 0.7 \times 6 = 4.2$

根据压杆的临界荷载公式$F_{cr} = \dfrac{\pi^2 EI}{(\mu l)^2}$

可知：μl越大，临界荷载越小；μl越小，临界荷载越大。

所以F_{crc}最大，而F_{crb}最小。

答案： C

71. 解 压力表测出的是相对压强。

答案： C

72. 解 设第一截面的流速为$v_1 = \dfrac{Q}{\frac{\pi}{4} d_1^2} = \dfrac{0.015 \text{m}^3/\text{s}}{\frac{\pi}{4} 0.1^2 \text{m}^2} = 1.91 \text{m/s}$

另一截面流速$v_2 = 20 \text{m/s}$，待求直径为d_2，由连续方程可得：

$$d_2 = \sqrt{\frac{v_1}{v_2} d_1^2} = \sqrt{\frac{1.91}{20} \times 0.1^2} = 0.031 \text{m} = 31 \text{mm}$$

答案：B

73. 解 层流沿程损失系数$\lambda = \frac{64}{Re}$，而雷诺数 $Re = \frac{vd}{\nu}$

代入题设数据，得：$Re = \frac{10 \times 5}{0.18} = 278$

沿程损失系数$\lambda = \frac{64}{278} = 0.23$

答案：B

74. 解 圆柱形管嘴出水流量$Q = \mu A \sqrt{2gH_0}$

代入题设数据，得：$Q = 0.82 \times \frac{\pi}{4}(0.04)^2 \sqrt{2 \times 9.8 \times 7.5} = 0.0125 \mathrm{m^3/s} \approx 0.013 \mathrm{m^3/s}$

答案：D

75. 解 在题设条件下，则自由出流孔口与淹没出流孔口的关系应为流量系数相等、流量相等。

答案：D

76. 解 由明渠均匀流谢才公式，知流速$v = C\sqrt{Ri}$，$C = \frac{1}{n}R^{\frac{1}{6}}$

代入题设数据，得：$C = \frac{1}{0.02} \times 1^{\frac{1}{6}} = 50\sqrt{\mathrm{m}}/\mathrm{s}$

流速$v = 50\sqrt{1 \times 0.0008} = 1.41 \mathrm{m/s}$

答案：B

77. 解 达西渗流定律适用于均匀土壤层流渗流。

答案：C

78. 解 运动相似是几何相似和动力相似的表象。

答案：B

79. 解 根据恒定磁路的安培环路定律：$\sum HL = \sum NI$

得：$H = \frac{NI}{L} = \frac{NI}{2\pi\gamma}$

磁场方向按右手螺旋关系判断为顺时针方向。

答案：B

80. 解 $U = -2 \times 2 - 2 = -6\mathrm{V}$

答案：D

81. 解 该电路具有6条支路，为求出6个独立的支路电流，所列方程数应该与支路数相等，即要列出6阶方程。

正确的列写方法是：

KCL独立节点方程=节点数$-1 = 4 - 1 = 3$

KVL独立回路方程（网孔数）= 支路数 $-$ 独立节点数 $= 6 - 3 = 3$

　　　　　　　　2018年度全国勘察设计注册工程师执业资格考试基础考试（上）——试题解析及参考答案

"网孔"为内部不含支路的回路。

答案： B

82.解 $i(t) = I_m \sin(\omega t + \psi_i)$ A

$t = 0$ 时，$i(t) = I_m \sin \psi_i = 0.5\sqrt{2}$ A

$$\begin{cases} \sin \psi_i = 1, \ \psi_i = 90° \\ I_m = 0.5\sqrt{2} \text{A} \\ \omega = 2\pi f = 2\pi \frac{1}{T} = 2000\pi \end{cases}$$

$i(t) = 0.5\sqrt{2} \sin(2000\pi t + 90°)$ A

答案： C

83.解 图 b）给出了滤波器的幅频特性曲线。U_{i1} 与 U_{i2} 的频率不同，它们的放大倍数是不一样的。

从特性曲线查出：

$U_{o1}/U_{i1} = 1 \Rightarrow U_{o1} = U_{i1} = 10\text{V} \Rightarrow U_{o2}/U_{i2} = 0.1 \Rightarrow U_{o2} = 0.1 \times U_{i2} = 1\text{V}$

答案： D

84.解 画相量图分析，如解图所示。

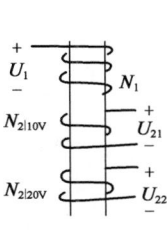

$\dot{I}_2 = \dot{I}_N + \dot{I}_{C2}$，$\dot{I}_1 = \dot{I}_N + \dot{I}_{C1}$

$|\dot{I}_{C1}| > |\dot{I}_{C2}|$

 $I_C = \frac{U}{X_C} = \frac{U}{\frac{1}{\omega C}} = U\omega C \propto C$

题 84 解图

有 $I_{C1} > I_{C2}$，所以 $C_1 > C_2$

并且功率因数 $\lambda|_{C_1} = 0.866$ 时电路出现过补偿，呈容性性质，一般不采用。

当 $C = C_2$ 时，电路中总电流 $\dot{I}_2$ 落后于电压 $\dot{U}$，为感性性质，不为过补偿。

答案： A

85.解 如解图所示，由题意可知：

$N_1 = 550$ 匝

当 $U_1 = 100\text{V}$ 时，$U_{21} = 10\text{V}$，$U_{22} = 20\text{V}$

$\frac{N_1}{N_{2|10\text{V}}} = \frac{U_1}{U_{21}}$，$N_{2|10\text{V}} = N_1 \cdot \frac{U_{21}}{U_1} = 550 \times \frac{10}{100} = 55$ 匝

题 85 解图

$\frac{N_1}{N_{2|20\text{V}}} = \frac{U_1}{U_{22}}$，$N_{2|20\text{V}} = N_1 \cdot \frac{U_{22}}{U_1} = 550 \times \frac{20}{100} = 110$ 匝

答案： C

86.解 为实现对电动机的过载保护，热继电器的热元件串联在电动机的主电路中，测量电动机的主电流，同时将热继电器的常闭触点接在控制电路中，一旦电动机过载，则常闭触点断开，切断电机的

供电电路。

答案：C

87. 解 "模拟"是指把某一个量用与它相对应的连续的物理量（电压）来表示；图 d）不是模拟信号，图 c）是采样信号，而非数字信号。对本题的分析可见，图 b）是图 a）的模拟信号。

答案：A

88. 解 周期信号频谱是离散的频谱，信号的幅度随谐波次数的增高而减小。针对本题情况，可知该周期信号的一次谐波分量为：

$$u_1 = U_{1m} \sin \omega_1 t = 5 \sin 10^3 t$$

$$U_{1m} = 5V, \quad \omega_1 = 10^3$$

$$u_3 = U_{3m} \sin 3\omega t$$

$$\omega_3 = 3\omega_1 = 3 \times 10^3$$

$$U_{3m} < U_{1m}$$

答案：B

89. 解 放大器的输入为正弦交流信号，但 $u_1(t)$ 的频率过高，超出了上限频率 f_H，放大倍数小于 A，因此输出信号 u_2 的有效值 $U_2 < AU_1$。

答案：C

90. 解 根据逻辑电路的反演关系，对公式变化可知结果

$$\overline{(AD + \overline{AD})} = \overline{AD} \cdot \overline{(\overline{AD})} = (\overline{A} + \overline{D}) \cdot (A + D) = \overline{A}D + A\overline{D}$$

答案：C

91. 解 本题输入信号 A、B 与输出信号 F 为或非逻辑关系，$F = \overline{A + B}$（输入有 1 输出则 0），对齐相位画输出波形如解图所示。

题 91 解图

结果与选项 A 的图形一致。

答案：A

92. 解 BCD 码是用二进制数表示十进制数。有两种常用形式，压缩 BCD 码，用 4 位二进制数表示 1 位十进制数；非压缩 BCD 码，用 8 位二进制数表示 1 位十进制数，本题的 BCD 码形式属于第一种。

选项 B，0001 表示十进制的 1，0110 表示十进制的 6，即 $(16)_{BCD}=(0001\ 0110)_B$，正确。

 2018 年度全国勘察设计注册工程师执业资格考试基础考试（上）——试题解析及参考答案

答案：B

93. 解　设二极管 D 截止，可以判断：

$$U_{D阳} = 1V, \quad U_{D阴} = 5V$$

D 为反向偏置状态，可见假设成立，$U_F = U_B = 5V$

答案：B

94. 解　该电路为运算放大器的积分运算电路。

$$u_o = -\frac{1}{RC} \int u_i dt$$

当 $u_i = 1V$ 时，$u_o = -\frac{1}{RC} t$

如解图所示，当 $t < 10s$ 时，

运算放大器工作在线性状态，$u_o = -t$

当 $t \geqslant 10s$ 后，电路出现反向饱和，$u_o = -10V$

题 94 解图

答案：D

95. 解　输出 Q 与输入信号 A 的关系：$Q_{n+1} = D = A \cdot \overline{Q}_n$

输入信号 Q 在时钟脉冲的上升沿触发。

如解图所示，可知 CP 脉冲的两个下降沿时刻 Q 的状态分别是 1　0。

题 95 解图

答案：C

96. 解　由题图可见该电路由 3 个 D 触发器组成，$Q_{n+1} = D$。在时钟脉冲的作用下，存储数据依次向左循环移位。

当 $\overline{R}_D = 0$ 时，系统初始化：$Q_2 = 0$，$Q_1 = 1$，$Q_0 = 0$。

即存储数据是"010"。

答案：A

97. 解　计算机按用途可分为专业计算机和通用计算机。专业计算机是为解决某种特殊问题而设计的计算机，针对具体问题能显示出有效、快速和经济的特性，但它的适应性较差，不适用于其他方面的应用。在导弹和火箭上使用的计算机很大部分就是专业计算机。通用计算机适应性很强，应用范围很广，如应用于科学计算、数据处理和实时控制等领域。

答案：A

98. 解　当前计算机的内存储器多数是半导体存储器。半导体存储器从使用功能上分，有随机存储器（Random Access Memory，简称 RAM，又称读写存储器），只读存储器（Read Only Memory，简称 ROM）。

答案：A

99.解 批处理操作系统是指将用户的一批作业有序地排列在一起，形成一个庞大的作业流。计算机指令系统会自动地顺序执行作业流，以节省人工操作时间和提高计算机的使用效率。

答案：B

100.解 杀毒软件能防止计算机病毒的入侵，及时有效地提醒用户当前计算机的安全状况，可以对计算机内的所有文件进行检查，发现病毒时可清除病毒，有效地保护计算机内的数据安全。

答案：D

101.解 ASCII 码是"美国信息交换标准代码"的简称，是目前国际上最为流行的字符信息编码方案。在这种编码中每个字符用 7 个二进制位表示。这样，从 0000000 到 1111111 可以给出 128 种编码，可以用来表示 128 个不同的字符，其中包括 10 个数字、大小写字母各 26 个、算术运算符、标点符号及专用符号等。

答案：B

102.解 Windows 特点的是使用方便、系统稳定可靠、有友好的用户界面、更高的可移动性，笔记本用户可以随时访问信息等。

答案：C

103.解 虚拟存储技术实际上是在一个较小的物理内存储器空间上，来运行一个较大的用户程序。它利用大容量的外存储器来扩充内存储器的容量，产生一个比内存空间大得多、逻辑上的虚拟存储空间。

答案：D

104.解 通信和数据传输是计算机网络主要功能之一，用来在计算机系统之间传送各种信息。利用该功能，地理位置分散的生产单位和业务部门可通过计算机网络连接在一起进行集中控制和管理。也可以通过计算机网络传送电子邮件，发布新闻消息和进行电子数据交换，极大地方便了用户，提高了工作效率。

答案：D

105.解 因特网提供的服务有电子邮件服务、远程登录服务、文件传输服务、WWW 服务、信息搜索服务。

答案：D

106.解 按采用的传输介质不同，可将网络分为双绞线网、同轴电缆网、光纤网、无线网；按网络传输技术不同，可将网络分为广播式网络和点到点式网络；按线路上所传输信号的不同，又可将网络分为基带网和宽带网两种。

答案：A

107. 解 根据等额支付偿债基金公式（已知F，求A）:

$$A = F\left[\frac{i}{(1+i)^n - 1}\right] = F(A/F, i, n) = 600 \times (A/F, 5\%, 5) = 600 \times 0.18097 = 108.58 \text{万元}$$

答案： B

108. 解 从企业角度进行投资项目现金流量分析时，可不考虑增值税，因为增值税是价外税，不进入企业成本也不进入销售收入。执行新的《中华人民共和国增值税暂行条例》以后，为了体现固定资产进项税抵扣导致企业应纳增值税的降低进而致使净现金流量增加的作用，应在现金流入中增加销项税额，同时在现金流出中增加进项税额以及应纳增值税。

答案： B

109. 解 注意题目问的是第2年年末偿还的利息（不包括本金）。

等额本息法每年还款的本利和相等，根据等额支付资金回收公式（已知P求A），每年年末还本付息金额为：

$$A = P\left[\frac{i(1+i)^n}{(1+i)^n - 1}\right] = P(A/P, 8\%, 5) = 150 \times 0.2505 = 37.575 \text{万元}$$

则第1年末偿还利息为$150 \times 8\% = 12$万元，偿还本金为$37.575 - 12 = 25.575$万元

第1年已经偿还本金25.575万元，尚未偿还本金为$150 - 25.575 = 124.425$万元

第2年年末应偿还利息为$(150 - 25.575) \times 8\% = 9.954$万元

答案： A

110. 解 内部收益率是指项目在计算期内各年净现金流量现值累计等于零时的收益率，属于动态评价指标。计算内部收益率不需要事先给定基准收益率i_c，计算出内部收益率后，再与项目的基准收益率i_c比较，以判定项目财务上的可行性。

常规项目投资方案是指除了建设期初或投产期初的净现金流量为负值外，以后年份的净现金流量均为正值，计算期内净现金流量由负到正只变化一次，这类项目只要累计净现金流量大于零，内部收益率就有唯一解，即项目的内部收益率。

答案： D

111. 解 影子价格是能够反映资源真实价值和市场供求关系的价格。

答案： B

112. 解 生产能力利用率的盈亏平衡点指标数值越低，说明较低的生产能力利用率即可达到盈亏平衡，也即说明企业经营抗风险能力较强。

答案： A

113. 解 由于残值可以回收，并没有真正形成费用消耗，故应从费用中将残值减掉。

由甲方案的现金流量图可知：

甲方案的费用现值：

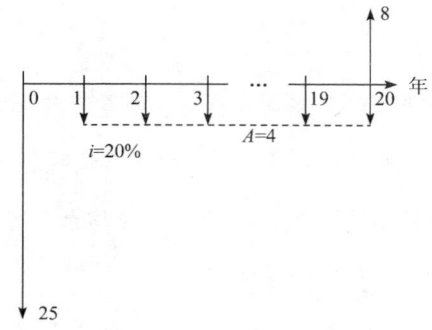

题113解 甲方案现金流量图

$$P = 4(P/A, 20\%, 20) + 25 - 8(P/F, 20\%, 20)$$
$$= 4 \times 4.8696 + 25 - 8 \times 0.02608 = 44.27 \text{ 万元}$$

同理可计算乙方案的费用现值：

$$P = 6(P/A, 20\%, 20) + 12 - 6(P/F, 20\%, 20)$$
$$= 6 \times 4.8696 + 12 - 6 \times 0.02608 = 41.06 \text{ 万元}$$

答案：C

114. 解 该零件的成本系数 $C = 880 \div 10000 = 0.088$

该零部件的价值指数为 $0.140 \div 0.088 = 1.591$

答案：D

115. 解 《中华人民共和国建筑法》第三十四条规定，工程监理单位应当根据建设单位的委托，客观、公正地执行监理任务。

选项C和D明显错误。选项A也是错误的，因为监理单位承揽监理业务的范围是根据其单位资质决定的，而不是和甲方签订的合同所决定的。

答案：B

116. 解 《中华人民共和国安全法》第六十三条规定，负有安全生产监督管理职责的部门依照有关法律、法规的规定，对涉及安全生产的事项需要审查批准（包括批准、核准、许可、注册、认证、颁发证照等，下同）或者验收的，必须严格依照有关法律、法规和国家标准或者行业标准规定的安全生产条件和程序进行审查；不符合有关法律、法规和国家标准或者行业标准规定的安全生产条件的，不得批准或者验收通过。对未依法取得批准或者验收合格的单位擅自从事有关活动的，负责行政审批的部门发现或者接到举报后应当立即予以取缔，并依法予以处理。对已经依法取得批准的单位，负责行政审批的部门发现其不再具备安全生产条件的，应当撤销原批准。

答案：A

117. 解 《中华人民共和国建筑法》第二十七条规定，大型建筑工程或者结构复杂的建筑工程，可以由两个以上的承包单位联合共同承包。共同承包的各方对承包合同的履行承担连带责任。

两个以上不同资质等级的单位实行联合共同承包的，应当按照资质等级低的单位的业务许可范围承揽工程。

答案：B

118. 解 《中华人民共和国民法典》第五百一十一条第二款规定，价款或者报酬不明确的，按照订立合同时履行地的市场价格履行；依法应当执行政府定价或者政府指导价的，依照规定履行。

答案：A

119. 解 《中华人民共和国环境保护法》第三十五条规定，城乡建设应当结合当地自然环境的特点，保护植被、水域和自然景观，加强城市园林、绿地和风景名胜区的建设与管理。

答案：A

120. 解 根据《建筑工程安全生产管理条例》第二十一条规定，施工单位主要负责人依法对本单位的安全生产工作全面负责。施工单位应当建立健全安全生产责任制度和安全生产教育培训制度，制定安全生产规章制度和操作规程，保证本单位安全生产条件所需资金的投入，对所承担的建设工程进行定期和专项安全检查，并做好安全检查记录。故选项 B 对。

主要负责人的职责是"建立"安全生产责任制，不是"落实"，所以选项 A 错。

答案：B

2019 年度全国勘察设计注册工程师执业资格考试基础考试（上）
试题解析及参考答案

1. 解　本题考查函数极限的求法以及洛必达法则的应用。

当自变量 $x \to 0$ 时，只有当 $x \to 0^+$ 及 $x \to 0^-$ 时，函数左右极限各自存在并且相等时，函数极限才存在。即当 $\lim\limits_{x \to 0^+} f(x) = \lim\limits_{x \to 0^-} f(x) = A$ 时，$\lim\limits_{x \to 0} f(x) = A$，否则函数极限不存在。

应用洛必达法则：

$$\lim\limits_{x \to 0^+} \frac{3 + e^{\frac{1}{x}}}{1 - e^{\frac{2}{x}}} \xupdownarrow[\text{当} x \to 0^+ \text{时}, y \to +\infty]{\text{设} y = \frac{1}{x}} \lim\limits_{y \to +\infty} \frac{3 + e^y}{1 - e^{2y}} \xupdownarrow{\frac{\infty}{\infty}} \lim\limits_{y \to +\infty} \frac{e^y}{-2e^{2y}} = \lim\limits_{y \to +\infty} \frac{1}{-2e^y} = 0$$

$$\lim\limits_{x \to 0^-} \frac{3 + e^{\frac{1}{x}}}{1 - e^{\frac{2}{x}}} \xupdownarrow[\text{当} x \to 0^- \text{时}, y \to -\infty]{\text{设} y = \frac{1}{x}} \lim\limits_{y \to -\infty} \frac{3 + e^y}{1 - e^{2y}} \xupdownarrow[e^y \to 0]{y \to -\infty} \frac{3}{1} = 3$$

因 $\lim\limits_{x \to 0^+} f(x) \neq \lim\limits_{x \to 0^-} f(x)$，所以 $\lim\limits_{x \to 0} f(x)$ 不存在。

答案：D

2. 解　本题考查函数可微、可导与函数连续之间的关系。

对于一元函数而言，函数可导和函数可微等价。函数可导必连续，函数连续不一定可导（例如 $y = |x|$ 在 $x = 0$ 处连续，但不可导）。因而，$f(x)$ 在点 $x = x_0$ 处连续为函数在该点处可微的必要条件。

答案：C

3. 解　利用同阶无穷小定义计算。

求极限 $\lim\limits_{x \to 0} \frac{\sqrt{1 - x^2} - \sqrt{1 + x^2}}{x^k}$，只要当极限值为常数 C，且 $C \neq 0$ 时，即为同阶无穷小。

$$\lim\limits_{x \to 0} \frac{\sqrt{1 - x^2} - \sqrt{1 + x^2}}{x^k} \xupdownarrow{\text{分子有理化}} \lim\limits_{x \to 0} \frac{(\sqrt{1 - x^2} - \sqrt{1 + x^2})(\sqrt{1 - x^2} + \sqrt{1 + x^2})}{x^k(\sqrt{1 - x^2} + \sqrt{1 + x^2})}$$

$$= \lim\limits_{x \to 0} \frac{-2x^2}{x^k(\sqrt{1 - x^2} + \sqrt{1 + x^2})} \xupdownarrow{\text{只有} k = 2 \text{时，极限值才满足为常数} C \text{，且} C \neq 0}$$

$$\lim\limits_{x \to 0} \frac{-2x^2}{x^2(\sqrt{1 - x^2} + \sqrt{1 + x^2})} = -1$$

答案：B

4. 解　本题为求复合函数的二阶导数，可利用复合函数求导公式计算。

设 $y = \ln u$，$u = \sin x$，先对中间变量求导，再乘以中间变量 u 对自变量 x 的导数（注意正确使用导数公式）。

$$y' = \frac{1}{\sin x} \cdot \cos x = \cot x, \quad y'' = (\cot x)' = -\frac{1}{\sin^2 x}$$

答案：D

5. 解 本题考查罗尔中值定理。

由罗尔中值定理可知，函数满足：①在闭区间连续；②在开区间可导；③两端函数值相等，则在开区间内至少存在一点ξ，使得$f'(\xi) = 0$。本题满足罗尔中值定理的条件，因而结论 B 成立。

答案： B

6. 解 $x = 0$处导数不存在。x_1和O点两侧导函数符号由负变为正，函数在该点取得极小值，故x_1和O点是函数的极小值点；x_2和x_3点两侧导函数符号由正变为负，函数在该点取得极大值，故x_2和x_3点是函数的极大值点。

答案： B

7. 解 本题可用第一类换元积分方法计算，也可用凑微分方法计算。

方法1：设$x^2 + 1 = t$，则有$2x\mathrm{d}x = \mathrm{d}t$，即$x\mathrm{d}x = \frac{1}{2}\mathrm{d}t$

$$\int \frac{x}{\sin^2(x^2 + 1)}\mathrm{d}x = \int \frac{1}{\sin^2 t}\frac{1}{2}\mathrm{d}t = \frac{1}{2}\int \csc^2 t\,\mathrm{d}t = -\frac{1}{2}\cot t + C = -\frac{1}{2}\cot(x^2 + 1) + C$$

方法2：

$$\int \frac{x}{\sin^2(x^2 + 1)}\mathrm{d}x = \frac{1}{2}\int \frac{1}{\sin^2(x^2 + 1)}\mathrm{d}(x^2 + 1) = -\frac{1}{2}\cot(x^2 + 1) + C$$

答案： A

8. 解 当$x = -1$时，$\lim\limits_{x \to -1}\frac{1}{(1+x)^2} = +\infty$，所以$x = -1$为函数的无穷不连续点。

本题为被积函数有无穷不连续点的广义积分。按照这类广义积分的计算方法，把广义积分在无穷不连续点$x = -1$处分成两部分，只有当每一部分都收敛时，广义积分才收敛，否则广义积分发散。

即：

$$\int_{-2}^{2}\frac{1}{(1+x)^2}\mathrm{d}x = \int_{-2}^{-1}\frac{1}{(1+x)^2}\mathrm{d}x + \int_{-1}^{2}\frac{1}{(1+x)^2}\mathrm{d}x$$

计算第一部分：

$$\int_{-2}^{-1}\frac{1}{(1+x)^2}\mathrm{d}x = \int_{-2}^{-1}\frac{1}{(1+x)^2}\mathrm{d}(x+1) = -\frac{1}{1+x}\Big|_{-2}^{-1} = \lim_{x \to 1^-}\left(-\frac{1}{1+x}\right) - \left(-\frac{1}{-1}\right) = \infty,$$

发散

所以，广义积分发散。

答案： D

9. 解 利用两向量平行的知识以及两向量数量积的运算法则计算。

已知$\boldsymbol{\beta} /\!/ \boldsymbol{\alpha}$，则有$\boldsymbol{\beta} = \lambda\boldsymbol{\alpha}$（$\lambda$为任意非零常数）

所以$\boldsymbol{\alpha} \cdot \boldsymbol{\beta} = \boldsymbol{\alpha} \cdot \lambda\boldsymbol{\alpha} = \lambda(\boldsymbol{\alpha} \cdot \boldsymbol{\alpha}) = \lambda[2 \times 2 + 1 \times 1 + (-1) \times (-1)] = 6\lambda$

已知$\boldsymbol{\alpha} \cdot \boldsymbol{\beta} = 3$，即$6\lambda = 3$，$\lambda = \frac{1}{2}$

所以$\boldsymbol{\beta} = \frac{1}{2}\boldsymbol{\alpha} = \left(1, \frac{1}{2}, -\frac{1}{2}\right)$

答案：C

10. 解 因直线垂直于xOy平面，因而直线的方向向量只要选与z轴平行的向量即可，取所求直线的方向向量$\vec{s} = (0,0,1)$，如解图所示，再按照直线的点向式方程的写法写出直线方程：

$$\frac{x-2}{0} = \frac{y-0}{0} = \frac{z+1}{1}$$

题10解图

答案：C

11. 解 通过分析可知，本题为一阶可分离变量方程，分离变量后两边积分求出方程的通解，再代入初始条件求出方程的特解。

$$y\ln x\,dx - x\ln y\,dy = 0 \Rightarrow y\ln x\,dx = x\ln y\,dy \Rightarrow \frac{\ln x}{x}dx = \frac{\ln y}{y}dy$$

$$\Rightarrow \int \frac{\ln x}{x}dx = \int \frac{\ln y}{y}dy \Rightarrow \int \ln x\,d(\ln x) = \int \ln y\,d(\ln y)$$

$$\Rightarrow \frac{1}{2}\ln^2 x = \frac{1}{2}\ln^2 y + C_1 \Rightarrow \ln^2 x - \ln^2 y = C_2 \quad (\text{其中，} C_2 = 2C_1)$$

代入初始条件$y(x=1) = 1$，得$C_2 = 0$

所以方程的特解：$\ln^2 x - \ln^2 y = 0$

答案：D

12. 解 画出积分区域D的图形，如解图所示。

方法1： 因被积函数$f(x,y) = 1$，所以积分$\iint\limits_{D} dxdy$的值即为这三条直线所围成的区域面积，所以$\iint\limits_{D} dxdy = \frac{1}{2} \times 1 \times 2 = 1$。

方法2： 把二重积分转化为二次积分，可先对y积分再对x积分，也可先对x积分再对y积分。本题先对y积分后再对x积分：

题12解图

$$D: \begin{cases} 0 \leqslant x \leqslant 1 \\ 0 \leqslant y \leqslant -2x+2 \end{cases}$$

$$\iint\limits_{D} dxdy = \int_0^1 dx \int_0^{-2x+2} dy = \int_0^1 y\Big|_0^{-2x+2} dx$$

$$= \int_0^1 (-2x+2)dx = (-x^2+2x)\Big|_0^1 = -1+2 = 1$$

答案：A

13. 解 $y = C_1 C_2 e^{-x}$，因C_1、C_2是任意常数，可设$C = C_1 \cdot C_2$（C仍为任意常数），即$y = Ce^{-x}$，则有$y' = -Ce^{-x}$，$y'' = Ce^{-x}$。

代入得$Ce^{-x} - 2(-Ce^{-x}) - 3Ce^{-x} = 0$，可知$y = Ce^{-x}$为方程的解。

因$y = Ce^{-x}$仅含一个独立的任意常数，可知$y = Ce^{-x}$既不是方程的通解，也不是方程的特解，只是方程的解。

答案：D

14. 解 本题考查对坐标的曲线积分的计算方法。

应注意，对坐标的曲线积分与曲线的积分路径、方向有关，积分变量的变化区间应从起点所对应的参数积到终点所对应的参数。

$L：x^2 + y^2 = 1$

参数方程可表示为 $\begin{cases} x = \cos\theta \\ y = \sin\theta \end{cases}$ $(\theta：0 \to 2\pi)$，则

$$\int_L \frac{y\mathrm{d}x - x\mathrm{d}y}{x^2 + y^2} = \int_0^{2\pi} \frac{\sin\theta(-\sin\theta) - \cos\theta\cos\theta}{\cos^2\theta + \sin^2\theta}\mathrm{d}\theta = \int_0^{2\pi}(-1)\mathrm{d}\theta = -\theta\Big|_0^{2\pi} = -2\pi$$

答案：B

15. 解 本题函数为二元函数，先求出二元函数的驻点，再利用二元函数取得极值的充分条件判定。

$f(x, y) = xy$

求得偏导数 $\begin{cases} f_x(x, y) = y \\ f_y(x, y) = x \end{cases}$，则 $\begin{cases} f_x(0, 0) = 0 \\ f_y(0, 0) = 0 \end{cases}$，故点$(0,0)$为二元函数的驻点。

求得二阶导数 $f''_{xx}(x, y) = 0$，$f''_{xy}(x, y) = 1$，$f''_{yy}(x, y) = 0$

则有 $A = f''_{xx}(0, 0) = 0$，$B = f''_{xy}(0, 0) = 1$，$C = f''_{yy}(0, 0) = 0$

$AC - B^2 = -1 < 0$，所以在驻点$(0,0)$处取不到极值。

点$(0,0)$是驻点，但非极值点。

答案：B

16. 解 本题考查级数条件收敛、绝对收敛的有关概念，以及级数收敛与发散的基本判定方法。

将级数 $\sum\limits_{n=1}^{\infty}(-1)^{n-1}\frac{1}{n^p}$ 各项取绝对值，得p级数 $\sum\limits_{n=1}^{\infty}\frac{1}{n^p}$。

当$p > 1$时，原级数 $\sum\limits_{n=1}^{\infty}(-1)^{n-1}\frac{1}{n^p}$ 绝对收敛；当$0 < p \leq 1$时，级数 $\sum\limits_{n=1}^{\infty}\frac{1}{n^p}$ 发散。所以，选项B、C均不成立。

再判定原级数 $\sum\limits_{n=1}^{\infty}(-1)^{n-1}\frac{1}{n^p}$ 在$0 < p \leq 1$时的敛散性。

级数 $\sum\limits_{n=1}^{\infty}(-1)^{n-1}\frac{1}{n^p}$ 为交错级数，记$u_n = \frac{1}{n^p}$。

当$p > 0$时，$n^p < (n+1)^p$，则$\frac{1}{n^p} > \frac{1}{(n+1)^p}$，$u_n > u_{n+1}$，又 $\lim\limits_{n\to\infty} u_n = 0$，所以级数 $\sum\limits_{n=1}^{\infty}(-1)^{n-1}\frac{1}{n^p}$ 在 $0 < p \leq 1$时条件收敛。

答案：D

17. 解 利用二元函数求全微分公式 $\mathrm{d}z = \frac{\partial z}{\partial x}\mathrm{d}x + \frac{\partial z}{\partial y}\mathrm{d}y$ 计算，然后代入$x = 1$，$y = 2$求出$\mathrm{d}z\Big|_{\substack{x=1 \\ y=2}}$ 的值。

（1）计算$\frac{\partial z}{\partial x}$：

$z = \left(\dfrac{y}{x}\right)^x$，两边取对数，得$\ln z = x \ln\left(\dfrac{y}{x}\right)$，两边对$x$求导，得：

$$\frac{1}{z}z_x = \ln\frac{y}{x} + x\frac{x}{y}\left(-\frac{y}{x^2}\right) = \ln\frac{y}{x} - 1$$

进而得：$z_x = z\left(\ln\dfrac{y}{x} - 1\right) = \left(\dfrac{y}{x}\right)^x\left(\ln\dfrac{y}{x} - 1\right)$

（2）计算$\dfrac{\partial z}{\partial y}$：

$$\frac{\partial z}{\partial y} = x\left(\frac{y}{x}\right)^{x-1}\frac{1}{x} = \left(\frac{y}{x}\right)^{x-1}$$

$$dz = \frac{\partial z}{\partial x}dx + \frac{\partial z}{\partial y}dy = \left(\frac{y}{x}\right)^x\left(\ln\frac{y}{x} - 1\right)dx + \left(\frac{y}{x}\right)^{x-1}dy$$

$$dz\bigg|_{\substack{x=1 \\ y=2}} = 2(\ln 2 - 1)dx + dy = 2\left[(\ln 2 - 1)dx + \frac{1}{2}dy\right]$$

答案：C

18. 解　幂级数只含奇数次幂项，求出级数的收敛半径，再判断端点的敛散性。

方法1：

$$\lim_{n\to\infty}\left|\frac{u_{n+1}(x)}{u_n(x)}\right| = \lim_{n\to\infty}\left|\frac{\dfrac{x^{2n+1}}{2n+1}}{\dfrac{x^{2n-1}}{2n-1}}\right| = \lim_{n\to\infty}\left|\frac{2n-1}{2n+1}x^2\right| = x^2$$

当$x^2 < 1$，即$-1 < x < 1$时，级数收敛；当$x^2 > 1$，即$x > 1$或$x < -1$时，级数发散；

判断端点的敛散性。

当$x = 1$时，$\displaystyle\sum_{n=1}^{\infty}(-1)^{n-1}\frac{x^{2n-1}}{2n-1} \Rightarrow \sum_{n=1}^{\infty}(-1)^{n-1}\frac{1}{2n-1}$，为交错级数，同时满足$u_n > u_{n+1}$和$\displaystyle\lim_{n\to\infty}u_n = 0$，

级数收敛。

当$x = -1$时，$\displaystyle\sum_{n=1}^{\infty}(-1)^{n-1}\frac{x^{2n-1}}{2n-1} \Rightarrow \sum_{n=1}^{\infty}(-1)^{n}\frac{1}{2n-1}$，为交错级数，同时满足$u_n > u_{n+1}$和$\displaystyle\lim_{n\to\infty}u_n = 0$，

级数收敛。

综上，级数$\displaystyle\sum_{n=1}^{\infty}(-1)^{n-1}\frac{x^{2n-1}}{2n-1}$的收敛域为$[-1,1]$。

方法2：四个选项已给出，仅在端点处不同，直接判断端点$x = 1$、$x = -1$的敛散性即可。

答案：A

19. 解　利用公式$|\boldsymbol{A}^*| = |\boldsymbol{A}|^{n-1}$判断。代入$|\boldsymbol{A}| = b$，得$|\boldsymbol{A}^*| = b^{n-1}$。

答案：B

20. 解　利用公式$|\boldsymbol{A}| = \lambda_1\lambda_2\cdots\lambda_n$，当$\boldsymbol{A}$为二阶方阵时，$|\boldsymbol{A}| = \lambda_1\lambda_2$

则有$\lambda_2 = \dfrac{|\boldsymbol{A}|}{\lambda_1} = \dfrac{-1}{1} = -1$

由"实对称矩阵对应不同特征值的特征向量正交"判断：

$$\begin{pmatrix}1\\1\end{pmatrix}^{\mathrm{T}}\begin{pmatrix}1\\-1\end{pmatrix} = (1,\ 1)\begin{pmatrix}1\\-1\end{pmatrix} = 0$$

所以 $\begin{pmatrix} 1 \\ 1 \end{pmatrix}$ 与 $\begin{pmatrix} 1 \\ -1 \end{pmatrix}$ 正交

答案：B

21. 解 二次型 f 的秩就是对应矩阵 $\boldsymbol{A}$ 的秩。

二次型对应矩阵为 $\boldsymbol{A} = \begin{bmatrix} 1 & 1 & 0 \\ 1 & t & 0 \\ 0 & 0 & 3 \end{bmatrix}$，$R(\boldsymbol{A}) = 2$，则有 $|\boldsymbol{A}| = 0$，即 $3(t-1) = 0$，可以得出 $t = 1$。

答案：C

22. 解 由条件概率公式和乘法公式：$P(A|B) = \dfrac{P(AB)}{P(B)} = \dfrac{P(A)P(B|A)}{P(B)} = \dfrac{\frac{1}{3} \times \frac{1}{6}}{\frac{1}{4}} = \dfrac{2}{9}$。

答案：B

23. 解 由联合分布律的性质：$\displaystyle\sum_i \sum_j p_{ij} = 1$，得 $\dfrac{1}{4} + \dfrac{1}{4} + \dfrac{1}{6} + a = 1$，则 $a = \dfrac{1}{3}$。

答案：A

24. 解 因为 $X \sim U(1, \theta)$，所以 $E(X) = \dfrac{1+\theta}{2}$，则 $\theta = 2E(X) - 1$，用 $\overline{X}$ 代替 $E(X)$，得 θ 的矩估计 $\hat{\theta} = 2\overline{X} - 1$。

答案：C

25. 解 温度的统计意义告诉我们：气体的温度是分子平均平动动能的量度，气体的温度是大量气体分子热运动的集体体现，具有统计意义，温度的高低反映物质内部分子运动剧烈程度的不同，正是因为它的统计意义，单独说某个分子的温度是没有意义的。

答案：B

26. 解 气体分子运动的三种速率：

$$v_{\mathrm{p}} = \sqrt{\dfrac{2kT}{m}} \approx 1.41\sqrt{\dfrac{RT}{M}}$$

$$\bar{v} = \sqrt{\dfrac{8kT}{\pi m}} \approx 1.60\sqrt{\dfrac{RT}{M}}, \quad \sqrt{\overline{v^2}} = \sqrt{\dfrac{3kT}{m}} \approx 1.73\sqrt{\dfrac{RT}{M}}$$

答案：C

27. 解 理想气体向真空作绝热膨胀，注意"真空"和"绝热"。由热力学第一定律 $Q = \Delta E + W$，理想气体向真空作绝热膨胀不做功，不吸热，故内能变化为零，温度不变，但膨胀致体积增大，单位体积分子数 n 减少，根据 $p = nkT$，故压强减小。

答案：A

28. 解 此题考查卡诺循环。

卡诺循环的热机效率为：$\eta = 1 - \dfrac{T_2}{T_1}$

T_1 与 T_2 不同，所以效率不同。

两个循环曲线所包围的面积相等，净功相等，$W = Q_1 - Q_2$，即两个热机吸收的热量与放出的热量

（绝对值）的差值一定相等。

答案： D

29. 解 此题考查理想气体分子的摩尔热容。

$$C_V = \frac{i}{2}R, \quad C_p = C_V + R = \frac{i+2}{2}R$$

刚性双原子分子理想气体$i = 5$，故$\frac{C_p}{C_V} = \frac{7}{5}$

答案： C

30. 解 将波动方程化为标准式：$y = 0.05\cos(4\pi x - 10\pi t) = 0.05\cos 10\pi\left(t - \frac{x}{2.5}\right)$

$$u = 2.5\text{m/s}, \quad \omega = 2\pi\nu = 10\pi, \quad \nu = 5\text{Hz}, \quad \lambda = \frac{u}{\nu} = \frac{2.5}{5} = 0.5\text{m}$$

答案： A

31. 解 此题考查声波的多普勒效应。

题目讨论的是火车疾驰而来时的过程与火车远离而去时人们听到的汽笛音调比较。

火车疾驰而来时音调（即频率）：$\nu'_{\text{来}} = \frac{u}{u - v_s}\nu$

火车远离而去时的音调：$\nu'_{\text{去}} = \frac{u}{u + v_s}\nu$

式中，u为声速，v_s为火车相对地的速度，ν为火车发出汽笛声的原频率。

相比，人们听到的汽笛音调应是由高变低的。

答案： A

32. 解 此题考查波的强度公式：$I = \frac{1}{2}\rho u A^2 \omega^2$

保持其他条件不变，仅使振幅A增加1倍，则波的强度增加到原来的4倍。

答案： D

33. 解 两列振幅相同的相干波，在同一直线上沿相反方向传播，叠加的结果即为驻波。

叠加后形成的驻波的波动方程为：$y = y_1 + y_2 = \left(2A\cos 2\pi\frac{x}{\lambda}\right)\cos 2\pi\nu t$

驻波的振幅是随位置变化的，$A' = 2A\cos 2\pi\frac{x}{\lambda}$，波腹处有最大振幅$2A$。

答案： C

34. 解 此题考查光的干涉。

薄膜上下两束反射光的光程差：$\delta = 2n_2 e$

增透膜要求反射光相消：$\delta = 2n_2 e = (2k + 1)\frac{\lambda}{2}$

$k = 0$时，膜有最小厚度，$e = \frac{\lambda}{4n_2} = \frac{500}{4\times 1.38} = 90.6\text{nm}$

答案： B

35. 解 此题考查光的衍射。

2019年度全国勘察设计注册工程师执业资格考试基础考试（上）——试题解析及参考答案

单缝衍射明纹条件光程差为半波长的奇数倍，相邻两个半波带对应点的光程差为半个波长。

答案：C

36. 解 此题考查光的干涉与偏振。

双缝干涉条纹间距$\Delta x = \frac{D}{d}\lambda$，加偏振片不改变波长，故干涉条纹的间距不变，而自然光通过偏振片光强衰减为原来的一半，故明纹的亮度减弱。

答案：B

37. 解 第一电离能是基态的气态原子失去一个电子形成+1价气态离子所需的最低能量。变化规律：同一周期从左到右，主族元素的有效核电荷数依次增加，原子半径依次减小，电离能依次增大；同一主族元素从上到下原子半径依次增大，电离能依次减小。

答案：D

38. 解 共价键的类型分σ键和π键。共价单键均为σ键；共价双键中含1个σ键，1个π键；共价三键中含1个σ键，2个π键。

丁二烯分子中，碳氢间均为共价单键，碳碳间含1个碳碳单键，2个碳碳双键。结构式为：

答案：B

39. 解 离子的极化作用是指离子的极化力，离子的极化力为某离子使其他离子变形的能力。极化力取决于：①离子的电荷，电荷数越多，极化力越强；②离子的半径，半径越小，极化力越强；③离子的电子构型，当电荷数相等、半径相近时，极化力的大小为：18或18+2电子构型＞9～17电子构型＞8电子构型。每种离子都具有极化力和变形性，一般情况下，主要考虑正离子的极化力和负离子的变形性。离子半径的变化规律：同周期不同元素离子的半径随离子电荷代数值增大而减小。四个化合物中的阴离子相同，都为Cl^-，阳离子分别为Na^+、Mg^{2+}、Al^{3+}、Si^{4+}，离子半径逐渐减小，离子电荷逐渐增大，极化力逐渐增强，对Cl^-的极化作用逐渐增强，所以离子极化作用最强的是$SiCl_4$。

答案：D

40. 解 根据 $pH = -\lg C_{H^+}$，$K_W = C_{H^+} \times C_{OH^-}$

$pH = 2$时，$C_{H^+} = 10^{-2}\,mol \cdot L^{-1}$，$C_{OH^-} = 10^{-12}\,mol \cdot L^{-1}$

$pH = 4$时，$C_{H^+} = 10^{-4}\,mol \cdot L^{-1}$，$C_{OH^-} = 10^{-10}\,mol \cdot L^{-1}$

答案：C

41. 解 吉布斯函数变$\Delta G < 0$时化学反应能自发进行。根据吉布斯等温方程，当$\Delta_r H_m^\ominus > 0$，$\Delta_r S_m^\ominus > 0$

时，反应低温不能自发进行，高温能自发进行。

答案：A

42.解 根据盐类的水解理论，$NaCl$ 为强酸强碱盐，不水解，溶液显中性；Na_2CO_3 为强碱弱酸盐，水解，溶液显碱性；硫酸铝和硫酸铵均为强酸弱碱盐，水解，溶液显酸性。

答案：B

43.解 电对对应的半反应中无 H^+ 参与时，酸度大小对电对的电极电势无影响；电对对应的半反应中有 H^+ 参与时，酸度大小对电对的电极电势有影响，影响结果由能斯特方程决定。

电对 Fe^{3+}/Fe^{2+} 对应的半反应为 $Fe^{3+} + e^- = Fe^{2+}$，没有 H^+ 参与，酸度大小对电对的电极电势无影响；电对 MnO_4^-/Mn^{2+} 对应的半反应为 $MnO_4^- + 8H^+ + 5e^- = Mn^{2+} + 4H_2O$，有 H^+ 参与，根据能斯特方程，H^+ 浓度增大，电对的电极电势增大。

答案：C

44.解 C_5H_{12} 有三个异构体，每种异构体中，有几种类型氢原子，就有几种一氯代物。

异构体 $H_3C—CH_2—CH_2—CH_2—CH_3$ 中，有 2 个甲基，3 种一氯代物；

异构体 $H_3C—\underset{\underset{CH_3}{|}}{CH}—CH_2—CH_3$ 中，有 3 个甲基，4 种一氯代物；

异构体 $H_3C—\underset{\underset{CH_3}{|}}{\overset{\overset{CH_3}{|}}{C}}—CH_3$ 中，有 4 个甲基，1 种一氯代物。

答案：C

45.解 选项 A、B、C 催化加氢均生成 2-甲基戊烷，选项 D 催化加氢生成 3-甲基戊烷。

答案：D

46.解 与端基碳原子相连的羟基氧化为醛，不与端基碳原子相连的羟基氧化为酮。

答案：C

47.解 若力 F 作用于构件 BC 上，则 AC 为二力构件，满足二力平衡条件，BC 满足三力平衡条件，受力图如解图 a）所示。

题 47 解图

对 BC 列平衡方程：

$$\sum F_x = 0 , \quad F - F_B \sin \varphi - F_C' \sin \alpha = 0$$

$$\sum F_y = 0 , \quad F_C' \cos \alpha - F_B \cos \varphi = 0$$

解得：$F_C' = \dfrac{F}{\sin \alpha + \cos \alpha \tan \varphi} = F_A$，$F_B = \dfrac{F}{\tan \alpha \cos \varphi + \sin \varphi}$

若力 **F** 移至构件 AC 上，则 BC 为二力构件，而 AC 满足三力平衡条件，受力图如解图 b）所示。

对 AC 列平衡方程：

$$\sum F_x = 0 , \quad F - F_A \sin \varphi - F_C' \sin \alpha = 0$$

$$\sum F_y = 0 , \quad F_A \cos \varphi - F_C' \cos \alpha = 0$$

解得：$F_C' = \dfrac{F}{\sin \alpha + \cos \alpha \tan \varphi} = F_B$，$F_A = \dfrac{F}{\tan \alpha \cos \varphi + \sin \varphi}$

由此可见，两种情况下，只有 C 处约束力的大小没有改变，而 A、B 处约束力的大小都发生了改变。

答案：D

48. 解 由图可知力 **F₁** 过 A 点，故向 A 点简化的附加力偶为 0，因此主动力系向 A 点简化的主矩即为 $M_A = M = 4\mathrm{N \cdot m}$。

答案：A

49. 解 对系统整体列平衡方程：

$$\sum M_A(F) = 0 , \quad M_A - F_p \left(\frac{a}{2} + r \right) = 0$$

得：$M_A = F_p \left(\dfrac{a}{2} + r \right)$（逆时针）

答案：B

50. 解 分析节点 A 的平衡，可知铅垂杆为零杆，再分析节点 B 的平衡，节点连接的两根杆均为零杆，故内力为零的杆数是 3。

答案：A

51. 解 当 $t = 10\mathrm{s}$ 时，$v_t = v_0 + at = 10a = 5\mathrm{m/s}$，故汽车的加速度 $a = 0.5\mathrm{m/s^2}$。则有：

$$S = \frac{1}{2} at^2 = \frac{1}{2} \times 0.5 \times 10^2 = 25\mathrm{m}$$

答案：A

52. 解 物体的角速度及角加速度分别为：$\omega = \dot{\varphi} = 4 - 6t\,\mathrm{rad/s}$，$\alpha = \ddot{\varphi} = -6\mathrm{rad/s^2}$，则 $t = 1\mathrm{s}$ 时物体内转动半径 $r = 0.5\mathrm{m}$ 点的速度为：$v = \omega r = -1\mathrm{m/s}$，切向加速度为：$a_\tau = \alpha r = -3\mathrm{m/s^2}$。

答案：B

53. 解 构件 BC 是平行移动刚体，根据其运动特性，构件上各点有相同的速度和加速度，用其上一点 B 的运动即可描述整个构件的运动，点 B 的运动方程为：

$$x_B = -r \cos \theta = -r \cos \omega t$$

则其速度的表达式为 $v_{BC} = \dot{x}_B = r\omega \sin \omega t$，加速度的表达式为 $\alpha_{BC} = \ddot{x}_B = r\omega^2 \cos \omega t$

答案：D

54.解 质点运动微分方程：$ma = F$

当电梯加速下降、匀速下降及减速下降时，加速度分别向下、零、向上，代入质点运动微分方程，分别有：

$$ma = W - F_1, \quad 0 = W - F_2, \quad ma = F_3 - W$$

所以：$F_1 = W - ma$，$F_2 = W$，$F_3 = W + ma$

故 $F_1 < F_2 < F_3$

答案：C

55.解 定轴转动刚体动量矩的公式：$L_O = J_O \omega$

其中，$J_O = \frac{1}{2}mR^2 + mR^2$

因此，动量矩 $L_O = \frac{3}{2}mR^2\omega$

答案：D

56.解 动能定理：$T_2 - T_1 = W_{12}$

其中：$T_1 = 0$，$T_2 = \frac{1}{2}J_O\omega^2$

将 $W_{12} = mg(R - R\cos\theta)$代入动能定理：$\frac{1}{2}\left(\frac{1}{2}mR^2 + mR^2\right)\omega^2 - 0 = mg(R - R\cos\theta)$

解得：$\omega = \sqrt{\dfrac{4g(1-\cos\theta)}{3R}}$

答案：B

57.解 惯性力的定义为：$F_I = -ma$

惯性力主矢的方向总是与其加速度方向相反。

答案：A

58.解 当激振频率与系统的固有频率相等时，系统发生共振，即：

$$\omega_0 = \sqrt{\frac{k}{m}} = \omega_1 = 6\text{rad/s}; \quad \sqrt{\frac{k}{1+m}} = \omega_2 = 5.86\text{rad/s}$$

联立求解可得：$m = 20.68\text{kg}$，$k = 744.53\text{N/m}$

答案：D

59.解 由图可知，曲线 A 的强度失效应力最大，故 A 材料强度最高。

答案：A

60.解 根据截面法可知，AB 段轴力 $F_{AB} = F$，BC 段轴力 $F_{BC} = -F$

则 $\Delta L = \Delta L_{AB} + \Delta L_{BC} = \dfrac{Fl}{EA} + \dfrac{-Fl}{EA} = 0$

答案：A

61. 解 取一根木杆进行受力分析，可知剪力是 F，剪切面是 ab，故名义切应力 $\tau = \dfrac{F}{ab}$。

答案：A

62. 解 此公式只适用于线弹性变形的圆截面（含空心圆截面）杆，选项 A、B、C 都不适用。

答案：D

63. 解 由强度条件 $\tau_{\max} = \dfrac{T}{W_p} \leqslant [\tau]$，可知直径为 d 的圆轴可承担的最大扭矩为 $T \leqslant [\tau]W_p = [\tau]\dfrac{\pi d^3}{16}$

若改变该轴直径为 d_1，使 $A_1 = \dfrac{\pi d_1^2}{4} = 2A = 2\dfrac{\pi d^2}{4}$

则有 $d_1^2 = 2d^2$，即 $d_1 = \sqrt{2}d$

故其可承担的最大扭矩为：$T_1 = [\tau]\dfrac{\pi d_1^3}{16} = 2\sqrt{2}[\tau]\dfrac{\pi d^3}{16} = 2\sqrt{2}T$

答案：C

64. 解 在有关静矩的性质中可知，若平面图形对某轴的静矩为零，则此轴必过形心；反之，若某轴过形心，则平面图形对此轴的静矩为零。对称轴必须过形心，但过形心的轴不一定是对称轴。例如，平面图形的反对称轴也是过形心的。所以选项 D 错误。

答案：D

65. 解 集中力偶 m 在梁上移动，对剪力图没有影响，但是受集中力偶作用的位置弯矩图会发生突变，故力偶 m 位置的变化会引起弯矩图的改变。

答案：C

66. 解 若梁的长度增加一倍，最大剪力 F 没有变化，而最大弯矩则增大一倍，由 Fl 变为 $2Fl$，而最大正应力 $\sigma_{\max} = \dfrac{M_{\max}}{I_z}y_{\max}$ 变为原来的 2 倍，最大剪应力 $\tau_{\max} = \dfrac{3F}{2A}$ 没有变化。

答案：C

67. 解 首先由受力分析可知，外力偶自相平衡,所以不产生支座反力，两端支座反力为零，因此左右两段弯矩为零，挠曲线必为直线，不能是曲线，故可以排除选项 A 和 B。选项 D 中的挠曲线在外力偶作用处不符合挠曲线处处连续光滑可导的条件，所以只能选 C，注意选项 C 中的挠曲线左右两段应该是直线，中间一段是曲线。

答案：C

68. 解 图 a）、图 b）两单元体中 $\sigma_y = 0$，用解析法公式：

$$\begin{array}{c}\sigma_1 \\ \sigma_3\end{array} = \frac{\sigma}{2} \pm \sqrt{\left(\frac{\sigma}{2}\right)^2 + \tau^2} = \frac{80}{2} \pm \sqrt{\left(\frac{80}{2}\right)^2 + 20^2} = \begin{array}{c}84.72 \\ -4.72\end{array}\text{MPa}$$

则 $\sigma_1 = 84.72\text{MPa}$，$\sigma_2 = 0$，$\sigma_3 = -4.72\text{MPa}$，两单元体主应力大小相同。

两单元体主应力的方向可以用观察法判断。

图1   图2   图3

题 68 解图

题图 a）主应力的方向可以看成是图 1 和图 2 两个单元体主应力方向的叠加，显然主应力 σ_1 的方向在第一象限。

题图 b）主应力的方向可以看成是图 1 和图 3 两个单元体主应力方向的叠加，显然主应力 σ_1 的方向在第四象限。

所以两单元体主应力的方向不同。

答案：B

69. 解   轴力 F_N 产生的拉应力 $\sigma' = \dfrac{F_N}{A}$，弯矩产生的最大拉应力 $\sigma'' = \dfrac{M}{W}$，故 $\sigma = \sigma' + \sigma'' = \dfrac{F_N}{A} + \dfrac{M}{W}$

扭矩 T 作用下产生的最大切应力 $\tau = \dfrac{T}{W_p} = \dfrac{T}{2W}$，所以危险截面的应力状态如解图所示。

而 $\begin{array}{c}\sigma_1\\\sigma_3\end{array} = \dfrac{\sigma}{2} \pm \sqrt{\left(\dfrac{\sigma}{2}\right)^2 + \tau^2}$

所以，$\sigma_{r3} = \sigma_1 - \sigma_3 = 2\sqrt{\left(\dfrac{\sigma}{2}\right)^2 + \tau^2} = \sqrt{\sigma^2 + 4\tau^2}$

题 69 解图

$$= \sqrt{\left(\frac{F_N}{A} + \frac{M}{W}\right)^2 + 4\left(\frac{T}{2W}\right)^2} = \sqrt{\left(\frac{F_N}{A} + \frac{M}{W}\right)^2 + \left(\frac{T}{W}\right)^2}$$

答案：C

70. 解   图（A）为两端铰支压杆，其长度系数 $\mu = 1$。

图（B）为一端固定、一端铰支压杆，其长度系数 $\mu = 0.7$。

图（C）为一端固定、一端自由压杆，其长度系数 $\mu = 2$。

图（D）为两端固定压杆，其长度系数 $\mu = 0.5$。

根据临界荷载公式：$F_{cr} = \dfrac{\pi^2 EI}{(\mu l)^2}$，可知 F_{cr} 与 μ 成反比，故图（D）的临界荷载最大。

答案：D

71. 解   根据连续介质假设可知，流体的物理量是连续函数。

答案：B

72. 解   盛水容器的左侧上方为敞口的自由液面，故液面上点 1 的相对压强 $p_1 = 0$，而选项 B、C、D 点 1 的相对压强 p_1 均不等于零，故此三个选项均错误，因此可知正确答案为 A。

现根据等压面原理和静压强计算公式，求出其余各点的相对压强如下：

$$p_2 = 1000 \times 9.8 \times (h_1 - h_2) = 9800 \times (0.9 - 0.4) = 4900Pa = 4.90kPa$$

$$p_3 = p_2 - 1000 \times 9.8 \times (h_3 - h_2) = 4900 - 9800 \times (1.1 - 0.4) = -1960\text{Pa} = -1.96\text{kPa}$$

$p_4 = p_3 = -1.96\text{kPa}$（微小高度空气压强可忽略不计）

$$p_5 = p_4 - 1000 \times 9.8 \times (h_5 - h_4) = -1960 - 9800 \times (1.33 - 0.75) = -7644\text{Pa} = -7.64\text{kPa}$$

答案： A

73. 解 流体连续方程是根据质量守恒原理和连续介质假设推导而得的，在此条件下，同一流路上任意两断面的质量流量需相等，即 $\rho_1 v_1 A_1 = \rho_2 v_2 A_2$。对不可压缩流体，密度 ρ 为不变的常数，即 $\rho_1 = \rho_2$，故连续方程简化为：$v_1 A_1 = v_2 A_2$。

答案： B

74. 解 由尼古拉兹实验曲线图可知，在紊流光滑区，随着雷诺数 Re 的增大，沿程损失系数将减小。

答案： B

75. 解 薄壁小孔口流量公式：$Q_1 = \mu_1 A_1 \sqrt{2gH_{01}}$

圆柱形外管嘴流量公式：$Q_2 = \mu_2 A_2 \sqrt{2gH_{02}}$

按题设条件：$d_1 = d_2$，即可得 $A_1 = A_2$

另有题设条件：$H_{01} = H_{02}$

由于小孔口流量系数 $\mu_1 = 0.60 \sim 0.62$，圆柱形外管嘴流量系数 $\mu_2 = 0.82$，即 $\mu_1 < \mu_2$

综上，则有 $Q_1 < Q_2$

答案： B

76. 解 水力半径 R 等于过流面积除以湿周，即 $R = \dfrac{\pi r_0^2}{2\pi r_0}$

代入题设数据，可得水力半径 $R = \dfrac{\pi \times 4^2}{2 \times \pi \times 4} = 2\text{m}$

答案： C

77. 解 普通完全井流量公式：$Q = 1.366 \dfrac{k(H^2 - h^2)}{\lg \frac{R}{r_0}}$

代入题设数据：$0.0276 = 1.366 \dfrac{k(15^2 - 10^2)}{\lg \frac{375}{0.3}}$

解得：$k = 0.0005\text{m/s}$

答案： A

78. 解 由沿程水头损失公式：$h_f = \lambda \dfrac{L}{d} \cdot \dfrac{v^2}{2g}$，可解出沿程损失系数 $\lambda = \dfrac{2gdh_f}{Lv^2}$，写成量纲表达式 $\dim\left(\dfrac{2gdh_f}{Lv^2}\right) = \dfrac{LT^{-2}LL}{LL^2T^{-2}} = 1$，即 $\dim(\lambda) = 1$。故沿程损失系数 λ 为无量纲数。

答案： D

79. 解 线圈中通入直流电流 I，磁路中磁通 Φ 为常量，根据电磁感应定律：

$$e = -N \dfrac{\mathrm{d}\Phi}{\mathrm{d}t} = 0$$

本题中电压——电流关系仅受线圈的电阻R影响，所以$U = IR$。

答案：A

80. 解 本题为交流电源，电流受电阻和电感的影响。

电压-电流关系为：

$$u = u_{\mathrm{R}} + u_{\mathrm{L}} = iR + L\frac{\mathrm{d}i}{\mathrm{d}t}$$

即$u_{\mathrm{L}} = L\dfrac{\mathrm{d}i}{\mathrm{d}t}$

答案：D

81. 解 图示电路分析如下：

$$I_{\mathrm{s}} = I_{\mathrm{R}} - 0.2 = \frac{U_{\mathrm{s}}}{R} - 0.2 = \frac{-6}{10} - 0.2 = -0.8\mathrm{A}$$

根据直流电路的欧姆定律和节点电流关系分析即可。

题81解图

答案：A

82. 解 从电压电流的波形可以分析：

最大值： $I_{\mathrm{m}} = 3\mathrm{A}$ $\qquad\qquad$ $U_{\mathrm{m}} = 10\mathrm{V}$

有效值： $I = \dfrac{I_{\mathrm{m}}}{\sqrt{2}} = 2.12\mathrm{A}$ $\qquad$ $U = \dfrac{U_{\mathrm{m}}}{\sqrt{2}} = 7.07\mathrm{V}$

初相位： $\varphi_{\mathrm{i}} = +90°$ $\qquad\qquad$ $\varphi_{\mathrm{u}} = -90°$

$\dot{U}$、$\dot{i}$的复数形式为：

$$\dot{U} = 7.07\angle - 90° = -j7.07\mathrm{V}$$

$$\dot{i} = 2.12\angle 90° = j2.12\mathrm{A}$$

答案：A

83. 解 交流电路中电压、电流与有功功率的基本关系为：

$$P = UI\cos\varphi \quad (\cos\varphi\text{是功率因数})$$

可知，$I = \dfrac{P}{U\cos\varphi} = \dfrac{8000}{220\times0.6} = 60.6\mathrm{A}$

答案：B

84. 解 在开关 S 闭合时刻：

$$U_{\mathrm{C}(0+)} = 0\mathrm{V}, \quad I_{\mathrm{L}(0+)} = 0\mathrm{A}$$

则 $\qquad\qquad\qquad\qquad U_{\mathrm{R_1}(0+)} = U_{\mathrm{R_2}(0+)} = 0\mathrm{V}$

根据电路的回路电压关系：$\sum U_{(0+)} = -10 + U_{\mathrm{L}(0+)} + U_{\mathrm{C}(0+)} + U_{\mathrm{R_1}(0+)} + U_{\mathrm{R_2}(0+)} = 0$

代入数值，得$U_{\mathrm{L}(0+)} = 10\mathrm{V}$

2019 年度全国勘察设计注册工程师执业资格考试基础考试（上）——试题解析及参考答案

答案：A

85.解 图示电路可以等效为解图，其中，$R'_L = K^2 R_L$。

题85解图

在 S 闭合时，$2R_1 // R'_L = R_1$，可知 $R'_L = 2R_1$

如果开关 S 打开，则 $u_1 = \frac{R'_L}{R_1 + R'_L} u_s = \frac{2}{3} u_s = 60\sqrt{2} \sin \omega t$ V

答案：C

86.解 三相异步电动机满载启动时必须保证电动机的启动力矩大于电动机的额定力矩。四个选项中，A、B、D 均属于降压启动，电压降低的同时必会导致启动力矩降低。所以应该采用转子绕组串电阻的方案，只有绕线式电动机的转子才能串电阻。

答案：C

87.解 采样信号是离散时间信号（有些时间点没有定义），而模拟信号和采样保持信号才是时间上的连续信号。

答案：A

88.解 周期信号的频谱是离散的。

信号 $u_1(t)$ 和 $u_2(t)$ 的幅值频谱均符合以上特征。所不同的是图 b）所示信号含有直流分量，而图 a）所示信号不包括直流分量。

答案：C

89.解 放大器是对信号的幅值（电压或电流）进行放大，以不失真为条件，目的是便于后续处理。

答案：D

90.解 逻辑函数化简：

$$F = ABC + A\overline{B} + AB\overline{C} = AB(C + \overline{C}) + A\overline{B} = AB + A\overline{B} = A(B + \overline{B}) = A$$

答案：A

91.解 $F = \overline{A + B}$

（F 函数与 A、B 信号为或非关系，可以用口诀"A、B"有 1，"F"则 0 处理）

即如解图所示。

题91解图

答案：A

92.解 从真值表到逻辑表达式的方法：首先在真值表中 F = 1 的项用"或"组合；然后每个 F = 1

的项对应一个输入组合的"与"逻辑，其中输入变量值为 1 的写原变量，取值为 0 的写反变量；最后将输出函数 F "合成"或的逻辑表达式。

根据真值表可以写出逻辑表达式为：$F = \overline{A}B\overline{C} + \overline{A}\overline{B}C$

答案：B

93. 解 因为二极管 D_2 的阳极电位为 5V，而二极管 D_1 的阳极电位为 1V，可见二极管 D_2 是优先导通的。之后 u_F 电位箝位为 5V，二极管 D_1 可靠截止。i_R 电流通道如解图虚线所示。

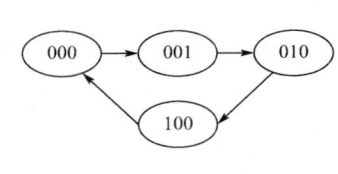
题 93 解图

$$i_R = \frac{u_B}{R} = \frac{5}{1000} = 5mA$$

答案：A

94. 解 图 a）是反向加法运算电路，图 b）是同向加法运算电路，图 c）是减法运算电路。

答案：A

95. 解 当清零信号 $\overline{R_D} = 0$ 时，两个触发器同时为零。D 触发器在时钟脉冲 CP 的前沿触发，JK 触发器在时钟脉冲 CP 的后沿触发。如解图所示，在 t_1 时刻，$Q_D = 1$，$Q_{JK} = 0$。

答案：B

96. 解 从解图分析可知为四进制计数器（4 个时钟周期完成一次循环）。

题 95 解图

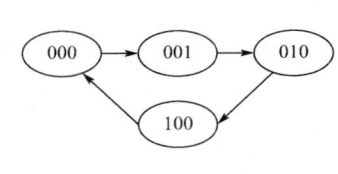
题 96 解图

答案：C

97. 解 CPU 是分析指令和执行指令的部件，是计算机的核心。它主要是由运算器和控制器组成。

答案：A

98. 解 总线就是一组公共信息传输线路，它能为多个部件服务，可分时地发送与接收各部件的信息。总线的工作方式通常是由发送信息的部件分时地将信息发往总线，再由总线将这些信息同时发往各个接收信息的部件。从总线的结构可以看出，所有设备和部件均可通过总线交换信息，因此要用总线将计算机硬件系统中的各个部件连接起来。

答案：A

99. 解 按照操作系统提供的服务，大致可以把操作系统分为以下几类：简单操作系统、分时操作系统、实时操作系统、网络操作系统、分布式操作系统和智能操作系统。简单操作系统的主要功能是操作命令的执行，文件服务，支持高级程序设计语言编译程序和控制外部设备等。分时系统支持位于不同终端的多个用户同时使用一台计算机，彼此独立互不干扰，用户感到好像一台计算机为他所用。实时操作系统的主要特点是资源的分配和调度，首先要考虑实时性，然后才是效率，此外，还应有较强的容错能力。网络操作系统是与网络的硬件相结合来完成网络的通信任务。分布式操作系统能使系统中若干台计算机相互协作完成一个共同的任务，这使得各台计算机组成一个完整的，功能强大的计算机系统。智能操作系统大多数应用在手机上。

答案：C

100. 解 计算机可直接执行的是机器语言编制的程序，它采用二进制编码形式，是由 CPU 可以识别的一组由 0、1 序列构成的指令码。其他三种语言都需要编码、编译器。

答案：C

101. 解 ASCII 码最高位都置成 0，它是"美国信息交换标准代码"的简称，是目前国际上最为流行的字符信息编码方案。在这种编码方案中每个字符用 7 个二进制位表示。对于两个字节的国标码将两个字节的最高位都置成 1，而后由软件或硬件来对字节最高位做出判断，以区分 ASCII 码与国标码。

答案：B

102. 解 GB 是 giga byte 的缩写，其中 G 表示 1024M，B 表示字节，相当于 10 的 9 次方，用二进制表示，则相当于 2 的 30 次方，即 $2^{30} \approx 1024 \times 1024K$。

答案：C

103. 解 国家计算机病毒应急处理中心与计算机病毒防治产品检测中心制定了防治病毒策略：①建立病毒防治的规章制度，严格管理；②建立病毒防治和应急体系；③进行计算机安全教育，提高安全防范意识；④对系统进行风险评估；⑤选择经过公安部认证的病毒防治产品；⑥正确配置使用病毒防治产品；⑦正确配置系统，减少病毒侵害事件；⑧定期检查敏感文件；⑨适时进行安全评估，调整各种病毒防治策略；⑩建立病毒事故分析制度；⑪确保恢复，减少损失。

答案：D

104. 解 操作系统作为一种系统软件，存在着与其他软件明显不同的特征分别是并发性、共享性和随机性。并发性是指在计算机中同时存在有多个程序，从宏观上看，这些程序是同时向前进行操作的。共享性是指操作系统程序与多个用户程序共用系统中的各种资源。随机性是指操作系统的运行是在一个随机的环境中进行的。

答案：A

105. 解 21 世纪是一个以网络为核心技术的信息化时代，其典型特征就是数字化、网络化和信息化。构成信息化社会的主要技术支柱有三个，那就是计算机技术、通信技术和网络技术。

答案：A

106. 解 在网络安全技术中，鉴别是用来验明用户或信息的真实性。对实体声称的身份进行唯一性地识别，以便验证其访问请求或保证信息是否来自或到达指定的源和目的。鉴别技术可以验证消息的完整性，有效地对抗冒充、非法访问、重演等威胁。

答案：C

107. 解 根据题意，按半年复利计息，则一年计息周期数$m=2$，年实际利率$i=8.6\%$，由名义利率r求年实际利率i的公式为：

$$i = \left(1 + \frac{r}{m}\right)^m - 1$$

则$8.6\% = \left(1 + \frac{r}{2}\right)^2 - 1$，解得名义利率$r = 8.42\%$。

答案：D

108. 解 根据建设项目经济评价方法的有关规定，在建设项目财务评价中，对于先征后返的增值税、按销量或工作量等依据国家规定的补助定额计算并按期给予的定额补贴，以及属于财政扶持而给予的其他形式的补贴等，应按相关规定合理估算，记作补贴收入。

答案：A

109. 解 建设项目按融资的性质分为权益融资和债务融资，权益融资形成项目的资本金，债务融资形成项目的债务资金。资本金的筹集方式包括股东投资、发行股票、政府投资等，债务资金的筹集方式包括各种贷款和债券、出口信贷、融资租赁等。

答案：B

110. 解 偿债备付率 $= \dfrac{\text{用于计算还本付息的资金}}{\text{应还本付息金额}}$

式中，用于计算还本付息的资金=息税前利润+折旧和摊销－所得税

本题的偿债备付率为：偿债备付率$= \dfrac{200+30-20}{100} = 2.1$ 万元

答案：C

111. 融资前项目投资的现金流量包括现金流入和现金流出，其中现金流入包括营业收入、补贴收入、回收固定资产余值、回收流动资金等，现金流出包括建设投资、流动资金、经营成本和税金等。资产处置分配属于投资各方现金流量中的项目，借款本金偿还和借款利息偿还属于资本金现金流量分析中现金流量的项目。

答案：B

112. 解 以产量表示的盈亏平衡产量为：

$$BEP_{产量} = \dfrac{年固定总成本}{单位产品销售价格 - 单位产品可变成本 - 单位产品销售税金及附加 - 单位产品增值税}$$

$$= \dfrac{1000}{1000 - 800} = 5 \text{万} t$$

以生产能力利用率表示的盈亏平衡点为：

$$BEP_{生产能力利用率} = \dfrac{盈亏平衡产量}{设计生产能力} = \dfrac{5}{6} \times 100\% = 83.3\%$$

答案：D

113. 解　两项目的差额现金流量：

差额投资$_{乙-甲}$ = 1000 − 500 = 500万元，差额年收益$_{乙-甲}$ = 250 − 140 = 110万元

所以两项目的差额净现值为：

差额净现值$_{乙-甲}$ = −500 + 110(P/A, 10%, 10) = −500 + 110 × 6.1446 = 175.9万元

答案：A

114. 解　根据价值工程原理，价值 = 功能/成本，该项目提高价值的途径是功能不变，成本降低。

答案：A

115. 解　2011年修订的《中华人民共和国建筑法》第八条规定：

申请领取施工许可证，应当具备下列条件：

（一）已经办理该建筑工程用地批准手续；

（二）在城市规划区的建筑工程，已经取得规划许可证；

（三）需要拆迁的，其拆迁进度符合施工要求；

（四）已经确定建筑施工企业；

（五）有满足施工需要的施工图纸及技术资料；

（六）有保证工程质量和安全的具体措施；

（七）建设资金已经落实；

（八）法律、行政法规规定的其他条件。

所以选项A、B都是对的。

另外，按照2014年执行的《建筑工程施工许可管理办法》第（八）条的规定：建设资金已经落实。建设工期不足一年的，到位资金原则上不得少于工程合同价的50%，建设工期超过一年的，到位资金原则上不得少于工程合同价的30%。按照上条规定，选项C也是对的。

只有选项D与《建筑工程施工许可管理办法》第（五）条文字表述不太一致，原条文（五）有满足施工需要的技术资料，施工图设计文件已按规定审查合格。选项D中没有说明施工图审查合格的论述，所以只能选D。

但是，提醒考生注意：

2019 年 4 月 23 日十三届人大常务委员会第十次会议上对原《中华人民共和国建筑法》第八条做了较大修改，修改后的条文是：

第八条 申请领取施工许可证，应当具备下列条件：

（一）已经办理该建筑工程用地批准手续；

（二）依法应当办理建设工程规划许可证的，已经取得规划许可证；

（三）需要拆迁的，其拆迁进度符合施工要求；

（四）已经确定建筑施工企业；

（五）有满足施工需要的资金安排、施工图纸及技术资料；

（六）有保证工程质量和安全的具体措施。

据此《建筑工程施工许可管理办法》也已做了相应修改。

答案：D

116. 解 《中华人民共和国安全生产法》第二十一条规定，生产经营单位的主要负责人对本单位安全生产工作负有下列职责：

（一）建立健全并落实本单位全员安全生产责任制，加强安全生产标准化建设；

（二）组织制定并实施本单位安全生产规章制度和操作规程；

（三）组织制定并实施本单位安全生产教育和培训计划；

（四）保证本单位安全生产投入的有效实施；

（五）组织建立并落实安全风险分级管控和隐患排查治理双重预防工作机制，督促、检查本单位的安全生产工作，及时消除生产安全事故隐患；

（六）组织制定并实施本单位的生产安全事故应急救援预案；

（七）及时、如实报告生产安全事故。

答案：C

117. 解 《中华人民共和国招标投标法》第三条规定：

在中华人民共和国境内进行下列工程建设项目包括项目的勘察、设计、施工、监理以及与工程建设有关的重要设备、材料等的采购，必须进行招标：

（一）大型基础设施、公用事业等关系社会公共利益、公众安全的项目；

（二）全部或者部分使用国有资金投资或者国家融资的项目；

（三）使用国际组织或者外国政府贷款、援助资金的项目。

选项 D 不在上述法律条文必须进行招标的规定中。

答案：D

118.解 《中华人民共和国民法典》第四百七十二条规定:

要约是希望和他人订立合同的意思表示,该意思表示应当符合下列规定:

(一)内容具体确定;

(二)表明经受要约人承诺,要约人即受该意思表示约束。

选项C不符合上述条文规定。

答案:C

119.解 《中华人民共和国行政许可法》(2019年修订)第三十二条规定,行政机关对申请人提出的行政许可申请,应当根据下列情况分别作出处理:

(一)申请事项依法不需要取得行政许可的,应当即时告知申请人不受理;

(二)申请事项依法不属于本行政机关职权范围的,应当即时作出不予受理的决定,并告知申请人向有关行政机关申请;

(三)申请材料存在可以当场更正的错误的,应当允许申请人当场更正;

(四)申请材料不齐全或者不符合法定形式的,应当当场或者在五日内一次告知申请人需要补正的全部内容,逾期不告知的,自收到申请材料之日起即为受理;

(五)申请事项属于本行政机关职权范围,申请材料齐全、符合法定形式,或者申请人按照本行政机关的要求提交全部补正申请材料的,应当受理行政许可申请。

行政机关受理或者不予受理行政许可申请,应当出具加盖本行政机关专用印章和注明日期的书面凭证。

选项A和B都与法规条文不符,两条内容是互相抄错了。

选项C明显不符合规定,正确的做法是当场改正。

选项D正确。

答案:D

120.解 《建设工程质量管理条例》第九条规定,建设单位必须向有关的勘察、设计、施工、工程监理等单位提供与建设工程有关的原始资料。原始资料必须真实、准确、齐全。

所以选项D正确。

选项C明显错误。

选项B也不对,工程质量监督手续应当在领取施工许可证之前办理。

选项A的说法不符合原文第十条:建设工程发包单位不得迫使承包方以低于成本的价格竞标。"低价"和"低于成本价"有本质上的不同。虽然低价竞标可能带来质量问题,但《建设工程质量管理条例》主要关注的是工程质量,并未直接禁止低价竞标行为。此选项虽有其合理性,但不是条例的直接规定,因此选项A错误。

答案:D

2020 年度全国勘察设计注册工程师执业资格考试基础考试（上）
试题解析及参考答案

1. 解 本题考查当 $x \to +\infty$ 时，无穷大量的概念。

选项 A，$\lim\limits_{x \to +\infty} \dfrac{1}{2+x} = 0$；

选项 B，$\lim\limits_{x \to +\infty} x \cos x$ 计算结果在 $-\infty$ 到 $+\infty$ 间连续变化，不符合当 $x \to +\infty$ 函数值趋向于无穷大，且函数值越来越大的定义；

选项 D，当 $x \to +\infty$ 时，$\lim\limits_{x \to +\infty}(1 - \arctan x) = 1 - \dfrac{\pi}{2}$。

故选项 A、B、D 均不成立。

选项 C，$\lim\limits_{x \to +\infty}(e^{3x} - 1) = +\infty$。

答案： C

2. 解 本题考查函数 $y = f(x)$ 在 x_0 点导数的几何意义。

已知曲线 $y = f(x)$ 在 $x = x_0$ 处有切线，函数 $y = f(x)$ 在 $x = x_0$ 点导数的几何意义表示曲线 $y = f(x)$ 在 $(x_0, f(x_0))$ 点切线斜率，方向和 x 轴正向夹角的正切即斜率 $k = \tan \alpha$，只有当 $\alpha \to \dfrac{\pi}{2}$ 时，才有 $\lim\limits_{x \to x_0} f'(x) = \lim\limits_{\alpha \to \frac{\pi}{2}} \tan \alpha = \infty$，因而在该点的切线与 oy 轴平行。

选项 A、C、D 均不成立。

答案： B

3. 解 本题考查隐函数求导方法。可利用一元隐函数求导方法或二元隐函数求导方法或微分运算法则计算，但一般利用二元隐函数求导方法计算更简单。

方法 1： 用二元隐函数方法计算。

设 $F(x, y) = \sin y + e^x - xy^2$，$F_x' = e^x - y^2$，$F_y' = \cos y - 2xy$，故

$$\frac{\mathrm{d}y}{\mathrm{d}x} = -\frac{F_x}{F_y} = -\frac{e^x - y^2}{\cos y - 2xy} = \frac{y^2 - e^x}{\cos y - 2xy}$$

$$\mathrm{d}y = \frac{y^2 - e^x}{\cos y - 2xy} \mathrm{d}x$$

方法 2： 用一元隐函数方法计算。

已知 $\sin y + e^x - xy^2 = 0$，方程两边对 x 求导，得 $\cos y \dfrac{\mathrm{d}y}{\mathrm{d}x} + e^x - \left(y^2 + 2xy \dfrac{\mathrm{d}y}{\mathrm{d}x}\right) = 0$，

整理 $(\cos y - 2xy)\dfrac{\mathrm{d}y}{\mathrm{d}x} = y^2 - e^x$，$\dfrac{\mathrm{d}y}{\mathrm{d}x} = \dfrac{y^2 - e^x}{\cos y - 2xy}$，故 $\mathrm{d}y = \dfrac{y^2 - e^x}{\cos y - 2xy}\mathrm{d}x$

方法 3： 用微分运算法则计算。

已知 $\sin y + e^x - xy^2 = 0$，方程两边求微分，得 $\cos y \, \mathrm{d}y + e^x \mathrm{d}x - (y^2 \mathrm{d}x + 2xy \mathrm{d}y) = 0$，

整理 $(\cos y - 2xy)\mathrm{d}y = (y^2 - e^x)\mathrm{d}x$，故 $\mathrm{d}y = \dfrac{y^2 - e^x}{\cos y - 2xy}\mathrm{d}x$

选项 A、B、C 均不成立。

答案： D

---

4. 解　本题考查一元抽象复合函数高阶导数的计算，计算中注意函数的复合层次，特别是求二阶导时更应注意。

$$y = f(e^x), \quad \frac{dy}{dx} = f'(e^x) \cdot e^x = e^x \cdot f'(e^x)$$

$$\frac{d^2 y}{dx^2} = e^x \cdot f'(e^x) + e^x \cdot f''(e^x) \cdot e^x = e^x \cdot f'(e^x) + e^{2x} \cdot f''(e^x)$$

选项 A、B、D 均不成立。

答案： C

---

5. 解　本题考查罗尔定理所满足的条件。首先要掌握定理的条件：①函数在闭区间连续；②函数在开区间可导；③函数在区间两端的函数值相等。三条均成立才行。

选项 A，$\left(x^{\frac{2}{3}}\right)' = \frac{2}{3} x^{-\frac{1}{3}} = \frac{2}{3} \frac{1}{\sqrt[3]{x}}$，在 $x = 0$ 处不可导，因而在 $(-1,1)$ 可导不满足。

选项 C，$f(x) = |x| = \begin{cases} x & x \geq 0 \\ -x & x < 0 \end{cases}$，函数在 $x = 0$ 左导数为 -1，在 $x = 0$ 右导数为 1，因而在 $x = 0$ 处不可导，在 $(-1,1)$ 可导不满足。

选项 D，$f(x) = \frac{1}{x}$，函数在 $x = 0$ 处间断，因而在 $[-1,1]$ 连续不成立。

选项 A、C、D 均不成立。

选项 B，$f(x) = \sin x^2$ 在 $[-1,1]$ 上连续，$f'(x) = 2x \cdot \cos x^2$ 在 $(-1,1)$ 可导，且 $f(-1) = f(1) = \sin 1$，三条均满足。

答案： B

---

6. 解　本题考查曲线 $f(x)$ 求拐点的计算方法。

$f(x) = x^4 + 4x^3 + x + 1$ 的定义域为 $(-\infty, +\infty)$，

$f'(x) = 4x^3 + 12x^2 + 1$，$f''(x) = 12x^2 + 24x = 12x(x+2)$

令 $f''(x) = 0$，即 $12x(x+2) = 0$，得到 $x = 0$，$x = -2$

$x = -2$，$x = 0$，分定义域为 $(-\infty, -2)$，$(-2,0)$，$(0, +\infty)$，

检验 $x = -2$ 点，在区间 $(-\infty, -2)$，$(-2,0)$ 上二阶导的符号：

当在 $(-\infty, -2)$ 时，$f''(x) > 0$，凹；当在 $(-2,0)$ 时，$f''(x) < 0$，凸。

所以 $x = -2$ 为拐点的横坐标。

检验 $x = 0$ 点，在区间 $(-2,0)$，$(0, +\infty)$ 上二阶导的符号：

当在 $(-2,0)$ 时，$f''(x) < 0$，凸；当在 $(0, +\infty)$ 时，$f''(x) > 0$，凹。

所以 $x = 0$ 为拐点的横坐标。

综上，函数有两个拐点。

答案：C

7. 解 本题考查函数原函数的概念及不定积分的计算方法。

已知函数 $f(x)$ 的一个原函数是 $1 + \sin x$，即 $f(x) = (1 + \sin x)' = \cos x$，$f'(x) = -\sin x$。

方法 1：

$$\int xf'(x)\mathrm{d}x = \int x(-\sin x)\mathrm{d}x = \int x\mathrm{d}\cos x = x\cos x - \int \cos x\mathrm{d}x = x\cos x - \sin x + c$$
$$= x\cos x - \sin x - 1 + C = x\cos x - (1 + \sin x) + C \quad (\text{其中} C = 1 + c)$$

方法 2：

$\int xf'(x)\mathrm{d}x = \int x\mathrm{d}f(x) = xf(x) - \int f(x)\mathrm{d}x$，因为函数 $f(x)$ 的一个原函数是 $1 + \sin x$，所以 $f(x) = (1 + \sin x)' = \cos x$ 且 $\int f(x)\mathrm{d}x = 1 + \sin x + C_1$，则原式 $= x\cos x - (1 + \sin x) + C$（其中 $C = -C_1$）。

答案：B

8. 解 本题考查平面图形绕 x 轴旋转一周所得到的旋转体体积算法，如解图所示。

$x \in [0,1]$

$[x, x+\mathrm{d}x]$：$\mathrm{d}V = \pi f^2(x)\mathrm{d}x = \pi x^6\mathrm{d}x$

$$V = \int_0^1 \pi \cdot x^6\mathrm{d}x = \pi \cdot \frac{1}{7}x^7 \Big|_0^1 = \frac{\pi}{7}$$

答案：A

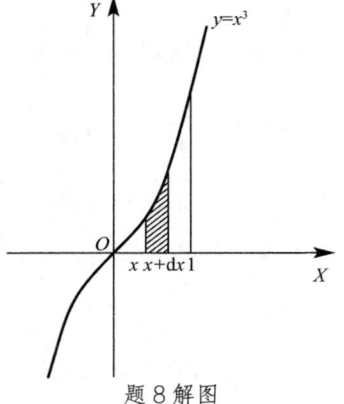

题 8 解图

9. 解 本题考查两向量的加法，向量与数量的乘法和运算，以及两向量垂直与坐标运算的关系。

已知 $\boldsymbol{\alpha} = (5,1,8)$，$\boldsymbol{\beta} = (3,2,7)$

$\lambda\boldsymbol{\alpha} + \boldsymbol{\beta} = \lambda(5,1,8) + (3,2,7) = (5\lambda + 3, \lambda + 2, 8\lambda + 7)$

设 oz 轴的单位正向量为 $\boldsymbol{\tau} = (0,0,1)$

已知 $\lambda\boldsymbol{\alpha} + \boldsymbol{\beta}$ 与 oz 轴垂直，由两向量数量积的运算：

$\boldsymbol{a} \cdot \boldsymbol{b} = a_xb_x + a_yb_y + a_zb_z$，$\boldsymbol{a} \perp \boldsymbol{b}$，则 $\boldsymbol{a} \cdot \boldsymbol{b} = 0$，即 $a_xb_x + a_yb_y + a_zb_z = 0$

所以 $(\lambda\boldsymbol{\alpha} + \boldsymbol{\beta}) \cdot \boldsymbol{\tau} = 0$，$0 + 0 + 8\lambda + 7 = 0$，$\lambda = -\frac{7}{8}$

答案：B

10. 解 本题考查直线与平面平行时，直线的方向向量和平面法向量间的关系，求出平面的法向量及所求平面方程。

（1）求平面的法向量

设 oz 轴的方向向量 $\vec{\tau} = (0,0,1)$，$\overrightarrow{M_1M_2} = (1,1,-1)$，则

$$\overrightarrow{M_1M_2} \times \vec{r} = \begin{vmatrix} \vec{i} & \vec{j} & \vec{k} \\ 1 & 1 & -1 \\ 0 & 0 & 1 \end{vmatrix} = \vec{i} - \vec{j}$$

所求平面的法向量 $\vec{n}_{平面} = \vec{i} - \vec{j} = (1, -1, 0)$

（2）写出所求平面的方程

已知 $M_1(0, -1, 2)$，$\vec{n}_{平面} = (1, -1, 0)$，则

$1 \cdot (x - 0) - 1 \cdot (y + 1) + 0 \cdot (z - 2) = 0$，即 $x - y - 1 = 0$

答案：D

题 10 解图

11. 解 本题考查利用题目给出的已知条件，写出曲线微分方程。

设曲线方程为 $y = f(x)$，已知曲线的切线斜率为 $2x$，列式 $f'(x) = 2x$，

又知曲线 $y = f(x)$ 过 $(1, 2)$ 点，满足微分方程的初始条件 $y|_{x=1} = 2$，

即 $f'(x) = 2x$，$y|_{x=1} = 2$ 为所求。

答案：C

12. 解 平面区域 D 是直线 $y = x$ 和圆 $x^2 + (y-1)^2 = 1$ 所围成的在直线 $y = x$ 下方的图形。如解图所示。

利用直角坐标系和极坐标的关系：$\begin{cases} x = \rho \cos \theta \\ y = \rho \sin \theta \end{cases}$

得到圆的极坐标系下的方程为：由 $x^2 + (y-1)^2 = 1$，整理得 $x^2 + y^2 = 2y$

则 $\rho^2 = 2\rho \sin \theta$，即 $\rho = 2 \sin \theta$

直线 $y = x$ 的极坐标系下的方程为：$\theta = \dfrac{\pi}{4}$

所以积分区域 D 在极坐标系下为：$\begin{cases} 0 \leqslant \theta \leqslant \dfrac{\pi}{4} \\ 0 \leqslant \rho \leqslant 2 \sin \theta \end{cases}$

被积函数 x 代换成 $\rho \cos \theta$，极坐标系下面积元素为 $\rho \mathrm{d}\rho \mathrm{d}\theta$，则

$$\iint_D x \mathrm{d}x \mathrm{d}y = \int_0^{\frac{\pi}{4}} \mathrm{d}\theta \int_0^{2\sin\theta} \rho \cdot \cos \theta \cdot \rho \mathrm{d}\rho = \int_0^{\frac{\pi}{4}} \cos \theta \mathrm{d}\theta \int_0^{2\sin\theta} \rho^2 \mathrm{d}\rho$$

答案：D

题 12 解图

13. 解 本题考查微分方程解的结构。可将选项代入微分方程，满足微分方程的才是解。

已知 y_1 是微分方程 $y'' + py' + qy = f(x) (f(x) \neq 0)$ 的解，即将 y_1 代入后，满足微分方程 $y_1'' + py_1' + qy_1 = f(x)$，但对任意常数 $C_1 (C_1 \neq 1)$，$C_1 y_1$ 得到的解均不满足微分方程，验证如下：

设 $y = C_1 y_1 (C_1 \neq 1)$，求导 $y' = C_1 y_1'$，$y'' = C_1 y_1''$，$y = C_1 y_1$ 代入方程得：

$$C_1 y_1'' + p C_1 y_1' + q C_1 y_1 = C_1 (y_1'' + py_1' + qy_1) = C_1 f(x) \neq f(x)$$

所以 $C_1 y_1$ 不是微分方程的解。

因而在选项 A、B、D 中，含有常数 $C_1 (C_1 \neq 1)$ 乘 y_1 的形式，即 $C_1 y_1$ 这样的解均不满足方程解的条件，所以选项 A、B、D 均不成立。

可验证选项 C 成立。已知：

$y = y_0 + y_1$，$y' = y_0' + y_1'$，$y'' = y_0'' + y_1''$，代入方程，得：

$$(y_0'' + y_1'') + p(y_0' + y_1') + q(y_0 + y_1) = y_0'' + py_0' + qy_0 + y_1'' + py_1' + qy_1$$
$$= 0 + f(x) = f(x)$$

注意：本题只是验证选项中哪一个解是微分方程的解，不是求微分方程的通解。

答案： C

14. 解　本题考查二元函数在一点的全微分的计算方法。

先求出二元函数的全微分，然后代入点 $(1, -1)$ 坐标，求出在该点的全微分。

$$z = \frac{1}{x} e^{xy}, \quad \frac{\partial z}{\partial x} = \left(-\frac{1}{x^2}\right) e^{xy} + \frac{1}{x} e^{xy} \cdot y = -\frac{1}{x^2} e^{xy} + \frac{y}{x} e^{xy} = e^{xy}\left(-\frac{1}{x^2} + \frac{y}{x}\right)$$

$$\frac{\partial z}{\partial y} = \frac{1}{x} e^{xy} \cdot x = e^{xy}, \quad dz = \left(-\frac{1}{x^2} + \frac{y}{x}\right) e^{xy} dx + e^{xy} dy$$

$$dz|_{(1,-1)} = -2e^{-1} dx + e^{-1} dy = e^{-1}(-2dx + dy)$$

答案： B

15. 解　本题考查坐标曲线积分的计算方法。

已知 $O(0,0)$，$A(1,2)$，过两点的直线 L 的方程为 $y = 2x$，见解图。

直线 L 的参数方程 $\begin{cases} y = 2x \\ x = x \end{cases}$，

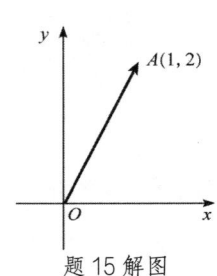

L 的起点 $x = 0$，终点 $x = 1$，$x: 0 \to 1$，

$$\int_L -y dx + x dy = \int_0^1 -2x dx + x \cdot 2 dx = \int_0^1 0 dx = 0$$

题 15 解图

答案： A

16. 解　本题考查正项级数、交错级数敛散性的判定。

选项 A，$\sum\limits_{n=1}^{\infty} \frac{n^2}{3n^4+1}$，因为 $\frac{n^2}{3n^4+1} < \frac{n^2}{3n^4} = \frac{1}{3n^2}$，

级数 $\sum\limits_{n=1}^{\infty} \frac{1}{n^2}$，$P = 2 > 1$，级数收敛，$\sum\limits_{n=1}^{\infty} \frac{1}{3n^2}$ 收敛，

利用正项级数的比较判别法，$\sum\limits_{n=1}^{\infty} \frac{n^2}{3n^4+1}$ 收敛。

选项 B，$\sum\limits_{n=2}^{\infty} \frac{1}{\sqrt[3]{n(n-1)}}$，因为 $n(n-1) < n^2$，$\sqrt[3]{n(n-1)} < \sqrt[3]{n^2}$，$\frac{1}{\sqrt[3]{n(n-1)}} > \frac{1}{\sqrt[3]{n^2}} = \frac{1}{n^{\frac{2}{3}}}$，级数 $\sum\limits_{n=2}^{\infty} \frac{1}{n^{\frac{2}{3}}}$，$P < 1$，级数发散，利用正项级数的比较判别法，$\sum\limits_{n=2}^{\infty} \frac{1}{\sqrt[3]{n(n-1)}}$ 发散。

选项 C，$\sum\limits_{n=1}^{\infty} \frac{(-1)^n}{\sqrt{n}}$，级数为交错级数，利用莱布尼兹定理判定：

（1）因为 $n < (n+1)$，$\sqrt{n} < \sqrt{n+1}$，$\frac{1}{\sqrt{n}} > \frac{1}{\sqrt{n+1}}$，$u_n > u_{n+1}$，

（2）一般项 $\lim\limits_{n \to \infty} \frac{1}{\sqrt{n}} = 0$，所以交错级数收敛。

选项 D，$\sum\limits_{n=1}^{\infty}\dfrac{5}{3^n}=5\sum\limits_{n=1}^{\infty}\dfrac{1}{3^n}$，级数为等比级数，公比$q=\dfrac{1}{3}$，$|q|<1$，级数收敛。

答案：B

17. 解　本题为抽象函数的二元复合函数，利用复合函数的导数算法计算，注意函数复合的层次。

$z=f^2(xy)$，$\dfrac{\partial z}{\partial x}=2f(xy)\cdot f'(xy)\cdot y=2y\cdot f(xy)\cdot f'(xy)$，

$$\dfrac{\partial^2 z}{\partial x^2}=2y[f'(xy)\cdot y\cdot f'(xy)+f(xy)\cdot f''(xy)\cdot y]$$
$$=2y^2\{[f'(xy)]^2+f(xy)\cdot f''(xy)\}$$

答案：D

18. 解　本题考查幂级数$\sum\limits_{n=1}^{\infty}a_n x^n$收敛的阿贝尔定理。

已知幂级数$\sum\limits_{n=1}^{\infty}a_n(x+2)^n$在$x=0$处收敛，把$x=0$代入级数，得到$\sum\limits_{n=1}^{\infty}a_n 2^n$，收敛。又已知$\sum\limits_{n=1}^{\infty}a_n(x+2)^n$在$x=-4$处发散，把$x=-4$代入级数，得到$\sum\limits_{n=1}^{\infty}a_n(-2)^n$，发散。得到对应的幂级数$\sum\limits_{n=1}^{\infty}a_n x^n$，在$x=2$点收敛，在$x=-2$点发散，由阿贝尔定理可知$\sum\limits_{n=1}^{\infty}a_n x^n$的收敛域为$(-2,2]$，所以$\sum\limits_{n=1}^{\infty}a_n(x-1)^n$的收敛域为$-2<x-1\leqslant2$，即$-1<x\leqslant3$。

答案：C

19. 解　由行列式性质可得$|A|=-|B|$，又因$|A|\neq|B|$，所以$|A|\neq-|A|$，$2|A|\neq0$，$|A|\neq0$。

答案：B

20. 解　因为A与B相似，所以$|A|=|B|=0$，且$R(A)=R(B)=2$。

方法1：

当$x=y=0$时，$|A|=\begin{vmatrix}1&0&1\\0&1&0\\1&0&1\end{vmatrix}=0$，$A=\begin{bmatrix}1&0&1\\0&1&0\\1&0&1\end{bmatrix}\xrightarrow{-r_1+r_3}\begin{bmatrix}1&0&1\\0&1&0\\0&0&0\end{bmatrix}$

$R(A)=R(B)=2$

方法2：

$|A|=\begin{vmatrix}1&x&1\\x&1&y\\1&y&1\end{vmatrix}\xrightarrow[\underline{-r_1+r_3}]{-xr_1+r_2}\begin{vmatrix}1&x&1\\0&1-x^2&y-x\\0&y-x&0\end{vmatrix}=-(y-x)^2$

令$|A|=0$，得$x=y$

当$x=y=0$时，$|A|=|B|=0$，$R(A)=R(B)=2$；

当$x=y=1$时，$|A|=|B|=0$，但$R(A)=1\neq R(B)$。

答案：A

21. 解　因为$\boldsymbol{\alpha}_1,\boldsymbol{\alpha}_2,\boldsymbol{\alpha}_3$线性相关的充要条件是行列式$|\boldsymbol{\alpha}_1,\boldsymbol{\alpha}_2,\boldsymbol{\alpha}_3|=0$，即

$|\boldsymbol{\alpha}_1,\boldsymbol{\alpha}_2,\boldsymbol{\alpha}_3|=\begin{vmatrix}a&1&1\\1&a&-1\\1&-1&a\end{vmatrix}\xrightarrow[\underline{-r_3+r_2}]{-ar_3+r_1}\begin{vmatrix}0&1+a&1-a^2\\0&a+1&-1-a\\1&-1&a\end{vmatrix}=\begin{vmatrix}1+a&1-a^2\\1+a&-1-a\end{vmatrix}$

$\qquad\qquad=(1+a)^2\begin{vmatrix}1&1-a\\1&-1\end{vmatrix}=(1+a)^2(a-2)=0$

解得$a = -1$或$a = 2$。

答案： B

22.解 由加法公式知：$P(A \cup B) = P(A) + P(B) - P(AB)$。

由乘法公式知：$P(AB) = P(A)P(B|A) = \frac{1}{4} \times \frac{1}{3} = \frac{1}{12}$；

$P(B)P(A|B) = P(AB)$，$\frac{1}{2}P(B) = \frac{1}{12}$，$P(B) = \frac{1}{6}$。

故，$P(A \cup B) = \frac{1}{4} + \frac{1}{6} - \frac{1}{12} = \frac{1}{3}$。

答案： D

23.解 由于随机变量X、Y相互独立，则利用方差性质得$D(2X - Y) = D(2X) + D(Y) = 4D(X) + D(Y) = 7$。

答案： A

24.解 由于随机变量X、Y相互独立且都服从正态分布，则$Z = X + Y$仍服从正态分布，且$E(Z) = E(X) + E(Y) = \mu_1 + \mu_2$；$D(Z) = D(X) + D(Y) = \sigma_1^2 + \sigma_2^2$。因此，$Z \sim N(\mu_1 + \mu_2, \sigma_1^2 + \sigma_2^2)$。

答案： D

25.解 气体分子运动的最概然速率：$v_p = \sqrt{\dfrac{2RT}{M}}$

方均根速率：$\sqrt{\overline{v^2}} = \sqrt{\dfrac{3RT}{M}}$

由$\sqrt{\dfrac{3RT_1}{M}} = \sqrt{\dfrac{2RT_2}{M}}$，可得到$\dfrac{T_2}{T_1} = \dfrac{3}{2}$

答案： A

26.解 一定量的理想气体经等压膨胀（注意等压和膨胀），由热力学第一定律$Q = \Delta E + W$，体积单向膨胀做正功，内能增加，温度升高。

答案： C

27.解 理想气体的内能是温度的单值函数，内能差仅取决于温差，此题所示热力学过程初、末态均处于同一温度线上，温度不变，故内能变化$\Delta E = 0$，但功是过程量，题目并未描述过程如何进行，故无法判定功的正负。

答案： A

28.解 气体分子运动的平均速率：$\overline{v} = \sqrt{\dfrac{8RT}{\pi M}}$，氧气的摩尔质量$M_{O_2} = 32g$，氢气的摩尔质量$M_{H_2} = 2g$，故相同温度的氧气和氢气的分子平均速率之比$\dfrac{\overline{v}_{O_2}}{\overline{v}_{H_2}} = \sqrt{\dfrac{M_{H_2}}{M_{O_2}}} = \sqrt{\dfrac{2}{32}} = \dfrac{1}{4}$。

答案： D

29.解 卡诺循环的热机效率$\eta = 1 - \dfrac{T_2}{T_1} = 1 - \dfrac{273+27}{T_1} = 40\%$，$T_1 = 500K$。

此题注意开尔文温度与摄氏温度的变换。

答案： A

30. 解 由三角函数公式，将波动方程化为余弦形式：

$$y = 0.02 \sin(\pi t + x) = 0.02 \cos\left(\pi t + x - \frac{\pi}{2}\right)$$

答案： B

31. 解 此题考查波的物理量之间的基本关系。

$$T = \frac{1}{\nu} = \frac{1}{2000}\text{s}, \quad u = \frac{\lambda}{T} = \lambda \cdot \nu = 400\text{m/s}$$

答案： A

32. 解 两列振幅不相同的相干波，在同一直线上沿相反方向传播，叠加的合成波振幅为：

$$A^2 = A_1^2 + A_2^2 + 2A_1 A_2 \cos\Delta\varphi$$

当 $\cos\Delta\varphi = 1$ 时，合振幅最大，$A' = A_1 + A_2 = 3A$；

当 $\cos\Delta\varphi = -1$ 时，合振幅最小，$A' = |A_1 - A_2| = A$。

此题注意振幅没有负值，要取绝对值。

答案： D

33. 解 此题考查波的能量特征。波动的动能与势能是同相的，同时达到最大最小。若此时 A 点处媒质质元的弹性势能在减小，则其振动动能也在减小。此时 B 点正向负最大位移处运动，振动动能在减小。

答案： A

34. 解 由双缝干涉相邻明纹（暗纹）的间距公式：$\Delta x = \frac{D}{a}\lambda$，若双缝所在的平板稍微向上平移，中央明纹与其他条纹整体向上稍作平移，其他条件不变，则屏上的干涉条纹间距不变。

答案： B

35. 解 此题考查光的干涉。薄膜上下两束反射光的光程差：$\delta = 2ne + \frac{\lambda}{2}$

反射光加强：$\delta = 2ne + \frac{\lambda}{2} = k\lambda$，$\lambda = \frac{2ne}{k - \frac{1}{2}} = \frac{4ne}{2k-1}$

$$k = 2 \text{ 时}, \quad \lambda = \frac{4ne}{2k-1} = \frac{4 \times 1.33 \times 0.32 \times 10^3}{3} = 567\text{nm}$$

答案： C

36. 解 自然光 I_0 穿过第一个偏振片后成为偏振光，光强减半，为 $I_1 = \frac{1}{2}I_0$。

第一个偏振片与第二个偏振片夹角为30°，第二个偏振片与第三个偏振片夹角为60°，穿过第二个偏振片后的光强用马吕斯定律计算：$I_2 = \frac{1}{2}I_0 \cos^2 30°$

穿过第三个偏振片后的光强为：$I_3 = \frac{1}{2}I_0 \cos^2 30° \cos^2 60° = \frac{3}{32}I_0$

答案： C

37. 解 主量子数为 n 的电子层中原子轨道数为 n^2，最多可容纳的电子总数为 $2n^2$。主量子数 $n = 3$，原子轨道最多可容纳的电子总数为 $2 \times 3^2 = 18$。

答案：C

38. 解 当分子中的氢原子与电负性大、半径小、有孤对电子的原子（如 N、O、F）形成共价键后，还能吸引另一个电负性较大原子（如 N、O、F）中的孤对电子而形成氢键。所以分子中存在 N—H、O—H、F—H 共价键时会形成氢键。

答案：A

39. 解 112mg 铁的物质的量 $n = \dfrac{\frac{112}{1000}}{56} = 0.002 \text{mol}$

溶液中铁的浓度 $C = \dfrac{n}{V} = \dfrac{0.002}{\frac{100}{1000}} = 0.02 \text{mol} \cdot \text{L}^{-1}$

答案：C

40. 解 NaOAc 为强碱弱酸盐，可以水解，水解常数 $K_{\text{h}} = \dfrac{K_{\text{w}}}{K_{\text{a}}}$

$0.1 \text{mol} \cdot \text{L}^{-1}$ NaOAc 溶液：

$$C_{\text{OH}^-} = \sqrt{C \cdot K_{\text{h}}} = \sqrt{C \cdot \frac{K_{\text{w}}}{K_{\text{a}}}} = \sqrt{0.1 \times \frac{1 \times 10^{-14}}{1.8 \times 10^{-5}}} \approx 7.5 \times 10^{-6} \text{mol} \cdot \text{L}^{-1}$$

$$C_{\text{H}^+} = \frac{K_{\text{w}}}{C_{\text{OH}^-}} = \frac{1 \times 10^{-14}}{7.5 \times 10^{-6}} \approx 1.3 \times 10^{-9} \text{mol} \cdot \text{L}^{-1}, \text{pH} = -\lg C_{\text{H}^+} \approx 8.88$$

答案：D

41. 解 由物质的标准摩尔生成焓 $\Delta_{\text{f}} H_{\text{m}}^{\ominus}$ 和反应的标准摩尔反应焓变 $\Delta_{\text{r}} H_{\text{m}}^{\ominus}$ 的定义可知，$H_2O(l)$ 的标准摩尔生成焓 $\Delta_{\text{f}} H_{\text{m}}^{\ominus}$ 为反应 $H_2(g) + \frac{1}{2} O_2(g) \Longrightarrow H_2O(l)$ 的标准摩尔反应焓变 $\Delta_{\text{r}} H_{\text{m}}^{\ominus}$。反应 $2H_2(g) + O_2(g) \Longrightarrow 2H_2O(l)$ 的标准摩尔反应焓变是反应 $H_2(g) + \frac{1}{2} O_2(g) \Longrightarrow H_2O(l)$ 的标准摩尔反应焓变的 2 倍，即 $H_2(g) + \frac{1}{2} O_2(g) \Longrightarrow H_2O(l)$ 的 $\Delta_{\text{f}} H_{\text{m}}^{\ominus} = \frac{1}{2} \times (-572) = -286 \text{kJ} \cdot \text{mol}^{-1}$。

答案：D

42. 解 $p(\text{N}_2\text{O}_4) = p(\text{NO}_2) = 100 \text{kPa}$ 时，$\text{N}_2\text{O}_4(g) \rightleftharpoons 2\text{NO}_2(g)$ 的反应熵 $Q = \dfrac{\left[\frac{p(\text{NO}_2)}{p^{\ominus}}\right]^2}{\frac{p(\text{N}_2\text{O}_4)}{p^{\ominus}}} = 1 > K^{\ominus} = 0.1132$，根据反应熵判据，反应逆向进行。

答案：B

43. 解 原电池电动势 $E = \varphi_{\text{正}} - \varphi_{\text{负}}$，负极对应电对 Zn^{2+}/Zn 的能斯特方程式为 $\varphi_{\text{Zn}^{2+}/\text{Zn}} = \varphi_{\text{Zn}^{2+}/\text{Zn}}^{\ominus} + \dfrac{0.059}{2} \lg C_{\text{Zn}^{2+}}$，$\text{ZnSO}_4$ 浓度增加，$C_{\text{Zn}^{2+}}$ 增加，$\varphi_{\text{Zn}^{2+}/\text{Zn}}$ 增加，原电池电动势变小。

答案：B

44. 解 $(\text{CH}_3)_2\text{CHCH}(\text{CH}_3)\text{CH}_2\text{CH}_3$ 的结构式为
$$\text{H}_3\text{C} \overset{\overset{\displaystyle \text{CH}_3}{|}}{-}\text{CH} \overset{\overset{\displaystyle \text{CH}_3}{|}}{-}\text{CH} - \text{CH}_2 - \text{CH}_3$$
，根据有机化合物命名

规则，该有机物命名为 2，3-二甲基戊烷。

    答案：B

45. 解 对羟基苯甲酸乙酯含有 HO—⟨◯⟩ 部分，为酚类化合物；含有—COOC$_2$H$_5$ 部分，为酯类化合物。

    答案：D

46. 解 该高聚物的重复单元为 —CH$_2$—CH—，是由单体 CH$_2$=CHCOOCH$_3$ 通过加聚反应形成的。
$$\underset{\underset{\text{COOCH}_3}{|}}{}$$

    答案：D

47. 解 销钉 C 处为光滑接触约束，约束力应垂直于 AB 光滑直槽，由于 F_p 的作用，直槽的左上侧与锁钉接触，故其约束力的作用线与 x 轴正向所成的夹角为 150°。

    答案：D（此题 2017 年考过）

48. 解 由图可知力 F 过 B 点，故对 B 点的力矩为 0，因此该力系对 B 点的合力矩为：
$$M_B = M = \frac{1}{2}Fa = \frac{1}{2} \times 150 \times 50 = 3750 \text{N} \cdot \text{cm}(\text{顺时针})$$

    答案：A

49. 解 以 CD 为研究对象，其受力如解图所示。

列平衡方程：$\sum M_C(F) = 0$，$2L \cdot F_D - M - q \cdot L \cdot \frac{L}{2} = 0$

代入数值得：$F_D = 15\text{kN}$（铅垂向上）

    答案：B

题 49 解图

50. 解 由于主动力 F_p、F 大小均为 100N，故其二力合力作用线与接触面法线方向的夹角为 45°，与摩擦角相等，根据自锁条件的判断，物块处于临界平衡状态。

    答案：D

51. 解 消去运动方程中的参数 t，将 $t^2 = x$ 代入 y 中，有 $y = 2x^2$，故 $y - 2x^2 = 0$ 为动点的轨迹方程。

    答案：C

52. 解 速度的大小为运动方程对时间的一阶导数，即：
$$v_x = \frac{\mathrm{d}x}{\mathrm{d}t} = v_0 \cos\alpha, v_y = \frac{\mathrm{d}y}{\mathrm{d}t} = v_0 \sin\alpha - gt$$

则当 $t = 0$ 时，炮弹的速度大小为：$v = \sqrt{v_x^2 + v_y^2} = v_0$

    答案：C

53. 解 滑轮上 A 点的速度和切向加速度与皮带相应的速度和加速度相同，根据定轴转动刚体上速度、切向加速度的线性分布规律，可得B点的速度$v_B = 20R/r = 30\text{m/s}$，切向加速度$a_{Bt} = 6R/r = 9\text{m/s}^2$。

答案：A

54.解 小球的运动及受力分析如解图所示。根据质点运动微分方程$\boldsymbol{F} = m\boldsymbol{a}$，将方程沿着$N$方向投影有：

$$ma\sin\alpha = N - mg\cos\alpha$$

解得：

$$N = mg\cos\alpha + ma\sin\alpha$$

题 54 解图

答案：B

55.解 物体受主动力$\boldsymbol{F}$、重力$m\boldsymbol{g}$及斜面的约束力$\boldsymbol{F}_N$作用，做功分别为：

$W(\boldsymbol{F}) = 70 \times 6 = 420\text{N}\cdot\text{m}$，$W(m\boldsymbol{g}) = -5 \times 9.8 \times 6\sin 30° = -147\text{N}\cdot\text{m}$，$W(\boldsymbol{F}_N) = 0$

故所有力做功之和为：$W = 420 - 147 = 273\text{N}\cdot\text{m}$

答案：C

56.解 根据动量矩定理，两轮分别有：$J\alpha_1 = F_A R$，$J\alpha_2 = F_B R$，对于轮A有$J\alpha_1 = PR$，对于图 b）系统有$\left(J + \dfrac{P}{g}R^2\right)\alpha_2 = PR$，所以$\alpha_1 > \alpha_2$，故有$F_A > F_B$。

答案：B

57.解 根据惯性力的定义：$\boldsymbol{F}_I = -m\boldsymbol{a}$，物块$B$的加速度与物块$A$的加速度大小相同，且向下，故物块$B$的惯性力$F_{BI} = 4 \times 3.3 = 13.2\text{N}$，方向与其加速度方向相反，即铅垂向上。

答案：A

58.解 当激振力频率与系统的固有频率相等时，系统发生共振，即

$$\omega_0 = \sqrt{\frac{k}{m}} = \omega = 50\text{rad/s}$$

系统的等效弹簧刚度$k = k_1 + k_2 = 3 \times 10^5\text{N/m}$

代入上式可得：$m = 120\text{kg}$

答案：C

59.解 由低碳钢拉伸时$\sigma\text{-}\varepsilon$曲线（如解图所示）可知：在加载到强化阶段后卸载，再加载时，屈服点C'明显提高，断裂前变形明显减少，所以"冷作硬化"现象发生在强化阶段。

题 59 解图

答案： C

60. 解 AB 段轴力是 $3F$，$\Delta l_{AB} = \frac{3Fa}{EA}$；$BC$ 段轴力是 $2F$，$\Delta l_{BC} = \frac{2Fa}{EA}$

杆的总伸长 $\Delta l = \Delta l_{AB} + \Delta l_{BC} = \frac{3Fa}{EA} + \frac{2Fa}{EA} = \frac{5Fa}{EA}$

答案： D

61. 解 钢板和钢轴的计算挤压面积是 dt，由钢轴的挤压强度条件 $\sigma_{bs} = \frac{F}{dt} \leqslant [\sigma_{bs}]$，得 $d \geqslant \frac{F}{t[\sigma_{bs}]}$。

答案： A

62. 解 根据极惯性矩 I_p 的定义：$I_p = \int_A \rho^2 \, dA$，可知极惯性矩是一个定积分，具有可加性，所以 $I_p = \frac{\pi}{32}D^4 - \frac{\pi}{32}d^4 = \frac{\pi}{32}(D^4 - d^4)$。

答案： D

63. 解 根据定义，惯性矩 $I_y = \int_A z^2 \, dA$、$I_z = \int_A y^2 \, dA$ 和极惯性矩 $I_p = \int_A \rho^2 \, dA$ 的值恒为正，而静矩 $S_y = \int_A z \, dA$、$S_z = \int_A y \, dA$ 和惯性积 $I_{yz} = \int_A yz \, dA$ 的数值可正、可负，也可为零。

答案： B

64. 解 由"零、平、斜，平、斜、抛"的微分规律，可知 AB 段有分布荷载；B 截面有弯矩的突变，故 B 处有集中力偶。

答案： B

65. 解 A 图看整体：$\sigma_{max} = \frac{M}{W_z} = \frac{M}{\frac{a^3}{6}} = \frac{6M}{a^3}$

B 图看一根梁：$\sigma_{max} = \frac{M}{W_z} = \frac{0.5M}{0.5a^3/6} = \frac{M}{\frac{a^3}{6}} = \frac{6M}{a^3}$

C 图看一根梁：$\sigma_{max} = \frac{M}{W_z} = \frac{\frac{1}{3}M}{\frac{1}{3}a^3/6} = \frac{M}{\frac{a^3}{6}} = \frac{6M}{a^3}$

D 图看一根梁：$\sigma_{max} = \frac{M}{W_z} = \frac{0.5M}{a \times (0.5a)^2/6} = \frac{2M}{\frac{a^3}{6}} = \frac{12M}{a^3}$

答案： D

66. 解 A 处为固定铰链支座，挠度总是等于 0，即 $V_A = 0$

B 处挠度等于 BD 杆的变形量，即 $V_B = \Delta L$

C 处有集中力 F 作用，挠度方程和转角方程将发生转折，但是满足连续光滑的要求，即 $V_{C左} = V_{C右}$，$\theta_{C左} = \theta_{C右}$。

答案： C

67. 解 最大切应力所在截面，一定不是主平面，该平面上的正应力也一定不是主应力，也不一定为零，故只能选 D。

答案： D

68.解 根据第一强度理论（最大拉应力理论）可知：$\sigma_{eq1} = \sigma_1$，所以只能选 A。

答案：A

69.解 移动前杆是轴向受拉：$\sigma_{max} = \dfrac{F}{A} = \dfrac{F}{a^2}$

移动后杆是偏心受拉，属于拉伸与弯曲的组合受力与变形：

$$\sigma_{max} = \frac{F}{A} + \frac{0.5aF}{a^3/6} = \frac{F}{a^2} + \frac{3F}{a^2} = \frac{4F}{a^2}$$

答案：D

70.解 压杆总是在惯性矩最小的方向失稳，

对图 a）：$I_a = \dfrac{hb^3}{12}$；对图 b）：$I_b = \dfrac{h^4}{12}$。则：

$$F_{cr}^a = \frac{\pi^2 E I_a}{(\mu L)^2} = \frac{\pi^2 E \dfrac{hb^3}{12}}{(2L)^2} = \frac{\pi^2 E \dfrac{2b \times b^3}{12}}{(2L)^2} = \frac{\pi^2 E b^4}{24 L^2}$$

$$F_{cr}^b = \frac{\pi^2 E I_b}{(\mu L)^2} = \frac{\pi^2 E \dfrac{2b \times (2b)^3}{12}}{(2L)^2} = \frac{\pi^2 E b^4}{3 L^2} = 8 F_{cr}^a$$

故临界力是原来的 8 倍。

答案：B

71.解 由流体的物理性质知，流体在静止时不能承受切应力，在微小切力作用下，就会发生显著的变形而流动。

答案：A

72.解 由于题设条件中未给出计算水头损失的数据，现按不计水头损失的能量方程解析此题。

设基准面 0-0 与断面 2 重合，对断面 1-1 及断面 2-2 写能量方程：

$$Z_1 + \frac{v_1^2}{2g} = Z_2 + \frac{v_2^2}{2g}$$

代入数据 $2 + \dfrac{1.8^2}{2g} = \dfrac{v_2^2}{2g}$，解得 $v_2 = 6.50\text{m/s}$

又由连续方程 $v_1 A_1 = v_2 A_2$，可得 $1.8\text{m/s} \times \dfrac{\pi}{4} 0.1^2 = 6.50\text{m/s} \times \dfrac{\pi}{4} d_2^2$

解得 $d_2 = 5.2\text{cm}$

答案：A

73.解 利用动量定理计算流体对固体壁的作用力时，进出口断面上的压强应为相对压强。

答案：B

74.解 有压圆管层流运动的沿程损失系数 $\lambda = \dfrac{64}{Re}$

而雷诺数 $Re = \dfrac{vd}{\nu} = \dfrac{5 \times 5}{0.18} = 138.89$，$\lambda = \dfrac{64}{138.89} = 0.461$

答案：B

75. 解 并联长管路的水头损失相等，即 $S_1 Q_1^2 = S_2 Q_2^2$

式中管路阻抗 $S_1 = \dfrac{8\lambda \frac{L_1}{d_1}}{g\pi^2 d_1^4}$，$S_2 = \dfrac{8\lambda \frac{3L_1}{d_2}}{g\pi^2 d_2^4}$

又因 $d_1 = d_2$，所以得：$\dfrac{Q_1}{Q_2} = \sqrt{\dfrac{S_2}{S_1}} = \sqrt{\dfrac{3L_1}{L_1}} = 1.732$，$Q_1 = 1.732 Q_2$

答案：C

76. 解 明渠均匀流只能发生在顺坡棱柱形渠道。

答案：B

77. 解 均匀砂质土壤适用达西渗透定律：$u = kJ$

代入题设数据，则渗流速度 $u = 0.005 \times 0.5 = 0.0025\text{cm/s}$

答案：A

78. 解 压力管流的模型试验应选择雷诺准则。

答案：A

79. 解 直流电源作用下，电压 U_1、电流 I 均为恒定值，产生恒定磁通 Φ。根据电磁感应定律，线圈 N_2 中不会产生感应电动势，所以 $U_2 = 0$。

答案：A

80. 解 通常电感线圈的等效电路是 R-L 串联电路。当线圈通入直流电时，电感线圈的感应电压为 0，可以计算线圈电阻为 $R' = \dfrac{U}{I} = \dfrac{10}{1} = 10\Omega$。在交流电源作用下线圈的感应电压不为 0，要考虑线圈中感应电压的影响必须将电感线圈等效为 R-L 串联电路。因此，该电路的等效模型为：10Ω 电阻与电感 L 串联后再与传输线电阻 R 串联。

答案：B

81. 解 求等效电阻时应去除电源作用（电压源短路，电流源断路），将电流源断开后 a-b 端左侧网络的等效电阻为 R_2。

答案：D

82. 解 首先根据给定电压函数 $u(t)$ 写出电压的相量 $\dot{U}$，利用交流电路的欧姆定律计算电流相量：

$$\dot{I} = \frac{\dot{U}}{Z} = \frac{220\angle 30°}{10\angle 45°} = 22\angle -15°$$

最后写出电流 $i(t)$ 的函数表达式为 $22\sqrt{2}\sin(314t - 15°)\text{A}$。

答案：D

83. 解 根据电路可以分析，总阻抗 $Z = Z_1 + Z_2 = 6 + j8 - jX_C$，当 $X_C = 8$ 时，Z 有最小值，电流 I 有最大值（电路出现谐振，呈现电阻性质）。

答案：B

84.解 用电设备 M 的外壳线 a 应接到保护地线 PE 上，电灯 D 的接线 b 应接到电源中性点 N 上，说明如下：

（1）三相四线制：包括相线 A、B、C 和保护零线 PEN（图示的 N 线）。PEN 线上有工作电流通过，PEN 线在进入用电建筑物处要做重复接地；我国民用建筑的配电方式采用该系统。

（2）三相五线制：包括相线 A、B、C，零线 N 和保护接地线 PE。N 线有工作电流通过，PE 线平时无电流（仅在出现对地漏电或短路时有故障电流）。

零线和地线的根本差别在于一个构成工作回路，一个起保护作用（叫作保护接地），一个回电网，一个回大地，在电子电路中这两个概念要区别开，工程中也要求这两根线分开接。

答案：C

85.解 三相交流异步电动机的空载功率因数较小，为 0.2～0.3，随着负载的增加功率因数增加，当电机达到满载时功率因数最大，可以达到 0.9 以上。

答案：B

86.解 控制电路图中所有控制元件均是未工作的状态，同一电器用同一符号注明。要保持电气设备连续工作必须有自锁环节（常开触点）。

图 B 的自锁环节使用了 KM 接触器的常闭触点，图 C 和图 D 中的停止按钮 SBstop 两端不能并入 KM 接触器的常闭触点或常开触点，因此图 B、C、D 都是错误的。

图 A 的电路符合设备连续工作的要求：按启动按钮 SBst（动合）后，接触器 KM 线圈通电，KM 常开触点闭合（实现自锁）；按停止按钮 SBstop（动断）后，接触器 KM 线圈断电，用电设备停止工作。可见四个选项中图 A 符合电气设备连续工作的要求。

答案：A

87.解 表示信息的数字代码是二进制。通常用电压的高电位表示"1"，低电位表示"0"，或者反之。四个选项中的前三项都可以用来表示二进制代码"10101"，选项 D 的电位不符合"高-低-高-低-高"的规律，则不能用来表示数码"10101"。

答案：D

88.解 根据信号的幅值频谱关系，周期信号的频谱是离散的，而非周期信号的频谱是连续的。图 a）是非周期性时间信号的频谱，图 b）是周期性时间信号的频谱。

答案：B

89.解 滤波器是频率筛选器，通常根据信号的频率不同进行处理。它不会改变正弦波信号的形状，而是通过正弦波信号的频率来识别，保留有用信号，滤除干扰信号。而非正弦周期信号可以分解为多个不同频率正弦波信号的合成，它的频率特性是收敛的。对非正弦周期信号滤波时要保留基波和低频部分的信号，滤除高频部分的信号。这样做虽然不会改变原信号的频率，但是滤除高频分量以后会影响非正弦周期信号波形的形状。

答案： D

90. 解 根据逻辑函数的摩根定理对原式进行分析：

$$ABCD + \overline{A} + \overline{B} + \overline{C} + \overline{D} = ABCD + \overline{\overline{\overline{A} + \overline{B} + \overline{C} + \overline{D}}} = ABCD + \overline{ABCD} = 1$$

答案： B

91. 解 $F = \overline{AB}$ 为与非门，分析波形可以用口诀："A、B"有 0，"F"为 1；"A、B"全 1，"F"为 0，波形见解图。

题 91 解图

答案： B

92. 解 根据真值表写出逻辑表达式的方法是：找出真值表输出信号 F=1 对应的输入变量取值组合，每组输入变量取值为一个乘积项（与），输入变量值为 1 的写原变量，输入变量值为 0 的写反变量。最后将这些变量相加（或），即可得到输出函数 F 的逻辑表达式。

根据该给定的真值表可以写出：$F = \overline{A}BC + AB\overline{C} + ABC$。

答案： D

93. 解 电压放大器的耦合电容有隔直通交的作用，因此电容 C_E 接入以后不会改变放大器的静态工作点。对于交变信号，接入电容 C_E 以后电阻 R_E 被短路，根据放大器的交流通道来分析放大器的动态参数，输入电阻 R_i、输出电阻 R_o、电压放大倍数 A_u 分别为：

$$R_i = R_{B1} /\!/ R_{B2} /\!/ [r_{be} + (1 + \beta)R_E]$$

$$R_o = R_C$$

$$A_u = \frac{-\beta R_L'}{\gamma_{be} + (1 + \beta)R_E}(R_L' = R_C /\!/ R_L)$$

可见，输出电阻 R_o 与 R_E 无关。

所以，并入电容 C_E 后不变的量是静态工作点和输出电阻 R_o。

答案： C

94. 解 本电路属于运算放大器非线性应用，是一个电压比较电路。A 点是反相输入端，B 点是同相输入端。当 B 点电位高于 A 点电位时，输出电压有正的最大值 U_{oM}。当 B 点电位低于 A 点电位时，输出电压有负的最大值 $-U_{oM}$。

选项 D 的 u_{o1} 波形分析正确，并且 $u_{o1} = -u_{o2}$，符合题意。

答案：D

95.解 利用逻辑函数分析如下：$F_1 = \overline{A \cdot 1} = \overline{A}$；$F_2 = B + 1 = 1$。

答案：D

96.解 两个电路分别为 JK 触发器和 D 触发器，逻辑状态表给定，它们有同一触发脉冲和清零信号作用。但要注意到两个触发器的触发时间不同，JK 触发器为下降沿触发，D 触发器为上升沿触发。

结合逻辑表分析输出脉冲波形如解图所示。

JK 触发器：J=K=1，$Q_{JK}^{n+1} = \overline{Q}_{JK}^n$，CP 下降沿触发。

D 触发器：$Q_D^{n+1} = D = \overline{Q}_D^n$，CP 上升沿触发。

对应的 t_1 时刻两个触发器的输出分别是 $Q_{JK}=1$，$Q_D=0$，选项 C 正确。

题 94 解图

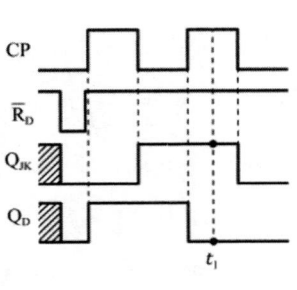

题 96 解图

答案：C

97.解 计算机数字信号只有 0（低电平）和 1（高电平），是一系列高（电源电压的幅度）和低（0V）的方波序列，幅度是不变的，时间（周期）是可变的，也就是说处理的是断续的数字信息，数字信号是离散信号。

答案：B

98.解 程序计数器（PC）又称指令地址计数器，计算机通常是按顺序逐条执行指令的，就是靠程序计数器来实现。每当执行完一条指令，PC 就自动加 1，即形成下一条指令地址。

答案：C

99.解 计算机的软件系统是由系统软件、支撑软件和应用软件构成。系统软件是负责管理、控制和维护计算机软、硬件资源的一种软件，它为应用软件提供了一个运行平台。支撑软件是支持其他软件的编写制作和维护的软件。应用软件是特定应用领域专用的软件。

答案：B

100. 解 允许多个用户以交互方式使用计算机的操作系统是分时操作系统。分时操作系统是使一台计算机同时为几个、几十个甚至几百个用户服务的一种操作系统。它将系统处理机时间与内存空间按一定的时间间隔，轮流地切换给各终端用户的。

答案：B

101. 解 ASCII 码最高位都置成 0，它是"美国信息交换标准代码"的简称，是目前国际上最为流行的字符信息编码方案。在这种编码中每个字符用 7 个二进制位表示。对于两个字节的国标码将两个字节的最高位都置成 1，而后由软件或硬件来对字节最高位做出判断，以区分 ASCII 码与国标码。

答案：A

102. 解 计算机系统内的存储器是由一个个存储单元组成的，而每一个存储单元的容量为 8 位二进制信息，称为一个字节。为了对存储器进行有效的管理，给每个单元都编上一个号，也就是给存储器中的每一个字节都分配一个地址码，俗称给存储器地址"编址"。

答案：A

103. 解 给数据加密，是隐蔽信息的可读性，将可读的信息数据转换为不可读的信息数据，称为密文。把信息隐藏起来，即隐藏信息的存在性，将信息隐藏在一个容量更大的信息载体之中，形成隐秘载体。信息隐藏和数据加密的方法是不一样的。

答案：D

104. 解 线程有时也称为轻量级进程，是被系统独立调度和 CPU 的基本运行单位。有些进程只包含一个线程，也可包含多个线程。线程的优点之一就是资源共享。

答案：C

105. 解 信息化社会是以计算机信息处理技术和传输手段的广泛应用为基础和标志的新技术革命，影响和改造社会生活方式与管理方式。信息化社会指在经济生活全面信息化的进程中，人类社会生活的其他领域也逐步利用先进的信息技术建立起各种信息网络，信息技术在生产、科研教育、医疗保健、企业和政府管理以及家庭中的广泛应用对经济和社会发展产生了巨大而深刻的影响，从根本上改变了人们的生活方式、行为方式和价值观念。计算机则是实现信息社会的必备工具之一，两者相互影响、相互制约、相互推动、相互促进，是密不可分的关系。

答案：C

106. 解　如果要寻找一个主机名所对应的 IP 地址，则需要借助域名服务器来完成。当 Internet 应用程序收到一个主机域名时，它向本地域名服务器查询该主机域名对应的 IP 地址。如果在本地域名服务器中找不到该主机域名对应的 IP 地址，则本地域名服务器向其他域名服务器发出请求，要求其他域名服务器协助查找，并将找到的 IP 地址返回给发出请求的应用程序。

答案：C

107. 解　根据一次支付现值公式（已知 F 求 P）：

$$P = \frac{F}{(1+i)^n} = \frac{50}{(1+5.06\%)^5} = 39.06 \text{ 万元}$$

答案：C

108. 解　项目总投资中的流动资金是指运营期内长期占用并周转使用的营运资金。估算流动资金的方法有扩大指标法或分项详细估算法。采用分项详细估算法估算时，流动资金是流动资产与流动负债的差额。

答案：C

109. 解　资本金（权益资金）的筹措方式有股东直接投资、发行股票、政府投资等，债务资金的筹措方式有商业银行贷款、政策性银行贷款、外国政府贷款、国际金融组织贷款、出口信贷、银团贷款、企业债券、国际债券和融资租赁等。

优先股股票和可转换债券属于准股本资金，是一种既具有资本金性质又具有债务资金性质的资金。

答案：C

110. 解　利息备付率=息税前利润/应付利息

式中，息税前利润=利润总额+利息支出

本题已经给出息税前利润，因此该年的利息备付率为：

利息备付率=息税前利润/应付利息=200/100=2

答案：B

111. 解　计算各年的累计净现金流量见解表。

题 111 解表

年份	0	1	2	3	4	5
净现金流量	−100	−50	40	60	60	60
累计净现金流量	−100	−150	−110	−50	10	70

静态投资回收期=累计净现金流量开始出现正值的年份数$-1+\dfrac{\text{上年累计净现金流量的绝对值}}{\text{当年净现金流量}}$

$$= 4 - 1 + |-50| \div 60 = 3.83 \text{ 年}$$

答案：C

112. 解 该货物的影子价格为：

直接出口产出物的影子价格（出厂价）＝离岸价（FOB）×影子汇率－出口费用

$$=100\times6-100=500元人民币$$

答案：A

113. 解 甲方案的净现值为：$\text{NPV}_甲=-500+140\times6.7101=439.414万元$

乙方案的净现值为：$\text{NPV}_乙=-1000+250\times6.7101=677.525万元$

$$\text{NPV}_乙>\text{NPV}_甲，故应选择乙方案$$

互斥方案比较不应直接用方案的内部收益率比较，可采用净现值或差额投资内部收益率进行比较。

答案：B

114. 解 用强制确定法选择价值工程的对象时，计算结果存在以下三种情况：

①价值系数小于1较多，表明该零件相对不重要且费用偏高，应作为价值分析的对象；

②价值系数大于1较多，即功能系数大于成本系数，表明该零件较重要而成本偏低，是否需要提高费用视具体情况而定；

③价值系数接近或等于1，表明该零件重要性与成本适应，较为合理。

本题该部件的价值系数为1.02，接近1，说明该部件功能重要性与成本比重相当，不应将该部件作为价值工程对象。

答案：B

115. 解 《中华人民共和国建筑法》第十条规定，在建的建筑工程因故中止施工的，建设单位应当自中止施工之日起一个月内，向发证机关报告，并按照规定做好建筑工程的维护管理工作。

答案：A

116. 解 《中华人民共和国安全生产法》第二十八条规定，生产经营单位应当对从业人员进行安全生产教育和培训，保证从业人员具备必要的安全生产知识，熟悉有关的安全生产规章制度和安全操作规程，掌握本岗位的安全操作技能，了解事故应急处理措施，知悉自身在安全生产方面的权利和义务。

答案：C

117. 解 《中华人民共和国招标投标法》第十二条规定，招标人有权自行选择招标代理机构，委托其办理招标事宜。任何单位和个人不得以任何方式为招标人指定招标代理机构。招标人具有编制招标文件和组织评标能力的，可以自行办理招标事宜。任何单位和个人不得强制其委托招标代理机构办理招标事宜。依法必须进行招标的项目，招标人自行办理招标事宜的，应当向有关行政监督部门备案。

从上述条文可以看出选项 A 正确，选项 B 错误，因为招标人可以委托代理机构办理招标事宜。选项 C 错误，招标人自行招标时才需要备案，不是委托代理人才需要备案。选项 D 明显不符合第十二条的规定。

答案：A

118. 解 《中华人民共和国民法典》第一百三十七条规定，以对话方式作出的意思表示，相对人知道其内容时生效。以非对话方式作出的意思表示，到达相对人时生效。以非对话方式作出的采用数据电文形式的意思表示，相对人指定特定系统接收数据电文的，该数据电文进入该特定系统时生效；未指定特定系统的，相对人知道或者应当知道该数据电文进入其系统时生效。当事人对采用数据电文形式的意思表示的生效时间另有约定的，按照其约定。

答案：A

119. 解 依照《中华人民共和国行政许可法》第四十二条的规定，依照本法第二十六条的规定，行政许可采取统一办理或者联合办理、集中办理的，办理的时间不得超过四十五日；四十五日内不能办结的，经本级人民政府负责人批准，可以延长十五日，并应当将延长期限的理由告知申请人。

答案：D

120. 解 《建设工程质量管理条例》第十六条规定，建设单位收到建设工程竣工报告后，应当组织设计、施工、工程监理等有关单位进行竣工验收。

答案：C

2021 年度全国勘察设计注册工程师执业资格考试基础考试（上）
试题解析及参考答案

1. 解 本题考查指数函数的极限 $\lim\limits_{x\to+\infty}e^x=+\infty$，$\lim\limits_{x\to-\infty}e^x=0$，需熟悉函数 $y=e^x$ 的图像（见解图）。

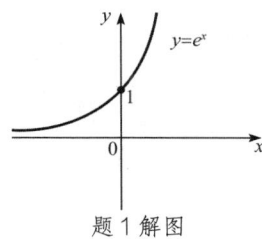

题 1 解图

因为 $\lim\limits_{x\to0^-}\frac{1}{x}=-\infty$，故 $\lim\limits_{x\to0^-}e^{\frac{1}{x}}=0$，所以选项 B 正确。

而 $\lim\limits_{x\to0^+}\frac{1}{x}=+\infty$，则 $\lim\limits_{x\to0^+}e^{\frac{1}{x}}=+\infty$，可知选项 A、C、D 错误。

答案：B

2. 解 本题考查等价无穷小和同阶无穷小的概念。

当 $x\to0$ 时，$1-\cos2x\sim\frac{1}{2}(2x)^2=2x^2$，所以 $\lim\limits_{x\to0}\frac{1-\cos2x}{x^2}=2$，选项 A 正确。

当 $x\to0$ 时，$\sin x\sim x$，$\lim\limits_{x\to0}\frac{x^2\sin x}{x^3}=1$，所以当 $x\to0$ 时，$x^2\sin x$ 与 x^3 为同阶无穷小，选项 B 错误。

当 $x\to0$ 时，$\sqrt{1+x}-1\sim\frac{1}{2}x$，$\lim\limits_{x\to0}\frac{\sqrt{1+x}-1}{x}=\frac{1}{2}$，所以当 $x\to0$ 时，$\sqrt{1+x}-1$ 与 x 为同阶无穷小，选项 C 错误。

当 $x\to0$ 时，$1-\cos x^2\sim\frac{1}{2}x^4$，所以当 $x\to0$ 时，$1-\cos x^2$ 与 x^4 为同阶无穷小，选项 D 错误。

答案：A

3. 解 本题考查导数的定义及一元函数可导与连续的关系。

由题意 $f(0)=0$，且 $\lim\limits_{x\to0}\frac{f(x)}{x}=1$，得 $\lim\limits_{x\to0}\frac{f(x)}{x}=\lim\limits_{x\to0}\frac{f(x)-f(0)}{x-0}=f'(0)=1$，知选项 C 正确，选项 B、D 错误。而由可导必连续，知选项 A 错误。

答案：C

4. 解 本题考查通过变量代换求函数表达式以及求导公式。

先进行倒代换，设 $t=\frac{1}{x}$，则 $x=\frac{1}{t}$，代入得 $f(t)=\frac{\frac{1}{t}}{1+\frac{1}{t}}=\frac{1}{t+1}$

即 $f(x)=\frac{1}{1+x}$，则 $f'(x)=-\frac{1}{(1+x)^2}$

答案：C

5. 解 本题考查连续函数零点定理及导数的应用。

设 $f(x)=x^3+x-1$，则 $f'(x)=3x^2+1>0$，$x\in(-\infty,+\infty)$，知 $f(x)$ 单调递增。

又采用特殊值法，有 $f(0)=-1<0$，$f(1)=1>0$，$f(x)$ 连续，根据零点定理，知 $f(x)$ 在 $(0,1)$ 上存在零点，且由单调性，知 $f(x)$ 在 $x\in(-\infty,+\infty)$ 内仅有唯一零点，即方程 $x^3+x-1=0$ 只有一个实根。

答案：B

6. 解 本题考查极值的概念和极值存在的必要条件。

函数 $f(x)$ 在点 $x=x_0$ 处可导，则 $f'(x_0)=0$ 是 $f(x)$ 在 $x=x_0$ 取得极值的必要条件。同时，导数不存

在的点也可能是极值点，例如$y = |x|$在$x = 0$点取得极小值，但$f'(0)$不存在，见解图。即可导函数的极值点一定是驻点，反之不然。极值点只能是驻点或不可导点。

题6解图

答案：C

7. 解 本题考查不定积分和微分的基本性质。

由微分的基本运算$dg(x) = g'(x)dx$，得：$\int f(x)dx = \int dg(x) = \int g'(x)dx$

等式两端对x求导，得：$f(x) = g'(x)$

答案：B

8. 解 本题考查定积分的基本运算及奇偶函数在对称区间积分的性质。

$\int_{-1}^{1}(x^3 + |x|)e^{x^2}dx = \int_{-1}^{1}x^3 e^{x^2}dx + \int_{-1}^{1}|x|e^{x^2}dx$，由于$x^3$是奇函数，$e^{x^2}$是偶函数，故$x^3 e^{x^2}$是奇函数，奇函数在对称区间的定积分为0，有$\int_{-1}^{1}x^3 e^{x^2}dx = 0$，故有$\int_{-1}^{1}(x^3 + |x|)e^{x^2}dx = \int_{-1}^{1}|x|e^{x^2}dx$。

由于$|x|$是偶函数，e^{x^2}是偶函数，故$|x|e^{x^2}$是偶函数，偶函数在对称区间的定积分为2倍半区间积分，有$\int_{-1}^{1}|x|e^{x^2}dx = 2\int_{0}^{1}|x|e^{x^2}dx$。

$x \geq 0$，去掉绝对值符号，有

$$2\int_{0}^{1}xe^{x^2}dx = \int_{0}^{1}e^{x^2}dx^2 = e^{x^2}\Big|_{0}^{1} = e - 1$$

答案：C

9. 解 本题考查曲面交线的求法，空间曲线可看作两个空间曲面的交线。

两曲面交线为$\begin{cases} x^2 + y^2 + z^2 = a^2 \\ x^2 + y^2 = 2az \end{cases}$，两式相减，整理可得$z^2 + 2az - a^2 = 0$，解得$z = (\sqrt{2} - 1)a$，$z = -(\sqrt{2} + 1)a$（舍去），由此可知，两曲面的交线位于$z = (\sqrt{2} - 1)a$这个平行于$xoy$面的平面上，再将$z = (\sqrt{2} - 1)a$代入两个曲面方程中的任意一个，可得两曲面交线$\begin{cases} x^2 + y^2 = 2(\sqrt{2} - 1)a^2 \\ z = (\sqrt{2} - 1)a \end{cases}$，由此可知选项C正确。

答案：C

10. 解 本题考查空间直线与平面之间的关系。

平面$F(x,y,z) = x + 3y + 2z + 1 = 0$的法向量为$\vec{n}_1 = (1,3,2)$；

同理，平面$G(x,y,z) = 2x - y - 10z + 3 = 0$的法向量为$\vec{n}_2 = (2,-1,-10)$。

故由直线L的方向向量$\vec{s} = \vec{n}_1 \times \vec{n}_2 = \begin{vmatrix} \vec{i} & \vec{j} & \vec{k} \\ 1 & 3 & 2 \\ 2 & -1 & -10 \end{vmatrix} = -28\vec{i} + 14\vec{j} - 7\vec{k}$，平面$\pi$的法向量$\vec{n}_3 = (4,-2,1)$，可知$\vec{s} = -7\vec{n}_3$，即直线$L$的方向向量与平面$\pi$的法向量平行，亦即垂直于$\pi$。

答案：B

11. 解 本题考查积分上限函数的导数及一阶微分方程的求解。

对方程 $f(x) = \int_0^x f(t)dt$ 两边求导，得 $f'(x) = f(x)$，这是一个变量可分离的一阶微分方程，可写成 $\frac{df(x)}{f(x)} = dx$，两边积分 $\int \frac{df(x)}{f(x)} = \int dx$，可得 $\ln|f(x)| = x + C_1 \Rightarrow f(x) = Ce^x$，这里 $C = \pm e^{C_1}$。代入初始条件 $f(0) = 0$，得 $C = 0$。所以 $f(x) = 0$。

注：本题可以直接观察 $f(0) = \int_0^0 f(t)dt = 0$，只有选项 C 满足。

答案：C

12. 解 本题考查二阶常系数线性非齐次微分方程的特解。

方法 1： 将四个函数代入微分方程直接验证，可得选项 D 正确。

方法 2： 二阶常系数非齐次微分方程所对应的齐次方程的特征方程为 $r^2 - r - 2 = 0$，特征根 $r_1 = -1$，$r_2 = 2$，由右端项 $f(x) = 6e^x$，可知 $\lambda = 1$ 不是对应齐次方程的特征根，所以非齐次方程的特解形式为 $y = Ae^x$，A 为待定常数。

代入微分方程，得 $y'' - y' - 2y = (Ae^x)'' - (Ae^x)' - 2Ae^x = -2Ae^x = 6e^x$，有 $A = -3$，所以 $y = -3e^x$ 是微分方程的特解。

答案：D

13. 解 本题考查多元函数在分段点的偏导数计算。

由偏导数的定义知：

$$f_x'(0,1) = \lim_{\Delta x \to 0} \frac{f(0 + \Delta x, 1) - f(0,1)}{\Delta x} = \lim_{\Delta x \to 0} \frac{\frac{1}{\Delta x}\sin(\Delta x)^2 - 0}{\Delta x} = \lim_{\Delta x \to 0} \frac{\sin(\Delta x)^2}{(\Delta x)^2} = 1$$

答案：B

14. 解 本题考查直角坐标系下的二重积分化为极坐标系下的二次积分的方法。

直角坐标与极坐标的关系：$\begin{cases} x = r\cos\theta \\ y = r\sin\theta \end{cases}$，由 $x^2 + y^2 \leq 1$，得 $0 \leq r \leq 1$，且由 $x \geq 0$，可得 $-\frac{\pi}{2} \leq \theta \leq \frac{\pi}{2}$，故极坐标系下的积分区域 D：$\begin{cases} -\frac{\pi}{2} \leq \theta \leq \frac{\pi}{2} \\ 0 \leq r \leq 1 \end{cases}$，如解图所示。

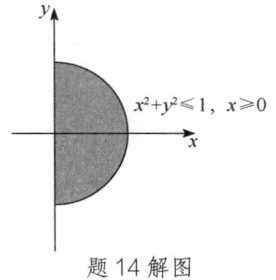

题 14 解图

极坐标系的面积元素 $dxdy = rdrd\theta$，则：

$$\iint\limits_D f\left(\sqrt{x^2 + y^2}\right)dxdy = \int_{-\frac{\pi}{2}}^{\frac{\pi}{2}} d\theta \int_0^1 f(r)rdr = \pi \int_0^1 rf(r)\,dr$$

答案：B

题 15 解图

15. 解 本题考查第二类曲线积分的计算。应注意，同时采用不同参数方程计算，化为定积分的形式不同，尤其应注意积分的上下限。

方法1：按照对坐标的曲线积分计算，把圆L：$x^2 + y^2 = -2x$化为参数方程。

由$x^2 + y^2 = -2x$，得$(x+1)^2 + y^2 = 1$，如解图所示。

令$x + 1 = \cos\theta$，$y = \sin\theta$，有：

$$\mathrm{d}x = \mathrm{d}\cos\theta = -\sin\theta\,\mathrm{d}\theta$$
$$\mathrm{d}y = \mathrm{d}\sin\theta = \cos\theta\,\mathrm{d}\theta$$

θ从0取到2π，则：

$$\int_L (x-y)\mathrm{d}x + (x+y)\,\mathrm{d}y = \int_0^{2\pi}(-1 + \cos\theta - \sin\theta)(-\sin\theta) + (-1 + \cos\theta + \sin\theta)\cos\theta\,\mathrm{d}\theta$$
$$= \int_0^{2\pi}(\sin\theta - \cos\theta + 1)\mathrm{d}\theta = 2\pi$$

方法2：圆L：$x^2 + y^2 = -2x$，化为极坐标系下的方程为$r = -2\cos\theta$，由直角坐标和极坐标的关系，可得圆的参数方程为$\begin{cases} x = -2\cos^2\theta \\ y = -2\cos\theta\sin\theta \end{cases}$$\left(\theta 从\dfrac{\pi}{2}取到\dfrac{3\pi}{2}\right)$，所以：

$$\int_L (x-y)\mathrm{d}x + (x+y)\mathrm{d}y$$
$$= \int_{\frac{\pi}{2}}^{\frac{3\pi}{2}}[(-2\cos^2\theta + 2\cos\theta\sin\theta)(4\cos\theta\sin\theta) + (-2\cos^2\theta - 2\cos\theta\sin\theta)(-2\cos^2\theta + 2\sin^2\theta)]\mathrm{d}\theta$$
$$= \int_{\frac{\pi}{2}}^{\frac{3\pi}{2}}(-4\cos^3\theta\sin\theta + 4\cos^2\theta\sin^2\theta + 4\cos^4\theta - 4\cos\theta\sin^3\theta)\mathrm{d}\theta$$
$$= \int_{\frac{\pi}{2}}^{\frac{3\pi}{2}}(4\cos^2\theta - 4\cos\theta\sin\theta)\mathrm{d}\theta = \int_{\frac{\pi}{2}}^{\frac{3\pi}{2}}2(1 + \cos 2\theta - \sin 2\theta)\mathrm{d}\theta$$
$$= 2\pi + \sin 2\theta\Big|_{\frac{\pi}{2}}^{\frac{3\pi}{2}} + \cos 2\theta\Big|_{\frac{\pi}{2}}^{\frac{3\pi}{2}} = 2\pi$$

方法3：（不在大纲考试范围内）利用格林公式：

$$\int_L (x-y)\mathrm{d}x + (x+y)\mathrm{d}y = \iint\limits_D 2\mathrm{d}x\mathrm{d}y = 2\pi$$

这里D是L所围成的圆的内部区域：$x^2 + y^2 \leqslant -2x$。

答案：D

16. 解　本题考查多元函数偏导数计算。

$$\frac{\partial z}{\partial x} = yx^{y-1}, \quad \frac{\partial^2 z}{\partial x\partial y} = x^{y-1} + yx^{y-1}\ln x = x^{y-1}(1 + y\ln x)$$

答案：C

17. 解　本题考查级数收敛的必要条件，等比级数和p级数的敛散性以及交错级数敛散性的判断。

选项A，级数是公比$q = \dfrac{8}{7} > 1$的等比级数，故该级数发散。

选项 B，$\lim\limits_{n \to \infty} n \sin\dfrac{1}{n} = \lim\limits_{n \to \infty} \dfrac{\sin\frac{1}{n}}{\frac{1}{n}} = 1 \neq 0$，由级数收敛的必要条件知，该级数发散。

选项 C，级数是 p 级数，$p = \dfrac{1}{2} < 1$，p 级数的性质为：$p > 1$ 时级数收敛，$p \leqslant 1$ 时级数发散，本选项的 $p = \dfrac{1}{2} < 1$，故该级数发散。

选项 D，交错级数 $\sum\limits_{n=1}^{\infty} (-1)^{n-1}\dfrac{1}{\sqrt{n}}$，满足条件：①$\lim\limits_{n \to \infty} u_n = \lim\limits_{n \to \infty}\dfrac{1}{\sqrt{n}} = 0$，②$u_n = \dfrac{1}{\sqrt{n}} > u_{n+1} = \dfrac{1}{\sqrt{n+1}}$，由莱布尼兹定理知，该级数收敛。

注：交错级数的莱布尼兹判别法为历年考查的重点，应熟练掌握它的判断依据。

答案： D

18. 解 本题考查无穷级数求和。

方法 1：考虑级数 $\sum\limits_{n=1}^{\infty} nx^{n-1}$，收敛区间 $(-1, 1)$，则

$$S(x) = \sum_{n=1}^{\infty} nx^{n-1} = \sum_{n=1}^{\infty} (x^n)' = \left(\sum_{n=1}^{\infty} x^n\right)' = \left(\frac{x}{1-x}\right)' = \frac{1}{(1-x)^2}$$

故 $\sum\limits_{n=1}^{\infty} n\left(\dfrac{1}{2}\right)^{n-1} = S\left(\dfrac{1}{2}\right) = 4$

方法 2：设级数的前 n 项部分为

$$S_n = 1 + 2 \times \frac{1}{2} + 3 \times \frac{1}{2^2} + 4 \times \frac{1}{2^3} + \cdots + (n-1) \times \frac{1}{2^{n-2}} + n \times \frac{1}{2^{n-1}} \qquad ①$$

则

$$\frac{1}{2}S_n = \frac{1}{2} + 2 \times \frac{1}{2^2} + 3 \times \frac{1}{2^3} + \cdots + (n-1) \times \frac{1}{2^{n-1}} + n \times \frac{1}{2^n} \qquad ②$$

式①−式②，得：

$$\frac{1}{2}S_n = 1 + \frac{1}{2} + \frac{1}{2^2} + \frac{1}{2^3} + \cdots \frac{1}{2^{n-1}} - n\frac{1}{2^n} = \frac{1 \times \left[1 - \left(\frac{1}{2}\right)^n\right]}{1 - \frac{1}{2}} - n\frac{1}{2^n} \xrightarrow{\substack{n \to \infty \text{时，有} \left(\frac{1}{2}\right)^n \to 0,\ n\frac{1}{2^n} \to 0}} 2$$

解得：$S = \lim\limits_{n \to \infty} S_n = 4$

注：方法 2 主要利用了等比数列求和公式：$S_n = a_1 + a_1 q + a_1 q^2 + \cdots + a_1 q^{n-1} = \dfrac{a_1(1-q^n)}{1-q}$ 以及基本的极限结果：$\lim\limits_{n \to \infty} n\dfrac{1}{2^n} = 0$。本题还可以列举有限项的求和来估算，例如 $S_4 = 1 + 2 \times \dfrac{1}{2} + 3 \times \dfrac{1}{2^2} + 4 \times \dfrac{1}{2^3} = 3.25 > 3$，$\{S_n\}$ 单调递增，所以 $S > 3$，故选项 A、B、C 均错误，只有选项 D 正确。

答案： D

19. 解 本题考查矩阵的基本变换与计算。

方法 1：$\boldsymbol{A} - 2\boldsymbol{I} = \begin{bmatrix} -1 & 0 & 0 \\ 0 & -3 & -1 \\ 0 & 0 & -1 \end{bmatrix}$

$(\boldsymbol{A} - 2\boldsymbol{I} \mid \boldsymbol{I}) = \left[\begin{array}{ccc|ccc} -1 & 0 & 0 & 1 & 0 & 0 \\ 0 & -3 & -1 & 0 & 1 & 0 \\ 0 & 0 & -1 & 0 & 0 & 1 \end{array}\right] \xrightarrow{-r_1} \left[\begin{array}{ccc|ccc} 1 & 0 & 0 & -1 & 0 & 0 \\ 0 & -3 & -1 & 0 & 1 & 0 \\ 0 & 0 & -1 & 0 & 0 & 1 \end{array}\right]$

$\xrightarrow{(-1)r_3 + r_2} \left[\begin{array}{ccc|ccc} 1 & 0 & 0 & -1 & 0 & 0 \\ 0 & -3 & 0 & 0 & 1 & -1 \\ 0 & 0 & -1 & 0 & 0 & 1 \end{array}\right] \xrightarrow{-\frac{1}{3}r_2} \left[\begin{array}{ccc|ccc} 1 & 0 & 0 & -1 & 0 & 0 \\ 0 & 1 & 0 & 0 & -\frac{1}{3} & \frac{1}{3} \\ 0 & 0 & -1 & 0 & 0 & 1 \end{array}\right]$

$$\xrightarrow{-r_3} \begin{bmatrix} 1 & 0 & 0 \\ 0 & 1 & 0 \\ 0 & 0 & 1 \end{bmatrix} \begin{array}{c} -1 & 0 & 0 \\ 0 & -\frac{1}{3} & \frac{1}{3} \\ 0 & 0 & -1 \end{array}, \text{可得} (A-2I)^{-1} = \begin{bmatrix} -1 & 0 & 0 \\ 0 & -\frac{1}{3} & \frac{1}{3} \\ 0 & 0 & -1 \end{bmatrix}$$

$$A^2 - 4I = \begin{bmatrix} 1 & 0 & 0 \\ 0 & -1 & -1 \\ 0 & 0 & 1 \end{bmatrix} \cdot \begin{bmatrix} 1 & 0 & 0 \\ 0 & -1 & -1 \\ 0 & 0 & 1 \end{bmatrix} - \begin{bmatrix} 4 & 0 & 0 \\ 0 & 4 & 0 \\ 0 & 0 & 4 \end{bmatrix} = \begin{bmatrix} -3 & 0 & 0 \\ 0 & -3 & 0 \\ 0 & 0 & -3 \end{bmatrix}$$

$$(A-2I)^{-1}(A^2-4I) = \begin{bmatrix} -1 & 0 & 0 \\ 0 & -\frac{1}{3} & \frac{1}{3} \\ 0 & 0 & -1 \end{bmatrix} \begin{bmatrix} -3 & 0 & 0 \\ 0 & -3 & 0 \\ 0 & 0 & -3 \end{bmatrix} = \begin{bmatrix} 3 & 0 & 0 \\ 0 & 1 & -1 \\ 0 & 0 & 3 \end{bmatrix}$$

方法2： 本题按方法1直接计算逆矩阵会很麻烦，可考虑进行变换化简，有：

$$(A-2I)^{-1}(A^2-4I) = (A-2I)^{-1}(A-2I)(A+2I) = A+2I = \begin{bmatrix} 3 & 0 & 0 \\ 0 & 1 & -1 \\ 0 & 0 & 3 \end{bmatrix}$$

答案： A

20. 解 本题考查特征值和特征向量的基本概念与性质。

求矩阵A的特征值

$$|A-\lambda I| = \begin{vmatrix} -\lambda & 0 & 1 \\ x & 1-\lambda & y \\ 1 & 0 & -\lambda \end{vmatrix} = -\lambda \begin{vmatrix} 1-\lambda & y \\ 0 & -\lambda \end{vmatrix} - 0 + 1 \begin{vmatrix} x & 1-\lambda \\ 1 & 0 \end{vmatrix}$$

$$= \lambda^2(1-\lambda) - (1-\lambda) = -(1+\lambda)(1-\lambda)^2 = 0$$

解得：$\lambda_1 = \lambda_2 = 1$，$\lambda_3 = -1$。

因为属于不同特征值的特征向量必定线性无关，故只需讨论$\lambda_1 = \lambda_2 = 1$时的特征向量，有：

$$A-I = \begin{bmatrix} -1 & 0 & 1 \\ x & 0 & y \\ 1 & 0 & -1 \end{bmatrix} \xrightarrow{r_1+r_3} \begin{bmatrix} 1 & 0 & -1 \\ x & 0 & y \\ 0 & 0 & 0 \end{bmatrix} \xrightarrow{-xr_1+r_2} \begin{bmatrix} 1 & 0 & -1 \\ 0 & 0 & x+y \\ 0 & 0 & 0 \end{bmatrix} \text{的秩为1，可得} x+y=0。$$

答案： A

21. 解 本题考查基础解系的基本性质。

$Ax = 0$的基础解系是所有解向量的最大线性无关组。根据已知条件，α_1，α_2，α_3是线性方程组$Ax = 0$的一个基础解系，故α_1，α_2，α_3线性无关，$Ax = 0$有三个线性无关的解向量，而选项A、D分别有两个和四个解向量，故错误。

由已知n维向量组α_1，α_2，α_3线性无关，易知向量组$\alpha_1+\alpha_2$，$\alpha_2+\alpha_3$，$\alpha_3+\alpha_1$线性无关，且每个向量$\alpha_1+\alpha_2$，$\alpha_2+\alpha_3$，$\alpha_3+\alpha_1$均为线性方程组$Ax = 0$的解，选项B正确。

选项C中，因$\alpha_1-\alpha_3 = (\alpha_1+\alpha_2) - (\alpha_2+\alpha_3)$，所以向量组线性相关，不满足基础解系的定义，故错误。

答案： B

22. 解 本题考查古典概型的概率计算。

已知不是黑球，缩减样本空间，只需考虑5个白球、3个黄球，则随机抽取黄球的概率是：

$$P = \frac{3}{5+3} = \frac{3}{8}$$

答案：B

23. 解 本题考查常见分布的期望和方差的概念。

已知 X 服从泊松分布：$X \sim P(\lambda)$，有 $\lambda = 3$，$E(X) = \lambda$，$D(X) = \lambda$，故 $\frac{D(X)}{E(X)} = \frac{3}{3} = 1$。

注：应掌握常见随机变量的期望和方差的基本公式。

答案：C

24. 解 本题考查样本方差和常用统计抽样分布的基本概念。

样本方差 $S^2 = \frac{1}{n-1} \sum\limits_{i=1}^{n} \left(X_i - \overline{X} \right)^2$，因为总体 $X \sim N(\mu, \sigma^2)$，有以下结论：

$\overline{X}$ 与 S^2 相互独立，且有 $\frac{(n-1)S^2}{\sigma^2} \sim \chi^2(n-1)$，则 $\sum\limits_{i=1}^{n} \frac{(X_i - \overline{X})^2}{\sigma^2} = \frac{(n-1)S^2}{\sigma^2} \sim \chi^2(n-1)$。

注：若将样本均值 $\overline{X}$ 改为正态分布的均值 μ，则有 $\sum\limits_{i=1}^{n} \frac{(X_i - \mu)^2}{\sigma^2} \sim \chi^2(n)$。

答案：D

25. 解 由理想气体状态方程 $pV = \frac{m}{M} RT$，可以得到理想气体的标准体积（摩尔体积），即在标准状态下（压强 $p_0 = 1\text{atm}$，温度 $T = 273.15\text{K}$），一摩尔任何理想气体的体积均为 22.4L。

答案：A

26. 解 $\overline{\lambda} = \frac{\overline{v}}{\overline{Z}} = \frac{kT}{\sqrt{2}\pi d^2 p}$，$\overline{v} = 1.6\sqrt{\frac{RT}{M}}$

等温膨胀过程温度不变，压强降低，$\overline{\lambda}$ 变大，而温度不变，$\overline{v}$ 不变，故 $\overline{Z}$ 变小。

答案：B

27. 解 由热力学第一定律 $Q = \Delta E + W$，知做功为零（$W = 0$）的过程为等体过程；内能减少，温度降低为等体降温过程。

答案：B

28. 解 卡诺正循环由两个准静态等温过程和两个准静态绝热过程组成。

由热力学第一定律 $Q = \Delta E + W$，绝热过程 $Q = 0$，两个绝热过程高低温热源温度相同，温差相等，内能差相同。一个过程为绝热膨胀，另一个过程为绝热压缩，$W_2 = -W_1$，一个内能增大，一个内能减小，$\Delta E_2 = -\Delta E_1$。热力学的功等于曲线下的面积，故 $S_1 = S_2$。

答案：B

29. 解 热机效率：$\eta = 1 - \frac{Q_2}{Q_1} = 1 - \frac{1.26 \times 10^2}{1.68 \times 10^2} = 25\%$

答案：A

30. 解 此题考查波动方程的基本关系。

$$y = A\cos(Bt - Cx) = A\cos B\left(t - \frac{x}{B/C}\right)$$

$$u = \frac{B}{C}, \quad \omega = B, \quad T = \frac{2\pi}{\omega} = \frac{2\pi}{B}$$

$$\lambda = u \cdot T = \frac{B}{C} \cdot \frac{2\pi}{B} = \frac{2\pi}{C}$$

答案：C

31. 解 由波动的能量特征得知：质点波动的动能与势能是同相的，动能与势能同时达到最大、最小。题目给出 A 点处媒质质元的振动动能在增大，则 A 点处媒质质元的振动势能也在增大，故选项 A 不正确；同样，由于 A 点处媒质质元的振动动能在增大，由此判定 A 点向平衡位置运动，波沿 x 负向传播，故选项 B 正确；此时 B 点向上运动，振动动能在增加，故选项 C 不正确；波的能量密度是随时间做周期性变化的，$w = \frac{\Delta w}{\Delta v} = \rho \omega^2 A^2 \sin^2\left[\omega\left(t - \frac{x}{u}\right)\right]$，故选项 D 不正确。

答案：B

32. 解 由波动的干涉特征得知：同一播音器初相位差为零。

$$\Delta\varphi = \alpha_2 - \alpha_1 - \frac{2\pi(r_2 - r_1)}{\lambda} = -\frac{2\pi \frac{\lambda}{2}}{\lambda} = \pi$$

相位差为 π 的奇数倍，为干涉相消点。

答案：B

33. 解 本题考查声波的多普勒效应公式。注意波源不动，$v_S = 0$，观察者远离波源运动，v_0 前取负号。设波速为 u，则：

$$v' = \frac{u - v_0}{u} v_0 = \frac{u - \frac{1}{2}u}{u} v_0 = \frac{1}{2} v_0$$

答案：C

34. 解 一束单色光通过折射率不同的两种媒质时，光的频率不变，波速改变，波长 $\lambda = uT = \frac{u}{v}$。

答案：B

35. 解 在单缝衍射中，若单缝处的波面恰好被分成偶数个半波带，屏上出现暗条纹。相邻半波带上任何两个对应点所发出的光，在暗条纹处的光程差为 $\frac{\lambda}{2}$，相位差为 π。

答案：A

36. 解 光栅衍射是单缝衍射和多缝干涉的和效果。当多缝干涉明纹与单缝衍射暗纹方向相同时，将出现缺级现象。

单缝衍射暗纹条件：$a \sin\phi = k\lambda$

光栅衍射明纹条件：$(a + b) \sin\phi = k'\lambda$

$$\frac{a \sin\phi}{(a+b) \sin\phi} = \frac{k\lambda}{k'\lambda} = \frac{1}{3}, \frac{2}{6}, \frac{3}{9}, \cdots$$

故 $a + b = 3a$

答案：B

37. 解 电离能可以衡量元素金属性的强弱，电子亲和能可以衡量元素非金属性的强弱，元素电负性可较全面地反映元素的金属性和非金属性强弱，离子极化力是指某离子使其他离子变形的能力。

答案：A

38. 解 分子间力包括色散力、诱导力、取向力。非极性分子和非极性分子之间只存在色散力，非极性分子和极性分子之间存在色散力和诱导力，极性分子和极性分子之间存在色散力、诱导力和取向力。题中，氢气、氮气、氧气、二氧化碳是非极性分子，二氧化硫、溴化氢和一氧化碳是极性分子。

答案：A

39. 解 在 $BaSO_4$ 饱和溶液中，存在 $BaSO_4 \rightleftharpoons Ba^{2+} + SO_4^{2-}$ 平衡，加入 Na_2SO_4，溶液中 SO_4^{2-} 浓度增加，平衡向左移动，Ba^{2+} 的浓度减小。

答案：B

40. 解 根据缓冲溶液pH值的计算公式：

$$pH = 14 - pK_b + \lg \frac{c_{碱}}{c_{盐}} = 14 + \lg 1.8 \times 10^{-5} + \lg \frac{0.1}{0.1} = 14 - 4.74 - 0 = 9.26$$

答案：B

41. 解 由物质的标准摩尔生成焓 $\Delta_f H_m^\Theta$ 和反应的标准摩尔反应焓变 $\Delta_r H_m^\Theta$ 定义可知，$HCl(g)$ 的 $\Delta_f H_m^\Theta$ 为反应 $\frac{1}{2} H_2(g) + \frac{1}{2} Cl_2(g) = HCl(g)$ 的 $\Delta_r H_m^\Theta$。反应 $H_2(g) + Cl_2(g) = 2HCl(g)$ 的 $\Delta_r H_m^\Theta$ 是反应 $\frac{1}{2} H_2(g) + \frac{1}{2} Cl_2(g) = HCl(g)$ 的 $\Delta_r H_m^\Theta$ 的2倍，即 $H_2(g) + Cl_2(g) = 2HCl(g)$ 的 $\Delta_r H_m^\Theta = 2 \times (-92) = -184 kJ \cdot mol^{-1}$。

答案：C

42. 解 对于指定反应，平衡常数 K^Θ 的值只是温度的函数，与参与平衡的物质的量、浓度、压强等无关。

答案：C

43. 解 原电池 $(-)Fe \mid Fe^2 + (1.0 mol \cdot L^{-1}) \| Fe^3 + (1.0 mol \cdot L^{-1})$，$Fe^2 + (1.0 mol \cdot L^{-1}) \mid Pt(+)$ 的电动势

$$E^\Theta = E^\Theta(Fe^{3+}/Fe^{2+}) - E^\Theta(Fe^{2+}/Fe) = 0.771 - (-0.44) = 1.211V$$

两个半电池中均加入 NaOH 后，Fe^{3+}、Fe^{2+} 的浓度：

$$c_{Fe^{3+}} = \frac{K_{sp}^\Theta(Fe(OH)_3)}{(c_{OH^-})^3} = \frac{2.79 \times 10^{-39}}{1.0^3} = 2.79 \times 10^{-39} \, mol \cdot L^{-1}$$

$$c_{Fe^{2+}} = \frac{K_{sp}^\Theta(Fe(OH)_2)}{(c_{OH^-})^2} = \frac{4.87 \times 10^{-17}}{1.0^2} = 4.87 \times 10^{-17} mol \cdot L^{-1}$$

根据能斯特方程式，正极电极电势：

$$E(\text{Fe}^{3+}/\text{Fe}^{2+}) = E^{\Theta}(\text{Fe}^{3+}/\text{Fe}^{2+}) + \frac{0.0592}{1}\lg\frac{c_{\text{Fe}^{3+}}}{c_{\text{Fe}^{2+}}} = 0.771 + 0.0592 \times \lg\frac{2.79 \times 10^{-39}}{4.87 \times 10^{-17}} = -0.546\text{V}$$

负极电极电势：

$$E(\text{Fe}^{2+}/\text{Fe}) = E^{\Theta}(\text{Fe}^{2+}/\text{Fe}) + \frac{0.0592}{2}\lg c_{\text{Fe}^{2+}} = 0.44 + \frac{0.0592}{2}\lg 4.87 \times 10^{-17} = -0.0428\text{V}$$

则电动势 $E = E(\text{Fe}^{3+}/\text{Fe}^{2+}) - E(\text{Fe}^{2+}/\text{Fe}) = -0.503\text{V}$

答案：B

44. 解 烯烃和炔烃都可以与溴水反应使溴水褪色，烷烃和苯不与溴水反应。选项 A 中 1-己烯可以使溴水褪色，而己烷不能使溴水褪色。

答案：A

45. 解 尼泊金丁酯是由对羟基苯甲酸的羧基与丁醇的羟基发生酯化反应生成的。

答案：C

46. 解 该高分子化合物由单体 $CH_2=CHCl$ 通过加聚反应形成的。

答案：B

47. 解 根据平面任意力系独立平衡方程组的条件，三个平衡方程中，选项 A 不满足三个矩心不共线的三矩式要求，选项 B、D 不满足两矩心连线不垂直于投影轴的二矩式要求。

答案：C

48. 解 三个力合成后可形成自行封闭的三角形，说明此力系主矢为零；将三力对 A 点取矩，F_1、F_3 对 A 点的力矩为零，F_2 对 A 点的力矩不为零，说明力系的主矩不为零。根据力系简化结果的分析，主矢为零，主矩不为零，力系可简化为一合力偶。

答案：C

49. 解 以整体为研究对象，其受力如解图所示。

列平衡方程：$\sum M_B = 0$，$F_C \cdot 1 - M = 0$

代入数值得：$F_C = 1\text{kN}$（水平向右）

答案：D

题 49 解图

50. 解 根据零杆的判断方法，凡是三杆铰接的节点上，有两根杆在同一直线上，那么第三根不在这条直线上的杆必为零杆。先分析节点 I，知 DI 杆为零杆，再分析节点 D，此时 D 节点实际铰接的是 CD、DE 和 DH 三杆，由此可判断 DH 杆内力为零。

答案：D

51. 解 $t = 0$ 时，$x = 2\text{m}$，点在运动过程中其速度 $v = \dfrac{\text{d}x}{\text{d}t} = 3t^2 - 12$。即当 $0 < t < 2\text{s}$ 时，点的运

动方向是x轴的负方向；当$t=2$s时，点的速度为零，此时$x=-14$m；当$t>2$s时，点的运动方向是x轴的正方向；当$t=3$s时，$x=-7$m。所以点经过的路程是：$2+14+7=23$m。

答案：A

52. 解 四连杆机构在运动过程中，O_1A、O_2B杆为定轴转动刚体，AB杆为平行移动刚体。根据平行移动刚体的运动特性，其上各点有相同的速度和加速度，所以有：

$$v_A = r\omega = v_M, \quad a_A^n = r\omega^2 = a_M^n$$

答案：C

53. 解 定轴转动刚体上一点的速度、加速度与转动角速度、角加速度的关系为：

$$v_B = OB \cdot \omega = 50 \times 2 = 100\text{cm/s}, \quad a_B^t = OB \cdot \alpha = 50 \times 5 = 250\text{cm/s}^2$$

答案：A

54. 解 物块围绕y轴做匀速圆周运动，其加速度为指向y轴的法向加速度a_n，其运动及受力分析如解图所示。

根据质点运动微分方程$m\boldsymbol{a}=\boldsymbol{F}$，将方程沿着斜面方向投影有：

$$\frac{W}{g}a_n\cos 30° = F_T - W\sin 30°$$

将$a_n = \omega^2 l\cos 30°$代入，解得：$F_T = 6 + 5 = 11$N

答案：A

题54解图

55. 解 根据刚体动量的定义：$p = mv_c = \dfrac{1}{2}ml\omega\sin\alpha$（其中$v_C = \dfrac{1}{2}l\omega\sin\alpha$）

答案：B

56. 解 根据动能定理，$T_2 - T_1 = W_{12}$。杆初始水平位置和运动到铅直位置时的动能分别为：$T_1 = 0$，$T_2 = \dfrac{1}{2}\cdot\dfrac{1}{3}ml^2\omega^2$，运动过程中重力所做之功为：$W_{12} = mg\dfrac{1}{2}l$，代入动能定理，可得：$\dfrac{1}{6}ml^2\omega^2 - 0 = \dfrac{l}{2}mg$，则$\omega = \sqrt{\dfrac{3g}{l}}$。

答案：B

57. 解 施加于轮的附加动反力$m\boldsymbol{a}_c$是由惯性力引起的约束力，大小与惯性力大小相同，其中$a_c = \dfrac{1}{2}R\omega^2$，方向与惯性力方向相反。

答案：C

58. 解 根据系统固有圆频率公式：$\omega_0 = \sqrt{\dfrac{k}{m}}$。系统中$k_2$和$k_3$并联，等效弹簧刚度$k_{23} = k_2 + k_3$；$k_1$和$k_{23}$串联，所以$\dfrac{1}{k_{123}} = \dfrac{1}{k_1} + \dfrac{1}{k_2+k_3}$；$k_4$和$k_{123}$并联，故系统总的等效弹簧刚度为$k = k_4 + (\dfrac{1}{k_1} + \dfrac{1}{k_2+k_3})^{-1} = 19600 + 4900 = 24500$N/m，代入固有圆频率的公式，可得：$\omega_0 = 22.1$rad/s。

答案：B

59. 解　铸铁的力学性能中抗拉能力最差，在扭转试验中沿$45°$最大拉应力的截面破坏就是明证，故①不正确；而铸铁的压缩强度比拉伸强度高得多，所以②正确。

答案：B

60. 解　由于左端D固定没有位移，所以C截面的轴向位移就等于CD段的伸长量$\Delta l_{CD} = \frac{F \cdot \frac{l}{2}}{EA}$。

答案：C

61. 解　此题挤压力是F，计算挤压面积是db，根据挤压强度条件：$\frac{P_{bs}}{A_{bs}} = \frac{F}{db} \leqslant [\sigma_{bs}]$，可得：$d \geqslant \frac{F}{b[\sigma_{bs}]}$。

答案：A

62. 解　根据该轴的外力和反力可得其扭矩图如解图所示：

故 $\varphi_{DA} = \varphi_{DC} + \varphi_{CB} + \varphi_{BA} = \frac{ml}{GI_p} + 0 - \frac{ml}{GI_p} = 0$

$\varphi_{DB} = \varphi_{DC} + \varphi_{CB} = \varphi_{DC} + 0$

答案：B

题 62 解图

63. 解　$I_z = \frac{a^4}{12} - \frac{\pi d^4}{64}$，$W_z = \frac{I_z}{a/2} = \frac{a^3}{6} - \frac{\pi d^4}{32a}$

答案：C

64. 解　对称结构梁在反对称荷载作用下，其弯矩图是反对称的，其剪力图是对称的。在对称轴C截面上，弯矩为零，剪力不为零，是$-\frac{F}{2}$。

答案：C

65. 解　根据"突变规律"可知，在集中力偶作用的截面上，左右两侧的弯矩将产生突变，所以若集中力偶m在梁上移动，则梁的弯矩图将改变，而剪力图不变。

答案：C

66. 解　由受力分析可知，A点的支座反力为0，B点的支座反力为2P，所以左边第一段梁没有弯矩作用，梁的轴线是直线。四个选项中只有D满足这个条件，故只能选D。

答案：D

67. 解　等截面轴向拉伸杆件中只能产生单向拉伸的应力状态，在各个方向的截面上应力可以不同，但是主应力状态都归结为单向应力状态。

答案：C

68. 解　最大拉应力理论就是第一强度理论，其相当应力就是σ_1，故选A。

答案：A

69. 解　把作用在角点的偏心压力F，经过两次平移，平移到杆的轴线方向，形成一轴向压缩和两个平面弯曲的组合变形，其最大压应力的绝对值为：

$$|\sigma_{\max}^-| = \frac{F}{a^2} + \frac{M_z}{W_z} + \frac{M_y}{W_y}$$

$$= \frac{250 \times 10^3 \text{N}}{100^2 \text{mm}^2} + \frac{250 \times 10^3 \times 50 \text{N} \cdot \text{mm}}{\frac{1}{6} \times 100^3 \text{mm}^3} + \frac{250 \times 10^3 \text{N} \times 50 \text{mm}}{\frac{1}{6} \times 100^3 \text{mm}^3}$$

$$= 25 + 75 + 75 = 175 \text{MPa}$$

答案：C

70. 解 由临界荷载的公式 $F_{\mathrm{cr}} = \dfrac{\pi^2 EI}{(\mu l)^2}$ 可知，当抗弯刚度相同时，μl 越小，临界荷载越大。

图（A）是两端铰支：$\mu l = 1 \times 5 = 5$

图（B）是一端铰支、一端固定：$\mu l = 0.7 \times 7 = 4.9$

图（C）是两端固定：$\mu l = 0.5 \times 9 = 4.5$

图（D）是一端固定、一端自由：$\mu l = 2 \times 2 = 4$

所以图（D）的 μl 最小，临界荷载最大。

答案：D

71. 解 平板形心处的压强为 $p_{\mathrm{c}} = \rho g h_{\mathrm{c}}$，而平板形心处垂直水深 $h_{\mathrm{c}} = h \sin \theta$，因此，平板受到的静水压力 $P = p_{\mathrm{c}} A = \rho g h_{\mathrm{c}} A = \rho g h A \sin \theta$。

答案：A

72. 解 流体的黏性是指流体在运动状态下有抵抗剪切变形并在内部产生切应力的性质。流体的黏性来源于流体分子之间的内聚力和相邻流动层之间的动量交换，黏性的大小与温度有关。根据牛顿内摩擦定律，切应力与速度梯度的 n 次方成正比，而牛顿流体的切应力与速度梯度成正比，流体的动力黏性系数是单位速度梯度所需的切应力。

答案：D

73. 解 根据已知条件，$v_x = 5 \times 1^3 = 5 \text{m/s}$，$v_y = -15 \times 1^2 \times 2 = 30 \text{m/s}$，从而，$v = \sqrt{v_x^2 + v_y^2} = \sqrt{5^2 + (-30)^2} = 30.41 \text{m/s}$，如解图所示。

$$\tan \theta = \frac{v_y}{v_x} = \frac{-15x^2 y}{5x^3} = \frac{-3y}{x} = \frac{-3 \times 2}{1} = -6$$

答案：C

题 73 解图

74. 解 圆管有压流动中，若用水力直径表征层流与紊流的临界雷诺数 Re，则 Re =2000～2320；若用水力半径表征临界雷诺数 Re，则 Re =500～580。

答案：A

75. 解 对于并联管路，A、B 两节点之间的水头损失等于各支路的水头损失，流量等于各支路的流量之和：$h_{\mathrm{fAB}} = h_{\mathrm{f1}} = h_{\mathrm{f2}} = h_{\mathrm{f3}}$，$Q_{\mathrm{AB}} = Q_1 + Q_2 + Q_3$

对于串联管路，$h_{\mathrm{fAB}} = h_{\mathrm{f1}} + h_{\mathrm{f2}} + h_{\mathrm{f3}}$，$Q_{\mathrm{AB}} = Q_1 = Q_2 = Q_3$

无论是并联管路，还是串联管路，总的功率损失均为：

$$N_{AB} = N_1 + N_2 + N_3 = \rho g Q_1 h_{f1} + \rho g Q_2 h_{f2} + \rho g Q_3 h_{f3}$$

答案：D

76.解 明渠均匀流动的形成条件是：流动恒定，流量沿程不变；渠道是长直棱柱形顺坡（正坡）渠道；渠道表面粗糙系数沿程不变；渠道沿程流动无局部干扰。

答案：B

77.解 工程上常见的地下水运动，大多是在底宽很大的不透水层基底上的重力流动，流线簇近乎于平行的直线，属于无压恒定渐变渗流。

答案：B

78.解 模型在风洞中用空气进行试验，则黏滞阻力为其主要作用力，应按雷诺准则进行模型设计，即

$$(\mathrm{Re})_p = (\mathrm{Re})_m \quad \text{或} \quad \frac{\lambda_v \lambda_L}{\lambda_v} = 1$$

因为模型与原型都是使用空气，假定空气温度也相同，则可以认为运动黏度 $\nu_p = \nu_m$

所以，$\lambda_v = 1$，$\lambda_v \lambda_L = 1$

已知汽车原型最大速度 $\nu_p = 108 \mathrm{km/h} = 30 \mathrm{m/s}$，模型最大风速 $\nu_m = 45 \mathrm{m/s}$

于是，线性比尺为 $\lambda_L = \frac{1}{\lambda_v} = \frac{1}{\nu_p/\nu_m} = \frac{\nu_m}{\nu_p} = \frac{45}{30} = 1.5$

面积比尺为 $\lambda_A = \lambda_L^2 = 1.5^2 = 2.25$

已知汽车迎风面积 $A_p = 1.5 \mathrm{m}^2$，$\lambda_A = A_p/A_m$，可求得模型的迎风面积为：

$$A_m = \frac{A_p}{\lambda_A} = \frac{1.5}{2.25} = 0.667 \mathrm{m}^2$$

答案：A

79.解 洛伦兹力是运动电荷在磁场中所受的力。这个力既适用于宏观电荷，也适用于微观电荷粒子。电流元在磁场中所受安培力就是其中运动电荷所受洛伦兹力的宏观表现。

库仑力指在真空中两个静止的点电荷之间的作用力。

电场力是指电荷之间的相互作用，只要有电荷存在就会有电场力。

安培力是通电导线在磁场中受到的作用力。

答案：B

80.解 首先假设 12V 电压源的负极为参考点位点，计算a、b点位：

$U_a = 5 \mathrm{V}$，$U_b = 12 - 4 = 8 \mathrm{V}$，故 $U_{ab} = U_a - U_b = -3 \mathrm{V}$

答案：D

81. 解 当电压源单独作用时，电流源断路，电阻R_2与R_1串联分压，R_2与R_1的数值关系为：

$$\frac{U'}{100} = \frac{R_2}{R_1 + R_2} = \frac{20}{100} = \frac{1}{4+1} ; \quad R_2 = R_1/4$$

电流源单独作用时，电压源短路，电阻R_2压电压U''为：

$$U'' = -2 \frac{R_1 \cdot R_2}{R_1 + R_2} = -0.4R_1$$

答案：D

82. 解 $Z_1 = R + j\omega L + \frac{1}{j\omega C} = R + j\left(\omega L - \frac{1}{\omega C}\right) = R$

$$\frac{1}{Z_2} = \frac{1}{R} + \frac{1}{j\omega L} + \frac{1}{\frac{1}{j\omega C}} = \frac{1}{R}$$

$Z_1 = Z_2 = R$

答案：D

83. 解 已知$Z = R + j\omega L = 100 + j100\Omega$

当$u = U_m \sin 2\omega t$，频率增加时$\omega' = 2\omega$

感抗随之增加：$Z' = R + j\omega'$，$L = 100 + j200\Omega$

功率因数：$\lambda = \frac{R}{|Z'|} = \frac{100}{\sqrt{100^2 + 200^2}} = 0.447$

答案：D

84. 解 由于电感及电容元件上没有初始储能，可以确定$t = 0_-$时：

$$i_{L(0-)} = 0A, \quad u_{C(0-)} = 0V$$

$t = 0_+$时，利用储能元件的换路定则，可知

$$i_{L(0+)} = i_{L(0-)} = 0A, \quad u_{C(0+)} = u_{C(0-)} = 0V$$

两条电阻通道电压为零、电流为零。

$$i_{R(0+)} = 0A, \quad i_{C(0+)} = 2 - i_{R(0+)} - i_{R(0+)} - i_{L(0+)} = 2A$$

答案：C

85. 解 变压器原边等效负载：$R'_L = k^2 R_{L副}$

变压器原边电压：$U_1 = \frac{UR'_L}{R + R'_L} = \frac{U}{\frac{R}{R'_L} + 1}$

当S闭合：$R_{L副}$减小，R'_L减小，所以U_1减小，$U_2 = U_1/k$也减小。

答案：B

86. 解 三相异步电动机的转动方向与定子绕组电流产生的旋转磁场的方向一致，那么改变三相电源的相序就可以改变电动机旋转磁场的方向。改变电源的大小、对定子绕组接法进行Y-△转换以及改变

转子绕组上电流的方向都不会变化三相异步电动机的转动方向。

答案：B

87. 解 数字信号是一种代码信号，不是时间信号，也不仅用来表示数字的大小。数字信号幅度的取值是离散的，被限制在有限个数值之内，不能直接表示对象的原始信息。

答案：C

88. 解 周期信号频谱是离散频谱，其幅度频谱的幅值随着谐波次数的增高而减小；而非周期信号的频谱是连续频谱。图 a）和图 b）所示 $u_1(t)$ 和 $u_2(t)$ 的幅值频谱均是连续频谱，所以 $u_1(t)$ 和 $u_2(t)$ 都是非周期性时间信号。

答案：A

89. 解 从周期信号 $u(t)$ 的幅频特性图 a）可见，其频率范围均在低通滤波器图 b）的通频段以内，这个区间放大倍数相同，各个频率分量得到同样的放大，则该信号通过这个低通滤波以后，其结构和波形的形状不会变化。

答案：C

90. 解 $ABC + \overline{A}D + \overline{B}D + \overline{C}D = ABC + (\overline{A} + \overline{B} + \overline{C})D = ABC + \overline{ABC}D = ABC + D$

这里利用了逻辑代数的反演定理和部分吸收关系，即：$A + \overline{A}B = A + B$

答案：D

91. 解 数字信号 $F = \overline{A}B + A\overline{B}$ 为异或门关系，信号 A、B 相同为 0，相异为 1，分析波形如解图所示，结果与选项 C 一致。

题 91 解图

答案：C

92. 解 本题是利用函数的最小项关系表达。从真值表写出逻辑表达式主要有三个步骤：首先，写出真值表中对应 F = 1 的输入变量 A、B、C 组合；然后，将输入量写成与逻辑关系（输入变量取值为 1 的写原变量，取值为 0 的写反变量）；最后将函数 F 用或逻辑表达：$F = A\overline{B}\overline{C} + ABC$。

答案：D

93. 解 该电路是二极管半波整流电路。

当 $u_i > 0$ 时，二极管导通，$u_o = u_i$；

当 $u_i < 0$ 时，二极管 D 截止，$u_o = 0V$。

输出电压U_o的平均值可用下面公式计算：

$$U_o = 0.45U_i = 0.45\frac{10}{\sqrt{2}} = 3.18V$$

答案：C

94. 解　该电路为运算放大器构成的电压比较电路，分析过程如解图所示。

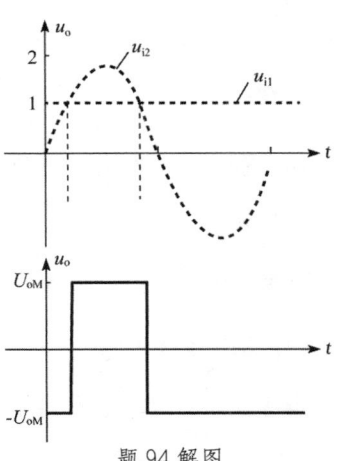

当$u_{i1} > u_{i2}$时，$u_o = -U_{oM}$；

当$u_{i1} < u_{i2}$时，$u_o = +U_{oM}$。

结果与选项 A 一致。

答案：A

题94解图

95. 解　写出输出端的逻辑关系式为：

与门　　$F_1 = A \cdot 1 = A$

或非门　$F_2 = \overline{B + 1} = \overline{1} = 0$

答案：C

96. 解　数据由 D 端输入，各触发器的Q端输出数据。在时钟脉冲CP的作用下，根据触发器的关系$Q_{n+1} = D_n$分析。

假设：清零后Q_2、Q_1、Q_0均为零状态，右侧 D 端待输入数据为D_2、D_1、D_0，在时钟脉冲CP作用下，各输出端Q的关系列解表说明，可见数据输出顺序向左移动，因此该电路是三位左移寄存器。

题96解表

CP	Q_2	Q_1	Q_0
0	0	0	0
1	0	0	D_2
2	0	D_2	D_1
3	D_2	D_1	D_0

答案：C

97. 解　个人计算机（Personal Computer），简称PC，指在大小、性能以及价位等多个方面适合于个人使用，并由最终用户直接操控的计算机的统称。它由硬件系统和软件系统组成，是一种能独立运行，完成特定功能的设备。台式机、笔记本电脑、平板电脑等均属于个人计算机的范畴，属于微型、通用计算机。

答案：C

98. 解　微机常用的外存储器通常是磁性介质或光盘，像硬盘、软盘、光盘和 U 盘等，能长期保存信息，并且不依赖于电来保存信息，但是由机械部件带动，速度与 CPU 相比就显得慢的多。在老式微机中使用软盘。

答案：A

99. 解 通常是将软件分为系统软件和应用软件两大类。系统软件是生成、准备和执行其他程序所需要的一组程序。应用软件是专业人员为各种应用目的而编制的程序。

答案：C

100. 解 支撑软件是指支撑其他软件的编写制作和维护的软件。主要包括环境数据库、各种接口软件和工具软件。三者形成支撑软件的整体，协同支撑其他软件的编制。

答案：B

101. 解 信息的主要特征表现为：①信息的可识别性；②信息的可变性；③信息的流动性和可存储性；④信息的可处理性和再生性；⑤信息的有效性和无效性；⑥信息的属性和使用性。

答案：A

102. 解 点阵中行数和列数的乘积称为图像的分辨率。例如，若一个图像的点阵总共有 480 行，每行 640 个点，则该图像的分辨率为 $640 \times 480 = 307200$ 个像素。

答案：D

103. 解 计算机病毒是指编制或者在计算机程序中插入的破坏计算机功能和破坏计算机中的数据，影响计算机使用并且能够自我复制的一组计算机指令或者程序代码，只要满足某种条件即可起到破坏作用，严重威胁着计算机信息系统的安全。

答案：B

104. 解 计算机操作系统的存储管理功能主要有：①分段存储管理；②分页存储管理；③分段分页存储管理；④虚拟存储管理。

答案：D

105. 解 网络协议主要由语法、语义和同步（定时）三个要素组成。语法是数据与控制信息的结构或格式。语义是定义数据格式中每一个字段的含义。同步是收发双方或多方在收发时间和速度上的严格匹配，即事件实现顺序的详细说明。

答案：C

106. 解 按照数据交换的功能将网络分类，常用的交换方法有电路交换、报文交换和分组交换。电路交换方式是在用户开始通信前，先申请建立一条从发送端到接收端的物理信道，并且在双方通信期间始终占用该信道。报文交换是一种数字化交换方式。分组交换也采用报文传输，但它不是以不定长的报文做传输的基本单位，而是将一个长的报文划分为许多定长的报文分组，以分组作为传输的基本单位。

答案：D

107. 解 根据等额支付资金回收公式（已知 P 求 A）：

$$A = P\left[\frac{i(1+i)^n}{(1+i)^n-1}\right] = 1000 \times \left[\frac{8\%(1+8\%)^5}{(1+8\%)^5-1}\right] = 1000 \times 0.25046 = 250.46 \text{ 万元}$$

或根据题目给出的已知条件 $(P/A, 8\%, 5) = 3.9927$ 计算：

$$1000 = A(P/A, 8\%, 5) = 3.9927A$$

$$A = 1000/3.9927 = 250.46 \text{万元}$$

答案：B

108. 解 建设投资中各分项分别形成固定资产原值、无形资产原值和其他资产原值。按现行规定，建设期利息应计入固定资产原值。

答案：A

109. 解 优先股的股份持有人优先于普通股股东分配公司利润和剩余财产，但参与公司决策管理等权利受到限制。公司清算时，剩余财产先分给债权人，再分给优先股股东，最后分给普通股股东。

答案：D

110. 解 利息备付率从付息资金来源的充裕性角度反映企业偿付债务利息的能力,表示企业使用息税前利润偿付利息的保证倍率。利息备付率高,说明利息支付的保证度大,偿债风险小。正常情况下，利息备付率应当大于1，利息备付率小于1表示企业的付息能力保障程度不足。另一个偿债能力指标是偿债备付率，表示企业可用于还本付息的资金偿还借款本息的保证倍率，正常情况应大于1；小于1表示企业当年资金来源不足以偿还当期债务，需要通过短期借款偿付已到期债务。

答案：D

111. 解 注意题干问的是该项目的净年值。等额资金回收系数与等额资金现值系数互为倒数：

等额资金回收系数：$(A/P, i, n) = \frac{i(1+i)^n}{(1+i)^n-1}$

等额资金现值系数：$(P/A, i, n) = \frac{(1+i)^n-1}{i(1+i)^n}$

所以 $(A/P, i, n) = \frac{1}{(P/A, i, n)}$

方法 1：该项目的净年值 $\text{NAV} = -1000(A/P, 12\%, 10) + 200$

$$= -1000/(P/A, 12\%, 10) + 200$$

$$= -1000/5.6502 + 200 = 23.02 \text{ 万元}$$

方法 2：该项目的净现值 $\text{NPV} = -1000 + 200 \times (P/A, 12\%, 10)$

$$= -1000 + 200 \times 5.6502 = 130.04 \text{ 万元}$$

该项目的净年值为：$\text{NAV} = \text{NPV}(A/P, 12\%, 10) = \text{NPV}/(P/A, 12\%, 10)$

$$= 130.04/5.6502 = 23.02 \text{ 万元}$$

答案：B

112. 解 线性盈亏平衡分析的基本假设有：①产量等于销量；②在一定范围内产量变化，单位可变成本不变，总生产成本是产量的线性函数；③在一定范围内产量变化，销售单价不变，销售收入是销售量的线性函数；④仅生产单一产品或生产的多种产品可换算成单一产品计算。

答案：D

113. 解 独立的投资方案是否可行，取决于方案自身的经济性。可根据净现值判定项目的可行性。

甲项目的净现值：

$$NPV_甲 = -300 + 52(P/A, 10\%, 10) = -300 + 52 \times 6.1446 = 19.52 \text{ 万元}$$

$NPV_甲 > 0$，故甲方案可行。

乙项目的净现值：

$$NPV_乙 = -200 + 30(P/A, 10\%, 10) = -200 + 30 \times 6.1446 = -15.66 \text{ 万元}$$

$NPV_乙 < 0$，故乙方案不可行。

答案：A

114. 解 价值工程的一般工作程序包括准备阶段、功能分析阶段、创新阶段和实施阶段。功能分析阶段包括的工作有收集整理信息资料、功能系统分析、功能评价。

答案：B

115. 解 《中华人民共和国建筑法》第十四条规定，从事建筑活动的专业技术人员，应当依法取得相应应的执业资格证书，并在执业资格证书许可的范围内从事建筑活动。

答案：A

116. 解 《中华人民共和国安全生产法》第四十条规定，生产经营单位对重大危险源应当登记建档，进行定期检测、评估、监控，并制定应急预案，告知从业人员和相关人员在紧急情况下应当采取的应急措施。

答案：A

117. 解 《中华人民共和国招标投标法》第十六条规定，招标人采用公开招标方式的，应当发布招标公告。依法必须进行招标的项目的招标公告，应当通过国家指定的报刊、信息网络或者其他媒介发布。招标公告应当载明招标人的名称和地址，招标项目的性质、数量、实施地点和时间以及获取招标文件的办法等事项。

答案：D

118. 解 选项 B 乙施工单位不买，选项 C 丙施工单位不同意价格，选项 D 丁施工单位回复过期，承诺均为无效，只有选项 A 甲施工单位的回复属承诺有效。

答案：A

119. 解 《中华人民共和国节约能源法》第三条规定，本法所称节约能源（以下简称节能），是指加强用能管理，采取技术上可行、经济上合理以及环境和社会可以承受的措施，从能源生产到消费的各个环节，降低消耗、减少损失和污染物排放、制止浪费，有效、合理地利用能源。

答案：A

120. 解 《建筑工程质量管理条例》第三十条规定，施工单位必须建立、健全施工质量的检验制度，严格工序管理，做好隐蔽工程的质量检查和记录。隐蔽工程在隐蔽前，施工单位应当通知建设单位和建设工程质量监督机构。

答案：B

2022 年度全国勘察设计注册工程师执业资格考试基础考试（上）
试题解析及参考答案

1. 解 本题考查函数极限的基本运算。

由于 $\lim\limits_{x\to 0^+}\frac{1}{x}=+\infty$，$\lim\limits_{x\to 0^-}\frac{1}{x}=-\infty$，所以 $\lim\limits_{x\to 0^+}2^{\frac{1}{x}}=+\infty$，$\lim\limits_{x\to 0^-}2^{\frac{1}{x}}=0$，可得 $\lim\limits_{x\to 0}2^{\frac{1}{x}}$ 不存在，故选项 A 和 B 错误。

当 $x\to 0$ 时，有 $\frac{1}{x}\to\infty$，则 $\sin\frac{1}{x}$ 的值在 $[-1,1]$ 震荡，极限不存在，故选项 C 错误。

当 $x\to\infty$ 时，即 $\lim\limits_{x\to\infty}\frac{1}{x}=0$，又 $\sin x$ 为有界函数，即 $|\sin x|\leqslant 1$，根据无穷小和有界函数的乘积为无穷小，可得 $\lim\limits_{x\to\infty}\frac{\sin x}{x}=0$，选项 D 正确。

答案：D

2. 解 本题考查函数极限的基本运算。

$$\lim_{x\to\infty}\frac{x^2+1}{x+1}-ax-b=\lim_{x\to\infty}\frac{x^2+1-(ax+b)(x+1)}{x+1}$$
$$=\lim_{x\to\infty}\frac{(1-a)x^2-(a+b)x+1-b}{x+1}\xrightarrow{\text{分子分母同时除以变量}x}$$
$$\lim_{x\to\infty}\frac{(1-a)x-(a+b)+\frac{1-b}{x}}{1+\frac{1}{x}}=\infty$$

由于 $\lim\limits_{x\to\infty}\frac{1}{x}=0$，若使得 $\lim\limits_{x\to\infty}\frac{(1-a)x-(a+b)+\frac{1-b}{x}}{1+\frac{1}{x}}=\infty$，则仅需要 x 的系数不得为零，故可得 $a\neq 1$，b 为任意常数。

答案：D

3. 解 本题考查函数的导数及导数的几何意义。

根据导数的几何意义，$y'(-\frac{1}{2})$ 为抛物线 $y=x^2$ 上点 $(-\frac{1}{2},\frac{1}{4})$ 处切线的斜率，即 $\tan\alpha=y'(-\frac{1}{2})=2x|_{x=-\frac{1}{2}}=-1$，其中 α 为切线与 ox 轴正向夹角，所以切线与 ox 轴正向夹角为 $\frac{3\pi}{4}$。

答案：C

4. 解 本题考查函数的求导法则。

$y'=\frac{2x}{1+x^2}$，则 $y''=\left(\frac{2x}{1+x^2}\right)'=\frac{2(1+x^2)-2x\cdot 2x}{(1+x^2)^2}=\frac{2(1-x^2)}{(1+x^2)^2}$。

答案：B

5. 解 本题考查拉格朗日中值定理所满足的条件。

拉格朗日中值定理所满足的条件是 $f(x)$ 在闭区间 $[a,b]$ 连续，在开区间 (a,b) 可导。

选项 A：$y=\ln x$ 在区间 $[1,2]$ 连续，$y'=\frac{1}{x}$ 在开区间 $(1,2)$ 存在，即 $y=\ln x$ 在开区间 $(1,2)$ 可导。

选项 B：$y=\frac{1}{\ln x}$ 在 $x=1$ 处，不存在，不满足右连续的条件。

选项 C：$y=\ln(\ln x)$ 在 $x=1$ 处，不存在，不满足右连续的条件。

选项 D：$y = \ln(2-x)$ 在 $x = 2$ 处，不存在，不满足左连续的条件。

答案：A

6.解 本题考查极值的计算。

函数 $f(x) = \frac{x^2 - 2x - 2}{x+1}$ 的定义域为 $(-\infty, -1) \cup (-1, +\infty)$

$f'(x) = \frac{(2x-2)(x+1) - (x^2 - 2x - 2)}{(x+1)^2} = \frac{x(x+2)}{(x+1)^2}$，令 $f'(x) = 0$，得驻点 $x = -2, x = 0$。列解表：

题 6 解表

x	$(-\infty, -2)$	-2	$(-2, -1)$	-1	$(-1, 0)$	0	$(0, +\infty)$
$f'(x)$	$+$	0	$-$	不存在	$-$	0	$+$
$f(x)$	单调递增	极大值 $f(-2) = -6$	单调递减	无定义	单调递减	极小值 $f(0) = -2$	单调递增

由于 $\lim\limits_{x \to -\infty} f(x) = -\infty$；$\lim\limits_{x \to +\infty} f(x) = +\infty$，故 $f(0) = -2$ 是 $f(x)$ 的极小值，但不是最小值，选项 C 正确。

除了上述列表，本题还可以计算如下：

$$f''(x) = \frac{(2x+2)(x+1)^2 - (x^2 + 2x)(2x+2)}{(x+1)^4} = \frac{2}{(x+1)^3}$$

$f''(0) > 0$，为极小值点；

$f(-2) = -6$，小于 $f(0)$，故不是最小值。

答案：C

7.解 本题考查不定积分的概念。

由已知 $f'(x) = g'(x)$，等式两边积分可得 $\int f'(x) \mathrm{d}x = \int g'(x) \mathrm{d}x$，选项 D 正确。

积分后得到 $f(x) = g(x) + C$，其中 C 为任意常数，即导函数相等，原函数不一定相等，两者之间相差一个常数，故可知选项 A、B、C 错误。

答案：D

8.解 本题考查定积分的计算方法。

方法 1：$\int_0^1 \frac{x^3}{\sqrt{1+x^2}} \mathrm{d}x = \frac{1}{2} \int_0^1 \frac{x^2}{\sqrt{1+x^2}} \mathrm{d}x^2$

令 $u = 1 + x^2$，$\mathrm{d}u = 2x\mathrm{d}x$。当 $x = 0$ 时，$u = 1$；当 $x = 1$ 时，$u = 2$。则

$$\frac{1}{2} \int_0^1 \frac{x^2}{\sqrt{1+x^2}} \mathrm{d}x^2 = \frac{1}{2} \int_1^2 \left(\sqrt{u} - \frac{1}{\sqrt{u}} \right) \mathrm{d}u = \frac{1}{2} \left(\frac{2}{3} u^{\frac{3}{2}} - 2\sqrt{u} \right) \Big|_1^2 = \frac{1}{3}(2 - \sqrt{2})$$

方法 2：

$$\int_0^1 \frac{x^3}{\sqrt{1+x^2}} \mathrm{d}x = \frac{1}{2} \int_0^1 \frac{x^2}{\sqrt{1+x^2}} \mathrm{d}(1+x^2) = \frac{1}{2} \int_0^1 \frac{(1+x^2) - 1}{\sqrt{1+x^2}} \mathrm{d}(1+x^2)$$
$$= \frac{1}{2} \left[\int_0^1 \sqrt{1+x^2} \mathrm{d}(1+x^2) - \int_0^1 \frac{1}{\sqrt{1+x^2}} \mathrm{d}(1+x^2) \right]$$
$$= \frac{1}{2} \left[\frac{2}{3}(1+x^2)^{\frac{3}{2}} \Big|_0^1 - (1+x^2)^{\frac{1}{2}} \Big|_0^1 \right] = \frac{1}{3}(2 - \sqrt{2})$$

方法 3：令 $x = \tan t$，$\mathrm{d}x = \sec^2 t \mathrm{d}t$。

当 $x = 0$ 时，$t = 0$；当 $x = 1$ 时，$t = \frac{\pi}{4}$。

$$\int_0^1 \frac{x^3}{\sqrt{1+x^2}} dx = \int_0^{\frac{\pi}{4}} \frac{\tan^3 t}{\sec t} \sec^2 t dt = \int_0^{\frac{\pi}{4}} \frac{\sin^3 t}{\cos^4 t} dt = -\int_0^{\frac{\pi}{4}} \frac{\sin^2 t}{\cos^4 t} d\cos t = -\int_0^{\frac{\pi}{4}} \frac{1-\cos^2 t}{\cos^4 t} d\cos t$$

$$= -\int_0^{\frac{\pi}{4}} \left(\frac{1}{\cos^4 t} - \frac{1}{\cos^2 t} \right) d\cos t = \left(\frac{1}{3}\cos^{-3} t - \cos^{-1} t \right) \Big|_0^{\frac{\pi}{4}} = \frac{1}{3}(2-\sqrt{2})$$

答案：B

9. 解 本题考查向量代数的基本运算。

由 $|\boldsymbol{\alpha} \times \boldsymbol{\beta}| = |\boldsymbol{\alpha}||\boldsymbol{\beta}| \sin(\widehat{\boldsymbol{\alpha}, \boldsymbol{\beta}}) = 4\sin(\widehat{\boldsymbol{\alpha}, \boldsymbol{\beta}}) = 2\sqrt{3}$，得 $\sin(\widehat{\boldsymbol{\alpha}, \boldsymbol{\beta}}) = \frac{\sqrt{3}}{2}$，所以 $(\widehat{\boldsymbol{\alpha}, \boldsymbol{\beta}}) = \frac{\pi}{3}$ 或 $\frac{2\pi}{3}$，$\cos(\widehat{\boldsymbol{\alpha}, \boldsymbol{\beta}}) = \pm\frac{1}{2}$，故 $\boldsymbol{\alpha} \cdot \boldsymbol{\beta} = |\boldsymbol{\alpha}||\boldsymbol{\beta}| \cos(\widehat{\boldsymbol{\alpha}, \boldsymbol{\beta}}) = 2$或$-2$。

答案：D

10. 解 本题考查平面与坐标轴位置关系的判定方法。

平面方程为 $Ax + Cz + D = 0$ 的法向量 $\boldsymbol{n} = \{A, 0, C\}$，$oy$ 轴的方向向量 $\boldsymbol{j} = \{0, 1, 0\}$，$\boldsymbol{n} \cdot \boldsymbol{j} = 0$，所以平面平行于 oy 轴；又因 D 不为零，oy 轴上的原点 $(0,0,0)$ 不满足平面方程，即该平面不经过原点，所以平面不经过 oy 轴。

答案：D

11. 解 本题考查多元函数微分学的基本性质。

见解图，函数 $z = f(x, y)$ 在点 (x_0, y_0) 处连续不能推得该点偏导数存在；反之，函数 $z = f(x, y)$ 在点 (x_0, y_0) 偏导数存在，也不能推得函数在点 (x_0, y_0) 一定连续。也即，二元函数在点 (x_0, y_0) 处连续是它在该点偏导数存在的既非充分又非必要条件。

题 11 解图

答案：D

12. 解 本题考查二重积分的直角坐标与极坐标之间的变换。

根据直角坐标系和极坐标的关系（见解图）：$\begin{cases} x = r\cos\theta \\ y = r\sin\theta \end{cases}$，圆域 $D: x^2 + y^2 \leqslant 1$ 化为极坐标系为：$0 \leqslant r \leqslant 1$，$0 \leqslant \theta \leqslant 2\pi$，极坐标系下面积元素 $d\sigma = r dr d\theta$，则二重积分 $\iint\limits_D x dx dy = \int_0^{2\pi} d\theta \int_0^1 r^2 \cos\theta dr$。

题 12 解图

答案：B

13. 解 本题考查导数的几何意义与微分方程求解。

微分方程$y' = 2x$直接积分可得通解$y = x^2 + C$，其中C是任意常数。

由于曲线与直线$y = 2x - 1$相切，则曲线与直线在切点处切线斜率相等。

已知直线$y = 2x - 1$的斜率为2，设切点为(x_0, y_0)，则$y'(x_0) = 2x_0 = 2$，得$x_0 = 1$，代入切线方程得$y_0 = 1$。

将切点$(1,1)$代入通解，得$C = 0$。

即微分方程的解是$y = x^2$。

答案：C

14. 解 本题考查常数项级数的敛散性。

选项 A：$\sum\limits_{n=2}^{\infty}(-1)^n \frac{1}{\ln n}$为交错级数，满足莱布尼兹定理的条件：$u_{n+1} = \frac{1}{\ln(n+1)} < u_n = \frac{1}{\ln n}$，且$\lim\limits_{n\to\infty} u_n = 0$，所以级数收敛；另正项级数一般项$\left|(-1)^n \frac{1}{\ln n}\right| = \frac{1}{\ln n} \geq \frac{1}{n}$，调和级数$\sum\limits_{n=1}^{\infty}\frac{1}{n}$发散，根据正项级数比较判别法，$\sum\limits_{n=2}^{\infty}\frac{1}{\ln n}$发散。所以$\sum\limits_{n=2}^{\infty}(-1)^n \frac{1}{\ln n}$条件收敛，选项 A 正确。

选项 B：由于$\sum\limits_{n=1}^{\infty}\frac{1}{n^{\frac{3}{2}}}$为$p = \frac{3}{2} > 1$的$p$-级数，故$\sum\limits_{n=1}^{\infty}(-1)^n \frac{1}{n^{\frac{3}{2}}}$绝对收敛。

选项 C：级数$\sum\limits_{n=1}^{\infty}(-1)^n \frac{n}{n+2}$的一般项$\lim\limits_{n\to\infty}(-1)^n \frac{n}{n+2} \neq 0$，根据收敛级数的必要条件可知，该级数发散。

选项 D：因为$\left|\sin\left(\frac{4n\pi}{3}\right)\right| \leq 1$，有$\left|\frac{\sin\left(\frac{4n\pi}{3}\right)}{n^3}\right| < \frac{1}{n^3}$，为$p = 3 > 1$的$p$-级数，级数收敛，所以$\sum\limits_{n=1}^{\infty}\frac{\sin\left(\frac{4n\pi}{3}\right)}{n^3}$绝对收敛。

答案：A

15. 解 本题考查二阶常系数线性齐次方程的求解。

方法 1：二阶常系数齐次微分方程$y'' - 2y' + 2y = 0$的特征方程为：$r^2 - 2r + 2 = 0$，特征方程有一对共轭的虚根$r_{1,2} = 1 \pm i$，对应微分方程的通解为$y = e^x(C_1\cos x + C_2\sin x)$，其中$C_1$，$C_2$为任意常数。当$C_1 = 0$，$C_2 = 1$时，$y = e^x\sin x$，是微分方程的特解。

方法 2：也可以将四个选项代入微分方程验证，如将选项 A 代入微分方程化简，有：

$$(e^{-x}\cos x)'' - 2(e^{-x}\cos x)' + 2(e^{-x}\cos x) = 4e^{-x}(\sin x + \cos x) \neq 0$$

故选项 A 错误；同理，将选项 B、C、D 分别代入微分方程并化简，可知选项 C 正确。

注：方法 2 的计算量较大，考试过程中不提倡使用。方法 1 的各种情况总结见解表。

题 15 解表

特征方程$\lambda^2 + p\lambda + q = 0$的根	微分方程$y'' + py' + qy = 0$的通解
不相等的两个实根$r_1 \neq r_2$	$y = C_1 e^{r_1 x} + C_2 e^{r_2 x}$
相等的两个实根$r_1 = r_2$	$y = (C_1 + C_2 x)e^{r_1 x}$
一对共轭复根$r_{1,2} = \alpha \pm \beta i(\beta > 0)$	$y = e^{\alpha x}(C_1\cos\beta x + C_2\sin\beta x)$

答案：C

16. 解 本题考查对坐标曲线积分的计算。

见解图，有向直线段L：$y = -x + a$，x从a到0，则

$$\int_L x\,dy = -\int_a^0 x\,dx = -\frac{x^2}{2}\Big|_a^0 = \frac{a^2}{2}$$

答案：C

题16解图

17. 解 本题考查幂级数的收敛区间。

因为$\sum\limits_{n=1}^{\infty} a_n x^n$的收敛半径为$3$，有$\lim\limits_{n \to \infty}\left|\frac{a_{n+1}}{a_n}\right| = \frac{1}{3}$，

而$\lim\limits_{n \to \infty}\left|\frac{(n+1)a_{n+1}}{na_n}\right| = \frac{1}{3}$，故$\sum\limits_{n=1}^{\infty} na_n(x-1)^{n+1}$的收敛半径也为$3$。

有$-3 < x - 1 < 3$，即收敛区间为$-2 < x < 4$。

答案：B

18. 解 本题考查多元函数二阶偏导数的计算方法。

已知二元函数$z = \frac{1}{x}f(xy)$，则

$$\frac{\partial z}{\partial x} = -\frac{1}{x^2}f(xy) + \frac{1}{x}f'(xy) \cdot y$$

$$\frac{\partial^2 z}{\partial x \partial y} = -\frac{1}{x^2}f'(xy) \cdot x + \frac{1}{x}[f''(xy) \cdot xy + f'(xy)] + y = yf''(xy)$$

答案：D

19. 解 本题考查逆矩阵的性质。

$ABXC = D$，两端同时右乘C^{-1}，有$ABX = DC^{-1}$，

两端同时左乘A^{-1}，有$BX = A^{-1}DC^{-1}$，

两端同时左乘B^{-1}，有$X = B^{-1}A^{-1}DC^{-1}$。

注：矩阵乘法不满足交换律，左乘与右乘需严格对应。

答案：B

20. 解 本题考查线性方程组基础解系的性质。

n元齐次线性方程组$AX = 0$有非零解的充要条件为$r(A) < n$，此时存在基础解系，且基础解系含$n - r(A)$个解向量。

答案：C

21. 解 本题考查二次型标准型的表示方法。

矩阵B的特征方程为$|\lambda E - B| = \begin{vmatrix} \lambda - 1 & 0 & 0 \\ 0 & \lambda & -2 \\ 0 & -2 & \lambda \end{vmatrix} = (\lambda - 1)(\lambda^2 - 4) = 0$，特征值分别为：$\lambda_1 = 1$，

$\lambda_2 = 2$，$\lambda_3 = -2$

合同矩阵的判别方法：实对阵矩阵的 A 和 B 合同的充分必要条件是 A 和 B 的特征值中正、负特征值的个数相等。

已知，矩阵 B 对应的二次型的正惯性指数和负惯性指数分别为 2 和 1，由于合同矩阵具有相同的正、负惯性指数，故二次型 $f(x_1, x_2, x_3) = x^{\mathrm{T}} A x$ 的标准型是：

$$f = y_1^2 + 2y_2^2 - 2y_3^2$$

答案：A

22.解 本题考查条件概率、全概率的性质与计算方法。

依据全概率公式，$P(B) = P(A) \cdot P(B \mid A) + P(\overline{A}) P(B \mid \overline{A})$

已知 $P(A) = \frac{1}{2}$，则 $P(\overline{A}) = 1 - P(A) = \frac{1}{2}$；又 $P(B \mid A) = \frac{1}{10}$，$P(B \mid \overline{A}) = \frac{1}{20}$

故 $P(B) = P(A) \cdot P(B \mid A) + P(\overline{A}) P(B \mid \overline{A}) = \frac{1}{2} \times \frac{1}{10} + \frac{1}{2} \times \frac{1}{20} = \frac{3}{40}$。

或者按以下思路，一步一步推导：

由 $P(A) = \frac{1}{2}$，则 $P(\overline{A}) = 1 - P(A) = \frac{1}{2}$

又 $P(B \mid A) = \frac{P(AB)}{P(A)} = \frac{1}{10}$，有 $P(AB) = P(A)P(B \mid A) = \frac{1}{2} \times \frac{1}{10} = \frac{1}{20}$

又由 $P(B \mid \overline{A}) = \frac{P(\overline{A}B)}{P(\overline{A})} = \frac{P(B) - P(AB)}{P(\overline{A})} = \frac{1}{20}$，有 $P(B) - P(AB) = P(B \mid \overline{A})P(\overline{A}) = \frac{1}{40}$

故 $P(B) = \frac{3}{40}$。

答案：B

23.解 本题考查随机变量的数学期望与方差的性质。

$E(X + Y)^2 = E(X^2 + 2XY + Y^2) = E(X^2) + 2E(XY) + E(Y^2)$，由于 $E(X^2) = D(X) + [E(X)]^2 = 1 + 0 = 1$，$E(Y^2) = D(Y) + [E(Y)]^2 = 1 + 0 = 1$，且又因为随机变量 X 与 Y 相互独立，则 $E(XY) = E(X) \cdot E(Y) = 0$，所以 $E(X + Y)^2 = 2$。

或者由方差的计算公式 $D(X + Y) = E(X + Y)^2 - [E(X + Y)]^2$，已知随机变量 X 与 Y 相互独立，则：

$E(X + Y)^2 = D(X + Y) + [E(X + Y)]^2 = D(X) + D(Y) + [E(X) + E(Y)]^2 = 1 + 1 + 0 = 2$。

答案：C

24.解 本题考查二维随机变量均匀分布的定义。

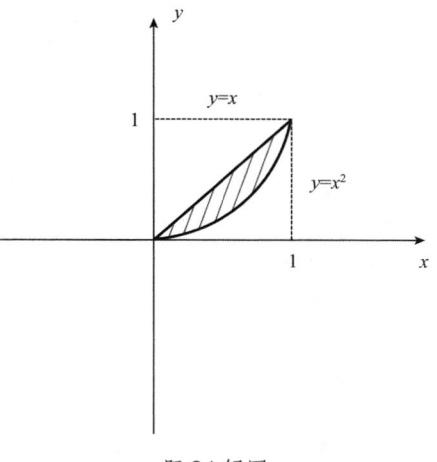

随机变量 (X, Y) 服从 G 上的均匀分布，则有联合密度函数：

$$f(x, y) = \begin{cases} \dfrac{1}{S_G} & (x, y) \in G \\ 0 & 其他 \end{cases}$$

S_G 为 $y = x^2$ 与 $y = x$ 所围的平面区域的面积，见解图。

$$S_G = \int_0^1 (x - x^2) \mathrm{d}x = \left(\frac{1}{2} x^2 - \frac{1}{3} x^3 \right) \Big|_0^1 = \frac{1}{6}$$

所以，$f(x, y) = \begin{cases} 6 & (x, y) \in G \\ 0 & 其他 \end{cases}$

题 24 解图

答案：A

25. 解 $1m^3 = 10^3L$。

答案：C

26. 解 由于 $\omega = \dfrac{3}{2}kT$，可知温度是分子平均平动动能的量度，所以当温度相等时，两种气体分子的平均平动动能相等。而两种气体分子的自由度不同，质量与摩尔质量不同，故选项 B、C、D 不正确。

答案：A

27. 解 双原子分子理想气体的自由度 $i = 5$，等压膨胀的情况下对外做功为：

$$W = P(V_2 - V_1) = \frac{m}{M}R(T_2 - T_1)$$

吸收热量为： $Q = \dfrac{m}{M}C_p\Delta T = \dfrac{m}{M}\dfrac{7}{2}R(T_2 - T_1)$

可以得到 $W/Q = 2/7$。

答案：D

28. 解 卡诺循环热机效率为：

$$\eta = 1 - \frac{Q_2}{Q_1} = 1 - \frac{T_2}{T_1} = 1 - \frac{T_2}{nT_2} = 1 - \frac{1}{n}$$

则 $Q_2 = \dfrac{1}{n}Q_1$，其中 Q_1、Q_2 分别为从高温热源吸收的热量和传给低温热源的热量。

答案：C

29. 解 相同质量的氢气与氧气分别装在两个容积相同的封闭容器内，环境温度相同，摩尔质量不同，摩尔数不等，由理想气体状态方程可得：

$$\frac{P_{H_2}V}{P_{O_2}V} = \frac{\dfrac{m}{M_{H_2}}T}{\dfrac{m}{M_{O_2}}T} = \frac{32}{2} = 16$$

答案：B

30. 解 波动方程的标准表达式为：

$$y = A\cos\left[\omega\left(t - \frac{x}{u}\right) + \varphi_0\right]$$

将平面简谐波的表达式改为标准的余弦表达式：

$$y = -0.05\sin\pi(t - 2x) = 0.05\cos\pi\left(t - \frac{x}{\dfrac{1}{2}}\right)$$

则有 $A = 0.05$，$u = \dfrac{1}{2}$

$\omega = \pi$，$T = \dfrac{2\pi}{\omega} = 2$，$\nu = \dfrac{1}{T} = \dfrac{1}{2}$。

答案：C

31. 解 横波以波速 u 沿 x 轴负方向传播，见解图。A 点振动速度小于零，B 点向下运动，C 点向上运动，D 点向下运动且振动速度小于 0，故选项 D 正确。

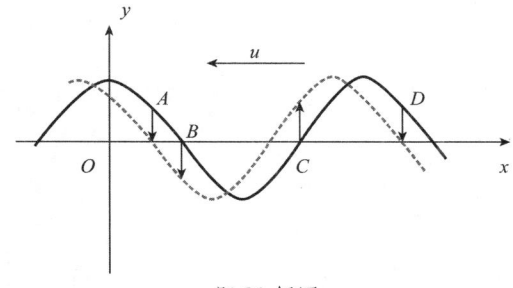

题 31 解图

答案：D

32. 解 本题考查声波常识，常温下空气中的声速为 340m/s。

答案：A

33. 解 本题考查波动的能量特征，由于动能与势能是同相位的，同时达到最大或最小，所以总机械能为动能（势能）的 2 倍。

答案：B

34. 解 等厚干涉，$a = \dfrac{\lambda}{2n\theta}$，夹角不变，条纹间隔不变。

答案：C

35. 解 由菲涅尔半波带法，在单缝衍射中，缝宽 b 一定，由暗条纹条件，$b\sin\varphi = 2k \cdot \dfrac{\lambda}{2}$，对于第二级暗条纹，每个半波带面积为 S_2，它有 4 个半波带，对于第三级暗条纹，每个半波带面积为 S_3，第三级暗纹对应 6 个半波带，$4S_2 = 6S_3$，所以 $S_3 = \dfrac{2}{3}S_2$。

答案：A

36. 解 代入公式，可得

$$I = I_0 \cos^2\alpha \cos^2\left(\dfrac{\pi}{2} - \alpha\right) = I_0 \cos^2\alpha \sin^2\alpha = \dfrac{1}{4}I_0(\sin 2\alpha)^2$$

答案：C

37. 解 多电子原子在无外场作用下，原子轨道能量高低取决于主量子数 n 和角量子数 l。

答案：B

38. 解 共价键的本质是原子轨道的重叠，离子键由正负离子间的静电作用成键，金属键由金属正离子靠自由电子的胶合作用成键。氢键是强极性键（A-H）上的氢核与电负性很大、含孤电子对并带有部分负电荷的原子之间的静电引力。

答案：A

39. 解 $NH_3 \cdot H_2O$ 溶液中存在如下解离平衡：$NH_3 \cdot H_2O \rightleftharpoons NH_4^+ + OH^-$，加入一些固体 $NaOH$ 后，

溶液中的OH⁻浓度增加，平衡逆向移动，氨的解离度减小。

答案：C

40. 解 气体分子数增加的反应，其熵变$\Delta_r S_m^\Theta$大于零；气体分子数减少的反应，其熵变$\Delta_r S_m^\Theta$小于零。本题中氧气分子数减少，选项 B 正确。

答案：B

41. 解 对有气体参加的反应，改变总压强（各气体反应物和生成物分压之和）时，如果反应前后气体分子数相等，则平衡不移动。

答案：C

42. 解 当温度为 298K，离子浓度为 1mol/L，气体的分压为 100kPa 时，固体为纯固体，液体为纯液体，此状态称为标准状态。标准状态时的电极电势称为标准电极电势。标准氢电极的电极电势$E_{H^+/H_2}^\Theta=0$，1mol/L 的H_2O，HOAc 和 HCN 的氢离子浓度分别为：

$$C_{H^+}(H_2O) = 1 \times 10^{-7} \text{mol/L};$$

$$C_{H^+}(HOAc) = \sqrt{K_a \cdot C} = \sqrt{1.8 \times 10^{-5}} = 4.2 \times 10^{-3} \text{mol/L};$$

$$C_{H^+}(HCN) = \sqrt{K_a \cdot C} = \sqrt{6.2 \times 10^{-10}} = 2.5 \times 10^{-5} \text{mol/L}。$$

E_{H_2O/H_2}^Θ等于$C_{H^+} = 1 \times 10^{-7} \text{mol} \cdot L^{-1}$时的$E_{H^+/H_2}$；

E_{HOAc/H_2}^Θ等于$C_{H^+} = 4.2 \times 10^{-3} \text{mol} \cdot L^{-1}$时的$E_{H^+/H_2}$；

E_{HCN/H_2}^Θ等于$C_{H^+} = 2.5 \times 10^{-5} \text{mol} \cdot L^{-1}$时的$E_{H^+/H_2}$。

根据电极电势的能斯特方程：

$$E_{H^+/H_2} = E_{H^+/H_2}^\Theta + \frac{0.059}{n} \lg \frac{C_{H^+}^2}{p_{H_2}}$$

可知 1mol/L H_2O的氢离子浓度最小，电极电势最小。

答案：B

43. 解 $KMnO_4$中，K 的氧化数为 +1，O 的氧化数为 −2，所以 Mn 的氧化数为 +7。

答案：D

44. 解 丙烷有 2 种类型的氢原子，有 2 种一氯代物；异戊烷有 4 种类型的氢原子，有 4 种一氯代物；新戊烷有 1 种类型的氢原子，有 1 种一氯代物；2,3-二甲基戊烷有 6 种类型的氢原子，有 6 种一氯代物。

答案：A

45. 解 选项 A 是氧化反应，选项 B 是取代反应，选项 C 是加成反应，选项 D 是取代反应。

答案：C

46.解 选项 A、C、D 消除反应只能得到 1 种烯烃，选项 B 消除反应只能得到 2 种烯烃。

答案：B

47.解 因为杆 BC 为二力构件，B、C 处的约束力应沿 BC 连线且等值反向（见解图），而△ABC 为等边三角形，故 B 处约束力的作用线与 x 轴正向所成的夹角为 150°。

题 47 解图

答案：D

48.解 由于 q 的合力作用线通过 I 点，其对该点的力矩为零，故系统对 I 点的合力矩为：

$$M_I = FR = 500 \text{N} \cdot \text{cm}（顺时针）$$

答案：D

49.解 由于物体系统所受主动力为平衡力系，故 A、B 处的约束力也应自成平衡力系，即满足二力平衡原理，A、B、C 处的约束力均为水平方向（见解图），考虑 AC 的平衡，采用力偶的平衡方程：

$$\sum m = 0 \quad F_A \cdot 2a - M = 0，\ F_A = F_{Ax} = \frac{M}{2a}；且 F_{Ay} = 0。$$

（注：此题同 2010 年第 49 题）

题 49 解图

答案：B

50.解 因为摩擦角 $\varphi_m < \alpha$，所以物块会向下滑动，物块所受摩擦力应为最大摩擦力，即正压力 $W\cos\alpha$ 乘以摩擦因数 $f = \tan\varphi_m$。

答案：A

51.解 $t = 2\text{s}$ 时，速度 $v = 2^2 - 20 = -16\text{m/s}$；加速度 $a = \dfrac{\mathrm{d}v}{\mathrm{d}t} = 2t = 4\text{m/s}^2$。

答案：A

52.解 根据法向加速度公式 $a_n = \dfrac{v^2}{\rho}$，曲率半径即为圆周轨迹的半径，则有

$$\rho = R = \frac{v^2}{a_n} = \frac{80^2}{120} = 53.3\text{m}$$

答案：B

53. 解　定轴转动刚体上一点加速度与转动角速度、角加速度的关系为：

$a_B^t = OB \cdot \varepsilon = 50 \times 1 = 50\text{cm/s}^2$（垂直于$OB$连线，水平向右）

$a_B^n = OB \cdot \omega^2 = 50 \times 2^2 = 200\text{cm/s}^2$（由$B$指向$O$）

答案：D

54. 解　物体的加速度为零时，速度达到最大值，此时阻力与重力相等，即

由$\mu v_{极限} = mg$，得到$\qquad v_{极限} = \dfrac{mg}{\mu}$

答案：B

55. 解　根据弹性力做功的定义可得：

$$W_{BA} = \frac{k}{2}\left[\left(\sqrt{2}R - l_0\right)^2 - (2R - l_0)^2\right]$$
$$= \frac{4900}{2} \times 0.1^2 \times \left[\left(\sqrt{2} - 1\right)^2 - 1^2\right] = -20.3\text{N} \cdot \text{m}$$

答案：C

56. 解　系统在转动中对转动轴z的动量矩守恒，设ω_t为小球达到C点时圆环的角速度，由于小球在A点与在C点对z轴的转动惯量均为零，即$I\omega = I\omega_t$，则$\omega_t = \omega$。

答案：C

57. 解　如解图所示，杆释放至铅垂位置时，其角加速度为零，质心加速度只有指向转动轴O的法向加速度，根据达朗贝尔原理，施加其上的惯性力$F_I = ma_C = m\omega^2 \cdot \dfrac{l}{2} = \dfrac{3}{2}mg$，方向向下；而施加于杆$OA$的附加动反力大小与惯性力相同，方向与其相反。

题57解图

答案：A

58. 解　截断前的弹簧相当于截断后两个弹簧串联而成，若设截断后的两个弹簧的刚度均为k_1，则有$\dfrac{1}{k} = \dfrac{1}{k_1} + \dfrac{1}{k_1}$，所以$k_1 = 2k$。

答案：B

59. 解　铸铁是脆性材料，抗拉强度最差，抗剪强度次之，而抗压强度最好。所以在拉伸试验中，铸铁试件在最大拉应力所在的垂直于轴线的横截面上发生破坏；在压缩试验中，铸铁试件在最大切应力所在的与轴线大约成$45°$角的截面上发生破坏。

答案：B

60. 解　AB段轴力为F，伸长量为$\dfrac{FL}{EA}$，BC段轴力为0，伸长量也为0，则直杆自由端C的轴向位移即

为 AB 段的伸长量：$\frac{FL}{EA}$。

答案： C

61. 解 钢板和销轴的实际承压接触面为圆柱面，名义挤压面面积取为实际承压接触面在垂直挤压力 F 方向的投影面积，即 dt，根据挤压强度条件 $\sigma_{bs} = \frac{F}{dt} \leqslant [\sigma_{bs}]$，则直径需要满足 $d \geqslant \frac{F}{t[\sigma_{bs}]}$。

答案： A

62. 解 3和4对调最合理，最大扭矩 $4kN \cdot m$ 最小，如解图所示。如果1和3对调，或者是2和3对调，则最大扭矩都是 $8kN \cdot m$；如果2和4对调，则最大扭矩是 $6kN \cdot m$。所以选项 D 正确。

题 62 解图

答案： D

63. 解 在图示圆轴和空心圆轴横截面和空心圆截面切应力分布图中，只有选项 A 是正确的。其他选项，有的方向不对，有的分布规律不对。

答案： A

64. 解 根据截面图形静矩的性质，如果 z 轴过形心，则有 $S_z = 0$，即：$S_{z1} + S_{z2} = 0$，所以 $S_{z1} = -S_{z2}$。

答案： B

65. 解 根据梁的弯矩图可以推断其受力图如解图1所示。

其中：$P_1 a = 0.5Fa$，$F_B a = 1.5Fa$

可知：$P_1 = 0.5F$，$F_B = 1.5F$

题 65 解图1

用直接法可求得 $M_D = F_C a - 2P_1 a = 1.5Fa$

可知：$F_C = 2.5F$

由 $\sum Y = 0$，$P_1 + P_2 = F_C + F_B$

可知：$P_2 = 3.5F$

题 65 解图2

由受力图可以画出剪力图，如解图2所示。可见最大剪力是 $2F$。

答案： D

66. 解 两根矩形截面杆胶合在一起成为一个整体梁，最大切应力发生在中性轴（胶合面）上，最大切应力为：

$$\tau_{\max} = \frac{3Q}{2A} = \frac{3F}{4ab}$$

答案：C

67. 解 受集中力作用的简支梁最大弯矩$M_{\max} = FL/4$，圆截面的抗弯截面系数$W_z = \pi d^3/32$，所以梁的最大弯曲正应力为：

$$\sigma_{\max} = \frac{M_{\max}}{W_z} = \frac{8FL}{\pi d^3}$$

答案：A

68. 解 对于图(a)梁，可知：

$$M_{\max}^{a} = FL, \quad W_z^{a} = \frac{bh^2}{6}, \quad \sigma_{\max}^{a} = \frac{M_{\max}^{a}}{W_z^{a}} = \frac{6FL}{bh^2}$$

对于图(b)的叠合梁，仅考查其中一根梁，可知：

$$M_{\max}^{b} = \frac{FL}{2}, \quad W_z^{b} = \frac{bh^2}{24}, \quad \sigma_{\max}^{b} = \frac{M_{\max}^{b}}{W_z^{b}} = \frac{12FL}{bh^2}$$

可见，图(a)梁的强度更大。

对于图(a)梁，可知：$\Delta a = FL^3/(3EI_z^{a})$，其中$I_z^{a} = bh^3/12$；

对于图(b)的叠合梁，仅考查其中一根梁，可知：$\Delta b = 0.5FL^3/(3EI_z^{b})$，其中$I_z^{b} = b\left(\frac{h}{2}\right)^2/12 = I_z^{a}/8$，则$\Delta b = 4FL^3/(3EI_z^{a})$。

可见，图(a)梁的刚度更大。

因此，两梁的强度和刚度均不相同。

答案：A

69. 解 按照"点面对应、先找基准"的方法，可以分别画出4个图对应的应力圆（见解图）。图中横坐标是正应力σ，纵坐标是切应力τ。

应力圆的半径大小等于最大切应力$\tau_{\max} = (\sigma_{\max} - \sigma_{\min})/2$，由此可算得：

$\tau_A = \frac{30-(-30)}{2} = 30\text{MPa}$，$\tau_B = \frac{40-(-40)}{2} = 40\text{MPa}$，$\tau_C = \frac{120-100}{2} = 10\text{MPa}$，$\tau_D = \frac{40-0}{2} = 20\text{MPa}$

可见，选项C单元体应力平面内应力圆的半径最小。

题69解图

答案：C

70.解 根据压杆临界力计算公式：

$$F_{cr}^{a} = \frac{\pi^2 EI}{(2L)^2}, F_{cr}^{b} = \frac{\pi^2 EI}{(0.7L)^2}$$

则 $\frac{F_{cr}^{b}}{F_{cr}^{a}} = \left(\frac{2}{0.7}\right)^2$

答案：C

71.解 绘出等压面A-B（见解图），则有$p_A = p_B$，存在：

$$p_A = p_e + \rho_1 g h_1 + \rho_2 g h_2 = p_B = \rho_{Hg} g (h_1 + h_2 - h)$$

则 $p_e = \rho_{Hg} g (h_1 + h_2 - h) - (\rho_1 g h_1 + \rho_2 g h_2)$

$= 13600 \times 9.8 \times (0.4 + 0.6 - 0.5) - (850 \times 0.4 \times 9.8 + 1000 \times 0.6 \times 9.8) = 57428 \text{Pa}$

题 71 解图

答案：D

72.解 根据动量定理，作用在控制体内流体上的力是所有外力的总和，即合外力。

答案：C

73.解 判定圆管内流体运动状态的准则数是雷诺数。

答案：D

74.解 因为$Re = 1.947 \times 10^5$，有$\lg Re = 4.289$，查尼古拉兹曲线图的横坐标，位于直线cd和ef段之间，题目中给出了当量粗糙度，故处于紊流过渡区。

可以利用阿尔布鲁克公式计算：$\frac{1}{\sqrt{\lambda}} = -2\lg\left(\frac{k_s}{3.7d} + \frac{2.51}{Re\sqrt{\lambda}}\right)$，这是一个隐函数方程，代入数据之后有：

$\frac{1}{\sqrt{\lambda}} = -2\lg\left(\frac{0.4}{3.7 \times 250} + \frac{2.51}{194700\sqrt{\lambda}}\right)$，计算得到$\lambda = 0.023$。

也可以用阿里特苏里经验公式计算：$\lambda = 0.11\left(\frac{k_s}{d} + \frac{68}{Re}\right)^{0.25}$

代入数据有：$\lambda = 0.11\left(\frac{0.4}{250} + \frac{68}{194700}\right)^{0.25} = 0.023$

即得：$L = \frac{2 \times 0.25\text{m} \times 294.3 \times 10^3 \text{Pa}}{0.023 \times 1000\text{kg/m}^3 \times (1.02\text{m/s})^2} = 6149.4\text{m}$

答案：A

75. 解　根据达西公式，水平管道沿程损失 $h_f = \lambda \dfrac{L}{d}\dfrac{v^2}{2g}$，以水平管轴线为基准，对液面和管道出口列伯努利方程，可得：

$$\frac{p_e}{\rho g} + H = h_f + \frac{v^2}{2g} = \lambda \frac{l}{d}\frac{v^2}{2g} + \frac{v^2}{2g}$$

则流速为：

$$v = \sqrt{2g\frac{\frac{p_e}{\rho g}+H}{\lambda\frac{l}{d}+1}} = \sqrt{2\times 9.8 \times \frac{\frac{19600}{1000\times 9.8}+2}{0.02\times\frac{50}{0.1}+1}} = 2.67\text{m/s}$$

流量为：$Q = \dfrac{\pi}{4}d^2 v = \dfrac{\pi}{4}\times 0.1^2 \times 2.67 \times 10^3 = 20.96\text{L/s}$，与选项 B 最接近。

答案：B

76. 解　明渠均匀流的流量 $Q = AC\sqrt{RJ}$，谢才系数 $C = \dfrac{1}{n}R^{1/6}$，则 $Q = Av = A\dfrac{1}{n}R^{2/3}\sqrt{J}$。

方形断面：$A = a^2$，$R = \dfrac{a^2}{3a} = a/3$，则

$$Q_1 = a^2\left(\frac{a}{3}\right)^{2/3}\frac{1}{n}\sqrt{J} = \frac{1}{3^{2/3}}a^{8/3}\frac{1}{n}\sqrt{J}$$

矩形断面：$A = a^2$，$R = \dfrac{a^2}{0.5a+2\times 2a} = a/4.5$，则

$$Q_2 = a^2\left(\frac{a}{4.5}\right)^{2/3}\frac{1}{n}\sqrt{J} = \frac{1}{4.5^{2/3}}a^{8/3}\frac{1}{n}\sqrt{J}$$

显然：$Q_1 > Q_2$。

答案：A

77. 解　渗流断面平均流速 $v = kJ = 0.01 \times \dfrac{1.5-0.3}{2.4} = 0.005\text{cm/s}$。

答案：C

78. 解　弗劳德数表征的是重力与惯性力之比，是重力流动的相似准则数。

答案：C

79. 解　根据楞次定律，线圈的感应电压与通过本线圈的磁通变化率、本线圈的匝数成正比。即右侧线圈的电压为：$u_2 = N_2\dfrac{\text{d}\Phi}{\text{d}t}$。

答案：B

80. 解　电流源的电压与电压源的电压相等，且与电流源电流是非关联关系。则此电流源发出的功率为：$P = U_s I_s = 6 \times 0.2 = 1.2\text{W}$。

答案：C

81. 解　如解图所示，根据等效原理，①与 6V 的电压源并联的元件都失效，相当于 6V 的电压源，将电流源与电阻的并联等效为电压源与电阻的串联；②将两个串联的电压源等效为一个电压源。

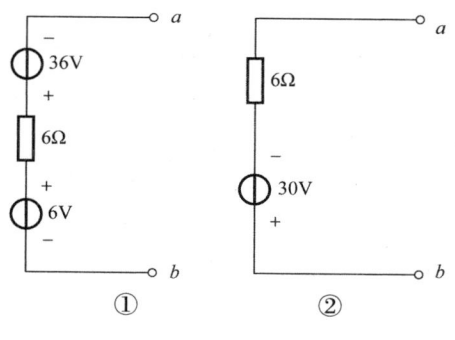

题 81 解图

答案：B

82. 解 根据电源电压可知，激励的角频率 $\omega = 314\text{rad/s}$。三个阻抗串联，等效阻抗为：

$$Z = R + j\omega L + \frac{1}{j\omega C} = 100 + j314 \times 1 - j\frac{1}{314 \times 10 \times 10^{-6}} = 100 - j4.47(\Omega)$$

等效阻抗的模为：$|Z| = \sqrt{100^2 + (-4.47)^2} = 100.10\Omega$。

答案：D

83. 解 相量是将正弦量的有效值作为模、初相位作为角度的复数。根据相量与正弦量的关系，三条支路电流的时域表达式（正弦形式）为：

$$i_1(t) = 100\sqrt{2}\sin(\omega t - 30°)\text{mA}, \quad i_2(t) = 100\sin(\omega t - 30°)\text{mA}, \quad i_3(t) = 100\sin(\omega t - 150°)\text{mA}$$

三条支路电流的相量形式为：

$$\dot{I}_1 = 100\angle -30°\text{mA}, \quad \dot{I}_2 = \frac{100}{\sqrt{2}}\angle -30°\text{mA}, \quad \dot{I}_3 = \frac{100}{\sqrt{2}}\angle -150°\text{mA}$$

答案：D

84. 解 功率因数角 φ 是电压初相角与电流初相角的差，在此处为：$\varphi = 30° - (-20°) = 50°$；功率因数是功率因数角的余弦值，在此处为：$\cos\varphi = \cos 50°$。

答案：C

85. 解 选项 A，调整转差率可以实现对电动机运行期间（转矩不变）调速的目的，但因为是通过改变转子绕组的电阻来实现的，所以仅适用于绕线式异步电动机，且转速只能低于额定转速。

选项 B，电动机的工作电压不允许超过额定电压，因此只能采用降低电枢供电电压的方式来调速，转速只能低于额定转速。

选项 C，电机转速为：$n = 60f(1-s)/p$。欲提高转速，则需减少极对数 p，但题目已经告知为两极（$p = 1$）电动机，极对数 p 已为最小值，不可再减。

选项 D，电机转速为：$n = 60f(1-s)/p$，若改变电动机供电频率，则可以实现三相异步电动机转速的增大、减小并且连续调节，需要专用的变频器（一种电力电子设备，可以实现频率的连续调节）。

答案：D

86. 解 选项 A，根据电路图，按下SB_1，接触器KM_1接通，电机 1 启动；另外，在接触器KM_2接通后，电机 2 也启动；若KM_1未接通，则即使KM_2接通，电机 2 也无法启动。因此，可以实现电机 2 在电机 1 启动后才能启动。当KM_1接通时，断开KM_2，电机 2 也断开。因此，该设计满足启动顺序要求，但不满足单独断开电机 2 的要求。

选项 B，根据电路图，KM_1、KM_2完全独立，分别控制电机 1、电机 2，不满足设计要求。

选项 C，根据电路图，按下SB_1，接触器KM_1接通，电机 1 启动；另外，在接触器KM_2接通后，电机 2 也启动；若KM_1未接通，即使KM_2接通，电机 2 也无法启动。因此，可以实现电机 2 在电机 1 启动后才能启动。当KM_1接通时，断开KM_2，电机 2 也断开。并且，按钮SB_3可以独立控制断开电机 2。因此，满足启动顺序和单独断开电机 2 的要求。

选项 D，不满足启动顺序要求。

答案：C

87. 解 人工生成的代码信号是数字信号。

答案：B

88. 解 时域形式在实数域描述，频域形式在复数域描述。

答案：A

89. 解 横轴为频率f，纵轴为增益。高通滤波器的幅频特性应为：频率高时增益也高，图像应右高左低；低通滤波器的幅频特性应为：频率低时增益高，图像应左高右低；信号放大器理论上增益与频率无关，图像基本平直。这种局部增益（中间某一段）高于其他段，就是带通滤波器的典型特征。

答案：A

90. 解 $AB + \overline{A}C + BCDE = AB + \overline{A}C + (A + \overline{A})BCDE = (AB + ABCDE) + (\overline{A}C + \overline{A}BCDE) = AB + \overline{A}C$

答案：D

91. 解 信号$F = \overline{A}B + A\overline{B}$为异或关系：当输入 A 与 B 相异时，输出 F 为"1"；当输入 A 与 B 相同时，输出 F 为"0"。

答案：C

92. 解 函数 F 的表达式就是把所有输出为"1"的情况对应关系用"+"写出来。由真值表可知：信号$F = A\overline{B}\,\overline{C} + ABC$。

答案：D

93. 解 根据二极管的单向导电性，当输入为正时，导通的二极管为 D4 和 D1。

答案：C

94. 解 根据电路图，当运算放大器的输入 $u_{i1} > u_{i2}$ 时，开环输出为 $-U_{oM}$；当 $u_{i1} < u_{i2}$ 时，开环输出为 $+U_{oM}$。

答案：A

95. 解 F_1 为与非门输出，表达式为：$F_1 = \overline{A0} = 1$；F_2 为或非门输出，表达式为：$F_2 = \overline{B+0} = \overline{B}$。

答案：B

96. 解 触发器D的逻辑功能是：输出端Q的状态随输入端D的状态而变化，但总比输入端状态的变化晚一步，表达式为：$Q_{n+1} = D_n$。由解图可知：t_1 时刻输出 $Q = 1$，t_2 时刻输出 $Q = 0$。

题96解图

答案：C

97. 解 计算机新的体系结构思想是在单芯片上集成多个微处理器，把主存储器和微处理器做成片上系统（System On Chip），以存储器为中心设计系统等，这是今后的发展方向。

答案：B

98. 解 存储器的主要功能是存放程序和数据。程序是计算机操作的依据，数据是计算机操作的对象。为了实现自动计算，各种信息必须先存放在计算机内的某个地方，这个地方就是计算机内的存储器。

答案：A

99. 解 输入/输出（Input/Output, I/O）设备实现了外部世界与计算机之间的信息交流，提供了人机交互的硬件环境。由于I/O设备通常设置在主机外部，所以也称为外部设备或外围设备。

答案：B

100. 解 操作系统主要有两个作用。一是资源管理，操作系统要对系统中的各种资源实施管理，其中包括对硬件及软件资源的管理。二是为用户提供友好的界面，计算机系统主要是为用户服务的，即使用户对计算机的硬件系统或软件系统的技术问题不精通，也可以方便地使用计算机。但操作系统不具有处理硬件故障的功能。

答案：D

101. 解 国标码是二字节码，用两个七位二进制数编码表示一个汉字，目前国标码收录 6763 个汉字，其中一级汉字（最常用汉字）3755 个，二级汉字 3008 个，另外还包括 682 个西文字符、图符。

在计算机内，汉字是用二进制数字编码表示的。一个汉字的国标码用两个八位二进制数码表示。这是因为国标码是按照 GB 2312—80 字符集进行编码的，每个汉字在这个字符集中都有一个唯一的代码，这个代码由两个字节组成，每个字节由八位二进制位组成。

答案：B

102. 解 $1PB = 2^{50}$ 字节 $= 1024TB$；$1EB = 2^{60}$ 字节 $= 1024PB$；$1ZB = 2^{70}$ 字节 $= 1024EB$；$1YB = 2^{80}$ 字节 $= 1024ZB$。

答案：C

103. 解 只读光盘只能从盘中读出信息，不能再写入信息，因此存放的程序不会再次感染上病毒。

答案：D

104. 解 文件管理的主要任务是向计算机用户提供一种简便、统一的管理和使用文件的界面，提供对文件的操作命令，实现按名存取文件，是对系统软件资源的管理。

答案：D

105. 解 计算机网络环境下的硬件资源共享可以为用户在全网范围内提供处理资源、存储资源、输入输出资源等的昂贵设备，如具有特殊功能的处理部件、高分辨率的激光打印机、大型绘图仪、巨型计算机以及大容量的外部存储器等，从而使用户节省投资，便于集中管理和均衡分担负荷。

答案：C

106. 解 在局域网中，所有的设备和网络的带宽都是由用户自己掌握，可以任意使用、维护和升级。而在广域网中，用户无法拥有建立广域连接所需要的所有技术设备和通信设施，只能由第三方通信服务商（电信部门）提供。

答案：C

107. 解 计算原贷款金额 2000 万元与相应复利系数的乘积，将计算结果与到期本利和 2700 万元比较并判断。

利率为 9%、10% 和 11% 时的还本付息金额分别为：

$2000 \times 1.295 = 2590$ 万元；$2000 \times 1.331 = 2662$ 万元；$2000 \times 1.368 = 2736$ 万元

2662 万元 < 2700 万元 < 2736 万元，故银行利率应在 10%~11% 之间。

答案：C

108. 解 注意题目中给出贷款的实际利率为 4%，年实际利率是一年利息额与本金之比。故各年利息及建设期利息为：

第一年利息：$1000 \times 4\% = 40$ 万元；第二年利息：$(1000 + 40 + 2000) \times 4\% = 121.6$ 万元，建设期利息 $= 40 + 121.6 = 161.6$ 万元。

答案：C

109. 解 普通股融资方式的主要特点有：融资风险小，普通股票没有固定的到期日，不用支付固定的利息，不存在不能还本付息的风险；股票融资可以增加企业信誉和信用程度；资本成本较高，投资者投资普通股风险较高，相应地要求有较高的投资报酬率；普通股股利从税后利润中支付，不具有抵税作用，普通股的发行费用也较高；股票融资时间跨度长；容易分散控制权，当企业发行新股时，增加新股东，会导致公司控制权的分散；新股东分享公司未发行新股前积累的盈余，会降低普通股的净收益。

答案：C

110. 解 偿债备付率是指在借款偿还期内，各年可用于还本付息的资金与当期应还本付息金额之比。该指标从还本付息资金来源的充裕性角度，反映偿付债务本息的保障程度和支付能力。利息备付率小于1，说明当年可用于还本付息（包括本金和利息）的资金保障程度不足，当年的资金来源不足以偿付当期债务，需要通过短期借款偿付已到期债务。

答案：B

111. 解 根据资金等值计算公式可列出方程：

$$1000 = A(P/A, 12\%, 10) + 50(P/F, 12\%, 10) = 5.65A + 50 \times 0.322$$

求得 $A = 174.14$ 万元。

答案：B

112. 解 直接进口投入物的影子价格（出厂价）= 到岸价（CIF）× 影子汇率 + 进口费用
$$= 100 \times 6 + 100 \times 6 = 1200 \text{ 元人民币}$$

注意：本题中进口费用的单位为美元，因此计算影子价格时，应将进口费用换算为人民币。

答案：D

113. 解 层混型方案是指项目群中有两个层次，高层次是一组独立型方案，每个独立型方案又由若干个互斥型方案组成。本题方案类型属于层混型方案。

答案：C

114. 解 价值工程的一般工作程序包括准备阶段、功能分析阶段、创新阶段和实施阶段。其中，创新阶段的工作步骤包括方案创新、方案评价和提案编写。

答案：D

115. 解 《中华人民共和国建筑法》第二十八条规定，禁止承包单位将其承包的全部建筑工程转包给他人，禁止承包单位将其承包的全部建筑工程肢解以后以分包的名义分别转包给他人。第二十九条规定，建筑工程总承包单位可以将承包工程中的部分工程发包给具有相应资质条件的分包单位；但是，除总承包合同中约定的分包外，必须经建设单位认可。施工总承包的，建筑工程主体结构的施工必须由总承包单位自行完成。

答案：D

116. 解 《中华人民共和国安全生产法》第四十四条规定，生产经营单位应当教育和督促从业人员严格执行本单位的安全生产规章制度和安全操作规程；并向从业人员如实告知作业场所和工作岗位存在的危险因素、防范措施以及事故应急措施。第二十四条规定，矿山、金属冶炼、建筑施工、运输单位和危险物品的生产、经营、储存、装卸单位，应当设置安全生产管理机构或者配备专职安全生产管理人员。第四十七条规定，生产经营单位应当安排用于配备劳动防护用品、进行安全生产培训的经费。第五十一条规定，生产经营单位必须依法参加工伤保险，为从业人员缴纳保险费。

说明：此题已过时。可参见 2014 年版《中华人民共和国安全生产法》。

答案：B

117. 解 《中华人民共和国招标投标法》第二十四条规定，招标人应当确定投标人编制投标文件所需要的合理时间；但是，依法必须进行招标的项目，自招标文件开始发出之日起至投标人提交投标文件截止之日止，最短不得少于二十日。

答案：C

118. 解 《中华人民共和国民法典》第四百九十一条第 2 款规定，当事人一方通过互联网等信息网络发布的商品或者服务信息符合要约条件的，对方选择该商品或者服务并提交订单成功时合同成立，但是当事人另有约定的除外。

答案：B

119. 解 《中华人民共和国节约能源法》第十三条第 3 款规定，国家鼓励企业制定严于国家标准、行业标准的企业节能标准。第十三条第 4 款规定，省、自治区、直辖市制定严于强制性国家标准、行业标准的地方节能标准，由省、自治区、直辖市人民政府报经国务院批准；本法另有规定的除外。第十七条规定，禁止使用国家明令淘汰的用能设备、生产工艺。第十九条第 2 款规定，禁止销售应当标注而未标注能源效率标识的产品。第十九条第 3 款规定，禁止伪造、冒用能源效率标识。

答案：C

120. 解 《建设工程监理规范》第 3.2.3 条第 5 款规定，专业监理工程师应履行下列职责：检查进场的工程材料、构配件、设备的质量（选项 B）。《建设工程监理规范》第 3.2.1 条规定，选项 C 拨付工程款和选项 D 竣工验收是总监理工程师的职责。选项 A 样板工程专项施工方案不需监理工程师签字。

答案：B

2022 年度全国勘察设计注册工程师执业资格考试基础补考（上）

试题解析及参考答案

1. 解 本题考查两个重要极限之一：$\lim\limits_{x \to 0}(1 + x)^{\frac{1}{x}} = e$。

$\lim\limits_{x \to 0}(1 - kx)^{\frac{2}{x}} = \lim\limits_{x \to 0}(1 - kx)^{\frac{1}{-kx}(-2k)} = e^{-2k} = 2$，故 $k = -\frac{1}{2}\ln 2$。

答案：C

2. 解 本题考查等价无穷小。

方法 1：当 $x \to 0$ 时，$a\sin^2 x \sim ax^2$，$\tan\frac{x^2}{3} \sim \frac{1}{3}x^2$，故 $a = \frac{1}{3}$。

方法 2：$\lim\limits_{x \to 0}\dfrac{a\sin^2 x}{\tan\frac{x^2}{3}} = \lim\limits_{x \to 0}\dfrac{ax^2}{\frac{x^2}{3}} = 3a = 1$，解得 $a = \frac{1}{3}$。

答案：B

3. 解 本题考查复合函数的求导以及通过变量代换和积分求函数表达式。

方法 1：由 $\dfrac{\mathrm{d}}{\mathrm{d}x}f\left(\dfrac{1}{x^2}\right) = f'\left(\dfrac{1}{x^2}\right)\left(\dfrac{1}{x^2}\right)' = -\dfrac{2}{x^3}f'\left(\dfrac{1}{x^2}\right) = \dfrac{1}{x}$，可得 $f'\left(\dfrac{1}{x^2}\right) = -\dfrac{x^2}{2}$。设 $t = \dfrac{1}{x^2}$，则 $f'(t) = -\dfrac{1}{2t}$，求不定积分 $f(t) = -\dfrac{1}{2}\int\dfrac{1}{t}\mathrm{d}t = -\dfrac{1}{2}\ln|t| + C$，所以 $f(x) = -\dfrac{1}{2}\ln|x| + C$。已知 $f(1) = 1$，代入上式可得 $C = 1$，可得 $f(x) = -\dfrac{1}{2}\ln|x| + 1$。

方法 2：对等式两边积分 $\displaystyle\int\dfrac{\mathrm{d}}{\mathrm{d}x}f\left(\dfrac{1}{x^2}\right)\mathrm{d}x = \int\dfrac{1}{x}\mathrm{d}x \Rightarrow f\left(\dfrac{1}{x^2}\right) = \ln|x| + C$，设 $t = \dfrac{1}{x^2}$，$|x| = \dfrac{1}{\sqrt{t}}$，则 $f(t) = -\dfrac{1}{2}\ln|t| + C$，即 $f(x) = -\dfrac{1}{2}\ln|x| + C$。$f(1) = 1$，代入可得 $C = 1$，$f(x) = -\dfrac{1}{2}\ln|x| + 1$。

答案：D

4. 解 本题考查复合函数的二阶导数计算。

由已知 $f(x) = e^x$，$g(x) = \sin x$，易知 $g'(x) = \cos x$，$y = f[g'(x)] = e^{\cos x}$，则

$$\frac{\mathrm{d}y}{\mathrm{d}x} = -\sin x\, e^{\cos x}$$

$$\frac{\mathrm{d}^2 y}{\mathrm{d}x^2} = (-\sin x\, e^{\cos x})' = -\cos x\, e^{\cos x} - \sin x\, e^{\cos x}(-\sin x) = e^{\cos x}(\sin^2 x - \cos x)$$

答案：C

5. 解 本题考查求曲线的渐近线。

由 $\lim\limits_{x \to 0}e^{-\frac{1}{x^2}} = 0$，$\lim\limits_{x \to \infty}e^{-\frac{1}{x^2}} = 1$，知 $y = 1$ 是曲线 $y = e^{-\frac{1}{x^2}}$ 的一条水平渐近线。

注：本题超纲，函数 $y = e^{-\frac{1}{x^2}}$ 和 $y = 1$ 的图像如解图所示，易知当 x 逐渐增大时，$y = e^{-\frac{1}{x^2}}$ 的图像会向 $y = 1$ 的图像逐渐靠近，因此称 $y = 1$ 是 $y = e^{-\frac{1}{x^2}}$ 的渐近线。

题5解图

答案： B

6. 解 本题考查函数的驻点和拐点的概念及性质。

二阶可导点处拐点的必要条件：设点 $(x_0, f(x_0))$ 为曲线 $y = f(x)$ 的拐点，且 $f''(x_0)$ 存在，则 $f''(x_0) = 0$，题干未注明 $f''(x_0)$ 是否存在，故选项 A、B 错误。

根据函数 $f(x)$ 拐点的定义：设函数 $f(x)$ 连续，若曲线在点 $(x_0, f(x_0))$ 两旁凹凸性改变，则点 $(x_0, f(x_0))$ 为曲线的拐点。拐点是函数图像上凹凸性发生改变的点，不一定是驻点，但一定是连续点，故选项 C 错误。

答案： D

7. 解 本题考查定积分的计算以及运用对称区间上偶函数的积分简化计算。

被积函数 $|\sin x|$ 在对称区间 $[-\pi, \pi]$ 上为偶函数，则
$$\int_{-\pi}^{\pi} |\sin x|\, \mathrm{d}x = 2\int_0^{\pi} \sin x\, \mathrm{d}x = -2\cos x\Big|_0^{\pi} = 4$$

答案： B

8. 解 本题考查原函数的定义及不定积分与微分运算互逆的性质。

已知 $F(x)$ 是 e^{-x} 的一个原函数，即 $F'(x) = e^{-x}$，可得 $F(x) = \int e^{-x}\, \mathrm{d}x = -e^{-x} + C$，所以 $\int \mathrm{d}F(2x) = F(2x) + C = -e^{-2x} + C$。

答案： D

9. 解 本题考查向量的向量积。根据右手螺旋法则：
$$\boldsymbol{i} \times \boldsymbol{j} \times \boldsymbol{k} = \boldsymbol{k} \times \boldsymbol{k} = 0$$

答案： A

10. 解 本题考查求平面方程。所求平面平行 xoz 坐标面，故平面的法向量平行于 y 轴，可设平面法向量为 $\boldsymbol{n} = (0,1,0)$，且过 y 轴上的点 $(0,1,0)$，由平面点法式方程可得
$$0(x-0) + 1 \times (y-1) + 0(z-0) = 0$$

即 $y = 1$。

答案： B

11. 解 本题考查积分上限函数的导数及一阶微分方程的求解。

对方程 $y = e^x + \int_0^x f(t)\,dt$ 两边求导，得 $y' = e^x + y$，这是一个形如 $y' + P(x)y = Q(x)$ 的一阶线性微分方程，其中 $P(x) = -1$，$Q(x) = e^x$，其通解为 $y = e^{-\int P(x)\,dx}[\int Q(x)e^{\int P(x)\,dx}\,dx + C]$，可得 $y = e^{-\int -1\,dx}[\int e^x e^{\int -dx}\,dx + C] = e^x(x + C)$。由已知 $y = e^x + \int_0^x f(t)\,dt$，知 $y(0) = 1$，代入通解可得 $C = 1$。所以函数的表达式为 $y = e^x(x + 1)$。

答案：B

12. 解 本题考查多元函数微分学基本概念的关系。

二元函数在可微、偏导存在、连续之间的关系如下：

可知，二元函数在点 $M(x_0, y_0)$ 处两个偏导数存在是可微的必要条件，亦即可微则两个偏导数一定存在。

答案：B

13. 解 本题考查二阶常系数线性非齐次微分方程的特解。

方法1： 将四个函数代入微分方程直接验证，可知选项C正确。

方法2： 二阶常系数非齐次微分方程所对应的齐次方程的特征方程为 $r^2 - r - 2 = 0$，特征根 $r_1 = -1$，$r_2 = 2$，可得齐次方程的通解为 $Y = C_1 e^{2x} + C_2 e^{-x}$。

另一方面，由右端项 $f(x) = 3e^x$，可知 $\lambda = 1$ 不是对应齐次方程的特征根，所以非齐次方程的特解形式为 $y^* = Ae^x$，A 为待定常数。代入非齐次微分方程，得 $y'' - y' - 2y = (Ae^x)'' - (Ae^x)' - 2Ae^x = -2Ae^x = 3e^x$，通过比较有 $A = -\frac{3}{2}$，所以 $y^* = -\frac{3}{2}e^x$ 是微分方程的特解，可得方程的通解为 $y = Y + y^* = C_1 e^{2x} + C_2 e^{-x} - \frac{3}{2}e^x$。由此可知，选项C正确。

答案：C

14. 解 本题考查直角坐标系二重积分化为极坐标系计算二重积分。

直角坐标与极坐标的关系为 $\begin{cases} x = r\cos\theta \\ y = r\sin\theta \end{cases}$，由 $x^2 + y^2 \leq 1$，得极坐标系下的积分区域 D 为 $\begin{cases} -\pi \leq \theta \leq \pi \\ 0 \leq r \leq 1 \end{cases}$，如解图所示。

极坐标系的面积元素 $dx\,dy = r\,dr\,d\theta$，则：

$$\iint_D (x^2 + y^2)^2\,dx\,dy = \int_{-\pi}^{\pi} d\theta \int_0^1 r^4 \cdot r\,dr = 2\pi \frac{r^6}{6}\bigg|_0^1 = \frac{\pi}{3}$$

题14解图

答案：B

15. 解 本题考查对弧长的曲线积分的计算。设 L 为圆周 $x = a\cos t$，$y = a\sin t$（$a > 0$，$0 \leq t \leq 2\pi$），

则对弧长的曲线积分：

$$\int_L (x^2 + y^2)\,\mathrm{d}s = \int_0^{2\pi} a^2(\cos^2 t + \sin^2 t)a\sqrt{(-\sin t)^2 + (\cos t)^2}\,\mathrm{d}t = \int_0^{2\pi} a^3\,\mathrm{d}t = 2\pi a^3$$

注：第一类曲线积分的下限一定小于或等于上限。

答案：A

16. 解　本题考查无穷级数收敛的定义及收敛数列的有界性。

根据常数项级数敛散性定义，对于级数 $\sum\limits_{n=0}^{\infty} a_n$ 部分和数列 $\{S_n\}$，若 $\lim\limits_{n\to\infty} S_n = S$ 存在，则称级数 $\sum\limits_{n=1}^{\infty} a_n$ 收敛，收敛数列一定有界的。

答案：A

17. 解　本题考查多元复合函数偏导数计算。

方法 1：函数 $z = f(x, xy)$，其中 $f(u, v)$ 具有二阶连续偏导数，设 $u = x$，$v = xy$，则

$\dfrac{\partial z}{\partial x} = \dfrac{\partial f}{\partial u} + y\dfrac{\partial f}{\partial v}$，$\dfrac{\partial^2 z}{\partial x \partial y} = \dfrac{\partial}{\partial y}\left(\dfrac{\partial f}{\partial u}\right) + \dfrac{\partial}{\partial y}\left(y\dfrac{\partial f}{\partial v}\right) = x\dfrac{\partial^2 f}{\partial u \partial v} + \dfrac{\partial f}{\partial v} + xy\dfrac{\partial^2 f}{\partial v^2} = \dfrac{\partial f}{\partial v} + x\left(\dfrac{\partial^2 f}{\partial v \partial u} + y\dfrac{\partial^2 f}{\partial v^2}\right)$。

方法 2：函数 $z = f(x, xy)$，其中 $f(u, v)$ 具有二阶连续偏导数，则 $\dfrac{\partial z}{\partial y} = x\dfrac{\partial f}{\partial v}$，$\dfrac{\partial^2 z}{\partial x \partial y} = \dfrac{\partial^2 z}{\partial y \partial x} = \dfrac{\partial}{\partial x}\left(x\dfrac{\partial f}{\partial v}\right) = \dfrac{\partial f}{\partial v} + x\dfrac{\partial}{\partial x}\left(\dfrac{\partial f}{\partial v}\right) = \dfrac{\partial f}{\partial v} + x\dfrac{\partial^2 f}{\partial v \partial u} + xy\dfrac{\partial^2 f}{\partial v^2} = \dfrac{\partial f}{\partial v} + x\left(\dfrac{\partial^2 f}{\partial v \partial u} + y\dfrac{\partial^2 f}{\partial v^2}\right)$。

答案：D

18. 解　本题考查傅里叶级数狄利克雷收敛定理。

已知 $f(x)$ 是以 2π 为周期的周期函数，它在 $(-\pi, \pi]$ 的表达式为 $f(x) = \begin{cases} x+1 & -\pi < x \leqslant 0 \\ 2 & 0 < x \leqslant \pi \end{cases}$，满足狄利克雷收敛定理的条件，则傅里叶级数收敛，并且当 x 是 $f(x)$ 的连续点时，级数收敛于 $f(x)$；当 x 是 $f(x)$ 的间断点时，级数收敛于 $\dfrac{f(x-0)+f(x+0)}{2}$。6π 是 $f(x)$ 的间断点，所以傅里叶级数的和函数 $S(6\pi) = S(0) = \dfrac{f(0-0)+f(0+0)}{2} = \dfrac{1+2}{2} = \dfrac{3}{2}$。

答案：C

19. 解　本题考查求向量组的极大线性无关组的方法。即把向量作为列向量构成矩阵，然后进行初等行变换，将矩阵变为行阶梯形矩阵。每行的首非零元所在的列向量构成一个极大线性无关组。

方法 1：$\alpha_1, \alpha_2, \alpha_3, \alpha_4$ 为列向量作矩阵 $\boldsymbol{A}$，进行初等行变换。

$$\boldsymbol{A} = (\alpha_1, \alpha_2, \alpha_3, \alpha_4) = \begin{bmatrix} 1 & 0 & 3 & 1 \\ -1 & 3 & 0 & -1 \\ 2 & 1 & 7 & 2 \\ 4 & 2 & 14 & 0 \end{bmatrix} \xrightarrow[-2r_1+r_3]{r_1+r_2} \begin{bmatrix} 1 & 0 & 3 & 1 \\ 0 & 3 & 3 & 0 \\ 0 & 1 & 1 & 0 \\ 4 & 2 & 14 & 0 \end{bmatrix} \xrightarrow{r_2 \leftrightarrow r_3}$$

$$\begin{bmatrix} 1 & 0 & 3 & 1 \\ 0 & 1 & 1 & 0 \\ 0 & 3 & 3 & 0 \\ 4 & 2 & 14 & 0 \end{bmatrix} \xrightarrow[-4r_1+r_4]{-3r_2+r_3} \begin{bmatrix} 1 & 0 & 3 & 1 \\ 0 & 1 & 1 & 0 \\ 0 & 0 & 0 & 0 \\ 0 & 2 & 2 & -4 \end{bmatrix} \xrightarrow[r_3 \leftrightarrow r_4]{-2r_2+r_4} \begin{bmatrix} 1 & 0 & 3 & 1 \\ 0 & 1 & 1 & 0 \\ 0 & 0 & 0 & -4 \\ 0 & 0 & 0 & 0 \end{bmatrix} = \boldsymbol{B}$$

由矩阵 $\boldsymbol{B}$ 的秩为 3，可知极大无关组含 3 个线性无关向量，故选项 C、D 错误。极大无关组可取

$\boldsymbol{\alpha}_1, \boldsymbol{\alpha}_2, \boldsymbol{\alpha}_4$ 或 $\boldsymbol{\alpha}_1, \boldsymbol{\alpha}_3, \boldsymbol{\alpha}_4$ 或 $\boldsymbol{\alpha}_2, \boldsymbol{\alpha}_3, \boldsymbol{\alpha}_4$。

方法 2：

$$A = (\boldsymbol{\alpha}_1, \boldsymbol{\alpha}_2, \boldsymbol{\alpha}_3, \boldsymbol{\alpha}_4) = \begin{bmatrix} 1 & 0 & 3 & 1 \\ -1 & 3 & 0 & -1 \\ 2 & 1 & 7 & 2 \\ 4 & 2 & 14 & 0 \end{bmatrix} \xrightarrow[\substack{-2r_1+r_3 \\ -4r_1+r_4}]{r_1+r_2} \begin{bmatrix} 1 & 0 & 3 & 1 \\ 0 & 3 & 3 & 0 \\ 0 & 1 & 1 & 0 \\ 40 & 2 & 24 & -4 \end{bmatrix} \xrightarrow[\substack{-\frac{2}{3}r_2+r_4}]{-\frac{1}{3}r_2+r_3} \begin{bmatrix} 1 & 0 & 3 & 1 \\ 0 & 3 & 3 & 0 \\ 0 & 0 & 0 & 0 \\ 0 & 0 & 0 & -4 \end{bmatrix}$$

易知极大线性无关组为 $\boldsymbol{\alpha}_1, \boldsymbol{\alpha}_2, \boldsymbol{\alpha}_4$ 或 $\boldsymbol{\alpha}_1, \boldsymbol{\alpha}_3, \boldsymbol{\alpha}_4$。

答案： B

20. 解　本题考查二次型秩的概念。

$$f = \boldsymbol{x}^{\mathrm{T}} \boldsymbol{A} \boldsymbol{x}$$

$$\boldsymbol{A} = \begin{bmatrix} -1 & & & \\ & 1 & & \\ & & 1 & \\ & & & -1 \end{bmatrix}, \quad \boldsymbol{x} = \begin{bmatrix} x_1 \\ x_2 \\ x_3 \\ x_4 \end{bmatrix}$$

$r(\boldsymbol{A}) = 4$，$\boldsymbol{A}$ 的秩称为二次型 f 的秩。

答案： D

21. 解　本题考查相似矩阵的性质及矩阵特征值。

由于矩阵 $\boldsymbol{A}$ 相似于矩阵 $\boldsymbol{B}$，故矩阵 $\boldsymbol{A}$ 与 $\boldsymbol{B}$ 有相同的特征值，即 $\boldsymbol{B}$ 的特征值为 1、2、3，$2\boldsymbol{B}$ 的特征值为 2、4、6，$2\boldsymbol{B} - \boldsymbol{I}$ 的特征值为 1、3、5，故 $|2\boldsymbol{B} - \boldsymbol{I}| = 1 \times 3 \times 5 = 15$。

答案： A

22. 解　本题考查条件概率的计算公式。

因为 $B \subset A$，所以 $AB = B$，又由于

$$P(B|A) = \frac{P(AB)}{P(A)} = \frac{P(B)}{P(A)}$$

故有 $\qquad\qquad P(B) = P(A)P(B|A) = 0.48$

答案： C

23. 解　本题考查概率密度函数的性质。

$$\int_{-\infty}^{+\infty} \int_{-\infty}^{+\infty} f(x,y) \,\mathrm{d}x\,\mathrm{d}y = 1$$

$\int_{0}^{+\infty} c e^{-x} \,\mathrm{d}x \int_{0}^{+\infty} e^{-y} \,\mathrm{d}y = c(-e^{-x}) \Big|_{0}^{+\infty} (-e^{-y}) \Big|_{0}^{+\infty} = c \times 1 \times 1 = 1$，得到 $c = 1$

答案： B

24. 解　本题考查随机变量的数学期望、方差、协方差、相关系数等的概念及性质。

方法 1： 把 $2X - Y + 1$ 看成一个整体，直接用公式 $E(X^2) = D(X) + (E(X))^2$：

$$E[(2X - Y + 1)^2] = D(2X - Y + 1) + [E(2X - Y + 1)]^2 = D(2X - Y) + (2EX - EY + 1)^2$$
$$= D(2X - Y) + 1 = D(2X) + D(Y) - 2\text{Cov}(2X, Y) + 1$$
$$= 4D(X) + D(Y) - 4\text{Cov}(X,Y) + 1 = 4D(X) + D(Y) - 4\rho_{XY}\sqrt{D(X)D(Y)} + 1$$
$$= 4 \times 1 + 4 - 4 \times 0.6\sqrt{1 \times 4} + 1 = 4.2$$

方法2：把$2X - Y + 1$的平方展开后再用性质计算。
$$E[(2X - Y + 1)^2] = E((2X - Y)^2 + 2(2X - Y) + 1)$$
$$= E((2X - Y)^2) + 2E(2X - Y) + 1 = E(4X^2 - 4XY + Y^2) + 4E(X) - 2E(Y) + 1$$
$$= 4E(X^2) - 4E(XY) + E(Y^2) + 4E(X) - 2E(Y) + 1$$

利用公式$E(X^2) = D(X) + (EX)^2$，$E(XY) = \text{Cov}(X,Y) + E(X)E(Y)$

$$\text{Cov}(X,Y) = \rho_{XY}\sqrt{D(X)D(Y)}$$

代入相应的数值可得：$E(X^2) = D(X) + (EX)^2 = 1 + 1 = 2$，同理$E(Y^2) = 4 + 4 = 8$

$$\text{Cov}(X,Y) = \rho_{XY}\sqrt{D(X)D(Y)} = 0.6 \times \sqrt{1 \times 4} = 1.2$$

$$E(XY) = \text{Cov}(X,Y) + E(X)E(Y) = 1.2 + 2 = 3.2$$

故$E[(2X - Y + 1)^2] = 4 \times 2 - 4 \times 3.2 + 8 + 4 - 4 + 1 = 4.2$

方法3：相关系数$\rho_{XY} = \frac{\text{Cov}(X,Y)}{\sqrt{D(X)D(Y)}} = \frac{E(XY) - E(X)E(Y)}{\sqrt{D(X)D(Y)}} = \frac{E(XY) - 1 \times 2}{\sqrt{1 \times 4}} = 0.6$，解得$E(XY) = 3.2$。

而$E[(2X - Y + 1)^2] = E((2X - Y)^2 + 2(2X - Y) + 1)$
$$= E((2X - Y)^2) + 2E(2X - Y) + 1$$
$$= E(4X^2 - 4XY + Y^2) + 4E(X) - 2E(Y) + 1$$
$$= 4E(X^2) - 4E(XY) + E(Y^2) + 4E(X) - 2E(Y) + 1$$

利用公式$E(X^2) = D(X) + (EX)^2$，$E(X^2) = 1 + 1 = 2$，同理$E(Y^2) = 4 + 4 = 8$

故$E[(2X - Y + 1)^2] = 4 \times 2 - 4 \times 3.2 + 8 + 4 - 4 + 1 = 4.2$

答案：B

25. 解 平均速率的公式为$\bar{v} = \sqrt{\frac{8RT}{\pi M}}$，平均速率提高为原来的2倍，则温度提高为原来的4倍，再根据压强公式$p = nkT$，压强也提高为原来的4倍。

答案：D

26. 解 根据分子的平均平动公式$\bar{\omega} = \frac{3}{2}kT$，分子的平均平动相同，温度相同。再根据压强公式$p = nkT$，分子数密度不同，压强不同。

答案：B

27. 解 内能E只与始末状态有关，是状态量。W、Q均为过程量。

答案：D

28. 解 气体经一次循环对外所做的净功为曲线所包围的面积，此循环为顺时针正循环，系统对外做正功。

$$W = (4 - 1) \times 10^5 \times (4 - 1) \times 10^{-3} = 900\text{J}$$

答案：D

29. 解 理想气体的状态方程 $PV = \dfrac{M}{\mu}RT$，可列出两个等式：

$$P_1 V = \frac{m_1 - m_{瓶子}}{\mu} RT \qquad\qquad ①$$

$$P_2 V = \frac{m_2 - m_{瓶子}}{\mu} RT \qquad\qquad ②$$

两式相减，可得气体的摩尔质量 $\mu = \dfrac{RT}{V}\dfrac{m_1 - m_2}{P_1 - P_2}$。

答案：A

30. 解 沿传播方向相距为 λ 的两点的相位差为 2π，振动状态完全相同。

答案：B

31. 解 注意位移和振幅的区别，位移有正有负，而振幅恒为正，且 SI 表示国际单位制，位移单位为 m。

答案：A

32. 解 由机械波能量特征知，动能与势能是同相的，质元经过平衡位置时，动能最大，势能也最大。

答案：A

33. 解 驻波是由振幅、频率和传播速度都相同的两列相干波在同一直线上沿相反方向传播时叠加而成的一种特殊形式的干涉现象。

设另一简谐波的表达式为 $y_2 = 2.0 \times 10^{-2} \cos\left[100\pi\left(t - \dfrac{x}{20}\right) + \varphi\right]$ (SI)，则驻波方程为：

$$y = y_1 + y_2 = 2.0 \times 10^{-2} \cos\left[100\pi\left(t + \frac{x}{20}\right) - \frac{\pi}{3}\right] + 2.0 \times 10^{-2} \cos\left[100\pi\left(t - \frac{x}{20}\right) + \varphi\right]$$

$$= 4.0 \times 10^{-2} \cos\left[100\pi t + \frac{1}{2}\left(\varphi - \frac{\pi}{3}\right)\right] \cos\left[5\pi x - \frac{1}{2}\left(\varphi + \frac{\pi}{3}\right)\right]$$

因为 $x = 0$ 处为波腹，所以 $\cos\left[-\dfrac{1}{2}\left(\varphi + \dfrac{\pi}{3}\right)\right] = \pm 1$，则 $-\dfrac{1}{2}\left(\varphi + \dfrac{\pi}{3}\right) = k\pi$。

当 $k = 0$，$\varphi = -\dfrac{\pi}{3}$；当 $k = 1$，$\varphi = \dfrac{5\pi}{3}$。

答案：C

34. 解 光通过折射率不同的两种媒质时，光的频率不变，光的波长和波速都会发生变化。

$$\lambda_n = \frac{\lambda}{n}; \quad v = \frac{c}{n}$$

答案：D

35. 解 增透膜是利用光的干涉原理，增加透射，减少反射。

答案：C

36. 解 对于平行光，单缝的少许移动不会导致成像位置和形状的改变。

答案：D

37. 解 四个量子数的物理意义分别为：

主量子数n：①代表电子层；②代表电子离原子核的平均距离；③决定原子轨道的能量。

角量子数l：①表示电子亚层；②确定原子轨道形状；③在多电子原子中决定亚层能量。

磁量子数m：①确定原子轨道在空间的取向；②确定亚层中轨道的数目。

自旋量子数m_s：决定电子自旋方向。

答案：C

38. 解 Ca^{2+}的核外电子排布为：$1s^2 2s^2 2p^6 3s^2 3p^6$，最外层8个电子，为8电子构型。

答案：B

39. 解 根据拉乌尔定律，溶液沸点升高度数和凝固点下降度数与溶液中所有溶质粒子的质量摩尔浓度（近似等于物质量浓度）成正比。选项A、B、C溶液溶质粒子浓度均为0.2mol/L，选项D溶液溶质粒子浓度为0.3mol/L。故选项D溶液凝固点下降最大，凝固点最低。

答案：D

40. 解 由$pH = -\lg C_{H^+}$，得$C_{H^+} = 10^{-3}$mol/L。由一元弱酸氢离子浓度近似计算公式$C_{H^+} = \sqrt{K_a C}$，得

$$K_a = \frac{C_{H^+}^2}{C} = \frac{(10^{-3})^2}{0.1} = 1.0 \times 10^{-5}$$

答案：B

41. 解 催化剂能够改变反应途径，降低活化能，同时提高正、逆反应速率，但只能改变达到平衡的时间而不能改变平衡的状态。平衡常数只是温度的函数，与分压、浓度、催化剂无关。本题同样温度下，使用催化剂，平衡常数不变，平衡转化率不变。

答案：C

42. 解 温度不变，平衡常数不变。该反应前后气体分子总数不变，压强变化不会引起化学平衡移动。容器体积缩小到原来的1/2，气体B(g)和C(g)的浓度都将为原来的2倍。

答案：D

43. 解 Cu^{2+}/Cu电对的电极反应为$Cu^{2+} + 2e^- = Cu$，根据能斯特方程：

$$E(Cu^{2+}/Cu) = E^{\Theta}(Cu^{2+}/Cu) + \frac{0.0592}{2}\lg C_{Cu^{2+}} = 0.30$$

故$C(Cu^{2+}) = 0.0445$mol/L < 1mol/L

答案：B

44. 解 苯和甲苯都属于芳烃，都能在空气中燃烧，都能发生取代反应。甲苯能被$KMnO_4$酸性溶液氧化为苯甲酸，使$KMnO_4$溶液褪色；而苯性质稳定，与$KMnO_4$溶液不反应。

答案：D

45. 解 消除反应是有机化合物分子中消去一个小分子化合物（如HX、H_2O等）的反应。水解反应

是水作为亲核试剂攻击化合物中的原子或离子，从而导致化合物的分解，常见的水解反应有卤代烃水解、磺酸及其盐的水解、酯的水解、胺的水解等。四个选项均为卤代烃，卤代烃水解本质是取代反应，均能发生水解反应生成相应的醇。选项 A 既能发生消除反应生成丙烯，又能发生水解反应生成异丙醇；选项 B 只有一个碳；选项 C 和 D 与 Cl 成键的 C 原子的相邻 C 原子无 H，均不能发生消除反应。

答案：A

46. 解 加聚反应是单体通过加成反应结合成为高聚物的反应。丙烯的化学式为 $CH_2=CH-CH_3$，加聚反应的产物为选项 C（聚丙烯）。

答案：C

47. 解 根据平面任意力系独立平衡方程组的条件，三个平衡方程中，选项 A 不满足三个矩心不共线的三矩式要求，选项 B、D 不满足两矩心连线不垂直于投影轴的二矩式要求。只有选项 C 两矩心 A、B 点连线不垂直于投影轴 x，满足独立平衡方程组的条件。

答案：C

48. 解 根据力系简化最后结果分析，只要主矢不为零，力系简化的最后结果就是一合力。而力系向 A 点简化的矩为零，向 B 点简化的矩不为零，故主矢不为零。

答案：D

49. 解 取 CD 为研究对象，受力如解图所示，列平衡方程 $\sum M_C(\boldsymbol{F}) = 0$，即：

题 49 解图

$$F_D \times 2L - F\sin 45° L = 0$$

解得：$F_D = 0.35\text{kN}$（↑）

答案：D

50. 解 分析铰接三根杆的节点 E，可知 EG 杆为零杆，再分析节点 G，由于 EG 杆为零杆，节点 G 实际也为三杆的铰接点，故 1 杆为零杆。

答案：D

51. 解 因为 $v = \dfrac{dy}{dt} = t^2 - 20$，则积分后有 $y = \dfrac{1}{3}t^3 - 20t + C$，已知 $t=0$ 时，$y = -15\text{m}$，故 $C = -15$，即点的运动方程为 $y = \dfrac{1}{3}t^3 - 20t - 15$；$t = 3\text{s}$ 时，点的位置坐标为 $y = -66\text{m}$。

答案：B

52. 解 $a = \dfrac{dv}{dt} = 20\text{m/s}^2$。

答案：B

53.解 B 点绕 O 轴转动的转动半径 $OB = 50\text{cm}$，定轴转动刚体上一点速度和法向加速度与转动角速度的关系为：

$$v_B = OB \cdot \omega = 50 \times 2 = 100\text{cm/s}, \quad a_{Bn} = OB \cdot \omega^2 = 50 \times 4 = 200\text{cm/s}^2$$

答案：A

54.解 当忽略滑轮质量和摩擦时，连接物块 A 的绳索张力与连接物块 B 的绳索张力大小相等。

答案：C

55.解 设鼓轮的角速度为 ω，则物块 B 的速度 $v_B = r_1\omega = v$，物块 A 的速度 $v_A = r_2\omega = \frac{r_2}{r_1}v$，系统的动能为：

$$T = \frac{1}{2}m_2 v_A^2 + \frac{1}{2}m_1 v_B^2 = \frac{1}{2}m_2\left(\frac{r_2}{r_1}v\right)^2 + \frac{1}{2}m_1 v^2 = \frac{1}{2}\left(\frac{m_1 r_1^2 + m_2 r_2^2}{r_1^2}\right)v^2$$

答案：A

56.解 杆在初瞬时和在最小常力矩作用下转过 $90°$ 时的角速度均为零，故动能 $T_1 = T_2 = 0$，由动能定理 $T_2 - T_1 = M \times \frac{\pi}{2} - mg \times \frac{l}{2} = 0$，可得 $M = \frac{mgl}{\pi} = 24.97\text{N} \cdot \text{m}$。

答案：C

57.解 在 BA 绳剪断瞬时，物体只有垂直于 CA 绳的加速度（如解图所示），而惯性力 $F_1 = \frac{Q}{g}a$ 与加速度反向，沿加速度方向列平衡方程：$Q\cos 30° - F_1 = 0$，解得 $a = g\cos 30°$，则有惯性力 $F_1 = Q\cos 30° = \frac{\sqrt{3}}{2}Q$。

答案：A

题 57 解图

58.解 振动频率 $\omega = \sqrt{\frac{k}{m}}$；三个装置中等效弹簧刚度最小的振动频率就最小。

装置（a）两弹簧并联，等效弹簧刚度为 $k_a = k + k = 2k$。

装置（b）两弹簧串联，等效弹簧刚度为 $k_b = \frac{k}{2} = 0.5k$。

装置（c）三弹簧并联，等效弹簧刚度为 $k_c = 3k$。

所以装置（b）振动频率最小。

答案：B

59.解 材料 D 的应变值 ε 最大，塑性最好。

答案：D

60.解 由截面法可知，AB 段轴力为零、变形为零；BC 段轴力为 F，变形为 $\frac{Fa}{EA}$，杆的总伸长为两段变形之和，故为 $\frac{Fa}{EA}$。

答案：B

61. 解 由铰链轴的受力分析可知，剪切面上的剪力是$F/2$，剪切面面积为$\pi d^2/4$。

由剪切强度条件：

$$\tau = \frac{Q}{A} = \frac{F}{2}\Big/\frac{\pi d^2}{4} \leqslant [\tau]$$

得到：$d^2 \geqslant \dfrac{2F}{\pi[\tau]}$

答案：B

62. 解 圆轴的最大切应力：$\tau_{\max 1} = \dfrac{T}{W_p} = \dfrac{T}{\pi d^3/16} = \dfrac{16T}{\pi d^3}$

将轴的直径增大一倍后：$\tau_{\max 2} = \dfrac{16T}{\pi(2d)^3}$

$\tau_{\max 1}/\tau_{\max 2} = \dfrac{1}{8}$

答案：C

63. 解 圆轴在扭矩作用下发生的弹性扭转角：$\varphi = \dfrac{TL}{GI_p}$

所以 $T = \dfrac{GI_p\varphi}{L}$。

答案：A

64. 解 利用惯性矩的平行移轴公式，可得：

$$I_{x1} = I_x + \left(\frac{a}{2}\right)^2 A = \frac{a^4}{12} + \left(\frac{a}{2}\right)^2 a^2 = \frac{a^4}{3}$$

$$I_{y1} = I_y + \left(\frac{a}{2}\right)^2 A = \frac{a^4}{12} + \left(\frac{a}{2}\right)^2 a^2 = \frac{a^4}{3}$$

题 64 解图

关于角点 C 的极惯性矩：

$$I_p = I_{x1} + I_{y1} = \frac{a^4}{3} + \frac{a^4}{3} = \frac{2a^4}{3}$$

答案：A

65. 解 根据梁的弯曲内力图的突变规律，在集中力偶作用截面处，弯矩 M 图有突变，剪力 Q_s 图无变化。

答案：C

66. 解 受均布荷载的简支梁，其弯矩图和挠度曲线都是向下弯的曲线，可知此梁的截面下部受拉，而铸铁材料的抗拉性能较差。按强度考虑，为了提高此梁的承载能力，应该采用 T 字形截面，并把翼缘布置在下部，使得发生最大拉应力的位置离中性轴最近，最大拉应力最小。

答案：D

67. 解 由题目的已知条件可知，梁（a）和梁（b）的材料不同，故二者弹性模量 E 不同；但是它们的弯曲刚度 EI 相同，所以二者的惯性矩 I 不同，抗弯截面模量 W_z 不同，$\sigma_{\max} = M_{\max}/W_z$，因而弯曲最大正应力不同。

答案：A

68. 解 （A）图：$\sigma_1 = \sigma$，$\sigma_2 = \sigma$，$\sigma_3 = 0$

$$\tau_{\max} = \frac{\sigma - 0}{2} = \frac{\sigma}{2}$$

（B）图：$\sigma_1 = \sigma$，$\sigma_2 = 0$，$\sigma_3 = -\sigma$

$$\tau_{\max} = \frac{\sigma - (-\sigma)}{2} = \sigma$$

（C）图：$\sigma_1 = 2\sigma$，$\sigma_2 = 0$，$\sigma_3 = -\sigma/2$

$$\tau_{\max} = \frac{2\sigma - (-\sigma/2)}{2} = \frac{5\sigma}{4}$$

（D）图：$\sigma_1 = 2\sigma$，$\sigma_2 = \sigma$，$\sigma_3 = 0$

$$\tau_{\max} = \frac{2\sigma - 0}{2} = \sigma$$

显然图（C）具有最大切应力。

答案：C

69. 解 第二强度理论的强度条件表达式是 $\sigma_1 - \nu(\sigma_2 + \sigma_3) \leqslant [\sigma]$。

答案：B

70. 解 图（a）杆长 L，两端固定，$\mu = 0.5$。

压杆临界力：$F_{cr}^a = \pi^2 EI / (0.5L)^2$

图（b）上下两根压杆杆长都是 $L/2$，都是一端固定、一端铰支，$\mu = 0.7$。

压杆临界力：$F_{cr}^b = \pi^2 EI / \left(0.7 \times \frac{L}{2}\right)^2$

所以 $F_{cr}^b / F_{cr}^a = 1/0.7^2$

答案：C

71. 解 压力表读数为相对压强。绝对压强 = 大气压 + 相对压强 = $101 + 20 = 121$kPa。

答案：A

72. 解 流线与迹线重合的条件是恒定流，选项 A 错误。

不可压缩流场只有当是无旋流动时，任一封闭曲线的速度环量才等于零，选项 B 错误。

伯努利方程适用于不可压缩流体还需"定常流动"的条件，选项 C 错误。

根据不可压缩流体的三维流动连续性方程，其中任一点的速度散度为零，选项 D 正确。

答案：D

73. 解 计算结果为负值，与方程列错和计算结果正确与否没有必然联系，选项 A、D 均错误。计算结果为正，则说明力的实际方向与假设方向一致；计算结果为负，则说明力的实际方向与假设方向相反，选项 C 错误、选项 B 正确。

答案：B

74.解　雷诺数$\mathrm{Re}=\dfrac{v\cdot d}{\nu}$，运动黏度相同，$Q=Av=\dfrac{\pi}{4}d^2v$，联立可得：

$$\frac{\mathrm{Re}_1}{\mathrm{Re}_2}=\frac{v_1 d_1}{v_2 d_2}=\frac{Q_1 d_2}{Q_2 d_1},\quad \frac{d_1}{d_2}=\frac{Q_1 \mathrm{Re}_2}{Q_2 \mathrm{Re}_1}=\frac{3\times 2}{4\times 1}=\frac{3}{2}$$

答案：B

75.解　根据沿程阻力计算的达西公式$h_\mathrm{f}=\lambda\dfrac{L}{d}\dfrac{v^2}{2g}$，以及并联管路各支路两端的压降相等，有$\lambda_1\dfrac{L_1}{d_1}\dfrac{v_1^2}{2g}=\lambda_2\dfrac{L_2}{d_2}\dfrac{v_2^2}{2g}$，由此得$\dfrac{L_1}{L_2}=\dfrac{\lambda_2}{\lambda_1}\dfrac{d_1}{d_2}\dfrac{v_2^2}{v_1^2}$。根据已知条件，可得到管径比和流速比值。但管道的沿程阻力系数受到流态和当量粗糙度的影响而无法确定，因此，管道长度比无法确定。

答案：D

76.解　明渠均匀流是水深、断面平均流速、断面流速分布均沿流程不变的具有自由液面的明渠流，即：①水流必须是恒定流动，若为非恒定流，水面波动，必然会在渠道中形成非均匀流；②流量保持不变，沿程没有水流分出或汇入；③渠道必须是长而直的顺坡棱柱形渠道，即底坡i沿程不变，否则，水体的重力沿水流方向的分力不等于摩擦力；④渠道表面粗糙情况沿程没有变化，而且没有闸、坝、桥、涵等水工建筑物的局部干扰。4个选项中，只有在正坡棱柱形渠道中，沿程断面形状、尺寸和水深才均不变，底坡与水面平行，可以形成明渠均匀流。

答案：B

77.解　影响半径公式为$R=3000s\sqrt{k}$，由此可得：

$$\frac{R_1}{R_2}=\frac{s_1\sqrt{k_1}}{s_2\sqrt{k_2}}=\frac{1}{2}\times\sqrt{\frac{1}{4}}=\frac{1}{4}$$

答案：A

78.解　流动的相似原理包括几何相似、运动相似、动力相似、初始条件相似及边界条件相似，不包括质量相似。

答案：D

79.解　将一导体置于变化的磁场中，该导体中会有电动势产生，这种现象是由电磁感应定律来确定的。电磁感应定律描述的是感应的电场与变化的磁场的关系，当通过导体回路的磁通量随时间发生变化时，回路中就有感应电动势产生，从而产生感应电流。这个磁通量的变化可以是由磁场变化引起的，也可以是由于导体在磁场中运动或导体回路中的一部分切割磁力线的运动而产生的。

安培环路定律：描述磁场强度沿某曲线的线积分与此曲线包围的电流的关系。

高斯定律：描述电场沿某曲面的面积分与闭合曲面中电荷的关系。

库仑定律：描述两个点电荷之间的作用力与电荷量、距离、周围介质等之间的关系。

答案：B

80.解 在电压电流恒定的情况下，电容相当于开路，电感相当于短路。则原电路简化如解图所示。

题 80 解图

可以看出：$u_2 = 0.5u_1 = 2.5\text{V}$，$i_1 = i = 0.2\text{A}$。

答案：A

81.解 ①先将电流源与电阻的并联（见解图 a）化为电压源与电阻的串联（见解图 b）。

②再将两个串联电阻化为一个电阻（见解图 c）。

③将电压源与电阻的串联化为电流源与电阻的并联（见解图 d）。

④将两个并联电阻化为一个电阻，最终结果如解图 e）所示。

题 81 解图

答案：C

82.解 对于正弦量，最大值 I_m 是有效值 I 的 $\sqrt{2}$ 倍，周期 T 与角频率 ω 的关系是 $\omega = 2\pi/T$。

因此：$I = I_\text{m}/\sqrt{2} = \dfrac{0.1}{\sqrt{2}} = 70.7\text{mA}$，$T = 2\pi/\omega = \dfrac{2\pi}{1000} = 6.28\text{ms}$

答案：B

83.解 此电路的相量模型如解图所示。

$$\dot{I}_1 = \frac{\dot{U}}{R+R} = \frac{\dot{U}}{2R}$$

$$\dot{I}_2 = \frac{\dot{U}}{R+jX_\text{L}} = \frac{\dot{U}}{R+jR} = \frac{\dot{U}}{R\sqrt{2}\angle 45°} = \frac{\sqrt{2}\dot{U}\angle -45°}{2R}$$

$$\dot{I}_2 = \frac{\dot{U}}{R-jX_\text{C}} = \frac{\dot{U}}{R-jR} = \frac{\dot{U}}{R\sqrt{2}\angle -45°} = \frac{\sqrt{2}\dot{U}\angle 45°}{2R}$$

$$\dot{I} = \dot{I}_1 + \dot{I}_2 + \dot{I}_3 = \frac{\dot{U}}{2R} + \frac{\sqrt{2}\dot{U}\angle -45°}{2R} + \frac{\sqrt{2}\dot{U}\angle 45°}{2R} = \frac{3\dot{U}}{2R}$$

题 83 解图

由于各电流表的读数为各电流的有效值，则：

$A_1 = I_1 = \frac{U}{2R}$；$A_2 = I_2 = \frac{\sqrt{2}U}{2R}$；$A_3 = I_3 = \frac{\sqrt{2}U}{2R}$；$A = I = \frac{3U}{2R}$

答案： D

84. 解 在开关闭合瞬间（$t = 0_+$时刻），电感等效为电流源（电流为初始电流），电容等效为电压源（电压为初始电压）。则此电路的等效电路图如解图所示。

题 84 解图

则：$U_L = 10V$，$U_C = 0$，$U_{R1} = 0$，$U_{R2} = 0$

答案： A

85. 解 理想变压器，副边负载等效为原边为：$R'_L = \left(\frac{N_1}{N_2}\right)^2 R_L$

若在R_L上获得最大功率，则：$R'_L = R_1$。

得：$N_2 = \frac{N_1}{\sqrt{\frac{R_1}{R_L}}} = \frac{200}{\sqrt{\frac{100}{4}}} = 40$匝

答案： C

86. 解 由异步电动机的效率与负载的关系可知：当负载小于额定负载时，效率随负载的增大而增大；当负载大于额定负载时，效率随负载的增大而减小；当负载等于额定负载时，效率最大。由此可知：为使该电动机的工作效率高于70%（对应30kN·m的负载），带动的负载应该大于30kN·m。在30～40kN·m负载范围内，效率单调递增。

答案： C

87. 解 信号与信息是不同的两个概念。信号是特定的物理形式（声、光、电等），信息是受信者所要获得的有价值的消息。信息隐藏在信号中，信号是信息的表现形式，信号分为模拟信号和数字信号。

答案： D

88. 解 $(011111)_2 = 2^4 + 2^3 + 2^2 + 2^1 + 2^0 = 16 + 8 + 4 + 2 + 1 = 31$。

答案： D

89. 解 $x(t)$是原始信号，$u(t)$是模拟信号，它们都是时间的连续信号；$u^*(t)$是经过采样器后的采样信号，是离散信号。

答案： C

90. 解 $u(t)$ 是分段函数，$u(t) = \begin{cases} -t+2 & 0 < 2s \\ 0 & t < 0,\ t > 2s \end{cases}$

它可以由函数 $(-t+2)$ 乘以在 $1 \sim 2s$ 间为 1 的脉冲函数 $[1(t)-1(t-2)]$ 得到，因此：

$$u(t) = (-t+2)[1(t)-1(t-2)] = (-t+2)1(t) - (-t+2)1(t-2)$$

答案：D

91. 解 信号的放大包括电压放大（信号幅度放大）和功率放大（信号带载能力增强）。要求波形或频谱结构保持不变，即信号所携带的信息保持不变。

而模拟信号放大器的主要功能则是放大信号幅度。它可以将微弱的输入信号放大到较大的幅度，以便在输出端进行进一步处理或传输。模拟信号放大器并不会对信号的频率进行放大。

答案：B

92. 解 根据逻辑加法（"或"）计算：$1+B=1$，因此选项 A 正确，而选项 B、C 错误；

根据逻辑乘法（"与"）计算：$1 \cdot B = B$，因此选项 D 错误。

答案：A

93. 解 如解图所示。

①由电路可知：

集电极电流为：$i_C = \frac{12-u_o}{1000} \geqslant \frac{12-0.3}{1000} = 11.7\text{mA}$

基极电流为：$i_B \approx \frac{5}{R_B}$

②由三极管的特性可知：$i_C \leqslant \beta i_B$

综上：$R_B \leqslant \frac{5\beta}{i_C} \leqslant \frac{5\beta}{11.7}$，若放大系数 $\beta = 50$，则 $R_B \leqslant \frac{5\beta}{11.7} = \frac{5 \times 50}{11.7} = 21.4\text{k}\Omega$。

答案：C

题 93 解图

94. 解 $U_o = 10^5 U_i$，说明运算放大器处于线性放大区。

由输出特性图（见解图）可以看出：线性放大区为灰线所示，其输入电压范围为灰虚线所示，即：小于 0.1mV 且大于 -0.1mV。

答案：D

题 94 解图

95. 解 由图可以看出：

$$F_1 = \overline{(A \oplus 0) + B} = \overline{\overline{A} + B} = A\overline{B}$$
$$F_2 = \overline{(A \oplus 1) + B} = \overline{\overline{A} + B} = A\overline{B}$$

答案：B

96. 解 D 触发器特性方程为：$Q_D^{n+1} = D$（CP 上升沿触发）；

JK 触发器特性方程为：$Q_{JK}^{n+1} = J\overline{Q}^n + \overline{K}Q^n$（CP 下降沿触发）；

由图可知：$J = K = 1$，$D = \overline{Q}_D^n$

所以：

此 D 触发器特性方程可以简化为：$Q_D^{n+1} = \overline{Q}_D^n$（CP 上升沿触发）；

此 JK 触发器特性方程可以简化为：$Q_{JK}^{n+1} = \overline{Q}_{JK}^n$（CP 下降沿触发）；

输出图形如解图所示。

题 96 解图

答案：A

97. 解　系统软件是生成、准备和执行其他程序所需的一组程序。它通常负责管理、控制和维护计算机的各种软、硬件资源，并为用户提供一个友好的操作界面。常见的系统软件包括操作系统、语言处理程序（汇编程序和编译程序等）、连接装配程序、系统使用程序、多种工具软件等。

答案：B

98. 解　总线中的数据总线是用于传送程序和数据的。

答案：A

99. 解　分时操作系统是在一台计算机中可以同时连接多个近程或多个远程终端，把 CPU 时间划分为若干个时间片，通过时间片轮转的方式，由 CPU 轮流地为各个终端用户的程序提供处理器时间和内存空间，服务每个终端。这意味着系统在某一时间段内会不断地切换任务，从而给人一种这些任务似乎在同一时间内执行的感觉。但实际上，这些任务是在一个非常短的时间片内分别进行的。例如，当一个任务在执行一个操作时，处理器会切换到下一个任务，这样用户感觉好像所有的任务都在同时运行。这种"同时性"其实是通过处理器在短时间内不断切换任务来实现的。

答案：A

100. 解　机器语言是计算机诞生和发展初期使用的语言，它采用的是二进制编码形式，是由 CPU 可以识别的一组由 0、1 序列构成的指令码。随后针对机器语言的不足之处出现了另一种低级语言，即汇编语言。而后又有了高级语言，它与人们日常熟悉的自然语言和数学语言更接近，可读性强，人们编写程序更加方便。

答案：A

101. 解　任一实数都可以用一个整数和一个纯小数来表示。因为实数的小数点的位置是不固定的，所以也称为浮点数。整数称为浮点数的阶码，纯小数称为浮点数的尾数。

答案：A

102. 解 在16色的图像中，每个像素可以有16种颜色。为了表示这16种不同的颜色，每个像素需要4位二进制数（因为$2^4 = 16$，4位二进制可以表示16个不同的数据）来表示颜色的数据信息。因此，当需要表示一个像素的颜色时，我们只需要查看该像素对应的二进制数在色彩表中的值即可。这种方式可以大大减少存储颜色信息所需要的数据量，从而实现了使用相对较少的颜色来表示一幅图像的效果。

答案：A

103. 解 计算机病毒能够将自身从一个程序复制到另外一个程序中，从一台计算机复制到另一台计算机，从一个计算机网络复制到另一个计算机网络，使被传染的计算机程序、计算机网络以及计算机本身都成为计算机病毒的生存环境和新的病毒源。

答案：B

104. 解 操作系统是计算机硬件和各种用户程序之间的接口程序，它位于各种软件的最底层，操作系统提供了一种环境，使用户能方便和高效地执行程序。

答案：D

105. 解 计算机网络是在网络协议控制下用通信线路和通信设备将分布在不同地点的具有独立功能的多个计算机系统互相连接起来，在功能完善的网络软件的支持下实现彼此之间的数据通信和资源共享的系统。

答案：B

106. 解 在计算机常用的传输介质中，光纤的传输速度最快。

答案：C

107. 解 根据单利计息本利和计算公式，2年后本利和为：

$$F_2 = 1000 \times (1 + 9\% \times 2) = 1180 \text{ 元}$$

第3年到第5年按复利计息公式计算，第5年末可获得的本利和为：

$$F_5 = 1180 \times (1 + 8\%)^3 = 1486.46 \text{ 元}$$

答案：B

108. 解 建设项目评价中的总投资为建设投资、建设期利息和流动资金之和。其中，建设投资由工程费用（包括建筑工程费、设备购置费、安装工程费）、工程建设其他费用和预备费（包括基本预备费和涨价预备费）组成。

答案：A

109.解 融资租赁是通过租赁设备融通到所需资金，是债务资金筹措的一种融资方式，形成债务资金，但它不具有资本金和债务资金的双重性质，不属于准股本资金（优先股股票和可转换债券具有资本金和债务资金双重性质，属于准股本资金）。承租人支付的租金可以进入成本费用，因此可以减少应付所得税，具有抵税作用。

答案：A

110.解 在项目资本金现金流量表中，现金流出包括项目资本金、借款本金偿还、借款利息支付、经营成本、进项税额、应纳增值税、税金及附加、所得税、维持运营投资。项目正常生产期内，不考虑项目资本金（项目资本金现金流出通常发生在项目建设期）、维持运营投资（不一定每年都有）等。选项 B、D 中的总成本包含折旧费、摊销费，而折旧费、摊销费并没有实际现金流出；选项 C 所含内容不全。

答案：A

111.解 按直线法计提折旧，年折旧额为：

$$年折旧额 = \frac{固定资产原值 - 残值}{折旧年限} = \frac{100 - 100 \times 5\%}{10} = 9.5 \text{ 万元}$$

第一年投资 100 万元，年净利润 15 万元，年折旧额 9.5 万元，第一年的净现金流量为：

$$15 + 9.5 - 100 = -75.5 \text{ 万元}$$

以后各年净现金流量为：

$$年净现金流量 = 净利润 + 折旧额 = 15 + 9.5 = 24.5 \text{ 万元}$$

该项目的累计净现金流量见解表：

累计净现金流量（单位：万元）   题 111 解表

年份	1	2	3	4	5	6	7	8	9	10
净现金流量	−75.5	24.5	24.5	24.5	24.5	24.5	24.5	24.5	24.5	24.5
累计净现金流量	−75.5	−51.0	−26.5	−2	22.5	47.0	71.5	96.0	120.5	145

累计净现金流量在第 5 年为正值，则项目的静态投资回收期为：

$$T = 4 - 1 + \frac{|-2|}{24.5} = 4.08 \text{ 年}$$

答案：C

112.解 投资方案评价的各种经济效果指标，如财务内部收益率、财务净现值、静态投资回收期等，都可以作为敏感性分析的指标。若主要分析投资大小对投资方案资金回收能力的影响，可选用财务内部收益率指标；若主要分析产品价格波动对投资方案超额净收益的影响，可选用财务净现值作为分析指标；若主要分析投资方案状态和参数变化对方案投资回收快慢的影响，则可选用静态投资回收期作为分析指标。

答案：A

113. 解 本题为寿命期不等的互斥方案比较，可采用年值法进行投资方案选择。由于方案甲和方案乙寿命期同为 5 年，但方案甲净现值较小，可淘汰；方案丙和方案丁寿命期同为 10 年，但方案丙的净现值较小，也可淘汰。计算方案乙和方案丁的净年值并进行比较：

方案乙：$NAV_乙 = NPV_乙 \cdot (A/P, 10\%, 5) = \dfrac{NPV_乙}{(P/A, 10\%, 5)} = \dfrac{246}{3.7908} = 64.89$ 万元

方案丁：$NAV_丁 = \dfrac{NPV_丁}{(P/A, 10\%, 10)} = \dfrac{350}{6.1446} = 56.96$ 万元

应选择净年值较大的方案，方案乙的净年值大于方案丁的净年值，故应选择方案乙。

答案：B

114. 解 价值工程的一般工作程序包括准备阶段、功能分析阶段、方案创造阶段和方案实施阶段。各阶段的工作如下。

准备阶段：对象选择，组成价值工程工作小组，制订工作计划。

功能分析阶段：收集整理信息资料，功能系统分析，功能评价。

创新阶段：方案创新，方案评价，提案编写。

实施阶段：审批，实施与检查，成果鉴定。

答案：A

115. 解 《中华人民共和国建筑法》第二十九条规定，建筑工程总承包单位可以将承包工程中的部分工程发包给具有相应资质条件的分包单位；但是，除总承包合同中约定的分包外，必须经建设单位认可。施工总承包的，建筑工程主体结构的施工必须由总承包单位自行完成。

建筑工程总承包单位按照总承包合同的约定对建设单位负责，分包单位按照分包合同的约定对总承包单位负责。总承包单位和分包单位就分包工程对建设单位承担连带责任。

禁止总承包单位将工程分包给不具备相应资质条件的单位。禁止分包单位将其承包的工程再分包。

按照上述条文，选项 A 不正确，选项 B、D 均属于非法分包，选项 C 正确。

答案：C

116. 解 《中华人民共和国安全生产法》第五十三条规定，生产经营单位的从业人员有权了解其作业场所和工作岗位存在的危险因素、防范措施及事故应急措施，有权对本单位的安全生产工作提出建议。

故选项 A 的说法无误。

第五十四条规定，从业人员有权对本单位安全生产工作中存在的问题提出批评、检举、控告；有权拒绝违章指挥和强令冒险作业。

生产经营单位不得因从业人员对本单位安全生产工作提出批评、检举、控告或者拒绝违章指挥、强

令冒险作业而降低其工资、福利等待遇或者解除与其订立的劳动合同。

故选项 B、选项 C 的说法无误。

第五十五条规定，从业人员发现直接危及人身安全的紧急情况时，有权停止作业或者在采取可能的应急措施后撤离作业场所。

选项 D 的表述不完整，应为"在采取可能的应急措施后撤离作业场所"。

答案：D

117. 解 《中华人民共和国招标投标法》第二十七条规定，投标人应当按照招标文件的要求编制投标文件。投标文件应当对招标文件提出的实质性要求和条件作出响应。

答案：A

118. 解 《中华人民共和国民法典》第四百七十二条规定，要约是希望与他人订立合同的意思表示，该意思表示应当符合下列条件：（一）内容具体确定；（二）表明经受要约人承诺，要约人即受该意思表示约束。故选项 A、B、D 正确，选项 C 错误。

答案：C

119. 解 《中华人民共和国节约能源法》第五十六条规定，国务院管理节能工作的部门会同国务院科技主管部门发布节能技术政策大纲，指导节能技术研究、开发和推广应用。

答案：D

120. 解 《建设工程质量管理条例》第四十三条规定，国家实行建设工程质量监督管理制度。国务院建设行政主管部门对全国的建设工程质量实施统一监督管理。国务院铁路、交通、水利等有关部门按照国务院规定的职责分工，负责对全国的有关专业建设工程质量的监督管理。

答案：B

2023 年度全国勘察设计注册工程师执业资格考试基础考试（上）

试题解析及参考答案

1. 解 本题考查高阶无穷小的概念和等价无穷小替换定理。

因为当 $x \to 0$ 时，$\sin x \sim x$，故 $\sin x^2 \sim x^2$，由题意可得，$\lim\limits_{x \to 0} \dfrac{f(x)}{\sin^2 x} = \lim\limits_{x \to 0} \dfrac{f(x)}{x^2}$，已知 $f(x)$ 是 x^2 的高阶无穷小，故比值极限为 0。

答案：B

2. 解 本题考查函数间断点的类型。

当 $x^2 - 1 = 0$ 时，解得 $x_1 = 1$，$x_2 = -1$。

函数 $f(x) = \dfrac{\sin(x-1)}{x^2-1}$ 在 $x = \pm 1$ 没有定义，可知 $x = \pm 1$ 是间断点，下面判断间断点的类型：

因为 $\lim\limits_{x \to 1} \dfrac{\sin(x-1)}{x^2-1} = \lim\limits_{x \to 1} \dfrac{\sin(x-1)}{x-1} \dfrac{1}{x+1} = \dfrac{1}{2}$，故 $x = 1$ 为可去间断点。

$\lim\limits_{x \to -1} \dfrac{\sin(x-1)}{x^2-1} = \infty$，故 $x = -1$ 为第二类间断点。

答案：D

3. 解 本题考查反函数的求导方法。

根据反函数的求导法则：如果函数 $x = \varphi(y)$ 在区间 I_y 内单调、可导且 $\varphi'(y) \neq 0$，那么它的反函数 $y = f(x)$ 在对应区间 $I_x = \left\{ x \middle| x = \varphi(y), y \in I_y \right\}$ 内也可导，且有 $f'(x) = \dfrac{1}{\frac{dx}{dy}} = \dfrac{1}{\varphi'(y)}$。

所以，函数 $y = f(x)$ 的反函数 $x = g(y)$ 在点 y_0（$y_0 = f(x_0)$）的导数 $g'(y_0) = \dfrac{1}{f'(x_0)}$。

答案：C

4. 解 本题考查复合函数求导和微分的运算。

方法 1：利用复合函数求导法。

函数 $y = f(\ln x)e^{f(x)}$，函数微分 $dy = y'\, dx$，而 $y' = [f(\ln x)]'e^{f(x)} + f(\ln x)[e^{f(x)}]' = f'(\ln x)\dfrac{1}{x}e^{f(x)}$ $+ f(\ln x)e^{f(x)}f'(x) = e^{f(x)}\left[\dfrac{1}{x}f'(\ln x) + f'(x)f(\ln x)\right]$，可得：

$$dy = e^{f(x)}\left[\dfrac{1}{x}f'(\ln x) + f'(x)f(\ln x)\right]dx$$

方法 2：根据微分的运算法则及微分形式不变性。

$dy = d\left[f(\ln x)e^{f(x)}\right] = d[f(\ln x)]e^{f(x)} + f(\ln x)\,de^{f(x)} = f'(\ln x)\,d(\ln x)e^{f(x)} + f(\ln x)e^{f(x)}\,df(x)$

$= e^{f(x)}\left[\dfrac{1}{x}f'(\ln x) + f'(x)f(\ln x)\right]dx$

答案：B

5. 解 本题考查函数极值的第二充分条件。

极值存在的第二充分条件：设 $f(x)$ 在 x_0 点具有二阶导数，且 $f'(x_0) = 0$，$f''(x_0) \neq 0$，若 $f''(x_0) < 0$，则 $f(x)$ 在 x_0 取得极大值，若 $f''(x_0) > 0$，则 $f(x)$ 在 x_0 取得极小值。

由题意$f(x)$为偶函数，即$f(x) = f(-x)$，等式两边求导可得$f'(x) = -f'(-x)$，令$x = 0$，易知$f'(0) = 0$，选项 A 错误。又因为$f''(0) \neq 0$，根据极值存在的第二充分条件，$x = 0$一定是$f(x)$的极值点。

答案：C

6. 解　本题考查罗尔中值定理。

函数$y = \frac{x^3}{3} - x$在区间$[0, \sqrt{3}]$上满足罗尔定理的条件，即$y = \frac{x^3}{3} - x$在闭区间$[0, \sqrt{3}]$连续，在开区间$(0, \sqrt{3})$可导，且$y(0) = y(\sqrt{3}) = 0$，则至少存在一点$\xi \in (0, \sqrt{3})$，使$f'(\xi) = 0$。而$y' = x^2 - 1$，所以满足罗尔定理的$\xi = 1$。

答案：C

7. 解　本题考查原函数的定义或求函数的不定积分。

方法 1：由题意，$[k \ln(\cos 2x)]' = k \frac{-\sin 2x}{\cos 2x} \cdot 2 = -2k \tan 2x = \tan 2x$，得$k = -\frac{1}{2}$。

方法 2：先求$y = \tan 2x$的所有原函数，即

$$\int \tan 2x \, dx = \int \frac{\sin 2x}{\cos 2x} dx = \int \frac{-1}{2\cos 2x} d\cos 2x = -\frac{1}{2} \ln(\cos 2x) + C$$，易知$k = -\frac{1}{2}$。

答案：A

8. 解　本题考查定积分的基本性质。

方法 1：$I = \int_0^{\frac{\pi}{2}} \frac{1}{3 + 2\cos^2 x} dx$，$\cos x$在区间$[0, \frac{\pi}{2}]$上的最大值和最小值分别为 1 和 0，所以$\frac{1}{5} \leqslant \frac{1}{3 + 2\cos^2 x} \leqslant \frac{1}{3}$，可得$\frac{\pi}{10} \leqslant I \leqslant \frac{\pi}{6}$。

方法 2：本题可以采用考试常用的卡西欧 991CN 中文版计算器直接求得，注意在求定积分时，应先把角度制D调整为弧度制R，计算出结果后可选 A。若未调整为弧度制R，则会选错误结果 C。

答案：A

9. 解　本题考查两个向量的向量积。

两个非零向量$\boldsymbol{\alpha}$、$\boldsymbol{\beta}$，有$|\boldsymbol{\alpha} \times \boldsymbol{\beta}| = |\boldsymbol{\alpha}||\boldsymbol{\beta}| \sin(\widehat{\boldsymbol{\alpha}, \boldsymbol{\beta}})$。

答案：D

10. 解　本题考查空间直线的对称式方程及直线垂直的条件。

一般空间直线的对称式方程为：$\frac{x - x_0}{l} = \frac{y - y_0}{m} = \frac{z - z_0}{n}$，则该直线过点$(x_0, y_0, z_0)$，其方向向量为$\boldsymbol{s} = (l, m, n)$。根据空间直线$\frac{x}{1} = \frac{y}{0} = \frac{z}{-3}$的点向式方程可知，该直线过原点，且直线的方向向量$\boldsymbol{i} = (1, 0, -3)$，$oy$轴的方向向量$\boldsymbol{j} = (0, 1, 0)$，两向量的数量积$\boldsymbol{i} \cdot \boldsymbol{j} = 1 \times 0 + 0 \times 1 + (-3) \times 0 = 0$，可知直线垂直于$oy$轴。

答案：B

11. 解　本题考查二元函数二阶偏导数的计算。

$z = \arctan \frac{x}{y}$，则$\frac{\partial z}{\partial x} = \frac{\frac{1}{y}}{1 + \left(\frac{x}{y}\right)^2} = \frac{y}{x^2 + y^2}$，可得$\frac{\partial^2 z}{\partial x^2} = \frac{-2xy}{(x^2 + y^2)^2}$。

答案： C

12. 解 本题考查直角坐标系下的二重积分化为极坐标系下的二次积分计算。

直角坐标与极坐标的关系为 $\begin{cases} x = r\cos\theta \\ y = r\sin\theta \end{cases}$，由 $x^2 + y^2 \leqslant 1$，得 $0 \leqslant r \leqslant 1$，$0 \leqslant \theta \leqslant 2\pi$，面积元素 $\mathrm{d}x\,\mathrm{d}y = r\,\mathrm{d}r\,\mathrm{d}\theta$，故

$$\iint\limits_{D} e^{-(x^2+y^2)}\,\mathrm{d}x\,\mathrm{d}y = \int_0^{2\pi}\mathrm{d}\theta\int_0^1 e^{-r^2}r\,\mathrm{d}r = \pi\int_0^1 e^{-r^2}\,\mathrm{d}r^2 = \pi\left[-e^{-r^2}\right]_0^1 = \pi(1 - e^{-1})$$

答案： D

13. 解 本题考查微分方程的特解及一阶微分方程的求解。

方法1： 将所给选项代入微分方程直接验证，可得选项 D 正确。

方法2： $\mathrm{d}y - 2x\,\mathrm{d}x = 0$ 是一阶可分离变量微分方程，$\mathrm{d}y = 2x\,\mathrm{d}x$，两边积分得，$y = x^2 + C$。当 $C = 0$ 时，特解为 $y = x^2$。

答案： D

14. 解 本题考查对坐标（第二类）曲线积分的计算。

方法1： L 可写为参数方程 $\begin{cases} x = y^2 \\ y = y \end{cases}$（$y$ 从 1 取到 0），$\int_L \frac{1}{y}\mathrm{d}x + \mathrm{d}y = \int_1^0 \left(\frac{1}{y}\cdot 2y + 1\right)\mathrm{d}y = \int_1^0 3\,\mathrm{d}y = -3$。

方法2： L 可写为参数方程 $\begin{cases} x = x \\ y = \sqrt{x} \end{cases}$（$x$ 从 1 取到 0），$\int_L \frac{1}{y}\mathrm{d}x + \mathrm{d}y = \int_1^0\left(\frac{1}{\sqrt{x}} + \frac{1}{2\sqrt{x}}\right)\mathrm{d}x = \int_1^0 \frac{3}{2\sqrt{x}}\mathrm{d}x = 3\sqrt{x}\,\Big|_1^0 = -3$。（说明：此方法第二类曲线积分化为的积分为广义积分，该广义积分收敛。）

注意：第二类曲线积分的计算应注意变量的上下限，本题的有向弧线段的坐标为 $M(1,1)$ 到 $O(0,0)$，无论是采用 x 作为积分变量计算还是采用 y 作为积分变量计算，其下限均为 1，上限均为 0。

答案： C

15. 解 本题考查级数收敛的必要条件。

正项级数 $\sum\limits_{n=1}^{\infty} \frac{1}{1+a^n}$（$a > 0$），一般项 $\frac{1}{1+a^n} < \frac{1}{a^n}$，当 $a > 1$ 时，级数 $\sum\limits_{n=1}^{\infty}\frac{1}{a^n}$ 收敛，根据正项级数比较判别法，$\sum\limits_{n=1}^{\infty}\frac{1}{1+a^n}$（$a > 0$）收敛，选项 A 正确。当 $a < 1$ 时，$\lim\limits_{n\to\infty}\frac{1}{1+a^n} = 1 \neq 0$，$a = 1$ 时，$\lim\limits_{n\to\infty}\frac{1}{1+a^n} = \frac{1}{2} \neq 0$，由级数收敛的必要条件可知，级数发散，选项 B 错误，选项 C、D 正确。

答案： B

16. 解 本题考查微分方程通解的概念，或者二阶常系数齐次微分方程的通解。

方法1： 将通解 $y = e^{-2x}(C_1 + C_2 x)$（C_1，C_2 为任意常数）代入每个选项验证，可知选项 C 正确。

方法2： 通解 $y = e^{-2x}(C_1 + C_2 x)$ 含有两个独立任意常数，因此以它为通解的方程为二阶常微分方程，对 y 求导数，$y' = e^{-2x}(-2C_1 + C_2 - 2C_2 x)$，$y'' = e^{-2x}(4C_1 - 4C_2 + 4C_2 x)$，联立 y，y' 和 y''，消去 C_1，C_2，得 $y'' + 4y' + 4y = 0$。

方法3： 利用二阶常系数齐次微分方程的特征值法求通解。

选项 A，$y'' + 3y' + 2y = 0$对应的特征方程为$r^2 + 3r + 2 = 0$，特征根为$r_1 = -1$，$r_2 = -2$，所以方程通解为$y = C_1 e^{-x} + C_2 e^{-2x}$，选项 A 错误。

选项 B，$y'' - 4y' + 4y = 0$对应的特征方程为$r^2 - 4r + 4 = 0$，特征根为$r_1 = r_2 = 2$，所以方程通解为$y = (C_1 + C_2 x)e^{2x}$，选项 B 错误。

选项 C，$y'' + 4y' + 4y = 0$对应的特征方程为$r^2 + 4r + 4 = 0$，特征根为$r_1 = r_2 = -2$，所以方程通解为$y = (C_1 + C_2 x)e^{-2x}$，选项 C 正确。

选项 D，$y'' + 2y = 0$对应的特征方程为$r^2 + 2 = 0$，特征根为$r_1 = -\sqrt{2}i$，$r_2 = \sqrt{2}i$，所以方程通解为$y = C_1 \cos \sqrt{2}\,x + C_2 \sin \sqrt{2}\,x$，选项 D 错误。

方法 4：利用二阶常系数齐次微分方程的通解形式。

以$y = e^{-2x}(C_1 + C_2 x)$（C_1，C_2为任意常数）为通解的微分方程一定为二阶常系数齐次微分方程，并且$r = -2$是对应特征方程的二重根，所以特征方程为$r^2 + 4r + 4 = 0$，由此可知所求的微分方程为$y'' + 4y' + 4y = 0$。

注：本题所涉及的知识点总结见解表：

题 16 解表

特征方程$\lambda^2 + p\lambda + q = 0$的根	微分方程$y'' + py' + qy = 0$的通解
不相等的两个实根$r_1 \neq r_2$	$y = C_1 e^{r_1 x} + C_2 e^{r_2 x}$
两个相等的实根$r_1 = r_2$	$y = (C_1 + C_2 x)e^{r_1 x}$
一对共轭复根$r_{1,2} = \alpha \pm \beta i (\beta > 0)$	$y = e^{\alpha x}(C_1 \cos \beta x + C_2 \sin \beta x)$

答案：C

17. 解　本题考查多元复合函数偏导数的计算。

由题意，函数$z = xyf\left(\dfrac{y}{x}\right)$，则

$$x\frac{\partial z}{\partial x} + y\frac{\partial z}{\partial y} = x\left[yf\left(\frac{y}{x}\right) + xyf'\left(\frac{y}{x}\right)\left(-\frac{y}{x^2}\right)\right] + y\left[xf\left(\frac{y}{x}\right) + xyf'\left(\frac{y}{x}\right)\frac{1}{x}\right] = 2xyf\left(\frac{y}{x}\right)$$

答案：C

18. 解　本题考查求幂级数和函数的计算。

方法 1：利用收敛幂级数可逐项求导的性质，设幂级数$\sum\limits_{n=0}^{\infty} a_n x^n$的收敛半径为$R$，和函数为$S(x)$，则有：

①和函数为$S(x)$在$(-R, R)$上连续。

②和函数为$S(x)$在$(-R, R)$上可导，且可逐项求导，即$S'(x) = \sum\limits_{n=0}^{\infty} na_n x^{n-1}$。

③和函数为$S(x)$在$(-R, R)$上可积，且可逐项积分，即：

$$\int_0^x S(t)\,\mathrm{d}t = \sum_{n=0}^{\infty} \int_0^x a_n t^n \,\mathrm{d}t = \sum_{n=0}^{\infty} \frac{a_n}{n+1} x^{n+1}$$

$\sum\limits_{n=1}^{\infty}(2n-1)x^{n-1} = \sum\limits_{n=1}^{\infty} 2nx^{n-1} - \sum\limits_{n=1}^{\infty} x^{n-1}$，这里等号右边第一项可利用逐项求导还原，利用公式：

$$\sum_{n=0}^{\infty} x^n = 1 + x + x^2 + \cdots + x^n + \cdots = \frac{1}{1-x}$$

$$\sum_{n=1}^{\infty} 2nx^{n-1} = 2\sum_{n=1}^{\infty} nx^{n-1} = 2\left(\sum_{n=1}^{\infty} x^n\right)' = 2\left(\frac{x}{1-x}\right)' = \frac{2}{(1-x)^2}$$

$$\sum_{n=1}^{\infty} x^{n-1} = 1 + x + x^2 + \cdots + x^{n-1} + \cdots = \frac{1}{1-x}$$

故 $\sum_{n=1}^{\infty}(2n-1)x^{n-1} = \frac{2}{(1-x)^2} - \frac{1}{1-x} = \frac{1+x}{(1-x)^2}$

注：$\sum_{n=1}^{\infty} x^n = x + x^2 + x^3 + \cdots + x^n + \cdots = x(1 + x + x^2 + x^3 + \cdots + x^n + \cdots) = \frac{x}{1-x}$，或 $1 + x + x^2 + \cdots + x^n + \cdots = \frac{1}{1-x}$，则 $x + x^2 + \cdots + x^n + \cdots = \frac{1}{1-x} - 1 = \frac{x}{1-x}$。以上计算要求级数必须收敛，若级数发散则不成立。

方法 2：本题也可采用错位相减法求解，观察所求幂级数的形式，系数 $2n-1$ 是等差型，x^{n-1} 是等比型，这类等差、等比型的幂级数可采用错位相减法，设和函数为：

$$S(x) = 1 + 3x + 5x^2 + 7x^3 + \cdots + (2n-3)x^{n-2} + (2n-1)x^{n-1} \qquad ①$$

$$xS(x) = x + 3x^2 + 5x^3 + 7x^5 + \cdots + (2n-3)x^{n-1} + (2n-1)x^n \qquad ②$$

将 ① − ②，可得 $(1-x)S(x) = 1 + 2(x + x^2 + x^3 + \cdots + x^{n-1}) - (2n-1)x^n$，又 $\lim_{n \to \infty}(2n-1)x^n = 0$，有 $(1-x)S(x) = 1 + 2\frac{x}{1-x}$，解得：$S(x) = \frac{1}{(1-x)} + \frac{2x}{(1-x)^2} = \frac{1+x}{(1-x)^2}$。

答案：B

19. 解　本题考查矩阵的运算性质和行列式的运算性质。

方法 1：由矩阵运算法则有

$$A - 2B = \begin{bmatrix} a_1 - 2b_1 & c_1 - 2c_1 & d_1 - 2d_1 \\ a_2 - 2b_2 & c_2 - 2c_2 & d_2 - 2d_2 \\ a_3 - 2b_3 & c_3 - 2c_3 & d_3 - 2d_3 \end{bmatrix} = \begin{bmatrix} a_1 - 2b_1 & -c_1 & -d_1 \\ a_2 - 2b_2 & -c_2 & -d_2 \\ a_3 - 2b_3 & -c_3 & -d_3 \end{bmatrix}$$

则行列式

$$|A - 2B| = \begin{vmatrix} a_1 - 2b_1 & -c_1 & -d_1 \\ a_2 - 2b_2 & -c_2 & -d_2 \\ a_3 - 2b_3 & -c_3 & -d_3 \end{vmatrix}$$

$$= (-1) \times (-1) \begin{vmatrix} a_1 - 2b_1 & c_1 & d_1 \\ a_2 - 2b_2 & c_2 & d_2 \\ a_3 - 2b_3 & c_3 & d_3 \end{vmatrix} = \begin{vmatrix} a_1 & c_1 & d_1 \\ a_2 & c_2 & d_2 \\ a_3 & c_3 & d_3 \end{vmatrix} + (-2) \begin{vmatrix} b_1 & c_1 & d_1 \\ b_2 & c_2 & d_2 \\ b_3 & c_3 & d_3 \end{vmatrix}$$

$$= |A| + (-2)|B| = 1 + 2 = 3$$

方法 2：本题可以采用特殊值法，已知 $|A| = 1$，$|B| = -1$，可给矩阵 A 赋值为 $A = \begin{bmatrix} 1 & 0 & 0 \\ 0 & 1 & 0 \\ 0 & 0 & 1 \end{bmatrix}$，给矩

阵 B 赋值为 $B = \begin{bmatrix} -1 & 0 & 0 \\ 0 & 1 & 0 \\ 0 & 0 & 1 \end{bmatrix}$，故 $|A - 2B| = \begin{vmatrix} 3 & 0 & 0 \\ 0 & -1 & 0 \\ 0 & 0 & -1 \end{vmatrix} = 3$。

注：线性代数的计算要善于采用特殊值。

答案：C

20. 解　本题考查可逆矩阵与其他矩阵相乘不改变这个矩阵的秩。

方法 1：由矩阵 $\boldsymbol{B}$ 的行列式 $|\boldsymbol{B}| = \begin{vmatrix} 1 & 0 & 2 \\ 0 & 2 & 1 \\ -1 & 0 & 3 \end{vmatrix} = \begin{vmatrix} 1 & 0 & 2 \\ 0 & 2 & 1 \\ 0 & 0 & 5 \end{vmatrix} = 10 \neq 0$，可知矩阵 $\boldsymbol{B}$ 可逆。矩阵 $\boldsymbol{A}$ 右乘可逆矩阵 $\boldsymbol{B}$，相当于对矩阵 $\boldsymbol{A}$ 进行列变换，而不改变矩阵的秩，故 $r(\boldsymbol{AB}) = r(\boldsymbol{A}) = 2$。

方法 2：因为 $\boldsymbol{B}$ 的行列式不为 0，所以 $\boldsymbol{B}$ 可逆。本题可采用特殊值法，已知 $r(\boldsymbol{A}_{4\times3}) = 2$，可给矩阵 $\boldsymbol{A}$ 赋值为 $\boldsymbol{A} = \begin{bmatrix} 1 & 0 & 0 \\ 0 & 1 & 0 \\ 0 & 0 & 0 \\ 0 & 0 & 0 \end{bmatrix}$，有 $\boldsymbol{AB} = \begin{bmatrix} 1 & 0 & 2 \\ 0 & 2 & 1 \\ 0 & 0 & 0 \\ 0 & 0 & 0 \end{bmatrix}$，易知 $r(\boldsymbol{AB}) = 2$。

注：线性代数的计算要善于采用特殊值。

答案：B

21. 解 本题考查向量线性相关、线性无关的定义及相关结论。

方法 1：由已知 $\boldsymbol{\alpha}_1, \boldsymbol{\alpha}_2, \boldsymbol{\alpha}_3$ 线性无关，则 $\boldsymbol{\alpha}_1, \boldsymbol{\alpha}_2$ 线性无关。又由于 $\boldsymbol{\alpha}_1, \boldsymbol{\alpha}_2, \boldsymbol{\alpha}_4$ 线性相关，可知 $\boldsymbol{\alpha}_4$ 可以由 $\boldsymbol{\alpha}_1, \boldsymbol{\alpha}_2$ 线性表示，故选项 C 正确。

而 $\boldsymbol{\alpha}_4$ 可以由 $\boldsymbol{\alpha}_1, \boldsymbol{\alpha}_2$ 线性表示就一定可以由 $\boldsymbol{\alpha}_1, \boldsymbol{\alpha}_2, \boldsymbol{\alpha}_3$ 线性表示，故选项 A 正确。

再看选项 D：假设 $\boldsymbol{\alpha}_3$ 可以由 $\boldsymbol{\alpha}_1, \boldsymbol{\alpha}_2, \boldsymbol{\alpha}_4$ 线性表示，则 $\boldsymbol{\alpha}_3 = k_1\boldsymbol{\alpha}_1 + k_2\boldsymbol{\alpha}_2 + k_3\boldsymbol{\alpha}_4, k_i$ 不全为 $0, i = 1,2,3$，由于 $\boldsymbol{\alpha}_4$ 可以由 $\boldsymbol{\alpha}_1, \boldsymbol{\alpha}_2$ 线性表示，可以得出 $\boldsymbol{\alpha}_3$ 可以由 $\boldsymbol{\alpha}_1, \boldsymbol{\alpha}_2$ 线性表示，这与 $\boldsymbol{\alpha}_1, \boldsymbol{\alpha}_2, \boldsymbol{\alpha}_3$ 线性无关相矛盾。故 $\boldsymbol{\alpha}_3$ 不可以由 $\boldsymbol{\alpha}_1, \boldsymbol{\alpha}_2, \boldsymbol{\alpha}_4$ 线性表示，即选项 D 正确。

最后看选项 B：因为 $\boldsymbol{\alpha}_1, \boldsymbol{\alpha}_2, \boldsymbol{\alpha}_3$ 线性无关，则由线性无关的定义知 $\boldsymbol{\alpha}_3$ 不可以由 $\boldsymbol{\alpha}_1, \boldsymbol{\alpha}_2$ 线性表示，故选项 B 不正确。

方法 2：本题可采用特殊值法，设 $(\boldsymbol{\alpha}_1, \boldsymbol{\alpha}_2, \boldsymbol{\alpha}_3, \boldsymbol{\alpha}_4) = \begin{bmatrix} 1 & 0 & 0 & 1 \\ 0 & 1 & 0 & 1 \\ 0 & 0 & 1 & 0 \\ 0 & 0 & 0 & 0 \end{bmatrix}$，易知选项 A、C、D 均正确，选项 B 错误。

注：线性代数的计算要善于采用特殊值。

答案：B

22. 解 本题考查古典概型概率的计算。

由古典概型概率计算方法知，随机试验是从 6 个球中随机取 3 个，则样本空间的样本点个数为 C_6^3，所求事件包含样本点个数为 $C_4^2 C_2^1$（从 4 个红球中取 2 个的取法有 C_4^2 种，从 2 个黄球中取 1 个的取法有 C_2^1 种），故所求概率为：

$$\frac{C_4^2 C_2^1}{C_6^3} = \frac{3}{5}$$

答案：C

23. 解 本题考查离散型随机变量数学期望的定义或求随机变量函数的期望的方法。

方法 1：用离散型随机变量的数学期望的定义求解。

由 X 的分布律可知，X^2 的分布律为：$\dfrac{X^2}{P}\begin{vmatrix} 0 & 1 & 4 \\ 0.3 & 0.6 & 0.1 \end{vmatrix}$

由数学期望的定义有：

$$E(X^2) = 0 \times 0.3 + 1 \times 0.6 + 4 \times 0.1 = 1$$

方法 2： 用求随机变量函数的期望的方法。

由 X 的分布律为 $\dfrac{X}{P}\begin{vmatrix} -1 & 0 & 1 & 2 \\ 0.4 & 0.3 & 0.2 & 0.1 \end{vmatrix}$ 可知：

$$E(X^2) = (-1)^2 \times 0.4 + 0^2 \times 0.3 + 1^2 \times 0.2 + 2^2 \times 0.1 = 1$$

答案：B

24. 解 本题考查概率密度函数的性质。

由概率密度函数的性质有：$\int_{-\infty}^{+\infty} \int_{-\infty}^{+\infty} f(x, y)\,\mathrm{d}x\,\mathrm{d}y = 1$

即 $\int_0^{+\infty} axe^{-x^2}\,\mathrm{d}x \int_0^{+\infty} e^{-y}\,\mathrm{d}y = 1$，$\left[-\dfrac{1}{2}\int_0^{+\infty} ae^{-x^2}\,\mathrm{d}(-x^2)\right]\left[-\int_0^{+\infty} e^{-y}\,\mathrm{d}(-y)\right] = 1$

$\left[-\dfrac{1}{2}ae^{-x^2}\Big|_0^{+\infty}\right]\left(-e^{-y})\Big|_0^{+\infty}\right] = 1$，$\dfrac{1}{2}a = 1$

得出 $a = 2$

答案：C

25. 解 在标准状态下，理想气体的压强和温度分别为 $1.013 \times 10^5 \text{Pa}$，$273.15\text{K}$。

答案：C

26. 解 根据分子的平均碰撞频率公式 $Z = \sqrt{2}\pi d^2 n\bar{v}$，平均自由程 $\bar{\lambda} = \dfrac{\bar{v}}{\bar{z}} = \dfrac{1}{\sqrt{2}\pi d^2 n}$。

答案：A

27. 解 气体的温度保持不变为等温，单位体积内分子数 n 减少为膨胀，故此过程为等温膨胀过程。

答案：B

28. 解 等压过程吸收热量：$Q_\mathrm{P} = \dfrac{m}{M} C_\mathrm{P} \Delta T$

等体过程吸收热量：$Q_\mathrm{V} = \dfrac{m}{M} C_\mathrm{V} \Delta T$

单原子分子，自由度 $i = 3$，$C_\mathrm{V} = \dfrac{i}{2}R$，$C_\mathrm{P} = C_\mathrm{V} + R$

$$\frac{Q_\mathrm{P}}{Q_\mathrm{V}} = \frac{C_\mathrm{P}}{C_\mathrm{V}} = \frac{3/2R + R}{3/2R} = \frac{5}{3}$$

答案：D

29. 解 理想气体分子的平均平动动能相同，温度相同。

由状态方程 $PV = \dfrac{m}{M}RT$，可知质量密度为 $\dfrac{m}{V} = \dfrac{PM}{RT}$

$M_{\mathrm{N}_2} = 28$，$M_{\mathrm{He}} = 4$，

$$\left(\frac{m}{V}\right)_{\mathrm{N}_2} > \left(\frac{m}{V}\right)_{\mathrm{He}}$$

答案：D

30. 解 该平面简谐波振幅为 0.1m，选项 A 不正确。

$$y = 0.1\cos(3\pi t - \pi x + \pi) = 0.1\cos 3\pi\left(t - \frac{x}{3} + \frac{1}{3}\right)$$

$\omega = 3\pi$，$u = 3\text{m/s}$，选项 D 不正确。

$\lambda = u \times T = u\frac{2\pi}{\omega} = 3 \times \frac{2\pi}{3\pi} = 2\text{m}$，选项 B 不正确；

相距一个波长的两点相位差为 2π，相距 1/4 波长的两点相位差为 $\pi/2$，选项 C 正确。

答案：C

31. 解 注意正向传播，做下一时刻波形图如虚线所示，A、B、C 三点振动方向如箭头所示，B、C 向上，选项 A 正确。

题 31 解图

答案：A

32. 解 机械波能量最大的位置为平衡位置，此时速度值最大（动能最大），弹性形变也最大（势能最大）。

答案：A

33. 解 波的平均能量密度公式：$I = \frac{1}{2}\rho A^2 \omega^2 u$

可知波的平均能量密度 I 与振幅 A 的平方成正比，与频率 ω 的平方成正比。

答案：B

34. 解 双缝干涉条纹宽度公式为 $\Delta x = \frac{D\lambda}{na}$，中央明条纹两侧第 10 级明纹中心的间距为：

$$20 \cdot \Delta x = 20 \times \frac{2 \times 550 \times 10^{-9}}{1 \times 2 \times 10^{-4}} = 0.11\text{m}$$

答案：C

35. 解 根据马吕斯定律，自然光通过偏振片 P_1 光强衰减一半，即：

$$I = \frac{1}{2}I_0\cos^2 0° = \frac{1}{2}I_0$$

答案：C

36. 解 根据单缝衍射菲涅耳半波带法，第一级（$k=1$）暗纹为：

$$BC = 2k \cdot \frac{\lambda}{2} = 2 \times 1 \times \frac{\lambda}{2} = \lambda$$

答案：B

37. 解 4 个量子数的物理意义分别为：

主量子数 n：①代表电子层；②代表电子离原子核的平均距离；③决定原子轨道的能量。

角量子数l：①表示电子亚层；②确定原子轨道形状；③在多电子原子中决定亚层能量。

磁量子数m：①确定原子轨道在空间的取向；②确定亚层中轨道数目。

自旋量子数m_s：决定电子自旋方向。

答案：B

38. 解 偶极矩等于零的是非极性分子，偶极矩不等于零的为极性分子。分子是否有极性，取决于整个分子中正、负电荷中心是否重合。

$BeCl_2$和CO_2为直线型分子，BF_3为三角形构型，三个分子的正负电荷中心重合，为非极性分子，偶极矩为零；NF_3为三角锥构型，正负电荷中心不重合，为极性分子，偶极矩不为零。

答案：A

39. 解 缓冲溶液是由弱酸、共轭碱或弱碱及其共轭酸所组成的溶液，对酸碱都有缓冲能力。选项A的HOAc过量，与NaOH反应生成NaOAc，形成HOAc/NaOAc缓冲溶液。

答案：A

40. 解 往HOAc溶液中加入NaOAc固体，溶液中OAc^-浓度增加，根据同离子效应，使HOAc的电离平衡向左移动，溶液中氢离子浓度降低，pH值升高。

答案：B

41. 解 质量作用定律只适用于基元反应。

反应速率常数的大小取决于反应物的本质及反应温度，而与反应物浓度无关。

根据阿伦尼乌斯公式，温度一定时，反应活化能越大，速率常数就越小，反应速率也越小。催化剂可以改变反应途径，降低活化能，使反应速率增大，但催化剂只能改变达到平衡的时间，不能改变平衡状态。

答案：D

42. 解 当正逆反应速率相等时，化学反应处于平衡状态，化学平衡是动态平衡，当外界条件不变时，反应物和生成物的浓度不再随时间改变。

答案：B

43. 解 电极反应为$ClO_3^- + 6H^+ + 6e^- \Longrightarrow Cl^- + 3H_2O$，根据能斯特方程得：

$$E(ClO_3^-/Cl^-) = E^{\ominus}(ClO_3^-/Cl^-) + \frac{0.0592}{6}\lg\frac{C_{ClO_3^-} \cdot C_{H^+}^6}{C_{Cl^-}} = E^{\ominus}(ClO_3^-/Cl^-) + 0.0592\lg C_{H^+}$$

$$pH = -\lg C_{H^+} = \frac{E^{\ominus}(ClO_3^-/Cl^-) - E(ClO_3^-/Cl^-)}{0.0592} = \frac{1.45 - 1.41}{0.0592} \approx 0.676 > 0$$

答案：B

44. 解 分子式为C_4H_9Cl的同分异构体有4种，即：$CH_3-CH_2-CH_2-CH_2$，$CH_3-CH_2-\overset{\overset{\displaystyle Cl}{|}}{C}H-CH_3$，

$$\begin{array}{c} \text{Cl} \\ | \\ \text{CH}_3-\text{CH}-\text{CH}_2 \\ | \\ \text{CH}_3 \end{array} \quad , \quad \begin{array}{c} \text{Cl} \\ | \\ \text{CH}_3-\text{C}-\text{CH}_3 \\ | \\ \text{CH}_3 \end{array} \quad 。$$

答案：A

45. 解 烯烃中只有乙烯的所有原子在同一平面，其他烯烃的所有原子不在同一平面，乙炔、苯的所有原子处于同一平面，但两者不属于烯烃，故选项 A 错误；

烯烃含有碳碳双键，但含有碳碳双键的物质不一定是烯烃，如$CH_2=CHCl$等，故选项 B 错误；

烯烃与溴水发生加成反应，可以使溴水褪色，但能使溴水褪色的物质不一定是烯烃，如炔烃等，故选项 C 错误；

分子式为C_4H_8的链烃，不饱和度为 1，一定含有一个碳碳双键，该烃一定是烯烃，选项 D 正确。

答案：D

46. 解 羟基与烷基直接相连为醇，通式为 R—OH（R 为烷基）。羟基与芳香基直接相连为酚，通式为 Ar—OH（Ar 为芳香基）。选项 A 是丙醇，选项 B 是苯甲醇，选项 C 是环己醇，选项 D 是苯酚。

答案：D

47. 解 因为 AEC 为等边三角形，三个内角均为 60°，而销钉 E 与 CD 槽光滑接触，故其约束力应垂直于 CD，即 E 处约束力的作用线与 x 轴正方向所成的夹角为 30°。

答案：D

48. 解 力系向 A 点平移（见解图），可知力系的主矢与主矩均不为零，故简化结果就应该是主矢和主矩。

答案：B

题 48 解图

49. 解 取整体为研究对象，受力如解图所示，

列平衡方程：

$$\sum M_{\mathrm{D}}(\boldsymbol{F})=0, \quad qa \times 1.5a - F_{\mathrm{E}y} \times a = 0$$

$$\sum F_x = 0, \quad F_{\mathrm{E}x} = 0$$

解得：$F_{\mathrm{E}y} = 3qa/2 \ (\downarrow)$

答案：A

题 49 解图

50. 解 因为静摩擦因数 $\mu = 0.4$，故摩擦角为 $\varphi_{\mathrm{m}} = \arctan 0.4 = 21.8°$，小于斜面的角度 30°，根据斜面的自锁条件，物块会滑动。

答案：C

51. 解 因为 $v = \dfrac{\mathrm{d}x}{\mathrm{d}t} = t^2 - 20$，则积分后有 $x = \dfrac{1}{3}t^3 - 20t + C$，已知 $t = 0$ 时，$x = -15\mathrm{m}$，故 $C =$

-15，即点的运动方程为 $x = \frac{1}{3}t^3 - 20t - 15$。

答案： D

52. 解　根据摆的转动规律，其角速度与角加速度分别为：

$$\omega = \frac{d\varphi}{dt} = -\frac{2\pi}{T}\varphi_0 \sin\left(\frac{2\pi}{T}t\right); \quad \alpha = \frac{d\omega}{dt} = -\left(\frac{2\pi}{T}\right)^2 \varphi_0 \cos\left(\frac{2\pi}{T}t\right)$$

在摆经过平衡位置时，$\varphi = \varphi_0 \cos\left(\frac{2\pi}{T}t\right) = 0$，则 $\frac{2\pi}{T}t = \frac{\pi}{2}$，得到 $t = \frac{T}{4}$。将 $t = \frac{T}{4}$ 代入角速度和角加速度，$\omega = \frac{d\varphi}{dt} = -\frac{2\pi}{T}\varphi_0$，$\alpha = 0$。

利用定轴转动刚体上一点速度和加速度与角速度和角加速度的关系，得到：

$$v_C = l\omega = -\frac{2\pi\varphi_0 l}{T}; \quad a_C = l\omega^2 = \frac{4\pi^2\varphi_0^2 l}{T^2}$$

因为题中要求的是速度的大小，故表示方向的负号可忽略。

答案： B

53. 解　滑轮的转角 $\varphi = s/r = s_B/R$，故 $s_B = s_R/r = 160t^2$。

答案： A

54. 解　汽车运动到桥顶处时加速度的大小为 $a_n = \frac{v^2}{R}$，根据牛顿第二定律，$\frac{P}{g}a_n = P - F_N$，所以汽车的约束力 $F_N = P - \frac{Pv^2}{gR}$。

答案： C

55. 解　动量的大小等于圆环的质量乘以其质心速度，圆环质心的转动半径为 R，则质心的速度为 $R\omega$，圆环的动量为 $mR\omega$。

答案： A

56. 解　若手柄长、质量分别用 l、m 表示，则由动量矩定理可知，$J_A\alpha = Fl - mg\frac{l}{2}\cos\varphi$，此时的角加速度为：$\alpha = \frac{3}{ml}\left(F - \frac{mg}{2}\cos\varphi\right)$；随着 φ 从零逐渐增大至 $60°$ 时，$\cos\varphi$ 随之减小，则角加速度 α 逐渐增大。

答案： B

57. 解　物块 A 的惯性力大小为 $F_I = m_A a = 8 \times 3.3 = 26.4\text{N}$，在物块 B 的重力作用下，置于光滑水平面上的物块 A 会以水平向右的加速度运动，故其惯性力与之反向。

答案： B

58. 解　运动微分方程整理后为：$\ddot{\varphi} + \left(\frac{k}{4m} - \frac{g}{l}\right)\varphi = 0$，这是单自由度自由振动微分方程的标准形式，其 φ 前面的系数即为该系统固有圆频率的平方，所以固有圆频率 $\omega = \sqrt{\frac{lk - 4mg}{4ml}}$。

答案： D

59. 解　静定杆件的截面内力只与外荷载和截面位置有关，与截面形状、截面面积、杆件的材料无关。

答案：C

60. 解 BC 段：$\sigma = \frac{100000\text{N}}{2500\text{mm}^2} = 40\text{MPa}$；$AB$ 段：$\sigma = \frac{300000}{4 \times 2500\text{mm}^2} = 30\text{MPa}$

AB 最大拉应力为 40MPa。

答案：B

61. 解 套筒和轴转向相反，剪切位置在套筒与轴的接触面。安全销发生剪切破坏的剪切面积是安全销钉的横截面面积，即 $A = \frac{\pi d^2}{4}$。

答案：A

62. 解

$$I_\text{p} = \frac{\pi}{32}(D^4 - d^4) = \frac{\pi}{32}(16d^4 - d^4) = \frac{15\pi}{32}d^4$$
$$W_\text{p} = \frac{I_\text{p}}{D/2} = \frac{I_\text{p}}{d} = \frac{15\pi}{32}d^3$$

答案：D

63. 解 低碳钢是塑性材料，压缩时试件缩短，端面是平面。扭转破坏后横截面是与轴线垂直的横断面。

铸铁是脆性材料，压缩破坏时沿着与横截面成 45° 的斜平面断裂。扭转破坏后的端面是如图所示与轴线成 45° 的螺旋面。

答案：B

64. 解 平面图形（圆形）对某坐标轴的静矩等于其图形的形心（圆心）坐标乘以面积。只有选项 A 的圆心位于第一象限，圆心坐标均为正值，其关于坐标轴 x、y 的静矩也均为正值。

答案：A

65. 解 由求剪力的直接法可知 $F_\text{S}^{右} = -q \times 1 = -6\text{kN}$，所以 $q = 6\text{kN/m}$。

由剪力图的突变规律，可知集中力 $F = 10\text{kN}$。

通过 $\sum F_y = 0$，可知 A 端的支座反力是 2kN（向下），这正好佐证了剪力图 A 端的剪力是正确的。

答案：C

66. 解 因为 $\sigma_{\max} = \frac{M}{W}$，而两种情况下的弯矩是相同的，所以两者最大弯曲正应力的比值与 W 成反比。

$$W_\text{a} = \frac{b}{6}h^2 = \frac{b}{6}\left(\frac{3b}{2}\right)^2 = \frac{3}{8}b^3;\quad W_\text{b} = \frac{h}{6}b^2 = \frac{1}{6}\left(\frac{3b}{2}\right)b^2 = \frac{1}{4}b^3$$
$$W_\text{b} = \frac{h}{6}b^2 = \frac{1}{6}\left(\frac{3b}{2}\right)b^2 = \frac{1}{4}b^3$$
$$\frac{\sigma_{\text{amax}}}{\sigma_{\text{bmax}}} = \frac{W_\text{b}}{W_\text{a}} = \frac{1}{4}b^3 / \frac{3}{8}b^3 = \frac{2}{3}$$

答案： D

67. 解 叠合梁的挠度与其中一根梁的挠度V_B相同，其截面惯性矩为：$I_z = \frac{b}{12}a^3$

若将两根梁黏结成一个整体梁，其挠度为V_{B1}，则该梁B截面的惯性矩为：$I_{z1} = \frac{b}{12}(2a)^3 = \frac{8b}{12}a^3$

当悬臂梁的荷载、跨长相同时，B截面的挠度与梁的截面惯性矩的值成反比，所以：

$$V_{B1}/V_B = I_z/I_{z1} = \frac{1}{8}$$

答案： A

68. 解 三向应力状态下的最大切应力所在平面应该与第一主应力σ_1和第三主应力σ_3所在平面成45°，与z轴平行，法向与x轴成45°。

答案： C

69. 解 根据强度理论和弯扭组合变形的公式，可知直径为d的等直圆杆，在危险截面上同时承受弯矩M和扭矩T，按第三强度理论，其相当应力$\sigma_{eq3} = \frac{32\sqrt{M^2+T^2}}{\pi d^3}$。

答案： A

70. 解 由压杆临界力的公式$P_{cr} = \frac{\pi^2 EI}{(\mu l)^2}$可知，当$EI$、$L$相同时，两端约束越弱，长度因数$\mu$越大，临界力$P_{cr}$越小，压杆越容易失稳。

选项A，两端铰支，$\mu = 1$。

选项B，一端铰支、一端固定，$\mu = 0.7$。

选项C，一端固定、一端自由，$\mu = 2$。

选项D，两端固定，$\mu = 0.5$。

可见选项C压杆的μ最大、临界力最小，最先失稳。

答案： C

71. 解 空气的黏性，也被称为动力黏性系数，$\mu = \frac{1}{3}\rho v l$，其中$v$是气体分子运动的平均速度，$l$是分子平均自由程，$\rho$是气体密度。温度升高，气体分子运动加剧，分子运动速度增大，平均自由程也增大。虽然温度升高使得体积增大、密度减小，但空气密度减小的程度低于分子运动速度和平均自由程增大的程度，因此，气体的动力黏性系数随温度的升高而增大。

如果本题问的是运动黏性系数v，由于$v = \frac{\mu}{\rho} = \frac{1}{3}vl$，同上分析，运动黏性系数不受密度的影响，随温度的升高而增大。

答案： A

72. 解 水箱底部A点的绝对压强为$p'_A = p_0 + \rho g h = 50 + 1 \times 9.8 \times 2 = 69.6\text{kPa}$，真空度$p_v = p_a - p' = 101 - 69.6 = 31.4\text{kPa}$。

答案： B

73. 解 欧拉法是一种空间场的方法，研究某一固定空间内流动参数的分布随时间变化的情况，而不是跟踪每个质点的流动参数或轨迹。研究每个质点的流动参数或质点轨迹的是拉格朗日方法。

答案：C

74. 解 对两水箱水面写能量方程，可得：$H = h_{\text{w}} = h_{\text{w}_1} + h_{\text{w}_2}$

假定流量为40L/s，则：

1～3管段中的流速$v_1 = Q / \left(\frac{\pi}{4} d_1^2\right) = 0.04 / \left(\frac{\pi}{4} \times 0.2^2\right) = 1.27\text{m/s}$

$$h_{\text{w}_1} = \left(\lambda_1 \frac{l_1}{d_1} + \sum \zeta_1\right) \frac{v_1^2}{2g} = \left(0.019 \times \frac{10}{0.2} + 0.5 + 0.5 + 0.024\right) \times \frac{1.27^2}{2 \times 9.8} = 0.162\text{m}$$

3～6管段中的流速$v_2 = Q / \left(\frac{\pi}{4} d_2^2\right) = 0.04 / \left(\frac{\pi}{4} \times 0.1^2\right) = 5.1\text{m/s}$

$$h_{\text{w}_2} = \left(\lambda_2 \frac{l_2}{d_2} + \sum \zeta_2\right) \frac{v_2^2}{2g} = \left(0.018 \times \frac{10}{0.1} + 0.5 + 0.5 + 1\right) \times \frac{5.1^2}{2 \times 9.8} = 5.042\text{m}$$

$H = h_{\text{w}_1} + h_{\text{w}_2} = 0.162 + 5.042 = 5.204\text{m}$，正好与题设水面高差为5.204m吻合，故假设正确。

当然，也可以直接假定流量Q，然后求解关于Q的方程。先假定流量的计算方法可以避免进行繁琐的迭代计算。

答案：B

75. 解 根据伯努力方程，$\left(z_1 + \frac{p_1}{\gamma}\right) + \frac{v_1^2}{2g} = \left(z_2 + \frac{p_2}{\gamma}\right) + \frac{v_2^2}{2g} + \left(h_{\text{f}} + h_{\text{j}}\right)$，可知，速度增大时，测压管水头线一般会沿程下降；速度减小时，测压管水头线一般会沿程上升；要保持测压管水头线水平，只需满足$\frac{v_1^2}{2g} = \frac{v_2^2}{2g} + \left(h_{\text{f}} + h_{\text{j}}\right)$即可，这是可能的。因此，三种可能性都有。

答案：D

76. 解 梯形排水沟的水力半径$R = \frac{A}{\chi}$

过流面积$A = \frac{(2+8) \times 4}{2} = 20\text{m}^2$

湿周$\chi = 8 + 2 \times \sqrt{3^2 + 4^2} = 18\text{m}$

水力半径$R = \frac{20}{18} = 1.11\text{m}$

注意：本题中梯形排水沟的上边宽小于下底宽，即水面的宽度是2m，计算湿周时不计入湿周的是上边水面宽度（不与边界固体接触）的2m。

答案：B

77. 解 潜水完全井流量$Q = 1.36k \frac{H^2 - h^2}{\lg \frac{R}{r}}$，因此$Q$与土体渗透数$k$成正比。

答案：D

78. 解 由沿程水头损失公式：$h_{\text{f}} = \lambda \frac{L}{d} \cdot \frac{v^2}{2g}$，可解出沿程损失系数$\lambda = \frac{2gdh_{\text{f}}}{Lv^2}$，写成量纲表达式$\dim\left(\frac{2gdh_{\text{f}}}{Lv^2}\right) = \frac{\text{LT}^{-2}\text{LL}}{\text{LL}^2\text{T}^{-2}} = 1$，即$\dim(\lambda) = 1$。故沿程损失系数$\lambda$为无量纲数。

答案：D

79. 解   当一段导体在匀强磁场中做匀速切割磁感线运动时，不论电路是否闭合，感应电动势的大小只与磁感应强度B、导体长度L、切割速度v及v与B方向夹角θ的正弦值成正比，即$E = BLv\sin\theta$（θ为B，L，v三者间通过互相转化两两垂直所得的角）。因此，当$\sin\theta = 1$，即$\theta = 90°$时，电动势最大。

答案：B

80. 解   含源线性网络对外等效为一个电压源和电阻的串联，外特性不再是欧姆定律。而其他三个选项对外均可以等效为一个电阻，外特性都是欧姆定律。

答案：B

81. 解   对n个节点、b条支路的电路，支路电流法方程包括独立的 KCL 方程（$n-1$个）、独立的 KVL 方程（含 VCR，$b-n+1$个）。此电路$n = 3$、$b = 5$，因此独立的 KCL 方程已经列写完毕，应补充 KVL 方程，故选项 A、B 均不正确。选项 C 未计电流源电压，错误。选项 D 正确。

答案：D

82. 解   当激励角频率为1000rad/s时，由题意可知电路发生并联谐振，其相量图见解图 a）。

题 82 解图

当激励角频率增加到2000rad/s时，电阻阻抗不变，而电感、电容阻抗的模分别增大、减小，因此电感、电容的电流分别减小、增大，相量图见解图 b）。

可知：$I_\text{L} < 0.1\text{A}$，$I_\text{C} > 0.1\text{A}$，$I > I_\text{R}$。

答案：A

83. 解   由题意可知：$i_1 = \sqrt{2}\sin(\omega t + \varphi_1)\text{A}$，$i_2 = \sqrt{2}\sin(\omega t + \varphi_1 - 45°)\text{A}$

其相量形式为：$\dot{I}_1 = 1.0\angle\varphi_1\text{A}$，$\dot{I}_2 = 1.0\angle(\varphi_1 - 45°)\text{A}$

答案：B

84. 解   由题意可知：

有功功率为：$P = I_1^2 R_1 + I_2^2 R_2 = 1^2 \times 100 + 0.67^2 \times 150 = 167.3\text{W}$

无功功率为：$Q = I_1^2 X_\text{L} - I_2^2 X_\text{C} = 1^2 \times 100 - 0.67^2 \times 150 = 32.7\text{var}$

视在功率为：$S = \sqrt{P^2 + Q^2} = \sqrt{167.3^2 + 32.7^2} = 170.46\text{VA}$

答案：D

85. 解 理想变压器，副边负载等效为原边为：$R'_L = \left(\frac{N_1}{N_2}\right)^2 R_L$

若在 R_L 上获得最大功率，则：$R'_L = R_s$，得：$\frac{R_L N_1^2}{N_2^2} = R_s$

答案：A

86. 解 由于 $2SB_{stp}$ 是常闭触头，按下后，M_2 将断电，停止转动；$2SB_{stp}$ 再抬起后，M_2 供电正常，正常转动。

答案：A

87. 解 信号可观测；信息可度量、可识别、可转换、可存储、可传递、可再生、可压缩、可利用、可共享。

答案：B

88. 解 $D_1 = (11)_{16} = 1 \times 16^1 + 1 \times 16^0 = 17$

$D_2 = (21)_8 = 2 \times 8^1 + 1 \times 8^0 = 17$

答案：A

89. 解 数字信号，是指自变量是离散的、因变量也是离散的信号，这种信号的自变量用整数表示，因变量用有限数字中的一个数字来表示。

数字信号与离散时间信号的区别在因变量。离散时间信号的自变量是离散的、因变量是连续的，其自变量用整数表示，因变量用与物理量大小相对应的数字表示。离散时间信号的大小用有限位二进制数表示后，就是数字信号。

因此，数字信号是特殊的时间信号。

答案：D

90. 解 根据傅里叶分解，方波信号 $u(t) = \frac{4U_m}{\pi}\left(\sin\omega_1 t + \frac{1}{3}\sin 3\omega_1 t + \frac{1}{5}\sin 5\omega_1 t + \cdots\right)$

则：$U_5 < U_3 < U_1$，且 $\psi_1 = \psi_3 = \psi_5$

答案：C

91. 解 根据题意，放大器工作在饱和区，因此输入电压大于或等于 2V。

答案：D

92. 解 $F = \overline{\overline{AB} + \overline{BC}} + \overline{AB} = AB \cdot BC + \overline{AB} = ABC + \overline{AB} = C + \overline{AB}$

答案：B

93. 解 若 D_3 反接，在输入电压为正半周期时，D_1 和 D_3 均导通，电压源被短路，出现事故。

答案：A

94. 解 三极管处在放大区时，等效电路图为选项 B。

答案：B

95. 解 由图可以看出：$F_1 = \overline{A+1} = 0$；$F_2 = \overline{(B \oplus 1)} = B$

答案：A

96. 解 由于$K=1$，则$J=0$时，$Q_{n+1}=0$；$J=1$时，$Q_{n+1}=\overline{Q^n}$。由解图知，第一个时钟脉冲下降沿后$Q=1$，第二个时钟脉冲下降沿后$Q=0$。

题 96 解图

答案：C

97. 解 按照内部逻辑结构的不同，计算机可分为 CISC（复杂指令系统计算机）和 RISC（精简指令系统计算机）两类。复杂指令系统计算机的特点就是指令数目多而且复杂，每条指令的字节长度不等。精简指令系统计算机的特点是执行指令数目较少，能够以更快的速度执行操作，每条指令采用相等的字节长度。

答案：C

98. 解 CPU 主要由运算器和控制器两部分组成。

答案：B

99. 解 操作系统在计算机系统中占据着一个非常重要的地位，它不仅是硬件与所有其他软件之间的接口，而且任何数字电子计算机都必须在其硬件平台上装载相应的操作系统，才能构成一个可以协调运转的计算机系统，因此它是一个核心系统软件。

答案：A

100. 解 分时操作系统，是在一台计算机系统中可以同时连接多个近程或多个远程终端，把 CPU 时间划分为若干个时间片，由 CPU 轮流为每个终端服务。分时操作系统的特点是具有同时性、交互性和独占性。

答案：D

101. 解 二进制数 10100000.11 转换成十进制数是 160.75，八进制数 240.6 转换成十进制数是 160.75，十六进制数 A0.F 转换成二进制数为 10100000.1111（转换成十进制数为 106.9375），可以直观判断比选项 A、B 均大，因此最小的是十进制数 160.5。

答案：C

102. 解 图像的最小构成单位是像素。计算机显示屏幕上的最大显示区域是由水平和垂直方向的像素个数相乘得出的。因此，总像素数量即为图像的分辨率。

答案：D

103. 解 一般将计算机病毒分成引导区型、文件型、混合型和宏病毒型 4 种类型。

答案：C

104. 解 一条计算机指令通常包含操作码和操作数。操作码决定了计算机应该执行哪种基本的硬件操作，例如加法、减法或数据传送等。操作数是与操作码一起使用的数字、字符或地址，表示要进行操作的对象。

答案：B

105. 解 网络软件是指用于构建和维护计算机网络的软件，主要包括网络操作系统、网络协议和网络应用软件。

办公自动化系统是一种应用软件，主要用于处理和管理文档、电子表格和演示文稿等办公任务，并不是专门为网络而设计的软件。

答案：D

106. 解 在局域网中可以包含一个或多个子网，适用于校园、机关、公司、工厂等有限范围内的计算机。一般属于一个单位所有，易于建立、维护、管理与扩展。

选项 A 不正确。可以跨越长距离，而且可以将两个或多个局域网和/或主机连接在一起的网络是广域网。广域网的拓扑结构要比局域网复杂得多，通常是由大量的点到点连接构成的网状结构。在广域网中，用户通常无法拥有建立广域连接所需要的所有技术设备和通信设施，只能由第三方通信服务商（如电信部门）提供。

选项 C 不正确。在局域网中，用户可以通过自备的网络设备来构建网络连接，这些设备可能包括路由器、交换机、网卡等。因此，说所需的技术设备和通信设施只能由第三方提供并不准确。

选项 D 不正确，因为随着技术的发展，局域网的速度已经可以远超过 2Mbit/s，特别是高速局域网，其速率可以达到 100Mbit/s。

答案：B

107. 解 本题为永久性建筑，当 $n \to \infty$ 时，等额支付现值系数 $(P/A, i, n) = 1/i$，即：

$$(P/A, i, n) = \frac{(1+i)^n - 1}{i(1+i)^n} = \frac{1}{i}$$

根据等额支付现值公式，该笔捐款应不少于：

$$P = A(P/A, i, n) = 2/8\% = 25 万元$$

答案：C

108. 解 增值税是对商品生产、流通、劳务服务中多个环节的新增价值或商品的附加值（增值额）征收的一种流转税。增值税是价外税，价外税是指增值税纳税人不计入货物销售价格中，而在增值税纳税申报时，按规定计算缴纳的增值税。增值税应纳税额一般按生产流通或劳务服务各个环节的增值额乘以增值税率计算。目前我国建筑企业一般纳税人的增值税税率为9%。

答案：C

109. 解 与借款类似，企业发行债券筹集资金所支付的利息计入税前成本费用，同样可以少交一部分所得税。企业发行债券的筹资费用较高，通常计算其资金成本时应予以考虑，但本题不考虑发行债券的筹资费用，其资金成本率可按下式计算：

$$K = R \times (1 - T) = 8\% \times (1 - 25\%) = 6\%$$

答案：B

110. 解 静态投资回收期指在不考虑资金时间价值的条件下，以项目的净收益（包括利润和折旧）回收全部投资所需要的时间。由于静态投资回收期不考虑资金时间价值，因此计算静态投资回收期不需要根据基准收益率进行折现，而是通过计算累计净现金流量确定静态投资回收期，累计净现金流量为零的年限即为静态投资回收期。

答案：D

111. 解 内部收益率是使项目净现值为零时的折现率。对于常规项目投资方案，参考项目的净现值函数曲线图可知，当利率 i 小于内部收益率 IRR 时，净现值为正值；当利率 i 大于内部收益率 IRR 时，净现值为负值。本题利率为16%、18%时，净现值分别为正值和负值，因此内部收益率应在16%～18%之间。

答案：C

112. 解 敏感度系数是指项目评价指标变化的百分率与不确定性因素变化的百分率之比，表示项目方案评价指标对不确定因素的敏感程度。在敏感性分析图中，直线的斜率反映了项目经济效果评价指标对该不确定因素的敏感程度，斜率的绝对值越大，敏感度越高。

答案：A

113. 解 对于收益相同的互斥方案，寿命期相同的方案可用费用现值法或费用年值法进行方案比选，寿命期不同的方案可用费用年值法进行方案比选。

本题甲、乙方案寿命期均为 5 年，但甲方案的费用现值较高，可先淘汰；丙、丁方案寿命期均为 10 年，但丙方案的费用现值较高，也可先淘汰。用费用年值法比较乙方案和丁方案，由于 $(A/P, i, n) = 1/(P/A, i, n)$，故乙方案和丁方案的费用年值分别为：

$$AC_乙 = PC_乙 / (P/A, i, n) = 312 \div 3.7908 = 82.30 \text{ 万元}$$

$$AC_{\top} = PC_{\top}/(P/A, i, n) = 553 \div 6.1446 = 90.90 \text{ 万元}$$

由于乙方案的费用年值较低，故应选择乙方案。

或：根据 $PC = AC(P/A, i, n)$，可得乙方案和丁方案的费用年值：

$$PC_{\text{乙}} = AC_{\text{乙}}(P/A, 10\%, 5), \quad 312 = AC_{\text{乙}} \times 3.7908, \quad AC_{\text{乙}} = 82.30 \text{万元}$$

同理可得：$AC_{\top} = 90.90$ 万元

乙方案的费用年值较低，应选择乙方案。

答案：B

114. 解 价值工程对象选择的方法有因素分析法、ABC 分析法、价值系数法、百分比法、最合适区域法等。ABC 分析法是一种通过对产品或工程的功能、技术、成本和效益进行分析和评估来确定最具改进潜力和价值的对象的方法。

决策树分析法是一种运用概率与图论中的树对决策中的不同方案进行比较，从而获得最优方案的风险型决策方法。

净现值法是通过计算、比较不同投资项目的净现值来选择最佳方案的一种经济比选方法。

目标成本法是一种以市场导向，对有独立制造过程的产品进行利润计划和成本管理的方法。

决策树法、净现值法、目标成本法都不是价值工程对象的选择方法。

答案：D

115. 解 《中华人民共和国建筑法》第三十二条规定，建筑工程监理应当依照法律、行政法规及有关的技术标准、设计文件和建筑工程承包合同，对承包单位在施工质量、建设工期和建设资金使用等方面，代表建设单位实施监督。而施工成本不属于监理的范畴，因此选项 D 是正确答案。

答案：D

116. 解 《中华人民共和国安全生产法》第六十三条规定，负有安全生产监督管理职责的部门依照有关法律、法规的规定，对涉及安全生产的事项需要审查批准（包括批准、核准、许可、注册、认证、颁发证照等，下同）或者验收的，必须严格依照有关法律、法规和国家标准或者行业标准规定的安全生产条件和程序进行审查；不符合有关法律、法规和国家标准或者行业标准规定的安全生产条件的，不得批准或者验收通过。对未依法取得批准或者验收合格的单位擅自从事有关活动的，负责行政审批的部门发现或者接到举报后应当立即予以取缔，并依法予以处理。对已经依法取得批准的单位，负责行政审批的部门发现其不再具备安全生产条件的，应当撤销原批准。

答案：C

117. 解 《中华人民共和国招标投标法》第二十九条规定，投标人在招标文件要求提交投标文件的截止时间前，可以补充、修改或者撤回已提交的投标文件，并书面通知招标人。补充、修改的内容为投标文件的组成部分。"开标前 10 分钟又提交了一份补充文件"符合本条规定，故选项 A 正确，选项 C、D 错误。

《中华人民共和国招标投标法》第三十四条规定，开标应当在招标文件确定的提交投标文件截止时间的同一时间公开进行；开标地点应当为招标文件中预先确定的地点。因补充文件是在开标前 10 分钟提交的，非开标时间，故选项 B 错误。

答案：A

118. 解 《中华人民共和国民法典》第五百零九条规定，当事人应当按照约定全面履行自己的义务。当事人应当遵循诚信原则，根据合同的性质、目的和交易习惯履行通知、协助、保密等义务。当事人在履行合同过程中，应当避免浪费资源、污染环境和破坏生态。

答案：A

119. 解 《中华人民共和国环境保护法》第十六条规定，国务院环境保护主管部门根据国家环境质量标准和国家经济、技术条件，制定国家污染物排放标准。

答案：D

120. 解 《建设工程安全生产管理条例》第十一条规定，建设单位应当将拆除工程发包给具有相应资质等级的施工单位。

建设单位应当在拆除工程施工 15 日前，将下列资料报送建设工程所在地的县级以上地方人民政府建设行政主管部门或者其他有关部门备案：

（一）施工单位资质等级证明；

（二）拟拆除建筑物、构筑物及可能危及毗邻建筑的说明；

（三）拆除施工组织方案；

（四）堆放、清除废弃物的措施。

实施爆破作业的，应当遵守国家有关民用爆炸物品管理的规定。

需要报送的资料不包括"需要拆除的理由"。

答案：D

2024 年度全国勘察设计注册工程师执业资格考试基础考试（上）

试题解析及参考答案

1. 解 本题考查极限运算法则、无穷小运算性质和等价无穷小替换定理。

$$\lim_{x \to 0} \frac{2\sin x + x^2 \sin \frac{1}{x}}{(1+x)^x \ln(1-x)} = \lim_{x \to 0} \frac{2\sin x + x^2 \sin \frac{1}{x}}{\ln(1-x)} = \lim_{x \to 0} \frac{2\sin x + x^2 \sin \frac{1}{x}}{-x} \left[\text{利用} x \to 0, \ \ln(1+x) \sim x \right]$$

$$= -\left(\lim_{x \to 0} \frac{2\sin x}{x} + \lim_{x \to 0} x \sin \frac{1}{x} \right) = -2 \ （利用有界函数与无穷小的乘积为无穷小）$$

答案：A

2. 解 本题考查函数连续的定义及利用等价无穷小替换求极限。

函数 $f(x)$ 在 $x = 0$ 处连续当且仅当 $\lim_{x \to 0} f(x) = f(0)$，即

$$f(0) = \lim_{x \to 0} \frac{1 - \sqrt{1-x}}{1 - \sqrt[3]{1-x}} = \lim_{x \to 0} \frac{\frac{1}{2} x}{\frac{1}{3} x} \left[\text{利用} x \to 0, \ (1 + \alpha x)^{\mu} - 1 \sim \alpha \mu x \right] = \frac{3}{2}$$

答案：C

3. 解 本题考查函数导数的定义。根据函数导数的定义：

$$f'(0) = \lim_{x \to 0} \frac{f(x) - f(0)}{x - 0} = \lim_{x \to 0} \frac{f(0) - 3x + \alpha(x) - f(0)}{x - 0} = \lim_{x \to 0} \frac{-3x + \alpha(x)}{x}$$

$$= \lim_{x \to 0} \left[-3 + \frac{\alpha(x)}{x} \right] = -3$$

答案：D

4. 解 本题考查复合函数高阶导数运算。

利用复合函数求导法：$\dfrac{dy}{dx} = f'[x + \varphi(x)][1 + \varphi'(x)]$

$$\frac{d^2 y}{dx^2} = f''[x + \varphi(x)][1 + \varphi'(x)][1 + \varphi'(x)] + f'[x + \varphi(x)]\varphi''(x)$$

$$= f''[x + \varphi(x)][1 + \varphi'(x)]^2 + f'[x + \varphi(x)]\varphi''(x)$$

答案：B

5. 解 本题考查函数取得极值的必要条件。

极值存在的必要条件：若 $f'(x_0)$ 存在，且 x_0 为 $f(x)$ 的极值点，则 $f'(x_0) = 0$。但逆命题不成立，即若 $f'(x_0) = 0$，但 x_0 不一定是函数 $f(x)$ 的极值点，例如：$f(x) = x^3$，$f'(0) = 0$，但 $x_0 = 0$ 不是 $f(x)$ 的极值点。

答案：C

6. 解 本题考查一元函数的凹凸区间。

利用函数凹凸性判别法则（充分条件）：$f(x)$ 在 $[a,b]$ 上连续，在 (a,b) 内 $f''(x)$ 存在，若 $a < x < b$ 时，$f''(x) > 0$［或 $f''(x) < 0$］，则曲线为凹（或凸）。

$y' = -xe^{-\frac{x^2}{2}}$，$y'' = -e^{-\frac{x^2}{2}} - xe^{-\frac{x^2}{2}}(-x) = (x^2 - 1)e^{-\frac{x^2}{2}}$，所以当 $x > 1$ 时，$y'' > 0$，曲线是凹的。

答案： C

7. 解 本题考查函数的不定积分的概念及对方程左右两边同时求导的计算技巧。

$$f(x) = \left[\int f(x)\,\mathrm{d}x\right]' = (x^2 e^{-2x} + c)' = 2xe^{-2x} + x^2 e^{-2x}(-2) = 2x(1-x)e^{-2x}$$

答案： A

8. 解 本题考查定积分的第一类换元法，即凑微分。

$$\int_0^{\ln 2} e^x \sqrt{e^x - 1}\,\mathrm{d}x = \int_0^{\ln 2} \sqrt{e^x - 1}\,\mathrm{d}(e^x - 1) = \left[\frac{2}{3}(e^x - 1)^{\frac{3}{2}}\right]_0^{\ln 2} = \frac{2}{3}$$

答案： B

9. 解 本题考查向量的基本概念。

$$\boldsymbol{\alpha} = -\frac{\boldsymbol{\beta}}{|\boldsymbol{\beta}|} = -\frac{1}{\sqrt{1^2 + (-2)^2 + 2^2}}(1, -2, 2) = \left(-\frac{1}{3}, \frac{2}{3}, -\frac{2}{3}\right)$$

答案： A

10. 解 本题考查空间两直线的夹角。

若两直线的方程分别为 $\frac{x-x_1}{m_1} = \frac{y-y_1}{n_1} = \frac{z-z_1}{p_1}$，$\frac{x-x_2}{m_2} = \frac{y-y_2}{n_2} = \frac{z-z_2}{p_2}$，则两直线间夹角的余弦为

$$\cos\theta = \frac{|m_1 m_2 + n_1 n_2 + p_1 p_2|}{\sqrt{m_1^2 + n_1^2 + p_1^2}\sqrt{m_2^2 + n_2^2 + p_2^2}}$$

由题意可知，$\cos\theta = \frac{|1\times 2 + (-4)\times(-2) + 1\times(-1)|}{\sqrt{1^2 + (-4)^2 + 1^2}\sqrt{2^2 + (-2)^2 + (-1)^2}} = \frac{9}{9\sqrt{2}} = \frac{\sqrt{2}}{2}$，可得 $\theta = \frac{\pi}{4}$。

答案： C

11. 解 本题考查二元函数可微分的定义和性质。

选项 A 和选项 B 分别是函数在 $(0,0)$ 点连续和偏导存在，它们可微的必要而非充分的条件，故选项 A 和 B 错误。

由选项 C，$\lim\limits_{(x,y)\to(0,0)} \frac{f(x,y)-f(0,0)}{\sqrt{x^2+y^2}} = 0$，取 $y = 0$，$\lim\limits_{(x,0)\to(0,0)} \frac{f(x,0)-f(0,0)}{|x|} = 0$，可得：

$$f_x(0,0) = \lim_{x\to 0}\frac{f(x,0)-f(0,0)}{x} = \lim_{x\to 0}\frac{f(x,0)-f(0,0)}{|x|}\frac{|x|}{x} = 0 \text{（无穷小与有界函数乘积为无穷小）}$$

同理，取 $x = 0$，$\lim\limits_{(0,y)\to(0,0)} \frac{f(0,y)-f(0,0)}{|y|} = 0$，可得：

$$f_y(0,0) = \lim_{y\to 0}\frac{f(0,y)-f(0,0)}{y} = \lim_{x\to 0}\frac{f(0,y)-f(0,0)}{|y|}\frac{|y|}{y} = 0$$

则当 $(x,y) \to (0,0)$ 时，$f(x,y) - f(0,0) - f_x(0,0)\Delta x - f_y(0,0)\Delta y = f(x,y) - f(0,0) = o\left(\sqrt{x^2+y^2}\right)$，所以 $f(x,y)$ 在点 $(0,0)$ 处可微。

选项 D 成立，但不能推得 $f(x,y)$ 在点 $(0,0)$ 处可微。反例：

$$f(x,y) = \begin{cases} 0 & x = 0 \\ 0 & y = 0 \\ 1 & \text{其他} \end{cases}$$

$$f_x'(x,0) = \lim_{h\to 0}\frac{f(x+h,0)-f(x,0)}{h} = 0, \quad f_x'(0,0) = \lim_{h\to 0}\frac{f(0+h,0)-f(0,0)}{h} = 0$$

满足$\lim\limits_{x\to 0}[f'_x(x,0)-f'_x(0,0)]=0$，同理$\lim\limits_{y\to 0}[f'_y(0,y)-f'_y(0,0)]=0$。

但显然$f(x,y)$在(0,0)点不连续，由可微的必要条件，$f(x,y)$在点(0,0)处不可微，故选项 D 错误。

答案：C

12. 解 本题考查一阶微分方程的求解。

方法 1： $(1+x^2)\mathrm{d}y+(1+y^2)\mathrm{d}x=0$是一阶可分离变量微分方程，即$\dfrac{\mathrm{d}y}{1+y^2}=-\dfrac{\mathrm{d}x}{1+x^2}$，两边积分$\int\dfrac{\mathrm{d}y}{1+y^2}=-\int\dfrac{\mathrm{d}x}{1+x^2}$，可得$\arctan y+\arctan x=C$。由条件$y(1)=1$可知$C=\dfrac{\pi}{2}$，选项 A 正确。

方法 2： 排除法，将条件$f(1)=1$代入 4 个选项验证，只有选项 A 正确。

答案：A

13. 解 本题考查常数项级数求和。

级数 $\sum\limits_{n=1}^{\infty}\left(\dfrac{10}{n(n+1)}-\dfrac{10}{3^n}\right)=\sum\limits_{n=1}^{\infty}\dfrac{10}{n(n+1)}-\sum\limits_{n=1}^{\infty}\dfrac{10}{3^n}=10\sum\limits_{n=1}^{\infty}\left(\dfrac{1}{n}-\dfrac{1}{n+1}\right)-10\sum\limits_{n=1}^{\infty}\dfrac{1}{3^n}$，其中 $\sum\limits_{n=1}^{\infty}\left(\dfrac{1}{n}-\dfrac{1}{n+1}\right)=$
$\lim\limits_{n\to\infty}\left(1-\dfrac{1}{2}+\dfrac{1}{2}-\dfrac{1}{3}+\cdots\dfrac{1}{n}-\dfrac{1}{n+1}\right)=\lim\limits_{n\to\infty}\left(1-\dfrac{1}{n+1}\right)=1$；$\sum\limits_{n=1}^{\infty}\dfrac{1}{3^n}=\dfrac{\frac{1}{3}}{1-\frac{1}{3}}=\dfrac{1}{2}$，所以级数 $\sum\limits_{n=1}^{\infty}\left(\dfrac{10}{n(n+1)}-\dfrac{10}{3^n}\right)=$
$10-5=5$。

答案：B

14. 解 本题考查对弧长的曲线积分的计算。

右半单位圆周L：$x^2+y^2=1(x\geqslant 0)$可写为参数方程：$\begin{cases}x=\cos\theta\\y=\sin\theta\end{cases}$，$-\dfrac{\pi}{2}\leqslant\theta\leqslant\dfrac{\pi}{2}$，则

$$\int_L x^2\,\mathrm{d}s=\int_{-\frac{\pi}{2}}^{\frac{\pi}{2}}\cos^2\theta\cdot\sqrt{(-\sin\theta)^2+(\cos\theta)^2}\,\mathrm{d}\theta$$
$$=\int_{-\frac{\pi}{2}}^{\frac{\pi}{2}}\cos^2\theta\,\mathrm{d}\theta=2\int_0^{\frac{\pi}{2}}\cos^2\theta\,\mathrm{d}\theta\left(\text{利用对称区间偶函数的性质}\right)$$
$$=2\times\dfrac{1}{2}\times\dfrac{\pi}{2}=\dfrac{\pi}{2}$$
$$\text{或}\int_{-\frac{\pi}{2}}^{\frac{\pi}{2}}\cos^2\theta\,\mathrm{d}\theta=\int_{-\frac{\pi}{2}}^{\frac{\pi}{2}}\dfrac{1+\cos 2\theta}{2}\,\mathrm{d}\theta=\left[\dfrac{\theta}{2}+\dfrac{\sin 2\theta}{4}\right]_{-\frac{\pi}{2}}^{\frac{\pi}{2}}=\dfrac{\pi}{2}$$

答案：C

15. 解 本题考查二重积分交换积分次序。

二次积分$\int_0^1\mathrm{d}x\int_x^1 e^{y^2}\,\mathrm{d}y$，若对$y$先积分，被积函数无初等函数表示的原函数，需要交换积分次序再计算，积分区域D：$\begin{cases}0\leqslant x\leqslant 1\\x\leqslant y\leqslant 1\end{cases}$，如解图所示。

交换积分次序，积分区域为D：$\begin{cases}0\leqslant y\leqslant 1\\0\leqslant x\leqslant y\end{cases}$，则

题 15 解图

$$\int_0^1\mathrm{d}x\int_x^1 e^{y^2}\,\mathrm{d}y=\int_0^1\mathrm{d}y\int_0^y e^{y^2}\,\mathrm{d}x=\int_0^1 e^{y^2}\,\mathrm{d}y\int_0^y\mathrm{d}x=\int_0^1 y e^{y^2}\,\mathrm{d}y$$
$$=\dfrac{1}{2}\int_0^1 e^{y^2}\,\mathrm{d}y^2=\left[\dfrac{1}{2}e^{y^2}\right]_0^1=\dfrac{1}{2}(e-1)$$

答案：D

16. 解 本题考查二阶常系数线性微分方程的求解。

方法 1：二阶常系数非齐次微分方程可写成$y'' - y' = x$，它所对应齐次方程的特征方程为$r^2 - r = 0$，特征根$r_1 = 1$，$r_2 = 0$，可得齐次方程的通解为$Y = C_1 e^x + C_2$。

另一方面，由右端项$f(x) = x$，可知$\lambda = 0$是对应齐次方程特征单根，所以非齐次方程的特解形式为$y^* = x(Ax + B)$，A，B为待定常数。代入非齐次微分方程，得$y'' - y' = (Ax^2 + Bx)'' - (Ax^2 + Bx)' = -2Ax + 2A - B = x$，通过比较系数有$A = -\frac{1}{2}$，$B = -1$，所以$y^* = -\frac{x^2}{2} - x$是微分方程的一个特解，可得方程的通解为$y = y^* + Y = -\frac{x^2}{2} - x + C_1 e^x + C_2$。由此可知，选项 B 正确。

方法 2：首先选项 D 不是方程通解，排除；其次将剩余三个选项的函数代入微分方程直接验证，可得选项 B 正确。

答案：B

17. 解 本题考查幂级数的收敛域。

幂级数$\sum_{n=1}^{\infty} (-1)^{n-1} \frac{(x+1)^n}{n}$，令$y = x + 1$，幂级数$\sum_{n=1}^{\infty} (-1)^{n-1} \frac{y^n}{n}$的收敛半径：

$$R = \lim_{n \to \infty} \left| \frac{a_n}{a_{n+1}} \right| = \lim_{n \to \infty} \left| \frac{(-1)^{n-1} \frac{1}{n}}{(-1)^n \frac{1}{n+1}} \right| = \lim_{n \to \infty} \frac{n+1}{n} = 1$$

当$y = x + 1 = -1$，即$x = -2$时，级数$\sum_{n=1}^{\infty} (-1)^{n-1} \frac{(-1)^n}{n} = -\sum_{n=1}^{\infty} \frac{1}{n}$发散；当$y = x + 1 = 1$，即$x = 0$时，级数$\sum_{n=1}^{\infty} \frac{(-1)^{n-1}}{n}$收敛，所以收敛域为$(-2, 0]$。

答案：C

18. 解 本题考查方程所确定隐函数的偏导数。

设函数$F(x, y, z) = x + y + z - e^{-(x+y+z)}$，则：

$$F_x = 1 - e^{-(x+y+z)}(-1) = 1 + e^{-(x+y+z)}$$

$$F_y = 1 - e^{-(x+y+z)}(-1) = 1 + e^{-(x+y+z)}$$

$$F_z = 1 - e^{-(x+y+z)}(-1) = 1 + e^{-(x+y+z)}$$

则$\frac{\partial z}{\partial x} = -\frac{F_x}{F_z} = -1$，$\frac{\partial z}{\partial y} = -\frac{F_y}{F_z} = -1$，选项 A 错误。

$\frac{\partial^2 z}{\partial x^2} = \frac{\partial}{\partial x}\left(\frac{\partial z}{\partial x}\right) = \frac{\partial}{\partial x}(-1) = 0$，$\frac{\partial^2 z}{\partial y^2} = \frac{\partial}{\partial y}\left(\frac{\partial z}{\partial y}\right) = \frac{\partial}{\partial y}(-1) = 0$，选项 B 错误。

$\frac{\partial^2 z}{\partial x \partial y} = \frac{\partial}{\partial y}\left(\frac{\partial z}{\partial x}\right) = \frac{\partial}{\partial y}(-1) = 0$，$\frac{\partial^2 z}{\partial y \partial x} = \frac{\partial}{\partial x}\left(\frac{\partial z}{\partial y}\right) = \frac{\partial}{\partial x}(-1) = 0$，选项 C 正确、选项 D 错误。

答案：C

19. 解 本题考查矩阵与行列式的基本计算。由于$\boldsymbol{A}\boldsymbol{A}^* = |\boldsymbol{A}|\boldsymbol{I}$，所以$|\boldsymbol{A}\boldsymbol{A}^*| = |\boldsymbol{A}|^n = a^n$。

答案：A

20. 解 本题考查线性无关的定义及矩阵的初等变换。

方法 1：由于线性无关，所以

令 $\boldsymbol{A}=(\boldsymbol{\alpha_1},\boldsymbol{\alpha_2},\boldsymbol{\alpha_3})$，则 $|\boldsymbol{A}|\neq 0$。

$$|\boldsymbol{A}|=|\boldsymbol{\alpha_1},\boldsymbol{\alpha_2},\boldsymbol{\alpha_3}|=\begin{vmatrix} 2 & 0 & 3 \\ 1 & 1 & 1 \\ -1 & 3 & a \end{vmatrix}\xrightarrow[r_3+r_2]{r_1+(-2)r_2}\begin{vmatrix} 0 & -2 & 1 \\ 1 & 1 & 1 \\ 0 & 4 & a+1 \end{vmatrix}$$

$$\xrightarrow{\text{按第一列展开}}(-1)^{2+1}\begin{vmatrix} -2 & 1 \\ 4 & a+1 \end{vmatrix}=(2a+6)\neq 0$$

故 $a\neq 3$。

方法 2： 由于线性无关，

令 $\boldsymbol{A}=(\boldsymbol{\alpha_1},\boldsymbol{\alpha_2},\boldsymbol{\alpha_3})$，则 $r(\boldsymbol{A})=3$。

对 $\boldsymbol{A}=(\boldsymbol{\alpha_1},\boldsymbol{\alpha_2},\boldsymbol{\alpha_3})=\begin{bmatrix} 2 & 0 & 3 \\ 1 & 1 & 1 \\ -1 & 3 & a \end{bmatrix}$ 进行初等行变换，即

$$\boldsymbol{A}=(\boldsymbol{\alpha_1},\boldsymbol{\alpha_2},\boldsymbol{\alpha_3})=\begin{bmatrix} 2 & 0 & 3 \\ 1 & 1 & 1 \\ -1 & 3 & a \end{bmatrix}\xrightarrow{r_1\leftrightarrow r_2}\begin{bmatrix} 1 & 1 & 1 \\ 2 & 0 & 3 \\ -1 & 3 & a \end{bmatrix}$$

$$\xrightarrow[r_3+r_1]{r_2+(-2)r_1}\begin{bmatrix} 1 & 1 & 1 \\ 0 & -2 & 1 \\ 0 & 4 & a+1 \end{bmatrix}\xrightarrow{r_3+2r_2}\begin{bmatrix} 1 & 1 & 1 \\ 0 & -2 & 1 \\ 0 & 0 & a+3 \end{bmatrix}$$

当 $a+3\neq 0$ 时，秩 $r(\boldsymbol{A})=3$，故 $a\neq 3$。

答案： C

21. 解 本题考查相似矩阵的定义与应用。

方法 1： 已知矩阵 $\boldsymbol{A}=\begin{bmatrix} 2 & 0 & 0 \\ 0 & a & 2 \\ 0 & 2 & 3 \end{bmatrix}$ 与矩阵 $\boldsymbol{B}=\begin{bmatrix} 1 & 0 & 0 \\ 0 & 2 & 0 \\ 0 & 0 & b \end{bmatrix}$ 相似，由相似矩阵的性质知

$|\boldsymbol{A}|=|\boldsymbol{B}|$ 且 $\text{tr}(\boldsymbol{A})=\text{tr}(\boldsymbol{B})$

$|\boldsymbol{A}|=\begin{vmatrix} 2 & 0 & 0 \\ 0 & a & 2 \\ 0 & 2 & 3 \end{vmatrix}=\begin{vmatrix} 1 & 0 & 0 \\ 0 & 2 & 0 \\ 0 & 0 & b \end{vmatrix}=|\boldsymbol{B}|$，可知 $6a-8=2b$ ①

由 $\text{tr}(\boldsymbol{A})=\text{tr}(\boldsymbol{B})$ 可知 $5+a=3+b$ ②

由式①、式②知 $a=3$，$b=5$。

方法 2： 已知矩阵 $\boldsymbol{A}=\begin{bmatrix} 2 & 0 & 0 \\ 0 & a & 2 \\ 0 & 2 & 3 \end{bmatrix}$ 与矩阵 $\boldsymbol{B}=\begin{bmatrix} 1 & 0 & 0 \\ 0 & 2 & 0 \\ 0 & 0 & b \end{bmatrix}$ 相似，由相似矩阵的性质知

$\text{tr}(\boldsymbol{A})=\text{tr}(\boldsymbol{B})$，可得 $5+a=3+b$ ⊛

把 4 个选项分别代入式⊛中验证，可知只有选项 D 满足等式。

答案： D

22. 解 本题考查概率的基本计算公式。由概率的加法公式和事件独立的定义知：

$$P(A\cup B)=P(A)+P(B)-P(AB)=P(A)+P(B)-P(A)P(B)$$

代入 $P(A)=\frac{1}{3}$，$P(A\cup B)=\frac{1}{2}$，有

$$\frac{1}{2}=\frac{1}{3}+P(B)-\frac{1}{3}P(B)=\frac{1}{3}+\frac{2}{3}P(B)$$

可得 $P(B)=\frac{1}{4}$

答案：C

23.解 本题考查随机变量的数学期望和方差的计算公式。由随机变量的数学期望的性质和方差的性质知：

$E\left(\frac{X^2}{2}-1\right)=E\left(\frac{X^2}{2}\right)-1=2$，$\frac{E(X^2)}{2}=3$，$E(X^2)=6$，由 $D\left(\frac{X}{2}-1\right)=\frac{D(X)}{4}=\frac{1}{2}$，有 $D(X)=2$。

由 $D(X)=E(X^2)-[E(X)]^2$，得 $[E(X)]^2=E(X^2)-D(X)=6-2=4$

由于 $E(X)$ 为一非负值，故 $E(X)=2$。

答案：B

24.解 本题考查边缘概率密度的基本概念和基本计算。由边缘概率密度计算公式 $f_X(x)=\int_{-\infty}^{+\infty}f(x,y)\,\mathrm{d}y$ 知，

当 $0<x<1$ 时，$f_X(x)=\int_{-\infty}^{+\infty}f(x,y)\,\mathrm{d}y=\int_0^x 4x^2\,\mathrm{d}y=4x^2 y\big|_0^x=4x^3$，

当 $-\infty<x\leqslant 0$ 和 $1\leqslant x<+\infty$ 时，$f_X(x)=\int_{-\infty}^{+\infty}f(x,y)\,\mathrm{d}y=\int_{-\infty}^{+\infty}0\,\mathrm{d}y=0$，

故 $f_X(x)=\begin{cases}4x^3,&0<x<1\\0,&\text{其他}\end{cases}$

题24解图

答案：A

25.解 温度是分子平均平动动能的量度，$\overline{\omega}=\frac{3}{2}kT$。若温度相等，则两种气体分子的平均平动动能相等。而分子的平均动能 $\overline{\varepsilon}=\frac{i}{2}kT$，因氢气和氧气两种气体分子的自由度不同，$i_{氢气}=3$，$i_{氧气}=5$，故 $\overline{\varepsilon}$ 不相等。

答案：C

26.解 最概然速率是指 $f(v)$ 曲线极大值处相对应的速率值，选项 A 不正确；

平均速率是指一定量气体分子速率的算术平均值，选项 B 不正确；

方均根速率是指一定量气体分子速率二次方平均值的平方根，选项 C 不正确；

麦克斯韦速率分布曲线下的面积为该速率区间分子数占总分子数的百分比。由归一化条件 $\int_0^{\infty}f(v)\,\mathrm{d}v=1$，等于曲线下的总面积，因 A、B 两部分面积相等，即各占 50%，故速率大于和小于 v_0 的分子数各占一半，选项 D 正确。

答案：D

27.解 由 $\overline{Z}=\sqrt{2}n\pi d^2\overline{v}$，$\overline{v}=1.6\sqrt{\frac{RT}{M}}$，$\overline{\lambda}=\frac{\overline{v}}{\overline{Z}}=\frac{1}{\sqrt{2}n\pi d^2}$ 可知，体积不变的条件下，单位体积分子数不变，当温度降低时，$\overline{v}$ 减小，$\overline{Z}$ 减小，但 $\overline{\lambda}$ 不变。

答案：A

28.解 一定量的理想气体由平衡态 a 到平衡态 b，温度升高，压强增大，既不是等温过程也不是等压过程。由理想气体状态方程：$pV=\frac{m}{M}RT$，图中 p-T 呈线性关系，V 为常数，可判断这是一个等体过程，

即等体吸热过程。

答案： B

29. 解 净功＝曲线所包围的面积，由两个循环曲线所围面积相等，可知两循环在每次循环中对外做的净功相等。此为热机循环曲线的性质。选项 D 正确。

答案： D

30. 解

方法 1： 简谐振动速度公式为 $v = \dfrac{dy}{dt}$，对 $y = A\cos 2\pi\left(vt - \dfrac{x}{\lambda}\right)$ 求导，可得 $v = -2\pi vA\sin 2\pi\left(vt - \dfrac{x}{\lambda}\right)$

在 $t = \dfrac{1}{v}$ 时刻，$x_1 = \dfrac{3\lambda}{4}$ 与 $x_2 = \dfrac{\lambda}{4}$ 两点处质元的速度分别为：

$$v_1 = -2\pi vA\sin 2\pi\left(v\dfrac{1}{v} - \dfrac{3\lambda}{4\lambda}\right) = -2\pi vA$$

$$v_2 = -2\pi vA\sin 2\pi\left(v\dfrac{1}{v} - \dfrac{\lambda}{4\lambda}\right) = 2\pi vA$$

则 $v_1 : v_2 = -1$

方法 2： 由波动方程的波程差与相位差关系：

$$\Delta\varphi = \frac{2\pi(\Delta x)}{\lambda} = \frac{2\pi\left(\dfrac{3\lambda}{4} - \dfrac{\lambda}{4}\right)}{\lambda} = \pi$$

两点质元的波程差为 $\dfrac{\lambda}{2}$，相位差为 π，则两质元速度及运动状态相反，即速度比为 -1。

答案： A

31. 解 由波动的能量特征知，媒质质元的振动动能和弹性势能都做周期性变化，是同相的（选项 B 错误），同时达到最大、最小，并且数值相等（选项 C 错误），质元的总机械能不守恒（选项 A 错误）。媒质质元在平衡位置处速率最大，振动动能最大，弹性势能亦最大（选项 D 正确）。

答案： D

32. 解 两相干波的条件为频率相同、振动方向相同、相位差恒定。两相干波的表达式分别为：

$$y_1 = A\cos\left[2\pi\left(vt - \frac{x_1}{\lambda}\right) + \phi_{01}\right]$$

$$y_2 = A\cos\left[2\pi\left(vt - \frac{x_2}{\lambda}\right) + \phi_{02}\right]$$

已知 S_1 的相位比 S_2 的相位超前 $\dfrac{\pi}{2}$，则两相干波在 P 点叠加相位差为：

$$\Delta\varphi = \phi_{02} - \phi_{01} - \frac{2\pi}{\lambda}(r_2 - r_1) = -\frac{\pi}{2} - \frac{2\pi}{\lambda} \cdot \frac{\lambda}{4} = -\pi$$

可知 S_1 外侧各点两波引起的两谐振动的相位差是 π。

答案： C

33. 解 两相干波的条件为频率相同、振动方向相同、相位差恒定。

答案： A

34. 解 如解图所示，牛顿环为等厚干涉，球面与下平板玻璃上表面两反射

光的光程差为：

$$\delta = 2d + \frac{\lambda}{2} = (2k+1)\cdot\frac{\lambda}{2}(暗纹条件)$$

因此，当 $k = 4$ 时， $d = 2\lambda = 1200nm$。

题34 解图

答案：B

35. 解 波阵面 S 上每一个面元都可以看成是新的振动中心，它们发出次波，

在空间某一点 P 的光振动是所有这些子波在该点的振动的相干叠加。

答案：D

36. 解 加入介质薄膜，光程差的改变量 $\Delta\delta = 2nd - 2d = 2(n-1)d = \lambda$，所以薄膜厚度 $d = \frac{\lambda}{2(n-1)}$。

答案：D

37. 解 四个量子数的物理意义分别为：

主量子数 n：①代表电子层；②代表电子离原子核的平均距离；③决定原子轨道的能量。

角量子数 l：①表示电子亚层；②确定原子轨道形状；③在多电子原子中决定亚层能量。

磁量子数 m：①确定原子轨道在空间的取向；②确定亚层中轨道数目。

自旋量子数 m_s：决定电子自旋方向。

答案：D

38. 解 偶极矩等于零的是非极性分子，偶极矩不等于零的为极性分子。分子是否有极性，取决于整个分子中正负电荷中心是否重合。NF_3 和 NH_3 中的N为不等性 sp^3 杂化，两个分子的空间构型均为三角锥形，正负电荷中心不重合，为极性分子；CH_3Cl 中的C为 sp^3 杂化，CH_3Cl 为 CH_4 中的一个H被Cl取代，正负电荷中心不重合，为极性分子；BBr_3 与 BF_3 类似，其中B为 sp^2 杂化，分子的空间构型为平面三角形，正负电荷中心重合，为非极性分子。

答案：B

39. 解 HCl气体溶解于水时既存在物理变化又存在化学变化。HCl向水中扩散的过程是物理变化，HCl在水中解离生成 H^+ 和 Cl^- 以及 H^+ 与水结合成 H_3O^+ 的过程均为化学变化。

答案：C

40. 解 若溶液中含有多种离子，加入沉淀剂时，离子积先超过 K_{sp} 的离子先沉淀，后超过者后沉淀。这种先后沉淀的现象叫分布沉淀。

答案：C

41. 解 反应速率方程为 $v = kC_A^a \cdot C_B^b$，k 为反应速率常数，$k = \frac{1}{C_A^a \cdot C_B^b}v$。$k$ 的量纲为 $[c]^{1-(a+b)}[t]^{-1}$，对

于零级反应，k 的量纲为 $mol \cdot L^{-1} \cdot s^{-1}$，一级反应 k 的量纲为 s^{-1}，二级反应 k 的量纲为 $mol^{-1} \cdot L \cdot s^{-1}$，反应速率常数的量纲与反应级数有关。

答案：C

42. 解　平衡常数是可逆反应进行程度的特征常数，是温度的函数，与反应物的浓度、反应压力以及催化剂没有关系。

答案：D

43. 解　电极电势与物质的本性、物质的浓度、温度有关。对某一电对而言，浓度的影响可用能斯特方程表示：

$$\varphi = \varphi^{\Theta} + \frac{0.059}{n} \lg \frac{C_{氧化型}^{a}}{C_{还原型}^{b}}$$

由能斯特方程可知，电对中氧化型物质的浓度增大时，电对的电极电势也增大；电对中氧化型物质生成沉淀时，电对的电极电势减小；有 H^+ 或 OH^- 参与的电极反应中，H^+ 和氧化型在一边，OH^- 和还原型在一边，所以溶液酸性越强，则电对的电极电势越大。

答案：D

44. 解　分子中有几种不同化学环境的 H，自由基氯代反应中就生成几种一氯代物。选项 A 含有 3 个甲基，在自由基氯代反应中生成 5 种一氯代物；选项 B 含有 4 个甲基，在自由基氯代反应中生成 2 种一氯代物；选项 C 含有 2 个甲基，在自由基氯代反应中生成 3 种一氯代物；选项 D 含有 3 个甲基，在自由基氯代反应中生成 4 种一氯代物。

答案：D

45. 解　含有不饱和官能团才能发生加成反应，只有选项 B 中没有不饱和官能团，故不能发生加成反应。且选项 B 中只有一个官能团，与题目中的不同基团相矛盾。

选项 C 中，乙烯基可以发生氧化反应，羧基可以和氢气发生加成反应。

答案：B

46. 解　现代三大高分子合成材料是合成纤维、塑料、合成橡胶。

答案：C

47. 解　物体在力系作用下，保持平衡状态时，此力系称为平衡力系，平衡力系只是不能改变刚体的运动状态，而对考虑变形的其他物体而言，加或减平衡力系都会改变物体的形状和体积，所以加减平衡力系公理只适用于刚体。

答案：A

48. 解　主矢：$F_R = F_1 + F_2 + F_3 = (40 - 10)i - 40j = 30i - 40j$ (N)

主矩：$M_O = M + F_1 \times 3 + F_2 \times 3 + F_3 \times 3 = 300\text{N} \cdot \text{m}$

经简化，主矢和主矩均不为零，故该力系向O点简化的结果为一力和一力偶。

答案： B

49. 解 取圆盘为研究对象，受力见解图，对E点取矩列平衡方程：
$$\sum M_E = 0, \quad F_D r \cos\alpha - F_p r \sin\alpha = 0$$

解得$F_D = F_p$，方向如解图所示。

题 49 解图

答案： B

50. 解 零杆的判断方法如下：

①看两杆节点上有没有荷载，不在同一条直线上的两杆节点上若没有荷载作用，则两杆均为零杆；

②对称桁架在对称荷载作用下，对称轴上的K形结点若无荷载，则该结点上的两根斜杆为零杆；

③无荷载的三杆结点，若两杆在一直线上，则第三杆为零杆；

④对称桁架在反对称荷载作用下，与对称轴重合或者垂直相交的杆件为零杆；

⑤不共线的两杆结点，若荷载沿一杆作用，则另一杆为零杆。

综上，如解图所示，杆 1、杆 2 和最下面的斜杆 3 是零杆。

题 50 解图

答案： B

51. 解 将$t = 0$代入加速度方程，可得$a = 20\text{m/s}^2$

答案： A

52. 解 点的速度$v = 6t$，$t = 2\text{s}$末时$v = 12\text{m/s}$，点的法向加速度：
$$a_n = \frac{v^2}{R} = \frac{12^2}{3} = 48\text{m/s}^2$$

答案： A

53. 解 AB杆为平行移动刚体，物块M与杆AB固连，因此其上M点的速度和切向加速度与A点相同，$v_M = v_A = r\omega$，$a_M^\tau = a_A^\tau = r\varepsilon$。

答案： C

54. 解 物块A与B有相同的加速度a，设绳中张力为F_T，A与桌面间的摩擦力为F，分别列出A与B的运动微分方程：
$$m_A a = F_T - F, \quad m_B a = m_B g - F_T$$

取$g = 9.8\text{m/s}^2$，$F = m_A g f = 40 \times 9.8 \times 0.15 = 58.8\text{N}$

将数值代入并求解，得：

$$F_T = 104N$$

答案： C

55. 解 做功的力有主动力 100N 的水平分量和滑动摩擦力。

主动力的水平分量为 $100\cos 20°N$，摩擦力为 $(8 \times 9.8 + 100\sin 20°) \times 0.3$，则：

$$\sum W = [100\cos 20° - (8 \times 9.8 + 100\sin 20°) \times 0.3] \times 4 = 241N \cdot m$$

答案： D

56. 解 应用定轴转动刚体的动量矩定理（或称定轴转动微分方程）：$J_O \alpha = M_O$，即 $\frac{3}{2}mR^2\alpha = mgR$，得 $\alpha = \frac{2g}{3R}$。

答案： D

57. 解 当轮心运动到最低位置时，质心 C 的加速度为 $e\omega^2$（法向加速度），方向向上（指向转动轴），根据达朗贝尔原理，在轮心处加上向下的惯性力 $\frac{P}{g}e\omega^2$，则系统在惯性力和重力作用下可视为平衡系统。在 xz 平面内，圆轮在 AB 轴的中间，A、B 轴承约束力相等，分别为惯性力加上重力的一半，即 $\frac{P}{2} + \frac{P}{2g}e\omega^2$。

答案： B

58. 解 整理运动微分方程，可得 $\frac{d^2x}{dt^2} + \frac{k}{m}x = \frac{k}{m}x_0\sin\omega t$，所以系统的固有圆频率为 $\sqrt{\frac{k}{m}}$。

答案： A

59. 解 材料力学对可变形固体所做的各向同性假设认为：材料内部各点沿各个方向的力学性质是相同的，与外力、变形和位移是否相同无关。

答案： A

60. 解 根据轴向拉压杆的平面假设，在 F 力作用下拉杆发生变形，m-m 和 n-n 界面之间发生的轴向变形一样，故两线仍平行，斜线的法线与轴线夹角 α 不变。

答案： B

61. 解 由受力分析可知梁的两端每个铰链受力为 $\frac{F}{2}$，而每个铰链轴有两个剪切面，故每个剪切面上受到的剪力为 $Q = \frac{F}{4}$，剪切面积即为铰链轴的截面面积 $A = \frac{\pi d^2}{4}$，所以：$\tau = \frac{Q}{A} = \frac{\frac{F}{4}}{\frac{\pi d^2}{4}} = \frac{F}{\pi d^2} \leqslant [\tau]$，即 $d^2 \geqslant \frac{F}{\pi[\tau]}$。

答案： C

62. 解 根据扭矩计算的直接法，此题图对应的扭矩图为解图 a)，其最大扭矩为 $4T$；

将 3 轮与 4 轮对调后，见解图 b)，其对应的扭矩图为解图 c)，其最大扭矩为 $2T$。

题 62 解图

题图的最大切应力为：$\tau_{\max 1} = \frac{4T}{W_p}$，对调后的最大切应力为：$\tau_{\max 2} = \frac{2T}{W_p}$

所以 $\tau_{\max 2}/\tau_{\max 1} = 1/2$

答案：B

63.解 由空心圆截面的抗弯截面模量的公式可知：

$$W_y = \frac{\pi D^3}{32}\left[1 - \left(\frac{d}{D}\right)^4\right] = \frac{\pi 8 d^3}{32}\left(1 - \frac{1}{16}\right) = \frac{15\pi d^3}{64}$$

答案：C

64.解 由静矩的公式 $S_z = \int_A y\,dA$ 可知：截面对 z 轴的静矩等于 $m\text{-}m$ 线上部分对 z 轴的静矩和 $m\text{-}m$ 线下部分对 z 轴静矩之和，而 z 轴是形心轴，截面对形心轴静矩必为零，所以 $S_z = S_{上} + S_{下} = 0$，$S_{上} = -S_{下}$。

答案：B

65.解 根据对称性的规律：结构对称、荷载反对称，则对称的内力（弯矩）是反对称的，而反对称的内力（剪力）是对称的。

答案：B

66.解 由切应力的计算公式 $\tau = \frac{F_S S_z^*}{I_z b}$ 可知：胶合面以上的面积 A^* 对 Z 轴的面积矩为：

$$S_Z^* = A^* \times y_0 = ab \times a = a^2 b, \quad I_Z = \frac{b}{12}(3a)^3 = \frac{9}{4}a^3 b$$

而 $F_S = F$，代入上面的公式，即得到 $\tau = \frac{4F}{9ab}$。

答案：D

67.解 $y_a = \frac{2PL^3}{3EI_1}$，$y_b = \frac{PL^3}{3EI_2}$，所以 $\frac{y_a}{y_b} = \frac{2I_2}{I_1} = \frac{2 \times \frac{b}{12}h^3}{\frac{b}{12}(2h)^3} = \frac{1}{4}$

答案：B

68.解 该平面上的最大正应力一定是主应力，在主应力所在的截面上，其切应力一定为零。

答案：B

69.解 此题为双向弯曲，弯矩 M_y、M_z 的合弯矩是两者的矢量和，而圆截面对于通过圆心的任意轴

的抗弯截面模量W都相同：$W = \frac{\pi}{32}d^3$

所以

$$\sigma \geqslant \frac{\sqrt{M_y^2 + M_z^2}}{W} = \frac{32}{\pi d^3}\sqrt{M_y^2 + M_z^2}$$

答案：D

70. 解　由细长压杆临界力的欧拉公式$F_{cr} = \frac{\pi^2 EI}{(\mu l)^2}$可知：当压杆的弯曲刚度$EI$相同时，$\mu l$越小，临界力$F_{cr}$越大。

a）图两端铰支：$\mu l = 1 \times 4 = 4$

b）图一端铰支，一端固定：$\mu l = 0.7 \times 6 = 4.2$

c）图两端固定：$\mu l = 0.5 \times 7 = 3.5$

可见c）图临界力最大，b）图临界力最小，故选C。

答案：C

71. 解　根据题意，此为求静止流体中的平面受力问题。如解图所示，矩形平板被水淹没部分的高度为**3m**。以自由液面为基准，作用在平板上的合力可直接使用平面在静水压力下的合力计算公式，即合力的大小等于平板水下部分形心处的压强乘以水下部分的平板面积，即：

题71解图

$$P = p_c A = \gamma h_c A = 9.8 \times 1.5 \times 3 \times 1 = 44.1 \text{kN}$$

答案：C

72. 解　动量方程表征的是力与运动的关系，与流体是否具有黏性无关。对于理想流体，没有黏性切应力，但是动量方程仍然适用。在理想流体中，作用在控制体上的力主要是压力和质量力等，通过动量方程可以分析流体在压力和质量力作用下的动量变化。对于黏性流体，除了压力和质量力外，还有黏性力。这些力同样可以包含在动量方程中的力项$\sum F$中，用来分析流体的动量变化情况。综上，动量方程对于理想流体和黏性流体均适用。

答案：C

73. 解　根据题意，此为大体积水箱供水管路水头损失计算问题。如解图所示，水箱内的流体在自由液面高程H的作用下，克服管路的入口损失和沿程损失，以一定流速从管口流出。当管径远小于水箱断面尺寸时，自由液面的下降速度近似为零。自由液面和管路出口都是均匀过流断面，可列能量方程：

$$z_1 + \frac{p_1}{\rho g} + \frac{a_1 v_1^2}{2g} = z_2 + \frac{p_2}{\rho g} + \frac{a_2 v_2^2}{2g} + h_w$$

其中$z_1 = H$，$z_2 = 0$，$p_1 = p_2 = 0$，$v_1 = 0$，上式可化简为：$h_w = H - \frac{a_2 v_2^2}{2g}$

题 73 解图

由上式可知，管路损失h_w与输送液体的密度无关，取决流速与高程差H。因此，改变液体密度，管路损失不变，即$h'_w = h_w$。

答案：B

74. 解 此题考查孔口和管嘴出流问题。管嘴和孔口出流的流量公式形式上相同：$Q = A_c v_c = \psi A\sqrt{2gH_0}$，但二者的流速和流量系数不同。孔口出流的流量系数等于流速系数乘以收缩系数，$\psi = 0.60 \sim 0.62$；管嘴出流的流量系数等于流速系数，流速系数增大，流量系数随之增大，$\psi = 0.82$。因此，在直径、作用水头等条件相同的情况下，管嘴出流的流量大是由于流速系数增大所致。

答案：B

75. 解 此题考查长管的自由出流和淹没出流问题。长管的自由出流和淹没出流的流量公式完全相同：$Q = A_c v_c = \mu A\sqrt{2gH_0}$，前者的作用水头是自由液面到出口的高程差，后者的作用水头是上下游液面的高程差。当作用水头不变，出流形式改变时，若公式中的其他项不变，则流量相同。故出流形式变化不影响管路流量。

答案：B

76. 解 此题考查明渠均匀流的水力计算问题。

明渠均匀流流速公式：$v = C\sqrt{RJ} = C\sqrt{Ri}$。其中，谢才系数$C = \frac{1}{n}R^{\frac{1}{6}}$，代入已知条件可得：

输水流速$v = \frac{1}{n}R^{\frac{1}{6}}\sqrt{Ri} = \frac{1}{0.01} \times \sqrt{1 \times 0.0008} = 100 \times 0.0283 = 2.83\text{m/s}$

答案：C

77. 解 此题考查渗流流速计算。渗流流量公式：

$$Q = KA\frac{\Delta H}{l} = KAJ$$

即流量与渗流系数成正比，渗流系数越大，流量越大。

答案：A

78. 解 此题考查相似准则的适用条件。研究有压管流问题使用雷诺准则（黏性力相似），雷诺数反映黏性力与惯性力的比值。弗劳德准则适用于无压重力流，马赫准则适用于可压缩流，欧拉准则是导出准则。

答案：A

79.解 根据安培环路定律，磁场强度沿磁场中任意一个闭合曲线的线积分为穿过闭合曲线的各电流代数和，与闭合曲线外的电流无关，即 $\oint_L \vec{H} \cdot d\vec{l} = \sum I$。其中，电流方向与积分路径若满足右手定则，则电流取正，反之取负。此图中，I_1 取正，I_2 取负，又因为真空中磁感应强度与磁场强度的关系为 $\vec{B} = \mu_0 \vec{H}$，因此 $\oint_L \vec{B} \cdot d\vec{l} = \mu_0 \sum I = \mu_0(I_1 - I_2)$。

答案：B

80.解 由 KCL：$I + I_{s1} + I_{s2} = 0$，得到：$I = -(I_{s1} + I_{s2})$，所以式（1）正确；

由电阻 R_2 的欧姆定律：$U_{R2} = -IR_2 = (I_{s1} + I_{s2})R_2$，所以式（2）正确；

由 KVL，对大回路：$U_{R2} + U_{s3} + I_{s1}R_1 + U_{is} = 0$，此处的 U_{is} 为电流源 I_{s1} 两端的电压，且参考方向为上负下正，所以式（3）错误。

答案：A

81.解 叠加定理为：对于任意线性电路，由多个独立电源（激励）共同作用所引起的电流或者电压（响应），等于这些独立电源（激励）分别单独作用在此处时所产生的电流或者电压（响应）的代数和。

独立电源单独作用的含义是令其他独立电源为零。具体包括电压源置零是将电压源短路，电流源置零是将电流源开路。

对于本题，根据叠加定理，理想电压源单独作用时，电流源不作用，相当于开路，此时两个电阻 R 串联。电阻串联电路的分压公式为：$u_k = R_k i = \frac{R_k}{R_{eq}} u, k = 1, 2, \cdots, n$。所以本题中电阻 R 的分压 $U = -\frac{R}{R+R} \times 10 = -5V$。

答案：B

82.解 相量是复数，复数有四种表示方式：

代数形式：$A = a + jb$；

指数形式：$A = re^{j\psi}$；

极坐标形式：$A = r\angle\psi$；

三角形式：$A = r\cos\psi + jr\sin\psi = r(\cos\psi + j\sin\psi)$，相量的模 $r = \sqrt{a^2 + b^2}$，相量幅角 $\psi = \arctan\frac{b}{a}$。

题 82 解图

相量在复平面上可以用矢量表示出其幅值和相位，把这种表示相量的图称为相量图，如解图所示。

由相量图可得到：$1\angle 90° = j$，因此，本题中，将相量 $\dot{I}_2$ 表示为代数形式为：$\dot{I}_2 = 8\angle 90°$A$=j8$A，所以 $-\dot{I}_1 + \dot{I}_2 = -(8 + j6) + 8\angle 90° = -8 - j6 + j8 = -8 + j2$A。

答案：A

83.解 三相交流电源是由三个幅值（或最大值）相等，频率相同，彼此间具有 120° 相位差的正弦对称电源组成的供电系统。

选项 A，图示电路为负载星形连接的三相四线制电路，带中线，忽略端线阻抗时，各相独立，可将各相分别看成单相电路计算。即使$Z_1 \neq Z_2 \neq Z_3$，中线保证了星形联结三相不对称负载的相电压等于电源相电压，是对称的，不会出现中点位移现象。只有不对称负载 Y 联结又未接中性线时，负载相电压不再对称，出现中性点位移，且负载电阻越大，负载承受的电压越高。

选项 B，若将负载改为三角形接法，负载相电压等于电源线电压，由于一般电源线电压对称，因此不论负载是否对称，负载相电压始终对称。

选项 C，若将负载改为三角形接法，无论负载是否对称，三相负载电压都对称。但只有负载对称时，才有线电流等于相电流的$\sqrt{3}$倍，即$I_l = \sqrt{3} I_\mathrm{p}$。当负载不对称时，三个相电流不对称，$I_l \neq \sqrt{3} I_\mathrm{p}$。

选项 D，若维持负载星接接法不变，由于存在中线，无论负载是否对称，三相负载电压都等于电源相电压，都有线电压为相电压的$\sqrt{3}$倍，即$U_l = \sqrt{3} U_\mathrm{p}$，因此选 D。

答案：D

84. 解 本题中，电阻R_1、R_2和电感L是串联关系，电流相等，设$\dot{I} = I \angle 0^\circ$，相量图如解图所示。

由题意可知，电路总阻抗$Z = R_1 + R_2 + j\omega L = \sqrt{(R_1 + R_2)^2 + (\omega L)^2} \angle \arctan \frac{\omega L}{R_1 + R_2}$

阻抗角$\phi = \arctan \frac{\omega L}{R_1 + R_2}$

则输入电压$\dot{U}_i$为电阻R_1、R_2和电感L的串联总电压：$\dot{U}_i = \dot{I} Z = I \angle 0^\circ \times$

$\sqrt{(R_1 + R_2)^2 + (\omega L)^2} \angle \arctan \frac{\omega L}{R_1 + R_2} = I \sqrt{(R_1 + R_2)^2 + (\omega L)^2} \angle \arctan \frac{\omega L}{R_1 + R_2}$

题 84 解图

输出电压为电阻R_2的电压：

$$\dot{U}_\mathrm{o} = \dot{U}_{R2} = R_2 I \angle 0^\circ$$

根据串联电路分压公式，可以得到：

$$\frac{\dot{U}_\mathrm{o}}{\dot{U}_\mathrm{i}} = \frac{R_2}{Z} = \frac{R_2}{\sqrt{(R_1 + R_2)^2 + (\omega L)^2} \angle \arctan \frac{\omega L}{R_1 + R_2}} = \frac{R_2}{\sqrt{(R_1 + R_2)^2 + (\omega L)^2}} \angle -\arctan \frac{\omega L}{R_1 + R_2}$$

答案：D

85. 解 变压器变阻抗的原理：变压器一次侧的等效阻抗模为二次侧所带负载的阻抗模的k^2倍，即$|Z'| = \frac{U_1}{I_1} = \frac{kU_2}{\frac{I_2}{k}} = k^2 \frac{U_2}{I_2} = k^2 |Z|$，如解图所示。

题 85 解图

本题中，开关闭合后，二次侧阻抗Z由R_{L1}减小为$R_{L1} // R_{L2}$，则一次侧等效电路的阻抗模Z'由$k^2 R_{L1}$减小为$k^2 (R_{L1} // R_{L2})$，$\dot{I}_1 = \frac{\dot{U}}{R + Z'}$，所以$I_1$增大。又因为一次、二次侧电流与匝数成反比，所以$I_2 = kI_1$也增大。

答案：A

86. 解 图中显示 1KM 的常开辅助触点与 2KM 的线圈串联，意味着要使电动机 M_2 投入工作，首先要确保电动机 M_1 已经启动并正常运行，而 1KM 常开辅助触点闭合，需要按下启动按钮 $1SB_{st}$。M_1 启动后，再按下启动按钮 $2SB_{st}$，电动机 M_2 才能工作。

答案：C

87. 解 采样信号是指在时间上按照一定的规律（通常是周期性的）对连续信号进行取样，得到的信号在时间上是离散的，但在取样点上的数值是连续的。因此，采样信号是离散时间信号。

采样保持信号是指在采样信号的基础上，对采样得到的离散信号值进行保持，即在两个采样点之间，信号值保持不变，直到下一个采样点。因此，采样保持信号在时间上是连续的，但在数值上是离散的，即在两个采样点之间，信号值不变。

答案：A

88. 解 十六进制转换为二进制采用直接转换法：将每个十六进制位直接转换为对应的四位二进制数。因此，$X = (11)_{16} = (10001)_2$，$N_x = 5$。

十进制转换为二进制采用除 2 取余法：将十进制数不断除以 2，记录每次的余数，直到商为 0，将得到的余数从下往上排列，即为二进制表示。在本题中：$11 \div 2 = 5$ 余 1，$5 \div 2 = 2$ 余 1，$2 \div 2 = 1$ 余 0，$1 \div 2 = 0$ 余 1，将余数从最后一个开始倒序排列，得到二进制数 1011，因此 $Y = (11)_{10} = (1011)_2$，$N_y = 4$。

对于 $Z = (11)_2$，$N_z = 2$。

综上，$N_x > N_y > N_z$。

答案：D

89. 解 要将模拟信号 x_1 转换为数字信号，一般需要经过抽样、量化和编码三个基本过程。抽样就是以相等的时间间隔来抽取 x_1 的样值，使连续的信号变为离散的信号，这里 x_2 是 x_1 的采样信号，已经完成了抽样这一步骤。量化是把抽取的样值（也就是 x_2）变换为最接近的数字值，表示抽取样值的大小。编码是把量化的数值用一组二进制数码来表示。

采样保持信号 x_3 主要是在 A/D 转换过程中，保证在 A/D 转换期间模拟信号（这里是 x_2）保持基本不变，从而保证转换精度。但它只是转换过程中的一个中间环节，本身不完成模拟到数字的最终转换。

在已经有 x_1 的采样信号 x_2 以及 x_2 的采样保持信号 x_3 的基础上，若希望得到 x_1 的数字信号，应该对 x_2（或者说在 x_3 的基础上，因为 x_3 保持了采样时的值）进行量化和编码操作。

因此，A/D 转换是将采样信号通过 A/D 转换为数字信号的过程，而不是将采样保持信号直接转换为数字信号。

答案：B

90. 解 幅度频谱是信号经过傅里叶变换之后产生频谱，频谱在每一个频率点的取值是一个复数，而幅度谱是复数的模关于频率的函数，表示信号在不同频率上的能量或功率大小。

选项 A，离散时间信号的幅度频谱具有周期性，其周期与采样频率等因素有关。在满足采样定理的情况下，离散时间信号的频谱在以采样频率为周期的频率区间内重复其频谱模式。通常情况下，离散时间信号幅度频谱的谐波幅值总的趋势是随谐波次数的增加而降低。也就是说，较高频率成分的幅度相对较低。这些与题目图形不符合，选项 A 错误。

选项 B，均值为 5V 的连续时间信号是一种直流偏置信号与交流信号叠加的情况。在频谱图上表现为在频率为 0 处有一个幅度为 5V 的谱线（代表直流分量），在其他离散频率点上会有相应的谱线表示交流分量的各次谐波。周期信号的幅度频谱由不连续的谱线组成，每一条谱线代表一个正弦分量，并且各谱线只能出现在基波频率 ω 的整数倍频率上，各次谐波分量的振幅随着频率的升高总的趋势是逐渐减小，因此选项 B 正确。

选项 C，指数衰减连续时间信号的幅度频谱 $|X(\omega)| = \frac{1}{\sqrt{a^2+\omega^2}}$，其中 a 为衰减指数，从这个表达式可以看出，当 $\omega = 0$（低频段）时，$|X(\omega)| = \frac{1}{a}$，随着 ω 增大（高频段），幅度逐渐减小，体现了指数衰减信号在低频段幅度高、高频段幅度低的特征。这与题目图形不符，选项 C 错误。

选项 D，当频率不定时，信号可能包含多个不同频率的成分。这些频率成分在幅度频谱上会表现为不同频率点上的幅值情况。这与题目图形不符，选项 D 错误。

答案：B

91. 解　高通滤波器是允许高于特定频率的信号通过，同时衰减低于该频率的信号。截止频率是高通滤波器的一个关键参数，它标志着通带和阻带的界限。在截止频率点上，滤波器的输出信号相对于输入信号的幅度比为 0.707，即约为 -3dB。低通滤波器与高通滤波器相反，允许低于某一频率的信号通过。

由本题波形可知，电压 u_1 经过信号处理器后，低频直流分量被滤掉了，说明是高通滤波器。周期为 T 的函数无衰减的通过，其幅频特性如解图所示。

题 91 解图

因此，截止频率 $f_L < \frac{1}{T}$。

答案：A

92. 解　根据布尔代数逻辑运算的互补定律，$A + \overline{A} = 1$，因此，$F = (A + \overline{A})(B + \overline{B}C) = B + \overline{B}C$，又根据吸收定律：$B + \overline{B}C = B + C$，所以 $F = B + \overline{B}C = B + C$。

答案：B

93. 解　当电路中只含有一个二极管，判断二极管工作状态的方法是：将二极管断开，求二极管断开后的两端压降 u_D，若 $u_D > 0$，则二极管导通，否则截止。理想二极管导通时相当于导线，截止时相当于开路。

本题中，令 u_i 负极为电位参考点，断开二极管，电路中无电流，二极管阳极电位 $V_+ = u_i$，阴极电位 $V_- = 5V$，二极管两端压降 $u_D = V_+ - V_- = u_i - 5$。

当 $u_D > 0$，即 $u_i > 5V$ 时，二极管导通，相当于一根导线，此时 $u_o = u_i$；当 $u_D < 0$，即 $u_i < 5V$ 时，二极管截止，相当于开路，此时 $u_o = 5V$。

答案：C

94.解 对负载而言，放大电路相当于一个具有内阻的信号源，这个信号源的内阻就是放大电路的输出电阻，如解图 1 所示。

题 94 解图 1

本题中晶体三极管放大电路的 H 参数小信号微变等效电路如解图 2 所示。其中：$R_B = R_{B1} // R_{B2}$，R_S 为信号源内阻。

题 94 解图 2

求输出电阻的方法是：（1）断开负载 R_L；（2）信号源置零；（3）在负载处外加电压 $\dot{U}_o$，求输出电流 $\dot{I}_o$，输出电阻 $r_o = \dfrac{\dot{U}_o}{\dot{I}_o}$。如解图 3 所示。

题 94 解图 3

信号源置零时，$\dot{I}_b = 0$，$\dot{I}_c = \beta \dot{I}_b = 0$，所以输出电阻 $r_o = \dfrac{\dot{U}_o}{\dot{I}_o} \approx R_C$。

答案：B

95.解 左图输出 F_1 为输入 A 与 1 的或关系，根据或逻辑运算规则，输入变量只要有一个为 1，则输出为 1，因此 $F_1 = A + 1 = 1$；

右图输出 F_2 为输入 B 与 1 的异或关系，即输入 B 与 1 相异时，输出为"1"；当输入 B 与 1 相同时，输出为"0"；当 B = 0 时，$F_2 = B \oplus 1 = 0 \oplus 1 = 1$，当 B = 1 时，$F_2 = B \oplus 1 = 1 \oplus 1 = 0$，因此 $F_2 = B \oplus 1 = \bar{B}B$。

答案：B

96. 解 本题中 $J = A \oplus Q_n$，即 A 与 Q_n 为异或关系，当输入 A 与 Q_n 相异时，J 为"1"；当输入 A 与 Q_n 相同时，J 为"0"；

JK 触发器在 CP 脉冲的下降沿触发动作，复位信号 $\bar{R}_D$ 低电平有效，在脉冲下降沿前触发器复位，即使得触发器的初始状态 $Q_n = 0$；

第一个时钟脉冲下降沿来时，$J = A \oplus Q_n = 1 \oplus 0 = 1$，K = A = 1，根据 JK 触发器逻辑状态表，$Q_{n+1} = \bar{Q}_n = \bar{0} = 1$；

第二个时钟脉冲下降沿来时，A = 0，$J = A \oplus Q_n = 0 \oplus 1 = 1$，K = A = 0，根据 JK 触发器逻辑状态表，$Q_{n+1} = 1$。

答案：D

97. 解 未来的计算机将向高性能、人性化、网络化等几个方向发展。随着人们对多媒体内容的需求不断增加，如高清视频、高保真音频等，计算机对处理视频、音频的要求是越来越高，而不是低能化。

答案：D

98. 解 地址寄存器是内存储器地址总线上地址信息的发源地，主要用于存放指令地址或操作数地址。无论是要执行的指令的地址，还是指令中所涉及的操作数的地址，都必须先送到地址寄存器，然后才能送至内存储器。

答案：C

99. 解 一个存储器中所有存储单元可存放的信息总数称为存储容量，其基本单位是字节（Byte），一个字节等于 8 位二进制数（bit）。计算机在存储和处理信息时，通常以字节为单位来衡量存储容量的大小。

答案：C

100. 解 编译程序有两种执行方式：解释方式和编译方式。解释方式是根据程序语句的执行顺序进行逐条语句翻译执行的。编译方式是源程序经过编译处理后，产生一个与之完全等价的目标程序（称为可执行程序），然后去执行目标程序。

答案：D

101. 解 计算机内的所有信息都是用二进制数码表示的。

答案：A

102. 解 为了表达 256 种不同的颜色，每个像素需要 16 位二进制数来表示颜色的数据信息，8 位二进制数有$2^8 = 256$种不同组合，这种图像称为 8 位图像。

答案：B

103. 解 计算机病毒的特征为非授权执行性、复制传染性、依附性、潜伏性、破坏性、隐蔽性和可触发性，不包括移植性。

传染性，即计算机病毒能够通过网络（如电子邮件、文件共享等）、移动存储设备（如 U 盘、移动硬盘等）等各种途径从一个计算机系统传播到另一个计算机系统。

病毒对计算机系统造成的危害极大，如删除文件、篡改文件内容、格式化硬盘等，破坏计算机中的数据；如占用大量的 CPU 资源和内存资源，使计算机运行速度变慢，甚至频繁死机，干扰计算机系统的正常运行，导致系统性能下降。有些病毒还会窃取用户的隐私信息，如账号密码、个人文件等。

计算机病毒可潜伏在计算机系统中，如隐藏在系统文件、程序文件或者其他存储介质中，潜伏期内，病毒按照预先设定的时间、操作或者达到一定的触发条件后才开始发作，对计算机系统进行破坏。

移植性一般是用于描述程序在不同系统或平台之间转移和运行的能力，这与病毒的自我复制、破坏和传播等主要行为特征不相关。

答案：D

104. 解 1GB = 1024MB，1TB = 1024GB，1PB = 1024TB，1EB = 1024PB，1ZB = 1024EB，1YB = 1024ZB。

答案：A

105. 解 计算机网络的主要功能是数据通信、资源共享、提高计算机系统的可靠性、增强系统的处理功能。

选项 B、D 中的"修复系统软件功能"不是计算机网络的主要功能。虽然可以通过网络获取软件更新来修复软件漏洞等，但它属于资源共享的范畴，而非独立的主要功能。

选项 C 中的"计算功能"是计算机本身的功能，但不是计算机网络的主要功能。计算机网络主要是用于连接计算机，实现计算机之间的资源共享和数据通信等功能。而"网络功能"的表述比较笼统，没有准确体现计算机网络的主要功能。

选项 C、D 中的"信息查询功能"则属于数据通信功能的一部分，表述不够全面。

答案：A

106. 解 服务器是局域网的核心设备，为局域网中的其他客户端计算机提供文件服务、打印服务、数据库服务、邮件服务等各种服务。由于需要同时处理多个客户端的请求，所以对服务器的性能要求较高，如操作速度快、硬盘和内存容量大、处理能力强。

答案：A

107. 解 本题分按复利和单利分两阶段借出资金，应分别按复利和单利计算。前 10 年以 7% 的复利借出 1500 元，按一次支付复利公式 $\left[\text{复利系数}\,(F/P, 7\%, 10) = 1.967\right]$ 计算，10 年到期时的本利和为：$F_{10} = P(1+i)^n = P(F/P, 7\%, 10) = 1500 \times 1.967 = 2950.5$ 元，10 年到期后以 9% 的单利将本利和再借出 5 年，则 15 年到期时的本利和为：$F_{15} = P(1 + i \cdot n) = 2950.5 \times (1 + 9\% \times 5) = 4278.23$ 元。

答案：C

108. 解 增值税是就商品生产、商品流通和劳务服务各个环节的增值额征收的一种流转税。增值税是价外税。价外税是指增值税纳税人不计入货物销售价格中，而在增值税纳税申报时，按规定计算缴纳的增值税。实行价外税，也就是由消费者负担，有增值才征税，没增值不征税。选项 C 正确，选项 A、B 错误；增值税的应纳税额为当期销项税额减去当期进项税额，选项 D 错误。

答案：C

109. 解 借贷的融资费用和利息支出均在缴纳所得税之前支付，股权投资者可获得所得税抵减的好处，另外财务评价可忽略借款筹资费用，只考虑借款利率 R_e，故借款所得税（所得税率为 T）后的资金成本率为：$K_e = R_e(1 - T) = 7\% \times (1 - 25\%) = 5.25\%$

答案：A

110. 解 动态投资回收期是指在给定的基准收益率（基准折现率）的条件下，用项目的净收益现值回收总投资所需要的时间，也就是项目累计净现金流量折现值等于零时的时间（年份）。选项 A、B 错误，选项 D 未考虑资金时间价值，为静态投资回收期，故选项 D 也错误。

答案：C

111. 解 该项目的内部收益率 IRR：
$$\text{IRR} = i_1 + \frac{\text{NPV}_1}{\text{NPV}_1 + |\text{NPV}_2|}(i_2 - i_1) = 16\% + \frac{130}{130 + |-90|} \times (18\% - 16\%) = 17.18\%$$

答案：D

112. 解 根据盈亏平衡分析计算公式：
$$\text{BEP}_{产量} = \frac{年固定总成本}{单位产品销售价格 - 单位产品可变成本 - 单位产品销售税金及附加}$$
$$= \frac{280 \times 10^4}{120 - 100 - 6} = 200000\ 件 = 20\ 万件$$

答案：B

113. 解 净现值法（NPV）是将项目寿命期内各年的净现金流量按基准折现率折现到建设期初的现值之和，适用于项目寿命期相等的互斥方案评价，而不同寿命期的方案在相同计算期内的净现金流量情况不同，无法直接比较，所以选项 A 错误。

最小公倍数法是将寿命期不等的互斥方案的寿命期通过求最小公倍数的方式转化为相同寿命期，再在相同寿命期下计算净现值等指标进行比较。这种方法适用于寿命期不等的互斥方案评价，所以选项 B 正确。除此之外，年值法也可用于寿命期不等的互斥方案评价。

内部收益率法（IRR）是使项目净现值为零时的折现率。但是对于寿命期不等的互斥方案，不能单纯用内部收益率来比较，因为内部收益率高的方案不一定是最优方案，且没有考虑寿命期差异，所以选项 C 错误。

增量净现值法主要用于比较两个互斥方案的增量投资是否合理，通常用于寿命期相同的方案比较，对于寿命期不等的方案，没有考虑寿命期差异带来的影响，所以选项 D 错误。

答案：B

114. 解 按用户的需求或功能的有用性，产品或作业的功能可分为必要功能和不必要功能。必要功能是指用户所要求的功能，即用户购买产品或服务所期望得到的功能，如果产品缺少这种功能，就会降低其使用价值。不必要功能是指不符合用户需求或者对用户没有价值的功能。

答案：A

115. 解 《注册监理工程师管理规定》第二十二条规定，因工程监理事故及相关业务造成的经济损失，聘用单位应当承担赔偿责任；聘用单位承担赔偿责任后，可依法向负有过错的注册监理工程师追偿。《中华人民共和国建筑法》第三十五条规定，工程监理单位不按照委托监理合同的约定履行监理义务，对应当监督检查的项目不检查或者不按照规定检查，给建设单位造成损失的，应当承担相应的赔偿责任。工程监理单位与承包单位串通，为承包单位谋取非法利益，给建设单位造成损失的，应当与承包单位承担连带赔偿责任。

监理工程师造成经济损失，其聘用单位应当承担赔偿责任，应当与承包单位承担连带赔偿责任，故选项 C 正确。

答案：C

116. 解 《中华人民共和国安全生产法》第六十五条规定，应急管理部门和其他负有安全生产监督管理职责的部门依法开展安全生产行政执法工作，对生产经营单位执行有关安全生产的法律、法规和国家标准或者行业标准的情况进行监督检查，行使以下职权：（一）进入生产经营单位进行检查，调阅有关资料，向有关单位和人员了解情况；（二）对检查中发现的安全生产违法行为，当场予以纠正或者要求限期改正；对依法应当给予行政处罚的行为，依照本法和其他有关法律、行政法规的规定作出行政处罚决定；（三）对检查中发现的事故隐患，应当责令立即排除；重大事故隐患排除前或者排除过程中无法保证安全的，应当责令从危险区域内撤出作业人员，责令暂时停产停业或者停止使用相关设施、设备；重大事故隐患排除后，经审查同意，方可恢复生产经营和使用；（四）对有根据认为不符合保障安全生产的国家标准或者行业标准的设施、设备、器材以及违法生产、储存、使用、经营、运输的危险物品予以查封或者扣押，对违法生产、储存、使用、经营危险物品的作业场所予以查封，并依法作出处理决定。

选项 A、B、C 的描述分别符合条例第（一）、（二）、（三）款的规定。第（四）款条文规定，对有根据认为不符合保障安全生产的国家标准的器材，予以查封或者扣押，不是没收，故选项 D 错误。

答案：D

117. 解 《中华人民共和国招标投标法》第三十一条规定，两个以上法人或者其他组织可以组成一个联合体，以一个投标人的身份共同投标。联合体各方应当签订共同投标协议，明确约定各方拟承担的工作和责任，并将共同投标协议连同投标文件一并提交招标人。联合体中标的，联合体各方应当共同与招标人签订合同，就中标项目向招标人承担连带责任。

答案：C

118. 解 《中华人民共和国民法典》第五百一十条规定，合同生效后，当事人就质量、价款或者报酬、履行地点等内容没有约定或者约定不明确的，可以协议补充；不能达成补充协议的，按照合同相关条款或者交易习惯确定。第五百一十一条规定，当事人就有关合同内容约定不明确，依据前条规定仍不能确定的，适用下列规定：（三）履行地点不明确，给付货币的，在接受货币一方所在地履行；交付不动产的，在不动产所在地履行；其他标的，在履行义务一方所在地履行。

支付运费的履行地点没有约定，交易习惯亦不明确的情况下，根据第（三）款规定，在接受货币一方所在地履行，即运输公司所在地沈阳。

答案：B

119. 解 《中华人民共和国环境保护法》第四十一条规定，建设项目中防止污染的设施，应当与主体工程同时设计、同时施工、同时投产使用。防治污染的设施应当符合经批准的环境影响评价文件的要求，不得擅自拆除或者闲置。

答案：C

120. 解 《建设工程安全生产管理条例》第二十四条规定，建设工程实行施工总承包的，由总承包单位对施工现场的安全生产负总责。总承包单位应当自行完成建设工程主体结构的施工。总承包单位依法将建设工程分包给其他单位的，分包合同中应当明确各自的安全生产方面的权利、义务。总承包单位和分包单位对分包工程的安全生产承担连带责任。分包单位应当服从总承包单位的安全生产管理，分包单位不服从管理导致生产安全事故的，由分包单位承担主要责任。

选项 A，"建设单位"应为"总承包单位"；选项 B，"工程的安全生产"应为"分包工程"；选项 D，"承担全部责任"应为"主要责任"。

答案：C

2025 全国勘察设计注册工程师
执业资格考试用书

Yiji Zhuce Jiegou Gongchengshi Zhiye Zige Kaoshi
Jichu Kaoshi Shijuan

一级注册结构工程师执业资格考试
基础考试试卷

（专业基础）

试题解析及参考答案

注册工程师考试复习用书编委会 / 编

曹纬浚 / 主编

蒋全科 / 副主编

微信扫一扫
了解本书正版数字资源的获取和使用方法

人民交通出版社
北京

内 容 提 要

本书共 4 册，分别收录有 2011～2024 年（2015 年停考，下同）公共基础考试试卷（即基础考试上午卷）和 2010 年、2011 年、2013 年、2016～2024 年专业基础考试试卷（即基础考试下午卷）及其解析与参考答案。

本书配电子题库（有效期一年），考生可微信扫描试卷（公共基础）封面的红色"二维码"，登录"注考大师"在线学习，部分试题有视频解析。

本书适合参加 2025 年一级注册结构工程师执业资格考试基础考试的考生模拟练习，还可作为相关专业培训班的辅导资料。

图书在版编目（CIP）数据

2025 一级注册结构工程师执业资格考试基础考试试卷 / 曹纬浚主编.— 北京 ：人民交通出版社股份有限公司，2025. 1.— ISBN 978-7-114-19922-6

Ⅰ. TU3-44

中国国家版本馆 CIP 数据核字第 202425DR74 号

书　　名：**2025 一级注册结构工程师执业资格考试基础考试试卷**
著 作 者：曹纬浚
责任编辑：刘彩云
责任印制：张　凯
出版发行：人民交通出版社
地　　址：（100011）北京市朝阳区安定门外外馆斜街 3 号
网　　址：http://www.ccpcl.com.cn
销售电话：（010）85285857
总 经 销：人民交通出版社发行部
经　　销：各地新华书店
印　　刷：北京建宏印刷有限公司
开　　本：889×1194　1/16
印　　张：61.75
字　　数：1157 千
版　　次：2025 年 1 月　第 1 版
印　　次：2025 年 1 月　第 1 次印刷
书　　号：ISBN 978-7-114-19922-6
定　　价：178.00 元（含 4 册）

（有印刷、装订质量问题的图书，由本社负责调换）

目　录

（试题解析及参考答案·专业基础）

2010年度全国勘察设计一级注册结构工程师执业资格考试基础考试（下）
试题解析及参考答案

1. 解　材料能被水润湿的性质称为亲水性；材料不能被水润湿的性质称为憎水性。表面能被水润湿的材料为亲水材料，如砖、混凝土、木材等；表面不会被水润湿的材料为憎水材料，如石蜡、沥青。材料被水湿润的情况可用润湿边角θ表示。当材料与水接触时，在材料、水、空气三相的交点处，作沿水滴表面的切线，此切线与材料和水接触面的夹角θ，称为润湿边角。θ角越小，表明材料越容易被水润湿。$\theta \leqslant 90°$时，材料能被水湿润，称为亲水性材料；$\theta > 90°$时材料表面不易吸附水，称为憎水性材料。

答案：A

2. 解　含水率是吸湿性指标，为材料所含水的质量占材料干燥质量的百分比。即含水率为：

$$w = \frac{m_1 - m}{m}$$

其中，m_1为材料吸水空气中水分的质量，m为材料的干燥质量。

代入数据，即$5\% = \frac{220 - m}{m}$，解得$m = 209.5\text{g}$，$m_w = 220 - 209.5 = 10.48\text{g}$

答案：B

3. 解　石灰石的主要成分为碳酸钙，煅烧后生成氧化钙。氧化钙与水反应生成氢氧化钙。

答案：A

4. 解　骨料的含水状态分为四种：经过烘干，骨料所有孔隙都没有水，含水率等于或接近零的状态为绝干状态；骨料孔隙中部分含水，即含水率与大气湿度相平衡时的状态为气干状态；骨料所有孔隙均充满水，但表面没有水膜的状态为饱和面干状态；骨料不仅所有孔隙均充满水，而且表面还附有一层表面水的状态为潮湿状态（或润湿状态）。

答案：D

5. 解　养护的目的是控制适宜的温度和足够的湿度，以保证水泥水化。所以养护条件是指环境的温湿度。

答案：A

6. 解　石油沥青的软化点反映了沥青的温度敏感性。一般软化点越大，温度敏感性越小。

答案：B

7. 解　随着含碳量的提高，钢材的强度提高，塑性、韧性和可焊性降低。

答案：A

8. 解　测量外业工作的基准面是大地水准面。

答案：C

9. 解 水准测量是利用仪器所提供的一条水平视线来获取两点之间高差的一种测量方法。

答案：C

10. 解 实地汇水面积为：$P_S = P \times M^2 = 1.6 \times 10^4 \times 2000^2 = 6.4 \times 10^{10} \mathrm{cm}^2 = 6.4 \times 10^6 \mathrm{m}^2$

降水量：$Q = P \cdot s \cdot m \cdot n \cdot k = 6.4 \times 10^6 \times 50 \times 10^{-3} \times 2.5 \times 0.5 = 4.0 \times 10^5 \mathrm{m}^3$

答案：D

11. 解 钢尺量距时，为保证距离测量精度，须进行尺长改正、温度改正和倾斜改正。

答案：D

12. 解 建筑物沉降观测工作中，为了相互校核并防止由于某个水准点的高度变动造成误差，《建筑变形测量规范》（JGJ 8—2007）要求，建筑物沉降监测基准点布设不少于 3 个。

注：《建筑变形测量规范》（JGJ 8—2007）已于 2016 年废止。

答案：B

13. 解 《建设工程勘察设计管理条例》第二十条规定，建设工程勘察、设计单位不得将所承揽的建设工程勘察、设计转包。

答案：C

14. 解 《工程建设标准强制性条文》是工程建设过程中的强制性技术规定，是参与建设活动各方必须执行工程建设强制性标准的依据。

答案：B

15. 解 《中华人民共和国节约能源法》第六十八条规定，负责审批或者核准固定资产投资项目的机关违反本法规定，对不符合强制性节能标准的项目予以批准或者核准建设的，对直接负责的主管人员和其他直接责任人员依法给予处分。

答案：D

16. 解 2001 年 6 月 1 日施行的《商品房销售管理办法》第十一条规定，房地产开发企业不得采取返本销售或者变相返本销售的方式销售商品房。

答案：D

17. 解 自立式在淤泥质土中难以嵌固；锚拉式的锚桩或锚墙需设置在足够远的位置，不适于建筑稠密区；锚杆式在淤泥质土中难以达到足够的锚固力。故宜选用内撑式（包括钢结构水平支撑）。

答案：D

18. 解 钢筋经冷加工可提高其强度、扩大使用范围（在钢材缺乏年代，不但可作为主筋、箍筋，还扩大至做预应力钢筋使用），但也增大了脆性。而吊环应具有较高的安全性，且在使用时可能受到较大的冲击荷载，故其材料应具备很好的塑性和韧性，因此不宜使用冷加工或其他硬、脆钢材。《混凝土结构设计规范》（GB 50010—2010）（2015年版）第9.7.6条规定，吊环应采用HPB300级钢筋制作。

答案：C

19. 解 《砌体结构工程施工规范》（GB 50924—2014）第3.3.13条规定，不得在下列墙体或部位设置脚手眼：①120mm厚墙、料石墙、清水墙、轻质墙、独立柱或附墙柱；②过梁上与过梁成60°角的三角形范围及过梁净跨度1/2的高度范围内；③宽度小于1m的窗间墙；④砌体门窗洞口两侧200mm（石砌体为300mm）和转角处450mm（石砌体为600mm）范围内；⑤梁或梁垫下及其左右500mm范围内。故选B。

答案：B

20. 解 施工组织设计是用以指导施工全过程各项活动的技术、经济综合性文件。施工组织总设计是以一个特大型项目或若干个单位工程组成的群体工程为对象编制的施工组织设计。单位工程施工组织设计是针对单位工程（如一栋楼）编制的施工组织设计，分部、分项工程施工组织设计同理。

答案：D

21. 解 资源有限-工期最短优化，是将超过资源限量时段内的一项或几项工作后移至使用相同资源工作完成之后进行。调整时需选择工期延长值最小的移动方案。当所计算的工期延长值为正值时，工期将延长该值；当所计算的工期延长值为负值或零时，则该调整方案对工期无影响（工期将受其他工作控制），即总工期不变。

答案：C

22. 解 对于钢筋混凝土构件承载力计算中受力钢筋的强度限值，有明显流幅的钢筋取其屈服强度，无明显流幅的钢筋取其条件屈服强度。

答案：C

23. 解 斜压破坏属于超配筋破坏，很显然不正确的选项应为D。

答案：D

24. 解 根据等跨连续梁活荷载最不利布置原则，计算某跨内最大正弯矩时，活荷载应在本跨布置，然后向其左（或右）每隔一跨布置；计算各中间支座最大负弯矩，或支座处最大剪力时，活荷载应在支座左右两跨布置，再隔跨布置。

答案：D

25. 解 吊车梁通过吊车梁顶面（或上翼缘）的连接板与排架柱相连，将吊车横向水平荷载传给柱。

答案：A

26. 解 选项A、B和D均不是结构设计中选用钢材牌号所需考虑的因素。

答案：C

27. 解 增加截面高度、增加梁的跨度对梁的整体稳定性均不利，布置腹板加劲肋是提高梁的局部稳定性的措施，增加受压翼缘的宽度是提高梁整体稳定性的有效方法。

答案：A

28. 解 《钢结构设计标准》（GB 50017—2017）第 11.5.2 条表 11.5.2 规定，螺栓中心间距最小容许值为 $3d_0$。

答案：B

29. 解 《钢结构设计标准》（GB 50017—2017）第 7.4.1 条表 7.4.1-1 规定，上弦杆在桁架平面内的计算长度取其几何长度，即计算长度系数取 1.0。

答案：D

30. 解 网状配筋砌体是沿砌体高度方向按一定间隔配置钢筋网（间距不应大于 5 皮砖，并不应大于 400mm），钢筋网可以约束砌体的横向变形，间接提高砌体的抗压强度。

答案：A

31. 解 砖砌体为弹塑性材料，受压一开始，应力与应变即不成直线变化。随着荷载的增加，变形增长逐渐加快，在接近破坏时，荷载增加很小，变形急剧增长，应力-应变呈曲线关系。《砌体结构设计规范》（GB 50003—2011）将应力-应变曲线上应力为 $0.43f_m$（f_m 为砌体的抗压强度平均值）处的割线模量取为砌体的弹性模量 E。

答案：C

32. 解 网状配筋对提高轴心受压和小偏心受压构件的承载力是有效的，但由于没有纵向钢筋，其抗纵向弯曲能力并不比无筋砌体强。《砌体结构设计规范》（GB 50003—2011）第 8.1.1 条第 1 款规定，偏心距超过截面核心范围（对于矩形截面，即 $e/h > 0.17$）或构件的高厚比 $\beta > 16$ 时，不宜采用网状配筋砖砌体构件。第 8.2.1 条规定，当轴向力偏心距 $e > 0.6y$ 时，宜采用砖砌体和钢筋混凝土面层或钢筋砂浆面层组成的组合砖砌体构件。第 8.1.3 条第 4 和 5 款规定，钢筋网的间距不应大于五皮砖，并不应大于 400mm，钢筋网应设置在砌体的水平灰缝中，灰缝厚度应保证钢筋上下至少各有 2mm 厚的砂浆层。故选项 C、D 错误。

综上所述，采用网状配筋是有条件的，而组合砖砌体构件适用于普遍的情况，故选项 B 正确。

答案：B

33. 解 《建筑结构可靠性设计统一标准》（GB 50068—2018）第 4.3.1 条规定，建筑结构均应进行承载能力极限状态设计，尚应进行正常使用极限状态设计。一般工业与民用建筑中的砌体构件，其安全等级为二级，且呈脆性破坏特征，第3.2.6条表3.2.6规定，安全等级为二级的延性破坏结构构件的可靠性指标为3.2，脆性破坏结构构件的可靠性指标为3.7。

答案： B

34. 解 去掉上面二元体，剩下的水平杆与基础用两个铰（相当于4个链杆约束）连接，多一个水平约束。

答案： A

35. 解 先由附属部分*BC*隔离体平衡求得*B*处剪力为−20kN，再由基本部分*AB*隔离体平衡求得*A*端弯矩为20kN·m（下侧受拉）。

答案： C

36. 解 按题图，依次选取结点8、7、6、2平衡判断零杆后，可知杆1-4为非零杆。

答案： C

37. 解 本题为静定结构支座沉降产生的刚体位移，属于小位移问题。作解图，由几何关系可知*B*点转角为δ/L。

也可按求位移的单位荷载法计算。

答案： A

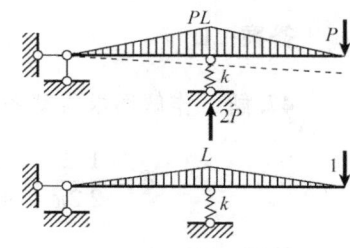

题37解图

38. 解 按求位移的单位荷载法，作荷载弯矩图及单位弯矩图（见解图）图乘，并叠加弹簧的影响。可得：

$$\Delta_C = \frac{2}{EI}\left(\frac{PL}{2}L\right)\left(\frac{2}{3}L\right) + 2\left(\frac{2P}{k}\right) = \frac{2PL^3}{EI}(\downarrow)$$

答案： D

39. 解 去掉3个多余约束（例如中部两节间各去掉1个斜杆、外部支座去掉1个水平链杆）即为静定结构，故知超静定次数为3次。

答案： C

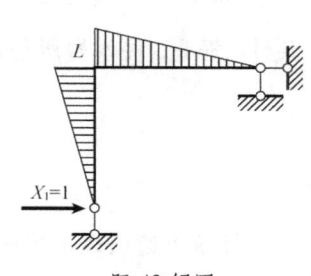

题38解图

40. 解 作单位弯矩图（见解图）自乘。

$$\delta_{11} = \frac{2}{EI}\left(\frac{1}{2}LL\right)\left(\frac{2}{3}L\right) = \frac{2L^3}{3EI}$$

答案： A

41. 解 将已知数据代入转角位移方程，可得：

$$M_{AB} = 4i\alpha + 2i \times 0 - 6i\frac{l\alpha}{l} = -2i\alpha$$

$$M_{BA} = 4i \times 0 + 2i\alpha - 6i\frac{l\alpha}{l} = -4i\alpha$$

题40解图

答案： B

42. 解　两次利用对称性截取半结构（见解图），可知每跨都可视为两端固定梁。

由此可得支座 D 的竖向反力为 ql。（跨中三个链杆支座反力均为 ql）

答案： B

题 42 解图

43. 解　本题水平反力为零，可视为反对称受力状态。对称体系承受反对称荷载只引起反对称的内力，对称的内力一定为零。据此可知处于对称轴线上的 DG 杆轴力为零。

答案： A

44. 解　用力矩分配系数公式计算，注意支座 A 相当于固定端。

$$\mu_{BD} = \frac{3i}{3i + 3i + 4i} = \frac{3}{10}, \quad C_{BA} = \frac{1}{2}$$

答案： C

45. 解　按截面法（切断 AB、BE、EF 三个杆），由解图所示隔离体平衡可知，所求最大压力决定于支座 C 净反力的最大值。分别考虑每个集中力作用在 E 点，作两次试算，即可算出杆 BE 最大压力值为 6.8kN。

答案： C

题 45 解图

46. 解　所给为连续分布质量体系，其动力自由度数为无穷多。

答案： D

47. 解　作解图求柔度系数 δ，代入自振频率公式计算。

$$\delta = \frac{1}{2} \cdot \frac{1}{2k} = \frac{1}{4k}, \qquad \omega = \sqrt{\frac{1}{\delta m}} = \sqrt{\frac{4k}{m}}$$

题 47 解图

答案： D

48. 解　正确的主阵型解答，必须同时满足关于质量矩阵正交性和关于刚度矩阵正交性两个正交性条件。据此，按本题所给已知条件可知，只有满足下面刚度正交性条件的选项，才有可能是正确的答案。

$$\begin{bmatrix} \times\times\times & \times\times\times & 1 \end{bmatrix} \begin{bmatrix} 20 & -5 & 0 \\ -5 & 8 & -3 \\ 0 & -3 & 3 \end{bmatrix} \begin{Bmatrix} 0.163 \\ 0.569 \\ 1 \end{Bmatrix} = 0$$

将四个选项逐一按照上式进行验算可知，只有选项 B 计算结果趋于零，而其余三个选项的计算结果都不为零。

答案： B

49. 解　建筑结构的动力特性测试，或评估结构的抗震性能时，可采用激振法。工程结构的疲劳试验一般在疲劳试验机上进行，也可采用电液伺服加载系统开展试验。选项 A、B、D 试验所选用的设备是合适的。

答案：C

50. 解 《混凝土结构试验方法标准》（GB/T 50152—2012）第 5.3.1 条规定，混凝土结构预加载应控制试件在弹性范围内受力，不可以超过开裂荷载，不应产生裂缝及其他形式的加载残余值。超过开裂荷载后结构将发生非弹性变形，无法恢复。对于选项 D，如果预应力混凝土结构的使用荷载小于开裂荷载，则是可行的。

答案：B

51. 解 回弹法和超声波法均属于无损检测方法。钻孔后装法是在硬化的混凝土表面钻孔，然后装上拔出装置，进行拔出试验，属于半破损检测方法，以上三种方法均需建立相应的测强曲线，误差较大。钻芯法是在混凝土结构有代表性部位钻取芯样，经加工后进行物理、力学性能的试验测定和分析，该法被认为是一种直接而又可靠，能较好反映材料实际情况的微破损检测方法。

答案：D

52. 解 应变片的灵敏系数是指电阻丝单位应变所引起的电阻变化率，即应变片灵敏系数 $K = \frac{\Delta R}{R} / \varepsilon$。

答案：A

53. 解 零位测量法是指用已知的标准量去抵消被测物理量对仪器引起的偏转，使被测量和标准量对仪器指示装置的效应经常保持相等（平衡），指示装置指零时的标准量即为被测物理量。选项 A、C 属于机械式仪表，通过指针的偏转读取被测量；选项 B 长标距电阻应变计和选项 D 电阻应变式位移计，属于一次仪表，必须通过二次仪表"静态电阻应变仪"进行测试。传统的静态电阻应变仪采用双桥路设计，是一种零位读数法的仪器；而现代静态电阻应变仪直接通过电子线路将模拟电压量转换为被测物理量。综上所述，此题无解。

答案：无

54. 解

$$e = \frac{\frac{v_V}{v}}{\frac{v_s}{v}} = \frac{\frac{v_V}{v}}{\frac{v - v_V}{v}} = \frac{n}{1-n} = \frac{0.4771}{1-0.4771} = 0.9124$$

答案：A

55. 解 计算土中总竖向自重应力，水下用土饱和重度。

$$\sigma_z = \Sigma \gamma h = 15.6 \times 1.5 + 19.8 \times 2 = 63 \text{kPa}$$

答案：A

56.解 在三轴试验中，根据极限平衡条件下，摩尔应力圆、库仑强度线与大、小主应力之间的关系：

$$\sigma_3 = 48.7\text{kPa}$$

$$F = \left(\frac{0.038}{2}\right)^2 \pi = 0.000361 \times \pi = 0.00113\text{m}^2$$

$$\sigma_1 = \frac{N}{F} + \sigma_3 = \frac{75.2}{0.00113 \times 1000} + 48.7 = 115.24\text{kPa}$$

方法1：

$$应力圆圆心 = \frac{115.2 + 48.7}{2} = 81.97，应力圆半径 = \frac{115.2 - 48.7}{2} = 33.27$$

$$\varphi = \arcsin\frac{33.27}{81.97} = 23.9°$$

方法2：

$$\varphi = \arcsin\frac{\dfrac{\sigma_1 - \sigma_3}{2}}{\dfrac{\sigma_1 + \sigma_3}{2}} = \arcsin\frac{115.2 - 48.7}{115.2 + 48.7} = 23.9°$$

答案： A

57.解 不考虑坑内降水土的渗透系数小，且快速开挖，水来不及排出。所以，开挖结束时的测验管水头较初始状态没有变化。

答案： B

58.解 重型和超重型圆锥重力触探适用于碎石土。静力触探、标准贯入试验和十字板剪切试验适用于细颗粒土。

答案： C

59.解 《建筑地基基础设计规范》（GB 50007—2011）第5.2.4条规定，当基础宽度大于3m或埋置深度大于0.5m时，根据载荷试验或其他原位测试、经验值等方法确定的地基承载力特征值，尚应按下式修正：

$$f_a = f_{ak} + \eta_b \gamma (b-3) + \eta_d \gamma_m (d-0.5)$$

$$= 120 + 1.5 \times \frac{16 \times 2 + 10 \times 1}{3} \times (3 - 0.5) = 172.5\text{kPa}$$

答案： B

60.解 泥浆护壁法钻孔灌注混凝土桩属于非挤土桩、排土桩。预制桩属于挤土桩、不排土桩。

答案： A

2011 年度全国勘察设计一级注册结构工程师执业资格考试基础考试（下）
试题解析及参考答案

1. 解 密度是指材料在绝对密实状态单位体积的质量，不包括材料内部孔隙体积，所以密度大小与孔隙率无关。随孔隙率增大，材料的强度和耐久性下降，绝热性提高。

答案：C

2. 解 过火石灰很致密，水化很慢，为了消除过火石灰的危害，石灰需要进行陈伏处理，陈伏期为两星期以上。

答案：B

3. 解 在不影响混凝土强度的前提下（即保持水灰比不变），当混凝土的流动性太大或太小时，可通过增减水泥浆量（即水泥用量）来调整。

答案：B

4. 解 在混凝土配合比设计中，选用合理砂率可以降低骨料的空隙率和总表面积，因而在满足拌合物和易性要求的前提下，可减少水泥用量。

答案：C

5. 解 受环箍效应的影响，混凝土的轴心抗压强度小于立方体抗压强度。混凝土的抗剪强度小于抗压强度。由于水化收缩、干缩、泌水等使得混凝土在不受力时内部存在裂缝。徐变可以消除大体积混凝土因温度变形所产生的破坏应力，但会使预应力钢筋混凝土结构中的预加应力受到损失，所以徐变有利有弊。

答案：B

6. 解 试验时采用的弯心直径越小，弯心直径对试件直径的比值越小，说明对钢材的对冷弯性能要求越高。

答案：B

7. 解 纤维饱和点是指木材的细胞壁中充满吸附水，细胞腔和细胞间隙中没有自由水时的含水率。当含水率小于纤维饱和点时，木材强度随含水率降低而提高，而体积随含水率降低而收缩，所以纤维饱和点是木材物理力学性能发生改变的临界含水率。

答案：C

8. 解 进行往返路线水准测量，往测高差与返测高差之间应具备的关系是大小相等、符号相反。

答案：B

9. 解　测得距离为 500m，故实际精度为：

$$m_s = \pm(3 + 3 \times 10^{-6} \times 500 \times 10^3) = \pm4.5\text{mm}$$

答案：C

10. 解　确定地面点位相对位置的三个基本观测量是水平距离、水平角及高差。

答案：B

11. 解　磁偏角和子午线收敛角分别是指磁子午线、中央子午线与真子午线之间的夹角。

答案：D

12. 解　水平角是测站点 0 与观测目标 A、B 之间的连线在水平面上的投影所形成的角度，与仪器高度变化无关，故水平角不变，竖直角是仪器中心和目标的连线与过仪器中心的水平线之间在竖直面上的投影，所以仪器高度变化，竖直角将发生改变。

答案：C

13. 解　《中华人民共和国建筑法》第七条规定，建筑工程开工前，建设单位应当按照国家有关规定向工程所在地县级以上人民政府建设行政主管部门申请领取施工许可证；但是，国务院建设行政主管部门确定的限额以下的小型工程除外。

答案：C

14. 解　《中华人民共和国城市房地产管理法》第二条规定，本法所称房地产交易，包括房地产转让、房地产抵押和房屋租赁。

答案：A

15. 解　《城市规划编制办法》第四十一条规定，控制性详细规划应当包括下列内容：

（一）确定规划范围内不同性质用地的界线，确定各类用地内适建、不适建或者有条件地允许建设的建筑类型。

（二）确定各地块建筑高度、建筑密度、容积率、绿地率等控制指标，确定公共设施配套要求、交通出入口方位、停车泊位、建筑后退红线距离等要求。

（三）提出各地块的建筑体量、体型、色彩等城市设计指导原则。

（四）根据交通需求分析，确定地块出入口位置、停车泊位、公共交通场站用地范围和站点位置、步行交通以及其他交通设施。规定各级道路的红线、断面、交叉口形式及渠化措施、控制点坐标和标高。

（五）根据规划建设容量，确定市政工程管线位置、管径和工程设施的用地界线，进行管线综合。确定地下空间开发利用具体要求。

（六）制定相应的土地使用与建筑管理规定。

答案：B

16. 解 《注册结构工程师执业资格制度暂行规定》第十八条规定了注册结构工程师的执业范围：

（一）结构工程设计；

（二）结构工程设计技术咨询；

（三）建筑物、构筑物、工程设施等调查和鉴定；

（四）对本人主持设计的项目进行施工指导和监督；

（五）建设部和国务院有关部门规定的其他业务。

另外，在我国做工程监理需要有监理工程师证书，所以凡是有第⑤条的选项都是不对的。

答案：A

17. 解 泥浆护壁成孔过程中，泥浆的主要作用是保护孔壁、防止塌孔和通过泥浆循环流动而排出土渣。

答案：B

18. 解 根据模板的施工工艺，拆模的顺序与支模的顺序相反，即先支的后拆，后支的先拆。承重部位的模板，须待结构混凝土达到一定强度后方可拆除，故先拆除非承重部分（如梁的侧模），后拆除承重部分（如梁的底模）。

答案：B

19. 解 《混凝土结构工程施工规范》（GB 50666—2011）第7.2.3条第1款规定，混凝土粗骨料的最大粒径不得超过构件截面最小尺寸的1/4和钢筋间最小净距的3/4。另需注意：对于实心板，则不超过板厚的1/3，且最大不得超过40mm。

答案：B

20. 解 "资源有限、工期最短"优化，是在保证任何工作的持续时间不发生改变、任何工作不中断、网络计划逻辑关系不变的前提下，通过调整出现资源冲突的若干工作的开始时间及其先后次序，使资源量满足限制要求，且工期增量又最小的过程。工期延长值＝排在前面工作的最早完成时间－排在后面工作的最迟开始时间，即 $\Delta T_{m-n,i-j} = EF_{m-n} - LS_{i-j}$。调整中，若计算出的工期增量$\Delta \leq 0$（这种情况仅会出现在所调整移动的资源冲突的工作均为非关键工作时，而工期是由关键工作决定的），则对工期无影响，即工期不变；若工期增量$\Delta > 0$（这种情况出现在所调整移动的资源冲突的工作中含有关键工作，或该调整移动使非关键工作变成了关键工作），则工期将延长该正值。

答案：A

21. 解 流水施工中：

①组织非节奏（也称无节奏）流水施工时，应使每一个工作队都能在相邻施工段上连续施工（即不间断）。一般都通过选择适当的流水步距（如用"节拍累加错位相减取大差"确定）来实现。

②节奏（也称有节奏）流水施工的垂直进度图表中，各施工过程的施工进度线不一定都平行；等节奏者平行，异节奏者不平行。

③组织搭接施工时，不需要计算相邻施工过程的步距，而是据工艺顺序和施工条件，力争主导施工过程连续，非主导施工过程可以间断。

④对于非节奏专业流水施工，各施工段上允许出现暂时没有工作队投入施工的现象。即工作队应连续（在一个施工层内），而工作面可停歇。

答案：D

22. 解 根据适筋梁的破坏特点，受拉钢筋刚屈服时，受压边缘混凝土的应变应小于或等于其极限压应变 ε_{cu}（界限破坏时 $\varepsilon_c = \varepsilon_{cu}$）。

答案：D

23. 解 根据《混凝土结构设计规范》（GB 50010—2010）（2015年版）第7.2.3条公式（7.2.3-1），抗弯刚度与截面有效高度的平方成正比，因此最有效的措施是加大截面的有效高度。

答案：D

24. 解 根据框架结构"强柱弱梁"的抗震设计原则，允许在框架梁端形成塑性铰，选项A正确。

答案：A

25. 解 沉降缝应从基础底至屋顶把结构分成两部分。当伸缩缝、沉降缝、抗震缝三缝合一时，其缝宽应满足三种缝中最大缝宽的要求，通常抗震缝的缝宽要求最大。

答案：D

26. 解 钢材经过冷加工后，其强度提高，但塑性和韧性降低。

答案：D

27. 解 钢结构轴心受压构件除了要进行强度、稳定计算（整体稳定、局部稳定）外，还必须满足长细比（刚度）的要求。

答案：D

28. 解 钢结构构件在连续反复荷载（正常使用荷载）作用下可能会发生疲劳破坏，钢结构构件的变形不受长期荷载作用的影响，所以均应采用荷载标准值。

答案：A

29. 解 《钢结构设计标准》（GB 50017—2017）第11.2.6条规定，角焊缝的搭接焊缝连接中，当焊缝计算长度 l_w 超过 $60h_f$ 时，焊缝的承载力设计值应乘以折减系数 α_f，$\alpha_f = 1.5 - l_w/(120h_f)$，并不小于0.5。

答案： B

30. 解 块体尺寸、几何形状及表面的平整度对砌体的抗压强度有一定影响。

砌体内水平灰缝越厚，砂浆横向变形越大，砖内横向拉应力亦越大，砌体内的复杂应力状态亦随之加剧，砌体抗压强度降低。

砌体抗压强度随浇筑时砖的含水率的增加而提高，抗剪强度将降低，但施工中砖浇水过湿，施工操作困难，强度反而降低。

块体和砂浆的强度是影响砌体抗压强度的主要因素，块体和砂浆的强度高，砌体的抗压强度亦高。试验证明，提高砖的强度等级比提高砂浆的强度等级对增大砌体抗压强度的效果好。

答案： D

31. 解 《建筑结构可靠性设计统一标准》（GB 50068—2018）第 4.3.1 条规定，建筑结构均应进行承载能力极限状态设计，尚应进行正常使用极限状态设计。一般工业与民用建筑中的砌体构件，其安全等级为二级，且呈脆性破坏特征。第 3.2.6 条表 3.2.6 规定，安全等级为二级的延性破坏结构构件的可靠性指标为 3.2，脆性破坏结构构件的可靠性指标为 3.7。

答案： B

32. 解 根据《砌体结构设计规范》（GB 50003—2011）第 4.2.1 条表 4.2.1，判别因素包括屋盖或楼盖类别及横墙间距；第 4.2.2 条对刚性和刚弹性方案房屋的横墙做了具体的规定（对横墙刚度的要求），包括墙上开洞、横墙厚度及长度。

答案： C

33. 解 无洞口墙梁主压力迹线呈拱形，作用于墙梁顶面的荷载通过墙体的拱作用向支座传递。托梁主要承受拉力，两者组成一拉杆拱受力机构。当洞口偏开在墙体一侧时，墙顶荷载通过墙体的大拱和小拱作用向两端支座及托梁传递。托梁既作为大拱的拉杆承受拉力，又作为小拱一端的弹性支座，承受小拱传来的垂直压力，因此偏洞口墙梁具有梁-拱组合受力机构。

答案： C

34. 解 采用三刚片规则进行分析。作解图，三个刚片用虚铰 A、B、C 两两相互连接，三铰不共线，组成几何不变且无多余约束的体系。

答案： B

题 34 解图

35. 解 由于支座 A 滑动，由平衡条件可知 AC 杆各截面剪力为零，再对顶铰取矩可知 $M_{AC} = 0$，AC 杆不受力，力全部由 BD 杆承受，所以 $M_{BD} = Ph$。

答案： C

36. 解 先由 CB 隔离体平衡，求得铰 C 处的剪力 $Q_{CE} = -4\text{kN}$；再由 CA 隔离体平衡，求得 $M_{AC} = 4\text{kN·m}$（右侧受拉）。

答案：C

37. 解 将附属部分、基本部分分割成两个隔离体，见解图，先由左边附属部分隔离体平衡，可得上弦杆轴力为 P（压力），之后在基本部分上使用结点法可求得杆 1 轴力为

$$N_1 = \sqrt{2}P/2\ (\text{拉力})$$

也可由解图 b）对 A 取矩求得右支座反力为 $P/2$（向上），再按解图 c）平衡求得同样结果。

题 37 解图

答案：D

38. 解 虚功原理中的力状态与位移状态彼此独立无关。

答案：A

39. 解 位移法基本结构可视为单跨超静定梁的组合体。

答案：B

40. 解 两个横梁，每一横梁有一个独立线位移；4 个刚结点，每一刚结点有一个独立角位移。

答案：D

41. 解 去掉三个竖向链杆即成为静定结构。

答案：B

42. 解 本题三个竖杆每杆都相当于两端固定杆发生单位侧移的情况。依据形常数亦即转角位移方程可知：两端固定发生单位侧移引起的杆端弯矩值为 $6EI/l^2$。

答案：D

43. 解 选项 A、B 图为静定结构，选项 C、D 图分别为 1、2 次超静定结构，约束越多，刚度越大，位移越小。

答案：D

44. 解 求 δ_{12} 时，X_1、X_2 分别引起的单位弯矩图每杆均在异侧，相乘求和不可能为零。

答案：D

45. 解 三杆线刚度相同，远端均为固定端，故近端 A 的转动刚度、力矩分配系数、分配弯矩相同。

答案： B

46. 解 将中柱视为刚度为 $I/2$、相距为零的两个柱子，根据对称结构承受反对称荷载取半边结构的简化规则选 D。

答案： D

47. 解 一般情况下，多自由度体系的自由振动是具有不同自振频率简谐振动的线性组合。

答案： B

48. 解 作解图，沿振动方向加单位力求柔度系数，代入频率计算公式，得

$$\delta = \frac{1}{EI} \frac{1}{2} hl \times \frac{2}{3} h = \frac{h^2 l}{3EI}$$

$$\omega = \sqrt{\frac{3EI}{mh^2 l}} = \frac{1}{h}\sqrt{\frac{3EI}{ml}}$$

题 48 解图

答案： B

49. 解 选项 A 为生产性试验，其余均为研究性试验。

答案： A

50. 解 任何情况下加载装置均不应参与结构试件的工作。

答案： D

51. 解 加载至应力 $\sigma = 400\text{MPa}$ 时，混凝土的应变 $\varepsilon = \sigma/E = 400/2 \times 10^5 = 2 \times 10^{-3}$

由 $K = \dfrac{\mathrm{d}R}{R}/\varepsilon$，有 $\mathrm{d}R = KR\varepsilon = 2 \times 120 \times 2 \times 10^{-3} = 0.48\Omega$

答案： B

52. 解 转角（通过位移计测量固定在试件上刚性杆的两点位移差值）、截面曲率（利用位移计测出构件表面某一点及与之邻近两点之间的挠度差）和截面应变（通过两次加载位移计的差值）均可以采用位移计量测；受扭构件产生扭转变形，不适宜用位移计量测。

答案： D

53. 解 超声法可以用于检测混凝土的强度、混凝土的裂缝及内部缺陷。电磁感应法可用于检测钢筋混凝土结构中钢筋的位置、直径和保护层厚度。

答案： C

54. 解 黏性土处于固态，土的体积不随含水率减小而减小。

答案： A

55. 解 饱和度是用于说明土中孔隙中水的充满程度，由土中水的体积与孔隙体积之比表示。

答案： C

56. 解 地层中水下透水土层用有效重度计算，不透水土层用土的实际重度计算。

答案： D

57. 解 根据用压缩系数表示土层压缩量的计算公式，1m 厚土层的压缩量（沉降量）为：

$$\Delta s = \Delta h \frac{a \times \Delta p}{1 + e_1} = 1 \times \frac{0.5 \times 60}{1 + 0.8} = 16.7 \text{mm}$$

或由土的压缩模量：

$$E_s = \frac{1 + e_1}{a} = \frac{1 + 0.8}{0.5} = 3.6 \text{MPa}$$

计算土的压缩量：

$$s = \frac{\sigma_z}{E_s} h = \frac{60}{3.6} \times 1 = 16.7 \text{mm}$$

答案： B

58. 解 根据稳定安全系数公式：

$$K = \frac{H_{cr}}{H}, \quad H_{cr} = \frac{c N_s}{\gamma}$$

式中，H_{cr} 为极限土坡高度，H 为实际土坡高度。

计算可得 $H_{cr} = \frac{25 \times 9.2}{18} = 12.78 \text{m}$

则稳定安全系数 $K = \frac{H_{cr}}{H} = \frac{12.78}{8} = 1.6$

答案： A

59. 解 根据基础梁和柱的受力特点，为了保证结构该结点具有足够的强度和刚度，要求基础梁宽应大于柱截面的相应尺寸。

答案： A

60. 解 根据复合地基压缩模量公式，可知

$$E_{sp} = m E_p + (1 - m) E_s = 0.25 \times 120 + (1 - 0.25) \times 6 = 34.5 \text{MPa}$$

加固区变形量：

$$\Delta s = \frac{p}{E_{sp}} h = \frac{121}{34.5} \times 8 = 28 \text{mm}$$

答案： C

2013 年度全国勘察设计一级注册结构工程师执业资格考试基础考试（下）
试题解析及参考答案

1. 解 石膏的主要成分为硫酸钙，石灰的成分为氧化钙，石墨的成分为碳，石英的成分为氧化硅。所以仅含有碳元素的矿物为石墨。

答案：C

2. 解 导热系数和传热系数表示材料的传递热量的能力。热容量反映材料的蓄热能力。

答案：B

3. 解 测定水泥强度采用的是水泥和标准砂为1:3的胶砂试件。水泥四种熟料矿物中铝酸三钙的水化速度最快，水化热最高。安定性不良的水泥会导致水泥混凝土开裂，影响工程质量，所以安定性不合格的水泥严禁用于建筑工程中。通用硅酸盐水泥的技术性质要求中，细度指标不是强制性指标。

答案：C

4. 解 徐变是指在持续荷载作用下，混凝土随时间发生的变形，属于外部力学荷载引起的变形。干燥收缩和温度收缩是由于环境温湿度变化引起的变形。混凝土自身收缩一方面是由于水泥水化过程中体积减小引起的，另一方面是由于水泥水化过程中消耗水分而产生的收缩，所以自身收缩属于混凝土内部物理化学过程引起的变形。

答案：D

5. 解 沿海地区钢筋混凝土构件主要考虑的耐久性是海水中所含氯盐对钢筋的锈蚀问题。

答案：A

6. 解 钢材试件受拉应力-应变曲线分为四个阶段，分别为弹性阶段、屈服阶段、强化阶段和颈缩阶段。其中，从原点到弹性极限点称为弹性阶段。

答案：A

7. 解 黏土由流态变成可塑态时的界限含水率称为土的液限，由可塑态变成半固态时的界限含水率称为土的塑限，由半固态变成固态时的界限含水率称为土的缩限。

答案：C

8. 解 测量工作应遵循的原则是"先控制，后碎部"。

答案：B

9. 解 坐标正算中，坐标增量的计算公式为：

$$\Delta X_{AB} = D_{AB} \cdot \cos \alpha_{AB} ; \ \Delta Y_{AB} = D_{AB} \cdot \sin \alpha_{AB}$$

测量工作的横坐标轴为Y轴。

答案： B

10. 解 光学经纬仪视准轴误差可通过盘左盘右取平均值的方法消除。

答案： B

11. 解 测距仪的最终精度取决于精测尺及测相的精度，因精测尺精度为 10m，测相精度为1/1000，故精测尺能到达的精度为：

$$m_d = 10 \times \frac{1}{1000} = 0.01\text{m} = 1\text{cm}$$

答案： C

12. 解 两地实际水平距离为：$D = d \times M = 234.5 \times 500 = 117250\text{mm} = 117.25\text{m}$

答案： A

13. 解 2020 年 1 月 1 日新修订的《中华人民共和国土地管理法》规定如下：

第十七条　土地利用总体规划按照下列原则编制：

（一）落实国土空间开发保护要求，严格土地用途管制；

（二）严格保护永久基本农田，严格控制非农业建设占用农用地；

（三）提高土地节约集约利用水平；

（四）统筹安排城乡生产、生活、生态用地，满足乡村产业和基础设施用地合理需求，促进城乡融合发展；

（五）保护和改善生态环境，保障土地的可持续利用；

（六）占用耕地与开发复垦耕地数量平衡、质量相当。

答案： D

14. 解 《中华人民共和国环境影响评价法》第十六条规定，国家根据建设项目对环境的影响程度，对建设项目的环境影响评价实行分类管理。

建设单位应当按照下列规定组织编制环境影响报告书、环境影响报告表或者填报环境影响登记表（以下统称环境影响评价文件）：

（一）可能造成重大环境影响的，应当编制环境影响报告书，对产生的环境影响进行全面评价；

（二）可能造成轻度环境影响的，应当编制环境影响报告表，对产生的环境影响进行分析或者专项评价；

（三）对环境影响很小、不需要进行环境影响评价的，应当填报环境影响登记表。

答案： B

15. 解 《中华人民共和国节约能源法》第四条规定，节约资源是我国的基本国策。国家实施节约与开发并举、把节约放在首位的能源发展战略。

答案：D

16. 解 《中华人民共和国建筑法》第十三条规定，从事建筑活动的建筑施工企业、勘察单位、设计单位和工程监理单位，按照其拥有的注册资本、专业技术人员、技术装备和已完成的建筑工程业绩等资质条件，划分为不同的资质等级，经资质审查合格，取得相应等级的资质证书后，方可在其资质等级许可的范围内从事建筑活动。

答案：B

17. 解 当采用透水性不同的土料进行土方填筑时，不得混杂乱填，应将渗透系数较小的土填在上部，以避免或减少雨水渗入填土层；将渗透系数较大的填料填在下部，能使进入填土中的水快速下渗至地基，以避免在填土中出现水囊现象和浸泡基础。

答案：D

18. 解 《混凝土结构工程施工规范》（GB 50666—2011）第 8.6.3 条第 2 款规定，单向板施工缝应留设在与跨度方向平行的任何位置，即平行于板的短边的任何位置。

答案：C

19. 解 升钩是将上弦提起，降臂是增加起重机起吊半径而前推上弦，使屋架立起、扶直。

答案：C

20. 解 在单代号网络计划中，某工作最早完成时间与其紧后工作的最早开始时间之差，是它们之间的间隔时间。而与其各紧后各工作最早开始时间的最小值之差才是自由时差。

答案：D

21. 解 《建设工程勘察设计管理条例》（国务院第 293 号令）第二十八条规定，建设单位、施工单位、监理单位不得修改建设工程勘察、设计文件；确需修改建设工程勘察、设计文件的，应当由原建设工程勘察、设计单位修改。经原建设工程勘察、设计单书面同意，建设单位也可以委托其他具有相应资质的建设工程勘察、设计单位修改，修改单位对修改的勘察、设计文件承担相应责任。

可知，选项 A 所述"由建设单位自行修改、加盖图章……"，显然是不正确的处理方式。

答案：A

22. 解 钢筋与混凝土之间的黏结强度随混凝土强度等级的提高而提高；变形钢筋的黏结力比光面钢筋高 2～3 倍；配置横向钢筋（如梁中的箍筋）可以延缓径向劈裂裂缝的发展或限制裂缝的宽度，从而可以提高黏结强度。减小钢筋净距对提高黏结强度没有作用，相反，当钢筋净距过小时，还有可能出现混凝土水平劈裂而导致保护层剥落，从而使黏结强度显著降低，规范对钢筋的最小净距有明确的规定。

答案：A

23. 解 由于矩形截面梁的宽度 b 与 T 形截面的翼缘计算宽度 b'_f 相同，即 $b = b'_f$，当 $x < h'_f$ 时，$f_c b x = f_c b'_f x$，两者的受压区高度 x 相同，所以 $M_u = M_u^T$。

答案：A

24. 解 《混凝土结构设计规范》（GB 50010—2010）（2015 年版）第 9.1.1 条第 2 款规定，四边支承的板，当长边与短边之比不大于 2.0 时，应按双向板计算。选项 C 为悬臂板，选项 D 为两对边支承板。图 B 满足双向板的条件。

答案：B

25. 解 牛腿分为长牛腿和短牛腿，长牛腿的受力特点与悬臂梁相似，可按悬臂梁设计。支承吊车梁等构件的牛腿均为短牛腿（以下简称"牛腿"），实质上是一变截面深梁，选项 A 错误。根据《混凝土结构设计规范》（GB 50010—2010）（2015 年版）第 9.3.10 条，牛腿的截面尺寸应符合裂缝控制要求和构造要求，选项 B 正确。牛腿的受力特征可以用由顶部水平的纵向受力钢筋作为拉杆和牛腿内的混凝土斜压杆组成的简化三角桁架模型描述。牛腿要求不致因斜压杆压力较大而出现斜压裂缝，其截面尺寸通常以不出现斜裂缝为控制条件，故选项 C、D 错误。

答案：B

26. 解 根据《钢结构设计标准》（GB 50017—2017）第 4.4.1 条表 4.4.1，随着钢材厚度或直径的增加，其强度设计值下降。

答案：A

27. 解 根据《钢结构设计标准》（GB 50017—2017）附录 E 表 E.0.2，有侧移框架柱的计算长度系数 μ 应大于 1.0。

答案：B

28. 解 根据《钢结构设计标准》（GB 50017—2017）第 11.4.2 条表 11.4.2-1，连接处构件（钢板）接触面的处理方法不同，其抗滑移系数也不同。

答案：D

29. 解 钢桁架屋盖结构必须设置横向水平支撑和竖向支撑，纵向水平支撑只是在某些特定情况下需要设置。

答案：C

30. 解 《建筑地基基础设计规范》（GB 50007—2011）第 7.4.3 条规定，对于三层及三层以上的房屋，其长高比 L/H 宜小于或等于 2.5，因此选项 A 不正确。

《砌体结构工程施工质量验收规范》(GB 50203—2011)第 6.1.7 条规定，常温时小型空心砌块砌筑前不需要浇水，选项 B 不正确。

《砌体结构设计规范》(GB 50003—2011)第 7.1.5 条规定，圈梁可在门窗洞口处断开，但应在洞口上部增设相同截面的附加圈梁，选项 C 不正确。

《砌体结构设计规范》(GB 50003—2011)第 7.1.3 条规定，住宅、办公楼等多层砌体结构民用房屋，且层数为 3~4 层时，应在底层和檐口标高处各设置一道圈梁。当层数超过 4 层时，除应在底层和檐口标高处各设置一道圈梁外，至少应在所有纵、横墙上隔层设置。多层砌体工业房屋，应每层设置现浇混凝土圈梁。设置墙梁的多层砌体结构房屋，应在托梁、墙梁顶面和檐口标高处设置现浇钢筋混凝土圈梁。可知选项 D 正确。

答案：D

31. 解 选项 B 应为沉降缝设置要求。

答案：B

32. 解 《砌体结构设计规范》(GB 50003—2011)第 3.2.4 条规定，施工阶段砂浆尚未硬化的新砌砌体的强度和稳定性，可按砂浆强度为零进行验算。用冻结法施工时，砂浆砌筑后即冻结，天气回暖后砂浆解冻尚未凝结时的强度等级为 M_0。

答案：A

33. 解 灰缝厚度不均匀性导致块体受弯、受剪，块体与砂浆的弹性模量及横向变形系数不同使得块体内产生拉应力。

答案：D

34. 解 采用计算自由度公式计算。

按刚片系：$W = 3 \times 9 - 2 \times 12 - 4 = -1$

或按点系：$W = 2 \times 6 - 9 - 4 = -1$

答案：D（注：考试大纲未对体系的计算自由度提出要求）

35. 解 先整体平衡对 A 取矩求支座 B 的竖向反力，再取右半结构隔离体对 C 取矩求链杆拉力。

$$V_B = \frac{48 \times 1}{8} = 6 \text{kN}$$

$$N_{AB} = \frac{6 \times 4}{3} = 8 \text{kN}$$

答案：B

36. 解 给定荷载引起静定结构的弯矩与截面几何性质无关。

答案：C

37. 解   为求温度变化引起的位移，加单位力作单位弯矩图及单位轴力图，见解图。

按公式计算可得：

$$\Delta t = 2t, \quad t_0 = 0$$

$$\Delta_{Ct}^{V} = \frac{\alpha(2t)\left(\frac{1}{2}L \times L + L \times L\right)}{h} = \frac{3\alpha t L^2}{h}$$

题 37 解图

答案： A

38. 解   为求转角，在 BC 杆上加单位力偶（化为结点力），见解图，按位移公式计算可得：

$$\theta_{BC} = \frac{(-P)\left(-\frac{1}{L}\right)L}{EA} = \frac{P}{EA}$$

题 38 解图

答案： B

39. 解   作解图，图乘可得：

$$\Delta_{1P} = \frac{1}{EI}\left(\frac{2}{3}\frac{qL^2}{8}L\right)\left(-\frac{1}{2}L\right) = -\frac{qL^4}{24EI}$$

题 39 解图

答案： C

40. 解 作解图，由几何关系，可得：

$$\Delta_{1C} = -\left(\frac{a}{L}\right)$$

或由单位荷载法，得：

$$\Delta_{1C} = -\Sigma \overline{R}c = -\left(\frac{1}{L}a\right)$$

答案： C

题 40 解图

41. 解 只有一个刚结点，忽略轴向变形，无线位移，仅有一个独立结点角位移。

答案： A

42. 解 根据转角位移方程，令 $M_{BA} = 4i\theta_B + 2i\theta_A = 0$，则 $\theta_B = -\frac{\theta_A}{2} = -\frac{\theta}{2}$。

答案： D

43. 解 按力矩分配法计算，可得：

$$M_{CB}^C = (-1) \times \frac{1}{4+4+1}\left(-\frac{ql^2}{3}\right) = \frac{ql^2}{27}$$

答案： A

44. 解 增大下部二力杆的刚度可减小梁的挠度和弯矩，有可能使梁产生负弯矩。

答案： A

45. 解 作 M_A 影响线，布置荷载最不利位置，见解图。

则　　　　$M_A = 10 \times (-2) + 6 \times (-1.8) + 2 \times (-1.2) = -33.2 \text{kN} \cdot \text{m}$

题 45 解图

答案： D

46. 解 沿振动方向加单位力，参照解图，可求得：

$$\delta = \frac{l^3}{48EI} + \frac{1}{2}\frac{1}{2k} = \frac{5l^3}{192EI}$$

$$\omega = \sqrt{\frac{1}{m\delta}} = \sqrt{\frac{192EI}{5ml^3}}$$

题 46 解图

答案： B

47. 解 按求阻尼比的公式计算：

$$\xi = \frac{1}{2\pi \times 10} \ln \frac{1}{1/100} = 0.07329$$

答案：D（此题需要用到能查自然对数的计算器）

48. 解 角处质点无振动，另外两个质点只能沿垂直于杆件方向振动，各有一个自由度。

答案：B

49. 解 选项A、B、C均为低周反复加载试验的优点。低周反复加载试验的不足之处在于试验的加载历程是事先由研究者主观确定的，由于荷载是按力或位移对称反复施加，与非线性地震反应相差甚远，故不能反映加载速率对结构的影响。

答案：D

50. 解 刀口铰支座常用于柱类构件。

答案：D

51. 解 结构的动力特性是结构本身的固有参数，结构动力特性试验一般包括自由振动法、共振法、脉动法。

答案：B

52. 解 钢筋的锈蚀可用电位差法检测。电磁感应法可用于检测钢筋混凝土结构中钢筋的位置、直径和保护层厚度；超声波法可用于检测混凝土的强度、混凝土的裂缝及内部缺陷；射线探伤有X射线探伤和γ射线探伤，主要用于检测钢材和焊缝的内部缺陷。

答案：A

53. 解 一般结构静载试验对量测仪器的精度要求，最大相对误差不超过±5%。

答案：A

54. 解

$$w = \frac{m_{\text{土中水}}}{m_{\text{干土}}} = \frac{m_{\text{干燥前}} - m_{\text{干燥后}}}{m_{\text{干土}} - m_{\text{容器}}} = \frac{454 - 391}{391 - 270} = \frac{63}{121} = 52.07\%$$

答案：A

55. 解 据已知 $z = 3.6\text{m}$, $z_1 = 1.4\text{m}$, $z_2 = 3.6 - 1.4 = 2.2\text{m}$

计算土中有效应力用浮重度（有效重度），则距地面3.6m处的竖向有效应力为：

$$\sigma' = \gamma z_1 + \gamma' z_2 = 15.8 \times 1.4 + (19.8 - 10) \times 2.2 = 43.68\text{kN/m}^2$$

答案：C

56. 解 对于一个未曾滑动、未产生过滑动面的土坡，可用峰值强度估计稳定性；曾经滑动过的土坡用残余强度估计稳定性。

答案： C

57. 解 根据朗肯主动土压力公式 $\sigma = \gamma H K_a - 2c\sqrt{K_a}$，令 $\sigma = 0$，受拉区（既非受拉也非受压区）高度：

$$H \leqslant \frac{2c}{\gamma\sqrt{K_a}} = \frac{2 \times 10}{18 \times \sqrt{\tan^2\left(45° - \frac{10°}{2}\right)}} = 1.32\text{m}$$

答案： A

58. 解 荷载试验变形模量公式：

$$E_0 = \omega(1 - \mu^2)\frac{P}{s}b$$

其中，ω 为方形荷载板形状系数，μ 为泊松比，P/s 为底板压力与沉降之比，b 为承压板宽度。

代入数据，计算得：

$$E_0 = 0.886 \times (1 - 0.4^2) \times 25 \times 0.5 \times 10^3 = 9303\text{kPa}$$

答案： A

59. 解 $\sum N = F + G = 200 + 20 \times 3.5 \times 3 = 410\text{kN/m}$

$$e = \frac{M}{\sum N} = \frac{50}{410} = 0.12\text{m}, \quad p = \frac{410}{3} = 136.7\text{kPa}$$

$$p_{k\,\min}^{\max} = \frac{\sum N}{b} \pm \frac{M}{W} = p\left(1 \pm \frac{6e}{b}\right) = \frac{410}{3}\left(1 \pm \frac{6 \times 0.12}{3}\right) = \begin{matrix}169.5\text{kPa} \\ 103.9\text{kPa}\end{matrix}$$

答案： D

60. 解 可以认为强夯法加固地基过程对土的处理有三种作用：加密作用、固结作用和预加变形作用。包含空气和水的排出、颗粒成分在结构上的重新排列和颗粒组构或形态的改变。土的置换、补强和化学加固都需要加入其他材料，强夯是唯一不需要使用其他材料加固的方法。这里可理解土质改良是不借助其他材料的改良处理方法。

答案： A

2016 年度全国勘察设计一级注册结构工程师执业资格考试基础考试（下）试题解析及参考答案

1. 解　由于环箍效应的影响，相同受压面时，混凝土试件的高度越大，测出的强度结果越小。相同截面时，棱柱体试件的高度大于立方体试件的高度，所以测出的棱柱体试件强度小于立方体试件的强度，即 $f_{cp} < f_{cu}$。

答案：A

2. 解　含水率 = 所含水的质量/材料的干燥质量 = $(500 - 475)/475 = 5.26\%$

答案：B

3. 解　水泥浆的初凝是指浆体开始失去可塑性，即浆体开始出现明显的固化现象。而终凝是指浆体的可塑性全部失去，即浆体的流动性基本丧失。所以出现凝结现象时，浆体稠度增大，即浆体的黏度增大，但是强度还很低。

答案：A

4. 解　徐变是指混凝土在固定荷载作用下，随着时间变化而发生的变形，即徐变的大小与外部应力水平有关。干燥收缩是由于环境湿度低于混凝土自身湿度引起失水而导致的变形；环境湿度越小，水灰比越大（表明混凝土内部的自由水分越多），骨料（混凝土中的骨料具有减少收缩的作用）含量越低时，干缩越大。干缩与外部应力水平无关。

答案：D

5. 解　混凝土配合比设计的目的是确定各组成材料的用量，所以需要确定的基本变量中不包括混凝土的密度。

答案：D

6. 解　衡量钢材塑性高低的指标是断后伸长率。

答案：C

7. 解　沥青的针入度和延度随温度变化很敏感，试验时规定试件的温度，一般采取水浴的方式控制温度。所以测定沥青针入度和延度时，需保持试件所处水浴的温度恒定。

答案：B

8. 解　正、反坐标方位角的关系是彼此相差180°。

答案：A

9. 解　同精度观测值最或是值（即平均值）的中误差计算公式为：

$$M = \pm \sqrt{\frac{[vv]}{n(n-1)}}$$

答案：A

10. 解　坐标正算中，坐标增量的计算公式为：

$$\Delta X_{AB} = D_{AB} \cdot \cos \alpha_{AB}; \quad \Delta Y_{AB} = D_{AB} \cdot \sin \alpha_{AB}$$

测量工作中，纵坐标轴为 X 轴。

答案：A

11. 解　比例尺精度是指传统地形图上 0.1mm 所代表的实地长度。

答案：B

12. 解　实地距离 $D = d \cdot M = 25.6 \times 500 = 12800\text{mm} = 12.8\text{m}$

答案：C

13. 解　《中华人民共和国环境保护法》第六十二条，违反本法规定，重点排污单位不公开或者不如实公开环境信息的，由县级以上地方人民政府环境保护主管部门责令公开，处以罚款，并予以公告。

答案：B

14. 解　《建设工程安全生产管理条例》第二十四条规定，建设工程实行施工总承包的，由总承包单位对施工现场的安全生产负总责。总承包单位应当自行完成建设工程主体结构的施工。总承包单位依法将建设工程分包给其他单位的，分包合同中应当明确各自的安全生产方面的权利、义务。总承包单位和分包单位对分包工程的安全生产承担连带责任。分包单位应当服从总承包单位的安全生产管理，分包单位不服从管理导致生产安全事故的，由分包单位承担主要责任。

答案：B

15. 解　《中华人民共和国建筑法》第三十条，国家推行建筑工程监理制度。国务院可以规定实行强制监理的建筑工程的范围。

答案：A

16. 解　《建设工程安全生产管理条例》第二章第六条，建设单位应当向施工单位提供施工现场及毗邻区域内供水、排水、供电、供气、供热、通信、广播电视等地下管线资料，气象和水文观测资料，相邻建筑物和构筑物、地下工程的有关资料，并保证资料的真实、准确、完整。

第八条，建设单位在编制工程概算时，应当确定建设工程安全作业环境及安全施工措施所需费用。

第十一条，建设单位应当将拆除工程发包给具有相应资质等级的施工单位。

可见选项 A、C、D 是建设单位的责任和义务。而及时报告安全事故隐患是施工单位的责任，不是建设单位的责任。

答案：B

17.解 在预制桩打桩过程中，若贯入度有骤减，说明桩下有障碍物。其他三种状况会出现贯入度骤增。

答案：C

18.解 根据《混凝土结构工程施工规范》（GB 50666—2011）第10.2.12条第1款，冬季浇筑的混凝土，其受冻临界强度应符合下列要求：当采用蓄热法、暖棚法、加热法施工时，采用硅酸盐水泥、普通硅酸盐水泥配制的混凝土，不应低于设计混凝土强度等级值的30%；采用矿渣硅酸盐水泥、粉煤灰硅酸盐水泥、火山灰质硅酸盐水泥、复合硅酸盐水泥配制的混凝土，不应低于设计混凝土强度等级值的40%。因使用普通硅酸盐水泥，故取C40的30%，应为12MPa。

答案：C

19.解 由《砌体结构设计规范》（GB 50003—2011）第3.2节可知，砌筑砂浆的强度等级最高的是M15或Mb20。

答案：D

20.解 流水施工参数主要包括工艺参数、空间参数和时间参数三大类。其中，工艺参数主要包括施工过程数和流水强度，空间参数包括工作面、施工层和施工段，时间参数包括流水节拍、流水步距、流水工期、间歇时间、搭接时间等。可见，空间参数不包括"建筑面积"。

答案：A

21.解 网络计划优化的目标包括工期、费用和资源。其中，工期优化的目的是使计划的工期符合要求；费用优化主要是寻求最低成本（费用）时的工期；资源优化是使资源按时间分布合理，强度降低。可见选项A符合题意。

答案：A

22.解 横向约束抑制了混凝土内部开裂的倾向和体积的膨胀，可显著提高混凝土的抗压强度，同时其变形能力下降。

答案：A

23.解 相对受压区高度（x/h_0）大于1时，属于小偏心受压构件，此时，构件接近全截面受压。当受拉钢筋配筋率较小时，有可能发生离轴向力较远一侧钢筋（受拉钢筋）受压屈服，混凝土被压碎的现象。

答案：D

24.解 《混凝土结构设计规范》（GB 50010—2010）（2015年版）第5.4.3条规定，钢筋混凝土梁支座的负弯矩调幅幅度不宜大于25%。

答案：B

25. 解　轴压比是指柱组合的轴压力设计值与柱的全截面面积和混凝土轴心抗压强度设计值乘积之比值。限制柱的轴压比，主要是为了保证柱的塑性变形能力和结构的抗倒塌能力。

答案：B

26. 解　《钢结构设计标准》（GB 50017—2017）第 4.3.3 条第 1 款规定，Q235A 钢不宜用于焊接结构；第 4.3.2 条规定，对焊接结构尚应具有碳当量的合格保证。

答案：D

27. 解　为了提高腹板的局部稳定性，设置加劲肋是一种经济有效的措施。防止梁腹板的剪切失稳、弯曲失稳和在局部压应力作用下失稳的有效措施，分别是设置横向加劲肋、纵向加劲肋和短加劲肋。

答案：C

28. 解　当螺栓接头连接长度 l_1 过大时，螺栓的受力很不均匀，端部的螺栓受力最大，往往首先破坏，并将依次向内逐个破坏。因此《钢结构设计标准》（GB 50017—2017）第 11.4.5 条规定，当连接长度 $l_1 > 15d_0$（d_0 为孔径）时，应将承载力设计值乘以折减系数。

答案：A

29. 解　屋架下弦杆一般为受拉杆件，《钢结构设计标准》（GB 50017—2017）第 7.4.7 条表 7.4.7 规定，一般建筑结构桁架的受拉杆件容许长细比为 350。

答案：C

30. 解　《砌体结构设计规范》（GB 50003—2011）第 8.1.1 条第 1 款规定，偏心距超过截面核心范围，不宜采用网状配筋砖砌体构件，选项 A 不正确。

网状配筋砌体中，砌体纵向受压，钢筋横向受拉，相当于对砌体横向加压，使砌体处于三向受力状态，间接提高了砌体的承载能力，选项 B 不正确。

网状配筋砖砌体，钢筋网配置过少，将不能起到增强砌体强度的作用，但也不宜配置过多，《砌体结构设计规范》（GB 50003—2001）第 8.1.3 条第 1 款规定，网状配筋砖砌体中的体积配筋率不应小于 0.1%，也不应大于 1%，选项 D 不正确。

组合砖砌体构件中，钢筋混凝土面层不仅能够提供抗压承载力，同时对砌体结构有横向约束作用，选项 C 正确。

答案：C

31. 解　刚性方案砌体房屋，纵墙顶端的水平位移很小，静力分析时可认为水平位移为零，其空间性能影响系数 η 即为零，刚度大。

答案：C

32.解 构造柱不会提高砌体结构承受竖向荷载的能力，但可以间接提高砌体房屋的抗剪能力。根据《砌体结构设计规范》（GB 50003—2011）第6.1.2条第2款，构造柱可以提高砌体墙的允许高厚比，第②项为构造柱的作用。

答案：C

33.解 灰缝厚度不均匀性导致块体受弯、受剪；块体与砂浆的弹性模量及横向变形系数不同，使得块体内产生拉应力。

答案：D

34.解 按三刚片规则分析，右上三角形刚片与基础用右上铰连接，左下三角形刚片与基础用左下铰连接，两个三角形刚片用两个平行链杆连接形成无限远铰，三铰不共线，故体系几何不变，无多余约束。

答案：A

35.解 静定结构没有多余约束，支座移动不产生内力和变形，只有刚体位移。

答案：C

36.解 作M_K影响线如解图所示，按图示荷载最不利位置（用判别式或试算）可得：

$$M_{Kmax} = 3 \times 20 \times 2.5 = 150 \text{kN} \cdot \text{m}$$

答案：C

题36解图

37.解 先整体平衡求右支座竖向反力，再取右半结构隔离体平衡求AB杆拉力，然后求D右截面弯矩，计算如下：

$$V_B = \frac{10 \times 4 + 1 \times 8 \times 12 - 40}{16} = 6 \text{kN}(\uparrow)$$

$$N_{AB} = \frac{6 \times 8 - 1 \times 8 \times 4 + 40}{4} = 14 \text{kN （拉）}$$

$$y_D = \frac{4 \times 4}{16^2} \times 12 \times (16 - 12) = 3 \text{m}$$

$$M_{D右} = 6 \times 4 - 1 \times 4 \times 2 - 14 \times 3 = -26 \text{kN} \cdot \text{m （上面受拉）}$$

答案：A

38.解 由结点法可知杆2轴力的竖向分力为P，再按比例关系可得杆2轴力为$\sqrt{10}P$（拉力）。

答案：D

39.解 本题荷载引起的弯矩图及求位移加单位力引起的弯矩图均为反对称图形，故图乘时可分左、右分别图乘然后相加。按题意，位移可表达为：

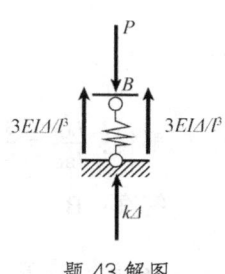

$$\Delta_{CH} = \Delta = \frac{1}{2}\Delta + \frac{1}{2}\Delta$$

当AC杆刚度由EI变为2EI时，由于图乘时刚度在分母，故新的位移为：

$$\Delta'_{CH} = \frac{1}{2} \times \frac{1}{2}\Delta + \frac{1}{2}\Delta = \frac{3}{4}\Delta$$

答案：D

40.解 本题为反对称受力状态，见解图，由右下竖杆隔离体平衡可得：

$$M_K = P/2 \times 2d = Pd$$

答案：A

题40解图

41.解 此题左边第一跨为超静定梁，右边为静定梁。先求得右链杆支座处截面弯矩$Pl/2$（上部受拉）及铰接点弯矩0，连直线，即可得到静定部分的弯矩图，并求得中间链杆处截面弯矩$Pl/2$（下部受拉），再按力矩分配法向远端（固定端）传递$1/2$，得全梁弯矩图，固定端截面弯矩为$Pl/4$（上部受拉）。

答案：B

42.解 按位移法，取结点B隔离体见解图，利用转角位移方程，建立结点B的力矩平衡方程：

$$M_{BA} + M_{BC} = 4i\theta_B - 6i\frac{\Delta}{l} + i\theta_B = 0$$

解得

$$\theta_B = \frac{6\Delta}{5l}$$

答案：B

题42解图

43.解 本题水平分力为零，可视为对称受力状态。根据对称性可知，当B点下沉Δ时截面B的转角为0。截取结点B隔离体，见解图，利用杆件的侧移刚度系数，建立结点B的竖向力平衡方程：

$$3\frac{EI}{l^3}\Delta + k\Delta + 3\frac{EI}{l^3}\Delta = P$$

其中$k = 6\frac{EI}{l^3}$，解得$\Delta = \frac{Pl^3}{12EI}$

答案：A

题43解图

44.解 用静力平衡条件求得反力后，利用对称性可作解图所示转化，从而求得$M_{BA} = \frac{Pl}{2}$。

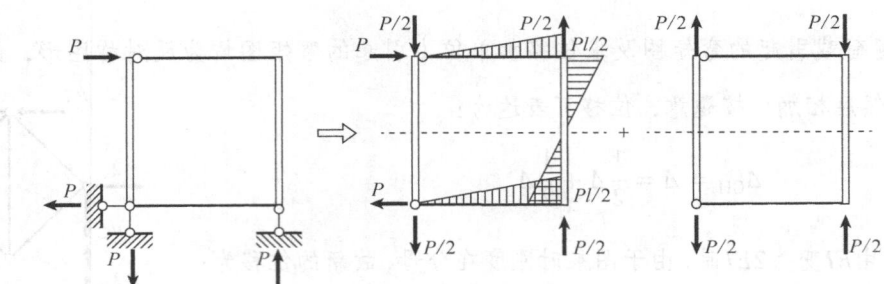

题 44 解图

答案： A

45. 解 梁的弯矩图示意如解图所示。

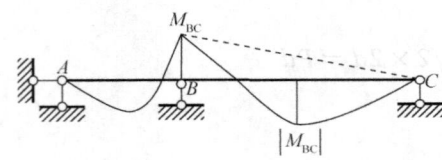

为满足题目条件，须有

$$|M_{BC}| + \frac{1}{2}|M_{BC}| = \frac{1 \times 6^2}{8}$$

即

$$|M_{BC}| = 3$$

按力矩分配法可得

$$\mu_{BC} = \frac{3\frac{EI_{BC}}{6}}{3\frac{EI_{AB}}{3} + 3\frac{EI_{BC}}{6}} = \frac{I_{BC}}{2I_{AB} + I_{BC}}$$

$$M_{BC} = \frac{I_{BC}}{2I_{AB} + I_{BC}}\left[-\frac{1 \times (3^2 - 6^2)}{8}\right] - \frac{1 \times 6^2}{8} = \frac{1}{2\frac{I_{AB}}{I_{BC}} + 1} \times \frac{27}{8} - \frac{9}{2}$$

注意 M_{BC} 为上部受拉的负弯矩，其绝对值需变号，满足题目条件有

$$|M_{BA}| = -\left(\frac{1}{2\frac{I_{AB}}{I_{BC}} + 1} \times \frac{27}{8} - \frac{9}{2}\right) = 3$$

解得：$\frac{I_{AB}}{I_{BC}} = \frac{5}{8}$

答案： B

46. 解 注意 C 端相当于固定端，用力矩分配系数公式计算。

$$\mu_{AC} = \frac{4 \times \frac{2.5}{5}}{4 \times \frac{1}{4} + \frac{2}{4} + 4 \times \frac{2.5}{5}} = \frac{4}{7}$$

答案： B

47. 解 由自振频率公式 $\omega = \sqrt{\dfrac{k}{m}}$ 可知，刚度大，自振频率高。

答案： C

48. 解 按题意，质点做初速度为零、初位移为 $\frac{Pl^3}{3EI}$（可用图乘法求得）的单自由度体系无阻尼自由振动，其运动方程为：

$$y(t) = y_0 \cos \omega t + \frac{v_0}{\omega} \sin \omega t = \frac{Pl^3}{3EI} \cos \omega t$$

答案：A

49. 解 立方体试件的承压面积为 $150 \times 150 = 22500 \text{mm}^2$，棱柱体试件的承压面积仅为 $100 \times 100 = 10000 \text{mm}^2$，并且棱柱体的抗压强度较立方体的抗压强度低（约为 76%），所以选用最大加载能力为 300kN 的抗压试验机进行加载可以满足试验要求。

答案：A

50. 解 低周反复加载试验（拟静力试验）采用的加载制度包括力控制加载、位移控制加载和力-位移混合控制加载。

答案：B

51. 解 在方程中作为独立变数，可以直接测量的量称为基本量。在量纲分析中有两种基本量纲系统：绝对系统和质量系统。绝对系统的基本量纲为长度、时间和力，质量系统的基本量纲是长度、时间和质量。

答案：C

52. 解 结构的固有振型、固有频率和质量可由动力学原理计算得到，结构的阻尼系数（阻尼比）则需通过结构试验测定。

答案：A

53. 解 检测钢筋混凝土结构中钢筋的位置、直径和保护层厚度应采用电磁感应法。

答案：C

54. 解 沉降量 $s = \frac{a_v}{1+e_0} pH$，则：

$$\frac{a_v}{1+e_0} = \frac{s}{pH} = \frac{0.04}{30 \times 5.2} = 0.256 \times 10^{-3} \text{kPa}^{-1}$$

竖向固结系数为：

$$C_v = \frac{k(1+e_0)}{a \gamma_w} = 0.0004 \div 0.256 \times 10^3 \div 10 = 0.1562$$

固结度 $U_z = 1$，$T_v = 1$，故主固结时间为：

$$t = \frac{T_v H^2}{C_v} = \frac{1 \times 5.2^2}{0.1562} = 173 \text{d}$$

答案：B

55. 解 计算土中有效应力时，毛细水上升部分按饱和重度考虑，则

$$\sigma' = 25.6 + 15.9 \times (1.8 - 0.6) + 19 \times 0.6 + (19 - 10) \times (3.5 - 1.8)$$
$$= 71.38\text{kPa}$$

答案： C

56. 解 此题是针对地基进行排水或固结，与地基土的渗透性、施工速率都有关，但与加载或者卸载无关。

答案： C

57. 解 无重饱和黏土地基受宽度为B的地表均布荷载q作用时，土的抗剪强度等于土的不排水抗剪强度，相当于单轴试验（无侧限抗压强度试验），故地基承载力为50kPa。

答案： B

58. 解 坑探是挖开后直观观测地层结构及变化的方法，其他都是借助仪器设备的探查方法。

答案： A

59. 解 按照抵抗基础不均匀沉降能力从大到小排序是箱基、筏基、条形基础和独立基础，独立基础抵抗不均匀沉降能力最差。

答案： D

60. 解 根据单桩竖向承载力计算公式：
$$Q_{\text{uk}} = \sum u q_{sik} l_i + A q_{\text{pk}}$$
$$= 4 \times 0.4 \times [20 \times 3 + 40 \times 4 + (9 - 3 - 4) \times 65] + 0.4^2 \times 6000$$
$$= 1520\text{kN}$$

答案： C

2017 年度全国勘察设计一级注册结构工程师执业资格考试基础考试（下）
试题解析及参考答案

1. 解 随着开口孔隙率的增加，材料的密度不变，抗冻性、抗渗性、耐腐蚀性、耐水性（即软化系数）降低，导热性（即导热系数）提高。

答案：B

2. 解 在外力作用下材料产生变形，外力取消后变形消失，材料能完全恢复原来形状的性质称为弹性；在外力作用下材料产生变形，外力取消后仍保持变形后的形状和尺寸，但不产生裂隙的性质称为塑性；外力达到一定限度后，材料突然破坏，且破坏时无明显的塑性变形的性质称为脆性；材料在冲击或振动荷载作用下，能吸收较大的能量，同时产生较大的变形而不破坏的性质称为韧性。

答案：C

3. 解 硬化水泥浆体的强度取决于水泥的强度和水灰比。水灰比越大，硬化后多余水分蒸发留下的毛细孔隙越多，即毛细孔隙率越大，硬化水泥浆体强度越低。所以与硬化水泥浆体强度直接相关的是毛细孔隙率。

答案：B

4. 解 碱集料反应是指混凝土内水泥中的碱性氧化物（$Na_2O+0.658K_2O$）与集料中的活性 SiO_2 发生化学反应生成的碱硅酸凝胶吸水体积膨胀，引起混凝土裂缝，甚至破坏的现象。混凝土碳化反应是指混凝土中的 $Ca(OH)_2$ 在潮湿条件下与空气中 CO_2 反应生成 $CaCO_3$ 和 H_2O 的过程。盐结晶破坏是指盐类物质（如 Na_2SO_4、$MgSO_4$ 等硫酸盐）在干湿变化或降温作用下结晶产生体积膨胀而使混凝土表面产生剥蚀破坏的现象。盐类化学反应是指盐类中含有的各种离子（如 Cl^-、SO_4^{2-} 离子等）与混凝土中的成分发生化学反应而导致混凝土化学腐蚀破坏的现象。由于我国西北干旱和盐渍土地区存在大量盐类物质，可以通过毛细孔渗透到混凝土内部，又由于空气湿度低易在混凝土表面结晶，所以影响地面混凝土耐久性的主要过程为盐结晶破坏。

答案：C

5. 解 混凝土主要由硬化水泥浆、集料及硬化水泥浆与骨料的界面过渡区组成，所以硬化水泥浆强度越高，骨料的强度越高，界面过渡区结合越紧密，则混凝土强度越高。所以混凝土材料的抗压强度与拌和水的品质没有直接关系。

答案：D

6. 解 石材的工艺性质是指石材开采及加工过程的难易程度，包括加工性、抗钻性、磨光性等。加工性是指岩石在开采、劈解、破碎与凿琢等加工工艺的难易程度；磨光性是指石材能否磨光成光滑平整表面的性质；抗钻性是指石材钻孔时的难易程度。所以抗酸腐蚀性不属于石材的工艺性质。

答案：B

7. 解 乳化沥青是沥青微粒分散在有乳化剂的水中而成的乳胶体，所以配制乳化沥青时需要加入乳化剂。

答案：B

8. 解 因为 $\Delta x_{AB} < 0$，$\Delta y_{AB} < 0$，可以判定该方位角位于第三象限内，象限角为南西，根据测量坐标系中方位角及象限角之间的关系，可知方位角为 $\alpha_{AB} = \arctan \dfrac{\Delta Y_{AB}}{\Delta x_{AB}} + \pi$。

答案：B

9. 解 根据国家基本地图的分幅与编号方法，参见《国家基本比例尺地形图分幅和编号》（GB/T 13989—2012），地形图的编号以 1∶100 万为基础，大于该比例尺的地形图，如 1∶50 万、1∶25 万、1∶10 万等，应在 1∶100 万地形图编号之后加比例尺代号，再加行号和列号。由题中所给图幅的编号 J50B001001 可知：J50 为 1∶100 万的基本图，后面的比例尺代码 B 为 1∶50 万地形图，001、001 为该 1∶50 万地形图所在的行号和列号。

答案：C

10. 解 用经纬仪测量两个方向所夹的水平角通常采用测回法。半测回法适用于测量精度要求不高，不需盘左、盘右测量角度的情况。方向观测法和全圆测回法是同一种水平角测量方法，适用于两个以上方向的水平角测量。

答案：A

11. 解 根据《工程测量标准》（GB 50026—2020），布设矩形网的主轴线上的基线点数不得少于 3 个。

答案：C

12. 解 视距测量水平距离计算公式为：$D = kl\cos^2 \alpha$。式中，D 为水平距离，k 为视距常数，l 为视距间隔，α 为竖直角。

答案：A

13. 解 《中华人民共和国城市房地产管理法》第三十四条规定，国家实行房地产价格评估制度。所以本题答案应为法律。

答案：A

14. 解 《中华人民共和国节约能源法》第二条规定，本法所称能源，是指煤炭、石油、天然气、生物质能和电力、热力以及其他直接或者通过加工、转换而取得有用能的各种资源。

答案：A

15. 解 《中华人民共和国建筑法》第七条规定，建筑工程开工前，建设单位应当按照国家有关规定向工程所在地县级以上人民政府建设行政主管部门申请领取施工许可证；但是，国务院建设行政主管部门确定的限额以下的小型工程除外。

答案：A

16. 解 《建设工程质量管理条例》第三条规定，建设单位、勘察单位、设计单位、施工单位、工程监理单位依法对建设工程质量负责。

第七十四条规定，建设单位、设计单位、施工单位、工程监理单位违反国家规定，降低工程质量标准，造成重大安全事故，构成犯罪的，对直接责任人员依法追究刑事责任。

答案：A

17. 解 《建筑地基基础工程施工规范》（GB 51004—2015）第5.5.24条规定，终止沉桩应以桩端标高控制为主，贯入度控制为辅；当桩端处于坚硬或硬塑的黏性土、中密以上的粉土、砂土、碎石类土及风化岩时，沉桩时应以贯入度控制为主，桩端标高控制为辅。可见，选项A、B、C的土层均需以贯入度控制为主（属于端承桩），而选项D则应以桩端（桩尖）标高控制为主（属于摩擦桩）。

答案：D

18. 解 《混凝土结构施工规范》（GB 50666—2011）第10.2.1条的条文说明：为提高混凝土早期强度增长率，以便尽快达到受冻临界强度，冬期施工宜优先选用硅酸盐水泥或普通硅酸盐水泥。使用其他水泥需通过试验确定混凝土在负温下的强度发展规律、抗渗性能等是否满足工程设计和施工进度要求。当采用蒸汽养护时，则宜采用具有较好蒸养适应性的矿渣硅酸盐水泥。

答案：B

19. 解 选项A，人字桅杆式起重机起重范围小，不便移动，仅能用于设备安装或少量平面尺寸小的构件吊装，不能用于大面积房屋结构吊装。选项B，履带式起重机适合于五层以下的房屋结构吊装。选项C，附着式塔式起重机起重高度大，但不能移动，吊装平面范围取决于臂长，适合于高层或超高层且为塔式的房屋结构吊装。选项D，轨道式塔式起重机移动方便、服务范围大，但稳定性较差，适合10层以下、长度较大的板式房屋结构吊装，且经济合理。

答案：D

20. 解 选项A，总时差是指在不影响工期的前提下，一项工作可以利用的机动时间；可用本工作最迟与最早开始时间或最迟与最早完成时间相减得到。选项B，自由时差是指在不影响其紧后工作最早开始的前提下，一项工作可以利用的机动时间；可用紧后工作最早开始时间的最小值减本工作的最早完成时间得到，也可以说是"某工作最早完成时间与其紧后工作的最早开始时间之差"。选项C，虚工作不是时间参数，它是既不耗用时间；也不耗用资源的虚拟工作，在双代号网络计划中为正确表达前后工作之间的逻辑关系，在单代号网络计划中为保证开始和（或）结束成为唯一节点而设置的。选项 D，时间间隔是指相邻两工作间可能存在的最大间歇时间。

答案：B

21. 解 工期签证是工程签证的一种。对非施工单位原因导致的工期延长，应通过工期签证予以扣除。可办理工期签证的情形主要有：

①不可抗力（如地震、洪水、台风等自然灾害）和社会政治原因（如战争、骚乱、罢工，政策、法规改变等）引起的工期延误；

②发包人的原因（如未能按照约定提供图纸、设备及材料、开工条件，设计变更或工程量增加，未按照约定日期支付费用等）引起的工期延误；

③签约时双方不可预见的因素（如挖掘到文物、地下管线、障碍物，恶劣天气等）引起的工期延误；

④停水、停电、停气引起的工期延误等。

选项 D，属施工单位未按规定硬化场地和道路，自身原因造成的工期拖延，不属于应办理工期签证的情形。

答案：D

22. 解 钢筋混凝土受剪力和扭矩共同作用时，应考虑剪扭的相关性。此时构件的抗扭承载力为：

$$T = 0.35\beta_t f_t W_t + 1.2\sqrt{\zeta} f_{yv} \frac{A_{st1} A_{cor}}{s}$$

式中 β_t 为剪扭构件混凝土受扭承载力降低系数（ $0.5 \leqslant \beta_t \leqslant 1.0$ ），所以剪力的存在将使受剪扭钢筋混凝土构件的抗扭承载力降低。

答案：A

23. 解 《混凝土结构设计规范》（GB 50010—2010）（2015 年版）第 6.3.1 条给出了受剪截面的控制条件，目的是通过控制最小截面尺寸防止发生斜压破坏。第 9.2.9 条规定了配箍率 $\rho_{sv} \geqslant 0.24 f_t / f_{yv}$，同时给出了箍筋的最小直径和箍筋最大间距的构造要求。箍筋的间距与纵向受力钢筋无关。

答案：D

24. 解 板的长短边之比 $l_2/l_1 = 1.5$，为双向板。四边固定的双向板，板面负塑性铰线即为板的支座边线，斜向正塑性铰线由板角 45° 向板内延伸，并与跨中水平塑性铰线相交（均布荷载下，塑性铰线是直线）。

答案：A

25. 解 钢筋混凝土剪力墙结构边缘构件分为构造边缘构件和约束边缘构件两类，选项 A 正确。剪力墙内的边缘构件相当于暗柱，暗柱内的混凝土受到钢筋的约束，因此可提高墙体的延性，选项 B 正确。《建筑抗震设计规范》（GB 50011—2010）第 6.4.5 条规定，抗震墙两端和洞口两侧应设置边缘构件，边缘构件包括暗柱、端墙和翼墙，同时表 6.4.5-2 规定了抗震墙构造边缘构件的配筋要求，选项 C 错误，选项 D 正确。

答案：C

26. 解 钢材质量等级由 A 到 E，其质量由低到高，划分指标为冲击韧性，其中 A 级为不要求 V 型冲击试验，B 级为具有常温冲击韧性合格保证；C 级为具有 0℃（工作温度 −20℃ < t ≤ 0℃）冲击韧性合格保证；D 级为具有 −20℃（工作温度 t ≤ −20℃）冲击韧性合格保证；对于 Q355、Q390 钢，E 级为具有 −40℃（工作温度 t ≤ −40℃）冲击韧性合格保证。

答案：C

27. 解 《钢结构设计标准》（GB 50017—2017）第 7.2.1 条规定，普通钢结构轴心受压构件的稳定性应按下式计算：$\frac{N}{\varphi A f} \leq 1$，式中稳定性系数 φ 与构件的长细比、钢材型号和截面类别等有关。

答案：A

28. 解 侧面角焊缝在弹性工作阶段沿其长度方向受力是不均匀的，两端大中间小。如果焊缝不是太长，两端焊缝达到屈服后继续加载，应力会逐渐趋于均匀。焊缝越长，应力集中现象越严重，所以《钢结构设计标准》（GB 50017—2017）第 11.2.6 条规定，角焊缝的搭接焊接连接中，如果焊缝计算长度 l_w 超过 $60 h_f$，则焊缝的承载力设计值应乘以折减系数。

答案：B

29. 解 屋盖支撑的主要作用包括：①保证在施工和使用阶段厂房屋盖结构的空间几何稳定性；②保证屋盖结构的横向、纵向空间刚度和空间整体性；③为屋架弦杆提供必要的侧向支承点，避免压杆侧向失稳和防止拉杆产生过大的振动；④承受和传递水平荷载。

答案：D

30. 解 《砌体结构设计规范》（GB 50003—2011）第 5.1.1 条规定，无筋砌体受压构件的承载力按下式计算：$N \leq \varphi f A$。式中，φ 为高厚比 β 和轴向压力的偏心距 e 对受压构件承载力的影响系数，f 为砌体的抗压强度设计值，A 为截面面积。当 β ≤ 3 时，$\varphi = \frac{1}{1+12(e/h)^2}$；当 β > 3 时，$\varphi = \frac{1}{1+12\left[\frac{e}{h}+\sqrt{\frac{1}{12}\left(\frac{1}{\varphi_0}-1\right)}\right]^2}$。式中，$\varphi_0$ 为轴向受压构件的稳定系数，$\varphi_0 = \frac{1}{1+\alpha\beta^2}$；$\alpha$ 为与砂浆强度等级有关的系数。

综上，偏心距增大，承载力减小，选项 A 错误；高厚比增加，承载力减小，选项 B 正确；承载力与相邻横墙间距无关，选项 C 错误；承载能力与截面尺寸、砂浆、砌体强度等级均有关，选项 D 错误。

答案：B

31. 解 砌体结构房屋静力计算时，根据房屋的空间工作性能分为刚性方案、刚弹性方案和弹性方案。影响房屋空间工作性能的主要因素为屋盖或楼盖的类别和横墙的间距。根据《砌体结构设计规范》（GB 50003—2011）第4.2.1条表4.2.1可知，选项D正确。

答案：D

32.解 《砌体结构设计规范》（GB 50003—2011）第7.3.4条规定，关于墙梁的计算荷载，规定了使用阶段和施工阶段不同的取值要求，选项A错误。第7.3.11条规定，托梁应按混凝土受弯构件进行施工阶段的受弯、受剪承载力验算，选项B错误。第7.3.12条第6款规定，承重墙梁的支座处应设置落地翼墙，当不能设置翼墙时，应设置落地且上、下贯通的混凝土构造柱，选项C正确。第7.3.8条规定，墙梁的托梁斜截面受剪承载力应按混凝土受弯构件计算，选项D错误。

答案：C

33.解 若砌体房屋考虑整体弯曲进行验算，目前的方法即使在抗震设防烈度为7度时，超过三层就不满足要求，与大量的地震宏观调查结果不符。实际上，多层砌体房屋一般可以不做整体弯曲验算，但为了保证房屋的稳定性，《建筑抗震设计规范》（GB 50011—2010）第7.1.4条规定了多层砌体房屋总高度与总宽度的最大比值。

答案：C

34.解 先去掉不影响几何构造性质的简支支座，再去掉四个角的二元体，可看出两个刚片用三根相互平行且等长的链杆相连，故原体系为常变体系。

题34解图

答案：D

35.解 先由整体水平力平衡可得，支座C的水平反力为：8kN/m×3m=24kN（←），再取截面E以右为隔离体（见解图），对E取矩可得：

$$M_{ED} = 24\text{kN} \times 3\text{m} = 72\text{kN} \cdot \text{m （上侧受拉）}$$

题35解图

答案：D

36.解 本题为双轴对称结构承受双轴对称荷载，其内力为双轴对称，$M_{BC} = M_{BA}$，竖杆剪力为0。取AB为隔离体，对B点取矩可得：

$$M_{BA} = \frac{5ql}{12}l - \frac{ql^2}{36} - ql\frac{l}{2} = -\frac{ql^2}{9}$$

答案：C

37.解 根据影响线定义，所求M_K影响线在C点的竖标即为单位力作用在C点时M_K的值。令图中$x=0$，由整体平衡对A点取矩，求得支座C的水平反力为1（向右）。由几何关系可得：$y_K = 8\frac{\sqrt{3}}{2}\text{m} = 4\sqrt{3}\text{m}$。取截面$K$以左为隔离体，对$K$点取矩，可得：

$$M_K = 1 \times 4 - 1 \times (8 - 4\sqrt{3}) = 4(\sqrt{3} - 1)\text{m}（外侧受拉）$$

答案： A

38. 解 由整体平衡对A点取矩可知，支座B的竖向反力为0。再取BC为隔离体（见解图），将荷载P移动到图示位置分解，对C点取矩可求得支座B的水平反力

题38解图

$$H\frac{l}{2} - \frac{\sqrt{3}}{2}P\left(\frac{l}{2} - \frac{l}{2}\frac{1}{\sqrt{3}}\right) = 0$$

$$H = \frac{\sqrt{3} - 1}{2}P$$

答案： D

39. 解 根据位移计算公式，本题除考虑弯曲变形对位移的贡献外（与弹簧刚度无关），尚需叠加弹簧变形对位移的贡献，由于弹簧刚度在后者的分母中，所以当弹簧刚度增大时位移减小。

答案： B

40. 解 本题为对称结构承受反对称荷载，其反力必为反对称。由整体水平力平衡可知，两个支座的水平反力均为P，方向都向左。

答案： A

41. 解 用力法求解，由解图可得力法方程

$$\left(\frac{2l^3}{3EI} + 2\frac{2}{k}\right)X_1 - 2\frac{P}{k} = 0, \quad k = \frac{6EI}{l^3}$$

解得 $X_1 = \frac{P}{4}$，$M_B = X_1 l = \frac{Pl}{4}$

答案： D

题41解图

42. 解 按力法求解，取支座B的弹簧压力X为基本未知量，可得力法方程

$$\frac{l^3}{3EI}X - \frac{ql^4}{8EI} = -\frac{X}{k}$$

当梁中点弯矩为0时，由CB段隔离体平衡可得，弹簧压力$X = ql/4$，代入上式解得

$$k = 6\frac{EI}{l^3}$$

答案： B

43. 解 设想撤去铰B，当经历温度均匀升高时，若将竖杆伸长量计为Δ，则斜杆伸长量为$\sqrt{2}\Delta$，这时每杆下端可以上端铰为圆心，以伸长后的杆长为半径画弧（现为小变形用切线代替）。图 b）中三切线共同交于B'点，在此点重新用铰连接，既满足零内力平衡又满足变形协调，即为真实状态。而图 a）

中三切线没有共同交点，即零内力无法满足变形协调，只有杆件受力才能保持端铰的连接。

题 43 解图

答案： B

44.解 本题为对称结构，可将荷载分解为对称与反对称的组合（见截图）。解图 a）弯矩为 0，解图 b）为反对称受力状态，求得竖向反力后可得 $M_{BA} = -Pl/4$。

题 44 解图

答案： B

45.解 按分配系数公式计算

$$\mu = \frac{4 \times 3}{2 + 4 \times 4 + 3 \times 1 + 4 \times 3} = \frac{12}{33} = \frac{4}{11}$$

答案： D

46.解 沿质点振动方向加单位力（见解图），求得柔度系数 $\delta = \frac{1}{2} \cdot \frac{1}{2k} = \frac{1}{4k}$，代入频率计算公式得 $\omega = \sqrt{\frac{1}{m\delta}} = \sqrt{\frac{4k}{m}}$。

题 46 解图

答案： D

47.解 按动力系数公式计算

$$\mu = \frac{1}{1 - \left(\dfrac{\theta}{\omega}\right)^2} = \frac{1}{1 - 2^2} = -\frac{1}{3}$$

答案： D

48.解 按阻尼比公式计算

$$\xi = \frac{1}{2\pi n} \ln \frac{y_k}{y_{k+n}} = \frac{1}{2\pi(5)} \ln \frac{1}{0.04} = 0.1025$$

答案： D

49.解 选项 A、C 是材料的强度指标，用于混凝土构件设计。构件试验用构件实际材料性能指标计算构件的最大承载力，因此答案是 B。选项 D 试件最大荷载值不存在。

答案：B

50. 解 用电阻应变测量混凝土试件的弹性模量，电阻应变片测得的是标距范围内的平均应变，由于混凝土是非均质材料，内有石子和砂浆，所以应变片的标距应大于混凝土中骨料最大粒径的 4 倍，因此选用标距为 100mm 的应变片。

答案：D

51. 解 对墙体进行低周反复加载试验，选项 A、C、D 都是正确的，选项 B 骨架曲线出现下降段，下降至极限荷载的 85% 试验结束，不是 90%。

答案：B

52. 解 脉动法是通过量测环境随机激励而产生的结构微小振动，来分析其动力特性，所以选项 A、B 是正确的。脉动法的信号是白噪声信号，建筑物的脉动是一种平稳的各态历经的随机过程，因此选项 C 正确，选项 D 错误。

答案：D

53. 解 选项 A 电位差法用于检测混凝土内钢筋的锈蚀。选项 B 电磁感应法用于检测混凝土内钢筋的位置。选项 C、D 超声波法和发射法均用于检测钢材和焊缝的缺陷。

答案：A

54. 解 根据土体的体积压缩系数计算公式可得：

$$m_v = \frac{\frac{\Delta h}{h}}{\Delta p} = \frac{\frac{0.043}{21.7}}{(40-10) \times 10^{-3}} = 6.60 \times 10^{-2} \text{MPa}^{-1}$$

答案：B

55. 解 黏性土处于可塑状态时，土中水以弱结合水为主。这时两个相邻的黏土颗粒间结合水膜最外侧的弱结合水分子和带正电离子同时受到来自两个土颗粒电场力的作用，表现为两个土颗粒相互吸引（其是主要原因之一）。又由于这个电场力较弱，使得弱结合水分子具有一定的自由度，两土粒之间的联系不牢固，表观表现出土的可塑状态。

答案：B

56. 解 三轴不固结不排水试验，孔隙水压力仍为 40kPa。

答案：B

57. 解 土的静止土压力系数是指土体在无侧向变形条件下固结后的水平向主应力与竖向主应力之比，即原始应力状态下的水平向主应力与竖向主应力之比。其简化经验公式 $K_0 = 1 - \sin 30° = 0.5$。

答案：A

58. 解　基底附加应力P_0是荷载通过基础施加给基底以下、基础埋置深度处地基土体的应力增量，减小基底附加应力即可减小基底以下地基土体的压缩变形，故选项 A 正确。

由基底附加应力的计算公式$P_0 = P - \gamma h$可知，增大基础尺寸和埋深可减小P，增大γh，从而达到减小P_0，减小地基压缩变形的目的，故选项 B 正确。

增大上部结构刚度，可以减小基础自身变形引起的地基土体不均匀沉降故选项 D 正确。

增大基础自身强度不能使P_0减小，故选项 C 错误。

答案：C

59. 解　根据题意和《公路桥涵地基与基础设计规范》（JTG D63—2007），桩径 1m，桩距 5m，桩距大于两倍的桩径，不考虑群桩作用，符合端承桩叠加计算条件，则群桩承载力可按单桩承载力之和计算：$P_u = nQ_u = 4 \times 4 \times 2000 = 32000\text{kN}$。

答案：A

60. 解　加筋法是通过在土层埋设强度较高的土工聚合物、拉筋、受力拉杆等抗拉材料，达到改善土的力学性能、减小变形、提高地基承载力、维持土体稳定的目的。

答案：C

2018 年度全国勘察设计一级注册结构工程师执业资格考试基础考试（下）
试题解析及参考答案

1. 解 材料受外力作用，当外力达到一定数值时，材料发生突然破坏，且破坏时无明显的塑性变形，这种性质称为脆性，具有这种性质的材料称为脆性材料。脆性材料的抗压强度比抗拉强度大很多，如烧结普通砖、混凝土、石材等，适合做承压构件。材料在冲击或振动荷载作用下，能吸收较大的能量，同时产生较大的变形而不破坏的性质称为韧性，具有这种性质的材料称为韧性材料，如建筑钢材、木材、橡胶、沥青等。

答案：D

2. 解 密实度是指材料中固体体积占总体积的百分率，孔隙率是指材料中孔隙体积占总体积的百分率，密实度＋孔隙率＝1，因此，密实度和孔隙率的大小取决于材料的结构，与材料含水状态无关。导热系数反映材料传导热量的能力，导热系数越大，材料的传热能力越强，绝热性能越差。轻质无机材料所含孔隙越多，导热系数越小，其绝热性能越好，但是当孔隙中吸水后，由于水的导热系数大于空气的导热系数，使得材料的导热系数增大，绝热性能降低。

答案：C

3. 解 硬化水泥浆体中水化硅酸钙凝胶中的层间水失去后，会导致凝胶颗粒相互靠近，表现出明显的体积减小，使水泥浆体发生显著的收缩。

答案：C

4. 解 混凝土配合比设计时需要满足各项技术和经济要求，技术要求包括施工和易性、强度和耐久性等，经济要求指在满足技术要求的前提下控制成本，所以混凝土用水量不属于需要满足的基本要求。

答案：C

5. 解 徐变是指混凝土在恒定荷载长期作用下，随时间而增加的变形。徐变是在外力作用下，混凝土中的凝胶体向毛细孔中迁移产生的收缩变形。干燥收缩是由于混凝土的毛细孔和凝胶孔中的水分失去所引起的。骨料，特别是粗骨料的主要作用是抑制收缩，所以增大混凝土中的骨料含量，可以降低浆体的含量，最终使徐变和干燥收缩减小。

答案：B

6. 解 屈服强度是钢材在拉应力-应变曲线中，屈服阶段所对应的强度。抗拉强度是指钢材在拉应力作用下所承受的极限荷载时的强度。断后伸长率是指钢材拉断后增加的长度占原始标距长度的百分比，是衡量钢材塑性变形能力的技术指标。冲击韧性指钢材抵抗冲击荷载作用的能力。

答案：C

7. 解 沥青的延度指沥青的延展度，延度越大，表明沥青的塑性越好。测定沥青延度时采用八字形标准试件，将制作好的试件浸入规定试验温度的水槽中 1～1.5h 后，以规定的速度拉伸试件至断裂时的长度（cm）即为延度。沥青的针入度表示沥青的黏性和稠度及抵抗剪切破坏的能力，针入度越大，沥青的黏性越小。在规定温度（比如 25℃）和 5s 时间内，在 100g 荷重下，标准针垂直穿入沥青试样的深度为针入度（1/10mm）。随着温度升高，沥青黏性降低，塑性增大；反之，随着温度降低，沥青黏性增大，塑性降低。所以在测定沥青的延度和针入度时，需保持沥青试样的温度。

答案：B

8. 解 图根导线测量中，导线全长相对闭合差精度要求 $K \leqslant \dfrac{1}{2000}$。

答案：A

9. 解 水准测量中，测站的高差检核方法有双面尺法、变动仪器高法。

答案：A

10. 解 相同等高距下，等高线平距越小，表明地势越陡。

答案：A

11. 解 依题意，此处测量坐标系与施工坐标系间的转换公式为：

$$\begin{pmatrix} x_P - x_0 \\ y_P - y_0 \end{pmatrix} = \begin{pmatrix} \cos\alpha & -\sin\alpha \\ \sin\alpha & \cos\alpha \end{pmatrix} \begin{pmatrix} A_P \\ B_P \end{pmatrix}$$

答案：A

12. 解 大量的偶然误差具有统计规律性：有限性、集中性、对称性及抵偿性。换言之，单个偶然误差的出现没有一定的规律性。

答案：C

13. 解 消防设计图纸及有关资料应由设计单位报送公安消防机构审核。

答案：B

14. 解 《建设工程质量管理条例》第四十条规定，建设工程的保修期，自竣工验收合格之日起计算。

答案：A

15. 解 《注册建造师管理规定》第十二条规定，施工单位签署质量合格的文件上，必须有注册建造师的签字盖章。

答案：C

16. 解 《建设工程质量管理条例》第十六条规定，建设单位收到建设工程竣工报告后，应当组织设计、施工、工程监理等有关单位进行竣工验收。

答案：B

17. 解 填土压实质量是以填土压实后的干密度作为检测指标，以判断压实系数是否符合设计要求。可采用环刀法取样，取样部位应在每层压实后的下半部。取样组数，按照《建筑地基基础工程施工规范》（GB 51004—2015）第 8.5.9 条第 4 款规定，基坑和室内土方回填，每层按 100～500m² 取样一组，且不应少于一组；柱基回填，每层抽样柱基总数的 10%，且不应少于 5 组；基槽和管沟回填，每层按 20～50m 取样一组，且不应少于一组；场地平整填土，每层按 400～900m² 取样一组。

答案：D

18. 解 先张法预应力筋放张顺序的确定，应避免损坏构件。按照《混凝土结构工程施工规范》（GB 50666—2011）第 6.4.12 条规定，预应力筋放张宜采取缓慢放张工艺进行逐根或整体放张；对轴心受压构件，所用预应力筋宜同时放张；对受弯或偏心受压的构件，应先同时放张预压应力较小区域的预应力筋，再同时放张预压应力较大区域的预应力筋；不能满足上述要求时，应分阶段、对称、相互交错放张。梁属于受弯构件，故选项 B "先同时放张预应力较大区域的预应力筋" 的说法是错误的。

答案：B

19. 解 "工作面"是流水施工的空间参数之一，是指某专业工种施工时为保证安全生产和有效操作所必须具备的活动空间。它的大小，应根据该工种工程的计划产量定额、操作规程和安全施工技术规程的要求来确定。施工过程不同，所对应的描述工作面的计量单位不一定相同，如砌墙按长度计量，而抹灰则按面积计量。最小工作面是指满足操作规程和安全施工技术规程所需的最小活动空间，并非能够安排的施工人数和机械数量的多少，故选项 B 的说法不正确。

答案：B

20. 解 网络计划中，关键线路就是总持续时间最长的线路，它决定了工期，因此关键线路上的每项工作都是关键工作；关键线路上各工作的总时差、自由时差均为零（当计划工期与计算工期不等时，总时差、自由时差均为最小值）；工序数量多少与是否为关键线路无关。因此，仅选项 D 表述正确。

答案：D

21. 解 据《建筑工程质量管理条例》（2000 年国务院令第 279 号）第四十条规定，在正常使用条件下，建设工程的最低保修期限为：

（一）基础设施工程、房屋建筑的地基基础工程和主体结构工程，为设计文件规定的该工程的合理使用年限；

（二）屋面防水工程、有防水要求的卫生间、房间和外墙面的防渗漏，为 5 年；

（三）供热与供冷系统，为 2 个采暖期、供冷期；

（四）电气管线、给排水管道、设备安装和装修工程，为 2 年。

其他项目的保修期限由发包方与承包方约定。建设工程的保修期，自竣工验收合格之日起计算。故选项 B 正确。

答案：B

22. 解 《混凝土结构设计规范》（GB 50010—2010）第 6.7.1 条第 2 款规定，钢筋混凝土受弯构件的正截面疲劳应力验算时，假定受压区混凝土的法向应力图形取为三角形。

答案：A

23. 解 钢筋混凝土小偏心受压构件，其破坏形态为受压破坏，宜采用较高强度等级的混凝土。由于混凝土的极限压应变为 0.2%，根据变形协调，高强度等级的钢筋并不能充分发挥作用。

答案：A

24. 解 该板为单向板，跨度为 1m，取 1m 板带计算，则跨中最大弯矩为：

$$\frac{1}{8}ql^2 = \frac{1}{8} \times 8 \times 1(1\text{m 宽板带}) \times 1^2 = 1\text{kN} \cdot \text{m}$$

答案：A

25. 解 采用反弯点法计算水平荷载作用下钢筋混凝土框架结构的内力时，假定除底层以外的各层柱的上、下端节点转角均相同，即假定除底层外，各层框架柱的反弯点位于层高的中点；对于底层柱，则假定其反弯点位于距支座 2/3 层高处。

答案：C

26. 解 单向拉伸试验可检测钢材的屈服强度、抗拉强度（极限强度）和伸长率。

答案：D

27. 解 等效弯矩系数 β_{mx} 是考虑了构件弯矩非均匀分布的影响而引入的系数。

答案：C

28. 解 焊缝质量检验一般可采用外观检查和无损检测。焊缝质量检验和质量标准分为三级，一级焊缝的检验项目是外观检查和超声波探伤及射线探伤，探伤比例为 100%；二级焊缝的检验项目是外观检查和超声波探伤，探伤比例不低于 20%；三级焊缝的检查项目是对全部焊缝做外观检查。《钢结构工程施工质量验收规范》（GB 50205—2001）第 5.2.8 条规定，三级对接焊缝应按二级焊缝标准进行外观质量检验。

答案：B

29. 解 刚性系杆为受压构件，根据《钢结构设计标准》（GB 50017—2017）第 7.4.6 条规定，其容许长细比为 200。

答案：A

30. 解 试验表明，当过梁上的砖砌体的砌筑高度接近跨度的一半时，跨中挠度增量减小很快。随着砌筑高度的增加，跨中挠度增加极小。这是由于砌筑砂浆随时间增长而逐渐硬化，使参加工作的砌体高度不断增加的缘故。正是这种砌体与过梁的组合作用，使作用在过梁上的砌体当量荷载仅相当于高度等于跨度的 1/3 的砌体自重。试验还表明，当在砖砌体高度约等于跨度的 4/5 位置施加荷载时，过梁挠度变化极微。可以认为，在高度大于或等于跨度的砌体上施加荷载时，由于过梁与砌体的组合作用，荷载将通过组合深梁传给砖墙，而不是单独通过过梁传给砖墙，故对过梁内应力增大不多。而过梁计算习惯上不是按组合截面而只是按钢筋混凝土构件考虑。为了简化计算，《砌体结构设计规范》（GB 50003—2011）第 7.2.2 条第 1、2 款规定，当过梁上的墙体高度 h_w 小于 $l_n/3$（l_n 为过梁净跨）时，墙体荷载应按墙体的均布自重采用，否则应按高度为 $l_n/3$ 墙体的均布自重来采用。当梁、板下的墙体高度 h_w 小于过梁的净跨 l_n 时，过梁应计入梁、板传来的荷载，否则可不考虑梁、板荷载。

答案：D

31. 解 《砌体结构设计规范》（GB 50003—2011）第 10.2.5 条第 4 款规定，构造柱可不单独设置基础，但应伸入室外地面以下 500mm，或与埋深小于 500mm 的基础圈梁相连。

答案：C

32. 解 《砌体结构设计规范》（GB 50003—2011）第 3.2.1 条规定，砖的强度等级（抗压强度）均大于砖砌体的抗压强度设计值，故①正确；砂浆的强度等级（抗压强度）普遍大于砖砌体的抗压强度设计值，但当砂浆强度为 0 时（施工阶段尚未硬化的砂浆），砖砌体的抗压强度均大于 0，故②错误。砌体的抗压强度设计值随砂浆（砂浆强度为 0 时除外）、砖的强度等级的提高而提高，故③、④正确。

答案：B

33. 解 楼梯间设置在砌体房屋的尽端对抗震极为不利。《建筑抗震设计规范》（GB 50011—2010）第 7.1.7 条第 4 款规定，楼梯间不宜设置在房屋的尽端或转角处。

答案：A

34. 解 超静定结构的几何特征是：几何不变，有多余约束；其静力特征是：未知力数大于独立平衡方程式数。

答案：A

35. 解 由整体水平力平衡可得支座 B 的水平反力为 $12 \times 3 = 36$kN（向左），再取 BE 为隔离体，对 E 取矩，可得：$M_{EB} = 36 \times 3 = 108$kN·m。

答案：D

36. 解 本题为双轴对称结构，承受双轴对称荷载，其内力对双轴对称，竖杆剪力为零。取 AB 为隔离体（见解图），对 B 取矩得：

题 36 解图

$$M_{BA} = \frac{5ql}{12} l - \frac{ql^2}{36} - ql \frac{l}{2} = -\frac{ql^2}{9}$$

答案：C

37. 解 由对底铰力矩平衡可知，两个竖向反力为零，再由对顶铰力矩平衡：

$$F_H L + M = 0$$

可得：$F_H = -\dfrac{M}{L}$

答案：B

38. 解 在位移计算公式中，弹簧刚度在弹簧影响项的分母中，其值减小，位移增大。

答案：A

39. 解 本题竖向反力静定，由对右底铰的力矩平衡：

$$V_A \times 2L + 2P \times 2L + 2PL = 0$$

可得：$V_A = -3P$

答案：C

40. 解 由整体平衡可得，支座 A 的竖向反力为 $F_P/4$（向上）；然后求水平反力，令：

$$F_H = \frac{\dfrac{F_P}{4}\dfrac{L}{2}}{f} = \frac{F_P}{3}$$

解得：$\dfrac{f}{L} = \dfrac{3}{8}$

答案：A

41. 解 方法1： 按力法求解，取截面 B 的弯矩为力法基本未知量 X_1，参照解图建立力法方程：

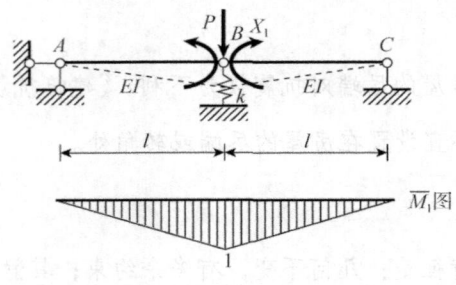

题 41 解图

$$\left[\frac{2}{EI}\left(\frac{1}{2} \times 1 \times l\right)\frac{2}{3} + 2\frac{2}{kl}\frac{1}{l}\right]X_1 - 2\frac{P}{kl} = 0$$

代入 $k = 12\dfrac{EI}{l^3}$，解得：

$$X_1 = \frac{Pl}{6}$$

方法2： 按位移法求解，取截面 B 的竖向位移 Δ（向下）为位移法基本未知量，建立位移法方程：

$$\left[2\left(\frac{3EI}{l^3}\right) + k\right]\Delta - P = 0$$

代入 $k = \dfrac{12EI}{l^3}$，解得：

$$\Delta = \frac{Pl^3}{18EI}$$

弯矩 $M_{BC} = -3i_{BC} \dfrac{\Delta_{BC}}{l} = -3\dfrac{EI}{l}\dfrac{-\Delta}{l} = \dfrac{Pl}{6}$

答案：D

42. 解 设想撤去铰 B，当经历温度均匀降低时，若竖杆缩短量为 Δ，则斜杆缩短量为 $\sqrt{2}\Delta$，如解图所示，这时每杆下端可以上端铰为圆心以缩短后的杆长为半径画弧（现为小变形用切线代替）寻找联结点。在图 b）中三切线共同交于 B' 点，在此点重新用铰联结，既满足零内力平衡又满足变形协调，即为真实状态。而图 a）中三切线没有共同交点，即零内力无法满足变形协调，只有杆件受力才能变形协调用铰联结。

题 42 解图

答案：B

43. 解 本题为对称结构，可将荷载分解为对称与反对称的组合（见解图）。图 a）弯矩及剪力为零，图 b）为反对称受力状态，由平衡条件求得反力，进而可求得 $F_{QBA} = -\dfrac{P}{4}$。

题 43 解图

答案：B

44. 解 所求即为当单位移动荷载行至 C 点（$x=0$）时 K 截面的轴力，此时三个反力值均为 1，可用轴力公式计算，也可取 CK 为隔离体（见解图）用平衡条件（向所求轴力作用线投影）计算。

$$N_K(x=0) = -\frac{\sqrt{3}}{2} - \frac{1}{2} = -\frac{\sqrt{3}+1}{2}$$

题 44 解图

答案：D

45. 解 按力矩分配系数公式计算：

$$\mu_{A4} = \frac{4 \times 3}{1 \times 2 + 4 \times 1 + 3 \times 1 + 4 \times 3} = \frac{4}{7}$$

答案：B

46. 解 有阻尼单自由度体系受简谐荷载作用，当荷载频率接近结构自振频率（接近共振）时，位移与荷载相差的相位角接近 90°。故当荷载值为最大时，位移和加速度接近于零，因而弹性力和惯性力都接近于零，这时动荷载主要由阻尼力平衡。共振时阻尼力起重要作用，不容忽视。

答案：B

47. 解 按动力系数公式计算：

$$\beta = \frac{1}{1 - \left(\frac{\theta}{\omega}\right)^2} = \frac{1}{1 - 2^2} = -\frac{1}{3}$$

答案：D

48. 解 本题动荷载不是沿质点振动方向，质点的动位移需分别考虑惯性力及动荷载的影响，应用叠加原理求得。为此，先按解图 a）求柔度系数：

$$\delta_{11} = \frac{l^3}{3EI} ; \quad \delta_{12} = \frac{l^2}{2EI}$$

再按图 b）加惯性力，用柔度法建立运动微分方程：

$$y = \delta_{11}(-m\ddot{y}) + \delta_{12}M\sin(\theta t) = \frac{l^3}{3EI}(-m\ddot{y}) + \frac{l^2}{2EI}M\sin(\theta t)$$

即：$m\ddot{y} + \frac{3EI}{l^3}y = \frac{3}{2l}M\sin(\theta t)$

a)   b)

题 48 解图

答案：C

49. 解 结构材料有钢筋、混凝土、砖等。以混凝土为例，其物理力学性能指标有：

（1）强度，包括立方体抗压强度 f_{cu}、轴心抗压强度 f_c 等。因此，选项 B 不正确。

（2）变形，有轴心应力-应变曲线等，选项 C 不正确。

（3）材料抵抗弹性变形能力的指标，如弹性模量 E。

答案：D

50. 解 应变 $\varepsilon = \frac{\Delta l}{l}$，千分表读数 3 小格，即 $\Delta l = 3 \times 0.001$mm，$1\mu_\varepsilon = 10^{-6}$，$\varepsilon = \frac{3 \times 0.001}{200} \times 10^{-6} = 15\mu_\varepsilon$。

答案：B

51. 解 测试值是实际值的 2 倍。

答案：C

52. 解 建筑物的动力特性是指结构的自振频率、振型和阻尼系数等，可用脉动法、锤击激励和自由振动法量测与分析得到。拟动力荷载是结构的抗震试验，与动力特性试验无关。

答案：C

53. 解 声发射方法不属于非破损检测技术。电磁感应法可用于检测混凝土内部钢筋位置。超声波法可用于检测混凝土内部缺陷。电位差法可用于检测混凝土内部钢筋的锈蚀情况。

答案：D

54. 解

$$C_{c内} = \frac{e_1 - e_2}{\lg P_2 - \lg P_1} = 0.0112, \quad e_1 - e_2 = C_{c内}(\lg P_2 - \lg P_1)$$

$$C_{c外} = \frac{e_1 - e_2}{\ln P_2 - \ln P_1} = C_{c内}(\lg P_2 - \lg P_1)$$

由 $\lg b / \ln b = 0.43429$，得到：

$$C_{c外} = C_{c内} \times 0.43429 = 4.864 \times 10^{-3}$$

答案：A

55. 解 土的固结时间因数 $T_v = \frac{C_v t}{H^2}$，双面排水 H' 取为 $\frac{1}{2}H$，则

$$t = 11 \times \left(\frac{4600}{25} \times 2\right)^2 = 64.65d$$

答案：B

56. 解 $i_{cr} = \frac{\gamma_{sat}}{\gamma_w} - 1 = \frac{\gamma'}{\gamma_w}$，故临界水头梯度与有效重度有关。

答案：A

57. 解 根据《土工离心模型试验规程》（DL/T 5012—1999）第 4.0.3 条和第 4.0.4 条可知，模型率 $n = \frac{L_P}{L_m}$，L_P 为原型构筑物尺寸，L_m 为模型尺寸，试验加速度 $a = \frac{L_P}{L_m}g$，题中试验加速度为 $61g$，即 $a = 61g$，则 $\frac{L_P}{L_m} = 61$，因 $L_m = 0.1m$，则 $L_P = 6.1m$。

答案：A

58. 解 前三个都是有助于减小建筑物地基不均匀沉降的结构措施。

答案：D

59. 解 由于群桩效应，群桩的承载力一般小于单桩承载力之和，群桩的沉降一般大于单桩的沉降。

答案：A

60. 解 土工聚合物对土没有挤密作用。

答案：C

2019 年度全国勘察设计一级注册结构工程师执业资格考试基础考试（下）
试题解析及参考答案

1. 解 材料能被水润湿的性质称为亲水性，材料不能被水润湿的性质称为憎水性。一般可以按润湿边角的大小将材料分为亲水性材料和憎水性材料。润湿边角指在材料、水和空气的交点处，沿水滴表面的切线与水和固体接触面所形成的夹角。亲水性材料水分子之间的内聚力小于水分子与材料分子间的相互吸引力，润湿边角≤90°；憎水性材料的润湿边角>90°。

答案：B

2. 解 含水率是材料吸湿性的指标，为材料所含水的质量占材料干燥质量的百分比。即含水率 $= \frac{m_1 - m}{m}$，其中 m_1 为材料吸收空气中水分后的质量，m 为材料干燥状态下的质量。所以可由 $5\% = \frac{250 - m}{m}$，得到 $m = 238.1g$，则 $m_水 = 250 - 238.1 = 11.9g$。

答案：D

3. 解 为了降低大体积混凝土的水化温升，首先应减少水泥的用量，掺入活性混合材料。就水泥而言，应该控制水泥的细度、减少熟料矿物中铝酸三钙和硅酸三钙的含量。

答案：B

4. 解 粉煤灰的主要活性成分为活性氧化硅和活性氧化铝，这两种活性成分可以与氢氧化钙反应生成水化硅酸钙和水化铝酸钙而表现出水硬性。

答案：B

5. 解 养护是指控制合适的温度和湿度使水泥混凝土正常水化硬化。所以养护条件是指温度、湿度。

答案：A

6. 解 软化点反应石油沥青的温度稳定性，或温度敏感性、耐热性。

答案：B

7. 解 随着含碳量降低，钢材强度降低，塑性和韧性增大，可焊性提高，耐腐蚀性提高。所以建筑用钢多为低碳钢。

答案：A

8. 解 坡度的定义为两点间的高差与实地水平距离之比。通常也将比值乘以 100% 来表示坡度，选项 A 应乘以 100% 或去掉%。选项 C、D 中，AB 两点间的高差应为 $H_B - H_A$。所以此题选 B。

答案：B

9. 解 用仪器提供水平视线，获取地面两点间的高差，属于水准测量。

答案： D

10. 解 传统地图上，比例尺精度为图上 0.1mm 所代表的实地长度。

答案： A

11. 解 钢尺量距需要加以改正的分别为尺长改正、温度改正和倾斜改正三项。

答案： D

12. 解 根据《建筑变形测量规范》（JGJ 8—2007）4.2.1 条，为防止某个水准点高程变动引起差错，规定水准基点应不少于 3 个。

答案： A

13. 解 2019 年 4 月 23 日十三届人大第十次会议上对原《中华人民共和国建筑法》第八条做了较大修改，修改后的条文是：

第八条　申请领取施工许可证，应当具备下列条件：

（一）已经办理该建筑工程用地批准手续；

（二）依法应当办理建设工程规划许可证的，已经取得规划许可证；

（三）需要拆迁的，其拆迁进度符合施工要求；

（四）已经确定建筑施工企业；

（五）有满足施工需要的资金安排、施工图纸及技术资料；

（六）有保证工程质量和安全的具体措施。

建设行政主管部门应当自收到申请之日起七日（原为 15 日）内，对符合条件的申请颁发施工许可证。

根据修改后的第八条，可判断：

选项 A 错误，拆迁进度符合施工要求即可，不是全拆迁完。

选项 B 错误，是 7 日内，不是一个月。

选项 C 错误，有资金安排即可以，不是资金全部到位。

选项 D 符合，《中华人民共和国建筑法》第十条规定，在建的建筑工程因故中止施工的，建设单位应当自中止施工之日起一个月内，向发证机关报告，并按照规定做好建筑工程的维护管理工作。

建筑工程恢复施工时，应当向发证机关报告；中止施工满一年的工程恢复施工前，建设单位应当报发证机关核验施工许可证。

答案： D

14. 解 根据《中华人民共和国招标投标法》，依法必须进行招标的项目，其招标投标活动不受地区或者部门的限制。该规定体现了《中华人民共和国招标投标法》的公平原则。

答案： B

15. 解 选项 A 正确。《中华人民共和国环境保护法》第十九条规定，编制有关开发利用规划，建设对环境有影响的项目，应当依法进行环境影响评价。

未依法进行环境影响评价的开发利用规划，不得组织实施；未依法进行环境影响评价的建设项目，不得开工建设。

选项 B 正确。按照《中华人民共和国环境影响评价法》第十八条，已经进行了环境影响评价的规划包含具体建设项目的，规划的环境影响评价结论应当作为建设项目环境影响评价的重要依据，建设项目环境影响评价的内容应当根据规划的环境影响评价审查意见予以简化。

选项 C 正确。《建设项目环境影响评价资质管理办法》自 2015 年 11 月 1 日起施行。第二条规定，为建设项目环境影响评价提供技术服务的机构，应当按照本办法的规定，向环境保护部申请建设项目环境影响评价资质（以下简称资质），经审查合格，取得《建设项目环境影响评价资质证书》（以下简称资质证书）后，方可在资质证书规定的资质等级和评价范围内接受建设单位委托，编制建设项目环境影响报告书或者环境影响报告表［以下简称环境影响报告书（表）］。环境影响报告书（表）应当由具有相应资质的机构（以下简称环评机构）编制。

选项 D 错误。按照《中华人民共和国环境影响评价法》第二十条，任何单位和个人不得为建设单位指定编制建设项目环境影响报告书、环境影响报告表的技术单位。

答案： D

16. 解 依据《注册结构工程师执业资格制度暂行规定》：

第十一条 有下列情形之一的，不予注册：

（一）不具备完全民事行为能力的。

（二）因受刑事处罚，自处罚完毕之日起至申请注册之日止不满 5 年的。

（三）因在结构工程设计或相关业务中犯有错误受到行政处罚或者撤职以上行政处分，自处罚、处分决定之日起至申请注册之日止不满 2 年的。

（四）受吊销注册结构工程师注册证书处罚，自处罚决定之日起至申请注册之日止不满 5 年的。

选项 C，丙虽受过行政处罚，但已满 3 年，超过了受行政处罚 2 年内不能注册的年限规定，因此可以重新注册。

答案： C

17. 解 检验填土的压实质量，依据不同时期或不同规范，控制指标有以下 3 个：

（1）干密度：干密度（ρ_d）是指单位体积土固体颗粒的质量（g/cm³），是土的物理性指标。相同土的干密度越大，则其密实度越高。是建设部早期与土方、地基相关规范、标准中的检验或控制指标。

（2）压实系数：压实系数（λ_c）为填土压实后的干密度与实验最大干密度之比，以百分率表示。压实系数越大，则土越密实。压实系数是建筑工程中衡量填土压实程度的重要指标，是建设部与土方、地基等相关的现行规范、标准中的检验或控制指标。

（3）压实度：压实度（K）是指土或其他筑路材料压实后的干密度与实验最大干密度之比，以百分率表示。压实度越高，材料的整体性越好。压实度是交通运输部公路工程的各本规范、标准涉及各种压实工程中的检验或控制指标。

可见，该题存在一定问题，A、B选项均可为正确答案。

答案：A（或B）

18. 解　混凝土初凝后抽管才能保证所留孔道不塌陷，而终凝后钢管将难以抽出且易拉裂混凝土，故应在混凝土初凝后、终凝前抽管，且应边转边抽。

答案：B

19. 解　连墙杆也称连墙件，是将脚手架架体与建筑主体结构连接，能将脚手架所受的部分拉力和压力传递给建筑结构的杆件。它对保证架体刚度和稳定、抵抗风荷载等水平荷载具有重要作用。故选项A符合题意。

答案：A

20. 解　"资源有限、工期最短"优化，是在保证任何工作的持续时间不发生改变、任何工作不中断、网络计划逻辑关系不变的前提下，通过调整出现资源冲突的若干工作的开始时间及其先后次序，使资源量满足限制要求，且工期增量又最小的过程。工期延长值=排在前面工作的最早完成时间−排在后面工作的最迟开始时间，即$\Delta T_{m-n,i-j} = EF_{m-n} - LS_{i-j}$。调整中，若计算出的工期增量$\Delta \leqslant 0$（这种情况仅会出现在所调整移动的资源冲突的工作均为非关键工作时，而工期是由关键工作决定的），则对工期无影响，即工期不变；若为正值（这种情况出现在所调整移动的资源冲突的工作中含有关键工作，或该调整移动使非关键工作变成了关键工作），则工期将延长该正值。此题明确"工期增量Δ小于零"，故总工期不变。

答案：A

21. 解　《建筑施工组织设计规范》（GB/T 50502—2009）第2.0.2条规定，施工组织总设计是以若干单位工程组成的群体工程或特大型项目为主要对象编制的施工组织设计，对整个项目的施工过程起统筹规划、重点控制的作用。故选项C较符合题意。

答案：C

22. 解　碳素结构钢随着含碳量的增加，其强度提高，但塑性、冷弯性能、韧性、可焊性变差。

答案：C

23. 解 钢筋混凝土受弯构件正截面发生界限破坏时，纵向受拉钢筋达到屈服的同时，受压区边缘混凝土达到其极限压应变。根据平截面假定可以得到相对界限受压区高ξ_b。

答案：A

24. 解 根据连续梁最不利荷载布置原则，为使第 2 跨与第 3 跨间的支座出现最大负弯矩，则应在该支座相邻两跨布置荷载，并隔跨布置，即在第 2、3、5 跨布置荷载。

答案：C

25. 解 当框架-核心筒结构的侧向刚度不能满足设计要求时，可以设置加强层以加强核心筒与周边框架的联系，从而提高结构的整体刚度，减小结构的侧移，并使内筒弯矩减小。

答案：A

26. 解 通过拉伸试验，可以得到钢材的抗拉强度、屈服强度、伸长率三项力学性能指标。伸长率反映了钢材塑性变形的能力。

答案：C

27. 解 根据《钢结构设计标准》（GB 50017—2017）第 7.4.6 条表 7.4.6，受压的支撑构件，其容许长细比为 200。

答案：C

28. 解 设置引弧板后，焊缝计算长度不需要折减。

答案：B

29. 解 碳当量反映了钢材的可焊性优劣。《钢结构设计标准》（GB 50017—2017）第 4.3.2 条规定，对焊接结构应具有碳当量的合格保证。

答案：D

30. 解 砌体的抗压强度随砂浆强度等级的提高而提高，见《砌体结构设计规范》（GB 50003—2011）第 3.2.1 条表 3.2.1-1～表 3.2.1-4。

答案：B

31. 解 e/h 越小（e 为偏心距，h 为偏心方向柱的边长），受压构件承载力的影响系数 φ 越大，N_u 越大。四种情况的 e/h 分别为 0.17、0.3、0.2、0.27。

答案：A

32. 解 《砌体结构设计规范》（GB 50003—2011）第 4.1.1 条规定，采用以概率理论为基础的极限状态设计方法；第 4.1.2 条规定，砌体结构应按承载能力极限状态设计，并满足正常使用极限状态的要求（一般通过构造措施）；第 4.1.4 条规定，根据建筑结构破坏可能产生后果的严重性，建筑结构应划分为三个安全等级，并按结构重要性系数考虑其重要程度。

答案： B

33. 解《砌体结构设计规范》（GB 50003—2011）第 3.2.3 条第 2 款规定，当砌体用强度等级小于 M5.0 的水泥砂浆砌筑时，各类砌体的抗压强度设计值应乘以调整系数 0.9；其余同混合砂浆。

答案： D

34. 解 本题约束数大于刚片自由度数，故计算自由度为负值。

答案： B

35. 解 取杆 AD 为隔离体

$$\sum M_{A} = 0, \quad F_{p} \times 4 + N_{BC}\frac{1}{\sqrt{2}} \times 2 = 0$$

解得：$N_{BC} = -2\sqrt{2}F_{p}$

答案： B

36. 解 整体平衡，以 BC 杆与 AD 杆延长线的交点为矩心力矩平衡，可得支座 A 的水平反力为 10kN（向左），再取 AD 杆为隔离体，可得 $M_{DC} = 0$。

答案： D

37. 解 整体平衡对 B 点取矩，可得支座 A 的竖向反力为 $F_{p}/4$；再由 AC 半拱平衡对 C 取矩，可得水平反力为 $F_{p}/4$。

答案： A

38. 解 取解图图示截面之下为隔离体

$$\sum M_{C} = 0, \quad N_{1}(3a) + P(a) + P(2a) - 3P(3a) = 0$$

解得：$N_{1} = 2P$

题 38 解图

答案： D

39. 解 整体平衡对 B 取矩，可得支座 A 的竖向反力为 $P/2$（向上）。

答案： B

40.解 根据杆端转动刚度形常数及结点B平衡，可得$3i\theta = Pl$，据此选 C。

题 40 解图

也可作弯矩图（见解图），用图乘法求得：

$$\theta = \frac{1}{EI}\left(\frac{1}{2}Pl \times l\right)\frac{2}{3} = \frac{Pl^2}{3EI}$$

答案： C

41.解 本题两个弹簧串联，可直接根据刚度串联的规律选 B。

也可根据刚度的定义来求解。弹簧的刚度是使弹簧单位伸长所需之力，由解图，令两个弹簧伸长之和等于单位值，可得：

$$\frac{1}{k_1}k_e + \frac{1}{k_2}k_e = 1, \quad k_e = \frac{k_1 k_2}{k_1 + k_2}$$

题 41 解图

答案： B

42.解 由解图建立力法方程：

$$\delta_{11}X_1 + \Delta_{1p} = -\frac{X_1}{k}, \quad 已知 k = \frac{6EI}{l^3}$$

求得$\delta_{11} = \frac{l^3}{3EI}$，$\Delta_{1p} = \frac{ql^4}{8EI}$

题 42 解图

解得$X_1 = \frac{ql}{4}$

再由CB段隔离体平衡，可得：$M_C = 0$

答案： A

43.解 按位移法，取结点B力矩平衡：

$$M_{BA} + M_{BC} = (4i\theta_B + 2i\theta) + i\theta_B = 0$$

解得：$\theta_B = -\frac{2}{5}\theta$

答案： D

44.解 注意需将C端视为固定端、D端视为自由端计算转动刚度。

$$\mu_{AC} = \frac{4 \times 2.5EI/5}{4 \times 2.5EI/5 + 4 \times EI/4} = \frac{2}{2+1} = \frac{2}{3}$$

答案： C

45.解 设所求位移为Δ，按位移法取结点B平衡，可得：

$$\frac{3EI}{l^3}\Delta + k\Delta = P$$

已知$k = \frac{3EI}{l^3}$，解得$\Delta = \frac{Pl^3}{6EI}$

答案：B

46. 解 作M_K影响线并布置荷载不利位置如解图所示，可得：

$$M_K = 140 \text{kN} \cdot \text{m}$$

答案：B

题46解图

47. 解 两图外荷载的θ相同，结构的频率ω相同，

故动力系数$\beta = \dfrac{1}{1-\frac{\theta^2}{\omega^2}}$相同。

答案：C

48. 解 $\zeta = \dfrac{1}{2n\pi} \ln \dfrac{y_k}{y_{k+n}} = \dfrac{1}{2 \times 10 \times \pi} \ln \dfrac{y_0}{0.0016 y_0} = 0.1025$

答案：D

49. 解 建筑结构的动力特性测试，或评估结构的抗震性能时，可采用激振法。工程结构的疲劳试验一般在疲劳试验机上进行，也可采用电液伺服加载系统。选项A、B、D中的试验所选用的设备是合适的。

答案：C

50. 解 《混凝土结构试验方法标准》（GB/T 50152—2012）第 5.3.1 条规定，混凝土结构预加载应控制试件在弹性范围内受力，不可以超过开裂荷载，不应产生裂缝及其他形式的加载残余值。超过开裂荷载后结构将发生非弹性变形，无法恢复。对于选项D，如果预应力混凝土结构的使用荷载小于开裂荷载，则是可行的。

答案：B

51. 解 回弹法和超声波法均属于无损检测方法，而回弹法是一种更为常用的检测混凝土强度的方法。钻孔后装法和钻芯法则属于半破损检测方法。

答案：A

52. 解 应变片的灵敏系数是指电阻丝单位应变所引起的电阻变化率，即应变片灵敏系数$K = \dfrac{\Delta R}{R} / \varepsilon$。

答案：A

53. 解 零位测量法是指用已知的标准量去抵消被测物理量对仪器引起的偏转，使被测量和标准量对仪器指示装置的效应经常保持相等（平衡），指示装置指零时的标准量即为被测物理量。选项A、C属于机械式仪表，通过指针的偏转读取被测量；选项B长标距电阻应变计和选项D电阻应变式位移计，属于一次仪表，必须通过二次仪表"静态电阻应变仪"进行测试。传统的静态电阻应变仪采用双桥路设计，是一种零位读数法的仪器，而现代静态电阻应变仪直接通过电子线路将模拟电压量转换为被测物理

量。综上所述，此题无解。

答案：无

54.解 竖向地应力（竖向自重应力）: $p = 4 \times 17 + 2 \times 20 = 108\text{kN/m}^3$

答案：A

55.解 p_{cz} 为软弱下卧层顶面处土的竖向自重应力值，应该从原地面算起。

答案：D

56.解 孔隙比 $e = \dfrac{V_1}{V_2} = 47.71\% = 0.48$（注：孔隙比一般用小数表示）

孔隙率 $n = \dfrac{V_1}{V_1 + V_2} = \dfrac{e}{1+e} = 32.3\%$

式中，V_1 为孔隙的体积，V_2 为固体颗粒的体积。

答案：D

57.解 应力路径（加载次序）、剪胀性（剪切过程中体积膨胀）、加载速度均影响土的抗剪强度。

答案：D

58.解 题中所涉及的静力触探、标准贯入试验（动力触探）、旁压试验和重型或超重型圆锥动力触探都是原位测定地基承载力的方法，这里只有重型动力触探试验更适用于粗颗粒较多的碎石土。

答案：D

59.解 修正后的地基承载力特征值 f_a 的计算公式为：

$$f_a = f_{ak} + \eta_b \gamma (b - 3) + \eta_d \gamma_m (d - 0.5)$$

当基础宽度大于 3m，埋置深度大于 0.5m 时，地基承载力特征值需进行深度、宽度修正。

据题中已知条件：承载力公式第一项均质地基土承载力特征值为 $f_{ak} = 100\text{kPa}$；第二项宽度修正中基础宽度 $b = 3\text{m}$，故第二项为 0；第三项基础埋深范围内土的加权平均重度可由 $\gamma_m \times 3 = 16 \times 2 + (20 - 10) \times 1$，计算得到 $\gamma_m = 14\text{kN/m}^3$，基础埋深 $d = 3\text{m}$，查表得 $\eta_d = 1.45$（原题未给 η_d，按 1.45 计算）。则代入公式得：

$$
\begin{aligned}
f_a &= f_{ak} + \eta_b \gamma (b - 3) + \eta_d \gamma_m (d - 0.5) \\
&= 100 + 0 + 1.45 \times 14 \times 2.5 \\
&= 150.75\text{kPa} \approx 151\text{kPa}
\end{aligned}
$$

答案：A

60.解 打入式成桩是在没有事先成孔工序条件下（排土）将桩打入地基中，成桩过程中不涉及排土，但敞口钢管桩本身打入土中，仍有部分挤土作用。

答案：B

2020年度全国勘察设计一级注册结构工程师执业资格考试基础考试（下）
试题解析及参考答案

1.解 物质按照微观粒子排列方式分为晶体和非晶体（也称玻璃体）。

晶体的基本质点按照一定的规律排列，而且按照一定的周期重复出现，即具有各向异性的性质，具有固定的熔点。

玻璃体的粒子呈无序排列，也称无定型体，无固定熔点，各向同性，导热性差，且具有潜在的化学活性，在一定条件下容易与其他物质发生化学反应。

胶体属于非晶体，是微小固体粒子（粒径为 1～100nm）分散在连续介质中而成，因为质点很微小，表面积很大，所以表面能很大，吸附能力很强，使胶体具有很强的黏结力，胶体又分为凝胶体、溶胶体和溶—凝胶体。

所以具有一定的化学组成、内部质点周期排列的固体为晶体。

答案：A

2.解 随着含碳量的增加，钢材的强度和硬度提高，塑性和韧性降低，钢的冷脆性和时效敏感性增大，耐锈蚀性降低。锰为钢材的合金元素，可提高钢材的强度、耐腐蚀性和耐磨性，消除热脆性。硫是钢材的有害元素，会引起热脆性，使机械性能、焊接性能及抗腐蚀性能下降。磷也是有害元素，会引起冷脆性，降低塑性、韧性、焊接性和冷弯性，提高耐磨性及耐腐蚀性。所以使钢材冷脆性加剧的主要因素是磷。

答案：C

3.解 硅酸盐水泥熟料中的铝酸三钙水化速度很快，影响水泥的正常凝结硬化，需要添加石膏延缓水化速度，所以添加石膏的目的是调节水泥的凝结时间。

答案：D

4.解 混凝土用集料的含水状态分为四种：集料含水率等于或接近零时的状态为绝干状态；含水率和大气湿度相平衡时的状态称为气干状态；集料表面干燥没有水膜，而内部孔隙含水达到饱和时的状态为饱和面干状态；集料不仅内部孔隙充满水，而且表面还附有一层表面水时的状态为润湿状态。

答案：D

5.解 混凝土的密实度或孔隙率会影响混凝土的强度，而水灰（胶）比会影响混凝土的孔隙率，所以水灰（胶）比决定了混凝土的强度。

答案：D

6.解 乳化沥青是一种冷施工的防水涂料，是沥青微粒（粒径 1μm）分散在有乳化剂的水中而成的乳胶体。所以为了获得软化沥青，需要在沥青中加入乳化剂。

答案： A

7. 解 木材的强度分为顺纹强度（受力方向与纤维生长方向一致）和横纹强度（受力方向与纤维生长方向垂直）。对于同种木材，顺纹抗拉强度最大。

答案： A

8. 解 地球上任一点都同时受到离心力和地球引力的双重作用，这两个力的合力称为重力，重力的方向线称为铅垂线。铅垂线是测量工作的基准线。处处与重力方向垂直的连续曲面称为水准面，它是地球重力场中的等势面，因此，水准面因其高度不同而有无穷多个。参考椭球面是一个理想化的地球表面数学模型，用于大地测量和地图制作。它是一个旋转的椭圆体，近似于地球的形状，但并不是实际的高程基准面。水准面有无穷多个，其中与平均海水面重合并延伸到大陆内部的闭合曲面，称为大地水准面。它是测量工作的基准面。平均海水面是指某一海域长时间观测到的海水面的平均高度的海水面。

答案： C

9. 解 按水准测量原理，依题意，A、B两点间的高差 $h_{AB} = a - b$。

答案： B

10. 解 实地汇水面积为：

$$P_s = P \times M^2 = 1.6 \times 10^4 \times 2000^2 = 6.4 \times 10^{10} \text{cm}^2 = 6.4 \times 10^6 \text{m}^2$$

降水量为：

$$Q = P_s \cdot m \cdot n \cdot k = 6.4 \times 10^6 \times 50 \times 10^{-3} \times 2.5 \times 0.4 = 3.2 \times 10^5 \text{m}^3 = 3.2 \times 10^{11} \text{cm}^3$$

答案： B

11. 解 三角测量高差计算公式为：$h = D \tan \alpha + i - v + f$。

答案： A

12. 解 检校仪器可消除或减弱系统误差。

答案： C

13. 解《中华人民共和国建筑法》第十条规定，在建的建筑工程因故中止施工的，建设单位应当自中止施工之日起一个月内，向发证机关报告，并按照规定做好建筑工程的维护管理工作。

答案： C

14. 解《中华人民共和国招标投标法》第三十四条规定，开标应当在招标文件确定的提交投标文件截止时间的同一时间公开进行；开标地点应当为招标文件中预先确定的地点。

第三十五条规定：开标由招标人主持，邀请所有投标人参加。

答案：A

15. **解** 《中华人民共和国安全生产法》第五十五条规定，从业人员发现直接危及人身安全的紧急情况时，有权停止作业或者在采取可能的应急措施后撤离作业场所。

答案：C

16. **解** 2018 年 9 月 28 日住房和城乡建设部决定对《房屋建筑和市政基础设施工程施工招标投标管理办法》作出修改后公布。其中第四十条规定：评标可以采用综合评估法、经评审的最低投标标价法或者法律法规允许的其他评标方法。

采用综合评估法的，应当对投标文件提出的工程质量、施工工期、投标价格、施工组织设计或者施工方案、投标人及项目经理业绩等，能否最大限度地满足招标文件中规定的各项要求和评价标准进行评审和比较。以评分方式进行评估的，对于各种评比奖项不得额外计分。

采用经评审的最低投标价法的，应当在投标文件能够满足招标文件实质性要求的投标人中，评审出投标价格最低的投标人，但投标价格低于其企业成本的除外。

从文件中可以看出采用经评审的最低投标价法的前提是在能够满足招标文件实质性要求的投标人中，评审出投标价格最低的投标人中标。如果有人恶性竞争，报价低于成本价，而不能满足招标文件的实质性要求是不能中标的。选项 C 完全否定了最低投标价法，是不符合文件精神的。

答案：C

17. **解** 采用轻型井点降水，进行平面布置时，对沟槽宽度不大于 6m，且降水深度不超过 5m 者，可采用单排井点；对沟槽宽度大于 6m 或土质不良者，宜采用双排井点。由于单排或双排布置时，其两端的延伸长度均不应小于沟槽的宽度，故对面积较大的基坑，则宜采用环形布置。可见，对宽度为 10m 的沟槽，宜采用双排布置。需要注意的是，按照《建筑地基基础工程施工规范》（GB 51004—2015）表 7.3.1 的规定，轻型井点的排距不得大于 20m。

答案：B

18. **解** 施工缝处由于连接较差，特别是粗骨料不能相互嵌固，使混凝土的抗剪强度受到很大影响。故《混凝土结构工程施工规范》（GB 50666—2011）第 8.6.1 条规定，施工缝和后浇带的位置应在混凝土浇筑前确定，并宜留设在结构受剪力较小且便于施工的位置。受力复杂的结构构件或有防水抗渗要求的结构构件，施工缝留设的位置应经设计单位确认。

答案：A

19. **解** 起重及垂直运输机械的布置位置是施工方案与现场安排的重要体现，是关系到现场全局的中心一环；它直接影响到现场施工道路的规划、构件及材料堆场的位置、加工机械的布置及水电管线的安排，因此应首先布置。然后，布置运输道路，布置搅拌站、加工棚、仓库和材料、构件，布置行政管理及文化、生活、福利用临时设施，布置临时水电管网及设施。

答案： B

20. 解 确定施工起点流向时应考虑以下因素：

（1）建设单位的要求。如建设单位对生产、使用要求在先的部位应先施工。

（2）车间的生产工艺过程。先试车投产的段、跨优先施工，按生产流程安排施工流向。

（3）施工的难易程度。技术复杂、进度慢、工期长的部位或分部分项工程应先施工。

（4）构造合理、施工方便。如基础施工应"先深后浅"，一般为由下向上（逆作法除外）；当有高低跨并列时，应从并列处开始，由低跨向高跨处吊装；屋面卷材防水层应由檐口铺向屋脊；有外运土的基坑开挖应从距大门或坡道的远端开始等。

（5）保证质量和工期。如室内装饰及室外装饰面层的施工一般宜自上至下进行，有利于成品保护，但需结构完成后开始，使工期拉长；当工期极为紧张时，某些施工过程（如隔墙、抹灰等）也可自下而上，但应与结构施工保持足够的安全间隔；对高层建筑，也可采取沿竖向分区、在每区内自上而下（各区之间随结构自下而上）的装饰施工流向，既可使装饰工程提早开始以缩短工期，又易于保证质量和安全。

可见，选项 B 表述正确。

答案： B

21. 解 工作 M 的最迟开始时间为：$LS_M = LF_M - D_M = 25 - 6 = 19$ 天

工作 M 的最早开始时间为：$ES_M = \max\{10, 12, 13\} = 13$ 天

所以，工作 M 的总时差为：$TF_M = LS_M - ES_M = 19 - 13 = 6$ 天

答案： C

22. 解 建筑结构的可靠性包括安全性、适用性和耐久性。

答案： D

23. 解 普通钢筋混凝土梁允许带裂缝工作；只有达到承载能力极限状态时，纵向受拉钢筋才达到屈服。所以正常使用情况下，钢筋混凝土梁可以有裂缝，但纵向受拉钢筋未屈服。

答案： C

24. 解 在均布荷载作用下塑性铰线是直线。四边固定的双向板，板的负塑性铰线发生在板上部的固定边界处，板的正塑性铰线发生在板下部的正弯矩处，由板角 45° 向板内延伸，并与跨中水平塑性铰线相交，故选项 D 正确。

答案： D

25. 解 框筒结构在侧向力作用下的受力既相似于薄壁箱形结构，又有其自身的特点。在水平荷载作用下，与水平力作用方向平行的腹板框架和与水平力作用方向垂直的翼缘框架共同参与工作，因此具

有空间工作性能。在翼缘框架中，角柱所受的轴力最大，通过裙梁的剪切变形向中部柱子传递，越靠近中部的柱子轴力越小，这与理想筒体结构拉、压应力均匀分布不同。在腹板框架内，各柱轴力也不是线性分布，由于裙梁的变形使得角柱的轴力偏大，中部柱子轴力偏小。这种现象称为剪力滞后，见解图。

题 25 解图　框筒的剪力滞后

分析表明，随着裙梁高度（刚度）的增大，剪力滞后现象得到改善，但当裙梁的高度增加到一定程度后，剪力滞后现象改善不大。剪力滞后现象沿框筒高度是变化的，底部相对较为严重，越向上柱的轴力绝对值减小，剪力滞后现象缓和，轴力分布趋于平均。翼缘部分越长，剪力滞后也越大，中部柱的轴力会很小。因此，框筒水平尺寸过大或长方形平面都是不利的，理想的平面形状是正方形、圆形和正多边形。综上所述，选项 C 正确。

答案：C

26. 解　钢材牌号最后的字母代表钢材的质量等级，划分指标为冲击韧性。其中 A 级为不要求进行 V 型冲击试验；B 级为具有常温冲击韧性合格保证；C 级为具有 0℃（−20℃<工作温度 t≤0℃）冲击韧性合格保证；D 级为具有−20℃（工作温度 t≤−20℃）冲击韧性合格保证。故选项 D 正确。

答案：D

27. 解　轴心受压构件整体失稳的破坏形式与截面形式有关。一般情况下，双轴对称截面，如工字形截面、H 形截面在失稳时只出现弯曲变形，称为弯曲失稳。单轴对称截面，如不对称工字形截面、T 形截面等在绕非对称轴失稳时是弯曲失稳，而绕对称轴失稳时，不仅出现弯曲变形还有扭转变形，称为弯扭失稳。对于十字形截面和 Z 形截面，除出现弯曲失稳外，还可能出现只有扭转变形的扭转失稳。

答案：D

28. 解　焊缝质量检验一般可采用外观检查及无损检测。焊缝质量检验和质量标准分为三级，一级焊缝的检验项目是外观检查和超声波探伤（或射线探伤），探伤比例 100%；二级焊缝的检验项目是外观检查和超声波探伤，探伤比例不低于 20%；三级焊缝的检查项目是对全部焊缝做外观检查。所以只做外观检查的是三级焊缝。

答案：C

29. 解　《钢结构设计标准》（GB 50017—2017）第 7.4.1 条规定，除钢管结构外，无节点板的腹杆计算长度在任意平面内均应取其几何长度。

答案： A

30. 解 由于砂浆灰缝厚度不均匀导致块材受弯、受剪，处于复杂应力状态；块材与砂浆的弹性模量及横向变形系数不同，使得块材在砌体内产生拉应力。

答案： A

31. 解 由于砌体与混凝土材料线膨胀系数不同，两种材料共同工作时，温度和收缩变形引起应力集中，导致砌体产生裂缝。为了防止或减轻砌体结构墙体的开裂，设计时应严格按《砌体结构设计规范》（GB 50003—2011）第 6.5 条的规定执行。

答案： D

32. 解 偏心距越大，边缘应力越大，受压承载力越小。①、②、③、④图中，偏心距越来越大，受压承载力越来越小。

答案： B

33. 解 多层砌体房屋的横向地震作用主要由横墙承担，地震中横墙间距大小对房屋倒塌影响很大，不仅横墙需具有足够的承载力，而且楼盖需具有传递地震作用给横墙的水平刚度。《砌体结构设计规范》（GB 50003—2011）对砌体房屋抗震横墙间距的限制，是为了满足楼盖对传递水平地震作用所需的刚度要求。

答案： B

34. 解 体系的计算自由度大于0、等于0、小于0都有可能的是几何可变体系。

答案： D

35. 解 取整体平衡（见解图），以 BC 与 AD 延长线的交点 E 为矩心建立力矩平衡方程，可求得支座 A 的水平反力为 40kN（向左），再由 AD 杆隔离体平衡对 D 点取矩可得 $M_{DC} = 40$kN·m。

题 35 解图

答案： B

36. 解 D 截面右侧弯矩 $M_{D右}$ 可由 DB 段隔离体平衡对 D 取矩求得，但需先求得支座 B 的竖向反力 V_B、水平推力 H_B 及 D 点的竖向坐标 y_D。

$$V_B = \frac{5 \times 8 \times 4 + 10 \times 12 + 40}{16} = 20\text{kN}(\uparrow)$$

$$H_B = \frac{20 \times 8 - 10 \times 4 - 40}{6} = \frac{40}{3}\text{kN}(\text{向左})$$

$$y_D = \frac{4 \times 6}{16^2} \times 12 \times (16 - 12) = \frac{9}{2}\text{m}$$

$$M_{D\text{右}} = 20 \times 4 - \frac{40}{3} \times \frac{9}{2} = 20\text{kN} \cdot \text{m}$$

答案：B

37. 解　从结构中部作水平截面取上部为隔离体，由水平力平衡条件可知，中间三角形的斜杆为零杆，然后用节点法可求得杆 1 的轴力为 $-P$。

答案：A

38. 解　先由结构整体平衡求得支座水平反力为 $F_p/2$，方向向左（也可利用对称性判断），然后取左边竖杆为隔离体（见解图），选杆中间铰为力矩中心建立力矩平衡方程，可求得杆 a 轴力为 $3F_p/2$（压力）。

答案：D

题 38 解图

39. 解　先由整体平衡求得竖向反力为 0，再取半边结构为隔离体，对中间铰取矩建立力矩平衡方程，可求得水平反力为 M/L（向内）。

答案：A

40. 解　在线弹性结构位移计算公式中，刚度为分母，结构的位移与刚度成反比。

答案：C

41. 解　对称结构在对称荷载作用下，只产生对称的反力和内力，反对称的反力和内力一定为零。图示结构对水平及竖直两条杆件轴线均对称。图示荷载对水平杆轴对称，只产生对称力，反对称力为零，故知竖向链杆反力为零，水平杆弯矩为零。

答案：D

42. 解　由整体平衡求得支座水平反力为 P（向左）、竖向反力为 P（左下、右上）。在荷载作用下 AB 杆右移、刚性竖杆转动后，两个弹性杆发生相同的变形弹性曲线，中点为反弯点。设上面杆的剪力为 Q，则下面杆的剪力为 $Q/2$（因刚度减半）。作竖直截面，取半边结构为隔离体（见解图）建立竖向力平衡方程，可得：

$$Q + \frac{Q}{2} + P = 0$$

即 $Q = -\frac{2}{3}P$，则 $M_{BA} = Q\frac{L}{2} = \frac{PL}{3}$（上面受拉）

题 42 解图

答案：B

43. 解 当支座A发生顺时针转动时支座B不可能向上滑动，可排除选项C、D，选项A只有B端无支座、为自由端时才能发生，也可排除。

答案：B

44. 解 按力矩分配法可求得AB杆B端力矩分配系数为1/3，AB杆B端弯矩为$M/3$（上面受拉）。

答案：A

45. 解 当B点下沉Δ时，截面B的剪力为$Q_{BA} = 3\frac{EI}{l^3}\Delta$，作解图所示隔离体，建立竖向力平衡方程，可得：

题45解图

$$Q_{BA} + k\Delta = (3+6)\frac{EI}{l^3}\Delta = P$$

$$\Delta = \frac{Pl^3}{9EI}$$

答案：C

46. 解 作K截面弯矩影响线并布置荷载的最不利位置，如解图所示，可得：

$$M_{Kmax} = 20 \times (3 + 2.5) = 110 \text{kN} \cdot \text{m}$$

答案：B

47. 解 两图荷载的干扰频率相同，结构自振频率相同，荷载虽未直接作用在振动质点上，计算动力反应需作适当转换，但位移动力系数计算公式仍然为$\beta = \frac{1}{1-\frac{\theta^2}{\omega^2}}$，故两图的动力系数相同。

答案：C

48. 解

$$\xi = \frac{1}{2n\pi}\ln\frac{y_k}{y_{k+n}} = \frac{1}{2 \times 10\pi}\ln\frac{y_0}{0.25\%y_0} = 0.095357$$

答案：D

49. 解 结构的动力特性是结构本身的固有参数，结构动力特性试验一般包括自由振动法、共振法、脉动法。低周反复加载试验（又称伪静力试验）的目的，首先是研究结构在地震作用下的恢复力特性，其次可以从强度、变形和能量三个方面判别和鉴定结构的抗震性能，第三是通过试验研究结构的破坏机理。

答案：A

50. 解 我国电阻应变片的名义阻值一般为120Ω。

答案：B

51. 解 《混凝土结构试验方法标准》（GB/T 50152—2012）第4.0.1条规定，混凝土结构试验中用于计算和分析的有关材料性能的参数应通过实测确定。

答案：C

52. 解 自由振动法（如突加荷载或突卸荷载）使结构产生自由振动，通过仪器记录下有衰减的自由振动曲线，由此可求出结构的基本频率和阻尼系数，但无法测得结构的高阶频率。

答案：A

53. 解 以上四条均为测点选择和布置的原则，不全面的为选项 A，应为"在满足试验目的的前提下，测点宜少不宜多。"

答案：A

54. 解 根据太沙基一维固结理论，由 $T_v = \dfrac{c_y t}{H^2}$，得到 $t_1 = \dfrac{T_v {H_1}^2}{c_y}$，$t_2 = \dfrac{T_v {H_2}^2}{c_y}$。

依据题意可知，黏土试样厚度为 25mm，黏土层厚度为 4.6m，在双面排水条件下，H 为土层厚度的一半，故：

$$\frac{t_1}{t_2} = \frac{{H_1}^2}{{H_2}^2} = \frac{(25 \div 2)^2}{(4600 \div 2)^2}$$

由题意可知，$t_1 = 2\text{min}45\text{s}$，可得到 $t_2 = 64.7\text{d}$。

答案：C

55. 解 测压管水头 $h = z + \dfrac{u}{\gamma_w}$，式中 z 为位置水头，u 为孔隙水压力，γ_w 为水的重度。

在砂堆堆放过程中，位置水头 z 保持不变，孔隙水压力变大，因此，测压管水头会随着时间上升。

答案：A

56. 解 根据常用对数和自然对数表示的压缩指数的数值关系有：

$$C_1 = \frac{e_1 - e_2}{\ln p_2 - \ln p_1} = \frac{\Delta e}{\ln(p_2/p_1)}, \quad C_2 = \frac{e_1 - e_2}{\lg p_2 - \lg p_1} = \frac{\Delta e}{\lg(p_2/p_1)}$$

$$\frac{C_1}{C_2} = \frac{\lg(p_2/p_1)}{\ln(p_2/p_1)} = \frac{1}{\ln 10}$$

已知 $C_1 = 0.00485$，可得出：$C_2 = C_1 \times \ln 10 = 0.0112$

已知应力增大为：$p_2 = 100 p_1$，则有：

$$\Delta e = C_2 \times \lg\left(\frac{p_2}{p_1}\right) = 0.0112 \times \lg 100 = 0.0224$$

即孔隙比减小了 0.0224。

答案：D

57. 解 试样面积 $A = \dfrac{1}{4}\pi d^2 = \dfrac{1}{4} \times 3.14 \times 0.038^2 = 0.00113354\text{m}^2$

轴向力 $F = 45.3\text{N}$，干砂 $c = 0$，竖向应力增量为 $\Delta\sigma_1 = F/A = 45.3/0.00113354 = 39.96\text{kPa}$

已知围压 σ_3 为 24.33kPa，则 $\sigma_1 = \Delta\sigma_1 + \sigma_3$

根据极限平衡条件 $\sigma_3 = \sigma_1 \tan^2(45° - \varphi/2) = (\Delta\sigma_1 + \sigma_3)\tan^2(45° - \varphi/2)$

该样品的内摩擦角 $\varphi = 26.8°$

答案：D

58. 解 根据《岩土工程勘察规范》（GB 50021—2001）关于标准贯入试验的规定，相当于 30cm 的标准贯入试验锤击数 N 为：

$$N = 30 \times \frac{50}{\Delta S} = 30 \times \frac{50}{25} = 60 \text{ 击}$$

答案：A

59. 解

$$f_a = f_{ak} + \eta_b \gamma (b-3) + \eta_d (d-0.5)$$

由题意可知，$f_{ak} = 100\text{kPa}$，基础埋深为 $d = d_1$（水位上）$+ d_2$（水位下），埋深范围内地下水位以上 $d_1 = 2\text{m}$，水位以上土的重度 $\gamma_1 = 16\text{kN/m}^3$，水位以下土有效重度取为 $\gamma_2 = 20 - 10 = 10\text{kN/m}^3$，水位至基础底面的距离为 d_2，基底埋深范围内土的加权平均重度为：

$$\gamma_m = \frac{16 \times 2 + 10 \times d_2}{2 + d_2} = \frac{32 + 10 d_2}{2 + d_2}$$

深度修正系数为 $\eta_d = 1.5$，基础宽度 $b = 3\text{m}$，故：

$$166 = 100 + 1.5 \times \gamma_m \times (d - 0.5) = 100 + 1.5 \times \frac{16 \times 2 + 10 \times d_2}{2 + d_2} \times (2 + d_2 - 0.5)$$

则 d_2 最小为 1.85m 时，承载力满足 $f_a = 166\text{kPa}$ 的要求。根据题意，即地基承载力须达到 166kPa 时，基础埋深最小为 $d = d_1 + d_2 = 2 + 1.85 = 3.85\text{m} \approx 3.9\text{m}$。

答案：B

60. 解 根据《建筑桩基技术规范》（JGJ 94—2008）第 3.3.2 条第 3 款规定，抗震设防烈度为 8 度及以上地区，不宜采用预应力混凝土管桩（PC）和预应力混凝土空心方桩（PS）。

答案：C

2021年度全国勘察设计一级注册结构工程师执业资格考试基础考试（下）
试题解析及参考答案

1. 解　材料吸水后，水分会吸附到材料内物质微粒的表面，减弱微粒间的结合力，从而使其强度下降，软化系数即反映这一变化的程度。软化系数的范围在0~1之间，工程中通常将软化系数＞0.85的材料看作是耐水材料。受水浸泡或处于潮湿环境中的重要建筑物所用材料的软化系数应＞0.85。

答案：C

2. 解　在外力作用下材料发生变形，外力取消后变形消失，材料能完全恢复原来形状的性质称为弹性。在外力作用下材料发生变形，外力取消后仍保持变形后的形状和尺寸，但不产生裂缝的性质称为塑性。材料受外力作用，当外力达到一定数值时，材料发生突然破坏，且破坏时无明显的塑性变形，这种性质称为脆性。材料在冲击或振动荷载作用下，能吸收较大的能量，同时产生较大的变形而不破坏的性质称为韧性。所以对于要求承受冲击荷载作用的土木工程结构，其所用材料应具有较高的韧性。

答案：D

3. 解　凡由硅酸盐水泥熟料、0~5%石灰石或粒化高炉矿渣、适量石膏磨细制成的水硬性胶凝材料，称为硅酸盐水泥。硅酸盐水泥分两类：不掺加混合材料的称为Ⅰ型硅酸盐水泥，代号P.I；在水泥粉磨时掺入不超过水泥质量5%的石灰石或粒化高炉矿渣的称为Ⅱ型硅酸盐水泥，代号P.Ⅱ。我国颁布的通用硅酸盐水泥标准中，普通硅酸盐水泥的代号为P.O，硅酸盐水泥的代号为P.I和P.Ⅱ，粉煤灰硅酸盐水泥的代号为P.F，复合硅酸盐水泥的代号为P.C。

答案：B

4. 解　当骨料堆积后空隙率越小，表明骨料堆积越密实。而骨料的粒形和级配是影响其堆积后空隙率的主要因素。当骨料粒形为小立方体或球形（即控制针片状颗粒）时，可以密实堆积；合理级配可以使骨料密实堆积，降低水泥浆用量，节约水泥、降低成本。所以配制高质量混凝土时，骨料应具有良好的粒形和级配。

答案：C

5. 解　《混凝土物理力学性能试验方法标准》（GB/T 50081—2019）规定，测定混凝土立方体抗压强度的标准试件为边长150mm的立方体试件。

答案：C

6. 解　冷弯试验是通过试件弯曲处的塑性变形来实现的，能在一定程度上揭示钢材内部是否存在组织不均匀、内应力和夹杂物以及焊件施焊部位是否存在未融合、微裂缝、夹杂物等缺陷。所以，冷弯试验不仅可以用来评价钢材的塑性变形能力，还可以用来评价钢材的焊接质量。

答案：C

7. 解　木材含水率等于或接近零时的状态为绝对干燥状态；含水率与大气湿度相平衡时的状态称为平衡含水状态；木材孔隙含水达到饱和时的状态为饱和含水状态；因为含水率对木材强度影响很大，标准规定木材含水率为12%时的强度为标准强度，则含水率为12%时的状态为标准含水状态。

湿胀干缩会影响木材的使用，湿胀会造成木材凸起，干缩会导致木结构连接处松动。如长期湿胀干缩交替作用，会使木材产生翘曲开裂。为避免这种情况，潮湿的木材在加工或使用之前应预先进行干燥处理，使木材内的含水率与将来使用的环境湿度相适应，因此木材应预先干燥至平衡含水率后才能加工使用。

答案：C

8. 解　水准面有无穷多个，其中与平均海水面重合并延伸到大陆内部的闭合曲面，称为大地水准面。它是测量工作的基准面。

答案：B

9. 解　我国国家基本比例尺地形图中，大中比例尺地形图采用高斯-克吕格投影，其中1∶2.5万～1∶50万地形图采用6°带投影，1∶1万及更大比例尺地形图采用3°带投影，故1∶1000的地形图宜采用3°带高斯-克吕格投影。

答案：B

10. 解　竖直度盘指标差的本质是，理论上将竖直度盘对同一目标的盘左盘右读数之和应该是360°，但实际上与360°之间会有一个差值，即 $R + L - 360°$，这个差值的1/2我们称之为竖直度盘指标差，即 $\frac{1}{2}(R + L - 360°)$。

答案：D

11. 解　根据《工程测量标准》（GB 50026—2020），当建筑物总高H大于150m且小于或等于200m时，建筑物轴线竖向投测偏差应控制的精度为30mm。

答案：D

12. 解　在已知同精度观测值真误差 Δ 的情况下，中误差计算公式为：$m = \pm \sqrt{\frac{[\Delta\Delta]}{n}}$。

答案：C

13. 解　《中华人民共和国建筑法》第九条规定，建设单位应当自领取施工许可证之日起三个月内开工。因故不能按期开工的，应当向发证机关申请延期；延期以两次为限，每次不超过三个月。既不开工又不申请延期或者超过延期时限的，施工许可证自行废止。

答案：D

14. 解 依据《中华人民共和国招标投标法》第十二条，招标人有权自行选择招标代理机构，委托其办理招标事宜。任何单位和个人不得以任何方式为招标人指定招标代理机构。

招标人具有编制招标文件和组织评标能力的，可以自行办理招标事宜。

第十八条，……招标人不得以不合理的条件限制或者排斥潜在投标人，不得对潜在投标人实行歧视待遇。

根据以上条文，选项 D 以不合理的条件限制或排斥潜在的投标人。

答案：D

15. 解 《中华人民共和国安全生产法》第二十四条规定，矿山、金属冶炼、建筑施工、运输单位和危险物品的生产、经营、储存、装卸单位，应当设置安全生产管理机构或者配备专职安全生产管理人员。

前款规定以外的其他生产经营单位，从业人员超过一百人的，应当设置安全生产管理机构或者配备专职安全生产管理人员；从业人员在一百人以下的，应当配备专职或者兼职的安全生产管理人员。

答案：C

16. 解 《勘察设计注册工程师管理规定》第十二条规定，注册工程师每一注册期为 3 年，注册期满需继续执业的，应在注册期满前 30 日，按照本规定第七条规定的程序申请延续注册。

答案：B

17. 解 单打法成桩的断面面积一般不超过桩管断面面积的 1.3 倍，反插法成桩有时可达到 1.5 倍，复打法成桩可达到 1.8 倍，承载力大幅度提高。

答案：C

18. 解 《混凝土结构工程施工规范》（GB 50666—2011）第 10.2.12 条关于冬期施工的混凝土受冻临界强度规定，采用硅酸盐水泥或普通硅酸盐水泥配制的混凝土，不应低于设计强度等级值的 30%；采用矿渣硅酸盐水泥、粉煤灰硅酸盐水泥、火山灰质硅酸盐水泥、复合硅酸盐水泥配制的混凝土，不应低于设计强度等级值的 40%；抗渗混凝土，不应低于设计强度等级值的 50%；有抗冻耐久性要求的混凝土，不应低于设计强度等级值的 70%。因本题为使用普通硅酸盐水泥拌制的 C40 混凝土，故最低强度为 $40 \times 30\% = 12 \text{N/mm}^2$。

答案：C

19. 解 本题主要考查各种起重机的特点及适用范围。一般对 5 层以下的民用建筑或高度在 18m 以下的单层、多层工业厂房，可采用履带式、汽车式或轮胎式等自行杆式起重机；对 10 层以下的民用建筑宜采用轨道式塔式起重机，对于高层建筑可采用附着式塔式起重机，对于超高层建筑宜采用爬升式塔式起重机。拔杆式起重机移动困难，不适于厂房的结构吊装。可见，本题中"履带式起重机"较宜，故选 A。

答案：A

20.解 本题考查的是流水工期计算公式。

由题可知，施工过程数 $n = 5$；施工段数 $m = 3$；施工层数未给，即层数 $r = 1$；流水工期 $T = 55$ 天；施工过程间歇（包括一层内的工艺间歇和组织间歇总和）$\sum S = 6$；无搭接，即 $\sum C = 0$。

全等节拍流水工期的计算公式：

$$T = (rm + n - 1)K + \sum S - \sum C$$

代入数据，即：

$$55 = (1 \times 3 + 5 - 1)K + 6 - 0$$

解得流水步距 $K = 7$ 天

注意：由于全等节拍流水施工的最重要的特点是各个施工过程的流水节拍全部相等，且流水步距等于流水节拍，故若该题改为求各施工过程的流水节拍，则结果不变。

答案：D

21.解 横道图计划的优点：①形象直观（因为有时间坐标，各项工作的起止时间、作业持续时间、工作进度、总工期，以及流水作业状况都能一目了然）、通俗易懂、易于编制、流水表达清晰；②便于通过叠加计算资源需求量。缺点：不能反映各工作间的逻辑关系，不能反映哪些是主要的、关键性的工作，看不出计划中的潜力所在，也不能使用计算机进行计算、优化、调整。

网络计划的优点：①各项工作之间的逻辑关系表达清楚；②可以找出关键工作和关键线路；③可以进行各种时间参数的计算，找到计划的潜力，可以进行优化；④在计划执行过程中，对后续工作及总工期有预见性；⑤可利用计算机进行计算、优化、调整。缺点：①不能清晰地反映流水情况；②非时标的网络计划，不便于计算资源需求量。

可见，"表达方式直观"是横道图计划相比网络计划较为突出的优点。

答案：A

22.解 本题考点为钢筋混凝土结构对钢筋性能的需求。钢筋混凝土结构对钢筋性能的需求包括混凝土结构用钢筋要求具有一定的强度（屈服强度 R_e 或规定非比例延伸强度 $R_{p0.2}$ 和抗拉强度 R_m）、足够的塑性（伸长率和冷弯性能）、良好的与混凝土的黏结性能及良好的焊接性能，对于预应力混凝土用钢筋还应具有较低的应力松弛性能。钢筋与构件边缘之间的混凝土保护层，起着防止钢筋锈蚀和高温软化的作用，可提高结构的耐久性（耐火性），所以钢筋混凝土结构对钢筋性能的需求不包括耐火性。

答案：B

23.解 混凝土的抗拉强度很低，在很小的荷载作用下受拉区开裂，在裂缝截面处，受拉区混凝土大部分退出工作，拉应力基本上由钢筋承担，只有靠近中和轴的很小部分混凝土受拉，其提供的内力矩也很小，所以在正截面承载力计算时，不考虑受拉区混凝土的作用。

答案：C

24. 解　根据《混凝土结构设计规范》（GB 50010—2010）第9.1.1条第2款3），四边支承的板，当长边与短边长度之比不小于3时，宜按沿短边方向受力的单向板计算（选项D错）。选项A，一边嵌固的板为悬臂板，应按单向板计算。选项B，两对边支承的板，无论长短边之比是多少，均属于单向受弯的板。选项C，两邻边支承的板，是通过两个方向受弯将荷载传递给两相邻支承边的，不应按单向板计算。

答案：C

25. 解　根据《建筑抗震设计规范》（GB 50011—2010）（2016年版）第3.5.4条第2款，混凝土结构构件应控制截面尺寸和受力钢筋、箍筋的设置，防止剪切破坏先于弯曲破坏（强剪弱弯）、混凝土的压溃先于钢筋的屈服（强柱弱梁）、钢筋的锚固黏结破坏先于钢筋破坏（强锚固黏结弱钢筋）。根据第3.5.5条，构件节点的破坏，不应先于其连接的构件（强节点弱构件）；预埋件的锚固破坏，不应先于连接件（强锚固弱连接）。综上所述，选项C不正确。

答案：C

26. 解　硫和磷是钢材中的有害元素。硫与铁的化合物为硫化铁，可使钢材的塑性、冲击韧性、疲劳强度和抗锈蚀性等大大降低。硫的含量过大，不利于钢材的焊接和热加工。磷的存在，可使钢材的强度和抗锈蚀性提高，但将严重降低钢材的塑性、冲击韧性、冷弯性能等，低温时使钢材变脆（冷脆），不利于钢材冷加工。

答案：B

27. 解　实腹式吊车梁一般采用工字形截面，设计时假定吊车横向水平荷载产生的弯矩全部由吊车梁上翼缘承受。另外，吊车梁上翼缘的宽度还应考虑固定轨道所需的构造尺寸要求，所以吊车梁应采用上翼缘宽、下翼缘窄的非对称工字形截面。

答案：A

28. 解　根据《钢结构设计标准》（GB 50017—2017）第11.4.3条，承压型连接的高强度螺栓的预拉力P与摩擦型连接相同；抗剪、抗拉和抗压承载力设计值的计算方法与普通螺栓相同。图示高强度螺栓承压型连接中应进行抗剪、抗压承载力设计。选项A、C为摩擦型高强度螺栓连接的抗剪和抗拉承载力设计值的计算公式。

答案：B

29. 解　根据《钢结构设计标准》（GB 50017—2017）第11.2.2条，每条角焊缝的计算长度取其实际长度减去$2h_f$（h_f为焊脚尺寸），即$l_w = 300 - 2h_f = 300 - 2 \times 8 = 284mm$。

答案： D

30. 解 根据《砌体结构设计规范》（GB 50003—2011）第 3.2.5 条表 3.2.5-1，砌体的弹性模量与砌体的种类（块材类型）、砂浆的强度等级有关。

答案： C

31. 解 设置构造柱后可以提高砌体的变形性能，提高砌体房屋的抗震性能，但并不能增加砌体房屋的抗侧刚度，①、②项正确，③项错误。根据《砌体结构设计规范》（GB 50003—2011）第 6.1.2 条，设置构造柱可以提高墙的允许高厚比$[\beta]$，④项正确。

答案： A

32. 解 根据《砌体结构设计规范》（GB 50003—2011）第 4.2.2 条，刚性和刚弹性方案房屋的横墙应符合下列规定：横墙中有洞口时，洞口的水平截面面积不应超过横墙截面面积的 50%；横墙的厚度不宜小于 180mm；单层房屋的横墙长度不宜小于其高度，多层房屋的横墙长度不宜小于$H/2$（H为横墙总高度），②、③项满足要求。

答案： C

33. 解 根据《砌体结构设计规范》（GB 50003—2011）第 4.2.6 条第 2 款 1）、3）和表 4.2.6，当外墙符合下列要求时，静力计算可不考虑风荷载的影响：1）洞口水平截面面积不超过全截面面积的 2/3；2）基本风压值为 0.4kN/m² 时，层高 ≤4m，房屋的总高 ≤28m；3）基本风压值为 0.6kN/m² 时，层高 ≤4m，房屋的总高 ≤18m；4）屋面自重不小于 0.8kN/m²。①、②、④项满足要求。

答案： A

34. 解 计算自由度为零时，体系不变、常变、瞬变都有可能。

答案： D

题 35 解图

35. 解 整体平衡可得支座A的竖向反力$Y_A = 5\text{kN}$（向下）

取C左隔离体（见解图）平衡，可得铰C截面剪力值$Q_C = 5\text{kN}$

所求弯矩$M_{DC} = 5\text{kN} \times 4\text{m} = 20\text{kN} \cdot \text{m}$（内侧受拉）

答案： A

36. 解 先由结构整体平衡求得支座反力后，作解图所示隔离体图，判断零杆，由平衡条件可得$N_a = -25\text{kN}$。

答案： C

37. 解 本题AC部分为二力平衡，支座B的反力为零。

或先由结构整体平衡对A取矩，可知B的竖向反力为零；再取CB隔离体平衡，对C取   题 36 解图矩（即M_C）为零，可得B的水平反力为零。

答案：A

38. 解 先考虑结构整体平衡，求得两个竖向反力值为$\frac{M}{2L}$（左上右下）；再取半结构平衡，对顶铰取矩（即M_C）为零，求得水平反力为$F_H = \frac{M}{2L}$。

答案：C

39. 解 作荷载弯矩图及求位移的单位弯矩图（见解图），图乘可得：

$$\theta_B = \frac{1}{EI}\frac{L}{2}\frac{M}{3} = \frac{ML}{6EI}$$

题 39 解图

答案：D

40. 解 既然忽略轴向变形，杆件长度不变，则A点水平位移为零，保持不变。

答案：C

41. 解 利用对称性，可判断两个水平链杆反力均为$P/2$（向左），所求剪力为$F_{QBC} = -P/2$。

答案：D

42. 解 用静力平衡条件求得反力后，利用对称性可作图示转化，从而求得：

$$M_{BA} = \frac{Pl}{2}$$

题 42 解图

答案：A

43. 解 本题为超静定结构，用位移法求解，取结点B隔离体（见解图）平衡，建立力矩平衡方程，并配合使用转角位移方程，可得

$$M_{BA} + M_{BC} = 0$$

$$(4i\theta_B + 2i\theta) + i\theta_B = 0$$

解得 $\theta_B = -\frac{2}{5}\theta$

$$M_B = -M_{BA} = M_{BC} = i\theta_B = -i\frac{2}{5}\theta = -\frac{2}{5}\frac{EI}{l}\theta$$

题 43 解图

答案：A

44.解 按力矩分配系数公式计算：

$$\mu_{AC} = \frac{4\dfrac{EI}{5}}{4\dfrac{EI}{4} + 0 + 4\dfrac{EI}{5}} = \frac{4}{9}$$

答案：B

45.解 本题为一次超静定结构求位移问题。先用力法求解，选力法基本体系并建立力法基本方程（见解图1）：

题45解图1

$$\delta_{11}X_1 + \Delta_{1P} = 0$$

$$\left(\frac{1}{3} + \frac{1}{6}\right)\frac{l^3}{EI}X_1 - \frac{Pl^3}{3EI} = 0$$

解得 $X_1 = \dfrac{2}{3}P$

为求位移，再作解图2，图乘可得B截面转角为：

$$\theta_B = \frac{1}{EI} \times \frac{Pl}{3} \times \frac{l}{2} \times 1 = \frac{Pl^2}{6EI}$$

答案：B

题45解图2

46.解 作影响线并布置荷载最不利位置（见解图），可得：

$$M_{DKmax} = 20kN \times 4m = 80kN \cdot m$$

答案：B

47.解 根据题意，荷载频率与自振频率之比 $\dfrac{\theta}{\omega} = 2$，代入求位移动力系数公式，可得：

题46解图

$$\beta = \frac{1}{1 - \left(\dfrac{\theta}{\omega}\right)^2} = \frac{1}{1 - 2^2} = -\frac{1}{3}$$

答案：D

48.解 代入阻尼比公式计算：

$$\xi = \frac{1}{2\pi \times 10} \times \ln\frac{1}{0.01} = 0.07329$$

答案：C

49.解 混凝土试件受压时，上、下表面与试验机承压板之间将产生阻止试件向外横向变形的摩阻力，像两道套箍一样将试件上、下两端套住，从而延缓裂缝的发展，提高试件的抗压强度，试件截面尺寸越小，高度越低，套箍作用越大，选项A正确、选项B错误；加载速度对材料的强度会产生影响，加载速度越快，材料的变形没有充分发展（变形小），测得的强度越高（弹性模量也相应提高），选项C、D正确。

答案：B

50. 解 根据《混凝土结构试验方法标准》（GB/T 50152—2012）第 5.3.4 条第 1 款，验证性试验每级荷载加载完成后的持荷时间不应少于 5～10min，且每级加载时间宜相等，选项 D 正确。

答案：D

51. 解 结构的整体变形能够概括试件受力后的全貌，任何部位的异常变形或局部破坏都能在整体变形中得到反映。对于某些结构构件，局部变形（如应变、裂缝、钢筋滑移等）也很重要，根据试验目的，也经常需要测定一些局部变形的项目。所以在确定试验的观测项目时，首先应考虑整体变形测量，其次考虑局部变形测量。

答案：C

52. 解 对于节点为铰接的屋架杆件，只需测量轴向力；对于节点为刚接或有节间荷载的屋架杆件，除轴向力外，还应考虑弯矩的影响；对于非薄壁杆件，一般可不考虑扭矩的影响。

答案：D

53. 解 非破损检测混凝土强度的方法，以硬化后混凝土的某些物理量与混凝土标准强度之间的相关性为基本依据，在不破坏结构混凝土的前提下，测量混凝土的某些物理量，如混凝土表面的回弹值、声速在混凝土内部的传播速度等，并按相关关系推出混凝土的强度作为检测结果。单一方法检测混凝土强度有一定的局限性，其影响因素也不完全相同。比如：声速主要反映的是材料的弹性性能，而回弹值则主要反映材料的表面硬度。因此，采用两种或两种以上的方法，能优缺互补，正负误差抵消，可提高测试的精度和可靠性。选项 B、C、D 均为采用两种方法综合评定混凝土强度，比选项 A 单一方法的效果好。（钻芯法属于半破损检测）

答案：A

54. 解 竖向总应力 $\sigma = \gamma h_1 + \gamma_{sat} h_2 = 17 \times 1.5 + 19 \times (4.5 - 1.5) = 82.5\text{kPa}$

答案：D

55. 解 重物长期作用于饱和软黏土地基，孔隙水压力全部转换为有效应力，超静水压力为零。如将一直堆放着的重物快速移走，则在卸载过程中，由于黏性土具有一定的卸载回弹，孔隙水压力会出现减小的情况，测压管的水头有下降趋势。随着土的回弹趋于稳定，测压管水头也趋于稳定。

答案：C

56. 解 根据土体三项指标换算公式计算：

$$e = \frac{n}{1-n} = \frac{0.5229}{1-0.5229} = 1.096$$

答案：D

57. 解 因直剪试验有固结和剪切两个过程，但都不能严格控制排水条件，故只能用试验过程的快和慢来控制不排水和排水。直接剪切试验的快剪意味着两个过程都不排水，直接剪切试验的慢剪意味着两个过程都排水，而直接剪切试验的固结快剪意味着固结过程排水，剪切过程不排水。因此直接剪切试验的快剪、固结快剪和慢剪试验分别对应三轴试验的三轴压缩不固结不排水试验、固结不排水试验和固结排水试验。

答案：A

58. 解 《岩土工程勘察规范》（GB 50021—2001）（2009 年版）第 5.7.9 条规定，每层土的试验点数不宜少于 6 个。

答案：D

59. 解 根据《建筑地基基础设计规范》（GB 50007—2011）第 5.2.2 条计算：

$$b \geq \frac{F}{f_a - \gamma_G d} = \frac{600}{260 - 20 \times 3} = 3m$$

答案：A

60. 解 由于各种原因，选项 B、C、D 桩周土均发生相对于桩向下的固结沉降，对桩产生向下的负摩阻力。而增大桩顶荷载，桩产生相对于土向下的位移，土则产生相对于桩的向上的正摩阻力。

答案：A

2022 年度全国勘察设计一级注册结构工程师执业资格考试基础考试（下）
试题解析及参考答案

1. 解　软化系数是指材料在水饱和状态下的抗压强度与材料在干燥状态下的抗压强度之比，软化系数越大，材料的耐水性越强，软化系数大于 0.85 的材料为耐水材料。

答案：A

2. 解　气硬性胶凝材料是指只能在空气中硬化，且只能在空气中保持和发展强度的无机胶凝材料，主要有石灰、石膏、水玻璃等。水硬性胶凝材料不仅能在空气中硬化，还能在水中硬化，保持并发展强度，主要包括各种水泥。所以水泥不是气硬性胶凝材料，而是水硬性胶凝材料。

答案：C

3. 解　水泥的体积安定性，是指水泥在凝结硬化过程中，体积变化的均匀性。体积安定性不良，是指水泥硬化后，产生不均匀的体积变化。使用体积安定性不良的水泥，会使构件产生膨胀性裂缝，降低建筑物质量，甚至引起严重事故，所以体积安定性不良的水泥不应用于工程中。

答案：A

4. 解　有抗渗要求的混凝土，要求混凝土密实度更高。《混凝土结构工程施工规范》（GB 50666—2011）第 8.5.2 条 3 款规定：抗渗混凝土的养护时间不应少于 14d。

答案：B

5. 解　增大用水量和水灰比都会导致混凝土的强度和耐久性降低，所以选项 B、C 错误。特细砂粗细程度偏细，即砂子的比表面积偏大，在浆体一定的前提下，加大砂率会使骨料的表面积更大，导致混凝土的流动性降低，即选项 A 错误。减少砂子用量，可以减少骨料需要浆体包裹的面积，有助于保证混凝土的工作性，所以可采用的合理措施是减少砂率，选项 D 正确。

答案：D

6. 解　硫、磷、氧和氮为钢材中的有害元素，其中硫和磷的危害更显著。硫能引发钢材热脆性，大大降低钢材的热加工性和可焊性；磷能引起冷脆性，使钢材在低温下的冲击韧性降低。而锰可起脱氧去硫的作用，故可有效消除因硫引起的热脆性，还可以显著改善钢材的耐腐蚀性和耐磨性，增强钢材的强度和硬度，是钢材的主要合金元素之一，所以锰对钢材性能无不良影响。

答案：D

7. 解　大理石的主要矿物成分为方解石，主要的化学成分为碳酸钙，为碱性岩石，耐酸性差，在室外环境中易风化腐蚀，所以大理石不用于室外装饰。

答案：C

8. 解 地面点到假定水准面的铅垂距离称为相对高程，到大地水准面的铅垂距离称为绝对高程或海拔高程。

答案：D

9. 解 按基本等高距绘制的等高线为首曲线。计曲线为由零等高线起，每 5 倍等高距加粗并注记的等高线，间曲线为按1/2基本等高距绘制的等高线，助曲线为按1/4基本等高距绘制的等高线。

答案：A

10. 解 直线型建筑基线的基线点数目应不少于 3 个。

答案：C

11. 解 三角形余下一个内角的计算公式为：$c = 180° - a - b$

故根据中误差传播定律：

$$m_c = \pm \sqrt{m_a^2 + m_b^2} = \pm\sqrt{6^2 + 2^2} \approx \pm 6.32$$

答案：A

12. 解 实地最大距离为：$D = d \times M = 3 \times 500 = 1500\text{cm} = 15\text{m}$

答案：A

13. 解 《中华人民共和国建筑法》第十五条规定：建筑工程的发包单位与承包单位应当依法订立书面合同，明确双方的权利和义务。发包单位和承包单位应当全面履行合同约定的义务。不按照合同约定履行义务的，依法承担违约责任。

答案：C

14. 解 《中华人民共和国土地管理法》第二条规定：中华人民共和国实行土地的社会主义公有制，即全民所有制和劳动群众集体所有制。

土地使用权出让，是指国家将国有土地使用权在一定年限内出让给土地使用权者，由土地使用者向国家支付土地使用权出让金的行为。土地使用权出让是一种国家垄断行为。因为国家是国有土地的所有者，只有国家才能以土地所有者的身份出让土地。城市规划区集体所有的土地，必须依法征用转为国有土地后，方可出让土地使用权。土地使用权出让可以采取拍卖、招标或协议的方式。

答案：D

15. 解 《中华人民共和国环境保护法》第四十二条第二款规定：排放污染物的企业事业单位，应当建立环境保护责任制度，明确单位负责人和相关人员的责任。

答案：A

16. 解 《注册结构工程师执业资格制度暂行规定》第二十六条（二）款规定：保证工程设计的质

量，并在其负责的设计图纸上签字盖章。

答案：C

17. 解 正铲挖土机的工作特点是"前进向上、强制切土"，适用于开挖停机面以上的一～四类土；反铲挖土机的工作特点是"后退向下、强制切土"，适用于开挖停机面以下的一～三类土；拉铲挖土机的工作特点是"后退向下、自重切土"，适用于开挖停机面以下的一～二类土；抓铲挖土机的工作特点是"直上直下、自重切土（液压抓斗可强制切土）"，适用于开挖停机面以下的一～二类土。故题目所述为反铲挖土机，

答案：B

18. 解 编制施工进度计划在确定某工作的作业时间时，应先确定参与该工作的人数（或施工班组人数）。确定人数时，除了要考虑可能供应的情况外，还应考虑工作面大小、最小劳动组合要求、施工现场与后勤保障条件，以及机械的配合能力等因素，以使其数量安排切实可行。故选项A、B、C所述均在考虑之列。组织流水施工时，施工班组的人数有时需要根据已定的"流水节拍"而确定，但不需要考虑"流水步距"，故选项D为正确答案。

答案：D

19. 解 根据《混凝土结构工程施工规范》（GB 50666—2011）第8.5.2条，抗渗混凝土养护时间不应少于14d。

答案：B

20. 解 在网络计划中，总时差最小的工作为关键工作。

答案：B

21. 解 施工承包企业的项目经理，是建筑施工企业法定代表人在承包的建设工程项目上的委托代理人，是对工程项目施工过程全面负责的项目管理者。《建设工程施工现场管理规定》第八条规定：项目经理全面负责施工过程中的现场管理，并根据工程规模、技术复杂程度和施工现场的具体情况，建立施工现场管理责任制，并组织实施。

答案：B

22. 解 混凝土双向受压时，本身变形受到约束，两个方向的抗压强度比单轴受压时有所提高。当混凝土一个方向受压，另一个方向受拉时，其抗压或抗拉强度都比单轴抗压或抗拉时的强度低，这是由于异号应力加速变形的发展，使得混凝土较快地达到极限应变值。当混凝土双向受拉时，其抗拉强度与单轴受拉时无明显差别。圆柱体在等侧压应力下的三轴受压试验表明，其抗压强度有较大的提高，提高后的抗压强度最低值约为圆柱体单轴抗压时的强度值加上4倍的侧向压应力值。

答案：A

23. 解 根据钢筋混凝土受弯构件正截面承载力计算的基本假定，不考虑受拉区混凝土的抗拉强度。对于受拉区配筋相同的适筋梁，截面宽度（肋宽）b 和高度 h 相同的矩形截面与倒 T 形截面承受的弯矩相同；同理，T 形截面与工字形截面承受的弯矩相同。由于 T 形截面较矩形截面的受压区宽度大（$b_f' > b$），故受压区高度减小，内力臂增大，承受的弯矩增加。

答案：A

24. 解 大偏心受压构件的破坏特征是远离轴向力一侧的钢筋先受拉屈服，随后另一侧钢筋受压屈服，混凝土压碎，属于受拉破坏。小偏心受压构件的破坏特征是远离轴向力一侧的钢筋无论是受拉还是受压一般均达不到屈服，属于受压破坏。大、小偏心受压构件的判别条件为：当相对受压区高度 $\xi \leq \xi_b$ 时（ξ_b 为界限相对受压区高度），为大偏心受压构件；当 $\xi > \xi_b$ 时，为小偏心受压构件。

答案：A

25. 解 根据《混凝土结构设计规范》（GB 50010—2010）（2015 年版）第 10.1.6 条第 1 款、第 2 款，先张法预应力混凝土轴心受拉构件，预应力筋合力点处混凝土法向应力等于零时（消压状态），预应力筋的拉应力 $\sigma_{p0} = \sigma_{con} - \sigma_l$。后张法预应力混凝土轴心受拉构件，预应力筋合力点处混凝土法向应力等于零时，预应力筋的拉应力 $\sigma_{p0} = \sigma_{con} - \sigma_l + \alpha_E \sigma_{pc}$。

答案：A

26. 解 《混凝土结构设计规范》（GB 50010—2010）（2015 年版）第 6.3.1 条规定：受弯构件受剪截面的限制条件为 $V \leq 0.25\beta_c f_c b h_0$，其目的首先是防止构件截面发生斜压破坏（或腹板压坏），其次是限制构件在使用阶段可能发生的斜裂缝宽度，同时也是构件斜截面受剪破坏的最大配箍率条件。斜压破坏属于超筋破坏，即箍筋的应力尚未达到屈服，剪压区混凝土先发生斜压破坏。所以当 $V > 0.25\beta_c f_c b h_0$ 时，应采取增大截面尺寸的措施。

答案：D

27. 解 根据连续梁最不利荷载布置原则，为使支座 B（第 1 和 2 跨间的支座）出现最大负弯矩，应在该支座相邻两跨布置荷载，并隔跨布置，即在第 4 跨布置活荷载。

答案：C

28. 解 支承吊车梁等构件的牛腿均为短牛腿，实质上是一变截面深梁。《混凝土结构设计规范》（GB 50010—2010）（2015 年版）第 9.3.10 条规定：牛腿的截面尺寸应符合裂缝控制要求和构造要求；第 9.3.11 条规定：纵向受力钢筋应由承受竖向力和承受水平拉力的承载力计算确定。

答案：D

29. 解 下层梁刚度减小，柱的下端转角增大，反弯点下移。

答案：B

30.解 在普通碳素钢中，碳是除铁以外最主要的元素，它直接影响钢材的强度、塑性、韧性和可焊性等。碳的含量提高，钢材的屈服点和抗拉强度提高，但塑性和韧性特别是低温冲击韧性均会下降。同时，钢材的可焊性、耐腐蚀性能、疲劳强度和冷弯性能也明显下降。因此，结构用钢的含碳量不宜太高，一般不超过0.22%，在焊接结构中则应低于0.20%。

答案：C

31.解 根据局部失稳不先于构件整体失稳的准则，考虑板组约束影响的板件弹塑性阶段的临界应力不超过轴心受压构件的整体稳定临界应力。焊接工字形截面的腹板按四边简支矩形板，翼缘板的外伸部分按三边简支、一边自由矩形板，可得到轴心受压实腹构件的板件高厚比、宽厚比限值。

答案：A

32.解 根据《钢结构设计标准》（GB 50017—2017）第6.1.5条，在梁的腹板计算高度边缘处，若同时承受较大的正应力σ、剪应力τ和局部压应力σ_c，其折算应力按$\sqrt{\sigma^2 + \sigma_c^2 - \sigma\sigma_c + 3\tau^2} \leq \beta_1 f$计算。当同时承受较大的正应力和剪应力时（$\sigma_c = 0$），公式简化为$\sqrt{\sigma^2 + 3\tau^2} \leq \beta_1 f$。其中，$\sigma$、$\tau$和$\sigma_c$分别为腹板计算高度边缘同一点上同时产生的正应力$\sigma$、剪应力$\tau$和局部压应力$\sigma_c$。

答案：D

33.解 单层刚性方案房屋墙体的水平位移很小，静力分析时可认为水平位移为零，故采用以下计算假定：①纵墙（柱）下端固接于基础，上端与屋盖或屋面大梁（屋架）铰接；②屋面结构可作为纵墙（柱）上端的不动铰支座。

答案：C

34.解 连接两个刚片的铰（单铰）相当于2个约束，连接n个刚片的铰（复铰，$n \geq 3$）相当于$(n-1)$个单铰。本题为连接3个刚片的复铰，相当于2个单铰，亦即能提供4个约束。

答案：C

35.解 只有几何不变且无多余约束的体系才能称为静定结构，这是静定结构的几何特征与定义。

答案：D

36.解 将图示结构从力偶所在的铰C处拆开，分别对两个隔离体建立力矩平衡方程，可得A、B两个支座反力大小均为M/l，方向均向上。

答案：B

37.解 本题是由基本部分和附属部分组成的静定结构，中间铰左面为基本部分，右面为附属部分。荷载都作用在基本部分上，附属部分没有荷载，故只有基本部分受力而附属部分不受力，这是静定结构的特征。

答案： D

38. 解 如解图所示,先用截面取左竖杆为隔离体对顶铰力矩平衡,可得左铰支座水平反力等于 2kN（方向向左）。再由结构整体隔离体水平力平衡,得右铰支座水平反力等于 2kN（方向向左）。最后用截面取右竖杆为隔离体对 K 取矩,可得 $M_K = 2kN \times 6m = 12kN \cdot m$（右侧受拉）。

题 38 解图

答案： D

39. 解 结构位移的数值与结构的材料及刚度的真实取值有关。

答案： C

40. 解 由几何关系分析可知：支座位移 a 引起 B 的水平位移为 a,支座转动 φ 引起 B 的位移为 $-h\varphi$,而位移 b 与所求无关。

或用求位移的公式计算,如解图所示：

$$\Delta_{BH} = -\sum \bar{R}c = -(-1 \times a + h\varphi) = a - h\varphi$$

题 40 解图

答案： C

41. 解 两个题图只是刚度 EI 的绝对值不同,其他数据完全相同,实际是一个图。超静定结构在荷载作用下的内力分布与结构各部分刚度的相对比值有关,而与绝对值无关,这是超静定结构的特征。

答案： A

42. 解 本题为对称结构,可将荷载分解为对称与反对称的组合,如解图所示。图(a)为对称结构承受对称荷载,作用在杆的轴线上的一对平衡力不引起弯矩,各截面弯矩为 0；图(b)为对称结构承受反对称荷载,只产生反对称的反力和内力。两个铰支座的水平反力均为向左的 $P/2$。再由图(b)中左竖杆 AC 隔离体对 C 点取矩,可得 $M_{CA} = P/2 \times l = Pl/2$（右侧受拉）。

题 42 解图

答案：C

43. 解 位移法典型方程中的刚度系数k_{ij}是第j个约束的单位位移引起的第i个约束中的反力。当$j = i$时，主系数k_{ii}恒为正值；而当$i \neq j$时，副系数k_{ij}和自由项可正、可负、可为零。

答案：D

44. 解 按力矩分配法进行计算可得：

$$M_{AB} = \frac{1}{2}M_{BA} = \frac{1}{2}\mu_{BA}M = \frac{1}{2} \times \frac{4i}{3i + 4i + 3i}M = \frac{1}{5}M$$

答案：D

45. 解 在采用机动法作静定结构某内力影响线时，需撤去与其相应约束而形成机构（刚体体系）并给以虚位移，应用的是刚体体系的虚位移原理。

答案：B

46. 解 作Q_K影响线形状，并在影响线正号面积上布满均布活荷载，即为所求，如解图所示。

题 46 解图

答案：C

47. 解 无阻尼单自由度体系受简谐荷载作用时的动力系数为

$$\mu = \frac{1}{1 - \left(\frac{\theta}{\omega}\right)^2}$$

当荷载频率θ越接近于自振频率ω时，μ绝对值越大（$\theta \approx \omega$时，$\mu \approx \infty$发生共振）。选项 A 在$\theta > \omega$时不正确，选项 B 在$\theta < \omega$时不正确。有阻尼时，阻尼越大，则动力系数越小。

答案：C

48. 解 自振频率的大小取决于体系的刚度和质量。三图质量情况及EI、l相同，仅支座约束不同，约束越强，刚度越大，自振频率越大。因此，三图中图(b)的约束最强，自振频率最大；图(a)次之；图(c)的约束最弱，自振频率最小。

答案：D

49. 解 预加载试验的目的是：检查试验装置、量测仪表的工作是否正常；减少试件和各支承装置间的接触变形；检查试验人员加载、仪表观测是否正确。预加载一般为分级荷载的 1、2 级，最多为 3 级进行，但不宜超过混凝土或预应力混凝土结构构件开裂荷载的 70%，以免影响结构性能的评定。

答案：D

50. 解 研究框架柱的抗剪性能，通常采用压剪试验，即在柱的轴向施加定值的压力N，然后在横向单调分级加载P。当采用如解图所示的正位加载时，横向荷载P属于反对称的加载方式。

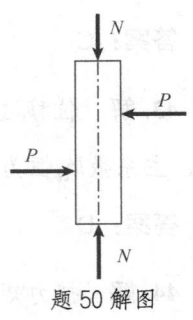

题50解图

答案：C

51. 解 作用在结构上的风、海浪或噪声等属于随机激励，由此引起的结构振动称为随机振动，随机振动曲线完全不同于有衰减的自由振动曲线。

答案：C

52. 解 根据《回弹法检测混凝土抗压强度技术规程》（JGJ/T 23—2011）第5.0.2条与第5.0.3条，测区的平均回弹值应进行非水平方向检测混凝土浇筑侧面，以及水平方向检测混凝土浇筑表面或浇筑底面的修正，选项B、C正确；根据第4.3节及附录A表A，测区混凝土强度换算值应考虑碳化深度的影响，选项A正确。

答案：D

53. 解 《建筑抗震试验规程》（JGJ/T 101—2015）第4.5.1条第4款规定：试体的破坏荷载（极限荷载）及极限变形应取试体在荷载下降至最大荷载的85%时的荷载和相应变形。

答案：C

54. 解 根据《岩土工程勘察规范》（GB 50021—2001）（2009年版）第3.3.5条，塑性指数大于17的土应定名为黏土。

答案：D

55. 解 竖向自重应力为$\sigma_y = \gamma h_0 + (\gamma_{sat} - \gamma_w) \cdot (h_1 - h_0) = 18 \times 2 + (19 - 10) \times 1 = 45\text{kPa}$

水平自重应力为$\sigma_x = \sigma_y K_0 = 45 \times 0.3 = 13.5\text{kPa}$

答案：B

56. 解 根据压缩系数定义，a_{1-2}为固结压力100kPa到200kPa压力段压缩曲线的斜率，即：

$$a_{1-2} = \frac{e_1 - e_2}{p_2 - p_1} \times 10^3 = \frac{1.062 - 0.953}{200 - 100} \times 10^3 = 1.9\text{MPa}^{-1}$$

《建筑地基基础设计规范》（GB 50007—2011）第4.2.6条规定：压缩系数$a_{1-2} \geq 0.5\text{MPa}^{-1}$时，为高压缩性土。

答案：C

57. 解 根据饱和黏性土的抗剪强度理论和《土工试验方法标准》（GB/T 50123—2019）中三轴压缩试验及条文说明，有效应力大小决定了黏性土的抗剪强度，排水条件和剪切速率直接影响孔隙水压力，间接影响有效应力的大小。抗剪强度由土的自身条件决定，与基础宽度无关。

答案：A

58. 解 根据题意，该挡土墙土压力计算满足朗肯土压力计算条件，计算公式为：

$$E_a = \frac{1}{2}\gamma h^2 \tan^2\left(45 - \frac{\varphi}{2}\right) = 0.5 \times 17 \times 5^2 \times \tan^2\left(45 - \frac{32}{2}\right) \approx 65.2\text{kN/m}$$

答案：B

59. 解 根据《建筑地基基础设计规范》（GB 50007—2011）第 5.2.4 条，对于地下室，当采用箱形或筏形基础时，基础埋置深度自室外地面标高算起。

答案：A

60. 解 堆载预压法中，砂井主要用来改善地基土的排水条件，加速土层固结、缩短工期。

答案：B

2022年度全国勘察设计一级注册结构工程师执业资格考试基础补考（下）
试题解析及参考答案

1. 解   材料的抗渗性指材料抵抗压力水渗透的性能，主要取决于孔隙率和孔隙特征。孔隙率越低，密实度越大，抗渗性越高；具有封闭孔隙时，材料的抗渗性最高。

密度是指材料在绝对密实状态下，单位体积质量。

强度是指材料抵抗外力破坏的能力。

答案：D

2. 解   生石灰熟化过程中体积膨胀。而过火石灰熟化慢，在石灰抹灰砂浆已经硬化后，其中的过火石灰颗粒吸收空气中的水汽才开始熟化，体积逐渐膨胀，使已经硬化的浆体产生隆起、开裂等"爆裂"破坏现象。所以石灰抹灰砂浆产生"爆裂"的原因是过火石灰颗粒产生滞后的熟化。

答案：B

3. 解   硅酸盐水泥熟料中的铝酸三钙凝结硬化的速度很快，会使水泥浆体出现瞬时凝结的现象，为了延缓硅酸盐水泥的凝结时间，生产水泥时应增加适量的石膏。因为铝酸三钙与石膏反应，生成三硫型水化硫铝酸钙（钙矾石），可延缓铝酸三钙的水化速度，即石膏起缓凝作用。

答案：B

4. 解   引气剂是指在混凝土搅拌过程中能引入大量均匀分布、稳定而封闭的微小气泡且能保留在硬化混凝土中的外加剂。引气剂产生的气泡直径为 0.05～1.25mm，可改善混凝土拌合物的和易性，提高混凝土的抗渗性、抗冻性等，但含气量增大会导致混凝土强度降低。所以掺入引气剂的主要目的是为了大幅度提高混凝土的抗冻性。

答案：B

5. 解   减水剂可以提高混凝土拌合物的流动性，常用减水剂有木质素磺酸盐（如木质素磺酸钙）、多环芳香族磺酸盐减水剂（萘系减水剂）、聚羧酸减水剂等。氯化钙、硫酸钠和三乙醇胺属于早强剂。

答案：B

6. 解   退火是指将钢材加热到 723～910℃或更高温度，在退火炉中保温、缓慢冷却的热处理方法。正火是将钢材加热到 723～910℃或更高温度后，在空气中冷却的热处理方法。正火和退火的目的是使晶粒细化，去除材料的内应力，改善加工性能，稳定工件的尺寸，防止变形与开裂。

淬火是将钢材加热到723～910℃或更高温度并保持一段时间，随即浸入淬冷介质（水或油）中快速冷却的热处理工艺。淬火可使钢材产生内应力，提高钢材的硬度和耐磨性，但是钢材的塑性和韧性显著降低。

回火是将淬火后的钢材加热到723℃以下的温度，保温一定时间，然后冷却到室温的热处理工艺。

回火后，钢材的硬度和强度下降，塑性和韧性提高。

总之，使钢材产生内应力等不良影响的热处理方法是淬火。

答案：B

7. 解 砂的大小颗粒搭配可以反映砂搭配后的空隙率大小，当砂的大小颗粒搭配合理时，能使混凝土用砂的空隙率减小，进而使混凝土配制时，水泥浆用量较少，还可以提高混凝土的密实度和强度。

答案：B

8. 解 横坐标通用值为自然坐标值西移 500km，故D点的自然坐标值应为：$y_D = 456789.00 - 500000 = -43211.00$m，$y_D$为负值，所以D点位于 17 带坐标系中央子午线以西 43211.00m。

答案：D

9. 解 根据比例尺精度的定义可知，1∶1000 地形图的比例尺精度为：

$$m_{比例尺精度} = 0.1 \times 1000 = 100\text{mm}=0.1\text{m}$$

答案：B

10. 解 根据经纬仪水平角测量原理：

$$\angle AOB = b - a = 80° + 360° - 180° = 260°（当b小于a时，加 360°）$$

答案：C

11. 解 工业厂房柱子安装测量时，进行柱子竖直角度校正需同时使用两台经纬仪。

答案：D

12. 解 水准测量的前后视距相等，可消除或减弱水准管轴不平行于视准轴的影响。

答案：D

13. 解 《中华人民共和国建筑法》第七十三条规定，建筑设计单位不按照建筑工程质量、安全标准进行设计的，责令改正，处以罚款；造成工程质量事故的，责令停业整顿，降低资质等级或者吊销资质证书，没收违法所得，并处罚款；造成损失的，承担赔偿责任；构成犯罪的，依法追究刑事责任。

答案：A

14. 解 城市总体规划的内容应当包含城市的发展布局，功能分区，用地布局，综合交通体系，禁止、限制和适宜建设的地域范围，各类专项规划等。根据《中华人民共和国城乡规划法》第十七条第三款规定，城市总体规划、镇总体规划的规划期限一般为二十年。此外，城市总体规划还应当对城市更长远的发展作出预测性安排。这样的规划期限可以保证规划的实施性和连续性，同时也能为城市的长远发展提供方向。

答案：A

15. 解 《中华人民共和国城乡规划法》的第四十条规定，在城市、镇规划区内进行建筑物、构筑物、道路、管线和其他工程建设的，建设单位或者个人应当向城市、县人民政府城乡规划主管部门或者省、自治区、直辖市人民政府确定的镇人民政府申请办理建设工程规划许可证。需要提交的材料包括使用土地的有关证明文件、建设工程设计方案等，对于需要建设单位编制修建性详细规划的建设项目，还应当提交修建性详细规划。

答案：B

16.解 《注册结构工程师执业资格制度暂行规定》第二十六条规定，注册结构工程师应当履行下列义务：

（一）遵守法律、法规和职业道德，维护社会公众利益；

（二）保证工程设计的质量，并在其负责的设计图纸上签字盖章；

（三）保守在执业中知悉的单位和个人的秘密；

（四）不得同时受聘于两个以上勘察设计单位执行业务；

（五）不得准许他人以本人名义执行业务。

答案：D

17.解 水的比热容大（约为砂石的 4.5 倍）且便于加热。而《混凝土结构工程施工规范》（GB 50666—2011）第10.2.5条也规定，冬期施工混凝土搅拌前，原材料预热应符合下列规定：

（1）宜加热拌合水，当仅加热拌合水不能满足热工计算要求时，可加热骨料；拌合水与骨料的加热温度可通过热工计算确定，加热温度不应超过表10.2.5的规定。

（2）水泥、外加剂、矿物掺合料不得直接加热，应置于暖棚内预热。

答案：D

18.解 "三一"砌砖法是指在砌筑砖墙时，工人左手操铲、右手拿砖，铺上一铲灰后，立即放上一块砖并进行推挤和搓揉，即"一铲灰、一块砖、一挤揉"的砌筑方法。该法有利于提高砌体的砂浆饱满度。

答案：B

19.解 《建筑施工组织设计规范》（GB/T 50502—2009）第2.0.1条规定，施工组织设计是以施工项目为对象编制的，用以指导施工的技术、经济和管理的综合性文件。第3.0.1条规定，施工组织设计按编制对象，可分为施工组织总设计、单位工程施工组织设计和施工方案。

可见，以单项工程或单位工程为对象编制的施工组织设计应为"单位工程施工组织设计"。

答案：D

20.解 依据《混凝土结构工程施工规范》（GB 50666—2011）第5.4.5条，当纵向受力钢筋采用绑扎搭接接头时，接头的设置应符合下列规定：

（1）同一构件内的接头宜分批错开。各接头的横向净间距 s 不应小于钢筋直径，且不应小于25mm。

（2）接头连接区段的长度为 1.3 倍搭接长度……。

（3）同一连接区段内，……纵向受压钢筋的接头面积百分率可不受限制；纵向受拉钢筋的接头面积百分率应符合下列规定：①梁类、板类及墙类构件，不宜超过 25%；基础筏板，不宜超过 50%。②柱类构件，不宜超过 50%。③当工程中确有必要增大接头面积百分率时，对梁类构件，不应大于 50%；对其他构件，可根据实际情况适当放宽。

答案： D

21. 解 仅横道图具有题干所述的特点。

答案： A

22. 解 钢筋的应力松弛是指钢筋受到一定拉力后，在长度不变的条件下，钢筋应力随着时间的延长而降低的现象。其主要原因是由于金属内部错位运动使一部分弹性变形转化为塑性变形。

答案： C

23. 解 实际配置的纵向钢筋截面面积比计算值小，有可能是适筋梁，也有可能是少筋梁，选项 C 正确，选项 A、B 错误。钢筋混凝土梁正截面的破坏形式一定与纵向钢筋的配筋量有关，选项 D 错误。

答案： C

24. 解 在 N_{p0} 作用下（消压状态）预应力筋的应力，先张法：$\sigma_{p0} = \sigma_{con} - \sigma_l$，后张法：$\sigma_{p0} = \sigma_{con} - \sigma_l + \alpha_E \sigma_{pcII}$，$N_{p0} = \sigma_{p0} A_p$，选项 A、B 错误。完成第二批预应力损失后混凝土的应力，先张法：$\sigma_{pcII} = (\sigma_{con} - \sigma_l) A_p / A_0$，后张法：$\sigma_{pcII} = (\sigma_{con} - \sigma_l) A_p / A_n$（$A_p$、$A_0$、$A_n$ 分别为预应力筋截面面积、换算截面面积、净截面面积），选项 D 错误。混凝土截面面积、配筋相同，先张法和后张法预应力混凝土轴心受拉构件的承载力相同，选项 C 正确。

答案： C

25. 解 混凝土在不变的应力长期持续作用下，随时间增长的变形称为徐变。对于轴心受压构件，徐变将导致混凝土压缩变形增大，应力减小；同时钢筋应力增大。

答案： A

26. 解 钢筋混凝土受扭构件的配筋包括受扭纵筋和受扭箍筋。若受扭纵筋和箍筋不匹配，两者的配筋率相差较大，则会出现破坏时仅纵筋屈服、箍筋不屈服或箍筋屈服、纵筋不屈服的部分超筋构件。限制受扭纵筋和箍筋的配筋强度比 ζ，是为了避免某一种钢筋配置过多而形成部分超筋破坏，保证受扭纵筋和箍筋均可达到屈服的适筋构件。

当受扭纵筋和箍筋配筋率都过高，纵筋和箍筋均没有达到屈服，而混凝土先行压坏，属于超筋破坏。当受扭纵筋和箍筋配筋率均过少，裂缝一旦出现，构件就会立即发生少筋破坏。

答案： B

27. 解 调幅法是考虑塑性内力重分布计算超静定结构的一种实用设计方法。先按弹性理论计算连续梁、板控制截面的弯矩值，再对弯矩绝对值较大截面的弯矩进行适当调整，调幅后，支座负弯矩降低，跨中正弯矩增加。支座弯矩降低，节省了钢材，减少了支座配筋的密集程度。《混凝土结构设计规范》（GB 50010—2010）（2015 年版）第 5.4.1 条~第 5.4.3 条，对考虑塑性内力重分布计算方法作了具体的规定。弯矩调幅的目的并不是为了减小支座处的裂缝宽度。

答案：D

28. 解 《建筑结构荷载规范》（GB 50009—2012）第 6.2.1 条规定，计算排架考虑多台吊车水平荷载时，对单跨或多跨厂房的每个排架，参与组合的吊车台数不应多于 2 台，选项 A 正确。考虑多台吊车竖向荷载时，对单跨厂房的每个排架，参与组合的吊车台数不宜多于 2 台；对多跨厂房的每个排架，不宜多于 4 台。

答案：A

29. 解 框架-剪力墙结构体系中，剪力墙的侧向刚度比框架大得多，是抗侧力的主要构件，承担较大的水平地震作用。剪力墙是框架-剪力墙结构体系中的第一道抗震防线，抗震等级一般不低于框架。

答案：D

30. 解 两端铰接的轴心受压构件，在 x 轴（强轴）方向的计算长度 l_{0x} 为其几何长度 7m；在 y 轴（弱轴）方向有一侧向支点，计算长度 l_{0y} 取为 4m。

答案：C

31. 解 《钢结构设计标准》（GB 50017—2017）第 7.2.4 条规定，缀条柱的分肢长细比 λ_1 不应大于构件两个方向长细比较大值 λ_{max} 的 0.7 倍。

答案：C

32. 解 根据《钢结构设计标准》（GB 50017—2017）第 4.4.5 条表 4.4.5，三级对接焊缝的抗拉强度设计值是母材强度的 0.85 倍，抗压强度设计值等于母材强度；选项 A 正确，选项 B 错误。一、二级对接焊缝的抗拉强度、抗压强度设计值均等于母材强度，选项 C、D 正确。

答案：B

33. 解 根据《砌体结构设计规范》（GB 50003—2011）第 6.1.1 条表 6.1.1，提高砂浆的强度等级，墙、柱的允许高厚比 $[\beta]$ 值增加，但与块体的强度等级无关。第 6.1.2 条，验算带壁柱墙的高厚比时，采用带壁柱墙截面的折算厚度。加大墙体厚度可以减小高厚比。

答案：B

34. 解 去掉上面 3 个二元体，剩下的链条见解图，它在水平方向有 1 个多余约束而在竖直方向缺少 2 个必要约束，是几何常变体系。

题 34 解图

答案： D

35. 解 静定结构最基本的特征是满足平衡条件，内力（包括反力）解答唯一，这就是静定的含义。静定结构只要不受荷载作用就没有内力。当有支座位移时，会引起杆件位置的变化，但杆件本身不会产生弹性变形（因没有内力）。支座位移引起的位移是杆件的刚体位移。（温度变化会引起杆件的弹性变形及相应的位移。）

答案： D

36. 解 取解图所示隔离体，由平衡条件求得铰处的约束力如解图所示，可得：

$$M_A = \frac{m}{l} \cdot \frac{l}{2} = \frac{m}{2} \text{（右侧受拉）}$$

答案： B

37. 解 通过第二节间作竖直截面（见解图），取左面隔离体，以 A 为矩心力矩平衡，可得 $N_a = -3P$。

题 36 解图   题 37 解图

答案： D

38. 解 去掉右面的二元体，从 AB 杆顶端作水平截面，取上面为隔离体（见解图），可得：

$$M_{BA} = Pa + 2Pa = 3Pa \text{（左侧受拉）}$$

答案： C

39. 解 作解图，图乘可得：

$$\theta_B = \frac{\left(\frac{1}{2} \times 12 \times 4\right) \times \frac{2}{3}}{EI} = \frac{16}{EI}$$

题 38 解图   题 39 解图

答案： A

40.解 本题为制作误差引起的位移计算问题。针对这类问题,简单情况下可分析几何关系寻求答案。当 *DE* 杆作短使 *D* 点下降 2cm 时,*DBA* 作小的刚性转动,见解图 a),故知 *B* 位移为 1cm 向下。

理论上,这类问题可应用虚功原理求解。杆件缩短后的状态为实际位移状态(解图 a);另外,在 *B* 点加单位力虚构一个静力可能(满足平衡条件)虚力状态(见解图 b),采用平衡条件(切断 *DE* 杆作图示截面并对 *A* 力矩平衡),求得 *DE* 杆的虚轴力为 1/2(压力),应用虚功原理(外力虚功 = 内力虚功),可得:

$$1 \times \Delta_B = \frac{1}{2} \times 2\text{cm} \Rightarrow \Delta_B = 1\text{cm}\ (\text{向下})$$

题 40 解图

答案:A

41.解 竖杆剪力为零,弯矩保持常数,可排除选项 B、C;选项 D 不能与结点力偶荷载维持平衡,也应排除。

答案:A

42.解 阻止全部结点位移所需附加约束的最小数目就是位移法基本未知量的数目。本题(忽略轴向变形)需加 6 个刚臂和 3 个链杆(见解图),所以位移法基本未知量的数目应为 9。

题 42 解图

答案:B

43.解 本题只有 1 个不动刚结点,选其转角为位移法基本未知量,加刚臂并截取结点隔离体,见解图,平衡可得 $r_{11} = 2i + 4i = 6i$。

题 43 解图

答案:B

44.解 本题为 1 次超静定结构,选 *D* 支座反力为力法基本未知力,作基本结构的荷载弯矩图及单位力弯矩图,见解图 a)。图乘可知 Δ_{1P} 为正值,代入力法方程可得 $X_1 = -\Delta_{1P}/\delta_{11}$ 为负值,故知支座 *D* 反力实际方向向下。

题 44 解图

2022 年度全国勘察设计一级注册结构工程师执业资格考试基础补考(下)——试题解析及参考答案

也可由解图 b) 分析几何关系，P 使 D 点上翘，故知支座 D 反力只能向下才能将 D 点拉回到原位。

答案： B

45. 解 该图为外伸梁结构中截面 E 的弯矩影响线（可用机动法快速得到轮廓）。根据影响线定义，影响线上点的横坐标表示单位力的位置，纵坐标表示影响量的值。M_E 影响线上 C 点的纵坐标（竖标）是单位力作用在 C 点时 M_E 的值。

答案： C

46. 解 本题为间接荷载作用下影响线的问题。用静力法可先作直接荷载作用下 $Q_{A右}$ 的影响线，再将结点在影响线上的投影点连以直线即可。或用机动法撤去 $Q_{A右}$ 相应约束代以正号并给以相应位移，所得 $P=1$ 的作用点形成的竖向位移图（见解图，最上面的折线），即所求。

题 46 解图

答案： B

47. 解 选项 A 的每个质点都可上下、左右振动，有 4 个自由度。选项 B 的两个质点只能一起水平振动，1 个自由度。选项 C 的质点只能上下振动，1 个自由度。选项 D 的质点可上下、左右振动，2 个自由度。

答案： D

48. 解 本题为单自由度体系（不计立柱质量）作水平振动。从两个柱头作水平截面取出刚性水平杆为隔离体（见解图），由剪力平衡可得沿水平振动方向的刚度系数：

$$k = \frac{3EI}{h^3} + \frac{3EI}{h^3} = \frac{6EI}{h^3}$$

代入自振频率公式可得：$\omega = \sqrt{\dfrac{k}{m}} = \sqrt{\dfrac{6EI}{mh^3}}$

题 48 解图

答案： C

49. 解 结构静力试验仪器仪表的主要性能指标包括量程、灵敏度、分辨率、准确度、线性度、漂移量。频响特性（频率响应特性）是仪器仪表对于不同频率测量参数的响应程度，是结构动力试验仪器仪表的性能指标。

答案： C

50. 解 对于钢筋混凝土梁受剪性能的试验，应保证正截面的受弯破坏不先于斜截面的受剪破坏，因此应适当提高纵向受拉钢筋的配筋率。

答案： A

51. 解 加载设备不应参与结构工作，不改变结构的受力状态或使结构产生附加应力。

答案：C

52.解 有机玻璃是一种各向同性的均质材料，可用于研究结构弹性反应的模型材料，选项 A 正确。

金属的力学特性大多符合弹性理论的基本假定，常用的模型材料是钢材和铝合金。铝合金允许有较大的应变量，并有良好的导热性和较低的弹性模量，因此金属模型中铝合金用得较多，选项 B 正确。

石膏广泛用来制作弹性模型，也可大致模拟混凝土的塑性工作，配筋的石膏模型常用来模拟钢筋混凝土板、壳的破坏形态，选项 C 正确。

微粒混凝土由细骨料、水泥和水组成，采用相似比例小粒径的骨料进行配合比设计，使模型材料的应力-应变曲线与原型相似。为了满足弹性模量相似，有时可采用掺入石灰浆的方法来降低模型材料的弹性模量。微粒混凝土的不足之处是，它的抗拉强度一般情况下比要求值高，这一缺点在强度模型中延缓了模型的开裂，选项 D 不正确。

答案：D

53.解 低周反复加载试验是以一定的荷载或位移作为控制值对试件进行低周反复加载。其目的，首先是研究结构在地震荷载作用下的恢复力特性，确定结构构件恢复力的计算模型。通过低周反复加载试验所得的滞回曲线和曲线所包围的面积求得结构的等效阻尼比，衡量结构的耗能能力（滞回环面积越大，结构的耗能能力越好）。从恢复力特性曲线还可得到与一次加载相接近的骨架曲线（极限荷载小于一次加载）、结构的初始刚度和刚度退化等重要参数。其次是通过试验可以从强度、变形和能量三个方面判别和鉴定结构的抗震性能，选项 C、D 正确。

采用低周反复加载试验的优点是，在试验过程中可以随时停下来观察结构的开裂和破坏状态，便于记录、检验校核试验数据和仪器的工作情况，并可按试验需要修正和改变加载历程。所以不仅可以观察试验结构的宏观现象，还可测量变形、裂缝、应变等参数，选项 B 错误。

低周反复荷载试验属于静力荷载试验，不考虑惯性力的影响，选项 A 正确。

答案：B

54.解 黏性土的物理状态主要由其含水量决定，可以分为坚硬、硬塑、可塑、软塑和流塑等几种物理状态。液性指数是用来判断土的软硬状态的一个重要参数，它与土的种类以及含水量有关。同一种土，含水量越大则液性指数越大，相应的土质就越软，如解图所示。

对于本题，液性指数 I_L 为：

$$I_L = \frac{w - w_p}{w_L - w_p} = \frac{23.2 - 20}{41.2 - 20} = 0.15$$

题 54 题解　黏性土的物理状态与含水率的关系

由解图可知，$0 \leq I_{\mathrm{L}} < 0.25$，为硬塑状态。

答案： B

55. 解 矩形面积基础受均布荷载作用，基础中心点下深度z处的附加应力是深度$2z$处角点下附加应力的 4 倍。即基底角点下 4m 处的附加应力应是基底中心下 2m 处附加应力的 1/4。

答案： A

56. 解 根据土体应变表达式$\varepsilon = \frac{\Delta s}{h} = \frac{e_1 - e_2}{1 + e_1}$，可得：

$$\Delta s = \frac{e_1 - e_2}{1 + e_1} h = \frac{0.760 - 0.651}{1 + 0.760} \times 3000 = 185.8\mathrm{mm}$$

答案： D

57. 解 根据土中一点发生剪切破坏，在极限状态下的摩尔应力圆和极限平衡条件下应力关系表达式，破裂面与大主应力作用面的夹角为$\alpha = 45° + \frac{\varphi}{2}$，与小主应力作用面的夹角为$\alpha = 45° - \frac{\varphi}{2}$。

答案： B

58. 解 应根据具有挡土作用的挡土结构在工作状态下可能的位移趋势来判断土体作用于墙背上的是哪种土压力。主动土压力是在挡土结构背离墙后土体产生位移至土体达到极限平衡状态时作用在挡土结构上的土压力。被动土压力是在挡土结构向着墙后土体方向产生位移至土体达到极限平衡状态时作用在挡土结构上的土压力。静止土压力是挡土结构静止不动，土体处于弹性平衡状态下作用于挡土结构上的土压力。

例如，靠自身重力或结构形式平衡墙后土压力的一般挡土墙，由于没有对后边的土层施加压力，而只受土的压力，计算作用在墙背的土压力时，用主动土压力；拱桥的桥台（同时具有挡路基土作用）等由于受拱桥的推力，桥台对后边的土有压力，计算作用在挡土结构后背上的土压力时，用被动土压力。地下室的外墙是建筑物地下结构的一部分，正常工作状态，应该是静止不动，不会产生任何位移，故作用在墙背上的土压力一般取静止土压力。

答案： C

59. 解 根据中心荷载作用下方形基础基底尺寸确定公式$A \geqslant \frac{F}{f - \gamma_{\mathrm{G}} d}$，可得：

$$A \geqslant \frac{850}{180 - 20 \times 1.5} = 5.67\mathrm{m}^2$$

则有$b = \sqrt{A} \geqslant 2.38\mathrm{m}$

答案： C

60. 解 据题条件，桩长$L = 10.5\mathrm{m}$，桩径$d = 480\mathrm{mm}$

$$\begin{aligned}
R_{\mathrm{a}} &= q_{\mathrm{pa}} A_{\mathrm{p}} + u_{\mathrm{p}} \sum q_{sia} l_i \\
&= 1800 \times 3.14 \times 0.24^2 + 0.48 \times 3.14 \times (6 \times 7 + 2.5 \times 28 + 2 \times 35) \\
&= 600\mathrm{kN}
\end{aligned}$$

答案： B

2023 年度全国勘察设计一级注册结构工程师执业资格考试基础考试（下）
试题解析及参考答案

1. 解 封闭孔隙水分不能进入，粗大开口孔隙水分不能留存，所以吸水率都小。细微连通孔隙，孔隙率越大，则吸水率越大。因此，具有很多细微开口孔隙的材料，其吸水性强。所以同种材料吸水率最大时的孔隙特征为开口、微小、连通。

答案：B

2. 解 硅酸盐水泥四种熟料矿物中，硅酸三钙的水化速度快，早期强度和后期强度都较高，所以对早期强度的贡献最大。硅酸二钙的水化慢，早期强度低，后期强度增长快，所以对后期强度的贡献大。

答案：A

3. 解 硅酸盐水泥凝结硬化快，强度高，水化放热量多，水化产物中氢氧化钙含量高，抗腐蚀性能差。所以硅酸盐水泥适合早期强度要求高的工程及冬季施工混凝土，不适用于大体积混凝土、与海水接触的混凝土和抗硫酸盐混凝土。

答案：A

4. 解 和易性是指混凝土拌合物易于施工操作（拌和、运输、浇筑、捣实），并能获得质量均匀、成型密实混凝土的性能，包括流动性（能流动，均匀密实地填满模板的性能）、黏聚性（组成材料之间具有一定的黏结力，不分层、不离析的性能）和保水性（不泌水的性能）。所以混凝土拌合物发生分层、离析说明其黏聚性差。

答案：B

5. 解 混凝土在长期荷载作用下随时间而增加的变形称为徐变。

答案：A

6. 解 按钢材在冶炼过程中的脱氧程度可将钢材分为沸腾钢、半镇静钢、镇静钢及特殊镇静钢。沸腾钢在冶炼过程中脱氧不完全，组织不够致密，气泡较多，化学偏析严重，抗冲击性能差，但成本较低。镇静钢脱氧充分，内部组织致密，抗冲击性能好，但成本高。特殊镇静钢的各种性能比镇静钢更好。随着含碳量的增加，钢材的强度和硬度提高，塑性和韧性降低，低碳钢因含碳量小于 0.25%，所以抗冲击性能好。因此，最不宜用于动荷载较大结构的钢材是沸腾钢。

答案：A

7. 解 顺纹方向指受力方向与纤维生长方向平行。横纹方向指受力方向与纤维生长方向垂直。理论上，在不考虑木材各种缺陷影响的前提下，同一木材，以顺纹抗拉强度为最大，抗弯强度、顺纹抗压、横纹抗剪强度依次递减，横纹抗拉强度、横纹抗压强度比顺纹小得多。

答案：A

8. 解 水准面有无穷多个，其中与平均海平面吻合，向大陆、岛屿内延伸所形成的闭合曲面，称为大地水准面。

答案：C

9. 解 依题意得导线全长闭合差为：

$$f_d = \sqrt{f_x^2 + f_y^2} = \sqrt{(-0.04)^2 + (0.06)^2} = 0.072\text{m}$$

导线全长相对闭合差为：

$$K = \frac{f_d}{D} = \frac{1}{\frac{409.25}{0.072}} = \frac{1}{5675} \approx \frac{1}{5600}$$

答案：C

10. 解 地形图的比例尺精度为图上 0.1mm 的长度所代表的实际地面长度。根据题意，应有 $0.1 \times 10^{-3} \times M = 0.05\text{m}$，则 $\frac{1}{M} = \frac{0.1 \times 10^{-3}}{0.05} = \frac{1}{500}$。

答案：A

11. 解 AB、CD 两段丈量的相对精度分别为：

$$K_{AB} = \frac{1}{\frac{120.356}{0.02}} = \frac{1}{6017}；\quad K_{CD} = \frac{1}{\frac{200.457}{0.03}} = \frac{1}{6682}$$

$$K_{CD} < K_{AB}$$

答案：B

12. 解

$$\Delta x_{oo'} = 215.064 - 215.314 = -0.25\text{m}$$

$$\Delta y_{oo'} = 143.500 - 143.067 = 0.433\text{m}$$

$$f_{oo'} = \sqrt{(\Delta x_{oo'})^2 + (\Delta y_{oo'})^2} = \sqrt{(-0.25)^2 + (0.433)^2} = 0.500\text{m}$$

$$i = \frac{f_{oo'}}{D} \times 100\% = \frac{0.500}{200} \times 100\% = 0.25\%$$

答案：A

13. 解《中华人民共和国城市房地产管理法》第二条规定，在中华人民共和国城市规划区国有土地（以下简称国有土地）范围内取得房地产开发用地的土地使用权，从事房地产开发、房地产交易，实施房地产管理，应当遵守本法。

答案：C

14. 解《中华人民共和国城乡规划法》第三十六条规定，按照国家规定需要有关部门批准或者核准的建设项目，以划拨方式提供国有土地使用权的，建设单位在报送有关部门批准或者核准前，应当向城乡规划主管部门申请核发选址意见书。

答案：A

15.解 《中华人民共和国环境保护法》第六十九条规定，违反本法规定，构成犯罪的，依法追究刑事责任。

答案：C

16.解 《勘察设计注册工程师管理规定》第二十一条规定，修改经注册工程师签字盖章的勘察、设计文件，应当由该注册工程师进行；因特殊情况，该注册工程师不能进行修改的，应由同专业其他注册工程师修改，并签字、加盖执业印章，对修改部分承担责任。

答案：A

17.解 《混凝土结构工程施工规范》（GB 50666—2011）第 8.6.1 条规定，施工缝和后浇带宜留设在结构受剪力较小且便于施工的位置。

答案：D

18.解 构件吊装前，应在表面弹出吊装中心线和对位准线，作为对位、校正的依据。对柱子，应在柱身的三面弹出其几何中心线或对位准线（工字形截面柱）及标高控制线；在柱顶和牛腿面上弹出屋架及吊车梁的安装准线。由于柱子吊装前平卧放置，柱身也仅能三面弹线（见解图）。

题 18 解图 柱子弹线图

1-柱子中心线；2-标高控制线；3-基础顶面线；
4-吊车梁对位线；5-屋架对位线

答案：C

19.解 在项目管理和网络计划中，有多种不同类型的工作和关系用于描述任务之间的逻辑和时间关系。以下是这些术语的具体定义：

实工作：这种工作占用时间和资源，是项目中实际进行的任务，需要人员、设备和材料来完成。

虚工作：只表示前后相邻工作之间的逻辑关系，既不占用时间，也不耗用资源，用于说明两个或多个任务之间的依赖关系，但并不实际执行任何工作。

紧前工作：紧排在某项工作前面（不包括虚工作）的实工作，是在特定任务开始之前必须完成的所有任务。

紧后工作：紧排在某项工作之后（不包括虚工作）的实工作，是指在某个任务完成后需要立即开始的任务。

平行工作：当两项工作具有相同的开始节点时，这两项工作为平行工作。有时，某项工作通过虚工作与另一项工作的开始节点相连，它们在性质上也是平行工作。

答案：C

20. 解 由题可知，施工层数 $r = 2$，施工段数 $m = 3$，施工过程数 $n = 3$，流水节拍 $t = 2$d，无施工过程间歇和搭接。

固定节拍流水，取流水步距等于流水节拍，即 $K = t = 2$d。

将数据代入固定节拍流水工期的计算公式 $T = (rm + n - 1)K + \sum S - \sum C$，得：

$$T = (2 \times 3 + 3 - 1) \times 2\text{d} + 0 - 0 = 16\text{d}$$

答案：C

21. 解 技术管理的三个环节包括：①施工前的各项技术准备工作；②施工中的贯彻、执行、监督和检查；③施工后的验收、总结和提高。可见，不包括"建立科学的管理制度"。

答案：D

22. 解 根据《混凝土结构设计规范》（GB 50010—2010）（2015 年版）第 6.4.9 条，T 形和工字形剪扭构件可将其截面划分为几个矩形截面，其中，腹板承担全部剪力和部分扭矩，受压翼缘及受拉翼缘承担其他部分的扭矩。

答案：B

23. 解 在图示荷载作用下，悬臂梁的固定端内力最大，且上部受拉，弯剪斜裂缝应由固定端的上部斜向悬臂端发展。

答案：C

24. 解 小偏心受压构件属于受压破坏，极限状态时，靠近轴向力的受压钢筋屈服，混凝土压碎；远离轴向力的钢筋可能受压，也可能受拉，一般达不到屈服。

答案：D

25. 解 完成全部预应力损失后，预应力筋的有效预应力，先张法：$\sigma_{pe} = \sigma_{con} - \sigma_l - \alpha_E \sigma_{pcII}$，后张法：$\sigma_{pe} = \sigma_{con} - \sigma_l$，所以，后张法预应力筋的有效预应力比先张法大。

答案：C

26. 解 根据《混凝土结构设计规范》（GB 50010—2010）（2015 年版）第 9.2.11 条，位于梁下部或梁截面高度范围内的集中荷载，应全部由附加横向钢筋承担，附加横向钢筋宜采用箍筋或吊筋。其目的是为了防止集中荷载影响区下部混凝土的撕裂及裂缝，并弥补间接荷载导致的梁斜截面受剪承载力降低。

答案：B

27. 解 《建筑地基基础设计规范》（GB 50007—2011）第 8.2.7 条第 1 款规定，对柱下独立基础，当冲切破坏锥体落在基础底面以内时，应验算柱与基础交接处以及基础变阶处受冲切承载力；第 2 款，对基础底面短边尺寸小于或等于柱宽加两倍基础有效高度的柱下独立基础，以及墙下条形基础，应验算柱（墙）与基础交接处的基础受剪切承载力；第 3 款，基础底板的配筋应按抗弯计算确定。

答案：C

28. 解 在图示水平荷载作用下，根据力矩平衡，A 杆件受压，C 杆件受拉；根据节点平衡，B 杆件受拉。

答案：D

29. 解 在水平荷载作用下，框架的侧向变形曲线呈剪切型，剪力墙的侧向变形曲线呈弯曲型，选项 A、C 错误。在水平荷载作用下，框架柱会出现反弯点，剪力墙的连梁可能会出现反弯点，选项 B 错误、选项 D 正确。

答案：D

30. 解 其他条件相同，受压翼缘的宽度越小，整体稳定性越差，所以图（a）、（c）较图（b）、（d）的稳定性差。根据《钢结构设计标准》（GB 50017—2017）附录 C 第 C.0.1 条，集中荷载作用在受压上翼缘较作用在受拉下翼缘，梁整体稳定的等效弯矩系数 η_b 小，整体稳定系数 φ_b 就小，所以当其他条件相同时，集中荷载作用在上翼缘的稳定性较作用在下翼缘差。故整体稳定性最好的是图（d），最差的是图（a）。

答案：B

31. 解 图示受弯矩 M 作用的普通螺栓群，计算螺栓拉力时，构件将绕上排螺栓转动（图中 b 点）。

答案：B

32. 解 根据《钢结构设计标准》（GB 50017—2017）第 7.4.1 条表 7.4.1-1，其他腹杆在屋架平面内的计算长度为 $0.8l$，在屋架平面外的计算长度为 l，选项 D 错误。

答案：D

33. 解 根据《建筑抗震设计规范》（GB 50011—2010）（2016 年版）第 5.4.2 条，结构构件的截面抗震验算的设计表达式为 $S \leqslant R/\gamma_{RE}$，其中，$\gamma_{RE}$ 为承载力抗震调整系数。

答案：A

34. 解 可先去除不影响几何组成性质的 3 个支座链杆，再从任一三角形出发，依次增加二元体，可知，体系几何不变，且有 1 个多余约束。

答案：B

35. 解 本题为三铰式刚架。两种情况下，结构两底铰等高，由整体力矩平衡条件可知，以底铰为矩心求得相应竖向反力相同，左右支座竖向反力均为 $P/2$。而求水平反力时，需拆开取左（或右）隔离体并以顶铰为矩心，由于隔离体上外荷载不同，故水平反力结果不同。

答案：B

36.解 静定结构满足平衡条件内力解答唯一，只要不受荷载作用就不会引起内力。温度改变和支座移动均不引起内力，但均引起位移（温度改变会引起弹性变形及相应位移，支座移动会引起杆件的刚体位移）。

答案：C

37.解 本题为静定多跨梁，从左到右，依次先算附属部分，再算基本部分。除左端跨外，每根杆中无外荷载，因此各段弯矩图均为直线。另注意，中间滑动支座处，左右端的弯矩相等。铰处支座弯矩为零，因此弯矩图直线必通过中间铰。左边悬臂段最大弯矩为 Pl，依次作直线，即可得最终弯矩图，如解图所示，因此 $M_C = Pl/2$，下侧受拉。

题 37 解图

答案：D

38.解 由结构整体平衡，可知水平反力为零，可认为是对称结构对称荷载受力状态。作解图，分别以 A、B 为矩心求得 $C_{左}$、$C_{右}$ 的剪力，再由结点 C 隔离体竖向力平衡求得 CD 杆轴力为 $N_{CD} = P/2 + P/2 = P$。

答案：B

39.解 对附属式静定结构，当荷载作用在基本部分上时，则附属部分不受力。当荷载作用在附属部分时，则附属部分和基本部分均受力。

答案：A

40.解 应用图乘法时需要满足：①直杆；②分段等截面（即分段 EI 为常数）；③相乘的两个弯矩图中至少一个为直线型。选项 A 错误，单位弯矩图为分段直线也可应用图乘法。选项 C 错误，不需所有杆的 EI 均相同，分段常数即可。选项 D 错误，图乘法也可用于超静定结构。

答案：B

41.解 虚设单位力如解图所示，求出各杆轴力，其中 $N_{AC} = -\sqrt{2}$（受压）。再将杆件的制造误差视为杆内部变形所产生，由于 AC 杆短了 λ，相当于产生了压缩变形，而虚设单位力使 AC 杆受压，因此相应的内力虚功为正值。应用虚功原理（外力虚功＝内力虚功），得：

$$\Delta_A^H = \bar{N} \cdot \lambda = (-\sqrt{2}) \times (-1)\text{cm} = 1.414\text{cm}$$

结果为正值，表示 A 点位移与虚设的单位力方向相同，即方向向右。

也可作解图 b），AB 为杆的缩短 1cm，自 A 作水平线，自 B 作 AB 的垂线，得交点 C，AC 即为所求，分析几何关系，可得 $\Delta_{AH} = 1.414$cm。

题 41 解图

答案： A

42. 解 做解图，由于荷载 P 使水平杆弹性弯曲致使 A 点左移，故知 X_1 方向必须向右才能满足变形协调条件（A 点位移为零）。

答案： A

题 42 解图

43. 解 此题左边第一跨为超静定梁，右边为静定梁。先求得右链杆支座处截面弯矩 $Pl/2$（上部受拉）及铰结点弯矩 0，连直线，即可得到静定部分的弯矩图，并求得中间链杆处截面弯矩 $Pl/2$（下部受拉），再按力矩分配法向远端（固定端）传递 1/2，得全梁弯矩图，固定端截面弯矩为 $Pl/4$（上部受拉）。

答案： B

44. 解 位移法是以结点位移为基本未知量用以建立位移法基本方程（平衡方程），再用解出的结点位移求杆件内力的方法，其应用前提是杆件的形常数、载常数（转角位移方程）已知，与超静定次数（包括零次超静定即静定）无关。位移法可用于静定结构和超静定结构。

答案： C

45. 解 在刚结点处加刚臂，荷载作用下的弯矩图如解图所示，R_{1p} 是附加刚臂的约束力矩，可由结点隔离体平衡求得，其值等于该结点各杆固端弯矩的代数和（以对杆端顺时针、对结点反时针为正）。

$$R_{1P} = \frac{1}{12} \times 6 \times 4^2 - \frac{3}{16} \times 16 \times 6 = -10 \text{kN} \cdot \text{m}$$

题 45 解图

答案： C

46. 解 该图为外伸梁结构中截面 E 的弯矩影响线（可用机动法快速得到轮廓）。根据影响线定义，影响线上点的横坐标表示单位力的位置，纵坐标表示影响量的值。M_E 影响线上 C 点的纵坐标（竖标）是单位力作用在 C 点时 M_E 的值。

答案：C

47. 解 简支梁的剪力影响线如解图所示，其特点为：两个分段平行的直线，端部值为 a/l，b/l，$l = a + b$，与分段长度成正比。

题 47 解图

答案：C

48. 解 单自由度体系的动力系数 μ 是简谐荷载直接作用在振动质点上推导出来的，可用于动位移及动内力计算，动力系数只有一个 μ。荷载不在质点上（图 A、C、D），计算动力弯矩时，其动力系数需作适当转换，这种情况内力动力系数与位移动力系数不相同。

答案：B

49. 解 钢筋混凝土结构构件的计算理论是建立在许多假定的基础上，其中最重要的基本假定是平截面假定，平截面假定则是基于试验研究的直接成果。

答案：B

50. 解 结构的整体变形能够概括试件受力后的全貌，任何部位的异常变形或局部破坏都能在整体变形中得到反映，所以结构变形测试中首先应考虑整体变形，选项 A 错误。通常选择结构构件中有代表性的最大应力部位布置局部测点，选项 B 正确。在满足试验目的的前提下，宜简化量测方案，控制量测数量，选项 C 错误。只要能够满足量测的精度要求，无须采取高精度的测试手段，选项 D 错误。

答案：B

51. 解 根据电阻应变测试的基本原理，应变片电阻的变化率与应变成正比，即 $\Delta R / R = K\varepsilon$，可得 $\varepsilon = \Delta R/(KR) = 0.35/(2.0 \times 120) = 1458 \times 10^{-6}$，钢材的弹性模量 $E = 2.06 \times 10^5 \text{N/mm}^2$，根据应力-应变关系，$\sigma = E\varepsilon = 2.06 \times 10^5 \times 1458 \times 10^{-6} = 300.3 \text{N/mm}^2$。

答案：C

52. 解 低周反复加载试验（拟静力试验）采用的加载制度包括力控制加载、位移控制加载和力-位移混合控制加载，选项 D 正确。其他三项为结构动力学特性量测的激振方法。

答案：D

53. 解 相似第一定理，确定了相似现象的性质，说明两个相似现象在数量上和空间中的相互关系；提出彼此相似的现象，单值条件相同，其相似准则数也相同。

答案：C

54. 解 d_{60} 为限制粒径，d_{10} 为有效粒径，不均匀系数 $C_u = d_{60}/d_{10}$。两种土的不均匀系数相同，则两种土的限制粒径与有效粒径之比值相同。

答案：D

55. 解 方形基础中心点下 4m 深处的竖向附加应力，可以是四个 2m 边长的方形面积均布荷载角点下 4m 深处的竖向附加应力的叠加。

$$\sigma = 4 \times \alpha_a p_0$$

$$p_0 = p - \gamma d = 300 - 18 \times 1.5 = 273 \text{kPa}$$

题已给出 $\frac{l}{b} = \frac{2}{2} = 1$、$\frac{z}{b} = \frac{4}{2} = 2$ 时 2m 边长的方形面积均布荷载角点下 4m 深处的竖向附加应力系数 $\alpha_a = 0.084$，则：

$$\sigma = 4 \times \alpha_a p_0 = 4 \times 0.084 \times 273 = 91.7 \text{kPa}$$

答案：C

56. 解 根据土的单向固结微分方程求解固结度推导得出：若有两个性质相同的饱和黏土层，土层厚度相同，均为 H，单面排水渗径为 H_1，双面排水渗径为 H_2，则它们达到同一固结度需要的时间分别为 t_1 和 t_2，达到某一固结度的时间与渗径存在如下关系：

$$\frac{t_1}{t_2} = \frac{H_1^2}{H_2^2}$$

饱和黏土层厚为 H，单面排水土层厚度为 $H_1 = H$，双面排水土层厚度为 $H_2 = 0.5H$，则：两个厚度、性质相同的饱和黏土层，它们达到同一固结度时，单面排水固结时间是双面排水的 4 倍。

答案：C

57. 解 $\alpha = 45 + 24°/2 = 57°$，$2\alpha = 90 + \varphi = 114°$

$$\sigma_\alpha = \frac{\sigma_1 + \sigma_3}{2} + \frac{\sigma_1 - \sigma_3}{2} \cos 2\alpha = \frac{300 + 100}{2} + \frac{300 - 100}{2} \cos 114° = 200 + 100 \times \cos 66° = 159.3 \text{kPa}$$

答案：D

58. 解 根据题意，作为重力式挡土墙，其靠自身重力平衡土压力，主要作用就是承受墙后填土的土压力作用，墙后土体不发生破坏。此挡土墙的工作状态是，在土压力作用下，墙背离墙后填土产生位移，墙后填土作用在挡土墙背上的土压力（挡土墙背作用于填土上压力的反力）随着位移增大，逐渐减小，直至墙背后土体达到极限平衡状态（土体破坏），土体中的应力状态满足土的极限平衡条件。此极限平衡状态下的小主应力即是主动土压力。基于此状态下土压力的大小，考虑一定的安全储备，进行挡土墙的设计。当对于支护结构水平位移有严格限制时，应采用静止土压力计算。

答案：A

59. 解 建筑物的体型复杂、相邻建筑物之间距离过近，都可以造成不均匀沉降。设置沉降缝可以减轻不均匀沉降的影响。设置后浇带无助于减轻长期不均匀沉降危害造成的影响。

答案：D

60. 解 处理厚度较大的软土地基，可采用预压法。预压法主要用来解决地基的沉降及稳定问题。当软土层厚度小于 4m 时，可采用天然地基堆载预压法处理；当软土层厚度超过 4m 时，应采用塑料排水带、砂井等竖向排水预压法处理。

换填垫层法、重锤夯实法和机械碾压法都适用于处理浅层的软土地基，而不适用于处理厚度较大的软土地基。

换填垫层法是将软土层挖除，然后用强度较高的材料（如碎石、砂等）填充底部，再在其上铺设道路或建筑物的基础。这种方法适用于浅层的软土地基，但对于较厚的软土地基来说，需要大量的挖掘和填充工作，成本较高。

重锤夯实法是通过反复使用重型夯锤对地基进行夯实，以增加地基的密实度和承载力。这种方法适用于表层较松散的土壤，但对于深层的软土地基来说，夯实效果有限。

机械碾压法是利用压路机等机械设备对地基进行反复碾压，以增加地基的密实度和承载力。这种方法适用于表层较松散的土壤，但对于深层的软土地基来说，碾压效果有限。

答案：D

2024 年度全国勘察设计一级注册结构工程师执业资格考试基础考试（下）
试题解析及参考答案

1. 解 材料在水中吸收水分的性质称为吸水性，指标为吸水率。

材料在潮湿空气中吸收水分的性质称为吸湿性，指标为含水率。

材料在饱和水作用下不破坏、强度也不显著降低的性质称为耐水性，指标为软化系数。

材料抵抗压力水渗透的性质称为抗渗性，指标为渗透系数或抗渗等级。

答案：D

2. 解 硅酸盐水泥熟料的四种主要矿物成分分别为 C_3S（硅酸三钙，化学式为 $3CaO \cdot SiO_2$）、C_2S（硅酸二钙，化学式为 $2CaO \cdot SiO_2$）、C_3A（铝酸三钙，化学式为 $3CaO \cdot Al_2O_3$）、C_4AF（铁铝酸四钙，化学式为 $4CaO \cdot Al_2O_3 \cdot Fe_2O_3$）。

导致硅酸盐水泥石腐蚀的主要原因是其水化产物中含有氢氧化钙和水化铝酸钙。而氢氧化钙是由熟料矿物 C_3S 和 C_2S 水化生成，C_3A 水化生成水化铝酸钙。所以四种熟料矿物中，耐腐蚀性最好的是 C_4AF。

答案：D

3. 解 细度模数反映砂的粗细程度，细度模数越小，表示砂越细，而砂的总表面积越大选项 A 错误。

混凝土I类建设用砂的含泥量小于或等于 1.0%，II类建设用砂的含泥量小于或等于 3.0%，III类建设用砂的含泥量小于或等于 5.0%，选项 B 错误。

压碎指标反映粗骨料的强度，压碎指标越大，石子的强度越小，选项 C 错误。

混凝土中的碱性氧化物（Na_2O、K_2O）与骨料中的活性二氧化硅或活性碳酸盐发生化学反应生成碱硅酸凝胶或碱-碳酸盐凝胶，沉积在骨料与水泥石界面上，吸水后体积膨胀 3 倍以上，导致混凝土开裂破坏，这种碱性氧化物与骨料中活性成分之间的化学反应称为碱-骨料反应，所以当粗骨料中夹杂活性二氧化硅时，混凝土有可能发生碱骨料反应，选项 D 正确。

答案：D

4. 解 混凝土的强度等级应按其立方体抗压强度标准值确定。混凝土立方体抗压强度标准值应为按标准方法制作和养护的边长为 150mm 的立方体试件，用标准试验方法在 28d 龄期测得的混凝土抗压强度总体分布中的一个值，强度低于该值的概率应为 5%。所以对于强度等级为 C60 的混凝土，该混凝土标准立方体抗压强度大于或等于 60MPa 的概率为 95%。

答案：D

5. 解 石油沥青的黏滞性反映沥青内部阻碍相对流动的特性，用针入度表示。针入度越小，表明沥青的黏度越大，黏滞性越好。

答案：C

6. 解　冷加工是指将钢材于常温下进行冷拉、冷轧或冷拔，使其产生塑性变形，从而提高屈服点的过程。冷加工可提高钢材的屈服点，使其塑性、韧性和弹性模量降低，但是抗拉强度不变。所以，钢材经过冷加工之后得到提高的性能是屈服强度。

答案：D

7. 解　石材长期在饱和水作用下不破坏、强度也不显著降低的性质称为耐水性，用软化系数表示。软化系数等于石材在水饱和状态下的抗压强度与在干燥状态下的抗压强度之比，所以软化系数的大小表明石材在浸水饱和后保持抗压强度的能力，软化系数越小，耐水性越差。软化系数大于 0.9 的为高耐水性石材，软化系数为 0.7～0.9 的为中耐水性石材，软化系数为 0.6～0.7 的为低耐水性石材。长期受水浸泡或处于潮湿环境的重要结构，必须选用软化系数大于 0.85 的材料。软化系数在 0.6～0.74 的石材不允许用于重要建筑物中。

答案：D

8. 解　用水平面代替水准面，对距离和高程均会产生影响，根据推算，在半径为 10km 的范围内对距离的影响相对误差为 1/1220000，可以忽略不计；在半径为 0.2km 的范围内对高程的影响则可达到 0.31cm，远远大于对距离测量的影响及高程测量容许误差范围。因此，就高程测量而言，即使距离很短，也应用水准面作为测量的基准面，即应顾及地球曲率对高程的影响。

天文地理坐标的基准面是大地水准面，它是通过平均海水面并向大陆、岛屿延伸而形成的闭合曲面，用于确定地面点的天文经度和天文纬度。

大地地理坐标的基准面是参考椭球面，参考椭球面是一个与大地水准面非常接近的数学曲面，用于精确描述地球形状和确定地面点的大地经度和大地纬度。

地面点的绝对高程是指地面点到大地水准面的铅垂距离，不是到任一水准面的铅垂距离。

答案：A

9. 解　自动安平式水准仪可以通过补偿器对水准测量的读数进行自动补偿，所以水准测量时，无须进行精平，其操作步骤为：粗平—瞄准—读数。

答案：D

10. 解　水平度盘不与基座固连，也不与竖轴固连，而是固定在照准部上的，随照准部一起转动，用于测量水平角度，所以选项 A、B 均错误；竖直度盘与横轴固连，随着望远镜一起转动，用于测量竖直角度，故选项 C 错误、选项 D 正确。

答案：D

11. 解 根据视距测量原理，水平距离计算公式为：$D = Cn \cdot \cos^2 \alpha$。

答案：A

12. 解 根据闭合导线闭合差计算公式$f_x = \sum \Delta x = -0.08\text{m}$，$f_y = \sum \Delta y = 0.06\text{m}$。

导线全长相对闭合差计算如下：

$$f = \sqrt{f_x^2 + f_y^2} = \sqrt{(-0.08)^2 + 0.06^2} = \pm 0.1\text{m}$$

$$k = \frac{f}{\sum d} = \frac{1}{\frac{\sum d}{f}} = \frac{1}{\frac{500}{0.1}} = \frac{1}{5000}$$

答案：A

13. 解 《建筑法》第三十四条规定，工程监理单位应当在其资质等级许可的监理范围内，承担工程监理业务。工程监理单位应当根据建设单位的委托，客观、公正地执行监理任务。工程监理单位与被监理工程的承包单位以及建筑材料、建筑构配件和设备供应单位不得有隶属关系或者其他利害关系。工程监理单位不得转让工程监理业务。工程监理单位与建筑材料供应单位不得有隶属关系或者其他利害关系。故选项 A 错误。工程监理单位不得转让工程监理业务，分包其承揽的工程是错误的。故选项 B 错误。

第三十一条规定，实行监理的建筑工程，由建设单位委托具有相应资质条件的工程监理单位监理。建设单位与其委托的工程监理单位应当订立书面委托监理合同。故选项 C 错误。

第三十三条规定，实施建筑工程监理前，建设单位应当将委托的工程监理单位、监理的内容及监理权限，书面通知被监理的建筑施工企业。故选项 D 正确。

答案：D

14. 解 《中华人民共和国城市房地产管理法》第二十一条规定，土地使用权因土地灭失而终止。故选项 A 正确。第十五条规定，土地使用权出让，应当签订书面出让合同。故选项 C 正确。第九条规定，城市规划区内的集体所有的土地，经依法征收转为国有土地后，该幅国有土地的使用权方可有偿出让，但法律另有规定的除外。故选项 D 正确。第三条规定，国家依法实行国有土地有偿、有限期使用制度。但是，国家在本法规定的范围内划拨国有土地使用权的除外。故选项 B 错误。

答案：B

15. 解 《民法典》第四百七十二条规定，要约是希望与他人订立合同的意思表示，该意思表示应当符合下列条件：（一）内容具体确定；（二）表明经受要约人承诺，要约人即受该意思表示约束。第四百七十三条规定，要约邀请是希望他人向自己发出要约的表示。拍卖公告、招标公告、招股说明书、债券募集办法、基金招募说明书、商业广告和宣传、寄送的价目表等为要约邀请。第四百七十九条规定，承诺是受要约人同意要约的意思表示。

直接发包是建设单位将建筑工程发包给具有相应资质条件的承包单位，希望承包单位向自己发出要约，是要约邀请的过程。故选项C正确。

答案：C

16. 解　《建设工程质量管理条例》第四十一条规定，建设工程在保修范围和保修期限内发生质量问题的，施工单位应当履行保修义务，并对造成的损失承担赔偿责任。《建筑法》第七十三条规定，建筑设计单位不按照建筑工程质量、安全标准进行设计的，责令改正，处以罚款；造成工程质量事故的，责令停业整顿，降低资质等级或者吊销资质证书，没收违法所得，并处罚款；造成损失的，承担赔偿责任；构成犯罪的，依法追究刑事责任。

该项工程在保修期内，因此施工单位应当履行保修义务，质量缺陷是设计原因造成的，且产生损失，责任方设计单位应承担赔偿责任。故选项D正确。

答案：D

17. 解　基坑边坡形式如解图所示，边坡坡度通常（习惯）采用 $1:m$ 表示。即边坡坡度 $i = \tan\alpha = H/B = 1:m$。式中，$m$ 称为坡度系数，$m = B/H$。本题中，坡度为 $2:4$，习惯表示为 $1:2$。

题17解图

答案：A

18. 解　《混凝土结构工程施工质量验收规范》（GB 50204—2015）第5.1.1条规定，浇筑混凝土之前，应进行钢筋隐蔽工程验收。故选项A正确，选项B错误。

隐蔽工程验收应包括下列主要内容：

（1）纵向受力钢筋的牌号、规格、数量、位置。

（2）钢筋的连接方式、接头位置、接头质量、接头面积百分率、搭接长度、锚固方式及锚固长度。

（3）箍筋、横向钢筋的牌号、规格、数量、间距、位置，箍筋弯钩的弯折角度及平直段长度。

（4）预埋件的规格、数量和位置。

由此可见，选项C错误。

第3.0.4条第3款质量验收规定，应具有完整的质量检验记录，重要工序应具有完整的施工操作记录，选项D错误。

答案：A

19. 解　依据《混凝土结构工程施工规范》（GB 50666—2011）第8.6.3条，垂直施工缝和后浇带的留设位置应符合下列规定：

（1）有主次梁的楼板施工缝应留设在次梁跨度中间的1/3范围内。

（2）单向板施工缝应留设在平行于板短边的任何位置。

（3）楼梯梯段施工缝宜设置在梯段板跨度端部的1/3范围内。

（4）墙的施工缝宜设置在门洞口过梁跨中1/3范围内，也可留设在纵横交接处。

（5）后浇带留设位置应符合设计要求。

（6）特殊结构部位留设垂直施工缝应征得设计单位同意。

需注意，对有主次梁的肋形楼盖只有顺着次梁方向浇筑，才能将垂直施工缝留置在次梁上。

答案：D

20.解 施工顺序是指各分部分项工程进行施工的先后次序。

施工流向是指在平面及竖向空间上，进行施工的流动方向。

施工程序是指进行工程施工所必须遵循的一般顺序，分为承接任务、施工规划、施工准备、组织施工、竣工验收、回访保修等6个步骤。

建设程序是指建设项目在整个建设过程中各项工作的顺序关系。一个建设项目从决策到实施，主要须经历6个阶段、15个步骤，其先后顺序如解图所示。

题20解图

答案：A

21.解 流水步距是指在流水施工时，相邻两个专业施工队相继投入工作的最小间隔时间。可见，流水步距的个数＝施工队个数－1。在常用的全等节拍流水（或称固定节拍流水）和分别流水中，由于施工队个数等于施工过程数，则其流水步距个数也就等于施工过程数－1，即本题中4－1＝3。而若组织成倍节拍流水，则施工队个数一定多于施工过程数，则本题无解。

答案：B

22.解 依据《混凝土结构设计规范》（GB/T 50010—2010）第4.1.2条，采用强度等级400MPa及以上的钢筋时，混凝土强度等级不应低于C25。

注：《混凝土结构通用规范》（GB 55008—2021）将最低混凝土强度等级提高为C20，所以第2.0.2

条第 4 款规定，采用强度等级 500MPa 及以上的钢筋时，混凝土强度等级不应低于 C30。

答案：C

23. 解 结构的设计使用年限，是设计规定的结构或结构构件不需要进行大修即可按预定目的使用的年限。设计使用年限的确立对于保证结构的安全性、适用性和耐久性具有重要意义，它是结构设计的重要依据之一。

结构的设计基准期是指为确定可变作用及与时间有关的材料性能取值而选用的时间参数，用于反映荷载等作用随时间的变化特性以及材料的时效变化，以便更准确地评估结构在使用期限内的安全性和适用性。

注：《工程结构通用规范》（GB 55001—2021）将"结构的设计使用年限"改为"设计工作年限"。

答案：B

24. 解 《混凝土结构设计规范》（GB/T 50010—2010）第 6.2.3 条规定，弯矩作用平面内截面对称的偏心受压构件，当同一主轴方向的杆端弯矩比 M_1/M_2 不大于 0.9 且轴压比不大于 0.9 时，若构件的长细比满足下式时：

$$l_c/i \leqslant 34 - 12(M_1/M_2)$$

式中，l_c 为构件的计算长度；i 为偏心方向的截面回转半径；M_1、M_2 分别为已考虑侧移影响的偏心受压构件两端截面按结构弹性分析确定的对同一主轴的组合弯矩设计值，绝对值较大端为 M_2，绝对值较小端为 M_1，当构件按单曲率弯曲时，M_1、M_2 取正值，否则取负值。

可不考虑轴向压力在该方向挠曲杆件中产生的附加弯矩影响，否则应按截面的两个主轴方向分别考虑轴向压力在挠曲杆件中产生的附加弯矩影响。所以，需要考虑的因素不包括截面有效高度。

答案：D

25. 解 依据《混凝土结构设计规范》（GB/T 50010—2010）第 3.4.5 条表 3.4.5，在一类环境下，预应力混凝土结构的裂缝控制等级为三级，最大裂缝宽度限值为 0.20mm。

答案：D

26. 解 依据《混凝土结构设计规范》（GB/T 50010—2010）第 9.1.1 条第 2 款 1)，对于四边支承的板，当长边与短边长度之比不大于 2.0 时，应按双向板计算，选项 A 正确。

根据第 9.1.2 条表 9.1.2，现浇钢筋混凝土双向板的最小厚度为 80mm，选项 D 错误。

根据第 5.6.3 条，承受均布荷载的周边支承的双向矩形板，可采用塑性铰线法进行承载能力极限状态的分析与设计，选项 C 正确。

连续双向板按弹性理论计算内力时，当求支座负弯矩时，楼盖各区格板均满布活荷载；当求跨中正弯矩时，在该区格及前后左右每隔一区格布置活荷载，一般称为棋盘形布置，选项 B 正确。

答案： D

27. 解　根据牛腿所受竖向荷载作用点到牛腿下边根部的水平距离a与牛腿有效高度h_0的比值，将其划分为长牛腿和短牛腿。当$a > h_0$时，为长牛腿，可按悬臂梁设计；当$a \leqslant h_0$时，为短牛腿，实腹短牛腿是一个变截面的悬臂深梁。一般支承起重机梁等构件的牛腿均为短牛腿。

答案： A

28. 解　壁式框架（也称剪力墙）的分类和判断通常涉及结构的整体性能及其组成构件的性能。整体性系数α反映了连梁总转角刚度与墙肢总线刚度之间的比例关系，α值越大，说明剪力墙的整体性能越好，而肢强系数$\zeta = I_n / I$，是衡量剪力墙单个肢（或柱）的强度相对于整体强度的比例，ζ值越大，说明单个肢（或柱）的强度贡献越大。其中，I为剪力墙对组合截面形心的惯性矩，I_n为扣除墙肢惯性矩后剪力墙的惯性矩。

当$\alpha \geqslant 10$，且$\zeta > [\zeta]$时，按壁式框架计算。这是因为，整体性系数α较大（$\alpha \geqslant 10$）时，连梁的约束作用较强；同时，肢强系数$\zeta > [\zeta]$，意味着墙肢相对较强，符合壁式框架的受力和变形特点。

当剪力墙无洞口，或虽有洞口但洞口面积小于墙面总面积的15%，且孔洞净距及洞口边至墙边距离大于孔洞长边尺寸时，可按整体墙计算。当$\alpha \geqslant 10$，且$\zeta \leqslant [\zeta]$时，按整体小开口墙计算；当$\alpha < 10$，且$\zeta \leqslant [\zeta]$时，按联肢墙计算。

答案： C

29. 解　依据《建筑抗震设计标准》（GB/T 50011—2010）第6.1.2条，钢筋混凝土房屋应根据设防类别、设防烈度、结构类型和房屋高度采用不同的抗震等级。

答案： D

30. 解　轴心受拉构件不存在稳定问题，其承载力由强度控制，应进行强度计算，以保证构件在拉力作用下，截面的应力不超过材料的允许应力；为防止制作、运输、安装和使用过程中出现刚度不足、发生过大变形，影响正常使用，对于桁架、支撑等受拉构件，还应验算其长细比（刚度验算），选项A、B、C错误。

轴心受压构件需要计算其强度、整体稳定性（防止发生整体失稳），并需要进行局部稳定性验算（防止构件的板件在压力作用下发生局部屈曲）和刚度验算（满足受压构件长细比要求，以保证构件不会因为过于细长而产生过大的变形或失稳），选项D正确。

答案： D

31. 解　为保证屋盖结构的空间刚度和空间整体性，为屋架弦杆提供必要的侧向支撑点，承受和传递水平荷载以及保证在施工和使用阶段屋盖结构的空间几何稳定性，有檩体系和无檩体系钢屋盖结构均必须设置上弦横向水平支撑、竖向支撑和系杆。

答案：C

32. 解 《砌体结构设计规范》（GB 50003—2011）表 4.2.1 注 3 规定，对无山墙或伸缩缝处无横墙的房屋，应按弹性方案考虑。

答案：B

33. 解 《砌体结构设计规范》（GB 50003—2011）第 7.2.1 条规定，对有较大振动荷载或可能产生不均匀沉降的房屋，应采用混凝土过梁。

钢筋混凝土过梁具有较高的承载能力和稳定性，能够较好地承受洞口上方的荷载，可以抵抗由于软土地基不均匀沉降带来的墙体变形对过梁产生的附加内力，具有较好的适应性和安全性。

当过梁的跨度不大于 1.5m 时，可采用钢筋砖过梁。钢筋砖过梁是在砖缝中配置钢筋，其整体性和抗变形能力比砖砌平拱过梁好一些，但在软土地基不均匀沉降情况下，其抵抗变形的能力仍然有限，可能导致墙体变形较大，从而产生裂缝等损坏。

当过梁的跨度不大于 1.2m 时，可采用砖砌平拱过梁。砖砌平拱过梁是将砖侧砌而成，其受弯和受剪性能较差，在承受垂直荷载后，会产生水平推力。当房屋发生不均匀沉降时，砖砌平拱过梁容易因水平推力而产生裂缝，甚至破坏。

答案：A

34. 解 几何不变无多余约束的体系就是静定结构，这是定义。超静定结构有多余约束。本题不涉及基本结构、半结构概念。

答案：C

35. 解 在快速绘制结构某杆的弯矩图时，没有静力法、机动法、单位荷载法的说法，通常使用"区段叠加法"。

答案：D

36. 解 本题为多跨静定梁，取 CD 隔离体（相当于简支梁），由平衡方程可知，C 处剪力等于 4kN。再取 AC 隔离体（其上 B 处有荷载且 C 处尚有 CD 隔离体传来的向下的集中力 4kN），以 A 为矩心建立力矩平衡方程可得 B 点反力为：

$$V_B = \frac{4 \times 6}{4} + 4 = 10kN(方向向上)$$

答案：B

37. 解 本题所求截面 A 和 B 间的相对线位移属于广义位移，与其对应，需施加广义单位力。求广义位移所加的广义单位力要与所求广义位移方向一致，其乘积为功。A、B 两点相对接近或相对离开的位移都是反向的，所施加的一对单位力方向应相反。

答案：C

38. 解　按支座移动引起位移的计算公式计算,作解图,可得铰C两侧截面相对转角为:

题 38 解图

$$\varphi_{C左右} = -\sum \overline{R}_c = -\frac{1}{l}\Delta(方向与所加单位力偶方向相反)$$

答案: D

39. 解　本题为一次超静定结构,按力法求解,作基本结构上荷载弯矩图及单位力弯矩图(见解图),用图乘法可得:

$$\Delta_{1P} = -\frac{1}{EI}\left(\frac{\frac{1}{2}ql^2 \times l}{3} \times \frac{3l}{4}\right) = -\frac{ql^4}{8EI}$$

题 39 解图

答案: B

40. 解　在位移法中,两个下标相同的刚度系数为主系数,其值恒正,不可能为负值,故可排除选项B。刚度系数k_{11}等于刚节点处两杆转动刚度之和,等于$8i$而不是$6i$,排除选项D。用到的固端弯矩值应为$\frac{ql^2}{12}$而不是$\frac{ql^2}{8}$,排除选项A。故正确答案为选项C。

答案: C

41. 解　本题可用力矩分配法求解,先计算杆端的力矩分配系数:

$$\mu_{AC} = \frac{1}{1+4} = \frac{1}{5}$$
$$\mu_{AB} = \frac{4}{1+4} = \frac{4}{5}$$

再进行力矩分配与传递的计算(见解图),得B端弯矩为$+2\frac{F_P l}{5}$(右侧受拉)。

题 41 解图

答案: A

42. 解 本题为对称结构承受反对称荷载，只产生反对称的反力和内力，对称的反力和内力一定为零，据此可知C、D两处水平反力为零。进一步可推知两竖杆各截面剪力弯矩均为零，AB杆相当于简支梁，故知$M_{AB}=0$。

答案：B

43. 解 用静力法作某量值的影响线，就是用静力平衡方程求该量值，是静力平衡问题而不涉及变形协调、虚功、虚位移概念。

答案：B

44. 解 增大阻尼会使振动体系的自振频率降低、周期变长、振幅衰减。低阻尼时对自振频率的影响较小可忽略不计。如果没有阻尼，振幅就不会衰减，在计算振幅时阻尼不可忽略。

答案：D

45. 解 采用机动法作截面B的剪力影响线，见解图。逐一将移动荷载中的每个力放在B点左侧截面处进行试算比较，可知所求最不利位置为将F_{P4}放在B点左侧截面处的相应位置。

题 45 解图

答案：D

46. 解 本题为两个自由度对称体系，有两个自振频率及两个主阵型。一个是对称振型(两个质点作同向振动)；另一个是反对称振型（两个质点作反向振动）。比较容易实现的主阵型变形曲线（反对称）是第一主阵型；而较难实现的主阵型变形曲线（对称）是第二主阵型。

答案：C

47. 解： 按作影响线的机动法，撤去与截面B弯矩M_B相应的约束，并沿正号M_B方向给以相应位移，所得变形曲线即所求影响线的形状，见解图。图 b)、c)、d)不符合变形曲线的要求。

题 47 解图

答案：D

48. 解 先求动力系数：

$$\mu = \frac{1}{1-\left(\frac{\theta}{\omega}\right)^2} = \frac{1}{1-\frac{1}{2}} = 2$$

再求简谐荷载幅值F作为静荷载在柱中引起的弯矩，见解图，得到最大静弯矩等于Fl。

题 48 解图

进而求得最大动弯矩（动力系数乘以最大静弯矩）等于$2Fl$。

答案：B

49. 解 对于面积大、外形复杂的平板或壳体结构，在模拟其在均布荷载下的受力状态时，通常采用气压加载。这是因为气压加载能够产生均匀分布的荷载。操作时，可以将结构密封，通过向内部或外部施加气压，在结构表面形成比较均匀的压力。就像给气球充气一样，气体压力均匀地作用在气球的表面。

重力加载是利用物体的自重施加荷载，如在结构上堆放沙袋、铁块等重物。对于面积大、外形复杂的平板或壳体结构，采用重力加载很难实现均布荷载，而且加载过程比较繁琐，加载量也不易精确控制。

机械力加载是通过机械装置（如千斤顶等）设备施加力。对于大面积、外形复杂的平板或壳体结构，因机械装置的作用点是局部的，要通过多个机械装置来模拟均布荷载非常复杂，并且很难保证每个作用点的力均匀分布在整个结构上。

液压加载是通过液压装置施加压力。虽然液压加载可以比较精确地控制加载压力，但对于大面积、外形复杂的平板或壳体结构，要在整个结构表面布置液压加载设备并保证均布荷载也是比较复杂的。例如，需要大量的液压千斤顶，并且要使它们协同工作以实现均布荷载比较困难。

气压加载是利用空气压力施加荷载。对于面积大、外形复杂的平板或壳体结构，气压加载是比较理想的模拟均布荷载的方法。对于平板或壳体结构，只要密封良好，就可以很方便地模拟均布荷载。

答案：B

50. 解 试件设计应包括试件形状的选择、试件尺寸和数量的确定，以及构造措施的考虑，以确保试件能够准确地模拟实际结构的受力情况。试件形状要根据研究目的和实际结构形状来选择。试件尺寸要考虑试验设备的加载能力、测量精度等因素。

虽然试件数量多可以获得更多的试验数据，但同时也会增加试验成本、试验时间等诸多不利因素，导致资源浪费。应根据试验的目的、精度要求、统计分析等因素来合理确定试件数量。

试件设计要满足结构与受力的边界条件，比如简支梁试验试件的支座要模拟实际简支的边界条件；要考虑试验的破坏特征，确保试验能够达到预期的破坏形式；同时要满足试验加载条件的要求，比如加载点位置要符合研究要求。以确保试验结果的有效性和可靠性。

试件设计最主要的目的是反映研究的规律，比如研究新型材料的力学性能，试件设计就要围绕这个目的展开，满足特定的研究任务和目标。

答案：C

51. 解：随着材料试件尺寸的减小，在试验中混凝土强度有所提高，是由于试验机压板对试件承压面的摩擦力所起的箍紧作用，这种作用对小试件比对大试件要大，选项 A 正确。

材料自身的原因是由于内部存在缺陷（裂缝等）、表面和内部硬化程度的差异在不同大小的试件中有不同的影响，且随试件尺寸的增大而增加，这种影响又称为尺寸效应，选项 B 正确。

圆柱形混凝土试块在受力时能够更均匀地分布压力，减少应力集中现象，试件抗压强度的离散性相对较小。立方体试块在边角处可能存在应力集中，导致测试结果离散性较大，。选项 D 正确。

混凝土是由水泥、砂、石子和水等材料混合而成。混凝土中的颗粒主要由粗骨料（石子）和细骨料（砂）组成。选择适合的颗粒材料（种类、粒径），使得混凝土中颗粒的分布更加均匀、合理。

混凝土的施工工艺对颗粒的分布也有着重要的影响，应该注意控制混凝土的振捣时间和振捣强度，避免颗粒的分布不均匀。试件的形状（圆柱体或立方体）不会影响颗粒的分布，选项 C 错误。

答案：C

52. 解　应变片是基于应变效应来测量应变的，即当应变片随着试件发生应变时，其电阻值会发生变化。但是应变片的电阻值会受到温度的影响，环境温度变化时，应变片的电阻也会发生改变，从而干扰应变的测量结果。因此，需要进行温度补偿，以消除温度对应变测量的影响。

在 1/4 桥接法中，其中一个桥臂为应变片，另外三个桥臂为标准电阻。由于只有一个应变片接入桥路用于测量应变，没有其他应变片来自动补偿温度的影响，所以必须另设一个与工作应变片特性相同的应变片作为温度补偿片，并贴在与试件材料相同、温度环境相同，但不受力的部位，当温度变化时，测量片和补偿片的电阻变化由于温度引起的部分相同，在桥路中可以相互抵消，从而实现温度补偿。

在半桥弯曲桥路中，两个应变片分别贴在梁的上下表面，当梁发生弯曲时，上下表面应变大小相等、方向相反。该接法，因为两个应变片处于相同的温度环境中，温度变化引起的电阻变化在桥路中会相互抵消，故不需要另设温度补偿片。

在半桥泊松比桥路中，两个应变片分别贴在试件的轴向和横向，由于横向应变和轴向应变通过泊松比相关联，并且两个应变片处于相同的温度环境，温度变化引起的电阻变化在桥路中会相互抵消，也不需要另设温度补偿片。

在全桥弯曲桥路中，4 个应变片合理地分布在梁的上下表面等位置，其桥路的输出不仅能够更准确地测量应变，而且由于 4 个应变片的合理配置，温度变化引起的电阻变化在桥路中也会相互抵消，同样不需要另设温度补偿片。

答案：A

53. 解 结构模型试验所采用的模型，是仿照原型结构按一定相似关系复制而成的代表物，它具有原型结构的全部或主要特征。只要设计的模型满足相似条件，则通过模型试验所获得的数据，可以直接推算到相应的原型结构。所以模型设计的关键是确定相似条件。

答案：B

54. 解 强结合水是被土颗粒表面静电引力吸附的水分子，由于受黏土颗粒表面的吸附力太强，几乎失去了一般重力水的特性，不能传递静水压力，也不能使土具有可塑性,只有在温度较高（105～110℃）时才会被蒸发掉。

弱结合水存在于距离土粒表面较远的区域，其水分子的排列不如强结合水紧密，可能会从较厚水膜或较低浓度处缓慢迁移至较薄水膜或较高浓度处，也可能从一颗土粒周围迁移到另一颗土粒周围。这种迁移运动与重力无关，被定义为弱结合水。当土中含有较多的弱结合水时，土颗粒之间可以在一定程度上相对滑动，使土能够在外力作用下发生变形而不破裂，这就是土具有可塑性的原因。在黏性土中，弱结合水的存在是其具有可塑性的关键因素。

重力水是在重力或压力差作用下在土孔隙中运动的自由水。它可以传递静水压力，对土的浮力等性质有影响，但与土的可塑性关系不大。重力水在土孔隙中相对自由，不会使土颗粒产生像可塑性那种相对稳定的连接和变形关系。

毛细水是存在于土的毛细孔隙中的水，它是由于水的表面张力和土孔隙的毛细作用而形成的。毛细水主要影响土的湿度、毛细上升高度等性质，对土的可塑性没有直接的决定性作用。

答案：B

55. 解 当地下水位上升时，对于地下水位上升范围内的土层，原来处于地下水位以上的部分土体被水淹没。设地下水位上升了Δh，在地下水位上升前，深度z处（深度z处在原地下水位以上）的有效自重应力$\sigma'_{cz1} = \gamma \cdot z$，其中$\gamma$是土的天然重度。

地下水位上升后，该深度z处（此时z在新地下水位以下）的有效自重应力$\sigma'_{cz2} = (\gamma_{sat} - \gamma_w) \cdot (z - \Delta h)$。

因为$(\gamma_{sat} - \gamma_w) < \gamma$（即天然重度$\gamma$大于浮重度$\gamma_{sat} - \gamma_w$），所以地下水位上升范围内的有效自重应力会减小。

综上，由于地下水位上升，地基中地下水位上升范围的有效自重应力减小。

答案：B

56. 解 已知固结度$U_t = \frac{S_t}{S_\infty} = 0.7$，对应沉降量为14mm，则最终沉降量为：

$$S_\infty = \frac{S_t}{U_t} = \frac{14}{0.7} = 20mm$$

答案：C

57.解 根据不排水三轴试验的平衡条件，按照莫尔-库仑破坏准则，对于无黏性土（$c = 0$）：

$$\sigma_1 = \sigma_3 \tan^2\left(45° + \frac{\varphi}{2}\right) = \sigma_3 \tan^2\left(45° + \frac{20°}{2}\right) = 2.04\sigma_3$$

因为 $\sigma_1 - \sigma_3 = 200\text{kPa}$，所以 $\sigma_3 = 192\text{kPa}$。

答案：A

58.解 钢筋混凝土条形基础属于柔性基础。在这种基础中，由于配置了钢筋，钢筋可以承受拉力，使得基础可以承受较大的弯矩而不会出现受拉破坏。因此，它不需要像刚性基础那样严格限制台阶宽高比，可以通过钢筋来抵抗弯曲变形。

柱下条形基础一般是钢筋混凝土结构，它也是一种能够承受较大弯矩和拉力的柔性基础。通过合理配置钢筋来抵抗各种内力，所以不需要像无筋扩展基础那样满足严格的台阶宽高比要求。

筏板基础同样是钢筋混凝土结构的柔性基础。其整体刚度较大，并且依靠钢筋来承受拉力和弯矩。设计中主要考虑筏板的厚度、配筋率等因素，无须限制台阶宽高比。

砖石及混凝土基础（无筋扩展基础）材料（如砖、毛石、素混凝土等）的抗压强度较大，但抗拉、抗弯强度很低。基础外伸部分在基底反力作用下，容易因受拉、受弯而开裂破坏。为了保证基础的稳定性和刚性，必须通过限制台阶宽高比来防止基础因受拉而破坏。

答案：B

59.解 依据《建筑地基基础设计规范》（GB 50007—2011）第7.3条，当建筑体型较复杂时，宜在适当部位用沉降缝将建筑物划分为若干个刚度较好的单元，以减轻不均匀沉降，这属于建筑措施；其他选项均属于结构措施。

答案：B

60.解 依据《建筑基桩检测技术规范》（JGJ 106—2014）第3.3.4条，当采用单桩竖向抗压静载试验进行承载力检测，检测数量不应少于同一条件下桩基分项工程总桩数的1%，且不应少于3根。

答案：A

2025 全国勘察设计注册工程师
执业资格考试用书

Yiji Zhuce Jiegou Gongchengshi Zhiye Zige Kaoshi
Jichu Kaoshi Shijuan

一级注册结构工程师执业资格考试
基础考试试卷

（专业基础）

注册工程师考试复习用书编委会 / 编

曹纬浚 / 主编

蒋全科 / 副主编

微信扫一扫
了解本书正版数字资源的获取和使用方法

人民交通出版社
北京

内 容 提 要

本书共 4 册，分别收录有 2011～2024 年（2015 年停考，下同）公共基础考试试卷（即基础考试上午卷）和 2010 年、2011 年、2013 年、2016～2024 年专业基础考试试卷（即基础考试下午卷）及其解析与参考答案。

本书配电子题库（有效期一年），考生可微信扫描试卷（公共基础）封面的红色"二维码"，登录"注考大师"在线学习，部分试题有视频解析。

本书适合参加 2025 年一级注册结构工程师执业资格考试基础考试的考生模拟练习，还可作为相关专业培训班的辅导资料。

图书在版编目（CIP）数据

2025 一级注册结构工程师执业资格考试基础考试试卷 / 曹纬浚主编. — 北京 ：人民交通出版社股份有限公司，2025. 1. — ISBN 978-7-114-19922-6

Ⅰ. TU3-44

中国国家版本馆 CIP 数据核字第 202425DR74 号

书　　　名：**2025 一级注册结构工程师执业资格考试基础考试试卷**
著　作　者：曹纬浚
责任编辑：刘彩云
责任印制：张　凯
出版发行：人民交通出版社
地　　　址：（100011）北京市朝阳区安定门外外馆斜街 3 号
网　　　址：http://www.ccpcl.com.cn
销售电话：（010）85285857
总 经 销：人民交通出版社发行部
经　　　销：各地新华书店
印　　　刷：北京建宏印刷有限公司
开　　　本：889×1194　1/16
印　　　张：61.75
字　　　数：1157 千
版　　　次：2025 年 1 月　第 1 版
印　　　次：2025 年 1 月　第 1 次印刷
书　　　号：ISBN 978-7-114-19922-6
定　　　价：178.00 元（含 4 册）

（有印刷、装订质量问题的图书，由本社负责调换）

注册工程师考试复习用书
编 委 会

主 任 委 员	赵知敬				
副主任委员	于春普	曹纬浚			
主 编	曹纬浚				
副 主 编	蒋全科				
主 编 助 理	曹 京	陈 璐			
编 委	于春普	王连俊	王 健	王秋媛	毛 军
	冯 东	刘 燕	刘世奎	刘明惠	孙 伟
	乔春生	许小重	杨松林	陈向东	陈 璐
	侯云芬	赵知敬	钱民刚	曹纬浚	曹 京
	黄 辉	谢亚勃	穆静波	魏京花	

曾任编委及协助编写人员

吴昌泽	范元玮	贾玲华	毛怀珍	李兆年
许怡生	李魁元	朋改非	刘宝生	李 平
邓 华	陈庆年	郭 虹	张炳利	王志刚
何承奎	吴莎莎	张文革	徐华萍	栾彩虹
孙国樑	张炳珍			

版权声明

　　本书所有文字、数据、图像、版式设计、插图及配套数字资源等，均受中华人民共和国宪法和著作权法保护。未经作者和人民交通出版社股份有限公司同意，任何单位、组织、个人不得以任何方式对本作品进行全部或局部的复制、转载、出版或变相出版，配套数字资源不得在人民交通出版社股份有限公司所属平台以外的任何平台进行转载、复制、截图、发布或播放等。

　　任何侵犯本书及配套数字资源权益的行为，人民交通出版社股份有限公司将依法严厉追究其法律责任。

　　举报电话：(010)85285150

人民交通出版社股份有限公司

目　录

（试卷·专业基础）

目 录

（材料·专业基础）

2010 年度全国勘察设计一级注册结构工程师

执业资格考试试卷

基础考试
（下）

二〇一〇年九月

应考人员注意事项

1. 本试卷科目代码为"2"，考生务必将此代码填涂在答题卡"科目代码"相应的栏目内，否则，无法评分。

2. 书写用笔：**黑色或蓝色钢笔、签字笔或圆珠笔；**

   填涂答题卡用笔：**黑色 2B 铅笔。**

3. 必须用书写用笔将工作单位、姓名、准考证号填写在答题卡和试卷相应的栏目内。

4. 本试卷由 60 题组成，每题 2 分，满分 120 分，本试卷全部为单项选择题，每小题的四个备选项中只有一个正确答案，错选、多选、不选均不得分。

5. 考生作答时，必须按**题号在答题卡上**将相应试题所选选项对应的**字母用 2B 铅笔涂黑。**

6. 在答题卡上书写与题意无关的语言，或在答题卡上作标记的，均按违纪试卷处理。

7. 考试结束时，由监考人员当面将试卷、答题卡一并收回。

8. 草稿纸由各地统一配发，考后收回。

单项选择题（共 60 题，每题 2 分。每题的备选项中只有一个最符合题意。）

1. 憎水材料的润湿角：

   A. ＞90°

   B. ≤90°

   C. ＞45°

   D. ≤180°

2. 含水率 5%的砂 220g，其中所含的水量为：

   A. 10g

   B. 10.48g

   C. 11g

   D. 11.5g

3. 煅烧石灰石可作为无机胶凝材料，其具有气硬性的原因是能够反应生成：

   A. 氢氧化钙

   B. 水化硅酸钙

   C. 二水石膏

   D. 水化硫铝酸钙

4. 骨料的所有孔隙充满水但表面没有水膜，该含水状态被称为骨料的：

   A. 气干状态

   B. 绝干状态

   C. 潮湿状态

   D. 饱和面干状态

5. 混凝土强度的形成受其养护条件的影响，主要是指：

   A. 环境温湿度

   B. 搅拌时间

   C. 试件大小

   D. 混凝土水灰比

6. 石油沥青的软化点反映了沥青的：

   A. 黏滞性

   B. 温度敏感性

   C. 强度

   D. 耐久性

7. 钢材中的含碳量提高，可提高钢材的：

   A. 强度

   B. 塑性

   C. 可焊性

   D. 韧性

8. 下列选项可作为测量外业工作基准面的是：

   A. 水准面

   B. 参考椭球面

   C. 大地水准面

   D. 平均海水面

9. 下列为利用仪器所提供的一条水平视线来获取两点之间高差的测量方法的是：

A. 三角高程测量   B. 物理高程测量

C. 水准测量   D. GPS 高程测量

10. 在 1：2000 地形图上，量到某水库图上汇水面积 $P = 1.6 \times 10^4 \text{cm}^2$，某次降水过程雨量（每小时平均降雨量）$m = 50 \text{mm}$，降水时间（$n$）持续为 2 小时 30 分钟，设蒸发系数 $k = 0.5$，按汇水量 $Q = P \cdot m \cdot n \cdot k$ 计算，本次降水汇水量为：

A. $1.0 \times 10^{11} \text{m}^3$ B. $2.0 \times 10^4 \text{m}^3$

C. $1.0 \times 10^7 \text{m}^3$ D. $4.0 \times 10^5 \text{m}^3$

11. 钢尺量距时，加入下列何项改正后，才能保证距离测量精度？

A. 尺长改正

B. 温度改正

C. 倾斜改正

D. 尺长改正、温度改正和倾斜改正

12. 建筑物的沉降观测是依据埋设在建筑物附近的水准点进行的，为了相互校核并防止由于某个水准点的高度变动造成误差，一般至少埋设水准点的数量为：

A. 2 个   B. 3 个

C. 6 个   D. 10 个以上

13. 下列行为违反了《建设工程勘察设计管理条例》的是：

A. 将建筑艺术造型有特定要求项目的勘察设计任务直接发包

B. 业主将一个工程建设项目的勘察设计分别发包给几个勘察设计单位

C. 勘察设计单位将所承揽的勘察设计任务进行转包

D. 经发包方同意，勘察设计单位将所承揽的勘察设计任务的非主体部分进行分包

14. 《工程建设标准强制性条文》是：

A. 设计或施工时的重要参考指标

B. 必须绝对遵守的技术法规

C. 必须绝对遵守的管理标准

D. 必须绝对遵守的工作标准

15. 我国节约能源法规定，对直接负责的主管人员和其他直接责任人员依法给予处分是因为批准或者核准的项目建设不符合：

A. 推荐性节能标准
B. 设备能效标准
C. 设备经济运行标准
D. 强制性节能标准

16. 房地产开发企业销售商品房不得采取的方式是：

A. 分期付款
B. 收取预售款
C. 收取定金
D. 返本销售

17. 在建筑物稠密且为淤泥质土的基坑支护结构中，其支撑结构宜选用：

A. 自立式（悬臂式）
B. 锚拉式
C. 土层锚杆
D. 钢结构水平支撑

18. 钢筋经冷拉后不得用作构件的：

A. 箍筋
B. 预应力钢筋
C. 吊环
D. 主筋

19. 砌体工程中，下列墙体或部位中可以留设脚手眼的是：

A. 120mm 厚砖墙、空斗墙和砖柱

B. 宽度小于 2m，但大于 1m 的窗间墙

C. 门洞窗口两侧 200mm 和距转角 450mm 的范围内

D. 梁和梁垫下及其左右 500mm 范围内

20. 以整个建设项目或建筑群为编制对象，用以指导其施工全过程各项施工活动的综合技术经济文件为：

A. 分部工程施工组织设计
B. 分项工程施工组织设计
C. 单位工程施工组织设计
D. 施工组织总设计

21. 进行资源有限-工期最短优化时，当将某工作移出超过限量的资源时段后，计算发现工期增量小于零，以下说法正确的是：

A. 总工期会延长
B. 总工期会缩短
C. 总工期不变
D. 这种情况不会出现

22. 钢筋混凝土构件承载力计算中受力钢筋的强度限值为：

    A. 有明显流幅的取其极限抗拉强度，无明显流幅的按其条件屈服点取

    B. 所有均取其极限抗拉强度

    C. 有明显流幅的按其屈服点取，无明显流幅的按其条件屈服点取

    D. 有明显流幅的按其屈服点取，无明显流幅的取其极限抗拉强度

23. 为了避免钢筋混凝土受弯构件斜截面发生斜压破坏，下列措施不正确的是：

    A. 增加截面高度   B. 增加截面宽度

    C. 提高混凝土强度等级   D. 提高配箍率

24. 为使 5 等跨连续梁的边跨跨中出现最大正弯矩，其活荷载应布置在：

    A. 第 2 跨和第 4 跨   B. 第 1、2、3、4 和 5 跨

    C. 第 1、2 和 3 跨   D. 第 1、3 和 5 跨

25. 钢筋混凝土单层厂房排架结构中吊车的横向水平荷载作用在：

    A. 吊车梁顶面水平处   B. 吊车梁底面，即牛腿顶面水平处

    C. 吊车轨顶水平处   D. 吊车梁端1/2高度处

26. 选用结构钢牌号时必须考虑的因素包括：

    A. 制作安装单位的生产能力   B. 构件的运输和堆放条件

    C. 结构的荷载条件和应力状态   D. 钢材的焊接工艺

27. 提高受集中荷载作用简支钢梁整体稳定性的有效方法是：

    A. 增加受压翼缘宽度   B. 增加截面高度

    C. 布置腹板加劲肋   D. 增加梁的跨度

28. 采用高强度螺栓的梁柱连接中，螺栓的中心间距应：（d_0 为螺栓孔径）

    A. 不小于 $2d_0$ B. 不小于 $3d_0$

    C. 不大于 $4d_0$ D. 不大于 $5d_0$

29. 简支梯形钢屋架上弦杆的平面内计算长度系数应取：

    A. 0.75   B. 1.1

    C. 0.9   D. 1.0

30. 网状配筋砌体的抗压强度较无筋砌体高，这是因为：

   A. 网状配筋约束砌体横向变形　　　B. 钢筋可以承受一部分压力

   C. 钢筋可以加强块体强度　　　　　D. 钢筋可以使砂浆强度提高

31. 现行《砌体结构设计规范》（GB 50003）中砌体弹性模量的取值为：

   A. 原点弹性模量　　　　　　　　　B. $\sigma = 0.43f_m$时的切线模量

   C. $\sigma = 0.43f_m$时的割线模量　　D. $\sigma = f_m$时的切线模量

32. 配筋砌体结构中，下列描述正确的是：

   A. 当砖砌体受压承载力不满足要求时，应优先采用网状配筋砌体

   B. 当砖砌体受压构件承载力不满足要求时，应优先采用组合砌体

   C. 网状配筋砌体灰缝厚度应保证钢筋上下至少有 10mm 的砂浆层

   D. 网状配筋砌体中，钢筋网的间距不应大于 500mm

33. 进行砌体结构设计时，必须满足的要求是：

   ①砌体结构必须满足承载力极限状态；

   ②砌体结构必须满足正常使用进行状态；

   ③一般工业与民用建筑中的砌体构件，目标可靠指标 $\beta \geq 3.2$；

   ④一般工业与民用建筑中的砌体构件，目标可靠指标 $\beta \geq 3.7$。

   A. ①②③　　　　　　　　　　　　B. ①②④

   C. ①④　　　　　　　　　　　　　D. ①③

34. 图示平面体系多余约束的个数是：

   A. 1

   B. 2

   C. 3

   D. 4

35. 图示结构 A 支座提供的约束力矩是：

   A. 60kN·m，下表面受拉

   B. 60kN·m，上表面受拉

   C. 20kN·m，下表面受拉

   D. 20kN·m，上表面受拉

36. 桁架受力如图所示，下列杆件中非零杆是：

A. 杆 2-4

B. 杆 5-7

C. 杆 1-4

D. 杆 6-7

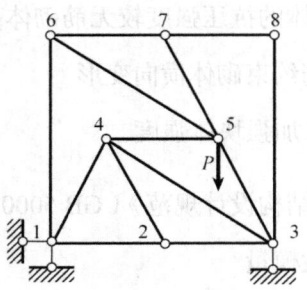

37. 图示刚架EI为常数，忽略轴向变形。当D支座发生支座沉陷δ时，B点转角为：

A. δ/L

B. $2\delta/L$

C. $\delta/(2L)$

D. $\delta/(3L)$

38. 图示结构EI为常数，节点B处弹性支撑刚度系数$k = 3EI/L^3$，C点的竖向位移为：

A. $\dfrac{PL^3}{EI}$

B. $\dfrac{4PL^3}{3EI}$

C. $\dfrac{11PL^3}{6EI}$

D. $\dfrac{2PL^3}{EI}$

39. 图示桁架的超静定次数是：

A. 1 次

B. 2 次

C. 3 次

D. 4 次

40. 用力法求解图示结构（EI为常数），基本结构及基本未知量如图所示，柔度系数δ_{11}为：

a) 原结构   b) 基本结构及基本未知量

A. $\dfrac{2L^3}{3EI}$ B. $\dfrac{L^3}{3EI}$

C. $\dfrac{L^3}{2EI}$ D. $\dfrac{3L^3}{2EI}$

41. 图示梁线刚度为i，长度为l，当A端发生微小转角α，B端发生微小位移$\Delta = l\alpha$时，梁两端的弯矩（对杆端顺时针为正）为：

A. $M_{AB} = 2i\alpha$，$M_{BA} = 4i\alpha$

B. $M_{AB} = -2i\alpha$，$M_{BA} = -4i\alpha$

C. $M_{AB} = 10i\alpha$，$M_{BA} = 8i\alpha$

D. $M_{AB} = -10i\alpha$，$M_{BA} = -8i\alpha$

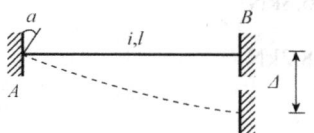

42. 图示梁AB，EI为常数，支座D的反力R_D为：

A. $ql/2$

B. ql

C. $3ql/2$

D. $2ql$

43. 图示组合结构，梁AB的抗弯刚度为EI，二力杆的抗拉刚度都为EA。DG杆的轴力为：

A. 0

B. P，受拉

C. P，受压

D. $2P$，受拉

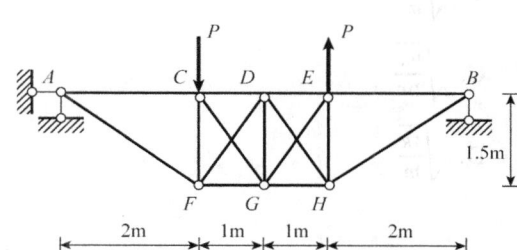

44. 用力矩分配法求解图示结构，分配系数μ_{BD}、传递系数C_{BA}分别为：

A. $\mu_{BD} = 3/10$，$C_{BA} = -1$

B. $\mu_{BD} = 3/7$，$C_{BA} = -1$

C. $\mu_{BD} = 3/10$，$C_{BA} = 1/2$

D. $\mu_{BD} = 3/7$，$C_{BA} = 1/2$

45. 图示移动荷载（间距为 0.4m 的两个集中力，大小分别为 6kN 和 10kN）在桁架结构的上弦移动，杆BE的最大压力为：

A. 0

B. 6.0kN

C. 6.8kN

D. 8.2kN

46. 图中所示梁的质量沿轴线均匀分布，该结构动力自由度的个数为：

A. 1

B. 2

C. 3

D. 无穷多

47. 图示结构质量m在杆件中点，$EI = \infty$，弹簧刚度为k。该体系自振频率为：

A. $\sqrt{\dfrac{9k}{4m}}$

B. $\sqrt{\dfrac{2k}{m}}$

C. $\sqrt{\dfrac{9k}{2m}}$

D. $\sqrt{\dfrac{4k}{m}}$

48. 已知结构刚度矩阵 K，$K = \begin{bmatrix} 20 & -5 & 0 \\ -5 & 8 & -3 \\ 0 & -3 & 3 \end{bmatrix}$，第一主振型为 $\begin{Bmatrix} 0.163 \\ 0.569 \\ 1 \end{Bmatrix}$，则第二主振型可能为：

A. $\begin{Bmatrix} -0.627 \\ -1.227 \\ 1 \end{Bmatrix}$ B. $\begin{Bmatrix} -0.924 \\ -1.227 \\ 1 \end{Bmatrix}$

C. $\begin{Bmatrix} -0.627 \\ -2.158 \\ 1 \end{Bmatrix}$ D. $\begin{Bmatrix} -0.924 \\ -1.823 \\ 1 \end{Bmatrix}$

49. 下述四种试验所选用的设备最不恰当的是：

　　A. 采用试件表面刷石蜡后，四周封闭抽真空产生负压方法做薄壳试验

　　B. 采用电液伺服加载装置对梁柱节点构件进行模拟地震反应试验

　　C. 采用激振器方法对吊车梁做疲劳试验

　　D. 采用液压千斤顶对桁架进行承载力试验

50. 结构试验前，应进行预载，以下结论不正确的是：

　　A. 混凝土结构预载值不可以超过开裂荷载

　　B. 预应力混凝土结构预载值可以超过开裂荷载

　　C. 钢结构的预载值可以加到使用荷载值

　　D. 预应力混凝土结构预载值可以加至使用荷载值

51. 在评定混凝土强度时，下列方法较为理想的是：

　　A. 回弹法   B. 超声波法

　　C. 钻孔后装法   D. 钻心法

52. 应变片灵敏系数是指：

　　A. 在单向应力作用下，应变片电阻的相对变化与沿其轴向的应变之比值

　　B. 在 X、Y 双向应力作用下，X 方向应变片电阻的相对变化与 Y 方向应变片电阻的相对变化之比值

　　C. 在 X、Y 双向应力作用下，X 方向应变值与 Y 方向应变值之比值

　　D. 对于同一单向应变值，应变片在此应变方向垂直安装时的指示应变与沿此应变片安装时指示应变的比值（以百分数表示）

53. 下列量测仪表属于零位测定法的是：

　　A. 百分表应变量测装置（量测标距 250mm）

　　B. 长标距电阻应变计

　　C. 机械式杠杆应变仪

　　D. 电阻应变式位移计（量测标距 250mm）

54. 土体的孔隙率为 47.71%，那么用百分比表示的该土体的孔隙比是：

A. 0.9124

B. 1.096

C. 0.4771

D. 0.5229

55. 一个地基包含 1.5m 厚的上层干土层和下卧饱和土层。干土层重度为15.6kN/m³，而饱和土层重度为19.8kN/m³，那么埋深 3.50m 处的总竖向地应力为：

A. 63

B. 23.4

C. 43

D. 54.6

56. 直径为 38mm 的干砂土样品，进行常规三轴试验，围压恒定为 48.7kPa，最大轴向加载杆的轴向力为 75.2N，那么该样品的内摩擦角为：

A. 23.9°

B. 22.0°

C. 30.5°

D. 22.1°

57. 在饱和软黏土地基上进行快速临时基坑开挖，不考虑坑内降水，如果有一个测压管埋置在基坑边坡位置内，开挖结束时的测压管水头比初始状态：

A. 上升

B. 不变

C. 下降

D. 不确定

58. 桩基岩土勘察中对碎石土宜采用的原位测试手段为：

A. 静力触探

B. 标准贯入试验

C. 重型和超重型圆锥重力触探

D. 十字板剪切试验

59. 某均质地基承载力特征值为 120kPa，基础深度的承载力修正系数为 1.5，地下水位深 2m，水位以上土的天然重度为16kN/m³，水位以下饱和重度为20kN/m³，条形基础宽 3m，如基础埋置深度为 3m 时，按深、宽修正后的地基承载力为：

A. 159kPa

B. 171kPa

C. 180kPa

D. 186kPa

60. 泥浆护壁法钻孔灌注混凝土桩属于：

A. 非挤土桩

B. 部分挤土桩

C. 挤土桩

D. 预制桩

2011 年度全国勘察设计一级注册结构工程师

执业资格考试试卷

基础考试
（下）

二〇一一年九月

应考人员注意事项

1. 本试卷科目代码为"2"，考生务必将此代码填涂在答题卡"科目代码"相应的栏目内，否则，无法评分。

2. 书写用笔：**黑色或蓝色钢笔、签字笔或圆珠笔；**

   填涂答题卡用笔：**黑色 2B 铅笔。**

3. 必须用书写用笔将工作单位、姓名、准考证号填写在答题卡和试卷相应的栏目内。

4. 本试卷由 60 题组成，每题 2 分，满分 120 分，本试卷全部为单项选择题，每小题的四个备选项中只有一个正确答案，错选、多选、不选均不得分。

5. 考生作答时，必须按**题号在答题卡上**将相应试题所选选项对应的**字母用 2B 铅笔涂黑。**

6. 在答题卡上书写与题意无关的语言，或在答题卡上作标记的，均按违纪试卷处理。

7. 考试结束时，由监考人员当面将试卷、答题卡一并收回。

8. 草稿纸由各地统一配发，考后收回。

单项选择题（共 60 题，每题 2 分。每题的备选项中只有一个最符合题意。）

1. 下列与材料的孔隙率没有关系的是：

   A. 强度
   B. 绝热性
   C. 密度
   D. 耐久性

2. 石灰的陈伏期应为：

   A. 两个月以上
   B. 两星期以上
   C. 一星期以上
   D. 两天以上

3. 在不影响混凝土强度的前提下，当混凝土的流动性太大或太小时，调整的方法通常是：

   A. 增减用水量

   B. 保持水灰比不变，增减水泥用量

   C. 增大或减少水灰比

   D. 增减砂率

4. 在混凝土配合比设计中，选用合理砂率的主要目的是：

   A. 提高混凝土的强度
   B. 改善拌合物的和易性
   C. 节省水泥
   D. 节省粗骨料

5. 在下列混凝土的技术性能中，正确的是：

   A. 抗剪强度大于抗压强度

   B. 轴心抗压强度小于立方体抗压强度

   C. 混凝土不受力时内部无裂缝

   D. 徐变对混凝土有害无利

6. 钢材对冷弯性的要求越高，试验时采用的：

   A. 弯心直径越大，弯心直径对试件直径的比值越大

   B. 弯心直径越小，弯心直径对试件直径的比值越小

   C. 弯心直径越小，弯心直径对试件直径的比值越大

   D. 弯心直径越大，弯心直径对试件直径的比值越小

7. 导致木材物理力学性能发生改变的临界含水率是：

   A. 最大含水率
   B. 平衡含水率
   C. 纤维饱和点
   D. 最小含水率

8. 进行往返路线水准测量时，从理论上说$h_{往}$与$h_{返}$之间应具备的关系是：

   A. 符号相反，绝对值不等

   B. 符号相反，绝对值相等

   C. 符号相同，绝对值相等

   D. 符号相同，绝对值不等

9. 某电磁波测距仪的标称精度为$\pm(3+3ppm)$mm用该仪器测得500m距离，如不顾及其他因素影响，则产生的测距中误差为：

   A. ±18mm   B. ±3mm

   C. ±4.5mm   D. ±6mm

10. 确定地面点位相对位置的三个基本观测量是水平距离及：

    A. 水平角和方位角   B. 水平角和高差

    C. 方位角和竖直角   D. 竖直角和高差

11. 磁偏角和子午线收敛角分别是指磁子午线、中央子午线与下列哪项的夹角？

    A. 坐标纵轴   B. 指北线

    C. 坐标横轴   D. 真子午线

12. 测站点与测量目标点位置不变，但仪器高度改变，则此时所测得的：

    A. 水平角改变，竖直角不变

    B. 水平角改变，竖直角也改变

    C. 水平角不变，竖直角改变

    D. 水平角不变，竖直角也不变

13. 建筑工程开工前，建筑单位应当按照国家有关规定向工程所在地哪个部门申请领地施工许可证？

    A. 市级以上政府建设行政主管

    B. 县级以上城市规划

    C. 县级以上政府建设行政主管

    D. 乡镇及以上政府主管

14. 《中华人民共和国城市房地产管理法》所称房地产交易不包括：

    A. 房产中介   B. 房地产抵押

    C. 房屋租赁   D. 房地产转让

15. 城市详细规划应当在城市总体规划或分区规划的基础上，对城市近期区域内各项建设作出具体规划，详细规划应当包括：

①区域规划和土地利用总体规划；

②规划地段的各项建设的具体用地范围；

③建设密度和高度等控制指标；

④总平面布置和竖向规划；

⑤工程管线综合规划。

   A. ①②③④   B. ②③④⑤

   C. ①③④⑤   D. ①②④⑤

16. 注册结构工程师的执业范围包括：

①结构工程设计和技术咨询；

②建筑物、构筑物、工程设施等调查和鉴定；

③结构工程的鉴定和加固；

④对本人主持设计的项目进行施工指导和监督；

⑤对本人主持设计的项目进行监理。

   A. ①②③④   B. ①②③⑤

   C. ①②④⑤   D. ①③④⑤

17. 泥浆护壁成孔过程中，泥浆的作用除了保护孔壁、防止塌孔外，还有：

   A. 提高钻进速度   B. 排出土渣

   C. 遇硬土层易钻进   D. 保护钻机设备

18. 关于梁模板拆除的一般顺序，下列描述正确的是：

Ⅰ. 先支的先拆，后支的后拆；

Ⅱ. 先支的后拆，后支的先拆；

Ⅲ. 先拆除承重部分，后拆除非承重部分；

Ⅳ. 先拆除非承重部分，后拆除承重部分。

   A. Ⅰ、Ⅲ   B. Ⅱ、Ⅳ

   C. Ⅰ、Ⅳ   D. Ⅱ、Ⅲ

19. 在进行钢筋混凝土框架结构的施工过程中，对混凝土骨料的最大粒径的要求，下面正确的是：

A. 不超过结构最小截面的1/4，钢筋间最小净距的1/2

B. 不超过结构最小截面的1/4，钢筋间最小净距的3/4

C. 不超过结构最小截面的1/2，钢筋间最小净距的1/2

D. 不超过结构最小截面的1/2，钢筋间最小净距的3/4

20. 在进行"资源有限、工期最短"优化时，当将某工作移出超过限量的资源时段后，计算发现总工期增量$\Delta > 0$，以下说法正确的是：

A. 总工期会延长   B. 总工期会缩短

C. 总工期不变   D. 无法判断

21. 有关流水施工的概念，下列说法正确的是：

A. 对于非节奏专业流水施工，工作队在相邻施工段上的施工可以间断

B. 节奏专业流水的垂直进度图表中，各个相邻施工过程的施工进度线是相互平行的

C. 在组织搭接施工时，应先计算相邻施工过程的流水步距

D. 对于非节奏专业流水施工，各施工段上允许出现暂时没有工作队投入施工的现象

22. 对适筋梁，受拉钢筋刚屈服时，则：

A. 承载力达到极限

B. 受压边缘混凝土达到极限压应变ε_{cu}

C. 受压边缘混凝土被压碎

D. $\varepsilon_s = \varepsilon_y$，$\varepsilon_c \leqslant \varepsilon_{cu}$

23. 提高受弯构件抗弯刚度（减小挠度）最有效的措施是：

A. 加大截面宽度   B. 增加受拉钢筋截面面积

C. 提高混凝土强度等级   D. 加大截面的有效高度

24. 在结构抗震设计中，框架结构在地震作用下：

A. 允许在框架梁端处形成塑性铰

B. 允许在框架节点处形成塑性铰

C. 允许在框架柱端处形成塑性铰

D. 不允许框架任何位置形成塑性铰

25. 单层工业厂房设计中，若需要将伸缩缝、沉降缝、抗震缝合成一体时，其正确的设计构造做法为：

A. 在缝处从基础底至屋顶把结构分成两部分，其缝宽应满足三种缝中的最小缝宽的要求

B. 在缝处只需从基础顶以上至屋顶把结构分成两部分，其缝宽取三者的最大值

C. 在缝处只需从基础底至屋顶把结构分成两部分，其缝宽取三者的平均值

D. 在缝处只需从基础底至屋顶把结构分成两部分，其缝宽按抗震缝要求设置

26. 对钢材进行冷加工，使其产生塑性变形引起钢材硬化的现象，使钢材的：

A. 强度、塑性和韧性提高

B. 强度和韧性提高，塑性降低

C. 强度和弹性模量提高，塑性降低

D. 强度提高，塑性和韧性降低

27. 钢结构轴心受压构件应进行的计算是：

A. 强度、刚度、局部稳定

B. 强度、局部稳定、整体稳定

C. 强度、整体稳定

D. 强度、刚度、局部稳定、整体稳定

28. 计算钢结构构件的疲劳和正常使用极限状态的变形时，荷载的取值为：

A. 采用标准值

B. 采用设计值

C. 疲劳计算采用设计值，变形验算采用标准值

D. 疲劳计算采用设计值，变形验算采用标准值并考虑长期荷载的影响

29. 在荷载作用下，侧焊缝的计算长度大于某一数值时，焊缝的承载力设计值应折减，其值为：

A. $40h_f$

B. $60h_f$

C. $80h_f$

D. $100h_f$

30. 在确定砌体强度时，下列叙述正确的是：

A. 块体的长宽对砌体抗压强度影响很小

B. 水平灰缝厚度越厚，砌体抗压强度越高

C. 砖砌筑时含水量越大，砌体抗压强度越高，但抗剪强度越低

D. 对于提高砌体抗压强度而言，提高块体强度比提高砂浆强度更有效

31. 砌体结构设计时，必须满足的要求是：

①满足承载能力极限状态；

②满足正常使用极限状态；

③一般工业与民用建筑中的砌体构件，可靠指标$\beta \geq 3.2$；

④一般工业与民用建筑中的砌体构件，可靠指标$\beta \geq 3.7$。

A. ①②③

B. ①②④

C. ①③

D. ①④

32. 砌体结构为刚性方案、刚弹性方案或弹性方案的判别因素是：

A. 砌体的高厚比

B. 砌体的材料与强度

C. 屋盖、楼盖的类别与横墙的刚度及间距

D. 屋盖、楼盖的类别与横墙的间距，而与横墙本身条件无关

33. 无洞口墙梁和开洞口墙梁在顶部荷载作用下，可采用什么模型进行分析？

A. 两种墙梁均采用梁-拱组合模型

B. 无洞墙梁采用梁-拱组合模型，开洞口墙梁采用偏心拉杆拱模型

C. 无洞墙梁采用偏心拉杆拱模型，开洞口墙梁采用梁-拱组合模型

D. 无洞墙梁采用梁-柱组合模型，开洞口墙梁采用偏心压杆拱模型

34. 图示体系是几何：

A. 可变体系

B. 不变且无多余约束的体系

C. 瞬变体系

D. 不变，有一个多余约束的体系

35. 图示结构M_{AC}和M_{BD}正确的一组为：

A. $M_{AC} = M_{BD} = Ph$（左边受拉）

B. $M_{AC} = Ph$（左边受拉），$M_{BD} = 0$

C. $M_{AC} = 0$，$M_{BD} = Ph$（左边受拉）

D. $M_{AC} = Ph$（左边受拉），$M_{BD} = 2Ph/3$（左边受拉）

36. 图示刚架中 M_{AC} 等于：

A. 2kN·m（右拉）

B. 2kN·m（左拉）

C. 4kN·m（右拉）

D. 6kN·m（左拉）

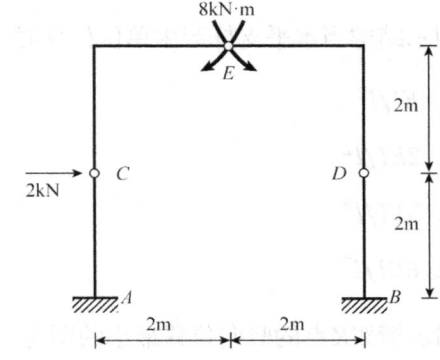

37. 图示桁架杆 1 的轴力为：

A. $2P$

B. $2\sqrt{2}P$

C. $-2\sqrt{2}P$

D. $\sqrt{2}P/2$

38. 在建立虚功方程时，力状态与位移状态的关系是：

A. 彼此独立无关

B. 位移状态必须是由力状态产生的

C. 互为因果关系

D. 力状态必须是由位移状态引起的

39. 用位移法计算静定、超静定结构时，每根杆都设为：

A. 单跨静定梁

B. 单跨超静定梁

C. 两端固定梁

D. 一端固定而另一端铰支的梁

40. 图示结构用位移法计算时，独立的节点线位移和节点角位移数分别为：

A. 2，3

B. 1，3

C. 3，3

D. 2，4

41. 图示结构的超静定次数为：

A. 2

B. 3

C. 4

D. 5

42. 图示结构当水平支杆产生单位位移时（未标注杆件的抗弯刚度为EI），$B\text{-}B$截面的弯矩值为：

A. EI/l^2

B. $2EI/l^2$

C. $3EI/l^2$

D. $6EI/l^2$

43. 图示桁架K点的竖向位移最小的图为：

A.

B.

C.

D.

44. 图示结构取图 b)为力法基本体系，EI为常数，下列选项错误的是：

a)

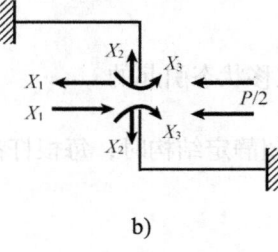

b)

A. $\delta_{23} = 0$

B. $\delta_{31} = 0$

C. $\delta_{2P} = 0$

D. $\delta_{12} = 0$

45. 图示结构（E为常数）杆端弯矩（顺时针为正）正确的一组为：

A. $M_{AB} = M_{AD} = M/4$，$M_{AC} = M/2$

B. $M_{AB} = M_{AC} = M_{AD} = M/3$

C. $M_{AB} = M_{AD} = 0.4M$，$M_{AC} = 0.2M$

D. $M_{AB} = M_{AD} = M/3$，$M_{AC} = 2M/3$

46. 图示对称结构简化后的半结构计算简图为：

A.

B.

C.

D.

47. 多自由度体系的自由振动是：

A. 简谐振动

B. 若干简谐振动的叠加

C. 衰减周期振动

D. 难以确定

48. 图示体系杆的质量不计，$EI_1 = \infty$，则体系的自振频率 ω 等于：

A. $\sqrt{\dfrac{3EI}{ml}}$

B. $\dfrac{1}{h}\sqrt{\dfrac{3EI}{ml}}$

C. $\dfrac{2}{h}\sqrt{\dfrac{EI}{ml}}$

D. $\dfrac{1}{h}\sqrt{\dfrac{EI}{3ml}}$

49. 结构试验分为生产性试验和研究性试验两类，下列不属于研究性试验解决的问题的是：

A. 综合鉴定建筑的设计和施工质量

B. 为发展和推广新结构提供实践经验

C. 为制定设计规范提供依据

D. 验证结构计算理论的假定

50. 试验装置设计和配置应满足一定的要求，下列要求错误的是：

A. 采用先进技术，满足自动化要求，减轻劳动强度，方便加载，提高试验效率和质量

B. 应使试件的跨度、支承方式、支撑等条件和受力状态满足设计计算简图，并在整个试验过程中保持不变

C. 试验装置不应分担试件应承受的试验荷载，也不应阻碍试件变形的自由发展

D. 试验装置应有足够的强度和刚度，并有足够的储备，在最大的试验荷载作用下，保证加载设备参与结构试件工作

51. 一个电阻应变片（$R = 120\Omega$，$K = 2.0$），粘贴于混凝土轴心受拉构件平行于轴线方向，试件材料的弹性模量$E = 2 \times 10^5$MPa，若加载至应力$\sigma = 400$MPa时，应变片的阻值变化dR为：

A. 0.24Ω B. 0.48Ω

C. 0.42Ω D. 0.96Ω

52. 下列钢筋混凝土构件的各测量参数中，不适宜用位移计量测的是：

A. 简支梁的转角   B. 截面曲率

C. 顶部截面应变   D. 受扭构件的应变

53. 下列不能用超声法进行检测的是：

A. 混凝土的裂缝   B. 混凝土的强度

C. 钢筋的位置   D. 混凝土的内部缺陷

54. 黏性土处于什么状态时，含水量减小，土的体积不再发生变化？

A. 固态   B. 可塑状态

C. 流动状态   D. 半固体状态

55. 下列有关土的饱和度的表述，正确的是：

A. 土中水的质量与土粒的质量之比

B. 土中水的质量与土的质量之比

C. 土中水的体积与孔隙体积之比

D. 土中水的质量与土粒质量加水的质量的和之比

56. 下列说法错误的是：

A. 地下水位的升降对土中自重应力有影响

B. 地下水位的下降会使土中自重应力增大

C. 当地层中有不透水层存在时，不透水层中的静水压力为零

D. 当地层中存在有承压水层时，该地层的自重应力计算方法与潜水层相同，即该土层的重度取有效重度来计算

57. 某土层的压缩系数为 0.5MPa^{-1}，天然孔隙比为 0.8，土层厚度 1m，已知该土层受到的平均附加应力 $\bar{\sigma}_z = 60$kPa，则该土层的沉降量为：

A. 16.3mm   B. 16.7mm

C. 30mm   D. 33.6mm

58. 土坡高度为 8m，土的内摩擦角 $\varphi = 10°(N_s = 9.2)$，$c = 25$kPa，$\gamma = 18$kN/m^3 的土坡，其稳定安全系数为：

A. 1.6   B. 1.0

C. 2.0   D. 0.5

59. 在设计柱下条形基础的基础梁最小宽度时，下列说法正确的是：

A. 梁宽应大于柱截面的相应尺寸

B. 梁宽应等于柱截面的相应尺寸

C. 梁宽应大于柱截面宽、高尺寸中的最小值

D. 由基础梁强度计算决定

60. 某深层搅拌桩桩长 8m，桩径 0.5m，桩体压缩模量为 120MPa，置换率为 25%，桩间土承载力特征值 110kPa，压缩模量为 6MPa，加固区受到平均应力为 121kPa，加固区的变形量为：

A. 13mm   B. 25mm

C. 28mm   D. 26mm

2013 年度全国勘察设计一级注册结构工程师

执业资格考试试卷

基础考试
（下）

二〇一三年九月

应考人员注意事项

1. 本试卷科目代码为"2"，考生务必将此代码填涂在答题卡"科目代码"相应的栏目内，否则，无法评分。

2. 书写用笔：**黑色或蓝色钢笔、签字笔或圆珠笔**；

   填涂答题卡用笔：**黑色 2B 铅笔**。

3. 必须用书写用笔将工作单位、姓名、准考证号填写在答题卡和试卷相应的栏目内。

4. 本试卷由 60 题组成，每题 2 分，满分 120 分，本试卷全部为单项选择题，每小题的四个备选项中只有一个正确答案，错选、多选、不选均不得分。

5. 考生作答时，必须按**题号在答题卡上**将相应试题所选选项对应的**字母用 2B 铅笔涂黑**。

6. 在答题卡上书写与题意无关的语言，或在答题卡上作标记的，均按违纪试卷处理。

7. 考试结束时，由监考人员当面将试卷、答题卡一并收回。

8. 草稿纸由各地统一配发，考后收回。

单项选择题（共 60 题，每题 2 分。每题的备选项中只有一个最符合题意。）

1. 下列矿物中仅含有碳元素的是：

   A. 石膏
   B. 石灰
   C. 石墨
   D. 石英

2. 材料积蓄热量的能力称为：

   A. 导热系数
   B. 热容量
   C. 温度
   D. 传热系数

3. 有关通用硅酸盐水泥的技术性质和应用，下列叙述错误的是：

   A. 水泥强度是指水泥胶砂强度，而非水泥净浆强度
   B. 水泥熟料中，铝酸三钙水化速度最快，水化热最高
   C. 水泥的细度指标作为强制性指标
   D. 安定性不良的水泥严禁用于建筑工程

4. 混凝土材料在外部力学荷载、环境温湿度以及内部物理化学过程中发生变形，以下属于内部物理化学过程引起的变形的是：

   A. 混凝土徐变
   B. 混凝土干燥收缩
   C. 混凝土温度收缩
   D. 混凝土自身收缩

5. 在沿海地区，钢筋混凝土构件的主要耐久性问题是：

   A. 内部钢筋锈蚀
   B. 碱-骨料反应
   C. 硫酸盐反应
   D. 冻融破坏

6. 钢材试件受拉应力-应变曲线上从原点到弹性极限点称为：

   A. 弹性阶段
   B. 屈服阶段
   C. 强化阶段
   D. 颈缩阶段

7. 黏性土由半固态变成可塑状态时的界限含水率称为土的：

   A. 塑性指数
   B. 液限
   C. 塑限
   D. 最佳含水率

8. 测量工作应遵循的原则为：

   A. 先测量，后计算
   B. 先控制，后碎部
   C. 先平面，后高程
   D. 先低精度，后高精度

9. 坐标正算中，横坐标增量表示为：

A. $\Delta X_{AB} = D_{AB} \cdot \cos \alpha_{AB}$ B. $\Delta Y_{AB} = D_{AB} \cdot \sin \alpha_{AB}$

C. $\Delta Y_{AB} = D \cdot \sin \alpha_{BA}$ D. $\Delta X_{AB} = D \cdot \cos \alpha_{BA}$

10. 光学经纬仪的哪种误差可以通过盘左盘右取平均值的方法消除？

A. 对中误差   B. 视准轴误差

C. 竖轴误差   D. 照准误差

11. 某双频测距仪，测程为 1km，设计了精、粗两个测尺，精尺为 10m（载波频率 $f_1 = 15$MHz），粗尺为 1000m（载波频率 $f_2 = 150$MHz），测相精度为 1/1000，则仪器所能达到的精度为：

A. 1m   B. 1dm

C. 1cm   D. 1mm

12. 在 1：500 地形图上量得两点间的距离为 $d = 234.5$mm，则两地实际水平距离 D 为：

A. 117.25m   B. 234.5m

C. 469.0m   D. 1172.5m

13. 根据我国土地管理法，土地利用总体规划的编制原则之一是：

A. 严格控制农业建设占用未利用土地

B. 严禁占用基本农田

C. 严格控制土地利用率

D. 占用耕地与开发复垦耕地相平衡

14. 建设项目对环境可能造成轻度影响的，应当编制：

A. 环境影响报告书   B. 环境影响报告表

C. 环境影响分析表   D. 环境影响登记表

15. 节约资源是我国的基本国策，国家实施的能源发展战略为：

A. 开发为主，合理利用

B. 利用为主，加强开发

C. 开发与节约并举，把开发放在首位

D. 节约与开发并举，把节约放在首位

16. 国家对从事建设工程勘察设计活动的单位实行：

    A. 资格管理制度   B. 资质管理制度

    C. 注册管理制度   D. 执业管理制度

17. 在填方工程中，如采用透水性不同的土料单选分层填筑时，下层宜填筑：

    A. 渗透系数极小的填料

    B. 渗透系数较小的填料

    C. 渗透系数中等的填料

    D. 渗透系数较大的填料

18. 浇筑混凝土单向板时，施工缝应留置在：

    A. 中间1/3跨度范围内且平行于板的长边

    B. 平行于板的长边的任何位置

    C. 平行于板的短边的任何位置

    D. 中间1/3跨度范围内

19. 屋架采用反向扶直时，起重机立于屋架上弦一边，吊钩对位上弦中心，则臂与吊钩满足的关系是：

    A. 升臂升钩   B. 升臂降钩

    C. 降臂升钩   D. 降臂降钩

20. 单代号网络计划中，某工作最早完成时间与其紧后工作的最早开始时间之差为：

    A. 总时差   B. 自由时差

    C. 虚工作   D. 时间间隔

21. 施工过程中设计变更是经常发生的，下列有关设计变更处理的规定错误的是：

    A. 对于变更较少的设计，设计单位可通过变更通知单，由建设单位自行修改，在修改的地方加盖图章，注明设计变更编号

    B. 若设计变更对施工产生直接影响，涉及工程造价与施工预算的调整，施工单位应及时与建设单位联系，根据承包合同和国家有关规定，商讨解决办法

    C. 设计变更与分包施工单位有关，应及时将设计变更交给分包施工单位

    D. 设计变更若与以前洽商记录有关，要进行对照，看是否存在矛盾或不符之处

22. 下列不能用于提高钢筋混凝土构件中钢筋与混凝土间的黏结强度的处理措施是：

A. 减小钢筋净间距   B. 提高混凝土的强度等级

C. 由光圆钢筋改为变形钢筋   D. 配置横向钢筋

23. 除了截面形式和尺寸外其他均相同的单筋矩形截面和 T 形截面，当截面等高度及单筋矩形截面宽度与 T 形截面的翼缘计算宽度相同时，正确描述它们的正截面极限承载力的情况是：

A. 当受压区高度x小于 T 形截面翼缘厚度h'_f时，单筋矩形截面的正截面上的承载力M_u与 T 形截面的M_u^T相同

B. 当$x < h'_f$时，$M_u > M_u^T$

C. 当$x < h'_f$时，$M_u < M_u^T$

D. 当$x > h'_f$时，$M_u > M_u^T$

24. 在均布荷载作用下，必须按照双向板计算的钢筋混凝土板是：

A.   B.

C.   D.

25. 下列关于钢筋混凝土单层厂房柱牛腿的说法，正确的是：

A. 牛腿应按照悬臂梁设计

B. 牛腿的截面尺寸根据斜裂缝控制条件和构造要求确定

C. 牛腿设计仅考虑斜截面承载力

D. 牛腿部位可允许带裂缝工作

26. 随着钢板厚度增加，钢材的：

A. 强度设计值下降   B. 抗拉强度提高

C. 可焊性提高   D. 弹性模量降低

27. 计算有侧移多层框架时，柱的计算长度系数取值：

A. 应小于1.0   B. 应大于1.0

C. 应小于2.0   D. 应大于2.0

28. 高强度螺栓摩擦型连接中，螺栓的抗滑移系数主要与：

A. 螺栓的直径有关

B. 螺栓预拉力值有关

C. 连接钢板厚度有关

D. 钢板表面处理方法有关

29. 设计采用钢桁架的屋盖结构时，必须：

A. 布置纵向支撑和刚性系杆

B. 采用梯形桁架

C. 布置横向支撑和竖直支撑

D. 采用角钢杆件

30. 为防止砌体房屋墙体开裂，构造措施正确的是：

A. 对于三层及三层以上的房屋，长高比L/H宜小于或等于3.5

B. 小型空心砌块，在常温施工时，宜将块体浇水湿润后再进行砌筑

C. 圈梁宜连续地设置在同一水平面上，在门窗洞口处不得断开

D. 多层砌块房屋，对外墙及内纵墙、屋盖处应设置圈梁，楼盖处应隔层设置

31. 下列关于伸缩缝的说法，不正确的是：

A. 伸缩缝应设在温度和收缩变形可能引起应力集中的部位

B. 伸缩缝应设在高度相差较大或荷载差异较大处

C. 伸缩缝的宽度与砌体种类，屋盖、楼盖类别，保温隔热层是否设置有关

D. 伸缩缝只将楼体及楼盖分开，不必将基础断开

32. 下列关于砂浆强度等级M_0的说法，正确的是：

①施工阶段尚未凝结的砂浆；②抗压强度为零的砂浆；

③用冻结法施工解冻阶段的砂浆；④抗压强度很小接近零的砂浆。

A. ①③   B. ①②

C. ②④   D. ②

33. 砌体在轴心受压时，块体的受力状态为：

A. 压力   B. 剪力、压力

C. 弯矩、压力   D. 弯矩、剪力、压力、拉力

34. 图示平面体系的计算自由度为：

A. 2 个

B. 1 个

C. 0 个

D. −1 个

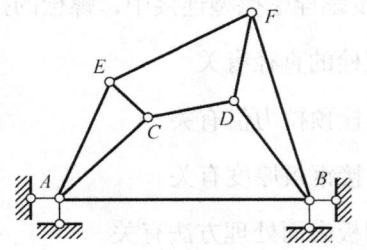

35. 图示静定三铰拱，拉杆 AB 的轴力等于：

A. 6kN

B. 8kN

C. 10kN

D. 12kN

36. 下列方法中，不能减小静定结构弯矩的是：

A. 在简支梁的两端增加伸臂段，使之成为伸臂梁

B. 减小简支梁的跨度

C. 增加简支梁的梁高，从而增大截面惯性矩

D. 对于拱结构，根据荷载特征，选择合理的拱轴曲线

37. 图示结构 $EI =$ 常数，截面高 $h =$ 常数，线膨胀系数为 α，外侧环境温度降低 t℃，内侧环境温度升高 t℃，引起的 C 点竖向位移大小为：

A. $\dfrac{3\alpha t L^2}{h}$

B. $\dfrac{4\alpha t L^2}{h}$

C. $\dfrac{9\alpha t L^2}{2h}$

D. $\dfrac{6\alpha t L^2}{h}$

38. 图示结构 $EA =$ 常数，杆 BC 的转角为：

A. $P/(2EA)$

B. $P/(EA)$

C. $3P/(2EA)$

D. $2P/(EA)$

39. 用力法求解图示结构（$EI =$ 常数），基本体系及基本未知量如图所示，力法方程中的系数 Δ_{1P} 为：

a)原结构　　　　　　b)基本结构及基本未知量

A. $-\dfrac{5qL^4}{36EI}$

B. $\dfrac{5qL^4}{36EI}$

C. $-\dfrac{qL^4}{24EI}$

D. $-\dfrac{5qL^4}{24EI}$

40. 图示结构，D 支座沉降量为 a，用力法求解（$EI =$ 常数），基本体系及基本变量如图所示，基本方程 $\delta_{11}X_1 + \Delta_{1C} = 0$，则 Δ_{1C} 为：

a)原结构　　　　　　b)基本体系

A. $-2a/L$

B. $-3a/(2L)$

C. $-a/L$

D. $-a/(2L)$

41. 用位移法求解图示结构，独立的基本未知量个数为：

A. 1

B. 2

C. 3

D. 4

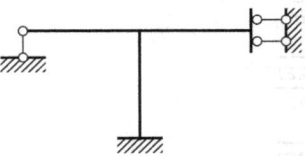

42. 图示结构 AB，EI 为常数，固定端 A 发生顺时针的支座转动 θ，由此引起的 B 处的转角为：

A. θ，顺时针

B. θ，逆时针

C. $\theta/2$，顺时针

D. $\theta/2$，逆时针

43. 用力矩分配法分析图示结构，先锁住节点 B，然后再放松，则传递到 C 处的力矩为：

A. $ql^2/27$

B. $ql^2/54$

C. $ql^2/23$

D. $ql^2/46$

44. 若要保证图示结构在外荷载作用下，梁跨中截面产生负弯矩（上侧纤维受拉），可采用：

A. 增大二力杆刚度且减小横梁刚度

B. 减小二力杆刚度且增大横梁刚度

C. 减小均布荷载 q

D. 该结构为静定结构，与构件刚度无关

45. 在图示移动荷载（间距 0.2m、0.4m 的三个集中力，大小为 6kN、10kN 和 2kN）作用下，结构 A 支座的最大弯矩为：

A. 26.4kN·m

B. 28.2kN·m

C. 30.8kN·m

D. 33.2kN·m

46. 如图所示，梁 $EI =$ 常数，弹簧刚度为 $k = 48EI/l^3$，梁的质量忽略不计，则结构的自振频率为：

A. $\sqrt{\dfrac{32EI}{ml^3}}$

B. $\sqrt{\dfrac{192EI}{5ml^3}}$

C. $\sqrt{\dfrac{192EI}{9ml^3}}$

D. $\sqrt{\dfrac{96EI}{9ml^3}}$

47. 单自由度体系自由振动时实测 10 周后振幅衰减为最初的 1%，则阻尼比为：

A. 0.1025

B. 0.0950

C. 0.0817

D. 0.0733

48. 图示结构，忽略轴向变形，梁柱质量忽略不计，该结构动力自由度的个数为：

A. 1

B. 2

C. 3

D. 4

49. 下列不是低周反复加载试验优点的是：

A. 在试验过程中可以随时停下来观察结构的开裂和破坏状态

B. 便于检验数据和仪器的工作情况

C. 可按试验需要修正和改变加载历程

D. 试验的加载历程由研究者按力或位移对称反复施加

50. 柱子试验中铰支座是一个重要的试验设备，比较可靠灵活的铰支座是：

A. 圆球形铰支座   B. 半球形铰支座

C. 可动铰支座   D. 刀口铰支座

51. 下列不是拟静力试验优点的是：

A. 不需要对结构的恢复力特性做任何假设

B. 可以考察结构的动力特性

C. 加载的时间周期近乎静态，便于观察和研究

D. 能进行地震模拟振动台不能胜任的足尺或大比例尺模型的试验

52. 下列可用于检测钢筋锈蚀的方法是：

A. 电位差法   B. 电磁感应法

C. 声音发射法   D. 射线法

53. 结构静载试验对量测仪器精度的要求为：

A. 测量最大误差不超过 5%

B. 测量最大误差不超过 2%

C. 测量误差不超过 5%

D. 测量误差不超过 2%

54. 盛放在金属容器中的土样连同容器总重为 454g，经烘箱干燥后，总重变为 391g，空的金属容器重量为 270g，那么用百分比表示的土样的初始含水率为：

A. 52.07%

B. 34.23%

C. 62.48%

D. 25.00%

55. 均匀地基中地下水埋深为 1.40m，不考虑地基中的毛细效应，地基土重度为 15.8kN/m³，地下水位以下土体的饱和重度为 19.8kN/m³，则距地面 3.6m 处的竖向有效应力为：

A. 64.45

B. 34.68

C. 43.68

D. 71.28

56. 要估计一个曾经滑动过的古老边坡的稳定性，可采用的土体强度指标是：

A. 峰值强度

B. 临界强度

C. 残余强度

D. 特正应力强度

57. 在黏聚力为 10kPa，内摩擦角为 10°，重度为 18kN/m³ 的黏性土中，进行垂直开挖，侧壁保持不滑动的最大高度为：

A. 1.3m

B. 0m

C. 5.2m

D. 10m

58. 在黏性土地基上进行浅层平板载荷试验，采用 0.5m×0.5m 的载荷板，得到结果为：压力与沉降曲线（e-p曲线）初始段为线性，其板底压力与沉降的比值为 25kPa/mm，方形承载板形状系数取 0.886，黏土的泊松比取 0.4，则地基土的变形模量为：$\left[E_0 = \omega(1 - \mu^2)\dfrac{p}{s}b \right]$

A. 9303kPa

B. 9653kPa

C. 9121kPa

D. 8243kPa

59. 条形基础埋深 3.5m、宽度 3m，上部结构传至基础顶面的竖向力为 200kN/m，偏心弯矩为 50kN·m/m，基础自重和基础上的土重可按综合重度 20kN/m³ 考虑，则该基础底面边缘的最大压应力值为：

A. 141.6kPa

B. 212.1kPa

C. 340.3kPa

D. 169.5kPa

60. 按地基处理作用机理，强夯法属于：

A. 土质改良

B. 土的置换

C. 土的补强

D. 土的化学加固

2016 年度全国勘察设计一级注册结构工程师

执业资格考试试卷

基础考试
（下）

二〇一六年九月

应考人员注意事项

1. 本试卷科目代码为"2"，考生务必将此代码填涂在答题卡"科目代码"相应的栏目内，否则，无法评分。

2. 书写用笔：**黑色或蓝色钢笔、签字笔或圆珠笔；**

   填涂答题卡用笔：**黑色 2B 铅笔。**

3. 必须用书写用笔将工作单位、姓名、准考证号填写在答题卡和试卷相应的栏目内。

4. 本试卷由 60 题组成，每题 2 分，满分 120 分，本试卷全部为单项选择题，每小题的四个备选项中只有一个正确答案，错选、多选、不选均不得分。

5. 考生作答时，必须按**题号在答题卡上**将相应试题所选选项对应的**字母用 2B 铅笔涂黑。**

6. 在答题卡上书写与题意无关的语言，或在答题卡上作标记的，均按违纪试卷处理。

7. 考试结束时，由监考人员当面将试卷、答题卡一并收回。

8. 草稿纸由各地统一配发，考后收回。

单项选择题（共 60 题，每题 2 分。每题的备选项中只有一个最符合题意。）

1. 截面相同的混凝土的棱柱体强度（f_{cp}）与混凝土的立方体强度（f_{cu}），二者的关系是：

   A. $f_{cp} < f_{cu}$ B. $f_{cp} \leqslant f_{cu}$

   C. $f_{cp} \geqslant f_{cu}$ D. $f_{cp} > f_{cu}$

2. 500g 潮湿的砂经过烘干后，质量变为 475g，其含水率为：

   A. 5.0%   B. 5.26%   C. 4.75%   D. 5.50%

3. 伴随着水泥的水化和各种水化产物的陆续生成，水泥浆的流动性发生较大的变化，其中水泥浆的初凝是指其：

   A. 开始明显固化   B. 黏性开始减小

   C. 流动性基本丧失   D. 强度达到一定水平

4. 影响混凝土的徐变但不影响其干燥收缩的因素为：

   A. 环境湿度   B. 混凝土水灰比

   C. 混凝土骨料含量   D. 外部应力水平

5. 混凝土配合比设计中需要确定的基本变量不包括：

   A. 混凝土用水量   B. 混凝土砂率

   C. 混凝土粗骨料用量   D. 混凝土密度

6. 衡量钢材的塑性高低的技术指标为：

   A. 屈服强度   B. 抗拉强度

   C. 断后伸长率   D. 冲击韧性

7. 测定沥青的延度和针入度时，以下条件需保持恒定的是：

   A. 室内温度   B. 试件所处水浴的温度

   C. 试件质量   D. 试件的养护条件

8. 下列对正、反坐标方位角的描述，正确的是：

   A. 正、反坐标方位角相差 180°

   B. 正坐标方位角比反坐标方位角小 180°

   C. 正、反坐标方位角之和为 0°

   D. 正坐标方位角比反坐标方位角大 180°

9. 设 v 为一组同精度观测值改正数，则最或是值的中误差可表示为：

A. $m = \pm\sqrt{\dfrac{[vv]}{n(n-1)}}$ B. $m = \pm\sqrt{\dfrac{[vv]}{n}}$

C. $m = \pm\dfrac{1}{n}\sqrt{\dfrac{[vv]}{n-1}}$ D. $m = \pm\sqrt{\dfrac{[vv]}{n-1}}$

10. 坐标正算中，纵坐标增量可表示为：

A. $\Delta X_{AB} = D_{AB} \cdot \cos \alpha_{AB}$ B. $\Delta Y_{AB} = D_{AB} \cdot \sin \alpha_{AB}$

C. $\Delta Y_{AB} = D \cdot \sin \alpha_{BA}$ D. $\Delta X_{AB} = D \cdot \cos \alpha_{BA}$

11. 比列尺精度的意义可描述为：

A. 数字地形图上 0.1mm 所代表的实地长度

B. 传统地形图上 0.1mm 所代表的实地长度

C. 数字地形图上 0.3mm 所代表的实地长度

D. 传统地形图上 0.3mm 所代表的实地长度

12. 1：500 地形图上，量得 AB 两点间的图上距离为 25.6mm，则 AB 间的实地距离为：

A. 51.2m B. 5.12m

C. 12.8m D. 1.25m

13. 某单位在当地环境保护主管部门行使现场环境检查时弄虚作假，则有关部门应该采取的措施是：

A. 对直接责任人予以行政处分

B. 对该单位处以罚款

C. 责令该单位停产整顿

D. 对相关负责人追究法律责任

14. 某超高层建筑施工中，一个塔吊分包商的施工人员因没有佩戴安全带加上作业疏忽而从高处坠落死亡。按我国《建筑工程安全生产管理条例》的规定，除工人本身的责任外，请问此意外的责任应：

A. 由分包商承担所有责任，总包商无需负责

B. 由总包商与分包商承担连带责任

C. 由总包商承担所有责任，分包商无需负责

D. 视分包合约的内容确定

15. 实行强制监理的建筑工程的范围由：

A. 国务院规定

B. 省自治区直辖市人民政府规定

C. 县级以上人民政府规定

D. 建筑工程所在地人民政府规定

16. 根据《建设工程安全生产管理条例》，下列不属于建设单位的责任和义务的是：

A. 向施工单位提供施工现场毗邻地区的地下管道的资料

B. 及时报告安全生产事故隐患

C. 保证安全生产投入

D. 将拆除工程发包给具有相应资质的施工单位

17. 在预制桩打桩过程中，如发现贯入度有骤减，说明：

A. 桩尖破坏   B. 桩身破坏

C. 桩下有障碍物   D. 遇软土层

18. 某工程冬季施工中使用普通硅酸盐水泥拌制的混凝土强度等级为 C40，则其要求防冻的最低立方体抗压强度为：

A. 5N/mm²   B. 10N/mm²

C. 12N/mm²   D. 15N/mm²

19. 砌筑砂浆的强度等级划分中，强度等级最高的是：

A. M20   B. M25

C. M10   D. M15

20. 描述流水施工空间参数的指标不包括：

A. 建筑面积   B. 施工段

C. 工作面   D. 施工层

21. 对工程网络进行工期-成本优化的主要目的是：

A. 确定工程总成本最低时的工期

B. 确定工程最短时的工程总成本

C. 确定工程总成本固定条件下的最短工期

D. 确定工期固定下的最低工程成本

22. 有关横向约束逐渐增加对混凝土竖向受压性能的影响，下列说法正确的是：

A. 受压强度不断提高，但其变形能力逐渐下降

B. 受压强度不断提高，但其变形能力保持不变

C. 受压强度不断提高，但其变形能力得到改善

D. 受压强度和变形能力均逐渐下降

23. 对于钢筋混凝土受压构件，当相对受压区高度大于1时，则：

A. 属于大偏心受压构件

B. 受拉钢筋受压但一定达不到屈服

C. 受压钢筋侧混凝土一定先被压溃

D. 受拉钢筋一定处于受压状态且可能先于受压钢筋达到屈服状态

24. 两端固定的均布荷载作用钢筋混凝土梁，其支座负弯矩与正弯矩的极限承载力绝对值相等。若按塑性内力重分布计算，支座弯矩调幅系数为：

A. 0.8

B. 0.75

C. 0.7

D. 0.65

25. 钢筋混凝土结构抗震设计中轴压比限值的作用是：

A. 使混凝土得到充分利用

B. 确保结构的延性

C. 防止发生剪切破坏

D. 防止柱的纵向屈曲

26. 常用结构钢材中，碳当量不作为交货条件的钢材型号是：

A. Q355A

B. Q235B

C. Q355B

D. Q235A

27. 焊接工字形截面钢梁设置腹板横向加劲肋的目的是：

A. 提高截面的抗弯强度

B. 减少梁的挠度

C. 提高腹板局部稳定性

D. 提高翼缘局部承载力

28. 计算钢结构螺栓连接超长接头承载力时，需要对螺栓的抗剪承载力进行折减，主要是考虑了：

A. 螺栓剪力分布不均匀的影响

B. 连接钢板厚度的影响

C. 螺栓等级的影响

D. 螺栓间距差异的影响

29. 简支平行弦钢屋架下弦杆的长细比应控制在：

A. 不大于 150　　　　　　　　　　B. 不大于 300

C. 不大于 350　　　　　　　　　　D. 不大于 400

30. 下列关于配筋砖砌体的说法，正确的是：

A. 轴向力的偏心距超过规定值时，宜采用网状配筋砌体

B. 网状配筋砌体抗压强度较无筋砌体提高的原因是由于砌体中配有钢筋，钢筋的强度高，可与砌体共同承担压力

C. 组合砖砌体在轴向压力下，钢筋混凝土面层与砌体共同承担轴向压力并对砌体有横向约束作用

D. 网状配筋砖砌体的配筋率越大，砌体强度越大

31. 按刚性方案计算的砌体房屋的主要特点为：

A. 空间性能影响系数η大，刚度大

B. 空间性能影响系数η小，刚度小

C. 空间性能影响系数η小，刚度大

D. 空间性能影响系数η大，刚度小

32. 砌体结构中构造柱的作用是：

①提高砖砌体房屋的抗剪能力；

②构造柱对砌体起约束作用，使砌体变形能力增强；

③提高承载力、减小墙的截面尺寸；

④提高墙、柱高厚比的限值。

A. ①②　　　　　　　　　　　　　B. ①③④

C. ①②④　　　　　　　　　　　　D. ③④

33. 砌体在轴心受压时，块体的受力状态为：

A. 压力　　　　　　　　　　　　　B. 剪力、压力

C. 弯矩、压力　　　　　　　　　　D. 弯矩、剪力、压力、拉力

34. 图示体系的几何组成为：

A. 几何不变，无多余约束

B. 几何不变，有多余约束

C. 瞬变体系

D. 常变体系

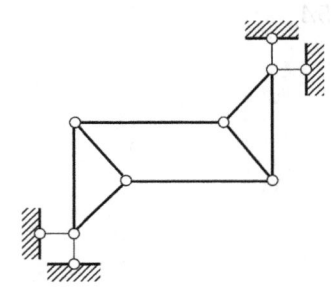

35. 静定结构在支座移动时会产生：

A. 内力

B. 应力

C. 刚体位移

D. 变形

36. 图示简支梁在所示移动荷载下，截面K的最大弯矩值为：

A. 90kN·m

B. 120kN·m

C. 150kN·m

D. 180kN·m

37. 图示三铰拱$y = \frac{4f}{l^2}x(1-x)$，$l = 16$m，D右侧截面的弯矩值为：

A. 26kN·m

B. 66kN·m

C. 58kN·m

D. 82kN·m

38. 图示结构杆 2 的内力为：

A. $-P$

B. $-\sqrt{10}P$

C. P

D. $\sqrt{10}P$

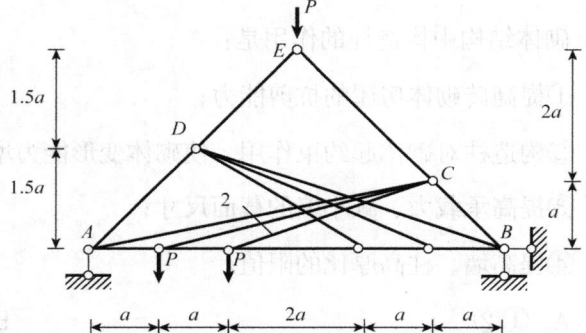

39. 图示对称结构C点水平位移$\Delta_{CH} = \Delta(\rightarrow)$，若$AC$杆$EI$增大一倍，$BC$杆$EI$不变，则$\Delta_{CH}$变为：

A. 2Δ

B. 1.5Δ

C. 0.5Δ

D. 0.75Δ

40. 图示结构K截面的弯矩值为：（以内侧受拉力为正）

A. Pd

B. $-Pd$

C. $2Pd$

D. $-2Pd$

41. 图示等截面梁正确的M图是：

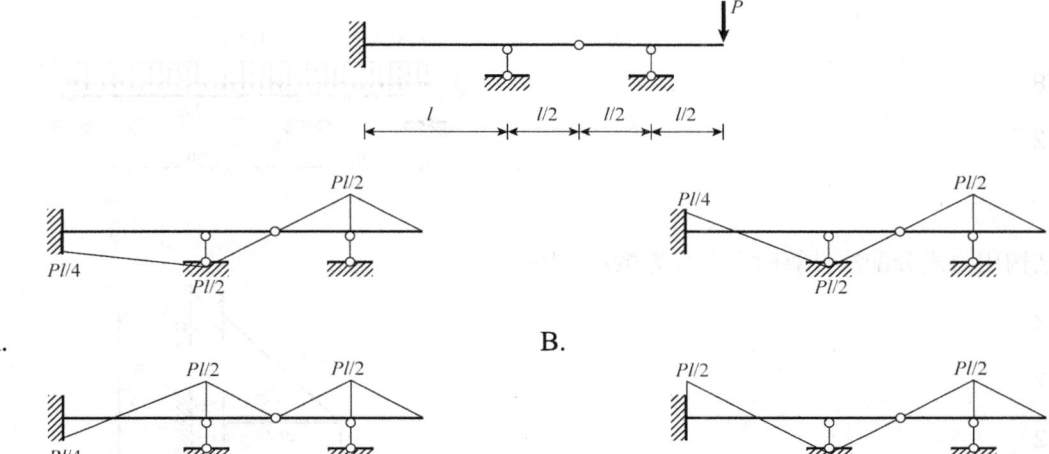

A.　　　　　　　　　　　　　B.

C.　　　　　　　　　　　　　D.

42. 图示结构EI为常数，当支座B发生沉降Δ时，梁B截面的转角为：（以顺时针为正）

A. Δ/l

B. $1.2\Delta/l$

C. $1.5\Delta/l$

D. $\Delta/2l$

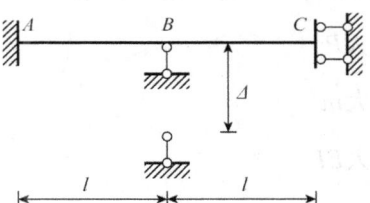

43. 图示结构B处弹性支座的弹簧刚度$k = 6EI/l^3$，B结点向下的竖向位移为：

A. $\dfrac{Pl^3}{12EI}$

B. $\dfrac{Pl^3}{6EI}$

C. $\dfrac{Pl^3}{4EI}$

D. $\dfrac{Pl^3}{3EI}$

44. 图示结构M_{BA}值的大小为：

A. $Pl/2$

B. $Pl/3$

C. $Pl/4$

D. $Pl/5$

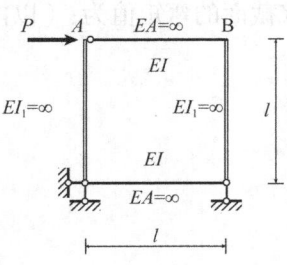

45. 欲使图示连续梁BC跨中点正弯矩与B支座负弯矩绝对值相等，则$EI_{AB}:EI_{BC}$应等于：

A. 2

B. 5/8

C. 1/2

D. 1/3

46. 图示结构用力矩分配法计算时，分配系数μ_{AC}为：

A. 1/4

B. 4/7

C. 1/2

D. 6/11

47. 在图示结构中，若要使其自振频率ω增大，可以：

A. 增大P

B. 增大m

C. 增大EI

D. 增大I

48. 无阻尼等截面梁承受一静力荷载P，设在$t=0$时，撤掉荷载P，点m的动位移为：

A. $y(t)=\dfrac{Pl^3}{3EI}\cos\sqrt{\dfrac{3EI}{ml^3}}t$

B. $y(t)=\dfrac{Pl^3}{3EI}\sin\sqrt{\dfrac{3EI}{ml^3}}t$

C. $y(t)=\dfrac{Pl^3}{8EI}\cos\sqrt{\dfrac{3EI}{ml^3}}t$

D. $y(t)=\dfrac{Pl^3}{8EI}\sin\sqrt{\dfrac{3EI}{ml^3}}t$

49. 通过测量混凝土棱柱体试件的应力-应变曲线，计算所用试件的刚度，已知棱柱体试件的尺寸为100mm×100mm×300mm，浇筑试件完毕并养护，且实测同批次立方体（150mm×150mm×150mm）强度为300kN，则使用下列哪种试验机完成上述试件的加载试验最合适？

    A. 使用最大加载能力为 300kN 的抗压试验机进行加载

    B. 使用最大加载能力为 500kN 的抗压试验机进行加载

    C. 使用最大加载能力为 1000kN 的抗压试验机进行加载

    D. 使用最大加载能力为 2000kN 的抗压试验机进行加载

50. 在检验构件承载能力的低周反复加载试验中，下列不属于加载制度的是：

    A. 试验始终控制位移加载

    B. 控制加载速度加载

    C. 先控制作用力加载再转换位移控制加载

    D. 控制作用力和位移的混合加载

51. 结构模型试验使用量纲分析法进行模型设计，下列基本量纲正确的是：

    A. 长度[L]、应变[ε]、时间[T]

    B. 长度[L]、时间[T]、应力[σ]

    C. 长度[L]、时间[T]、质量[M]

    D. 时间[T]、弹性模量[E]、质量[M]

52. 结构动力试验研究的计算分析中，下列不能由计算所得的参数为：

    A. 结构的阻尼比　　　　　　　　　　　B. 结构的固有振型

    C. 结构的固有频率　　　　　　　　　　D. 结构的质量

53. 采用超声波法检测混凝土的内部缺陷，下列不适宜使用该方法检测的是：

    A. 检测混凝土内部空洞和缺陷的范围

    B. 检测混凝土表面损伤厚度

    C. 检测混凝土内部钢筋直径和位置

    D. 检测混凝土裂缝深度

54. 一层 5.2m 厚的黏土层，受到 30kPa 的地表超载作用，其渗透系数为0.0004m/d。根据以往经验，该层黏土会被压缩 0.04m。如果仅上表面或下表面发生渗透，则计算的主固结的完成的时间约为：

    A. 240d　　　　　　　　　　　　　　　B. 173d

    C. 50d　　　　　　　　　　　　　　　　D. 340d

55. 均匀地基中，地下水位埋深为 1.80m，毛细水向上渗流 0.60m，如果土的干重度为15.90kN/m³，土的饱和重度为19kN/m³，地表超载为25.60kN/m²，那么地基埋深 3.50m 处垂直有效应力为：

A. 66.99

B. 72.99

C. 71.38

D. 41.39

56. 针对一项地基基础工程，是进行排水固结还是不排水固结，与下列哪项因素基本无关？

A. 地基渗透性

B. 施工速率

C. 加载或者卸载

D. 都无关

57. 无重饱和黏土地基受宽度为 B 的地表均布荷载 q 作用，饱和黏土的不排水抗剪强度为 50kPa，那么该地基的承载力为：

A. 105kPa

B. 50kPa

C. 157kPa

D. 257kPa

58. 在工程地质勘查中，能够直观观测地层结构和变化的方法是：

A. 坑探

B. 钻探

C. 触探

D. 地球物理勘探

59. 对于建筑体形复杂、荷载差异较大的框架结构，减小基础底面不均匀沉降的措施不包括采用：

A. 箱基

B. 柱下条形基础

C. 筏基

D. 单独基础

60. 某桩基础的桩截面为 400mm×400mm，建筑地基土层由上而下依次为粉质黏土（3m 厚）、中密粗砂（4m 厚）、微风化软质岩（5m 厚）。对应的桩周土摩擦力特征值分别为 20kPa、40kPa 和 65kPa，桩长为 9m，桩端岩土承载力特征值为 6000kPa，则单桩竖向承载力特征值为：

A. 1120kN

B. 1420kN

C. 1520kN

D. 1680kN

2017 年度全国勘察设计一级注册结构工程师

执业资格考试试卷

基础考试

（下）

二〇一七年九月

应考人员注意事项

1. 本试卷科目代码为"2"，考生务必将此代码填涂在答题卡"科目代码"相应的栏目内，否则，无法评分。

2. 书写用笔：**黑色或蓝色钢笔、签字笔或圆珠笔；**

   填涂答题卡用笔：**黑色 2B 铅笔。**

3. 必须用书写用笔将工作单位、姓名、准考证号填写在答题卡和试卷相应的栏目内。

4. 本试卷由 60 题组成，每题 2 分，满分 120 分，本试卷全部为单项选择题，每小题的四个备选项中只有一个正确答案，错选、多选、不选均不得分。

5. 考生作答时，必须按**题号在答题卡上**将相应试题所选选项对应的**字母用 2B 铅笔涂黑。**

6. 在答题卡上书写与题意无关的语言，或在答题卡上作标记的，均按违纪试卷处理。

7. 考试结束时，由监考人员当面将试卷、答题卡一并收回。

8. 草稿纸由各地统一配发，考后收回。

单项选择题（共 60 题，每题 2 分。每题的备选项中只有一个最符合题意。）

1. 材料的孔隙率增加，特别是开口孔隙率增加时，会使材料的性能发生如下变化：

   A. 抗冻性、抗渗性、耐腐蚀性提高

   B. 抗冻性、抗渗性、耐腐蚀性降低

   C. 密度、导热系数、软化系数提高

   D. 密度、导热系数、软化系数降低

2. 当外力达到一定限度后，材料突然破坏，且破坏时无明显的塑性变形，材料的这种性质称为：

   A. 弹性   B. 塑性

   C. 脆性   D. 韧性

3. 硬化水泥浆体的强度与自身的孔隙率有关，与强度直接相关的孔隙率是指：

   A. 总孔隙率   B. 毛细孔隙率

   C. 气孔孔隙率   D. 层间孔隙率

4. 在我国西北干旱和盐渍土地区，影响地面混凝土构件耐久性的主要过程是：

   A. 碱骨料反应   B. 混凝土碳化反应

   C. 盐结晶破坏   D. 盐类化学反应

5. 混凝土材料的抗压强度与下列哪个因素不直接相关：

   A. 集料强度   B. 硬化水泥浆强度

   C. 集料界面过渡区   D. 拌和水的品质

6. 以下性质中哪个不属于石材的工艺性质：

   A. 加工性   B. 抗酸腐蚀性

   C. 抗钻性   D. 磨光性

7. 配制乳化沥青时需要加入：

   A. 有机溶剂   B. 乳化剂

   C. 塑化剂   D. 无机填料

8. 若 $\Delta X_{AB} < 0$，且 $\Delta Y_{AB} < 0$，则下列哪项表达了坐标方位角 α_{AB}：

   A. $\alpha_{AB} = \arctan\frac{\Delta Y_{AB}}{\Delta X_{AB}}$ B. $\alpha_{AB} = \arctan\frac{\Delta Y_{AB}}{\Delta X_{AB}} + \pi$

   C. $\alpha_{AB} = \pi - \arctan\frac{\Delta Y_{AB}}{\Delta X_{AB}}$ D. $\alpha_{AB} = \arctan\frac{\Delta Y_{AB}}{\Delta X_{AB}} - \pi$

9. 某图幅编号为 J50B001001，则该图比例尺为：

A. 1：100000

B. 1：50000

C. 1：500000

D. 1：250000

10. 经纬仪测量水平角时，下列何种方法用于测量两个方向所夹的水平角：

A. 测回法

B. 方向观测法

C. 半测回法

D. 全圆方向法

11. 在工业企业建筑设计总平面图上，根据建（构）筑物的分布及建筑物的轴线方向，布设矩形网的主轴线，纵横两条主轴线要与建（构）筑物的轴线平行。下列关于主轴线上主点的个数的要求正确的是：

A. 不少于2个

B. 不多于3个

C. 不少于3个

D. 4个以上

12. 用视距测量方法测量水平距离时，水平距离D可用下列哪项公式表示（l为尺间隔，α为竖直角）：

A. $D = Kl\cos^2\alpha$

B. $D = Kl\cos\alpha$

C. $D = \frac{1}{2}Kl\sin^2\alpha$

D. $D = \frac{1}{2}Kl\sin\alpha$

13. 在我国，房地产价格评估制度是根据以下哪一层级的法律法规确立的一项房地产交易基本制度：

A. 法律

B. 行政法规

C. 部门规章

D. 政府规范性文件

14. 《中华人民共和国节约能源法》所称的能源，是指以下哪些能源和电子、热力以及其他直接或者通过加工、转换而取得有用能的各种资源：

A. 煤炭、石油、天然气、生物质能

B. 太阳能、风能

C. 煤炭、水电、核能

D. 可再生能源和新能源

15. 根据《中华人民共和国建筑法》的规定，实施施工许可证制度的建筑工程（除国务院建设行政主管部门确定的限额以下的小型工程外），在施工开始前，下列哪个单位应当按照国家有关规定向工程所在地县级以上人民政府建设行政主管部门申请施工许可：

A. 建设单位

B. 设计单位

C. 施工单位

D. 监理单位

16. 违反工程建设强制性标准造成工程质量、安全隐患或者工程事故的，应按照《建设工程质量管理条例》的有关规定：

    A. 对事故责任单位和责任人进行处罚

    B. 对事故责任单位的上级单位进行处罚

    C. 对事故责任单位的法定代理人进行处罚

    D. 对事故责任单位的负责人进行处罚

17. 当沉桩采用以桩尖设计标高控制为主时，桩尖应处于的土层是：

    A. 坚硬的黏土   B. 碎石土

    C. 风化岩   D. 软土层

18. 冬期施工中配制混凝土用的水泥，应优先选用：

    A. 矿渣水泥   B. 硅酸盐水泥

    C. 火山灰水泥   D. 粉煤灰水泥

19. 对平面呈板式的六层钢筋混凝土预制结构吊装时，宜使用：

    A. 人字桅杆式起重机   B. 履带式起重机

    C. 附着式塔式起重机   D. 轨道式塔式起重机

20. 某工作最早完成时间与其所有紧后工作的最早开始时间之差中的最小值，称为：

    A. 总时差   B. 自由时差

    C. 虚工作   D. 时间间隔

21. 在施工过程中，对于来自外部的各种因素所导致的工期延长，应通过工期签证予以扣除，下列不属于应办理工期签证的情形是：

    A. 不可抗拒的自然灾害（地震、洪水、台风等）导致工期拖延

    B. 由于设计变更导致的返工时间

    C. 基础施工时，遇到不可预见的障碍物后停止施工，进行处理的时间

    D. 下雨导致场地泥泞，施工材料运输不通畅导致工期拖延

22. 当钢筋混凝土受扭构件还同时作用有剪力时，此时构件的受扭承载力将发生下列哪种变化：

    A. 减小   B. 增大

    C. 不变   D. 不确定

23. 在按《混凝土结构设计规范》（GB 50010—2010）所给的公式计算钢筋混凝土受弯构件斜截面承载力时，下列不需要考虑的是：

A. 截面尺寸是否过小

B. 所配的配箍是否大于最小配箍率

C. 箍筋的直径和间距是否满足其构造要求

D. 箍筋间距是否满足 10 倍纵向受力钢筋的直径

24. 下列给出的混凝土楼板塑性铰线正确的是：

A.

B.

C.

D.

25. 下列关于钢筋混凝土剪力墙结构的中边缘构件的说法中，不正确的是：

A. 分为构造边缘构件和约束边缘构件两类

B. 边缘构件内混凝土为受约束的混凝土，因此可提高墙体的延性

C. 构造边缘构件内可不设置箍筋

D. 所有剪力墙都要设置边缘构件

26. 高强度低合金钢划分为 A、B、C、D、E 五个质量等级，其划分指标为：

A. 屈服强度   B. 伸长率

C. 冲击韧性   D. 含碳量

27. 计算普通钢结构轴心受压构件的整体稳定性时，应计算：

A. 构件的长细比   B. 板件的宽厚比

C. 钢材的冷弯效应   D. 构件的净截面处应力

28. 计算角焊缝抗剪承载力时需要限制焊缝的计算长度，主要考虑了：

A. 焊脚尺寸的影响   B. 焊缝剪应力分布的影响

C. 钢材标号的影响   D. 焊缝检测方法的影响

29. 钢结构屋盖中横向水平支撑的主要作用是：

    A. 传递吊车荷载   B. 承受屋面竖向荷载

    C. 固定檩条和系杆   D. 提供屋架侧向支承点

30. 对于截面尺寸、砂浆、砌体强度等级都相同的墙体，下列说法正确的是：

    A. 承载能力随偏心距的增大而增大

    B. 承载能力随高厚比增加而减小

    C. 承载能力随相邻横墙间距增加而增大

    D. 承载能力不随截面尺寸、砂浆、砌体强度等级变化

31. 影响砌体结构房屋空间工作性能的主要因素是：

    A. 房屋结构所用块材和砂浆的强度等级

    B. 外纵墙的高厚比和门窗洞口的开设是否超过规定

    C. 圈梁和构造柱的设置是否满足规范的要求

    D. 房屋屋盖、楼盖的类别和横墙的距离

32. 进行墙梁设计时，下列说法正确的是：

    A. 无论何种设计阶段，其顶面的荷载设计值计算方法相同

    B. 托梁应按偏心受拉构件进行施工阶段承载力计算

    C. 承重墙梁的支座处均应设落地翼墙

    D. 托梁在使用阶段斜截面受剪承载力应按偏心受拉构件计算

33. 对多层砌体房屋总高度与总宽度的比值要加以限制，主要是为了考虑：

    A. 避免房屋两个主轴方向尺寸差异大、刚度悬殊，产生过大的不均匀沉降

    B. 避免房屋纵横两个方向温度应力不均匀，导致墙体产生裂缝

    C. 保证房屋不致因整体弯曲而破坏

    D. 防止房屋因抗剪不足而破坏

34. 图示体系的几何组成为：

    A. 无多余约束的几何不变体系

    B. 有多余约束的几何不变体系

    C. 几何瞬变体系

    D. 几何常变体系

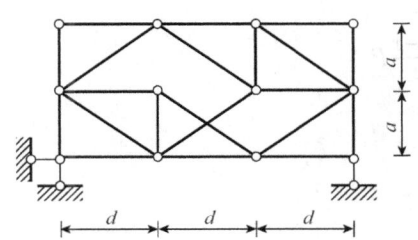

35. 图示刚架M_{ED}值为：

A. 36kN·m

B. 48kN·m

C. 60kN·m

D. 72kN·m

36. 图示对称 结构$M_{AD} = ql^2/36$（左拉），$F_{NAD} = -5ql/12$（压），则M_{BC}为（以下侧受拉为正）：

A. $-ql^2/6$

B. $ql^2/6$

C. $-ql^2/9$

D. $ql^2/9$

37. 图示圆弧曲梁K截面弯矩M_K（外侧受拉为正）影响线在C点的竖标为：

A. $4(\sqrt{3} - 1)$

B. $4\sqrt{3}$

C. 0

D. 4

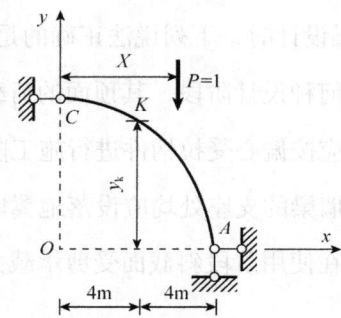

38. 图示三铰拱支座B的水平反力（以向右为正）等于：

A. P

B. $\dfrac{\sqrt{2}}{2}P$

C. $\dfrac{\sqrt{3}}{2}P$

D. $\dfrac{\sqrt{3}-1}{2}P$

39. 图示结构忽略轴向变形和剪切变形，若增大弹簧刚度k，则结点A的水平位移Δ_{AH}：

A. 增大

B. 减小

C. 不变

D. 可能增大，也可能减小

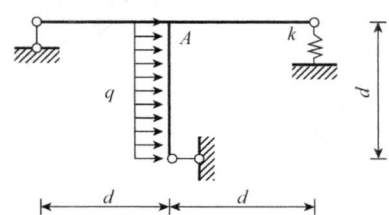

40. 图示结构EI = 常数，在给定荷载作用下，水平反力H_A为：

A. P

B. $2P$

C. $3P$

D. $4P$

41. 图示结构B处弹性支座的弹簧刚度$k = 6EI/l^3$，则B截面的弯矩为：

A. Pl

B. $Pl/2$

C. $Pl/3$

D. $Pl/4$

42. 图示梁的抗弯刚度为EI，长度为l，欲使梁中点C弯矩为零，则弹性支座刚度k的取值应为：

A. $3EI/l^3$

B. $6EI/l^3$

C. $9EI/l^3$

D. $12EI/l^3$

43. 图示两桁架温度均匀升高t（℃），则温度引起的结构内力为：

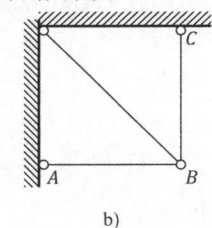

a)   b)

A. a）无，b）有

B. a）有，b）无

C. 两者均有

D. 两者均无

44. 图示结构EI＝常数，不考虑轴向变形，则M_{BA}为（以下侧受拉为正）：

A. $Pl/4$

B. $-Pl/4$

C. $Pl/2$

D. $-Pl/2$

45. 图示结构用力矩分配法计算时，分配系数μ_{A4}为：

A. $1/4$

B. $4/7$

C. $1/2$

D. $4/11$

46. 图示结构，质量m在杆件中点，$EI=\infty$，弹簧刚度为k，则该体系的自振频率为：

A. $\sqrt{\dfrac{9k}{4m}}$

B. $\sqrt{\dfrac{2k}{m}}$

C. $\sqrt{\dfrac{9k}{2m}}$

D. $\sqrt{\dfrac{4k}{m}}$

47. 图示单自由度体系受简谐荷载作用，简谐荷载频率等于结构自振频率的两倍，则位移的动力放大系数为：

A. 2

B. 4/3

C. −1/2

D. −1/3

48. 由度体系自由振动时，实测振动 5 周后振幅衰减为 $y_5 = 0.04y_0$，则阻尼比等于：

A. 0.05

B. 0.02

C. 0.008

D. 0.1025

49. 在结构试验室进行混凝土构件的最大承载能力试验，需在试验前计算最大加载值和相应变形值，应选取下列哪一项材料参数值进行计算？

A. 材料的设计值

B. 实际材料性能指标

C. 材料的标准值

D. 试件最大荷载值

50. 通过测量混凝土棱柱体试件的应力-应变曲线计算混凝土试件的弹性模量，棱柱体试件的尺寸为 100mm×100mm×300mm，浇筑试件所用骨料的最大粒径为 20mm，最适合完成该试件应变测量的应变片为：

A. 标距为 20mm 的电阻应变片

B. 标距为 50mm 的电阻应变片

C. 标距为 80mm 的电阻应变片

D. 标距为 100mm 的电阻应变片

51. 对砌体结构墙体进行低周反复加载试验时，下列做法不正确的是：

A. 水平反复荷载在墙体开裂前采用荷载控制

B. 按位移控制加载时，应使骨架曲线出现下降段，下降到极限荷载的 90%，试验结束

C. 通常以开裂位移为控制参数，按开裂位移的倍数逐级加载

D. 墙体开裂后按位移进行控制

52. 为获得建筑结构的动力特性，常采用脉动法量测和分析，下列对该方法的描述中不正确的是：

    A. 结构受到的脉动激励来自大地环境的扰动，包括地基的微振、周边车辆的运动

    B. 还包括人员的运动和周围环境风的扰动

    C. 上述扰动对结构的激励可以看作有限带宽的白噪声激励

    D. 脉动实测时采集到的信号可认为是非各态历经的平稳随机过程

53. 采用下列哪一种方法可检测混凝土内部钢筋的锈蚀：

    A. 电位差法   B. 电磁感应法

    C. 超声波法   D. 声发射法

54. 厚度为 21.7mm 的干砂试样在固结仪中进行压缩试验，当垂直应力由初始的 10.0kPa 增加到 40.0kPa 后，试样厚度减小了 0.043mm，则该试样的体积压缩系数 m_v（MPa^{-1}）为：

    A. 8.40×10^{-2} B. 6.60×10^{-2}

    B. 3.29×10^{-2} D. 3.40×10^{-2}

55. 一黏性土处于可塑状态时，土中水主要是：

    A. 强结合水   B. 弱结合水

    C. 自由水   D. 毛细水

56. 完全饱和的黏土试样在三轴不排水试验中，先将围压提高到 40.0kPa，然后再将垂直加载杆附加应力提高至 37.7kPa，则理论上该试样的孔隙水压力为：

    A. 52.57kPa   B. 40kPa

    B. 77.7kPa   D. 25.9kPa

57. 正常固结砂土地基土的内摩擦角为 30°，则其静止土压力系数为：

    A. 0.50   B. 1.0

    C. 0.68   D. 0.25

58. 软土上的建筑物为减小地基的变形和不均匀沉降，无效的措施是：

A. 减小基底附加应力

B. 增大基础宽度和埋深

C. 增大基础的强度

D. 增大上部结构的刚度

59. 某 4×4 等间距排列的端承桩群，桩径 1m，桩距 5m，单桩承载力 2000kN，则此群桩承载力为：

A. 32000kN

B. 16000kN

C. 12000kN

D. 8000kN

60. 按地基处理作用机理，加筋法属于：

A. 土质改良

B. 土的置换

C. 土的补强

D. 土的化学加固

2018 年度全国勘察设计一级注册结构工程师

执业资格考试试卷

基础考试
（下）

二〇一八年十月

应考人员注意事项

1. 本试卷科目代码为"2"，考生务必将此代码填涂在答题卡"科目代码"相应的栏目内，否则，无法评分。

2. 书写用笔：**黑色或蓝色钢笔、签字笔或圆珠笔**；

   填涂答题卡用笔：**黑色 2B 铅笔**。

3. 必须用书写用笔将工作单位、姓名、准考证号填写在答题卡和试卷相应的栏目内。

4. 本试卷由 60 题组成，每题 2 分，满分 120 分，本试卷全部为单项选择题，每小题的四个备选项中只有一个正确答案，错选、多选、不选均不得分。

5. 考生作答时，必须按**题号在答题卡上**将相应试题所选选项对应的**字母用 2B 铅笔涂黑**。

6. 在答题卡上书写与题意无关的语言，或在答题卡上作标记的，均按违纪试卷处理。

7. 考试结束时，由监考人员当面将试卷、答题卡一并收回。

8. 草稿纸由各地统一配发，考后收回。

单项选择题（共 60 题，每题 2 分。每题的备选项中只有一个最符合题意。）

1. 下列材料中属于韧性材料的是：

   A. 烧结普通砖
   B. 石材
   C. 高强混凝土
   D. 木材

2. 轻质无机材料吸水后，该材料的：

   A. 密实度增加
   B. 绝热性能提高
   C. 导热系数增大
   D. 孔隙率降低

3. 硬化的水泥浆体中，位于水化硅酸钙凝胶的层间孔隙中的水与凝胶有很强的结合作用，一旦失去，水泥浆体将会：

   A. 发生主要矿物解体
   B. 保持体积不变
   C. 发生显著的收缩
   D. 发生明显的温度变化

4. 混凝土配合比设计通常需满足多项基本要求，这些基本要求不包括：

   A. 混凝土强度
   B. 混凝土和易性
   C. 混凝土用水量
   D. 混凝土成本

5. 增大混凝土的骨料含量，混凝土的徐变和干燥收缩的变化规律为：

   A. 都会增大
   B. 都会减小
   C. 徐变增大，干燥收缩减小
   D. 徐变减小，干燥收缩增大

6. 衡量钢材的塑性变形能力的技术指标为：

   A. 屈服强度
   B. 抗拉强度
   C. 断后伸长率
   D. 冲击韧性

7. 在测定沥青的延度和针入度时，需保持以下哪一个条件恒定：

   A. 室内温度
   B. 沥青试样的温度
   C. 试件质量
   D. 试件的养护条件

8. 图根导线测量中，以下哪一项反映了导线全长相对闭合差精度要求：

   A. $K \leqslant \frac{1}{2000}$
   B. $K \geqslant \frac{1}{2000}$
   C. $K \leqslant \frac{1}{5000}$
   D. $K \approx \frac{1}{5000}$

9. 水准测量中，对每一测站的高差都必须采取措施进行检核测量，这种检核称为测站检核。下列哪一个属于常用的测站检核方法：

A. 双面尺法   B. 黑面尺读数

C. 红面尺读数   D. 单次仪器高法

10. 下列关于等高线的描述正确的是：

A. 相同等高距下，等高线平距越小，地势越陡

B. 相同等高距下，等高线平距越大，地势越陡

C. 同一幅图中地形变化大时，可选择不同的基本等高距

D. 同一幅图中任意一条等高线一定是封闭的

11. 设 A、B 坐标系为施工坐标系，A 轴在测量坐标系中的方位角为 α，施工坐标系的原点为 O'，其坐标为 x_0 和 y_0，下列可表达点 P 的施工坐标 A_P、B_P 转换为测量坐标 x_P、y_P 的公式是：

A. $\begin{pmatrix} x_P - x_0 \\ y_P - y_0 \end{pmatrix} = \begin{pmatrix} \cos\alpha & -\sin\alpha \\ \sin\alpha & \cos\alpha \end{pmatrix} \begin{pmatrix} A_P \\ B_P \end{pmatrix}$ B. $\begin{pmatrix} x_P - x_0 \\ y_P - y_0 \end{pmatrix} = \begin{pmatrix} \cos\alpha & \sin\alpha \\ \sin\alpha & \cos\alpha \end{pmatrix} \begin{pmatrix} A_P \\ B_P \end{pmatrix}$

C. $\begin{pmatrix} x_P - x_0 \\ y_P - y_0 \end{pmatrix} = \begin{pmatrix} \sin\alpha & -\cos\alpha \\ \cos\alpha & \sin\alpha \end{pmatrix} \begin{pmatrix} A_P \\ B_P \end{pmatrix}$ D. $\begin{pmatrix} x_P - x_0 \\ y_P - y_0 \end{pmatrix} = \begin{pmatrix} \sin\alpha & \cos\alpha \\ \cos\alpha & \sin\alpha \end{pmatrix} \begin{pmatrix} A_P \\ B_P \end{pmatrix}$

12. 偶然误差具有下列何种特性：

A. 测量仪器产生的误差   B. 外界环境影响产生的误差

C. 单个误差的出现没有一定的规律性   D. 大量的误差缺乏统计规律性

13. 建筑工程的消防设计图纸及有关资料应由以下哪一个单位报送公安消防机构审核：

A. 建设单位   B. 设计单位

C. 施工单位   D. 监理单位

14. 房地产开发企业销售商品住宅，保修期应从何时计起：

A. 工程竣工验收合格之日起

B. 物业验收合格之日起

C. 购房人实际入住之日起

D. 开发企业向购房人交付房屋之日起

15. 施工单位签署建设工程项目质量合格的文件上，必须有下列哪类工程师的签字盖章：

    A. 注册建筑师　　　　　　　　　　　B. 注册结构工程师

    C. 注册建造师　　　　　　　　　　　D. 注册施工管理师

16. 建设工程竣工验收，是由下列哪个部门负责组织实施？

    A. 工程质量监督机构　　　　　　　　B. 建设单位

    C. 工程监理单位　　　　　　　　　　D. 房地产开发主管部门

17. 某基坑回填工程，检查其填土压实质量时，应：

    A. 每三层取一次试样　　　　　　　　B. 每 1000m³ 取样不少于一组

    C. 在每层上半部取样　　　　　　　　D. 以干密度作为检测指标

18. 下列有关先张法预应力筋放张的顺序，说法错误的是：

    A. 压杆的预应力筋应同时放张

    B. 梁应先同时放张预应力较大区域的预应力筋

    C. 桩的预应力筋应同时放张

    D. 板类构件应从板外边向里对称放张

19. 下列关于工作面的说法不正确的是：

    A. 工作面是指安排专业工人进行操作或者布置机械设备进行施工所需的活动空间

    B. 最小工作面所对应安排的施工人数和机械数量是最少的

    C. 工作面根据专业工种的计划产量定额、操作规程和安全施工技术规程确定

    D. 施工过程不同，所对应的描述工作面的计量单位不一定相同

20. 网络计划中的关键工作是：

    A. 自由时差总和最大线路上的工作

    B. 施工工序最多线路上的工作

    C. 总持续时间最短线路上的工作

    D. 总持续时间最长线路上的工作

21. 《建筑工程质量管理条例》规定，在正常使用条件下，电气管线、给排水管道、设备安装和装修工程的最低保修期限为：

    A. 3 年　　　　　　　　　　　　　　　B. 2 年

    C. 1 年　　　　　　　　　　　　　　　D. 5 年

22. 关于钢筋混凝土受弯构件疲劳验算，下列描述正确的是：

    A. 正截面受压区混凝土的法向应力图可取为三角形，而不再取抛物状分布

    B. 荷载应取设计值

    C. 应计算正截面受压边缘处混凝土的剪应力和钢筋的应力幅

    D. 应计算纵向受压钢筋的应力幅

23. 关于钢筋混凝土矩形截面小偏心受压构件的构造要求，下列描述正确的是：

    A. 宜采用高强度等级的混凝土

    B. 宜采用高强度等级的纵筋

    C. 截面长短边比值宜大于 1.5

    D. 若采用高强度等级的混凝土，则需选用高强度等级的纵筋

24. 在均布荷载 $q = 8kN/m^2$ 作用下，如图所示的四边简支钢筋混凝土板最大弯矩应为：

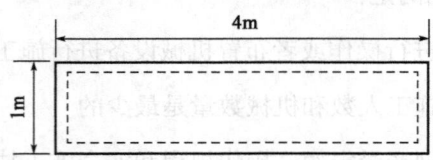

    A. $1kN \cdot m$　　　　　　　　　　　　B. $4kN \cdot m$

    C. $8kN \cdot m$　　　　　　　　　　　　D. $16kN \cdot m$

25. 钢筋混凝土框架结构在水平荷载作用下的内力计算可采用反弯点方法，通常反弯点的位置在：

    A. 柱的顶端　　　　　　　　　　　　　B. 柱的底端

    C. 柱高的中点　　　　　　　　　　　　D. 柱的下半段

26. 通过单向拉伸试验可检测钢材的：

    A. 疲劳强度　　　　　　　　　　　　　B. 冷弯角

    C. 冲击韧性　　　　　　　　　　　　　D. 伸长率

27. 计算钢结构框架柱弯矩作用平面内稳定性时采用的等效弯矩系数 β_{mx} 是考虑了：

    A. 截面应力分布的影响   B. 截面形状的影响

    C. 构件弯矩分布的影响   D. 支座约束条件的影响

28. 检测焊透对接焊缝质量时，如采用三级焊缝：

    A. 需要进行外观检测和无损检测

    B. 只需进行外观检测

    C. 只需进行无损检测

    D. 只需抽样 20% 进行检测

29. 钢屋盖结构中常用圆管刚性系杆时，应控制杆件的：

    A. 长细比不超过 200

    B. 应力设计值不超过 150MPa

    C. 直径和壁厚之比不超过 50

    D. 轴向变形不超过 1/400

30. 作用在过梁上的荷载有砌体自重和过梁计算高度范围内的梁板荷载，对于砖砌体，可以不考虑高于 $l_n/3$（l_n 为过梁净跨）的墙体自重以及高度大于 l_n 上的梁板荷载，这是由于考虑了：

    A. 起拱产生的荷载   B. 应力重分布

    C. 应力扩散   D. 梁墙间的相互作用

31. 下列关于构造柱的说法，不正确的是：

    A. 构造柱必须先砌墙后浇柱

    B. 构造柱应设置在震害较重、连接构造较薄弱和易于应力集中的部位

    C. 构造柱必须单独设基础

    D. 构造柱最小截面尺寸为 240mm×180mm

32. 下列关于砖砌体的抗压强度与砖及砂浆的抗压强度的关系，说法正确的是：

①砖的抗压强度恒大于砖砌体的抗压强度；

②砂浆的抗压强度恒大于砖砌体的抗压强度；

③砌体的抗压强度随砂浆的强度提高而提高；

④砌体的抗压强度随块体的强度提高而提高。

A. ①②③④
B. ①③④
C. ②③④
D. ③④

33. 砌体房屋中对抗震不利的情况是：

A. 楼梯间设在房屋尽端

B. 采用纵横墙混合承重的结构布置方案

C. 纵横墙布置均匀对称

D. 高宽比为 1:1.5

34. 超静定结构是：

A. 有多余约束的几何不变体系
B. 无多余约束的几何不变体系
C. 有多余约束的几何可变体系
D. 无多余约束的几何可变体系

35. 图示刚架 M_{EB} 的大小为：

A. 36kN·m

B. 54kN·m

C. 72kN·m

D. 108kN·m

36. 图示对称结构 $M_{AD} = ql^2/36$（左拉），$F_{N,AD} = -5ql/12$（压），则 M_{BA} 为（以下侧受拉为正）：

A. $-\dfrac{ql^2}{6}$

B. $\dfrac{ql^2}{6}$

C. $-\dfrac{ql^2}{9}$

D. $\dfrac{ql^2}{9}$

37. 图示结构中的反力F_H为：

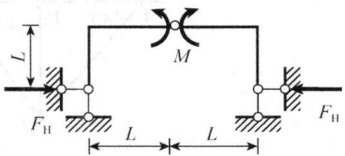

    A. M/L

    B. $-M/L$

    C. $2M/L$

    D. $-2M/L$

38. 图示结构忽略轴向变形和剪切变形，若减小弹簧刚度k，则A节点水平位移Δ_{AH}：

    A. 增大

    B. 减小

    C. 不变

    D. 可能增大，亦可能减小

39. 图示结构$EI =$常数，在给定荷载作用下，竖向反力V_A为：

    A. $-P$

    B. $2P$

    C. $-3P$

    D. $4P$

40. 图示三铰拱，若使水平推力$F_H = F_P/3$，则高跨比f/L应为：

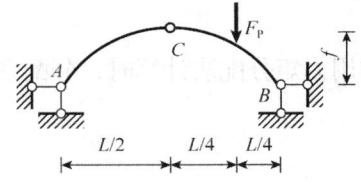

    A. $3/8$

    B. $1/2$

    C. $5/8$

    D. $3/4$

41. 图示结构B处弹性支座的弹簧刚度$k = 12EI/l^3$，B截面的弯矩为：

    A. $Pl/2$

    B. $Pl/3$

    C. $Pl/4$

    D. $Pl/6$

42. 图示两桁架温度均匀降低，则温度改变引起的结构内力状况为：

 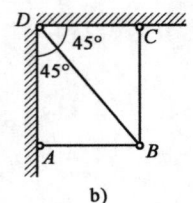

a)   b)

   A. a）无，b）有   B. a）有，b）无

   C. 两者均有   D. 两者均无

43. 图示结构 $EI =$ 常数，不考虑轴向变形，则 F_{QBA} 为：

A. $P/4$

B. $-P/4$

C. $P/2$

D. $-P/2$

44. 图示圆弧曲梁 K 截面轴力 F_{NK}（受拉为正）影响线在 C 点的竖标为：

A. $\dfrac{\sqrt{3}-1}{2}$

B. $-\dfrac{\sqrt{3}-1}{2}$

C. $\dfrac{\sqrt{3}+1}{2}$

D. $-\dfrac{\sqrt{3}+1}{2}$

45. 图示结构用力矩分配法计算时，分配系数 μ_{A4} 为：

A. 1/4

B. 4/7

C. 1/2

D. 6/11

46. 有阻尼单自由度体系受简谐荷载作用,当简谐荷载频率等于结构自振频率时,与外荷载平衡的力是:

A. 惯性力   B. 阻尼力

C. 弹性力   D. 弹性力+惯性力

47. 单自由度体系受简谐荷载作用,当简谐荷载频率等于结构自振频率的 2 倍时,位移的动力放大系数为:

A. 2   B. 4/3

C. −1/2   D. −1/3

48. 不计阻尼时,图示体系的运动方程为:

A. $m\ddot{y} + \frac{24EI}{l^3}y = M\sin(\theta t)$

B. $m\ddot{y} + \frac{24EI}{l^3}y = \frac{3}{l}M\sin(\theta t)$

C. $m\ddot{y} + \frac{3EI}{l^3}y = \frac{3}{2l}M\sin(\theta t)$

D. $m\ddot{y} + \frac{3EI}{l^3}y = \frac{3}{8l}M\sin(\theta t)$

49. 为测定结构材料的实际物理力学性能指标,应包括以下哪项内容:

A. 强度、变形、轴向应力-应变曲线

B. 弹性模量、泊松比

C. 强度、泊松比、轴向应力-应变曲线

D. 强度、变形、弹性模量

50. 标距 $L = 200mm$ 的手持应变仪,用千分表进行量测读数,读数为 3 小格,测得的应变值为(μ_ε 表示微应变):

A. $1.5\mu_\varepsilon$ B. $15\mu_\varepsilon$

C. $6\mu_\varepsilon$ D. $12\mu_\varepsilon$

51. 利用电阻应变原理实测钢梁受到弯曲荷载作用下的弯曲应变，采用如图所示的测点布置和桥臂连接方式，则电桥的测试值是实际值的多少倍：

（注：ν是被测构件材料的泊松比）

A. $2(1+\nu)$

B. 1

C. 2

D. $1+\nu$

52. 为获得建筑物的动力特性，下列激振方法错误的是：

A. 采用脉动法量测和分析结构的动力特性

B. 采用锤击激励的方法分析结构的动力特性

C. 对结构施加拟动力荷载分析结构的动力特性

D. 采用自由振动法分析结构的动力特性

53. 下列可用于检测混凝土内部钢筋锈蚀的方法是：

A. 声发射方法

B. 电磁感应法

C. 超声波法

D. 电位差法

54. 某外国，用固结仪试验结果计算土样的压缩指数（常数）时，不是用常数对数，而是用自然对数对应取值的。如果根据我国标准（常用对数），一个土样的压缩指数（常数）为 0.0112，则根据该外国标准，该土样的压缩指数为：

A. 4.86×10^{-3}

B. 5.0×10^{-4}

C. 2.34×10^{-3}

D. 6.43×10^{-3}

55. 一个厚度为 25mm 黏土试样的固结试验结果表明，孔隙水压力消散为 0 需要 11min，该试验仅在样品的上表面排水。如果地基中有一层 4.6m 厚的相同黏土层，上下两个面都可以排水，则该层黏土固结时间为：

A. 258.6d

B. 64.7d

C. 15.5d

D. 120d

56. 与地基的临界水力梯度（水力坡降）有关的因素为：

A. 有效重度　　　　　　　　　　B. 抗剪强度

C. 渗透系数　　　　　　　　　　D. 剪切刚度

57. 一个离心机模型堤坝高 0.10m，当离心加速度为 61g 时破坏，则用同种材料修筑的真实堤坝的最大可能高度为：

A. 6.1m　　　　　　　　　　　　B. 10m

C. 61.1m　　　　　　　　　　　D. 1m

58. 减小地基不均匀沉降的措施不包括：

A. 增加建筑物的刚度和整体性

B. 同一建筑物尽量采用同一类型的基础并埋置于同一土层中

C. 采用钢筋混凝土十字交叉条形基础或筏板基础、箱形基础等整体性好的基础形式

D. 上部采用静定结构

59. 对桩周土层、桩尺寸和桩顶竖向荷载都一样的摩擦桩，桩距为桩径 3 倍的群桩的沉降量比单桩的沉降量：

A. 大　　　　　　　　　　　　　B. 小

C. 大或小均有可能　　　　　　　D. 一样大

60. 土工聚合物在地基处理中的作用不包括：

A. 排水作用　　　　　　　　　　B. 加筋

C. 挤密　　　　　　　　　　　　D. 反滤

2019 年度全国勘察设计一级注册结构工程师

执业资格考试试卷

基础考试

（下）

二〇一九年十月

应考人员注意事项

1. 本试卷科目代码为"2"，考生务必将此代码填涂在答题卡"科目代码"相应的栏目内，否则，无法评分。

2. 书写用笔：**黑色或蓝色钢笔、签字笔或圆珠笔**；

   填涂答题卡用笔：**黑色 2B 铅笔**。

3. 必须用书写用笔将工作单位、姓名、准考证号填写在答题卡和试卷相应的栏目内。

4. 本试卷由 60 题组成，每题 2 分，满分 120 分，本试卷全部为单项选择题，每小题的四个备选项中只有一个正确答案，错选、多选、不选均不得分。

5. 考生作答时，必须按**题号在答题卡上**将相应试题所选选项对应的**字母用 2B 铅笔涂黑**。

6. 在答题卡上书写与题意无关的语言，或在答题卡上作标记的，均按违纪试卷处理。

7. 考试结束时，由监考人员当面将试卷、答题卡一并收回。

8. 草稿纸由各地统一配发，考后收回。

单项选择题（共 60 题，每题 2 分。每题的备选项中只有一个最符合题意。）

1. 亲水材料的润湿角：

   A. ＞90°   B. ≤90°

   C. ＞45°   D. ≤180°

2. 含水率 5%的砂 250g，其中所含的水量为：

   A. 12.5g   B. 12.9g

   C. 11.0g   D. 11.9g

3. 某工程基础部分使用大体积混凝土浇筑，为降低水泥水化温升，针对水泥可以采用如下哪项措施？

   A. 加大水泥用量

   B. 掺入活性混合材料

   C. 提高水泥细度

   D. 降低碱含量

4. 粉煤灰是现代混凝土材料胶凝材料中常见的矿物掺合物，其主要活性成分是：

   A. 二氧化硅和氧化钙

   B. 二氧化硅和三氧化二铝

   C. 氧化钙和三氧化二铝

   D. 氧化铁和三氧化二铝

5. 混凝土强度的形成受到其养护条件的影响，主要是指：

   A. 环境温湿度   B. 搅拌时间

   C. 试件大小   D. 混凝土水灰比

6. 石油沥青的软化点反映了沥青的：

   A. 黏滞性   B. 温度敏感性

   C. 强度   D. 耐久性

7. 钢材中的含碳量降低，会降低钢材的：

   A. 强度   B. 塑性

   C. 可焊性   D. 韧性

8. 下列表示 *AB* 两点间坡度的是：

A. $i_{AB} = \dfrac{h_{AB}}{D_{AB}} \%$

B. $i_{AB} = \dfrac{H_B - H_A}{D_{AB}}$

C. $i_{AB} = \dfrac{H_A - H_B}{D_{AB}}$

D. $i_{AB} = \dfrac{H_A - H_B}{D_{AB}} \%$

9. 下列哪一项是利用仪器所提供的一条水平视线来获取的？

A. 三角高程测量

B. 物理高程测量

C. GPS 高程测量

D. 水准测量

10. 下列对比例尺精度的解释正确的是：

A. 传统地形图上 0.1mm 所代表的实地长度

B. 数字地形图上 0.1mm 所代表的实地长度

C. 数字地形图上 0.2mm 所代表的实地长度

D. 传统地形图上 0.2mm 所代表的实地长度

11. 钢尺量距时，下列不需要的改正是：

A. 尺长改正

B. 温度改正

C. 倾斜改正

D. 地球曲率和大气折光改正

12. 建筑物的沉降观测是依据埋设在建筑物附近的水准点进行的，为了防止由于某个水准点的高程变动造成差错，一般至少埋设几个水准点？

A. 3 个

B. 4 个

C. 6 个

D. 10 个以上

13. 《中华人民共和国建筑法》关于申请领取施工许可证的相关规定中，下列表述中正确的是：

A. 需要拆迁的工程，拆迁完毕后建设单位才可以申请领取施工许可证

B. 建设行政主管部门应当自收到申请之日起一个月内，对符合条件的申请人颁发施工许可证

C. 建设资金必须全部到位后，建设单位才可以申请领取施工许可证

D. 领取施工许可证按期开工的工程，中止施工不满一年，恢复施工前已向颁发施工许可证机关报告

14. 根据《中华人民共和国招标投标法》依法必须进行招标的项目，其招标投标活动不受地区或者部门的限制。该规定体现了《中华人民共和国招标投标法》的下述哪一原则？

    A. 公开   B. 公平

    C. 公正   D. 诚实信用

15. 下列选项中错误的是：

    A. 未依法进行环境影响评价的开发利用规划，不得组织施工；未依法进行环境影响评价的建设项目，不得开工建设

    B. 已经进行了环境影响评价的规划所包含的具体建设项目，其环境影响评价内容建设单位可以简化

    C. 环境影响评价文件中的环境影响报告书或者环境影响报告表，应当由具有环境影响评价资质的机构编制

    D. 环境保护行政主管部门可以为建设单位指定对其建设项目进行环境影响评价资质的机构

16. 取得注册结构工程师执业资格证书者，要从事结构工程设计业务的，须申请注册，下列情形中，可以予以注册的是：

    A. 甲不具备完全民事行为能力

    B. 乙曾受过刑事处罚，处罚完毕之日至申请注册之日已满 3 年

    C. 丙因曾在结构工程设计业务中犯有错误并受到了行政处罚，处罚决定之日起至申请注册之日已满 3 年

    D. 丁受到吊销注册结构工程师注册证书处罚，处罚决定之日起至申请注册之日已满 3 年

17. 作为检验填土压实质量控制指标的是：

    A. 土的干密度   B. 土的压实度

    C. 土的压缩比   D. 土的可松性

18. 采用钢管抽芯法留设孔道时，抽管时间宜为：

    A. 混凝土初凝前

    B. 混凝土初凝后、终凝前

    C. 混凝土终凝后

    D. 混凝土达到 30%设计强度

19. 设置脚手架连墙杆的目的是：

A. 抵抗风荷载
B. 增加建筑结构的稳定性
C. 方便外装饰的施工操作
D. 为悬挂吊篮创造条件

20. 进行"资源有限、工期最短"优化时，当将某工作移出超过限量的资源时段后，计算发现工期增量 Δ 小于零，以下说明正确的是：

A. 总工期不变
B. 总工期会缩短
C. 总工期会延长
D. 这种情况不会出现

21. 以整个建设项目或建筑群为编制对象，用以指导整个建筑群或建设项目施工全过程的各项施工活动的综合技术经济文件为：

A. 分部工程施工组织设计
B. 分项工程施工组织设计
C. 施工组织总设计
D. 单位工程施工组织设计

22. 建筑结构用的碳素钢强度与延性间的关系下列正确的是：

A. 强度越高，延性越高
B. 延性不随强度而变化
C. 强度越高，延性越低
D. 强度越低，延性越低

23. 钢筋混凝土受弯构件界限受压区高度确定的依据是：

A. 平截面假定及纵向受拉钢筋达到屈服和受压区边缘混凝土达到极限压应变
B. 平截面假定和纵向受拉钢筋达到屈服
C. 平截面假定和受压区边缘混凝土达到极限压应变
D. 仅平截面假定

24. 五等跨连续梁，为使第 2 跨与第 3 跨之间的支座上出现最大负弯矩，活荷载应布置在以下哪几跨？

A. 第 2、3、4 跨
B. 第 1、2、3、4、5 跨
C. 第 2、3、5 跨
D. 第 1、3、5 跨

25. 高层筒中筒结构、框架-筒体结构设置加强层的作用是：

    A. 使结构侧向位移变小和内筒弯矩减小

    B. 增加结构刚度，不影响内力

    C. 不影响刚度，增加结构整体性

    D. 使结构刚度降低

26. 钢材检验塑性的试验方法为：

    A. 冷弯试验   B. 硬度试验

    C. 拉伸试验   D. 冲击试验

27. 设计钢结构圆管截面支撑压杆时，需要计算构件的：

    A. 挠度   B. 弯扭稳定性

    C. 长细比   D. 扭转稳定性

28. 采用三级对接焊缝拼接的钢板，如采用引弧板，计算焊缝强度时：

    A. 应折减焊缝计算长度

    B. 无须折减焊缝计算长度

    C. 应折减焊缝厚度

    D. 应采用角焊缝设计强度值

29. 结构钢材的碳含量指标反映了钢材的：

    A. 屈服强度大小   B. 伸长率大小

    C. 冲击韧性大小   D. 可焊性优劣

30. 砌体是由块材和砂浆组合而成的。砌体抗压强度与块材及砂浆强度的关系下列正确的是：

    A. 砂浆的抗压强度恒小于砌体的抗压强度

    B. 砌体的抗压强度随砂浆强度的提高而提高

    C. 砌体的抗压强度与块材的抗压强度无关

    D. 砌体的抗压强度与块材的抗拉强度有关

31. 截面尺寸为 240mm×370mm 的砌块短柱，当轴向力 N 的偏心距如图所示（尺寸单位：mm）时，受压承载力的大小顺序为：

A. ①>③>④>②

B. ①>②>③>④

C. ③>①>②>④

D. ③>②>①>④

32. 砌体结构的设计原则是：

①采用以概率理论为基础的极限状态设计方法；

②按承载力极限状态设计，进行变形验算满足正常使用极限状态要求；

③按承载力极限状态设计，由相应构造措施满足正常使用极限状态要求；

④根据建筑结构的安全等级，按重要性系数考虑其重要程度。

A. ①②④

B. ①③④

C. ②④

D. ③④

33. 用水泥砂浆与用同等级混合砂浆砌筑的砌体（块材相同），两者的抗压强度：

A. 相等

B. 前者小于后者

C. 前者大于后者

D. 不一定

34. 图示结构的计算自由度：

A. > 0

B. < 0

C. = 0

D. 不定

35. 图示结构 BC 杆的轴力为：

A. $-2F_\mathrm{p}$

B. $-2\sqrt{2}F_\mathrm{p}$

C. $-\sqrt{2}F_\mathrm{p}$

D. $-4F_\mathrm{p}$

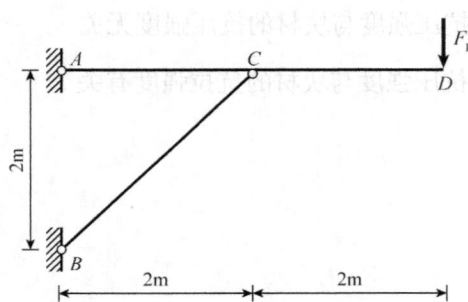

36. 图示刚架 M_{DC} 为（下侧受拉为正）：

A. 20kN·m

B. 40kN·m

C. 60kN·m

D. 0kN·m

37. 图示三铰拱，若高跨比为1/2，则水平推力 F_H 为：

A. $\dfrac{1}{4}F_p$

B. $\dfrac{1}{2}F_p$

C. $\dfrac{3}{4}F_p$

D. $\dfrac{3}{8}F_p$

38. 图示桁架杆 1 的内力为：

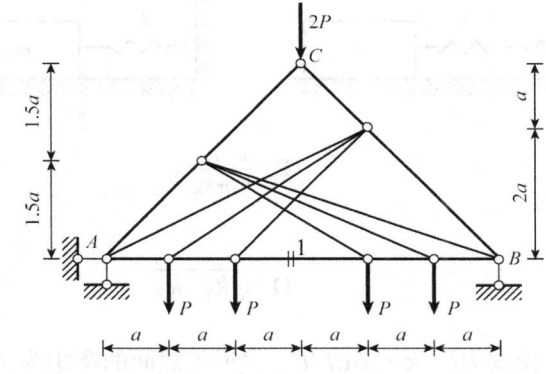

A. $-P$ B. $-2P$

C. P D. $2P$

39. 图示三铰拱支座A的竖向反力（以向上为正）等于：

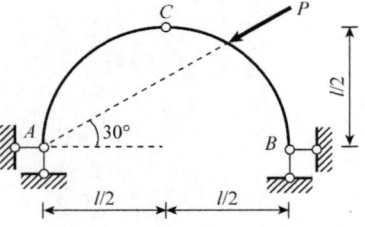

A. P

B. $\frac{1}{2}P$

C. $\frac{\sqrt{3}}{2}P$

D. $\frac{\sqrt{3}-1}{2}P$

40. 图示结构B截面转角位移为（以顺时针为正）：

A. $\frac{Pl^2}{EI}$

B. $\frac{Pl^2}{2EI}$

C. $\frac{Pl^2}{3EI}$

D. $\frac{Pl^2}{4EI}$

41. 图示 a）结构如化为图 b）所示的等效结构，则图 b）中弹簧的等效刚度k_e为：

a)   b)

A. $k_1 + k_2$

B. $\frac{k_1 \cdot k_2}{k_1 + k_2}$

C. $\frac{k_1 + k_2}{2}$

D. $\sqrt{k_1 \cdot k_2}$

42. 图示梁的抗弯刚度为EI，长度为l，$k = 6EI/l^3$，跨中C截面的弯矩为（以下侧受拉为正）：

A. 0

B. $\frac{1}{32}ql^2$

C. $\frac{1}{48}ql^2$

D. $\frac{1}{64}ql^2$

43. 图示结构EI =常数，当支座A发生转角θ，则支座B处截面的转角为（以顺时针为正）：

A. $\frac{1}{3}\theta$

B. $\frac{2}{5}\theta$

C. $-\frac{1}{3}\theta$

D. $-\frac{2}{5}\theta$

44. 图示结构用力矩分配法计算时，分配系数μ_{AC}为：

A. 1/4

B. 1/2

C. 2/3

D. 4/9

45. 图示结构B处弹性支座的弹簧刚度$k = 3EI/l^3$，则B结点向下的竖向位移为：

A. $\frac{Pl^3}{12EI}$

B. $\frac{Pl^3}{6EI}$

C. $\frac{Pl^3}{4EI}$

D. $\frac{Pl^3}{3EI}$

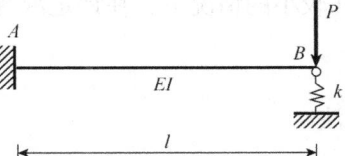

46. 图示简支梁在移动荷载作用下截面K的最大弯矩值是：

A. 120kN·m

B. 140kN·m

C. 160kN·m

D. 180kN·m

47. 设 μ_a 和 μ_b 分别表示图 a）、b）所示两结构的位移动力系数，则：

A. $\mu_a = \frac{1}{2}\mu_b$

B. $\mu_a = -\frac{1}{2}\mu_b$

C. $\mu_a = \mu_b$

D. $\mu_a = -\mu_b$

48. 单自由度体系自由振动时，实测振动 10 周后振幅衰减为 $y_{10} = 0.0016y_0$，则阻尼比等于：

A. 0.05

B. 0.02

C. 0.008

D. 0.1025

49. 下述四种试验所选用的设备最不合适的是：

A. 采用试件表面刷石蜡后，四周封闭抽真空产生负压方法进行薄壳试验

B. 采用电液伺服加载装置对梁柱节点构件进行模拟地震反应试验

C. 采用激振器方法对吊车梁做疲劳试验

D. 采用液压千斤顶对桁架进行承载力试验

50. 结构试验前，应进行预载，以下结论不正确的是：

A. 混凝土结构预载值不可以超过开裂荷载值

B. 预应力混凝土结构预载值可以超过开裂荷载值

C. 钢结构的预载值可以加至使用荷载值

D. 预应力混凝土结构预载值可以加至使用荷载值

51. 对原结构损伤较小的情况下，在评定混凝土强度时，下列方法较为理想的是：

A. 回弹法

B. 超声波法

C. 钻孔后装法

D. 钻芯法

52. 应变片灵敏系数指下列哪一项：

A. 在单项应力作用下，应变片电阻的相对变化与沿其轴向的应变之比值

B. 在 X、Y 双向应力作用下，X 方向应变片电阻的相对变化与 Y 方向应变片电阻的相对变化之比值

C. 在 X、Y 双向应力作用下，X 方向应变值与 Y 方向应变值之比值

D. 对于同一单向应变值，应变片在此应变方向垂直安装时的指示应变与沿此应变方向安装时指示应变的比值（以百分数表示）

53. 下列量测仪表属于零位测定法的是：

    A. 百分表应变量测装置（量测标距 250mm）

    B. 长标距电阻应变计

    C. 机械式杠杆应变仪

    D. 电阻应变式位移计（量测标距 250mm）

54. 由两层土体组成的一个地基，其中上层为厚 4m 的粉砂层，其下则为粉质土层，粉砂的天然重度为 $17kN/m^3$，而粉质黏土的重度为 $20kN/m^3$，那么埋深 6m 处的总竖向地应力为：

    A. 108kPa   B. 120kPa

    C. 188kPa   D. 222kPa

55. 软弱下卧层验算公式 $p_z + p_{cz} \leq f_{az}$，其中 p_{cz} 为软弱下卧层顶面处土的自重应力，则下列说法正确的是：

    A. p_{cz} 的计算应当从基础底面算起

    B. p_{cz} 的计算应当从地下水位算起

    C. p_{cz} 的计算应当从基础顶面算起

    D. p_{cz} 的计算应当从地表算起

56. 土体的孔隙比为 47.71%，那么用百分比表示的该土体的孔隙率为：

    A. 109.60%   B. 91.24%

    C. 67.70%   D. 32.30%

57. 影响岩土抗剪强度的因素有：

    A. 应力路径   B. 剪胀性

    C. 加载速度   D. 以上都是

58. 桩基岩工程勘察中对碎石土宜采用的原位测试手段为：

    A. 静力触探

    B. 标准贯入试验

    C. 旁压试验

    D. 重型或超重型圆锥动力触探

59. 某匀质地基承载力特征值为 100kPa，基础深度的地基承载力修正系数为 1.45，地下水位深 2m，水位以上天然重度为16kN/m³、水位以下饱和重度为20kN/m³的条形基础宽 3m，则基础埋置深度为3m 时，按深度修正后的地基承载力为：

A. 151kPa

B. 165kPa

C. 171kPa

D. 181kPa

60. 打入式敞口钢管桩属于：

A. 非挤土桩

B. 部分挤土桩

C. 挤土桩

D. 端承桩

2020 年度全国勘察设计一级注册结构工程师

执业资格考试试卷

基础考试
（下）

二〇二〇年十月

应考人员注意事项

1. 本试卷科目代码为"2"，考生务必将此代码填涂在答题卡"科目代码"相应的栏目内，否则，无法评分。

2. 书写用笔：**黑色或蓝色钢笔、签字笔或圆珠笔；**

   填涂答题卡用笔：**黑色 2B 铅笔。**

3. 必须用书写用笔将工作单位、姓名、准考证号填写在答题卡和试卷相应的栏目内。

4. 本试卷由 60 题组成，每题 2 分，满分 120 分，本试卷全部为单项选择题，每小题的四个备选项中只有一个正确答案，错选、多选、不选均不得分。

5. 考生作答时，必须按**题号在答题卡上**将相应试题所选选项对应的**字母用 2B 铅笔涂黑。**

6. 在答题卡上书写与题意无关的语言，或在答题卡上作标记的，均按违纪试卷处理。

7. 考试结束时，由监考人员当面将试卷、答题卡一并收回。

8. 草稿纸由各地统一配发，考后收回。

单项选择题（共 60 题，每题 2 分。每题的备选项中只有一个最符合题意。）

1. 具有一定的化学组成、内部质点周期排列的固体，称为：

   A. 晶体　　　　　　　　　　　　　　　B. 凝胶体

   C. 玻璃体　　　　　　　　　　　　　　D. 溶胶体

2. 使钢材冷脆性加剧的主要元素是：

   A. 碳（C）　　　　　　　　　　　　　B. 硫（S）

   C. 磷（P）　　　　　　　　　　　　　D. 锰（Mn）

3. 硅酸盐水泥生产过程中添加适量的石膏，目的是调节：

   A. 水泥的密度　　　　　　　　　　　　B. 水泥的比表面积

   C. 水泥的强度　　　　　　　　　　　　D. 水泥的凝结时间

4. 混凝土用集料的内部孔隙充满水但表面没有水膜，该含水状态被称为：

   A. 气干状态　　　　　　　　　　　　　B. 绝干状态

   C. 润湿状态　　　　　　　　　　　　　D. 饱和面干状态

5. 混凝土的强度受到其材料组成的影响，决定混凝土强度的主要因素是：

   A. 骨料密度　　　　　　　　　　　　　B. 砂的细度模数

   C. 外加剂种类　　　　　　　　　　　　D. 水灰（胶）比

6. 为了获得乳化沥青，需要在沥青中加入：

   A. 乳化剂　　　　　　　　　　　　　　B. 硅酸盐水泥

   C. 矿粉　　　　　　　　　　　　　　　D. 石膏

7. 同种木材的各种强度中最高的是：

   A. 顺纹抗拉强度　　　　　　　　　　　B. 顺纹抗压强度

   C. 横纹抗拉强度　　　　　　　　　　　D. 横纹抗压强度

8. 下列哪项可作为测量内业工作的基准面？

   A. 水准面　　　　　　　　　　　　　　B. 参考椭球面

   C. 大地水准面　　　　　　　　　　　　D. 平均海水面

9. 采用水准仪测量A、B两点间的高差，将已知高程点A作为后视，待求点B作为前视，先后在两尺上读取读数，得到后视读数a和前视读数b，则A、B两点间的高差可以表示为：

A. $H_{BA} = a - b$

B. $h_{AB} = a - b$

C. $H_{AB} = b - a$

D. $h_{BA} = b - a$

10. 在$1:2000$的地形图上，量得某水库图上汇水面积为$P = 1.6 \times 10^4 \text{cm}^2$，某次降水过程雨量为（每小时平均降雨量）$m = 50\text{mm}$，降水持续时间$n$为$2.5\text{h}$，设蒸发系数$k = 0.4$，按汇水量$Q = P \cdot m \cdot n \cdot k$计算，本次降水汇水量为：

A. $1.0 \times 10^{11} \text{cm}^3$

B. $3.2 \times 10^{11} \text{cm}^3$

C. $1.0 \times 10^7 \text{cm}^3$

D. $2.0 \times 10^4 \text{cm}^3$

11. 在三角高程测量中，设水平距离为D，α为竖直角，仪器高为i，中丝读数为v，球气差改正为f，则测站点与目标点间高差可表示为：

A. $D \tan \alpha + i - v + f$

B. $D \tan \alpha + v - i + f$

C. $D \cos^2 \alpha + i - v + f$

D. $D \cos^2 \alpha + v - i + f$

12. 误差具有下列哪种特性？

A. 系统误差不具有累积性

B. 取均值可消除系统误差

C. 检校仪器可消除或减弱系统误差

D. 理论上无法消除或者减弱偶然误差

13. 某建设单位于2010年3月20日领到施工许可证，开工后于2010年5月10日中止施工，根据《中华人民共和国建筑法》，该建设单位向施工许可证发证机关报告的最迟期限应是2010年：

A. 6月19日

B. 8月9日

C. 6月9日

D. 9月19日

14. 根据《中华人民共和国招标投标法》，开标时，招标人应当邀请所有投标人参加，这一规定体现了招标投标活动的：

A. 公开原则

B. 公平原则

C. 公正原则

D. 诚实守信原则

15. 工人甲在施工作业过程中发现脚手架即将倒塌，迅速逃离了现场，随之倒塌的脚手架造成一死多伤的安全事故，则甲的行为：

A. 违法，因为只有在通知其他工人后，甲才可逃离

B. 违约，因为甲未能按照合同履行劳动义务

C. 不违法，甲在行使紧急避险权

D. 不违约，脚手架倒塌属于不可抗力

16. 下列有关评标方法的描述，说法错误的是：

A. 最低投标价法适合没有特殊要求的招标项目

B. 综合评估法适合没有特殊要求的招标项目

C. 最低投标价法通常带来恶性削价竞争，工程质量不容乐观

D. 综合评估法可用打分的方法或货币的方法评估各项标准

17. 某沟槽宽度为 10m，拟采用轻型井点降水，则其平面布置宜采用的形式为：

A. 单排　　　　　　　　　　　　B. 双排

C. 环形　　　　　　　　　　　　D. U 形

18. 混凝土施工缝宜留置在：

A. 结构受剪力较小且便于施工的位置

B. 遇雨停工处

C. 结构受弯矩较小且便于施工的位置

D. 结构受力复杂处

19. 在单位工程施工平面图设计中应该首先考虑的内容为：

A. 现场道路　　　　　　　　　　B. 垂直运输机械

C. 仓库和堆场　　　　　　　　　D. 水电管网

20. 下列关于单位工程的施工流向安排的表述正确的是：

A. 对技术简单、工期较短的分部分项工程一般应优先施工

B. 室内装饰工程一般有自上而下、自下而上及自中而下再自上而中三种施工流向安排

C. 当有高低跨并列时，一般应从高跨向低跨处吊装

D. 室外装饰工程一般应遵循自下而上的流向

21. 某工程项目双代号网络计划中，混凝土浇捣工作 M 的最迟完成时间为第 25 天，其持续时间为 6 天。该工作共有三项紧前工作，分别是钢筋绑扎、模板制作和预埋件安装，它们的最早完成时间分别为第 10 天、第 12 天和第 13 天，则工作 M 的总时差为：

A. 9 天
B. 7 天
C. 6 天
D. 10 天

22. 建筑结构的可靠性包括：

A. 安全性、耐久性、经济性
B. 安全性、适用性、经济性
C. 耐久性、经济性、适应性
D. 安全性、适用性、耐久性

23. 正常使用下的钢筋混凝土受弯构件正截面受力工作状态为：

A. 混凝土无裂缝且纵向受拉钢筋未屈服
B. 混凝土有裂缝且纵向受拉钢筋屈服
C. 混凝土有裂缝且纵向受拉钢筋未屈服
D. 混凝土无裂缝且纵向受拉钢筋屈服

24. 在均布荷载作用下，钢筋混凝土双向板塑性铰线正确的是：

A. □（×形）
B. □（两条水平线）
C. □（×形）
D. □（中间菱形）

25. 下列关于框筒结构剪力滞后的规律说法正确的是：

A. 柱距不变，减小梁断面，剪力滞后现象减小
B. 结构上端剪力滞后现象增大
C. 正方形结构，边长增加，剪力滞后现象增大
D. 滞后效应与平面结构形状无关

26. 下列哪类钢材能保证-20℃时的冲击韧性：

A. Q235-A
B. Q235-B
C. Q235-C
D. Q235-D

27. 轴心受压钢构件常见的整体失稳模态是：

A. 弯曲失稳
B. 扭转失稳
C. 弯扭失稳
D. 以上三个都是

28. 可以只做外观检查的焊缝质量等级是：

A. 一级焊缝　　　　　　　　　　B. 二级焊缝

C. 三级焊缝　　　　　　　　　　D. 上述三种焊缝

29. 钢屋盖桁架结构中，腹杆和弦杆直接连接而不采用节点板，则腹杆的计算长度系数为：

A. 1　　　　　B. 0.9　　　　　C. 0.8　　　　　D. 0.7

30. 砌体抗压强度恒比块材强度低的原因是：

①砌体受压时块材处于复杂应力状态；

②砌体中有很多竖缝，受压后产生应力集中现象；

③砌体受压时砂浆的横向变形大于块材的横向变形，导致块材在砌体中受拉；

④砌体中块材相互错缝咬接，整体性差。

A. ①③　　　　　　　　　　　　B. ②④

C. ①②　　　　　　　　　　　　D. ①④

31. 墙体为砌体结构，楼屋盖、圈梁为混凝土结构，这两种不同的材料共同工作，结构工程师在设计时需要特别重视：

A. 两种材料不同的弹性模量　　　B. 两种材料不同的抗压强度

C. 两种材料不同的抗拉强度　　　D. 两种材料不同的膨胀系数

32. 截面尺寸为 390mm×390mm 的混凝土砌块短柱，当轴向力 N 的偏心距如图所示时，其受压承载力的大小顺序为：

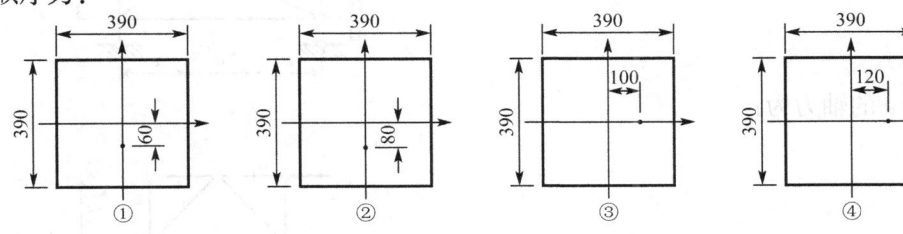

A. ①>③>④>②　　　　　　　　B. ①>②>③>④

C. ①>③>②>④　　　　　　　　D. ③>②>①>④

33. 现行《砌体结构设计规范》（GB 50003）对砌体房屋抗震横墙最大间距限制的目的是：

A. 保证房屋的空间工作性能

B. 保证楼盖具有传递地震作用给墙所需要的水平刚度

C. 保证房屋地震时不倒塌

D. 保证纵墙的高厚比满足要求

34. 几何可变体系的计算自由度为：

A. >0

B. =0

C. <0

D. 不确定

35. 图示刚架M_{DC}为（下侧受拉为正）：

A. 20kN·m

B. 40kN·m

C. 60kN·m

D. 80kN·m

36. 图示三铰拱，$y = \frac{4f}{l^2}x(l-x)$，跨度$l = 16$m，D截面右侧弯矩大小为（下侧受拉为正）：

A. 12kN·m

B. 20kN·m

C. 32kN·m

D. 68kN·m

37. 图示结构杆件1的轴力为：

A. $-P$

B. $-P/2$

C. $\sqrt{2}P/2$

D. $\sqrt{2}P$

38. 图示结构杆a的轴力为：

A. $0.5F_P$

B. $-0.5F_P$

C. $1.5F_P$

D. $-1.5F_P$

39. 图示结构的反力F_H为：

A. M/L

B. $-M/L$

C. $2M/L$

D. $-2M/L$

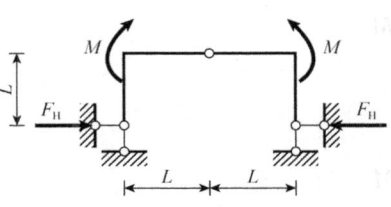

40. 图示结构不考虑轴向变形，$\Delta_{CH}=\Delta(\rightarrow)$，若结构$EI$增大一倍，则$\Delta_{CH}$变为：

A. 2Δ

B. 1.5Δ

C. 0.5Δ

D. 0.75Δ

41. 图示结构$EI=$常数，在给定荷载作用下M_{BA}为（下侧受拉为正）：

A. $Pl/2$

B. $Pl/4$

C. $-Pl/4$

D. 0

42. 图示结构M_{BA}的大小为：

A. $PL/2$

B. $PL/3$

C. $PL/4$

D. $PL/5$

43. 图示结构$EI=$常数，当支座A发生转角θ时，支座B处梁截面竖向滑动位移为（以向下为正）：

A. $l\theta$

B. $\frac{1}{2}l\theta$

C. $-l\theta$

D. $-\frac{1}{2}l\theta$

44. 图示结构M_{BA}为（以下侧受拉为正）:

A. $-\frac{1}{3}M$

B. $\frac{1}{3}M$

C. $-\frac{2}{3}M$

D. $\frac{2}{3}M$

45. 图示结构B处弹性支座的弹簧刚度$k=6EI/l^3$，则节点B向下的竖向位移为:

A. $\frac{Pl^3}{3EI}$

B. $\frac{Pl^3}{6EI}$

C. $\frac{Pl^3}{9EI}$

D. $\frac{Pl^3}{12EI}$

46. 图示简支梁在所示移动荷载下截面K的最大弯矩值为:

A. $90kN \cdot m$

B. $110kN \cdot m$

C. $120kN \cdot m$

D. $150kN \cdot m$

47. 设μ_a和μ_b分别表示图a）和图b）两结构的位移动力系数，则:

A. $\mu_a = \frac{1}{2}\mu_b$

B. $\mu_a = -\frac{1}{2}\mu_b$

C. $\mu_a = \mu_b$

D. $\mu_a = -\mu_b$

48. 单自由度体系自由振动，实测 10 周后振幅衰减为最初的 0.25%，则阻尼比为：

A. 0.25   B. 0.02

C. 0.008   D. 0.0954

49. 下列不是低周反复加载试验目的的是：

A. 研究结构动力特性

B. 研究结构在地震作用下的恢复力特性

C. 判断或鉴定结构的抗震性能

D. 研究结构的破坏机理

50. 我国应变片名义阻值一般取：

A. 240Ω   B. 120Ω

C. 100Ω   D. 80Ω

51. 对于试件的最大承载能力和相应变形计算，应按下列哪一项进行？

A. 材料的设计值   B. 材料的标准值

C. 实际材料性能指标   D. 材料设计值修正后的取值

52. 结构动力试验方法中，下列不能用于测得高阶频率的方法是：

A. 自由振动法   B. 强迫振动

C. 主谐量法   D. 谐量分析法

53. 用仪器对结构或构件进行内力和变形等各种参数的量测时，下列关于测点选择与布置的原则，不全面的是：

A. 测点宜少不宜多

B. 测点的位置必须具有代表性

C. 应布置校核性测点

D. 对试验工作的开展应该是方便的、安全的

54. 一个厚度为 25mm 的黏土试样固结试验结果表明，孔隙水压力从初始值到消减为零，用时 2min45s。如果地基中有一厚度为 4.6m 的相同黏土层，且该黏土层和试验样品的上下表面均可排水，则该黏土层的固结时间为：

A. 258.5d   B. 120d

C. 64.7d   D. 15.5d

55. 在饱和软土地基上快速堆放砂包，如果有一个测压管理置在砂堆正下方的一定深度处，在砂堆堆放过程中，测压管水头会随时间：

A. 上升

B. 不变

C. 下降

D. 不确定

56. 某国家用固结仪试验结果计算土样的压缩指数（常数）时，不是用常数对数，而是用自然对数对应取值的。如果根据我国标准（常用对数），一个土样的压缩指数（常数）为 0.00485，有一个土样竖向应力增大为初始状态的 100 倍，则土样孔隙比将：

A. 增大 0.0112

B. 减小 0.0112

C. 增大 0.0224

D. 减小 0.0224

57. 直径为 38mm 的干砂样品，进行常规三轴试验，围压恒定为 24.33kPa，竖向加载杆的轴向力为 45.3N，则该样品的内摩擦角为：

A. 20.8°

B. 22.3°

C. 24.2°

D. 26.8°

58. 在标准贯入试验中，当锤击数已达 50 击，而实际贯入深度为 25cm 时，则相当于 30cm 的标准贯入试验锤击数 N 为：

A. 60

B. 40

C. 50

D. 80

59. 某均质地基承载力特征值为 100kPa，地下水位于地面以下 2m 处，基础深度的地基承载力修正系数为 1.5，水位上土层重度为 16kN/m³，水位下土的饱和重度为 20kN/m³，基础宽度为 3m，则地基承载力须达到 166kPa 时基础最小埋深为：

A. 3m

B. 3.9m

C. 4.5m

D. 5m

60. 地震 8 度以上的区域不能用下列哪种类型的桩：

A. 钻孔灌注桩

B. 泥浆护壁钻孔灌注桩

C. 预应力混凝土管桩

D. H 型钢桩

2021 年度全国勘察设计一级注册结构工程师

执业资格考试试卷

基础考试
（下）

二〇二一年十月

应考人员注意事项

1. 本试卷科目代码为"2"，考生务必将此代码填涂在答题卡"科目代码"相应的栏目内，否则，无法评分。

2. 书写用笔：**黑色或蓝色钢笔、签字笔或圆珠笔**；

   填涂答题卡用笔：**黑色 2B 铅笔**。

3. 必须用书写用笔将工作单位、姓名、准考证号填写在答题卡和试卷相应的栏目内。

4. 本试卷由 60 题组成，每题 2 分，满分 120 分，本试卷全部为单项选择题，每小题的四个备选项中只有一个正确答案，错选、多选、不选均不得分。

5. 考生作答时，必须按**题号在答题卡上**将相应试题所选选项对应的**字母用 2B 铅笔涂黑**。

6. 在答题卡上书写与题意无关的语言，或在答题卡上作标记的，均按违纪试卷处理。

7. 考试结束时，由监考人员当面将试卷、答题卡一并收回。

8. 草稿纸由各地统一配发，考后收回。

单项选择题（共 60 题，每题 2 分。每题的备选项中只有一个最符合题意。）

1. 受水浸泡或处于潮湿环境中的重要建筑物所用材料，其软化系数：

   A. >0.5   B. >0.75

   C. >0.85   D. >0.9

2. 对于要求承受冲击荷载作用的土木工程结构，其所用材料应具有较高的：

   A. 弹性   B. 塑性

   C. 脆性   D. 韧性

3. 我国颁布的通用硅酸盐水泥标准中，符号"P.I"代表：

   A. 普通硅酸盐水泥   B. 硅酸盐水泥

   C. 粉煤灰硅酸盐水泥   D. 复合硅酸盐水泥

4. 配制高质量混凝土的基础是骨料的密实堆积，而实现骨料密实堆积需要骨料具有良好的：

   A. 密度和强度   B. 强度和含水量

   C. 粒形和级配   D. 强度和孔隙率

5. 我国使用立方体试块来测定混凝土抗压强度，其标准试块的边长为：

   A. 100mm   B. 125mm

   C. 150mm   D. 200mm

6. 冷弯试验除了可用来评价钢材的塑性变形能力外，还可用来评价钢材的：

   A. 强度   B. 冷脆性

   C. 焊接质量   D. 时效敏感性

7. 木材加工前，应将其干燥至：

   A. 绝对干燥状态   B. 标准含水状态

   C. 平衡含水状态   D. 饱和含水状态

8. 下列关于大地水准面的描述，正确的是：

   A. 有无穷多个   B. 外业测量基准面

   C. 计算的基准面   D. 绘图的基准面

9. 1∶1000 的地形图宜采用：

A. 6°带高斯-克吕格投影

B. 3°带高斯-克吕格投影

C. 正轴等角割圆锥投影

D. 方位投影

10. 竖直角观测法中，竖盘指标差x可由下列何种方法计算？（盘左读数为L，盘右读数为R）

A. $x = R + L - 360°$

B. $x = R + L - 180°$

C. $x = \frac{1}{2}(R + L - 180°)$

D. $x = \frac{1}{2}(R + L - 360°)$

11. 高层建筑施工测量中，当建筑物总高H大于150m，小于或等于200m时，轴线竖向投测偏差的控制精度为：

A. 40mm   B. 50mm

C. 20mm   D. 30mm

12. 设Δ为一组同精度观测值的偶然误差（真误差），下列可作为其中误差表达式的为：

A. $m = \sqrt{\frac{[\Delta\Delta]}{n}}$ B. $m = \pm\sqrt{\frac{[\Delta\Delta]}{n-1}}$

C. $m = \pm\sqrt{\frac{[\Delta\Delta]}{n}}$ D. $m = \sqrt{\frac{[\Delta\Delta]}{n-1}}$

13. 某建设单位于2010年3月20日领到施工许可证，但由于周边关系协调问题，一直没开工，下列有关说法正确的是：

A. 则其应于2010年9月20日之前申请延期

B. 若建设单位于2010年5月20日申请延期，则应于2010年6月20日之前开工

C. 建设单位在申请一次延期后，仍不能按时开工，则不能再次申请延期

D. 建设单位超过法定期限，既不开工又不申请延期，施工许可证作废

14. 招标人的下列行为不符合《中华人民共和国招标投标法》的是：

A. 在具有招标文件和评标能力的条件下，自行办理招标

B. 自行选择招标代理机构，并委托其办理招标

C. 不设置标底

D. 在招标公告中要求投标人必须为本地法人

15. 根据《中华人民共和国安全生产法》，从业人数不超过 100 人的设计单位：

    A. 应当设置安全管理机构，并配备兼职安全生产管理人员

    B. 应当设置安全管理机构，或配备专职安全生产管理人员

    C. 不必设置专职安全管理机构，但必须配备专职或兼职安全管理人员

    D. 可委托具有国家规定的相关专业技术人员提供安全管理服务

16. 甲某于 2010 年 4 月 20 日进行了一级结构工程师注册，若有效期届满前需要继续注册，其办理手续的最晚时间是：

    A. 2012 年 3 月 20 日   B. 2013 年 3 月 20 日

    C. 2012 年 4 月 5 日   D. 2013 年 4 月 5 日

17. 沉管灌注桩的承载力与施工方法有关，其承载能力由低到高为：

    A. 复打法，单打法，反插法   B. 单打法，复打法，反插法

    C. 单打法，反插法，复打法   D. 反插法，单打法，复打法

18. 某冬季施工使用普通硅酸盐水泥拌制的 C40 混凝土施工，允许混凝土受冻的最低强度为：

    A. $5N/mm^2$ B. $9N/mm^2$

    C. $12N/mm^2$ D. $16N/mm^2$

19. 吊装小型单层工业厂房的结构构件时，宜采用：

    A. 履带式起重机   B. 附着式塔式起重机

    C. 人字拔杆式起重机   D. 轨道式塔式起重机

20. 已知某工程有五个施工过程，分成 3 段组织全等节拍流水施工，工期为 55 天，工艺间歇和组织间歇的总和为 6 天，则各施工过程的流水步距为：

    A. 3 天   B. 5 天

    C. 8 天   D. 7 天

21. 横道图计划与网络计划相比，优点为：

    A. 表达方式直观

    B. 工作之间的逻辑关系清楚

    C. 适用于手工编制计划

    D. 适用于计划调整工作量的项目

22. 钢筋混凝土结构对钢筋性能的需求不包括：

A. 强度

B. 耐火性

C. 塑性

D. 与混凝土的黏结能力

23. 钢筋混凝土结构正截面承载力计算中，不考虑受拉区混凝土作用的原因是：

A. 受拉区混凝土全部开裂

B. 混凝土抗拉强度很低

C. 受拉区混凝土承担拉力很小，且靠近中和轴导致其获得的内力矩也很小

D. 平截面假定

24. 对于平面形状为矩形，且长短边之比不小于 3 的钢筋混凝土板，不应按单向板计算的是：

A. 仅在一边嵌固板

B. 两对边支承板

C. 两邻边支承板

D. 四边支承板

25. 根据我国相关抗震设计要求，以下说法错误的是：

A. 强柱弱梁

B. 强节点

C. 强弯弱剪

D. 强锚固

26. 增加钢结构钢材中的硫和磷含量可以：

A. 增加钢材的可焊性

B. 降低钢材的塑性变形能力

C. 提高钢材的强度

D. 提高结构的疲劳寿命

27. 简支吊车梁合理的截面形式为：

A.   B.   C.   D.

28. 计算图中高强度螺栓承压型连接节点时，螺栓的：

A. 抗剪承载力设计值取 $N_v^b = 0.9 n_f \mu P$

B. 抗压承载力设计值取 $N_c^b = d \sum t f_c^b$

C. 抗拉承载力设计值取 $N_t^b = 0.8P$

D. 以上三个计算公式都正确

29. 图示（尺寸单位：mm）槽钢屋架钢板节点采用角焊缝连接，每条焊缝 l_w 为：

A. 300mm

B. 480mm

C. 292mm

D. 284mm

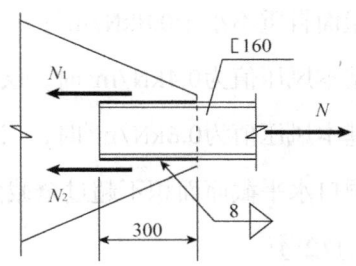

30. 砌体的弹性模量与下列哪些因素相关？

①砂浆强度等级；②块材类型；③砌体抗压强度；④砌体抗拉强度。

A. ①③

B. ①④

C. ①②

D. ②③

31. 砌体结构中关于构造柱的作用，下列说法正确的是：

①提高砌体房屋的抗震性能；

②对砌体起约束作用，使砌体的变形性能提高；

③增加房屋刚度；

④提高墙的高度限值。

A. ①②④

B. ①③④

C. ①②

D. ②③

32. 刚性和刚弹性方案房屋的横墙应符合一定要求，其中下列对多层砌体房屋的横墙厚度和长度的要求，正确的是：

①厚度不宜小于 120mm；

②厚度不宜小于 180mm；

③横墙长度不宜小于横墙高度的一半；

④横墙长度不宜小于横墙高度。

A. ①③

B. ①④

C. ②③

D. ②④

33. 多层砌体房屋中刚性方案的外墙，符合一定要求时静力计算可不考虑风荷载的影响，其要求是：

①屋面自重不小于0.8kN/m²；

②基本风压值为0.4kN/m²时，层高≤4m，房屋的总高≤28m；

③基本风压值为0.6kN/m²时，层高≤4m，房屋的总高≤24m；

④洞口水平截面面积不超过全截面面积的2/3。

A. ①②④　　　　　　　　　　B. ①③④

C. ②③　　　　　　　　　　　D. ②④

34. 若某体系的计算自由度为0，则该体系：

A. 几何不变　　　　　　　　　B. 几何常变

C. 几何瞬变　　　　　　　　　D. 均有可能

35. 图示刚架 M_{DC} 大小为：

A. 20kN·m

B. 40kN·m

C. 60kN·m

D. 80kN·m

36. 图示桁架 a 杆轴力为：

A. −15kN

B. −20kN

C. −25kN

D. −30kN

37. 图示三铰拱支座 B 的水平反力（以向右为正）等于：

A. 0

B. $\frac{1}{2}P$

C. $\frac{\sqrt{2}}{2}P$

D. P

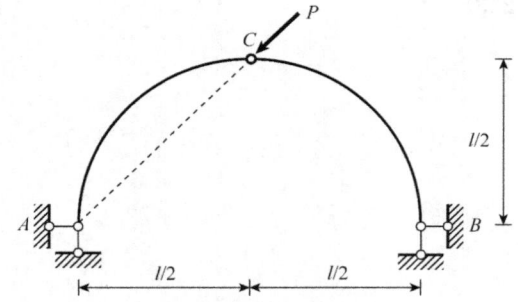

38. 图示结构中反力F_H为：

A. $\dfrac{M}{L}$

B. $-\dfrac{M}{L}$

C. $\dfrac{M}{2L}$

D. $-\dfrac{M}{2L}$

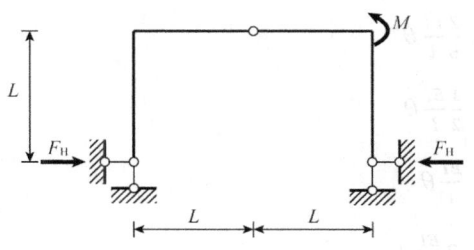

39. 图示简支梁B端转角位移θ_B大小为：

A. $\dfrac{Ml}{EI}$

B. $\dfrac{Ml}{2EI}$

C. $\dfrac{Ml}{3EI}$

D. $\dfrac{Ml}{6EI}$

40. 图示结构忽略轴向变形和剪切变形。若增大弹簧刚度k，则A点水平位移Δ_{AH}：

A. 增大

B. 减小

C. 不变

D. 可能增大，亦可能减小

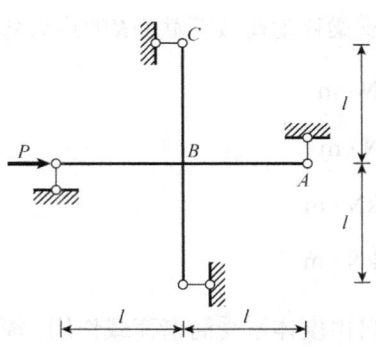

41. 图示结构EI =常数，在给定荷载作用下，F_{QBC}为：

A. $P/4$

B. $P/2$

C. $-P/4$

D. $-P/2$

42. 图示结构M_{BA}值的大小为：

A. $Pl/2$

B. $Pl/3$

C. $Pl/4$

D. $Pl/5$

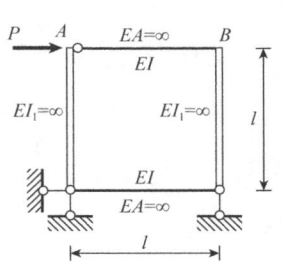

43. 图示结构 EI =常数，当支座 A 发生转角 θ 时，支座 B 处梁截面弯矩大小为：

A. $\frac{2}{5}\frac{EI}{l}\theta$

B. $\frac{1}{2}\frac{EI}{l}\theta$

C. $\frac{EI}{l}\theta$

D. $2\frac{EI}{l}\theta$

44. 图示结构用力矩分配法计算时，分配系数 μ_{AC} 为：

A. 1/6

B. 4/9

C. 1/5

D. 4/11

45. 图示结构 B 处弹性支座的弹簧刚度 $k = 6EI/l^3$，则 B 截面转角位移大小为：

A. $\frac{Pl^2}{12EI}$

B. $\frac{Pl^2}{6EI}$

C. $\frac{Pl^2}{4EI}$

D. $\frac{Pl^2}{3EI}$

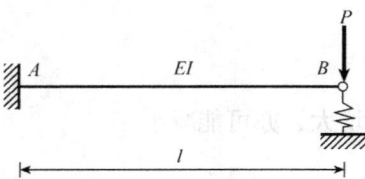

46. 图示简支梁移动荷载下截面 K 的最大弯矩值是：

A. $40\text{kN}\cdot\text{m}$

B. $80\text{kN}\cdot\text{m}$

C. $120\text{kN}\cdot\text{m}$

D. $160\text{kN}\cdot\text{m}$

47. 图示单自由度体系受简谐荷载作用，简谐荷载频率等于结构自振频率的 2 倍，则位移的动力放大系数为：

A. 2

B. 4/3

C. −1/2

D. −1/3

48. 单自由度体系自由振动时，实测振动 10 周后振幅衰减为 $y_{10} = 0.01y_0$，则阻尼比等于：

A. 0.02
B. 0.05

C. 0.0733
D. 0.1025

49. 在测定材料力学性能试验中，下列阐述不正确的是：

A. 截面较小而高度较低的试件得出的抗压强度偏高

B. 混凝土试件的环箍效应对截面小的试件作用比对截面大的试件的作用要小

C. 材料的弹性模量会随着加载速度的增加而提高

D. 钢筋的强度会随着加载速度的增加而提高

50. 混凝土结构试验时，从加载结束至下一级开始加载，每级荷载的间歇时间不应少于：

A. 30min
B. 20min

C. 10min
D. 5min

51. 在确定试验的观测项目时，应该按哪一项考虑？

A. 整体变形测量

B. 局部变形测量

C. 首先考虑整体变形测量，其次考虑局部变形测量

D. 首先考虑局部变形测量，其次考虑整体变形测量

52. 屋架杆件的内力测量可能有下列四个，当屋架杆件不是薄壁杆件时，下面不需考虑的内力是：

A. 轴力（N）
B. 弯矩（M_x）

C. 弯矩（M_y）
D. 扭矩（T）

53. 下列用于混凝土强度的非破损检测的方法中，检测和分析评定结果的精度与可靠性低的为：

A. 超声波法
B. 超声回弹综合法

C. 超声钻芯综合法
D. 声速衰减系数综合法

54. 一砂土地基中，水位为地面下 1.5m 处，地下水以上砂土的天然重度为17kN/m³，而饱和砂土层重度为19kN/m³，那么埋深4.5m 处的总竖向应力为：

A. 162kPa
B. 111kPa

C. 85.5kPa
D. 82.5kPa

55. 有一饱和软黏土地基，先将原来一直堆放着的重物快速移走，如果有一个测压管埋置在重物正下方的一定深度处，重物移走过程中，测压管水头会随时间：

A. 上升   B. 不变

C. 下降   D. 不确定

56. 土体的孔隙率为 52.29%，那么该土的孔隙比为：

A. 0.3434   B. 0.4771

C. 0.9124   D. 1.096

57. 对应直接剪切试验的快剪、固结快剪和慢剪试验，三轴压缩仪中进行的试验分别为：

A. 三轴压缩不固结不排水试验、固结不排水试验和固结排水试验

B. 三轴压缩固结排水试验、不固结不排水试验和固结不排水试验

C. 三轴压缩固结不排水试验、不固结不排水试验和固结排水试验

D. 三轴压缩固结排水试验、固结不排水试验和不固结不排水试验

58. 当采用标准贯入试验判别场地地震液化时，在需做判定的土层中，试验点的竖向间距为 1.0～1.5m，每层土的试验点数不宜少于：

A. 3 个   B. 4 个

C. 5 个   D. 6 个

59. 墙下条形基础埋深3m，受轴心荷载作用，上部结构传至基础顶面的竖向力为600kN/m，基础自重和基础上的土重可按综合重度20kN/m³考虑，若修正后的地基承载力特征值为260kPa，则为满足地基承载力要求，条形基础最小宽度为：

A. 3m   B. 4m

C. 5m   D. 6m

60. 下列不会对已施工好的摩擦桩身产生向下摩阻力的情况是：

A. 桩顶荷载增大

B. 桩穿过欠固结的软黏土，而支撑于较坚硬的土层，桩周土在自重作用下随时间逐渐固结

C. 地下水位全面下降

D. 桩周自重湿陷性黄土浸水下沉

2022 年度全国勘察设计一级注册结构工程师

执业资格考试试卷

基础考试
（下）

二〇二二年十一月

应考人员注意事项

1. 本试卷科目代码为"2"，考生务必将此代码填涂在答题卡"科目代码"相应的栏目内，否则，无法评分。

2. 书写用笔：**黑色或蓝色钢笔、签字笔或圆珠笔；**

   填涂答题卡用笔：**黑色 2B 铅笔。**

3. 必须用书写用笔将工作单位、姓名、准考证号填写在答题卡和试卷相应的栏目内。

4. 本试卷由 60 题组成，每题 2 分，满分 120 分，本试卷全部为单项选择题，每小题的四个备选项中只有一个正确答案，错选、多选、不选均不得分。

5. 考生作答时，必须按**题号在答题卡上**将相应试题所选选项对应的**字母用 2B 铅笔涂黑。**

6. 在答题卡上书写与题意无关的语言，或在答题卡上作标记的，均按违纪试卷处理。

7. 考试结束时，由监考人员当面将试卷、答题卡一并收回。

8. 草稿纸由各地统一配发，考后收回。

单项选择题（共 60 题，每题 2 分。每题的备选项中，只有一个最符合题意。）

1. 耐水材料的软化系数应：

   A. ＞0.85　　　　　　　　　　　B. ≤0.85

   C. ≥0.75　　　　　　　　　　　D. ≤0.65

2. 下列材料中，不是气硬性胶凝材料的是：

   A. 石膏　　　　　　　　　　　　B. 石灰

   C. 水泥　　　　　　　　　　　　D. 水玻璃

3. 一批硅酸盐水泥，经检验发现其体积安定性不良，则该水泥：

   A. 不应用于工程中

   B. 可用于次要工程

   C. 可降低强度等级使用

   D. 可用于工程中，但必须提高用量

4. 有抗渗要求的混凝土，保湿养护的时间不应少于：

   A. 7d　　　　　　　　　　　　　B. 14d

   C. 21d　　　　　　　　　　　　D. 28d

5. 特细砂混凝土的特点是砂子的整体粗细程度偏细。为保证混凝土的工作性，在拌和特细砂混凝土时，可采用的合理措施是：

   A. 砂率应加大

   B. 用水量可以增加

   C. 水灰比应增大

   D. 砂率应减少

6. 下列元素中，对钢材性能无不良影响的是：

   A. 硫　　　　　　　　　　　　　B. 磷

   C. 氧　　　　　　　　　　　　　D. 锰

7. 大理石用作建筑物内部装饰而不用于室外装饰的主要原因是：

   A. 硬度不大　　　　　　　　　　B. 易于加工

   C. 耐酸性差　　　　　　　　　　D. 强度低

8. 地面点到假定水准面的铅垂距离称为：

A. 任意高程   B. 海拔高程

C. 绝对高程   D. 相对高程

9. 按基本等高距绘制的等高线为：

A. 首曲线   B. 计曲线

C. 间曲线   D. 助曲线

10. 直线型建筑基线的基线点数目应不少于几个：

A. 1   B. 2

C. 3   D. 4

11. 某三角形两个内角的测角中误差为±6与±2，且误差独立，则余下一个内角的中误差为：

A. ±6.3   B. ±8

C. ±4   D. ±12

12. 若地形点在地形图中的最大距离不超过3cm，对比例尺为1:500的地形图，相应地形点在实地的最大距离为：

A. 15m   B. 20m

C. 30m   D. 25m

13. 从事建筑活动时，建筑工程的发包单位与承包单位应当依法订立书面合同，明确双方的：

A. 责任和义务   B. 责任和权利

C. 权利和义务   D. 归责和免责

14. 在中华人民共和国城市规划区国有土地范围内进行土地使用权出让，可以采取的方式包括：

A. 拍卖   B. 招标

C. 协议   D. 以上三个

15. 《中华人民共和国环境保护法》规定，产生环境污染和其他公害的单位，必须把环境保护工作纳入计划，建立：

A. 环境保护责任制度   B. 环境安全责任制度

C. 社会保护责任制度   D. 工作保护责任制度

16. 注册结构工程师应保证工程设计的质量，并在其负责的设计图纸上：

A. 审核   B. 签字

C. 签字盖章   D. 审核盖章

17. 适用于开挖停机面以下的土方，挖土时后退向下，强制切土的施工机械是：

A. 正铲挖土机   B. 反铲挖土机

C. 拉铲挖土机   D. 抓铲挖土机

18. 编制进度计划的过程中，在确定施工班组人数时，不考虑：

A. 最小劳动组合人数   B. 最小工作面

C. 可能安排的施工人数   D. 施工流水步距

19. 防水混凝土必须加强养护，其养护时间不得少于：

A. 7d   B. 14d

C. 18d   D. 21d

20. 网络计划技术中的关键工作指：

A. 自由时差最小的工作

B. 总时差最小的工作

C. 持续时间最长的工作

D. 持续时间最短的工作

21. 施工承包企业在施工现场负责全面管理工作的是：

A. 企业法定代表人   B. 项目经理

C. 企业总经理   D. 项目工长

22. 混凝土在下列受力状态下强度基本不变的是：

A. 两向受拉   B. 两向受压

C. 一向受压，一向受拉   D. 三向受压

23. 如图所示，四个截面不同的受弯构件，（1）矩形、（2）倒 T 形、（3）T 形、（4）工字形。其中 b 和 h 均相同，在受拉区配置同样钢筋 A_s（适筋梁）的情况下，各截面所能承受的弯矩 M 值排序为：

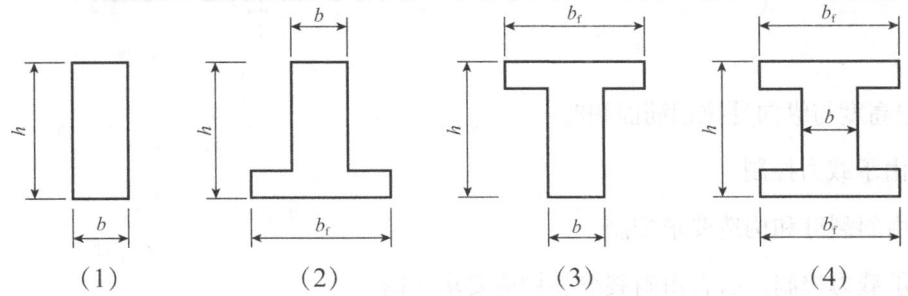

（1）   （2）   （3）   （4）

A. $M_1 = M_2 < M_3 = M_4$ B. $M_1 > M_2 > M_3 > M_4$

C. $M_1 = M_2 > M_3 = M_4$ D. $M_1 < M_2 < M_3 < M_4$

24. 在钢筋混凝土偏心受压构件的计算中，下列正确的是：

A. 当 $\xi \leqslant \xi_b$ 时，是大偏心受压构件；当 $\xi > \xi_b$ 时，是小偏心受压构件

B. 当 $\xi > \xi_b$ 时，是大偏心受压构件；当 $\xi \leqslant \xi_b$ 时，是小偏心受压构件

C. 当 $e_0 > 0.3h_0$ 时，是大偏心受压构件；当 $e_0 \leqslant 0.3h_0$ 时，是小偏心受压构件

D. 当 $e_0 \leqslant 0.3h_0$ 时，是大偏心受压构件；当 $e_0 > 0.3h_0$ 时，是小偏心受压构件

25. 先张法预应力混凝土轴心受拉构件，当截面处于消压状态时，预应力筋的拉应力 σ_{p0} 的值为：

A. $\sigma_{con} - \sigma_l$

B. $\sigma_{con} - \sigma_l + \alpha_E \sigma_{pc}$

C. $\sigma_{con} - \sigma_l - \alpha_E \sigma_{pc}$

D. 0

26. 对于一般钢筋混凝土梁，当 $V > 0.25\beta_c f_c bh_0$ 时，应采取的措施是：

A. 增大箍筋的直径或减少箍筋的间距

B. 增加受压区翼缘形成 T 形截面

C. 加配弯起钢筋

D. 增大截面尺寸

27. 在如图连续梁中，为了使支座 B 的弯矩最大（绝对值），下列哪个选项的活载不利布置是正确的？

A.

B.

C.

D.

28. 确定短牛腿高度与纵向受拉钢筋面积时：

A. 两者均由承载力控制

B. 两者均由斜裂缝和构造要求控制

C. 前者由承载力控制，后者由斜裂缝和构造要求控制

D. 前者由斜裂缝和构造要求控制，后者由承载力控制

29. 水平力作用下多层框架结构，当某层柱其他条件不变，仅与柱相连的下层梁刚度变小时，该柱的反弯点位置：

A. 向上移动　　　　　　　　　　　　B. 向下移动

C. 不变　　　　　　　　　　　　　　D. 无法确定

30. 碳素钢中，碳是主要成分，下列说法正确的是：

A. 钢结构用钢的含碳量一般不超过 0.23%

B. 钢结构用钢的含碳量一般不超过 0.25%

C. 焊接结构用钢的含碳量应限制在 0.20%以下

D. 焊接结构用钢的含碳量应限制在 0.22%以下

31. 焊接工字形截面轴心压杆，其腹板局部稳定的高厚比限值是根据以下哪项边界条件确定的？

A. 四边简支

B. 四边弹性嵌固

C. 两边简支，另两边受荷边弹性嵌固

D. 两受荷边简支，另两边弹性嵌固

32. 验算工字形截面梁的折算应力，公式为 $\sqrt{\sigma^2 + 3\tau^2} \leqslant \beta_1 f$，式中 σ、τ 应为：

A. 验算截面中的最大正应力和最大剪应力

B. 验算截面中的最大正应力和验算点的剪应力

C. 验算截面中的最大剪应力和验算点的正应力

D. 验算截面中验算点的正应力和剪应力

33. 单层刚性方案承重纵墙内力计算时，其计算简图为：

A. 墙体上端与屋盖固接，下端与基础铰接，屋盖与墙体为不动铰支座

B. 墙体上端与屋盖固接，下端与基础固接，屋盖与墙体为不动铰支座

C. 墙体上端与屋盖铰接，下端与基础固接，屋盖与墙体为不动铰支座

D. 墙体上端与屋盖铰接，下端与基础铰接，屋盖与墙体为不动铰支座

34. 连接三个刚片的铰接点，所能提供的约束的个数为：

A. 2　　　　　　　　　　　　　　　B. 3

C. 4　　　　　　　　　　　　　　　D. 5

35. 有关静定结构的几何特征，下列表述正确的是：

A. 无多余的约束

B. 几何不变体系

C. 运动自由度等于 0

D. 几何不变且无多余约束

36. 图示结构在所示荷载作用下，其*A*支座的竖向反力与*B*支座的竖向反力相比为：

A. 前者大于后者

B. 两者相等，方向相同

C. 前者小于后者

D. 两者相等，方向相反

37. 图示结构中：

A. $M_{CD} = 0$（*CD*杆只受轴力）

B. $M_{CD} \neq 0$，外侧受拉

C. $M_{CD} \neq 0$，内侧受拉

D. $M_{CD} = 0$，$N_{CD} = 0$

38. 图示结构*K*截面的弯矩值为：

A. 10kN·m（右侧受拉）

B. 10kN·m（左侧受拉）

C. 12kN·m（左侧受拉）

D. 12kN·m（右侧受拉）

39. 静定结构的位移与*EA*、*EI*的关系是：

A. 无关

B. 相对值有关

C. 绝对值有关

D. 与*E*无关，与*A*、*l*有关

40. 设*a*、*b*和*φ*分别为图示结构*A*支座发生的移动及转动，由此引起的*B*点水平位移（向左为正）Δ_{BH}为：

A. $h\varphi - a$

B. $h\varphi + a$

C. $a - h\varphi$

D. 0

41. 图示两刚架的 EI 均为常数，并分别为 1 和 10，则两刚架的内力关系为：

A. M 图相同

B. 图（a）刚架各截面弯矩大于图（b）刚架各相应截面弯矩

C. M 图不同

D. 图（a）刚架各截面弯矩小于图（b）刚架各相应截面弯矩

42. 图示结构，$EI =$ 常数，M_{CA} 为：

A. $Pl/2$（左侧受拉）

B. $Pl/4$（左侧受拉）

C. $Pl/2$（右侧受拉）

D. $Pl/4$（右侧受拉）

43. 在位移法典型方程的系数和自由项中，数值范围可为正、负数的有：

A. 主系数   B. 主系数和副系数

C. 主系数和自由项   D. 副系数和自由项

44. 图示结构中，当结点 B 作用外力偶 M 时，用力矩分配法计算的 M_{AB} 等于：

A. $M/3$

B. $M/2$

C. $M/7$

D. $M/5$

45. 采用机动法作静定结构内力影响线的依据是：

A. 刚体体系虚力原理

B. 刚体体系虚位移原理

C. 变形体系虚力原理

D. 变形体系虚位移原理

46. 欲使Q_K出现最大值Q_{Kmax}，均布活荷载布置应为：

A.

B.

C.

D.

47. 简谐荷载作用于单自由度体系时的动力系数μ的变化规律是：

A. 干扰力频率越大，μ越大（μ指绝对值，下同）

B. 干扰力频率越小，μ越大

C. 干扰力频率越接近自振频率，μ越大

D. 有阻尼时，阻尼越大，μ越大

48. 图示单自由度动力体系中，质量m在杆件中点，各杆EI、l相同，其自振频率的大小排列顺序为：

A. (a) > (b) > (c)   B. (c) > (b) > (a)

C. (b) > (c) > (a)   D. (b) > (a) > (c)

49. 为保证结构试验达到预期目的，可进行预加载试验。以下关于预加载试验的说法不正确的是：

A. 预加载试验的目的是使结构进入正常的工作状态

B. 预加载试验可在一定程度上消除初始的非弹性变形

C. 预加载试验加载值一般是分级荷载的 2 级

D. 预加载试验加载值不宜超过试件开裂荷载计算值的 50%

50. 在研究框架柱的剪切性能时，需要将柱试件的加载方式设计成：

A. 单向加载   B. 轴向加载

C. 反对称加载   D. 正对称加载

51. 下列关于结构振动测试的描述，不正确的是：

A. 频域法测定结构固有频率的基本原理为振型分解和模态叠加原理

B. 采用频响函数曲线拟合方法可以得到包括结构固有频率、振型和阻尼比在内的全部模态参数

C. 在随机激励下，结构时域响应曲线是一条衰减曲线

D. 时域参数识别的主要优点是可以不需要进行傅里叶变换

52. 使用回弹法进行混凝土强度检测时，可以不用进行修正的内容是：

A. 碳化深度修正   B. 非水平状态检测修正

C. 不同浇筑面修正   D. 成型工艺修正

53. 结构低周反复加载试验中，极限荷载是指结构在经历最大荷载后达到破坏状态的荷载。现行《建筑抗震试验规程》中规定混凝土结构的极限荷载为最大荷载的：

A. 75%   B. 80%

C. 85%   D. 90%

54. 某土样经试验测得其塑性指数为 20，按塑性指数分类法，该土样应定名为：

A. 砂土   B. 粉土

C. 粉质黏土   D. 黏土

55. 某场地土层为砂土，重度 $\gamma = 18\text{kN/m}^3$，饱和重度 $\gamma_{sat} = 19.0\text{kN/m}^3$，侧压力系数 $K_0 = 0.3$，地下水位在地表下 $h_0 = 2\text{m}$ 深处，水的重度 $\gamma_w = 10\text{kN/m}^3$，则地表下 $h_1 = 3\text{m}$ 深处土的水平自重应力为：

A. 10.8kPa   B. 13.5kPa

C. 17.4kPa   D. 45.0kPa

56. 对某黏性土试样进行室内压缩试验，测得当固结压力 P 分别为 0kPa、50kPa、100kPa、200kPa、400kPa 时，相应孔隙比 e 分别为 1.310、1.172、1.062、0.953、0.849，试评价该土的压缩性为：

A. 低压缩性土

B. 中压缩性土

C. 高压缩性土

D. 超高压缩性土

57. 饱和黏性土的抗剪强度指标：

    A. 与排水条件有关

    B. 与基础宽度有关

    C. 与试验时的剪切速率无关

    D. 与土中孔隙水压力是否变化无关

58. 高度为5m的挡土墙，墙背直立、光滑，墙后填土面水平，填土重度$\gamma = 17\text{kN/m}^3$，抗剪强度$c = 0$，内摩擦角$\varphi = 32°$，试求主动土压力合力值E_a为：

    A. 55kN/m   B. 65.2kN/m

    C. 68.2kN/m   D. 76.7kN/m

59. 对于设有地下室的筏形基础，在对地基承载力特征值进行埋深修正时，埋深D应：

    A. 自室外地面标高算起

    B. 自室内地面标高算起

    C. 取室内外的平均埋深

    D. 当室外有填土时从天然地面标高算起

60. 软黏土地基处理的堆载预压法设计中，经常使用砂井，此处砂井的主要作用是：

    A. 挤密土体，使土体的孔隙体积减小

    B. 排水，加速土层的固结

    C. 在软土中形成硬的桩体，形成复合地基

    D. 在软土中形成硬的桩体，减少地基的沉降量

2022 年度全国勘察设计一级注册结构工程师

执业资格考试试卷

基础补考
（下）

二〇二三年六月

应考人员注意事项

1. 本试卷科目代码为"2"，考生务必将此代码填涂在答题卡"科目代码"相应的栏目内，否则，无法评分。

2. 书写用笔：**黑色或蓝色钢笔、签字笔或圆珠笔**；

   填涂答题卡用笔：**黑色 2B 铅笔**。

3. 必须用书写用笔将工作单位、姓名、准考证号填写在答题卡和试卷相应的栏目内。

4. 本试卷由 60 题组成，每题 2 分，满分 120 分，本试卷全部为单项选择题，每小题的四个备选项中只有一个正确答案，错选、多选、不选均不得分。

5. 考生作答时，必须按**题号在答题卡上**将相应试题所选选项对应的**字母用 2B 铅笔涂黑**。

6. 在答题卡上书写与题意无关的语言，或在答题卡上作标记的，均按违纪试卷处理。

7. 考试结束时，由监考人员当面将试卷、答题卡一并收回。

8. 草稿纸由各地统一配发，考后收回。

单项选择题（共 60 题，每题 2 分。每题的备选项中，只有一个最符合题意。）

1. 材料抗渗性的高低主要取决于：

   A. 密度
   B. 强度
   C. 含水性
   D. 孔隙特征

2. 石灰抹灰砂浆产生"爆裂"的原因是：

   A. 干缩开裂
   B. 过火石灰颗粒产生滞后的熟化
   C. 抹灰空鼓开裂
   D. 石灰用量过多

3. 为了延缓硅酸盐水泥的凝结时间，生产水泥时应增加适量的：

   A. 石灰
   B. 石膏
   C. 水玻璃
   D. 火山灰

4. 掺入引气剂的主要目的是为了大幅度提高混凝土的：

   A. 抗碳化性能
   B. 抗冻性能
   C. 抗氯离子性能
   D. 抗硫酸盐性能

5. 欲提高混凝土拌合物的流动性，可采用的添加剂是：

   A. 氯化钙
   B. 木质素磺酸钙
   C. 硫酸钠
   D. 三乙醇胺

6. 会使钢材产生内应力等不良影响的热处理方法是：

   A. 退火
   B. 淬火
   C. 回火
   D. 正火

7. 砂的大小颗粒搭配合理能使混凝土用砂的：

   A. 空隙率增大
   B. 空隙率减小
   C. 总体粗细程度偏粗
   D. 总表面积减少

8. D 点的高斯平面直角坐标横坐标通用值为 17456789.00，则该点经过 17 度带中央子午线的位置为：

   A. 以东 456789.00m
   B. 以西 45678.00m
   C. 以东 43211.00m
   D. 以西 43211.00m

9. 1：1000 地形图的比例尺精度为：

A. 0.05m

B. 0.1m

C. 0.2m

D. 0.5m

10. 在测站O点上，用经纬仪测得A点水平度盘的读数为 180°，B点水平度盘的读数为 80°，则∠AOB角值为：

A. 100°

B. −100°

C. 260°

D. 280°

11. 工业厂房柱子安装测量时，进行柱子竖直角度校正使用的仪器为：

A. 一台水准仪

B. 两台水准仪

C. 一台经纬仪

D. 两台经纬仪

12. 水准测量的前后视距相等，可消除或减弱的影响为：

A. 水准尺倾斜

B. 水准尺水平

C. 圆水准轴不平行于竖轴

D. 水准管轴不平行于视准轴

13. 根据《中华人民共和国建筑法》的规定，建筑设计单位不按照建筑工程质量、安全标准进行设计的，责令改正，处以罚款；造成工程质量事故的，责令停业整顿，降低资质等级或者吊销资质证书，没收违法所得，并处罚款；造成损失的，承担赔偿责任；构成犯罪的，依法追究：

A. 刑事责任

B. 行政责任

C. 民事责任

D. 违约责任

14. 城市总体规划的内容应当包含城市的发展布局，功能分区，用地布局，综合交通体系，禁止、限制和适宜建设的地域范围，各类专项规划等。城市总体规划的规划期限一般为：

A. 二十年

B. 三十年

C. 四十年

D. 五十年

15. 在城市、镇规划区内进行建筑物、构筑物、道路、管线和其他工程建设的，建设单位或者个人应当向城市、县人民政府城乡规划主管部门或者省、自治区、直辖市人民政府确定的镇人民政府申请办理：

A. 选址意见书   B. 建设工程规划许可证

C. 建设用地规划许可证   D. 施工许可证

16. 注册结构工程师应遵守法律、法规和职业道德，维护社会公众利益，不得准许他人：

A. 参与本人主持的项目   B. 检查本人设计的项目

C. 修改本人审核的项目   D. 以本人名义执行业务

17. 冬期施工的混凝土，在拌制前应优先加热的材料是：

A. 石   B. 砂

C. 水泥   D. 水

18. 下列不属于"三一"砌砖法内容的是：

A. 一铲灰   B. 一杆尺

C. 一块砖   D. 一挤揉

19. 以单项工程或单位工程为对象编制的，用以直接指导单位工程或单项工程施工的是：

A. 施工组织条件设计   B. 施工组织总设计

C. 分部（分项）工程施工组织设计   D. 单位工程施工组织设计

20. 钢筋绑扎时，受力钢筋的绑扎接头位置应相互错开，在 1.3 倍搭接长度范围内，有绑扎接头的受力钢筋总截面面积的百分率，梁的受拉钢筋不应超过：

A. 25%   B. 75%

C. 85%   D. 50%

21. 直观清晰、形象、易懂、使用方便，但是不能全面反映整个施工活动中各个工序之间的联系和相互依赖与制约的关系，不能明确地反映出关键工序和可以灵活使用的时间。这种是指：

A. 横道图   B. 关键线路

C. 排列图   D. 计划评审技术

22. 钢筋的应力松弛是指钢筋受力后：

   A. 随时间的延长长度不断加大的现象

   B. 随钢筋的伸长应力不断降低的现象

   C. 在长度不变的条件下，钢筋应力随着时间的延长而降低的现象

   D. 随着时间的延长产生塑性变形的现象

23. 有一个钢筋混凝土适筋梁，根据计算应配置4ϕ25纵向钢筋，由于施工错误只配置了4ϕ20的纵向钢筋，如该梁发生破坏，则下面叙述正确的是：

   A. 一定是少筋梁破坏

   B. 一定是适筋梁破坏

   C. 适筋梁、少筋梁破坏都有可能

   D. 破坏形式与配筋多少没有关系

24. 两个预应力混凝土轴心受拉构件，一个为先张法，另一个为后张法，二者的预应力筋种类和截面面积、张拉控制应力σ_{con}、预应力损失σ_l、混凝土强度、混凝土截面面积A_c（后张法已扣除孔洞面积）在数值上均相同，且无非预应力钢筋。下面结论正确的是：

   A. 二者的N_{p0}在数值上相同   B. 二者的σ_{p0}在数值上相同

   C. 二者的承载力相同   D. 二者由预加应力产生的σ_{pcII}相同

25. 在钢筋混凝土轴心受压构件中，混凝土的徐变将使：

   A. 钢筋的应力增大，混凝土应力减少

   B. 混凝土的应力增大，钢筋的应力减少

   C. 钢筋的应力不变，混凝土的应力增大

   D. 钢筋与混凝土的应力均保持不变

26. 设计配有普通热轧钢筋的混凝土受扭构件时，限制受扭纵筋和箍筋的配筋强度比是为了：

   A. 节省钢筋   B. 保证抗扭纵筋、箍筋均屈服

   C. 避免少筋破坏   D. 避免超筋破坏

27. 下面哪一个不是钢筋混凝土梁弯矩调幅的主要目的？

   A. 合理调整钢筋布置，克服支座钢筋拥挤现象

   B. 充分发挥结构的潜力，有效节约材料

   C. 可以在一定条件和范围内人为控制结构中的弯矩分布，在一定程度上简化结构设计

   D. 可以减小支座处的裂缝宽度

28. 单层厂房排架内力组合，当考虑多台吊车，对单跨或多跨排架，计算吊车水平荷载时，下列正确的是：

A. 单跨、多跨排架均应考虑 2 台吊车

B. 单跨、多跨排架均应考虑 4 台吊车

C. 单跨、多跨排架均应考虑 1 台吊车

D. 单跨排架考虑 2 台吊车、多跨排架考虑 4 台吊车

29. 在框架-剪力墙结构的抗震设计中：

A. 框架作为第一道抗震防线，剪力墙作为第二道抗震防线，因此剪力墙的抗震等级一般不低于框架

B. 框架作为第一道抗震防线，剪力墙作为第二道抗震防线，因此剪力墙的抗震等级一般低于框架

C. 剪力墙作为第一道抗震防线，框架作为第二道抗震防线，因此剪力墙的抗震等级一般低于框架

D. 剪力墙作为第一道抗震防线，框架作为第二道抗震防线，因此剪力墙的抗震等级一般不低于框架

30. 图中为一焊接工字形截面轴心受压构件(尺寸单位：mm)，两端铰接，两个主轴方向的计算长度 l_{0x}、l_{0y} 分别为：

A. 4m、7m　　　　　　　　　　　B. 3m、7m

C. 7m、4m　　　　　　　　　　　D. 7m、3m

31. 为保证缀条式轴心受压格构式柱单肢的稳定，符合规定的单肢长细比应满足：

A. $\lambda_1 \leqslant 40$　　　　　　　　　　　B. $\lambda_1 \leqslant 50$

C. $\lambda_1 \leqslant 0.7(\lambda_{0x}, \lambda_{0y})_{max}$　　　　D. $\lambda_1 \leqslant 0.5(\lambda_{0x}, \lambda_{0y})_{max}$

32. 以下关于对接焊缝强度的描述，不正确的是：

A. 通过三级检验的抗拉强度是母材强度的 85%

B. 通过三级检验的抗压强度是母材强度的 85%

C. 通过一级、二级检验的抗压强度等于母材强度

D. 通过一级、二级检验的抗拉强度等于母材强度

33. 在墙的高厚比不满足时，下列哪种改善措施的作用并不明显？

　　A. 提高砂浆的强度等级　　　　　　　B. 提高块体的强度等级

　　C. 加大墙体的厚度　　　　　　　　　D. 增加壁柱

34. 图示体系为：

　　A. 几何不变，无多余约束

　　B. 几何瞬变

　　C. 几何不变，有多余约束

　　D. 几何常变

35. 对于静定结构，支座移动时会发生下列哪种情况？

　　A. 无变形，无位移，无内力　　　　　B. 有变形，有位移，有内力

　　C. 有变形，有位移，无内力　　　　　D. 无变形，有位移，无内力

36. 结构支座A截面的弯矩（以右侧受拉为正）是：

　　A. $m/4$

　　B. $m/2$

　　C. $-m/2$

　　D. $-m$

37. 图示结构中，a杆的内力为：

　　A. $2P$

　　B. $-2P$

　　C. $3P$

　　D. $-3P$

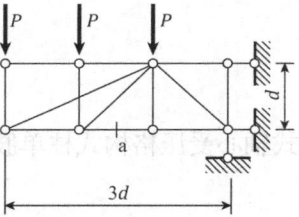

38. 图示结构杆端弯矩M_{BA}（设左侧受拉为正）为：

　　A. $2Pa$

　　B. Pa

　　C. $3Pa$

　　D. $-3Pa$

39. 图示为结构在荷载作用下的M图，各杆EI = 常数，则支座B处截面的转角为：

A. 16/(EI)（顺时针）

B. 0

C. 8/(EI)（顺时针）

D. 18/(EI)（顺时针）

40. 设图示桁架中杆件DE比设计尺寸做短了2cm，则结点B的竖向位移为：

A. 1cm↓

B. 1cm↑

C. 2cm↓

D. 2cm↑

41. 图示结构的弯矩图为：

A.　　　　　B.　　　　　C.　　　　　D.

42. 图示结构用位移法计算时的基本未知量数目为：

A. 8

B. 9

C. 10

D. 7

43. 用位移法计算图示结构，刚度系数r_{11}为：

A. $3i$

B. $6i$

C. $9i$

D. $12i$

44. 图示结构在向下荷载作用时，D支座反力为：

A. 方向向上

B. 方向向下

C. 始终为零

D. 无法确定

45. 图示结构截面E的弯矩影响线，其中y_C表示：

A. $P = 1$在E时，C截面的弯矩值

B. $P = 1$在C时，A截面的弯矩值

C. $P = 1$在C时，E截面的弯矩值

D. $P = 1$在C时，D截面的弯矩值

46. 图示结构支座A右侧截面剪力影响线的形状为：

47. 下列体系作动力计算时，若不计轴向变形，则两个自由度体系为：

48. 图示体系的自振频率为：

A. $\sqrt{\dfrac{24EI}{mh^3}}$

B. $\sqrt{\dfrac{12EI}{mh^3}}$

C. $\sqrt{\dfrac{6EI}{mh^3}}$

D. $\sqrt{\dfrac{3EI}{mh^3}}$

49. 以下不是结构静力试验仪器仪表主要性能指标的是：

A. 灵敏度   B. 分辨率

C. 频响特性   D. 准确度

50. 大多数情况下，进行钢筋混凝土梁受剪性能试验时，下列说法正确的是：

A. 应采用较高的纵向受拉钢筋配筋率

B. 应采用较低的纵向受拉钢筋配筋率

C. 应采用较高的配箍率

D. 应采用较大的构件截面

51. 以下哪一项不是结构试验中加载设备和加载设备施加的荷载必须满足的基本要求？

A. 试验荷载的作用方式必须使被试验的结构产生预期的内力和变形方式

B. 加载设备产生的荷载应能以足够的精度进行控制和测量

C. 加载设备和装置应能够参与结构的工作

D. 加载设备本身应有足够的强度和刚度

52. 以下关于模型试验中模型材料的表述，不正确的是：

A. 研究结构的弹性反应时，可采用有机玻璃制作模型

B. 在使用钢材进行模型制作时，由于加工困难，可采用铝合金材料替代

C. 进行钢筋混凝土板、壳结构试验时，可采用配筋石膏制作模型来模拟结构的破坏形态

D. 微粒混凝土与普通混凝土本质上是同一种材料，可以通过调整水灰比、骨料体积含量、级配等

参数，使其力学性能满足相似要求

53. 下列关于结构低周反复加载试验的说法，不正确的是：

A. 在低周反复加载试验中，惯性力的影响可以忽略不计

B. 低周反复加载试验的加载速率较低，侧重的是结构的宏观内容

C. 低周反复加载试验得到的结构骨架曲线与静力加载试验的骨架曲线相似，但极限荷载较小

D. 低周反复加载试验得到的滞回曲线所包围的滞回环面积越大，则结构耗能能力越好

54. 某黏性土的天然含水率为23.2%，液限为41.2%，塑限为20%，该黏性土的状态为：

A. 坚硬状态　　　　　　　　　　　　　B. 硬塑状态

C. 可塑状态　　　　　　　　　　　　　D. 软塑状态

55. 已知一矩形基础，底面尺寸为8m×4m，基底压力均匀分布，基底中心点下2m深度处的竖向附加应力为σ_z，基底角点下4m深度处的竖向附加应力为：

A. $0.25\sigma_z$　　　　　　　　　　　　B. $0.5\sigma_z$

C. σ_z　　　　　　　　　　　　　　D. $2.0\sigma_z$

56. 某黏性土层的厚度为3m，对其土样进行室内压缩试验，则得当固结压力p分别为0、50kPa、100kPa、200kPa、400kPa时，相应的孔隙比e分别为0.850、0.760、0.713、0.651、0.640。已知该土层的平均竖向自重应力$\sigma_c = 50$kPa，平均竖向附加应力$\sigma_z = 150$kPa，试求该土层由附加应力引起的沉降量：

A. 124.5mm　　　　　　　　　　　　　B. 161.3mm

C. 170.0mm　　　　　　　　　　　　　D. 185.8mm

57. 设φ为土的内摩擦角，则土中一点发生剪切破坏时，破裂面与大主应力作用面的夹角为：

A. $45° + \varphi$　　　　　　　　　　　B. $45° + \dfrac{\varphi}{2}$

C. $45°$　　　　　　　　　　　　　　　D. $45° - \dfrac{\varphi}{2}$

58. 设计地下室外墙时，作用在墙背上的土压力一般取：

A. 主动土压力　　　　　　　　　　　　B. 被动土压力

C. 静止土压力　　　　　　　　　　　　D. 静水压力

59. 已知某柱作用于方形独立基础顶面的轴心荷载$F_k = 850$kN，基础埋深$d = 1.5$m，地基土的重度为17kN/m³，地基承载力特征值为180kPa，试求该基础的最小底面边长：

A. 2.32m　　　　　　　　　　　　　　B. 2.35m

C. 2.38m　　　　　　　　　　　　　　D. 2.41m

60. 某承台下设置了3根直径为480mm的灌注桩，桩长10.5m，桩侧土层自上而下依次为：淤泥，厚6m，$q_{sia} = 7$kPa；粉土，厚2.5m，$q_{sia} = 28$kPa；黏土，很厚（桩端进入该层2m），$q_{sia} = 35$kPa，$q_{pa} = 1800$kPa。试计算单桩竖向承载力特征值：

A. 550kN　　　　　　　　　　　　　　B. 600kN

C. 650kN　　　　　　　　　　　　　　D. 700kN

2023 年度全国勘察设计一级注册结构工程师

执业资格考试试卷

基础考试
（下）

二〇二三年十一月

应考人员注意事项

1. 本试卷科目代码为"2"，考生务必将此代码填涂在答题卡"科目代码"相应的栏目内，否则，无法评分。

2. 书写用笔：**黑色或蓝色钢笔、签字笔或圆珠笔；**

   填涂答题卡用笔：**黑色 2B 铅笔。**

3. 必须用书写用笔将工作单位、姓名、准考证号填写在答题卡和试卷相应的栏目内。

4. 本试卷由 60 题组成，每题 2 分，满分 120 分，本试卷全部为单项选择题，每小题的四个备选项中只有一个正确答案，错选、多选、不选均不得分。

5. 考生作答时，必须**按题号在答题卡上**将相应试题所选选项对应的**字母用 2B 铅笔涂黑。**

6. 在答题卡上书写与题意无关的语言，或在答题卡上作标记的，均按违纪试卷处理。

7. 考试结束时，由监考人员当面将试卷、答题卡一并收回。

8. 草稿纸由各地统一配发，考后收回。

单项选择题（共 60 题，每题 2 分。每题的备选项中，只有一个最符合题意。）

1. 同种材料，吸水率最大时，其孔隙特征是：

   A. 开口、粗大、连通　　　　　　　B. 开口、微小、连通

   C. 闭口、微小、独立　　　　　　　D. 闭口、粗大、独立

2. 硅酸盐水泥熟料中，对早期强度贡献最大的是：

   A. 硅酸三钙　　　　　　　　　　　B. 铝酸三钙

   C. 硅酸二钙　　　　　　　　　　　D. 铁铝酸四钙

3. 适合单独采用硅酸盐水泥的混凝土是：

   A. 早期强度要求高的混凝土

   B. 大体积混凝土

   C. 与海水接触的混凝土

   D. 抗硫酸盐的混凝土

4. 混凝土拌合物发生分层、离析说明其：

   A. 流动性差　　　　　　　　　　　B. 黏聚性差

   C. 保水性差　　　　　　　　　　　D. 黏结性差

5. 混凝土的徐变是指混凝土在荷载作用下沿受力方向产生的塑性变形，该荷载是：

   A. 长期荷载　　　　　　　　　　　B. 瞬时荷载

   C. 交变荷载　　　　　　　　　　　D. 振动冲击荷载

6. 最不宜用于动荷载较大结构的钢材是：

   A. 沸腾钢　　　　　　　　　　　　B. 镇静钢

   C. 低碳钢　　　　　　　　　　　　D. 特殊镇静钢

7. 木材理论强度最大的是：

   A. 顺纹抗拉　　　　　　　　　　　B. 横纹抗拉

   C. 顺纹抗剪　　　　　　　　　　　D. 横纹抗剪

8. 通过静止的平均海平面并向陆地延伸所形成的封闭曲面称为：

A. 水平面

B. 水准面

C. 大地水准面

D. 参考椭球面

9. 计算求得某导线的纵横坐标增量闭合差分别为 $f_x = -0.04\text{m}$，$f_y = +0.06\text{m}$，导线全长 409.25m，则导线全长相对闭合差为：

A. 1/10000

B. 1/6000

C. 1/5600

D. 1/4000

10. 若要求地形图能反映实地 0.05m 的长度，则所用地形图的比例尺不应小于：

A. 1/500

B. 1/1000

C. 1/2000

D. 1/5000

11. 丈量 AB、CD 两线段，AB 段往返误差为 0.02m，平均值为 120.356m，CD 段往返误差为 0.03m，平均值 200.457m，以下正确的是：

A. AB 段丈量精度比 CD 段高

B. AB 段丈量精度比 CD 段低

C. AB 段与 CD 段的丈量精度相同

D. 无法判断

12. 测得某烟囱底部中心点 O 坐标值为（215.314m，143.067m），顶部中心点 O' 的坐标值为（215.064m，143.500m），烟囱高度 200m，该烟囱的倾斜率为：

A. 0.25%

B. 0.35%

C. 0.50%

D. 0.45%

13. 在中华人民共和国城市规划区国有土地范围内取得房地产开发用地的土地使用权，从事房地产开发、交易，实施房地产管理，应当遵守：

A.《中华人民共和国城市房地产开发法》

B.《中华人民共和国城市房地产交易法》

C.《中华人民共和国城市房地产管理法》

D.《中华人民共和国城市房地产设计法》

14. 以划拨方式提供国有土地使用权的，建设单位在报送有关部门批准或者核准前，应当向城乡主管部门申请：

    A. 选址意见书　　　　　　　　　　　　B. 规划许可证

    C. 用地许可证　　　　　　　　　　　　D. 建设许可证

15. 依据《中华人民共和国环境保护法》，违反本法规定，构成犯罪的，依法追究：

    A. 民事责任　　　　　　　　　　　　　B. 行政责任

    C. 刑事责任　　　　　　　　　　　　　D. 违约责任

16. 修改经注册工程师签字盖章的勘察、设计文件，应当由该注册工程师进行，因特殊情况，该注册工程师不能修改的，应当由同一专业注册工程师修改，并签字、加盖执业印章，对修改部分：

    A. 承担责任　　　　　　　　　　　　　B. 免除责任

    C. 履行义务　　　　　　　　　　　　　D. 享受权利

17. 混凝土浇筑过程中，施工缝宜留在：

    A. 剪力较大的部位　　　　　　　　　　B. 剪力较小的部位

    C. 施工方便的部位　　　　　　　　　　D. 剪力较小部位且施工方便的部位

18. 单层厂房施工预制柱子吊装前，应在柱身几个面弹吊装中心线？

    A. 1　　　　　　　　　　　　　　　　　B. 2

    C. 3　　　　　　　　　　　　　　　　　D. 4

19. 双代号网络图中，只表示相邻工作之间的逻辑关系，持续时间为零的工作称为：

    A. 紧前工作　　　　　　　　　　　　　B. 紧后工作

    C. 虚工作　　　　　　　　　　　　　　D. 实工作

20. 某两层楼进行固定节拍流水施工，每层施工段数为 3，施工过程有 3 个，流水节拍为 2d，流水工期为：

    A. 6d　　　　　　　　　　　　　　　　B. 12d

    C. 16d　　　　　　　　　　　　　　　D. 18d

21. 技术管理的环节不包括：

    A. 施工前各项技术准备工作

    B. 施工中的贯彻、执行、监督和检查

    C. 施工后的验收、总结和提高

    D. 建立科学的管理制度

22. 钢筋混凝土 T 形、工字形剪扭构件可分矩形块计算的是：

    A. 由各矩形块分块承担剪力

    B. 剪力全部由腹板承担

    C. 剪力、扭矩分块承担

    D. 扭矩由腹板承担

23. 悬臂梁在图示荷载作用下，产生的弯剪裂缝为：

24. 对称配筋小偏心受压钢筋混凝土短柱，若截面一侧钢筋受压，另一侧受拉，则该柱破坏时：

    A. 受压、受拉钢筋均屈服

    B. 受压、受拉钢筋均不屈服

    C. 受拉钢筋屈服，受压钢筋不屈服

    D. 受压钢筋屈服，受拉钢筋不屈服

25. 对先张法和后张法预应力混凝土轴心受拉构件，二者的预应力筋和非预应力钢筋种类和数量、混凝土强度、构件截面面积均相同，如果采用相同的张拉控制应力 σ_{con} 值，且预应力总损失 σ_l 相同，则建立的有效预应力：

    A. 后张法所建立的钢筋有效预应力比先张法小

    B. 后张法所建立的钢筋有效预应力和先张法相同

    C. 后张法所建立的钢筋有效预应力比先张法大

    D. 无法比较两者大小

26. 主次梁交接处，在主梁上附加箍筋和吊筋的作用是：

A. 弥补主梁受弯承载力的不足

B. 抑制间接加载在主梁腹部处的集中力引起的斜裂缝的发展

C. 为了提高交接处主梁在地震作用下的延性

D. 为了提高主梁的局部受压承载力

27. 单层工业厂房钢筋混凝土柱下独立基础的底板配筋主要由：

A. 底板抗剪承载力确定

B. 底板抗冲切承载力确定

C. 底板抗弯承载力确定

D. 底板抗压承载力确定

28. 图中规则框架结构中，所有柱子参数均相同，所有梁参数均相同，柱子线刚度约为梁线刚度的 3 倍，请根据规则框架的简化计算方法，指出下列四个选项中针对图中 A、B、C 杆件的拉压杆判断正确的是：

A. A 杆是拉杆，B 杆是压杆，C 杆是压杆

B. A 杆是压杆，B 杆是压杆，C 杆是拉杆

C. A 杆是拉杆，B 杆是拉杆，C 杆是压杆

D. A 杆是压杆，B 杆是拉杆，C 杆是拉杆

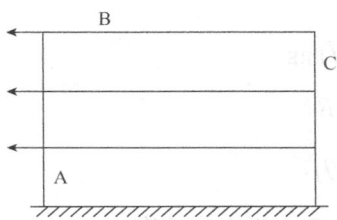

29. 关于框架结构、剪力墙结构在水平荷载作用下的受力及变形特点，下列说法正确的是：

A. 框架的侧向变形曲线呈弯曲型　　　　B. 框架柱子不会出现反弯点

C. 剪力墙的侧向变形曲线呈剪切型　　　D. 剪力墙的连梁可能会出现反弯点

30. 图为四个简支梁截面，除截面形式和荷载作用位置有所不同外，其他条件均相同，稳定性最好和最差的分别是：

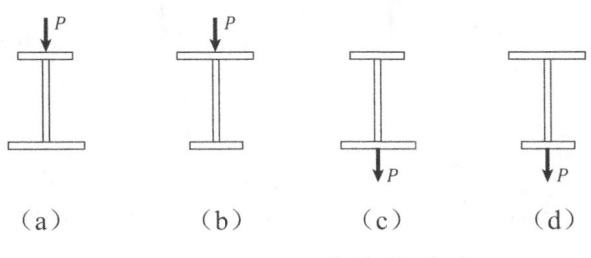

（a）　　　　（b）　　　　（c）　　　　（d）

A.（d）和（b）　　　　　　　　　B.（d）和（a）

C.（b）和（d）　　　　　　　　　D.（a）和（c）

31. 如图所示普通螺栓群受弯矩 M 作用，在计算螺栓拉力时旋转中心应取：

A. a

B. b

C. c

D. d

32. 假定 l 为钢屋架杆件的几何长度，以下关于钢屋架杆件的计算长度取值的描述中，不正确的是：

A. 下弦杆在屋架平面内和平面外的计算长度分别为 l 和侧向支撑点的间距

B. 上弦杆在屋架平面内和平面外的计算长度分别为 l 和侧向支撑点的间距

C. 支座竖杆在屋架平面内和屋架平面外的计算长度均为 l

D. 其他腹杆在屋架平面内和屋架平面外的计算长度分别为 l 和 $0.8l$

33. 有地震作用组合时，结构构件截面抗震验算的设计表达式为：

A. $S \leqslant R/\gamma_{RE}$ B. $S \leqslant R$

C. $\gamma_0 S \leqslant R$ D. $\gamma_0 S \leqslant R/\gamma_{RE}$

34. 图示体系为：

A. 几何不变，无多余约束

B. 几何不变，有多余约束

C. 几何常变

D. 几何瞬变

35. 图示一结构受两种荷载作用，对应位置处的支座反力关系为：

A. 完全相同   B. 竖向反力相同，水平反力不同

C. 完全不同   D. 水平反力相同，竖向反力不同

36. 在静定结构中，除荷载外，其他因素如温度改变、支座移动等：

　　A. 均会引起内力　　　　　　　　B. 均不引起位移

　　C. 均不引起内力　　　　　　　　D. 对内力和变形没有影响

37. 图示多跨度静定梁截面*C*的弯矩值等于：

　　A. *Pl*（上侧受拉）　　　　　　B. *Pl*（下侧受拉）

　　C. *Pl/2*（上侧受拉）　　　　　D. *Pl/2*（下侧受拉）

38. *CD*杆的内力是：

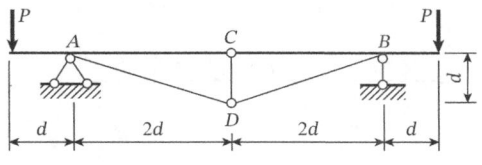

　　A. 0　　　　　　　　　　　　　B. *P*

　　C. −*P/2*　　　　　　　　　　　D. *P/2*

39. 作用于静定多跨梁基本部分的荷载，在附属部分上：

　　A. 绝对不会产生内力

　　B. 一般不会产生内力

　　C. 一般会产生内力

　　D. 一定会产生内力

40. 用图乘法求位移的必要条件之一是：

　　A. 单位荷载下的*M*图为一直线

　　B. 结构可分为等截面直杆段

　　C. 所有杆件*EI*为常数且相同

　　D. 结构必须是静定的

41. 图示桁架由于制造误差，*AC*杆短了 1cm，则点*A*的水平位移为：

　　A. 1.414cm

　　B. 0.707cm

　　C. 1cm

　　D. 0

42. 图中取 A 支座反力为力法的基本未知量（向右为正），$EI_1 =$ 常数，$EI_2 = \infty$，则：

A. $X_1 > 0$

B. $X_1 < 0$

C. $X_1 = 0$

D. X_1 方向不定，取决于 EI_1 值

43. 图示等截面梁正确的 M 图是：

44. 从位移法的计算方法来看：

A. 只能用于超静定结构

B. 只能用于钢梁和连续梁

C. 主要用于超静定结构，也可用于静定结构

D. 只能用于超静定次数小于 3 的结构

45. 图示刚架用位移法计算，图示 R_{1p} 的值为：

A. $10 \text{kN} \cdot \text{m}$

B. $26 \text{kN} \cdot \text{m}$

C. $-10 \text{kN} \cdot \text{m}$

D. $14 \text{kN} \cdot \text{m}$

46. 图示结构某截面的弯矩影响线，其中竖标Y_C表示：

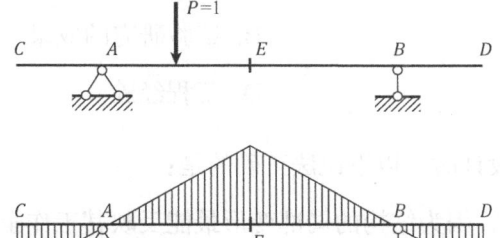

A. $P = 1$在E时，C截面的弯矩值   B. $P = 1$在C时，A截面的弯矩值

C. $P = 1$在C时，E截面的弯矩值   D. $P = 1$在C时，D截面的弯矩值

47. 下列为简支梁剪力影响线的是：

A.

B.

C.

D.

48. 单自由度体系如图所示，若μ为动力系数，M_{st}为荷载幅值作为静力所产生的静力弯矩，则动力弯矩幅值可表示为$M = \mu M_{st}$的体系为：

A.   B.

C.   D.

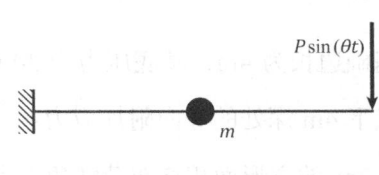

49. 现行规范采用的钢筋混凝土结构构件和混凝土结构的计算理论，其基础是：

  A. 理论分析   B. 试验研究的成果

  C. 数值计算   D. 工程经验

50. 在进行结构试验观测方面设计时，以下说法正确的是：

  A. 首先应该考虑局部变形，因为结构的局部变形最能反映其工作全貌

  B. 通常选择结构受力最大的部位布置局部变形测点

  C. 在满足试验目的的前提下，测点宜布置得尽可能多，以获得最详尽的试验数据

  D. 无论结构设计与分析的数据精度如何，应尽可能采取高精度的测试手段

51. 在钢结构非破坏性静力试验中，电阻应变片（$K = 2.0$，$R = 120\Omega$）粘贴于轴向拉伸的试件表面，应变片轴线与试件轴线平行，若应变片的阻值变化为 0.35Ω，则应力约为：

  A. 150N/mm^2 B. 200N/mm^2

  C. 300N/mm^2 D. 350N/mm^2

52. 进行结构动力学特性量测的激振方法不包括下列哪一项？

  A. 自由振动法   B. 强迫振动法

  C. 环境随机振动法   D. 荷载-位移混合控制加载法

53. 相似第一定理确定了相似现象的性质，这个定理：

  A. 确定了两个系统相似充分必要条件是决定系统物理现象的单值条件相似

  B. 表明若两个系统相似，描述物理现象的基本方程可转换为无量纲的相似数据方程

  C. 提示了相似现象的本质，说明了两个相似现象在数量和空间上的相互关系

  D. 又称为相似逆定理

54. 若甲乙两种土的不均匀系数相同，则两种土的：

  A. 粒径级配曲线相同   B. 有效粒径相同

  C. 限制粒径相同   D. 限制粒径与有效粒径之比值相同

55. 某柱下方形基础边长为 4m，基底压力为 300kPa，基础埋深为 1.5m，地基土重度为 18kN/m^3，试求基础中心点下 4m 深处的竖向附加应力：

  （已知边长为 2m 的方形面积均布荷载角点和中心点下 4m 深度的竖向附加应力系数分别为 0.084 和 0.108。）

  A. 22.9kPa   B. 29.5kPa

  C. 91.7kPa   D. 117.9kPa

56. 饱和黏性土层在单面排水情况下的固结时间为双面排水时的：

A. 1 倍
B. 2 倍

C. 4 倍
D. 8 倍

57. 对某黏性土试样进行固结不排水剪切试验，测得试样破坏时的大主应力 $\sigma_1 = 300\text{kPa}$，围压 $\sigma_3 = 100\text{kPa}$，若内摩擦角 $\varphi = 24°$，问试样破裂面上的正应力为：

A. 181kPa
B. 27.9kPa

C. 140kPa
D. 159.3kPa

58. 设计仅起挡土墙作用的重力式挡土墙，作用在墙背上的土压力一般取：

A. 主动土压力
B. 被动土压力

C. 静止土压力
D. 静止压力

59. 下列不属于减轻不均匀沉降危害措施的是：

A. 建筑物的体型力求简单
B. 相邻建筑物之间应有一定的距离

C. 设置沉降缝
D. 设置后浇带

60. 处理厚度较大的软土地基，可用：

A. 换填垫层法
B. 重锤夯实法

C. 机械碾压法
D. 预压法

2024 年度全国勘察设计一级注册结构工程师

执业资格考试试卷

基础考试
（下）

二〇二四年十二月

应考人员注意事项

1. 本试卷科目代码为"2"，考生务必将此代码填涂在答题卡"科目代码"相应的栏目内，否则，无法评分。

2. 书写用笔：**黑色或蓝色钢笔、签字笔或圆珠笔**；

   填涂答题卡用笔：**黑色 2B 铅笔**。

3. 必须用书写用笔将工作单位、姓名、准考证号填写在答题卡和试卷相应的栏目内。

4. 本试卷由 **60 题**组成，每题 **2 分**，满分 **120 分**，本试卷全部为单项选择题，每小题的四个备选项中只有一个正确答案，错选、多选、不选均不得分。

5. 考生作答时，必须按**题号在答题卡上**将相应试题所选选项对应的**字母用 2B 铅笔涂黑**。

6. 在答题卡上书写与题意无关的语言，或在答题卡上作标记的，均按违纪试卷处理。

7. 考试结束时，由监考人员当面将试卷、答题卡一并收回。

8. 草稿纸由各地统一配发，考后收回。

单项选择题（共 60 题，每题 2 分。每题的备选项中只有一个最符合题意。）

1. 材料在水中吸收水分的性质称为：

   A. 渗透性   B. 吸湿性

   C. 耐水性   D. 吸水性

2. 下列硅酸盐水泥熟料的四种矿物中，耐化学腐蚀性最好的是：

   A. C_3S B. C_2S

   C. C_3A D. C_4AF

3. 下列有关混凝土用骨料（砂、石）的叙述，正确的是：

   A. 砂的细度模数小，表示砂较细，其总表面积较小

   B. 混凝土用Ⅱ类建设用砂，其含泥量可以大于 3.0%

   C. 压碎指标可用来表示天然砂的强度

   D. 当粗骨料中夹杂活性二氧化硅时，混凝土有可能发生碱骨料反应

4. 对于强度等级为 C60 的混凝土，以下说法的正确的是：

   A. 该混凝土标准立方体抗压强度标准值低于 60MPa

   B. 该混凝土标准立方体抗压强度的平均值等于 60MPa

   C. 该混凝土标准立方体抗压强度的平均值大于 60MPa

   D. 该混凝土标准立方体抗压强度大于 60MPa 的概率为 95%

5. 沥青的针入度表示沥青的：

   A. 凝结时间   B. 耐久性

   C. 黏滞性   D. 强度

6. 钢材经过冷加工之后提高的性能是：

   A. 塑性   B. 韧性

   C. 弹性模量   D. 屈服强度

7. 石材的耐水性根据软化系数大小分为高、中、低三个等级，软化系数为 0.6～0.74 时为：

   A. 高耐水性   B. 中耐水性

   C. 低耐水性   D. 不允许用于重要建筑物中

8. 下面说法正确的是：

 A. 用水平面代替水准面，对距离测量的影响比对高程测量的影响小

 B. 天文地理坐标的基准面是参考椭球面

 C. 大地地理坐标的基准面是大地水准面

 D. 地面点的绝对高程是指地面点到任一水准面的铅垂距离

9. 自动安平式水准仪进行水准测量的操作步骤为：

 A. 粗平—瞄准—精平—读数

 B. 瞄准—粗平—精平—读数

 C. 粗平—精平—瞄准—读数

 D. 粗平—瞄准—读数

10. 下面关于 DJ_6 级光学经纬仪的水平度盘和竖直度盘描述正确的是：

 A. 水平度盘与基座固连，不随照准部一起转动

 B. 水平度盘与竖轴固连，随照准部一起转动

 C. 竖直度盘不与望远镜固连，不随望远镜一起转动

 D. 竖直度盘与横轴固连，随望远镜一起转动

11. 为测量 A、B 两点的距离，在 A 点安置经纬仪，B 点处竖直立一水准尺，经测量获得观测数据：竖直角 α、尺间隔 n，若经纬仪的视距常数为 C，则 A、B 两点的水平距离为：

 A. $Cn \cdot \cos^2 \alpha$ 　　　　　　　　 B. $Cn \cdot \cos \alpha$

 C. $Cn \cdot \sin \alpha$ 　　　　　　　　　 D. $Cn \cdot \tan \alpha$

12. 某闭合导线的全长为 500m，通过推导计算得闭合导线纵横坐标增量代数和分别为 $\sum \Delta x_{测} = -0.08$m，$\sum \Delta y_{测} = 0.06$m，则该导线测量的纵坐标增量闭合差 f_x，横坐标增量闭合差 f_y，导线全长相对闭合差分别为：

 A. $f_x = -0.08$m，$f_y = 0.06$m，1/5000

 B. $f_x = -0.08$m，$f_y = 0.06$m，1/10000

 C. $f_x = 0.08$m，$f_y = -0.06$m，1/5000

 D. $f_x = 0.08$m，$f_y = -0.06$m，1/10000

13. 关于建设工程监理的说法正确的是：

A. 建设工程监理单位可以与材料供应单位隶属于一家单位的不同部门

B. 工程监理单位可以分包其承揽的工程，只要分包单位满足相应的资质条件

C. 建设单位应当与其委托的监理单位签订监理合同

D. 实施工程监理前，建设单位应当将委托的监理单位及监理的内容和权限，书面通知被监理的施工企业

14. 以下有关于土地使用权的说法错误的是：

A. 土地使用权因土地灭失而终止

B. 建设单位使用国有土地，可以以划拨方式取得

C. 土地使用权出让，应当签订出让合同

D. 城市规划区内的集体所有的土地，经依法征用后转为国有土地后，该土地的使用权方可有偿转让

15. 在直接发包中，建设单位的发包行为属于：

A. 要约   B. 邀约

C. 要约邀请   D. 承诺

16. 建筑工程保修期内因墙面渗漏造成损失的，如果是由于设计方面的原因造成的质量缺陷，应：

A. 由设计单位负责维修并承担赔偿责任

B. 由施工单位赔偿损失

C. 由建设单位和监理单位共同赔偿损失

D. 由施工单位负责维修，设计单位承担赔偿责任

17. 某基坑边坡高度为 2m，边坡宽度为 4m，则该边坡坡度习惯表示为：

A. 1：2   B. 1：0.5

C. 2：1   D. 0.5：1

18. 关于钢筋安装之后的验收，以下叙述正确的是：

A. 钢筋工程属于隐蔽工程，混凝土浇筑前应进行检查验收

B. 钢筋工程隐蔽验收一般在混凝土浇筑后进行

C. 钢筋工程隐蔽验收应主要检查钢筋品种、级别、规格、数量等，接头、保护层厚度等可以不检查，另外组织专项检查

D. 钢筋工程隐蔽验收可以不做记录

19. 有主次梁的肋形楼板宜顺着次梁方向浇筑，垂直施工缝应留置在：

A. 主梁跨度两端的 1/3 段内

B. 主梁跨度中间的 1/3 段内

C. 次梁跨度两端的 1/3 段内

D. 次梁跨度中间的 1/3 段内

20. 分部分项工程施工的先后次序称作：

A. 施工顺序   B. 施工流向

C. 施工程序   D. 建设程序

21. 某工程有四个施工过程，组织流水施工，其流水步距的个数为：

A. 2   B. 3

C. 4   D. 5

22. 采用强度等级 400MPa 及以上的钢筋时，混凝土强度等级不应低于：

A. C15   B. C20

C. C25   D. C30

23. 设计规定的结构或构件只需进行正常维护而不需大修就能按预定功能使用的时期，称为：

A. 结构的设计基准期   B. 结构的设计使用年限

C. 结构的寿命   D. 设计周期

24. 某对称配筋的钢筋混凝土偏心受压柱，在进行正截面承载力计算时，为了判断是否计入轴向力在挠曲杆件中因二阶效应（$P\text{-}\delta$ 效应）产生的附加弯矩的影响，所需要考虑的因素不包括：

A. 柱上、下端的杆端弯矩比   B. 轴压比

C. 长细比   D. 截面有效高度

25. 一类环境下，预应力混凝土构件的裂缝控制等级及最大裂缝宽度限值为：

A. 一级，0.10mm   B. 二级，0.20mm

C. 三级，0.10mm   D. 三级，0.20mm

26. 下列关于现浇双向板肋梁楼盖的叙述，错误的是：

A. 当长边与短边长度之比不大于 2.0 时，应按双向板计算

B. 按弹性理论计算某区格的跨中最大弯矩时，采用棋盘形的活荷载布置

C. 按塑性计算时，可采用塑性铰线法

D. 板厚度不应小于 60mm

27. 已知牛腿竖向力作用点至下柱边缘的水平距离为 a，牛腿与下柱交接处的垂直截面的高度为 h，牛腿与下柱交接处的垂直截面的有效高度为 h_0，则短牛腿的判定标准是：

A. $a \leqslant h_0$ B. $a \leqslant h$

C. $a > h_0$ D. $a > h$

28. 根据剪力墙的整体性系数 α、肢强系数 ζ 和肢强系数的限值 $[\zeta]$，壁式框架的判断条件是：

A. $\alpha \geqslant 10$，且 $\zeta \leqslant [\zeta]$ B. $\alpha < 10$，且 $\zeta \leqslant [\zeta]$

C. $\alpha \geqslant 10$，且 $\zeta > [\zeta]$ D. $\alpha < 10$，且 $\zeta > [\zeta]$

29. 根据我国现行《建筑抗震设计标准》，确定现浇钢筋混凝土房屋的抗震等级时应考虑：

A. 房屋高度

B. 结构类型、房屋高度

C. 设防烈度、结构类型、房屋高度

D. 设防类别、设防烈度、结构类型、房屋高度

30. 关于钢结构轴心受力构件，以下叙述正确的是：

A. 轴心受拉构件只需进行强度计算，不需验算刚度

B. 轴心受拉构件也存在稳定问题，故应进行强度、稳定性计算与刚度验算

C. 轴心受拉构件的承载力是由稳定条件决定的，故只需计算其稳定性

D. 轴心受压构件需要计算其强度、整体稳定性、局部稳定性和刚度验算

31. 在钢屋盖中，应在屋架上弦和天窗架上弦设置横向水平支撑的是：

A. 有檩屋盖

B. 无檩屋盖

C. 有檩屋盖和无檩屋盖

D. 有檩屋盖和无檩屋盖均不需要

32. 对于无山墙的混合结构房屋，其静力计算方案应：

A. 按刚性方案考虑

B. 按弹性方案考虑

C. 按刚弹性方案考虑

D. 按楼盖类别和横墙间距确定相应方案

33. 某建于软土地基上的混合结构房屋可能受不均匀沉降影响，该房屋中洞口宽度为1.5m的窗洞上方的过梁可选用：

A. 钢筋混凝土过梁　　　　　　　　B. 钢筋砖过梁

C. 砖砌平拱过梁　　　　　　　　　D. 钢筋混凝土过梁、钢筋砖过梁

34. 称几何不变且无多余约束的体系为：

A. 超静定结构　　　　　　　　　　B. 基本结构

C. 静定结构　　　　　　　　　　　D. 半结构

35. 快速绘制某杆的弯矩图时，通常采用：

A. 静力法　　　　　　　　　　　　B. 机动法

C. 单位荷载法　　　　　　　　　　D. 区段叠加法

36. 图示多跨梁中，支杆B的支座反力为：

A. 10kN，向下

B. 10kN，向上

C. 12kN，向下

D. 12kN ，向上

37. 为了求图示结构截面A和B之间的相对线位移，单位荷载应设置为：

A. 在截面A加一水平单位力

B. 在截面B加一水平单位力

C. 在截面A和B各加一水平单位力，且方向相反

D. 在截面A和B各加一水平单位力，且方向相同

38. 图示结构由于支座移动Δ引起铰C左右两侧截面的相对转角为：

A. $\frac{\Delta}{2l}$（ ⟩⟨ ）

B. $\frac{\Delta}{2l}$（ ⟨⟩ ）

C. $\frac{\Delta}{l}$（ ⟩⟨ ）

D. $\frac{\Delta}{l}$（ ⟨⟩ ）

39. 图 a）所示结构的力法基本体系如图 b）所示。力法方程 $\delta_{11}X_1 + \Delta_{1P} = 0$ 中的自由项 Δ_{1P} 为：

a)　　　　　b)

A. $\dfrac{ql^4}{8EI}$

B. $-\dfrac{ql^4}{8EI}$

C. $\dfrac{ql^4}{8}$

D. $-\dfrac{ql^4}{8}$

40. 图示结构（各杆线刚度 i 相同）的位移法方程 $k_{11}z_1 + F_{1p} = 0$ 中，系数和自由项分别为：

A. $8i$，$\dfrac{1}{8}ql^2$

B. $-8i$，$\dfrac{1}{8}ql^2$

C. $8i$，$-\dfrac{1}{12}ql^2$

D. $6i$，$-\dfrac{1}{12}ql^2$

41. 图示结构各杆长度均为 l，抗弯刚度为 EI。AB 杆 B 端弯矩的大小及受拉侧为：

A. $\dfrac{2}{5}F_Pl$，右侧

B. $\dfrac{2}{5}F_Pl$，左侧

C. $\dfrac{1}{5}F_Pl$，右侧

D. $\dfrac{1}{5}F_Pl$，左侧

42. 图示结构中，AB 杆 A 端的弯矩 M_{AB} 为：

A. M

B. 0

C. $M/2$

D. $M/3$

43. 用静力法做某量值的影响线时，所求得该量值的影响线方程实质上是：

A. 变形协调方程

B. 平衡方程

C. 虚功方程

D. 虚位移方程

44. 对建筑工程结构而言，以下关于阻尼影响的描述中，错误的是：

 A. 阻尼使结构的自振周期变大

 B. 阻尼对自振频率的影响可不计

 C. 阻尼使结构自由振动的振幅很快衰减

 D. 阻尼对结构自由振动振幅的影响可不计

45. 图示结构中 $F_{P_1} = F_{P_2} = 50kN$，$F_{P_3} = F_{P_4} = 100kN$。截面 B 的最小剪力 F_{QBmin} 的最休利荷载位置为：

 A. F_{P_1} 在 B 点左侧

 B. F_{P_2} 在 B 点左侧

 C. F_{P_3} 在 B 点左侧

 D. F_{P_4} 在 B 点左侧

46. 图示体系（各杆抗弯刚度 EI 相同）的第二主振型（设质点位移以向下为正）$\dfrac{Y_{12}}{Y_{22}}$ 为：

 A. $\dfrac{1}{2}$

 B. $-\dfrac{1}{2}$

 C. $\dfrac{1}{1}$

 D. $-\dfrac{1}{1}$

47. 图 a）所示连续梁截面 B 的弯矩 M_B 的影响线形状为：

 A. 图 b）

 B. 图 c）

 C. 图 d）

 D. 图 e）

48. 图示结构横梁的均布质量为 $\overline{m}$，柱的质量不计。EI 为常数，不计阻尼。若简谐荷载的频率 θ 与结构自振频率 ω 之间的关系为 $\theta = \dfrac{\sqrt{2}}{2}\omega$，则柱中最大动弯矩为：

 A. Fl

 B. $2Fl$

 C. $3Fl$

 D. $Fl/2$

49. 对于面积大、外形复杂的平板或壳体结构，为模拟其在均布荷载下的受力状态常采用：

 A. 重力加载 B. 气压加载

 C. 机械力加载 D. 液压加载

50. 关于结构试验的试件设计，以下说法错误的是：

A. 试件设计包括试件形状的选择、试件尺寸与数量的确定，还应考虑试件的构造措施

B. 应满足结构与受力的边界条件、试验的破坏特征、试验加载条件的要求

C. 尽量增加试件数量以获得丰富的试验数据

D. 反映研究的规律，满足研究任务的需要

51. 关于混凝土材料强度测定中所涉及的试件尺寸与形状对材料力学性能的影响问题，以下说法中错误的是：

A. 试验机压板对试件承压面的摩擦力所起的箍紧作用，对小试件更明显

B. 材料自身原因的影响随着试件尺寸的增大而增加

C. 立方体试件中混凝土拌合物的颗粒分布不如圆柱体试件均匀

D. 圆柱体截面应力分布均匀，试件抗压强度的离散性小

52. 测量应变时，在应变片接入桥路的不同方法中，必须另设温度补偿片的是：

A. 1/4 桥接法　　　　　　　　　B. 半桥接法，弯曲桥路

C. 半桥接法，泊松比桥路　　　　D. 全桥接法，弯曲桥路

53. 模型设计的关键是：

A. 根据试验目的选择模型类型

B. 确定相似条件

C. 确定长度相似常数

D. 确定弹性模量相似常数

54. 黏性土具有一定的可塑性是由于黏性土中含有较多的：

A. 强结合水　　　　　　　　　　B. 弱结合水

C. 重力水　　　　　　　　　　　D. 毛细水

55. 由于地下水位上升，地基中地下水位上升范围的有效自重应力的变化是：

A. 增大　　　　　　　　　　　　B. 减小

C. 不变化　　　　　　　　　　　D. 先减小后增大

56. 某土层排水固结，固结度达到 70%时的沉降量为 14mm，则该土层完全固结后，总沉降量为：

A. 9.8mm　　　　　　　　　　　B. 28mm

C. 20mm　　　　　　　　　　　D. 10mm

57. 某黏性土样的有效应力抗剪强度参数为$c' = 0$，$\varphi' = 20°$，进行常规三轴固结不排水试验，三轴室压力保持不变，破坏时大小主应力差为200kPa，试问破坏时的有效小主应力为：

A. 192kPa

B. 392kPa

C. 250kPa

D. 292kPa

58. 以下的基础类型必须满足基础台阶宽高比要求的是：

A. 钢筋混凝土条形基础

B. 砖石及混凝土基础

C. 柱下条形基础

D. 筏板基础

59. 下列减轻建筑物不均匀沉降的措施中，属于建筑措施的是：

A. 设置圈梁

B. 设置沉降缝

C. 设置连系梁

D. 减轻建筑物自重

60. 按静载荷试验确定单桩承载力的试桩数量，一般不少于3根，且不宜少于总桩数量的：

A. 1%

B. 2%

C. 3%

D. 5%

附录一

一级注册结构工程师执业资格考试
专业基础考试大纲

十、土木工程材料

10.1 材料科学与物质结构基础知识

材料的组成：化学组成 矿物组成及其对材料性质的影响

材料的微观结构及其对材料性质的影响：原子结构 离子键金属键 共价键和范德华力 晶体与无定形体（玻璃体）

材料的宏观结构及其对材料性质的影响

建筑材料的基本性质：密度 表观密度与堆积密度 孔隙与孔隙率

特征：亲水性与憎水性 吸水性与吸湿性 耐水性 抗渗性 抗冻性 导热性、强度与变形性能 脆性与韧性

10.2 材料的性能和应用

无机胶凝材料：气硬性胶凝材料 石膏和石灰技术性质与应用

水硬性胶凝材料：水泥的组成 水化与凝结硬化机理 性能与应用

混凝土：原材料技术要求 拌和物的和易性及影响因素 强度性能与变形性能

耐久性-抗渗性、抗冻性、碱-骨料反应 混凝土外加剂与配合比设计

沥青及改性沥青：组成、性质和应用

建筑钢材：组成、组织与性能的关系 加工处理及其对钢材性能的影响 建筑钢材和种类与选用

木材：组成、性能与应用

石材和黏土：组成、性能与应用

十一、工程测量

11.1 测量基本概念

地球的形状和大小 地面点位的确定 测量工作基本概念

11.2 水准测量

水准测量原理 水准仪的构造、使用和检验校正 水准测量方法及成果整理

11.3 角度测量

经纬仪的构造、使用和检验校正 水平角观测 垂直角观测

11.4 距离测量

卷尺量距　视距测量　光电测距

11.5 测量误差基本知识

测量误差分类与特性　评定精度的标准　观测值的精度评定　误差传播定律

11.6 控制测量

平面控制网的定位与定向　导线测量　交会定点　高程控制测量

11.7 地形图测绘

地形图基本知识　地物平面图测绘　等高线地形图测绘

11.8 地形图应用

地形图应用的基本知识　建筑设计中的地形图应用　城市规划中的地形图应用

11.9 建筑工程测量

建筑工程控制测量　施工放样测量　建筑安装测量　建筑工程　变形观测

十二、职业法规

12.1 我国有关基本建设、建筑、房地产、城市规划、环保等方面的法律法规

12.2 工程设计人员的职业道德与行为准则

十三、土木工程施工与管理

13.1 土石方工程　桩基础工程

土方工程的准备与辅助工作　机械化施工　爆破工程　预制桩、灌注桩施工　地基加固处理技术

13.2 钢筋混凝土工程与预应力混凝土工程

钢筋工程　模板工程　混凝土工程　钢筋混凝土预制构件制作　混凝土冬、雨季施工　预应力混凝土施工

13.3 结构吊装工程与砌体工程

起重安装机械与液压提升工艺　单层与多层房屋结构吊装　砌体工程与砌块墙的施工

13.4 施工组织设计

施工组织设计分类　施工方案　进度计划　平面图　措施

13.5 流水施工原则

节奏专业流水　非节奏专业流水　一般的搭接施工

13.6 网络计划技术

双代号网络图　单代号网络图　网络计划优化

13.7 施工管理

现场施工管理的内容及组织形式　进度、技术、全面质量管理　竣工验收

十四、结构设计

14.1　钢筋混凝土结构

材料性能：钢筋　混凝土　黏结

基本设计原则：结构功能　极限状态及其设计表达式　可靠度

承载能力极限状态计算：受弯构件　受扭构件　受压构件　受拉构件　冲切　局压　疲劳

正常使用极限状态验算：抗裂　裂缝　挠度

预应力混凝土：轴拉构件　受弯构件

构造要求

梁板结构：塑性内力重分布　单向板肋梁楼盖　双向板肋梁楼盖　无梁楼盖

单层厂房：组成与布置　排架计算　柱　牛腿　吊车梁　屋架　基础

多层及高层房屋：结构体系及布置　框架近似计算　叠合梁　剪力墙结构　框-剪结构　框-剪结构
设计要点　基础

抗震设计要点：一般规定　构造要求

14.2　钢结构

钢材性能：基本性能　影响钢材性能的因素　结构钢种类　钢材的选用

构件：轴心受力构件　受弯构件（梁）　拉弯和压弯构件的计算和构造

连接：焊缝连接　普通螺栓和高强度螺栓连接　构件间的连接

钢屋盖：组成　布置　钢屋架设计

14.3　砌体结构

材料性能：块材　砂浆　砌体

基本设计原则：设计表达式

承载力：抗压　局压

混合结构房屋设计：结构布置　静力计算　构造

房屋部件：圈梁　过梁　墙梁　挑梁

抗震设计要求：一般规定　构造要求

十五、结构力学

15.1　平面体系的几何组成

名词定义　几何不变体系的组成规律及其应用

15.2　静定结构受力分析与特性

静定结构受力分析方法 反力、内力的计算与内力图的绘制 静定结构特性及其应用

15.3 静定结构的位移

广义力与广义位移 虚功原理 单位荷载法 荷载下静定结构的位移计算 图乘法 支座位移和温度变化引起的位移 互等定理及其应用

15.4 超静定结构受力分析及特性

超静定次数 力法基本体系 力法方程及其意义 等截面直杆刚度方程 位移法基本未知量 基本体系 基本方程及其意义 等截面直杆的转动刚度 力矩分配系数与传递系数 单结点的力矩分配 对称性利用 半结构法 超静定结构位移超静定结构特性

15.5 影响线及应用

影响线概念 简支梁、静定多跨梁、静定桁架反力及内力影响线 连续梁影响线形状 影响线应用 最不利荷载位置 内力包络图概念

15.6 结构动力特性与动力反应

单自由度体系周期、频率、简谐荷载与突加荷载作用下简单结构的动力系数、振幅与最大动内力 阻尼对振动的影响 多自由度体系自振频率与主振型 主振型正交性

十六、结构试验

16.1 结构试验的试件设计、荷载设计、观测设计、材料的力学性能与试验的关系

16.2 结构试验的加载设备和量测仪器

16.3 结构静力（单调）加载试验

16.4 结构低周反复加载试验（伪静力试验）

16.5 结构动力试验

结构动力特性量测方法、结构动力响应量测方法

16.6 模型试验

模型试验的相似原理 模型设计与模型材料

16.7 结构试验的非破损检测技术

十七、土力学与地基基础

17.1 土的物理性质及工程分类

土的生成和组成 土的物理性质 土的工程分类

17.2 土中应力

自重应力 附加应力

17.3 地基变形

土的压缩性　基础沉降　地基变形与时间关系

17.4　土的抗剪强度

抗剪强度的测定方法　土的抗剪强度理论

17.5　土压力、地基承载力和边坡稳定

土压力计算　挡土墙设计　地基承载力理论　边坡稳定

17.6　地基勘察

工程地质勘察方法　勘察报告分析与应用

17.7　浅基础

浅基础类型　地基承载力设计值　浅基础设计　减少不均匀沉降损害的措施　地基、基础与上部结构共同工作概念

17.8　深基础

深基础类型　桩与桩基础的分类　单桩承载力　群桩承载力　桩基础设计

17.9　地基处理

地基处理方法　地基处理原则　地基处理方法选择

一级注册结构工程师执业资格考试
专业基础试题配置说明

土木工程材料	7 题
工程测量	5 题
职业法规	4 题
土木工程施工与管理	5 题
结构设计	12 题
结构力学	15 题
结构试验	5 题
土力学与地基基础	7 题

注：试卷题目数量合计 60 题，每题 2 分，满分为 120 分。考试时间为 4 小时。

上、下午总计 180 题，满分为 240 分。考试时间为 8 小时。